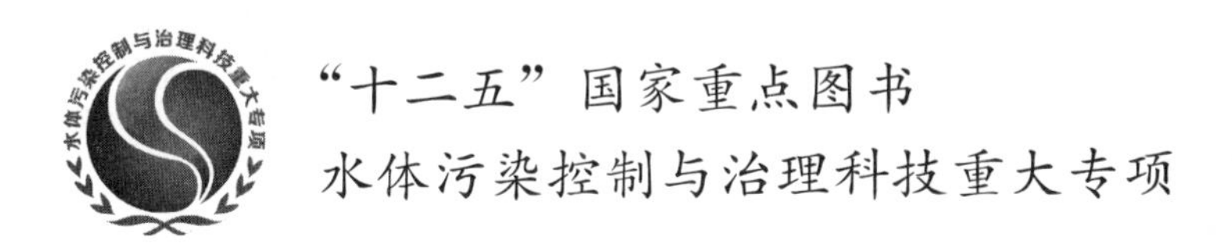

城市供水系统
应急净水技术指导手册
（第二版）

住房和城乡建设部城市建设司　组织编写
张　悦　张晓健　陈　超　董　红　著

中国建筑工业出版社

图书在版编目（CIP）数据

城市供水系统应急净水技术指导手册/张悦等著. —2版. —北京：中国建筑工业出版社，2017.5

ISBN 978-7-112-21175-3

Ⅰ.①城… Ⅱ.①张… Ⅲ.①城市供水系统-净水-应急系统-技术手册 Ⅳ.①TU991.2-62

中国版本图书馆CIP数据核字（2017）第210853号

责任编辑：田启铭

责任校对：王宇枢　李美娜

"十二五"国家重点图书

水体污染控制与治理科技重大专项

城市供水系统应急净水技术指导手册

（第二版）

住房和城乡建设部城市建设司　组织编写

张　悦　张晓健　陈　超　董　红　著

*

中国建筑工业出版社出版、发行（北京海淀三里河路9号）

各地新华书店、建筑书店经销

北京红光制版公司制版

北京圣夫亚美印刷有限公司印刷

*

开本：787×1092毫米　1/16　印张：36¾　字数：917千字

2017年8月第二版　2017年8月第四次印刷

定价：**119.00**元

ISBN 978-7-112-21175-3

（29899）

参加单位和主要研究人员：

清华大学：张晓健、陈超、杨宏伟、林朋飞、汪隽、张伟、李欣、唐昕

北京市自来水集团有限责任公司：樊康平、顾军农、张春雷

上海市调度水质监测中心：陈国光、张立尖、童俊

广州市自来水总公司：袁永钦、董玉莲、陈诚

深圳市水务（集团）有限公司：张金松、卢益新、刘波

无锡市自来水集团公司：周圣东、别娜娜、冯晓韵

济南市供排水监测中心：贾瑞宝、孙韶华、周维芳

哈尔滨供排水集团有限责任公司：张成、纪峰、朱灵敏

成都市自来水有限责任公司：陈宇敏、谢海英、张晓嘉

天津市自来水集团有限公司：何文杰、韩宏大、吴维

东莞市东江水务有限公司：盛德洋、巢猛、陈贻球

北京市市政工程设计研究总院：董红、姚左钢、杨楠、杨茂东、郭文娟

住建部城市水资源中心：宋兰合、孙增峰、姜立晖、吴学峰

指导单位和人员：

住房和城乡建设部城市建设司：张悦、章林伟、王欢、牛璋彬

第二版前言

《城市供水系统应急净水技术指导手册》（第二版）是在中国建筑工业出版社出版的《城市供水系统应急净水技术指导手册（试行）》（第一版）基础上更新完善而成的。

《城市供水系统应急净水技术指导手册》（第一版）基本解决了我国供水行业当时面临的缺乏应急处理技术的难题，自出版以来受到了供水企业、管理部门和研究单位的广泛好评。

在住房和城乡建设部的指导下，清华大学联合8家大型供水企业、2家独立水质监测单位和2家设计院，共同承担了国家“十一五”“水体污染控制与治理”重大科技专项（以下简称“水专项”）“自来水厂应急净化处理技术与工艺体系研究与示范”课题（2008ZX07420-005）。基于该课题的研究成果，形成了第二版书稿。

与上一版相比，本书在以下方面进行了更新和完善：

（1）进一步完善了应急处理技术体系，大幅增加了测试数据、补充更新了应急案例。在应急处理技术方面，增加了新开发的应对挥发性污染物的曝气吹脱技术，铊锑等难处理重金属和多种重金属复合污染的化学沉淀技术等。书中附录的测试数据数倍于第一版，是由课题组各承担单位平行开展的，其准确性和可靠性大大提高。在应急案例方面，补充了第一版以后的应急案例。

（2）新增章节介绍了新开发的“移动式应急处理导试水厂”和“移动式应急药剂投加系统”。这些设备是在国内外首次开发的用于应急供水的专业设备，具有高度集成、多功能、全自控的特点，填补了这一领域的空白。

（3）新增章节介绍了应急处理设施工程设计内容。有助于提高应急处理工程建设的专业化、规范化水平。

应急供水工作是一项系统工程。本书只呈现了应急净水技术方面的成果。与之相关的应急监测、预警、规划调度、预案等内容由其他课题进行研究，并将陆续汇集出版。供读者参考。

第一版前言

城市供水是城市的生命线。近年来，我国供水水源突发性污染事故频发，对城市供水安全造成严重威胁。按照国务院关于加强应急体系建设的总体部署，为健全城市供水应急技术体系，科学地指导各地的应急供水工作，住房和城乡建设部组织清华大学、全国多家供水企业、水质监测单位，开展了饮用水应急净水技术研究。这些研究成果汇总形成了《城市供水系统应急净水技术指导手册（试行）》（以下简称《技术指导手册》）。

《技术指导手册》在国内外首次建立了由五类应急净水技术组成的城市供水应急处理技术体系。包括：应对可吸附有机污染物的活性炭吸附技术、应对金属非金属污染物的化学沉淀技术、应对还原性污染物的化学氧化技术、应对微生物污染的强化消毒技术、应对藻类暴发的综合应急处理技术。该技术体系基本上涵盖了可能威胁饮用水安全的各种污染物种类。

根据目前国内涉及饮用水水质的相关标准，除不需应急处理的综合性指标、非有毒有害物质项目之外，《技术指导手册》对153种有毒有害污染物进行了应急处理技术方面的分析，对其中的112种污染物提供了应急处理技术的验证性试验结果。其余41种属于水环境质量标准和国标附录中的项目，因供水行业通常不进行检测而没有开展试验。在112种试验项目中，获得了101种的应急处理技术及其工艺参数，确定了适宜的应急处理技术、工艺参数和最大应对超标倍数。

《技术指导手册》中的相关研究成果在城市供水系统应对无锡市饮用水危机、秦皇岛饮用水嗅味事件、贵州都柳江砷污染事件等突发性水源污染事故中得到了应用，并取得了较好的效果。《技术指导手册》的主要技术内容和要求，已经由住房和城乡建设部的文件（建城［2009］141号）印发各地。

《技术指导手册》中提出的应急净水技术是目前研究单位的研究成果，供各地在应对突发性水源污染时参考。各地参考本手册应对突发性水源污染事故时，要因地制宜，选择适用的应急净水技术措施，并进行现场试验，在取得良好试验效果并确保供水安全的前提下予以应用。

《技术指导手册》附录6—9中列出的生产厂家，仅用作与相关厂家通讯联络时参考，不作为推荐产品目录。

目　　录

摘　要

城市供水安全是保障城市安全、居民生活稳定的关键环节之一。近期，全国多座城市发生供水水源突发性污染事故，对城市供水安全造成威胁，影响极其严重。为提高城市供水的安全性，亟需进行应对水源污染事故的城市供水应急系统的建设，提高全国城市供水应对水源污染事故的能力。

住房和城乡建设部作为全国城镇供水行业主管部门，对应急供水工作高度重视，专门在国家“十一五”重大水专项中设立了“自来水厂应急净化处理技术及工艺体系研究与示范”课题（2008ZX07420-005）。该课题由清华大学负责，参加单位包括全国8家大型供水企业、2家独立水质监测单位和2家设计院，开展了针对污染物的应急净水技术和工艺研究。

在应急处理技术体系的发展方面，根据应对水源突发性污染的城市供水应急处理的技术要求和国内外应急处理技术的发展情况，特别是总结归纳近年来国内几次重大污染事件中的应急处理经验，本课题在国内外首次建立了由以下六类应急处理技术组成的城市供水应急处理技术体系，包括：应对可吸附有机污染物的活性炭吸附技术、应对金属非金属污染物的化学沉淀技术、应对还原性污染物的化学氧化技术、应对微生物污染的强化消毒技术、应对挥发性污染物的曝气吹脱技术、应对藻类暴发的综合应急处理技术。

在污染物选取方面，根据全覆盖的原则，在目前国内饮用水水质的相关标准所涉及的全部173种指标中，除13种综合性指标、5种非有毒有害物质、4种消毒剂和4种放射性项目之外，本课题对我国饮用水相关标准（自来水和水源水）中全部147种有毒有害污染物研究了应急处理技术。根据这些污染物的特性，初步提出可能的备选应急处理技术。除19种供水行业尚未开展的项目外（全部是水环境标准中非常规项目），对剩余128种污染物全部进行了应急处理验证性试验。经过试验研究，已获得了115种有毒有害物质的应急处理技术、工艺参数和最大应对超标倍数，基本上涵盖了供水行业可能涉及的主要环境污染物，并提出了无法应急处理需要加强源头监管的9种污染物“黑名单”；还对其中22种开展了中试试验，验证了工程实施的可靠性；在实际应急供水工作中已经成功处置过硝基苯、镉、砷、铊、锑、锰、土臭素、微囊藻毒素等污染物。另外，研究还包括了部分在实际案例中遇到的标准以外的藻类、硫醇硫醚（5种）、涂料特征污染物等。

本项目还总结了近年来国内重大水源污染事件的城市供水应急处理工作，包括：2005年11月松花江硝基苯污染事件、2005年12月底北江镉污染事件、2007年5月底无锡市饮用水危机、2008年5月汶川特大地震、2010年11月北江铊污染事件、2011年7月武江—北江锑污染，2012年初广西龙江镉污染等一系列重大突发事件的应急供水工作。这些应急供水工作，检验了上述应急供水技术的有效性和可靠性，为今后类似情况下的应急供水工作提供了十分珍贵的经验。

在该课题研究成果基础上，汇总形成了《城市供水系统应急净水技术指导手册》（第二版），提供针对各类水源突发污染事故的应急处理技术、基本参数和重大应急工作案例，为我国城市供水应急系统提供技术支持。

1 绪 论

城市供水是城市的生命线。然而，近年来突发水源污染影响城市供水的事故频发，严重影响正常的生产与生活秩序，造成了严重的社会影响。

2005 年 11 月 13 日，吉林石化公司双苯厂发生爆炸事故，泄漏的近百吨硝基苯等化学品污染了沿岸城市的水源，导致了哈尔滨市停水四天，还引发了俄罗斯的密切关注，造成了十分恶劣的影响。松花江水污染事件是中国环保史上的一个重大事件，同时也开启了中国供水史上应急供水工作的新篇章。

在松花江水污染事件之后不久，又相继发生了 2005 年 12 月的广东省北江镉污染、2006 年 1 月的湖南省湘江镉污染等重大环境污染事件。环境污染事故一旦影响到水源，极大地扩大事件的破坏性，因此供水安全问题受到了前所未有的关注。这些污染事件使我国各级政府、建设、环保、水利和卫生等部门，以及城市供水行业深切认识到突发性污染事故对于供水和社会稳定的巨大影响。

自来水厂无论使用常规处理工艺，还是深度处理工艺，在设计和建设时都是针对合格水源或者只是受到轻微污染的水源，一般无法处理污染物严重超标的水源水。一旦发生水源污染事件，供水企业往往只能采取水源切换、水厂调度等手段规避，如果最终不得不停水，就会影响到数万人甚至数百万人的生产和生活。例如，2004 年 2 月，四川沱江受到某化肥厂排放的高浓度氨氮废水污染，导致内江市 80 万人停水 20 天，直接经济损失达 2.19 亿元。因此，停水是万不得已情况下的无奈选择。

为了确保城市供水生命线工程的安全，供水行业必须未雨绸缪，调研分析潜在的污染源，评估供水设施的安全风险，开发应急处理技术和工艺，建立健全应急处理设施，全面提升应对突发污染事件的能力。应急供水成为我国城市供水行业面临的一个新问题和新任务。

1.1 水中污染物分类及饮用水相关标准

水是生命之源。获得足够容量、合格水质的饮用水是人民群众的基本权利。然而，全国多座城市近年来发生供水水源突发性污染事故，对城市供水安全造成威胁，影响极其严重。这种突发水质恶化问题是本书研究的重点。

水中污染物的种类繁多，比较复杂。按照污染物的性质，水中的污染物指标可以粗略分为感官性状指标、无机污染物、有机污染物、微生物、放射性污染物等五大类。其中影响感官性状指标的污染物来源较为复杂，有时往往难以确定种类。无机污染物又可细分为金属、非金属以及无机综合指标；有机污染物可以细分为有机综合指标、芳香族化合物、农药、氯代烃、消毒副产物、人工合成污染物等。微生物一般指细菌、放线菌、蓝细菌（蓝藻）、病毒、真菌等，广义的微生物还包括微型藻类和微型水生动物。放射性污染物一般来自核材料、放射性同位素的泄漏，属于一个比较特殊的类别。

为了保护居民饮水健康，我国颁布了多项与饮用水相关的水质标准。其中涉及出厂水水质的标准包括：国家标准《生活饮用水卫生标准》（GB 5749—2006）、建设部颁布的行业标准《城市供水水质标准》（CJ/T 206—2005），此前颁布的国家标准《生活饮用水卫生标准》（GB 5749—1985）和卫生部颁布的《生活饮用水卫生规范》（2001）已经废止；涉及水源水质的标准包括：国家标准《地表水环境质量标准》（GB 3838—2002）、国家标准《地下水质量标准》（GB/T 14848—93）。

国家标准《生活饮用水卫生标准》（GB 5749—2006）是国家关于饮用水安全的强制性标准，于2006年12月29日发布，2007年7月1日正式实行。与原有的GB 5749—1985相比，水质指标由35项增加至106项，增加了71项，修订了8项。其中微生物指标由2项增至6项，并修订了1项；饮用水消毒剂由1项增至4项；毒理指标中无机化合物由10项增至21项，并修订了4项；毒理指标中有机化合物由5项增至53项，并修订了1项；感官性状和一般化学指标由15项增至20项，并修订了1项，放射性指标修订了1项。该水质标准将水质指标分为水质常规指标（共38项）、消毒剂常规指标（共4项）和水质非常规指标（共64项），其中水质常规指标和消毒剂常规指标于2007年7月1日正式实施，水质非常规指标由各省根据情况确定实施期限，全部指标最迟于2012年7月1日实施。此外，该水质标准还包括一个资料性附录“生活饮用水水质参考指标及限值”，该附录涉及污染物28种，包括硝基苯、2-甲基异莰醇、土嗅素等，其限值也对饮用水水质安全有指导意义。

国家标准《地表水环境质量标准》（GB 3838—2002）是国家关于水环境质量的强制性标准，于2002年4月28日发布，2002年6月1日正式实行。该标准项目共有109项，其中地表水环境质量标准基本项目24项，集中式生活饮用水地表水水源地补充项目5项、集中式生活饮用水地表水源地特定项目80项。该标准依据地表水水域环境功能和保护目标，按功能高低依次划分为五类，其中Ⅱ、Ⅲ类水体可以用作集中式生活饮用水地表水源地一级、二级保护区。

国家标准《地下水质量标准》（GB 14848—1993）规定了地下水的质量，于1993年12月30日发布，1994年10月1日正式实行。该标准项目共有39项，同样按功能高低依次将地下水分为五类，其中Ⅲ类以上地下水体适用于集中式生活饮用水水源，Ⅳ类地下水在经过适当处理后可作生活饮用水。

建设部行业标准（CJ/T 206—2005）是建设部于2005年颁布的行业标准，其水质指标和限值与后来颁布的国家标准《生活饮用水卫生标准》（GB 5749—2006）十分接近。

这些饮用水水质标准和供水水源水质标准中规定的项目共计有173个。其中环境污染事故可能产生的污染物有147项。其他的非应急性项目包括非毒害性、综合性和水处理过程中产生的污染项目和放射性项目，共26项，包括：13个感官性状和有机综合性指标（如浊度、色度、耗氧量），此类指标如果有毒害作用，则用具体单项物质项目表示；5个无明显毒害作用的一般化学指标（如钠、铁、铝、氯离子、硫酸根）；4种消毒剂（游离氯、一氯胺、臭氧、二氧化氯）和4个放射性指标。目前饮用水标准中没有，但饮用水行业面临问题严重，必须开展研究的项目有：藻、各类嗅味物质（如：硫醇、硫醚类致臭物质等）。

因此，在本书中涉及的污染物质共约 150 余项。

各种污染物的基本信息、物化特性、环境影响、监测方法等基本特性可以登陆中国环保网“突发性污染事故中危险品档案库” www.ep.net.cn/msds 获得，本文不再赘述。

1.2 水源突发污染事故概况

我国目前正处于突发环境污染事件的高发期，表 1-1 为近几年内环境保护部接报并处置的突发环境污染事件的统计表。

我国 2001 年到 2004 年间发生水污染事故 3988 件，自 2005 年底松花江水污染事故发生后，国内又发生几百起水污染事故，其中多数是由工业生产和交通事故等突发性事故引发的，大多影响到饮用水水源。特别是 2005 年底的松花江水污染事故和 2007 年 5 月的无锡饮用水危机，给当地正常的生产生活造成了严重影响，引起了国内外的广泛关注。

近年来全国突发环境事件统计表 **表 1-1**

年	全国突发污染事件	事件分级					事件起因					污染类型						
		特别重大	重大	较大	一般	等级待定	安全生产	交通事故	企业排污	自然灾害	其他因素	水污染	大气污染	固体废物污染	土壤污染	海洋污染	噪声污染	其他
2005	76	4	13	18	41		26	26	19	5		41	24	4	13			
2006	161	3	15	35	108		78	36	22		25	95	57		7			2
2007	110	1	8	35	66		39	28	14	9	20	61	34					15
2008	135	0	12	31	92		57	25	23	17	13	71	45	2	4	3	0	10
2009	171	2	2	41	126		63	52	23	33		80	61	3	16	2	0	9
2010	156	0	5	41	109	1	69	28	17	42		65	66	0	4	10	1	10
2011	106	0	12	11	83	0	51	15	20	6	14	39	52	0	2	4	0	9
2012	33 (542)	0	5	5	23		11	11	3	1	7	26	1	0	0	4	0	2
2013	(712)	(0)	(3)	(12)	(697)		(291)	(188)	(31)	(39)	(163)	45.2%	30.1%					
2014	98 (471)	0 (0)	3 (3)	12 (16)	82 (452)	1	53	24	4	17								
2015	82 (330)	0 (0)	3 (3)	3 (5)	76 (332)		48	12	4	9	9							

注：1. 统计口径：环境保护部接报并处置的突发环境污染事件。
2. 数据来源：各年度中国环境状况公报。
3. 2012 年以后括号中数据为全国的环境事件数据。

近年来影响重大的水源水突发污染事件包括：

2005 年 11 月，中石油吉林石化公司双苯厂爆炸事故造成了松花江流域发生重大水污染事件，给下游沿岸的居民生活、工业和农业生产带来了严重的影响，其中哈尔滨市近

400万人停水四天，经济损失难以估量，造成严重的影响。

2005年12月，广东韶关冶炼厂向北江违法排放含镉废水，形成几十公里的污染带，造成韶关、英德等市的水源污染，并严重威胁了下游广州、佛山等地的水源，给下游的居民生活、工业和农业生产带来了严重的影响。

2007年5月底至6月初，无锡市发生饮用水危机，在太湖蓝藻水华爆发的背景下，作为无锡市饮用水源地的太湖局部水域发生水质急剧恶化，造成自来水厂无法处理，自来水水质发臭，严重影响了生产和生活。

2008年5月12日14时28分，四川省汶川县附近发生里氏8.0级特大地震灾害，影响范围波及大半个中国，直接受灾区达10万平方公里。主要包括四川省的成都、德阳、绵阳、广元、阿坝和雅安，陕西省的汉中、安康，甘肃省的陇南、甘南、天水、平凉、庆阳、定西等14个地市。地震给灾区的供水系统造成了重大损失，包括水源水质的变化，净水构筑物的损毁。地震引发的次生灾害也对灾区的地表水源地、地下水源地、集中式供水安全、分散式供水安全造成了重大威胁，包括由地震造成重大疫情产生的威胁，由地震引发的化学品泄漏事故产生的威胁，在抗震救灾过程中产生的消杀剂大量使用产生的威胁，地震引发的地质灾害产生的威胁等。

2009年2月20日，江苏省盐城市某化工厂趁大雨期间偷排含酚的废水，污染了盐城市蟒蛇河水源地，酚浓度严重超标，造成盐城市城西水厂停产，盐都区、亭湖区、新区、开发区等部分地区发生断水，数十万居民的生活和当地工业生产受到不同程度影响。

2009年7月23日，内蒙古赤峰市新城区发生强降雨，大量雨污水淹没了九龙供水公司九号水源井，井水总大肠菌群、菌落总数严重超标。由于供水企业没有及时采取应急处理措施并在及时告知公众，导致赤峰市数千人出现发热、腹泻等肠道中毒问题。截至8月3日17时，赤峰市新城区自来水污染事件导致18个居民小区累计4322人就医。

2009年12月30日，陕西省渭南市华县发生了中石油兰郑长成品油管道泄漏事故，约150吨柴油泄漏，污染了渭河及黄河潼关至三门峡段，渭河军渡断面的石油类浓度高达80.9mg/L，超出水环境质量标准1600倍，对河南、山西两省使用黄河水作为水源的城市供水安全造成了严重威胁。

2010年7月3日，福建省上杭县紫金矿业某尾矿储存池发生泄漏事故，大量含铜废水流入汀江，直到7月11日，受到污染的汀江流域水质才恢复达标，事故对当地的供水安全造成严重影响。

2010年7月28日，吉林省永吉县境内发生特大洪水，永吉县经济开发区新亚强化工厂7000多个装有三甲基一氯硅烷等化学品的原料桶被冲入松花江中，造成下游城市居民恐慌性抢水储水。

2010年10月，广东省北江中上游河段发现铊超标。环保部门查明此次铊超标是由韶关冶炼厂排污所致，并依法责令该厂停止含铊废水排放。省政府依法责令该厂立即停止生产。这一事件对下游的清远、广州、佛山等城市的供水安全造成了严重威胁，并对即将召开的广州亚运会造成了威胁。

2011年6月4日，在浙江省建德市境内发生一起交通事故，一辆运输苯酚的车辆发生追尾事故，导致约20t苯酚随雨水流入新安江。下游桐庐、富阳等地的多家水厂停止取水，影响供水能力31万t/d，共计涉及55.22万居民用水。同时，临安市境内也发生企业违法排污，导致南苕溪水源水呈现浓烈的油漆涂料味道，影响到下游杭州市余杭区多个水厂，其中只有单一水源的水厂被迫停水，影响人口达15万人。这些事件对杭州市的供水安全造成了严重影响。

2012年1月，广西壮族自治区龙江河河池段发生镉污染事故，水体中镉含量最高达0.408mg/L，超标约80倍，对下游柳州市的供水安全造成严重威胁。如果处置不当，还会影响整个西江下游甚至港澳地区对于水源安全。

2014年4月11日，兰州市政府发布公告，在该市的西固、安宁两个城区的自来水发现苯超标问题。苯来自自来水厂附近的中石油兰州石化公司在1987年和2002年两次生产事故泄漏并渗入地下的污染物，随地下水迁移渗入了自来水厂一条超期服役的输水管道。该事件引发了公众的强烈关注和不安，成为广泛关注的热点话题。

2015年8月12日，天津港一违规储存危险化学品的仓库发生爆炸，导致大量人民伤亡和财产损失，并导致数百吨氰化物飞散，成为受到国内外广泛关注的安全监管问题和次生环境污染问题。

2015年11月下旬，甘肃省陇南市某矿业公司发生尾矿库设施损坏事故，导致大量含锑矿砂泄漏，污染了嘉陵江上游，影响了甘肃、陕西、四川三省环境安全和供水安全。其中，四川省广元市的大部分供水依赖嘉陵江水源，此次事件给当地的供水安全造成了严重影响。

在“十一五”期间，虽然各级政府加大了对于环境保护和供水安全的工作力度，但是水源突发污染事件仍然时有发生（更多案例信息请参见第10章）。这些事故表明，供水安全风险依然没有得到根本改善，应急供水工作任重道远。

1.3 水源突发污染事故频发的原因分析

我国突发环境污染事故频发的原因比较复杂，主要可以归纳为以下几个方面：

首先，经济发展模式不科学。尽管国家大力提倡，但是很多地方政府没有树立科学发展观，片面追求GDP增长，忽视环境保护和污染治理，导致污染现象长期得不到纠正，环境污染风险积累严重。在特定的条件下，一个很小的事故就可能成为引发一场重大环境事件的临界点（Tipping point）。2007年无锡市发生的太湖水危机就是一个典型案例。

其次，产业布局不合理。我国长期以来工业布局，特别是化工石化企业布局不合理，众多工业企业分布在江河湖库附近，造成水源水污染事故隐患难以根除。据原国家环保总局2006年的一项调查，全国总投资近10152亿元的7555个化工石化建设项目中，81%布设在江河水域、人口密集区等环境敏感区域，45%为重大风险源。考虑到产业调整、员工安置和场地修复的巨大代价，这些风险源在今后数十年的时间内都很难得到妥善解决。

同时，企业社会责任欠缺。企业为了降低成本，违法偷排污染物现象普遍。很多工程项目不遵守“三同时”原则，污染处理设施建设严重滞后。即使污染处理设施完工，为了节约成本，很多时候也闲置不用，依然违法排放污染物。有些企业安全生产意识薄弱，事故隐患较多，预防设施投入严重不足，一旦发生事故无法及时有效处理。2005年底至2006年初发生在北江、湘江等流域的重金属污染污染事件，2009年2月的江苏省盐城酚污染事件，2011年6月的浙江苕溪水源污染事故，2012年初的广西龙江河镉污染事件都是由于企业偷排引起的案例。2005 年松花江硝基苯污染事件、2015 年天津港爆炸事件、2015 年甘肃陇南锑污染事件都是由于企业安全生产环节存在漏洞，产生了安全生产事故导致的次生环境污染事件。

此外，交通事故频发，也是导致突发环境污染事故的重要原因。由于交通运输超载现象严重，化学品运输事故时有发生，泄漏的化学品会污染周边的水源。2006 年 6 月在山西繁峙县发生的公路交通事故导致了煤焦油泄漏，2009 年在长江武汉段发生的船舶运输事故导致了甲醇泄漏，2011 年 6 月在浙江建德因交通事故导致了苯酚泄漏事故，都给当地供水造成了严重威胁。

最后，环保和安全执法不严。各级政府中，环保部门长时间处于弱势地位，在片面追求 GDP 的政绩观指引下，往往会被迫为某些存在污染风险的项目开绿灯。同时，环境违法成本偏低，我国的环保法律对于污染事故的处罚力度不够。1984 年实施的《水体污染防治法》，对于污染事故的罚款最高仅为 100 万元，相对于企业偷排节省的数千万上亿元的排污费和污染物处理费用，这些罚款根本是九牛一毛。

西方国家也发生过一些重大突发性污染事故，例如 1986 年在瑞士发生的化学品仓库爆炸污染莱茵河事故、2000 年在罗马尼亚发生的含氰废水污染多瑙河事故、2010 年在美国墨西哥湾发生的钻井平台石油泄漏事故、2010 年在匈牙利发生的炼铝污泥泄漏事故、2014 年在美国西弗吉尼亚州 Elk 河发生的选煤化学药剂泄漏并影响当地 9 城市供水事故等。这些事故说明，工业化本身往往意味着高危作业。随着发达国家将高污染企业向中国等发展中国家转移，我国面临的重大污染事故风险仍然不可能完全避免。

综上所述，我国近期环境污染事件频发是我国经济发展与环境保护矛盾的极端表现，是我国原有粗放经济发展的必然恶果，是我国经济社会发展的阶段特征，也是在工业化发展过程中必须面对的一个挑战。

面对水源突发环境污染，城市供水部门如果不能妥善处置，将造成极大的社会经济损失，严重的甚至会引发重大的社会事件。因此，应对突发环境事件保障供水安全是供水行业的职责所在，是保障和改善民生的重大任务，是保障城市安全的最迫切最直接的任务。

1.4 应急供水技术研究

1.4.1 国际相关研究和应急供水工作

欧美等发达国家对饮用水安全十分重视，已经建立了一整套完善的水源地保护法律法规，并且开展经常的水源水质监测工作，减少了发生突发性环境污染事故影响水源地和供水系统的可能性。同时，对于现有水厂加大了工艺改造的力度，预处理工艺＋常规工艺＋深度处理工艺已经成为发达国家主流的水处理工艺，形成了保障供水安全的多级屏障。

涉及应急供水的重大事件包括：

1986 年 11 月 1 日深夜，位于瑞士巴塞尔市的桑多兹（Sandoz）化学公司的一个化学品仓库发生火灾，约 1250t 剧毒化学品随着大量的灭火用水流入下水道，排入莱茵河。事故造成约 160km 范围内多数鱼类死亡，约 480km 范围内的井水受到污染影响不能饮用。

瑞士、德国、法国、荷兰等沿岸国家采取的应急供水措施是全部关闭沿河自来水厂，改用汽车向居民定量供水，之后启用新的水源进行供水。

2000年1月底，罗马尼亚西北部奥拉迪亚市附近巴亚马雷金矿的污水处理池因大雨溃决，1万多m^3含剧毒的氰化物及铅、汞等重金属污水流入附近的索莫什河，而后又流入多瑙河支流及干流。污水进入匈牙利境内时，氰化物含量最高超标700～800倍。有毒污水流经之处，造成罗马尼亚、匈牙利、南斯拉夫三国多瑙河流域的几乎所有水生生物迅速死亡，河流两岸陆地动物、植物大量死亡。事故发生后，罗马尼亚、匈牙利、南斯拉夫3国政府宣布：蒂萨河沿河地区进入紧急状态。匈牙利政府在接到罗马尼亚政府的预警通报后，下令立即关闭以蒂萨河为饮用水源的所有自来水厂。

2005年8月29日，卡特里娜飓风在美国墨西哥湾沿岸登陆。飓风带来的风浪涌入并损坏了新奥尔良市的防波堤，淹没了该市超过80%的面积。卡特里娜飓风对新奥尔良市排水、供水和污水处理系统造成了严重影响。8月31日，路易斯安纳州健康和公共服务部向受到飓风影响的15个区的市民发布了将自来水煮沸饮用的要求。USDA则建议市民只饮用瓶装水。在美国陆军工程兵和州国民警卫队的帮助下，运输部安排了由车队从合格的供水系统向灾区运送饮用水。在救灾期间，共运送了3100万L饮用水和超过1900万磅的冰。8月31日，在采用汽油动力的水泵将发电间的洪水排出后，Carrollton水厂的发电机恢复工作。在将水、垃圾和污泥清除后，对大楼和设备进行了消毒。同时对水厂的结构、机械、电气情况进行了评估。随后制订了维修和更换计划，维修工作在水被排干之后立即开始。维修工作包括清洗和更换滤池、恢复水力和鼓风控制系统，维修电机。水厂于9月11日恢复正常，虽然只是将原水进行混凝处理，过滤单元采用人工操作直到控制系统修复为止。作为焚烧处理的替代方案，处理过程中产生的污泥采用土地填埋处置。

2014年1月9日，美国西弗吉尼亚州首府查尔斯顿附近发生了一起化学品泄漏事故，导致下游的自来水厂受到污染，该州9个县近30万人的供水受到严重影响。造成污染事故的原因是上游一家化学品储存企业的储罐泄漏，导致几十吨4-甲基环己烷甲醇洗煤剂泄漏。这种化学品有浓重的气味，虽然自来水厂采取了高锰酸钾氧化、颗粒活性炭滤池吸附等手段，仍然无法去除，出厂水和龙头水中有强烈的气味，导致用户无法使用。西弗州州长当天就宣布进入紧急状态，政府要求民众不要饮用自来水。美国联邦政府政府也加入了紧急事件的救援工作，向受影响县的应急服务机构分发瓶装水。

由于在发达国家，污染事故属于零星发生，应急处理工作多通过水源切换、水厂调度、组织管理实现，国际上并没有系统完整的突发污染物处理技术和工艺参数。世界卫生组织（WHO）于2006年9月新发布的《饮用水水质准则》（第三版）中，对于每种污染物笼统地提出了推荐的处理技术，如强化常规工艺、活性炭吸附工艺、生物处理工艺等，没有具体的工艺参数和实施方式；而且这些技术也只是针对污染物少量超标的水厂现有技术，没有针对突发性污染事故的实用技术。美国自来水厂协会（AWWA）编写的《水质与水处理 公共供水技术手册》（第五版）中，给出了活性炭吸附污染物的等温线方程，不过这些吸附试验往往是在远高于饮用水标准限值的污染物浓度条件下开展，供水行业并不能直接借鉴这些参数，仍然需要开展吸附试验；该书还提到了几种金属的化学沉淀去除参数；但是书中也提到“由于饮用水源中重金属问题并不常见，所以很少研究利用沉淀处理来去除饮用水中某一特定重金属的问题”。

近年来，西方发达国家所发生的一些突发性污染也说明，工业化本身往往意味着高危作业，突发性污染虽可在一定程度内控制，但发生重大安全事故并造成水源污染的可能性，仍将不可避免，因此发达国家将化工等行业向发展中国家转移，以转移污染风险，降低事故隐患。

1.4.2 国家在应急供水方面设置的部分课题

在初期的应急供水工作中，最大的问题是缺乏有效的应急处理技术和准确的应急工艺参数。2005年之前，由于没有技术储备，全国几乎没有应对突发水源污染的成功案例，水源污染之后只能停水。在2005年的松花江硝基苯污染事件、北江镉污染事件的应急实践中，也都是现场开展试验，匆忙确定工艺参数，这种在遭遇战中临阵磨枪的方式十分被动，存在很大的不确定性。

因此，应急供水研究受到了建设部、环保部、科技部等相关部门的支持。

2003年，在非典暴发之后，建设部委托中国城镇供水协会开展了“城镇供水安全保障及应急体系研究”，主要是对应急供水工作的组织管理框架和预案进行了研究。

2006年初，原国家环保总局启动了“松花江水污染事件生态环境影响评估与对策”项目，其中针对应急供水设置了“沿江集中式供水应急净化技术与关键设备研究”课题，由清华大学负责，中国城市规划设计研究院、哈尔滨工业大学、哈尔滨供排水集团有限责任公司等单位参加，主要是系统研究去除硝基苯等特征污染物的城市自来水厂应急处理技术和工艺。科技部也启动了一个科技支撑项目，由中科院生态环境研究中心牵头，主要研究污染物在环境中的迁移转化规律以及对生态等方面的影响。这些研究工作对于全面系统评估松花江污染事件对环境、生态和人体健康的影响，制订全面的应急和修复措施，发挥了重要作用。

2006年，建设部委托清华大学牵头，联合北京、广州、深圳、无锡4家自来水公司和上海、济南两家水质监测机构开展了“城市供水系统应急技术研究”，经过实验室研究，初步获得了101种有毒有害物质的应急处理技术及其工艺参数，课题成果汇编形成了《城市供水系统应急净水技术指导手册》，由建设部城建司行文下发到各地供水主管部门和供水企业，对于应急供水工作起到了重要的技术支撑作用。有关成果还为无锡市太湖水危机、汶川地震灾区应急供水工作提供了技术支撑作用。

2008年，科技部启动了863重大项目“重大环境污染事件应急技术系统研究开发与应用示范”，该项目包括共性技术类和示范应用类两大类课题。其中示范应用类对应急供水工作进行了重点资助，由中国科学院生态环境研究中心牵头，包括北京、上海、珠海、沈阳等城市的供水企业参与其中。

2008年，国家启动了“水体污染控制与治理”重大科技专项，其中在“十一五”水专项饮用水主题中设置了多个与应急供水相关的课题，包括应急监测、预警、应急技术和工程建设、应急规划调度、应急预案等，分别由中国城市规划设计研究院、浙江大学、清华大学、北京市自来水集团等单位牵头负责。

除了上述课题之外，在各省市、供水企业的支持下，国内市政工程领域的各大高校纷纷开展了应急供水方面的相关研究。除已经提及的单位之外，同济大学高乃云等人开展了对多种农药、重金属污染物的应急处理技术，河海大学陈卫等人开展了“南京长江水源突发性污染应急水处理技术应用研究”，西安建筑科技大学黄廷林等人开展了“汶川地震对城市给水系统设计及应急研究”。

近年来，在科技文献中出现了大量的应急供水研究的文章。以“应急”、“供水/净水/给水”为检索词，在中国知网中检索了发表的论文，按照年份进行了统计，如图 1-1 所示。

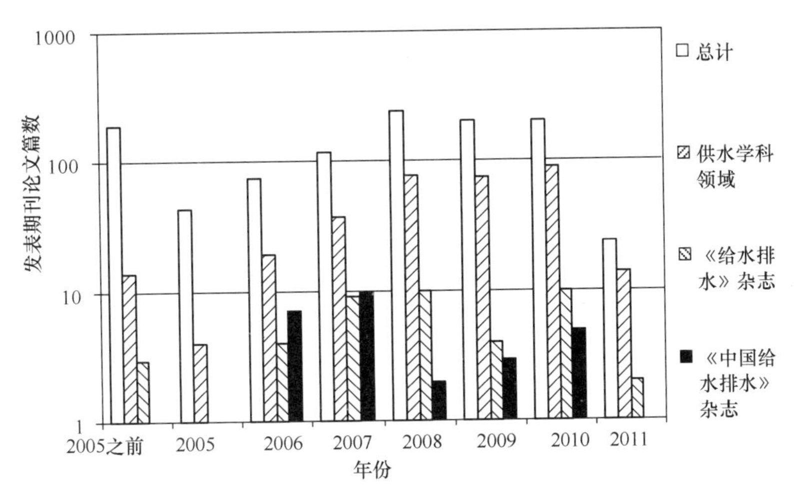

图 1-1 中文期刊中有关应急供水的论文统计情况

从 2005 年以来，和应急供水相关的论文年发表量为 100～200 篇，主要来自供水和水利两大学科领域。前者主要关注应急净水工艺、应急组织管理；后者主要关注应急取水和送水。在供水行业权威的《给水排水》、《中国给水排水》两份期刊中，每年都有近 10 篇应急供水方面的重量级论文发表，并被多次引用。其中，截至 2016 年 5 月，清华大学张晓健撰写的“松花江和北江水污染事件中的城市供水应急处理技术”一文被引用 46 次；哈尔滨工业大学崔福义等人撰写的“城市给水厂应对突发性水源水质污染技术措施的思考”一文被引用 23 次。

1.4.3 水专项相关研究和应急供水工作

为保障城市供水安全，我国的城市供水行业必须加强应急能力建设，国家“十一五”水专项中还设置了多个与应急相关的课题，具体包括：

（1）自来水厂应急净化处理技术及工艺体系研究与示范（2008ZX07420-005）

根据污染物特性、应急处理技术要求和应对突发性水源污染事故城市供水的经验，本课题确定了以下六类水源突发污染应急处理技术：

1）应对可吸附有机污染物的活性炭吸附技术；

2）应对金属非金属污染物的化学沉淀技术；

3）应对还原性污染物的化学氧化技术；

4）应对微生物污染的强化消毒技术；

5）应对挥发性污染物的曝气吹脱技术；

6）应对藻类暴发的应急处理技术。

饮用水应急处理技术具有不同于饮用水常规工艺、深度处理工艺的特点，其选择标准包括：

1）处理效果显著，不引入二次污染，出水水质全面满足饮用水水质标准；

2）能与现有水厂常规处理工艺相结合；

3）便于建设，能够快速实施，易于操作；

4）费用成本适宜，技术经济合理。

在上述具体应急处理技术基础上，建立应急处理技术的集成体系，完善水厂应对突发性水污染事故的技术基础。

本课题共设置 8 个子课题，其技术路线如图 1-2 所示。

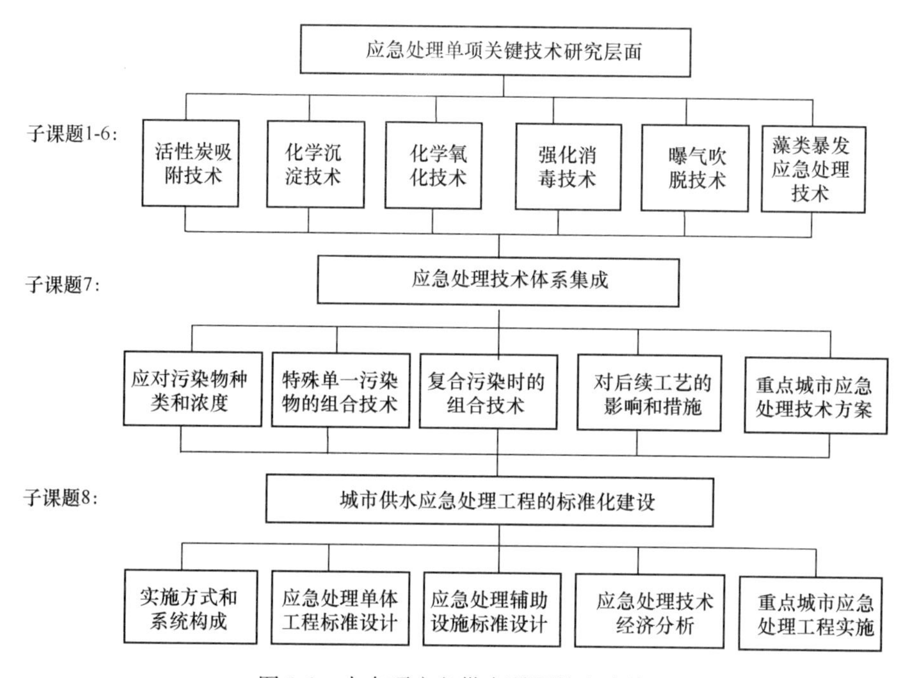

图 1-2　水专项应急供水课题技术路线

在污染物选取方面，根据全覆盖的原则，在饮用水相关标准所涉及的全部指标和部分热点污染物中，除综合性指标、非有毒有害物质项目之外，该课题对其中 152 种有毒有害污染物研究了应急处理技术。根据这些污染物的特性，初步提出可能的备选应急处理技术方案。除 19 种供水行业尚未开展监测的项目外，对 133 种污染物进行了应急处理验证性试验，目的是确定适宜的应急处理技术、工艺参数和最大应对超标倍数。经过试验研究，已获得了 115 种有毒有害物质的应急处理技术及其工艺参数（其中新国标 106 项指标中的 92 种污染物），基本上涵盖了供水行业中饮用水相关标准中涉及的主要环境污染物。

本书主要依托于该课题的技术研究成果，为我国供水行业提供应急处理技术方案，指导有关单位应对今后可能发生的突发污染事故。

（2）水质监测关键技术标准化研究与示范（2008ZX07420-001）

为实施《生活饮用水卫生标准》（GB 5749—2006），针对我国饮用水水质监测方法不健全问题，补充、改进和发展实验室检测行业标准，实现在线监测方法的规范化，突破应急监测关键技术并初步建立应急监测技术指南，建立相关的行业标准、技术规程和技术指南，形成“从水源到龙头”的供水系统全流程标准化监测方法体系并进行应用验证。

该课题的研究内容主要包括：

1）饮用水水质实验室监测方法标准化研究；

2）饮用水水质在线监测方法规范化研究；

3）饮用水水质应急快速监测方法研究；

4）饮用水水质新型监测方法研究；

该课题将加强对突发性污染事故的水质监测，及时提供污染情况，为采用适用的应急处理技术、进行有效的应急组织管理提供依据。

（3）水质安全评价及预警关键技术研发与应用示范（2008ZX07420-004）

该课题研究并提出基于水质监控网络的国家、省（流域）、市三级供水水质安全预警系统的技术方案并建成示范应用体系。

该课题的研究内容包括：

1）研究适用的饮用水水质风险评价指标体系、分级体系和评价方法；

2）开展饮用水水质现状评价、风险预测技术研究；

3）提炼饮用水水质预测分析、水质警源解析、警情评估等相关的共性技术；

4）构建饮用水水质安全评价和预警系统体系。

（4）城市供水系统规划调控技术研究与示范（2008ZX07420-006）

该课题针对我国城市规划缺乏供水水质安全调控机制而带来的供水系统布局不合理和应急供水工程体系不健全问题，基于减少和控制城市供水系统突发性事故和为应急供水提供应急工程体系支持的需要，以城市空间和产业布局协调、供排水系统优化为重点，建立城市供水系统规划调控技术方法，形成城市安全供水的规划保障体系，并在5个典型城市进行规划示范。

该课题的研究内容包括：

1）城市供水系统高危要素识别与系统应急能力评估方法研究；

2）城市供水系统与城市布局的空间协调方法及规划指标研究；

3）城市应急供水的规划调控方法及规划指标研究；

4）城市供水系统动态仿真模型及规划决策支持系统的研发。

（5）城市供水应急预案研究与示范（2008ZX07419-005）

该课题针对目前我国突发性水污染事件频发的情况，开展各类突发事件下的城市供水应急体系及以城市为主体的应急处理系统研究，建立城市供水应急处理管理体系与机制，通过应急处理预案编制、演练、后评估，为建立应急事件处理和处置提供管理平台和技术支持，以提高各级政府和供水企业应对和处置突发水源污染事件的能力，保障突发事件时的城镇供水安全。在此基础上，开展包括工程事故、自然灾害等各类事故的应急预案体系的研究。并提出相关的关键性技术应用和应对措施集成，以提高各地应对突发事件的能力，保障突发事件时的城镇供水安全。

该课题的研究内容主要包括：

1）城市供水应急体系研究

在充分调研的基础上，研究建立健全的城市供水应急管理体制、协调配和机制，确立应急体系建立原则；制定、修订和完善城市供水应急预案，建立健全应急预案体系。

2）应急预案编制研究

在系统分析总结以往发生的国内外水源污染事件及应急处理结果的基础上，制定和完善应急预案；结合情景分析演算确定不同情景下的污染源类型、产生的危害程度及其影响范围，研究应急预案应包含的对象、实施的范围及实施主体；确定应急预案的编制原则、编制程序和编制方法，提出应急预案的基本框架和编制指南。

3）应急供水演练及后评估研究

开展事故预案分级研究，针对不同类型突发事件研究应急预案演练方法、标准、频率和预案评估办法；建立针对应急供水预案与演练的后评估模式和方法；检验各类突发事件管理措施、技术措施、组织措施和应急物资保障能力进行；研究突发事件的综合评估方法。

4）应急预案保障系统研究

建立分级分区域规范化的事故预案指南、应急技术快速查询辅助决策平台、专家库管理平台、应急演练及预案后评估系统、应急培训平台、物资管理平台、政策、机制研究和成功案例查询平台等，开展应急技术方案与预案研究成果的系统集成。

本课题与其他课题密切配合，最终可以构成应对突发性水源污染的应急监测、预警、处理、规划调度和管理的完整的应急供水技术体系。

1.5 加强应急供水安全的总体战略

供水是城市生命线工程之一，影响人民群众的生活、工业和服务业的正常生产，关乎社会安定。因此，供水安全问题不仅仅是供水行业自身的问题，需要国家进行综合治理。在发生突发事件后，各级政府往往会强调不惜代价保障供水，显示出对供水工作的重视，但更好的对策是“预防为主、预防与应急相结合”，平时加强投入，在“从源头到龙头”的整个供水安全链上，消除事故隐患，加强技术改造，做好人员物资储备，提升综合应急能力。

1.5.1 国家层面

在国家层面上，保证供水安全，就必须通过转变经济发展模式，淘汰高污染、高耗能的落后产能，建立环境友好型、资源节约型的经济发展新模式，就会大幅降低突发环境污染事故的几率，提高水源地抵抗自然灾害破坏的能力。在国家“十一五规划”、“十二五规划”中，强化了环境保护工作这一基本国策的重要地位，提出建立“环境友好型、资源节约型”社会，将节能减排作为地方政府的一项重要考核指标，推动淘汰污染产能，提高环境质量。

国家还通过加强立法来促进供水应急能力的提高。2007 年 8 月 30 日，第十届全国人大常委会通过了《中华人民共和国突发事件应对法》（以下简称《突发事件应对法》），并于当年 11 月 1 日实施。法律要求国家建立统一领导、综合协调、分类管理、分级负责、以属地管理为主的应急管理体制。《突发事件应对法》作为开展突发事件应对工作的重要法律依据，明确了应急管理主体、原则、体制、机制、程序、责任等内容，全面、系统地规范了突发事件预防与应急准备、监测与预警、应急处置与救援、事后恢复与重建等应对活动。

2006年1月8日，国务院发布了《国家突发公共事件总体应急预案》（以下简称《总体应急预案》）。根据突发公共事件的发生过程、性质和机理，突发公共事件主要分为以下四类：自然灾害、事故灾难、公共卫生事件、社会安全事件。各类突发公共事件按照其性质、严重程度、可控性和影响范围等因素，一般分为四级：特别重大（Ⅰ级）、重大（Ⅱ级）、较大（Ⅲ级）和一般（Ⅳ级）。其中供水安全在四类突发公共事件中都可能涉及，可能涉及的事件级别也会很高，其中松花江水污染事故、无锡太湖水危机都属于特别重大事件。

根据《突发事件应对法》和《总体应急预案》的要求，国务院各部门、各级地方政府、企事业单位都制订了相应的应急预案。其中和供水安全相关的包括《国家突发环境事件应急预案》、《国家突发公共卫生事件应急预案》、《国家防汛抗旱应急预案》、《城市供水系统重大事故应急预案》（建设部发布）、《突发环境事件信息报告办法》（环保部发布，2011年5月1日起施行）。其中《城市供水系统重大事故应急预案》规定超过3万户停水24小时以上为特别重大事故；《国家突发环境事件应急预案》将因环境污染造成重要城市主要水源地取水中断的污染事故列为特别重大事故；《突发环境事件信息报告办法》中规定因环境污染造成地级市及以上城市集中式饮用水水源地取水中断的为特别重大事故，因环境污染造成县级城市集中式饮用水水源地取水中断的为重大事故。

《国家突发公共卫生事件应急预案》主要针对流行病疫情，其中提到可采取“封闭或者封存被传染病病原体污染的公共饮用水源”的应急措施；《国家防汛抗旱应急预案》提到当因供水水源短缺或被破坏、供水线路中断、供水水质被侵害等原因而出现供水危机，由当地防汛抗旱指挥机构向社会公布预警，居民、企事业单位做好储备应急用水的准备，有关部门做好应急供水的准备。

同时，国家也进一步加强了环境保护方面的立法工作。《中华人民共和国水污染防治法》（以下简称《水污染防治法》）于2008年2月28日修订通过，自2008年6月1日起施行。新修订的《水污染防治法》为饮用水源单独设立一章，显示了对于水源保护工作的重视。该法还大幅提高了污染事故的处罚力度：对造成重大或者特大水污染事故的企业，可责令关闭；对直接负责人员可处上一年度一般收入的罚款；对造成重大或者特大水污染事故的企业，按照事故直接损失的百分之三十计算罚款。

新修订的《水污染防治法》实施以来，已经支持了多起污染事件的判决。2011年1月，紫金矿业公司被判犯重大环境污染事故罪，判处罚金3000万元，五名事故责任人分别被判处三到四年六个月有期徒刑，并处罚金。

此外，国家还通过行政、金融、经济、税务等多重手段提高重污染企业的经营成本，使得这些污染企业难以获得贷款和市场准入，促使企业逐渐完成升级换代，一定程度上降低了污染事件发生的几率，保障了水源地安全。

1.5.2 部门层面

供水工作涉及政府多个部门，包括发改委、建设、环保、水利、卫生等，加强供水安全水平，需要各部门共同合作。目前，我国的供水行业主管部门是住房和城乡建设部，负责对城镇供水企业进行行业指导，2005年制订了行业标准——《城市供水水质标准》。环保部是《水环境质量标准》(GB 3838—2002)的归口管理部门，负责划定水源地保护区，开展水源地的水质监测，发布水质信息。卫生部是《生活饮用水卫生标准》(GB 5749—2006)的归口管理部门，并依据该标准开展最终供水的水质检验工作。水利部负责与水源地相关的水利设施建设和运行，并开展农村供水工作。发改委负责供水设施改造相关规划和重大项目的审批。

2007年，国家发改委、建设部、水利部、卫生部和环保总局共同制订了《全国城市饮用水安全保障规划(2006—2020)》，建设部也启动了《全国城市供水设施改造和建设规划》，均对"饮用水安全监测及应急预案"进行了专门规划。2009年，住房和城乡建设部组织编写了《城镇供水设施改造技术指南》，将应急处理与预处理和强化常规处理、深度处理、特殊水处理、输配管网更新改造共同列入设施改造规划之中。

在发生突发供水安全事故时，地方政府是开展应急供水工作的责任主体，负责组织协调各部门各相关责任人开展工作。一旦发生水源突发污染事件，环保部门将负责开展水源水质监测、污染事故责任认定、受污染环境修复等工作，水质信息将提供给地方政府。水利部门采取水力调度、水源切换、工程阻截等方式，规避水源污染给供水企业造成的影响。供水行业主管部门(主要是城建主管系统、水务局等)负责组织供水企业开展相关工作。供水企业是应急供水工作的实施主体，负责提出并实施应急处理技术和管理措施。卫生系统负责水厂出水水质检测，评判应急条件下的水质是否安全，能否供给用户。

1.5.3 供水行业层面

如前所述，供水是城市生命线工程，即使在发生重大自然灾害和人为污染事故的非常规情况下，也应该尽力保障供水。在供水行业内，为了确保应急供水成功，需要加强水质监测、预警、应急技术、工程设施、规划调度、组织管理的全流程工作。供水行业的应急工作框架如图1-3所示。

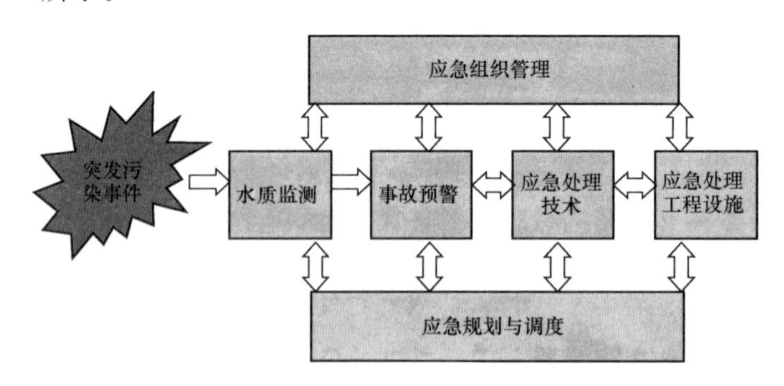

图1-3 供水行业应急工作框架

当发生突发污染事故时，环保部门应尽快查明并切断污染源，并密切监测污染物的迁移情况，确定事件的影响范围与程度。水利部门可以通过调水、放水、蓄水等手段减轻事故影响。

一旦水质污染信息得到确认，供水企业应该根据应急预案，确定应急处置对策。

首先是启动应急监测。供水企业应该自主或者委托相关机构对原水水质进行全面分析，确定污染物的种类和浓度。水质分析报告应该尽快上报地方政府，并与环保、水利、卫生部门交换信息。根据水体污染的程度、可能的持续时间和处理能力，启动不同级别的应急预案和不同类型的技术预案。水质监测要保持合理的频率，应做好长期应急的准备，合理分配检测设备和人力资源。有条件的地方，要在重点水源地和水厂设置在线监测设备，提供水质变化的实时信息。水质检测对于后续工艺方案制定、事故责任认定都有至关重要的作用，各级政府和供水企业应加大对水质检测能力的建设力度。

其次是确定应急供水调度方案。有富余供水能力的企业可以选择关闭受影响水源，采用备用应急水源或多水源联合调配。对于有不同水源、多个水厂的供水企业来说，可以通过调度手段，增加其他水厂产水量来规避污染风险。但是在市场化运作情况下，供水企业不可能预留太大的生产能力，一个水厂的关闭会导致供水能力的下降，造成部分城区的低压供水甚至停水。因此，城市的自来水厂规划十分重要。

对于水源单一的城市或水厂，一旦发生污染事故，应急处理技术和设施就成为必须的应对措施。由于我国很多地方水资源缺乏，合格的水源地十分有限，水厂的净水设施和输配管网的能力有限，一旦某个水源出现问题，很难依靠其他水厂进行补救。所以，高风险城市、重点设防城市和重点水厂应该保持较高的富余供水能力和建设规范化的应急处理设施。

1.6 下一步研究方向

在过去的几年中，应急供水研究得到了国内供水企业和科研单位的高度重视，成为一个新的研究热点。在“十一五”期间，经过国内高等院校、科研机构和供水企业的研究，已经初步建立了应急净化处理技术体系。根据面临的水源污染状况和应急工作需求，在以下方面应进一步开展研究。

(1) 扩大应对污染物的覆盖范围。已有的应急处理技术研究主要是针对饮用水标准中的一百多种污染物开展了验证试验，而在标准之外的有毒有害化学品种类成千上万。为了保障供水安全，维护社会稳定，现有应急处理技术体系的覆盖范围需要进行扩展。

(2) 进一步完善应急处理的技术体系。随着应急处理技术在水厂的应用不断增加，已经积累了大量的经验，发现了一些不足，但如何提高应急处理技术的适用性、经济性和设备材料配套方面仍存在很多需要探索之处。

(3) 加强应急供水的资源支撑体系的建设。应急供水在药剂、设备、储备、技术队伍、信息等资源支撑能力体系方面存在很大需求，以应急处理设备、材料、监控系统和工程咨询为主体的应急产业将在今后十年中逐渐形成，急需加强应急供水资源支撑体系的建设。

(4) 完善应急供水的管理体系。应急供水工作不是供水行业自身可以解决的问题，往往还涉及到地方政府、建设、环保、水利和卫生部门；另外，在应急工作中可能会出现经济纠纷，产生责任认定等敏感问题。在应急预案和应急相关的法制、体制和机制方面，都有很多问题有待解决。

总之，应急工作需要实现水质监测、预测预警、规划调度、应急处理技术、应急处理工程设施、设备材料、应急预案和组织管理的综合保障和全面建设，以提高我国城市供水应对突发水源污染的能力，保障供水安全，把污染事件的负面影响降低到最低程度。

1.7　主要章节结构

本书共分为10章，除第一章绪论之外，各章节主要内容如下：

（1）应对可吸附污染物的活性炭吸附技术，通过采用具有巨大比表面积的粉末活性炭、颗粒活性炭等吸附剂，将水中的污染物转移到吸附剂表面从水中去除，可用于处理大部分有机污染物。有关吸附技术的讨论详见第2章。

（2）应对金属和非金属污染物的化学沉淀技术，通过投加药剂（包括酸碱调节pH值、硫化物等），在适合的条件下使污染物形成化学沉淀，并借助混凝剂形成的矾花加速沉淀，可用于处理大部分金属和部分非金属等无机污染物。有关化学沉淀的讨论详见第3章。

（3）应对还原性污染物的化学氧化技术，通过投加氯、高锰酸盐、臭氧等氧化剂，将水中的还原性污染物氧化去除，可用于硫化物、氰化物和部分有机污染物。有关氧化技术的讨论详见第4章。

（4）应对挥发性污染物的曝气吹脱技术，对于难于采用吸附、化学沉淀、氧化还原等技术难于去除的挥发性污染物，如卤代烃类污染物，可以采取曝气吹脱的方法，对取水口外的局部水体进行表面曝气或鼓风曝气，吹脱去除会发性污染物。有关技术详见第5章。

（5）应对微生物污染的强化消毒技术，通过增加前置预消毒延长消毒接触时间，加大主消毒消毒剂量，强化对颗粒物、有机物、氨氮的处理效果，提高出厂水和管网剩余消毒剂等措施，在发生微生物污染和传染病暴发的情况下确保城市供水安全。有关微生物控制的讨论详见第6章。

（6）应对藻类暴发引起水质恶化的综合应急处理技术，通过针对不同的藻类代谢产物和腐败产物采取相应的应急处理技术，并强化除藻处理措施，保障以湖泊、水库为水源的水厂在高藻期的供水安全。有关藻类暴发引起水质恶化的应急处理技术研究见第7章。

（7）饮用水应急处理关键设备，根据当前应急供水工作中缺乏高效实用的应急设备的现状，研究开发了两种关键设备，包括用于指导自来水厂开展应急工艺调整的“移动式应急处理导试水厂”和用于水厂投加药剂的“移动式应急药剂投加系统”。有关饮用水应急处理关键设备的介绍见第8章。

（8）应急处理工程设计，根据当前供水行业缺乏规范化建设的应急处理工程的现状，本书给出了多项应急处理工艺的实施系统的规范化设计，包括粉末活性炭吸附、化学沉淀、化学氧化、强化消毒和藻类应急处理等。这些规范化设计的内容详见第9章。

（9）典型案例分析，文中还总结了近年来国内暴发的多起重大突发事件的应急供水工作案例，包括2005年11月至12月松花江硝基苯污染事件、2005年12月广东北江镉污染事件、2007年5月无锡市饮用水危机、2007年6月秦皇岛自来水嗅味事件、2008年汶川地震灾区应急供水、2010年10月广东北江铊污染事件、2011年6月浙江余杭水源地有机污染事件、2011年7月湖南武江—广东北江锑污染事件等的应急净水工作案例。详见第10章。

放射性污染物的处理需要由辐射防护和处理的专业人员进行。受到污染的水体一般不能继续使用，可采用化学沉淀等方法将污染物富集分离，水体可采用大量供水稀释的方法降低污染风险。在本书中不作专门讨论。

在污染物选取方面，根据全覆盖的原则，在目前国内涉及饮用水水质的相关标准所涉及的全部173种指标中，除13种综合性指标、5种非有毒有害物质、4种消毒剂和4种放射性项目之外，本课题对我国饮用水相关标准（自来水和水源水）中全部147种有毒有害污染物研究了应急处理技术。根据这些污染物的特性，初步提出可能的备选应急处理技术。除19种供水行业尚未开展的项目外（全部是水环境标准中非常规项目），对剩余128种污染物全部进行了应急处理验证性试验。经过试验研究，已获得了115种有毒有害物质的应急处理技术、工艺参数和最大应对超标倍数，基本上涵盖了供水行业可能涉及的主要环境污染物，并提出了无法应急处理需要加强源头监管的9种污染物“黑名单”；还对其中22种开展了中试试验，验证了工程实施的可靠性。

各种污染物的水质标准和推荐的应急处理技术汇总在附录1中。对其中147种需应急处理的标准内有毒有害污染物和6种标准外污染物研究了应急处理技术。根据这些污染物的特性，初步提出可能的备选应急处理技术。除19种供水行业尚未开展的项目外，对134种污染物进行了应急处理验证性试验，确定适宜的应急处理技术、工艺参数和最大应对超标倍数。经过试验研究，已获得了121种有毒有害物质的应急处理技术及其工艺参数，基本上涵盖了供水行业可能涉及的主要环境污染物。

2 应对可吸附污染物的应急吸附技术

活性炭是水处理中的常用吸附剂，根据活性炭的形态和使用方法，活性炭又分为粉末活性炭（Powdered Activated Carbon，英文简称为PAC，中文简称为粉末炭）和颗粒活性炭（Granular Activated Carbon，英文简称为GAC，中文简称为颗粒炭），在应急处理中可采用粉末炭投加法和炭砂滤池改造法两种技术。

对于粉末活性炭投加法，主要的技术参数是投加量和吸附时间，可以通过吸附容量试验和吸附速率试验来确定（试验方案可参考附录）。同时还必须考虑水源水中其他污染物的竞争吸附、投加设备的操作偏差等因素，在确定实际投加量时要留有充足的安全余量。

对于颗粒活性炭改造炭砂滤池法，主要的技术参数是确定炭层对污染物的最大承受负荷和穿透时间。最大承受负荷可采用炭柱试验，由不同进水浓度和滤速下的吸附带高度来确定。炭层穿透时间试验所需时间较长，在应急期间的短时内无法完成，可根据静态吸附容量试验估算，并在事故中进行跟踪测定。

粉末活性炭吸附技术实施方便，对正常生产基本没有影响；而采用颗粒活性炭进行炭砂滤池改造工作量大、时间长，需停水改造，因此在应急实施中通常采用粉末活性炭吸附技术。

2.1 活性炭对污染物的吸附特性

2.1.1 基本特性

活性炭是通过把制炭原材料在几百摄氏度下炭化之后，再进行活化而制成的。炭化是在无氧状态下加热，原材料经过热分解释放出挥发性组分而形成炭化产物，此时炭化产物的比表面积很小，每克炭只有几十平方米。如要制得具有发达孔隙及高比面积的活性炭，还需要进一步将炭化产物活化。活化过程中，活性炭微晶间的强烈交联形成的发达微孔结构会被扩大形成许多大小不同的孔隙，这时巨大的表面积和复杂的孔隙结构也逐渐形成。

活化工艺是活性炭生产的关键工艺，主要分为化学品活化和气体活化法。在化学品活化中，利用氯化锌活化可以得到较多大孔，磷酸活化可使活性炭具有更细的微孔，氢氧化钾活化可获得非常高的多孔性，比表面积可达3000m^2/g；但在目前的活性炭生产上，气体活化法应用较广泛，以水蒸气、二氧化碳或水蒸气和二氧化碳的混合气为活化剂，在800～1000℃高温下炭化，便可制得细孔发达的活性炭，比表面积一般为800～1300m^2/g。

活性炭的物理结构与石墨相似，是由排列成规则的六角形的碳原子构成的片状体层层叠积而成，但活性炭不像石墨那样有规则。活性炭的主要特点在于其发达的孔隙结构。按照国际纯应用化学联合会（IUPAC）规定，根据孔隙直径的大小可以将活性炭的孔隙分为微孔（＜4nm）、中孔（4～100nm）以及大孔（＞100nm）。

在活性炭孔隙结构中，微孔、中孔和大孔的比例不同，尤其是微孔的含量不同，使炭吸附能力不同。一般活性炭微孔容积约为 0.15～0.90mL/g，其表面积占活性炭总表面积的 95%以上，因此活性炭与其他吸附剂相比，具有微孔特别发达的特征；中孔的容积为 0.02～0.10mL/g，表面积不超过单位重量吸附剂总面积的 5%，液相吸附时，吸附质分子直径较大，如着色成分的分子直径多在 3nm 以上，这时小孔几乎不起作用，中孔发达则是很有利的，有些吸附质通过中孔作为通道扩散到微孔中去，因此吸附质的扩散速度受中孔多少的影响。大孔表面积只有 0.5～2m^2/g，占比表面积的比例不足 1%，它主要为吸附质提供扩散通道。

活性炭是一种多孔隙、非极性的吸附剂，具有巨大的表面积（800～1300m^2/g），其吸附作用主要来源于物理表面吸附作用，如范德华力等，对于非极性、弱极性和水溶性差的有机物有较好的吸附能力，例如芳香族、脂肪族有机物等。但是对于醇类、糖类等极性较强、水溶性较好的有机物，活性炭对其的吸附性能一般较差，基本上无法有效去除。

表 2-1 给出了常见有机污染物被活性炭吸附难易程度的一般特性。

不同种类有机物在活性炭上的吸附特性　　　　**表 2-1**

容易吸附的有机物	难以吸附的有机物
1. 芳香溶剂类 苯、甲苯、硝基苯等	1. 醇类
2. 氯化芳香烃 多氯联苯、氯苯、氯萘等	2. 低分子酮、酸、醛
3. 酚和氯酚类	3. 糖类（含淀粉）
4. 多环芳烃类 二氢苊、苯并芘	4. 高分子有机物或胶体有机物
5. 农药及除草剂类 DDT、艾氏剂、氯丹、六六六、七氯等	5. 低分子脂肪类
6. 氯化烃 四氯化碳、氯烷基醚、六氯丁二烯等	
7. 高分子烃类 染料、石油类、胺类、腐殖质	

此外，活性炭在高温制备过程中，炭的表面形成了多种官能团，这些官能团对水中的部分无机离子有化学吸附作用，其作用机理是通过络合螯合作用，它的选择性较高，属单层吸附，并且脱附较为困难，但是由于活性炭上的官能团数量有限，因此活性炭对于金属离子的吸附作用难以实际使用。

活性炭吸附是从大体积系统中去除含量极微的目标物的重要技术，在水处理行业中有着十分广泛的应用。

2.1.2 影响吸附的主要因素

（1）吸附质的化学性状

吸附质的极性越强，则被活性炭吸附的性能越差。例如：苯的被吸附性强，苯酚的被吸附性比苯差。被吸附性还与吸附质的官能团有关，即与这些化合物与活性炭的亲和力大小有关。

（2）吸附质的分子大小

即吸附质分子大小与活性炭吸附孔的匹配问题。由于活性炭的主要吸附表面积集中在孔径<4nm的微孔区，根据吸附质分子大小与活性炭吸附孔的匹配关系，可以推断被活性炭吸附有效去除的物质的分子量$M<1000$。实测饮用水处理发现活性炭主要去除$M<1000$的物质，其最大去除区间的分子量为500～1000（饮用水水源中分子量<500部分主要为极性物质，不易被活性炭吸附），与上述分析相吻合。

（3）平衡浓度

活性炭吸附的机理主要是物理吸附。物理吸附是可逆吸附，存在吸附的动平衡。一般情况下，气相或液相中平衡浓度越高，固相上吸附容量也越高。对于单层吸附（如化学键合），当表面吸附位全部被占据时，存在最大吸附容量。如果是多层吸附，随着液相吸附质浓度的增高，吸附容量还可以继续增加。

（4）温度影响

吸附过程中体系的总能量将下降，属放热过程。因此温度升高，吸附容量下降。温度的影响对气相吸附影响较大，因此气相吸附确定活性炭的吸附性能需要在等温条件下测定。对于液相吸附，温度的影响较小，通常在室温下测定，吸附过程中水温一般不会发生显著变化。

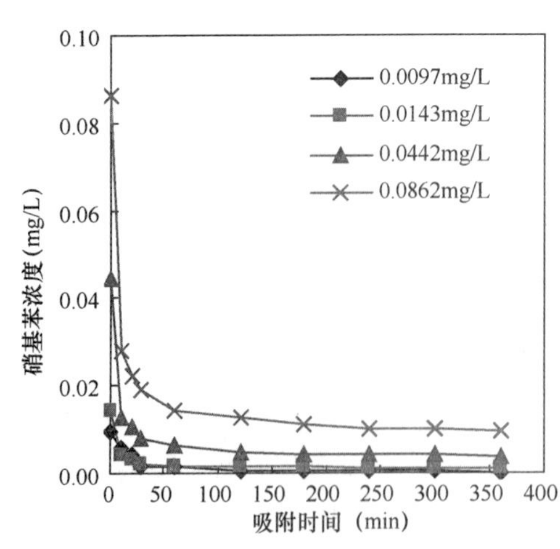

图 2-1 粉末活性炭对硝基苯的吸附效果
（去离子水，粉末炭剂量为5mg/L）

在水处理领域，评价活性炭对某种污染物的去除性能需要考虑吸附速率和吸附容量两方面，前者需要得到附去除速率曲线，后者则需要得到吸附等温线方程。

2.1.3 吸附速率

典型的吸附速率曲线是一种负指数曲线，初期吸附去除速率很大，随着吸附接近饱和，吸附速率逐渐下降，最终趋于零。粉末炭吸附污染物的速率曲线可分为：快速吸附、基本饱和、吸附平衡三个阶段。

以粉末炭对硝基苯的吸附为例（图2-1），快速吸附阶段大约需要30min，可以达到约70%的吸附容量；2h可以达到基本饱和，达到最大吸附容量的95%以上。再继续延长吸附时间，吸附容量的增加很少。

2.1.4　吸附容量

在一定温度条件下，活性炭的吸附容量，即达到吸附饱和时，单位质量活性炭的上吸附污染物的质量，与吸附饱和时污染物的浓度存在一定的关系，如图 2-2 所示。

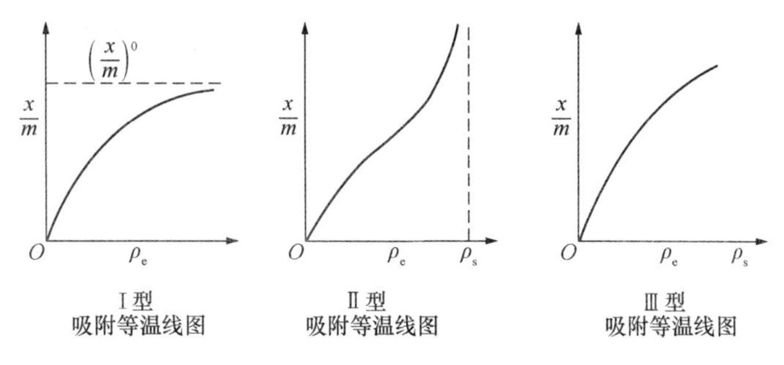

图 2-2　典型吸附等温线模式图

根据吸附等温线的不同形式，可以分别用下面三种吸附等温线的数学公式表达。

（1）朗格谬尔（Langmiur）吸附等温式

朗格谬尔吸附等温线图形式如吸附等温线图中Ⅰ型所示。其数学表达式是

$$x/m=\frac{b(x/m)^0C_e}{1+bC_e}$$

式中　x/m——吸附容量；

$(x/m)^0$——最大吸附容量；

C_e——平衡浓度；

b——常数。

朗格谬尔吸附等温线式形式吸附的特性是：该公式是单层吸附理论公式，存在最大吸附容量（单层吸附位全部被吸附质占据）。

（2）BET（Branauer，Emmett and Teller）等温式

BET 吸附等温线的形式如吸附等温线图中Ⅱ型所示。其数学表达式是

$$x/m=\frac{BC_e\,(x/m)^0}{(C_s-C_e)[1+(B-1)C_e/C_s]}$$

式中　x/m——吸附容量；

$(x/m)^0$——最大吸附容量；

C_s——饱和浓度；

C_e——平衡浓度；

B——常数。

BET 吸附等温线式形式吸附的特性是：该公式是多层吸附理论公式，曲线中间有拐点，当平衡浓度趋近饱和浓度时，x/m 趋近无穷大，此时已到达饱和浓度，吸附质发生结晶或析出，吸附术语已失去原含义。此类型吸附在水处理这种稀溶液情况下不会遇到。

（3）弗兰德里希（Freundlich）等温式

弗兰德里希吸附等温线的形式如吸附等温线图中Ⅲ型所示。其数学表达式是

$$q_e = \frac{x}{m} = K_f C_e^{1/n}$$

式中　q_e——吸附容量；

C_e——平衡浓度；

K_f，n——常数。

弗兰德里希吸附等温线公式是经验公式。水处理中常遇到的是低浓度下的吸附，很少出现单层吸附饱和或多层吸附饱和的情况，因此弗兰德里希吸附等温线公式在水处理中应用最广泛。

吸附等温线可以通过测定不同粉末炭投加剂量下的平衡浓度得到。以粉末炭去除硝基苯为例（图 2-3），根据吸附速率曲线，以 120min 时的浓度作为吸附平衡浓度，将各组实验数据按照平衡吸附容量公式 $q_0 = \dfrac{V(C_0 - C_1)}{W}$ 进行整理，则得到吸附等温线。

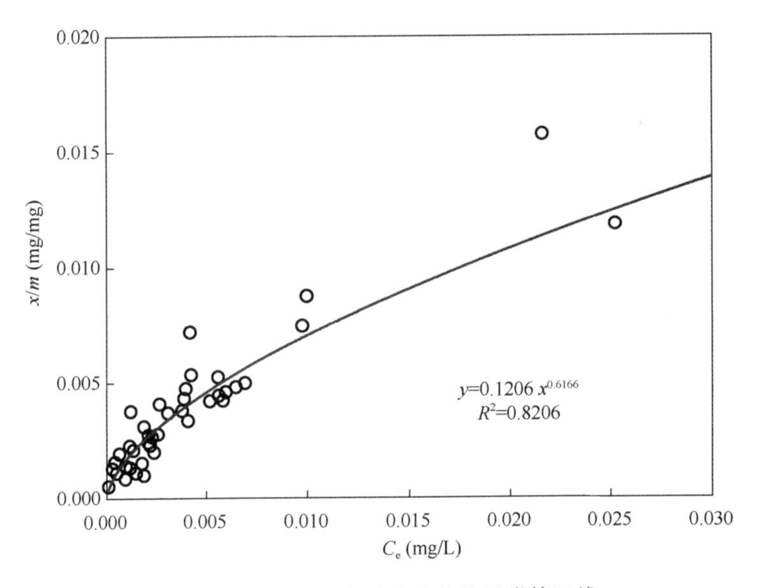

图 2-3　粉末活性炭对硝基苯的吸附等温线

可以看出，试验数据有良好的相关性（$R^2 = 0.8206$），煤质粉末炭（太原新华化工厂产品）对硝基苯的吸附等温式可表达为：

$$q = 0.1206 C_e^{0.6166}$$

式中　q——吸附平衡时单位质量的活性炭所吸附的硝基苯质量，mg/mg；

C_e——吸附平衡时试验水样中硝基苯浓度，mg/L。

需要特别注意的是，任何一种污染物的吸附等温线的常数都和平衡浓度相关，具有一定的使用范围。因此，只有平衡浓度满足水质标准或更高水质要求的吸附等温线才能用于饮用水应急处理。

本研究根据我国饮用水相关标准中的污染物限值，通过试验测试获得了粉末炭对这些污染物的吸附性能数据，拟合得到了这些污染物的 Freunlich 吸附等温线常数值，列在附录 1 中。

表 2-2 中列出了国外文献中部分常见有机物的 Freunollich 吸附等温线常数值，但这

些试验数据大多是在平衡浓度远高于饮用水水质标准的条件下得到的，因此根据这些吸附等温线得到的粉末活性炭处理剂量并不能保证最终平衡浓度达到饮用水水质标准。

国外资料部分常见有机物的 Freunlich 等温线常数值　表 2-2

（资料数据，仅供参考。应用时须用实际炭样和水样进行验证性试验）

化合物	K	$1/n$	化合物	K	$1/n$
七氯	1.22	0.95	四氯乙烯	0.051	0.51
艾氏剂	0.651	0.92	三氯乙烯	0.028	0.62
PCB-1232	0.63	0.73	甲苯	0.026	0.44
狄氏剂	0.606	0.51	苯酚	0.021	0.54
DDT	0.322	0.50	溴仿	0.020	0.52
氯丹	0.245	0.38	四氯化碳	0.011	0.83
PCB-1221	0.242	0.7	1,1,2,2-四氯乙烷	0.011	0.37
二氢苊	0.19	0.36	二氯一溴甲烷	0.0079	0.61
2,4-二氯酚	0.157	0.15	1,2-二氯丙烷	0.0059	0.60
1,2,4-三氯苯	0.157	0.31	1,1,2-三氯乙烷	0.0058	0.60
2,4-二硝基甲苯	0.146	0.31	1,2-二氯乙烷	0.0036	0.83
1,2-二氯苯	0.129	0.43	1,2-反二氯乙烯	0.0031	0.51
1,4-二氯苯	0.121	0.47	氯仿	0.0026	0.73
苯乙烯	0.12	0.47	1,1,1-三氯乙烷	0.0025	0.34
1,3-二氯苯	0.118	0.45	1,1-二氯乙烷	0.0018	0.53
氯苯	0.091	0.99	氯乙烷	0.00059	0.95
对二甲苯	0.085	0.19	N-二甲基亚硝胺	0.000068	6.6
乙苯	0.053	0.79			

注：表中 C_e 和 q_e 的单位分别为 mg/L 和 mg/mg 炭。

以 DDT 为例，在本项目研究中得到的吸附等温线参数为 $K=0.0398$，$1/n=0.4244$；而表 2-3 中的数据为 $K=0.322$，$1/n=0.50$，参数相差很大。若需将 5 倍超标（0.025mg/L）的 DDT 处理达到标准的 20%（0.001mg/L），根据国外资料表 2-2 中的数据得到的粉末炭投加量为 2.4mg/L；而根据此次试验得到的吸附等温线，则需要投加 11.3mg/L 的粉末炭。

2.1.5　水源水质对吸附性能的影响

水源水质对吸附性能有较大的影响，水中其他有机物的存在会与目标污染物形成竞争吸附，导致目标污染物在活性炭上的吸附容量和吸附速率下降。

以粉末活性炭对硝基苯的去除为例，图 2-4 是在松花江水源水和去离子水两种原水条件下，不同初始浓度的硝基苯被粉末活性炭的吸附过程曲线。图 2-5 是在两种原水条件下的吸附等温线比较。

由图 2-5 可以看出，在配水硝基苯浓度相近，粉末活性炭投加量一致的情况下，原水中硝基苯去除曲线明显高于去离子水，也就是说，原水中有机物对粉末活性炭吸附硝基苯

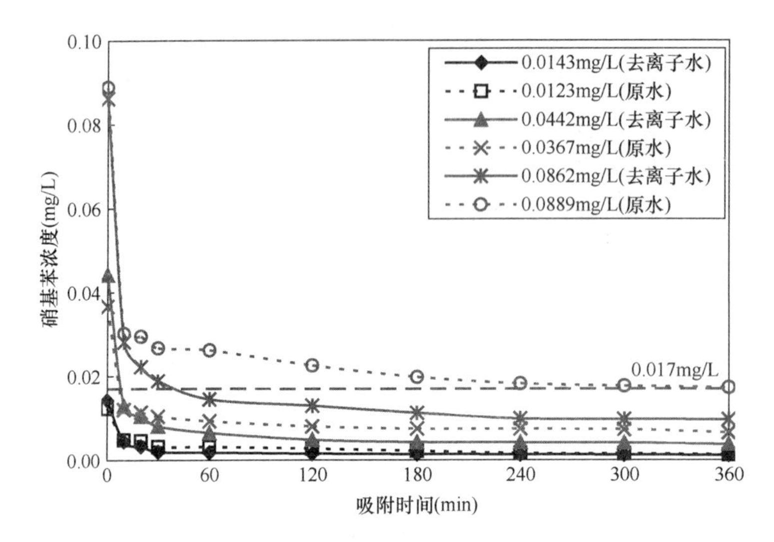

图 2-4　原水和去离子水配水中硝基苯去除效果和速率比较（粉末炭＝5mg/L）

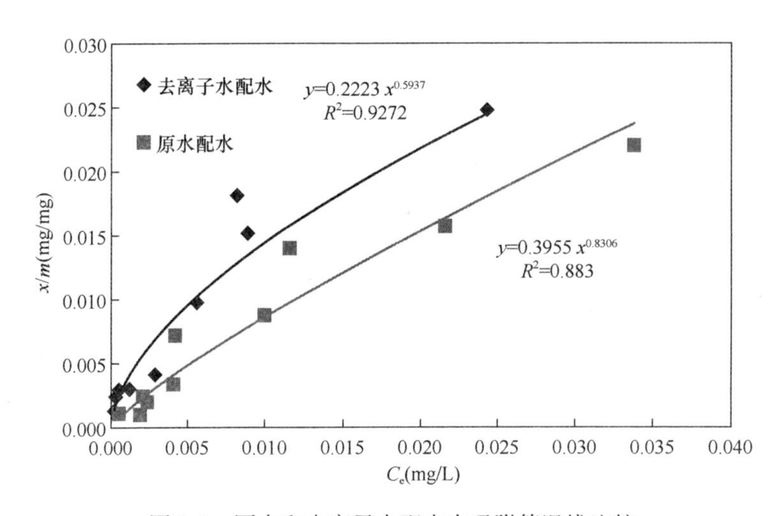

图 2-5　原水和去离子水配水中吸附等温线比较

的效能有明显影响。原水中有机物的存在降低了硝基苯的去除速率，延长了硝基苯达到吸附平衡的时间。原水中有机物的存在还降低了对硝基苯的吸附容量，在平衡浓度为 0.002mg/L 时，去离子水和原水条件下的吸附容量分别为 0.0055mg/mg 和 0.0022mg/mg；在平衡浓度为 0.008mg/L 时，两者的吸附容量分别为 0.0126mg/mg 和 0.0065mg/mg。在达到相同平衡浓度条件下，原水条件下粉末炭对硝基苯的吸附容量仅相当于去离子水条件下的 40%～52%。

产生这一现象的原因是因为，在原水中的有机物（以耗氧量计，mg/L 量级）与硝基苯（μg/L 量级）之间有着竞争吸附作用。在吸附作用开始的初期，活性炭内有充足的吸附位点来吸附硝基苯，有机物对硝基苯的竞争作用不明显，但随着吸附过程的延长，有机物占据相当的吸附位点后，竞争吸附的作用就开始明显，原水条件下粉末炭对硝基苯的吸附能力开始明显低于去离子水。由于有机物浓度相对硝基苯浓度而言高得多，因而会占据相当的活性炭吸附位点，从而使得活性炭对硝基苯吸附容量下降。

2.1.6 温度对粉末活性炭吸附性能的影响

理论上，温度对从两个方面影响活性炭对污染物质的吸附。一方面，吸附是放热反应，吸附容量随着温度的升高会有所下降，但液相吸附时吸附热较小，所以这种影响也较小；另一方面，温度会影响污染物质在水中的溶解度，因此对吸附作用也会有所影响，影响的程度与污染物质在吸附操作温度范围内的溶解度变化有关。

不同温度下粉末活性炭对硝基苯的吸附过程曲线如图 2-6 所示。虽然由于初始浓度略有不同导致各温度的吸附过程曲线位置出现交叉，但按去除速率比较可以看出：在 30min 时，5℃、10℃、15℃、20℃、25℃时硝基苯的去除率分别为 78%、71%、72%、70%、77%左右，到 120min 时则分别为 89%、82%、82%、83%、93%左右，说明温度对粉末炭吸附硝基苯的速率影响并不明显。

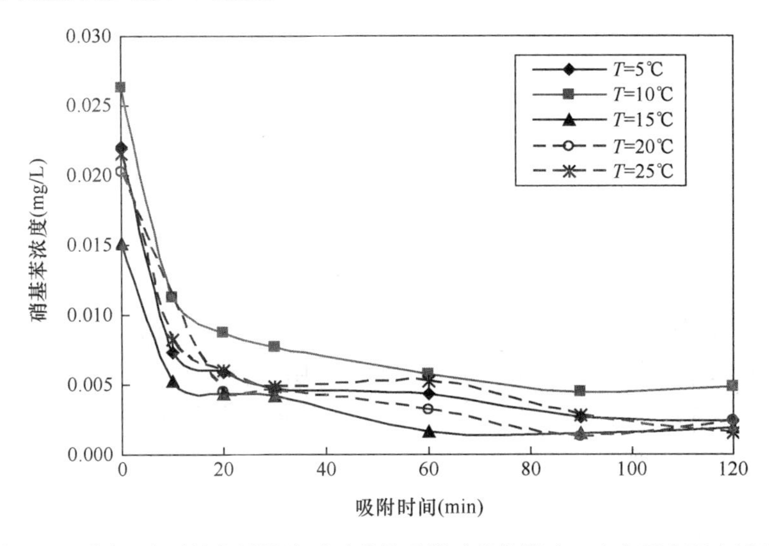

图 2-6 不同温度下粉末活性炭对硝基苯吸附过程的影响（去离子水配水试验）

不同温度下粉末活性炭对硝基苯的吸附等温线如图 2-7 所示。25℃的等温吸附线略高

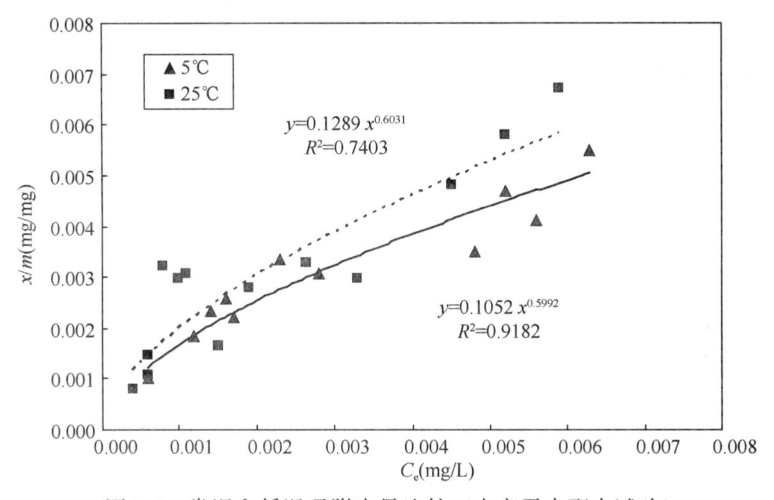

图 2-7 常温和低温吸附容量比较（去离子水配水试验）

于5℃的等温吸附线，但无明显差异。

上述结果表明，在水处理过程中，温度一般在0～30℃范围内变化，温度变化的差异较小，因此温度对吸附性能的影响十分有限，一般情况下可以忽略。

2.2 粉末活性炭应急吸附工艺

2.2.1 粉末活性炭吸附工艺的主要特点

粉末活性炭的颗粒很细，实际颗粒直径多在几十微米，可以像药剂一样直接投入水中使用，吸附污染物后再从水中借助混凝一沉淀工艺分离，含污染物的粉末炭可随水厂污泥一起处理处置。受粉末炭投加设备、炭末对过滤工艺影响等条件的限制，粉末活性炭的最大投加能力为80mg/L左右，应急处理时粉末炭的投加量一般采用10～40mg/L。

粉末活性炭的优点是实施方便，使用灵活，可根据水质任意改变活性炭的投加量，在应对突发污染时可以采用大的投加剂量，几乎不影响产水能力。不足之处是部分细炭末被混凝沉淀去除的效果较差，会进入滤池，增加滤池负担，造成过滤周期缩短。对于采用粉末炭应急处理的水厂，必须采取强化混凝的措施，如增加混凝剂的投加量和采用助凝剂等。此外，已吸附有污染物的废弃炭随水厂沉淀池污泥排出，对水厂污泥必须妥善处置，防止发生二次污染。

粉末炭吸附需要一定的吸附时间（通常在30min以上），吸附时间越长，粉末炭的吸附性能发挥地越充分，吸附去除效果越好。根据吸附速率曲线，吸附过程可分为快速吸附、慢速饱和、吸附平衡三个阶段。以粉末炭对硝基苯的吸附为例，快速吸附阶段大约需要30min，可以达到约70%的吸附容量；2h可以达到基本饱和，达到最大吸附容量的95%以上。

因此，较好的粉末炭投加方案应尽可能延长吸附时间，在水源地取水口处投加，充分利用从取水口到净水厂的管道输送时间进行吸附。对于取水口距净水厂距离很近的情况，也可以在净水厂内与混凝剂共同投加。但是水厂的混凝反应时间一般不到30min，由于吸附时间短，粉末炭的吸附能力发挥不足，在这种情况下需要适当加大粉末炭的投加量。

2.2.2 取水口投加粉末活性炭

当取水口距离水厂有一定距离时，可以在取水口投加粉末活性炭，利用原水在管道的输送时间完成活性炭对污染物的吸附去除过程。当原水进入水厂后通过水厂的混凝、沉淀、过滤等常规工艺去除粉末活性炭。取水口投加粉末活性炭工艺流程图2-8所示：

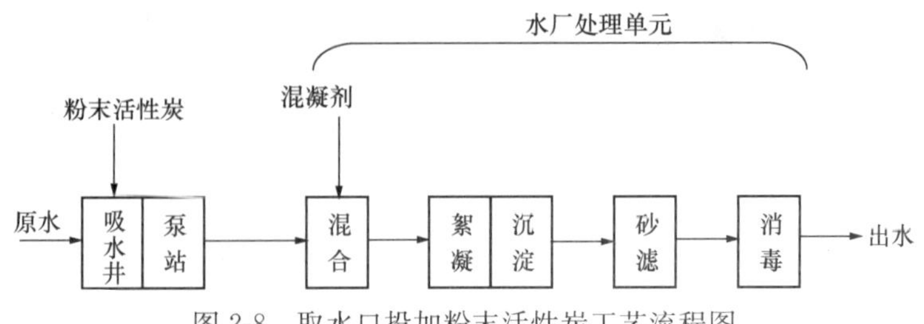

图2-8 取水口投加粉末活性炭工艺流程图

取水口投加粉末活性炭，能有效利用原水从取水口到水厂之间的输送时间，在输水管道中完成对硝基苯的吸附。控制适当的粉末炭投加量可以使原水在进入水厂时硝基苯检不出，确保供水安全。因此，在水源水受到硝基苯污染时，取水口投加粉末活性炭可以作为优先考虑的应急措施。

取水口投加粉末活性炭的主要限制因素是取水口与净水厂之间的距离，这个距离最好满足1～2h以上的输水时间。如从取水口到水厂的输水时间小于30min，需要增加粉末活性炭的投加量。

2.2.3 水厂内投加粉末活性炭

水厂内投加粉末活性炭可以在混合设备中进行，与混凝剂同时投加，利用混合絮凝时间与硝基苯接触，达到吸附去除污染物的效果。吸附了污染物的粉末活性炭可以在沉淀、过滤单元去除。水厂内投加粉末活性炭工艺流程如图2-9所示：

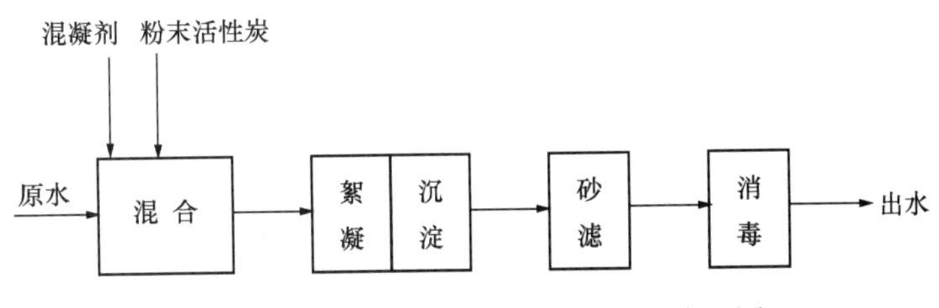

图2-9 水厂内投加粉末活性炭工艺流程图

水厂内投加粉末活性炭可以作为不能在取水口投加粉末活性炭的一种替代措施。试验研究表明，同时投加的混凝剂并不会对活性炭的吸附性能产生明显影响，如图2-10、图2-11所示。

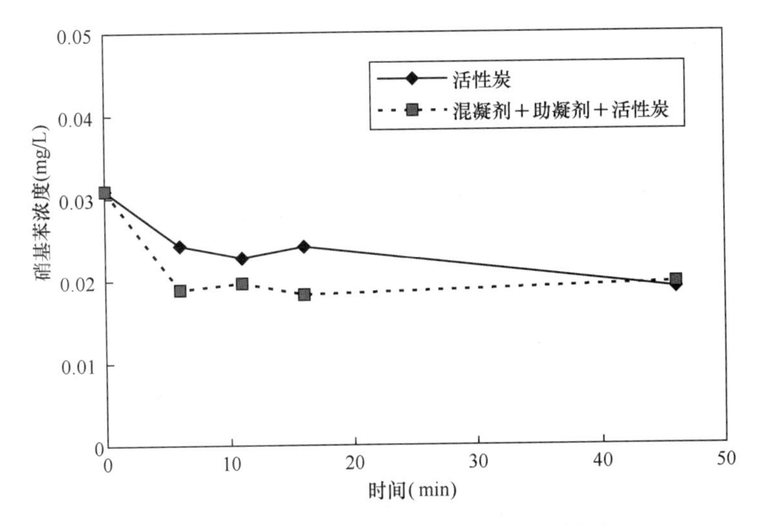

图2-10 混凝工艺对活性炭吸附性能的影响

（注：混凝剂为复合铝铁，投加量4mg/L，以铝计；助凝剂为改性活化硅酸，投加量6mg/L；粉末炭投加量5mg/L）

从上图中可以看出，在混凝工艺开始到搅拌结束的16min内，投加混凝剂（和助凝

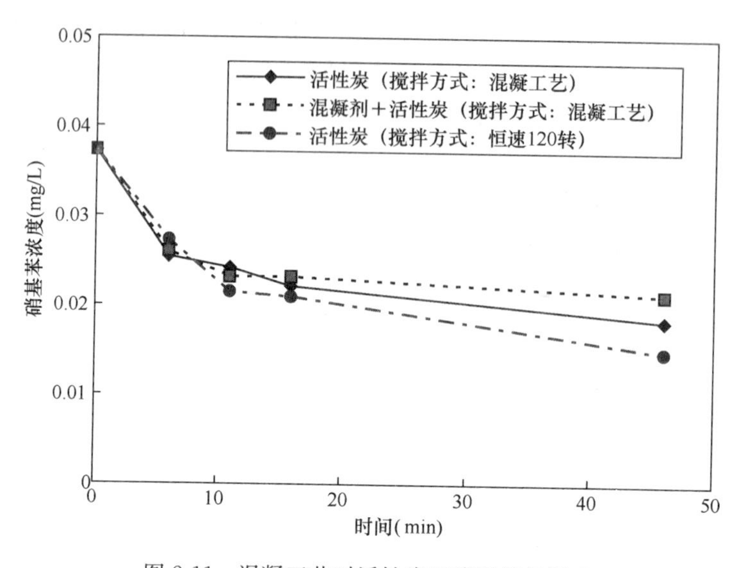

图 2-11 混凝工艺对活性炭吸附性能的影响

（注：混凝剂为 $FeCl_3$，投加量 10mg/L，以 Fe 计；助凝剂无；粉末炭投加量为 5mg/L）

剂）的同时投加粉末活性炭，活性炭对硝基苯的吸附性能与在同样的搅拌状态下而不投加混凝剂（和助凝剂）的情况下的吸附性能变化不大。这说明混凝剂所形成的矾花对传质影响不明显，对活性炭吸附硝基苯的能力影响不大。这个阶段正好处于粉末炭吸附硝基苯的“快速吸附作用期”。

在混凝工艺之后 30min 的沉淀过程阶段，在投加混凝剂（和助凝剂）的情况下粉末炭对硝基苯的去除能力略小于未投加混凝剂（和助凝剂）的情况。这是由于在沉淀过程中絮体包裹了粉末炭并沉降在反应容器底部，影响了硝基苯向活性炭表面的传质。

综上可知，混凝剂形成的絮体对粉末炭吸附硝基苯的传质没有明显影响，但由于受到混凝工艺的限制，总的吸附时间一般在半小时之内，虽然这个时间处于粉末炭吸附硝基苯的“主要吸附作用期”，但由于其后矾花将其包裹沉降与水流主体分离，难以继续发挥吸附硝基苯的能力，最终只发挥了总吸附能力的 60%～80%。因此，如果条件限制只能在水厂内投加粉末活性炭来吸附去除硝基苯，需根据实际条件适当增加粉末炭投加量，一般可为取水口投加量的 1.5～2 倍。

2.2.4 粉末活性炭的选择

目前市场上的粉末活性炭产品有木质炭、煤质炭两种，由于原料价格的差异，一般木质炭的价格较高。粉末炭根据其粒径大小有 100 目、200 目、325 目等不同规格，不同粒径的粉末炭价格差异不大。

粉末炭的吸附性能参数一般用碘值、亚甲蓝值等参数表示，选择活性炭应首先考察其碘值、亚甲蓝值而不是材质。

研究中对两种不同材质、不同碘值的粉末炭进行了硝基苯的吸附性能测试。吸附试验结果表明，具有较高碘值、亚甲蓝值的煤质粉末炭对硝基苯的吸附效果优于木质粉末炭（如图 2-12 所示），说明粉末炭的碘值、亚甲蓝值是决定吸附性能的主要参数，与一般认为木质活性炭的吸附性能优于煤质活性炭的观点不同。

粉末活性炭的粒径对吸附性能影响不大。

研究中将粉末活性炭进行了筛分，形成了四种不同粒径的粉末炭，分别是大于 200 目、介于 200 目和 325 目之间、325 目以下以及未筛分炭。试验比较了不同粒径的粉末活性炭吸附硝基苯性能之间的差异，试验结果如图 2-13、图 2-14 所示。

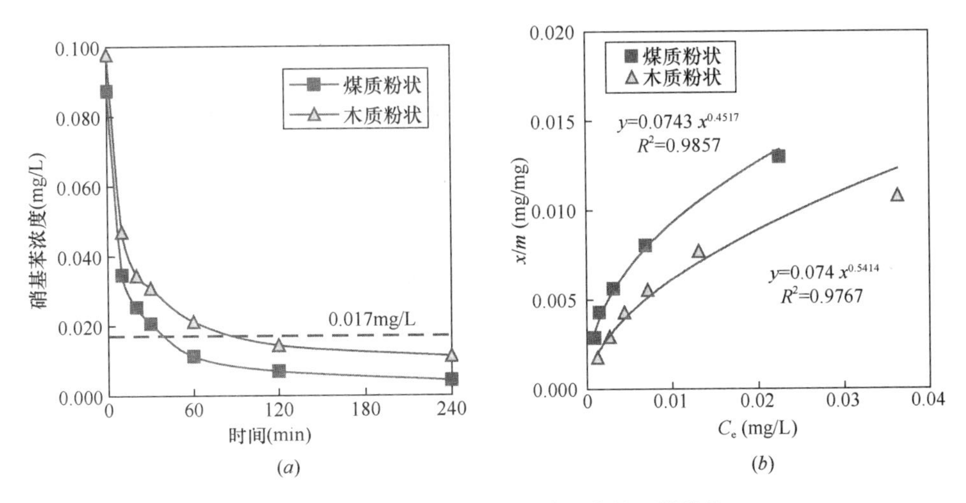

图 2-12　不同材质活性炭对硝基苯的吸附性能

（a）吸附速率；（b）吸附容量

（注：煤质炭碘值 1020mg/g，亚甲蓝值 200mg/g；木质炭碘值 900mg/g，亚甲蓝值 105mg/g；投炭量均为 10mg/L 去离子水配水）

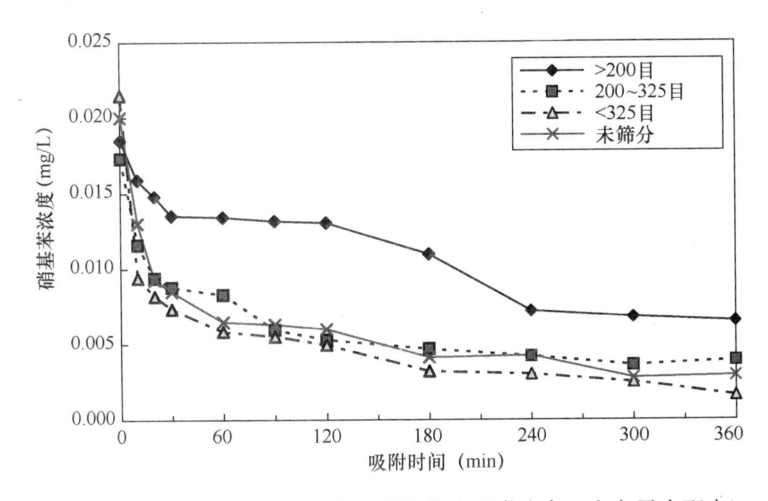

图 2-13　不同粒径粉末活性炭对硝基基苯的吸附速率（去离子水配水）

从上述试验结果中可以看出除粒径大于 200 目的粉末炭对硝基苯的吸附速率、吸附容量明显降低外，其余三种粒径的粉末炭对硝基苯的吸附性能没有显著差异。进一步的分析表明，大于 200 目的粉末炭吸附性能差的原因是其中含有更多杂质。证明活性炭的吸附性能和粒径关系不大，因此选炭时可以考虑实际水力条件和混凝沉淀工艺对不同粒径粉末活性炭的分离去除效果来选用适当粒径的粉末活性炭。

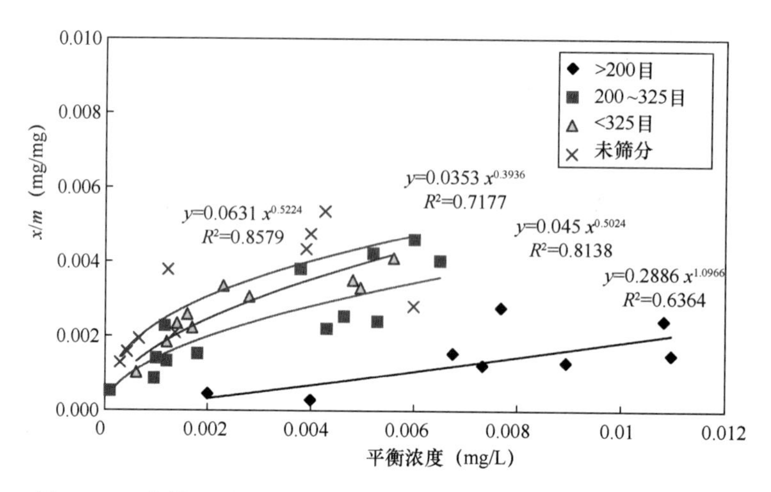

图 2-14 不同粒径粉末活性炭对硝基苯的吸附容量（去离子水配水）

目前粉末活性炭的选择可以参照《生活饮用水净水厂用煤质活性炭（CJ/T 345—2010)》，具体指标如下表所示。

生活饮用水净水厂用煤质活性炭技术指标（CJ/T 345—2010） **表 2-3**

<table>
<tr><th rowspan="2">序号</th><th rowspan="2">项目</th><th colspan="3">指标要求</th></tr>
<tr><th colspan="2">颗粒活性炭</th><th>粉末活性炭</th></tr>
<tr><td>1</td><td>孔容积/(mL/g)</td><td colspan="2">≥0.65</td><td>≥0.65</td></tr>
<tr><td>2</td><td>比表面积/(m²/g)</td><td colspan="2">≥950</td><td>≥900</td></tr>
<tr><td>3</td><td>漂浮率/%</td><td>柱状颗粒活性炭</td><td>2</td><td rowspan="2">—</td></tr>
<tr><td></td><td></td><td>不规则状颗粒活性炭</td><td>3</td></tr>
<tr><td>4</td><td>水分/%</td><td colspan="2">≤5</td><td>≤10</td></tr>
<tr><td>5</td><td>强度/%</td><td colspan="2">≤90</td><td>—</td></tr>
<tr><td>6</td><td>装填密度/ (g/L)</td><td colspan="2">≥380</td><td>≥200</td></tr>
<tr><td>7</td><td>pH 值</td><td colspan="2">6～10</td><td>6～10</td></tr>
<tr><td>8</td><td>碘吸附值/(mg/g)</td><td colspan="2">≥950</td><td>≥900</td></tr>
<tr><td>9</td><td>亚甲蓝吸附值/(mg/g)</td><td colspan="2">≥180</td><td>≥150</td></tr>
<tr><td>10</td><td>酚值/ (mg/L)</td><td colspan="2">≤25</td><td>≤25</td></tr>
<tr><td>11</td><td>二甲基异崁醇吸附值/(μg/g)</td><td colspan="2">—</td><td>≥4.5</td></tr>
<tr><td>12</td><td>水溶物/%</td><td colspan="2">≤0.4</td><td>≤0.4</td></tr>
<tr><td>13</td><td>粒度/%</td><td colspan="2">略</td><td>≤200 目</td></tr>
<tr><td>14</td><td>有效粒径</td><td colspan="2">0.35～1.5</td><td>—</td></tr>
<tr><td>15</td><td>均匀系数</td><td colspan="2">≤2.1</td><td>—</td></tr>
<tr><td>16</td><td>锌 (Zn)/(μg/g)</td><td colspan="2"><500</td><td><500</td></tr>
<tr><td>17</td><td>砷 (As)/(μg/g)</td><td colspan="2"><2</td><td><2</td></tr>
<tr><td>18</td><td>镉 (Cd)/(μg/g)</td><td colspan="2"><1</td><td><1</td></tr>
<tr><td>19</td><td>铅 (Pb)/(μg/g)</td><td colspan="2"><20</td><td><20</td></tr>
</table>

2.2.5 粉末活性炭投加系统

粉末活性炭投加方法主要可以分为干式投加法与湿式投加法。

干式投加法用干粉投加机等装置将粉末活性炭通过水射器直接投加到被处理水中，主要设备单元一般包括储料间、上料单元、贮料仓、计量投加设备、自动控制系统五部分；湿式投加法先将粉末活性炭调制成5%～10%的炭浆液，再通过计量泵投加到水中，主要设备单元一般包括储料间、上料单元、贮料仓、炭浆混合设备、炭浆投加设备、自动控制系统六部分。

干式投加法设备比较简单，占地面积较少，但设备易出故障，需要配备专门的维护人员；湿式投加法计量精确，混合均匀，但需要设专门的炭浆池，占地面积较大，设备也较复杂。

无论是干式投加还是湿式投加都可采用调节器实现自动计量投加。粉末活性炭的计量投加设备系统见图 2-15 所示。

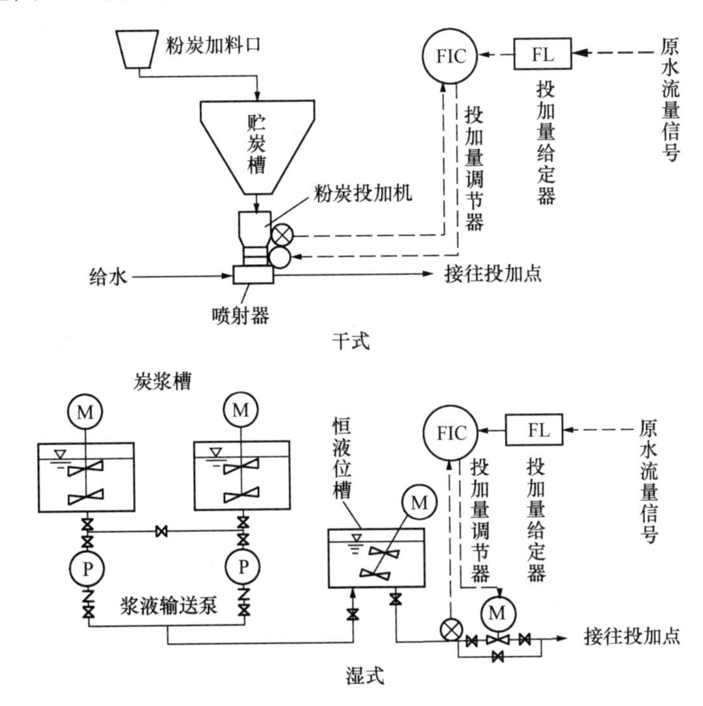

图 2-15 粉末活性炭投加系统示意图

国内市场供应的粉末活性炭包装有散装、500～1000kg 的大包装、20～25kg 的小包装等几种。散装粉末炭由专用罐装车运输，通过罐车上自带的气力输送系统将粉末活性炭输送到贮料仓中，具有设备投资少、运行成本低、工人劳动强度小、操作环境无粉尘外泄等优点，对于大型水厂可以优先考虑使用，但要求水厂与活性炭生产厂家距离较近，运输方便。对于 20～25kg 包装的粉末活性炭，一般通过人工拆包装置或自动拆包装置经机械上料，将活性炭输送到贮料仓中，具有采购不受地域限制，购买数量灵活等特点，适用范围较广，但投加时劳动强度较大，设备防尘要求较高。500～1000kg 包装的粉末活性炭应用特点介于上述两者之间，具有投资成本较少、运行费用不高、劳动强度小，粉尘外泄少、活性炭购买不受地域限制等特点，一般通过专用大型拆包机进料，适用于大中型水厂。个别厂家有湿式粉末炭（一定含水率的粉末炭）出售，投加时无粉尘问题，但储存期较短，并有防冻要求。

活性炭的拆包方式一般有：人工拆包和自动拆包两种。人工拆包由于劳动强度大，工作环境差，通常只适用于短时、应急性投加，对于新建水厂和水厂改造不建议使用；自动拆包通常可与上料系统、贮料仓密封连接，实现自动控制和防尘防泄漏要求，工作环境好，劳动强度小。针对20～25kg和500～1000kg不同的包装可分为小包装自动拆包机和大包装自动拆包机两种，均有商品化生产。

不论干投还是湿投，或者是采用各种包装的粉末活性炭，一般在投加前都要先将粉末活性炭输送到贮料仓中。贮料仓大小的设计可以根据不同包装活性炭的特点和投加用量的时间来确定。贮料仓需要配备料位计，当炭仓内料位低于一定程度时能够报警提醒工人开启加料系统或者根据料位情况通过自动控制系统进行自动进料。由于粉末活性炭粒度小、密度小，易形成空穴和漏斗从而不利于下料，因此，贮料仓还需要配备振打系统，以破坏空穴和漏斗，从而保证活性炭粉末在料仓内均衡移动。

不同进料方式组合，可以组成不同的粉末活性炭投加装置系统，设计单位可以考虑根据需要选择合适的投加方案进行设计。总体来说，一套优秀的粉末活性炭投加系统要求各个环节衔接流畅，整体密封性好，自动化程度高，能够控制粉尘外泄，整个装置故障率低。

下面介绍几种粉末活性炭投加系统的组合工艺。

(1) 小包装真空上料干式投加系统

该系统包括真空上料机、贮料仓、干粉投加机、水射器、自动控制系统等部分（见图2-16）。

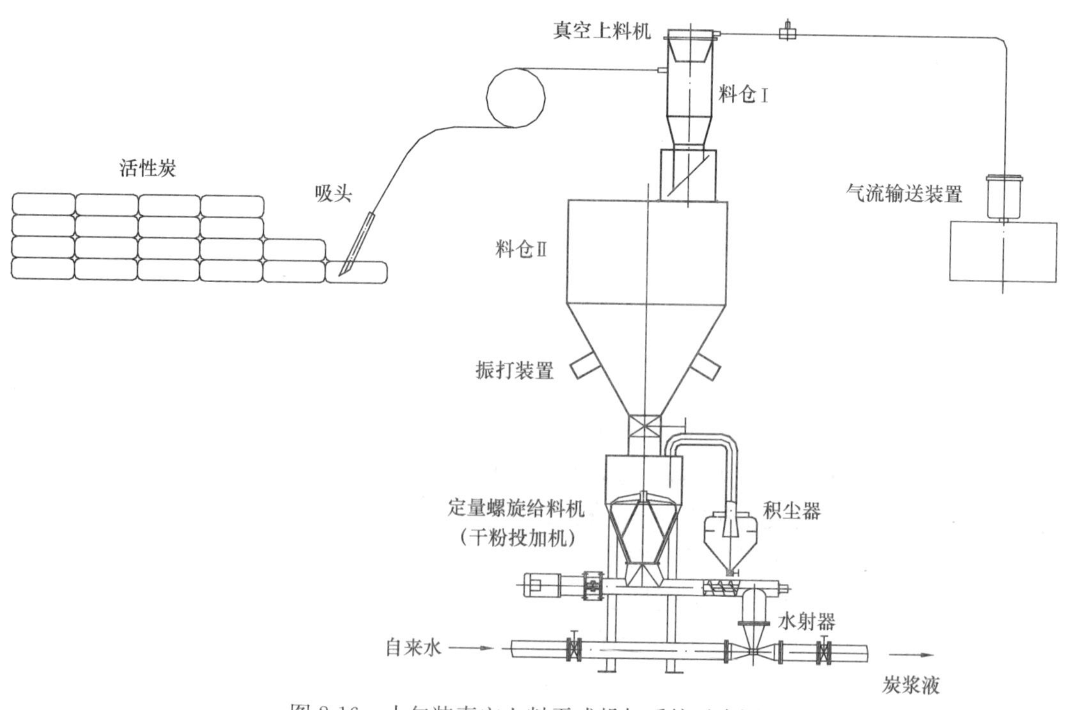

图2-16　小包装真空上料干式投加系统示意图

上料时将真空吸头插入粉末活性炭包，人工开启真空上料机上料，粉末活性炭料暂时贮存在料仓Ⅰ中。料仓Ⅱ安装料位监视器，当料位低于设定值时，通过自动控制系统开启料仓Ⅰ下端仓口粉末活性炭自流进料仓Ⅱ。料仓Ⅱ连接干粉投加机，干粉投加机通过自控系统接收到取水量的瞬时流量信号并根据设定的投加比例投加粉末活性炭到水射器中，水射器瞬时将粉末活性炭完全投加到取水管道中。

该系统设备简单，占地面积小，集成度高，整体密封性好，不足之处是干粉投加机需要专人维护。此外，本系统中的干粉投加机加上水射器即可作为一个临时性的粉末活性炭投加设备，可供未建设粉末活性炭投加系统的水厂在应急应对突发污染事故时临时使用。

(2) 小包装自动拆包湿式投加系统

该系统包括自动拆包机、粉炭螺旋输送机、炭浆制备设备、压力投加设备等部分（见图 2-17）。

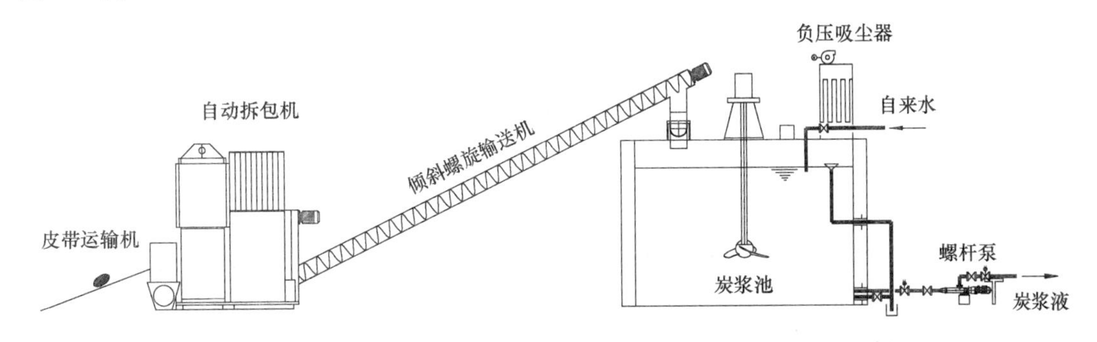

图 2-17 小包装自动拆包湿式投加系统示意图

用机械起吊装置或人工的方法将粉末活性炭包置于皮带输送机上，皮带输送机将炭包送入自动拆包机，自动拆包机将粉末活性炭与包装袋分离后，倾斜螺旋输送机将粉末活性炭输送至炭浆池，配成 5%～10%炭浆液，最后通过螺杆泵将炭浆液投加至取水管道。该系统炭浆池一般应设两座，交替配置炭浆液，炭浆投加量根据原水水质及流量按比例投加，投加量的变化可通过手动调节螺杆泵的无级调速装置实现。

该系统投加精确，运行稳定，能够通过配管实现多处同时投加，不足之处是占地面积大，投资较大。

(3) 散装炭压力上料湿式投加系统

该系统包括专用压力上料管道、贮料仓、粉料输配单元、炭浆制备单元、定量投加设备等部分（见图 2-18）。

上料时专用粉末活性炭运输车与上炭管道相连接，开启运输车上压力上炭设备，将活性炭粉压入料仓。料仓与炭浆池直接相连接，通过螺杆泵将粉末活性炭定量投加到炭浆池配成 5%～10%炭浆液。炭浆液通过耐磨螺杆泵等可调的计量投加设备投加到取水口管道。与小包装自动拆包湿式投加系统类似，该系统炭浆池一般也应设两座，交替配置炭浆液，炭浆投加量根据原水水质及流量按比例投加，投加量的变化可通过手动调节螺杆泵的无级调速装置实现。

该系统上料方式设备简单，投资少，劳动强度小，工作环境好，特别适用于用炭量比

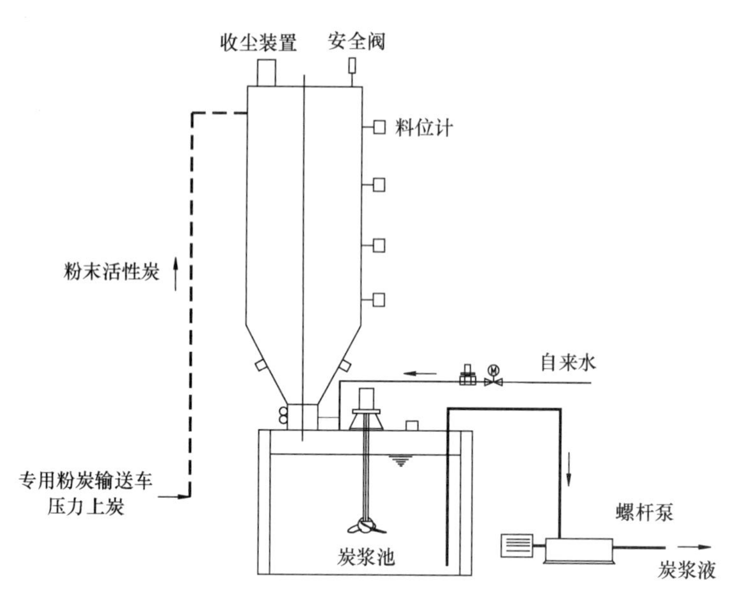

图 2-18　散装炭压力上料湿式投加系统

较大的水厂，但需要水厂和活性炭生产厂家距离较近，运输方便。

（4）大包装自动拆包湿式投加

该系统包括大袋破包装置、贮料仓、定量给料装置、炭浆配置罐、螺杆泵等装置（见图 2-19）。

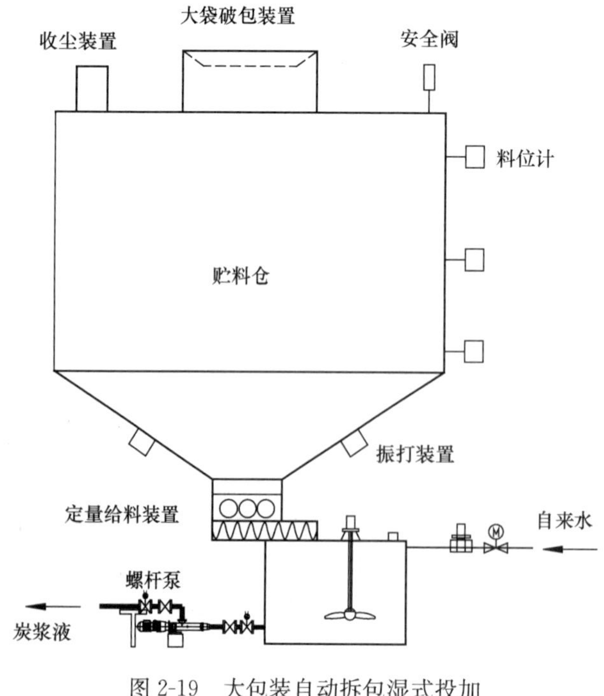

图 2-19　大包装自动拆包湿式投加

用机械起吊的方式将大包装（500～1000kg）的粉末活性炭包送至大袋破包装置，自动拆包后粉末活性炭进入贮料仓，经定量给料装置送入炭浆罐，配置成 5%～10% 的炭浆液，炭浆液经螺杆泵送至取水管道。该系统为不间断运行装置，运行期间粉末活性炭和自来水按比例进入炭浆罐配置成一定浓度的炭浆液，炭浆液经螺杆泵定量送至投加处，因此，炭浆罐可以结合使用情况做得较小，节省占地面积。

该系统设备集成度好，自动化程度高，占地面积小，粉尘泄漏少，系统较稳定可靠，适用于大中型水厂。

粉末活性炭投加系统设计注意事项

（1）由于氯和活性炭能相互作用，粉末活性炭的投加点必须尽可能远离氯和二氧化氯的投加点。通常在投加粉末活性炭时不进行预氯化处理。对于必须设置预氯化的水厂，加氯量要适当增加。

（2）通常粉末活性炭的投加量为 5～50mg/L。遇到特殊情况，作为应急处理时，可增加到 80mg/L 左右，但最大投加量不宜超过 100mg/L。

（3）调配浓度：炭浆液的调配浓度宜为 5%～10%。浓度过高易造成投加系统与输液管道堵塞，浓度低输液流速过高时易造成磨损。对于用炭量较少的水厂，在占地许可的情况下降低炭浆液浓度，有利于吸附效果的提高。

（4）为使炭浆液快速扩散，可以在投加前加强制扩散装置，采用压力水稀释强制扩散。有运行实践表明，强制扩散能够提高活性炭吸附净水效果。

（5）粉末活性炭仓库设计应注意：粉末活性炭是一种能导电的可燃物质，贮藏仓库应采用耐火材料砌筑，并设防火消防措施。粉末活性炭在搬运中会飞扬于空气中，因此，位于贮藏室内的电器设备须加防护罩，并采取防爆设施。粉末活性炭易粘附在人的皮肤和衣物上，故须设置淋浴室。

2.2.6 粉末活性炭应急处理的技术经济分析

一般情况下，一套粉末活性炭投加设备价值为几十万到百万元，加上基建等费用吨水投资在几元钱之内，而现在新建水厂吨水投资则需要 800～1000 元，建设成本仅增加千分之几，一般新建水厂和水厂改造均可承受。

粉末活性炭的价格约为 5000～6000 元/t，每 10mg/L 投加量对应的药剂成本约为 0.05～0.06 元/m^3水。对于应急处理，此成本是完全可以接受的。

2.3 颗粒活性炭改造炭砂滤池法

2.3.1 颗粒活性炭吸附工艺的主要特点

颗粒活性炭包括柱状炭和破碎炭两种。前者是将制备好的粉末活性炭通过煤焦油等粘结材料进行粘接、成型工艺制成一定大小的圆柱颗粒，直径一般为 1.5～2mm，长度为 3～5mm。后者则是将原炭烧制好后进行破碎、筛分得到的不规则颗粒，粒径一般为 2～4mm。破碎炭的吸附性能优于柱状炭，价格也相对高一些。

颗粒活性炭与粉末活性炭相比虽然大小存在差异，但其单位质量吸附容量并没有太大差异。两者的最大不同是其使用方式的不同。颗粒活性炭的优点是可长期稳定地吸附水中的微量污染物，直至活性炭饱和后再将其取出进行再生。

其不足之处是吸附时间有限。一般活性炭滤池中的颗粒活性炭填充高度为 2m，按照 8m/h 滤速计算，活性炭吸附时间为 15min，而炭砂滤池中活性炭层高度一般只有 0.5m 左右，活性炭吸附时间则只有 3～4min，对于较高浓度造成的突发污染，污染物可能会穿透炭砂滤池。即使在发生突发污染事件时，如果将产水量降低一半，活性炭的吸附时间可以延长至 30min，仅相当于在混凝工艺中同时投加粉末活性炭的吸附时间。

2.3.2 颗粒活性炭滤池的应急处理能力

颗粒活性炭滤池的应急处理能力不仅体现在能够应对的最高污染物浓度，同时也体现在持续污染时能够使用的最大寿命，这与活性炭滤池对该污染物的吸附带高度、活性炭吸附性能下降速度有关。

按照活性炭吸附工艺的理论，在炭床中炭层分为饱和层、吸附带、未工作层三部分。以降流式炭滤池为例，随着吸附运行时间的增加，进水首先与上部的炭接触，在吸附带中吸附质被吸附，使上部的饱和层不断加厚，吸附带逐步下移。

吸附带的高度与污染物的吸附特性、活性炭吸附性能、污染物浓度和滤速有关。污染物越难吸附、活性炭吸附性能越低、污染物浓度越高、滤速越快，吸附带高度越大。因此，对于一个已经建成的颗粒活性炭滤池或者炭砂滤池，在通常的工作滤速下，其能够应对的最大污染物浓度也就是工作带高度等于炭层深度的浓度。

新颗粒活性炭滤池

研究中曾经采用新填充的炭层厚度为800mm炭滤柱进行硝基苯吸附试验，试验数据如图2-20所示。当滤池滤速为8m/h的时候，硝基苯浓度为0.0164mg/L（接近我国水质标准0.017mg/L）的原水，经过140mm厚活性炭层吸附硝基苯即检不出（检测限0.0002mg/L）；当原水硝基苯浓度为0.341mg/L（水质标准限值的20倍）时，经过厚约

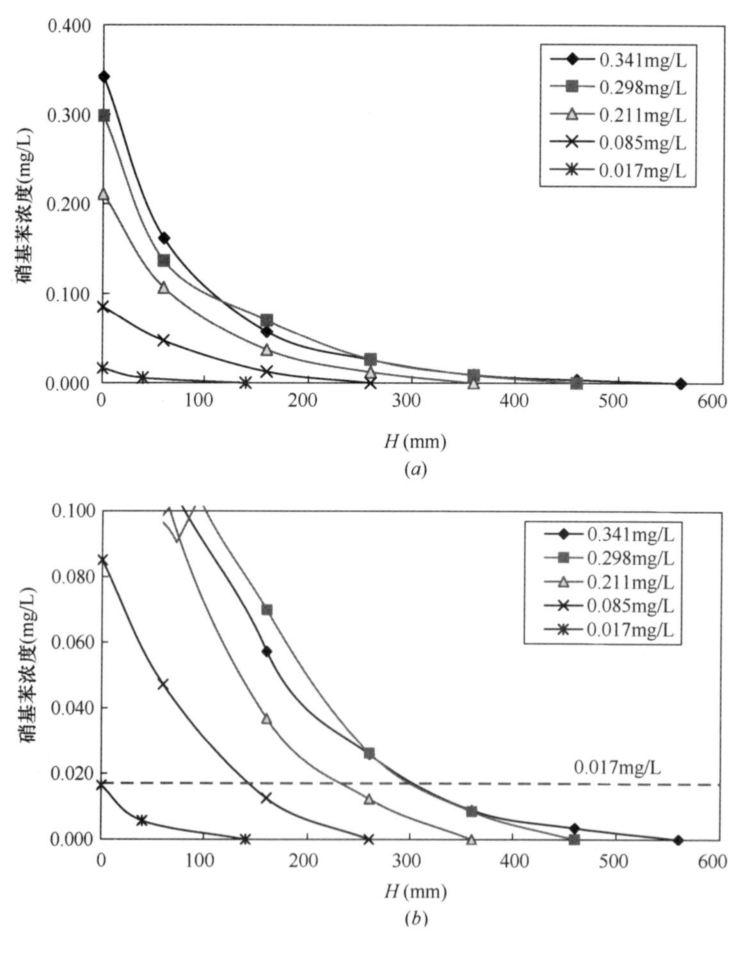

图2-20　新颗粒活性炭滤柱对不同浓度硝基苯原水吸附效果

（a）全部数据；（b）局部放大

320mm 活性炭层吸附可以达到水源水标准的要求，经过 560mm 厚活性炭层吸附硝基苯浓度即检不出。

根据上述数据得到 8m/h 滤速下不同硝基苯浓度值对应的吸附工作带高度，如表 2-4 所示。可以看出，当新活性炭滤层高度为 500mm 时，如果在考虑较低的安全余量的情况下，使用初期，最高可以抵御硝基苯浓度为水源水标准 18 倍（0.298mg/L）的污染。

不同原水硝基苯浓度下 GAC 滤层工作带高度（8m/h 滤速） **表 2-4**

硝基苯浓度（mg/L）	0.017	0.085	0.211	0.298	0.341
工作带高度（mm）	140	260	360	460	560

旧颗粒活性炭滤池

对于已经使用中的颗粒活性炭滤池，随着运行时间的延长，活性炭的吸附性能不断下降，其吸附带的高度也在不断延长，会导致其应对突发污染的能力减弱。

研究中从某水厂中取得运行 135d 后的颗粒活性炭（活性炭滤池在运行期间未通过含有硝基苯的原水），测试其使用前后的吸附性能，如表 2-5 所示。将这些颗粒炭装入试验炭滤柱，填充高度 1000mm，加入不同浓度的硝基苯，测试其吸附带高度。

FJ15 颗粒活性炭在使用 135d 前后部分吸附指标变化表 **表 2-5**

	碘值	亚甲蓝值	苯酚值	水容量	水分
使用前	1008mg/g	211mg/g	169mg/g	84%	5.02
使用后	757mg/g	143mg/g	132mg/g	56%	38.5

试验得出该颗粒活性炭滤柱对硝基苯的吸附去除效果如图 2-21 所示。

从图 2-21 可以看出，当滤池滤速为 8m/h 的时候，硝基苯浓度仅为 0.0017mg/L（我国水质标准限值）的原水，经过 1000mm 的滤层仍不能达到检不出。当水源水中硝基苯浓度超过国家水源水标准 0.5 倍（0.025mg/L）时，通过 500mm 厚的活性炭滤层还不能达到水源水标准以下。说明该颗粒活性炭滤池已经基本丧失抵御水源水硝基苯污染的能力。

颗粒活性炭滤池的应急运行时间

滤池中活性炭的吸附性能会随着运行时间的延长而降低，特别是当原水中有机物浓度较高，由于竞争吸附的影响，会使得活性炭对目标污染物的吸附能力很快降低。

研究中曾针对活性炭滤池应对硝基苯污染的安全运行时间进行试验。试验炭层高度 500mm，试验期间模拟原水 COD_{Mn} 控制在 4.0～6.0 之间，投加硝基苯的浓度为 0.235mg/L（超过我国水质标准 12 倍），所用活性炭为山西新华化工有限公司活性炭公司 ZJ15 煤质颗粒活性炭。试验结果表明，500mm 颗粒活性炭在原水硝基苯浓度超过国家水质标准 12 倍时，最多可安全应对 3.5d（参考图 2-22）。

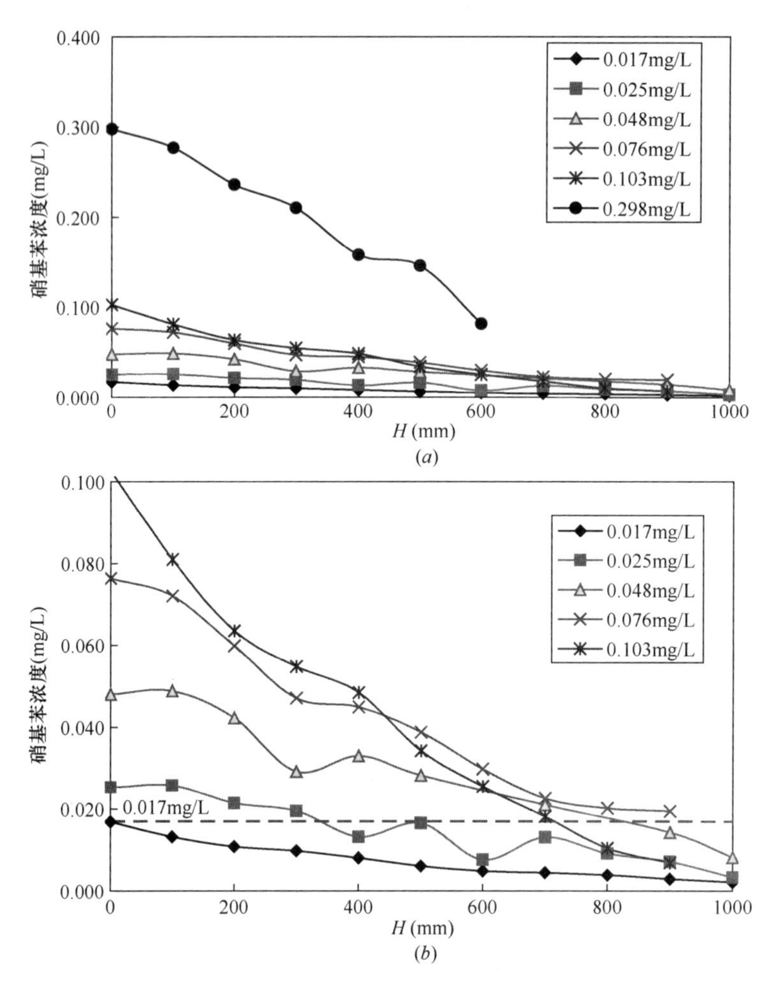

图 2-21 旧颗粒活性炭滤柱对不同浓度硝基苯原水吸附效果

(a) 全部数据；(b) 局部放大

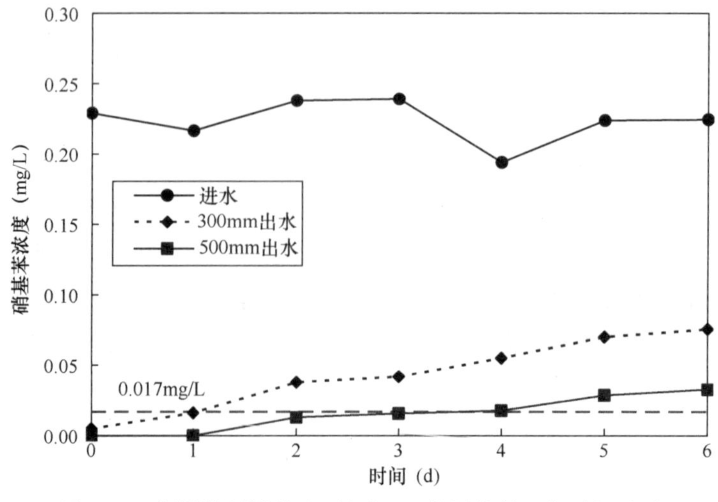

图 2-22 新颗粒活性炭应对超标 12 倍污染的运行时间试验

2.3.3 颗粒活性炭的应用形式

颗粒活性炭应对硝基苯污染的应用主要有三种形式：活性炭滤池、炭砂滤池以及活性炭压力过滤器。

对于采用颗粒活性炭（GAC）吸附的深度处理工艺的水厂，活性炭滤池对事故污染物有一定的应对能力，但应急能力随颗粒炭的使用时间延长而降低。

对于只采用常规处理工艺的水厂，应急事件中来不及增建活性炭滤池。在此条件下，可以对现有水厂中的砂滤池进行应急改造，挖出部分砂滤料，替换为颗粒活性炭，改造为颗粒炭石英砂双层滤料滤池（炭砂滤池），例如把原 0.7m 砂滤料层的砂滤池，改造为上部 0.5m 活性炭、下部 0.4m 石英砂的炭砂滤池。因颗粒活性炭的颗粒较大，为了保证出水的浊度要求，滤池改造中必须保持一定的砂滤料层厚度，一般以不小于 0.4m 石英砂为宜。

上述研究表明，使用 135d 后的活性炭滤料失去了抵御水源水硝基苯污染的能力；500mm 厚的新颗粒活性炭滤层最高可以应对超过国家标准 15 倍的污染，但仅能应对超过国家标准 12 倍的硝基苯污染 3.5d。

可见，水厂原有活性炭滤池难以应对突发污染事故，将水厂原有活性炭滤池更换新炭或将原有砂滤池改造成炭砂滤池来来应急应对超标 10 倍以上的污染不经济。

同时由于颗粒活性炭滤池改造的工作量巨大，滤池停水换炭大约需要 3d 以上的时间，而且可以承受的污染负荷低，出水水质难以保障，运行费用高，运行中的人工调控手段有限。因此，对于突发性污染事件的应急吸附处理，粉末活性炭是吸附处理的首选技术。

对于一些地下水厂和其他没有滤池的给水厂，如果遇到水源水硝基苯污染事故，可以使用活性炭压力过滤器作为应急供水措施。由于压力过滤器的滤层厚度大于水厂常用的重力滤池，因此能承受的硝基苯污染浓度和安全运行时间也会优于重力滤池，但一般压力过滤器日出水量大多为上千吨，个别可以达到几千吨，因此使用规模非常有限。

压力过滤器是用钢制压力容器为外壳的过滤设备。容器内装有滤料及进水和配水系统。容器外设置各种管道和阀门等。进水用泵打入，滤后水可以借压力直接送到用水装置、水塔或后面的处理设备中。压力过滤器滤层厚度通常大于重力滤池，一般为 1～2m，某些可以达到 3m。用颗粒活性炭作为滤料的压力过滤器即为活性炭压力过滤器。活性炭压力过滤器主要由活性炭层和承托层组成，某厂生产的 GHT 型活性炭压力过滤器如图 2-23所示。

考虑到 500mm 厚的新活性炭滤层仅能抵御超过国家硝基苯浓度标准 12 倍的污染 3.5d，因此估计 1500mm 厚的压力滤罐可以承受超过国家标准 12 倍以内的硝基苯污染 10d 以上。但由于有机物对颗粒活性炭失效影响很大，在使用压力过滤器应对污染时也应及时关注出水水质，一旦发现水质超过国家标准即要马上更换滤料。

2.3.4 颗粒活性炭应急处理的技术经济分析

颗粒炭的堆积重约为 450～500kg/m^3，对于炭砂滤池改造（以炭层厚度 0.5m

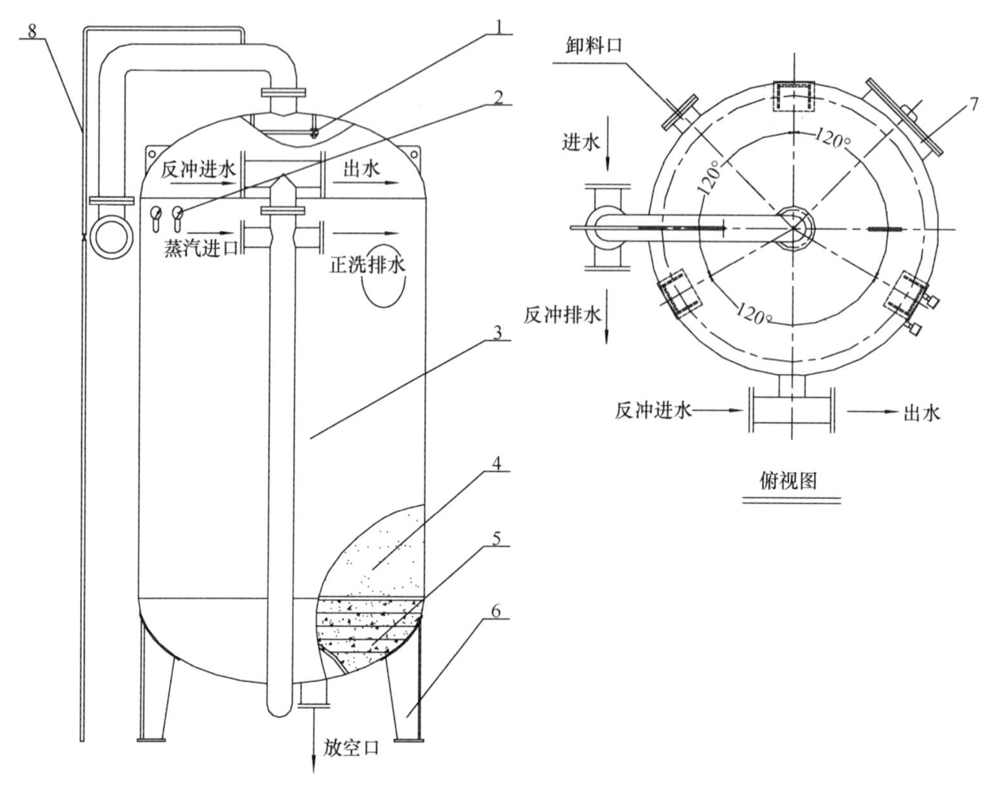

图 2-23　GHT 型活性炭压力过滤器简图

1—进水挡板；2—滤前、滤后压力表；3—罐体；4—活性炭滤料；
5—承托层；6—支撑脚；7—人孔；8—放气管

计)，所需炭量约为 0.25t/m^2滤池，颗粒活性炭的价格一般在 5000～7000 元/t，如果按 6000 元计算，购炭成本约为 1500 元/m^2滤池。对于 10 万 t/d 的水厂，滤池面积一般在 520～550m^2。如果按滤池面积 520m^2计，更换 500mm 厚的新炭，需要新炭 135t 左右，则更换新的颗粒活性炭仅材料费需要 81 万元。如果改造后的滤池用来抵御超过水源水标准 12 倍的硝基苯污染，按前文所述研究结果可以抵御 3.5d，则处理成本为 2.31 元/m^3。

此外，由于进行炭砂滤池改造需要停水进行，在动用大批人员的情况下也需要 3d，由此造成的人工成本、停水损失十分巨大。

可见，由于改造困难，实施和维护的成本高，抵御污染物的能力有限，因此在发生水源水突发污染事故时并不推荐使用颗粒活性炭滤池。对于已有的颗粒活性炭滤池，由于对污染物的吸附能力会随运行时间而下降，因此在确定应急措施时必须事先评估其应急处理能力，建议与粉末活性炭应急处理系统联用以提高安全性。

2.4　粉末活性炭对具体污染物的吸附去除工艺参数

如上所述，活性炭对污染物的吸附等温线是与平衡浓度有关的，因此，必须在饮用水标准限值尺度上进行活性炭的吸附试验，这样得到的吸附等温线才能指导生产，确保吸附平衡浓度小于限值。

为了得到有效的应急处理工艺参数，对部分芳香族、农药、氯代烃、消毒副产物和人工合成有机物进行实验室研究。对每一种污染物的研究包括可行性测试、吸附去除速率研究、吸附等温线研究三部分。

其中可行性测试是在去离子水条件下，考察用 20mg/L 的粉末活性炭吸附 2h 后的去除效果。其可行性判定标准为：去除率在 90%以上为可行且效果显著，去除率在 70%～90%之间为可行且效果较好，去除率在 50%～70%之间为可行但效果一般，投炭量偏大，去除率小于 50%为不可行。

吸附速率研究是测试在 10mg/L 投炭量的条件下，剩余污染物浓度随时间的变化情况，以确定采用粉末炭吸附去除特征污染物所需的时间。

吸附容量研究是在约 5 倍标准的污染物浓度条件下，测试不同投炭量的最终达到吸附平衡时的剩余污染物浓度，计算得到吸附等温线。

基准投炭量是根据上述试验结果，按照在污染物浓度为 5 倍标准限值，最终平衡浓度低于标准限值的 50%，吸附 2h 的情况，所计算出的投炭量，其对应的污染物去除率需在 90%以上。

以下按照有机污染物的类别进行讨论。

2.4.1 芳香族化合物

芳香族化合物是指含有苯环的一大类物质，其中包括芳香烃和取代芳香烃。芳香烃是指含苯环结构的化合物，一般可以分为单环芳香烃、多环芳香烃两类。其中前者包括苯、苯系物和含苯环的不饱和烃；多环芳香烃则包括联苯类、多苯代脂肪烃和稠环芳香烃。取代芳香烃则可以看作是芳香烃分子中的氢原子被其他元素、官能团取代的产物，如卤代芳香烃、苯胺类物质等。

芳香族化合物属于较易被活性炭吸附去除的一类物质，这是由于芳香族化合物一般是弱极性或无极性物质，容易被同样为弱极性的活性炭从水相中吸附分离出来。但是对于极性较强的苯胺，活性炭吸附去除的效果要明显低于其他芳香族化合物。

主要的芳香族污染物的活性炭吸附可行性测试结果如表 2-6 所示。

芳香族污染物的粉末活性炭吸附去除可行性测试　　表 2-6

污染物名称	初始浓度（mg/L）	吸附后浓度（mg/L）	去除率（%）	技术可行性评价
苯并（a）芘	0.000082	0.0000035	95.7	可行且活性炭吸附效果显著
2,4-二硝基甲苯	0.0015	0.00005	96.7	
六氯苯	36.7	1.9	94.8	
1,2,4-三氯苯	0.09708	0.00052	99.5	
苯并(k)荧蒽	0.000202	0.000002	99.0	
硝基苯	0.081	0.0021	97.4	

续表

污染物名称	初始浓度(mg/L)	吸附后浓度(mg/L)	去除率(%)	技术可行性评价
二氯酚	0.05	0.00489	90.2	可行且活性炭吸附效果显著
三氯酚	1.00	0.025	97.5	
异丙苯	0.8942	0.0072	99.2	
苯并(b)荧蒽	0.000271	0.000002	99.3	
2,4-二氯联苯	0.00482	0.00006	98.8	
1,4-二氯苯	1.57	0.12	92.3	
氯苯	1.604	0.174	89.2	可行但活性炭吸附效果较好
2,4,6-三硝基甲苯	2.42	0.32	86.7	
苯乙烯	0.246	0.0018	86.3	
四氯苯	0.115	0.0136	88.2	
萘	0.01	0.0012	88.0	
五氯酚	0.045	0.00523	88.4	
对二甲苯	2.35	0.371	82.1	
苯	0.104	0.016	80.0	
苯酚	0.01	0.0021	79.0	
乙苯	1.4923	0.3233	78.3	可行但投量偏大
蒽	0.01	0.00227	77.3	
二硝基苯	2.5	0.602	75.9	
间二甲苯	2.56	0.681	73.4	
2,4-二硝基氯苯	2.62	0.71	72.9	
1,2-二氯苯	4.37	1.51	65.4	
间硝基氯苯	2.5	0.9475	62.1	
苯胺	0.5	0.28	44.0	不可行
甲苯	4.24	2.39	43.6	

由粉末活性炭对芳香族化合物的吸附速率曲线可以看出，有效的吸附去除时间一般为 30～60min，可以达到最终吸附量的 70%～95%。如果只能在水厂内投加粉末炭，则吸附时间往往只有 10～30min，其吸附效果会有明显下降，在实际使用时必须增加投量。

在去离子水条件下得到的粉末活性炭对芳香族化合物的吸附等温线如图 2-24、图2-25 所示。在原水条件下得到的最终工艺参数如表 2-7 所示。

由于各种芳香族化合物的水质标准不同，试验浓度有所差别，因此图中的位置并不能作为不同芳香族化合物的活性炭吸附去除性能比较的依据。其吸附去除性能的差异可以根据吸附等温线计算相同污染物浓度条件下单位活性炭的吸附量来进行比较，但是应当注意吸附等温线的使用浓度范围，不能无限外推。

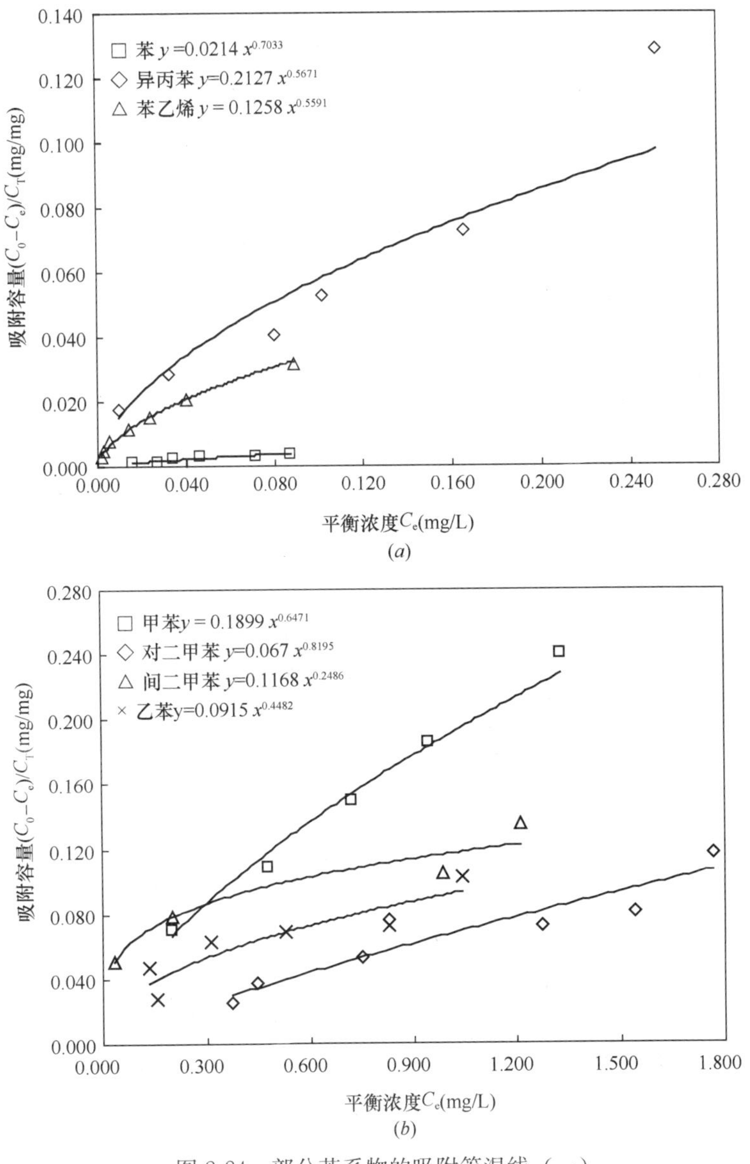

图 2-24 部分苯系物的吸附等温线（一）

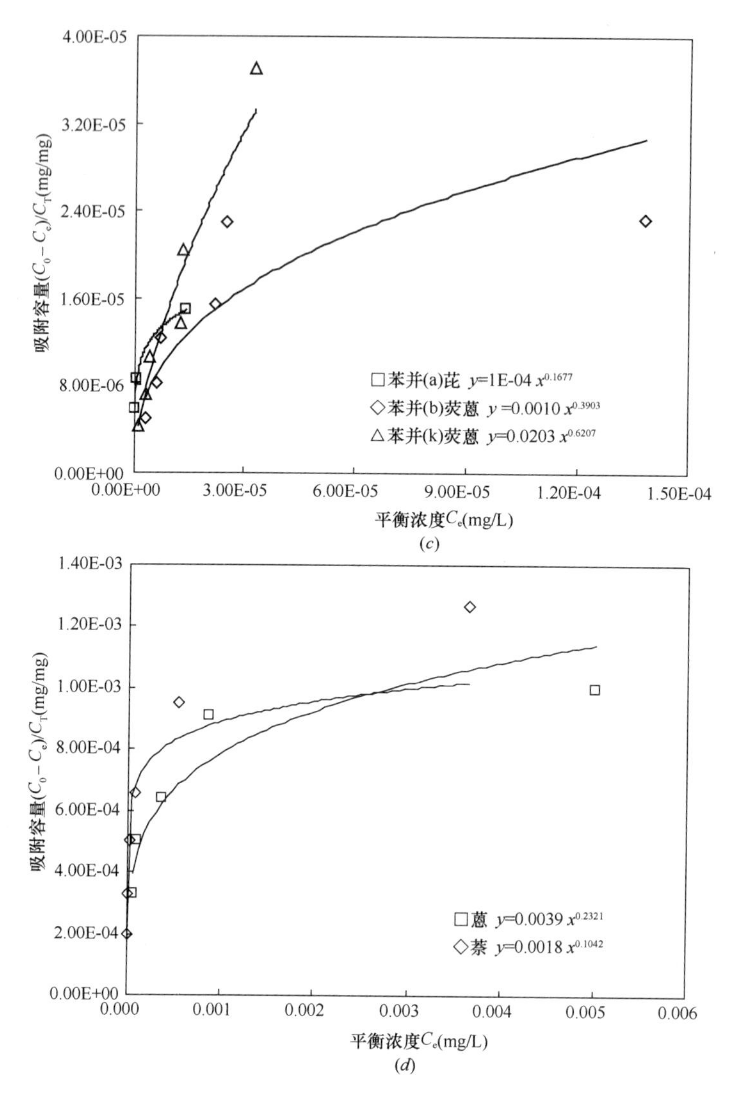

图 2-24 部分苯系物的吸附等温线（二）

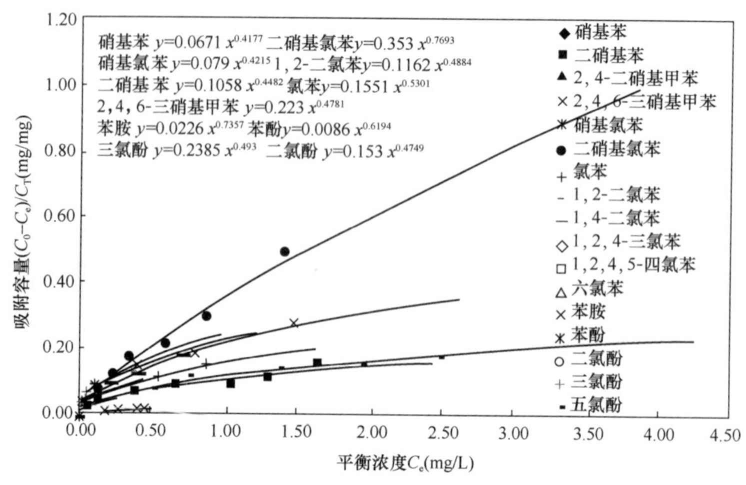

图 2-25 部分取代芳香化合物的吸附等温线

芳香族化合物的粉末活性炭吸附去除工艺参数 **表 2-7**

物质名称	水质标准		试验浓度(mg/L)	吸附速率		纯子水吸附等温线		水源水吸附等温线	
	国标 2006(mg/L)	地表水环境标准(mg/L)		30min剩余浓度(mg/L)	120min剩余浓度(mg/L)	*K*	1/*n*	*K*	1/*n*
苯	0.01	0.01	0.1	0.029	0.020	0.0214	0.7033	0.0075	0.2703
甲苯	0.7	0.7	4.24	2.43	2.39	0.0232	1.5062	0.0435	0.3347
对二甲苯	0.5	0.5	2.5	0.904	0.631	0.067	0.8195	0.0601	0.8095
间二甲苯	0.5	0.5	2.56	1.104	0.869	0.1168	0.2486	0.1881	1.4726
乙苯	0.3	0.3	1.569	0.259	0.224	0.0915	0.4482	0.1338	0.444
异丙苯		0.25	0.8924	0.1536	0.102	0.2127	0.5671	0.191	0.8121
苯乙烯	0.02	0.02	0.212	0.039	0.032	0.1258	0.5591	0.0887	0.6677
苯并(a)芘	0.00001		0.000082	0.0000035	0	0.00001	0.1677	0.000007	0.1676
苯并(b)荧蒽			0.000271	0.000002	0.000002	0.0007	0.363	0.0015	0.5248
苯并(k)荧蒽			0.000202	0.0000027	0.0000024	0.0327	0.6556	0.0132	0.6465
蒽	0.002		0.01	0.00436	0.00254	0.0039	0.2321	0.0421	0.451
萘	0.002		0.01	0.00223	0.00144	0.0038	0.1853	0.0012	0.1013
氯苯	0.3	0.3	1.604	0.362	0.174	0.1551	0.5301	0.0274	0.7922
1,2-二氯苯	1	1.0	4.37	1.75	1.52	0.1162	0.4884	0.1201	0.2188
1,4-二氯苯	0.3	0.3	1.57	0.23	0.16	0.2153	0.585	0.1819	0.5832
1,2,4-三氯苯	0.02	0.02	0.09708	0.00148	0.00068	0.3248	0.6097	0.2724	0.5748
六氯苯	0.05	0.05	36.7	2.9	1.9	0.0372	0.535	0.0106	0.3088
2,4—二氯联苯	0.0005		0.00487	0.00005	0	0.0015	0.2342	0.0003	0.039
2,4-二硝基氯苯	0.5	0.5	2.62	0.95	0.82	0.353	0.7693	0.0956	0.5877
硝基氯苯	0.05	0.05	0.257	0.029	0.023	0.079	0.4215	0.0634	0.4857
硝基苯	0.017	0.017	0.1	0.016	0.0098	0.0671	0.4177	0.0493	0.431
2,4-二硝基甲苯	0.0003	0.0003	0.0015	0.00005	0.00005	0.1883	0.6958	0.5043	0.8768
2,4,6-三硝基甲苯	0.5	0.5	2.42	0.712	0.367	0.223	0.4781	0.1546	0.4105
二硝基苯		0.5	2.098	0.911	0.793	0.1058	0.4482	0.1009	0.6274
苯胺		0.1	0.5	0.34	0.29	0.0226	0.7357	0.0226	0.7337
苯酚	0.002	0.005	0.01	0.00551	0.0037	0.0086	0.6194	0.0153	0.7296
2,4-二氯苯酚	0.01	0.093	0.471	0.0829	0.0457	0.1418	0.4634	0.3002	0.9506
2,4,6-三氯苯酚	0.2	0.2	1	0.065	0.043	0.2385	0.493	0.1724	0.4186
四氯苯	0.02	0.02	0.115	0.032	0.0136	0.0083	0.8223		
五氯酚	0.009	0.009	0.045	0.00806	0.00602	0.0403	0.4415	0.0128	0.3503

2.4.2 农药

按用途分，农药一般包括杀虫剂和除草剂两大类。按成分分，农药一般包括有机氯农药、有机磷农药、菊酯类农药。其中有机氯农药，如DDT、六六六在20世纪六七十年代被大量使用，但是由于它们属于持久性有机污染物，对环境和生态造成了巨大的影响而被禁用。有机磷农药在环境和作物体内可以水解而失去毒性，所以毒性相对较小，是目前大量使用的农药。菊酯类农药属于第三代农药，它们是人工合成的有生理活性的物质或是它们的类似物，对于环境和生态更为友好。

农药属于较易被活性炭吸附去除的一类物质，这是由于农药一般是弱极性或无极性物质，容易被同样为弱极性的活性炭从水相中吸附分离出来。其可行性测试结果如表2-8所示。

农药的粉末活性炭吸附去除可行性测试 **表2-8**

污染物名称	初始浓度(mg/L)	吸附后浓度(mg/L)	去除率(%)	技术可行性评价
毒死蜱	0.01	0.00006	99.4	可行且活性炭吸附效果显著
七氯	0.00203	0.00002	99.0	
环氧七氯	0.0005677	0.000001995	99.6	
呋喃丹	0.03504	0.0003319	99.05	
百菌清	0.05	0.0012	97.6	
滴滴涕	0.004525	0.000104	97.7	
敌敌畏	0.011	0.0005	95.1	
对硫磷	0.06	0.0001	99.83	
甲基对硫磷	0.125	0.0001	99.9	
甲萘威	0.25	0.0022	99.1	
苦味酸	2.712	0.06	97.8	
莠去津	0.0092	0.0001	98.9	
林丹	0.01	0.00004	99.6	
六六六	0.02	0.00008	99.6	
乐果	0.4	0.05	98.75	
2，4-滴	0.15	0.0177	88.2	可行且活性炭吸附效果较好
马拉硫磷	1.25	0.1686	86.5	
内吸磷	0.148	0.0217	85.34	
敌百虫	0.23	0.034	85.22	
灭草松	1.455	0.5481	62.32	可行但投量偏大

与芳香族化合物相似，粉末活性炭对农药的有效吸附去除时间一般为30～60min，可以达到最终吸附量的70%～95%。如果只能在水厂内投加粉末炭，则吸附时间往往只有10～30min，其吸附效果会有明显下降，在实际使用时必须增加投量。

在去离子水条件下得到的粉末活性炭对农药的吸附等温线如图2-26所示。

由于各种农药的水质标准不同，试验浓度有所差别，因此图中的位置并不能作为不同农药的活性炭吸附去除性能比较的依据。其吸附去除性能的差异可以根据吸附等温线计算相同污染物浓度条件下单位活性炭的吸附量来进行比较，但是应当注意吸附等温线的使用

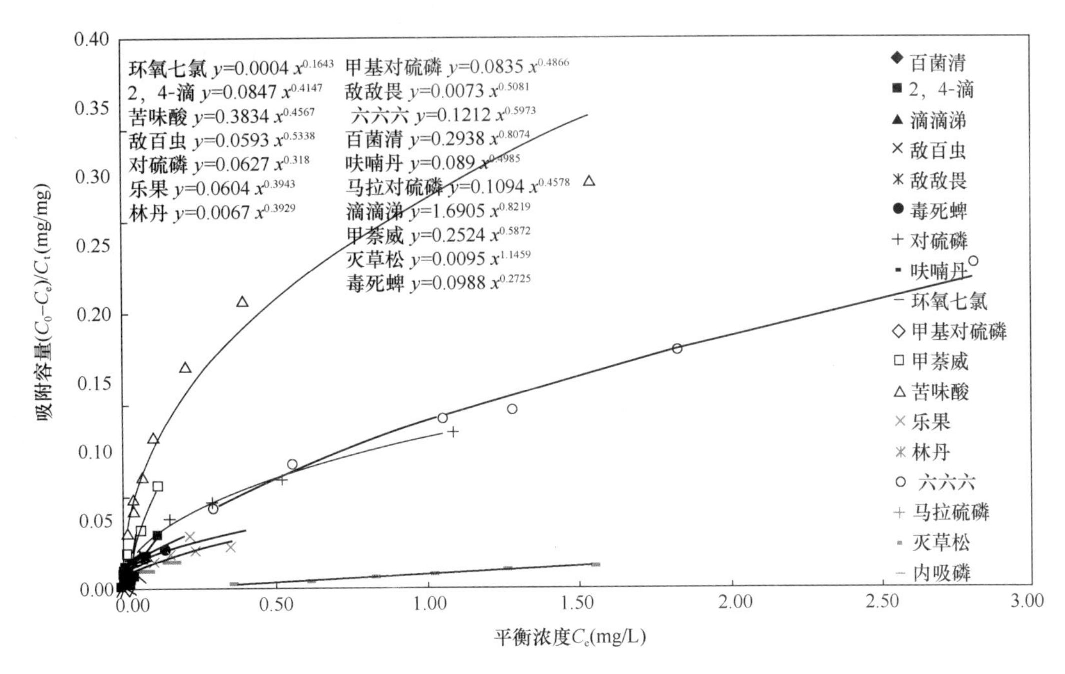

图 2-26 部分农药的吸附等温线

浓度范围，不能无限外推。

在原水条件下得到的最终工艺参数如表 2-9 所示。

农药的粉末活性炭吸附去除工艺参数 **表 2-9**

物质名称	水质标准		试验浓度(mg/L)	吸附速率		纯子水吸附等温线		水源水吸附等温线	
	国标 2006(mg/L)	地表水环境标准(mg/L)		30min 剩余浓度(mg/L)	120min 剩余浓度(mg/L)	K	$1/n$	K	$1/n$
林丹	0.002	0.002	0.01	0.00011	0.00006	0.0067	0.3929	0.0032	0.2826
呋喃丹	0.007		0.03504	0.001233	0.0005485	0.0890	0.4085	0.0394	0.4633
滴滴涕	0.001	0.001	0.004525	0.00014	0.000193	1.6905	0.8219	0.6614	0.7664
毒死蜱	0.03		0.01	0.0012	0.0002	0.0988	0.2725	0.2956	0.7608
甲萘威		0.05	0.25	0.0082	0.0067	0.2524	0.5872	0.0737	0.4546
乐果	0.08	0.08	0.4	0.068	0.044	0.0975	0.513	0.0926	0.5324
苦味酸	0.5	0.5	2.712	0.25	0.062	0.3834	0.4567	0.3402	0.5629
七氯	0.0004		0.00203	0.00009	0.00002	0.0007	0.0948	0.0005	0.104
环氧七氯	0.0002	0.0002	0.0005677	0.0001229	0.0000035	0.0004	0.1643	0.0007	0.2365
甲基对硫磷	0.02	0.002	0.125	0.0001	0.0001	0.0835	0.4866	0.9126	1.1140
六六六	0.005		0.02	0.0005	0.0001	0.1212	0.5973	2.1748	0.8833
对硫磷	0.003	0.003	0.06	0.0001	0.0001	0.0627	0.318	0.1515	0.4224
马拉硫磷	0.25	0.05	1.25	0.4366	0.2462	0.1094	0.4578	0.0714	0.4919

续表

物质名称	水质标准		试验浓度(mg/L)	吸附速率		纯子水吸附等温线		水源水吸附等温线	
	国标 2006(mg/L)	地表水环境标准(mg/L)		30min剩余浓度(mg/L)	120min剩余浓度(mg/L)	K	$1/n$	K	$1/n$
内吸磷		0.03	0.148	0.0497	0.0244	0.0704	0.3075	0.0627	0.5537
敌敌畏	0.001	0.05	0.011	0.0017	0.00076	0.073	0.3231	0.0482	0.3909
敌百虫		0.05	0.23	0.1	0.057	0.0593	0.5383	0.023	0.3161
百菌清	0.01	0.01	0.05	0.0023	0.0019	0.2938	0.8074	0.0746	0.6121
莠去津	0.002	0.003	0.0092	0.00028	0.00012	0.0785	0.5398	0.0221	0.4961
2，4-滴	0.03		0.15	0.087	0.0227	0.0847	0.4147	0.0421	0.451
灭草松	0.3		1.455	0.7456	0.6569	0.0095	1.1459	0.031	0.5259

2.4.3 氯代烃

氯代烃是卤代烃中最为重要的一类，可以看作是烃分子中的氢原子被氯取代的产物。根据烃基的不同，分为脂肪卤代烃（包括饱和与不饱和卤代烃）、芳香卤代烃等。本节着重讨论氯代脂肪烃的应急处理技术。

氯代脂肪烃属于较难被活性炭吸附去除的一类物质，这是由于氯代烃一般是极性较强、分子量较小的物质，难以被弱极性的活性炭从水相中吸附分离出来。

粉末活性炭对农药的吸附速率和技术可行性评价如表 2-10 所示。

氯代脂肪烃的粉末活性炭吸附去除可行性测试 **表 2-10**

污染物名称	初始浓度(ppm)	未加炭空白浓度(ppm)	吸附后浓度(ppm)	吸附去除率	技术可行性评价
氯丁二烯	0.01097	0.01097	0.0009	94.4	可行且活性炭吸附效果显著
六氯丁二烯	0.00303	0.00303	0.00021	93.1	
1,1-二氯乙烯	0.15	0.138	0.055	63%	可行但效果一般，投炭量偏大
1,2-二氯乙烯	0.25	0.177	0.117	53%	
1,1,1-三氯乙烷	1.0	0.561	0.338	66%	
三氯乙烯	0.35	0.35	0.149	57%	
四氯乙烯	0.2	0.175	0.09	55%	
四氯化碳	0.01	0.01	0.004	60%	
氯乙烯	0.025	0.016	0.015	40%	不可行
二氯甲烷	0.1	0.088	0.085	15%	
1,2-二氯乙烷	0.15	0.128	0.111	26%	

在去离子水条件下得到的粉末活性炭对氯代烃的吸附等温线如图 2-27 所示。

由于各种氯代烃的水质标准不同，试验浓度有所差别，因此图中的位置并不能作为不同氯代烃的活性炭吸附去除性能比较的依据。其吸附去除性能的差异可以根据吸附等温线计算相同污染物浓度条件下单位活性炭的吸附量来进行比较，但是应当注意吸附等温线的

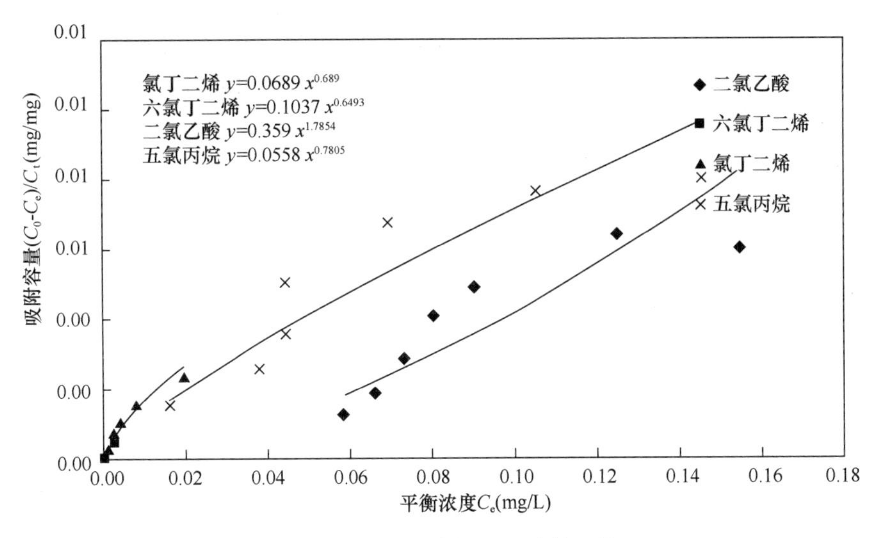

图 2-27 部分氯代烃的吸附等温线

使用浓度范围，不能无限外推。

除活性炭吸附技术外，由于氯代烃挥发性好，可以通过曝气吹脱的方法从水中去除。世界卫生组织在 2006 年出版的《饮用水水质导则》中也推荐采用吹脱法去除氯代烃。

2.4.4 消毒副产物

目前已经确定的消毒副产物有 250 多种。由于氯作为消毒剂广泛使用，通常所指的消毒副产物一般指氯消毒生成的氯代消毒副产物，如三卤甲烷、卤乙酸等；此外，二氧化氯消毒会生成亚氯酸盐；臭氧消毒会生成溴酸盐。这些消毒副产物通常具有致癌性等毒害作用。

消毒副产物的毒理学效应包括可能具有致癌性、致突变性、致畸性、肝毒性、肾毒性、神经毒性及其他毒副作用，也可能对生殖或发育造成不利影响。实验室研究已证实，三卤甲烷、卤乙酸、卤代乙腈、卤代醛、卤代酮以及无机的亚氯酸盐和溴酸盐均具有致癌或潜在致癌性。

在国家标准允许的水源水质和水处理常用的消毒剂量条件下（投氯量小于 4mg/L），消毒副产物的生成量不会超过国家标准。但是，由于三卤甲烷、卤乙酸也是常用的化工产品及原料，所以也存在污染水源水的风险，因此，本课题也把三氯甲烷和二氯乙酸、三氯乙酸纳入研究范围（试验数据见附录）。

试验结果表明，粉末活性炭吸附对三氯甲烷、二氯乙酸和三氯乙酸的吸附去除效果不佳，如表 2-11 所示。

主要消毒副产物的粉末活性炭吸附去除可行性测试 **表 2-11**

污染物种类	初始浓度（mg/L）	吸附后浓度（mg/L）	去除率（%）	技术评价
五氯丙烷	0.165	0.01	93.9	可行且活性炭吸附效果显著
二氯乙酸	0.333	0.211	36.6	不可行
三氯乙酸	0.59	0.49	16.9	

研究同时发现，对于挥发性强的三氯甲烷，采用曝气吹脱的方法也能有效去除。世界卫生组织在2006年出版的《饮用水卫生导则》中也推荐采用吹脱法去除三氯甲烷。卤乙酸的活性炭吸附去除效果不好，主要也是因为极性较强，有文献研究表明生物处理对卤乙酸的降解效果较好。

2.4.5 人工合成有机物及其他污染物

人工合成有机物并不是化学意义上的分类方法，只是一个笼统的说法。除上述可以归类讨论的污染物外，在我国相关饮用水水质标准中列出的其他人工合成有机物包括邻苯二甲酸酯类、表面活性剂等，参见表2-12。

人工合成有机物的粉末活性炭吸附去除可行性测试　　表2-12

污染物种类	初始浓度(mg/L)	吸附后浓度(mg/L)	去除率(%)	技术评价
邻苯二甲酸二乙酯	2.138	0.185	91.3	可行且活性炭吸附效果显著
土臭素	1.48E-07	3.6E-09	97.6	
甲基异莰醇-2	0.00005	0.000001348	97.3	
邻苯二甲酸二丁酯	0.0105	0.0002	98.1	
邻苯二甲酸二(2-乙基己基)酯	0.0367	0.0019	94.8	
微囊藻毒素	0.005	0.0003	94.0	
阴离子合成洗涤剂	1.489	0.022	98.5	
松节油	0.08	0.0014	98.3	
石油类	3	0.032	98.9	
双酚A	0.051	0.01	80.4	可行但投量偏大
环氧氯丙烷	0.0399	0.0147	63.1	
二甲基二硫	0.0668	0.04146	37.9	不可行
丙烯醛	0.781	0.677	13.3	
丙烯酰胺	0.00526	0.00505	4.0	
丙烯腈	0.445	0.445	0	
水合肼	0.058	0.058	0	

试验结果表明，活性炭吸附技术对上述四种人工合成有机物具有非常好的去除效果。

由于各种污染物的水质标准不同，试验浓度有所差别，因此图2-28中的位置并不能作为不同氯代烃的活性炭吸附去除性能比较的依据。其吸附去除性能的差异可以根据吸附等温线计算相同污染物浓度条件下单位活性炭的吸附量来进行比较，但是应当注意吸附等温线的使用浓度范围，不能无限外推。

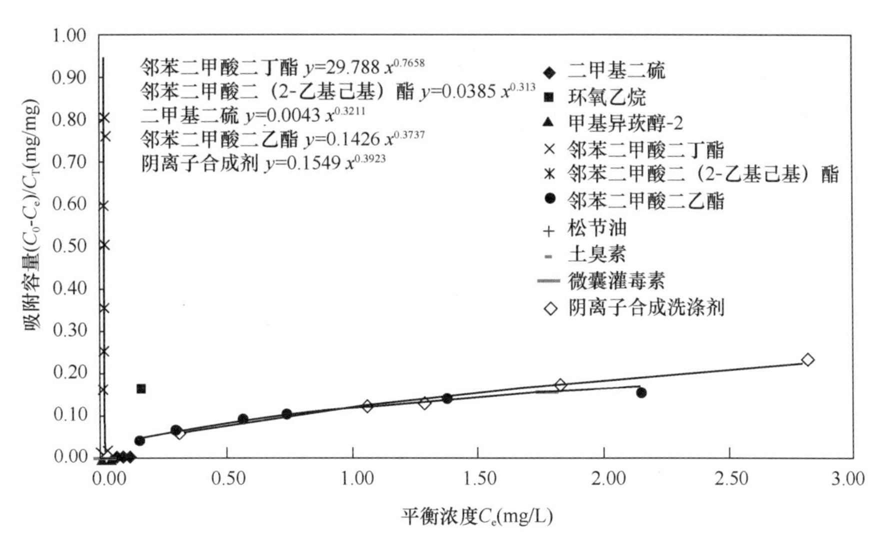

图 2-28　部分人工合成有机物的吸附等温线

表 2-13 是农药的粉末活性炭吸附去除工艺参数。

农药的粉末活性炭吸附去除工艺参数　　　　表 2-13

物质名称	水质标准		试验浓度(mg/L)	吸附速率		纯子水吸附等温线		水源水吸附等温线	
	国标 2006 (mg/L)	地表水环境标准 (mg/L)		30min 剩余浓度 (mg/L)	120min 剩余浓度 (mg/L)	K	$1/n$	K	$1/n$
五氯丙烷	0.06	0.06	0.269	0.204	0.103	0.0188	1.1211	0.0038	0.4706
二氯乙酸	0.05		0.0618	0.0461	0.0524	0.359	1.7854		
氯丁二烯	0.002	0.002	0.01097	0.00149	0.0009	0.0689	0.689	0.2032	1.215
六氯丁二烯		0.0006	0.00273	0.00013	0.00002	0.1037	0.6493	0.0604	0.5669
阴离子合成洗涤剂	0.3	0.3	1.8	0.26	0.15	0.1549	0.3923	0.2712	0.4015
二甲基二硫			0.0668	0.04739	0.04435	0.0043	0.3211	0.00421	0.451
邻苯二甲酸二(2-乙基已基)酯	0.008	0.008	0.0238	0.0162	0.003	0.0385	0.313	0.0102	0.2217
邻苯二甲酸二乙酯	0.3		2.138	0.556	0.259	0.142	0.3737	0.0948	0.2773
邻苯二甲酸二丁酯		0.003	0.0152	0.00694	0.00571	29.788	0.7658		
土臭素			1.48E-07	2.79E-08	3.6E-09	0.0203	0.7536	0.0372	0.8217
甲基异莰醇-2	0.00001		0.00005	0.000002671	0.000001858	0.0001	0.3277	0.0001	0.3232
微囊藻毒素	0.001	0.001	0.005	0.0021	0.0004	0.0254	0.6019	0.0119	0.5482
松节油	0.02	0.02	0.08	0.0041	0.0017	143.18	1.5318	0.1102	0.5708
环氧氯丙烷	0.0004	0.02	0.0399	0.0207	0.014	0.8031	1.6628	47.33	2.957

2.5 应急吸附技术小结

本应急处理技术主要采用粉末活性炭作为应急吸附剂，吸附去除大部分有机物等污染物；在水厂具有颗粒活性炭滤池条件下也可以起到短期的去除污染物的效果。

本研究共开展了71种污染物的试验研究，其中27种芳香族化合物、20种农药、3种卤代烃、5种消毒副产物、13种人工合成及其他有机物、3种藻类特征污染物。

采用粉末活性炭投加法可以有效应对的有61种（包括26种芳香族化合物、20种农药、3种卤代烃、9种人工合成有机物、3种藻类特征污染物）。还有1种有机物的溶解度很低，不必采用活性炭吸附，可以通过强化常规混凝一沉淀工艺去除。

剩余10种有机物（主要是强极性的二氯乙酸、三氯乙酸、卤乙酸总量、三氯乙醛、甲醛、乙醛、丙烯醛、丙烯酸、丙烯腈、丙烯酰胺等）采用粉末活性炭吸附去除投炭量过大，在应急处理中不可行。

此外，课题组还开展了5项非标有机物的吸附试验，包括蒽、萘、苯并（b）荧蒽、苯并（k）荧蒽、对二甲苯，都可以被活性炭吸附有效去除。

采用粉末活性炭投加法可以有效应对的有61种（包括26种芳香族化合物、20种农药、3种卤代烃、9种人工合成有机物、3种藻类特征污染物）。还有1种有机物的溶解度很低，不必采用活性炭吸附，可以通过强化常规混凝土-沉淀工艺去除。

3 应对金属和类金属污染物的化学沉淀技术

化学沉淀法是通过投加化学试剂，使污染物形成难溶解的物质，并借助混凝沉淀工艺从水中分离的净水方法。根据污染物的化学性质，许多金属离子污染物都可以形成难溶解的氢氧化物、碳酸盐、硫化物、磷酸盐等沉淀，部分金属、类金属污染物可以和铁盐混凝剂形成共沉淀。

按照最终形成的沉淀物的种类，可以分为氢氧化物沉淀法、碳酸盐沉淀法、铁盐沉淀法、硫化物沉淀法、磷酸盐沉淀法等。按照投加药剂的不同，氢氧化物沉淀法、碳酸盐沉淀法又可以合并称为碱性化学沉淀法。

此外，多种金属和类金属污染物具有多种化学价态，而其不同价态情况下往往具有不同的溶度积常数。所以为了促进这些污染物的沉淀，一般需要先通过氧化或者还原技术改变污染物的价态，再采用碱性沉淀法、铁盐沉淀法或硫化物沉淀法等方法，可以叫作预氧化（还原）-碱性沉淀法等组合化学沉淀法。

其中碱性化学沉淀法、铁盐沉淀法等使用的是食品级的酸碱和混凝剂，已经经卫生检验对人体无害，处理后水中也不增加新的有害成分，因此比较实用。

硫化物沉淀法在不超过饮用水标准（0.02mg/L）的条件下即可以将多种金属污染物去除到标准以下，但是由于硫化物属于饮用水需要去除的污染物，国内外尚没有在饮用水处理中允许使用的规定和先例，因此对于硫化物沉淀法的使用需十分谨慎，本研究将其作为一种储备技术予以讨论。

一定剂量的磷酸盐也可以将多种金属污染物去除到标准以下，但是由于我国尚没有在饮用水处理中允许使用的规定和先例，因此对于磷酸盐沉淀法的使用也需谨慎，本研究将其作为一种储备技术予以讨论。

3.1 主要金属和类金属污染物的化学沉淀特性

大多数金属污染物（如镉、铅、镍、铜、铍等）具有难溶的氢氧化物或碳酸盐。一般需要在弱碱性或碱性条件下进行混凝沉淀过滤处理；部分金属污染物（如铬（Ⅲ）、铊（Ⅰ）等）则可以在中性或弱酸性条件下进行。如果 pH 值调节幅度较大，使处理后出水的 pH 值不符合饮用水的要求，应再进行 pH 回调，使其满足饮用水的 pH 值要求（pH=6.5～8.5）。pH 值回调应设在过滤之后。

在采用不同碱性药剂调 pH 值时，所发生的化学沉淀的原理将略有不同。采用氢氧化钠调 pH 值时，将可以发生氢氧化物沉淀反应或碳酸盐沉淀反应。因为天然地表水中的碱度一般在 10^{-2}～10^{-3}mol/L，主要为重碳酸根。在用氢氧化钠调 pH 值为碱性后，水中的部分重碳酸根转化为碳酸根，也可以与特定污染离子发生碳酸盐沉淀反应。用石灰（CaO）调 pH 值时，主要发生氢氧化物沉淀反应，此时因水中的碳酸根主要与石灰带入的钙离子形成碳酸钙沉淀，从而削弱了与水中其他金属离子形成碳酸盐沉淀的作用。采用碳酸钠调 pH 值时，可以同时发生碳酸盐沉淀反应和氢氧化物沉淀反应。

此外，部分两性金属、类金属物质（如砷（Ⅴ)、锑（Ⅴ)、硒（Ⅳ)、钼等）没有相应的氢氧化物或碳酸盐沉淀，不过可以和三价铁离子发生共沉淀或者被铁盐絮体吸附去除。由于铁盐在常规 pH 值下会沉淀析出，为了提供足够多的游离铁离子，往往需要加酸调节 pH 值。

对于具体的处理情况，能否发生沉淀反应和发生何种沉淀反应，可采用溶度积原理进行初步的理论计算判断；在实际情况下，还需要考虑碳酸盐缓冲系统、络合平衡等更为复杂的水化学反应。

表 3-1 给出了部分化合物的溶度积常数数据，需要说明的是，溶度积常数是在理想条件下得出的，并且不同资料的溶度积常数略有不同，在实际应用中仅供参考。

金属和类金属污染物的化学沉淀特性理论计算值　　表 3-1

项目	元素符号	原子量	生活饮用水卫生标准(mg/L)	沉淀物形式	K_{sp}	污染物达标所需药剂浓度	pH 条件@	应急处理方法
钡	Ba	137.3	0.7	$BaCO_3$	5.1×10^{-9}	$[CO_3^{2-}]$=60mg/L		碱性混凝沉淀
				$BaSO_4$	1.1×10^{-10}	$[SO_4^{2-}]$=2.1mg/L		硫酸盐混沉法
				$Ba_3(PO_4)_2$	3.4×10^{-23}	$[PO_4^{3-}]$=48mg/L		×
钒	V	50.94	0.05	$(VO_2)_3PO_4$	8×10^{-25}	$[PO_4^{3-}]$=0.08mg/L		磷酸盐混沉法
				$VO(OH)_2$	5.9×10^{-23}	$[OH^-]=7.8\times10^{-8}$M	pH>6.1	碱性混凝沉淀
				$x Fe_2O_3 \cdot y V_2O_5$	—	—		铁盐混凝沉淀
铬(VI)	Cr	52.00	0.05	$Cr(OH)_3$	6.3×10^{-31}	$[OH^-]=8.9\times10^{-9}$M	pH>5.9	$FeSO_4$ 还原混凝
镉	Cd	112.4	0.003	$CdCO_3$	5.2×10^{-12}	$[CO_3^{2-}]$=11.7mg/L		碱性混凝沉淀
				$Cd(OH)_2$	2.5×10^{-14}	$[OH^-]=0.97\times10^{-3}$M	pH>11	
				CdS	8.0×10^{-27}	$[S^{2-}]=9.6\times10^{-15}$mg/L		硫化物混沉法
				$Cd_3(PO_4)_2$	2.5×10^{-33}	$[PO_4^{3-}]$=1.1mg/L		磷酸盐混沉法

续表

项目	元素符号	原子量	生活饮用水卫生标准(mg/L)	沉淀物形式	K_{sp}	污染物达标所需药剂浓度	pH 条件[@]	应急处理方法
汞	Hg	200.6	0.001	HgS	1.6×10^{-52}	$[S^{2-}]=1.3\times10^{-39}$mg/L		硫化物混沉法
				HgO			pH>9.5	碱性混凝沉淀
钴	Co	58.93	1*	$Co(OH)_2$	1.6×10^{-15}	$[OH^-]=9.7\times10^{-6}$M	pH>9	碱性混凝沉淀
				$CoCO_3$	1.4×10^{-13}	$[CO_3^{2-}]=5\times10^{-5}$mg/L		
				$Co_3(PO_4)_2$	2.0×10^{-35}	$[PO_4^{3-}]=6\times10^{-6}$mg/L		磷酸盐混沉法
锰	Mn	54.94	0.1	$Mn(OH)_2$	1.8×10^{-15}	$[OH^-]=3.14\times10^{-4}$M	pH>10.5	碱性混凝沉淀
钼	Mo	95.94	0.07	$MoO_4\cdot Fe(OH)_3$	—	—		铁盐混凝沉淀
镍	Ni	58.70	0.02	$Ni(OH)_2$	2.0×10^{-15}	$[OH^-]=7.7\times10^{-5}$M	pH>9.8	碱性混凝沉淀
				$NiCO_3$	6.6×10^{-9}	$[CO_3^{2-}]=1164$mg/L		
				NiS	3.2×10^{-19}	$[S^{2-}]=3.1\times10^{-8}$mg/L		硫化物混沉法
				$Ni_3(PO_4)_2$	5×10^{-31}	$[PO_4^{3-}]=0.3$mg/L		磷酸盐混沉法
铍	Be	9.012	0.002	$Be(OH)_2$	1.6×10^{-22}	$[OH^-]=2.6\times10^{-8}$M	pH>6.4	碱性混凝沉淀
铅	Pb	207.2	0.01	$PbCO_3$	7.4×10^{-14}	$[CO_3^{2-}]=0.09$mg/L		碱性混凝沉淀
				$Pb(OH)_2$	1.2×10^{-15}	$[OH^-]=1.58\times10^{-4}$M	pH>10.2	
				PbS	8.0×10^{-28}	$[S^{2-}]=5.3\times10^{-16}$mg/L		硫化物混沉法
铊	Tl	204.4	0.0001	$Tl(OH)_3$	6.3×10^{-46}	$[OH^-]=1.1\times10^{-12}$M	pH>2.1	氧化、混沉
钛	Ti	47.88	0.1*	$Ti(OH)_3$	1.0×10^{-40}	$[OH^-]=3.6\times10^{-12}$M	pH>2.6	中性混凝沉淀
锑	Sb	121.75	0.005	$xSb_2O_3\cdot yFe_2O_3$	—	—	pH<6	铁盐混凝沉淀
				$xSb_2O_5\cdot yFe_2O_3$	—	—	pH<4.5	
铜	Cu	63.55	1	$Cu(OH)_2$	2.2×10^{-20}	$[OH^-]=5.74\times10^{-8}$M	pH>6.6	碱性混凝沉淀
				$CuCO_3$	1.4×10^{-10}	$[CO_3^{2-}]=53.5$mg/L		
				CuS	6.3×10^{-36}	$[S^{2-}]=1.3\times10^{-26}$mg/L		硫化物混沉法

续表

项目	元素符号	原子量	生活饮用水卫生标准(mg/L)	沉淀物形式	K_{sp}	污染物达标所需药剂浓度	pH条件@	应急处理方法
锌	Zn	65.38	1	$Zn(OH)_2$	1.2×10^{-17}	$[OH^-]=8.8\times10^{-7}M$	pH>7.9	碱性混凝沉淀
				$ZnCO_3$	1.4×10^{-11}	$[CO_3^{2-}]=0.055mg/L$		
				ZnS	2.5×10^{-22}	$[S^{2-}]=5.2\times10^{-13}mg/L$		硫化物混沉法
				$Zn_3(PO_4)_2$	9.0×10^{-33}	$[PO_4^{3-}]=1\times10^{-4}mg/L$		磷酸盐混沉法
银	Ag	107.9	0.05	AgCl	1.8×10^{-10}	$[Cl^-]=13.8mg/L$		氯化物混沉法
				AgOH	2.0×10^{-8}	$[OH^-]=4.3\times10^{-2}M$	pH>12.6	碱性混凝沉淀
				Ag_2CO_3	8.1×10^{-12}	$[CO_3{}^{2-}]=2267g/L$		×
				Ag_2S	6.3×10^{-50}	$[S^{2-}]=9.5\times10^{-30}mg/L$		硫化物混沉法
				Ag_3PO_4	1.4×10^{-16}	$[PO_4{}^{3-}]=1.3\times10^5g/L$		×
				Sb_2S_3	2.0×10^{-93}	$[S^{2-}]=3.4\times10^{-19}mg/L$		硫化物混沉法
砷	As	74.92	0.01	$FeAsO_4$	1.0×10^{-20}		中性	氧化、铁盐混沉
硒	Se	78.96	0.01	$Fe_2(SeO_3)_3$	2.0×10^{-31}		中性	铁盐混凝沉淀

注：溶度积常数参考天津大学无机化学教研室编《无机化学》第二版（高等教育出版社，1992.5）；

@ 根据溶度积常数计算得到的理论值；

* 城市供水水质标准中未列出，采用地表水环境质量标准（Ⅱ类）中的限值。

化学沉淀法可以去除大部分金属和类金属污染物。但是在当前水处理技术可行的条件下，仍存在一些物质难以被经济有效地去除，如硼、硝酸盐、高浓度氨氮等（这些污染物一般是无机阴离子，目前只能通过反渗透、电渗析、离子交换、生物处理等技术去除，成本很高或者处理时间太长），因此对于含这些污染物的污染源要特别加强监控，防止污染水源。

3.2 碱性化学沉淀法应急处理技术

碱性化学沉淀法需要与混凝、沉淀、过滤工艺结合运行，最常采用的方法是通过预先加碱提高pH值，降低所要去除污染物的溶解性，形成碳酸盐或氢氧化物沉淀析出物，再投加铁盐或铝盐混凝剂，形成矾花进行共沉淀，以使化学沉淀法产生的沉淀物有效沉淀分离，在去除水中胶体颗粒、悬浮颗粒的同时，去除这些金属污染物。由于与混凝剂共同使用，混凝形成的絮体对这些离子污染物可以有一定的电荷吸附、表面吸附等去除作用，对污染物的去除效果要优于单纯的化学沉淀法。

碱性化学沉淀法应急处理技术的主要技术要点是确定适宜的 pH 值、选择合适的混凝剂。由于调节 pH 值的做法在我国的水厂中并不常用，水厂也缺少相关设备和操作经验，因此需要特别引起重视。

3.2.1 调节 pH 值

调节 pH 值的碱性药剂可以采用氢氧化钠（烧碱）、石灰或碳酸钠（纯碱）。调节 pH 的酸性药剂可以采用硫酸或盐酸。因是饮用水处理，必须采用饮用水处理级或食品级的酸碱药剂。碱性药剂中，氢氧化钠可采用液体药剂，便于投加和精确控制，劳动强度小，价格适中，因此推荐在应急处理中采用。石灰虽然最便宜，但沉渣多，投加劳动强度大，不便自动控制。纯碱的价格较高，除特殊情况外，一般不采用。与盐酸相比，硫酸的有效浓度高，价格便宜，腐蚀性低，为首选的酸性药剂。

由于大部分化学沉淀法处理对 pH 值要求较严格，需要精确控制，并且应急处理时间紧迫，短期内无法积累运行操作经验，因此在需要调节 pH 值的饮用水化学沉淀应急处理中，应设置 pH 值在线监测仪和自动加药设备（加碱泵、加酸泵等）。

由于混凝剂的水解作用会产生氢离子，使水的 pH 值降低，特别是一些酸度较大的液体混凝剂。投加混凝剂后水的 pH 值一般要下降 0.2～0.5，实际的降低数值与水的化学组成和所用混凝剂种类及其投加量有关。对于要求控制 pH 值的化学沉淀混凝处理，pH 值的理论控制点是指混凝反应之后，而不是在投加混凝剂之前，以确保对污染物的化学沉淀去除效果。

在实际工程中，建议先调 pH 值，后加混凝剂。在线 pH 计的安装位置可以设在加混凝剂之前或混合池的出口处，便于及时反馈调整加碱量，但需留出混凝反应使 pH 值降低的余量。在线 pH 计也可以设在反应池出水处，以精确控制所要求的 pH 值，但因加碱点与反应池出水之间存在水流时间差，调整加碱量的难度加大。

3.2.2 混凝剂选择

对于需要调节 pH 值进行混凝沉淀的应急处理，还必须注意所用混凝剂的 pH 值适用范围。铁盐混凝剂适用范围为 pH＝5～11，硫酸铝适用范围为 pH＝5.5～8，聚合铝适用范围为 pH＝5～9。特别要注意的是铝盐混凝剂在 pH 值过高（pH≥9.5）条件下使用会产生溶于水的偏铝酸根，可能会产生滤后水铝超标问题（饮用水标准铝的限值为 0.2mg/L）。

有的离子污染物的化学沉淀法需要先进行预处理改变离子的价态。如一价铊，需要先氧化成三价铊才能使用氢氧化物沉淀法处理；如六价铬，需要首先使用亚铁还原成三价铬，再进行沉淀。

3.2.3 工程实施中应注意的其他问题

对于饮用水的化学沉淀应急处理，由于水中多种离子共存，并且与混凝处理共同进行，所发生的化学反应极为复杂，可能包括分步沉淀、共沉淀、表面吸附等多种反应。因此，基本化学理论主要用于对方案可行性和基本反应条件的初步判断，对于实际应急处理，必须先进行试验验证，以确定实际去除效果与具体反应条件。

在工程实施中，考虑到水处理设备（沉淀池、滤池）对颗粒物的分离效率，对于计算与试验所得到的控制条件，应留有一定的安全余地。同时还要适当加大混凝剂的药量，必要时使用助凝剂，以提高混凝效果。

3.2.4 碱性沉淀法对具体污染物的工艺参数

（1）原理

多数金属元素会生成氢氧化物、碳酸盐沉淀，因此当水源水 pH 值达到弱碱性时（一般为 pH>8.5），由于水中 OH^- 离子浓度增加，同时重碳酸盐根化为碳酸根，就会生成沉淀氢氧化物或碳酸盐从水中分离。

适合采用碱性沉淀法的金属元素包括镉、汞、镍、铍、铅、铜、锌、银等。

（2）验证性试验结果

根据试验结果，将镉等 8 种金属污染物的处理工艺参数进行了汇总，如表 3-2 所示。

碱性沉淀法处理金属污染物的工艺参数　　表 3-2

项目	水质标准（mg/L）	试验浓度	沉淀形式	理论 pH	铁盐混凝沉淀法		铝盐混凝沉淀法	
					pH	剂量（mg/L）	pH	剂量（mg/L）
钒	0.05	0.250	$x\mathrm{Fe_2O_3}\cdot y\mathrm{V_2O_5}\cdot z\mathrm{H_2O}$	pH<5.1～6.1	<8	5	<8	5
镉	0.005	0.016	$CdCO_3$、$Cd(OH)_2$	pH>11	>8.5	5	>9	5
铬(Ⅵ)	0.05	0.254	$Cr(OH)_3$	pH>5.9	>7.5	5	不适用	5
汞	0.001	0.0052	HgO	pH>9.5	>10	5	不适用	5
钴	1.0	5.40	$CoCO_3$、$Co(OH)_2$	pH>9	>8	5	>8	5
锰	0.1	0.528	$Mn(OH)_2$		>8.5	3.5	>8.5	5
钼	0.07	0.3850	$MoO_4\cdot Fe(OH)_3$		<6.5	5	不适用	5
镍	0.02	0.103	$Ni(OH)_2$、$NiCO_3$	pH>9.8	>9.5	5	不适用	5
铍	0.002	0.011	$Be(OH)_2$	pH>6.4	>8.0	5	7.0～9.5	10
铅	0.01	0.252	$PbCO_3$、$Pb(OH)_2$	pH>10.2	>7.5	10	9.0-9.5	20
砷(Ⅲ)	0.01	0.05	$x\mathrm{Fe_2O_3}\cdot y\mathrm{As_2O_3^{2-}}$		>10	5	不适用	5
砷(Ⅴ)	0.01	0.0511	$FeAsO_4$	中性	不调	5	>8	5
钛	0.1	0.498	$Ti(OH)_3$	pH>2.6	不调	5	不调	5
锑(Ⅲ)	0.005	0.0023	$Sb(OH)_2$	pH>0	<6	5	不适用	5
锑(Ⅴ)	0.005	0.0023	$Sb(OH)_2$	pH>0	<6	5	不适用	5
铜	1	5.23	$Cu(OH)_2$、$CuCO_3$	pH>6.6	>7.5	5	8.0～9.5	10
硒	0.01	0.049	$Fe_2(SeO_3)_3$	中性	<7	5		
锌	1	5.0	$Zn(OH)_2$、$ZnCO_3$	pH>7.9	>8.5	>5	8.0～9.5	5
银	0.05	0.2501	$AgOH$、Ag_2CO_3、$AgCl$	pH>12.6	>7.0	>10	>7.0	10

从表中可以看出，根据 K_{sp} 值计算得到的污染物沉淀的 pH 值和实际工艺中可行的 pH 值并不完全一致。对于镉、铅、银三种金属离子，其实际工艺中可行的 pH 值低于理论值，这是因为理论计算只考虑了氢氧化物沉淀，而实际水中含有的重碳酸根在一定的 pH 值条件下转化成碳酸根，并和污染物结合生成碳酸盐沉淀。而铍离子的浓度在 pH 值大于 6.4 时确实有大幅度下降，但若达到国标仍需要进一步提高 pH 值。

此外，由于铝盐混凝剂在 pH 值高于 9.5 时会产生偏铝酸根，造成出水铝超标，所以不适用于需要高 pH 值的汞、镍等污染物的处理。

3.2.5 组合碱性化学沉淀法

（1）六价铬的化学沉淀处理技术

通过投加还原剂将六价铬还原为三价铬。由于三价铬的氢氧化物溶解度很低，$K_{sp}=5\times10^{-31}$，可形成 Cr（OH）$_3$沉淀物从水中分离出来。

硫酸亚铁可以用作为除铬药剂。硫酸亚铁在除铬处理中先起还原作用，把六价铬还原成三价铬。多余的硫酸亚铁被溶解氧或加入的氧化剂氧化成三价铁。因此，硫酸亚铁投入含六价铬的水中，与 Cr^{6+} 产生氧化还原作用，生成的 Cr^{3+} 和 Fe^{3+} 都能形成难溶的氢氧化物沉淀，再通过沉淀过滤从水中分离出来。其化学反应式如下所示：

$$CrO_4^{2-}+3Fe^{2+}+8H^+\longrightarrow Cr^{3+}+3Fe^{3+}+4H_2O \quad (3\text{-}1)$$

$$Cr^{3+}+3OH^-\longrightarrow Cr(OH)_3\downarrow \quad (3\text{-}2)$$

$$Fe^{3+}+3OH^-\longrightarrow Fe(OH)_3\downarrow \quad (3\text{-}3)$$

投加硫酸亚铁去除六价铬的效果如表 3-3 所示，在常规的混凝剂投加量（5～10mg/L）条件下即可有效去除六价铬。此外，为了防止铁超标，必须在氧化反应之后投加游离氯将二价铁氧化为三价铁共沉淀。根据方程式推导和试验验证，投氯量应不小于铁盐投加量的 50%（参见表 3-4）。

硫酸亚铁去除六价铬的效果 **表 3-3**

亚铁投加量（mg/L）	0	5	10	15
加氯量（mg/L）	—	0.8	0.8	0.8
污染物浓度（mg/L）	0.27	0.004	0.004	0.006

加氯量对去除残余铁的效果 **表 3-4**

亚铁投加量（mg/L）	5	5	10	10
加氯量（mg/L）	0.8	2.8	2.8	3.8
残余铁浓度（mg/L）	1	0.18	0.67	0.32

（2）一价铊的化学沉淀处理技术

在通常状态下，金属铊以一价的溶解态存在。通过投加氧化剂将一价铊氧化为三价铊。由于三价铊的氢氧化物溶解度很低，$K_{sp}=6.3\times10^{-46}$，可形成 Tl(OH)$_3$沉淀物从水中分离出来。

含三价铁的混凝剂可以用作除铊药剂。先投加臭氧、高锰酸钾、二氧化氯等强氧化剂将一价铊氧化成为三价，而后生成的 Tl^{3+} 和 Fe^{3+} 都能生成难溶的氢氧化物沉淀，再通过沉淀过滤从水中分离出来。其化学反应式如下所示：

$$2Tl^{+} + [O] + 2H^{+} \longrightarrow 2Tl^{3+} + H_2O \quad (3\text{-}4)$$

$$Tl^{3+} + 3OH^{-} \longrightarrow Tl(OH)_3 \downarrow \quad (3\text{-}5)$$

$$Fe^{3+} + 3OH^{-} \longrightarrow Fe(OH)_3 \downarrow \quad (3\text{-}6)$$

3.3 硫化物沉淀法

硫化物沉淀法需要与混凝沉淀过滤工艺结合运行，最常采用的方法是通过预先投加一定剂量的硫化物（如硫化钠、硫化钾等），与目标污染物形成硫化物沉淀，再投加铝盐混凝剂，形成矾花进行共沉淀，以使化学沉淀法产生的沉淀物快速沉淀分离。

根据已知的各种金属硫化物的溶解度（参见表 3-1），硫化物沉淀法可以去除银、镉、铜、汞、铅、锌等金属。本项目的试验也验证了硫化物沉淀法对上述 6 种金属离子的处理效果，如表 3-5 所示。

硫化物沉淀法处理金属污染物的工艺参数 **表 3-5**

污染物	水质标准(mg/L)	试验浓度(mg/L)	硫化物投加量(mg/L)	混凝剂投量(以 Al 计，mg/L)	残余污染物浓度(mg/L)	残余硫化物浓度(mg/L)	备注
钒	0.05	0.244	0.20	10	0.065*	<0.2	不适用
镉	0.005	0.016	0.02	20	<0.0002	<0.02	
铅	0.01	0.250	0.50	5	0.001	<0.5	
汞	0.001	0.00518	0.20	5	0.00075	<0.02	
钴	0.001	5.573	0.20	5	3.355	<0.2	不适用
钛	0.1	0.397	0.20	5			不适用
锑（Ⅲ）	0.005	0.0149	0.20	5			不适用
锑（Ⅴ）	0.005	0.0170	0.20	5			不适用
钼	0.07	0.406	0.20	5	0.348	0.092	不适用
镍	0.02	0.099	0.20	5	0.088	<0.2	不适用
铜	1	5.0	2	5	0.01	<0.2	
锌	1	5.0	4	5	0.07	<0.2	
银	0.05	0.25	0.02	20	0.02	<0.02	

* 钴本身没有硫化物沉淀形式，此去除效果主要是靠同步投加的混凝剂。

硫化物沉淀法应急处理技术的主要技术要点是选择适当的硫化物投加量、选择合适的混凝剂。硫化物投加量一方面要满足与金属污染物生成沉淀的剂量，这可以通过溶度积常数计算得到，并通过预试验进行验证；另一方面，由于硫化物本身是饮用水标准中予以限制的污染物，如果投加量过高还必须加入氧化剂予以去除。混凝剂选择方面为了避免对投加的硫化物产生氧化，应选用铝盐混凝剂而不用铁盐混凝剂。

硫化物可以在水厂内和铝盐混凝剂一起投加，经过混凝-沉淀后大部分硫化物和污染物结合成为不溶物而得以去除，在进入滤池前加入一定剂量的氧化剂，将残余的硫化物氧化去除，避免二次污染。

需要强调的是，由于投加硫化物沉淀去除金属污染物的做法在国内外饮用水处理中并没有先例，使用必须十分谨慎，本项目将其作为一种储备技术进行研究，供后续研究和实践提供参考。

3.4　铁盐沉淀法

所谓铁盐沉淀法，就是利用部分两性金属、类金属物质（如砷（Ⅴ）、锑（Ⅴ）、硒（Ⅳ）、钼等）可以被铁盐絮体吸附，或者能够和三价铁离子发生共沉淀的特点，使用铁盐混凝剂来去除这些金属、类金属离子的方法。由于铁盐在常规 pH 值下会沉淀析出，为了提供足够多的游离铁离子，往往需要加酸调节 pH 值。

3.4.1　砷的化学沉淀处理技术

（1）原理

砷的价态有－3、0、＋3 和＋5 价，在自然界中，砷主要以硫化物矿、金属砷酸盐和砷化物的形式存在，包括砷、三氧化二砷（砒霜）、三硫化二砷、五氧化二砷、砷酸盐、亚砷酸盐等。硫酸工业等工业废水中排放的砷主要为三价砷。在水环境中，砷主要以三价和五价两种价态存在。在含氧的地表水中砷的主要存在形式是五价砷，在 pH 中性（pH＝6.5－8.5）的水体中多以砷酸氢根 $HAsO_4^{2-}$ 和 $H_2AsO_4^-$ 的形式存在，砷酸的电离常数为：$K_{a1}=5.62\times10^{-3}$，$K_{a2}=1.7\times10^{-7}$，$K_{a3}=2.95\times10^{-12}$。而在缺氧的地下水和深水湖的沉积物中砷的主要存在形式是三价砷，在 pH 中性的水中多以亚砷酸 H_3AsO_3 的形式存在，亚砷酸的电离常数为：$K_{a1}=5.8\times10^{-10}$，$K_{a2}=3\times10^{-14}$。

处理含砷地表水的水处理工艺主要采用预氯化和铁盐混凝法的强化常规处理工艺。研究表明，铁盐混凝剂对五价砷的去除效果很好，可以满足饮用水砷含量小于 0.01mg/L 的去除要求。

铁盐混凝法的除砷机理包括：1）含氢氧化铁的絮体可以通过络合作用吸附砷酸根；2）铁盐混凝剂中的铁离子能与砷酸根形成难溶的砷酸铁沉淀物（$FeAsO_4$，溶度积常数 $K_{sp}=5.7\times10^{-21}$）。三价砷的亚砷酸难于直接混凝沉淀去除，必须先投加氧化剂将三价砷氧化成五价砷，然后再用铁盐混凝法沉淀去除。三价砷很容易被氧化为五价砷，在碱中性条件下亚砷酸氧化为砷酸的标准电极电位为－0.71V。用来氧化三价砷的氧化剂可以采用氯、二氧化氯、高锰酸钾等。在有氧化剂的条件下，三价砷被氧化成五价砷的速度很快，一般在 1min 之内就可以完成反应。对于地表水的突发性砷污染事件，由于时间紧迫，一般缺少水源水中砷的存在形态的分析结果，为了确保除砷效果，应采用预氯化，把可能存在的三价砷先氧化成五价砷，然后再进行铁盐混凝处理。预氯化还可以起到一定的助凝作用。

铝盐的混凝除砷效果明显不如铁盐，因此在应对含砷地表水时一般不采用铝盐混凝剂。

含砷水处理的其他方法还有：石灰沉淀法（生成砷酸钙，$Ca_3(AsO_4)_2$，溶度积常数 $K_{sp}=6.8\times10^{-19}$，主要用于污染源附近的砷截留与河道局部处理）、离子交换法（采用强碱性阴离子交换树脂）、吸附法（采用负载有水合氧化铁的活性炭或阴树脂）、活性氧化铝过滤法（需调节 pH 值到 5，定期用酸再生）、铁矿石过滤法（定期用酸再生）、高铁酸盐法（集氧化和铁盐混凝法为一体，用高铁酸盐先氧化，再混凝）、膜分离法（反渗透膜或纳滤膜）、电吸附法等，但这些方法存在改造工作量大、处理效果有限、经济性差、技术成熟度不高等问题，一般在给水处理中难以应用。

（2）应急除砷工艺要点

1）应了解砷污染物的价态，如果不清楚砷的具体价态，可按三价砷考虑，首先要在混凝剂投加之前采用游离氯等氧化剂将三价砷氧化为五价砷的砷酸根，该氧化反应可在数分钟内完成。

2）采用三氯化铁或聚合硫酸铁等铁盐混凝剂，利用含氢氧化铁的絮体吸附砷酸根，或形成砷酸铁沉淀物，从而去除砷。注意，铝盐混凝剂的效果较差，一般不采用。

3）控制 pH 值在中性条件。

推荐的应急除砷的工艺参数为：预氯化加氯量约 2mg/L，以控制沉后水余氯大于 0.5mg/L 为准；铁盐混凝剂投加量 10mg/L（以 Fe 计），中性 pH 值。为了强化除砷效果，该混凝剂投加量高于正常的混凝处理，并应注意加强过滤处理，尽可能降低出水浊度，提高对砷的截留效果。

3.4.2 硒的化学沉淀处理技术

（1）原理

硒在水中的存在形式是硒酸根离子和亚硒酸根离子：SeO_4^{2-} 和 SeO_3^{2-}，后者的毒性更强且存在更普遍。亚硒酸根离子可以同 Fe^{3+} 形成难溶化合物 $Fe_2(SeO_3)_3$，化学方程式为

$$3SeO_3^{2-}+2Fe^{3+}\longrightarrow Fe_2(SeO_3)_3\downarrow \tag{3-7}$$

其溶度积 $K_{sp}=(2.0\pm1.7)\times10^{-31}$，可以用铁盐混凝剂进行处理。

对硒的验证试验结果如图 3-1 所示。当三氯化铁投加量大于 30mg/L 时，可以将硒去除到标准限值以下（0.01mg/L）。

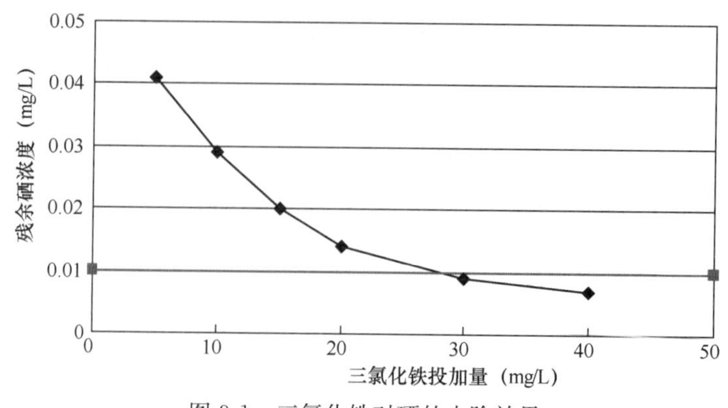

图 3-1 三氯化铁对硒的去除效果

（2）工程实例

云南省会泽县盘龙供水工程的设计供水规模为 2000m^3/d，原水硒浓度 0.030mg/L，在沉淀剂（$FeCl_3$）投量为 5mg/L 的条件下，出水硒含量<0.01mg/L，自 1998 年 10 月投产以来一直运行良好。

3.4.3　锑的化学沉淀处理技术

锑在水中的价态包括三价和五价。与砷不同，三价锑容易被铁盐混凝沉淀去除，而五价锑则不容易被去除。

（1）pH 值对 Sb（Ⅲ）的去除结果

如图 3-2 所示，初始浓度为 25μg/L，在 pH 值 4～7 的范围内，投加 5mg/L（以 Fe 计）的硫酸铁混凝剂，处理后剩余浓度在 2μg/L 以下，去除率大于 90%，低于 5μg/L 的标准限值。当 pH 值小于 4 或者大于 8 时，剩余浓度逐渐增加，去除率下降。图（*b*）中初始浓度为 100μg/L，虽然在 pH 在 3.5～6 的范围内去除率仍高达 80%，但处理后剩余浓度已超过标准限值。

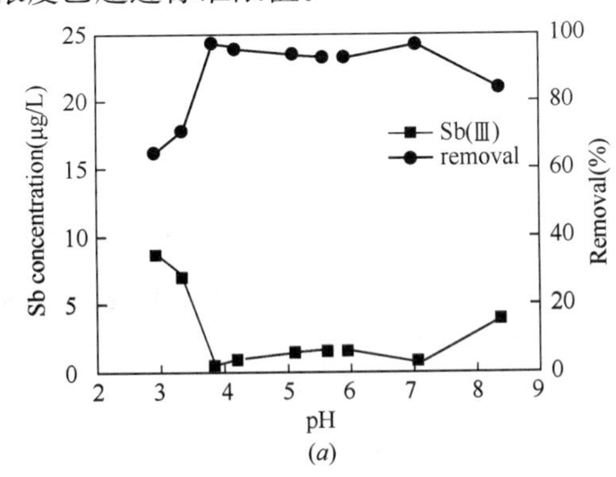

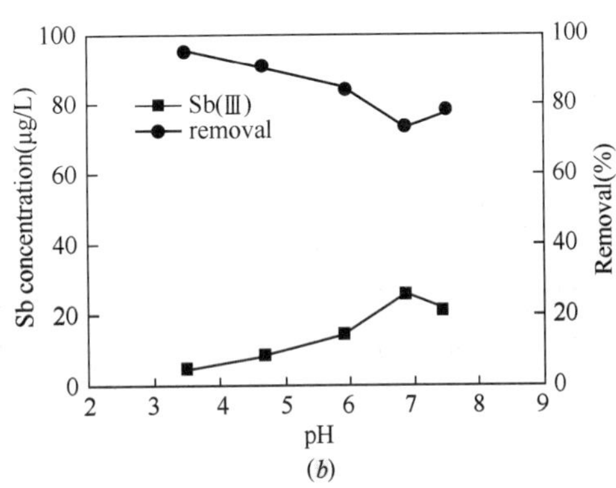

图 3-2　pH 对 Sb（Ⅲ）去除的影响（使用硫酸铁作为混凝剂，投加量为 5mg/L（以 Fe 计））
（*a*）Sb（Ⅲ）初始浓度 25μg/L 时的去除情况；（*b*）Sb（Ⅲ）初始浓度 100μg/L 时的去除情况

（2）五价锑去除的影响

pH 值对 Sb（Ⅴ）的去除影响如图 3-3 所示。图 3-2（*a*）中初始 Sb(Ⅴ) 的浓度为 25μg/L，最有效的去除在 pH 值等于 4 左右的时候，剩余浓度在 2μg/L，去除率为 90%，满足标准要求。当混凝沉淀的 pH 值从 4 开始增加时，剩余浓度先逐渐增加，然后略有下降，在 pH 值为 6 时达到 10μg/L，去除率在 60%～70%之间。图 3-2（*b*）中初始 Sb（Ⅴ）的浓度为 100μg/L，最大去除率是在 pH 值接近 5 的时候，此时剩余浓度为 9.3μg/L，去除率 90.7%。在 pH 值从 5 增加到 7 的过程中，剩余浓度迅速上升，去除率下降，当 pH 值大于 6.5 后，去除率始终低于 20%。

3.4.4　钼的化学沉淀处理技术

水体中的钼的来源通常是冶炼和矿区的废水排放导致，浓度较大，难以处置。钼在水中分别以 MoO_4^{2-} 形态存在，适用于铁盐混凝剂吸附去除。

（1）pH 值对铁盐和铝盐除钼效果的影响

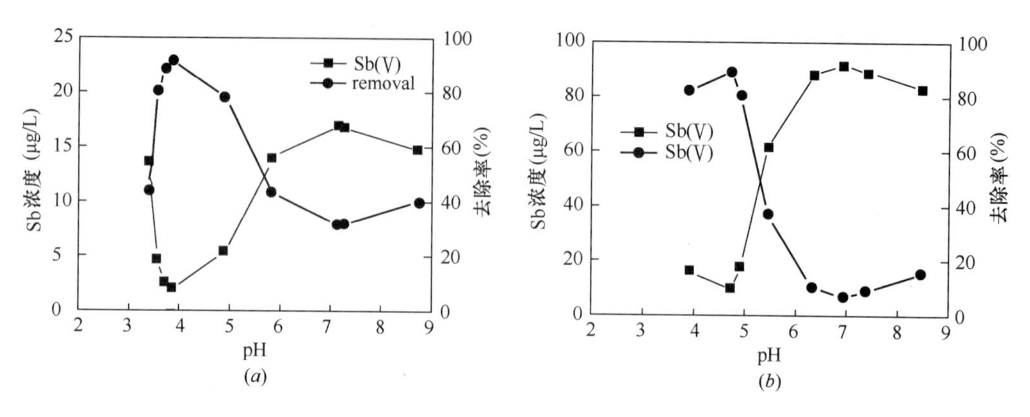

图 3-3 pH 值对 Sb（Ⅴ）去除的影响（铁盐投加量为 5mg/L（以 Fe 计））
（a）Sb（Ⅴ）的初始浓度为 25μg/L 的去除情况；（b）Sb（Ⅴ）的初始浓度为 100μg/L 的去除情况

硫酸铁与氯化铝对钼的去除的比较结果如图 3-4 所示。对硫酸铁和氯化铝来说，最合适的预先调节的 pH 值在 4～5 之间。在此 pH 范围内，使用硫酸铁可达标，去除率超过 90%；而使用氯化铝在此区间内去除率为 63%～71%，出水不达标。当 pH 值从 5 开始增加到 6.5 时，除钼效果迅速下降，在 pH 值大于 6 时，剩余浓度超过 0.2mg/L，随后剩余浓度基本不随 pH 值改变。在 pH 值小于 4 时，由于超出了混凝剂的工作范围，两种混凝剂去除效果均表现较差，铁盐略好。

经过初步分析，在使用混凝沉淀工艺去除水中的钼时，推荐使用硫酸铁作为混凝剂，在弱酸性条件（pH 为 5 左右）有较好的去除效果。pH 对吸附的影响的原因可能是因为水中的钼主要以钼酸根（H_2MoO_4）的形式存在，其解离常数分别为：$pK_{a1}=4$，$pK_{a2}=4.25$。弱酸性条件有利于钼酸的解离，同时铁盐矾花表面的正电荷浓度也较高，对带负电的钼酸根有强吸引力，因此去除效果较好。

（2）混凝剂投加量对 pH 的影响

如图 3-5 所示，当混凝剂投加量从 5mg/L 增加到 20mg/L 时，出水的钼浓度迅速下降，混凝剂达到 20mg/L 以后，继续增加混凝剂投加量，处理效果没有提升，钼的出水浓度几乎不改变。

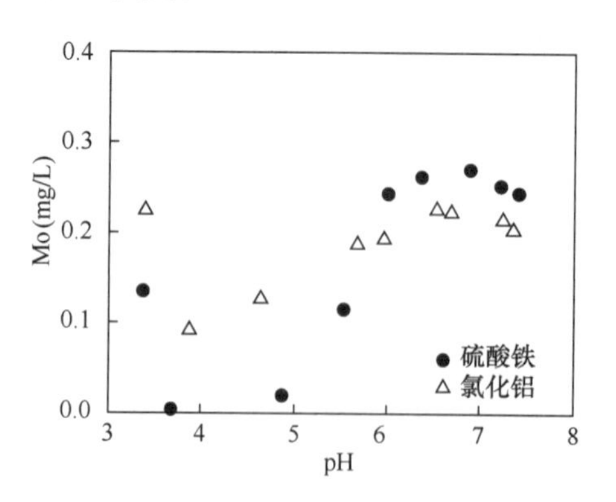

图 3-4 混凝剂对去除影响的比较
（注：钼的初始浓度为 0.35mg/L，
混凝剂投加量均为 5mg/L，以铁或铝计。）

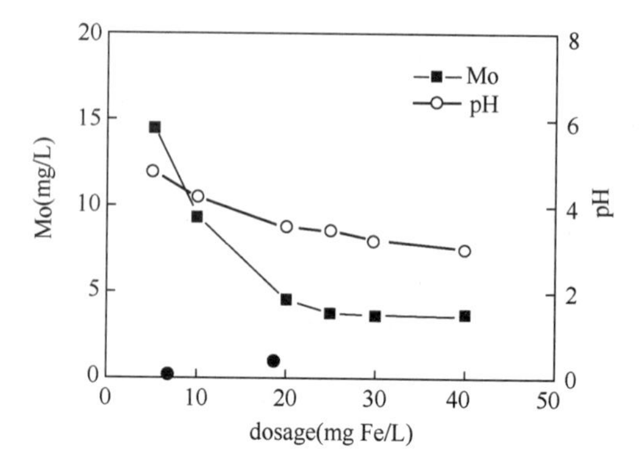

图 3-5 混凝剂投加量对去除的影响

极高的投加量应对含钼污水的处理能力有限，去除高浓度的含钼污染水，不能通过单级混凝沉淀有效去除，必须经过多级混凝沉淀[36]，为此只依赖水厂应对高浓度含钼污水时不能满足去除要求，还需要从河道稀释等方面考虑。

3.5 其他化学沉淀法的工艺特性

除了调节 pH 值的化学沉淀法之外，根据各种金属、非金属的沉淀物形式，可以发展应对多种污染物的硫化物沉淀法、磷酸盐沉淀法，已经针对铬（六价）、砷、硒、钡等单一污染物的化学沉淀法。

3.5.1 磷酸盐沉淀法

磷酸盐沉淀法需要与混凝沉淀过滤工艺结合运行，最常采用的方法是通过预先投加一定剂量的正磷酸盐（如磷酸钠、磷酸氢二钠等），与目标污染物形成磷酸盐沉淀，再投加铁盐或铝盐混凝剂，形成絮体进行共沉淀，以使化学沉淀法产生的沉淀物快速沉淀分离。

根据已知的各种金属磷酸盐的溶解度，磷酸盐沉淀法可以去除镉、镍、钴、锌等金属。

磷酸盐沉淀法应急处理技术的主要技术要点是选择适合磷酸盐投加量和适当的混凝剂。磷酸盐投加量要满足与金属污染物生成沉淀的剂量，这可以通过溶度积常数计算得到，并通过预试验进行验证。混凝剂应选用铝盐混凝剂而不用铁盐混凝剂，以避免生成不溶的磷酸铁沉淀而影响对目标污染物的去除。

需要强调的是，虽然磷酸盐在国外经常作为管道缓蚀剂在饮用水处理中使用，但是用于沉淀去除金属污染物的做法在国内外饮用水处理中并没有先例，使用时应当谨慎，本项目将其作为一种储备技术进行研究，供后续研究和实践提供参考。

3.5.2 钡的化学沉淀处理技术

钡离子和硫酸根离子可以生成硫酸钡沉淀，其化学方程式如下所示：

$$Ba^{2+} + SO_4^{2-} = BaSO_4 \downarrow \tag{3-8}$$

硫酸钡的溶度积为 $K_{sp}=1\times10^{-10}$。水源水中都含有一定量的硫酸根离子，可以形成硫酸钡沉淀，一般情况下钡不会超标。如少量超标时，可投加硫酸盐去除。

对钡的验证试验结果如图 3-6 所示。当硫酸铝投加量大于 20mg/L 时，可以将钡去除

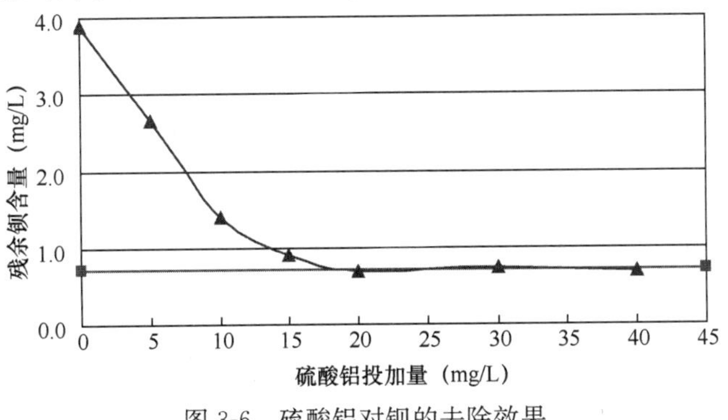

图 3-6 硫酸铝对钡的去除效果

到标准限值以下（0.7mg/L）。

3.6 化学沉淀技术小结

本研究主要开发了投加碱性或酸性药剂的 pH 值调节化学沉淀法，投加硫化钠（钾）的硫化物沉淀法，可以有效去除金属、非金属离子等无机污染物。

本课题共开展了 17 种金属污染物、3 种类金属污染物、3 种无机阴离子的试验工作。其中可有效应对的有 20 种，包括 17 种金属离子、硒、砷等 2 种类金属阳离子和总磷。剩余 2 种污染物（氟、硼）难以被碱性化学沉淀和硫化物化学沉淀法处理。氟需要采用活性氧化铝或者其他材料吸附去除。

4 应对还原性/氧化性污染物的化学氧化/还原技术

4.1 化学氧化技术概述

当水体受到还原性物质污染时，如氰化物、硫化物、有机物等，可以通过向水体中投加氧化剂的方法加以氧化分解。

氧化技术的优点是采用药剂处理，投加位置和剂量相对灵活。其主要缺点是通常采用的氧化剂的种类和剂量可能不足以将污染物彻底氧化分解，特别是处理有机物时可能会生成次生污染物，带来二次污染。因此，在饮用水应急处理中，化学氧化法主要用于无机污染物。对于有机污染物，建议首选应急处理方法采用吸附法。

限于水厂现有条件，用于饮用水应急处理的氧化剂主要为氯（液氯或次氯酸钠）、高锰酸钾、二氧化氯、过氧化氢等。设有臭氧设备的水厂还可以考虑采用臭氧氧化法。其他氧化方法，包括高级氧化技术，如臭氧/紫外联用、臭氧/过氧化氢联用、芬顿（Fenton）试剂等，在应急处理中一般难于采用。

使用氧化剂进行饮用水应急处理时，除了考虑对污染物的去除效果，还需考虑到氧化剂的残留毒性、氧化产物和副产物的毒性、药剂的储存与投加设备等问题。

4.2 氰化物

氰化物属于还原性较强的物质，可以通过投加氯、臭氧等强氧化剂的方法处理。

4.2.1 游离氯氧化法

游离氯（液氯、次氯酸钠）具有较高的氧化性，可以氧化脱氰。游离氯和氰化物的反应十分迅速，其投加量可以根据氰化物浓度由化学计量比计算得出，如式（4-1）～式(4-4）所示。

$$CN^- + ClO^- + H_2O \longrightarrow CNCl + 2OH^- \tag{4-1}$$

$$CNCl + 2OH^- \longrightarrow CNO^- + Cl^- + H_2O \tag{4-2}$$

$$2CNO^- + 3ClO^- + H_2O \longrightarrow N_2\uparrow + 2HCO_3^- + 3Cl^- \tag{4-3}$$

总的反应式为：

$$CN^- + 5ClO^- + H_2O \longrightarrow N_2\uparrow + 2HCO_3^- + 5Cl^- \tag{4-4}$$

由于氯和氰离子的反应十分有效而且迅速，可以根据上述化学方程式计算得到氧化去除一定浓度的氰离子所需的投氯量。一般 1mg/L 的氰离子需要 6.8mg/L 的投氯量，或者 1mg/L 投氯量可以氧化 0.18mg/L 的氰离子。第一级一般要在 pH>10 的碱性条件下进行操作，以避免产生剧毒的氯化氰气体，第二级一般要调节至 pH 中性，以提高氧化氰酸根的能力。氯氧化去除氰离子的反应进行得非常迅速，一般 5min 内足以完成反应。在 2015 年天津港爆炸事件现场含氰污水的应急处理过程中，就采用了两级次氯酸钠氧化法来消解水中的氰化物，取得了很好的效果。

不过该方法仅适用于游离的氰化物，对于与金属离子络合的氰化物，则很难被氧化，需要采用络合沉淀法来去除。具体来说，就是向水中投加亚铁离子，先生成亚铁蓝（亚铁氰化亚铁）沉淀，在存在充足氧化剂的情况下，亚铁蓝会进一步被氧化成为溶解度更低的普鲁士蓝（铁氰化铁）沉淀。这些含氰的络合沉淀物可以采用混凝沉淀、超滤等方法从水中分离出来，实现水质的进一步净化。

$$Fe^{2+}+6CN^{-}\longrightarrow[Fe(CN)_6]^{4-} \tag{4-5}$$

$$Fe^{2+}+[Fe(CN)_6]^{4-}\longrightarrow Fe_2[Fe(CN)_6]\downarrow \tag{4-6}$$

$$6Fe_2[Fe(CN)_6]+6ClO^{-}+6H_2O\longrightarrow 2Fe_4[Fe(CN)_6]_3\downarrow+6Cl^{-}+4Fe^{3+}+12OH^{-} \tag{4-7}$$

4.2.2 臭氧氧化法

臭氧与氰的反应方程式如式（4-8）～式（4-10）所示：

$$CN^{-}+O_3\longrightarrow CNO^{-}+O_2 \tag{4-8}$$

$$CN^{-}+SO_3^{2-}+2O_3\longrightarrow CNO^{-}+SO_4^{2-}+2O_2 \tag{4-9}$$

$$CNO^{-}+2H^{+}+H_2O\longrightarrow CO_2+NH_4^{+} \tag{4-10}$$

臭氧的氧化效果受投加量、反应时间和 pH 值的影响。臭氧的反应包括臭氧分子反应和自由基反应两部分。通过提高 pH 值、添加过氧化氢等方法可以强化自由基反应，从而使得总体氧化效果提高。

4.3 硫化物

硫化物属于还原性较强的物质，可被氯、臭氧、高锰酸钾等氧化剂氧化形成硫沉淀或硫酸根。

4.3.1 游离氯氧化法

游离氯（包括液氯和次氯酸钠）可以将硫化物氧化达到脱硫目的。该种技术的关键影响因素依次是次氯酸钠投加量和反应时间。次氯酸钠投加量和反应时间对于脱硫效果的影响趋势与次氯酸钠脱氰是一致的。

反应可以在通常 pH 值下进行，不需要调节 pH 值。

$$S^{2-}+Cl_2\longrightarrow S\downarrow+2Cl^{-} \tag{4-11}$$

$$S^{2-}+3Cl_2+3H_2O\longrightarrow SO_3^{2-}+6Cl^{-}+6H^{+} \tag{4-12}$$

$$S^{2-}+4Cl_2+4H_2O \longrightarrow SO_4^{2-}+8Cl^-+8H^+ \quad (4\text{-}13)$$

硫化物的氧化反应可以遵循上述反应中的任何一个进行，这取决于投氯量和硫化物的比值。

由图 4-1 可知，氧化 1mg/L 硫化物需要约 4.5mg/L 的游离氯。这说明最终氧化产物可能是硫沉淀和硫酸根的混合物。

由图 4-2 可知，在实际原水中的游离氯氧化硫化物的曲线和去离子水条件下基本重合，表明水中的有机物对硫化物的氧化基本没有影响，说明硫化物的还原性强于有机物，其氧化反应优先进行。

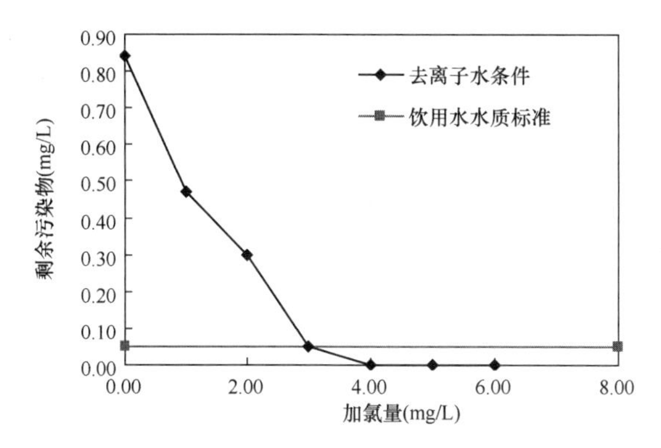

图 4-1 不同游离氯投加量对硫化物的氧化效果

（去离子水条件，pH=8.06，氧化时间 30min）

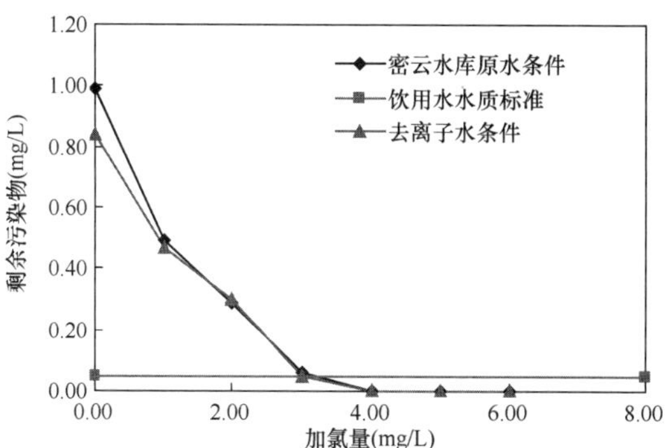

图 4-2 不同游离氯投加量对硫化物的氧化效果

（密云水库原水，COD_{Mn}=2.2mg/L，NH_3-N=0.02mg/L，pH=8.06）

4.3.2 臭氧氧化法

臭氧与硫化物的反应方程式如下：

$$S^{2-}+O_3+H_2O \longrightarrow S\downarrow+O_2\uparrow+2OH^- \quad (4\text{-}14)$$

$$S^{2-}+3O_3 \longrightarrow SO_3^{2-}+3O_2\uparrow \quad (4\text{-}15)$$

$$S^{2-}+4O_3 \longrightarrow SO_4^{2-}+4O_2\uparrow \quad (4\text{-}16)$$

臭氧的氧化效果受投加量、反应时间和 pH 值的影响。臭氧的反应包括臭氧分子反应和自由基反应两部分。通过提高 pH 值、添加过氧化氢等方法可以强化自由基反应，从而使得总体氧化效果提高。

4.4 硫醇硫醚类污染物

硫醇硫醚类物质包括甲硫醇、甲硫醚、二甲基二硫醚、二甲基三硫醚、乙硫醇、硫化氢等含硫挥发性物质。这些物质普遍具有恶臭气味，常产生于污水、粪便、藻类等含硫物质的厌氧发酵过程，在藻类暴发后期、污水排放、雨季洪水排污等特殊情况下会污染取水口，给饮用水感官指标造成巨大影响。

由于硫醇硫醚类物质的还原性较强，因此投加氧化剂可以有效去除这些污染物。可使用的氧化剂包括氯、高锰酸钾、二氧化氯、臭氧等。由于硫醇硫醚类污染物的出现往往伴随氨氮的升高，加氯会迅速反应生成氧化能力较弱的氯胺，从而影响对硫醇硫醚类污染物的氧化效果，因此，在氨氮较高的情况下，优先选择高锰酸钾、二氧化氯等氧化剂。

4.4.1 甲硫醇

氯、高锰酸钾、二氧化氯等水处理常用氧化剂对甲硫醇的去除效果很好，在等摩尔电子 0.009mmol/L 条件下，均在 5min 内结束反应。而粉末活性炭对甲硫醇的去除效果有限（见图 4-3、图 4-4）。

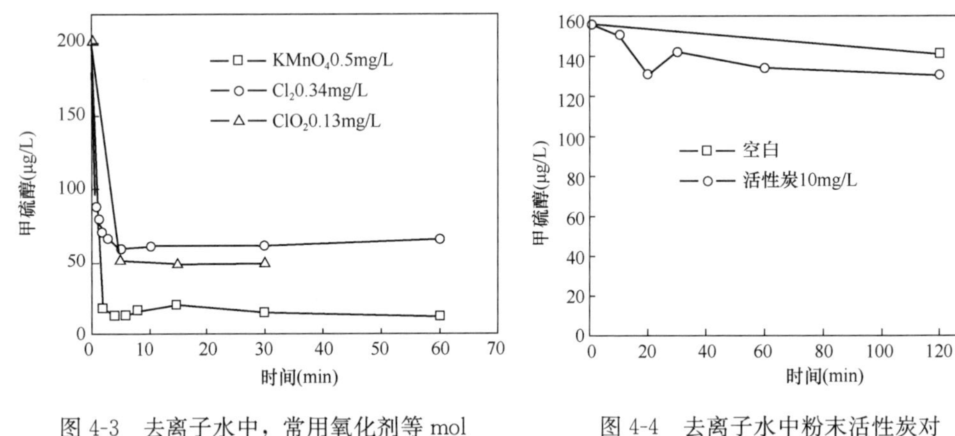

图 4-3 去离子水中，常用氧化剂等 mol 电子条件下对甲硫醇去除特性

图 4-4 去离子水中粉末活性炭对甲硫醇的去除特性

4.4.2 乙硫醇

水厂常规投加量条件下，4 种常用氧化剂（O_3、$KMnO_4$、Cl_2、ClO_2）中，乙硫醇浓度降低到嗅阈值（约 5μg/L）以下，二氧化氯和臭氧氧化所需要的接触时间最短，而水厂普遍使用的氯和高锰酸钾所需要的接触时间大于 1h。而粉末活性炭对乙硫醇的去除效果也有限（见图 4-5、图 4-6）。

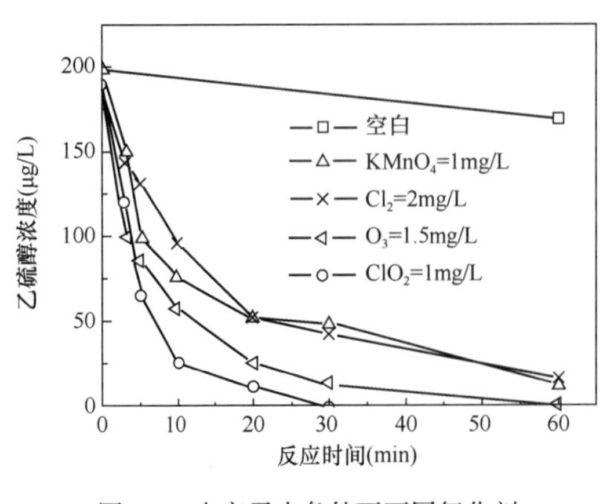

图 4-5 去离子水条件下不同氧化剂氧化去除乙硫醇过程

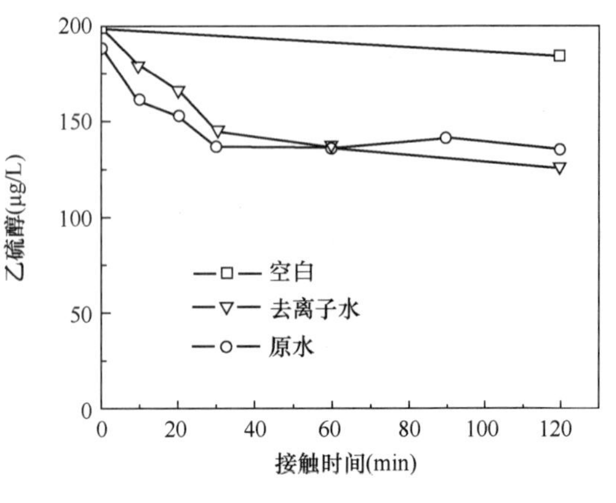

图 4-6 10mg/L 粉末活性炭对乙硫醇的吸附去除效果

4.4.3　甲硫醚

在等摩尔电子 0.009mmol/L 条件下，常用氧化剂反应速率较甲硫醇有所降低，也均在 10min 内结束反应。而粉末活性炭对甲硫醚的去除效果不好（见图 4-7、图 4-8）。

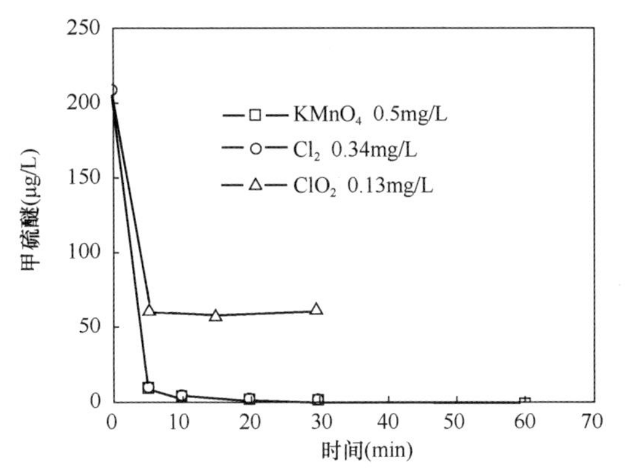

图 4-7　去离子水中，常用氧化剂等 mol 电子条件下对甲硫醚去除特性

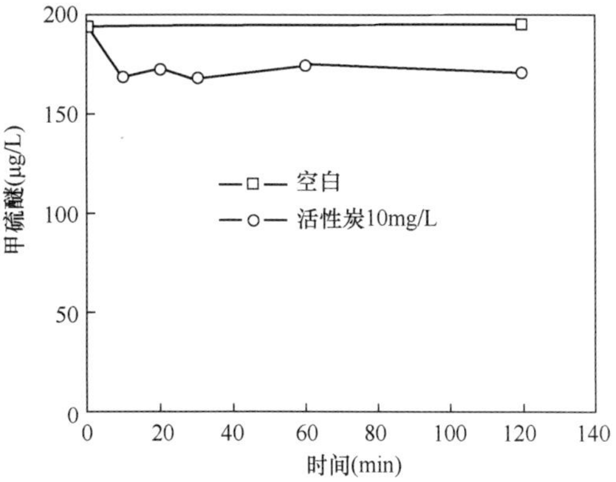

图 4-8　去离子水中粉末活性炭对甲硫醚的去除特性

4.4.4　二甲二硫醚

其氧化特性与甲硫醇类似，氧化去除效果好，吸附去除效果较差（见图 4-9、图 4-10）。

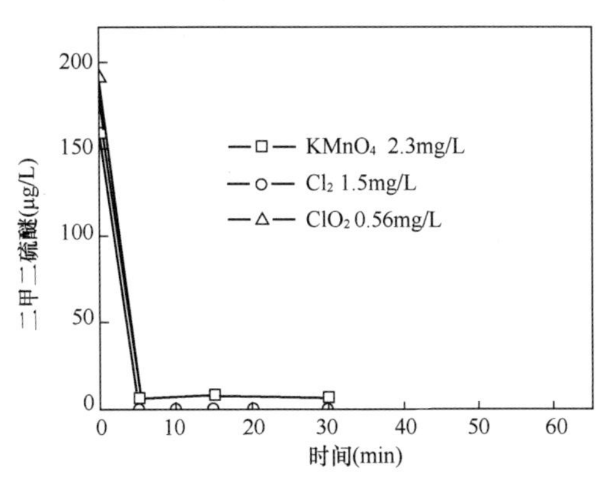

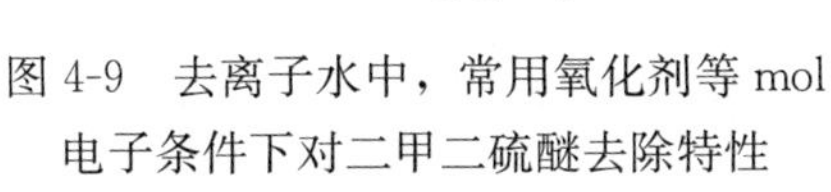

图 4-9　去离子水中，常用氧化剂等 mol 电子条件下对二甲二硫醚去除特性

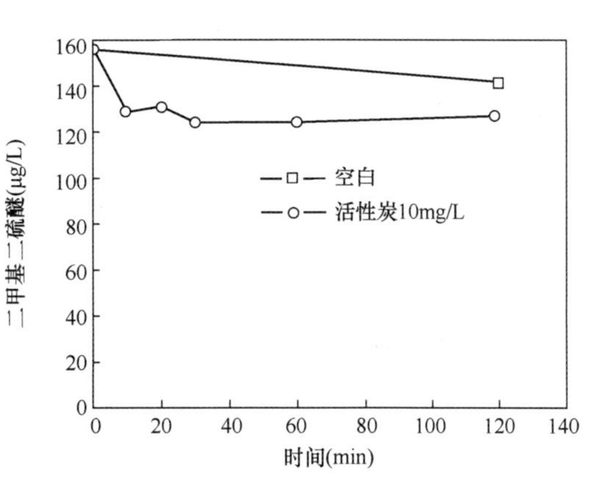

图 4-10　去离子水中粉末活性炭对二甲二硫醚的去除特性

4.4.5　二甲三硫醚

其氧化特性与甲硫醇类似，氧化去除效果好，吸附去除效果较差（见图 4-11、图 4-12）。

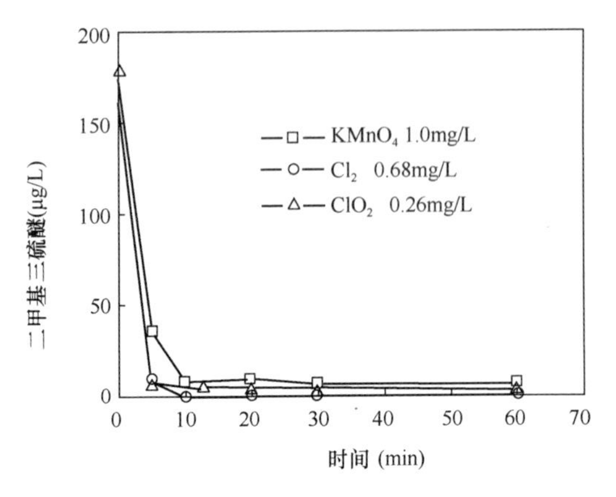

图 4-11 去离子水中，常用氧化剂等 mol 电子条件下对二甲三硫醚去除特性

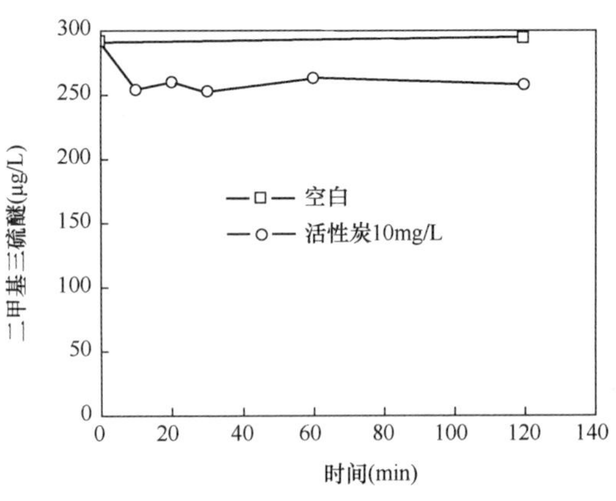

图 4-12 去离子水中粉末活性炭对二甲三硫醚的去除特性

4.5 有机物

对于水源水中含有较高的耗氧量、致嗅致味物质等，可以采用加强预氧化的方法去除。

对于含有较高浓度的突发有机污染物，饮用水应急处理首选方案建议先考虑吸附法。只有在吸附法不适用，或者污染物超标不很严重的条件下，才考虑采用化学氧化法。

高锰酸钾及其复合药剂对此类污染物有较好的效果，一般投加量在 1～2mg/L 以下，过高投加（如超过 3mg/L）可能会产生锰过量问题，需试验验证。此外，高锰酸钾的氧化能力较弱，不能氧化化学性能较为稳定的有机物，例如硝基苯等。

氯对有机物有一定的氧化功能，但过高投量易与水中的有机物产生有害的氯化副产物。此外，饮用水的余氯浓度的最高限值是 4mg/L。因此，对于突发有机污染问题，一般情况下不采用氯氧化法。

臭氧的氧化能力强，但需要现场制备，臭氧的制备和接触反应设备较复杂，在应急处理中往往来不及建设，并且过高的臭氧投加量可能会产生溴酸盐超标问题。因此只适用于已经设有臭氧设备的净水厂。

4.6 化学氧化/还原技术小结

氧化剂可采用氯、高锰酸盐、臭氧等，主要应对某些还原性的无机污染物和硫醇硫醚类致臭物质。

本课题共开展了硫化物、氰化物、氯化氰、亚硝酸盐、碘化物、氨氮、水合肼、硫醇硫醚类共 12 种污染物的试验工作。试验结果证明，除氨氮只能在有限浓度内被氯氧化去除外，其他 11 种污染物均可以通过化学氧化法有效去除。

还原剂可采用硫酸亚铁、硫代硫酸钠、硫化钠等，主要应对某些氧化性的无机污染物。

本课题共开展了溴酸盐、氯酸盐、亚氯酸盐、硝酸盐等 4 种污染物的试验工作。试验结果证明，除亚氯酸盐可以被亚铁还原外，其他 3 种污染物难以被上述还原剂有效去除，需要研究其他的处理方法。

5 应对挥发性污染物的曝气吹脱技术

5.1 曝气吹脱技术概述

5.1.1 挥发性污染物的基本性质

挥发性有机污染物（Volatile Organic Compound，VOC）一类组成复杂，危害极其严重，并且是突发环境事件中经常涉及到的有机污染物。美国环境保护局（EPA，2000）将挥发性有机物定义为“除 CO、CO_2、H_2CO_3、金属碳化物、金属碳酸盐和碳酸铵外、任何参加大气光化学反应的碳化合物”。世界卫生组织（WHO，1989）将挥发性有机物定义为溶点低于室温，沸点在 50～260℃之间的挥发性有机化合物。据此，可以认为挥发性有机物是沸点较低，挥发性较强的有机物。挥发性有机物沸点越低，蒸汽压越大，就越容易挥发，对环境和人体造成的影响也越大。

多种挥发性有机污染物也是水质标准各类污染物的重要组成部分。美国环境保护局（USEPA）将 129 种污染物列为优先控制污染物，其中有 31 种就是挥发性有机污染物，如表 5-1 所示。我国的饮用水标准中也将其中大部分列入其中。

美国环保局确定的优先控制挥发性有机物　　表 5-1

1. 丙烯醛	2. 丙烯腈	3. 苯	4. 双醚
5. 三溴甲烷	6. 四氯化碳	7. 氯苯	8. 一氯二溴甲烷
9. 氯乙烷	10. 氯乙基乙烯醚	11. 三氯甲烷	12. 二氯二溴甲烷
13. 氯氟甲烷	14. 1,1-二氯乙烷	15. 1,2 二氯乙烷	16. 1,1-二氯乙烯
17. 1,2-二氯丙烷	18. 1,3-二氯丙烯	19. 乙苯	20. 溴甲烷
21. 一氯甲烷	22. 二氯甲烷	23. 1,1,2,2-四氯乙烷	24. 四氯乙烯
25. 甲苯	26. 反式 1,2-二氯乙烯	27. 1,1,1-三氯乙烷	28. 1,1,2-三氯乙烷
29. 三氯乙烯	30. 三氯氟甲烷	31. 氯乙烯	

挥发性有机物的挥发性和多种因素有关，如亨利常数、沸点、饱和蒸汽压等等。常见挥发性有机物的主要参数列于表 5-2。

常见挥发性有机物的主要参数（包括一些半挥发性物质）　　表 5-2

化合物	mw	mp (℃)	bp (℃)	Vp (mmHg)	vd	sg	Sol (g/m^3)	Cs (g/m^3)	$H\times10^3$ ($m^3\cdot atm/mol$)	$logK_{ow}$
邻二氯苯	147.01	18	180.5	1.6	5.07	1.036	150	N/A	1.7	3.3997

续表

化合物	mw	mp (℃)	bp (℃)	Vp (mmHg)	vd	sg	Sol (g/m^3)	Cs (g/m^3)	$H\times10^3$ ($m^3\cdot atm/mol$)	$logK_{ow}$
氯苯	112.56	−45	132	8.8	3.88	1.1066	500	54	3.70	2.18～3.79
苯	78.11	5.5	80.1	76	2.77	0.8786	1780	319	5.49	2.1206
乙苯	106.17	−95	136	7	3.66	0.867	152	40	8.43	3.13
1,2-二溴乙烷	187.87	9.8	131	10.25	0.105	2.18	2669	93.61	0.629	N/A
1,1-二氯乙烷	98.96	−97.4	57.3	297	3.42	1.176	7840	160.93	5.1	N/A
1,2-二氯乙烷	98.96	−35.4	83.5	61	3.4	1.25	8690	350	1.14	1.4502
1,1,2,2-四氯乙烷	167.85	−36	146.2	14.74	5079	1.595	2800	13.1	0.42	2.389
1,1,1-三氯乙烷	133.41	−32	74	100	4.63	1.35	4400	715.9	3.6	2.17
1,1,2-三氯乙烷	133.4	−36.5	133.8	19	N/A	N/A	4400	13.89	0.769	N/A
氯乙烯	62.5	−153	−13.9	2548	2.15	0.912	6000	8521	64	N/A
1,1-二氯乙烯	96.94	−122	31.9	500	3.3	1.21	5000	2640	15.1	N/A
顺1,2二氯乙烯	96.95	−80.5	60.3	200	3.34	1.284	800	104.39	4.08	N/A
反1,2二氯乙烯	96.95	−50	48	296	3.34	1.26	6300	1428	4.05	N/A
四氯乙烯	165.83	−22.5	121	15.6	N/A	1.63	160	126	28.5	2.5289
三氯乙烯	131.5	−87	86.7	60	4.54	1.46	1100	415	11.7	2.4200
一溴二氯甲烷	163.8	−57.1	90	N/A	N/A	1.971	N/A	N/A	21.2	N/A
一氯二溴甲烷	208.29	<−20	120	50	N/A	2.451	N/A	N/A	0.84	N/A
二氯甲烷	84.93	−97	39.8	349	2.93	1.327	20000	1702	3.04	N/A
四氯甲烷	153.82	−23	76.7	90	5.3	1.59	800	754	28.6	2.7300
三氯甲烷	119.38	−64	62	160	4.12	1.49	7840	1027	3.10	1.8998
三溴甲烷	252.77	8.3	149	5.6	8.7	2.89	3130	7.62	0.584	N/A
1,2-二氯丙烷	112.99	−101	96.4	41.2	3.5	1.156	2600	25.49	2.75	N/A
2,3-二氯丙烷	110.98	−81.7	94	135	3.8	1.211	不溶	110	N/A	N/A
反1,3-二氯丙烷	110.97	N/A	112	99.6	N/A	1.224	515	110	N/A	N/A
甲苯	92.1	−95.1	110.8	22	3.14	0.867	515	110	6.44	2.2095

5.1.2 曝气吹脱法的原理

曝气吹脱法的主要原理是将大量空气或者其他气体通入水体，增加水相和气相的接触面，利用挥发性有机物在水相和气相的浓度差异将其从水相转移至气相而去除。在实际吹脱过程中，需要不断地从水相中排出气体，使气相的挥发性有机物实际浓度始终小于该条件下的饱和浓度，这样废水中的有机物就会不断转移至气相而使受污染水体得到净化。对于亨利常数大于5.1MPa的有机物吹脱是十分有效和经济的处理方法。

相对于其他处理技术，吹脱法去除挥发性有机物突发污染有以下几个优势：

(1) 在饮用水深度处理中，吹脱法费用低，是采用活性炭吸附达到同样去除效果所需运行费用的1/2～1/4。因此，美国环保局（USEPA）指定其为去除低浓度挥发性有机物最可行的技术。

(2) 反应时间较短。本研究前期试验结果和相关文献表明，用吹脱法去除水中挥发性有机物只用几十甚至十几分钟便可达到较为理想的处理效果。应急处理的首要要求就是在短时间内有效清除污染物，将污染事故的影响降至最低。因此，吹脱法十分适合作为水源水突发挥发性有机物污染的首选技术。

(3) 无需外加化学物质。在处理过程中，吹脱法不需要加入其他化学物质，降低了操作成本和后续的处理难度。

本方法缺点主要是所需设备较多，操作较为麻烦，并且只是将污染物转移至大气，并未将其无害化，容易造成二次污染。因此，吹脱法的应用受到了一定的限制：只有在符合以下条件时才可以考虑应用：

(1) 污染物质确实是挥发性的有机物，适合吹脱法去除。

(2) 其他常规技术对次污染物无效或者效果极差，例如卤代烃等一系列有机物基本不可能用活性炭吸附法去除。

尽管受到一定限制，吹脱法在应对大量不能用常规技术去除的挥发性有机物突发污染的场合还是有广阔的应用前景的。近年来，采用吹脱法去除水中挥发性有机物的技术已经有了一定的实际应用。

金彪，李广贺等利用吹脱法对含油地下水进行预处理，发现在气水比 5：1，淋水密度 $5.0m^3/(m^2\cdot h)$ 的最佳运行状态下，吹脱法对地下水中油类物质的去除率能够达到 50%，同时还能去除水中的铁和氨氮等污染物质，是一种非常有效的预处理方法。

王文斌等对吹脱法去除垃圾渗滤液中的氨氮进行了研究，发现在水温大于 25℃，气液比 3500 左右，渗滤液 pH 值 10.5 左右时，吹脱法对于氨氮浓度高达 2000～4000mg/L 的垃圾渗滤液中的氨氮去除率可达到 90%以上。林奇用吹脱法处理低浓度氨氮废水，发现在理想条件下吹脱效率将超过 90%。

张英以甲苯作为模拟污染物，在气体孔道分布最佳的曝气流量下，采用自建的二维 AS 研究装置，对饱和石英砂多孔介质中污染物的传质过程进行了研究。研究表明，地下水曝气去除甲苯的过程中，土壤中下部区域经 1500min 曝气后，污染物去除率已达 80%，而其他未经曝气吹脱的区域达到相同去除率则经过了 4000min。

5.1.3 气液传质双膜理论

采用曝气吹脱法去除挥发性污染物利用了气液传质过程，对于这一过程的定量计算主要依据根据双膜理论进行，双膜理论的基本要点如下：

(1) 在气-水交界面两边各有一层不动的边界薄膜，其厚度不变，形成了物质从一相转移至另一相的阻力；

(2) 在两相界面上传质达到稳定状态；

(3) 不考虑界面上两相的相互作用，因此在各个相的范围内传质被看作独立进行，扩散阻力被看作有加和性；

(4) 在每个相的范围内，组分扩散的速度和改组分在相主体与界面浓度差或者分压差成正比；

(5) 传质依靠分子扩散，可以用 Fick 定律描述传质过程；

(6) 传质是稳定的，通过气膜和液膜的通量相等。

根据此理论，由气膜一侧来表示的传质通量为：

$$N_0 = k_g(p_i - p_b) \tag{5-1}$$

式中 N_0——传质通量，mol/(m^2 • s)；

k_g——气膜传质系数，mol/（cm^2 • s • Pa)；

p_b、p_i——挥发性有机物在气相主体以及气液界面的分压，Pa。

由液膜一侧表示的传质通量为：

$$N_0 = k_l(C_b - C_i) \tag{5-2}$$

式中 k_l——液膜传质系数，m/s；

C_b、C_i——挥发性有机物在液相主体以及气液界面的浓度，mol/m^3。

将亨利定律 $P_i = Hc_i$ 以及 $P_b = Hc^*$ 带入式（5-1）得：

$$N_0 = k_g(p_i/H - p_b/H)H = k_g(C_i - C^*)H \tag{5-3}$$

式中 H——亨利定律系数，(m^3 • P)/mol；

C^*——气相主体挥发性有机物浓度，mol/m^3。

联立式（5-2）和式（5-3）得：

$$N_0 = K_L(C_b - C^*) \tag{5-4}$$

$$K_L = \frac{Hk_lk_g}{k_l + Hk_g}$$

式中 K_L——总传质系数，m/s。

为了计算单位体积的水向大气所转移的挥发性有机物量，还要知道单位体积水所含的全部气泡的表面积之和 a（m^2/m^3）。这就需要把 K_L 和 a 的乘积作为一个整体来考虑。由式（5-4）可得：

$$M_0 = K_La(C_b - C^*) \tag{5-5}$$

式中 M_0——总传递速率，即单位时间内，单位体积的水中的挥发性有机物浓度，mol/(m^3 • s)。

因为气泡上升速度很快，且水中挥发性有机物浓度不高，所以可以认为 $C^* = 0$，于是从 0 到 t 时刻对式（5-5）进行积分可得：

$$\frac{dC_b}{dt} = K_LaC_b$$

$$C_b = C_0\exp(-K_Lat) \tag{5-6}$$

或者

$$\frac{C_0}{C_b} = \exp(K_Lat) \tag{5-7}$$

5.2 对典型挥发性污染物的吸附去除特性

5.2.1 三氯甲烷

项目研究中首先选择三氯甲烷作为确定标准曝气强度的有机物。三氯甲烷是氯化消毒生成的典型消毒副产物，在工业上有着广泛的用途，容易发生相关的突发性环境污染事故。同时，三氯甲烷的标准溶液容易获得，其测试方法已有很多相关研究，比较容易测定。因此，在确定试验标准曝气强度时使用三氯甲烷为受测物质。

对三氯甲烷的吹脱试验方法如附录 6 所示，试验数据如表 5-3 所示。

三氯甲烷吹脱实验原始数据 **表 5-3**

曝气强度(L/min) \ 时间（min）		0	2.5	5	7.5	10	12.5	15
0.4	气水比	0	0.50	1.01	1.53	2.06	2.59	
	浓度（μg/L）	511	455	327	325	268	260	
	去除率（%）	0.0	11.0	36.0	36.4	47.7	49.1	
0.6	气水比	0	0.75	1.52	2.30	3.09	3.89	4.70
	浓度（μg/L）	403.91	354.92	321.46	279.63	243.78	218.69	199.57
	去除率（%）	0.0	12.1	20.4	30.8	39.6	45.9	50.6
0.8	气水比	0	1	2.03	3.06	4.12	5.18	6.26
	浓度（μg/L）	616.39	496.46	470.43	391.64	337.43	293.43	266.14
	去除率（%）	0.0	19.6	23.6	36.4	45.3	52.5	56.8
1.0	气水比	0	1.25	2.53	3.83	5.15	6.48	7.83
	浓度（μg/L）	674.15	522.94	480.35	406.61	350.04	293.98	232.89
	去除率（%）	0.0	22.4	28.7	39.7	48.1	56.4	65.5
1.2	气水比	0	1.5	3.04	4.60	6.18	7.78	9.40
	浓度（μg/L）	475.89	370.82	326.04	282.95	228.08	174.88	131.65
	去除率（%）	0.0	22.0	31.5	40.5	52.1	63.3	72.3
1.4	气水比	0	1.75	3.54	5.36	7.21	9.07	10.96
	浓度（μg/L）	623.36	431.16	364.10	258.09	215.37	169.86	138.58
	去除率（%）	0.0	30.8	41.6	58.6	65.5	72.8	77.8
1.6	气水比	0	2	4.05	6.13	8.23	10.37	12.53
	浓度（μg/L）	871.90	664.10	491.31	367.77	307.49	203.56	156.12
	去除率（%）	0.0	23.8	43.7	57.8	64.7	76.7	82.1

对上述数据采用无量纲化处理，作图 5-1，可知：

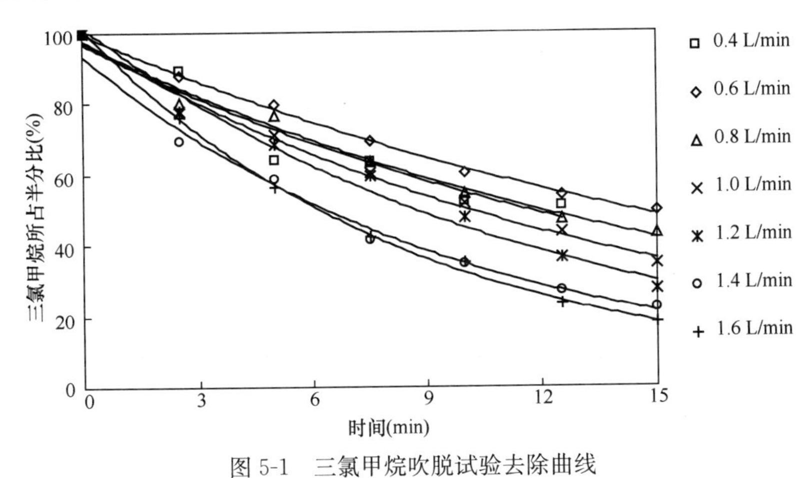

图 5-1　三氯甲烷吹脱试验去除曲线

对剩余浓度所占百分比一时间进行拟合可以得到有机物的去除公式，此公式符合Fick定律。公式中指数即为标准条件下的 K_La。根据快速照相测试，确定气泡上升时平均直径为0.3cm，上升速度为25cm/s，据此可得标准条件下各个挥发性有机物的 K_L 值（参见表5-4）。

三氯甲烷吹脱试验数据处理 **表5-4**

曝气强度		数据处理结果
曝气量 0.4L/min	去除公式	$C_b/C_0=0.97\exp(-0.05t)$
	R^2	0.93
	K_La (min^{-1})	0.05
	K_L(cm/s)	0.0104
	a (cm^2/L)	80
曝气量 0.6L/min	去除公式	$C_b/C_0=\exp(-0.04t)$
	R^2	1.00
	K_La (min^{-1})	0.04
	K_L(cm/s)	0.0056
	a (cm^2/L)	120
曝气量 0.8L/min	去除公式	$C_b/C_0=0.97\exp(-0.05t)$
	R^2	0.99
	K_La (min^{-1})	0.05
	K_L(cm/s)	0.0052
	a (cm^2/L)	160
曝气量 1.0L/min	去除公式	$C_b/C_0=0.98\exp(-0.06t)$
	R^2	0.99
	K_La (min^{-1})	0.06
	K_L(cm/s)	0.005
	a (cm^2/L)	200
曝气量 1.2L/min	去除公式	$C_b/C_0=\exp(-0.08t)$
	R^2	0.98
	K_La (min^{-1})	0.08
	K_L(cm/s)	0.0056
	a (cm^2/L)	240
曝气量 1.4L/min	去除公式	$C_b/C_0=0.93\exp(-0.09t)$
	R^2	0.99
	K_La (min^{-1})	0.09
	K_L(cm/s)	0.0054
	a (cm^2/L)	280
曝气量 1.6L/min	去除公式	$C_b/C_0=\exp(-0.11)$
	R^2	1.00
	K_La (min^{-1})	0.11
	K_L(cm/s)	0.00595
	a (cm^2/L)	320

对上述试验结果进行分析可知，随着曝气强度的加大，三氯甲烷的 K_La 一直在增大，即处理效率一直在增大，说明增大曝气强度可以有效提高吹脱效果。参照去除效果并结合工程实际，选定曝气强度 1.5 L/min 为后续统一试验条件。由于工程上一般用气水比作为控制参数，所以根据实际情况，人为选定在气水比达到 0、1、2、3、5、7、10、15 时取样进行测定。

5.2.2 其他挥发性物质

采用附录 6 中的标准试验方案，对一溴二氯甲烷等 11 种物质进行曝气吹脱测试。试验原始数据如表 5-5 所示：

实验室吹脱瓶吹脱瓶试验数据 表 5-5

物质	时间(min)	0	1.33	2.67	4.0	6.67	9.33	13.33	20
	气水比	0	1	2	3	5	7	10	15
一溴二氯甲烷	浓度(μg/L)	258.6	252.3	244.2	242.0	201.6	174.0	104.7	96.8
	去除率(%)	0	2.4	5.6	6.4	22.0	32.7	59.5	62.6
二溴一氯甲烷	浓度(μg/L)	536.2	478.2	453.0	462.0	454.8	424.4	423.0	376.8
	去除率(%)	0	10.8	15.5	13.8	15.1	20.9	21.1	29.7
四氯化碳	浓度(μg/L)	8.8	3.8	1.6	0.8	0.2	0.06	0	0
	去除率(%)	0	56.8	81.8	90.9	97.7	99.3	100	100
三溴甲烷	浓度(μg/L)	489.6	496.2	474.3	464.8	445.2	436.6	395.4	337.3
	去除率(%)	0	−1.3	3.1	5.1	9.1	10.8	19.2	31.1
氯乙烯	浓度(μg/L)	34.5	35.1	35.9	31.2	34.9	31.4	41.8	
	去除率(%)	无效							
1,1 二氯乙烯	浓度(μg/L)	101.2	68.9	31.8	17.7	9.0	2.8	1.0	0.0
	去除率(%)	0	31.9	68.6	82.5	91.1	97.2	99.0	100
1,2 二氯乙烯	浓度(μg/L)	240	145	90	71	50	64	18	12
	去除率(%)	0	39.6	62.5	70.4	79.2	73.3	92.5	95
三氯乙烯	浓度(μg/L)	348.2	313.2	236.8	183.6	105.2	47.0	16.0	2.6
	去除率(%)	0	10	32	47.3	69.8	86.5	95.4	99.3
四氯乙烯	浓度(μg/L)	170.6	125.3	71.7	49.6	17.2	6.0	1.4	0.1
	去除率(%)	0	26.5	58	70.9	89.9	96.4	99.2	99.9
1,1,1 三氯乙烷	浓度(μg/L)	878.2	522.6	318.4	207.8	63.4	28.8	4.2	0.4
	去除率(%)	0	40.5	63.7	76.3	92.8	96.7	99.5	100
1,1,2 三氯乙烷	浓度(μg/L)	5948	2299	1500	726	124	40.8	0	0
	去除率(%)	0	61.3	74.8	87.8	97.9	99.3	100	100
1,2 二氯乙烷	浓度(μg/L)	534.9	312.3	153.6	73.5	12.9	3.0	0	0
	去除率(%)	0	61.3	74.8	87.8	97.9	99.3	100	100

以时间为横坐标，采用无量纲化，作图 5-2，可得：

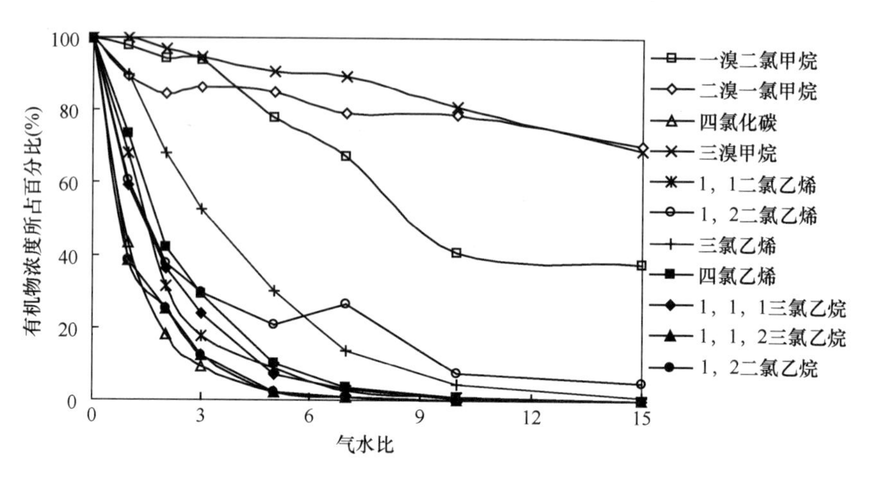

图 5-2 对多种污染物的吹脱实验去除曲线

用式 5-7 对所得数据进行处理，结果列于表 5-6：

实验室吹脱瓶试验数据整理(时间为参数) **表 5-6**

试验物质	数据处理结果	
一溴二氯甲烷	去除公式	$C_b/C_0=1.1\exp(-0.05t)$
	R^2	0.93
	K_La,min^{-1}	0.05
	K_L,cm/s	0.0028
	a,cm^2/L	300
二溴一氯甲烷	去除公式	$C_b/C_0=0.93\exp(-0.01t)$
	R^2	0.85
	K_La,min^{-1}	0.01
	K_L,cm/s	0.00056
	a,cm^2/L	300
四氯化碳	去除公式	$C_b/C_0=1.1\exp(-0.60t)$
	R^2	0.99
	K_La,min^{-1}	0.60
	K_L,cm/s	0.033
	a,cm^2/L	300
三溴甲烷	去除公式	$C_b/C_0=\exp(-0.01t)$
	K_La,min^{-1}	0.01
	K_L,cm/s	0.00056
	R^2	0.98
	a,cm^2/L	300
1,1 二氯乙烯	去除公式	$C_b/C_0=\exp(-0.39t)$
	K_La,min^{-1}	0.39
	K_L,cm/s	0.0217
	R^2	0.99
	a,cm^2/L	300

续表

试验物质		数据处理结果
1,2 二氯乙烯	去除公式	$C_b/C_0=0.95\exp(-0.31t)$
	K_La, min^{-1}	0.31
	K_L, cm/s	0.017
	R^2	0.98
	a, cm^2/L	300
三氯乙烯	去除公式	$C_b/C_0=1.3\exp(-0.25t)$
	K_La, min^{-1}	0.25
	K_L, cm/s	0.0139
	R^2	0.99
	a, cm^2/L	300
四氯乙烯	去除公式	$C_b/C_0=1.2\exp(-0.37t)$
	K_La, min^{-1}	0.37
	K_L, cm/s	0.0206
	R^2	1.00
	a, cm^2/L	300
1,1,1 三氯乙烷	去除公式	$C_b/C_0=\exp(-0.38t)$
	K_La, min^{-1}	0.38
	K_L, cm/s	0.021
	R^2	1.00
	a, cm^2/L	300
1,1,2 三氯乙烷	去除公式	$C_b/C_0=\exp(-0.56t)$
	K_La, min^{-1}	0.56
	K_L, cm/s	0.031
	R^2	1.00
	a, cm^2/L	300

对气水比—有机物浓度所占百分比进行分析，也可以发现两者的关系也符合 Fick 定律的形式：$C_b/C_0=\exp(-kq)$，其中 k 为常数，q 为气水比。在表 5-7 中列出了分析结果。

实验室吹脱瓶试验数据整理 **表 5-7**

有机物	数据处理结果（气水比记为 q）去除公式	R^2
一溴二氯甲烷	$C_b/C_0=1.1\exp(-0.07q)$	0.93
二溴一氯甲烷	$C_b/C_0=0.93\exp(-0.01q)$	0.85
四氯化碳	$C_b/C_0=1.1\exp(-0.8q)$	0.99
三溴甲烷	$C_b/C_0=\exp(-0.02q)$	0.98
1,1 二氯乙烯	$C_b/C_0=\exp(-0.52q)$	0.99
1,2 二氯乙烯	$C_b/C_0=\exp(-0.41q)$	0.98
三氯乙烯	$C_b/C_0=1.3\exp(-0.33q)$	0.99
四氯乙烯	$C_b/C_0=\exp(-0.5q)$	1.00
1,1,1 三氯乙烷	$C_b/C_0=\exp(-0.51q)$	1.00
1,1,2 三氯乙烷	$C_b/C_0=\exp(-0.74q)$	1.00
1,2 二氯乙烷	$C_b/C_0=1.1\exp(-0.73q)$	1.00

根据表 5-6 中的公式，经计算可得标准试验条件下选定的挥发性有机物 50%去除率所对应的气-水比。计算结果如表 5-8 所示：

标准条件下挥发性有机物去除率所对应的气水比　　表 5-8

有机物	去除率 50%对应的气-水比	去除率 80%对应的气-水比	去除率 90%对应气-水比
三氯甲烷	5.89	15.04	21.98
一溴二氯甲烷	11.26	24.35	34.26
二溴一氯甲烷	62.06	153.69	233.00
四氯化碳	0.99	2.13	3.00
三溴甲烷	34.66	80.47	115.13
1,1 二氯乙烯	1.33	3.10	4.42
1,2 二氯乙烯	1.69	3.93	5.62
1,2 二氯乙烷	1.08	2.34	3.28
三氯乙烯	2.90	5.67	7.77
四氯乙烯	1.39	3.22	4.61
1,1,1 三氯乙烷	1.36	3.12	4.51
1,1,2 三氯乙烷	0.94	2.17	3.11

上表说明针对这几种有机物的吹脱，由易到难的顺序为：四氯化碳、1,1,2 三氯乙烷、1,2 二氯乙烷、1,1 二氯乙烯、1,1,1 三氯乙烷、1,2 二氯乙烯、四氯乙烯、三氯乙烯、三氯甲烷、一溴二氯甲烷、二溴一氯甲烷、三溴甲烷、氯乙烯。其中后四种污染物需要很高的气水比才能被有效去除，需要在实践中高度关注。

5.3 现场应用设备

应急处理较为方便易行的曝气吹脱设备是采用穿孔管曝气或扬水曝气设备等。因条件所限，尚未开展实际应用试验。对于曝气吹脱技术在应急条件下的应用有待今后深入研究。

5.4 曝气吹脱技术小结

采用曝气吹脱技术可以有效去除一些采用其他方法难于去除的挥发性有机物。

本课题共开展了 15 种挥发性有机物的曝气吹脱试验，其中 13 种有较好去除效果，2 种效果一般。

6 应对微生物污染的强化消毒技术

消除水中病原微生物威胁，提高饮用水卫生水平，是目前饮用水行业对自来水水质的基本要求，水厂对此均高度重视。尽管水厂消毒措施十分严格，但是发生水源大规模微生物污染的风险仍然存在，特别是在发生地震、洪涝、发生流行病疫情、医疗污水泄漏等情况下，水中的致病微生物浓度会大大增加，同时有机物、氨氮浓度也会升高，对消毒灭活工艺造成严重影响。

本章主要研究发生水源大规模微生物污染事件的应急供水技术。应对此类微生物污染问题主要依靠强化消毒技术，即通过增加前置预消毒和加强水厂的主消毒处理，通过增加消毒剂的投加剂量和保持较长的消毒接触时间，确保城市供水的水质安全。

应急强化消毒所用消毒剂的首选药剂为氯。为增加消毒接触时间，建议增大预氯化或前加氯的加氯量。氯胺消毒的消毒效果较弱，应急处理中不建议采用。二氧化氯、臭氧、紫外消毒需现场安装设备，除非水厂已有运行，否则在应急事件中难以采用。

6.1 水中常见病原微生物

水中常见病原微生物包括细菌、病毒、原生动物三大类。一般而言，消毒工艺对细菌的灭活效果较好，病毒次之，原生动物最差。

以下对主要病原微生物的生理和消毒灭活特性进行简单介绍。

6.1.1 病原菌

目前饮用水系统中可能会出现的致病菌包括军团菌、分枝杆菌、空肠弯曲杆菌、致病性大肠杆菌、志贺氏菌属、霍乱弧菌、小肠结肠炎耶尔森菌、气单胞菌属。

军团菌能在0～63℃、pH5.0～8.5、含氧量0.2～15mg/L的水中存活，其最适宜的生长温度是35～37℃。军团菌属现有50个种，3个亚种，其中约20种可引起人的军团菌病。由于军团菌普遍存在于自然水体之中，所以军团菌可以随源水进入自来水。进入自来水的军团菌不仅可以长期存活，而且可以繁殖。军团菌对氯的抵抗性强，同等剂量的游离氯对军团菌的灭活效果比对大肠杆菌约低2个数量级。军团菌在WHO《饮水质量指南》（第三版）中被列入12种水源性病原细菌之一，并明确其具有“高度”（最高级）的卫生学意义。军团菌还被列入美国的法律强制实施的基本标准——《国家饮用水基本规范》，规定其最大污染水平的控制目标为零。我国也有专家呼吁在饮用水标准中增加军团菌。

分枝杆菌分成结核分枝杆菌和非结核分枝杆菌，其中人类致病性分枝杆菌属有50多种。有5种临床综合病症可归结为由分枝杆菌引起，包括：肺部疾病，淋巴结炎，皮肤、软组织、骨骼感染，免疫功能损伤者导致有关的血流感染，以及艾滋病患者播散性疾病。由于结核杆菌细胞壁除了一般革兰氏阳性菌和阴性菌的细胞膜和肽聚糖层以外，还富含疏水分枝菌酸、长链分枝羟基脂肪酸、特殊脂类和糖脂，对恶劣环境和氯等消毒剂的抵抗力较其他细菌强。

空肠弯曲杆菌由污染的牛奶、饮用水、未煮熟的家畜、家禽肉传播细菌性肠炎。在未经处理的地表水、受污染的地下水中均有检出，在山区的山涧溪流中也有检出。1978 年～1985 年间，我国曾报道 11 例传染病的暴发是由空肠弯曲杆菌引起的，其中 7 例发生在市政供水地区，对公众健康影响较大。该病菌对氯消毒耐受力较强，需要严格监控。

致病性大肠杆菌指某些可引起腹泻的大肠杆菌。虽然致病性大肠杆菌最经常引起食源性疾病，但是也有水致传染病的报道，主要出现在供水系统和娱乐水体中，某些大肠杆菌菌株的感染剂量较低，对公众影响较大。2001 年日本暴发严重的病原性大肠杆菌 O157 感染事件，造成数千人感染并有多人死亡。致病性大肠杆菌在供水系统中可以存活较长时间，氯消毒可以有效灭活该病原菌。

志贺氏菌属可引起人体急性肠胃炎。该病原菌侵入人体肠黏膜，产生痢疾症状：异常疼痛、发烧和腹泻。该菌的感染剂量较低，多数情况为人与人接触感染，流行病的暴发多与被粪便污染的食品有关，少数情况与饮水的污染有关。儿童对此菌敏感，在美国近三十年来发病率呈上升趋势，我国也有较多感染病例报道。志贺氏菌属在水中存活时间较长，与污染程度、温度和 pH 值有关，在河水中可达 4d。氯消毒可以有效灭活该病原菌。

沙门菌属的细菌有 2000 个以上的血清型，但只是少数对人致病。例如引起肠热症的伤寒、副伤寒沙门菌，是肠道传染病的重要病原菌之一。某些沙门菌对动物致病，属人畜共患病原体。有鼠伤寒沙门菌、肠炎沙门菌、鸭沙门菌、猪霍乱沙门菌等，可传染给人，引起食物中毒或败血症等。氯消毒可以有效灭活该病原菌。

链球菌是化脓性球菌中一类常见的革兰氏阳性球菌。该病原菌广泛分布于自然界、水、奶类及其制品、尘埃、人及动物粪便和健康人鼻咽腔。链球菌可引起人类多种疾病、包括各种化脓性炎症、猩红热、丹毒、新生儿败血症、脑膜炎、细菌性心内膜炎和链球菌超敏反应性疾病、Kawasaki（川崎）病等。我国新国标和城市供水水质标准中将粪型链球菌群列入非常规检验项目，规定每 100mL 不得检出。

其他病原菌还包括能引起严重传染病的霍乱弧菌、能引起肠胃炎的小肠结肠炎耶尔森菌、引起腹泻的气单胞菌属。

6.1.2 肠道病毒

环境中对人体健康存在威胁的常见病毒是肠道病毒。肠道病毒主要通过人与人的粪一口途径传播。在人和动物的粪便、生活污水中均可检出病毒。常见的人肠道病毒包括脊髓灰质炎病毒、柯萨奇病毒、埃可病毒、肝炎病毒、腺病毒、轮状病毒、诺沃克病毒等，共计 100 多种。

肠道病毒的浓度在污水处理、稀释、自然灭活和饮用水处理中会被减少甚至灭活，但是当污水严重污染供水系统时，将导致水致病毒传染病的暴发。各种病毒对消毒剂的抵抗力不尽相同，但是病毒对消毒剂的抵抗力普遍强于细菌，水处理消毒工艺必须注意对病毒的灭活效果。

病毒性肝炎是由一组嗜肝病毒所引起的，它以肝损害为主的疾病。目前已发现的肝炎病毒有 7 种类型：甲型肝炎病毒（HAV）、乙型肝炎病毒（HBV）、丙型肝炎病毒（HCV）、丁型肝炎病毒（HDV）、戊型肝炎病毒（HEV）、庚型肝炎病毒（HGV）、输血传播肝炎病毒（TTV）。经肠道传播，即粪—口途径传播的病毒性肝炎主要有甲型病毒性肝炎和戊型病毒性肝炎。

脊髓灰质炎病毒可引起脊髓灰质炎，又称小儿麻痹症，可危害中枢神经系统。病毒侵犯脊髓前角运动神经细胞，导致弛缓性肢体麻痹，多见于儿童，但多数儿童感染后为隐性感染，只有约 1/1000 的感染者病毒可侵犯中枢神经系统。

柯萨奇病毒的形态结构、细胞培养特性、感染和免疫过程与脊髓灰质炎病毒相似。病毒型别多、分布广，人类感染机会较多，主要经粪—口途径及呼吸道传播。

人类肠道细胞病变孤肠病毒简称为埃可病毒（ECHO virus），生物性状与脊髓灰质炎病毒相似，但对猴和乳鼠无致病性。ECHO 病毒对人的致病性类似柯萨奇病毒，较重要的有无菌性脑膜炎、类脊髓灰质炎等中枢神经系统疾病。

目前美国要求水处理工艺对肠道病毒有超过 99.99%的去除率或灭活率，其中消毒工艺应保证 99%以上的灭活率。

6.1.3　病原性原生动物

主要是隐孢子虫、贾第虫和溶组织阿米巴虫，会引起胃肠疾病（如呕吐、腹泻和腹部绞痛）。隐孢子虫（Cryptosporidium）广泛存在于牛、羊等动物中，亦为人体重要寄生孢子虫，该虫是条件致病原虫，但对免疫功能正常的人也是一种重要的腹泻病原。

美国要求水处理工艺对隐孢子虫的去除率或灭活率达到 99%以上，对贾第虫的去除率或灭活率达到 99.9%。我国建设部新的行业标准将两种病原原生动物列入非常规项目，限值是每 10L 水不得检出。

自由生活阿米巴虫是一类单细胞生活的原生生物，广泛分布于自然环境中，以细菌和腐生生物为食。其中部分种类阿米巴能引起人和哺乳动物的疾病，主要为棘阿米巴性角膜炎、肉芽肿性阿米巴脑炎、原发性的阿米巴脑膜脑炎，皮肤感染等。更重要的是越来越多细菌被发现能在阿米巴虫内生存和繁殖，因此被称为微生物界的“特洛伊木马”。至今所发现阿米巴内共生菌有嗜肺军团菌、肺炎衣原体、副衣原体等多种病原体，大大增加了饮用水的卫生风险。

6.2　强化消毒法应急处理技术

6.2.1　主要病原微生物的消毒灭活 Ct 值

细菌和病毒可以通过常规消毒工艺灭活。常用消毒剂对微生物消毒灭活的 Ct 值如表 6-1 所示。需要指出的是，表中所列数据均为对纯培养的微生物在实验室进行消毒灭活试验得到的数据，可用于进行不同消毒剂的性能和微生物耐消毒剂能力的比较。而实际水源水中除了微生物之外，还同时含有对消毒起干扰作用的颗粒物、有机物、氨氮，并不能直接使用这些 Ct 值来计算得到水厂消毒剂投加量。水厂实际消毒效果必须以出水的微生物培养测试为准，但是由于微生物测试往往要滞后1天以上。水厂运行中可以用剩余消毒剂的浓度进行简易指示和运行控制。

主要病原微生物的消毒灭活Ct值 **表6-1**

分类	指标或病原微生物名称	99%灭活所需Ct值(min·mg/L，5℃)			
		游离氯	氯胺	二氧化氯	臭氧
微生物综合指标	细菌总数 大肠杆菌 异养菌总数	0.034～0.05	95～180	0.4～0.75	0.02
细菌	军团杆菌属 志贺菌属 沙门菌属 霍乱弧菌	6（20℃）			
病毒	肝炎病毒 脊髓灰质炎病毒Ⅰ 柯萨奇病毒和埃可病毒	10（20℃） 1.1～2.5 35	768～3740	0.2～6.7	0.1～0.2
原虫及孢子	蓝氏贾第鞭毛虫（包囊） 隐孢子虫（包囊）	69（10℃） 3700～上万	1230（10℃） 7万	15（10℃） 829	0.85（10℃） 40

6.2.2 水源水质的影响

当出现超过水质标准或正常情况时，可以采取加大消毒剂投加量和延长消毒接触时间的方法来达到所要求的灭活效果。但是在发生突发病原微生物污染时，例如在发生地震、洪涝、发生流行病疫情、医疗污水泄漏等情况下，水中有机物、氨氮浓度也会升高，对消毒灭活工艺造成严重影响。

因此，在发生突发性病原微生物污染时，首先需要测试水中的微生物浓度和主要水质参数，包括氨氮、有机物浓度（耗氧量或TOC)、浊度等；然后根据这些水质参数确定消毒剂的投加量、过滤出水浊度的工艺要求。

（1）氨氮

氨氮的影响是能够和氯消毒剂快速反应生成消毒能力较差的氯胺，因此为了确保消毒灭活效果，需要使用折点加氯工艺，用高投氯量把氨氮完全氧化去除。折点氯化的反应如式（6-1）至式（6-4）所示：

$$Cl_2 + NH_4^+ \xrightarrow{k_1} NH_2Cl + 2H^+ + Cl^- \quad k_1 = 2.9 \times 10^6 L/(mol \cdot S) \tag{6-1}$$

$$Cl_2 + NH_2Cl \xrightarrow{k_2} NHCl_2 + H^+ + Cl^- \quad k_2 = 2.3 \times 10^2 L/(mol \cdot S) \tag{6-2}$$

$$Cl_2 + NHCl_2 \xrightarrow{k_3} NCl_3 + H^+ + Cl^- \quad k_3 = 3.4 L/(mol \cdot S) \tag{6-3}$$

$$3Cl_2 + 2NH_3 \longrightarrow N_2 + 6H^+ + 6Cl^- \tag{6-4}$$

根据上述反应方程式，可以计算得到理论上发生折点反应使氨氮完全转化为氮气所需的投氯量，按重量比计算为 $Cl_2/NH_3-N=7.6$。而在实际给水和污水消毒过程中，由于还存在其他还原性污染物对氯的消耗，产生折点的氯氮比往往在 8～12 以上。

我国生活饮用水卫生标准中规定氨氮浓度不得超过 0.5mg/L。但是水源受到污水、垃圾、粪便、藻类等污染时氨氮浓度在 1mg/L 以上，同时水处理行业目前尚缺乏有效快速去除氨氮的技术，因此这种情况下给自来水厂保持消毒效果提出了十分严峻的挑战，一旦发生类似污染事故则必须降低产水量以提高消毒剂浓度或者停水避开高污染峰。

（2）有机物

有机物对消毒效果的影响也主要是通过对消毒剂的消耗，使得最终用于消毒的剂量不足。不同种类的有机物和氯消毒剂的反应速度不一，氨基酸、含芳香结构的腐殖质等物质与消毒剂的反应会在 30min 内完成，这会对微生物的灭活产生明显影响。

水厂的常规处理工艺对于溶解性有机物的处理效果有限，一般只有 30%左右，此时可以在投加消毒剂之前投加粉末活性炭吸附去除这些有机物。不过由于粉末活性炭可以分解氯消毒剂，因此适宜的工艺方式是在取水口处投加粉末活性炭，经吸附、混凝、沉淀去除粉末炭后再在过滤前投加大剂量消毒剂。为了保障消毒效果，需要充分吸附去除有机物，再强化混凝一沉淀去除粉末活性炭，使沉淀出水中有机物和颗粒物浓度大大降低，然后在滤前加大消毒剂剂量，一方面灭活水中的微生物，另一方面阻止微生物在滤池中生长，避免二次污染。

目前我国生活饮用水卫生标准中规定水中耗氧量（高锰酸盐指数）的浓度不超过 3mg/L，对于水源突发性生物污染同时含有较高有机物的情况，可增加预处理，以减轻对消毒的干扰。

（3）颗粒物（浊度）

颗粒物对消毒的影响在于可以给水中微生物提供保护。微生物在水中往往不是独立存在，而是附着在颗粒物表面，并分泌胞外多聚物进行保护，如图 6-1 所示。在复杂生物相条件下，由于存在边界层效应和胞外分泌物对消毒剂的消耗，黏附在颗粒物上的微生物对消毒剂具有很强的抵抗性。

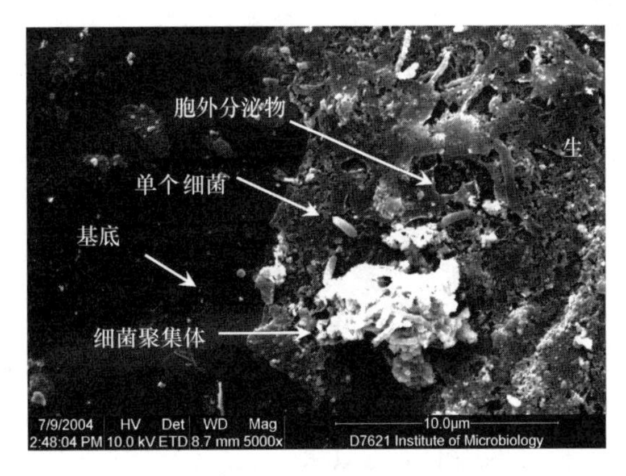

图 6-1 复杂生物相体系的扫描电镜分析

我国某水厂在 2004 年底发现出厂水中疑似大肠杆菌的菌落浓度超标。经鉴定分析，主要是荚膜菌、产芽孢菌和气单胞菌。虽然尚不超过细菌总数的标准，但仍存在一定的安全隐患。根据各菌种灭活所需的 Ct 值计算，现有消毒工艺有充足的安全余量，但出厂水仍然经常检出。出现这一现象的可能原因是细菌受到所黏附的有机物、颗粒物的保护，对氯消毒剂的抗性更强。

在汶川地震期间，由于汶川、北川、青川、什邡、绵竹等上游地震重灾区存在重大人员伤亡和动物死亡，医疗废弃物和临时安置点粪便可能无法及时有效处理，加上各水库为降低库容加大放水量，造成下游成都、德阳、绵阳等城市地表水水源地细菌学指标升高了约一个数量级；同时当地水源水浊度较高，给饮用水安全带来了极大威胁。震后当地自来水公司采取了加大预加氯投加量，强化混凝、沉淀和过滤工艺效果保持过滤出水浊度小于0.5NTU，提高出水剩余消毒剂浓度，如成都市自来水公司把出厂水余氯由原有的0.4～0.7mg/L提高到0.8～1.2mg/L，一些使用二氧化氯的县级水厂也把出厂水二氧化氯余量从0.10mg/L提高0.12mg/L以上。有关地震灾区应急供水的内容参见第10章。

6.3 病原原生动物控制技术

病原性原生动物（有时也称为原虫）及孢子对于消毒剂的抵抗能力比细菌和病毒强得多，水处理中采用的消毒剂剂量和消毒接触时间难以满足充分灭活，因此水处理工艺通过强化混凝一沉淀一过滤的常规工艺来加以去除。在发生此类生物大规模污染的时候，可以通过加大混凝剂投量，改善混凝条件和提高消毒剂浓度的方法予以去除。

去除水中原虫，不能仅靠单一处理单元，而应该依靠多重处理工艺组成的多道屏障。美国《地表水处理法》中认为管理运行良好的传统工艺对贾第虫有2.5个lg去除效率，另有0.5个lg去除率需要由消毒工艺来达到。美国1998年颁布的《临时加强地表水处理法》中认为传统工艺对隐孢子虫的去除率为2个lg。因此对贾第虫和隐孢子的去除主要通过水处理常规工艺，特别是过滤来实现。

6.3.1 常规工艺

过滤工艺仍是最实用的去除隐孢子虫、贾第虫的技术，直接过滤工艺对两虫的去除率为2个lg。溶气气浮工艺对贾第虫和隐孢子虫都有较好的去除效果，小试和中试都证明，溶气气浮工艺对贾第虫和隐孢子虫去除率达2～3个lg。

另外要达到好的去除效果，工艺的运行管理十分重要。提高混凝剂用量，改善混凝反应条件，可以提高对两虫的灭活效果；过滤工艺是去除两虫的关键，若未能达到最佳操作条件，过滤对原虫的去除率可由99%下降至96%（滤速12m/h）。

6.3.2 消毒工艺

常规消毒剂在常规剂量下对贾第虫灭活能力很差，而对隐孢子虫几乎无能为力。从文献调研的结果来看，臭氧和紫外线消毒是杀死隐孢子虫和贾第虫较好的方法，所以若以灭活原虫为目的，水厂应该采用这两种方法进行消毒。但由于臭氧和紫外在水中无剩余，为了保持管网中的消毒效果，还应配以氯消毒。

采用臭氧灭活贾第虫，达到3个lg的去除率时，所需Ct值为1.43mg·min/L，因此建议采用浓度为0.5mg/L的臭氧，灭活3min以上即可满足要求。采用臭氧灭活隐孢子虫，达到2个lg的去除率时，所需Ct值为5～10mg·min/L，因此如采用0.5mg/L的臭氧进行消毒，需接触20min以上才能灭活隐孢子虫卵囊。

6.4 其他水生生物控制措施

除了上述微生物外，水中的藻类、真菌、水生动物也会对饮用水的嗅味、肉眼可见物等感官指标产生不良影响。更为严重的是，有些水生藻类，如微囊藻属，还会分泌毒性很强的藻毒素。这些水生生物污染也可以通过强化混凝和加大消毒剂剂量相结合的方法进行处理。

6.4.1 水蚤

2004年11月初，吉林省呼兰市唯一的饮用水水源地沙河水库发生剑水蚤爆发的现象，造成自来水厂无法处理，用户水龙头出现剑水蚤。

该市马上采取了暂停供水的措施，经专家研究后采取了滤池进水管纱网过滤和过滤前加氯的办法进行临时处理。通过这些措施，九成的剑水蚤都可以被过滤掉，水质状况符合国家生活饮用水标准。但水厂的日处理能力却大大下降，整个舒兰市区只能采取分区供水，供水压力非常大。

剑水蚤爆发的原因是该市沙河水库兼有养鱼的功能。承包期结束，对鱼进行大量捕捞，造成水体中鱼的数量突然减少，食物链断裂，导致剑水蚤过剩。而水厂的生产工艺没有消灭这种微生物的能力，进而导致居民饮用水中也出现剑水蚤。

6.4.2 水生真菌

2006年1月19日，黑龙江省牡丹江市第四水厂水源地发现絮状污染物，造成公众对水质产生担心。这次黄黏絮状物发生在海浪河斗银河段至牡丹江市西水源段（海浪河入牡丹江处），全长约20km。2006年1月19日下午4时开始，牡丹江市自来水公司取水口被不明水生生物絮体堵住。经查证，不明水生物已经确定为一种水生真菌，其名称为水栉霉。

水栉霉是一种低等水生真菌，属藻状菌纲，水栉霉目，水栉霉科。它常常生活在污水中，在下水道出口附近也可以发现，是水体受到一定程度单、双糖或蛋白质污染的指示生物。其特征为：黄黏絮状物，在水中为乳白色、絮状，一般沉在水中，或附着在水中其他物体上，或附着在河床上。水栉霉属腐生菌，生长周期40～50d，适宜条件下，菌丝长度由5mm可长到60mm。每年十月底开始繁殖，第二年一月中旬出现漂浮。幼龄菌丝为乳白色，老龄菌丝为黄褐色。它生长到一定长度后，在菌丝中部产生气泡，开始漂浮，随水冲下。有关水栉霉的生物毒性正在测试中。

这次水栉霉出现的主要原因是由于黑龙江省海林市排放的工业废水、生活污水所致，黑龙江省海林雪原酒业公司违法排污是2006年2月牡丹江水栉霉污染事件的主要原因之一。海林雪原酒业公司在未依法办理环评手续的情况下，擅自扩建酒精生产项目，没有配套治污设施。酒精生产过程中高浓度污水直接排入牡丹江。海林市环保局曾于2005年12月提请海林市政府关闭该企业，但市政府一直未下达停产决定，导致海林雪原酒业公司长期违法排污。事件发生后，相关的三家污染企业（海林雪原酒业、海林啤酒厂、海林食品公司屠宰车间）已被停产整顿。

水源地发现水生生物后，水厂在取水口加设拦截网截留生物絮体，并加大了混凝剂和消毒氯气的投放量。海林市组织人力对严重污染河段进行破冰人工清捞。牡丹江市政府将对牡丹江上游水域进行集中整治，从长远角度确保牡丹江市民饮用水安全。

6.5 强化消毒技术小结

通过增加前置预消毒和加强主消毒的处理，以在传染病暴发期确保城市供水的水质安全。适用污染物种类总数 9 种。本课题对 9 种微生物指标的控制和灭活技术进行了探讨，均能够被强化消毒技术去除或有效控制。

7 应对藻类暴发引起水质恶化的综合应急处理技术

7.1 概述

由于市政污水、工业废水和农村面源污染，大量的氮磷等营养物质排入湖泊或水库等水体，导致水体富营养化。在适宜的条件（水温高、光照强、水深浅、流动性差等）下，富营养化湖库中极易形成藻类的暴发性生长繁殖，产生“水华”。

未发生富营养化的湖库水中，原水中藻体含量夏季一般在数百万/L（以藻细胞计，下同)。当原水中藻的含量超过1～2千万/L时，对于以湖库为水源的自来水厂，就属于高藻水源水了，水源水中藻的含量可以达到3～4千万/L，最高时可超过1亿/L。

高藻水源水对以湖库为水源的自来水厂的净化处理带来一系列的问题：

1）除藻难度大

藻体的密度与水接近，在沉淀池中难于沉淀，沉后水的含藻量仍较大。进入滤池后堵塞滤料层，造成滤池的频繁冲洗。残存在滤料层中藻类会死亡，并释放出细胞内物质，包括胞内藻毒素等，使水质恶化。仍会有部分藻细胞穿过砂滤池，造成出厂水藻细胞含量较高，部分水厂原水高藻水期间出厂水的藻含量可以达到几十万/L。

2）藻类产生的藻毒素

部分藻类在生长过程中产生藻毒素，部分藻毒素直接分泌到藻体的体外，部分藻毒素包含在藻体内，但在藻体死亡后可以进入水体。藻毒素有许多种，其中比较常见且毒性较大的是藻毒素（LR)，属于肝毒素，对人体健康有毒害作用，我国《生活饮用水卫生标准》(GB 5749—2006）中对藻毒素（LR）的限值是0.001mg/L。

3）藻体产生的代谢致嗅物质

部分藻种在生长过程中会向水中分泌致嗅物质，如2-甲基异莰醇（又称2-甲基异冰片)、土臭素等，使水产生霉臭味、烂泥味等异味。《生活饮用水卫生标准》(GB 5749—2006）附录A中对2-甲基异莰醇、土臭素的限值均为10ng/L。

4）藻体死亡产生的腐败恶臭产物

藻体大量死亡后，特别是在藻渣堆积区，因藻体腐败分解，极易产生厌氧状态，生成硫醇、硫醚类恶臭物质，严重影响供水水质。

对于水源藻类爆发的自来水厂应急处置，首先是要检测确定水源水中的特征污染物的具体组成，采取针对性的应急处置措施。

本章中先就除藻、除嗅、除藻毒素的技术进行讨论，再讨论几种水厂处理工艺的实施效果。藻类腐败恶臭问题在氧化技术和应急案例中有详细论述，在本章中不再复述。

7.2 应急除藻技术

7.2.1 各种除藻技术

水厂对于高藻水的除藻技术包括：

（1）水源控藻避藻措施

取水口避藻：岸边取水口向湖内延伸（避免风吹藻渣在岸边取水口处积累）、取水口外设置拦藻栅保护屏障、拦藻栅内配置捞藻船捞藻等。

平原调蓄水库应控制水力停留时间，防止藻类生长产生嗅味问题。

长距离引水工程的净水设施必须满足除藻运行要求。

深水水库应按水深分层设置多个取水口，用浅层取水口避浊、避铁锰；用深层取水口避藻和保证低水位供水。

（2）预氧化除藻

预氧化除藻的技术包括：预氯化、预高锰酸钾、预二氧化氯、预臭氧等，通过预氧化使藻失活，提高混凝沉淀的处理效果。在运行中需注意，氧化剂的投加量要适量，不要因过度氧化使藻细胞破裂，造成胞内物质进入水中，使水中溶解性藻毒素或嗅味物质浓度，为后续处理增加困难。

（3）强化混凝

因含藻矾花沉降性能差，处理中需加大混凝剂的投加量，并采用沉淀性能好的混凝剂（含铁混凝剂、助凝剂等）。预氧化提高混凝除藻的效果很有效，也可以认为是强化混凝的一项措施。

（4）增加气浮处理

藻体的比重接近于1，气浮除藻能够获得比沉淀除藻更好的效果。对于原有常规处理工艺的水厂，可以把平流式沉淀池后段改造成气浮池，成为：沉淀-气浮池；也可以把砂滤池的上部改造成气浮池，成为浮滤池。

（5）强化过滤

含有较多藻体的沉后水容易堵塞滤池，截留在滤料层中藻体单用水反冲洗难于冲洗干净，因此对于水源有高藻水问题的水厂，建议采用气水冲洗滤池，淘汰无阀滤池、虹吸滤池等池型（只有水冲，且强度、频率不好控制）。

（6）增加超滤或微滤的后处理

超滤膜或微滤膜可以保证对藻体的截留率。近年来膜技术发展很快，成本也在不断下降，因此有部分高藻水问题的水厂，在处理工艺中采用了膜技术，有的是在常规工艺的砂滤之后增加膜过滤单元，有的是直接用膜滤替代砂滤，可以保证对藻体的截留。

采用膜技术除藻，膜通量应采用较低数值，并需加强膜清洗，防止膜污染。

7.2.2 强化混凝技术

（1）不同生长期藻类的混凝特性

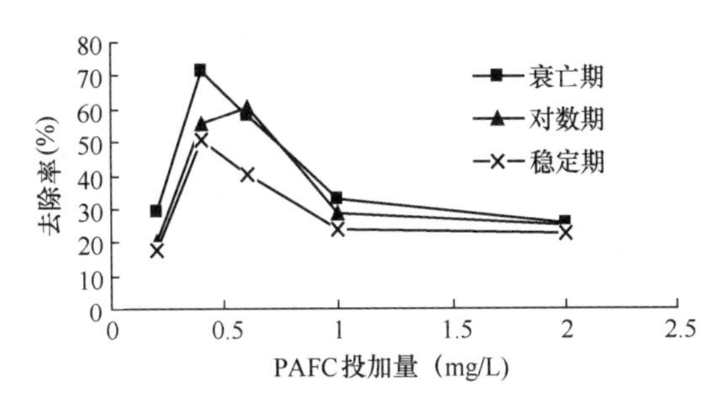

图 7-1　不同生长期藻类混凝特性

选择藻类暴发时出现频率最高的铜绿微囊藻为试验用藻，藻类生长期分为稳定期、对数期和衰亡期三个阶段。采用纯水配水使初始叶绿素 a 为 15μg/L，然后加入不同量的聚合氯化铝铁（PAFC）进行混凝搅拌，沉淀 20min 后取样测定叶绿素 a，结果见上图。可以看出不同生长期藻类对混凝效果有一定的影响，在混凝对藻类各生长期的去除率大小顺序为：衰亡＞对数＞稳定，原因可能是衰亡期藻细胞破裂释放的物质有利于混凝。在以后的试验中为保证试验数据的一致性，试验中所采用的藻类都为对数期藻类。

（2）混凝剂投加量的优选

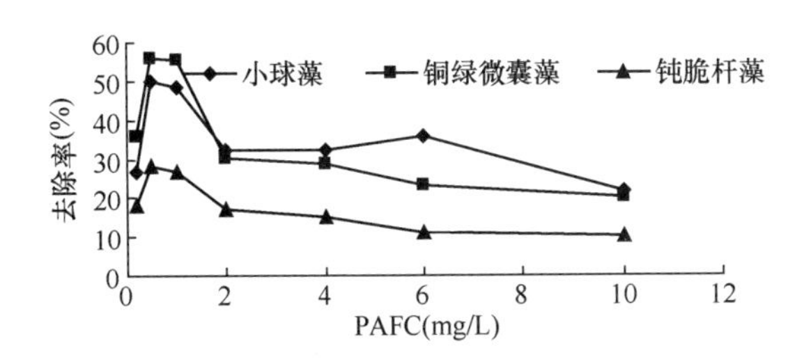

图 7-2　PAFC 投加量对除藻效果的影响

采用去离子配制高藻水，使小球藻、铜绿微囊藻、钝脆杆藻的初始浓度约为 50μg/L，加入不同量的 PAFC（以铝计）进行混凝沉淀反应，结果见图 7-2。可以看出，当 PAFC 投加量由 0.2mg/L 增至 0.5mg/L 时，去除率呈增大趋势，由 0.5mg/L 增加到 1mg/L，去除率出现平台期，继续增大投加量去除率反而减小，所以对于三种藻类的 PAFC 的最佳投加量为 0.5～1mg/L。

7.2.3　粉末活性炭预吸附技术

采用去离子水配制高藻水，使小球藻、铜绿微囊藻、钝脆杆藻的初始浓度约为 20μg/L（以叶绿素计）。粉末活性炭投加量分别为 0、5、10、15、20、30mg/L，预吸附 30min 后加入 1mg/L 的 PAFC（以铝计），进行混凝沉淀反应，结果见上图，去除率以叶绿素 a 的去除率表示。由上图可以得到，随着粉末炭投加量的增大，混凝沉淀对三种藻类的去除效果均呈增大趋势，当粉末炭投加量由 0mg/L 增加到 20mg/L 时，混凝沉淀对小球藻、铜绿微囊藻、钝脆杆藻去除率分别增加了 37.2%、41.6% 和 68.8%，可以看出粉末炭的投加对钝脆杆藻去除效果影响更加明显，继续增大投加量藻类去除率增加不大。

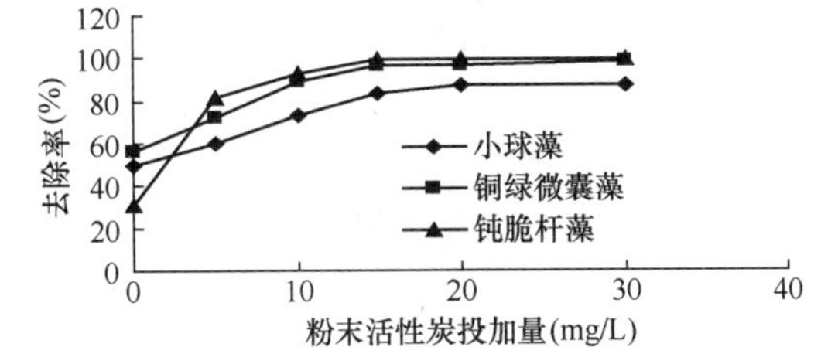

图 7-3　不同粉末活性炭投加量下的强化混凝效果

7.2.4　预氧化技术

用于除藻的预氧化剂很多，如液氯、臭氧、二氧化氯等，但液氯会产生消毒副产物，臭氧设备在安装和使用上有一定的技术要求，在国内给水厂应用得很少。二氧化氯具有很强的反应活性和氧化能力，在藻类暴发时可用于给水厂的应急处理。

本试验选择暴发频率较高的藻类进行研究，分别是蓝藻中的铜绿微囊藻、绿藻中的小球藻、硅藻中的钝脆杆藻作为目标藻种，为了模拟水华环境，采用去离子水稀释纯藻液至藻密度为10^7个/L数量级，对二氧化氯除藻效果进行研究。

（1）二氧化氯投加量的影响

加入不同量的二氧化氯反应30min，加入硫代硫酸钠终止反应，结果如图7-4所示。可以看出二氧化氯对三种藻的除藻率随着二氧化氯投加量的增加而增加。其中二氧化氯投加量对钝脆杆藻的影响更大，当二氧化氯浓度从0.2mg/L增至2.5mg/L时，去除率从9.49%升至91.0%。铜绿微囊藻和小球藻去除率变化不大，当二氧化氯投加量为1mg/L时，去除率已经达到98.0%和97.6%。铜绿微囊藻、小球藻、钝脆杆藻的二氧化氯最佳投加量分别为1mg/L、1mg/L、2.5mg/L。可以看出二氧化氯对铜绿微囊藻和小球藻的杀灭效果好于钝脆杆藻，原因是钝脆杆藻的细胞壁中硅化作用比较突出，增强了其壁面强度，可有效保护细胞内含原生质，所以抗氧化能力强于铜绿微囊藻和小球藻。

（2）反应时间的影响

在二氧化氯投加量为2mg/L的情况下，结果见图7-5所示，随着反应时间的延长，去除率整体呈上升趋势。对于铜绿微囊藻和小球藻，分别在8min和20min后去除效果增加不明显，两者在8min和20min时的去除率分别为97.3%和98.1%。对于钝脆杆藻，去除率随反应时间的延长都有一定程度的增加，当反应时间从30min延长至60min时，去除率从85.4%增加到94.7%。因此，当二氧化氯投加量为2mg/L时，铜绿微囊藻、小球藻、钝脆杆藻分别需要8min、20min、60min来达到高效除藻效果。

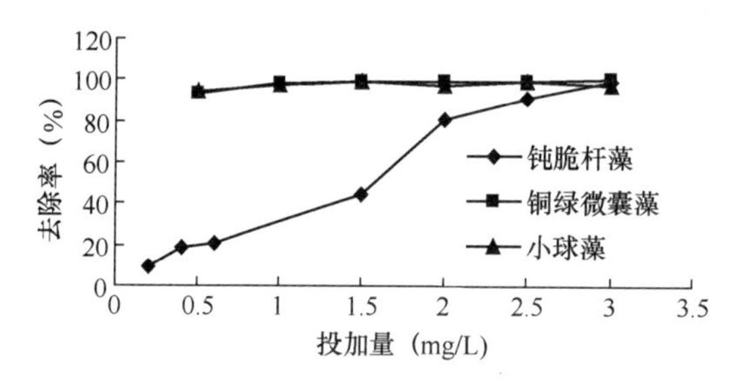

图7-4　二氧化氯投加量对除藻效果的影响

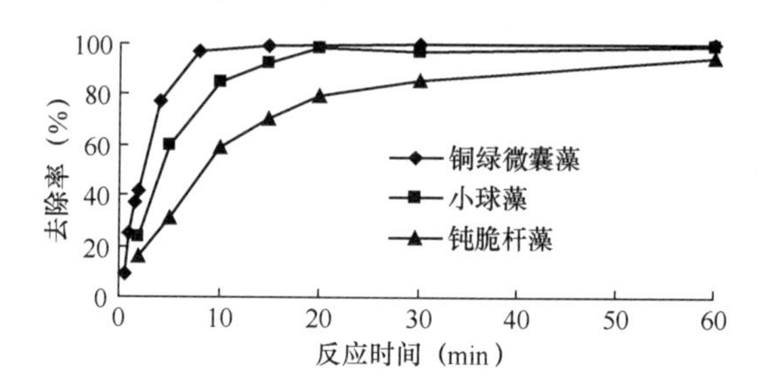

图7-5　反应时间对除藻效果的影响

（3）pH值和温度的影响（图7-6、图7-7）

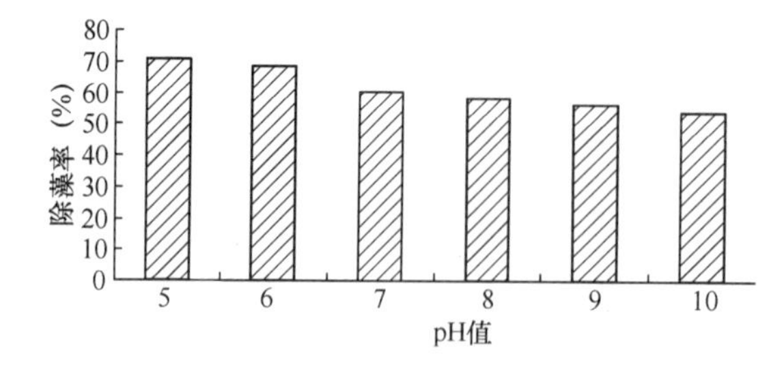

图7-6　pH值对二氧化氯除藻效果的影响

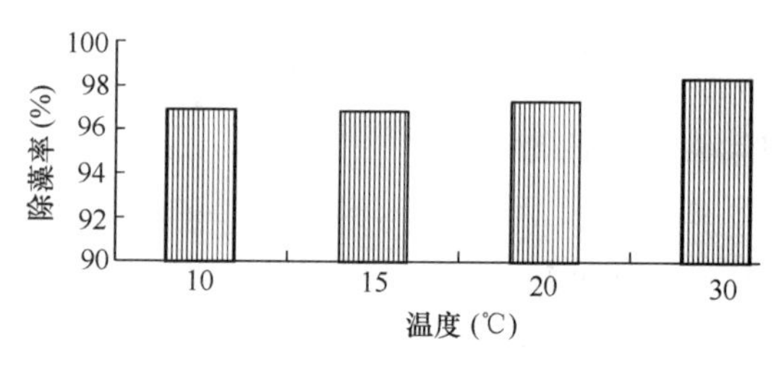

图7-7　温度对二氧化氯除藻效果的影响

二氧化氯投加量为1mg/L，反应时间为20min，考察温度和pH值对二氧化氯去除铜绿微囊藻的影响。由图 7-7 可以看出，温度对除藻效果基本没有影响，其中 30°C 时为 98.3%，10°C 时为 96.9%。，两者仅相差 1.43%。pH 值对二氧化氯除藻效果有比较明显的影响，当 pH 值由 5 增至 10 时，除藻率由 70.7%减至 54.1%。原因是：酸化水体中藻类的生长潜力很弱，降低水样的 pH 值对藻类有一定的去除率；由二氧化氯的电极电位可知二氧化氯氧化能力酸性条件下强于碱性条件，导致二氧化氯除藻效果随 pH 值升高而降低。

7.3　应急除嗅技术

7.3.1　预氧化技术

选取嗅味物质中的土臭素和 2－甲基异莰醇（又名二甲基异冰片）为研究对象，考察高锰酸钾、高锰酸钾复合药剂、二氧化氯对嗅味物质的氧化能力及预氧化混凝除臭效果。

（1）单独预氧化

采用去离子水水配制十倍国家标准的嗅味物质水样，加入一定量的氧化剂，在 300r/min 的条件下搅拌 30min，然后加入硫代硫酸钠终止反应，结果见图 7-8 和图 7-9。

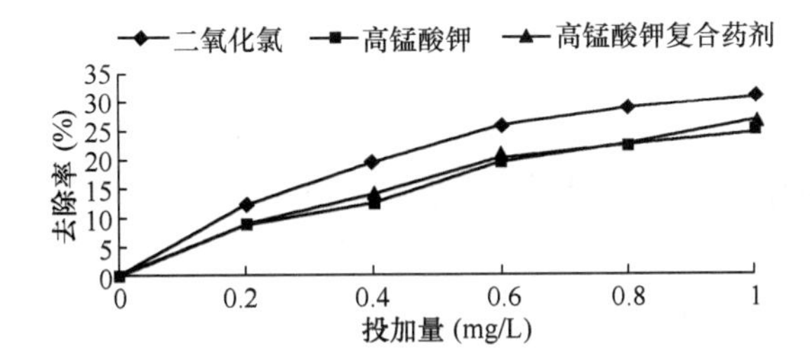

图 7-8　三种氧化剂对土臭素的去除效果

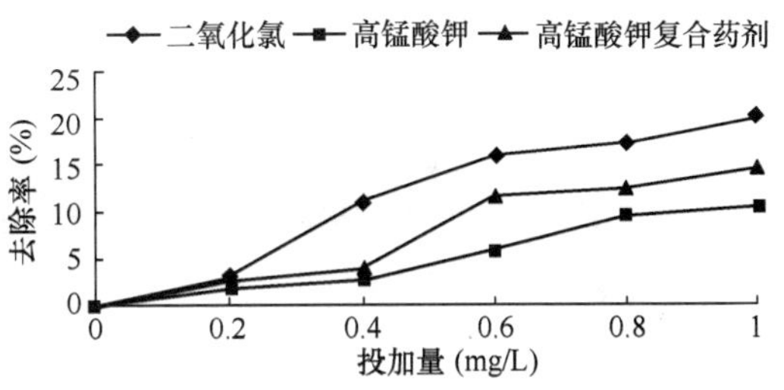

图 7-9　三种氧化剂对 2－甲基异莰醇的去除效果

由图 7-8、图 7-9 可知，随着氧化剂投量的增加，三种氧化剂对嗅味物质的去除率呈上升趋势。当氧化剂投机量由 0.2mg/L 增至 1mg/L 时，二氧化氯对土臭素和 2－甲基异莰醇的去除率分别由 12.3%、3.14%增加到 30.79%、20%；相对应的高锰酸钾对嗅味物质的去除率分别由 9.14%、1.85%增至 24.87%、10.41%，高锰酸钾复合药剂的对嗅味物质的去除率由 8.82%、2.58%增长到 26.74%、14.71%。可以看出，三种氧化剂对土臭素的氧化效果优于 2-甲基异莰醇，三种氧化剂对嗅味物质的氧化能力大小顺序为：二氧化氯＞高锰酸钾复合药剂＞高锰酸钾。但三种氧化剂对嗅味物质氧化能力有效，难以通过单独预氧化达到控制嗅味的目的，这与文献中的研究结果相一致。

（2）预氧化强化混凝

以山区水库水为试验原水，选择氧化能力较强的二氧化氯、高锰酸钾复合药剂作为预氧化剂。加入一定量的氧化剂氧化 30min 后，再加入混凝剂 PAFC（6mg/L），进行混凝沉淀反应，沉淀 20min 后取上清液测试嗅味指标，结果见图 7-10 和图 7-11。

常规工艺对土臭素和 2-甲基异莰醇去除率仅为 29%和 12.4%，这是因为常规工艺只能去除水中的悬浮物和大分子胶体颗粒，对微量有机物的去除能力较差，高锰酸钾预氧化则提高了对嗅味物质的去除率。当高锰酸钾复合药剂增至 0.8mg/L 时，对土臭素和 2-甲基异莰醇的去除率分别为 50.3%、30.5%，再增加高锰酸钾复合药剂投加量，去除效果增加不明显。原因是高锰酸钾对嗅味物质有一定的氧化和吸附去除效果，高锰酸钾复合药剂则发挥了多种药剂协同的氧化、吸附作用，可以更大幅度的提高除臭效果。

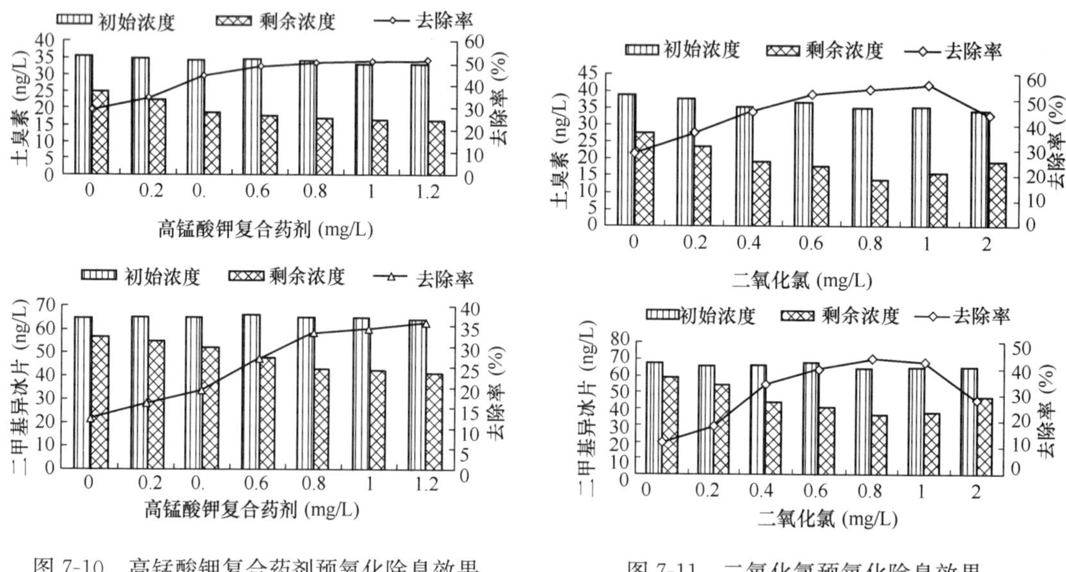

图 7-10　高锰酸钾复合药剂预氧化除臭效果

图 7-11　二氧化氯预氧化除臭效果

二氧化氯投加量由 0.2mg/L 增加到 1mg/L 时，对土臭素的去除率由 36.8%增至 55.5%，对 2-甲基异莰醇的去除率由 18.2%增加到 42.5%，但当二氧化氯投加量达到 2mg/L，对嗅味物质的去除率反而呈下降趋势，对土臭素和 2－甲基异莰醇的去除率减至 44.4%和 28.0%，原因可能是二氧化氯投加量过大会导致藻细胞破坏，释放细胞中的嗅味物质，或者二氧化氯会把藻类的代谢产物如亚油酸和棕榈酸等无臭味物质氧化成臭味物质。所以在采用二氧化氯除臭时，要把二氧化氯投加量控制在 1mg/L 以内。

7.3.2　粉末活性炭吸附技术

（1）粉末活性炭投加点

以山区水库水为原水，活性炭投加量为 10mg/L，进行活性炭吸附速率试验，结果见图 7-12。可以看出活性炭吸附嗅味物质的快速吸附阶段在 0～30min 内，1h 后达到吸附平衡，在延长吸附时间去除效果变化不明显。虽然活性炭对嗅味物质的吸附主要在 1h 内，但如有条件的可进一步延长吸附时间，提高吸附效率。还可以看出活性炭对土臭素的去除率高于 2-甲基异莰醇，原因是土臭素有更低的溶解度，且本身结构更容易被活性炭狭长的孔隙吸附。

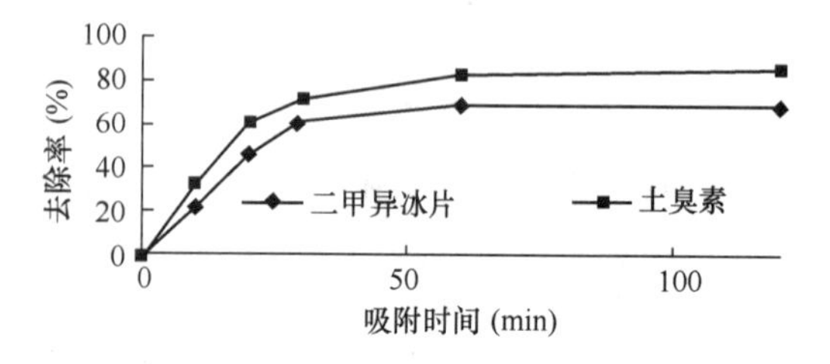

图 7-12　吸附时间对吸附效果的影响

（2）粉末活性炭投加量

以山区水库水为原水，进行活性炭吸附容量试验，结果见图 7-13。

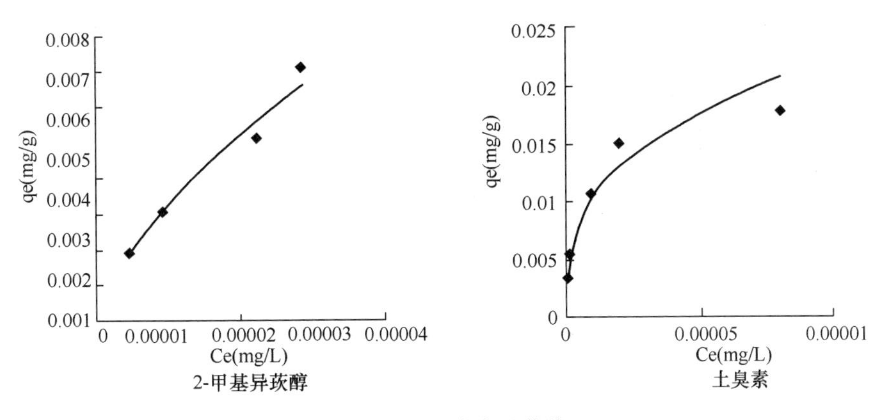

图 7-13 吸附容量曲线

采用 Freundlich 等温线拟合 2-甲基异莰醇和土臭素的吸附容量曲线，得到等温式：$y=8.495x^{0.684}$、$y=0.442x^{0.3645}$。表 7-1 列出了嗅味物质不同超标倍数下，根据 Freundlich 吸附等温式计算出的吸附后需达到国家标准限值（10ng/L）所需的活性炭量，可为水厂的活性炭应急处理提供技术参数。

不同超标倍数下活性炭投加量　　表 7-1

超标倍数	土臭素	2-甲基异莰醇
3	3.0	6.2
5	6.0	12.4
10	13.5	27.9
15	21.1	43.4
20	28.6	58.8
30	43.6	89.8

采用活性炭应急处理过程中，粉末活性炭投加量还要考虑到水源的差异性。选择山区水库水和引黄水库水进行活性炭对 2-甲基异莰醇吸附效果的研究，结果见图 7-14。可以看出以山区水库水为试验原水的吸附效果优于引黄水库水。两种水质条件分子量低于 1K 的小分子有机物占原水主体，但引黄水库水的低于 1K 的小分子有机物的含量（2.28mg/L）明显高于山区水库水（1.73mg/L）。因为 2-甲基异莰醇是低于 1K 的小分子有机物，而引黄水库水中大量存在的小分子有机物，占有了 2-甲基异莰醇的吸附位，因此造成 2-甲基异莰醇在引黄水库水中的去除率低于山区水库水。

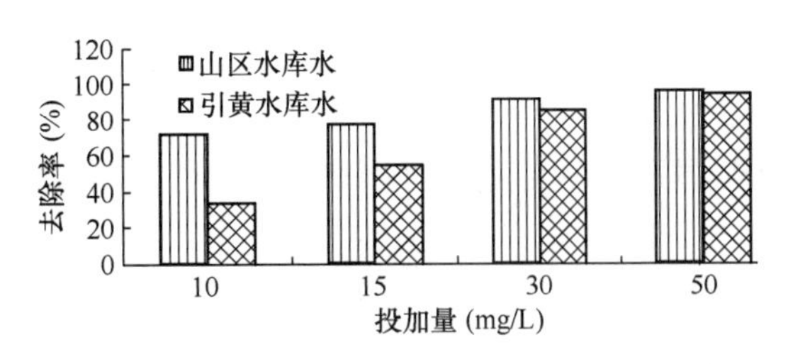

图 7-14 水质条件对活性炭吸附效果的影响

7.4 应急去除藻毒素技术

研究表明，世界各地 25%～70%的蓝藻水华可产生毒素，在有毒性的 7 个属的蓝藻中，主要产毒的是微囊藻（*Microcystis Kütz*）、鱼腥藻（*Anabaena Bory*）、和束丝藻

(*Aphanizomenon Morr.*) 属中的某些藻种，其中微囊藻毒素是一类分布最广泛且与人类关系最为密切的七肽单环肝毒素，是强烈的肝脏肿瘤促进剂。微囊藻毒素通常大部分存在于藻细胞内，当细胞破裂或衰老时毒素释放进入水中，国内外已有大量文献报道证实湖泊水库及饮用水中发现微囊藻毒素。

地表水源水中藻污染的周期性爆发对水厂安全稳定运行已经造成严重影响，有毒蓝藻及藻毒素的存在降低了饮用水质，威胁着城镇居民身体健康。因此藻和藻毒素是我国城市供水行业不得不面对的共性问题，必须探讨藻污染控制技术，研究高效低毒除藻工艺的关键技术。

消除藻类污染对城市供水水质的影响，关键要做好两方面的工作，一是限制水体的营养盐含量，维持水体良好生态，控制水体富营养化，防止藻类大量滋生，二是在城市制水系统采取高效的除藻技术，尽量减少藻类污染对出厂水水质的影响。国内外有关除藻技术研究方面的文献报道众多，除藻工艺和设备也发展到成熟的阶段，但由于微囊藻毒素的发现，使得“除藻”成为一把双刃剑，有时除藻不当会导致藻毒素释放，降低水质，因此需要对这些技术工艺的安全性重新进行评价和研究，以便选择高效安全的除藻工艺技术。

给水处理厂常见单元工艺对胞内、胞外藻毒素的去除情况见表 7-2。

水处理工艺对藻毒素的去除特性　　表 7-2

处理工艺	去除率（%）		评　价
	胞内藻毒素（IMC）	胞外藻毒素（EMC）	
混凝/沉淀/过滤	>90	<10	只有藻毒素在胞内，且藻细胞不被破坏时方可使用
慢砂过滤	~99	可能很高	胞内毒素因藻被高效截留而得到有效去除，而砂层中的微生物膜会降解胞外藻毒素
气浮	>90	<20	只有藻毒素在胞内，且藻细胞不被破坏时方可使用
粉末活性炭（PAC）	可以忽略	>90	粉末炭投加量大于 20mg/L 时有效，溶解性有机碳（DOC）竞争将降低粉末炭的吸附容量
颗粒活性炭（GAC）	>60	>80	空床接触时间要合适，DOC 竞争会降低吸附量
生物活性炭（BAC）	>60	>90	生物活性将强化去除氯、延长炭床使用周期
预臭氧	对强化混凝非常有效	难以评价	低投加量有助于混凝，需要检测释放的藻毒素和后续处理工艺
预氯化	对强化混凝有效	引起藻毒素释放	如果后续工艺能够去除释放藻毒素，可以用于强化藻细胞的混凝去除
二氧化氯预氧化	对强化混凝非常有效	>70	可用于强化藻细胞的去除，低投加量可减少胞内毒素的释放，利于胞外藻毒素的去除
高锰酸钾预氧化	对强化混凝非常有效	>80	可用于强化藻细胞的去除，对胞外和胞内的去除有效
臭氧-活性炭	~100	~100	如果 DOC 含量适宜，可高效快速去除胞外和胞内藻毒素

依据表 7-2，高效安全的藻和藻毒素控制净化技术应该包括如下几个方面：

（1）保护饮用水源，防止水体富营养化。限制氮磷物质进入水体，通过物理、化学、生物和生态综合防治等技术措施，控制水源水藻类水华，降低水源水中藻类，尤其是有毒蓝藻的含量。

（2）最大限度地发挥常规处理工艺的水质净化能力。化学处理剂、投加量、水力停留时间及 pH 值等工艺参数要进行科学优化。

（3）氧化剂的投加量要慎重选择。要防止藻细胞的破裂和消毒副产物的形成，为此强化混凝时可以选择低投加量的预氧化剂，而在后续处理中，由于大量藻类被去除，再选用高投加量的氧化剂用以去除溶解性藻毒素就比较安全了。

（4）颗粒活性炭吸附可高效去除藻毒素。较长的空床接触时间（EBCT）或臭氧一活性炭联用时藻毒素的去除效果更为显著，生物活性炭和粉末活性炭也有很好的藻毒素去除能力。

（5）预氧化处理可以强化常规工艺。优先推荐臭氧和二氧化氯，液氯预氧化要慎重采用。

（6）土地处理（地渗）、慢砂过滤、活性滤池、微滤、气浮等物理除藻办法应推荐使用。一是可以“无破坏性”除藻，二是土层、砂层或碳层中的微生物可以有效去除溶解性藻毒素。

（7）饮用水源的水质预警及给水处理厂的快速应变将确保饮用水安全。为此，加大水质监测频率和制定水厂应急处理预案是十分必要的。

（8）选择组合工艺。在强化常规工艺基础之上，根据场地、资金及水源水质状况等各种因素选择土地处理、气浮、微滤、臭氧氧化等预处理方式，或选择臭氧一活性炭、生物活性过滤等深度处理方式是高效安全的水质净化工艺组合。

7.5 二氧化氯除藻工艺实施效果

二氧化氯作为一种新型水处理药剂在国内外得到越来越广泛的应用。二氧化氯具有氧化性强，灭菌和杀藻效果好，氯代消毒副产物生成量低、设备相对简单的优点，适合中小型水厂使用。其不足是二氧化氯需现场制备，会生成致癌物质——亚氯酸盐，而且成本相对于氯消毒较高。

在杀藻处理中，预氯化会生成较高浓度的三卤甲烷、卤乙酸等氯代消毒副产物而受到限制，臭氧虽然高效但需大型设备，运行成本也较高使其应用受限。相比而言，二氧化氯技术就比较适合于应急处理。

7.5.1 除藻效能

1. 投加量的影响

从中科院武汉水生所购得纯藻种（蓝藻、绿藻和硅藻），按照《中国淡水藻类》提供的培养基配方进行培养，经镜检达到一定藻密度（10^8 个/mL）后，进行二氧化氯除藻试验，培养基配方见表 7-3。

本实验室培养的藻类及其培养基　　表 7-3

藻类别	蓝藻		绿藻		硅藻
	铜绿微囊	水华鱼腥	双星藻	羊角月牙	菱形藻
培养基	HGZ	HGZ	MCV	SE	D1

试验用二氧化氯由华特 2000 纯二氧化氯发生器（山东华特事业总公司生产）产生的二氧化氯气体以纯水吸收制成，其浓度用碘量法测定。向盛有 100mL 水样的锥形瓶中分别投加不同浓度系列二氧化氯，充分反应 30min，然后加入硫代硫酸钠饱和溶液终止反应。试验用氯为分析纯次氯酸钠。

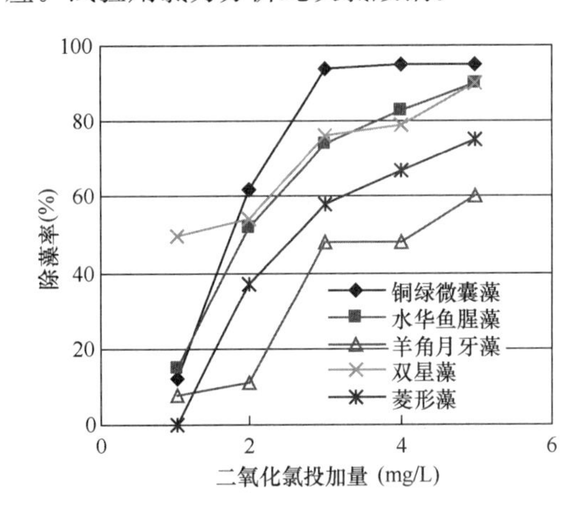

图 7-15　投加量与藻类去除率的关系

藻类去除率与二氧化氯投加量之间的关系见图 7-15，由该图可以看出：

(1) 对受试藻种而言，蓝藻对二氧化氯最为敏感，3mg/L 时便达到接近 100%的去除率；其次是绿藻，最不敏感的是硅藻，二氧化氯高达 5mg/L 时，才能达到 60%的去除率。

(2) 随着二氧化氯投加量的增加，湖泊水库常见的三种藻类的去除率随之增加，但投加量为 5mg/L 时蓝藻、绿藻和硅藻的最大去除率分别约为：100%、80%和 60%。

2. 作用时间的影响

图 7-16 描述了二氧化氯作用时间与藻类去除率之间的关系，由图可知，作用时间对二氧化氯去除藻类的影响不大，即只要混合均匀，二氧化氯的作用是相当迅速的。受试藻种为蓝藻门的水华鱼腥藻，藻密度为 3.3×10^8个/L，水温 25.4℃，pH=9.57，二氧化氯投加量为 5mg/L。

3. pH 值的影响

ClO_2投加量为 4mg/L，接触时间为 10 分钟时，不同 pH 值对藻类的去除率参见图 7-17。由图可知，ClO_2灭藻效果随 pH 值升高而缓慢下降，但差距并不显著。试验条件同图 7-16。

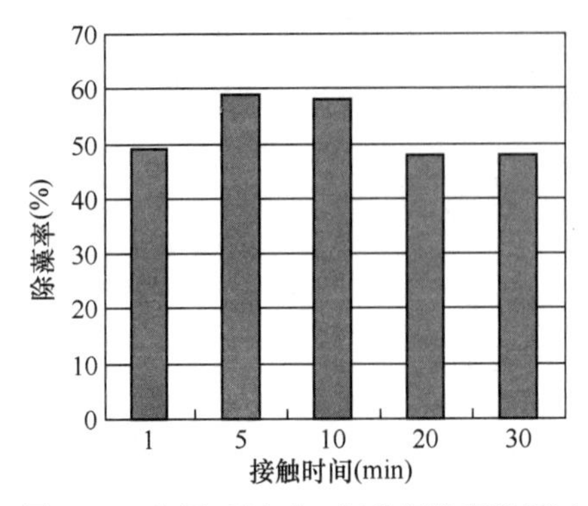

图 7-16　作用时间对二氧化氯除藻的影响

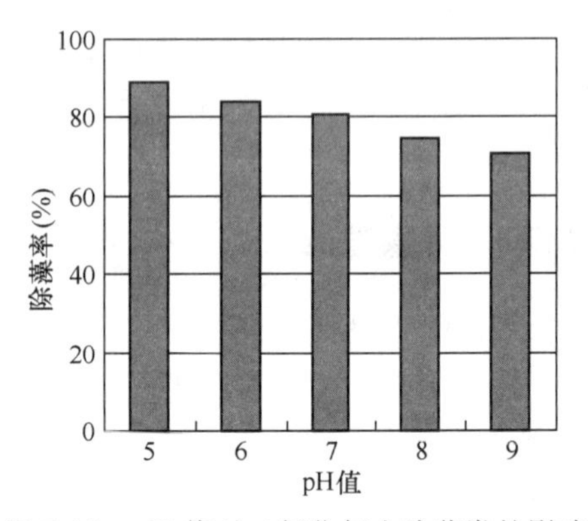

图 7-17　pH 值对二氧化氯去除藻类的影响

7.5.2 藻毒素去除效能

本文就氯、二氧化氯、臭氧等三种氧化剂对铜绿微囊藻胞内毒素释放情况和微囊藻毒素的去除效果进行系统研究，氧化时间均控制在120min，并采用饱和硫代硫酸钠溶液终止反应。氧化试验步骤同前。三种氧化剂对藻细胞的破坏情况可以从胞内毒素的变化曲线上得以体现，参见图7-18（*a*）。三种氧化剂对微囊藻毒素的氧化去除规律示于图7-18（*b*）。

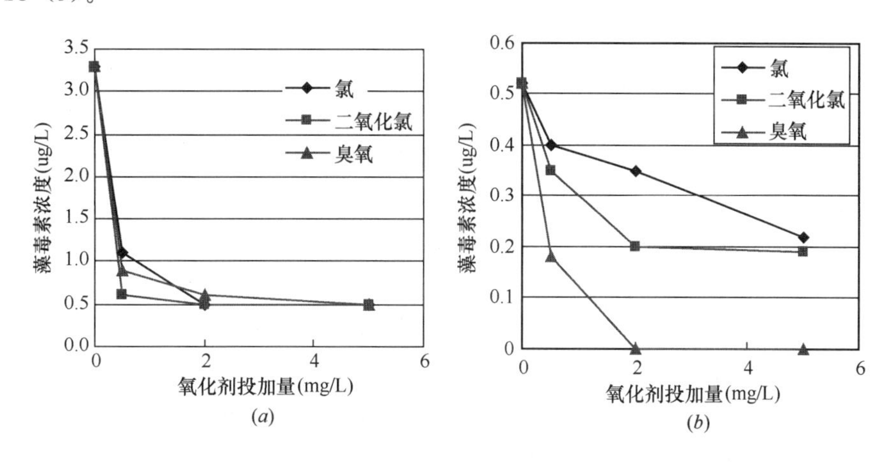

图7-18 三种氧化剂作用下藻毒素的变化情况（反应时间为2h）

（*a*）胞内藻毒素；（*b*）胞外藻毒素

由图7-18（*a*）可知，在氧化作用2h之后，二氧化氯致使胞内藻毒素释放速度最快，氯和臭氧的作用相差不大，氯稍大。由图7-18（*b*）可知，化学氧化作用于胞外藻毒素（EMC），对藻毒素去除效果最佳的是臭氧，0.5mg/L时即可获得显著去除，至2mg/L之后，就测不出微囊藻毒素了。效果最差的是氯，5mg/L时仅能去除一半左右，二氧化氯的去除能力介于氯和臭氧之间。

为了进一步考察化学氧化作用下胞内藻毒素（IMC）的释放情况，特设计如下实验：取混合均匀的微囊藻悬浊液100mL十份，一份作为空白，第一组三份分别投加不同浓度的次氯酸钠（0.5、2.0和5.0mg/L），第二组三份分别投加不同浓度的二氧化氯（0.5、2.0和5.0mg/L），第三组三份分别投加不同浓度的臭氧（0.54、2.3和5.2mg/L），将未加任何氧化剂的铜绿微囊藻水样的胞内藻毒素定为基准，氧化反应2h之后分别测试不同反应条件下的胞内残留藻毒素含量，和基准值进行比较，获得藻体残骸的胞内藻毒素残存率。研究结果示于表7-4中。

三种不同氧化剂在不同氧化条件下藻体残骸的胞内藻毒素残存率　　表7-4

氧化剂	IMC残存率%（氧化剂投加量，单位mg/L）		
氯	39（0.5）	16（2.0）	18（5.0）
二氧化氯	20（0.5）	15（2.0）	16（5.0）
臭氧	29（0.54）	18（2.3）	17（5.2）

由表 7-4 试验数据，并结合电镜观察结果分析如下：

1）化学氧化将导致藻体破裂，释放胞内藻毒素，在本试验条件下，释放率在 61%～85%之间，即在氧化剂作用下，胞内将有 2/3 以上的藻毒素释放到水中。

2）氧化剂投加量低（0.5mg/L）时，由于二氧化氯对细胞壁有较好的吸附和穿透性能，可氧化细胞内含巯基的酶，破坏细胞通道蛋白，使藻毒素更多地释放出来。相比较而言，尽管臭氧氧化能力强，但吸附和穿透性能稍差，因此藻体残骸藻毒素残存率较高，至于氯，无论氧化能力还是向胞内的渗透能力都不及上述两种氧化剂，因此胞内毒素残留率就更高。

3）氧化剂投加量高（2mg/L）时，藻体均遭到更大程度的破坏，胞内物质大量流出，致使胞内藻毒素也释放了出来，因此表现在表 7-4 中的残存率数据相差并不大。

4）无论氧化剂的投加浓度如何，总会有藻体碎片或细胞残骸存在，因此会有大于 15%的藻毒素残存于胞内。

通过本部分化学氧化试验研究，从理论上讲，不论水中是否含有藻细胞，臭氧对藻毒素的氧化分解能力比二氧化氯、氯要强，是处理含藻水的理想氧化剂，但其使用受到设备、成本的限制。二氧化氯会使胞内藻毒素较快释放，但除藻效果比较好。氯的除藻能力比二氧化氯差，使胞内藻毒素释放速度和去除藻毒素的能力也相对较小。

综上所述，二氧化氯有相对较高的活性和氧化性，有很好的除藻效果，对藻毒素总量可以获得相对理想的去除效果。

7.5.3 二氧化氯氧化示范工程研究

现场实验是在 Q=40 万 m^3/d（实际供水 23 万 m^3/d）的济南玉清水厂进行，二氧化氯实验在玉清水厂 3 号生产线进行，和未实施改造的 1 号和 2 号生产线进行全工序的技术对比，进一步确定用于生产规模试验的工艺参数。

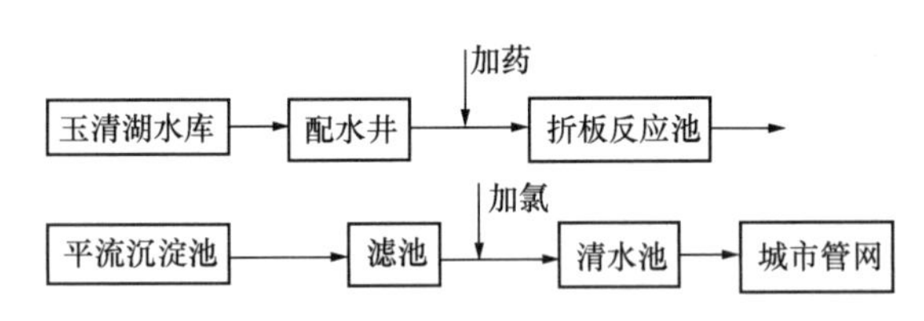

图 7-19 玉清水厂现行工艺流程简图

玉清水厂工艺流程见图 7-19。

主要工艺参数如下：1）混凝：投加聚合氯化铝铁，投加量为 5.9mg/L，采用管道混合器混合；2）反应：折板反应池；3）沉淀：平流池，池长 120m，停留时间为 2h；4）过滤：V 型滤池，滤速 8m/h，气水反冲，气冲强度 $55m^3/(h\cdot m^2)$，水冲强度为 $11m^3/(h\cdot m^2)$；5）消毒：氯消毒，投加量 3.0mg/L。

生产性对比实验研究

对比实验在玉清水厂 3 号生产线中进行，该生产线的生产能力为 $50000m^3/d$，同时 1 号、2 号生产线满负荷并列运行。

在相同加药条件下，配水井中间隔开，投加二氧化氯，使投加二氧化氯的水进入 3 号线，未投加二氧化氯的水进入 1 号和 2 号线，两组不同工艺进行比较。

水厂选用聚合氯化铝铁作为混凝剂，投加量为 5.9mg/L，3 号实验生产线二氧化氯的投加量分别为 0.5、1.0、1.5 和 3.0mg/L，1 号和 2 号对照生产线采用原水厂工艺，稳定运行一天后取样分析。实验时玉清水厂原水水质状况见表 7-5。

玉清水厂原水水质数据 **表 7-5**

水质指标	浊度（NTU）	色度（PCU）	COD_{Mn} (mg/L)	UV_{254} (cm^{-1})	叶绿素 a (μg/L)	胞外藻毒素 (EMC，μg/L)
含量	6.2	61	5.6	0.066	10.5	0.32

预氧化投加量的选择

改变二氧化氯预氧化投加量，研究滤后水的藻量（相对于原水）的变化，研究结果示于图 7-20。由图可以看出，投加量太少，除藻效果不好，只有 75%，投加量大于 1mg/L 之后，除藻率接近 100%，继续加大投加量会导致藻毒素大量释放。因此从除藻效果、控制藻毒素和节约成本三个方面出发，将二氧化氯预氧化投加量选择为 1mg/L。

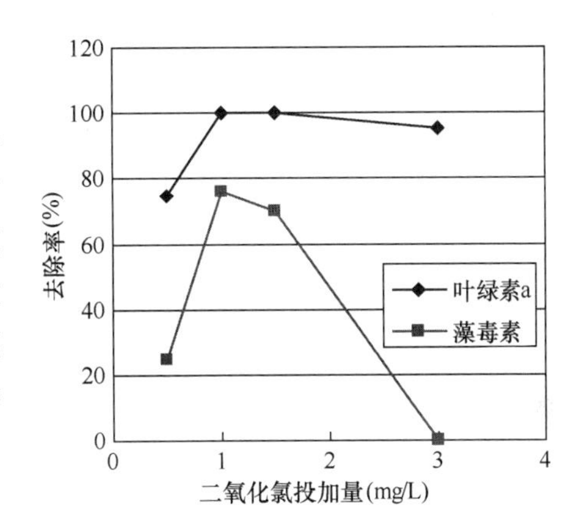

图 7-20 二氧化氯投加量的对叶绿素 a、藻毒素去除率的影响

二氧化氯预氧化工艺特性

3 号生产线（二氧化氯投量为 1mg/L）和 1、2 号生产线进行技术对比，分析预氧化工艺混凝、沉淀、过滤等三个工序对重点指标的去除规律，并和常规工艺进行对比，如表 7-6 所示。

两种处理工艺对水质的影响比较（单位：μg/L） **表 7-6**

项目	工艺	原水含量	反应后		沉淀后		过滤后	
			含量	去除率	含量	去除率	含量	去除率
叶绿素 a	常规工艺	9.8	3.4	65%	10.1	−3%	4.4	55%
	ClO_2工艺		0.3	97%	1.0	90%	未检出	~100%
微囊藻毒素	常规工艺	0.46	0.26	43%	0.25	46%	0.28	39%
	ClO_2工艺		0.15	67%	0.12	74%	0.11	76%
2−甲基异莰醇	常规工艺	4.16	4.21	−1%	4.54	−9%	5.06	−22%
	ClO_2工艺		2.39	43%	未检出	~100%	未检出	~100%
土臭素	常规工艺	4.71	5.5	−17%	4.59	3%	6.43	−37%
	ClO_2工艺		0.79	83%	未检出	~100%	未检出	~100%

（1）常规指标的去除

研究表明，二氧化氯预氧化工艺能够强化常规工艺的混凝效果，不仅使反应后的色度、浊度去除率提高，并最终使滤后色度和浊度去除率分别提高 29 和 7 个百分点，但并不能提高高锰酸盐指数的去除能力。

（2）藻类及其胞内污染物的去除

由表 7-6 可以看出：

投加 1mg/L 二氧化氯之后，各个工序对叶绿素 a 和胞外微囊藻毒素（EMC）去除能力都有显著提高，滤后藻类和微囊藻毒素均分别提高 45 和 37 个百分点。

无论是藻类，还是藻毒素，混凝工艺对去除率的贡献最大，这一规律在对常规工艺和二氧化氯预氧化工艺中均有体现，而且后者体现得更加明显。

常规工艺中，沉淀池出水叶绿素 a 含量比原水还要高，说明藻类在沉淀池（露天）中重新滋生。而采用二氧化氯预氧化工艺后，残余二氧化氯有效地抑制了藻类在沉淀池中再生长，因此尽管沉淀池出水叶绿素 a 仍略高于反应后出水，但却保持 90%的藻类去除率，大大减轻了滤池的处理压力。

在常规工艺中，由于藻类在沉淀池中再生长，滤池负担过重，对藻类的去除率只有 55%；藻类在滤池中积累，由于藻类细胞破坏或衰亡释放藻毒素，致使滤后胞外藻毒素增加。而采用二氧化氯预氧化强化处理工艺后，一方面二氧化氯有效抑制了藻类在沉淀池中再生，减轻了滤池负担；另外残余二氧化氯仍然对积累在滤池中的藻类和藻毒素继续保持氧化作用，从而解决了滤后藻毒素升高问题。

传统工艺对土臭素和 2-甲基异莰醇基本上没有任何去除效果，相反由于胞内致嗅物质的释放，滤后含量增加，出现了与微囊藻毒素同样的“滤池积累”问题。而二氧化氯工艺则显示出对致嗅物质强烈的去除效果，在混凝阶段即可去掉大部分的致嗅物质，沉淀和滤后出水土臭素和 2-甲基异莰醇已被全部去除。

二氧化氯消毒工艺特性

其他实验条件不变，只是在 3 号线滤后投加二氧化氯消毒，而对比组（1 号和 2 号线）仍采用传统液氯消毒。二氧化氯滤后投加量分别为 0.8、0.6 和 0.4mg/L，每种投加量运行两天，计测定结果的平均值。考察指标分为生物学指标、消毒副产物两部分。

研究发现：在二氧化氯预氧化投加量为 1mg/L 的前提下，滤后二氧化氯投加量不同，所表现出来的消毒特征略有不同，但是 0.4～0.6mg/L 可以满足消毒的需要。

1）随着投加量的降低，出厂水的余二氧化氯也逐渐降低，0.4mg/L 的投加量会使出厂水中余二氧化氯不低于 0.1mg/L。

2）在本文设定的投加范围内，细菌指标均能合格，大肠杆菌则未检出。

3）二氧化氯会产生亚氯酸盐副产物，0.6mg/L 的投加量会产生 0.4mg/L 的亚氯酸盐；另外滤后投加二氧化氯仍然能够检出卤乙酸类消毒副产物，但产生量较低不超过 10μg/L，卤乙酸均远远低于国家卫生部生活饮用水卫生标准（60μg/L）。

生产规模的现场试验

在规模为 23 万 m^3/d 的济南玉清水厂稳定运行一周，并沿市内管线跟踪调查，相关指标的平均测定值示于表 7-7 中，表中水质数据是在示范工程稳定运行一周之后的测定值。

济南玉清水厂二氧化氯强化处理后水质报告（稳定运行一周之后）　　表 7-7

序号	项目	原水	出厂水	管网末梢	国家水质标准
1	浊度（NTU）	5.86	0.74	0.94	1
2	色度（PCU）	58	0	4	15
3	pH	8.48	8.10	8.1	6.5—8.5
4	总碱度（mg/L）	9.5	5.1	4.5	/
5	溶解性总固体（mg/L）	448	496	502	1000

续表

序号	项目	原水	出厂水	管网末梢	国家水质标准
6	UV_{254}（cm^{-1}）	0.066	0.047	0.046	/
7	高锰酸盐指数（mg/L）	5.4	2.98	2.68	3.0
8	叶绿素 a（μg/L）	13.6	0	0	/
9	藻类总数（$\times 10^7$个/L）	13	1	3	/
10	总有机碳（mg/L）	8.5	8.8	8.4	无变化
11	藻毒素（TMC，μg/L）	0.78	0.12	0.05	1
12	三氯甲烷（μg/L）	/		0	60
13	四氯化碳（μg/L）	/		0	2
14	一氯乙酸（μg/L）	/	1.0	4.5	/
15	二氯乙酸（μg/L）	/	0.3	1.1	50
16	三氯乙酸（μg/L）	/	6.9	0	100
17	土臭素（μg/L）	1.57	0	0	0.01
18	2—甲基异莰醇（μg/L）	4.78	0	0	0.01
19	细菌（个/mL）	20	0	0	100
20	大肠杆菌（个/L）	150	0	0	0

注：* 末梢点设在济南市和平东路。

从表 7-7 数据可以看出，二氧化氯强化处理工艺出水水质符合国家相关标准，尤其在除藻、去味和抑制副产物方面。另外对现场试验实施之后的玉清水厂出水水质进行跟踪调查，发现二氧化氯可以在管网中稳定存在，并保持持续灭菌效果，且管网末梢点的水质符合国家生活饮用水卫生标准。

7.6 高锰酸钾-粉末活性炭除藻工艺实施效果

国内外学者在高锰酸钾的强化混凝、强化过滤、协同去除水中微量有机物方面做了大量的研究工作，研究结果表明，高锰酸钾能够强化混凝、降浊除色，在去除嗅味方面也有较好的效果。

活性炭吸附也是国外研究最多的去除藻毒素工艺之一，给水处理中常用的活性炭为颗粒活性炭（GAC）和粉末活性炭（PAC）。Donati 研究认为不同原料制成的活性炭对藻毒素的吸附作用有明显差别。由木材、煤、椰壳制成的活性炭被分别用来吸附 Milliq 水及河水中的藻毒素，发现木质炭是最有效的吸附剂，吸附容量为 220～280μg/mg 炭，其原因在于木质炭有最大的中孔容积，而微囊藻毒素的分子量为 994，能被中孔吸附。影响活性炭吸附藻毒素的另一个因素是溶解性有机物（DOC），河水 DOC 中的某些组分对活性炭的竞争性吸附，使藻毒素的初始吸附速率显著减小，对藻毒素的最大吸附量也明显减少，减少量与炭的种类有关。在 Lambert 设计的 Freundlich 吸附等温线实验中，当藻毒素初始浓度为 1～10μg/L 时，未使用过的新炭吸附含 DOC 的河水中藻毒素的吸附常数 K_f，约为吸附不含 DOC 的 Milliq 水中藻毒素 K_f的 25%，$1/n$ 约为 50%。

粉末活性炭在吸附水中有机污染物、嗅味物质方面有许多优势，是当前解决有机污染经常采用的应急处理方式之一。

7.6.1 实验材料

本研究采用的高锰酸钾为国家一级，含量99.3%，购于济南斯普润化工有限公司，粉末活性炭为河北遵化活性炭厂生产的FJS型环保湿式粉末活性炭，该粉末炭的主要技术指标如表7-8所示。

FJS环保湿式粉末活性炭主要技术指标　　表7-8

干燥减量（%）	ASTM粒度（目）	碘值（mg/g）	亚甲蓝值（mg/g）	pH值
40±2	过100≥99%，过200≥95%，过325≥60%	900	150	6—11

该粉状活性炭选用优质煤为原料，经650℃条件下炭化，再经850～980℃高温下，以1050～1100℃过热水蒸气和二氧化碳气活化制成的活性炭，严格控制磨粉细度，再通过特殊的加湿处理，制成的环保湿式粉状活性炭。环保湿式粉状活性炭具有投加方便、污染少损耗低、溶解迅速、吸附速度快、效率高等特点，改善了操作环境，提高了使用效率。本产品在一定程度上解决了水厂投加干粉炭的粉尘污染问题，同时也避免了干粉炭易爆、易燃、易导电的危险性。

湿式粉末活性炭在水厂应用较为简便、高效、环保，和普通干炭不同，两种粉末炭使用技术的比较列于表7-9中。

湿式粉末活性炭和普通干炭对比　　表7-9

	湿炭		干炭	
投加设备	简易，动力消耗低，可在加药车间操作	搅拌池 定量泵（或其他方法计量即可）	复杂，动力消耗高（需动力除尘），需另建投加车间	破袋机除尘设备包装清除搅拌池定量泵
投加损耗		无		5%～10%
操作环境		良好		恶劣
使用效率		高、迅速		低、慢
安全性能		无任何危险		易爆、易燃、易导电
贮存		阴凉、干燥		通风、排气、电源开关水密封

7.6.2 高锰酸钾和粉末活性炭除藻效能

在实验室中分别进行高锰酸钾、粉末活性炭的投加试验，水样为玉清水库原水，水质指标参照表7-5。实验是在混凝搅拌仪上进行，其中高锰酸钾的投加范围在0~1.6mg/L，湿式粉末活性炭的投加范围在0～25mg/L，混凝剂选择聚合氯化铝铁，投量为4mg/L（铝计），研究结果见图7-21和图7-22。

混凝条件为在混凝剂投加前 3min 投加高锰酸钾或湿式粉末活性炭，而后投加聚合氯化铝铁作为混凝剂，投加量为 4mg/L（以铝计）。混凝搅拌仪快转 1min，转速为 300r/min，而后慢转 5min，转速为 90r/min，静置沉淀 120min。

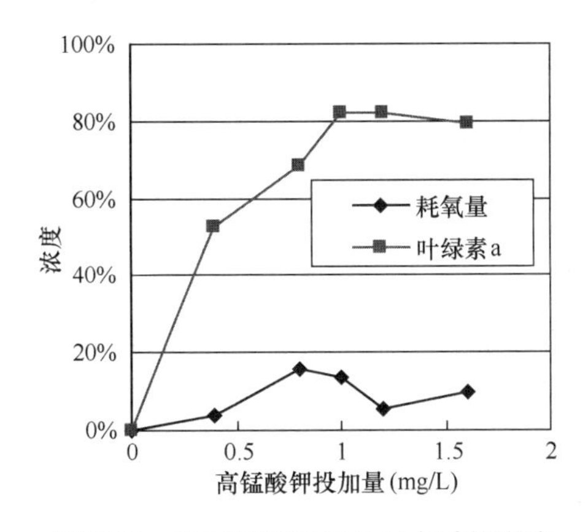

图 7-21 高锰酸钾投加量对水质的影响

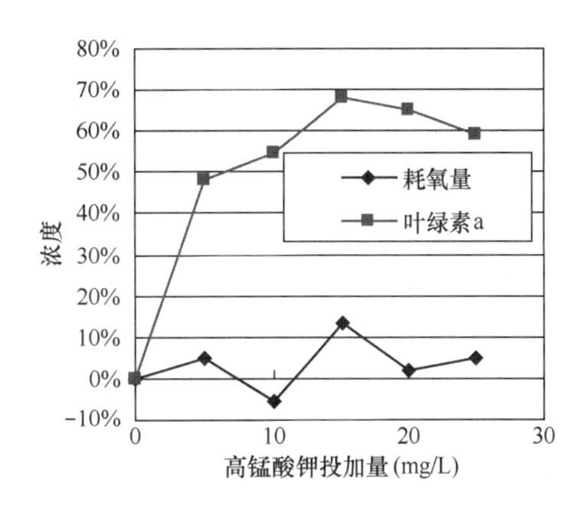

图 7-22 粉末活性炭投加量对水质的影响

高锰酸钾的氧化还原电位较高，能够使藻类失活，部分有机物得到氧化，因而能够改善混凝效果。粉末活性炭能够吸附有机物和藻类，压缩双电层，从而也能促进胶体脱稳。

根据图 7-21 和图 7-22 所示结果，高能酸钾和粉末活性炭均具有很好的除藻能力，最大去除率分别为 82%和 68%，但对有机物的去除效果不佳。综合比较对藻类去除效果，本研究选择高锰酸钾的投加量为 0.8～1.0mg/L，湿式粉末活性炭地投加量为 15～20mg/L（干炭含量为 6～8mg/L）。

7.6.3 粉末活性炭的除藻毒素效能

本研究试验用水为潍坊峡山水库蓝藻水华时水库原水，水质波动范围见表 7-10。实验研究时采用湿式粉末活性炭，微囊藻毒素、UV_{254} 和高锰酸盐指数的粉末活性炭吸附试验结果参见图 7-23。

峡山水库蓝藻水华时水质状况 **表 7-10**

水质指标	NH_3-N（mg/L）	NO_2-N（mg/L）	COD_{Mn}（mg/L）	UV_{254}（cm^{-1}）	浊度（NTU）	胞外藻毒素（EMC，μg/L）
含量	0.31～0.45	0.07～0.11	9.5～12.0	0.073～0.085	3.25～6.30	0.36～0.60

由图 7-23 可知：

1. 活性炭对胞外藻毒素（EMC）和 UV_{254} 均有很好的吸附效果，活性炭投加量增加至 40mg/L 时，水样中已测不出 EMC 和 UV_{254} 了。

2. 受污染水库水中 EMC、UV_{254} 和高锰酸盐指数共存，对粉末活性炭形成竞争吸附，EMC 和 UV_{254} 被优先吸附，但

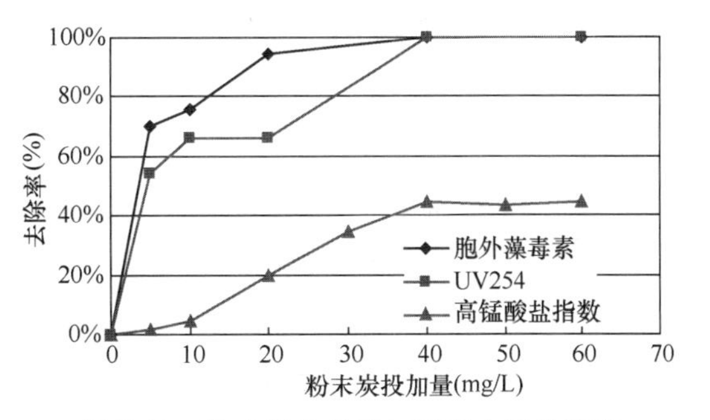

图 7-23 粉末活性炭投加量对水质的影响

对高锰酸盐指数的吸附有一定的限度，这是由于活性炭的孔径结构比较适合于微囊藻毒素和带苯环化合物的分子尺寸，而高锰酸盐指数所体现的有机物分子量范围比较宽广，部分有机物可能不被活性炭吸附或吸附能力有限。

7.6.4 高锰酸钾-粉末活性炭强化常规处理的现场试验研究

关于高锰酸钾、粉末活性炭的技术研究及应用方面的研究报道很多，基本认同了二者在处理微污染饮用水方面的作用，而且由于二者能够发生化学反应，不能同时投加。为验证试验结果，本研究在玉清引黄供水系统进行了为期一周的现场试验，水厂工艺流程和运行参数见7.2节，由于水库距离水厂5.5km，因此选择在水库出水口投加高锰酸钾（投加量为0.8mg/L)，在水厂投加湿式粉末活性炭（投加量为10mg/L)，与混凝剂同时投加。

经过前后近三个多月的对比试验，发现在藻类高发时，高锰酸钾一湿式粉末活性炭强化处理工艺是解决应急除藻的首选工艺，以下是这方面研究的主要结果汇总。

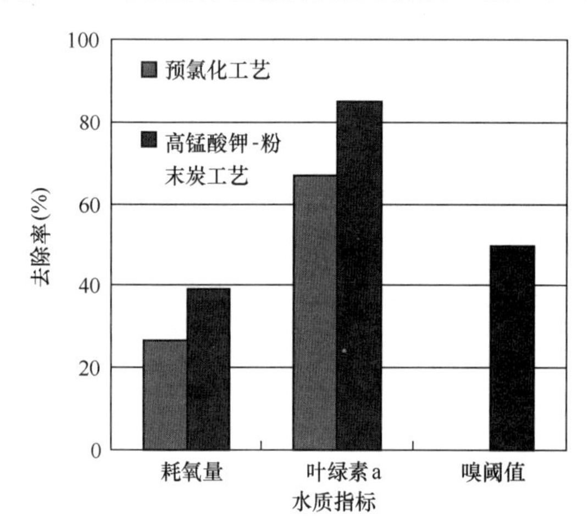

图7-24 关键指标的去除率比较

现场感官指标的变化

对比发现，常规氯预氧化能够强化混凝，在沉淀池内能形成较大絮体，絮体呈絮状，但沉淀较慢，沉淀出水进入滤池之后，滤池（封闭式构筑物）内有明显嗅味，嗅味强度为4级。

高锰酸钾一湿式粉末活性炭预处理之后，从混凝效果上有明显的改善，矾花大，呈絮状，沉速较快。滤池内基本上没有气味，嗅味强度为零。

关键指标的去除比较

玉清水厂稳定运行后，部分关键指标去除率对比见图7-24，水厂示范工程运行后的水质检测情况见表7-11。

济南玉清水厂高锰酸钾一湿式粉末活性炭工艺处理后水质报告（平均值） 表7-11

序号	项目	原水	出厂水	国家水质标准*
1	浊度（NTU）	5.86	0.54	1
2	色度（PCU）	58	0	15
3	pH	8.48	8.10	6.5～8.5
4	UV_{254}（cm^{-1}）	0.066	0.047	/
5	耗氧量（mg/L）	5.4	2.56	3
6	叶绿素a（μg/L）	13.6	0	/
7	微囊藻毒素（μg/L）	0.14	0.10	1
8	三氯甲烷（μg/L）	/		60
9	四氯化碳（μg/L）	/		2
10	一氯乙酸（μg/L）	/	1.0	/

续表

序号	项目	原水	出厂水	国家水质标准*
11	二氯乙酸（μg/L）	/	0.3	50
12	三氯乙酸（μg/L）	/	6.9	100
13	土臭素（μg/L）	1.57	0	0.01
14	2-甲基异莰醇（μg/L）	4.78	0	0.01

图 7-24 显示，高锰酸钾—湿式粉末炭预处理工艺对耗氧量、叶绿素 a 和嗅阈值三个关键指标的去除强化预氯化工艺。

7.7 气浮-粉末活性炭除藻工艺的实施效果

山东潍坊眉村水厂采用当地峡山水库水作为原水，该水库富营养化严重，近年来每年都有不同程度的蓝藻水华现象发生。为改善水厂出水水质，2001 年粉末活性炭工艺投入使用，2003 年新建的气浮池也投入运行，气浮、粉末活性炭联用对提高该市饮用水质量起到重要作用。

7.7.1 眉村水厂常规工艺运行特征

眉村净水厂设计供水能力 100000m³/d，承担着该市主要的供水任务。水源取自山东省最大的地表水库—峡山水库，取水厂设在水库库边，原水预加液氯氧化后经管道输送到 40 多千米左右的眉村净水厂进行加药、沉淀、过滤、加氯等常规处理，然后进入城市供水管网。

近年来峡水水库蓄水量不足 $3\times10^8m^3$，平均水深 3～4m，外源性加上内源性氮磷物质，致使水库富营养化程度越来越严重，溶解氧、高锰酸盐指数（COD_{Mn}）、化学需要量（COD_{Cr}）等个别指标已超过国家地表水的Ⅲ类水质标准。尤其藻类过度繁殖，铜绿微囊藻（被公认能够产生微囊藻毒素）已经成为优势藻，蓝藻水华现象时有发生，并对眉村水厂现行工艺形成了冲击，制水成本增加，饮用水有明显的异味，当地居民对饮用水的投诉不断增加，本研究在现场对水厂现行常规工艺处理高藻水的水质净化能力进行系统研究，从深层次剖析了各工序处理藻类和微囊藻毒素的主要技术缺陷。

眉村水厂工艺流程图见图 7-25。

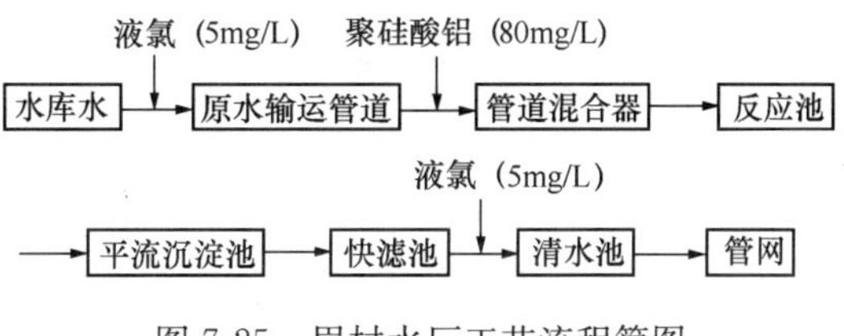

图 7-25 眉村水厂工艺流程简图

该水厂基本工艺采用“网格反应—平流沉淀池—滤池”，混合部分采用管式微涡初级混凝设备，设备外观为圆管形，$4\times\phi1000$，安装在反应池进水口前 8m 处；反应部分将沉淀池分成两个反应流程，采用小孔眼网格絮凝反应设备；沉淀部分采用网格平流沉淀技术，改善絮凝效果，增加反应时间。

分别取水库水、眉村进厂水、沉淀后水、滤后水和出厂水，检测项目为藻量、微囊藻毒素、高锰酸盐指数、色度、浊度。另外，实验研究时峡山水库水质不稳定，其变化范围参见表7-9。

眉村水厂各工序出水水质数据的统计结果（5次测定平均值）见表7-12。

眉村水厂各工序出水水质变化规律　　表7-12

水厂名称	浊度 (NTU)	色度 (PCU)	高锰酸盐指数 (mg/l)	藻量 (10^4个/L)	微囊藻毒素 (μg/L)
峡山原水	15.1	30	6.7	712	0.732
眉村进水	8.66	10	5.4	1721	0.423
眉村沉后	6.24	10	5.3	481	0.450
眉村滤后	3.87	5	4.3	553	0.616
眉村出厂	3.20	5	3.4	256	0.315

由表7-12可以看出，该水厂常规工艺对高藻水水质净化能力有限，眉村水厂现有工艺不能解决蓝藻水华水库水中的藻类及藻毒素污染问题：

1）蓝藻水华水库水经眉村水厂常规工艺处理之后，浊度、高锰酸盐指数等常规指标均不合格。原水高锰酸盐指数高达6.7mg/L，藻量高达7.12×10^6/L，大量的藻类和有机物覆盖在颗粒物表面，影响了混凝效果，致使浊度和有机物超出国家卫生部生活饮用水卫生规范标准限值。

2）峡山水库水在预氯化之后，经40km的原水输运管道进入眉村水厂，水质变好，浊度去除43%，色度去除67%，但藻量增加了近1.4倍，这是由于原水输运管道的长期服役，藻类在管道壁上大量积累，并在液氯的作用下向水中释放而致；另外微生物在管壁上长期集结，形成生物膜，能够降解部分有机物和微囊藻毒素，因而分别获得19%的高锰酸盐去除率和42%的藻量去除率。

3）砂滤池对蓝藻水华水库水中藻类和藻毒素没有任何去除作用，相反滤后升高，其中藻类增加15%，藻毒素增加38%，说明滤池已丧失了对藻类、藻毒素的去除能力，而且藻类在滤层中积累，并释放藻毒素，使滤后藻毒素反而增加。

4）加氯消毒之后，藻毒素含量降低了49%，说明氯化消毒会氧化降解藻毒素，但消毒后藻毒素含量的绝对值仍然较高。

5）藻类经混凝沉淀后去除72%，过滤后藻量增加，加氯消毒后去除85%，但出厂水中仍含有2.56×10^6个/L。穿透滤池的这些藻类及其代谢产物、有机物与液氯发生反应，造成出厂水有异味，另外也增加了消毒副产物的产生机会。

7.7.2　气浮-粉末活性炭预处理技术现场示范运行研究

气浮池工艺

水厂气浮池占地1800m²，设计能力为10万t/d，共两组，每组分两格，单格尺寸为12.5m×25m，池深4.5m。主要设备为回流水泵4台，空压机2台，溶气罐4个，储气罐1个，刮渣机4台，溶气释放器104个，出水调节电动蝶阀4台。

运行方式为：回流水泵出水（0.4MPa）与空压机（储气罐）压缩空气（0.4～0.5MPa）在溶气罐混合，产生溶气水，通过溶气释放器与加药混合后的原水混合，大量微气泡粘附于杂质颗粒上，靠浮力使其上升至水面而使固体、液体分离。分离出的杂质浮在水面上，通过刮渣机将渣层刮除。清水通过池底穿孔集水管汇集到清水区。

气浮池与清水区采用穿孔集水管连接，高度为距池底 80cm。溶气罐压力不低于 0.4MPa。回流比控制在 10%～20%之间，一般情况为 15%。

粉末活性炭工艺

活性炭系统设计能力为日处理水量 10 万 t，系统包括：储料库一个，30t 炭浆池 2 个，搅拌机 4 台，除尘器 2 台，螺杆泵 2 台，工作水泵 2 台，高强扩散器 2 个及变频控制装置。

该系统的加注点选在原沉淀池反应池的进水口，投加量根据原水水质情况和气浮池出水水质状况，控制在 5～20mg/L。粉末活性炭采用 160～200 目果壳质粉末活性炭，在反应池进水口采用强制扩散手段，以利粉末活性炭充分发挥吸附作用。

7.7.3　气浮-粉末活性炭强化常规工艺运行效果

参考以上各工艺运行条件，按如图 7-26 所示处理工艺运行，自 2003 年 6 月投入以来，运行效果显著，对藻、藻毒素和嗅味物质去除能力大为提高，水质明显改善。

气浮—粉末活性炭一常规工艺稳定运行后，跟踪采样分析，各工序出水中主要污染指标的变化参见表 7-13。

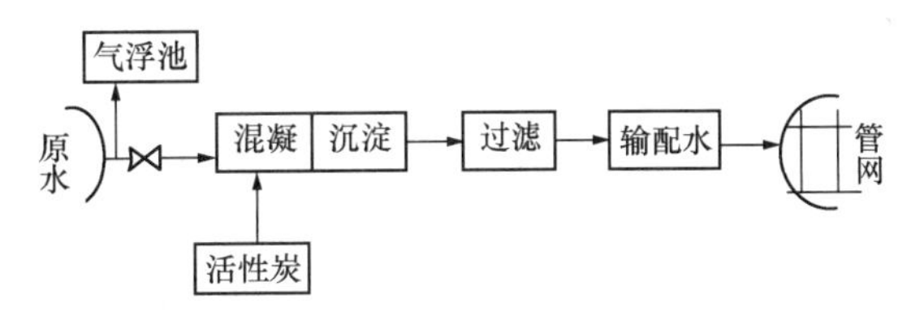

图 7-26　气浮—粉末活性炭一常规工艺流程图

气浮—粉末活性炭一常规工艺在眉村水厂各工序出水中水质指标的变化　　表 7-13

工艺	浊度(NTU)	色度(PCU)	耗氧量(mg/L)	叶绿素(μg/L)	藻毒素（μg/L）		
					胞外	胞内	总量
水源水	13.3	158	6.3	25.7	0.26	2.2	2.46
气浮后	9.5	109	6.0	5.1	0.23	0.4	0.63
粉末炭吸附	5.7	68	5.4	1.1	0.26	0.3	0.56
沉淀后	3.7	18	3.9	0	0.16	0.1	0.26
砂滤后	2.9	20	3.1	0	0.17	0.2	0.37
消毒后	0.9	0	2.6	0	0.08	0.1	0.09

气浮-粉末活性炭—常规工艺各工序出水中藻毒素的变化规律示于图 7-27，与常规工艺对部分污染物的去除率比较示于图 7-28。

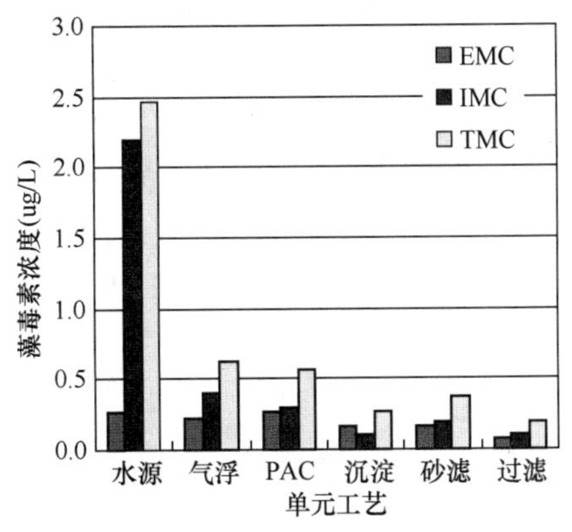

图 7-27　试验工艺藻毒素变化曲线

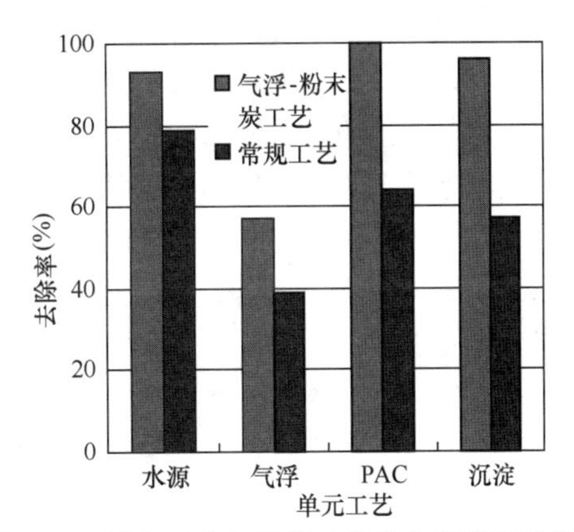

图 7-28　试验工艺与常规工艺对水质的影响比较

由以上数据可知，气浮通过成功除藻而较好地去除了胞内藻毒素，粉末活性炭的投加则又较好地吸附了胞外藻毒素，从而使藻毒素总量去除达到95%以上。同时，气浮一粉末活性炭一沉淀一过滤工艺在含藻水中污染物的去除上明显优于常规工艺。

7.8 浮滤池除藻工艺实施效果

溶气气浮有很好的除藻去浊效果，是一种低毒释放的物理除藻技术，活性炭通过吸附或生物降解对有机物有较强的去除能力，因此采用气浮和活性炭吸附技术，可同时实现安全除藻和除有机物。

清华大学张声、张晓健等在密云水库研究了活性炭深床浮滤池工艺特性，对溶气气浮工艺参数、过滤单元滤料选择及浮滤池工艺中的气阻问题等进行了系统优化研究，认为活性炭深床浮滤池结构紧凑，运行效率高，可有效去除藻类、有机物，出水指标均满足国标要求。

另外鉴于部分水厂采取微絮凝技术，省却混凝沉淀池。因此课题研究开发了微絮凝一活性炭床浮滤池工艺，该新型工艺适用于高藻高有机污染地表水源水的处理，经进一步改进和研究之后有望在老水厂改造和新水厂设计中广泛采用。

针对受污染引黄水库水的净化处理，在济南玉清水厂设计安装并运行了微絮凝/活性炭床浮滤池工艺，本部分将详细阐述部分试验研究结果。

7.8.1 模型试验设计与工艺参数

工艺设计

浮滤池上部为接触反应室、气浮区，下部为过滤区。原水投加混凝剂后立即进入接触反应室与加压溶气水混合，形成的微絮凝体与微气泡充分接触后进入气浮区，水中胶体及悬浮物在气浮区进行分离，浮渣通过水力方式或机械方式从水体表面清除，处理后的水向下进入过滤区。过滤区滤层为双层滤料，上层滤料具有吸附和生物降解功能，可有效降低水中有机物含量，下层滤料对水进一步处理，可有效防止脱落的生物膜碎片穿透滤池。

工艺参数

浮滤池滤速为8～10m/h；接触反应室水力停留时间为2min；气浮区高度1.5～2.0m，溶气水回流比10%～30%，加压溶气罐压力不低于0.3MPa；滤层由活性炭和石英砂组成，活性炭厚度为700mm，石英砂厚度为300mm，配水系统采用小阻力配水系统，采用气、水反冲洗方式，工作周期为24h。反冲洗方式为气、水反冲洗。先气冲，冲洗强度为15L/(s·m^2)，冲洗1min；后水冲，冲洗强度为15L/(s·m^2)，冲洗时间为9min。活性炭采用美国卡尔冈（Cargon）碳素公司开发生产的Filtrasorb300D高活性颗粒活性炭，碘值为900mg/g。

工艺设计特点

1）该工艺没有设絮凝池，而是在浮滤池内部设置了一个接触反应室，接触反应室的水力停留时间为2min。加药的原水在接触反应室内反应，水中胶体及悬浮颗粒脱稳后形成微絮凝体（接触反应室具有微絮凝池的功能），微絮体与加压溶气水充分接触后进入气浮区。该工艺形式由于不需单独设置完整的絮凝池，可显著降低基建投资，有利于老水厂的改造。

2）气浮区产生的废渣与过滤区的冲洗废水共用同一个排水口，施工简单、运行管理方便。

3）根据原水中藻类情况可对浮滤池进行灵活的管理，原水藻类浓度高时，运行浮滤池工艺，原水藻类浓度低时可停止气浮，运行微絮凝一活性炭过滤工艺。

4）过滤部分设计成碳砂双层过滤，上部为厚度700mm的活性炭，下部为厚度300mm的石英砂。由于气浮单元增加了水中溶解氧的含量，同时由于活性炭具有比表面积大的特点，在长期运行中活性炭表面易生长生物膜，对有机物有较好的去除效果。而下层的石英砂则可有效去除脱落的生物膜，为滤后水的水质提供了保障。

5）溶气水以滤后水作为水源，有效地解决了溶气释放器的易堵塞问题，运行管理方便。

设计图

浮滤池工艺结构图见图7-29。

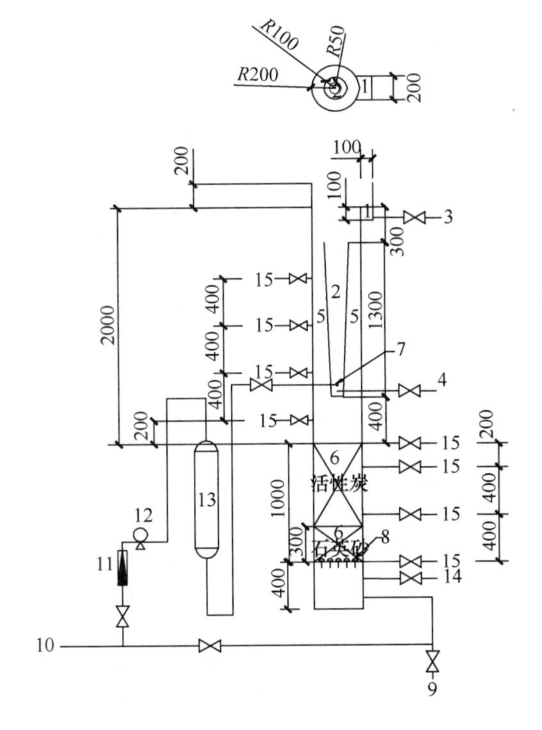

1—溢流堰
2—接触反应室
3—排污管
4—原水（已加药）进水管
5—气浮室
6—滤层
7—溶气释放器
8—长柄滤头
9—（水）冲洗管道
10—滤后水
11—流量计
12—高压水泵
13—溶气罐
14—（气）冲洗管道
15—取样管

说明：
1.浮滤池生产能力为1方/小时；
2.采用回流加压溶气方法，防止溶气释放器阻塞，回流比按10％计算；
3.排污管3兼排放冲洗废水和气浮浮渣双重作用；
4.气浮室和滤层均设取样管；
5.浮滤池为*DN*400的圆柱体结构，接触反应室为底部*R*50、顶部*R*100的倒圆锥体；
6.原水进水管、水反冲洗管道、气反冲洗管道上均设流量计；
7.溢流堰在浮滤池运行时排浮渣（水力排渣），浮滤池反冲洗时排放冲洗废水；
8.单位：mm。

图7-29　浮滤池工艺设计结构图

7.8.2　浮滤池运行参数的优化

本文对微絮凝-活性炭床浮滤池工艺处理受污染引黄水库水的混凝剂投加量进行研究，以确定合理混凝剂投加参数。

试验时引黄水库水水质报告见表7-14。

水库原水水质情况 表 7-14

	浊度(NTU)	色度(PCU)	氨氮(mg/L)	耗氧量(mg/L)	pH	嗅阈值	藻量(10^8个/L)
浓度范围	1.86~2.55	18~23	0.24~0.30	3.68~4.41	8.1~8.2	24~50	1.5~3.2

运行参数优化运行研究是在济南玉清水厂试验基地微絮凝-活性炭床浮滤池装置上进行，$1m^3/h$ 满负荷运行（设计处理量），本文考察了三种聚合氯化铝铁投加量（20mg/L、40mg/L 和 60mg/L）下水质净化效果。研究结果见表 7-15 和图 7-30。

三种混凝剂投加量下浮滤池出水水质变化情况 表 7-15

	浊度(NTU)	色度(PCU)	嗅阈值	耗氧量(mg/L)	UV_{254}(cm^{-1})	叶绿素 a(μg/L)
原水	2.3	21	45	4.0	0.017	9.8
20mg/L	1.2	13	3	1.9	0.015	0.7
40mg/L	0.55	6	6	1.5	0.011	0.8
60mg/L	0.38	3	5	0.9	0.005	0.9

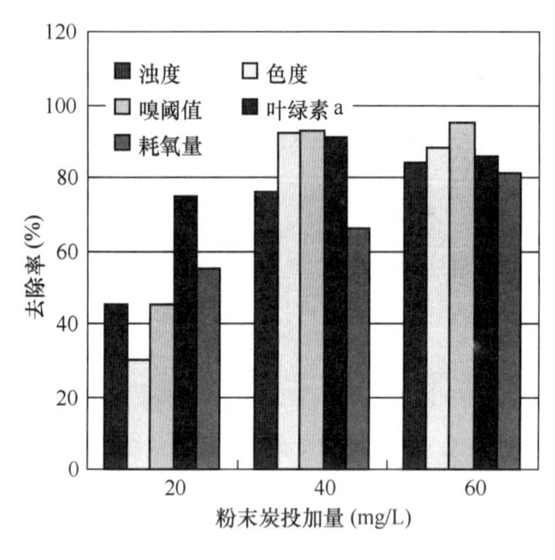

图 7-30 三种混凝剂投加量下浮滤池去除效果比较

1）随着混凝剂投加量的加大，污染物去除率随之增加，混凝剂投加量的影响程度，按如下次序依次增强，色度>嗅阈值>浊度>耗氧量>叶绿素 a。

2）浮滤池工艺对叶绿素 a、色度和嗅阈值去除效果最好，40mg/L 投加量时即可获得 90%以上的去除率，其次是浊度和耗氧量，但 40mg/L 和 60mg/L 投加量可分别获得 65%和 80%以上的去除率。

3）浊度和耗氧量的去除受混凝剂投加量的影响较大，混凝剂投加量由 40mg/L 提高到 60mg/L，浊度和耗氧量可分别提高 8 个和 15 个百分点；但 40mg/L 和 60mg/L 混凝剂投加量对色度、嗅阈值和叶绿素 a 的去除影响不大。

4）鉴于投加量为 40mg/L 时浮滤池出水浊度和耗氧量远低于国家建设部城市供水水质标准（CJ/T 206—2005）限制，综合各种因素，本文选择 40mg/L 的混凝剂投加量作为本课题稳定运行的最佳投加量。

7.8.3 浮滤池运行效果研究

在本研究优化的实验条件下连续运行，分别检测原水和活性炭出水水质，浮滤池工艺对常规指标的去除情况示于图 7-31 至图 7-34 中。

由数据可知，浮滤池对浊度、藻类、耗氧量、嗅阈值均有很好的去除效果。出水浊度保证在 0.5NTU 以下；出水藻总量平均为 3.22×10^7 个/L，藻去除率稳定在 78%~91%

之间，平均为84％；出水耗氧量为0.4～3.22mg/L，去除率平均为65％；对嗅阈值的平均去除率为89％。

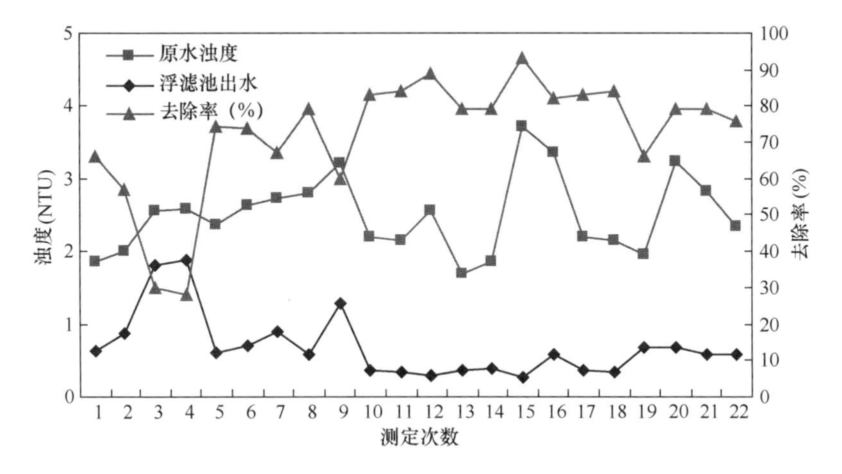

图7-31　浮滤池对浊度的去除规律

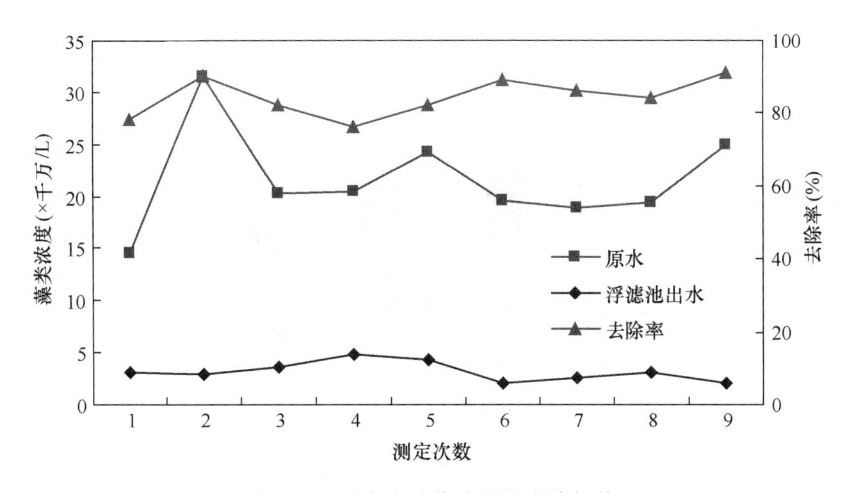

图7-32　浮滤池对藻总量的去除规律

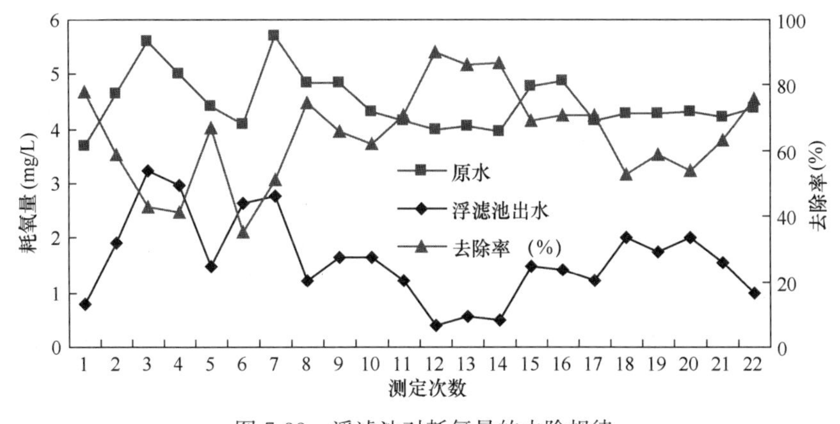

图7-33　浮滤池对耗氧量的去除规律

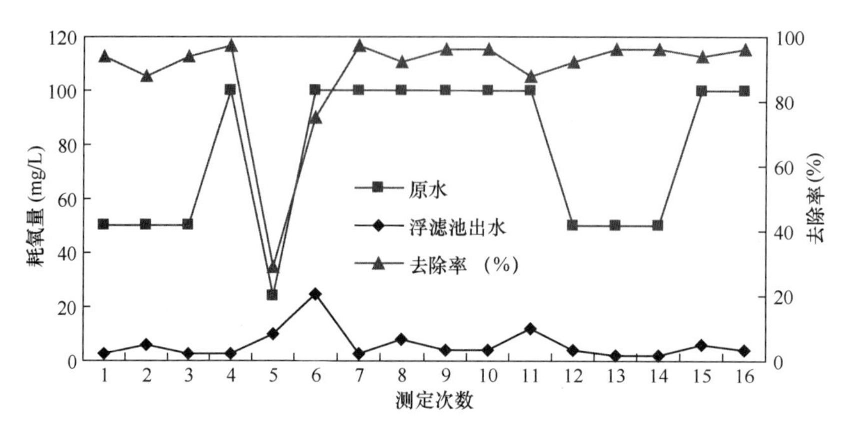

图 7-34 浮滤池对嗅阈值去除规律

浮滤池在稳定运行下气浮部分和活性炭滤池部分对藻毒素的去除能力参见图 7-35。气浮对胞内藻毒素和总藻毒素的去除率分别为 95%和 80%，但对胞外藻毒素去除能力一般，仅为 14%；活性炭滤池则对溶解性胞外藻毒素有较强的去除能力，去除率能达到 80%，由于胞内藻毒素已大部分去除，活性炭部分对胞内藻毒素的去除贡献不大，但对总藻毒素的去除率却能够达到 94%。

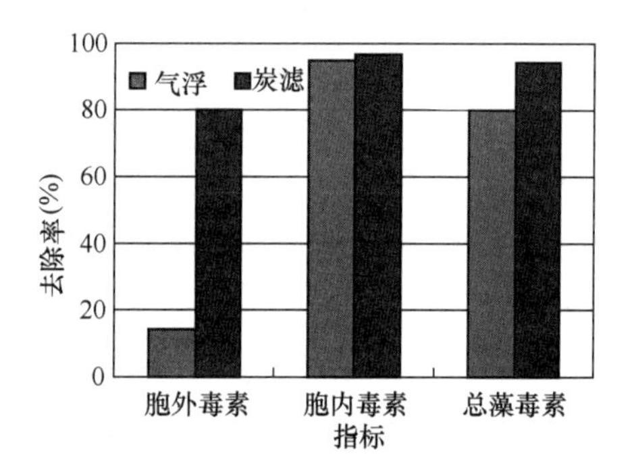

图 7-35 气浮部分和炭滤部分对藻毒素的去除

将上述数据汇总可以发现，该受污染引黄水库水经浮滤池工艺处理之后，出水水质优于城市供水水质标准和饮用净水水质标准。

8 应急处理工程设计

8.1 工程设计背景

近年来我国连续发生了四川沱江、东北松花江、广东北江等特大水突发性污染事件，对流域内的城市供水水质安全造成了重大危害，城市供水安全性面临着前所未有的挑战。为有效应对突发性水污染，必须尽快研究应急处理工程设施的设计标准。

对于各类型的水质安全事件，可有多种应急技术措施，如控制或截断污染源、取水口暂停取水、启用备用水源（包括用水车送水）、关停部分企业、放水冲污、水厂加强处理措施、限制用水大户以减少取水等。在这些措施中，自来水厂作为保障供水系统中的最后一道防线，其应对突发水污染的能力对于城市供水水质安全有着重要的意义。

8.1.1 应急处理技术选择

根据对水厂水源潜在污染目标分析，投加可以选择下列技术：应对可吸附有机污染物的吸附技术：应对金属非金属污染物的化学沉淀技术：应对还原性污染物的化学氧化技术：应对微生物污染的强化消毒技术。处理及应对技术见表 8-1。

应急处理技术汇总表　　表 8-1

项目	技术分类	去除污染物	常用措施
1	活性炭吸附技术	大部分有机物、部分金属和非金属离子	粉末（粒状）活性炭
2	化学沉淀技术	金属和非金属离子	投加化学药剂，使污染物形成难溶解的物质，从水中分离
3	应急氧化技术	某些还原性的无机污染物（硫化物、氰离子等和部分有机污染物）	投加氯、高锰酸盐、臭氧等强氧化剂
4	强化消毒技术	致病微生物	加强消毒
5	曝气吹脱技术	挥发性污染物	曝气吹脱

水质安全事件一旦发生，根据事件的级别，相应机构根据应急预案立即采取应急行动。为了提高应急效率，增强应急效果，工程设计中应结合具体情况，评估流域内的污染物风险，设置相应的投加和药剂贮存设施。

8.1.2 技术条件工作范围

本次课题对于活性炭吸附、化学沉淀、应急氧化和强化消毒四类应急处理技术建设进行研究。应急处理技术条件则针对上述四种技术，将应急处理设施与水厂现有处理设施紧密结合，以求达到既可应对突发性水污染事故，又可解决季节性水源水质恶化的目的。

本部分主要研究各类应急处理设施的设计方案与工程实施关键技术，包括：应急处理工程的系统组成、用地指标、设备装置（包括取水口处、水厂内应急处理药剂的投加设备装置）、构筑物（包括处理构筑物和辅助构筑物）等方面关键的技术环节。课题中工程系统设计的最终成果将体现为1万、5万、10万、20万、40万（部分）m^3/d水厂配套应急加药标准化工程设计。

应急工程设计成果为40万m^3/d湿式和干式粉末活性炭投加、20万m^3/d酸碱投加、10万m^3/d高锰酸钾投加、10万m^3/d二氧化氯投加以及10万m^3/d液氯应急投加五套典型图（包含技术说明和配套图纸）。课题今后工作将以典型图为基础，继续完善各系列技术条件文件，参见表8-2。

典型图分类表　　表8-2

项目	技术分类	投加系统	设备规模	备注
1	活性炭吸附技术	湿式粉末活性炭投加	40万m^3/d	
		干式粉末活性炭投加	40万m^3/d	
2	化学沉淀技术	浓硫酸投加	20万m^3/d	
		氢氧化钠投加	20万m^3/d	
3	应急氧化技术	高锰酸钾投加	10万m^3/d	
4	强化消毒技术	液氯投加	20万m^3/d	可作为应急氧化使用
5	藻类除去技术	二氧化氯投加	10万m^3/d	可作为应急氧化使用

8.2 活性炭吸附技术

8.2.1 技术概述

活性炭是水处理中常用的吸附剂，根据活性炭的形态和使用方法，活性炭又分为粉末活性炭和颗粒活性炭，在应急处理中可采用粉末炭投加法和滤池改造法两种技术。

对于粉末活性炭投加法，主要的技术参数是投加量和吸附时间，可以通过开展吸附容量试验和吸附速率试验来确定。同时还必须考虑水源水中其他污染物的竞争吸附、投加设备的操作偏差等因素，在确定实际投加量时要留有充足的安全余量。

对于颗粒活性炭改造炭砂滤池法，主要的技术参数是确定炭层对污染物的最大承受负荷和穿透时间。最大承受负荷可采用炭柱试验，根据不同进水浓度和滤速下的吸附带高度来确定。炭层穿透时间试验所需时间较长，在应急时期的短时间内无法完成，可根据静态吸附容量试验估算，并在事故中进行跟踪测定。

粉末活性炭吸附技术实施方便，对正常生产基本没有影响；而采用颗粒活性炭进行炭砂滤池改造工作量大，时间长，需停水改造，因此在本课题中采用粉末活性炭吸附技术。

8.2.2 技术条件

系统规模

设计水量按水厂规模考虑，水厂自用水系数按水厂工艺情况，选用3%～10%。

投加量应由粉末活性炭对污染物的吸附速率曲线，根据相关资料及实际运行经验：水源突发事件中，粉末活性炭投加量通常不超过 20～30mg/L。极端情况下，投加量一般也不会超过 40mg/L。因此，在应急投加工程设计中，建议活性炭的投加量为 40mg/L。

技术参数

技术条件对于规模为 1 万、5 万、10 万、20 万、40 万 m^3/d 水厂配套粉末活性炭湿式和干式应急加药标准化建设技术数据进行了设计（见表 8-3、表 8-4）。另外，根据实际情况增加 1 万、5 万 m^3/d 简易投加工程设计（见表 8-5）。

粉末活性炭湿式应急投加主要技术数据一览表 **表 8-3**

1	水厂规模（万 t/d）	1	5	10	20	40	备注
2	自用水量	10%	10%	10%	10%	10%	
3	投加量（mg/L）	40	40	40	40	40	
4	药剂量（kg/d）	440	2200	4400	8800	17600	
5	（kg/h）	18.33	91.67	183.33	366.67	733.33	
6	活性炭密度（kg/m^3）	480	480	480	480	480	
7	投加浓度	5%	5%	5%	5%	5%	
8	加药量（kg/h）	367	1833	3667	7333	14667	
9	药剂密度（kg/L）	1	1	1	1	1	
10	药剂体积（L/h）	367	1833	3667	7333	14667	
11	投加泵						
11.1	数量	4	4	4	4	4	另备 1 台
11.2	单泵计算流量（L/h）	91.7	458.3	916.7	1833.3	3666.7	
11.3	单泵设备选型（m^3/h）	0.25	1.00	1.50	2.00	4.00	
12	干粉投加设备	可人工	自动	自动	自动	自动	
12.1	设备台数	2	2	2	2	2	
12.2	料仓体积（m^3）	2.00	2.00	2.00	4.00	8.00	
12.3	溶解罐（m^3）	1	2	2	3	5	
13	储药间						货架式
13.1	储存时间（d）	7	7	7	7	7	
13.2	储药间面积（m^3）	20	55	80	150	280	

粉末活性炭干式应急投加主要技术数据一览表 **表 8-4**

1	水厂规模（万 t/d）	1	5	10	20	40	备注
2	自用水量	10%	10%	10%	10%	10%	
3	投加量（mg/L）	40	40	40	40	40	
4	药剂量（kg/d）	440	2200	4400	8800	17600	
5	（kg/h）	18.33	91.67	183.33	366.67	733.33	
6	活性炭密度（kg/m^3）	480	480	480	480	480	

续表

7	粉末炭投加机						
7.1	数量	4	4	4	4	4	
7.2	单台投加量(kg/h)	4.58	22.92	45.83	91.67	183.33	
7.3	单台投加机选型(kg/h)	8	30	60	150	300	
8	干粉投加设备	可人工	半自动	半自动	半自动	自动	
8.1	设备台数	2	2	2	2	2	
8.2	料仓体积(m^3)	1	1	2	4	8	
9	空气压缩机						
9.1	台数	2	2	2	2	2	1用1备
9.2	气量(m^3/min)	0.67	0.67	0.67	0.67	0.67	
9.3	贮气罐(L)	>600	>600	>600	>600	>600	
10	增压泵						
10.1	台数	4	4	4	4	4	2用2备
10.2	流量(m^3/h)	≥1	≥2.5	≥5	≥10	≥20	
10.3	扬程(m)	≥40	≥40	≥40	≥40	≥40	
11	射流器出口活性炭浓度(%)	2~5	2~5	2~5	2~5	2~5	
12	电动葫芦(t)	2	2	2	2	2	
13	储药间						
13.1	储存时间(d)	7	7	7	7	7	
13.2	有效容积(m^3)	6.42	32.08	64.17	128.33	256.67	
13.3	长	3	5	7	10	14.72	
13.4	宽	1.2	4	5	7	9.54	
13.5	高	2	2	2	2	2	
13.6	实际容积	7.2	40	70	140	280.858	

粉末活性炭简易投加主要技术数据一览表 **表 8-5**

1	水厂规模(万 t/d)	1	5	备注
2	自用水量	10%	10%	
3	投加量(mg/L)	40	40	
4	药剂量(kg/d)	440	2200	
	(kg/h)	18.33	91.67	
5	活性炭密度(kg/m^3)	480	480	
6	加药泵台数	2	4	
	工作泵台数量	1	3	
	备用泵台数	1	1	
7	投加浓度(g/L)	5	5	
8	单泵流量(m^3/h)	3.37	6.11	

续表

9	溶液池数量	2	4	
10	单池连续运行时间（min）	60	60	
	配药时间间隔（min）	60	20	
11	单池容积（m^3）	3.67	6.11	
	池长（m）	1.5	2	
	池宽（m）	1.5	2	
	有效水深（m）	1.63	1.53	
	超高（m）	0.3	0.3	
	总高（m）	1.93	1.83	
12	储药间			
	储存时间（d）	7	7	
	有效容积（m^3）	6.42	32.08	
	长（m）	3.1	5.5	
	宽（m）	2.8	4.5	
	高（m）	2.4	2.4	

8.2.3　关键工艺单元

（1）药剂制备

活性炭投加主要采用干式和湿式二种制备及投加法：干式投加法则利用水射器将粉末炭投入水中；湿式投加即粉末活性炭配置成悬乳液后，采用螺杆泵定量输送至投加点。

干式投加受水射器的压力和流量限制，适用于小型水厂。湿式投加使用范围更加广泛，国内配套设备厂商也较多。中期成果中分别按两种方式完成典型图，用户可以根据投加量、场地条件以及运行习惯选取干式或湿式投加。

（2）工艺系统组成（参见图 8-1、图 8-2）

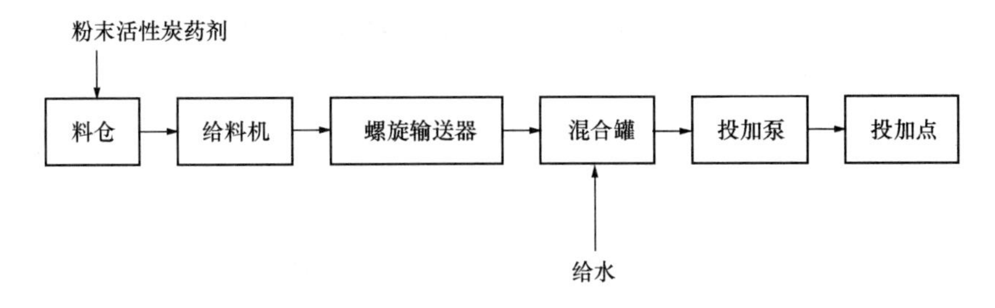

图 8-1　湿式投加系统图

与水厂常用的投加药剂相比，粉末活性炭投加量较高，投加的劳动强度大，工作环境差。因此，在大中型或有条件的水厂中，投加设备应尽量选择自动化程度高，扬尘污染小的成套投加系统。

（3）药剂投加

对于常规的混凝、沉淀、过滤水处理工艺，粉末活性炭的投加点可以有几种选择：原

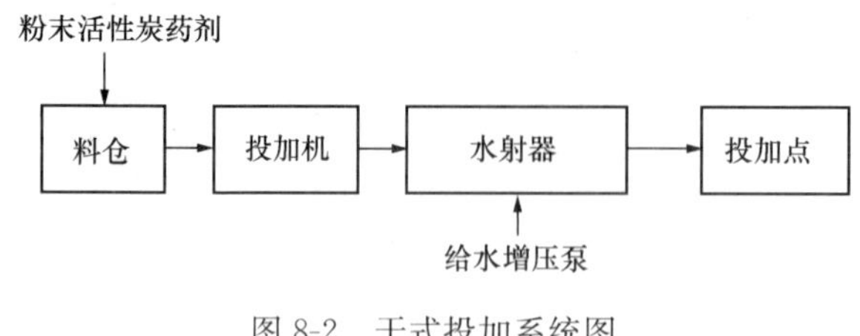

图 8-2　干式投加系统图

水吸水井投加、混凝前端投加、滤池前（沉淀池后）投加。这几个投加点的选择应采用模拟静态选炭试验进行，模拟实际工艺过程的工艺条件和水力条件，并对结果进行技术、经济比较后确定。

通常认为粉末活性炭与原水接触时间宜大于 15～30min，以保证活性炭与水充分接触。如果在水厂应急投加间建设时尚未取得试验资料，建议预留多个粉末活性炭投加点，便于灵活调节。通常情况下，吸水井投加能较充分地发挥粉末活性炭的吸附作用，但存在着与后续混凝工艺竞争去除有机物的问题。如果吸附与混凝竞争严重，将降低活性炭的吸附作用，造成投加量增加，处理成本加重。另有一点需指出，粉末活性炭投加在吸水井，可能会对水泵的叶轮、水封部件等产生不良影响。

（4）药剂储存

商品粉末活性炭有 25～50kg 小包、500kg 大包和散装（罐车运输）3 种包装形式。成包药品在储存时，可采用堆放式和货架式两种方式。

活性炭储药间按最大加药量 3～7d 的用量计算储药量，如城市设置应急投加药品储存仓库，可适当减小储药量。储药间内药剂堆高度按 2～3m（堆放式）或 3～5（货架式）计算。

8.2.4　辅助系统设计

（1）除尘系统

粉末活性炭投加量较高，投加特别是在破袋时扬尘严重，导致其工作环境差。因此，在使用成包药品时建议采用负压就地除尘系统。投加间内应安装通风设备，保证室内空气流通。

（2）结构设计

投加间建议采用全现浇钢筋混凝土框架结构，维护墙采用加气混凝土砌块。投加间地基应根据当地的地质勘查资料采用天然地基、复合地基或者桩基础等形式。

投加间要求采用配钢筋网混凝土地面，设备基础采用 C20 混凝土基础，高出地面 200～300mm，面层同配钢筋网。

（3）电气设计

供电电源：粉末活性炭配电控制室设一座低压柜，电源引自附近构筑物 0.4kV 配电系统。

用电情况：粉末活性炭低压柜为构筑物内低压用电设备（包括粉末活性炭投加系统自带电控柜、起重机、暖通风机、照明箱）提供配电、控制及保护。

粉末活性炭投加系统自带电控柜为成套设备提供电源及控制。

（4）自控设计

配电控制室内设置一面粉末活性炭投加系统电控柜，内置 PLC 控制器，人机对话界面采用触摸屏，各项工艺参数均可通过触摸屏进行设定，触摸屏同时可以显示及监视系统运行状态，检测设备运行状态、料位监测报警等功能；留有总线接口与上位机通信功能，可接收由控制室计算机发来的指令和相关参数，控制室计算机可以显示系统的工作状态，并可通过控制室计算机对本系统进行远程操作。操作间内设现场控制箱，可现场启/停相关设备。

8.2.5 工程技术经济指标

（1）主要经济指标

湿式投加间由设备间（含值班室）和储药间两部分组成。设备间分为上下两层。上层为进料间，亦可储存少量药剂；下层布置料仓、混合罐、加药泵等设备。储药间面积一般按最大加药量 3～7d 的用量计算储药量。但考虑到粉末活性炭投加量较大，本次典型图按 3d 储药量设计，水厂实际建设时可根据内部条件另设粉末活性炭仓库。

干式投加间由设备间（含值班室）、操作间和储药间两部分组成。设备间内布置料仓、给料机、水射器等投加设备。操作间主要功能是将药剂输送至料仓，内设破袋机、空压机、增压泵等。储药间也按 3d 储药量设计。

经过 40 万 m^3/d 规模的典型图设计以及对其余系列估算，各种规模活性炭投加系统用地规模和基建费用（仅包括设备购置和安装费用）见表 8-6：

活性炭应急投加系统设备费用表（单位：万元） **表 8-6**

水厂规模（万 m^3/d）	1	5	10	20	40
湿式投加基建费用	110	130	150	170	215
干式投加基建费用	80.78	143.23	154.55	174.27	197.17
简易投加基建费用	21.37	35.35			

注：表中基建费用含土建费用、设备费、安装费用（不含地基处理费用）。

（2）占地面积指标

不同规模活性炭应急投加系统建设，占地面积可参考表 8-7。

活性炭应急投加系统占地面积表（单位：m^2） **表 8-7**

水厂规模（万 m^3/d）	1	5	10	20	40
湿式投加	80	155	210	290	425
干式投加	20	55	80	150	280
简易投加	60	100	130	140	145

（3）用电负荷指标

活性炭应急投加系统（仅包括工艺设备）用地负荷见表 8-8：

粉末活性炭应急投加用电负荷一览表（单位：kW） 表 8-8

1	水厂规模（万 m^3/d）		1	5	10	20	40
2	湿式投加	运行功率	10.7	11.94	13.2	14.1	14.2
		装机功率	12.20	13.69	15.20	16.30	17.80
3	干式投加	运行功率	26.83	42.46	45.66	57.8	
		装机功率	27.93	44.66	48.66	61.8	
4	简易投加	运行功率	4.5	15.6			
		装机功率	9	20.3			

8.3 化学沉淀技术

化学沉淀法是通过投加化学药剂，使目标污染物形成难溶解的物质从水中分离的方法。根据污染物的化学性质，许多金属离子和砷、硒等非金属离子污染物都可以形成难溶解的氢氧化物、碳酸盐、硫化物、磷酸盐等沉淀。但是由于饮用水处理化学沉淀法所采用的沉淀剂必须无害，处理后水中不增加新的有害成分，因此，酸碱药剂必须为饮用水处理级或食品级。

8.3.1 技术条件

（1）系统规模

设计水量按水厂规模考虑，水厂自用水系数按水厂工艺情况，选用 3%～10%。

投加量应根据原水水质特点、突发性污染物种类及浓度、后续混凝剂的选择等，通过试验确定。适用最大投加量为 20mg/L。

投加量应能通过在线 pH 计自动控制。其中，pH 值的理论控制点是指混凝反应之后。在线 pH 计的安装位置可以设在加混凝剂之前或混合池的出口处，投加量需留出混凝反应使 pH 值降低的余量，一般为 0.2～0.5。

（2）技术参数

技术条件对于规模为 1 万、5 万、10 万、20 万 m^3/d 水厂中酸碱应急加药标准化建设技术数据进行了设计，参见表 8-9、表 8-10。

酸碱应急投加系统主要技术数据一览表（硫酸） 表 8-9

1	水厂规模（万 t/d）	1	5	10	20
2	水厂自用水量（%）	10	10	10	10
3	投加量（mg/L）	20	20	20	20
4	药剂量（kg/d）	220	1100	2200	4400
	（kg/h）	9.17	45.83	91.67	183.33
5	药剂浓度（%）	92.50	92.50	92.50	92.50
6	投加浓度（%）	92.50	92.50	92.50	92.50
7	加药量（kg/h）	9.91	49.55	99.10	198.20

续表

8	药剂密度（kg/L）	1.83	1.83	1.83	1.83
9	药剂体积（L/h）	5.42	27.08	54.15	108.31
10	投加泵（2用1备）	2	2	2	2
11	单泵流量（L/h）	2.71	13.54	27.08	54.15
	选泵流量（L/h）	5.00	20.00	50.00	90.00
12	储存时间（d）	7	7	7	7
13	药罐体积（m^3）	0.91	4.55	9.10	18.20
14	罐数	2	2	2	2
15	单罐容积（m^3）	0.45	2.27	4.55	9.10
16	直径（m）	0.5	1	1.5	2
17	有效高度（m）	2.32	2.90	2.58	2.90
	设计高度（m）	2.4	3.00	2.60	3.00
18	加药间平面尺寸（m×m）	18.3×9.1	20.3×9.6	24.3×10.6	26.0×11.1

酸碱应急投加系统主要技术数据一览表（氢氧化钠）　　表 8-10

1	水厂规模（万 t/d）	1	5	10	20
2	水厂自用水量（%）	10	10	10	10
3	投加量（mg/L）	20	20	20	20
4	药剂量（kg/d）	220	1100	2200	4400
	（kg/h）	9.17	45.83	91.67	183.33
5	药剂浓度（%）	47	47	47	47
6	投加浓度（%）	47	47	47	47
7	加药量（kg/h）	19.50	97.52	195.04	390.07
8	药剂密度（kg/L）	1.5	1.5	1.5	1.5
9	药剂体积（L/h）	13.00	65.01	130.02	260.05
10	投加泵（2用1备）	2	2	2	2
11	单泵流量（L/h）	6.50	32.51	65.01	130.02
	选泵流量（L/h）	10.00	50.00	80.00	170.00
12	储存时间（d）	7	7	7	7
13	药罐体积（m^3）	2.18	10.92	21.84	43.69
14	罐数	2	2	2	2
15	单罐容积（m^3）	1.09	5.46	10.92	21.84
16	直径（m）	1	1.5	2.5	3
17	有效高度（m）	1.39	3.09	2.23	3.09
	设计高度（m）	1.40	3.10	2.30	3.10
18	加药间平面尺寸（m×m）	18.3×9.1	20.3×9.6	24.3×10.6	26.0×11.1

8.3.2 关键工艺单元

(1) 药剂制备及投加方式

酸碱药剂具有强腐蚀性，因此，水厂进药方式推荐采用罐车直接将成品药剂（98%的硫酸和47%的氢氧化钠）输入药剂储罐。药剂经由隔膜加药泵输送至加药点（参见图8-3）。

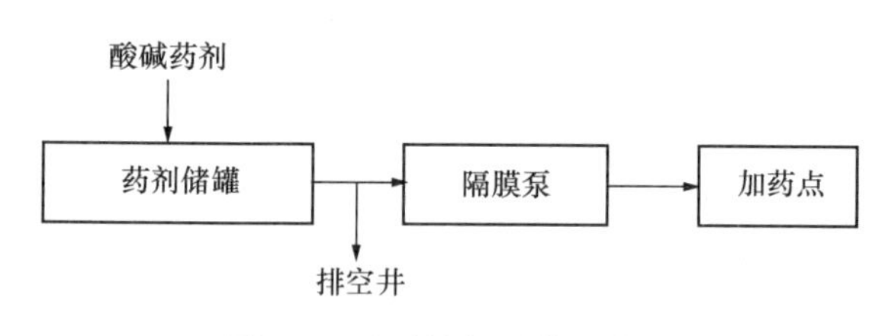

图 8-3 酸碱投加系统组成图

(2) 工艺系统组成

硫酸和氢氧化钠药剂投加系统相同，均由加药箱、药剂储罐、储液罐、隔膜加药泵以及配套管路、阀门系统组成。

浓硫酸投加系统管路及管件宜选用不锈钢管，包含输药管路及排空管路等，连接方式采用焊接。氢氧化钠管路及管件宜选用PVC-U，包含输药管路及排空管路等，连接方式为粘接。

(3) 药剂投加

酸碱药剂的投加位置，应位于混凝反应之前。可直接投加于配水溢流井或混凝反应池进水管。

(4) 药剂贮存

酸碱药剂的贮存时间应根据所选药剂性质、药剂供应情况及可能发生的污染物浓度大小等确定。硫酸和氢氧化钠贮存时间分别可按7d用量考虑。药剂储罐设2个，以便检修清洗等。

8.3.3 辅助系统设计

(1) 安全喷淋系统

安全喷淋系统针是当发生药剂喷溅到工作人员身体或发生火灾引起的工作人员衣服着火时采用的一种迅速将危害降到最低的有效的安全防护设施。浓硫酸及氢氧化钠投加区域应设安全喷淋系统，包含紧急冲淋装置和洗眼器等。

(2) 结构设计

投加间建议采用全现浇钢筋混凝土框架结构，维护墙采用加气混凝土砌块。投加间地基应根据当地的地质勘查资料采用天然地基、复合地基或者桩基础等形式。

投加间要求采用配钢筋网混凝土地面，设备基础采用C20混凝土基础，高出地面200～300mm，面层同配钢筋网。地面和设备基础需采取耐酸碱腐蚀措施。

(3) 电气设计

供电电源：配电控制室内设2面低压柜，需两路电源进线。

用电情况：低压柜为构筑物内用电设备（包括1面PLC柜、6台隔膜泵、4个电动阀门、2台耐腐蚀排污泵插座箱、暖通风机、照明箱等）提供配电、控制及保护。

(4) 自控设计

配电控制室内设置一面PLC柜，内置PLC控制器，人机对话界面采用触摸屏，各项工艺参数均可通过触摸屏进行设定，触摸屏同时可以显示及监视系统运行状态，检测设备运行状态、液位监测报警等功能；留有总线接口与上位机通讯功能，可接收由控制室计算机发来的指令和相关参数，控制室计算机可以显示系统的工作状态，并可通过控制室计算机对本系统进行远程操作。操作间内设现场控制箱，可现场启/停相关设备。

8.3.4 系统技术经济指标

本次典型图设计中采用酸碱投加间合建的方式。投加间由设备间、值班室、配电及控制室组成。设备间内布置加药箱、药剂储罐、储液罐、隔膜加药泵、配套管路、阀门系统以及排空系统等。

经过 20 万 m^3/d 规模的典型图设计以及对其余系列估算，各种规模投加系统用地规模和基建费用（仅包括设备购置和安装费用）见表 8-11：

酸碱急投加系统经济指标表　　表 8-11

1	水厂规模（万 t/d）	1	5	10	20	备注
2	设备费用（元）	393086	417022	439614	507306	
3	用电负荷（kW）	3.90	4.08	4.65	5.22	装机负荷
4	占地面积（m^2）	300	340	420	500	

8.4 应急氧化技术

当水体受到还原性物质污染时，如氰化物、硫化物、亚硝酸盐、有机物等，可以通过向水体中投加氧化剂的方法加以氧化去除。

氧化技术的优点是采用药剂处理，投加位置和剂量相对灵活。其主要缺点是通常采用的氧化剂的种类和剂量可能不足以将污染物彻底氧化分解，特别是处理有机物时可能会生成次生污染物。因此，在饮用水应急处理中，化学氧化法主要用于无机污染物。对于有机污染物，首选的应急处理方法是活性炭吸附法。

目前用于饮用水应急处理的氧化剂主要为氯（液氯或次氯酸钠）、高锰酸钾、过氧化氢等。设有臭氧发生器的水厂还可以考虑采用臭氧氧化法。有二氧化氯发生器的水厂也可以考虑采用二氧化氯氧化法。

使用氧化剂进行饮用水应急处理时，除了考虑对污染物的去除效果，还需考虑到氧化剂的残留毒性、氧化产物和副产物的毒性、药剂的储存与投加设备等问题。

本次应急氧化技术典型图为高锰酸钾投加系统。

8.4.1 技术条件

（1）系统规模

设计水量按水厂规模考虑，水厂自用水系数按水厂工艺情况，选用 3%～10%。

突发污染性事件的污染物种类和浓度均不确定，实际的投加量应以实验室和现场测试结果为准，典型图中液氯投加量按 5mg/L 设计。

根据相关资料及实际运行经验：一般水源季节性微污染发生时，高锰酸钾投加量通常为 0.5～2.0mg/L。水源突发事件中高锰酸钾投加量不易事前确定，但通常不超过

3.0mg/L。从安全角度出发，本套图集中高锰酸钾最大投加率按 3.0mg/L 设计。

(2) 技术参数

技术条件对于规模为 1 万、5 万、10 万、20 万 m^3/d 水厂中高锰酸钾应急加药标准化建设技术数据进行了设计，见表 8-12 及表 8-13。

高锰酸钾应急投加主要技术数据一览表　　表 8-12

1	水厂规模（万 t/d）	1	5	10	20	备注
2	自用水量（%）	10	10	10	10	
3	投加量（mg/L）	3	3	3	3	
4	药剂量（kg/d）	33	165	330	660	
5	(kg/h)	1.38	6.88	13.75	27.5	
6	密度（kg/m^3）	1500	1500	1500	1500	
7	投加浓度（%）	5	5	5	5	
8	加药量（kg/h）	27.5	137.5	275	550	
9	药剂密度（kg/L）	1	1	1	1	
10	药剂体积（L/h）	27.5	137.5	275	550	
11	投加泵					
11.1	数量	2	2	2	2	另备用 1 台
11.2	单泵计算流量（L/h）	13.75	68.75	137.5	275.0	
11.3	单泵设备选型（m^3/h）	0.10	0.20	0.20	0.40	
12	干粉投加设备					半自动或人工
12.1	设备台数	1	1	1	1	
12.2	料仓体积（m^3）	0.50	0.50	0.50	1.0	
12.3	溶解罐（m^3）	0.25	0.25	0.25	0.50	
13	储药间					堆放式
13.1	储存时间（d）	7	7	7	7	
13.2	储药间面积（m^3）	2.5	3.0	6.0	12.0	

高锰酸钾应急简易投加主要技术数据一览表　　表 8-13

1	水厂规模（万 t/d）	1	5	10	20	备注
2	自用水量（%）	10	10	10	10	
3	投加量（mg/L）	3	3	3	3	
4	药剂量（kg/d）	33	165	330	660	
5	(kg/h)	1.38	6.88	13.75	27.5	
6	密度（kg/m^3）	1500	1500	1500	1500	
7	投加浓度（%）	5	5	5	5	
8	加药量（kg/h）	27.5	137.5	275	550	
9	药剂密度（kg/L）	1	1	1	1	
10	药剂体积（L/h）	27.5	137.5	275	550	
	(m^3/d)	0.66	3.3	6.6	13.2	

续表

11	投加泵					
11.1	数量	2	2	2	2	另备用1台
11.2	单泵计算流量（L/h）	13.75	68.75	137.5	275.0	
11.3	单泵设备选型（m^3/h）	0.10	0.20	0.20	0.40	
12	溶解储药罐					人工上料
12.1	设备台数	2	2	2	2	
12.3	溶解罐容积（m^3）	0.3	1.3	2.5	3.6	
12.4	罐直径（m）	0.55	1.0	1.2	1.5	
12.5	罐高度（m）	1.6	1.8	2.4	2.4	
13	储药间					堆放式
13.1	储存时间（d）	7	7	7	7	
13.2	储药间面积（m^3）	2.5	3.0	6.0	12.0	

8.4.2 关键工艺单元

（1）药剂制备

高锰酸钾投加一般采用湿式投加。即将高锰酸钾商品（固体）配置成溶液后，采用计量泵定量输送至投加点。

（2）工艺系统组成

高锰酸钾投加设备选择自动化程度高，扬尘污染小的成套投加系统。系统组成如下：

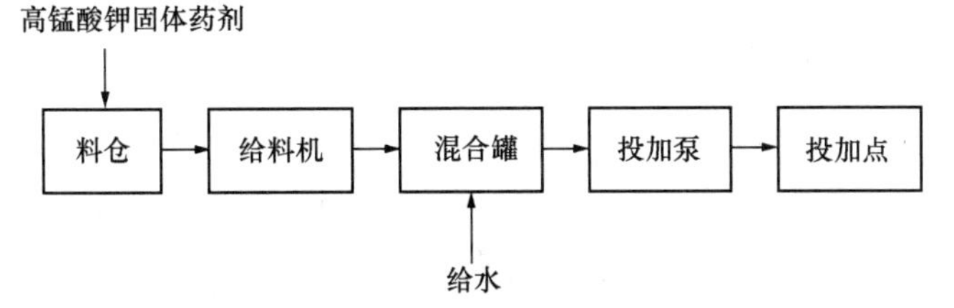

高锰酸钾应急简易投加系统组成如下：

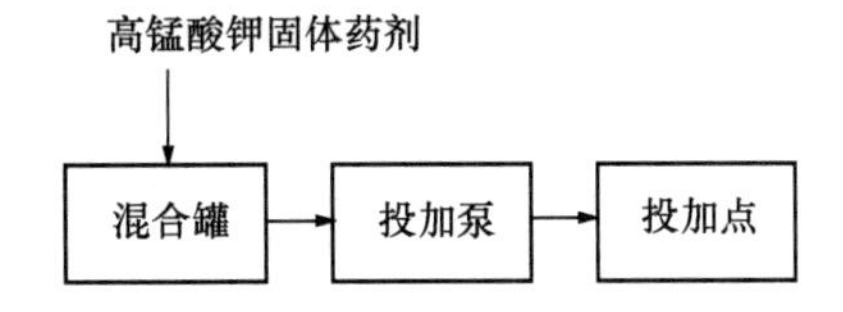

（3）药剂投加

高锰酸钾投加一般要求将药剂尽早投入待处理水中，很多水厂的高锰酸钾投加点设在取水头部，这样能使氧化过程充分进行，最大限度地除去异臭异味、藻类等，并发挥二氧化锰的凝核作用，提高絮凝和沉淀效率。如果不能在取水口处投加，至少要保证在快速混合前投加。不要将高锰酸钾与絮凝剂同时投入水中，否则，两者之间发生反应，反而降低除污染物及混凝的效果。

（4）药剂储存

药库可按最大加药量7d的用量计算储药量，堆药高度按1.5～3m计算。

高锰酸钾属强氧化剂。应与有机物、易燃物、酸类隔离储运。远离火种和热源。运输时防雨洒和日晒。注意防潮。搬运时要轻拿轻放，防止包装破损。

8.4.3 辅助系统设计

(1) 通风系统

高锰酸钾储药间内应设置通风系统，保持室内干燥，防止药剂变质、污染等。

(2) 结构设计

投加间建议采用全现浇钢筋混凝土框架结构，维护墙采用加气混凝土砌块。投加间地基应根据当地的地质勘查资料采用天然地基、复合地基或者桩基础等形式。

投加间要求采用配钢筋网混凝土地面，设备基础采用C20混凝土基础，高出地面200～300mm，面层同配钢筋网。

(3) 电气设计

考虑到防爆要求，高锰酸钾投加间内需单独设置配电控制室。配电控制室内设一面低压柜，需要提供两路电源进线。

用电情况：低压柜为构筑物内用电设备提供配电、控制及保护。

(4) 自控设计

配电控制室内设置一面PLC柜，内置PLC控制器，人机对话界面采用触摸屏，各项工艺参数均可通过触摸屏进行设定，触摸屏同时可以显示及监视系统运行状态，检测设备运行状态、液位监测报警等功能；留有总线接口与上位机通讯功能，可接收由控制室计算机发来的指令和相关参数，控制室计算机可以显示系统的工作状态，并可通过控制室计算机对本系统进行远程操作。操作间内设现场控制箱，可现场启/停相关设备。

8.4.4 系统技术经济指标

高锰酸钾投加间由设备间、值班室和储药间三部分组成。设备间分为上下两层。上层为进料间，下层布置料仓、混合罐、加药泵等设备。储药间堆药高度按2～3m计算，其面积一般按最大加药量3～7d的用量计算储药量，参考表8-14、表8-15。

高锰酸钾急投加系统经济技术指标表 **表8-14**

水厂规模（万m^3/d）	1	5	10	20
基建费用（万元）	82.5	90	95	110
占地面积（m^2）	100	100	100	120
装机负荷（kW）	2.49	3.24	4.29	7.35

高锰酸钾简易急投加系统经济技术指标表 **表8-15**

水厂规模（万m^3/d）	1	5	10	20
基建费用（万元）	31	34.5	35	40.5
占地面积（m^2）	100	100	100	120
装机负荷（kW）	2.24	2.99	4.04	6.25

8.5　强化消毒技术

消除水中病原微生物威胁，提高饮用水卫生水平，是对自来水水质的基本要求，水厂对此均高度重视。尽管水厂消毒措施十分严格，但是发生水源大规模微生物污染的风险仍然存在，特别是在发生地震、洪涝、流行病疫情暴发、医疗污水泄漏等情况下，水中的致病微生物浓度会大大增加，同时有机物、氨氮浓度也会升高，对消毒灭活工艺造成严重影响。

本章主要研究发生水源大规模微生物污染事件的应急供水技术。应对此类微生物污染问题主要依靠强化消毒技术，即通过增加前置预消毒和加强水厂的主消毒处理，通过增加消毒剂的投加剂量和保持较长的消毒接触时间，确保城市供水的水质安全。

本次应急强化消毒技术典型图为液氯投加系统。

8.5.1　技术条件

（1）系统规模

设计水量按水厂设计规模考虑，水厂自用水系数按水厂工艺情况，选用3%～10%。

突发污染性事件的污染物种类和浓度均不确定，实际的投加量应以实验室和现场测试结果为准，典型图中液氯投加量按5mg/L设计。

（2）技术参数

技术条件对于规模为1万、5万、10万、20万m^3/d水厂中液氯应急加药标准化建设技术数据进行了设计，见表8-16。

液氯应急投加主要技术数据一览表　　　　**表8-16**

1	水厂规模（万t/d）	1	5	10	20	备注
2	自用水量	10%	10%	10%	10%	
3	投加量（mg/L）	5	5	5	5	
4	药剂量（kg/d）	55	275	550	1100	
5	（kg/h）	2.3	11.5	22.9	45.8	
6	同时使用氯瓶数					
	数量（自然蒸发）	2	2	4	6	4℃1T氯瓶
	数量（蒸发器蒸发）	—	—	2	2	1T氯瓶
7	加氯机					
	数量	1	2	2	3	
	单机能力（kg/h）	5	10	20	20	

8.5.2　关键工艺单元

（1）药剂制备

液氯投加方式：液氯在蒸发后经加氯机，由水射器输送至投加点。液氯蒸发系统可采用自然蒸发和蒸发器蒸发两种方法。用户需要根据投加量的多少、温度条件等选取相应的蒸发方式。

（2）工艺系统组成

液氯应急投加典型图分别按自然蒸发和蒸发器蒸发二种方式设计，投加系统分别组成分别如下：

自然蒸发系统：氯瓶→自动切换器→过滤器→减压阀→真空调节器→加氯机→水射器→加氯点

蒸发器蒸发系统：氯瓶→自动切换器→液氯蒸发器→过滤器→减压阀→真空调节器→加氯机→水射器→加氯点

（3）药剂投加

液氯的应急投加主要为处理源水中的还原性污染物，因此投加点应靠近取水设施，为氧化反应赢得时间，使反应能充分进行。同时为避免氯气外溢，投加点宜设在取水泵房出水管。

（4）药剂储存

本工艺按水厂有氯库考虑，不再另设氯库，按照应急要求仅设置必要的投加设备。

8.5.3 辅助系统设计

（1）安全喷淋系统

安全喷淋系统针是当发生药剂喷溅到工作人员身体或发生火灾引起的工作人员衣服着火时采用的一种迅速将危害降到最低的有效的安全防护用品。浓硫酸及氢氧化钠投加区域应设安全喷淋系统，包含紧急冲淋装置和洗眼器等。

（2）结构设计

投加间建议采用全现浇钢筋混凝土框架结构，维护墙采用加气混凝土砌块。投加间地基应根据当地的地质勘查资料采用天然地基、复合地基或者桩基础等形式。

投加间要求采用配钢筋网混凝土地面，设备基础采用 C20 混凝土基础，高出地面 200～300mm，面层同配钢筋网。

（3）电气设计

考虑到防爆要求，高锰酸钾投加间内需单独设置配电控制室。配电控制室内设一面低压柜，需要提供两路电源进线。

用电情况：低压柜为构筑物内用电设备提供配电、控制及保护。

（4）自控设计

配电控制室内设置一面 PLC 柜，内置 PLC 控制器，人机对话界面采用触摸屏，各项工艺参数均可通过触摸屏进行设定，触摸屏同时可以显示及监视系统运行状态，检测设备运行状态、液位监测报警等功能；留有总线接口与上位机通讯功能，可接收由控制室计算机发来的指令和相关参数，控制室计算机可以显示系统的工作状态，并可通过控制室计算机对本系统进行远程操作。操作间内设现场控制箱，可现场启/停相关设备。

8.5.4 系统用地指标及基建费用

液氯自然蒸发式，设氯瓶间和加氯间。氯瓶、切换器过滤器、减压阀、真空调节器均设置在氯瓶间，加氯机设置在加氯间，氯瓶间和加氯间的氯气管线敷设于地下管沟内。蒸发器蒸发式，设氯瓶间、蒸发间和加氯间。氯瓶、切换器设置于氯瓶间，蒸发器、过滤器、减压阀、真空调节器均设置在蒸发间，加氯机设置在加氯间，氯瓶间和加氯间的氯气管线敷设于地下管沟内。本图按水厂有氯库考虑，不再设氯库，参考投资见表 8-17。

应急加氯间投资估算表 **表 8-17**

	处理规模（万 m^3/d）	加氯机	设备费	安装费	土建费	电气	合计
蒸发器蒸发	1	5kg×1	82.08	13.97	25	8	129.05
	5	10kg×2	86.79	14.77			134.56
	10	12kg×2	90.62	15.42			139.04
	20	40kg×2	94.47	16.08			143.55
自然蒸发	1	5kg×1	23.66	4.03	20	8	55.69
	5	10kg×2	28.37	4.83			61.2
	10	12kg×2	32.2	5.48			65.68
	20	40kg×2	36.05	6.14			70.19

8.6 高藻污染水源水的应急处理技术

随着我国城市化和工业化进程的发展，城镇供水正面临湖泊、水库富营养化的严峻挑战。通过对经常规工艺处理的某水厂的水源水、出厂水以及水表中藻类的鉴定及显微观察，发现常规水处理工艺不能完全去除水源水藻类。地表水源水中藻污染的周期性暴发对水厂安全稳定运行已经造成严重影响，有毒蓝藻及藻毒素的存在降低了饮用水质，威胁着城镇居民身体健康。因此藻和藻毒素是我国城市供水行业不得不面对的共性问题，必须探讨藻污染控制技术，研究高效低毒除藻工艺的关键技术装备，编制指导行业应急处理的技术导则。

消除藻类污染对城市供水水质的影响，关键要做好两方面的工作，一是限制水体的营养盐含量，维持水体良好生态，控制水体富营养化，防止藻类大量滋生，二是在城市制水系统采取高效的除藻技术，尽量减少藻类污染对出厂水水质的影响。国内外有关除藻技术研究方面的文献报道众多，除藻工艺和设备也发展到成熟的阶段，但由于微囊藻毒素的发现，使得“除藻”成为一把双刃剑，有时除藻不当会导致藻毒素释放，降低水质，因此需要对这些技术工艺的安全性重新进行评价和研究，以便选择高效安全的除藻工艺技术。

本次典型图采用二氧化氯投加技术。为保证不会产生有异臭的氯酚及有致癌、致突变的三卤甲烷等有机卤化物，本技术条件仅考虑采用高纯法制备二氧化氯系统。

8.6.1 技术条件

(1) 系统规模

设计水量按水厂设计规模考虑，水厂自用水系数按水厂工艺情况，选用 3%～10%。

一般情况下用于饮用水消毒的二氧化氯投加量不宜超过 0.5mg/L，若二氧化氯同时也作为辅助预氧化剂使用，则在饮用水里的总投加量（包括预氧化及消毒）不应超过

2.0mg/L。

(2) 技术参数(见表8-18)

二氧化氯应急投加系统主要技术数据一览表　　表8-18

1	水厂规模(万t/d)	1	5	10	20	备注
2	自用水量	10%	10%	10%	10%	
3	投加量(mg/L)	1	1	1	1	
4	ClO_2药剂量(kg/d)	11	55	110	220	
5	最大投加量(kg/h)	0.46	2.3	4.6	9.2	
6	单台设备规模(kg/h)	0.5	2.5	5	10	
7	ClO_2发生器数量	2	2	2	2	1用1备
8	HCl浓度	31%	31%	31%	31%	
9	HCl投加量(kg/h)	6	30	60	120	
10	$NaClO_2$浓度(%)	25	25	25	25	
11	$NaClO_2$投加量(kg/h)	2	10	20	40	
12	ClO_2投加设备	水射器	水射器	水射器	水射器	
13	水射器最大过流量(m^3/h)	10	10	10	10	
14	药液罐数量	2	2	2	2	
15	药液罐(m^3)	2	3	5	5	

8.6.2 关键工艺单元

(1) 药剂制备

二氧化氯制备方式是以亚氯酸钠和盐酸为主要原料经化学反应生成二氧化氯混合溶液。溶液经由水射器输送至加氯点。

(2) 工艺系统组成

二氧化氯发生器采用亚氯酸钠及盐酸为原料。加氯系统包括盐酸储间、亚氯酸钠储间、发生器间、PLC控制室等。

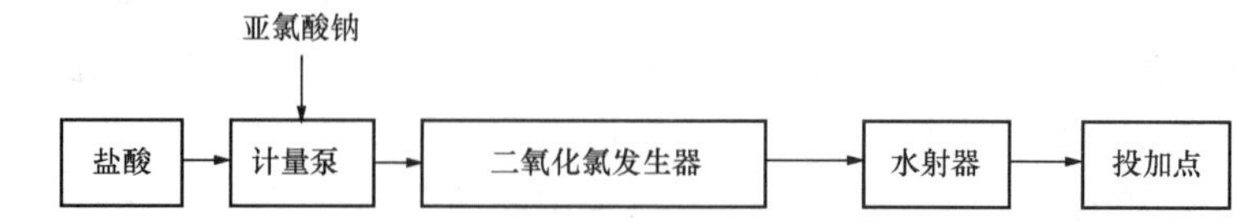

(3) 药剂投加

二氧化氯在作为强化消毒剂使用时,一般分别投加至水厂前(预)加氯点和主加氯点。

(4) 药剂储存

盐酸和亚氯酸钠均应储存在单独的储药间内,设置1个储药罐,按最大加氯量10d储量设计。

8.6.3 辅助系统设计

（1）安全喷淋系统

安全喷淋系统针对的是当发生药剂喷溅到工作人员身体或发生火灾引起的工作人员衣服着火时采用的一种迅速将危害降到最低的有效的安全防护装置。浓硫酸及氢氧化钠投加区域应设安全喷淋系统，包含紧急冲淋装置和洗眼器等。

（2）结构设计

投加间建议采用全现浇钢筋混凝土框架结构，维护墙采用加气混凝土砌块。投加间地基应根据当地的地质勘查资料采用天然地基、复合地基或者桩基础等形式。

投加间要求采用配钢筋网混凝土地面，设备基础采用C20混凝土基础，高出地面200～300mm，面层同配钢筋网。由于均考虑强腐蚀环境，故设备基础表面防护采用与地面和墙面相同的防护措施。

（3）电气设计

考虑到防爆要求，二氧化氯投加间内需单独设置配电控制室。配电控制室内设一面二氧化氯投加系统电控柜，需要提供两路电源进线。

二氧化氯投加系统电控柜为构筑物内用电设备（包括二氧化氯发生器、盐酸计量泵、亚氯酸钠计量泵、化料泵、卸酸泵、照明通风电源等）提供配电、控制及保护。

（4）自控设计

二氧化氯投加系统电控柜内置PLC控制器，人机对话界面采用触摸屏，各项工艺参数均可通过触摸屏进行设定，触摸屏同时可以显示及监视系统运行状态，检测设备运行状态、漏氯监测报警等功能；留有总线接口与上位机通信功能，可接收由控制室计算机发来的指令和相关参数，控制室计算机可以显示系统的工作状态，并可通过控制室计算机对本系统进行远程操作。操作间内设现场控制箱，可现场启/停相关设备。

8.6.4 系统技术经济指标

二氧化氯投加间由二氧化氯制备间、亚氯酸钠（固体）储藏间、亚氯酸钠制药间、盐酸（液体）储藏间和值班室五部分组成。

二氧化氯制备间设二氧化氯发生器2台，单台二氧化氯发生量，1用1备。为防止意外事故跑氯，设二氧化氯泄漏报警器1套。亚氯酸钠储藏间堆药高度按2～3m计算，其面积一般按最大加药量3～7d的用量计算储药量。亚氯酸钠制药间内设置1个储药罐，按远期最大加氯量10d储量设计。盐酸储存在单独的储药间内，设置1个储药罐，按最大加氯量10d储量设计。

经过10万m^3/d规模的典型图设计以及对其余系列估算，各种规模二氧化氯投加系统用地规模和基建费用（仅包括设备购置和安装费用）见表8-19：

二氧化氯投资和占地一览表　　表8-19

1	水厂规模（万t/d）	1	5	10	20
2	投资（万元）	22.5	28.4	33.1	37.5
3	装机功率（kW）	8.0	9.5	11.0	11.5
4	占地面积（m^2）	51	58	66	78

8.7 应急投加药品储存仓库设计技术

应急投加设计技术条件中共有粉末活性炭、酸碱、高锰酸钾、液氯、二氧化氯等多种药剂。其中，酸碱、高锰酸钾、液氯、二氧化氯等投加量较小或药剂对人和环境的危害程度较高，适宜储存在供水厂内部，可与投加车间合建。

粉末活性炭具有投加量大、对外界环境污染性小等特点。因此，本技术条件针对活性炭储存仓库进行标准化设计。

8.7.1 技术条件

仓库规模

药剂仓库应按按城市供水总量计算药品储量。药剂储量按最大加药量 7～15d 的用量计算储药量。

图集中粉末活性炭的储存仓库按储量按 320t 设计（折合约为 100 万 m^3/d 水量，7d 用量）。在使用时，各地方根据城市供水总量进行模块式组合。

技术参数（表 8-20）

粉末活性炭药品仓库主要技术数据一览表　　表 8-20

1	城市供水规模（万 t/d）	20	40	80	100	200
2	自用水量	10%	10%	10%	10%	10%
3	粉末活性炭投加量（mg/L）	40	40	40	40	40
4	药剂量（t/d）	8.8	17.6	35.2	44	88
5	药剂储存天数（d）	7	7	7	7	7
6	仓库储量（t）	62	123	246	308	616
7	办公区平面尺寸（m）	5.4×18	5.4×18	5.4×18	5.4×18	5.4×18
8	隔离区平面尺寸（m）	5.4×18	5.4×18	5.4×18	5.4×18	5.4×18
9	仓储区平面尺寸（m）	11.2×18	21.6×18	37.8×18	48.6×18	97.2×18
10	仓库平面尺寸（m）	22.0×18	22.0×18	22.0×18	59.4×18	108×18

8.7.2 关键技术单元

仓库选址

粉末活性炭储存仓库适宜建设在运输便利、公共设施健全、地质条件较好的地区，优先选择建设于成熟的物流组团中。各城市可根据自然条件、经济发展、社会环境等因素选址。

平面布置

粉末活性炭储存仓库分为仓储区、隔离区和办公区三部分。仓储区承担储存粉末活性炭药剂功能，内设药垛、装卸通道、巡视通道。隔离区将仓储区和办公区分为相对独立的空间，同时作为进车（货）平台。办公区内设置值班室、卫生（洗浴）间、工具间和值班休息室。

贮存及装卸方式

商品粉末活性炭有 25～50kg 小包、500kg 大包和散装（罐车运输）3 种包装形式。药品在储存时，宜至于货架至上，防止被污染且利于装卸。药垛堆高可根据装卸设备选址，建议为 4～6m。

粉末活性炭在装卸及堆置时建议采用小型叉车，仓库内一般不再设置起重机。

库内通道

一般情况下仓库应考虑进车条件，中小型城市或用地紧张地区可库外装卸。药垛间宜设置巡视通道。

8.7.3　辅助系统设计

结构设计

仓库建议采用全现浇钢筋混凝土框架结构，维护墙采用加气混凝土砌块。仓库地基应根据当地的地质勘查资料采用天然地基、复合地基或者桩基础等形式。

安全防护

粉末活性炭属于易爆危险品，因此在仓库内的设备选型时应考虑防爆要求，必要时设置自动灭火设施。

9 应急处理关键设备开发

9.1 饮用水应急处理导试水厂

9.1.1 概述

近年来，我国供水水源突发性污染事故频发，对城市供水安全造成严重威胁。目前传统自来水厂普遍不具备应对水源突发性污染事件的应急处理能力。另外随着《生活饮用水卫生标准》(GB 5749—2006) 的颁布与执行以及我国水环境污染的恶化，传统水厂的技术升级改造也迫在眉睫，现有的供水行业面临着前所未有的技术挑战。在上述背景下，亟需一种可为水厂运行提供应急技术指导、为水厂升级改造提供技术支持的导试水厂。

在国家十一五水专项“自来水厂应急净化处理技术和工艺体系研究与示范”课题的支持下，天津市自来水集团有限公司、华宇膜技术有限公司和清华大学合作开发了“移动式应急处理导试水厂”，如图 9-1、图 9-2 所示。

图 9-1　移动式应急处理导试水厂外观图

图 9-2　移动式应急处理导试水厂内部设备图

该设备克服了现有导试装置普遍存在的不足，整个系统高度集成，具有以下多种功能：

1）当设计新的水厂时，可采用导试水厂进行中试实验研究，验证所设计的水处理工艺，优化设计参数，提供科学的设计依据。

2）导试水厂可通过模拟一些突发性水污染事故，开发应对突发性水源污染的城市供水应急处理技术，完善应对突发事件的技术保障措施，提高水厂的整体应急能力。

3）当发生重大事故或水源突发性污染事故时，可为水厂的运行提供应急技术指导。

4）导试水厂处理工艺为常规工艺＋深度处理工艺，可为水厂技术改造提供技术支持。

5）导试水厂具有移动应急的特点，可为周边地区提供技术支持。

6）可以作为小型应急给水设施使用，按每人每天 10L 基本饮水计算，可解决 2400 人每天的饮水问题。

9.1.2 系统组成

移动式应急处理导试水厂由工艺单元系统、药剂配制投加系统、臭氧投加系统、供气系统、自动取样巡检系统、自动控制系统、在线水质监测系统、小型实验室系统、集装箱装载系统、备用电源系统等组成。

工艺单元系统，包括原水泵、原水箱、提升泵 1、管道混合器、预处理罐 1、预处理罐 2、混凝反应池、斜管沉淀池、提升泵 2、压力式砂滤池、臭氧接触池 1、臭氧接触池 2、中间水箱、提升泵 3、压力式炭滤池 1、压力式炭滤池 2、消毒接触池。

药剂配制投加系统，包括 8 个独立加药系统和 16 个加药点组成。

臭氧投加系统，由臭氧发生器、冷却水循环系统、预臭氧投加水射器、后臭氧投加曝气器组成。冷却水循环系统，包括冷却水泵、冷却水箱、冷却水管路、冷却水补充水管路。

供气系统，由空压机、储气罐、减压阀、气体管路等组成。

自动取样巡检系统，由取样泵、自动取样电磁阀和取样管路组成。

自动控制系统，由 1 号控制柜、2 号控制柜、一个悬挂控制箱和一个工控机系统组成。

在线水质监测系统，包括在线浊度仪、在线 pH 仪、在线余氯仪、在线氨氮仪和余臭氧监测仪。

小型实验室系统，由实验台、试剂架、水盆、三口龙头、滴水架、实验椅等组成。

集装箱装载系统，由 2 个 20 英尺标准集装箱组成，集装箱上装有排气扇、窗户、日光灯和冷暖空调等设施。

备用电源系统，由发电机和双电源手动切换开关组成。

9.1.3 工艺流程

移动式应急处理导试水厂工艺流程如图 9-3 所示。

9.1.4 技术参数

设计水量 $Q=1m^3/h$

（1）原水箱，有效容积 $1m^3$。

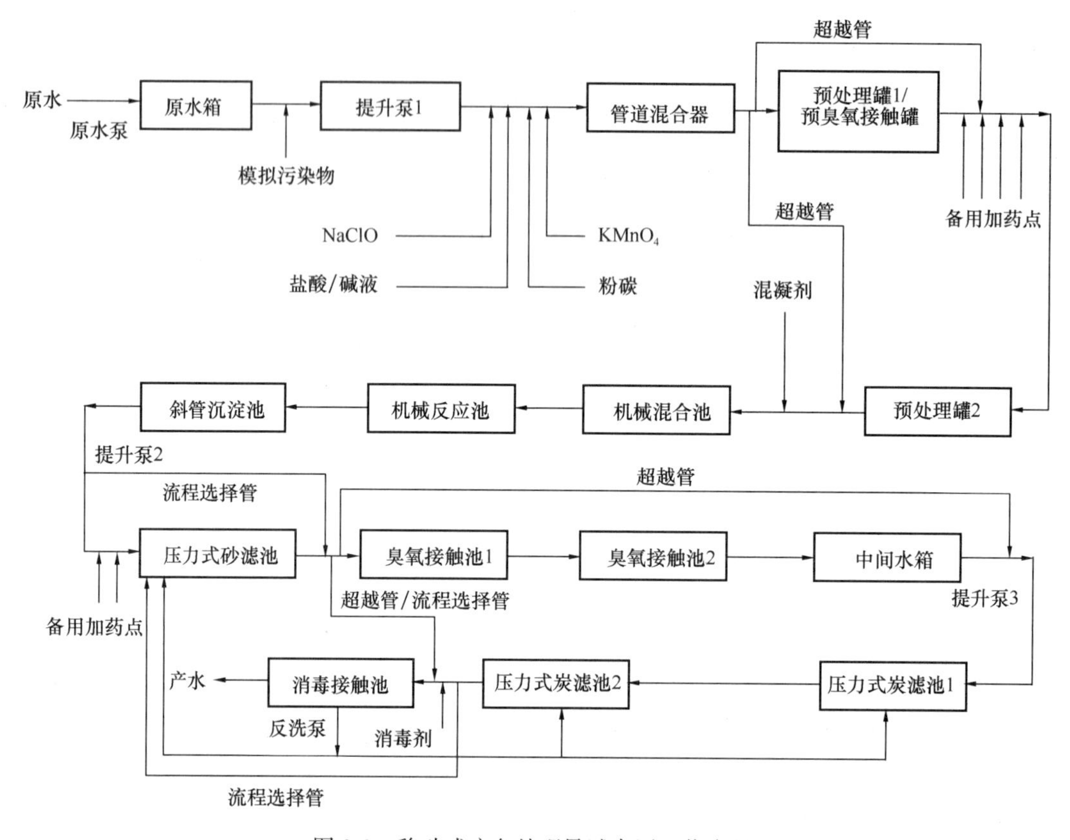

图 9-3 移动式应急处理导试水厂工艺流程

(2) 预处理罐，带搅拌桨，采用两级串联运行，总停留时间 1h，并可分别进行超越。预处理罐 1 同时可作为预臭氧接触罐使用。

(3) 混凝反应池，机械搅拌混合池和反应池合建。混合池设计停留时间 60s；絮凝反应池分三级，每级停留时间：6min。

(5) 斜管沉淀池，清水区上升流速 1.0mm/s；斜管倾角为 60°；斜管沉淀区的液面负荷为 $3.60m^3/(m^2 \cdot h)$。

(6) 砂滤池，考虑到集装箱体的高度限制，采用压力式均质滤料滤池，设计滤速 8m/h；可采用水反冲和气水联合反冲。

(7) 臭氧接触池，采用两级串联运行，每级停留时间 7.5min；采用钛板曝气，臭氧投加量为 1.5～2.5mg/L。

(8) 中间水箱，容积为 250L。

(9) 活性炭滤池，考虑到集装箱体的高度限制，采用压力式活性炭滤池，设计滤速 8m/h；采用两级串联运行，每级炭层厚度 1.0m，吸附时间 7.5min；可采用水反冲和气水联合反冲。

(10) 消毒接触池，停留时间 2h；可投加次氯酸钠、二氧化氯、硫酸铵、高锰酸钾等液体消毒剂或溶液。

(11) 水处理投加药剂

该导试水厂具有多达 8 个药剂投加泵，可同时投加 8 种应急处理药剂。系统中可投加的水处理药剂如表 9-1 所示。

移动式应急处理导试水厂的药剂表 表 9-1

药剂种类		最大投加量	药液浓度	备注
混凝剂	铁盐	20mg/L	5%	
	铝盐	20mg/L	3%	
次氯酸钠		20mg/L	5%	有腐蚀性，操作人员应注意劳保措施
酸		20mg/L	5%	
碱		20mg/L	2%	
高锰酸钾		20mg/L	4%	
粉末活性炭		50mg/L	3%～5%	
模拟污染物		按需投加	按需配制	可自行投加污染物，检验应急处理效果

9.1.5 自动控制系统

导试水厂的自控系统包括电气自控系统、工控机、在线监测仪表和可视化操作界面等。自控系统具有监控、更改参数、数据处理等功能，其设计原则是使系统运行安全、方便，修改参数灵活、可靠。

工艺流程界面如图 9-4、9-5 所示。图中绿色管段为系统运行时水流管段，棕色管段为排水管段，蓝色管段为气路管段，粉色管段为反冲洗进水管段。

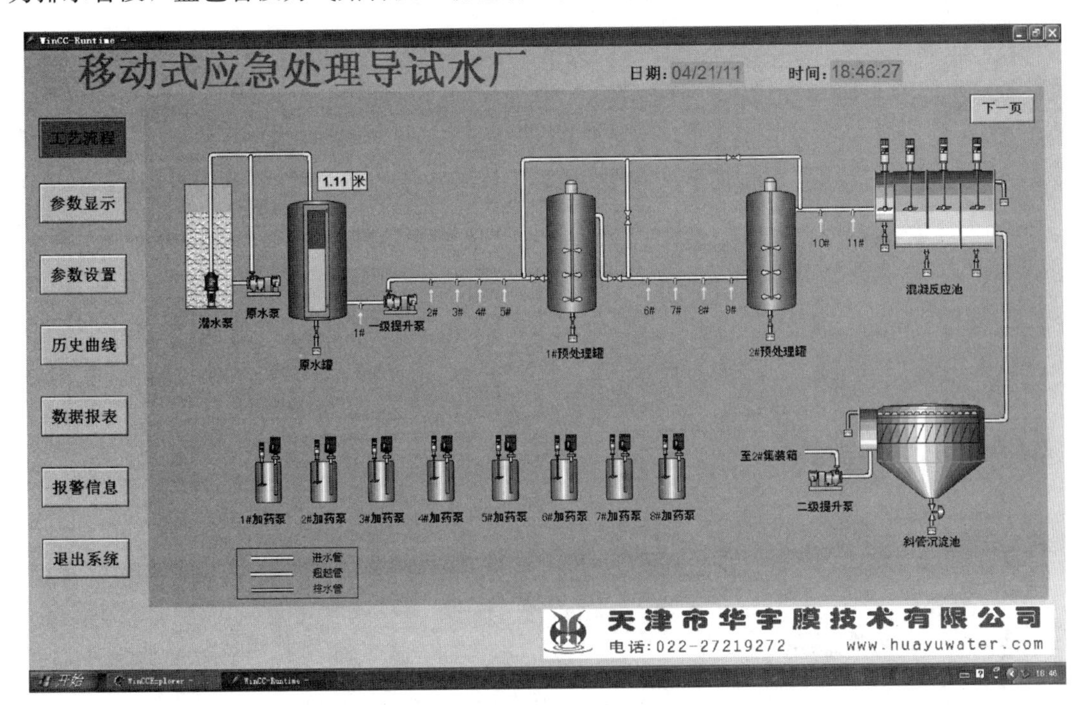

图 9-4 工艺流程界面 1

（1）参数显示界面

参数显示界面如图 9-6 所示。该界面显示各部分参数的实时数据。该系统还可设置运行参数，并对系统进行操作。

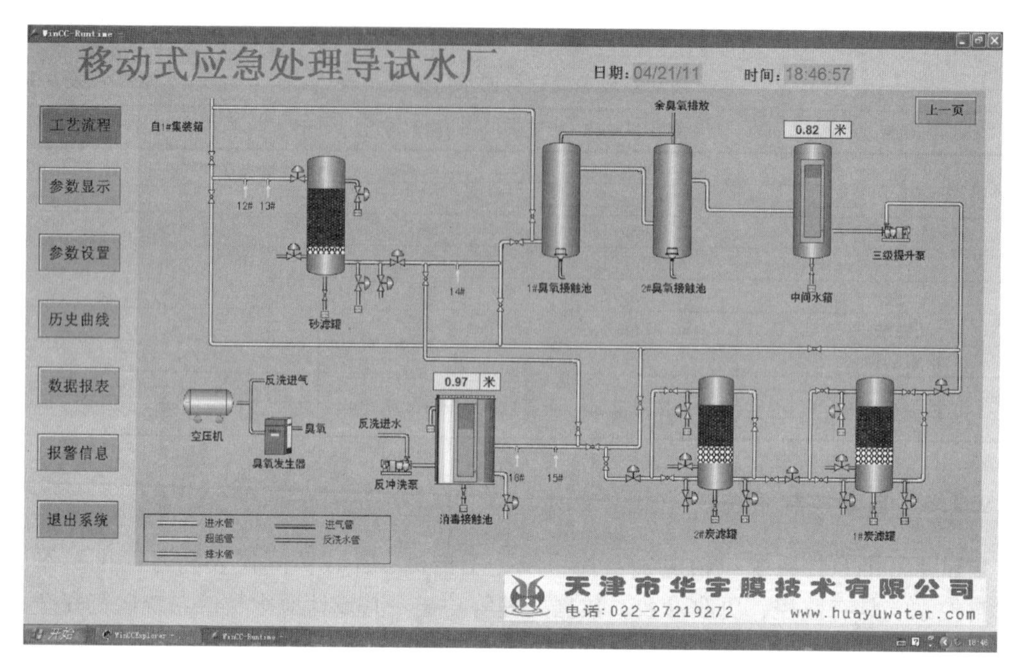

图 9-5　工艺流程界面 2

(2) 历史曲线界面

历史曲线界面如图 9-7 所示。该界面分为浊度，余氯，pH 值，余臭氧和温度，压差五个部分，选择不同部分，只需单击曲线图上部相应按钮即可。在曲线图工具栏上有各个功能按钮，其中 Start/stop 按钮为在线/历史切换按钮，按钮在凸起状态时，界面为在线状态，可实时更新数值。点击 Start/stop 按钮，其变为凹陷状态时，界面为停止、查看状

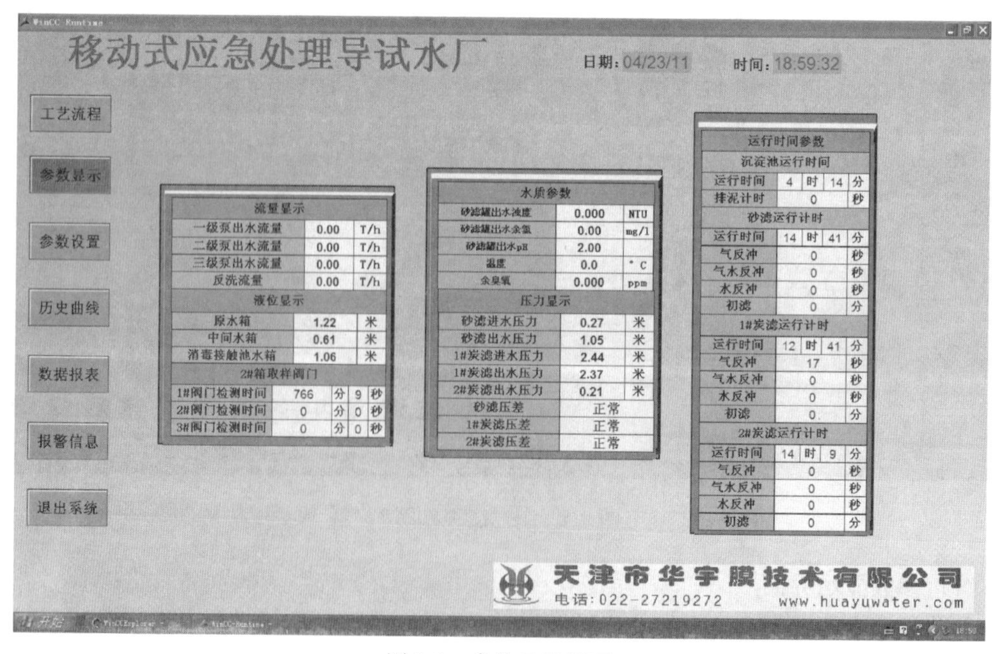

图 9-6　参数显示界面

态。四个箭头按钮变亮，通过点击箭头按钮，可查看前期记录的数据曲线。其他功能按钮，可实现标尺，数据放大查看，打印等功能。

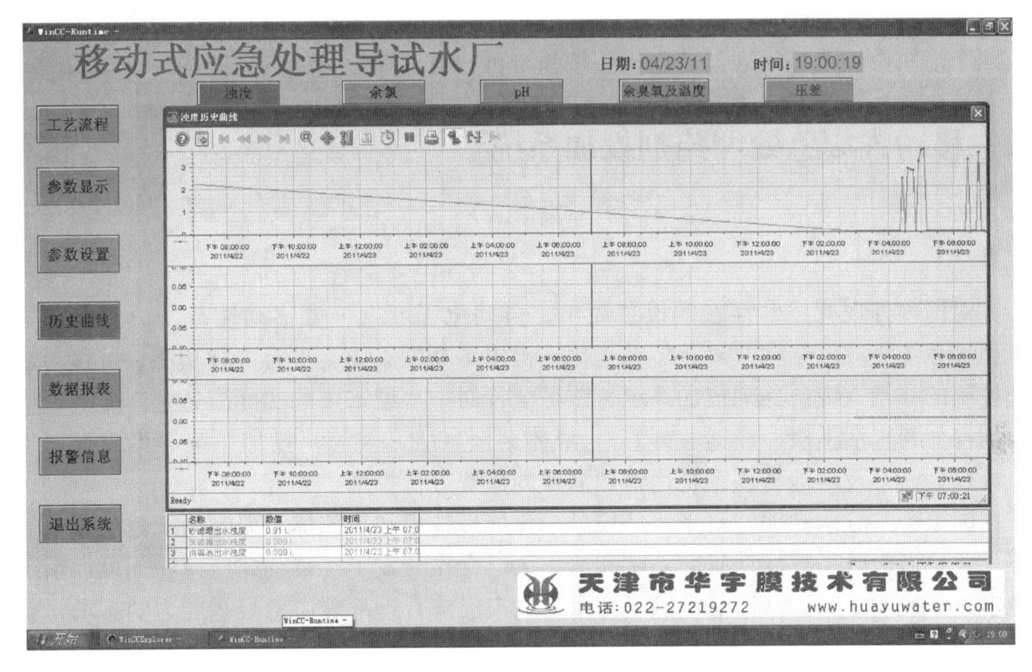

图 9-7　历史曲线界面

（3）数据报表界面

数据报表界面如图 9-8 所示。该界面分为两部分：浊度及压差、余氯及 pH 值，单击

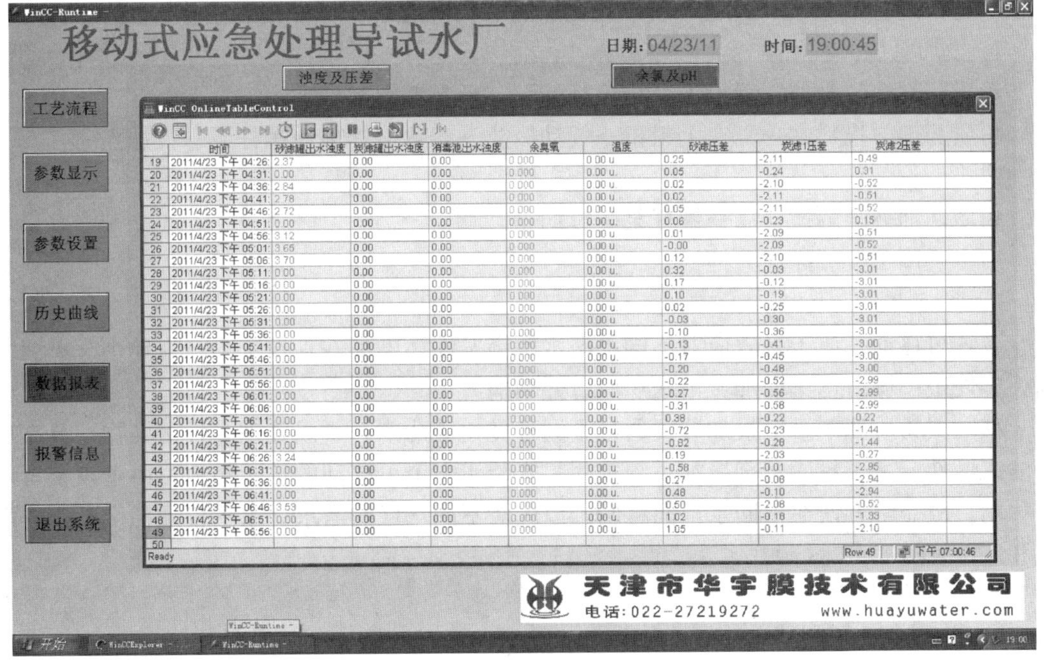

图 9-8　数据报表界面

报表上部的相应按钮进行切换。数据记录的采样间隔时间为5min。报表工具栏上有各个功能按钮，其中Start/stop按钮为在线/历史切换按钮，按钮在凸起状态时，界面为在线状态，可实时更新数值。点击Start/stop按钮，其变为凹陷状态时，界面为停止、查看状态。四个箭头按钮变亮，通过点击箭头按钮，可查看前期记录的数据曲线。

9.2 移动式应急处理药剂投加系统

9.2.1 概述

针对国内外现有技术存在的设备简单、自动化程度低、可移动性差、功能单一等不足，通过系统集成、结构改进、工艺优化，提出了高度集成、具有多种功能、可移动、全自动控制的移动式应急药剂投加系统。该系统针对中小型水厂的实际应急生产需要，将粉质药剂（如粉末活性炭、高锰酸钾等)、液体药剂（酸、碱等）投加系统等集成于集装箱内，可根据需要及时地将该系统运送到需要的位置进行投加。

在国家十一五水专项“自来水厂应急净化处理技术和工艺体系研究与示范”课题的支持下，北京市市政工程设计研究总院和清华大学合作开发了“移动式应急药剂投加系统”，已经申请了发明专利。该产品将满足多水厂城市经济合理部署应急处理能力的需求，获得更好的技术经济性能。

9.2.2 移动式粉质药剂溶解投加装置

系统组成

移动式粉质药剂溶解投加装置主要包括：投料站、真空上料系统、搅拌罐、液位计、螺杆泵、PLC控制系统、配电系统、投药管道、给水管道、标准集装箱等。

1. 投加系统流程

粉质药剂溶解投加装置投加系统流程如下（可参考图9-9)：

粉质药剂→投料站→真空上料机→气动拨斗→溶解搅拌罐→螺杆泵→投加点

或

粉质药剂→溶解搅拌罐→螺杆泵→投加点

后者适用于投加高锰酸钾。

2. 系统特点

装置可移动、便于有效应对不同水厂水源突发性污染事件；投资少、占地小、灵活性高、方便中小城市迅速增加城市水厂应急处理能力。

移动式粉质药剂溶解投加装置通过不同种类粉质药剂，可以处理多种污染物，具有良好的广谱性。由于粉质药剂投加系统集团式安装于一个可移动的集装箱内，由于该装置可以移动，故非常方便在不同水厂间移动，以应对不同水厂的需求。水厂仅须提供必要的电缆和连接管道即可运行。

3. 技术参数

（1）粉末活性炭投加

1）适用条件：处理水量5万m^3/d及以下水厂

(a)

(b)

图 9-9 移动式粉质药剂投加装置实物图

(a) 粉质药剂投加系统外观；(b) 粉质药剂投加泵

2）设计参数：自用水系数 10%。粉末活性炭最大投加量为 20～40mg/L，投加浓度：5%～10%，加药点 1～2 个。

3）主要设备：真空上料系统一套；投加系统包括：搅拌罐 2 个，容积 1.6m^3、液位计、螺杆泵、自控系统、配电系统、联接管道等。

(2) 高锰酸钾投加

1）适用条件：处理水量 20 万 m^3/d 及以下水厂

2）设计参数：自用水系数 10%。最大投加量为 1～3mg/L，投加浓度：2%～5%，加药点 1～2 个。

3）主要设备：投加系统包括：搅拌罐容积 1.6m^3、液位计、螺杆泵、自控系统、配电系统、联接管道等。

9.2.3 移动式酸碱投加装置

(1) 系统组成

移动式酸碱投加系统组成主要包括：酸投加系统：酸储药罐、计量泵、超声波液位计、pH 计、PLC 控制系统等。碱投加系统：碱储药罐、计量泵、超声波液位计、PLC 控制系统等。

(2) 投加系统流程（可参见图 9-10）

氢氧化钠和硫酸投加系统流程如下：

储药车→储药罐→加药泵→加药点。

(3) 系统特点

装置可移动、便于有效应对不同水厂水源突发性污染事件；投资少、占地小、灵活性高、方便中小城市迅速增加城市水厂应急处理能力。

由于氢氧化钠和硫酸投加系统集团式安装于一个可移动的集装箱内，故一套该装置就可以解决应急状态下所需要的先调整 pH 值至适于某金属盐沉淀的值，沉淀后再将 pH 值调整至出水要求的问题。由于该装置可以移动，故非常方便在不同水厂间移动，以应对不同水厂的需求。水厂仅须提供必要的电缆和连接管道即可运行。

(4) 技术参数

1) 适用条件：处理水量 5 万 m^3/d 及以下水厂

2) 设计参数：酸碱投加系统处理水量为 5 万 m^3/d，自用水量为 10%。氢氧化钠和浓硫酸投加量均为 20mg/L，加药点各 2 个。

3) 主要设备：包括：酸储药罐、碱储药罐、计量泵、自控系统、配电系统、联接管道等。

(5) 硫酸投加系统：

药罐容积：1.2m^3，设超声波液位计一台。

本试验装置共 2 个投加点，单点投加量为 12.7L/h，加药泵采用液压双隔膜计量泵，共 3 台，2 用 1 备。其中 2 台泵的单台流量 Q=25L/h，最大工作压力 0.7MPa。1 台泵的流量 Q=50L/h，最大工作压力 0.7MPa。

(6) 标准集装箱

尺寸：6058mm×2438mm×2591mm。

(7) 氢氧化钠投加系统：

储药罐容积为 1.2m^3，设超声波液位计一台。

本试验装置共 2 个投加点，单点投加量为 32.5L/h，加药泵采用液压双隔膜计量泵，共 3 台（2 用 1 备）。其中 2 台泵的单台流量 Q=50L/h，最大工作压力 0.7MPa；1 台泵的流量 Q=85L/h，最大工作压力 0.7MPa。

酸碱投加系统的实物如图 9-10 所示。

(*a*)

(*b*)

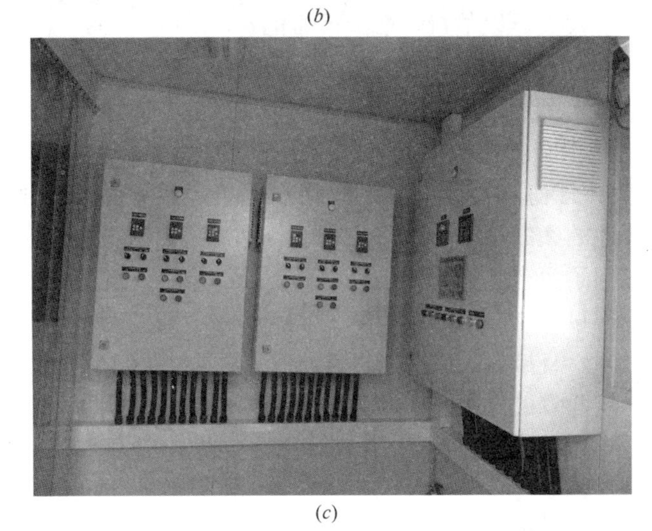

(*c*)

图 9-10　移动式酸碱投加装置实物图

(*a*) 酸、碱储罐；(*b*) 酸碱投加泵；(*c*) 系统的配电柜和 PLC 柜

10 城市供水系统应急处理案例

10.1 近年来我国水源污染事故概况

在我国，由于长期以来工业布局，特别是化工石化企业布局不合理，众多工业企业分布在江河湖库附近，水源受污染的风险度高。据原国家环保总局2006年初的调查结果，全国投资建设的7555个化工石化项目中，81%布设在江河水域、人口密集区等环境敏感区域，45%为重大风险源。此外，运输化学品的车船事故时有发生，造成化学品的泄漏，污染水源。

我国2001年到2004年间发生水污染事故3988件，自2005年底松花江水污染事故发生后，国内又发生几百起水污染事故，其中多数是由工业生产和交通事故等突发性事故而引发的，大多影响到饮用水水源。特别是2005年底的松花江水污染事故和2007年5月的无锡饮用水危机，给当地正常的生产生活造成了严重影响，引起了国内外的广泛关注。

近年来影响重大的水源水突发污染事件包括：

2005年11月，中石油吉林石化公司双苯厂爆炸事故造成了松花江流域发生重大水污染事件，给下游沿岸的居民生活、工业和农业生产带来了严重的影响，其中哈尔滨市近400万人停水4d，经济损失难以估量，造成严重的影响。

2005年12月，广东韶关冶炼厂向北江违法排放含镉废水，形成几十千米的污染带，造成韶关、英德等市的水源污染，并严重威胁了下游广州、佛山等地的水源，给下游的居民生活、工业和农业生产带来了严重的影响。

2007年5月底至6月初，无锡市发生饮用水危机，在太湖蓝藻水华爆发的背景下，作为无锡市饮用水源地的太湖局部水域发生水质急剧恶化，造成自来水厂无法处理，自来水水质发臭，严重影响了生产生活。

2008年5月12日14时28分，四川省汶川县附近发生里氏8.0级特大地震灾害，影响范围波及大半个中国，直接受灾区达10万km^2。主要包括四川省的成都、德阳、绵阳、广元、阿坝和雅安，陕西省的汉中、安康，甘肃省的陇南、甘南、天水、平凉、庆阳、定西等14个地市。地震给灾区的供水系统造成了重大损失，包括水源水质的变化，净水构筑物的损毁。地震引发的次生灾害也对灾区的地表水源地、地下水源地、集中式供水安全、分散式供水安全造成了重大威胁，包括由地震造成重大疫情产生的威胁，由地震引发的化学品泄漏事故产生的威胁，在抗震救灾过程中产生的消杀剂大量使用产生的威胁，地震引发的地质灾害产生的威胁等。

2009年2月20日，江苏省盐城市某化工厂趁大雨期间偷排含酚的废水，污染了盐城市蟒蛇河水源地，酚浓度严重超标，造成盐城市城西水厂停产，盐都区、亭湖区、新区、开发区等部分地区发生断水，数十万居民的生活和当地工业生产受不同程度影响。

2009 年 7 月 23 日，内蒙古赤峰市新城区发生强降雨，大量雨污水淹没了九龙供水公司九号水源井，井水总大肠菌群、菌落总数严重超标。由于供水企业没有及时采取应急处理措施并及时告知公众，导致赤峰市数千人出现发热、腹泻等肠道中毒问题。截至 8 月 3 日 17 时，赤峰市新城区自来水污染事件导致 18 个居民小区累计 4322 人就医。

2009 年 12 月 30 日，陕西省渭南市华县发生了中石油兰郑长成品油管道泄漏事故，约 150 吨柴油泄漏，污染了渭河及黄河潼关至三门峡段，渭河军渡断面的石油类浓度高达 80.9mg/L，超出水环境质量标准 1600 倍，对河南、山西两省使用黄河水作为水源的城市供水安全造成了严重威胁。

2010 年 7 月 3 日，福建省上杭县紫金矿业某尾矿储存池发生泄漏事故，大量含铜废水流入汀江，直到 7 月 11 日，受到污染的汀江流域水质才恢复达标，事故对当地的供水安全造成严重影响。

2010 年 7 月 28 日，吉林省永吉县境内发生特大洪水，永吉县经济开发区新亚强化工厂 7000 多个装有三甲基一氯硅烷等化学品的原料桶被冲入松花江中，造成下游城市居民恐慌性抢水储水。

2010 年 10 月，广东省北江中上游河段发现铊超标。环保部门查明此次铊超标是由韶关冶炼厂排污所致，并依法责令该厂停止含铊废水排放。省政府已依法责令该厂立即停止生产。这一事件对下游的清远、广州、佛山等城市的供水安全造成了严重威胁，并对即将召开的广州亚运会造成了威胁。

2011 年 6 月 4 日，在浙江省建德市境内发生一起交通事故，一辆运输苯酚的车辆发生追尾事故，导致约 20t 苯酚随雨水流入新安江。下游桐庐、富阳等地的多家水厂停止取水，影响供水能力 31 万 t/d，共计涉及 55.22 万居民用水。同时，临安市境内也发生企业违法排污，导致南苕溪水源水呈现浓烈的油漆涂料味道，造成下游杭州市余杭区多个水厂停止取水，影响人口达 15 万人。这些事件对杭州市的供水安全造成了严重影响。

此外还有：

2000 年 10 月 24 日，福建省龙岩市上杭县发生了一起氰化钠槽车倾覆山涧的事件，7t 氰化钠流入小溪，饮用此水的村民 90 多人中毒，当地水源被迫放弃。

2001 年，河南洛宁县发生了一起运输氰化钠的槽车翻车事件，严重影响洛河沿岸人民群众的生命财产安全。

2004 年 2 月，四川沱江受化肥厂排放高浓度氨氮废水污染，内江市 80 万人停水 20d，直接经济损失达 2.19 亿元。

2004 年 7 月，内蒙古造纸厂废水污染造成包头市供水中断 48h。

2006 年 1 月，湖南株洲一家企业非法排污造成湘江镉污染，影响下游湘潭、长沙市的供水。

2006 年 1 月，河南巩义市一家企业非法排污造成黄河石油污染，影响下游山东省沿黄 17 个取水口正常供水。

2006 年 3 月，吉林省一家企业非法排污造成牡丹江支流水栉霉大量繁殖，影响下游供水。

2006 年 6 月，在山西繁峙县境内，一辆运输煤焦油的罐车发生交通事故，约 40t 煤焦油泄漏入大沙河，影响下游河北省阜平县供水，并威胁保定市水源地。为此，河北、山西两省采取河道拦截与清污处理的应急措施，直接费用超过 1 千万元。

2006 年 9 月，湖南省岳阳县水源地受到上游企业非法排放的含砷废水污染，造成当地供水中断数天。

2006 年 11 月，四川省泸州电厂柴油泄漏导致泸州市区停水。

2007 年 7 月，秦皇岛市的水源地发生严重的藻类水华，致嗅物质超标，造成当地水厂无法处理，自来水出现明显的嗅味。

2007 年 8 月，江苏省沭阳县水源地受到上游污染，造成当地供水中断数天。

2007 年 12 月底至 2008 年 1 月中旬，贵州省都柳江受到独山县某企业非法排放的含砷废水污染，导致十几名村民中毒，并造成下游三都县城市供水中断数天。

2008 年 6 月，广西百色上游（云南盛富宁县）一辆运送粗酚的槽车发生事故，数吨粗酚泄露，对下游百色市的水源地构成威胁。

2009 年 2 月中下旬，江苏省淮安市区饮用水出现异味，一度引起了市民恐慌。洪泽县人民检察院举证指控，污染源为洪泽日辉助剂有限公司，公司负责人出资安排他人，将含有有毒有机污染物的工业废水故意排放到苏北灌溉总渠，造成水体重大污染。洪泽县人民法院一审以重大环境污染事故罪，判处污染事故责任方洪泽日辉助剂有限公司罚金 100 万元，并赔偿淮安自来水有限公司人民币 35 万多元，以重大环境污染事故罪判处多名责任人有期徒刑并处罚金。

2011 年 7 月，位于北江上游的湖南郴州市临武县和宜章县 30 多家非法选矿点沿河选矿，造成河水锑浓度升高。2011 年 6 月起跨界断面锑超标数倍，影响到下游韶关地区的饮用水安全。

10.2　2005 年松花江硝基苯污染事故应急净水处理案例

10.2.1　事件背景和原水水质情况

2005 年 11 月 13 日中石油吉林石化公司双苯厂发生爆炸事故，苯类污染物，主要是硝基苯大量泄漏，造成了松花江流域重大水污染事件，给流域沿岸的居民生活、工业和农业生产带来了严重的影响，其中哈尔滨市从 11 月 23 日 23 时起全市市政供水停水 4d，并对流域生态环境安全产生了危害，引起了社会极大关注。

在本次松花江重大有机污染事故中，沿江城市供水企业大多采取了以活性炭吸附技术为主的多重安全屏障应急措施，即在松花江边的取水口处投加粉末活性炭，在源水从取水口流到净水厂的输水管道中，用粉末炭去除水中绝大部分硝基苯，再结合净水厂内在原有砂滤池添加颗粒活性炭层，构成炭砂滤池的改造工程，形成多重屏障，确保安全。以上措施在及早恢复城市安全供水的战斗中取得了决定性的胜利。

10.2.2　哈尔滨市城市供水应急处理

哈尔滨市供排水集团的各净水厂以松花江水为水源，取水口到各净水厂有 5～6km，在从取水口到各净水厂的输水管道中，源水的流经时间约 1～2h。在本次应对松花江污染事件紧急恢复城市供水中，主要采用了在取水口处投加粉状炭的方法，在源水从取水口流到净水厂的输水管道中，用粉末活性炭去除绝大部分硝基苯，再结合净水厂内的炭砂滤池改造，形成多重屏障，确保供水安全的方案。粉末炭的投加量情况如下：在水源水中硝基苯浓度超标的情况下，粉末炭的投加量为 40mg/L（11 月 26～27 日）；在水源水少量超标和基本达标的条件下，粉末炭的投加量降为 20mg/L（约一周时间）；在污染事件过后，为防止后续水中（来自底泥和冰中）可能存在的少量污染物，确保供水水质安全，粉末炭的投加量保持在 5～7mg/L。

2005 年 11 月 26 日 12：00 开始生产性运行验证试验，在水源水硝基苯浓度尚超标 2.61 倍的情况下（0.061mg/L），在取水口处投加 40mg/L 粉末活性炭，到哈尔滨市制水四厂入厂水处，硝基苯浓度已降至 0.0034mg/L，已经远低于水质标准的 0.017mg/L，再结合水厂内的混凝沉淀过滤的常规处理（受条件所限，该厂不具备炭砂滤池改造条件，因此砂滤池未改造成炭砂滤池），最终砂滤池出水硝基苯浓度降至 0.00081mg/L，不到水质标准的 5%。27 日早 4 时以后，制水四厂入厂水水样中硝基苯已检不出。经当地卫生防疫部门检验合格，哈尔滨市制水四厂于 27 日 11：30 恢复供水。哈尔滨市的其他水厂也于 27 日晚陆续恢复供水。并从 27 日 12：00 开始把粉末炭投加量减少为 20mg/L（参见图 10-1）。

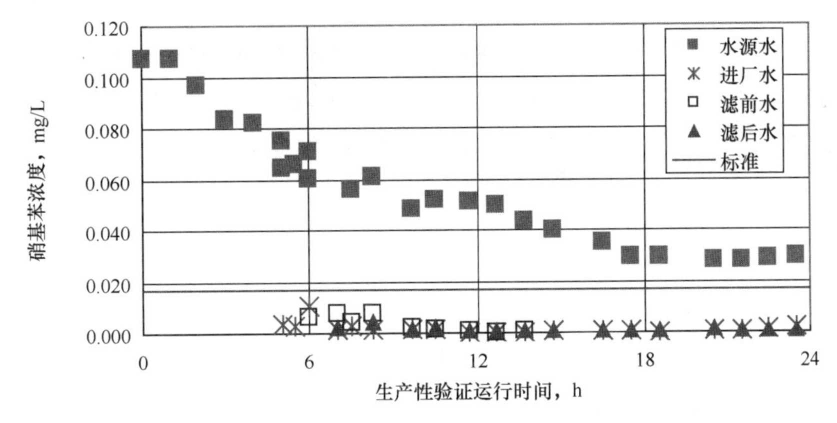

图 10-1 哈尔滨市制水四厂应急处理生产性验证试验
（11 月 26 日 12：00 开始，27 日 11：30 恢复供水）

10.2.3 达连河镇哈尔滨气化厂应急工艺运行效果

哈尔滨市紧急供水的经验为下游城市应急供水提供了宝贵的经验。位于哈尔滨市下游依兰县达连河镇的哈尔滨气化厂负责为哈尔滨市提供水煤气，煤气生产要求不能停水。哈尔滨气化厂所属水厂为 6 万 m^3/d 规模，从取水口到净水厂的距离约 11km，输水流经时间 5～6h。通过采用应急处理措施，在取水口处投加粉末炭，投加量随污染峰的情况调整，从 20mg/L 到最大 50mg/L，厂内原有滤池则改造成炭砂滤池。对硝基苯的去除以粉末炭的去除作用为主，炭砂滤池则起到保险作用。在水源水硝基苯浓度超标最大十余倍的情况下，该厂出水硝基苯达标，并实现了不停水运行，依靠粉末炭和颗粒炭的双重屏障，有效截留了水中硝基苯，确保了哈尔滨市煤气生产的正常进行。

达连河镇哈尔滨气化厂应对硝基苯污染事故中硝基苯的去除情况见图 10-2 和图 10-3，粉末炭对水源水中硝基苯的平均去除率为 98.5%（以炭滤池前水计），炭滤池前硝基苯平均浓度为 0.0019mg/L；加上炭砂滤池后，总的去除率平均为 99.4%（以滤后水计），滤后出水硝基苯平均浓度为 0.0009mg/L。

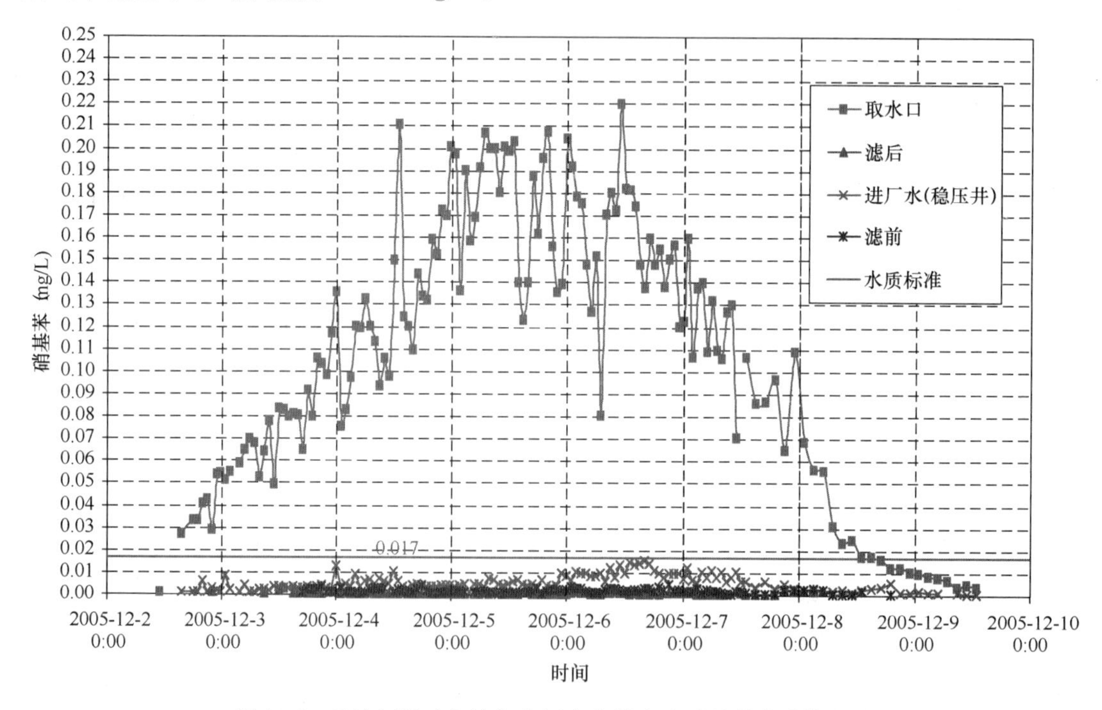

图 10-2　达连河镇哈尔滨气化厂应急供水中硝基苯去除情况图

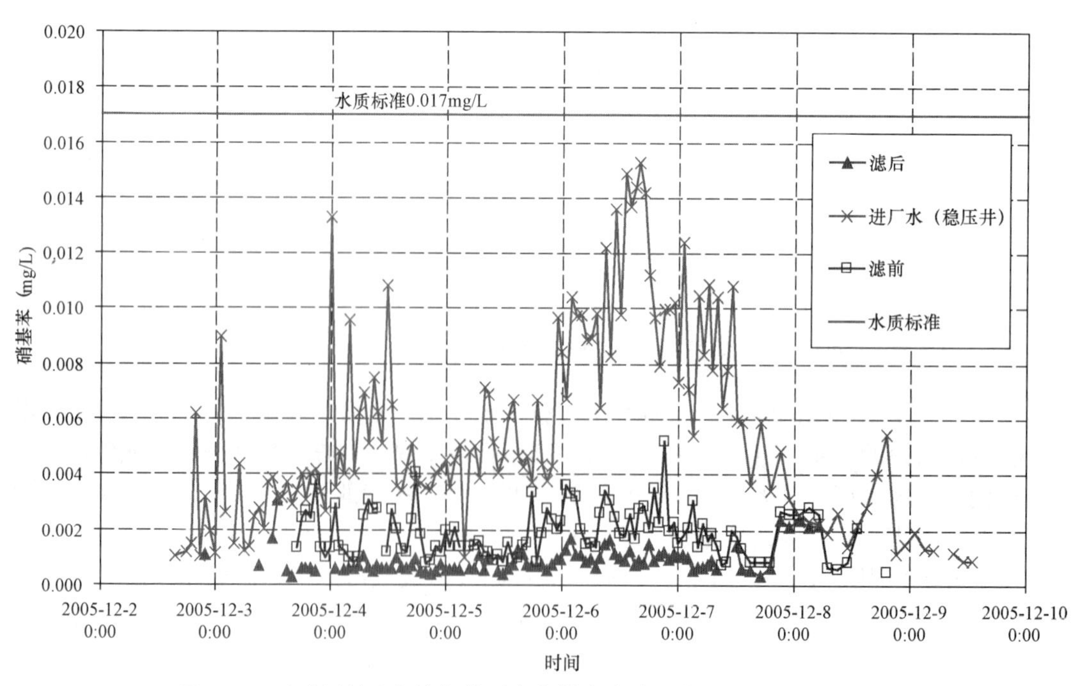

图 10-3　达连河镇哈尔滨气化厂应急供水中硝基苯去除情况图（厂内）

10.3 2005年广东北江镉污染事件应急除镉净水案例

10.3.1 事件背景和原水水质情况

2005年12月5日至14日，广东韶关冶炼厂在设备检修期间超标排放含镉废水，造成北江韶关段出现了重金属镉超标现象。15日检测数据表明，北江高桥断面镉超标10倍，污染河段长达90km，计算得到江中镉含量4.9t，扣除本底，多排入3.62t。北江中游的韶关、英德等城市的饮用水安全受到威胁，英德市南华水厂自12月17日已经停止自来水供应。如果污水团顺江下泻，下游广州、佛山等大城市的供水也将受到威胁。广东省政府于12月20日公布了此次污染事件。

在接到当地报告后，原建设部派出了专家组赶赴现场。根据北江镉污染事件特性和沿江城市供水企业生产条件，专家组提出了以碱性条件下混凝沉淀为核心的应急除镉净水工艺，在水源水镉浓度超标的条件下，通过调整水厂内净水工艺，实现处理后的自来水稳定达标，并留有充足安全余量，确保沿江人民的饮用水安全。

该项技术在英德市南华水厂率先实施，在原建设部专家组、广东省建设厅、众多技术支持单位（特别是广州市自来水公司）和南华水泥厂的共同努力下，经过三个阶段的工作，即第一阶段的方案论证与技术改造阶段（实验室试验、水厂加碱加酸设备安装、系统试运行等），第二阶段的水厂设备修复与更新阶段（对水厂失效无阀滤池更换滤料、铁盐计量泵安装），第三阶段的铝盐除镉与铁盐除镉对比运行阶段，南华水厂应急除镉净水工程取得了全面胜利。

在采用碱性化学沉淀应急除镉技术后，在进水镉浓度超标3～4倍的条件下，处理后出水镉的浓度符合生活饮用水卫生标准的要求，并留有充足的安全余量。应急除镉净水工程完成后，南华水厂对居民供水管网进行了多天的冲洗。广东省卫生厅对南华水厂水质进行了多次分析检测，认为南华水厂水质的各项技术指标均符合国家卫生规范，同意南华水厂恢复供水。广东省政府北江水域镉污染事故应急处理小组决定，从2006年1月1日23时起南华水厂恢复向居民供水。

南华水厂应急除镉净水工艺的成功运行，不但使供水范围内的居民不再受停水困扰，而且对其他受影响城市的自来水厂在水源遭受镉污染的情况下保持正常供水具有示范作用，是我国首次成功开展应对突发水源重金属污染事故的城市供水应急处理工作。

10.3.2 应急技术原理和工艺路线

根据镉的特性和现有水厂实施的可能性，经实验室和水厂现场试验结果，确定了以碱性条件下混凝沉淀为核心的应急除镉净水技术路线，即利用碱性条件下镉离子溶解性大幅降低的特性，加碱把源水调成碱性，要求絮凝反应后的pH值严格控制在9.0左右，在碱性条件下进行混凝、沉淀、过滤的净水处理，以絮体吸附去除水中镉的沉淀物；再在滤池出水处加酸，把pH值调回到7.5～7.8（生活饮用水标准的pH值范围为6.5～8.5），满足生活饮用水的水质要求。

pH 值的确定

pH 值是化学沉淀法去除重金属离子的关键因素。调整水的 pH 为碱性后，水中的碱度（中性条件下主要为重碳酸根）中会有部分转化为碳酸根，并与镉离子生成碳酸镉沉淀物。

碳酸根的浓度与 pH 值有关，可用碱度组分的理论公式计算：

$$[CO_3^{2-}] = \frac{K_{a2}}{[H^+]} \cdot \frac{[\text{碱}]_{\text{总}} + [H^+] - \frac{K_W}{[H^+]}}{1 + 2\frac{K_{a2}}{[H^+]}} \tag{10-1}$$

式中　[　]——摩尔浓度，mol/L；

K_{a2}——重碳酸根/碳酸根的离解常数，$K_{a2}=5.6\times10^{-11}$（25℃，离子强度 $I=0$）；

K_W——水的电离常数，$K_W=1\times10^{-14}$。

镉离子的最大溶解浓度用溶度积原理计算：

$$[Cd^{2+}] = \frac{K_{sp}}{[CO_3^{2-}]} \tag{10-2}$$

式中　K_{sp}——$CdCO_3$ 的溶度积常数，$CdCO_3$ 的 $K_{sp}=1.6\times10^{-13}$（25℃，离子强度 $I=0.1$mol/kg）。

如原水碱度为 1mmol/L（即 60mg/L，以 CO_3^{2-} 计，水源水一般要略高于此值），得出在 pH=9.0 时，碳酸根浓度是 5×10^{-5}mol/L，相应 Cd^{2+} 最大溶解浓度为 0.00036mg/L，远小于 0.005mg/L 的饮用水标准。可以此作为弱碱性混凝除镉的工艺控制条件。

注意上述理论计算主要是用于应急处理技术路线的方向判别，与实际情况存在偏差，在应用时必须进行试验验证。例如，根据以上碳酸根和碳酸镉的理论计算公式，Cd^{2+} 的最大溶解浓度在 pH=8.0 时为 0.0032mg/L；pH=7.8 时为 0.0051mg/L。而该水源水的实际情况是当 pH=7.7～7.9 时，水源水中 Cd^{2+} 的浓度在 0.02～0.03mg/L，远超出上述 pH=7.8 时的计算值，说明在中性条件碳酸根浓度极低的条件下，碳酸根浓度的理论计算与实际情况有较大偏差，或是碳酸根浓度还受到其他影响（如溶解二氧化碳），也可能是沉淀反应与溶度积公式有一定偏差。

在现场烧杯试验（试验步骤：调 pH 值，混凝，沉淀，滤纸过滤）中，滤后水 pH≥9.0 的水样镉浓度稳定<0.001mg/L；滤后水 pH=8.5 的水样有的达标，有的超标，效果不稳定。考虑到水厂实际处理中对悬浮物的去除效率要低于烧杯试验，并且水厂的处理设施简陋，在工程上需要留有一定的安全系数，因此应急处理中按砂滤出水 pH=9.0 进行控制，在工程上留有充足的安全余量，确保处理出水稳定达标。

混凝剂投加量的确定

应急除镉的实验室试验表明，单纯提高混凝剂投加量并不能提高对镉的去除率，但调整 pH 值到碱性条件进行混凝处理可以取得很好的除镉效果。不同混凝剂投加量的除镉效果见表 10-1，对于确定种类的混凝剂，各投加量下的除镉效果基本相同。不同 pH 值条件下的除镉效果见表 10-2 和表 10-3。

不同混凝剂投加量的除镉效果（初始镉浓度0.042mg/L，pH=7.7）　　**表 10-1**

	投加量 mg/L	10	20	30	40	50
$FeCl_3$	Cd（mg/L）	0.0176	0.0169	0.0176	0.0175	0.0175
	去除率%	58.1	59.8	58.1	58.3	58.3
聚合氯化铝	Cd（mg/L）	0.022	0.0172	0.0159	0.0136	
	去除率%	47.6	59.0	62.1	67.6	
$Al_2(SO_4)_3$	Cd（mg/L）	0.0286	0.0262	0.0266	0.0283	0.0268
	去除率%	31.9	37.6	36.7	32.6	36.2

$FeCl_3$混凝剂在不同 pH 值下的除镉效果（$FeCl_3$投加量 20mg/L）　　**表 10-2**

反应后 pH 值		5.81	6.83	7.44	8.49	9.59	10.61
原水不调浊度，初始镉浓度 0.042mg/L	Cd（mg/L）	0.0409	0.0279	0.0213	0.0027	<0.001	<0.001
	去除率%	2.6	33.6	49.3	93.6	>97.6	>97.6
原水配浊度 100NTU，初始镉浓度 0.032mg/L	Cd（mg/L）	0.0356	0.0238	0.0145	0.0022	<0.001	<0.001
	去除率%	15.2	43.3	65.5	94.8	>96.9	>96.9

聚合氯化铝混凝剂在不同 pH 值下对镉去除的影响

（聚合氯化铝投加量 50mg/L，初始镉浓度为 0.042mg/L）　　**表 10-3**

反应后 pH 值	6.08	6.64	7.05	7.71	8.0	8.81
Cd（mg/L）	0.038	0.0294	0.024	0.0103	0.0053	<0.001
去除率%	9.5	30.0	42.9	75.5	87.4	>97.6

注：以上表中混凝剂的投加量，$FeCl_3$和 $Al_2(SO_4)_3$以分子式计，聚合氯化铝以商品重计

根据试验结果，在高 pH 值条件下，混凝除镉效果良好：对于含镉 0.042mg/L 的水样，在铁盐混凝剂 $FeCl_3$投加量 20mg/L（以分子量计），或聚合氯化铝投加量 50mg/L（以商品重计）的条件下，pH=7.5 时，去除率约 50%，pH=8.0 时，去除率 80%以上，但出水不达标，含镉 0.005～0.01mg/L；pH=8.5 时，出水达标，含镉 0.002～0.003mg/L；pH=9.0，出水镉检不出（低于 0.001mg/L）。由此确定了采用弱碱性条件混凝沉淀的应急除镉技术路线。

10.3.3　应急技术实施要点

该应急除镉的技术要点是必须保证混凝反应处理的弱碱性 pH 值条件。

1. 铝盐除镉净水工艺

对于铝盐除镉净水工艺，滤后出水要求 pH 值严格控制在 9.0～9.3 之间。如 pH 值小于 9.0，则存在出水镉浓度超标的风险。因为在 pH 值小于 9 的条件下，镉的溶解性较强，去除效率下降。如 pH 值大于 9.5，则存在着铝超标的风险，因为在较高 pH 值条件下，铝的溶解性增加。

以上控制条件是在实验室试验的基础上，根据南华水厂实际运行结果得出的，并且已经留有一定的安全余量。在此 pH 值控制范围内，可保证铝盐除镉工艺出水镉离子浓度在 0.001mg/L 以下，实际值在 0.0005～0.009mg/L 之间。此外，出水铝离子浓度小于

0.1mg/L，一般在0.05mg/L左右。

2. 铁盐除镉净水工艺

对于铁盐除镉净水工艺，滤后出水要求pH值严格控制在8.6以上。如pH值小于8.5，则存在出水镉浓度超标的风险。因为在pH值小于8.5的条件下，镉的溶解性较强，絮凝沉淀分离效果较差。对于铁盐除镉净水工艺，pH值的控制上限主要受经济条件所限，pH值越高则所需加碱及加酸回调的费用也越高。

以上控制条件是在实验室试验的基础上，根据南华水厂实际运行结果得出的，并且已经留有一定的安全余量。在此pH值控制条件下，铁盐除镉工艺出水的镉离子浓度在0.001～0.002mg/L之间，略高于铝盐工艺。

对于如下常规净水工艺：

水源水→取水泵房→快速混合→絮凝反应池→沉淀池→滤池→清水池→供水泵房→管网

弱碱性混凝除镉工艺所需变动是：

(1) 在混凝之前加碱，加碱点可设在混凝剂投加处。经试验验证，碱液先投加和与混凝剂同时向水中投加的效果相同，但碱液不得事先与混凝剂混合，以免与混凝药剂产生不利反应。

(2) 在滤池出水进入清水池前加酸回调pH值，加酸点应设在加氯点之前，以免影响消毒效果（碱性条件下，氯化消毒效果降低）。

对于采用预氯化的水厂，采用本除镉工艺是否会降低预氯化效果，应进行试验验证。

为了保障应急除镉工艺的效果，必须做好以下几个方面的控制：

(1) 控制混凝的弱碱性条件

为了保证沉淀池出水或滤池出水处pH值严格控制在预设范围内，必须采用在线pH计测量。由于加碱点到控制点的水流时间较长，为了及时控制加碱量，在线pH计可以前移到反应池前，直接控制加碱泵投加量，再用便携式pH计根据沉后水要求确定前设在线pH计的控制值。

(2) 滤后水回调pH值

在清水池进水处设置在线pH计，在滤池出水管（渠）中设置加酸点，由在线pH计控制加酸泵的投加量，把进入清水池的pH值调整到预设范围。

(3) 混凝剂的计量投加

由于混凝剂消耗碱度，特别是酸度较高的聚合硫酸铁，加入混凝剂后pH值的下降幅度较大，混凝剂的投加量直接影响到反应后的pH值，必须严格控制混凝剂的投加量。在南华水厂的运行中，由于该厂混凝剂为人工经验投加，投加量波动较大，经人工严防死守才保持了投加量的稳定。建议有关水厂的混凝剂投加系统一律改用计量泵设备。

10.3.4 应急工艺参数和运行效果

以下给出南华水厂除镉净水运行参数，供参考：

1. 铝盐除镉系统

处理水量：320m^3/h（7500m^3/d规模）。

加碱：食品级30％NaOH碱液，混凝剂投加点前水的pH值控制条件：9.52，允许误差±0.01。

混凝剂：聚合氯化铝，40mg/L（固体商品重，Al_2O_3含量不小于29%）。此为应急时期的高投加量，到后期按20、13、10mg/L的次序逐步降回正常投量。

加酸：食品级31%盐酸（建议采用价格更便宜的食品级浓硫酸，因现场急需，当时未购到食品级硫酸），加酸点设在滤池出水处，控制清水池进水pH值在7.5～7.8。

2. 铁盐除镉系统

处理水量：320m^3/h（7500m^3/d规模）。

加碱：与铝盐系统共用，条件相同（食品级30%NaOH碱液，混凝剂投加点前水的pH值控制条件：9.52，允许误差正负0.01）。

混凝剂：聚合硫酸铁，0.03mL/L（液体药剂，比重1.5，铁含量不小于11%，相当于以Fe计5mg/L）。

加酸：与铝盐系统共用（食品级31%盐酸，建议采用浓硫酸，因应急现场未购到食品级硫酸），加酸点设在滤池出水处，控制清水池进水pH值在7.5～7.8。

3. 经济数据

工程改造费用：40万元。包括：2台在线pH计、2台加碱计量泵（一用一备）、2台加酸计量泵（一用一备）、1台便携式pH计、1t碱液、500kg盐酸、70t砂滤料和30t滤池垫层卵石（原有无阀滤池的滤料已失效，滤料全部更换）、电器、管材等。

运行药剂成本：

（1）铝盐（以紧急除镉高混凝剂投加量计）

$$混凝剂+碱+酸=0.096+0.027+0.010=0.133\ 元/m^3$$

（2）铁盐

$$混凝剂+碱+酸=0.045+0.027+0.005=0.077\ 元/m^3$$

南华水厂应急除镉运行的水质监测结果见表10-4和表10-5。由表可见，弱碱性混凝处理对镉有很好的去除效果，对虽未超标的铅、锌、锰、砷等污染物也有较好的去除。

广东省卫生防疫部门水质全面分析检测结果中的主要指标　　表10-4

检测项目	采样点测定结果				限值
	水源水	铝盐除镉工艺滤后水	铁盐除镉工艺滤后水	出厂水	
镉（mg/L）	0.0192	0.000582	0.00164	0.00112	0.005
浊度（NTU）	11	＜1	＜1	＜1	≤1，特殊≤3
色度（度）	18	＜5	8	＜5	不超过15
pH值	7.22	7.70	7.74	7.71	6.5～8.5
铝（mg/L）	0.082	0.057	0.010	0.026	0.2
铁（mg/L）	0.108	＜0.003	0.234	0.085	0.3
硫酸盐（mg/L）	19.186	17.712	22.270	20.689	250
氯化物（mg/L）	8.429	26.865	13.119	18.605	250
溶解性总固体（mg/L）	64	92	70	134	1000

续表

检测项目	采样点测定结果				限值
	水源水	铝盐除镉工艺滤后水	铁盐除镉工艺滤后水	出厂水	
耗氧量（以O计）(mg/L)	1.66	1.029	1.19	1.11	3
砷（mg/L）	0.0121	0.0039	0.0017	0.0020	0.01
铬（六价）(mg/L)	<0.005	<0.005	<0.005	<0.005	0.05
汞（mg/L）	<0.001	<0.001	<0.001	<0.001	0.001
硒（mg/L）	<0.00025	<0.00025	<0.00025	<0.00025	0.01
锰（mg/L）	0.041	<0.001	0.016	0.008	0.1
铜（mg/L）	0.006	0.005	0.003	0.005	1.0
锌（mg/L）	0.2636	<0.01	0.015	0.0125	1.0
铅（mg/L）	0.00603	<0.0001	0.00896	<0.0001	0.01
余氯（mg/L）				1.0	30min接触时间后不小于0.3mg/L

注：取样时间：2005年12月30日24时，所测项目约40项，所有检测结果均符合生活饮用水标准的水质要求，表中仅列出相关的主要指标。

英德市环保局对水中镉浓度的分析检测结果　　表10-5

采样时间	采样点镉浓度测定结果（mg/L）				备注
	水源水	铝盐除镉工艺滤后水	铁盐除镉工艺滤后水	出厂水	
1月1日14：30	0.019	0.0010	0.0022	0.0016	铝盐40mg/L，铁盐0.03ml/L，pH=9.0
1月1日21：30	0.018	0.0006	0.0010	0.0010	
1月2日10：50	0.018	0.0009	0.0012	0.0011	
1月2日19：45	0.017	0.0010	0.0013	0.0011	
1月3日10：00	0.014	0.0008	0.0013	0.0014	
1月3日16：10	0.013	<0.0005	<0.0005	<0.0005	
1月5日12：00	0.010	<0.0005	<0.0005	<0.0005	铝盐投量减至20mg/L
1月6日15：00	0.0062	<0.0005	0.0010	0.0006	铝盐投量减至13mg/L，加碱量减少
1月8日9：00	0.0040	<0.0005	0.0013	0.0011	铝盐投量减至10mg/L，加碱量减少
1月14日	约0.002			约0.001	停止加碱应急除镉运行

铝盐与铁盐除镉工艺的对比情况见表10-2和表10-3。

铝盐工艺出水水质好，沉淀池出水的镉浓度和浊度低，水质清澈，滤池负荷低，但采用了较高的混凝剂投加量（2倍以上），回调pH值加酸量高于铁盐，运行成本高于铁盐。

铁盐工艺出水差于铝盐工艺，原因是运行时水温较低和反应池的反应条件不理想（孔室反应池），造成沉淀出水浊度较高。但该工艺因回调 pH 值加酸量低于铝盐，运行成本较低。建议采用铁盐时使用助凝剂，以提高混凝效果。

10.3.5　应对水源水镉只略为超标的混凝除镉工艺

对于水源水镉超标幅度较大（数倍）的水样，根据在南华水厂进行的实验室烧杯试验结果，对于加碱量较少的水样，在投加酸度较大的聚合硫酸铁混凝剂后，沉后水的 pH 值可直接降低到 7.4～8.3 之间（混凝剂投加量大的 pH 值下降幅度大），其中 pH>8.0 的水样中镉离子浓度也可以达标，并且该处理后水不需再加酸回调 pH 值，可以简化处理工艺。但是，由于该反应条件处于有效除镉范围下限的临界点处，处理效果极不稳定，加碱量略少或者混凝剂投量略高都将使 pH 值过度下降，造成出水镉超标，除镉处理的保证率较低。

对于水源水镉超标不严重，最大超标倍数在 0.5 倍以下的水厂，可以采用只少量加碱不再加酸的混凝除镉工艺，但必须先经过试验验证。例如，在北江镉污染事件中，清远市（位于英德市的下游）自来水厂水源水中镉最大浓度 0.0067mg/L，水厂实际运行中在混凝处理前只少量加碱，使滤后水的 pH 值控制在 8.0 左右，这样处理后不需加酸回调 pH 值，滤后水镉浓度在 0.001～0.004mg/L，平均为 0.003mg/L。在佛山市自来水公司的实验室和中试中，也研究了只少量加碱不再加酸的混凝工艺，并采用了高铁助凝剂提高混凝效果，出水镉可以达标。

2006 年 1 月 4 日，湖南省湘江株洲长沙段发生了类似的镉污染事件。根据广东北江应急除镉净水工艺的经验，湘潭市和长沙市的自来水厂在混凝前投加石灰，以提高除镉效果，有效应对水污染事件，保障当地的饮用水供应。

10.4　2006 年黑龙江省牡丹江市应急处理水生真菌案例

2006 年 1 月 19 日，牡丹江市第四水厂水源地发现絮状污染物，造成公众对水质产生担心。这些絮状物发生在海浪河斗银河段至牡丹江市西水源段（海浪河入牡丹江处），全长约 20km。下午 4 时开始，牡丹江市自来水公司取水口被不明水生生物絮体堵住。经查证，不明水生物已经确定为一种水生真菌，其名称为水栉霉。

水栉霉是一种低等水生真菌，属藻状菌纲，水栉霉目，水栉霉科。它常常生活在污水中，在下水道出口附近也可以发现，是水体受到一定程度单、双糖或蛋白质污染的指示生物。其特征为：黄黏絮状物，在水中为乳白色、絮状，一般沉在水中，或附着在水中其他物体上，或附着在河床上。水栉霉属腐生菌，生长周期 40～50d，适宜条件下，菌丝长度由 5mm 可长到 60mm。每年十月底开始繁殖，第二年一月中旬出现漂浮。幼龄菌丝为乳白色，老龄菌丝为黄褐色。它生长到一定长度后，在菌丝中部产生气泡，开始漂浮，随水冲下。有关水栉霉的生物毒性正在测试中。

这次水栉霉出现的主要原因是由于黑龙江省海林市排放的工业废水、生活污水所致，黑龙江省海林雪原酒业公司违法排污是此次牡丹江水栉霉污染事件的主要原因之一。海林雪原酒业公司在未依法办理环评手续的情况下，擅自扩建酒精生产项目，没有配套治污设施。酒精生产过程中高浓度污水直接排入牡丹江。海林市环保局曾于 2005 年 12 月提请海林市政府关闭该企业，但市政府一直未下达停产决定，导致海林雪原酒业公司长期违法排污。本次事件发生后，三家污染企业，海林雪原酒业、海林啤酒厂、海林食品公司屠宰车间排放不达标的企业已被停产整顿。

水源地发现水生生物后，水厂在取水口加设拦截网截留生物絮体，并加大了混凝剂和消毒氯气的投放量。海林市组织人力对严重污染河段进行破冰人工清捞。牡丹江市政府将对牡丹江上游水域进行集中整治，从长远角度确保牡丹江市民饮用水安全。

10.5 2007年无锡水危机除嗅应急处理案例

10.5.1 事件背景和原水水质情况

2007年5月28日开始，无锡市自来水的南泉水源地的水质突然恶化，造成自来水带有严重臭味，自来水已经失去了除消防和冲厕以外的全部使用功能。从5月29日起，无锡市市民的生活饮水和洗漱用水全部改用桶装水和瓶装水，社会生活和经济生产收到极大影响。

（1）无锡市供水水厂情况

无锡市城区自来水供水主要由中桥水厂（60万m^3/d，市区主力水厂）和雪浪水厂（25万m^3/d，供无锡南部和部分市区）供给。这两个水厂的源水由南泉水厂（取水厂）从太湖抽取，取水头部从岸边向湖中伸出300m，源水泵压后通过2条源水管送至净水厂，到雪浪水厂14km（事件中根据不同的输水量，流经时间4～8h），到中桥水厂20km（流经时间6～12h）。因此在本次水污染事件中，无锡市城区的大部分区域都受到了影响。市区自来水厂分布情况如图10-4所示。

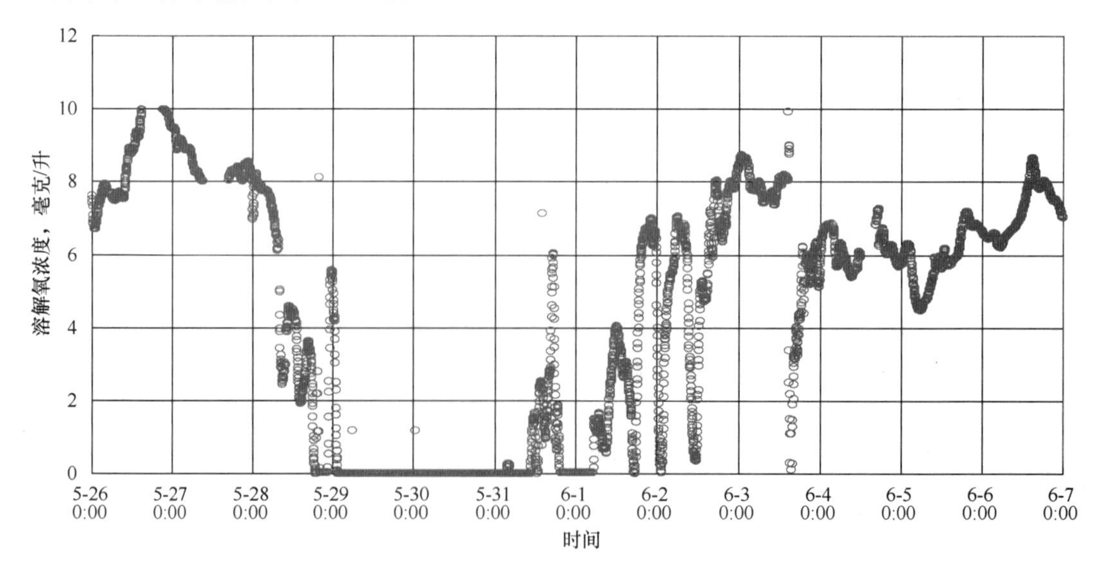

图10-4 无锡南泉取水口处溶解氧浓度图

此外，无锡市区还有1个小水厂，梅园水厂（产水能力5万m^3/d，平时实际供水3万m^3/d），事件中大部分时间停止供水，由中桥水厂向其供水区域供水。无锡市东部还有锡东水厂，单独从太湖东北部取水，供水量为30万m^3/d，向无锡市东南方向的原锡东县地区供水，尽管其配水管网与无锡市城区管网勾通，但由于管径有限，在事件中无法向城区供水。

(2) 水源水质情况

5月28日上午开始，南泉水厂取水口处水质突然恶化。由于输水、制水和配水的总时间在十多个小时至一天，从5月28日下午和晚上开始，无锡市城区陆续开始受到影响。根据取水口处安装的在线溶解氧仪的数据记录，南泉水源地的污染过程从5月28日8点开始，至6月4日基本结束，其中5月28日8点至31日水质连续恶化，水源水的溶解氧浓度基本为零；6月1日至6月4日水质剧烈波动，溶解氧浓度在0～8mg/L之间剧烈变化，变化最快时在半小时内溶解氧浓度从8mg/L以上降到接近零。

受太湖湖体进出水和风向的影响，太湖中水流流场分布不均，水质恶化的水体形成污染团，呈团状流动。据环保部门测定，当时在太湖南泉取水口附近的污染水团约有$1km^2$，污染水团中心的耗氧量最高处大约40～50mg/L，氨氮大约10～20mg/L。

南泉水厂所取水源水的水质性状是：

水的颜色：水体发灰，严重时黑灰，水面部分时间有少量的浮藻，大部分时间没有浮藻。在烧杯中水的颜色为黄绿色。

水的嗅味：嗅味种类为恶臭，臭胶鞋味，烂圆白菜味，味道极大，源水的嗅味等级为“五级”(最高等级，表示强度很大，有强烈的恶臭或异味)，水厂人员甚至记录为“>五级”。

藻浓度：5月28～31日5000万～8000万个/L，个别数据过亿；6月1日后大部分水样为1000万～3000万个/L。中桥水厂进厂水藻浓度28日23点达最高值，2.5亿个/L。

COD_{Mn}：15～20mg/L，中桥水厂进厂水28日晚达最高值，24mg/L。

氨氮：7～10mg/L。

DO：严重时为零，取水口处溶解氧浓度见图10-4。

(3) 水源水特征污染物特性和来源分析

本次无锡自来水嗅味问题的产生原因极为特殊，当时的说法是因太湖蓝藻水华造成。但是根据源水水质和嗅味的味道，以及应急除藻措施除嗅效果欠佳的情况，专家组初步判断，产生此次无锡自来水嗅味的物质，不是蓝藻水华时常见的藻的代谢产物(如2－甲基异莰醇、土嗅素等)，而是另一类致嗅的含硫化合物，产生的原因较为复杂。由此确定应急处理的对象，不是通常的“除藻”，而主要是“除嗅”。

经对5月31日中午水源水、6月2日污水团、污染期间存留的自来水等水样进行GC/MS分析，检出源水中含有大量的硫醇硫醚类、醛酮类、杂环与芳香类化合物。主要成分为三大类：

1) 硫醇、硫醚类化合物：甲硫醇、二甲基硫醚(甲硫醚)、二甲基二硫醚、二甲基三硫醚、二甲基四硫醚、环己硫、环辛硫；

2) 醛、酮类化合物：ß－环柠檬醛、己醛、辛醛、辛酮、环己酮；

3) 杂环与芳香类化合物：吲哚、吲哚分解产物类化合物、酚、甲苯。

在水危机期间，水中致嗅物质浓度最高的嗅味物质是甲硫醇、甲硫醚，而随着水质的好转，溶解氧浓度增加，还原性的甲硫醇、甲硫醚逐渐转化为二甲基三硫醚，并最终被氧化为硫酸盐。值得注意的是，典型的藻类代谢产物致嗅物质 2-甲基异莰醇（2-MIB）和土臭素（geosmin）在水源水中的浓度均在 10ng/L 左右，未见异常。

水中硫醇、硫醚类化合物可以由藻类分解产生，也可以由含蛋白质的废水产生，产生的途径汇总在图 10-5 中。

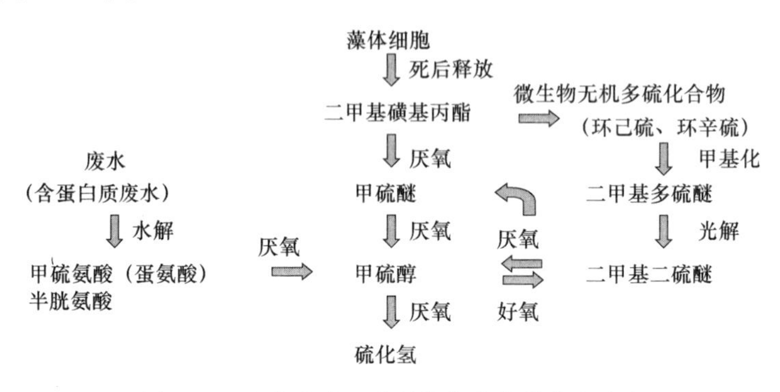

图 10-5　水中硫醇、硫醚类化合物的产生途径

二甲基磺基丙酯是藻体细胞内的化学物质，具有调解渗透压的生理功能，在藻体死亡细胞破裂后进入水体，通过微生物的作用，转化为二甲基二硫醚。部分二甲基二硫醚可以生成二甲基硫醚或甲硫醇。二甲基磺基丙酯在厌氧条件下也可以直接生成甲硫醇。水源水中硫醇硫醚类含硫有机物、耗氧量和氨氮的含量很高，产生条件需要大量的藻渣和厌氧条件，而在含通常浓度藻体的水中，包括藻类水华的主流水体中，藻量不够，也无法产生厌氧条件。

水源水中检出的醛类物质中，β-环柠檬醛是嗅味物质，木头味，是藻类的代谢产物，特别是属于蓝藻的微囊藻的代谢产物。其他醛类物质也是代谢产物的分解物。

值得注意的是，含蛋白质的废水，如生活污水和工业废水，在厌氧条件下也可以生成甲硫醇，产生硫醇、硫醚类化合物。2006 年秋季和 2007 年春季，广东省东莞市雨季运河水排洪期间，在东江饮用水水源中检出了硫醇、硫醚类化合物，当时水体也产生了嗅味问题，味道与本次无锡事件相近，只是浓度较低。

水源水中还检出了较高含量的吲哚和酚，在水源水和受污染自来水水样中还检出了甲苯。吲哚是蛋白质中色氨酸的分解产物，有强烈的粪臭味，常见于粪便污水。酚和甲苯的来源一般为工业污染。

根据水质检测结果和污染物成因分析，此次无锡自来水水源地污染物的可能来源是：太湖蓝藻暴发产生的藻渣与富含污染物的底泥，在外源污染形成的厌氧条件下快速发酵分解，所产生的恶臭物质造成无锡水危机事件。

10.5.2　应急技术原理和工艺路线

引发无锡水危机的水源水嗅味物质主要是硫醇硫醚类物质，特别是还原性强的甲硫醇、甲硫醚，此外水中的氨氮、有机物浓度也很高。根据已有研究结果，含硫的致嗅物质能够被氧化剂氧化分解，但基本上不被活性炭吸附。高锰酸钾可以迅速氧化乙硫醇，而粉末炭吸附效果较差。

此外，水中的有机物浓度也较高，达到 15～20mg/L，单靠氧化无法将有机物去除到水质标准之内。因此，综合使用氧化和吸附技术，可以去除各类嗅味物质和其他污染物。对于综合使用，必须氧化剂在前，活性炭在后，后面的活性炭还有分解可能残余的氧化剂的功能。如果投加次序相反或同时投加，会因氧化剂与活性炭反应，产生相互抵消作用，效果反而不好。

专家组到达无锡后，随即在现场进行了调查研究，有针对性地确定了试验方案。5 月 31 日 19 点开始，至 6 月 1 日早 7：40，试验取得了成功。采用所确定的应急除嗅处理技术，试验中高锰酸钾氧化 2h，再在混凝时加入粉末炭，在 5 月 31 日晚的恶劣水源水质条件下（水样恶臭，耗氧量 15.9mg/L），应急处理后的试验水样无嗅无色，感官性状良好，常规指标（包括浊度、色度、耗氧量、锰等）均达标，微囊藻毒素－LR 略超标，但至少可以满足生活用水的要求。

除采用高锰酸钾氧化外，5 月 31 日晚还试验了二氧化氯氧化，但除嗅效果不好，且投加量过大，并存在副产物亚氯酸盐超标的问题。后期又试验了过氧化氢氧化，但除嗅效果不佳，且反应速度很慢。

因此，所确定的除嗅应急处理工艺是：在取水口处投加高锰酸钾，在输水过程中氧化可氧化的致嗅物质和污染物；再在净水厂反应池前投加粉末活性炭，吸附水中可吸附的其他嗅味物质和污染物，并分解可能残余的高锰酸钾。为避免产生氯化消毒副产物，停止预氯化（停止在取水口处和净水厂入口处的加氯）。高锰酸钾和粉末活性炭的投加量根据水源水质情况和运行工况进行调整，并逐步实现了关键运行参数的在线实时检测和运行工况的动态调控。应急处理所增加的运行费用为 0.20～0.35 元/m^3 水（应急处理的高锰酸钾投加量 3～5mg/L，粉末活性炭投加量 30～50mg/L）。

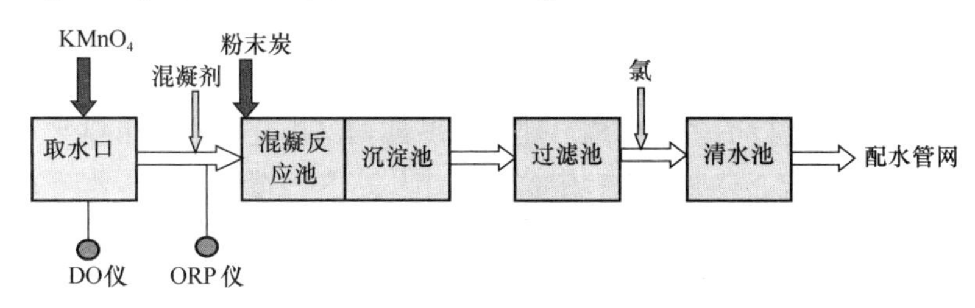

图 10-6 无锡市水危机期间水厂应急处理工艺流程图

10.5.3 应急技术实施要点

从 6 月 1 日早 5：00 开始水厂按新方案运行，至 6 月 1 日下午，水厂出厂水已基本无嗅味，市区供水管网水质也开始逐渐好转，可以满足生活用水要求。至于是否能作为饮水，还需对毒理学指标进行全面检测和获得卫生监督部门的认可。

但从 6 月 2 日开始至 6 月 5 日，水源水质变化突然，幅度很大，造成水厂运行不稳定。在源水水质恶化时必须及时增加高锰酸钾投量，在水质变好时又要相应降低投量。为此，紧急加装了在线检测仪表，逐渐实现了应急除嗅处理的运行目标，即“实时监测、科学指挥、动态调控、稳定运行、全面达标”。

取水口处高锰酸钾的投加量是除嗅运行的关键控制参数。投加量适宜时，所加入的高锰酸钾中的 7 价锰转化为 4 价锰，存在形式为不溶性的 MnO_2，可通过净水厂的混凝沉淀过滤有效去除。如投加量过大，反应剩余的高锰酸钾会造成净水厂进水颜色发红（红水）。如投加量少，则除嗅效果差，并且由于高锰酸钾生成的二氧化锰在输水管道中与水中残余的还原性物质继续反应，生成溶解性的2价锰，将造成出厂水锰超标。

据后来分析，大部分出厂水锰超标的问题多是由于取水口处高锰酸钾投加量偏少造成的。6月3日夜在净水厂进水处紧急安装了在线ORP仪，实时监测氧化效果，并根据运行情况在一天内总结出了ORP仪的控制参数，指导取水口处高锰酸钾投加量的调整和净水厂的运行工况。

由于源水在输水管中的流经时间有数小时，高锰酸钾投加量调整的效果有滞后，对此净水厂内建立了应对锰超标问题的多种运行工况：在进厂水ORP适宜（400～600mV）时，采用正常运行工况（粉末炭投加量30mg/L，停止水厂前加氯，采用滤前加氯和滤后加氯）。ORP偏高（＞600mV）时，为预防可能出现红水问题，水厂运行采用除高锰运行工况（增加粉末炭投加量到50mg/L，停止水厂前加氯和滤前加氯）；ORP偏低（＜400mV）时，采用除低锰运行工况（粉末炭投加量30mg/L，增加水厂前加氯，后氯化以滤前加氯为主）。

10.5.4 应急工艺运行效果

该应急处理工艺通过合理采用多种处理技术，强化了对嗅味物质和有毒污染物的去除，并避免因应急处理而产生新的污染问题，工艺合理，实施迅速，效果良好。

在采用应急除嗅处理技术后，6月1日下午起，水厂出厂水已基本上无嗅味。6月2日，无锡市城区大范围打开消防栓放水，清洗管道，并清洗二次水箱。自来水嗅味问题基本解决，至少可以满足生活用水的要求。

在此基础上，加紧进行毒理学指标的监测，以对饮水安全性做出全面评价。无锡市自来水总公司水质监测站进行了多次检测。建设部城建司又委托国家城市供水水质监测网的北京监测站和上海监测站，对水源水、中桥水厂出厂水和雪浪水厂出厂水6月5日水样进行了测定，检测按饮用水新国标《生活饮用水卫生标准》（GB 5749—2006）要求进行，包括了标准中所有的有毒有害物质。

微囊藻毒素－LR是毒理学指标中与蓝藻水华相关的项目。无锡供水监测站对6月1日晚中桥水厂出厂水的化验结果为新国标限值的四分之一；无锡、北京、上海等三家监测单位于6月5日对中桥水厂和雪浪水厂出厂水进行了检测，结果都低于检出限。

对于水厂加氯消毒产生的氯化有机物的项目（包括：三氯甲烷、一氯二溴甲烷、二氯一溴甲烷、三溴甲烷、四氯化碳等），检测结果中浓度最高的也在新国标限值的四分之一以下。对于反映有机物含量综合性指标的耗氧量，检测结果低于3mg/L，满足新国标的要求。农药和芳香族化合物类项目则均未检出。由于综合采用了去除污染物的氧化与吸附手段，出厂水水质要优于平常的水质。

检测中有问题的项目是：

1）锰的达标率不稳定，北京和无锡测定的锰都达标，上海测定超标0.2倍。国标中锰属于感官性状和一般化学指标，限值0.1mg/L。对于影响健康的饮用水锰浓度的指导值，世界卫生组织定为0.5mg/L，是感官性状标准的5倍。出水锰浓度波动是因为应急工艺的运行尚未稳定，加之水源水中的锰已经接近标准限值。随着在线检测和管理水平的提高，这个问题已经消除，6月5日中桥水厂的出厂水的锰合格率已经达到95%以上（当天每小时一次的测定，只有23点的水样超标）。

2）氨氮超标，但氨氮只是反映水源被污染的指示性指标。

根据污染源水的性质、应急处理工艺的技术原理、水质全面监测结果、与以往水厂水质化验检测数据对比，可以得出结论：应急处理自来水的水质是安全的，完全满足饮用水的要求。6月4日无锡市政府发布公告："经卫生监督部门连续监测，我市自来水出厂水水质达到国家饮用水标准，实现正常供水。衷心感谢广大市民和社会各界的理解与支持"。

随着水源水质的好转，6月5日下午开始逐步减少高锰酸钾投加量。6月6日2：00以后，停止了在取水口处投加高锰酸钾，即从应急除臭处理工艺运行，恢复事件前的正常运行状态。

10.6 2007年秦皇岛自来水嗅味事件应急处理案例

10.6.1 事件背景和原水水质情况

2007年6、7月间，秦皇岛市市政供水水源地洋河水库蓝藻大量生长，其中的优势藻种为能够产生土嗅素的鱼腥藻，水源水中土臭素的含量最高时为饮用水嗅味阈值浓度的数千倍，造成自来水嗅味严重。

秦皇岛市市政供水的主力水源为洋河水库，从洋河水库取水后，由源水输水管道送至沿程的各水厂净化后为城区供水。其中：北戴河水厂负责为北戴河区供水，源水输水管道21km，供水规模5万m^3/d。海港水厂、汤河水厂和柳村水厂为海港区供水，分别为：海港水厂，44km，15万m^3/d，其中有少量源水（3万～5万m^3/d）来自石河水库；汤河水厂，39km，设计3万m^3/d，实际供水4.5万m^3/d；柳河水厂，50km，5万m^3/d。此外，山海关区由山海关水厂供水，水源为石河水库。以上各水厂均隶属于秦皇岛首创水务公司。

由于洋河水库受到污染，近年来水体富营养化问题不断加剧，夏季藻类问题逐年严重。2006年6、7月间（6月28日～7月中旬）曾出现自来水嗅味问题，根据当时的检测，产生嗅味的物质主要是土臭素，为藻类代谢产物，水源水土臭素的浓度约600ng/L（2006年7月12日水样），当时在水厂采取了应急处置措施后，出厂水恢复正常。

2007年自6月中旬后，洋河水库藻类急剧增加，6月上旬水源水中藻数量尚在几百万个/L，6月下旬已经增加到2000多万/L。由于水体藻类的代谢产物剧增，自6月中旬起，水质出现明显土霉嗅味。水务公司于6月18日启动了应急处置措施，采用与2006年相同的处置方法，即：1）在洋河水库取水口处投加高锰酸钾，投加量1mg/L；2）水厂内在进厂水或反应池前部投加粉末活性炭，海港区的三个水厂的投加量从初期的10mg/L，逐步加大到25mg/L，其中海港水厂自6月25日起已经加大到30mg/L；3）加强常规处理，包括启动气浮除藻设施、提高混凝剂投量、加强滤池反冲洗等。但在采取以上措施后，处理效果仍然有限，尽管自来水在常温下只有微弱霉味，但加热后霉味强烈，对淋浴、洗澡和热饮等用水的负面影响显著。

洋河水库取水口处原水水质情况为：6月28日早，藻2000万个/L，嗅阈值100（稀释至无味的倍数)，土臭素浓度 1532ng/L（人能感知出现嗅味的土臭素浓度为 10ng/L)；6 月 29 日早，藻 4000 万个/L，嗅阈值 400，土臭素浓度 4000ng/L；6 月 30 日早，藻 6800 万个/L，嗅阈值 1000，藻浓度大幅增加，库中水体颜色变为明显的鲜绿色，显微镜检查发现产生嗅味的螺旋鱼腥藻的比例从以前的约 25%变成为优势藻种；7 月 1 日早，水质进一步恶化，藻浓度 7000 万个/L，水体颜色呈略发黄的鲜绿色（显示已有藻体死亡)，水面有油漆状藻体浮膜，已经显示出水华暴发的特征。藻类水华造成水厂运行困难，6 月 30 日下午 17 点开始，海港水厂部分滤池滤程大幅度缩短（虹吸滤池只有 3 小时)，原因是大量的藻体堵塞滤池。

经中科院生态环境研究中心（6 月 25 日下午水样）和北京市自来水公司水质监测站（6 月 28 日早水样）测定，本次秦皇岛自来水嗅味的致嗅物质为土臭素。水源水中浓度范围 6 月底已经达到 1500ng/L 左右（生态中心 6 月 25 日水样测定结果 1550ng/L；北京自来水公司 6 月 28 日水样测定结果 1532ng/L)，含量很高。其他类型的致嗅物质含量很低，例如，2-甲基异莰醇（2-MIB）的浓度仅为 2ng/L（生态研究中心和北京自来水公司测定结果相同)。自来水中土臭素的浓度 68ng/L（生态中心 6 月 25 日采样)，淋浴热水的嗅味很大。

秦皇岛市，特别是北戴河区，是重要的旅游城市，对自来水水质的要求极高。对于此次因水源藻类暴发所产生的自来水嗅味问题，必须在最短时间内解决，确保正常用水。

10.6.2 应急技术原理和工艺路线

土臭素是典型的藻类代谢产物，经显微镜镜检对水源水中藻类的观测和有关资料，主要由蓝藻中的螺旋鱼腥藻产生。土臭素的嗅味类型为土霉味，其嗅味的阈值为 10ng/L，我国新国标《生活饮用水卫生标准》（GB 5749—2006）在附录项目中给出的土臭素的参考限值也是 10ng/L。要把土臭素从水源水的 1500ng/L（超标 150 倍)，降到 10ng/L 以下，需要达到 99.5%以上的去除率，任务艰巨，国内外尚无先例。

土臭素的去除特性是：不易被氧化（包括高锰酸钾氧化等)，但易于被活性炭吸附，因此可以采用粉末活性炭应急吸附技术。粉末活性炭吸附土臭素需要一定的吸附时间，一般需要 2h 以上的时间才能基本达到吸附平衡，粉末炭的投加点应设在取水口处。公司原有措施是在厂内反应池上投加，因吸附时间过短，只有 0.5h，吸附效果不佳，且运行操作的可靠性较差。

为确定应急除嗅技术方案，专家组通过应急处理的试验模拟和效果分析（包括嗅味强度的人工识别和仪器测定)，分析了前期应急处理处理效果不佳的原因，确定了调整方案的工艺路线和技术参数。

试验模拟条件包括：1）粉末炭吸附过程与所需吸附时间；2）取水口处投加粉末炭的效果；3）水厂内反应池前投加粉末炭效果；4）取水口投加高锰酸钾氧化效果；5）水厂内投加高锰酸钾效果；6）水厂常规处理（混凝、沉淀、过滤、消毒）的影响等。

在现场共进行了 11 组试验。试验原水采水地点：洋河水库取水口处。原水采水时间：6 月 28 日早 7 点、6 月 30 日早 7 点。试验所用粉末活性炭有三个品种：1）前期现场所用椰壳炭（承德华净活性炭厂产品，80 目，碘值 900，6800 元/t)；2）高碘值的煤质炭（200 目，碘值 920，约 4800 元/t)；3）新购低价煤质炭（太原新华化工厂产品，325 目，碘值 700，3850 元/t；现货只有这个品种，第二批订货改用标准煤质炭）。试验设备：六联混凝搅拌器。嗅味测定方法：室温嗅味等级、65℃嗅味等级、65℃嗅阈值、GC-MS 仪器测定。

试验结果总结如下：

1）粉末炭去除嗅味物质，0.5h 的吸附时间不能完成吸附过程，需要 2h 以上才能基本上达到吸附平衡，吸附时间 4h 以上则吸附效果更好。

2）在取水口投加粉末炭，通过延长吸附时间，可以有效去除嗅味物质。在原水土嗅素含量 1500ng/L 的水源条件下，标准煤质炭的投加量在 30mg/L 以上，可以达到热水基本上无嗅味的目标。

3）由于厂内投加粉末炭的吸附时间不到 0.5h，吸附时间不足，加上前期所用粉末炭的粒度较大，导致去除效果不佳，是前期应急处理效果不理想的主要原因。

4）高锰酸钾对于此次的嗅味物质无去除作用，反而会因氧化破坏藻体结构造成嗅味的增加，高锰酸钾在取水口处投加或在水厂内投加，投加量越大，嗅味和土臭素浓度越高。

5）不同规格的粉末炭对嗅味均有去除效果，但吸附性能略有差异。

6）65℃嗅阈值测定与土臭素仪器分析结果有较好的相关性，因此前者可以作为对嗅味物质含量的水厂快速检测方法，用于指导生产运行。

10.6.3 应急技术实施要点

根据以上水质测定结果、致嗅物质原因分析和应急处理试验，确定秦皇岛自来水除嗅应急处理的调整方案如下：

1）以取水口处投加粉末活性炭作为去除嗅味物质的主要应急处置措施，在源水输水管道中完成对致嗅物质土臭素的吸附去除。取水口处的粉末活性炭投加量根据水源水质变化和处理效果适当调整：在水源水土臭素含量 1500ng/L 条件下，取水口处标准煤质炭 30mg/L 以上或低价煤质炭 40mg/L。水源水中土臭素浓度在 7 月 1 日晚达到了最高值 11968ng/L，超标近 1200 倍，取水口处的活性炭投加量提高到 80mg/L。

2）对原有的厂内投加粉末炭处置措施进行调整，改作为厂内补充投加措施，投加量可根据除嗅效果确定。在整个应急处理期间，水厂投加量保持在 10～20mg/L。

3）为应对高藻含量和投加粉末炭后的原水，各水厂强化厂内常规处理措施，包括：适当增加混凝剂投加量，增加沉淀池排泥和气浮池排渣的频次，加强滤池反冲洗等。各水厂具有气浮工艺设施的，气浮设备全部开启，以促进除藻效果。

4）停止取水口处的高锰酸钾投加和水厂内的预氯化，以防止藻类因氧化而释放嗅味物质和藻毒素，并严禁在水源和水厂内投加各类化学杀藻剂。

10.6.4 应急处理进程和运行情况

对于此次秦皇岛自来水嗅味问题应急处置工作，专家组的工作进程如下：

（1）技术方案确定（6 月 28～30 日）

6 月 28 日上午，专家组根据已有基础，提出了除嗅应急处置的调整方案。28、29、30 日通过实验室试验确定了具体的技术参数，其中，28 日的试验结果已初步确认了调整方案的可行性和前期应对措施效果欠佳的原因，29 日采用不同规格的粉末炭继续试验，30 日再次进行验证试验加以确认。试验模拟在取水口投加粉末活性炭的应急处置方式，达到了热水基本无嗅味的目标，技术方案和参数与 28 日初步提出的调整方案完全相符。

（2）工程措施实施（6 月 28 日～30 日）

6 月 28 日下午根据试验结果初步确认的调整方案，进行了取水口投加粉末炭的加炭机（粉末炭投加计量设备，3 台，现货急送）和粉末活性炭（太原新华化工厂产品，低价煤质粉末炭，50t，当日晚装车急送）的订货，并从北京自来水公司借调粉末炭投加的混合输送设备（当日晚急运秦皇岛）。29 日下午加炭机设备到货，组织安装。6 月 30 日早粉末炭到货，随即启动了调整方案，8：30 停止取水口处高锰酸钾的投加，从 9 点整开始在取水口处投加粉末炭，加炭量 35～40mg/L。由于输水管线很长，加上水厂处理过程，出厂水除嗅效果改善到 7 月 1 日后见效。

（3）应急处理运行（7 月 1 日～7 月 31 日）

洋河水库取水口处的藻浓度和土臭素浓度变化情况见图 10-7。由图可见，水源水中藻浓度与土臭素浓度有很好的相关关系。

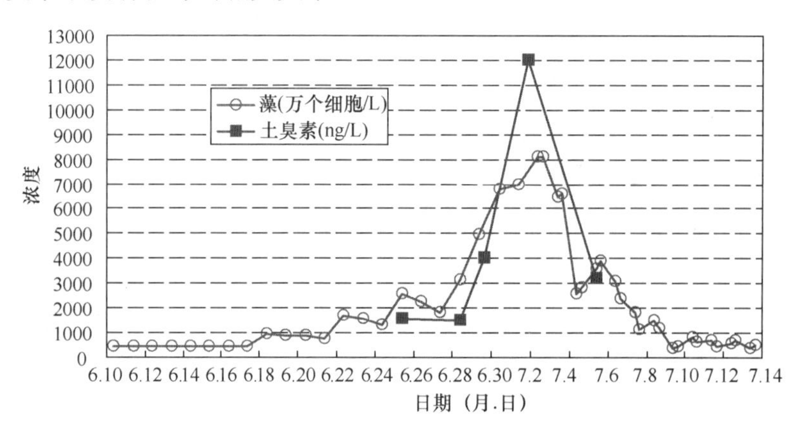

图 10-7　洋河水库取水口处的藻浓度和土臭素浓度变化情况

在采取以上应急处理措施后，自 7 月 1 日上午起，各水厂进厂水的臭味已明显改善，加上厂内处理措施，滤后水已基本无臭味，应急处理效果显著。在最差的水源水条件下（7 月 1 日晚水样，水源水土臭素 11968ng/L，超标约 1200 倍），出厂水土臭素：北戴河水厂 67ng/L（去除率 99.5%），海港水厂 13ng/L（去除率 99.9%）。经监测，出水水质全面达到饮用水新国标 106 项的要求，包括藻毒素、耗氧量等指标。

此后，随着水库中藻类数量的下降，水源水中的土臭素浓度也相应减低，应急处理措施持续到 7 月底结束，确保了秦皇岛市的正常供水。

10.7　2008 年贵州都柳江砷污染事件应急处理案例

10.7.1　事件背景和原水水质情况

2007 年 12 月，由于贵州省黔南布依族苗族自治州独山县一家硫酸厂在生产过程中非法使用含砷量严重超标的高含砷硫铁矿，大量含砷废水流入都柳江上游河道，造成独山县基长镇盘林村等十余名村民轻微中毒，并造成下游三都水族自治县县城（地处污染点下游70多km处）及沿河乡镇2万多人生活饮水困难。经环境监测部门和疾病控制中心检测，都柳江河水砷浓度大大超过相关水质标准要求。从12月25日起，采用都柳江水源的三都县县城水厂停止从都柳江取水，改用备用水源，但产水量大大下降，从原来的每日供水4000m^{3}降至300m^3。虽然黔南州和三都县采取了多项应急措施，包括从州里和临近县调集消防水车从山区泉眼溪流每天取水数百吨送至水厂和居民区，但仍远远不能满足当地居民的基本生活需要。

应当地邀请，清华大学专家于2008年1月2日赶赴现场指挥应急供水工作，经过3天多的紧张工作，在现场建立了预氧化一铁盐混凝沉淀的应急除砷净水工艺，于1月6日正式恢复了县城供水。

10.7.2　应急技术原理和工艺路线

根据住房城乡建设部组织应急净水技术的研究提出的砷污染应急处理技术方案和现场小试与生产性运行结果，三都县县城水厂应急除砷净水工艺的主要控制条件与参数确定为：

1. 铁盐混凝剂的加药量

聚合硫酸铁的加药量为10mg/L（以Fe计）。此剂量大约为常规混凝处理的1.5～2倍，通过强化混凝，提高除砷效果。

2. 预氯化的加氯量

该水厂采用二氧化氯消毒。根据现场运行结果，应控制沉后水的余氯在0.5mg/L以上（以Cl_2计，下同），预氯化的加氯量以保持预加氯后配水井出水余氯在1.5mg/L左右为宜。

3. 运行条件控制

铁盐混凝剂除砷的适宜pH值范围是6.5～8.5。较高混凝剂投加量会使水的pH值显著下降。现场水源水的pH值在8.0～8.4之间，实际测定运行中沉后水和滤后水的pH值在7.0～7.5之间，符合要求，不用进行pH值调节。

由于处理中砷已被转化为不溶物附着在絮体上，必须严格控制滤后水的浊度。如混凝过滤运行不好，出水浊度偏高，则砷浓度也难于满足要求。实际运行中滤后水浊度在0.1～0.2NTU之间，可满足除砷要求。

以上工艺参数适用于水源水砷含量小于0.5mg/L时的情况，即水源水砷含量在按地表水标准的10倍或饮用水标准的50倍以内。对于水源水砷浓度超过0.5mg/L的应急处理，可以再适当增加混凝剂投加量。当水源水砷含量降低到接近饮用水标准时，则可逐步恢复水厂原有运行工艺。

此次都柳江砷污染事件中，当地环保部门为控制砷污染，在上游河道中投撒了石灰，有效降低了水体中的砷含量，但由于难以均匀投撒，水体中砷浓度波动较大。三都县官塘电站处（水厂取水口处）监测砷的最高值出现在1月1日上午，浓度0.565mg/L。1月3日以后，三都县城水厂的水源水砷浓度在0.2～0.05mg/L之间波动，并随着时间延长而逐渐降低，因此以上除砷处理工艺及其控制参数可以满足三都县应急供水的要求。

10.7.3 应急技术实施要点

三都县县城水厂于2006年建成，供水能力为1万m^3/d。水厂以都柳江为水源，由取水泵房从官塘电站前池取水，输送到县城水厂进行处理。水厂净水工艺为常规工艺，采用聚氯化铝混凝剂，二氧化氯消毒（采用复合型二氧化氯发生器），加氯点在滤池出水进清水池处，水厂没有预氯化设施。水厂处理设施从配水井后分为两个独立的系列，可以分开运行。

在本次应急处理中，把该水厂一个系列的净水设施改为应急除砷工艺，另一个系列仍采用尧人山应急水源，采用原常规处理工艺运行，以保证在水厂设备应急改造期间保持供水。三都县县城水厂经改造后的除砷净水工艺见图10-8，与常规净水工艺相比较，并无大的改动。

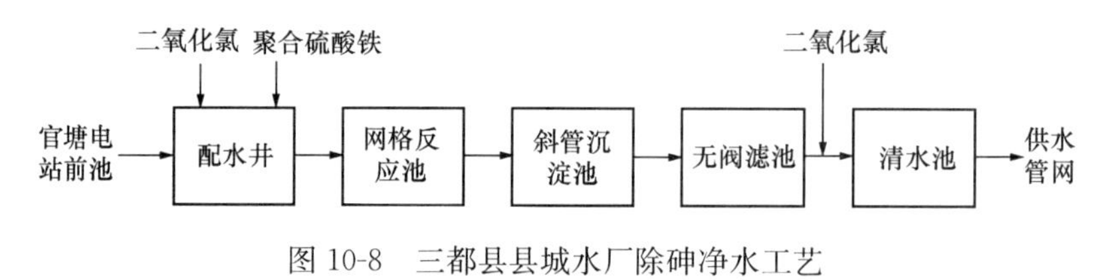

图10-8 三都县县城水厂除砷净水工艺

该厂除砷净水处理主要运行控制参数为：

（1）根据县城每天需水量约$4000m^3$的要求，确定处理水流量控制在$170m^3/h$，此处理流量约为一个系列设计负荷的80%；

（2）混凝剂选用固体聚合硫酸铁（铁含量≥18.5%），投加剂量商品重54mg/L（以Fe计为10mg/L）；

（3）二氧化氯预氯化投加量按加氯后配水井出水余氯约为1.5mg/L控制，在此条件下，滤后水仍有少量余氯；

（4）滤后水的二氧化氯投加量按保证出厂水余氯大于0.5mg/L，一般在1.0mg/L左右进行控制；

（5）无阀滤池按自动反冲洗方式运行，但由于2个滤间中有1个滤间的水力控制自动反冲洗设备有问题，把其滤程定为1d，到时手动启动反冲洗，以保证出水浊度控制；

（6）沉淀池每天排泥1次，排泥水直接排入河道。因水厂没有污泥处理设施，如就地进行污泥除砷处置难度较大，存在问题较多，故未进行污泥处理。

10.7.4 应急处理进程与运行效果

2008年1月3日，清华大学专家开展了第一批现场试验取得成功。在水源水浓度为0.086mg/L（超出饮用水标准7.6倍）的情况下，试验出水为0.005mg/L（饮用水标准限值的50%），初步确定了工艺参数。与此同时，水厂改造工作紧张进行，包括更换水厂进水管（源水管与尧人山备用水源管的分离）、加装进水管电磁流量计（控制处理流量）、更换混凝剂、增加预氯化加氯点（安装加氯管与加氯泵）等。

1月4日，第二批现场试验取得成功。在水源水浓度为0.057mg/L（超出饮用水标准4.7倍）的情况下，试验出水为0.003mg/L（饮用水标准限值的30%）。当日下午水厂改造工作基本完成，水厂从 17：00 开始进水，进行生产性试运行，处理后的自来水从清水池放空阀暂时排放，不进入供水管网系统。

1 月 5 日，继续完善水厂应急处理设备，稳定运行，对处理后出水进行水质监测。

1 月 6 日，经过州、县两级疾控中心 1 月 5 日和 1 月 6 日 3 次取样监测，在水源水含砷量仍然超标数倍的情况下，水厂处理后出水达到国家饮用水标准，并留有安全余量。砷浓度监测结果为：1 月 5 日上午 10 点，水源水 0.031mg/L，滤后水未检出；1 月 5 日 20 点，水源水 0.183mg/L，滤后水 0.0048mg/L（州疾控中心检测结果 0.0049mg/L，县疾控中心检测结果 0.0047mg/L）；1 月 6 日 11 点，水源水 0.152mg/L，滤后水 0.0025mg/L，清水池两个测定点的砷含量也都低于国标限值。三都县县委县政府决定从 1 月 6 日 15：00 起县城恢复正常供水，困扰当地群众十多天的供水危机解除，应急除砷供水取得成功。

水厂恢复运行后的砷去除情况见表 10-6。随着时间的推移，水源水中砷的浓度逐渐降低，至 1 月中旬砷含量达到了地表水环境质量标准，但仍超过饮用水标准。三都县县城水厂一直按除砷工艺运行，其中大多数情况下运行正常，水厂出水砷达标。1 月 8 日县疾控中心又对水厂出厂水和卫生局处的管网末梢水采样，做了较全面的水质分析监测，各检测 29 个项目，结果全部达标。

三都县城水厂恢复运行后砷测定数据表 **表 10-6**

日期	水源水（官塘电站前池）	滤后水	清水池进口	清水池出水	管网末梢水（交警队）	管网末梢水（老车站）	管网末梢水（卫生局）
1 月 5 日	0.183	0.0048					
1 月 6 日	0.152	0.0025	<0.01	<0.01			
1 月 7 日	0.114	0.0043	0.0043	0.0074	0.0036	0.0036	0.009
1 月 8 日	0.042	0.007	0.007	0.007	0.007	0.007	0.007
1 月 9 日	0.048	<0.01	<0.01	<0.01	0.001	0.0005	0.008
1 月 10 日	0.067	0.0089	0.007	0.0089	0.007	0.007	0.0097
1 月 11 日	0.060	0.010	0.0089	0.014	0.0082	0.0082	0.010
1 月 12 日	0.060	0.0146	0.0055	0.0169	0.013	0.0093	0.010
1 月 13 日	0.051	0.010	0.012	<0.01	<0.01	<0.01	0.011
1 月 14 日	0.038	<0.01	<0.01	<0.01	<0.01	<0.01	<0.01
1 月 15 日	0.031	<0.01	<0.01	<0.01	<0.01	<0.01	<0.01
1 月 16 日	0.022	<0.01	<0.01	<0.01	<0.01	<0.01	<0.01
1 月 17 日	0.026	<0.01	<0.01	<0.01	<0.01	<0.01	<0.01
1 月 18 日	0.021	<0.01	<0.01	<0.01	<0.01	<0.01	<0.01
1 月 19 日	0.022	<0.01	<0.01	<0.01	<0.01	<0.01	<0.01
1 月 20 日	0.024	<0.01	<0.01	<0.01	<0.01	<0.01	<0.01
1 月 21 日	0.015	<0.01	<0.01	<0.01	<0.01	<0.01	<0.01
1 月 22 日	0.018	<0.01	<0.01	<0.01	<0.01	<0.01	<0.01
1 月 23 日	0.017	<0.01	<0.01	<0.01	<0.01	<0.01	<0.01
1 月 24 日	0.015	<0.01	<0.01	<0.01	<0.01	<0.01	<0.01

但是在1月11和12日，出现了水厂出水砷超标的问题，主要原因是夜间工艺运行不稳定，通过加强管理，确保药剂稳定投加后，处理效果恢复正常。此问题也说明，由于饮用水新国标对砷的控制极为严格，即使采用了应急除砷工艺，水厂的运行管理也十分重要，必须加强管理，严格控制，才能实现稳定达标的要求。

此次事件中的砷检测工作由三都县疾病预防控制中心承担，所采用的检测方法为《生活饮用水标准检验方法》（GB/T 5750—2006）中检测砷的二乙氨基二硫代甲酸银分光光度法。该法最低检测质量为0.5μg砷，检测时一般取50mL水样，相应的最低检测浓度为0.01mg/L。由于该检出限与饮用水标准相同，为了判断处理后的水质是否留有安全余量，检测中个别水样采用了2倍的水样容积和药剂用量，以降低检测下限。

10.8 2008年汶川地震灾区城市供水水质安全保障

2008年5月12日14时28分，四川省汶川县附近（北纬31.0，东经103.4）发生里氏8.0级特大地震灾害，直接受灾区达10万km^2。主要包括四川省的成都、德阳、绵阳、广元、阿坝和雅安，陕西省的汉中、宝鸡，甘肃省的陇南、甘南、天水、平凉、庆阳、定西等14个地市。

地震给灾区的供水系统造成了重大损失，包括水源水质的变化，净水构筑物的损毁。地震引发的次生灾害也对灾区的地表水源地、地下水源地、集中式供水安全、分散式供水安全造成了重大威胁，包括由地震造成重大疫情产生的威胁，由地震引发的化学品泄漏事故产生的威胁，在抗震救灾过程中使用大量消杀剂产生的威胁，地震引发的地质灾害产生的威胁等。

经过紧急工程抢修后，在数小时至数天后各城市都恢复了城市供水，并继续检漏抢修受损供水管道，为灾民临时安置点安装临时供水设施。例如，成都市城区供水主力水厂为重力流输配水，震后未停水；受灾较重的都江堰市在5月14日17时对水厂恢复供电，15日9：40水厂开始对城区管网供水。绵阳、德阳等城市的水厂均在恢复供电后约一个小时后恢复供水。

震区城市的供水水源是当地的地表水（岷江都江堰水系、涪江水系等）或地下水（浅层地下水大口井、深井等），震后水源的水质安全性受到了地震引发的次生污染和灾害的影响，如何保障震后城市集中式供水的水质安全性成为震区城市供水的一项重要任务。本案例列举了“5·12”汶川特大地震灾区城市饮用水源受到的影响和所需要采取的应急处理技术和水厂应急处理工艺，并结合震区各主要城市的具体情况确定的具体应对措施。

10.8.1 集中式供水震后水质安全风险分析

对于集中式饮用水水源和水厂处理设施，此次地震灾害可能引发的次生污染风险主要包括以下几个方面：

10.8.1.1 病原微生物

由于汶川、北川、青川、什邡、绵竹、绵阳等上游地震重灾区存在重大人员伤亡和动物死亡，医疗废弃物和临时安置点粪便可能无法及时有效处理，加上各水库为降低库容加大放水量，会造成下游各城市地表水水源地细菌学指标大幅升高。

成都市自来水水源水5月13日以来微生物指标大幅升高，细菌总数比震前提高了一个数量级，达到30000～70000个/mL；粪大肠菌群始终大于16000个/L（超出饮用水标准测定方法的上限），超过了地表水环境质量标准Ⅱ类水体2000个/L和Ⅲ类水体10000个/L的限值。由于地下水水源地受环境变化的影响较小，目前地下水水源地的微生物指标尚未明显恶化。

绵阳市水源地在5.12地震后监测的粪大肠菌群或大肠埃希氏杆菌浓度为2000～5000个/L，基本上满足集中式生活饮用水地表水源地二类保护区的要求《地表水环境质量标准》(GB 3838—2002）中规定，Ⅲ类水体粪大肠菌群浓度小于10000个/L。但是5月18日因上游大雨造成来水水质短暂恶化，COD_{Mn}浓度达到18.1mg/L，粪大肠菌群浓度为16000个/L，均超过水源水质标准要求。一天后水质恢复正常。

江油市水源地在5.12地震后数天内水质基本保持不变。但是5月20日因上游大雨造成崖嘴头、城南水厂水源地来水水质短暂恶化，河水呈黑黄色，浊度达到上千NTU，耗氧量测试因设备问题没有得到有效结果，粪大肠菌群浓度为10000个/L，均超过水源水质标准要求。

由于水媒病原微生物将会对居民饮水健康造成重大威胁，微生物风险是水源水和水厂净水工艺面临的首要风险，保障饮用水的微生物学安全，防止灾后疫情暴发，是震后供水水质安全工作的重中之重。

10.8.1.2 杀虫剂

由于上游地震重灾区在灾后防疫处置中大量使用杀虫剂作为消杀药剂，这些杀虫剂可能通过降雨径流进入下游水源地。

由于地震对各地的监测能力造成了一定程度的破坏和影响。需要大型仪器的杀虫剂的测试在震灾后一周才逐渐恢复。四川省及各区市环保部门和当地自来水公司都加强了对水源水中杀虫剂的监测。针对灾区杀虫剂的使用问题，卫生部、环境保护部、住房城乡建设部、水利部、农业部于5月24日联合发出紧急通知，防止对周围环境和水源造成污染，禁止在灾区使用敌敌畏以及国家明令禁用的滴滴涕、六六六等农药进行杀虫，推荐使用菊酯类杀虫剂。

截至6月16日为止，尚未接到各地在水源地检出敌敌畏等杀虫剂的报道，但是尚不能完全排除今后因上游降雨导致杀虫剂随径流、堰塞湖泄洪进入水体威胁个别县市饮用水水源的风险。

目前水厂的常规工艺不具备应对这些杀虫剂的能力，所以水源水中一旦检出敌敌畏等杀虫剂，将存在较大的风险，必须考虑有效应对措施。

10.8.1.3 石油类

已知的石油类污染发生在成都水源地——紫坪铺水库。由于抗震期间紫坪铺水库中大量使用冲锋舟等运输船只，加上原有加油站和车辆的油品泄露，已经出现局部水体石油类超标问题。根据成都市环保局监测结果，紫坪铺水库下游都江堰宝瓶口断面5月20日石油类指标为0.4mg/L，超过地表水环境质量标准（三类水体0.05mg/L）约7倍。同日，成都市第六水厂取水口监测值为0.029mg/L，取水口上游大约30km处的监测结果为0.068mg/L。5月21宝瓶口断面石油类指标为0.442mg/L，超出水环境质量标准7.8倍。

饮用水对石油类的要求比环境要求宽松，《生活饮用水卫生标准（GB 5749—2006)》

对于石油类指标的限值是 0.3mg/L，国家《地表水环境质量标准（GB 3838—2002)》Ⅱ类和Ⅲ类水体的限值是 0.05mg/L，两者相差 6 倍，这主要考虑水生生物对石油类的影响更为敏感。

根据相关研究结果，常规净水工艺可以应对数 mg/L 以内的柴油污染，粉末活性炭也对石油类污染物有一定去除效果。因此，石油类造成的污染对饮用水安全的影响风险不高，只要维持水厂净水工艺稳定运行，并适量投加粉末活性炭，可以保障对石油类污染物的去除。

10.8.1.4 有机污染物

目前地表水水源水中耗氧量指标比震前有一定的增加，主要原因是上游暴雨将累积的腐殖质等有机物冲刷进入河道，此外也存在一些生活污水、工业废水污染水源的可能。

成都水源水 COD_{Mn}浓度地震前一般在 2mg/L，震后一段时期浓度范围在 3～6mg/L 之间波动，是震前的 2～3 倍，原因是震后已有少量污染物进入水体。期间，环保部门已接到数起化学品泄露的报告，但均未影响到饮用水水源。虽然地震灾区的化工企业已经全部停产，有关部门已经将重点化工企业的生产原料和产品进行了转移，环保部门加紧排查，但是由于部分小企业位置较远，处理处置可能不够彻底，仍然要对可能发生的有机物泄漏保持警惕。

绵阳市的水源水中有机物含量较低，COD_{Mn}浓度为 1～2mg/L。但是在 5 月 18 日上游暴雨造成涪江水质严重恶化，水色发黑，COD_{Mn}浓度达到 18.1mg/L，在一天后恢复到 2mg/L 以下。这是当地特有的季节性水质变化，每年春夏第一次大雨会将河水汇集区内的植物腐败产物——腐殖质冲入河道，导致有机物浓度大幅升高，水体的色度、浊度也大幅升高。腐殖质会造成净水工艺效果变差，在加氯消毒时会生成较多消毒副产物。

江油市水源地水质较好，COD_{Mn}浓度为 1～2mg/L。但是 5 月 20 日因上游大雨造成崖嘴头、城南水厂水源地来水水质短暂恶化，河水呈黑黄色，浊度达到上千 NTU，耗氧量测试因设备问题没有得到有效结果。5 月 21 日城南水厂水源水耗氧量达到 9.3mg/L。5 月 23 日水质恢复正常，崖嘴头水源水耗氧量为 2.6mg/L。除 5 月 29 日城南水厂水源水耗氧量为 2.93 外，其他时间均在 0.5～1.5mg/L 之内。

由于腐殖质主要由树木枝叶腐烂产生的，多属于颗粒态有机物，可以通过强化混凝、沉淀、过滤的常规工艺去除，水厂基本都具备应急处理能力。

对于由于化学品污染引起的有机物升高问题，根据已有研究的成果，活性炭吸附法对于芳香族化合物（如苯、苯酚)、农药（包括杀虫剂、除草剂等)、人工合成有机物（如酞酸酯、石油类）有不同程度的去除效果。

10.8.1.5 重金属

在地震后，由于地壳变动，地下水铁、锰、铜等重金属浓度上升，对于使用地下水为水源的德阳、什邡、都江堰等地的水厂造成一定影响。

德阳市北郊、东郊、南郊和西郊（孝感）四个地下水井群的铁、锰浓度明显上升，但尚未超出水质标准。而且当地地下水厂普遍具有曝气除铁、除锰的能力，对于地下水铁、锰超标具有较好的去除能力。但是当地农户自行开采的水井仅有数米，很多都出现煮沸后呈现红、黄、黑等明显颜色，监测表明铁、锰超标，数天后恢复正常。

此外，德阳、绵阳等地区的化工企业较多，存在一定的重金属泄漏风险。

例如，5月15日，成都市自来水公司监测站发现水源水铅浓度为0.07mg/L，超出饮用水水质标准（0.01mg/L）6倍，水源水pH值由平时的8.2～8.5降低到7.6～8.0。不过由于水厂工艺对铅有一定的去除能力，加之pH值仍相对较高，出厂水铅浓度没有超标。5月18日起水源水铅浓度降低到0.002～0.003mg/L。经初步判断，可能是上游某化工企业储存的化学品发生泄漏。由于地震灾区的化工企业已经全部停产，有关部门已经将重点化工企业的生产原料和产品进行了转移，再次发生化学品泄漏的风险有所降低。

根据已有研究的成果，化学沉淀法对于大多数重金属具有很好的去除效果。该应急工艺通过调节适宜的pH值，使重金属生成碳酸盐、氢氧化物沉淀，而后通过混凝、沉淀工艺去除。

10.8.1.6 臭味物质

在人类、动物尸体腐败过程中，会产生尸胺、腐胺等胺类恶臭物质和甲硫醇、甲硫醚等硫醇硫醚类恶臭物质。这些恶臭物质的嗅阈值很低，一般为10ng/L左右，所以即使浓度很低，仍然会使用户对自来水的安全产生怀疑。对于有重大人员伤亡和禽畜死亡的地区，需要密切关注尸体的掩埋和处置情况，密切监测水源地水质变化。

文献表明，胺类恶臭物质可以被次氯酸钠等强氧化剂去除。根据无锡水危机期间的应对经验，硫醇硫醚类恶臭物质可以被高锰酸钾等强氧化剂去除。加之水源水溶解氧浓度很高，也可以逐步氧化这些还原性恶臭物质。

10.8.1.7 堰塞湖和泥沙悬浮物

震后上游水库为保证水库坝体安全而大量放水，地震产生的堰塞湖的引流或垮坝也将产生瞬时大流量。大流量冲刷河道，加上上游的山体滑坡等，都会造成河水中泥沙悬浮物质的大量增加。

例如，震后几天由于紫坪埔水库大量放水，成都市自来水水源的都江堰水系的徐堰河水的浑浊度由地震前的几十NTU上升到三四百个NTU。

唐家山堰塞湖是震后影响绵阳市供水安全的最大隐患。6月6日，已经蓄积水量达到2.2亿m^3，堰塞体将通口河完全堵塞，下行流量基本为零。如果发生1/3溃坝现象，大量湖水会对北川县城、临河乡镇造成冲刷，会将大量被掩埋遗体、动物尸体和消杀药剂冲入河道，严重影响绵阳市水源水质，并对绵阳市供水安全造成严重影响。如果发生1/2或全溃现象，将淹没绵阳市第三水厂和第二水厂，地表水厂运行将被迫停止。6月2日，堰塞湖泄洪道挖掘完毕。6月7日早7时许湖水越过泄洪渠渠顶，进入通口河河道，并汇入涪江。6月9日泄洪基本完毕，堰塞湖的威胁消除。

针对这一情况，水厂必须做好应对高浊度源水的应对措施，如适当增加混凝剂的投加量等。

除地表水外，地下水在发生地震后也会出现浊度升高的现象，并将持续一天至数天。随后将逐渐趋于稳定。

10.8.1.8 对集中式供水震后水质安全风险的综合评价

综合上述风险评价结果，确定了在对震后集中式供水水质安全保障中必须考虑应对的风险：

1. 水源水中微生物浓度已经明显增加，保障饮用水的微生物安全性，防止灾后疫情暴发，是饮用水安全工作的重中之重，必须给予高度重视。

2. 存在水源水中出现敌敌畏等杀虫剂的较高风险，并且水厂应对敌敌畏的能力极为有限，必须紧急确定应对措施。

3. 对于石油类、有机物、重金属、臭味、泥沙等问题，存在一定的水源污染风险，对于这些污染物已有一定的应对技术，需要细化落实。

根据以上风险任务要求，将首先确定相应的应急处理单项技术，再结合水厂的具体条件，确定针对不同水质风险与任务的水厂应急处理工艺。

10.8.2 灾区集中式供水针对性应急处理技术

10.8.2.1 确保微生物安全性的强化消毒技术

细菌和病毒可以通过消毒工艺灭活。在水源微生物浓度明显增加，出现较高微生物风险时，必须采取加大消毒剂投加量和延长消毒接触时间的方法来强化消毒效果。

为确保饮用水微生物安全，可采取以下措施：

1）提高出厂水的余氯浓度，并相应提高管网水的余氯水平，以提高消毒效果的保证率，并抵御管网抢修引起的微生物二次污染。如成都市自来水公司把出厂水余氯由原有的0.4～0.7mg/L提高到0.8～1.2mg/L，一些使用二氧化氯的县级水厂也把出厂水二氧化氯余量从0.10mg/L提高0.12mg/L以上。

2）地表水厂在处理中采用多点氯化法，特别是要提高预氯化的加氯强度，通过增加消毒剂的浓度和接触时间，提高消毒灭活微生物的Ct值，充分灭活水中可能存在的病原微生物。

3）保持净水工艺对浊度的有效去除，尽可能地降低出厂水的浊度，以降低颗粒物对消毒灭活效果的干扰。

4）由于有的应急处理技术可能对消毒效果有负面影响，例如投加的粉末活性炭对水中的氯有一定的消解作用，应急净水工艺必须整体考虑，合理设置，首先要满足微生物安全性的要求，不能对消毒效果产生大的负面影响。

5）除上述强化消毒技术外，还要加强管网末梢的余氯、细菌总数、大肠菌群、浊度等指标的监测，杜绝管网末梢余氯不合格的现象，确保用户用水安全。

10.8.2.2 针对敌敌畏等杀虫剂的应急处理技术

为了应对地震灾区敌敌畏等杀虫剂的污染风险，紧急确定了针对敌敌畏、溴氰菊酯、马拉硫磷等杀虫剂的应急处理技术。

（1）不同处理技术对敌敌畏的去除效果

《生活饮用水卫生标准》（GB 5749—2006）对敌敌畏的标准限值为0.001mg/L，仅为地表水环境质量标准三类水体标准限值0.05mg/L的1/50，即使不超过地表水环境质量标准，也有可能产生自来水出厂水敌敌畏超标问题，且自来水厂的应急处理能力有限。

预氯化、混凝沉淀、活性炭吸附以及组合工艺对敌敌畏的去除效果见表10-7。尽管预氯化和混凝沉淀过滤对敌敌畏有一定的去除作用，但如果原水敌敌畏浓度达到10μg/L时，常规处理出厂水敌敌畏肯定会超标。

（2）粉末活性炭对敌敌畏的吸附性能

粉末活性炭对敌敌畏有较好的去除效果。吸附试验结果见表10-8和表10-9。

不同应急处理技术对敌敌畏的去除效果 **表 10-7**

工艺	药剂	药剂投量	反应条件	初始浓度 (μg/L)	反应后浓度 (μg/L)	去除率 (%)
预氯化	次氯酸钠	4mg/L	30min（余氯 3.5mg/L）	10	2.52	74.8
混凝沉淀	液体聚氯化铝	30mg/L（商品重）	300r/m 1min，60r/m 5min，45r/m 5min，25r/m 5min，静置 30min	10	2.26	77.4
活性炭吸附	太原新华煤质炭	20mg/L	吸附 60min，转速 80r/m	10	0.734	92.7
粉末活性炭吸附+混凝沉淀	太原新华煤质炭，液体聚氯化铝	20mg/L 30mg/L（商品重）	吸附 30min，转速 80r/m；然后按标准混凝条件	10	0.728	92.7

粉末活性炭对敌敌畏的吸附速率 **表 10-8**

粉末活性炭投量	敌敌畏浓度（μg/L）						
	吸附时间（min）						
	0	10	20	30	60	120	240
10mg/L	10.0	7.89	6.84	6.51	5.83	5.13	4.49
10mg/L	250	236.6	228.8	200.0	187.4	163.4	127.0
20mg/L	50	—	—	17.33	14.65	11.50	—
40mg/L	50	—	—	8.17	4.99	4.02	—

不同粉末活性炭剂量对敌敌畏的吸附效果 **表 10-9**

粉末炭剂量 (mg/L)	5	10	15	20	30	50	备注
初始浓度 (μg/L)	10	10	10	10	10	10	吸附平衡时间为 120min
平衡浓度 (μg/L)	7.29	5.15	4.03	2.26	1.04	0.65	
去除率（%）	27.1	48.5	59.7	77.4	89.6	93.5	
吸附容量 (μg/mg 炭)	0.542	0.485	0.398	0.387	0.299	0.187	
初始浓度 (μg/L)	250	250	250	250	250	250	吸附平衡时间为 120min
平衡浓度 (μg/L)	182.8	154.0	106.4	79.8	46.6	15.2	
去除率（%）	26.9	38.4	57.4	68.1	81.4	93.9	
吸附容量 (μg/mg 炭)	13.44	9.6	9.57	8.51	6.78	4.696	

实验室条件下，原水敌敌畏浓度为 10μg/L 时，先投加 20mg/L 以上的粉末炭，吸附 60min，或吸附 30min 再接混凝，处理后水敌敌畏均为 0.73μg/L，可以达标。

因此，对于水源水出现敌敌畏，浓度在1～10μg/L时，应采用强化吸附的应急处理工艺，取水口处粉末炭的投加量应在40mg/L左右（考虑到工程因素和水中其他污染物的影响，工程实际投加量必须大于小试投量），厂内采用预氯化和强化混凝，出厂水可以达标。

实验室条件下，原水敌敌畏浓度50μg/L（地表水环境质量标准三类水体限值），投加50mg/L粉末炭，吸附30min后敌敌畏浓度为8μg/L，吸附60min后敌敌畏浓度为5μg/L。因此，即使在取水口处投加大量粉末炭，水厂出水敌敌畏仍会超标。

根据以上试验结果，可通过采取在取水口大量投加粉末炭的应急措施后可以应对的水源水敌敌畏最大浓度为10μg/L。如水源水敌敌畏浓度大于10μg/L（地表水标准限制的五分之一），即使采取取水口投加粉末炭的措施，自来水出厂水敌敌畏仍会超标。

（3）应急处理技术对杀虫剂的去除效果

对于不同种类的农药，应急处理的效果也各不相同，自来水净水处理可以应对的农药种类和最大超标倍数为：

1）常规净水工艺

溴氰菊酯（地表水和饮用水标准的5倍以上）。

2）投加粉末活性炭的应急处理工艺（粉末炭投加量40mg/L，接触时间30min）

a. 敌敌畏（地表水标准的1/5，饮用水标准的10倍），

b. 乐果（地表水和饮用水标准的5倍），

c. 甲基对硫磷（饮用水标准10倍，地表水标准100倍），

d. 对硫磷（地表水和饮用水标准的25倍），

e. 马拉硫磷（饮用水标准的3倍，地表水标准的15倍），

f. 内吸磷（地表水标准的4倍，饮用水无标准）。

注：地表水标准指《地表水环境质量标准》（GB 3838—2002）中的三类水体，饮用水标准指《生活饮用水卫生标准》（GB 5749—2006）。

根据以上数据，杀虫剂中敌敌畏是最难处理的，其他农药通过应急处理均可有效应对。

10.8.3 震区集中式供水应急处理工艺

根据震区饮用水源水质风险和有关的应急处理技术，提出以下三种震区自来水应急处理工艺：抗震期间保障性净水处理工艺、强化吸附的应急处理工艺和强化氧化的应急处理工艺。其中保障性净水处理工艺可以作为震后期间饮用水处理的主要净水工艺，如发生水源明显污染，将根据主要污染物的性质选择采用强化吸附的应急处理工艺或强化氧化的应急处理工艺。

上述应急处理工艺是针对采用地表水为水源的水厂开发的工艺。对于采用地下水为水源的水厂，由于地下水水质相对稳定，受到污染的风险显著低于地表水源，但是对于一些浅层地下水（如河边的大口井水源地）也有较高的被污染的风险。由于地下水源水厂只有消毒措施，没有其他净水设施，所以无法使用下述应急处理工艺。如果出现地下水源受到污染的情况，除了通过强化加氯可以应对的微生物污染和可以氧化去除的污染物（如氰化物等）外，一般只能停水或者使用未受污染的水井。

10.8.3.1 抗震期间保障性净水处理工艺

(1) 目的

该工艺的重点是通过加强氯化消毒、强化常规处理和设置一定的氧化吸附屏障，确保微生物安全，并可以抵御低强度的水体污染物。此工艺作为震后期间饮用水处理的主要净水工艺。

(2) 实施要点

在厂内投加 5mg/L 粉末活性炭，以在混合井加氯为主加氯，滤后水进一步加氯，保持出厂水余氯在 0.8mg/L 以上，出水浊度在 0.2NTU 以下。

(3) 注意事项

投加粉末活性炭可能会增加氯的消耗，因此需要在前加氯必须适当增加加氯量，以抵消粉末炭对氯的消解影响。根据实验室配水条件的初步试验，在与预氯化同时投加 5～10mg/L 粉末炭的条件下，对氯的消解量约为 0.5～1.0mg/L，具体数据需通过实际生产进一步验证。

滤后加氯量要及时调整，保障出厂水余氯的水平。

尽可能在混合井和滤前将氯加足，尽可能不用清水池出水的补氯点补氯。

厂内粉末活性炭的投加量可以用 5mg/L 作为保障性投加量，可应对低强度的可吸附有机物的污染。应根据水质情况适当调整投炭量，并要求具备短期内进行更大剂量的人工投加的能力。

通过强化预氯化，在强化对微生物的消毒效果的同时，对水中污染物起到预氧化作用，可应对低强度的可氧化污染物、嗅味物质的污染，并起到助凝效果。

加强对氯化消毒副产物的监测。粉末炭对水中消毒副产物的前体物有一定去除作用，根据水源水中有机物含量，合理确定粉末炭投加量，并留有一定的安全余量。例如成都市自来水六厂（以下简称水六厂）出厂水三氯甲烷浓度 8～10μg/L（饮用水标准 60μg/L），四氯化碳<0.2μg/L（未检出，标准 2μg/L）。

10.8.3.2 强化吸附的应急处理工艺

(1) 目的

该工艺的重点是在保障对微生物的消毒效果和去除浊度的基础上，通过在取水口大量投加粉末活性炭，吸附水源水中出现的较高浓度的可吸附性污染物，以应对敌敌畏等杀虫剂产生的次生污染。

(2) 实施要点

在取水口投加 20～40mg/L 粉末活性炭，厂内加氯必须保持出厂水余氯在 0.8mg/L 以上。

(3) 注意事项

当水源水中敌敌畏等有机污染物浓度超过《生活饮用水卫生标准》限值的 50%，就应考虑适时启动该强化吸附的应急处理工艺。

该工艺的初始投加量可以为 20mg/L，尔后根据污染源的变化和去除情况进行调整。

当敌敌畏的浓度超过 5μg/L 时，由于粉末炭对敌敌畏的吸附能力有限，建议投炭量提高到 40mg/L。

该工艺采用的粉末活性炭剂量较高，对于氯消毒剂的消解作用更为明显，因此如果采用前加氯时必须增加加氯量，以抵消粉末炭对氯的消解影响。具体数据需通过现场试验和实际生产进一步验证。

由于粉末炭对高锰酸钾的消解能力较强，在大量投加粉末炭的条件下，不宜同时投加高锰酸钾。

由于次氯酸钠溶液的含量有限（10%），在取水口投加次氯酸钠的最大剂量较小，同样也会被粉末活性炭消解，达不到预氧化的目的，建议在取水口处投加粉末活性炭时不要同时投加次氯酸钠。

预氧化仍应以厂内预氯化为主，可在混合井处加大投氯量。

滤后加氯量要及时调整，保障出厂水余氯的水平。

由于条件所限，在取水口处投加20～40mg/L粉末活性炭可以干投与湿投相结合，大投量时以干投为主。若采用20mg/L投炭量，对于日供水能力60万t的水厂，则需要每3min投加1袋25kg包装的粉末炭。

对于取水口投加粉末炭，要加强领导和投加人力，做好加炭工人的值班安排、操作培训、现场监督，尽量避免投加不匀、工人责任心不强等因素对该应急工艺效果的不良影响。

在取水口大量投加粉末炭时，厂内投炭点可以暂时不启用，只作为取水口投炭量不足时的补充。

高剂量的粉末活性炭可能会导致过滤周期缩短，出水浊度升高，因此需要加强过滤工艺操作管理，根据滤后浊度和水头损失调整反冲洗运行方案。

对于大量投加粉末活性炭，要做好炭的采购、储备工作。粉末炭采购需考虑采购、运输周期，一般要预留3d的余量。

粉末活性炭可燃，炭粉粉尘易爆，需做好防火防爆工作。

10.8.3.3 强化氧化的应急处理工艺

(1) 目的

该工艺的重点是在保障对微生物的消毒效果和去除浊度的基础上，通过在取水口加大氧化剂含量，氧化水源水中出现的臭味物质等污染物，应对可氧化性污染物产生的次生污染。

(2) 实施要点

在取水口投加1～2mg/L的次氯酸钠或0.5～1mg/L的高锰酸钾，并在混合井、滤后水中两点加氯，清水池出水补氯，保持出厂水余氯在0.8mg/L以上，在混合井中投加5～10mg/L的粉末活性炭，出水浊度在0.2NTU以下。

(3) 注意事项

当水源水中臭味明显时，就应考虑适时启动该强化氧化的应急处理工艺。

该工艺的初始投加量为1～2mg/L的次氯酸钠或0.5～1mg/L的高锰酸钾，再根据情况调整。

需要在厂内投加粉末炭，以吸附可吸附的有机物，并分解残留的高锰酸钾。

滤后加氯量要及时调整，保障出厂水余氯的水平。

在取水口投加次氯酸钠时，要注意原水有机物浓度，并监测出水的消毒副产物浓度；如果发现消毒副产物浓度较高，需要降低次氯酸钠投加量。

如果在取水口采用高锰酸钾预氧化，需要精确计量投加，并加强对锰的测定。如果投量过高可能会导致锰超标；如果发现沉淀池水出现淡红色，即表明高锰酸钾投量过高，需要立即降低投加量。

在未掌握工艺规律的运行初期，建议及时检测锰的浓度，检测点建议为沉后水、滤后水、出厂水，并根据检测结果及时调整高锰酸钾投加量和粉末炭投加量。

10.8.4 成都市自来水公司采取的应急处理措施

10.8.4.1 公司概况

成都市自来水公司共有两个水源地、四个水厂。其中紫坪铺水库是主要的水源地，取水口位于水库下游30余km处岷江分流的徐堰河和柏条河，日取水量100万m^3/d；沙河水源地同样属于岷江分流，是成都市十分重要的第二水源，最大取水量为约40万m^3/d。成都市自来水公司的概况如表10-10所示。

成都市自来水公司基本情况　　表10-10

水厂	水源地	供水能力	工艺	应急措施
水二厂	徐堰河下游支流沙河	23万m^3/d	常规工艺	地震期间加装粉末炭、高锰酸钾、次氯酸钠、酸碱投加系统，采购了药剂
水五厂	徐堰河下游支流沙河	15万m^3/d	常规工艺	地震期间加装粉末炭、高锰酸钾、次氯酸钠、酸碱投加系统，采购了药剂
水六厂	紫坪铺水库—徐堰河和柏条河	60万m^3/d 规划100万m^3/d	常规工艺	地震期间加装粉末炭、高锰酸钾、次氯酸钠、酸碱投加系统，采购了药剂
BOT水厂	紫坪铺水库—徐堰河和柏条河	40万m^3/d	常规工艺	地震期间加装粉末炭、高锰酸钾、次氯酸钠、酸碱投加系统，采购了药剂

10.8.4.2 地震期间的供水安全风险

主要的供水安全风险包括地震及次生污染引发的水源水质变化、地震造成的供水设施损坏及停电对供水安全的影响，以及地震引发社会恐慌对供水安全的影响。

（1）水质风险

成都主水源地——紫坪铺水库原水水质受地震及次生灾害影响较大，加之从紫坪铺水库经都江堰市沿途工农业生产生活的影响，给成都市水六厂的原水水质带来了很多水质风险，主要表现为：

1）微生物学指标明显升高，原水浊度、细菌总数增加了一个数量级以上，粪性大肠菌群震前震后均大于16000个/L，超过《国家地表水环境质量标准》Ⅱ类水体的要求；

2）常规理化指标中耗氧量增加了2倍，氨氮升高了0.1mg/L，耗氯量增加了一倍；

3）5月16日出现铅超标现象，最大浓度0.072mg/L，超标6倍，一天后下降到0.15mg/L，5月18日下降到标准值（0.01mg/L）以下，随后逐渐恢复正常；

4）5月18日出现水源水石油类超出地表水环境质量标准，最大超标倍数近10倍，至6月15日才恢复正常；

5）原水总磷、总氮超过《国家地表水环境质量标准》Ⅱ类水体的要求，但与震前变化不大。

沙河水源地的水质在地震期间也出现了类似的变化：微生物学指标升高、常规理化指标升高的现象，但没有出现铅超标、石油类超标现象。

(2) 供水设施损坏

地震发生后，因供电线路故障导致成都自来水公司主力水厂——水六厂停电，水六厂立即启用应急重力投药系统和次氯酸钠应急投加系统，保证了混凝和消毒环节，制水生产保持连续状态，半小时后恢复供电。期间，水六厂供水水质和水量控制正常。水二、五厂制水生产正常，出厂水水质、水量基本未受影响。

地震导致管网出现三处爆管或漏水情况，自来水公司迅速进行抢修，其中两处于次日(13日)上午恢复通水，另一处于13日下午5时抢修完毕，为后续供水持续保障奠定了基础。

地震导致部分构筑物、建筑物出现开裂等损坏现象，水五厂进水车间墙体受损，水质检测中心一楼墙体明显开裂，但无人员伤亡情况。

(3) 社会稳定

5月12日下午震后，市民开始囤积饮用水以保障基本生活需要。大量居民在短时间内大量放水囤积，加上管网的破损，使得供水管网压力明显下降，至晚上恢复正常。

5月14日，有传言成都水源地上游化工厂爆炸污染水源，使得市民再次恐慌性存水。管网压力直线下降，已经接近极限。经市政府、市环保局、自来水公司紧急通过电视、广播辟谣，才使得市民消除恐慌，抢水现象消退，管网压力回升，避免了因管网失压进气造成事故。

10.8.4.3 地震期间的应急供水工作

(1) 应急预案启动和分工

5月12日14点28分地震发生后，自来水公司迅速于下午15点30分、17点两次召开高管会议，迅速建立了由公司高管及有关部门负责人组成的供水应急指挥部，并启动《城市供水系统应急处理预案》。

进一步成立了生产指挥组、交通组、后勤保障组、宣传组，安排好人员、物资、设备、技术方案等，全力保障供水安全。

(2) 加强水源水质监控预警

公司迅速组成了由质量检测中心为主要力量的应急监测队伍，抽调公司所有检测人员，从人、财、物各方面充分保障检测工作需求，全面强化水质监控工作。

1) 开展风险评估：微生物风险、毒理性指标风险、感观性状指标风险、放射性指标风险。

2) 确定检测指标：综合性指标(COD_{Mn}、COD_{Cr}、TOC)、微生物指标(菌落总数)、毒理性指标(重金属元素、砷、硒、汞、氰化物)、放射性指标(α、β)。

3) 采样点的选择：取水口上游距水六厂取水口上游30公里聚源镇及都江堰、水厂取水口、出厂水、管网水。

4) 水厂监测监控工作：氨氮、pH值、嗅和味、色度等每小时监测一次；COD_{Mn}每3小时一次；菌落总数等其他常规指标每日至少2次。除视频观测外，水厂每15分钟对原水、每1小时对出厂水生物监测池进行巡查。每日至少2次对水质在线检测仪表进行校对。在取水口上游4km聚源中学水源处设立水质观测点。

5）质量检测中心检测工作：根据保障供水水质安全的需要确定检测频率，并根据监测结果进行调整（原水及出厂水全分析频率）：5月15～19日4次/d；5月20～22日3次/d；5月23日～6月5日2次/d；6月6日以后1次/d。一旦发现指标异常，立即加大检测频率（16～18日原水铅超标时检测频率为每2小时一次）。

（3）迅速建立自来水厂应急处理工艺

紧急购置粉末活性炭、高锰酸钾、氢氧化钠、次氯酸钠等应急制水材料及分析检测试剂和设备。

咨询国内水处理专家，制订了应急水处理技术方案，开展有针对性的实验，提高应急处理技术应用能力。

水厂连夜开展应急投加设备的准备工作，于15日上午基本到位，并进行了生产性投加试验。

（4）应急供水调度

地震发生后1min，自来水公司总调值班人员从SCADA系统报警发现管网压力控制点压力出现陡降情况后（最低0.21MPa），公司立即加强监控，10min后城市管网压力恢复正常范围。

（5）管网和水厂抢修

组织安排80人的管网巡检队伍，对重要地段管网、大口径管网、过河管等重要监控管线进行了一一巡查。

加强管网应急抢险人员力量配备，制定了确保通讯畅通的应急措施；加大管网抢修配件的储存量。

（6）供水药剂物资采购

增加混凝药剂、消毒剂等原辅材料的储备量。针对消毒剂——液氯供应商灾后供应受阻的情况，紧急寻找第二氯源。

10.8.5 德阳市自来水公司采取的应急处理措施

10.8.5.1 公司概况

德阳市自来水公司共有四个地下水源地、一个地表水源地，其中四个地下水源地分别位于城市四周，地表水源地为人民渠。与水源地相对应，该公司拥有四个水厂，其中孝感水厂（又称西郊水厂）拥有地下水、地表水两套系统，其他三座水厂使用地下水为水源。

公司东郊水厂、北郊水厂、南郊水厂、西郊水厂一阶段的水源为地下水。德阳市有供水意义的地下水为第四系松散岩类孔隙潜水，主要赋存于全新统砂卵砾石层及上更新统含泥砂卵砾石层中。区内地下水较丰富，单井涌水量1000～3000m^3/d，含水层厚度2～25m，地下水位埋深1.5～5m，平水年天然资源量1.2878亿m^3，开采资源量1.2103亿m^3。

西郊水厂二阶段的水源采用的是地表水，水源地在人民渠。人民渠是都江堰管理的人工灌渠，从都江堰蒲阳河引水，干渠最大放水流量70m^3/s，枯期流量40m^3/s，主要用于农田灌溉。每年有40天左右的岁修期。流经德阳市的人民渠四期干渠位于德阳市北面约20km，渠内水面标高558m，最枯水面556m，渠内水面与德阳市区地面高差约50～60m。

德阳市自来水公司的概况如表10-11所示。

德阳市自来水公司基本情况　　表 10-11

水厂	水源地	供水能力	工艺	应急措施
孝感(西郊)水厂	地表水源地为都江堰引水工程中的人民渠 地下水源地为孝感镇地下含水层	地表水能力为 6.0 万 m^3/d 地下水 4.0 万 m^3/d	常规工艺 曝气—锰砂过滤	地震期间加装粉末炭、二氧化氯投加系统，采购了药剂
北郊水厂	水厂周边浅层地下水	2.0 万 m^3/d	常规工艺	基本未受影响
东郊水厂	水厂周边浅层地下水	0.7 万 m^3/d	常规工艺	基本未受影响
南郊水厂	水厂周边浅层地下水	1.0 万 m^3/d	常规工艺	基本未受影响

10.8.5.2　地震期间的供水安全风险

主要的供水安全风险包括地震引发的水源水质变化、地震造成的供水设施损坏及停电对供水安全的影响。

(1) 水质风险

德阳市区地下水多为浅层潜水，主要来源于地表和河流的补给，因此地下水水质已受到不同程度的污染，通过对市区部分地下水水源进行水质分析化验，铁、锰、挥发酚、氨氮均超标，超标率分别为 17.92%、16.36%、14.45%、12.68%。

西郊水厂地表水水源是人民渠，水厂取水口上游 10km 内无污染物排放口。人民渠是都江堰管理的人工灌渠，从都江堰、蒲阳河引水，经成都彭州市进入什邡市，流经德阳市的人民渠三、四期干渠，总长度为 51km，主要用于农田灌溉，每年有 40d 左右的岁修期，不是专用的饮用水输水渠，但保护区的划定参照了《四川省饮用水水源保护管理条例》中的江河饮用水水源保护区划分原则，并对准保护区的划定范围进行了扩大，其水源污染源风险主要有以下几点：

1) 在水源一级保护区(取水点上游 1000m，下游 100m，面积 44ha)内无重大污染源，可能出现污染的是生活垃圾、陆域废渣的违规倾倒，保护区内农田的农药、化肥施用不当，及其他可能出现的污染水源的活动等情况。

2) 在水源二级保护区(从一级保护区上界起上溯 2500m 的水域及河岸两侧纵深各 200m 的陆域，面积为 100ha)，出现过生活垃圾、陆域废渣的违规倾倒污染现象；若有偷排污染物，也可造成水源污染的可能性。

3) 准保护区(从二级保护区上界起上溯到德阳与彭州交界处，全长 30.48km，面积 1219.2ha)周围有纸板厂、化工厂、酒精厂等污染源企业，存在污染源风险。人民渠三期干渠左岸设置一排污口，主要为清泉酒精厂工业废水、明主、云西两镇(今师古镇)的城镇生活污水排入渠内；华利纸厂、华银纸品厂污水以涵洞形式穿过人民渠；斑鸠河与人民渠三期干渠交叉处有一排污口，主要是人民渠左岸木耳生产偶尔排出的废水进入人民渠，2008 年因此发生几起源水发黄，或呈酱油色的水质污染，公司启动应急措施，水厂及时调整生产工艺和生产秩序；保护区内还有鸭子河、射水河与人民渠交汇，有可能出现污染水源活动的情况。2008 年 3 月曾经发生一起水源污染，停取水 10h。

4) 人民渠岁修期间的断流供水，由人民渠第一管理处采取措施，引边缘山溪来水和拦截地下水进行补充。由于水量小，流动性差，可能造成源水水质指标超标现象。

5）由于气候原因，尤其夏季连续降了大到暴雨时，常出现有原水浊度、碱度、需氯量等水质指标的急剧变化。

6）2008年5月12日地震后，公司启动了应急供水预案，防范上游原水水质变化（主要是怕上游工厂的化学原料有泄漏污染风险），采用停用地表水供水，启动地下水低压供水的措施，并严格监测水质变化。

德阳市自来水公司2005年对渠水进行水质分析，按照《地面水环境质量标准》（GB 3838—2002）Ⅲ类水质标准评价，其中铁、锰、溶解氧、总磷、大肠菌群、亚硝酸盐氮超标。

总体来说，德阳市的地表水源人民渠原先是农灌渠，后来由于地下水超采严重，将人民渠划为地表水源保护区，从人民渠支渠取水作为德阳市的集中式供水水源。人民渠及支渠大部分是明渠，从取水口到水厂为约30km的暗管，高程差约50m，靠重力流入水厂。由于人民渠及支渠穿过人口密集的彭州、什邡、绵竹等地，容易受到沿途工业废水、农业排水和生活污水和垃圾的影响。每年都会发生农民生产生活中将污水、垃圾排入渠道污染德阳水源地的情况。

为了应对这些水源水质的变化，德阳市自来水公司在取水口有专人值守，当发现水源污染时关闭取水闸门，地表水厂停产，靠清水池储存水量和地下水供应。

（2）供水设施损坏

“5.12”地震对水厂的破坏主要表现在：各水厂的设备、房屋、西郊水厂16口取水井的控制系统、北郊水厂取水井、取送水泵房等受损。经过灾后应急抢修后，基本恢复正常供水。

地震给城市供水管网造成很大破坏，巡查到漏点116处，并相继修复完毕。

地震发生后全城断电，12日当天全城停水。13日开始恢复供水。14日由于水源需要检验，14日上午部分区域停水，下午恢复供水可以保证3楼以下的用户用水。至6月4日基本恢复全城的供水。

10.8.5.3 地震期间的应急供水工作

（1）应急预案启动和应急抢修

地震发生后，自来水公司迅速反应，在第一时间组织抢险人员兵分几路，冒着余震不断的危险，以最快速度抢修好受损的主要供电线路、供水设备和供水管网。

为保证灾后供水水质安全，暂停西郊水厂地表水水源，全面采用地下水供水生产。首先恢复地下水源部分取水设施，对供电线路、取水泵进行维修和更换；其次，修复净水厂机电设备、供电系统，确保地下水厂基本正常运行。

德阳市于13日凌晨零点30分恢复了供水，实现了全城低压供水，确保了市民基本生活饮用水。6月4日，城市供水恢复到震前正常供水状态。

（2）水质监测

严密跟踪监测人民渠地表水源水，适时掌握原水水质变化情况，为恢复正常供水作好准备。为了达到正常情况下的水质检测，新增如DR890分光光度计等水质检测仪，并在孝感水厂人民渠取水口增设了COD、NH_4-N水质在线监测仪器，对源水水质实行24小时在线监测，及时发现和掌握源水水质变化情况，加强对地表水的水质监控。

10.8.6 绵阳市水务公司采取的应急处理措施

10.8.6.1 公司概况

绵阳市水务公司供应市区大部分区域的自来水，服务人口约60万。市内大型企业、国防重点工程由自备井供水。绵阳市水务公司的主要水源地是涪江，有两个主力地表水厂，同时绵阳市还有几处地下井群。

绵阳市水务公司的概况如表10-12所示。

绵阳市水务公司基本情况　　表10-12

水厂	水源地	供水能力	工艺	应急措施
第二水厂	涪江	5万m^3/d	常规	地震期间加装粉末炭、高锰酸钾投加装置，采购了粉末炭和高锰酸钾
第三水厂	涪江	10万m^3/d	常规	地震期间加装粉末炭、高锰酸钾投加装置，采购了粉末炭和高锰酸钾
地下水	涪江支流安昌河两岸渗流水	通常1万m^3/d，最大2.8万m^3/d	加氯消毒	在地震期间用作应急备用水源

10.8.6.2 地震期间的供水安全风险

主要的供水安全风险包括地震及次生污染引发的水源水质变化、地震造成的供水设施损坏及停电对供水安全的影响。

(1) 水质风险

绵阳上游的涪江水系包括来自平武、江油方向的涪江干流和来自北川方向的湔江一通口河。

在5·12特大地震发生后，唐家山堰塞湖是5·12地震发生后至6·11泄洪结束前绵阳市供水安全的最大隐患。如果发生1/3溃坝现象，大量湖水会对北川县城、临河乡镇造成冲刷，会将大量被掩埋遗体、动物尸体和消杀药剂冲入河道，严重影响绵阳市水源水质，并对绵阳市供水安全造成严重影响。如果发生1/2或全溃现象，洪水还将淹没绵阳市第三水厂和第二水厂，地表水厂运行将被迫停止。6月7日早7时许，唐家山堰塞湖引流槽开始过流，10日上午流量加大形成泄洪，中午12：00泄洪流量最大达到7000m^3/s，6月11日泄洪完毕解除黄色警报，引流泄洪过程未对绵阳市的城市建筑和供水设施构成破坏。

考虑到上游北川、安县等重灾区大量使用消毒剂和杀虫剂，震后绵阳市民对水质有恐慌，绵阳市水务公司每天和市疾控中心联合发布水质信息。

从5月30日开始，在住房和城乡建设部城市供水水质中心的帮助下，加强了对原水水质，特别是有机物的监测。在泄洪之前原水中敌敌畏未检出，6月10日泄洪期间在取水口上游1km的红岩电站断面检出敌敌畏，浓度很低；6月16日、6月20日分别在原水中检出敌敌畏，浓度为0.00018mg/L和0.00011mg/L，均在饮用水标准（0.001mg/L）的20%以内。5月30日至9月24日，上游的江油市含增镇、青莲镇、通口河、红岩电站等4个监测断面均检出2，4，6-三氯酚、五氯酚和邻苯二甲基（2-乙基己基）酯，浓度均在饮用水标准限值的10%以内。

5·12地震后，由于涪江上游沿岸的植被遭到严重破坏，涪江水源的水质主要在浑浊度、耗氧量两个指标上有显著的增加。特别是在暴雨引发的洪水期间，涪江水的浑浊度和耗氧量比历年来同期水平有大幅增加，UV_{254}比水质正常期间也有明显增加。6月10日唐家山堰塞湖泄洪，5月18日，7月21、22日，9月24～28日，由于暴雨引发洪灾，涪江水浑浊度和耗氧量都显著增加。

2009年3月11日，兰州到重庆的主输油管道绵阳段被勘探部门不小心钻穿，造成约110t成品油泄漏，泄漏点距离取水口10km，有部分油泄漏到涪江中，导致水厂被迫停水12h。

因灾后重建，涪江上游采砂不断，导致了河水的浑浊度比历年同期高出很多，而且水中颗粒物变得更为细小，给水厂的净水工艺造成了困难，投药量和制水成本都明显升高。

(2) 供水设施损坏

5·12地震导致水厂变电站受破坏，第三水厂停电停水，直到13日早恢复供电后开始制水。第二水厂没有停电，但震后运行一段时间后发现三相不平衡，停电，于5月12日20点恢复供电。

地震导致三水厂自控受损，水厂初期通过手动方式恢复取水、供水。

绵阳市的市区供水管网建设年代较晚，1968年才开始集中供水。地震造成绵阳市市区管网500多处破裂漏水，大多数是管龄较长的DN100以下的小管。主干管问题不大，目前漏损管网基本修复。20世纪90年代中期以后不再使用灰口铸铁管，2000年以后用离心球墨铸铁管、钢管、PE管。选管的科学性提高了此次地震期间的抗震性。

10.8.6.3 地震期间的应急供水工作

根据以上风险任务要求，绵阳市水务公司制订了在堰塞湖泄洪或溃坝时的应急预案。即在洪峰来临时避峰停水，用地表水厂清水池存水和启用地下水源向市区供水。同时，完善了相应的应急处理单项技术，并结合水厂的具体条件，确定针对不同水质风险与任务的水厂应急处理工艺。

10.9 2010年四川成都水源混合垃圾污染事件应急处理

10.9.1 事件描述

2010年4月2日，中午12时30分，成都市自来水六厂（下称水六厂）运行人员发现位于徐堰河的取水口水质出现异常，水体中散发出较为浓烈的气味（疑似苯系物类有机物）。

发现原水水质异常后，面对情况不明的原水污染，成都市自来水有限责任公司迅速启动突发原水污染应急预案，采取了以下措施：

1. 立即安排实施水质应急检测，判定污染类型。沿徐堰河上游进行原水巡查，同时上报成都市环保局、郫县政府、郫县环保局请求查找污染源，并将原水受到污染的情况报告水务局。

2. 立即减少水六厂生产负荷，初步判断是有机污染，迅速先期启动活性炭投加装置，同时进行实验室试验研究，确定投加工艺参数，尽全力组织应急生产。

3. 安排管网单位立即组织应急人员到水六厂四条重要输水干管现场巡查检测，并在可能实施操作的管线设施处待命。

4. 要求下游水二厂、水五厂迅速做好活性炭投加及应急生产准备，并在污染水体到达之前，克服困难超负荷生产。

与此同时，成都市环保局、水务局、都江堰市政府、郫县政府等迅速展开工作，通过多方查巡，找到了引发本次原水污染的原因：有人向都江堰市崇义镇桂桥村11组旁的柏木河河道内，倾倒了大约4t含化工废渣的混合型垃圾（废旧塑料、有机玻璃熔炼残留物等）。相关部门立即组织人手对垃圾进行打捞，对河道进行清洗。成都市市长葛红林等亲自赶赴柏木河沿线查看打捞垃圾现场。

水六厂为成都市主力水厂，负责成都市中心城区自来水供给，占全公司供水能力的80%以上。在水六厂被迫减产后，从4月2日下午5点25分开始，中心城区自来水供应不足，高层住户开始停水，不同程度地影响了成都市居民正常用水。当天14：00～24：00期间，供水服务热线接到电话2215次。

通过清理污染源、采取应急处理工艺、排放不合格出厂水、管网调度等措施，于当天晚上23：00成都市中心城区管网压力恢复正常，此次污染事件应急处置取得成功。

10.9.2 应急处理技术

（1）确定污染物

由于本次污染的主要污染源为含化工废渣的混合型垃圾（废旧塑料、有机玻璃熔炼残留物等），根据国家城市供水水质监测网成都监测站检测数据，本次原水中苯超标，嗅味问题严重。

（2）确定应急处理技术

发现取水口水质出现异常后，根据对污染物的初步判别，按照应急预案要求，迅速进行实验室粉末活性炭预处理试验研究，确定粉末活性炭预处理的可行性和应急处理的关键工艺参数。同时，在水厂启动活性炭投加装置，尽全力组织应急生产，并根据实验室研究结果，调整生产工艺参数。

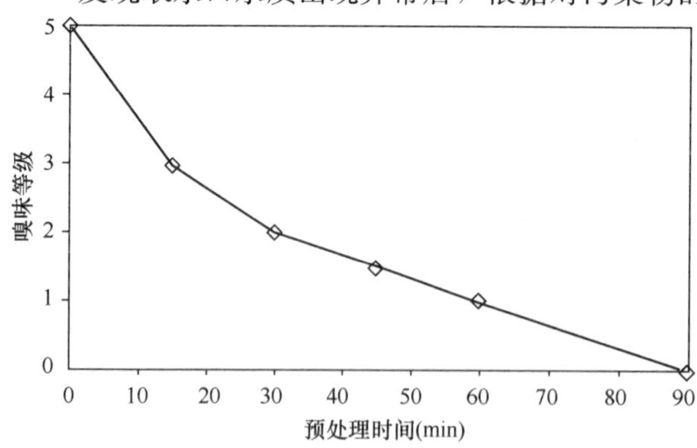

图10-9　粉末活性炭预处理对嗅味的去除（烧杯试验，粉末活性炭投加量：40mg/L）

注：嗅味等级 5：很强，有强烈的恶臭或异味
4：强，能显著的察觉
3：明显，能明显察觉
2：弱，一般人刚能察觉
1：微弱，一般人很难察觉，但嗅味敏感者可以察觉
0：无，无任何嗅味

在实验室开展了不同粉末活性炭投加量和不同预处理时间条件下，对原水的处理效果试验，研究结果如图10-9所示。

从图10-9烧杯试验结果可知，采用活性炭预处理，经30min，可将具有强烈恶臭和异味的原水处理为一般人能够察觉；经60min，可实现一般人难以察觉；经90min，可实现出水无异味。

(3) 管网调度

为保证用户水龙头出水安全，在减少水六厂生产负荷的基础上，增加其他水厂的生产负荷，尽可能的保证管网压力。与此同时，在干管沿线加强监测，在关键部位采取放水等措施，保证不合格出厂水不会进入用户管道。

由于成都市水二厂、水五厂处于河流下游，中间有将近8个小时的时间差。当水六厂发现污染情况后，公司调度中心立即采取行动，充分利用此时间差，协调水二厂、水五厂满负荷生产，并通过管网调度，尽量满足城市居民用水要求。

10.9.3 应急处置与效果

(1) 应急处理技术实施与效果

在水六厂原水受到化工垃圾污染后，原水弥漫一股塑料的味道，且当时柏条河正进行施工维护无法进行水源切换。因此，水六厂立即在取水口组织粉末活性炭应急投加，同时根据实验室试验结果，调整粉末活性炭投加量，将初始粉末活性炭投加浓度迅速从10mg/L增至40mg/L。经过粉末活性炭预处理后，进入厂区原水未发现嗅味，沉淀池出水色度<5，出厂水无嗅味问题，高锰酸盐指数正常（<1.5mg/L），相关水质指标满足生活饮用水卫生标准要求。

经粉末活性炭预处理后，不同处理工艺出水嗅味等级如表10-13所示：

投加粉末活性炭后各构筑物嗅味等级　　表10-13

构筑物名称	取水口	配水网室	沉砂池出口	沉淀池出口	滤池出口
嗅味等级	5	2	1	0	0

注：粉末活性炭实际投加量为40mg/L。水六厂原水从取水口重力自流到配水网室约40min，沉砂池停留时间约20min，絮凝沉淀池停留时间约1h。

由表10-13可知，采用粉末活性炭预处理后，经原水输送管线和水厂处理过程，可实现对污染物的完全去除，滤池出水无嗅味问题。

从4月4日起原水无嗅味污染，为安全起见，粉末活性炭全自动投加系统持续运行1个月，投加量10mg/L，以防止后续微量有机污染。相关应急处理设施，整个过程运转良好。

(2) 自来水调度

根据事件发展过程，成都市自来水有限责任公司利用管网调度系统，按照预案，合理调度供水，加大其他水厂运行负荷，使其满负荷运行，同时中止了向郫县、犀浦、龙泉、华阳和新都地区的趸售供水，力保成都主城区的供水。

17时35分，水六厂生产全面恢复。通过由低到高逐步开启消火栓对放空管道实施排气排水，逐步恢复管网压力，保证其正常运行。

23时，全市供水压力基本恢复正常。

(3) 处置效果

在这次水源突发事件的处置中，成都水司及时发现原水污染，迅速启动应急预案，采取应急处理技术，将水源污染事件所造成的影响减到最低并确保了供水水质。

10.9.4 经验总结

(1) 应急技术储备与应急处理设施建设

为保障供水安全，成都市自来水有限责任公司近年来陆续投入近千万元建立和完善了水源多级预警和饮用水应急处理系统。一方面，分别在水六厂取水口上游 27km 及 40km 处新增了水质监测点，为水厂应急处理提供了充足时间保障。另一方面，为应对各种可能的水源突发污染，水厂在常规处理工艺基础上，有针对性的建设了包括粉末活性炭预处理在内的多种应急处理设施。这些预警和应急处理设施使水厂能够及时发现污染，并在污染发生后采取有效的应急措施，保障供水安全。

(2) 应急预案编制与实施

在此次污染事件应对过程中，成都市自来水有限责任公司做到及时发现问题，启动应急预案，采取应急处理措施，同时根据预案安排，做好组织、监测、管网调度等工作，为成功应对该起污染事件，及时恢复供水，保障水质安全奠定良好基础。因此，做好应急预案编制，是保障水厂在突发污染发生后应急供水的重要基础。

(3) 合理调度

此次污染事件发生在主力水厂的水源地，因此，无法仅通过原水调度，保障供水。为此，成都市通过加大其他水厂生产负荷，利用管网，合理调度，尽可能的保障中心城区的供水安全，将事故危害降到最低。

(4) 信息公开

在本次事件中，由于水六厂减少负荷，中心城区供水压力不足，造成高层停水，引发用户不满与投诉。面对用户投诉，水司热线人员耐心回答用户的疑问，并将原水遭受污染的情况和事态进展情况及时告知用户，安抚他们焦急的心情。与此同时，成都市政府、成都市水务局也分别通过手机短信、电视滚动新闻等渠道向广大市民发布公告，通报了柏条河污染以及处置情况，并公告了自来水公司根据供水生产能力和管网调节能力等实际情况，借助新闻媒体的力量消除供水不足给市民带来的疑惑与恐慌。

10.10 2010 年浙江杭州余杭区饮用水水源地有机污染事件应急处理

10.10.1 事件描述

2011 年 6 月 5 日，浙江省杭州市余杭区余杭镇、瓶窑镇的部分居民发现自来水有浓烈的类似涂料的异味。当地自来水公司接到用户投诉后，在水源地苕溪的原水中检测出 10 余种挥发性有机污染物，主要包括二聚环戊二烯、二氢化茚、2，2′，5，5′-四甲基联苯及其同分异构体、4-苯甲基甲苯及其同分异构体、萘等。虽然这些污染物并未被列入《生活饮用水卫生标准》(GB 5749—2006) 中，但是由于嗅味强烈，显示可能遭受化学品污染，对当地居民饮水安全造成恶劣影响件。

发现原水水质存在问题后，水务公司启动应急预案，切换水源、停止部分水厂供水，结果造成部分地区停水。受此影响，瓶窑镇和良渚镇的部分学校停课，同时，余杭区相关部门要求区域内饮食、食品行业的企业、商户近日不得使用自来水进行生产活动。至此，水源污染事件造成了恶劣社会影响与经济损失。

污染事件发生后，浙江省省长吕祖善和浙江省委常委、杭州市委书记黄坤明作出重要指示：要求进一步加强水质监测，采取有效措施保证人民生活饮用水安全供应。杭州市市长邵占维批示：要求尽快改善余杭水厂水源水质，加强供水调度，确保群众生活用水，并要求市环保局对水质污染情况进行分析，对下游的影响作出评价，采取必要措施。余杭区委书记朱金坤批示：要认真贯彻执行吕省长、黄书记、邵市长指示精神，积极做好应急工作，及时与市政府、临安市联系，在省市环保部门的支持下，做好安全供水工作。

为尽快确定污染源，6 月 7 日，杭州市苕溪水污染应急现场指挥部，在青山工业园区全面停产的基础上，组织两级环境监察、检测人员共 140 余人次，两次对青山工业园区内 39 家可疑企业展开彻夜侦查，并在 6 月 7 日下午 1 时，根据特征因子对比，杭州市环保局锁定浙江金质丽化工有限公司，锁定该企业后，杭州市环保局与临安市公安局立即对此进行联合立案调查，查封污染设施，全面切断并关停该厂所有雨水、污水排放口。

为尽快恢复供水，应环保部环境应急与事故调查中心及当地自来水公司邀请，饮用水应急处理专家清华大学张晓健教授协同“自来水厂应急净化处理技术及工艺体系研究与示范”课题负责人陈超副研究员等于 6 月 7 日赶赴现场，参与现场应急处理处置。到现场后，应急专家通过综合考虑水源污染状况、水厂条件，基于前期研究成果，确定了应急处理技术方案、开展实验室可行性研究并指导工程实施，经过连夜试验、调运应急物资并在工程上实施，于 6 月 8 日晚实现对污染物的有效去除，并于 6 月 9 日上午 11 点全面恢复供水。

10.10.2 应急处理技术

(1) 污染物特征

经过环保部门排查，本次水源有机污染的污染源为上游青山工业区内的浙江金质丽化工有限公司，该公司的主要产品为涂料，而水源中的苯烯类挥发性污染物正是涂料的生产原料和组成成分。相关污染物的性质如表 10-14 所示。

原水主要有机污染物结构式及物化性质 **表 10-14**

物质名称	结构式	分子量	溶解度* (mg/L)	LogKow**
二聚环戊二烯		132.2	160	3.3
二氢化茚		118.2	60	3.34
2，2′，5，5′-四甲基联苯	CH_3, CH_3, H_3C, H_3C	210.3	0.48	5.82
3-甲基联苯	H_3C	168.2	2.7	4.44

续表

物质名称	结构式	分子量	溶解度*（mg/L）	LogKow**
萘	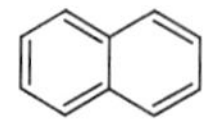	128.2	30	3.45

* 溶解度：可由模型软件 ADMESuite（ACDLabs）计算获得；

** 辛醇-水分配系数：可由模型软件 ADMESuite（ACDLabs）计算得到。

（2）应急处理技术确定

由表 10-14 原水中的主要污染物及其相关物化性质可知，这些污染物都是小分子（100～200 道尔顿）非极性有机污染物，具有极性弱、难溶解等特点，易于被活性炭吸附。因此，针对该起原水有机污染事件，宜优先采用粉末活性炭预处理作为应急处理技术。

（3）小试试验结果

基于确定的应急处理技术，在实验室开展活性炭吸附小试试验，以研究粉末活性炭对原水中有机污染物的去除效果（参见表 10-15），确定实施粉末活性炭预处理的关键工艺参数，包括：粉末活性炭投加量、预处理时间等。

根据出厂水主要问题（嗅味）及现场试验条件（无分析检测条件），采用嗅味作为现场分析手段来确定预处理效果。

粉末活性炭预处理效果 **表 10-15**

序号	1	2	3	4	5	6	空白（纯净水）
原水	6 月 7 日 22：00 瓶窑原水			6 月 8 日 2：30 余杭取水口			
PAC（mg/L）	0	20	40	0	20	40	—
转速（r/m）	100	100	100	100	100	100	—
pH	7.34	7.43	7.47	7.61	7.62	7.64	—
COD（mg/L）	3.76	4.32	3.76	4.08	4.64	4.00	—
嗅味描述	油漆	土霉	土霉	油漆	淡油漆	淡油漆	略显酸味
嗅（常温）	2 级	1 级+	1 级	1 级+	1 级	0 级+	—
嗅（60℃）	4 级	3 级	2 级	4 级	2 级+	2 级+	—

注：0 级：无任何臭和味；

1 级（微弱）：一般饮用者甚难察觉，但嗅、味敏感者可以发觉；

2 级（弱）：一般饮用者刚能察觉；

3 级（明显）：已能明显察觉；

4 级（强）：已有很显著的臭味；

5 级（很强）：有强烈的恶臭或异味。

同时，为定量检测活性炭对原水中有机物去除效果，将粉末活性炭预处理后的原水水样送至浙江省环境监测中心进行质谱分析。检测结果如表 10-16 所示。

粉末活性炭对有机物去除效果 表 10-16

序号	3	4	7	8
原水	6 月 7 日 22：00 瓶窑原水		6 月 8 日 2：30 余杭取水口	
PAC（mg/L）	20	40	20	40
转速（r/m）	100	100	100	100
有机物检测	未检出	未检出	未检出	未检出

由表 10-15、表 10-16 可知，经过粉末活性炭预处理后，原水出水嗅味减弱至常温下难以闻出，因此，用活性炭可以有效应对苯烯类挥发性有机物污染。同时，由于污染物浓度低且原水中存在大量天然有机物的竞争吸附，因此当活性炭投加量不足时，尚不能够完全去除原水中的所有污染物。经技术经济比较后，建议粉末活性炭投加量为 20mg/L，此时，出厂水即可满足相关标准要求。

10.10.3 应急处置与效果

确定应急处理技术后，经试验室可行性与主要工艺参数试验研究后，在水厂中实施。

（1）应急处理设施

以苕溪作为水源，受此次污染事件影响的水厂主要包括杭州余杭水务有限公司下属的余杭水厂、瓶窑水厂、奉口獐山水厂（原水厂，原水供临平、塘栖水厂）等。供水规模共计 35 万 m^3/d。

余杭水厂和瓶窑水厂距离取水口很近，在厂内设有粉末活性炭投加装置，可直接应用。但由于在厂内投加粉末活性炭，后经混凝、沉淀工艺去除，因此粉末活性炭接触时间短，其吸附能力难以充分利用。

奉口獐山水厂为原水厂，经其处理后原水经数十公里的原水管线输送至临平、塘栖水厂进一步处理。奉口獐山水厂设有粉末活性炭、预氧化等应急处理处置设施。因此，在奉口獐山水厂采用粉末活性炭预处理后，可利用原水管道输送过程实现对有机污染物的吸附，保障出厂水水质。

（2）应急处理药剂

由于粉末活性炭并非该水厂的常规药剂，因此事故发生时，受影响水厂并未储备粉末活性炭。为保障饮用水安全，尽快恢复供水，参与现场处置的应急处理专家，利用“自来水厂应急净化处理技术及工艺体系研究与示范”课题组形成的应急供水工作网络，很快寻找到最近的活性炭存储周转中心。

6 月 8 日上午，杭州余杭水务有限公司紧急从该活性炭存储周转中心订购 50t 粉末活性炭。所有活性炭在当天夜晚运输至上述各水厂的应急处理设施处，并投入使用。良好的应急物资供给，为及时恢复供水奠定了基础。

（3）处置效果

6 月 8 日晚，投加粉末活性炭应急处理后，原水中挥发性苯烯类有机物被有效吸附去除，水厂处理出水不存在臭味问题，出水水质满足《生活饮用水卫生标准》（GB 5749—2006）要求。

（4）恢复供水

在环保、市政、水利、卫生等多部门共同努力下，6月9日上午11点全面恢复正常供水，并发布公告。至此，本次应对水源上游挥发性有机污染物的应急处理事件取得成功。

10.10.4 经验总结

（1）应对污染物范围

本次事件中原水中有机污染物为挥发性苯烯类有机物，是涂料等的基本原料与组成成分，并非饮用水相关标准中的污染物指标。现有的饮用水应急处理技术储备主要针对饮用水标准中相关污染物。因此，亟需拓展现有应急处理技术可应对的污染物范围，针对风险污染物、常见有机物（产量大、应用广）开展适用应急处理技术研究，为保障饮用水安全做好技术储备。

（2）应急保障队伍

在突发污染事故发生后，为保障供水安全，需在储备应急处理技术基础上，进一步在实验室研究应急处理技术的可行性及工程实施适用的工艺参数。因此，在污染事故发生后，需要拥有一支强有力的饮用水应急队伍，能够在突发污染背景下确定应急处理技术，开展应急处理、处置试验研究，确定工程实施的关键工艺参数，为保障饮用水安全提供队伍支持。

（3）物资支援平台

本次污染事件的成功应对，除了依靠前期应急处理技术的储备，更有赖于应急处理所需药剂的支援。因此，需要加强对饮用水应急处理所需药剂的储备，对于不适于水厂储备的应急处理药剂，需建立其供应平台，协同生产厂家等在周边地区建立应急药剂的存储与周转中心，以满足应急过程需要。

（4）应急处理设施

饮用水应急处理技术的实施除了要依托水厂原有处理工艺和设施，往往还需要一些特定的应急处理设施。在本案例中，粉末活性炭应急处理技术的实施就需要依靠水厂粉末活性炭投加装置，由于杭州余杭水务有限公司的下属水厂都具备粉末活性炭预处理设施，为事件的成功应对奠定了良好基础。因此，在污染事件中，为保障应急处理工艺能够在水厂中顺利实施，需各水厂提前建设必要应急处理设施，以保证应急处理工艺的顺利开展，取得良好效果，保障供水安全。

10.11 2010年广东北江铊污染事件应急处理案例

10.11.1 事件背景和概况

2010年10月，在广东省北江发生了铊污染事件。为了确保11月广州亚运会的供水安全，10月初对广州市的自来水和水源水进行了水质全面监测分析，10月13日发现广州市南洲水厂原水中铊项目异常，上报后环保部门对水源进行了排查，发现自该厂取水口直至北江上游均存在铊污染，最终于10月18日确定了铊污染的来源为北江上游的韶关冶炼厂。

经查，韶关冶炼厂前期从澳大利亚进口了一批矿石，含铊量较高，达到100mg/kg，远超过原有矿石含铊量约3.5mg/kg的水平，从9月23日开始使用这批矿石以来，至10月19日共产生铊约400kg，其中100kg残留在废渣中，300kg随废水进入水体，造成北江上中游水体铊污染。10月19日和20日测定结果是，在北江各监测断面中，除了韶关冶炼厂上游断面外，以下的所有监测断面铊浓度均超标。在查明污染源后，省政府于19日责令韶关冶炼厂立即停止生产，当日该厂停产，停止了外排含铊废水，切断了污染源。但是由于北江上中游已被铊污染，沿江部分城市的城市供水安全受到影响，其中，以北江为水源的英德市、清远市的水厂及沿江村镇水厂的水源水中铊浓度严重超标，下游取水于北江三角洲的佛山市和广州市的部分水厂水源水铊浓度略有超标。

广东省有关部门对此次铊污染事件高度重视，在发现情况后迅速采取行动，全力以赴开展应急处置工作，并及时向社会公告。国家环保部、住房和城乡建设部也分别组织了工作组到现场协助指导，作者作为专家参加了相关工作。对此，有关部门采取了以下应对措施：迅速查明并切断污染源；密切开展水质监测，时刻掌握北江污染变化情况，为科学决策提供支持；科学调度水资源，控制北江飞来峡水库的下泄流量，加大西江放流水量，通过西江补充水稀释控制北江下游的铊浓度，确保亚运会城市广州市（主办城市）、佛山市（分赛区）的供水安全；研究并实施水厂应急除铊工艺，保证供水安全。

经过各方面的努力，应急处置取得明显效果。10月23日以后，广州市、佛山市取水于北江下游的水厂水源水质基本达标，水厂内应急除铊工艺投入运行，出厂水的铊浓度远低于饮用水标准；北江中上游取水于北江的几个水厂尽管水源水铊浓度超标，但是经过水厂应急净化处理，出厂水水质达标，保证了北江沿线群众的饮用水安全，铊污染事件的影响得到有效控制。到11月中下旬，北江的污染水体基本排出入海，水质逐渐恢复正常。

10.11.2　污染物基本性质

铊是金属元素，英文为Thallium，元素符号：Tl，原子量204.37。铊的单质为蓝白色柔软而有延展性的金属，密度11.85，熔点30，沸点1457±10℃。离子状态主要是正一价的Tl^+和正三价的Tl^{3+}。铊是剧毒物质，对哺乳动物的毒性高于汞、镉、铬、铅等重金属。我国对饮用水中铊的浓度严格限定，《生活饮用水卫生标准》(GB 5749—2006)和《地表水环境质量标准》(GB 3838—2002)（对集中式生活饮用水地表水源地的特定项目）中，对铊的浓度限值均是0.0001mg/L，即0.1μg/L。

自然界中铊可以以硫化物矿的形式存在，共生于黄铁矿或硫铁矿（FeS_2）、闪锌矿（ZnS）等矿物中。铊在自然水体中的背景值不高，含量普遍较低。但在某些矿区和工业污染区，铊的自然排放和人为污染量可急剧上升，形成较严重的区域性铊污染，矿区废水和冶炼废水中排放的铊主要是一价铊。水环境中铊的主要存在形式也是一价铊。

铊的氧化还原反应式为：

$$Tl^+ + e^- = Tl \qquad E^0 = -0.336V$$

$$Tl^{2+} + e^- = Tl^+ \qquad E^0 = 1.25V$$

$$Tl^{3+} + e^- = Tl^{2+} \qquad E^0 = -0.37V$$

（注：手册中还列出了在1mol/L的HCl条件下的标准氧化还原电极电位为0.783V。也有的文献把一价铊氧化为三价铊的反应合并写成是一步反应，电极电位标直接标注为1.25V。）

在氧化反应中，一价铊氧化成二价铊需要较强的氧化环境，是氧化反应的控制步骤，二价铊不稳定，在氧化环境中迅速转化为三价铊。水环境中的溶解氧难于把一价铊氧化为三价铊，因此水环境中的一价铊可以随水流长距离迁移。

水环境中三价铊的含量很少，原因是三价铊可以与氢氧根离子形成极难溶于水的 $Tl(OH)_3$ 的沉淀物，其溶度积常数为 6.3×10^{-46}。即在 pH=7 的纯水中，理论上 Tl^{3+} 的溶解平衡浓度仅为 6.3×10^{-25} mol/L=1.3×10^{-16} μg/L，基本不溶于水。但是，由于一些有机物和无机物可以与 Tl^{3+} 存在多种络合物配位体，水环境中的 $Tl(OH)_3$ 沉淀物也可以附着在黏土胶体物质和悬浮颗粒上，因此在有机物或悬浮物较多的某些水体中，Tl^{3+} 形成的某些络合物和胶体物也在水体中占有一定的比例。

10.11.3 应急技术原理和工艺路线

1）预氧化-化学沉淀应急除铊工艺

在北江铊污染事件中，水源水中的铊污染主要是溶解状的一价铊离子 Tl^+。地表水常规净化工艺对溶解状的 Tl^+ 基本上没有去除作用。

根据铊的特性，确定饮用水除铊的技术路线采用预氧化一化学沉淀法。该方法的原理是，对于水源水中以溶解态存在的一价铊离子，先采用预氧化法把一价铊氧化成三价铊，形成难溶于水的 $Tl(OH)_3$ 沉淀物，再通过水厂的混凝沉淀过滤工艺进行去除。其反应式是：

$$Tl^+ + [O] \rightarrow Tl^{3+}$$

$$Tl^{3+} + 3OH^- \rightarrow Tl(OH)_3 \downarrow$$

基本工艺流程见图 10-10。

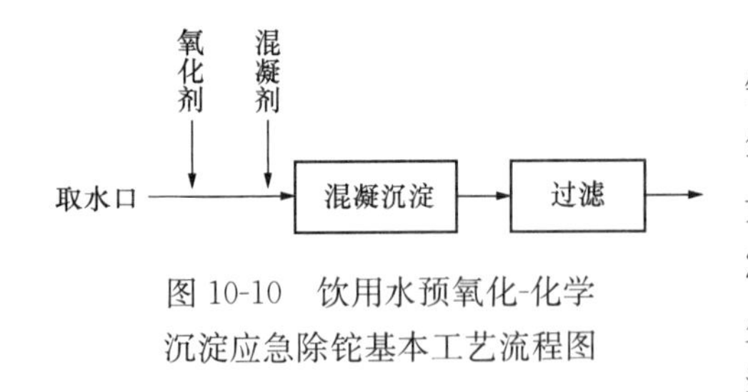

图 10-10 饮用水预氧化-化学沉淀应急除铊基本工艺流程图

饮用水除铊净水工艺的要点是：1）一价铊氧化成三价铊需要较强的氧化条件和较长的氧化时间，需要确定适当的氧化剂种类、剂量、反应时间（投加点）和 pH 值调整条件等；2）预氧化后所形成的氢氧化铊沉淀物的量极少，需要强化混凝沉淀与过滤处理，通过共沉淀和接触凝聚的作用将其有效去除。

对大规模饮用水应急除铊处理，国内外尚无工程实例与相关研究。在清华大学负责的国家重大科技专项研究“自来水厂应急净化处理技术及工艺体系研究与示范”课题的研究中，已初步开展了对铊污染的应急处理技术研究。以上预氧化-化学沉淀法应急除铊净水工艺是根据铊的基本物理化学性质、水厂现有工艺条件和水专项研究的初步成果所确定的。

3）对其他除铊工艺路线的考虑

直接采用化学沉淀法的技术路线不适合饮用水除铊处理。例如，一价铊可以与硫化物形成 Tl_2S 沉淀物，$K_{sp}=5.0\times10^{-21}$；也可以与亚铁氰化物形成 $Tl_4[Fe(CN)_6]$ 沉淀物，$K_{sp}=5\times10^{-10}$（用于治疗人体铊中毒的特效药普鲁士蓝既为亚铁氰化铁与亚铁氰化钾的复盐，口服后与一价铊形成不溶物随粪便从体内排出），但要使铊达到饮用水标准，所需硫化物或亚铁氰化物的浓度过高，无法在饮用水处理中使用，因此还是采用先把一价铊氧化成三价铊的技术路线。

美国环保署的技术资料对含铊饮用水处理推荐采用活性氧化铝或离子交换树脂吸附法，主要应用对象是小型家用净水器。该方法对于大规模水厂应急处理不适用。

10.11.4　应急处理进程与运行效果

为指导水厂应急除铊工艺改进与运行，在北江铊污染事件中进行了一系列现场应急除铊试验，确定预氧化-化学沉淀法的除铊特性。

试验采用六联混凝搅拌器进行，测定了不同氧化及其剂量、预氧化时间、pH 值调整、混凝条件等因素对铊效果的影响。所用氧化剂有：高锰酸钾、次氯酸钠、二氧化氯、单过硫酸氢钾。混凝剂采用聚合氯化铝，按照烧杯混凝沉淀试验标准程序进行，再用滤纸过滤，测定滤后液的铊浓度，计算除铊效率。试验水样主要采用受污染的北江中游清远市七星岗水厂的北江原水，铊的浓度在 0.28～0.38μg/L，主要是一价铊。原水的其他水质数据是：pH7.7～7.9，浊度 5～8NTU，COD_{Mn} 1.3～1.5mg/L，氨氮 0.02～0.04mg/L，碱度 105mg/L，硬度 80mg/L，铁 0.1mg/L，锰 0.08mg/L。另有部分试验采用东莞第三水厂原水或纯水配水。试验工作在水专项应急课题试验基地东莞市东江水务公司水质监测站进行。

1）不同氧化剂氧化能力的对比

文献中 Tl^+ 的氧化反应的标准电极电位为 1.25V。从原理上讲，只有电极电位更强的氧化剂才能够氧化 Tl^+，但在实际中，高锰酸钾、游离氯、二氧化氯等氧化剂对 Tl^+ 都有一定的氧化效果，有关机理有待进一步深入研究。

表 10-17 中对比了长氧化时间（20h，无搅拌）条件下不同氧化剂对铊的去除作用，试验的氧化剂剂量（为便于比较，按等电子剂量，1mgCl_2/L 相当于 1.49mg$KMnO_4$/L）、混凝、pH 值等条件相同。由表可见，在较长氧化时间下，$KMnO_4$ 预氧化或游离氯预氧化可以有效去除铊，ClO_2 对 Tl^+ 的氧化能力相对较弱。

不同氧化剂氧化去除能力对比　　　　表 10-17

氧化剂	KMnO4	NaClO	ClO_2
投加量（以 Cl_2 计）(mg/L)	2.0	2.0	2.0
预氧化时间（h）	20	20	20
混凝前 pH 值	7.95	7.98	7.91
混凝后 pH 值	7.59	7.67	7.60
初始铊浓度（μg/L）	0.304	0.305	0.305
处理后铊浓度（μg/L）	0.035	0.11	0.248
去除率（%）	88.5	63.9	18.7

2）次氯酸钠预氧化的除铊特性

表 10-18 采用次氯酸钠预氧化，分为氧化剂与混凝剂同时投加和投加氧化剂后反应 1h 再投加混凝剂两种条件。试验结果表明，次氯酸钠预氧化有一定的除铊效果，提前投加（对于取水口距净水厂有一定距离的情况下）的效果优于厂内同时投加，但由于 Tl^+ 的氧化速度较慢，总的除铊效果有限，仅靠加氯预氧化难以确保有效除铊。试验中还测定了

游离氯在不同 pH 条件的除铊效果，酸性条件的氧化除铊效果略优于中性，但在现有水厂条件下难于实施。

次氯酸钠预氧化除铊效果　　表 10-18

投加量(以 Cl_2 计)(mg/L)	1.0	2.0	3.0	2.0	2.0
预氯化时间(min)	0	0	0	30	60
预氯化 pH 值	7.69	7.69	7.69	7.89	7.92
混凝剂(以 Al_2O_3 计)(mg/L)	3	3	3	3	3
处理后余氯浓度(mg/L)	0.5	1.2	2.2		
初始铊浓度(μg/L)	0.32	0.32	0.37	0.30	0.33
处理后铊浓度(μg/L)	0.26	0.27	0.28	0.24	0.23
去除率(%)	18.8	15.6	24.3	21.8	29.8

3）二氧化氯预氧化的除铊特性

二氧化氯预氧化混凝工艺的除铊基本特性与游离氯基本相同，有一定效果，但难于出水达标，见表 10-19。

二氧化氯预氧化除铊效果　　表 10-19

投加量（mg/L）	0.5	1.0	2.0	3.0
预氯化时间（min）	60	60	60	60
预氯化 pH 值	8.5	8.3	8.5	8.3
混凝剂（以 Al_2O_3 计）（mg/L）	3	3	3	3
余二氧化氯浓度（以 ClO_2 计）（mg/L）	0.12	0.43	1.02	1.65
余氯浓度（以 Cl_2 计）（mg/L）	0.30	1.25	2.50	4.00
初始铊浓度（μg/L）	0.35	0.35	0.35	0.35
处理后铊浓度（μg/L）	0.27	0.20	0.22	0.21
去除率（%）	22.9	42.9	37.1	40.0

4）高锰酸钾预氧化的除铊特性

试验中发现高锰酸钾的预氧化混凝除铊效果优于游离氯和二氧化氯，在弱碱性条件下的除铊效果更好。

5）常规处理、粉末活性炭、深度处理的去除特性

根据混凝试验（标准混凝烧杯试验，混凝剂采用聚合氯化铝，投加量 1.2mg/L 和 3.6mg/L（以氧化铝计），pH 值调整范围 7.0～9.5，间隔 0.5），混凝沉淀过滤对铊的去除率只有 0～5%。常规处理工艺水厂的实际运行也显示对铊的去除率极为有限。

水中一价铊为离子状态，粉末活性炭的吸附效果有限，其作用机理应主要是通过活性炭的一些特定官能团与铊离子之间的化学吸附作用。试验中在粉末活性炭投加量 50mg/L 条件下，对初始铊浓度超标 1 倍的水样，去除率也仅为 35%，无法使超标 1 倍的原水达标。

试验中，颗粒活性炭滤柱对原水中的铊有很好的去除效果，但是由于试验时间较短，尚未得出炭柱穿透特性。根据广州南洲水厂的实际运行结果，对于通常臭氧投加剂量和已

经运行了一段时间的颗粒活性炭床（该厂生物活性炭滤池中的炭已经使用 3 年），臭氧活性炭深度处理的除铊效率不高，仅在 20%左右。

根据小试结果和现有水厂的运行情况，常规处理、粉末活性炭、深度处理的除铊效果有限。

6）预氧化-化学沉淀除铊特性

高锰酸钾、游离氯、二氧化氯、过硫酸氢钾等强氧化剂对铊均有一定的氧化效果。

10.12 2010 年湖南—广东武江锑污染事件应急处理案例

10.12.1 事件描述

武江上游湖南郴州市临武县和宜章县 30 多家非法选矿点沿河选矿，造成河水锑浓度升高，2011 年 6 月于湖南广东两省跨界处武江断面的锑超标数倍，影响到下游韶关地区的饮用水安全。

事件发生后，湖南广东两省高度重视，环保部立即派出工作组，紧急采取多项应对措施，包括：加强监测，取缔关闭选矿点，跨界河流断面采取河道处理，下游水厂实施应急除锑工艺或改用备用水源。

10.12.2 应急处理技术

水环境中的锑主要来源于天然本底、锑矿开采和铝、锡、铜等合金制造过程中的排污，天然水体中锑的存在形式包括三价锑氧化物（亚锑酸根）、五价锑氧化物（锑酸根）以及甲基锑化合物。由于亚锑酸根很容易被氧气氧化成锑酸根（标准电极电位－0.59V），在含溶解氧的地表水中锑主要以五价锑的锑酸根形式存在。

经动物试验，长期饮用高含锑量的水将引起寿命减少、血糖和胆固醇含量降低等问题，此外三氧化锑（三价锑）对人有致癌的可能性。在世界卫生组织的《饮水水质准则》、我国的《生活饮用水卫生标准》（GB 5749—2006）和《地表水环境质量标准》（GB 3838—2002）的集中式生活饮用水地表水源地特定项目中，均规定饮用水中锑的浓度限值为 0.005mg/L。

饮用水应急除锑净水工艺方案可采用弱酸性铁盐混凝沉淀法，该技术的原理是：

铁盐混凝剂生成的氢氧化铁胶体表面的电荷密度与溶液的 pH 值有关（无定形氢氧化铁胶体的等电点为 8.5），pH 值越低，氢氧化铁胶体表面的正电荷密度越大。在弱酸性条件下，利用表面带有高密度正电荷的氢氧化铁胶体对带负电的锑酸根进行电性吸附，通过混凝沉淀过滤去除水中的锑。

弱酸性铁盐混凝法饮用水除锑工艺的控制条件是：（1）除锑工艺要在弱酸性条件下进行，在混凝反应后 pH＝3～7 的范围内，pH 值越低，除锑效果越好。对于锑超标 4 倍左右的原水，宜控制反应后 pH＝5.5。对于原水锑超标不高的情况，可控制 pH＝6.0。在过低的 pH 值条件下（pH＜3），更多的锑酸根将转化为中性的锑酸（锑酸的 pKa＝2.55），不易被氢氧化铁胶体吸附，并且因 pH 值偏出铁盐混凝剂的适宜使用范围，不能生成很好的氢氧化铁矾花，除锑效果不好。（2）除锑工艺需要采用大剂量的铁盐混凝剂，以充分发挥氢氧化铁絮体对锑的电性吸附作用。采用聚合硫酸铁时，投加量可采用 60～80mg/L（固体商品重，含铁量 21%）。受到锑污染的河水的除锑试验结果见图 10-11。

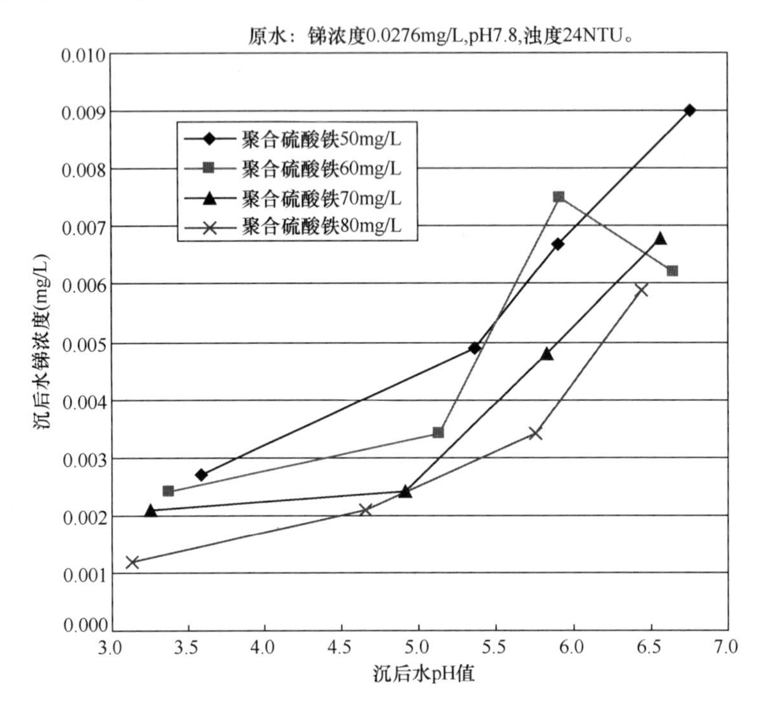

图 10-11 受到锑污染的河水的饮用水除锑试验

（试验原水：7 月 2 日武江省界断面受污染河水，水质数据：锑 0.0276mg/L，pH7.8，浊度 24NTU。）

对于不同锑浓度的原水，由于去除任务不同，反应后 pH 值的控制范围和所需混凝剂投加量应由试验确定。

由于铁盐混凝剂与水反应要生成氢离子，加大混凝剂投加量后水的 pH 值将有所降低。实际应用中应以反应池出水或沉后水的 pH 值作为控制点，调整加酸的量。

加酸点应设在混凝剂投加点之前。处理后回调 pH 值的加碱点宜设在沉淀池出水处。由于滤池中金属构件较多，在滤池前回调 pH 值，可以避免对滤池的酸性腐蚀，并对铁离子有较好去除效果。饮用水处理的弱酸性铁盐混凝沉淀法除锑工艺的流程图见图 10-12。

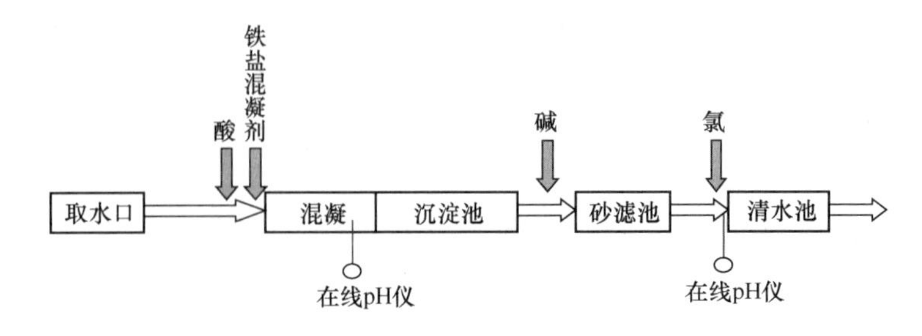

图 10-12 弱酸性铁盐混凝除锑工艺流程图

药剂费用估算。(1)混凝剂费用。投加量 70mg/L 聚合硫酸铁(固体商品重，2600 元/t)，混凝剂的费用为 $70 \times 2600/1000/1000 = 0.182$ 元/m^3。(2)加酸费用。以原水碱度

100mg/L(以 $CaCO_3$ 计，等于 2mmol/L)，控制反应 pH＝5.5 为例。当 pH＝7.8 时，HCO_3^-的分布系数＝0.97。当加酸把 pH 降到 6.3 时(与混凝剂的共同作用是降到 pH＝5.5)，HCO_3^-的分布系数＝0.5，故加酸量＝2mmol/L×(0.97－0.5)＝1mmol/L＝36.5gHCl/m^3＝118g31%盐酸/m^3＝0.083 元/m^3(700 元/t，31%食品级盐酸)。(3)加碱费用。从 pH＝5.5 回调 pH＝7.2，HCO_3^-的分布系数从 12%提高到 0.87 所需加碱量＝2×(0.87－0.12)＝1.50mmol/L＝60gNaOH/m^3＝188g32%NaOH 碱液/m^3＝0.135 元/m^3(720 元/t，32%食品级 NaOH 碱液)。(4)药剂总费用＝混凝剂＋酸＋碱＝0.182＋0.083＋0.135＝0.400 元/m^3。

10 万 t/d 水厂用酸量：118g/m^3×100000m^3/d＝11.8t/d（31%食品级盐酸）。

10 万 t/d 水厂用碱量：188g/m^3×100000m^3/d＝18.8t/d（32%食品级 NaOH 碱液）。

10.12.3　应急处置与效果

1）广东省韶关市五里亭水厂（规模 20 万 m^3/d，满负荷运行）

2011 年 7 月 4～11 日运行情况：7 月 4 日开始按应急除锑工艺运行，原水 pH＝7.5～7.8，混凝剂平均 62mg/L（聚合硫酸铁，含铁量 21%），控制沉后水 pH＝6.0，加酸量平均 35mg/L（32%食品级盐酸），控制出厂水 pH＝7.0，加碱量平均 40mg/L（32%食品级 NaOH 碱液）。实际药剂费用＝62/1000×2600/1000＋35/1000×700/1000＋40/1000×720/1000＝0.161＋0.025＋0.029＝0.215 元/m^3。在原水中锑浓度略为超标（0.0042～0.0055mg/L）的条件下，出厂水锑浓度稳定达标，并留有一定的安全余量（0.0016～0.0029mg/L）。

7 月 12 日以后运行情况：因原水锑浓度已稳定三天，降到 0.004mg/L 以下，不再加酸，铁盐混凝剂投加量 60mg/L，锑去除率 30%～40%。五里亭水厂除锑数据参见表 10-20。

韶关市自来水公司五里亭水厂除锑数据表　　表 10-20

（2011 年 7 月 6～7 日）

<table>
<tr><th>日期</th><th>时间</th><th>原水锑浓度(mg/L)</th><th>出厂水锑浓度(mg/L)</th><th>原水pH</th><th>反应池pH</th><th>回调 pH(出厂水)</th><th>混凝剂投加量(mg/L)</th><th>盐酸投加量(mg/L)</th><th>烧碱投加量(mg/L)</th><th>备注</th></tr>
<tr><td rowspan="2">7 月 6 日</td><td>16：00</td><td>0.0055</td><td>0.0029</td><td>7.6</td><td>6.0</td><td>6.9</td><td rowspan="7">平均为 62</td><td rowspan="7">平均为 35</td><td rowspan="7">平均为 40</td><td rowspan="7">混凝剂、盐酸和烧碱的投加量以一天的量计算</td></tr>
<tr><td>22：00</td><td>0.0050</td><td>0.0020</td><td>7.6</td><td>6.1</td><td>7.0</td></tr>
<tr><td rowspan="5">7 月 7 日</td><td>0：00</td><td>0.0054</td><td>0.0022</td><td>7.6</td><td>6.0</td><td>7.0</td></tr>
<tr><td>2：00</td><td>0.0042</td><td>0.0020</td><td>7.6</td><td>6.0</td><td>6.9</td></tr>
<tr><td>6：00</td><td>0.0042</td><td>0.0016</td><td>7.4</td><td>6.0</td><td>6.9</td></tr>
<tr><td>12：00</td><td>0.0046</td><td>0.0020</td><td>7.2</td><td>5.8</td><td>6.5</td></tr>
<tr><td>18：00</td><td>0.0052</td><td>0.0027</td><td>7.6</td><td>6.2</td><td>6.6</td></tr>
</table>

注：1. 除锑前，当原水浓度为 10～20NTU 时，水厂采用液体聚合氯化铝（有效氧化铝为 9%）作混凝剂，投加量平均为 12mg/L；消毒剂为液氯，投加量平均为 1.5mg/L（现仍使用液氯消毒剂，投加量无变化）；无投酸、碱等其他药剂。

2. 除锑采用混凝剂为聚合硫酸铁，有效成分为 21%，盐酸浓度为 32%，烧碱浓度为 32%。

2）广东省乐昌市乐昌水厂（设计规模 5 万 m^3/d，实际运行 2.5 万 m^3/d）

应急除锑工艺运行情况：2011 年 7 月 3 日开始按除锑工艺运行，原水 pH＝7.6～7.8，加酸控制反应后 pH＝5.5～6.0，加聚合硫酸铁 60～80mg/L，滤后加碱回调 pH7.0。7 月 4～6 日运行情况见表 10-21，其中原水锑浓度最高值为 0.0096mg/L，对应的出厂水锑浓度 0.0020mg/L。7 月 7 日～10 日的原水锑浓度在 0.010mg/L 左右，最大 0.0179mg/L，出水 0.002～0.004mg/L，平均 0.003mg/L（参见表 10-21）。

乐昌水厂应急除锑数据表 **表 10-21**

（2011 年 7 月 4～6 日）

日期	原水锑浓度（mg/L）	出厂水锑浓度（mg/L）	原水 pH	反应池 pH	回调 pH（出厂水）	混凝剂投加量（mg/L）
7 月 4 日	0.0096	0.0020	7.6～7.8	5.5～6.0	7.0	60～80
7 月 5 日	0.0076	0.0025				
7 月 6 日	0.0076	0.0016				

10.12.4 经验总结

本次武江锑污染事件为国内首次自来水厂应对原水锑超标的实际案例，工作难度大，任务时间紧。根据课题组的前期工作积累，结合现场验证性试验，很快确定了适宜的应急处理技术，并快速进行实施，将锑污染物控制到饮用水标准限值以下，保障了供水安全。

10.13 2012 年广西龙江河突发环境事件应急处理案例

10.13.1 事件背景和概况

2012 年 1 月，广西壮族自治区龙江河发生了突发环境事件。1 月 13 日，河池市拉浪水库网箱养鱼发现死鱼，经当日晚紧急监测，发现拉浪水库下游河段污染严重，其中水体中镉含量最高处超标约 80 倍（最高 0.408mg/L），并直接威胁下游居民饮水安全。

经查，本次污染事件由河池市相关企业非法排污造成，生产中排出的高浓度含镉废液长期积累后，在短时间内排入龙江河，造成龙江河突发环境事件。经对河中污染水团的测算，排入水中的镉总量约 21t。由于此次龙江河镉污染事件污染物排放量很大，如仅靠水利调度稀释，事件后果将极为严重，预计下游柳州市的供水水源中镉超标持续时间将长达近 1 个月，最大超标倍数可达 10 倍，并且镉污染的影响范围可能会超出广西，污染到整个西江下游（见图 10-13）。

1 月 18 日自治区政府启动了突发环境事件二级响应预案，要求做到“四个一切，三个确保”（即动用一切力量、一切措施、一切手段、一切办法进行处置，确保柳州市自来水厂取水口水质达标，确保柳州市供水达标，确保柳州市不停水），确保下游城市与沿河群众的饮水安全。

对此，广西壮族自治区应急指挥部采用了河道投药消减和调水稀释的处置措施，使下游柳江中镉浓度始终保持达标（《地表水环境质量标准》（Ⅲ类水体）和《生活饮用水卫生标准》中镉浓度限值均为 0.005mg/L）。从 2 月 21 日开始，龙江河全线水质达标，广西

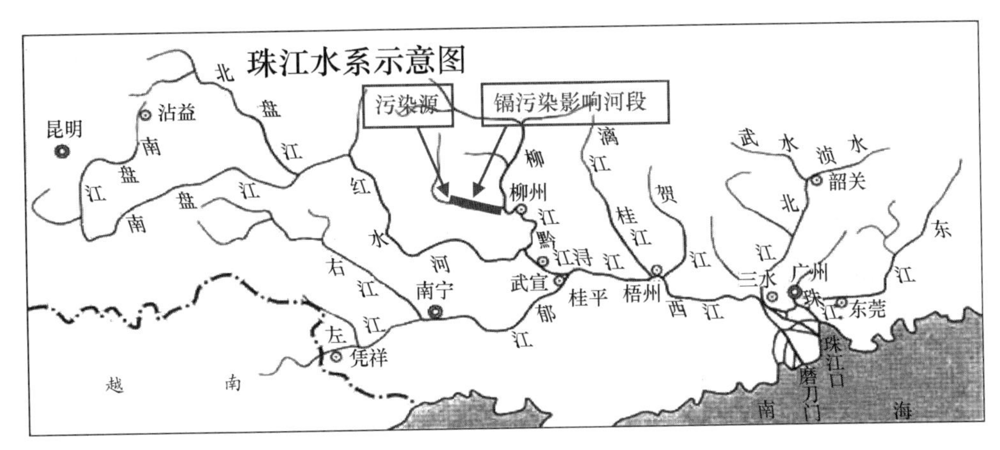

图 10-13 珠江水系与广西龙江河突发环境事件影响区域图

自治区 2 月 22 日宣布解除二级应急响应，事件结束。

10.13.2 污染物基本性质

一般水环境中的镉的主要来源包括：铅、锌、锡、铜等有色金属冶炼过程中的排污；电镀、电池、电子元件等的污染；当然也有一定量的天然本底，但含量很低。天然水体中的镉是以二价镉离子（Cd^{2+}）形式存在。

镉对人体健康的危害非常严重，长期低剂量的镉会引起慢性镉中毒，从而造成肾脏损伤，影响对蛋白质、糖和氨基酸的吸收，造成尿中蛋白含量增加；还影响钙的新陈代谢，可能产生骨质疏松。日本曾发生过因长期食用含镉大米造成的“痛痛病”污染公害事件。此外，镉属于可能对人体致癌的物质，易引发相关癌症。

为了保护人体健康，我国《生活饮用水卫生标准》（GB 5749—2006）和《地表水环境质量标准》（GB 3838—2002）中均规定，镉在水体中的含量不得超过 0.005mg/L。《渔业水质标准》（GB 11607—89）中规定镉的浓度限值也为 0.005mg/L。《土壤环境质量》（GB 15618—1995）中二级标准（为保障农业生产，维护人体健康的土壤限制值）中对于土壤 pH＜6.5、6.5～7.5 和＞7.5 时的镉标准限值分别是 0.30、0.60 和 1.0mg/L。

10.13.3 应急技术原理和工艺路线

根据住房城乡建设部组织应急净水技术的研究提出的镉污染应急处理技术方案和现场实验室试验与生产性运行结果，柳州市自来水厂应急除镉净水工艺的技术方案为弱碱性化学沉淀法，该技术的原理是：

在 pH＞8 的条件下，重碳酸根离子转化为碳酸根离子，碳酸根离子能够与镉离子生成难溶于水的碳酸镉，从水中沉淀析出。然后再投加铝盐或铁盐混凝剂，利用混凝剂产生的氢氧化铝或氢氧化铁絮体，将细小的碳酸镉颗粒、水中的泥沙等凝聚在一起，形成沉降性很好的较大颗粒，沉淀去除。

碳酸镉的溶解沉淀反应式为：

$$Cd^{2+} + CO_3^{2-} = CdCO_3 \downarrow$$

镉离子的溶解平衡浓度为：

$$[Cd^{2+}] = \frac{K_{sp}}{[CO_3^{2-}]}$$

式中　K_{sp}——溶度积常数，$CdCO_3$ 的 $K_{sp} = 1.6 \times 10^{-13}$ 。

因此，镉离子溶解沉淀平衡浓度的理论计算值与 pH 值的关系详见表 10-22。

镉的溶解沉淀平衡浓度与 pH 值的关系　　**表 10-22**

pH	7.8	8.0	8.5	9.0
Cd^{2+} (mg/L)	0.0051	0.0032	0.00105	0.00036

注：表中水的碱度 1mmol/L，地表水的碱度一般均大于此值，即镉离子平衡浓度更低。

该技术的关键控制因素是水的 pH 值，只有在弱碱性条件下才能有效除镉，pH≥8 对镉有很好地去除效果，pH≥8.5 可以达到饮用水和地表水的标准限值，铁盐和铝盐混凝剂均可有效除镉达标。相关试验结果如图 10-14 和图 10-15。

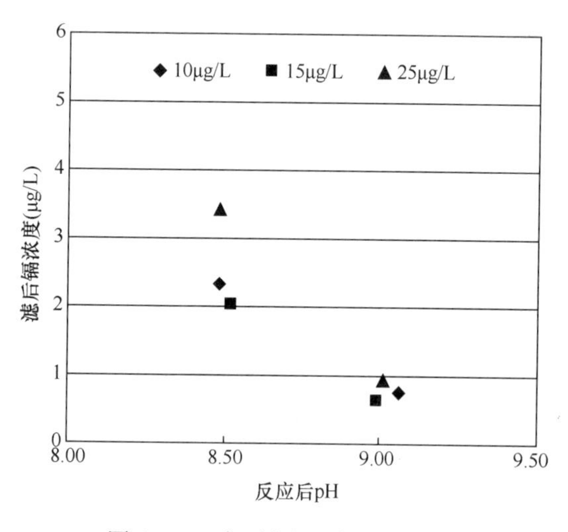

图 10-14　广西龙江河镉污染铁盐除镉试验（2012.2）

注：初始镉浓度分别为 10μg/L、15μg/L、25μg/L，原水 pH=7.83，铁盐除镉工艺聚硫酸铁混凝剂的投加量为 10mg/L，以商品质量计

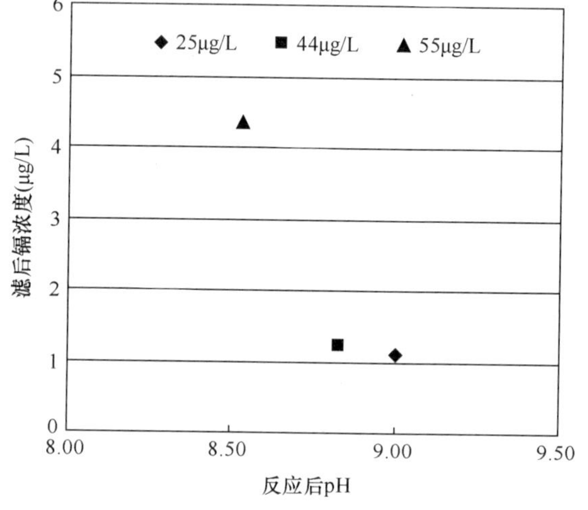

图 10-15　广西龙江河镉污染铝盐除镉试验（2012.2）

注：初始镉浓度分别为 25μg/L、44μg/L、55μg/L，原水 pH=7.80，铝盐除镉工艺聚氯化铝混凝剂的投加量为 30mg/L，以商品质量计

自来水厂采用弱碱性化学沉淀法的应急除镉净水工艺如图 10-16 所示。

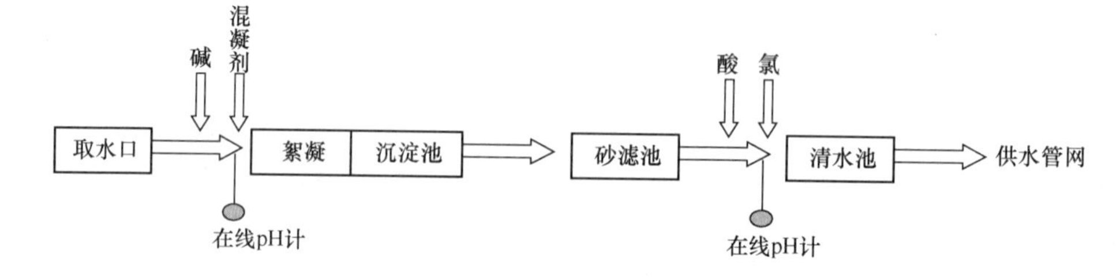

图 10-16　自来水厂弱碱性化学沉淀法应急除镉工艺流程

水厂应急除镉净水处理主要工艺要点为：

(1) 在弱碱性条件下净水除镉，控制 pH 值为 8.0～8.5

混凝前加碱把原水调成弱碱性，在弱碱性条件下进行混凝、沉淀、过滤的净水处理，以矾花絮体吸附去除水中析出的镉沉淀物。

（2）滤后水加酸回调 pH 值

把滤池出水的 pH 值调回至 7.5～7.8（生活饮用水标准的 pH 值范围为 6.5～8.5），以满足生活饮用水的水质要求。

此净水工艺增加费用主要为加碱加酸的药剂费，约为 0.04 元/m^3 水。

10.13.4 应急处置实施要点

1. 加强水质监测，掌握水体污染动态变化情况，为应急处置的科学决策提供基础依据。

2. 排查并切断污染源，严肃查处责任人。

排查并切断污染源，河池市污染工厂地处龙江河边，在更改产品后未作登记，工人以有色金属冶炼的烟道灰为原料，采用萃取法生产铟，提取铟的萃余废液中含有高浓度镉（4000～6000mg/L）等多种重金属，排入落水洞。从 2011 年 8 月开始铟的生产，至 2012 年 1 月初共生产铟约 2.2t，排出镉约 30～40t。排入落水洞的废水长期积累后在短时间内集中排入龙江河，经对水体污染团测算，此次事件排入水体的镉总量约 21t，造成突发环境污染事件。

3. 河道投药消减水体污染物，即采用弱碱性化学沉淀法除镉，在几级阶梯电站处投加液碱和聚氯化铝混凝剂，把污染水团中的溶解性镉离子沉降到河底，尽最大可能降低污染物浓度，控制影响范围。在此次事件中的具体做法为：

（1）沿龙江河在 4 个梯级电站（叶茂电站、洛东电站、三岔电站和糯米滩电站）处分别设置了投药处置点，对污染水团进行多级投药拦截；

（2）在电站前入口处投加液体烧碱（见图 10-17），把河水的 pH 值从原有的 7.7～7.8 提高到 8.1～8.4（前期投加石灰，但劳动强度大、卫生条件差、溶解速度慢，后期均改用液碱）；

（3）在电站出口处投加聚氯化铝（见图 10-18），投加量与自来水厂投加量基本相同，利用电站坝下急流条件进行水力混合、絮凝反应，再在下游缓流河段中沉淀，所形成的含有氢氧化铝、泥沙、碳酸镉等固体物的絮体沉到河底；

图 10-17 电站入口处投加液碱

图 10-18 电站出口处投加聚氯化铝混凝剂

（4）投药对镉的单级去除率为40％～60％，经过对污染水团多级投药，把污染水团控制在龙江河范围内，河道中沉镉共18吨；

（5）投药期为1月28日至2月9日，投加液碱、石灰和聚氯化铝各数千吨，通过投药处置，把污染水团尽量控制在龙江河河段内。

4. 调水稀释，即控制污染水团的下泄流量，加大下游融江的稀释水量，通过稀释减轻对下游的污染。

在此次事件中，严格控制龙江河4个梯级电站放流量80～100m^3/s，对于镉超标2倍以上的水体进行投药沉镉作业。

控制下游进入柳江的龙江河与融江的汇流比，按1∶2的比例稀释，龙江河糯米滩电站（距离汇流点19km）放流量80～100m^3/s，融江大埔电站（距离汇流点21km）放流量约200m^3/s，使柳江及下游柳州市自来水厂取水口（汇流点下游30km）镉浓度达标。

5. 自来水厂采用"弱碱性铁盐混凝沉淀法"的应急除镉净水工艺，设立水厂应急除镉的安全屏障，确保柳州市的饮水安全。

（1）对柳西水厂（柳州市主力水厂，规模30万m^3/d）等4座水厂进行了应急除镉工艺的设备加装：

1）设立水源水质监测预警仪器；

2）加装液碱（在混凝前投加）和盐酸（在过滤后投加）的药剂投加设备与监测系统；

3）将原聚氯化铝混凝剂改换为聚硫酸铁（可同时应对砷等复合污染）；

4）增加助滤剂，加强过滤效果；

5）从北京紧急调用了一套移动式应急投酸碱药剂投加设备，供柳东水厂（6万m^3/d）使用。

（2）组织编制了应急处理的技术程序和岗位操作规程，并对水厂运行人员进行了技术培训。

10.13.5 应急处置效果及生态环境影响评价

1. 应急处置效果

（1）采取措施之前，取水口镉浓度接近0.005mg/L，水厂对镉的去除效果仅为20％。

（2）经过十几天的河道投药应急处置，大部分污染物被削减在龙江河段内，未影响到柳州市的正常取水，柳州市自来水厂取水口镉浓度＜0.005mg/L。

（3）水厂采用弱碱性铁盐混凝沉淀法应急除镉净化工艺后，未调试pH值，出厂水镉浓度一般小于检出限（＜0.0005mg/L）。

2. 河道污染物消减措施的生态环境影响

（1）投加药剂及沉淀产生的环境影响

1）投加液碱问题：投碱处置使水体的pH值从7.6～7.8增加到8.1～8.4，但仍符合《地表水环境质量标准》（6.0～9.0）和《渔业水质标准》（6.5～8.5），不会对水生生物造成毒害。

2）投加混凝剂问题：本次龙江河现场处置每级投加聚氯化铝约15～20mg/L（以商品重计），此投加量是自来水厂一般投加量的1～2倍。由于是梯级分段投加，相当于对河水进行了几次自来水厂的混凝沉淀净化处理，对处理后的河水没有不利的环境影响。

3）含铝沉泥问题：所投加的混凝剂中的铝元素，经与水反应后以氢氧化铝的形式与泥沙一起沉降到河底。但因为铝元素是地壳中的宏量元素，排在氧、硅之后为第三位，含量8.8%，《土壤环境质量标准》和《渔业水质标准》中也没有对铝的限值。因此，含铝沉淀物对底泥含铝量的增加极为有限，不构成环境危害。

(2) 对含镉沉泥是否造成长期环境危害问题的预评估

1）龙江河沉淀下来的含镉污染物将缓慢释出，但释放后龙江河水中的镉浓度不会超过《地表水环境质量标准》。

2）含镉沉淀物可以随着泥沙向下游输运，特别是在汛期随着泥沙泛起，会大量向下游输运。但在自来水厂处理后，不会对城市供水安全造成影响。

3）沉镉的缓慢释放和随泥沙向下游的输运将使沉镉排出，有利于龙江河的生态恢复。经一段时间(预计一年内)的水力冲刷、溶解释放和沉泥覆盖，可以基本上消除沉镉的环境影响。

4）对污染区内含镉沉泥不需要进行底泥清淤处理。

3. 应急处置的生态环境影响后评估

1）环境监测：事故后，对龙江河镉污染河段保持密切监测，包括对水质、底泥、水生生物（鱼类、底栖生物、水草、藻类、鸭等）中镉含量的监测。

2）水中镉浓度：流经镉沉淀区的龙江河水镉浓度略有增加，但没有超标。只在今年第一次大洪峰中因沉泥泛起，沉镉区有短时（数小时）镉浓度略超标现象。水中镉浓度在5月份以后已小于0.001mg/L，6月下旬已接近上游背景值0.0001～0.0005mg/L。

3）沉镉的归趋：随着沉镉的溶解释放和泥沙输运，至6月底，龙江河总沉镉18t中已有约12t被排出进入到下游柳江（水体通量5.6t，泥沙通量9.0t，另需扣除上游背景通量约3t），事故处置河段底泥镉浓度已降低一个数量级。

4）水生生物中的镉含量：按照食物链传递，从“底泥—藻—水草—鱼”，镉含量逐级降低，没有出现富集现象。

因此，龙江河大量应急处置的含镉沉积物在严密监控下已有序迁移至下游及柳江河段。事故源周边环境风险在降低，龙江河水质风险已基本消除，事故处置河段水生生物处于恢复期，对龙江河和柳江的环境影响仍在监测中。应急处置沉积物与水质状况一直处于预测的安全范围内。

4. 其他金属的复合污染问题

此次龙江河突发污染事件为有色金属冶炼烟道灰酸浸液（湿法冶金）的排放，除镉以外，还包含有多种金属和类金属污染物，包括：砷、铊、锑等，属于重金属复合污染。河道弱碱性化学沉淀法处置对于多种金属污染物有一定的处理效果，但对砷、铊、锑等金属污染物的去除效果不佳，尚不能满足水质要求，必须在自来水厂设置安全屏障。监测数据显示，柳州市自来水厂的水源水中砷、铊、锑等金属污染物在个别时段仍有超标问题，通过在自来水厂采取针对性应急处理净水技术，保证了柳州市自来水出厂水的全面达标。

综上所述，本次龙江河突发环境事件的污染物排放量大，水体污染物浓度高，多种污染物共存；而自来水厂现有的净水工艺仍为传统工艺，设备和检测能力不适应应急处置的及时调控要求；应急处置难度大，国内外尚无此类重金属复合污染及其应对措施的先例。尽管如此，此次事件的应急工作，处置方案科学合理，处置措施及时有效，处置效果好于预期，把事件的影响范围控制在有限区域内，实现了自治区党委、政府确定的动用一切力量确保柳州市及其下游城市和沿河群众饮用水安全的目标。

参考文献

[1] 陈超，张晓健，董红，等. 自来水厂应急净化处理技术及工艺体系研究与示范[J]. 给水排水，2013，39(7)：9-12.

[2] 陈吉宁主著. 汶川特大地震灾后环境安全评价方法与实践，2012，北京：中国环境科学出版社.

[3] 陈雨乔，段晓笛，陆品品，等. 给水管网中耐氯性细菌的灭活特性研究[J]. 环境科学，2012，33(1)：104-109.

[4] 崔福义. 城市给水厂应对突发性水源水质污染技术措施的思考. 给水排水，2006，32(7)：7～9.

[5] 范谨初. 饮用水处理粉末活性炭应用研究. 中国给水排水，1997，13(2)：7～9.

[6] 何文杰，李伟光，张晓健等. 安全饮用水保障技术. 北京：中国建筑工业出版社，2006.

[7] 金伟，李怀正，范瑾初. 粉末活性炭吸附技术应用的关键问题. 给水排水，2001，27(10)：11～12.

[8] 兰淑橙. 活性炭水处理技术. 北京：中国环境科学出版社，1991.

[9] 李欣. 饮用水中典型臭味物质去除特性及其预测模型研究. 清华大学博士学位论文，2016.

[10] 李伟光，李大鹏，张金松. 用粉末活性炭去除饮用水中嗅味. 中国给水排水，2002，18(4)：47～49.

[11] 林朋飞. 用于饮用水应急处理的有机物活性炭吸附预测模型研究. 清华大学博士学位论文，2014.

[12] 上海市政工程设计研究院. 给水排水设计手册(第3册)——城镇给水. 北京：中国建筑工业出版社，2000.

[13] 王生辉. 应对硝基苯污染事故的城市应急供水活性炭处理技术研究. 清华大学硕士学位论文，2006.

[14] 王占生，刘文君. 微污染水源饮用水处理. 北京：中国建筑工业出版社，1999.

[15] 许保玖，龙腾锐. 当代给水与废水处理原理. 北京：高等教育出版社，2000.

[16] 唐昕. 铁盐化学吸附法去除重金属的特性研究. 清华大学硕士学位论文，2016.

[17] 严煦世，范谨初. 给水工程(第四版). 北京：中国建筑工业版社，1999.

[18] 张晓健. 松花江和北江水污染事件中的城市供水应急处理技术. 给水排水，2006，32(6)：6～12.

[19] 张晓健，陈超，李伟，等. 汶川地震灾区城市供水的水质风险和应急处理技术与工艺[J]. 给水排水，2008，34(7)：7-13.

[20] 张晓健，陈超，李勇. 贵州省都柳江砷污染事件的应急水技术与实施要点[J]. 给水排水 . 2008，34(6)：14 17.

[21] 张晓健，张悦，陈超，王欢，张素霞. 城市供水系统应急净水技术指导手册. 2009. 北京：中国建筑工业出版社 .

[22] 张晓健，陈超. 应对突发性水源污染的城市应急供水的进展与展望[J]. 给水排水，2011，10(6)：9-18.

[23] 张晓健，陈超，林朋飞. 应对水源突发污染的城市供水应急处理技术研究与应用[J]. 中国应急管理，2013，10：11-17.

[24] 张晓健，张悦，王欢，张素霞，贾瑞宝. 无锡自来水事件的城市供水应急除臭处理技术．给水排水. 2007，33(9)：7-12.

[25] 张晓健，陈超，米子龙，王成坤．饮用水应急除镉净水技术与广西龙江河突发环境事件应急处置. 给水排水．2013，39(1)：24-32.

[26] 郑琦，陈超，张晓健，等．给水管网中耐氯分枝杆菌的灭活特性及机制研究[J]. 环境科学，2013，34(2)：576-582.

[27] H. 凯利，E. 巴德．活性炭及其工业应用(魏同成译). 北京：中国环境科学出版社，1990.

[28] Najm，I. N. et al. Powdered activited carbon in drinking water treatment：a critical review. J. AWWA，1991，83(1)：65～76.

[29] Gayle N，David C. Influences on the removal of tastes and colours by powdered actived carbon. Water Supply：Research and Technology，2002，51(8)：463-474.

[30] Zhang X. J.，Chen C. Emergency drinking water treatment in source water pollution incident：Technology and practice in China[J]. Frontier of Environmental Science and Engineering in China，2009，3(3)：364-368.

[31] Zhang X. J.，Chen C.，Ding J.，et al. The 2007 water crisis in Wuxi，China：analysis of the origin[J]. Journal of Hazardous Material，2010，182：130-135.

[32] Zhang X. J.，Chen C.，Lin P. F.，et al. Emergency Drinking Water Treatment during Source Water Pollution Accidents in China：Origin Analysis，Framework and Technologies [J]. Environmental Science and Technology，2011，45，1：161-167.

[33] Xin LI，Jun WANG，Xiaojian ZHANG，Chao CHEN，Yuefeng XIE，I. H. (Mel) SUFFET. Powdered activated carbon adsorption of two fishy odorants in water：trans，trans-2，4-heptadienal and trans，trans-2，4-decadienal. Journal of Environmental Sciences. 2015，32，15-25. DOI：10.1016/j.jes.2015.01.001.

[34] Pengfei Lin，Xiaojian Zhang，Hongwei Yang，Yong Li，Chao Chen *. Applying chemical sedimentation process in drinking water treatment plant to address the emergent arsenic spills in water sources. Frontiers of Environmental Science and Engineering. 2015. 9(1)：50-57.

[35] Pengfei LIN，Yuan ZHANG，Xiaojian ZHANG，Chao CHEN *，Yuefeng XIE，I. H. (Mel) SUFFET. Adsorption kinetic and isotherm of chlorinated aromatic compounds on activated carbon to tackle the chemical spills in drinking water. Frontiers of Environmental Science and Engineering，2015，9(1)：138 - 146.

附录 1 饮用水水质标准的污染物项目和推荐应急处理技术汇总表

项目		序号	水质标准（单位：mg/L）[注 1]				备选处理技术	可行性评价结果	推荐应急净水工艺条件和参数			应急处理结果
			生活饮用水卫生标准	城市供水水质标准	生活饮用水卫生规范	地表水环境质量标准Ⅲ类水体（地下水标准Ⅲ类）			反应条件[注 2]	药剂基准投加量（mg/L）[注 3]	最大应对超标倍数[注 4]	
感官和有机综合指标13项	浑浊度	1	1NTU（特殊情况≤3）	1NTU（特殊情况≤3）	1NTU（特殊情况≤5）	（地下水 3NTU）	非应急项目	—	—	—	—	—
	色度	2	15 度	15 度	15 度	（地下水 15 度）						
	臭和味	3	无异臭异味	无异臭异味	无异臭异味	（地下水无）						
	肉眼可见物	4	无	无	不得含有	（地下水无）						
	pH	5	6.5～8.5	6.5～8.5	6.5～8.5	6～9（地下水 6.5～8.5）						
	水温（℃）	6				人为造成变化：周平均最大温升≤1；周平均最大温降≤2						
	溶解氧	7				≥5						
	溶解性总固体	8	1000	1000	1000	（地下水 1000）						
	总硬度（以 $CaCO_3$ 计）	9	450	450	450	（地下水 450）						

续表

项目		序号	水质标准（单位：mg/L）[注1]				备选处理技术	可行性评价结果	推荐应急净水工艺条件和参数			应急处理结果
			生活饮用水卫生标准	城市供水水质标准	生活饮用水卫生规范	地表水环境质量标准Ⅲ类水体（地下水标准Ⅲ类）			反应条件[注2]	药剂基准投加量（mg/L）[注3]	最大应对超标倍数[注4]	
感官和有机综合指标13项	耗氧量（高锰酸盐指数）	10	3(特殊情况5)	3(特殊情况5)	3(特殊情况5)	6	非应急项目	—	—	—	—	—
	TOC	11	5*	无异常变化								
	COD	12				20						
	BOD_5	13				4						
金属和类金属污染物指标23项	锌	14	1.0	1.0	1.0	1.0（地下水1.0	碱性化沉	可行	pH>8.0	铁盐>5 铝盐>5	>4*	显著
							硫化物沉淀	可行	中性pH	硫化物>3	>3*	显著
	铅	15	0.01	0.01	0.01	0.05（地下水0.05）	碱性化沉	可行	pH>7.3	铁盐>5 铝盐>5	500*	显著
							硫化物沉淀	可行	中性pH	0.03	20*（硫化物0.05mg/L）；250*（硫化物0.5mg/L）	显著
	汞	16	0.001	0.001	0.001	0.001（地下水0.001）	碱性化学沉淀	可行	pH>9.5	铁盐>5	>4*	显著
							硫化物沉淀	可行	中性pH	0.05	>100*（硫化物>0.2mg/L）	显著
	铜	17	1.0	1.0	1.0	1.0（地下水1.0）	碱性化学沉淀	可行	pH>7.0～7.5	铁盐>5 铝盐>5	>4*	显著
							硫化物沉淀	可行	中性pH	硫化物>1	>5*	显著

续表

类别	项目	序号	水质标准(单位:mg/L)[注1]				备选处理技术	可行性评价结果	推荐应急净水工艺条件和参数			应急处理结果
			生活饮用水卫生标准	城市供水水质标准	生活饮用水卫生规范	地表水环境质量标准Ⅲ类水体(地下水标准Ⅲ类)			反应条件[注2]	药剂基准投加量(mg/L)[注3]	最大应对超标倍数[注4]	
金属和类金属污染物指标23项	银	18	0.05	0.05	0.05		氯离子沉淀	可行	中性pH	Cl>1		显著
							碱性化学沉淀	可行	pH=7.0～9.5	铁盐>10 铝盐>10	见备注	显著
							硫化物沉淀	可行	中性pH	硫化物>0.2	见备注	显著
	镉	19	0.005	0.003	0.005	0.005(地下水0.01)	碱性化学沉淀	可行	<pH8.5～9.0铝 pH>8.5铁	铁盐5 铝盐5	50*(沉后pH=9.3,铁盐5mg/L)	显著
							硫化物沉淀	可行	中性pH	0.03	>47*(硫化物>0.2mg/L)	显著
	铍	20	0.002	0.002	0.002	0.002(地下水0.0002)	碱性化学沉淀	可行	pH>8.0	$FeCl_3$>5 聚铝>10	见备注	显著
	镍	21	0.02	0.02	0.02	0.02(地下水0.05)	碱性化学沉淀	可行	pH>9.0铝	铁盐或铝盐5	50*	显著
							硫化物沉淀	否				不可行
	铬(六价)	22	0.05	0.05	0.05	0.05(地下水0.05)	还原+化学沉淀	可行	中性pH	$FeSO_4$ 5	>30*	显著
	钡	23	0.7	0.7	0.7	0.7(地下水1.0)	化学沉淀	否	pH6.5～9.5	三氯化铁、聚合硫酸铁、硫酸铝、聚合氯化铝(以Fe计或以Al计,均为5mg/L)	生成的硫酸钡难以被混凝沉淀去除	不可行

续表

类别	项目	序号	水质标准（单位：mg/L）[注1]				备选处理技术	可行性评价结果	推荐应急净水工艺条件和参数			应急处理结果
			生活饮用水卫生标准	城市供水水质标准	生活饮用水卫生规范	地表水环境质量标准Ⅲ类水体（地下水标准Ⅲ类）			反应条件[注2]	药剂基准投加量（mg/L）[注3]	最大应对超标倍数[注4]	
金属和类金属污染物指标23项	钛	24			0.1	0.1	碱性化学沉淀	可行	中性pH	铁盐>5 铝盐>5	>4*	显著
							硫化物沉淀	否				不可行
	钒	25			0.05	0.05	化学沉淀	可行	pH<8	铁盐>5 铝盐>5	5*	显著
	钛	26	0.005	0.005	0.005	0.005	铁盐化学沉淀	可行	Ⅲ：pH<6	铁盐>5	>4*	
									Ⅴ：pH<5	铁盐>10	>4*	显著
							硫化物沉淀	否	Ⅲ/Ⅴ均不可行			否
	铝	27				1.0（地下水0.05）	碱性化学沉淀	可行	pH>8.0	铁盐>5 铝盐>10	>9*（pH=9.5，铁盐5mg/或铝盐10mg/L）	显著
							硫化物沉淀	否				否
	锰	28	0.1	0.1	0.1	0.1（地下水0.1）	碱性化学沉淀	可行	pH>8.5	铁盐>5		显著
							氧化	可行	$KMnO_4$，O_3，Cl_2可氧化	大于化学计量比		显著
	钼	29	0.07	0.07		0.07（地下水0.01）	铁盐化学沉淀	可行	pH<6.0	铁盐>5	>100*（铁盐>15mg/L）；>13*（铁盐>5mg/L）	适用
							硫化物沉淀	否				否

续表

项目		序号	水质标准(单位:mg/L)[注1]				备选处理技术	可行性评价结果	推荐应急净水工艺条件和参数			应急处理结果
			生活饮用水卫生标准	城市供水水质标准	生活饮用水卫生规范	地表水环境质量标准Ⅲ类水体(地下水标准Ⅲ类)			反应条件[注2]	药剂基准投加量(mg/L)[注3]	最大应对超标倍数[注4]	
金属和类金属污染物指标23项	铊	30	0.0001	0.0001	0.0001	0.0001	氧化+化学沉淀	可行	pH>9		50*(pH10.0,高锰酸钾2mg/L,预氧化30min);10*(pH9.5),高锰酸钾22mg/L,预氧化30min)	显著
	铁	31	0.3	0.3	0.3	0.3(地下水0.3)	非应急项目	—				—
	铝	32	0.2	0.2	0.2		非应急项目	—				—
	钠	33	200	200	200		非应急项目	—				—
	砷	34	0.01	0.01	0.05	0.05(地下水0.05)	化学沉淀	可行	中性pH,三价砷需预氧化(游离氯0.5mg/L),五价砷直接混凝	铁盐>1	>30*(铁盐>5mg/L)	显著
	硒	35	0.01	0.01	0.01	0.01(地下水0.01)	铁盐化学沉淀	可行	中性pH	铁盐>8	>4*	显著
	硼	36	0.5	0.5	0.5	0.5	离子交换	未做				待验证
							碱性化学沉淀	否				否
综合非金属及无机指标11项	氰化物	37	0.05	0.05	0.05	0.2(地下水0.05)	氧化	可行	O_3,Cl_2可氧化;$KMnO_4$,ClO_2较差	大于化学计量关系	>15*(足量Cl_2,O_3)	显著
	硫化物	38	0.02	0.02	0.02	0.2	氧化	可行	O_2、Cl_2、ClO_2、$KMnO_4$均可氧化	按化学计量关系投加,注意氧化剂反应产物不要超标	>50*(足量氧化剂)	显著

续表

项目		序号	水质标准（单位：mg/L）[注1]				备选处理技术	可行性评价结果	推荐应急净水工艺条件和参数			应急处理结果
			生活饮用水卫生标准	城市供水水质标准	生活饮用水卫生规范	地表水环境质量标准Ⅲ类水体（地下水标准Ⅲ类）			反应条件[注2]	药剂基准投加量（mg/L）[注3]	最大应对超标倍数[注4]	
综非金属及无机合指标11项	碘化物	39				（地下水0.2）	氧化	否				否
							银离子化沉	可行				待验证
	氟化物	40	1.0	1.0	1.0	1.0（地下水1.0）	活性氧化铝吸附	可行				待验证
							化学沉淀	可行	中性	硫酸铝>5		一般
	亚硝酸盐	41	1*			（地下水0.02，以N计）	氧化	可行	Cl_2 可氧化	按化学计量关系投加		可行
	硝酸盐（以N计）	42	10（特殊情况≤20mg/L）	10（特殊情况≤20mg/L）	20	10（地下水20）	离子交换	未做	尚无有效应急方法			待研究
	氨氮	43	0.5	0.5		1.0（地下水0.2）	化学氧化	可行	折点加氯 Cl_2/N>8			有限
	总磷	44				0.2	混凝沉淀	可行				
	总氮	45				1.0	化学氧化	可行	折点加氯 Cl_2/N>8			有限
	硫酸盐	46	250	250	250	250（地下水250）	非应急项目	—				—
	氯化物	47	250	250	250	250（地下水250）	非应急项目	—				—
农药指标24项	滴滴涕	48	0.001	0.001	0.001	≤0.001	吸附	可行	K=0.0358，$1/n$=0.3516 莞纯	PAC>2	252	显著
									K=0.0107，$1/n$=0.2238 莞原	PAC>3	182	
									K=0.6614，$1/n$=0.7664 锡原	PAC>3	266	
	乐果	49	0.08	0.02	0.08	0.08	吸附	可行	K=0.0975，$1/n$=0.513 莞纯	PAC>20	27	显著
									K=0.0926，$1/n$=0.5342 莞原	PAC>22	24	
									K=0.0604，$1/n$=0.3943 锡纯	PAC>22	22	
									K=0.0289，$1/n$=0.2251 锡原	PAC>26	16	

续表

类别	项目	序号	水质标准(单位：mg/L)[注 1] 生活饮用水卫生标准	城市供水水质标准	生活饮用水卫生规范	地表水环境质量标准Ⅲ类水体(地下水标准Ⅲ类)	备选处理技术	可行性评价结果	推荐应急净水工艺条件和参数 反应条件[注 2]	药剂基准投加量(mg/L)[注 3]	最大应对超标倍数[注 4]	应急处理结果
农药指标24项	甲基对硫磷	50	0.02	0.01	0.02	0.002	吸附	可行	K=0.7153,1/n=0.8947 锡纯	PAC>8	86	显著
									K=0.3397,1/n=0.8789 锡原	PAC>16	44	
	对硫磷	51	0.003	0.003	0.003	0.003	吸附	可行	K=0.0247,1/n=0.2427 莞纯	PAC>3	161	显著
									K=0.0085,1/n=0.1168 莞原	PAC>4	115	
	马拉硫磷	52	0.25		0.25	0.05	吸附	可行	K=0.1911,1/n=0.4464 穗纯	PAC>15	33(>19*)	显著
									K=0.1094,1/n=0.4578 穗原	PAC>15	35(>19*)	
	内吸磷	53			0.03	0.03	吸附	可行	K=0.0911,1/n=0.5531 沪纯	PAC>16	35	显著
									K=0.0325,1/n=0.54 沪原	PAC>41	13(12*)	
	溴氰菊酯	54	0.02	0.02	0.02	0.02	混凝沉定	可行	溴氰菊酯难溶于水	—	>5	显著
							吸附	可行	K=0.0203,1/n=0.24 济纯	PAC>14	32	显著
	敌敌畏	55	0.001	0.001(包括敌百虫)		0.05	吸附	可行	K=0.1034,1/n=0.728 蓉纯	PAC>12	54(43*)	显著
									K=0.0037,1/n=0.3527 蓉原	PAC>18	26(26*)	
									K=0.0073,1/n=0.5081 济纯	PAC>30	17	
									K=0.0025,1/n=0.4484 济原	PAC>55	9	
	敌百虫	56				0.05	吸附	可行	K=0.0593,1/n=0.5378 蓉纯	PAC>15	17(17*)	显著
									K=0.0593,1/n=0.5379 蓉原	PAC>16	12(10*)	
									K=0.0593,1/n=0.5380 穗纯	PAC>17	21(13*)	
									K=0.0593,1/n=0.5381 穗原	PAC>18	21(4*)	
									K=0.0593,1/n=0.5382 济纯	PAC>19	19	
									K=0.0593,1/n=0.5383 济原	PAC>20	14	
	百菌清	57	0.01		0.01	0.01	吸附	可行	K=0.1999,1/n=0.5200 穗纯	PAC>4		显著
									K=0.0641,1/n=0.4334 穗原	PAC>8	70	
									K=0.1128,1/n=0.5221 济纯	PAC>7	82	
									K=0.141,1/n=0.5794 济原	PAC>7	78	
									K=0.2938,1/n=0.8074 蓉纯	PAC>11	57(42*)	
									K=0.0746,1/n=0.6121 蓉原	PAC>16	36(42*)	
	莠去津(阿特拉津)	58	0.002	0.002		0.003	吸附	可行	K=0.2056, 1/n=0.5935 济纯	PAC>3	206	显著
									K=0.0255, 1/n=0.3866 济原	PAC>6	81	

续表

类别	项目	序号	水质标准（单位：mg/L）[注1] 生活饮用水卫生标准	城市供水水质标准	生活饮用水卫生规范	地表水环境质量标准Ⅲ类水体（地下水标准Ⅲ类）	备选处理技术	可行性评价结果	推荐应急净水工艺条件和参数 反应条件[注2]	药剂基准投加量（mg/L）[注3]	最大应对超标倍数[注4]	应急处理结果
农药指标24项	2，4-滴	59	0.03		0.03（感官限值）		吸附	可行	K=0.0534，$1/n$=0.3895 沪纯	PAC>148	36（>52*）	显著
									K=0.0421，$1/n$=0.451 沪原	PAC>22	23（22*）	
									K=0.0847，$1/n$=0.4147 津纯	PAC>10	53（62*）	
									K=0.0611，$1/n$=0.5269 津原	PAC>21	25（32*）	
									K=0.073，$1/n$=0.3231 锡纯	PAC>8	63	
									K=0.0482，$1/n$=0.3909 锡原	PAC>15	33	
	灭草松	60	0.3		0.3		吸附	可行	K=0.0542，$1/n$=0.3998 津纯	PAC>54	9（8*）	显著
									K=0.031，$1/n$=0.5259 津原	PAC>119	4（4*）	
	林丹	61	0.002	0.002	0.002	0.002	吸附	可行	K=0.0069，$1/n$=0.3577 济纯	PAC>16	30	显著
									K=0.0032，$1/n$=0.2826 济原	PAC>20	22	
	六六六	62	0.005	0.005	0.005	地下水 0.005	吸附	可行	K=77.5701，$1/n$=1.283 深纯	PAC>1	500*	显著
									K=0.1212，$1/n$=0.5973 深原	PAC>3	322	
	甲胺磷	63		0.001（暂定）			吸附	未做				待验证
	七氯	64	0.0004		0.0004		吸附	可行	K=0.0009，$1/n$=0.1395 沪纯	PAC>7	60	显著
									K=0.0005，$1/n$=0.104 沪原	PAC>9	44（50*）	
	环氧七氯								K=0.0004，$1/n$=0.1643 沪纯	PAC>11	39	显著
		65			0.0002	0.0002	吸附	可行	K=0.0007，$1/n$=0.2365 沪原	PAC>12	37	
	叶枯唑	66			0.5		吸附	未做				待验证
	甲草胺	67			0.02		吸附	可行	K=0.0563，$1/n$=0.6226	PAC>34	17	显著
	甲萘威	68				0.05	吸附	可行	K=0.0942，$1/n$=0.6288 京纯	PAC>25	23（15*）	显著
									K=0.0842，$1/n$=0.5063 京原	PAC>18	30	
									K=0.2524，$1/n$=0.5872 津纯	PAC>8	70（79*）	
									K=0.0737，$1/n$=0.4546 津原	PAC>17	30	
	呋喃丹	69	0.007				吸附	可行	K=0.089，$1/n$=0.4085 津纯	PAC>6	86	显著
									K=0.0394，$1/n$=0.4633 津原	PAC>12	45	
	草甘膦	70	0.7				吸附	否				否
	毒死蜱	71	0.03				吸附	可行	K=0.0582，$1/n$=0.234 济纯	PAC>7	68	显著
									K=0.0378，$1/n$=0.2982 济原	PAC>13	35	
									K=0.0988，$1/n$=0.2725 沪纯	PAC>5	101	
									K=0.0688，$1/n$=0.5058 沪原	PAC>17	31	

续表

类别	项目	序号	水质标准（单位：mg/L）[注 1]				备选处理技术	可行性评价结果	推荐应急净水工艺条件和参数			应急处理结果
			生活饮用水卫生标准	城市供水水质标准	生活饮用水卫生规范	地表水环境质量标准Ⅲ类水体（地下水标准Ⅲ类）			反应条件[注 2]	药剂基准投加量（mg/L）[注 3]	最大应对超标倍数[注 4]	
芳香族化合物指标29项非标5项	苯	72	0.01	0.01	0.01	0.01	吸附	可行	K=0.0075，$1/n$=0.2703 深原	PAC>26	17	显著
									K=0.0214，$1/n$=0.7033 京纯	PAC>88	7	
	甲苯	73	0.7	0.7	0.7	0.7	吸附	可行	K=0.1899，$1/n$=0.6471 深纯	PAC>20	17	显著
									K=0.2083，$1/n$=0.763 深原	PAC>20	17	
	乙苯	74	0.3	0.3	0.3	0.3	吸附	可行	K=0.1543，$1/n$=0.617 京纯	PAC>29	20	显著
									K=0.1254，$1/n$=0.7396 京原	PAC>44	14	
									K=0.0915，$1/n$=0.4482 深纯	PAC>35	14	
									K=0.1338，$1/n$=0.444 深原	PAC>24	21	
	对二甲苯	75	0.5	0.5	0.5	0.5	吸附	可行	K=0.067，$1/n$=0.8194 京纯	PAC>105	6（7*）	一般
									K=0.0601，$1/n$=0.8095 京原	PAC>116	5	
	间二甲苯	76	0.5	0.5	0.5	0.5	吸附	可行	K=0.1168，$1/n$=0.2486 深纯	PAC>28	16	显著
									K=0.1698，$1/n$=1.317 深原	PAC>83	11	
	苯乙烯	77	0.02	0.02	0.02	0.02	吸附	可行	K=0.1258，$1/n$=0.5591 京纯	PAC>10	56（54*）	显著
									K=0.1761，$1/n$=0.7474 京原	PAC>17	38	
									K=0.0156，$1/n$=0.2591 深纯	PAC>20	23（19*）	
									K=0.0125，$1/n$=0.2534 深原	PAC>24	19（19*）	
							吹脱	否	$C_b/C_0=\exp(-0.107q)$	气水比：6.5、15、22		不适用
	氯苯	78	0.3	0.3	0.3	0.3	吸附	可行	K=0.1551，$1/n$=0.5301 京纯	PAC>24	22（22*）	显著
									K=0.1421，$1/n$=0.6313 京原	PAC>32	18	
	1，2-二氯苯	79	1	1	1	1	吸附	可行	K=0.1186，$1/n$=0.5887 莞纯	PAC>58	9	显著
									K=0.12，$1/n$=0.3801 莞原	PAC>49	10	
									K=0.2707，$1/n$=0.7819 哈纯	PAC>29	22（17*）	
									K=0.2109，$1/n$=0.4126 哈原	PAC>29	17（10*）	
	1，4-二氯苯	80	0.3	0.075	0.3	0.3	吸附	可行	K=0.2153，$1/n$=0.2623 莞纯	PAC>20	28（24*）	显著
									K=0.1819，$1/n$=0.5852 莞原	PAC>23	24（17*）	
									K=0.1699，$1/n$=0.3997 哈纯	PAC>18	28（27*）	
									K=0.3022，$1/n$=0.6902 哈原	PAC>17	35	

续表

类别	项目	序号	水质标准（单位：mg/L）[注1] 生活饮用水卫生标准	城市供水水质标准	生活饮用水卫生规范	地表水环境质量标准Ⅲ类水体（地下水标准Ⅲ类）	备选处理技术	可行性评价结果	推荐应急净水工艺条件和参数 反应条件[注2]	药剂基准投加量（mg/L）[注3]	最大应对超标倍数[注4]	应急处理结果
芳香族化合物指标29项非标5项	三氯苯	81	0.02	0.02	0.02	0.02	吸附	可行	连 K=8.3247，$1/n$=1.2555 哈纯	PAC>4	245	显著
									连 K=0.7544，$1/n$=0.841 哈原	PAC>6	112	
									偏 K=1.5229，$1/n$=0.8335 莞纯	PAC>3	234（210*）	
									偏 K=1.5501，$1/n$=0.8922 莞原	PAC>4	189（160*）	
									均 K=0.3347，$1/n$=0.5932 哈原	PAC>5	131	
	苯粉	82	0.02	0.02	0.02	地表水≤0.005；地下水≤0.01	吸附	可行	K=0.0086，$1/n$=0.6192 穗纯	PAC>76	7（6*）	显著
									K=0.0086，$1/n$=0.6193 穗原	PAC>91	7（5*）	
									K=0.0086，$1/n$=0.6194 沪纯	PAC>59	10	
									K=0.0086，$1/n$=0.6195 沪原	PAC>49	10	
	五氯酚	83	0.009	0.009	0.009	0.009	吸附	可行	K=0.0423，$1/n$=0.6512 穗纯	PAC>33	17	显著
									K=0.0903，$1/n$=0.8121 穗原	PAC>37	18	
									K=0.0403，$1/n$=0.4415 沪纯	PAC>11	45	
									K=0.0128，$1/n$=0.3503 沪原	PAC>21	22	
	2，4，6-三氯苯酚	84	0.2	0.01	0.2		吸附	可行	K=0.2385，$1/n$=0.493 穗纯	PAC>12	43（54*）	显著
									K=0.1724，$1/n$=0.4186 穗原	PAC>14	34（44*）	
									K=0.3502，$1/n$=0.6833 沪纯	PAC>22	26	
	2，4-二氯苯酚	85				0.093	吸附	可行	K=0.1418，$1/n$=0.4634 沪纯	PAC>13	41	显著
									K=0.3002，$1/n$=0.9506 沪原	PAC>26	27（26*）	
	四氯苯	86			0.02	0.02	混凝沉淀	可行	四氯苯难溶于水		>5	显著
							吸附	可行				显著
	六氯苯	87	0.001	0.001	0.001	0.05	混凝沉淀	可行	六氯苯难溶于水		>5	显著
							吸附	可行	K=0.0155，$1/n$=0.3646 京纯	PAC>5	100	显著
									K=0.0372，$1/n$=0.535 京原	PAC>20	101	
	异丙苯	88			0.25	0.25	混凝沉淀	可行	异丙苯难溶于水		>5	显著
							吸附	可行	K=0.2127，$1/n$=0.5671 哈纯	PAC>18	31	
									K=0.191，$1/n$=0.8121 哈原	PAC>32	20	
	硝基苯	89	0.017*			0.017	吸附	可行	K=0.031，$1/n$=0.4033 哈纯	PAC>17	28（26*）	显著
									K=0.0126，$1/n$=0.3382 哈原	PAC>31	15（15*）	

续表

类别	项目	序号	水质标准（单位：mg/L）[注 1] 生活饮用水卫生标准	城市供水水质标准	生活饮用水卫生规范	地表水环境质量标准Ⅲ类水体（地下水标准Ⅲ类）	备选处理技术	可行性评价结果	推荐应急净水工艺条件和参数 反应条件[注 2]	药剂基准投加量（mg/L）[注 3]	最大应对超标倍数[注 4]	应急处理结果
芳香族化合物指标29项非标5项	硝基苯	89	0.017*			0.017	吸附	可行	K=0.0671，$1/n$=0.4177 济纯	PAC>9	58	显著
									K=0.0493，$1/n$=0.431 济原	PAC>13	40	
	二硝基苯	90			0.5	0.5	吸附	可行	邻 K=0.0631，$1/n$=0.3664 哈纯	PAC>60	8（>9*）	显著
									邻 K=0.0721，$1/n$=0.6188 哈原	PAC>74	8（9*）	
									间 K=0.1058，$1/n$=0.4482 哈纯	PAC>40	12	
									间 K=0.1009，$1/n$=0.6274 哈原	PAC>54	10	
									对 K=0.0949，$1/n$=0.3339 哈纯	PAC>38	12	
									对 K=0.0758，$1/n$=0.2978 哈原	PAC>45	10	
									K=0.1039，$1/n$=0.3182 济纯	PAC>34	13	
									K=0.0831，$1/n$=0.8018 济原	PAC>83	8	
	2，4-二硝基甲苯	91				0.0003	吸附	可行	K=0.1883，$1/n$=0.6958 哈纯	PAC>4	178	显著
									K=0.5043，$1/n$=0.8768 哈原	PAC>7	110	
									K=0.2494，$1/n$=0.9458 济纯	PAC>23	31	
									K=0.0829，$1/n$=0.9043 济原	PAC>47	14	
	2，4，6-三硝基甲苯	92			0.5	0.5	吸附	可行	K=0.223，$1/n$=0.4781 哈纯	PAC>19	26（21*）	显著
									K=0.223，$1/n$=0.4781 哈原	PAC>20	19（19*）	
	硝基氯苯	93			0.05	0.05	吸附	可行	邻 K=0.062，$1/n$=0.3876 哈纯	PAC>16	31（17*）	显著
									邻 K=0.0478，$1/n$=0.4574 哈原	PAC>26	19（17*）	
									间 K=0.0668，$1/n$=0.411 哈纯	PAC>16	31	
									间 K=0.0898，$1/n$=0.5131 哈原	PAC>17	31	
									对 K=0.079，$1/n$=0.4215 哈纯	PAC>14	36	
									对 K=0.0634，$1/n$=0.4857 哈原	PAC>22	24	
	2，4一二硝基氯苯	94			0.5	0.5	吸附	可行	K=0.0956，$1/n$=0.5877 哈纯	PAC>54	10	显著
									K=0.1346，$1/n$=0.2756 济纯	PAC>25	18	
									K=0.1121，$1/n$=0.2473 济原	PAC>29	15	
	苯胺	95				0.1	吸附	否	K=0.0251，$1/n$=0.7312 哈原	PAC>161	4（3.5*）	很有限
									K=0.0251，$1/n$=0.7313 哈纯	PAC>169	3（3.5*）	
							吹脱	否				不可行

续表

类别	项目	序号	水质标准（单位：mg/L）[注1]				备选处理技术	可行性评价结果	推荐应急净水工艺条件和参数			应急处理结果
			生活饮用水卫生标准	城市供水水质标准	生活饮用水卫生规范	地表水环境质量标准Ⅲ类水体（地下水标准Ⅲ类）			反应条件[注2]	药剂基准投加量（mg/L）[注3]	最大应对超标倍数[注4]	
芳香族化合物指标29项非标5项	联苯胺	96				0.0002	吸附	可行	$K=0.3044$，$1/n=1.0131$	PAC>35	22	显著
	苯甲醚	97	0.05*				吸附	未做				待验证
	β-萘酚	98	0.4				吸附	未做				待验证
	多环芳烃	99	0.002*	0.002			吸附	可行		PAC>10	>5	待完善
	苯（a）芘	100	0.00001	0.00001	0.00001	0.0000028	吸附	可行	$K=0.0001,1/n=0.1677$ 沪纯	PAC>4	116(>100*)	显著
									$K=0.00007,1/n=0.1676$ 沪原	PAC>6	81(>100*)	
									$K=0.0136,1/n=0.5654$ 津纯	PAC>4	162	
									$K=0.0023,1/n=0.4144$ 津原	PAC>4	156	
	蒽	101	属多环芳烃				吸附	可行	$K=0.0039$，$1/n=0.2320$ 沪纯	PAC>12	37	显著
									$K=0.0035$，$1/n=0.234$ 沪原	PAC>13	33（21*）	
	萘	102	属多环芳烃			0.002	吸附	可行	$K=0.0018$，$1/n=0.1042$ 沪纯	PAC>11	38（30*）	显著
									$K=0.0025$，$1/n=0.1808$ 沪原	PAC>13	33	
	苯并（b）荧蒽	103	属多环芳烃				吸附	可行	$K=0.001$，$1/n=0.3903$ 津纯	PAC>6	89	显著
									$K=0.0015$，$1/n=0.5248$ 津原	PAC>19	29	
	苯并（k）荧蒽	104	属多环芳烃				吸附	可行	$K=0.0203$，$1/n=0.6207$ 津纯	PAC>5	128	显著
									$K=0.0132$，$1/n=0.6465$ 津原	PAC>10	62	
	多氯联苯	105	0.0005*				吸附（2，4-二氯联苯）	可行	$K=0.0011,1/n=0.1554$ 沪纯	PAC>8	54(>60*)	显著
									$K=0.0007,1/n=0.1941$ 沪原	PAC>17	26(>26*)	
氯代烃指标14项	氯乙烯	106	0.005	0.005		0.005	吸附	否				不适用
							吹脱	可行	$C_b/C_0=\exp(-0.891q)$	气水比：0.8、1.8、2.6		显著
	二氯甲烷	107	0.02	0.005	0.02	0.02	吸附	否				不适用
							吹脱	否	$C_b/C_0=\exp(-0.904q)$	气水比：7.7、19、26		不适用
	1，2-二氯乙烷	108	0.03	0.005	0.03	0.03	吸附	否				不适用
							吹脱	否	$C_b/C_0=\exp(-0.0419q)$	气水比：17、38、55		不适用

续表

	项目	序号	水质标准（单位：mg/L）[注 1]				备选处理技术	可行性评价结果	推荐应急净水工艺条件和参数			应急处理结果
			生活饮用水卫生标准	城市供水水质标准	生活饮用水卫生规范	地表水环境质量标准Ⅲ类水体（地下水标准Ⅲ类）			反应条件[注 2]	药剂基准投加量（mg/L）[注 3]	最大应对超标倍数[注 4]	
氯代烃指标14项	1，1-二氯乙烯	109	0.03	0.007	0.03	0.03	吸附	否	K=1.1175，$1/n$=2.677	PAC>2560	0	不适用
							吹脱	可行	$C_b/C_0=\exp(-0.975q)$	气水比：0.7、1.7、2.4		显著
	1,2-二氯乙烯	110	0.05	0.005	0.05	0.05	吸附	否	K=2.0417，$1/n$=2.6032	PAC>480		不适用
							吹脱	否	$C_b/C_0=\exp(-0.140q)$	气水比：5、12、16		不适用
	四氯化碳	111	0.002	0.002	0.002	0.002	吸附	可行	K=1.0255，$1/n$=1.4734	PAC>148	4	较差
							吹脱	可行	$C_b/C_0=\exp(-0.949q)$	气水比：0.7、1.7、2.4		显著
	三氯乙烯	112	0.07	0.005	0.07	0.07	吸附	可行	K=0.1302，$1/n$=1.4517	PAC>204	3	较差
							吹脱	可行	$C_b/C_0=\exp(-0.314q)$	气水比：2.2、5.1、7.3		较好
	四氯乙烯	113	0.04	0.05	0.04	0.04	吸附	可行	K=1.1631，$1/n$=1.6157	PAC>50	12	显著
							吹脱	可行	$C_b/C_0=\exp(-0.533q)$	气水比：1.3、3.0、4.3		显著
	1,11-三氯乙烷	114	2	0.2	2		吸附	可行	K=63.791，$1/n$=5.1026	PAC>93	6	一般
							吹脱	可行	$C_b/C_0=\exp(-0.562q)$	气水比：1.2、2.9、4.1		显著
	1,1,2-三氯乙烷	115		0.005			吸附	可行	K=63.791，$1/n$=5.1026	PAC>93	6	一般
							吹脱	否	$C_b/C_0=\exp(-0.0274q)$	气水比：25、59、84		不适用
	二溴乙烯	116	0.00005*				吸附、吹脱	未做				待验证
	五氯丙烷	117	0.03*				吸附	可行	K=0.2124，$1/n$=0.8889 哈纯	PAC>27	24	显著
									K=0.1139，$1/n$=0.7835 哈原	PAC>32	18	
	氯丁二烯	118			0.002	0.002	吸附	可行	K=0.0689，$1/n$=0.689 津纯	PAC>16	39*	
									K=0.2032，$1/n$=1.1215 津原	PAC>103	7	显著
							吹脱	可行	$C_b/C_0=\exp(-0.5q)$	气水比：1.4、3.2、4.6		显著

续表

类别	项目	序号	水质标准（单位：mg/L）[注1] 生活饮用水卫生标准	城市供水水质标准	生活饮用水卫生规范	地表水环境质量标准Ⅲ类水体（地下水标准Ⅲ类）	备选处理技术	可行性评价结果	推荐应急净水工艺条件和参数 反应条件[注2]	药剂基准投加量（mg/L）[注3]	最大应对超标倍数[注4]	应急处理结果
氯代烃指标14项	六氯丁二烯	119	0.0006		0.0006	0.0006	吸附	可行	K=0.1037,1/n=0.6493 哈纯	PAC>8	79	显著
									K=0.0604,1/n=0.5669 哈原	PAC>5	119	
									K=0.1128,1/n=0.6396 津纯	PAC>5	130	
									K=0.0774,1/n=0.6848 津原	PAC>10	63	
消毒副产物14项	三氯甲烷	120	0.06	0.06		0.06	吸附	可行	K=0.2994,1/n=1.995	PAC>440	1	不适用
							吹脱	否	$C_b/C_0=\exp(-0.126q)$	气水比：5.5、13、18		不适用
	二氯乙酸	121	0.05		0.05		吸附	否				不适用
	三氯乙酸	122	0.1		0.1		吸附	否	K=0.0042，1/n=0.5262	PAC>520	1	不适用
	三卤甲烷（总量）	123	$\sum(Xi/X_0)\leqslant1$	0.1	$\sum(Xi/X_0)\leqslant1$		吸附	否		参照各三卤甲烷		不适用
							吹脱			参照各三卤甲烷		
	三溴甲烷	124	0.1			0.1	吸附	否				待验证
							吹脱	否	$C_b/C_0=\exp(-0.04q)$	气水比：17、40、58		不适用
	一氯二溴甲烷	125			0.1		吸附	否				待验证
							吹脱	否	$C_b/C_0=\exp(-0.35q)$	气水比：20、46、67		不适用
	二氯一溴甲烷	126			0.06		吸附	否				待验证
							吹脱	否	$C_b/C_0=\exp(-0.1q)$	气水比：6.9、16、23		不适用
	卤乙酸（总量）	127		0.06			吸附	否				否
	三氯乙醛	128	0.01		0.01	0.01	吸附	否				否
							氧化	未做				待验证
	甲醛	129	0.9	0.9	0.9	0.9	吸附	否				否
							氧化	未做				待验证

续表

	项目	序号	水质标准(单位：mg/L)[注1]				备选处理技术	可行性评价结果	推荐应急净水工艺条件和参数			应急处理结果
			生活饮用水卫生标准	城市供水水质标准	生活饮用水卫生规范	地表水环境质量标准Ⅲ类水体(地下水标准Ⅲ类)			反应条件[注2]	药剂基准投加量(mg/L)[注3]	最大应对超标倍数[注4]	
消毒副产物14项	氯化氰	130	0.07		0.07		氧化	可行	O_3，Cl_2 可氧化；$KMnO_4$，ClO_2 较差	大于化学计量关系	>16(足量 Cl_2，O_3)	显著
	溴酸盐	131	0.01	0.01			还原	否				待验证
	亚氯酸盐	132	0.7	0.7	0.2		还原	可行	亚铁可行；硫化物不可行	$FeSO_4$>10	>4	显著
	氯酸盐	133	0.7				还原	否	硫化物、亚铁否			不可行
人工合成污染物及其他指标26项	阴离子合成洗涤剂	134	0.3	0.3	0.3	(地下水 0.3)	吸附	可行	K=0.2383,1/n=0.3764 穗纯	PAC>12	40(42*)	显著
									K=0.2481,1/n=0.376 穗原	PAC>12	42(42*)	
									K=0.1396,1/n=0.4129 蓉纯	PAC>22	23(24*)	
									K=0.1139,1/n=0.3908 蓉原	PAC>25	19(20*)	
	邻苯二甲酸二(2-乙基己基酯)	135	0.008	0.008	0.008	0.008	吸附	可行	K=0.0631,1/n=0.467 穗纯	PAC>8	66(80*)	显著
									K=0.0739,1/n=0.5259 穗原	PAC>9	58(67*)	
									K=0.0385,1/n=0.313 济纯	PAC>6	85	
									K=0.0102,1/n=0.2217 济原	PAC>13	35	
	邻苯二甲酸二乙酯	136	0.3*				吸附	可行	K=0.1426,1/n=0.3737 莞纯	PAC>20	24(25*)	显著
									K=0.0948,1/n=0.2773 莞原	PAC>25	18	
	邻苯二甲酸二丁酯	137	0.003*			0.003	吸附	可行	K=0.0298,1/n=0.7658 京纯	PAC>1	9(8*)	显著
									K=0.0080,1/n=0.566 京原	PAC>1	8(8*)	
	二(2-乙基己基)己二酸酯	138	0.4*				吸附	未做				待验证
	二噁英2，3，7，8-TCDD	139	0.00000003*				吸附	未做				待验证
	石棉(>10μm，万个/L)	140	700*				混凝沉淀	未做				待验证
	黄磷	141			0.003	地表水 0.003	混凝沉淀	未做				待验证

续表

项目		序号	水质标准（单位：mg/L）[注1]				备选处理技术	可行性评价结果	推荐应急净水工艺条件和参数			应急处理结果
			生活饮用水卫生标准	城市供水水质标准	生活饮用水卫生规范	地表水环境质量标准Ⅲ类水体（地下水标准Ⅲ类）			反应条件[注2]	药剂基准投加量（mg/L）[注3]	最大应对超标倍数[注4]	
人工合成污染物及其他指标26项	石油类	142	0.3*			地表水0.05	混凝	可行				显著
							吸附	可行	K=0.2629，1/n=0.4664 蓉纯	PAC>13	40	
									K=0.3082，1/n=0.5241 蓉原	PAC>12	44	
									K=0.0399，1/n=1.9779 穗纯	PAC>1443		
									K=0.0359，1/n=1.777 穗原	PAC>1095		
	乙醛	143			0.05	地表水0.05	氧化	未做				待验证
							吸附	否				不可性
							吹脱	否	$C_b/C_0=\exp(0.0022q)$	气水比：314、728、1042		不适用
	四乙基铅	144	0.0001*		0.0001	地表水0.0001	吸附	未做				待验证
	甲基汞	145				地表水0.0000001	吸附、氧化	未做				待验证
	吡啶	146			0.2	地表水0.2	吸附	未做				待验证
	松节油	147			0.2	地表水0.2	吸附	可行	K=143.18，1/n=1.5318 哈纯	PAC>1		显著
									K=0.1102，1/n=0.5708 哈原	PAC>12	47	
	苦味酸	148			0.5	地表水0.5	吸附	可行	K=0.3753，1/n=0.4414 京纯	PAC>12	44	显著
									K=0.3402，1/n=0.5629 京原	PAC>15	37	
	丁基黄原酸	149			0.005	地表水0.005	吸附	未做				待验证
	环氧氯丙烷	150	0.0004	0.0004	0.02	地表水0.02	吸附	否				不可行
	水合肼	151			0.01	0.01	吸附	否				不可行
							氧化	可行	中性pH值，对纯水配水0.14mg/L，加氯0.5mg/L 5min达标，加氯0.6mg/L 10min达标			显著

续表

类别	项目	序号	水质标准（单位：mg/L）[注1]				备选处理技术	可行性评价结果	推荐应急净水工艺条件和参数			应急处理结果
			生活饮用水卫生标准	城市供水水质标准	生活饮用水卫生规范	地表水环境质量标准Ⅲ类水体（地下水标准Ⅲ类）			反应条件[注2]	药剂基准投加量(mg/L)[注3]	最大应对超标倍数[注4]	
人工合成污染物及其他指标26项	丙烯醛	152	0.1*			0.1	吸附	否				不可行
	丙烯酸	153	0.5*				吸附	否				不可行
	丙烯腈	154	0.1*				吸附	否				不可行
							氧化	未做				待验证
	丙烯酰胺	155	0.0005	0.0005	0.0005	0.0005	吸附	否				不可行
	戊二醛	156	0.07*				吸附	未做				待验证
	双酚A	157	0.01*				吸附	可行		PAC>20		显著
	环烷酸	158	1.0*				吸附	未做				待验证
	氯化乙基汞	159	0.0001*				吸附	未做				待验证
藻及特征污染物3项非标6项	藻类	160	非标项目				预处理、强化混凝、气浮	可行			1亿个/L	显著
	微囊藻毒素-LR	161	0.001	0.001	0.001	0.001	氧化	可行	O_3、Cl_2可氧化			显著
							吸附	可行	K=0.0254, $1/n$=0.6019 济纯	PAC>18	32	
									K=0.0119, $1/n$=0.5482 济原	PAC>25	22	
	土臭素	162	0.00001*				吸附	可行	K=0.0005, $1/n$=0.3392 京纯	PAC>6	81(70*)	显著
									K=0.0006, $1/n$=0.3544 京原	PAC>6	81	
									K=0.0203, $1/n$=0.7536 济纯	PAC>22	28	
									K=0.0372, $1/n$=0.8217 济原	PAC>28	23	
	甲基异莰醇-2	163	0.00001*				吸附	可行	K=0.0001, $1/n$=0.3277 京纯	PAC>25	18 (30*)	显著
									K=0.0001, $1/n$=0.3232 京原	PAC>24	19	

续表

项目		序号	水质标准（单位：mg/L）[注1]				备选处理技术	可行性评价结果	推荐应急净水工艺条件和参数			应急处理结果
			生活饮用水卫生标准	城市供水水质标准	生活饮用水卫生规范	地表水环境质量标准Ⅲ类水体（地下水标准Ⅲ类）			反应条件[注2]	药剂基准投加量（mg/L）[注3]	最大应对超标倍数[注4]	
藻及特征污染物3项非标6项	甲硫醇	164	非标项目				氧化	可行	O_3、Cl_2、ClO_2、$KMnO_4$均可氧化	大于化学计量关系摩尔比2.7	—	显著
	乙硫醇	165	非标项目				氧化	可行	O_3、Cl_2、ClO_2、$KMnO_4$均可氧化	大于化学计量关系摩尔比2.7	—	显著
	甲硫醚	166	非标项目				氧化	可行	O_3、Cl_2、ClO_2、$KMnO_4$可氧化	大于化学计量关系摩尔比2.7	—	显著
							吸附	否			—	不可行
	二甲二硫醚	167	非标项目				吸附	可行	$K=0.0062, 1/n=0.4649$		6	一般
									$K=0.0076, 1/n=0.7678$		2	
							氧化	可行	O_3、Cl_2、$KMnO_4$可氧化	大于化学计量关系摩尔比5.3	—	显著
	二甲三硫醚	168	非标项目				吸附	否			—	不可行
							氧化	可行	O_3、Cl_2、$KMnO_4$可氧化	大于化学计量关系摩尔比8.0	—	显著
微生物学指标13项	游离氯	169	出厂水：≤4，≥0.3	≥0.3			非应急项目	—				
	一氯胺	170	出厂水：≤3，≥0.5		3							
	臭氧	171	出厂水：≤0.3									
	二氧化氯	172	出厂水：≤0.8 ≥0.1									

续表

类别	项目	序号	水质标准(单位:mg/L)[注1]				备选处理技术	可行性评价结果	推荐应急净水工艺条件和参数			应急处理结果
			生活饮用水卫生标准	城市供水水质标准	生活饮用水卫生规范	地表水环境质量标准Ⅲ类水体(地下水标准Ⅲ类)			反应条件[注2]	药剂基准投加量(mg/L)[注3]	最大应对超标倍数[注4]	
微生物学指标13项	细菌总数	173	≤100CFU/mL	≤80CFU/mL	≤1000CFU/mL	(地下水≤1000CFU/mL)	消毒	可行		应急期保持出水余氯大于0.5mg/L		可行
	总大肠菌群	174	每100mL水样不得检出	每100mL水样不得检出	每100mL水样不得检出	(地下水≤1000个/mL)	消毒	可行				可行
	耐热大肠菌群	175	每100mL水样不得检出	每100mL水样不得检出		≤10000个/L	消毒	可行				可行
	大肠埃希氏菌	176	每100mL水样不得检出				消毒	可行				可行
	粪型链球菌群	177		每100mL水样不得检出			消毒	可行				可行
	肠球菌	178	每100mL水样不得检出 *				消毒	可行				可行
	产气荚膜梭状芽孢杆菌	179	每100mL水样不得检出 *				消毒	可行				可行
	蓝氏贾第鞭毛虫	180	<1个/10L	<1个/10L			强化常规、强化消毒工艺	可行		应急期保持出水浊度小于0.1NTU,余氯大于0.5mg/L		可行
	隐孢子虫	181	<1个/10L	<1个/10L			强化常规、强化消毒工艺	可行				可行

续表

项目		序号	水质标准（单位：mg/L）[注 1]				备选处理技术	可行性评价结果	推荐应急净水工艺条件和参数			应急处理结果
			生活饮用水卫生标准	城市供水水质标准	生活饮用水卫生规范	地表水环境质量标准Ⅲ类水体（地下水标准Ⅲ类）			反应条件[注 2]	药剂基准投加量（mg/L）[注 3]	最大应对超标倍数[注 4]	
放射性	总 α 放射性	182	0.5Bq/L	0.1Bq/L	0.5Bq/L	地下水 0.1Bq/L	核辐射防护专业范畴	—				—
	总 β 放射性	183	1.0Bq/L	1.0Bq/L	1.0Bq/L	地下水 1.0Bq/L						

[注 1] ——水质标准：本技术导则引用的水质标准包括：《生活饮用水卫生标准》GB 5749—2006，包括正文和附录（代 * 者为附录项目）、《城市供水水质标准》CJ/T 206、《生活饮用水卫生规范》（卫生部 2001）、《地表水环境质量标准》GB 3838—2002 中的Ⅲ类水体和集中式生活饮用水地表水源地补充项目与特定项目、《地下水质量标准》GB/T 14848—1993 中的质量分类Ⅲ类。其中，《生活饮用水卫生规范》虽然已随新国标的实施而废止，但是其中有部分污染物指标尚未在其他水质标准中收入，所以为指导污染物的应急处理，仍然在本书中引用。该表格中部分污染物是上述饮用水标准中一个总体指标中的组成部分，如多环芳烃中包括萘、苯并荧蒽等，所以编号与正文中的污染物指标统计有所不同。

[注 2] ——反应条件：对化学沉淀工艺，提供使用铁盐混凝剂或铝盐混凝剂所需调节的 pH 值；对粉末炭吸附工艺，提供试验得出的水源水条件下的 Freundlich 吸附等温线方程 $q=\frac{C_0-C_e}{C_t}=KC_e^{1/n}$ 中的参数 K 和 $1/n$，可由此求出投炭量 $C_t=\frac{C_0-C_e}{KC_e^{1/n}}$，方程中污染物浓度和投炭量均为 mg/L；对化学氧化工艺提供反应所需的 pH 值等条件。数据公式后的中文缩写代表试验的单位和水样，其中：京——北京市自来水集团有限责任公司、沪——上海市调度水质监测中心、穗——广州市自来水总公司、深——深圳市水务（集团）有限公司、锡——无锡市自来水集团公司、济——济南市供排水监测中心、哈——哈尔滨供排水集团有限责任公司、蓉——成都市自来水有限责任公司、津——天津市自来水集团有限公司、莞——东莞市东江水务有限公司；纯——试验水样为纯水或去离子水配水、原——试验水样为当地水源水或自来水配水。

[注 3] ——基准投加量条件：污染水样按标准限制的 5 倍（超标 4 倍）配制，处理后浓度低于标准限值的 50%。如各标准限值不同，原水浓度以最高者计，处理后浓度以最低者计。粉末炭投加量以 1～2 小时吸附时间（取水口投加，距水厂一定距离）计，实际应用中，如水厂内投加，应适当增加投加量。混凝剂投加量以正常混凝工艺计。曝气吹脱法给出了污染物 50%、80%和 90%去除率所需的气水比 q。对于 80%去除率：气水比<5 的应急处理可行，效果显著；气水比 5～10 的可行，效果较好；气水比>10 的因吹脱气量较大，可行性为否，不适用。

[注 4] ——最大应对超标倍数条件：对于粉末活性炭吸附法，按粉末炭最大投加量 80mg/L，吸附时间 120min，出水达标计。对于调节 pH 值的化学沉淀法，只要能满足沉淀所需 pH 值，理论上可应对任何超标浓度。对于硫化物沉淀法，可应对的超标浓度取决于硫化物投加量，当硫化物投加量过高时需要在沉后加氯氧化去除硫化物，避免二次污染。最大应对倍数栏中，标注 * 的为试验实测值，未标注的是由吸附等温线推算的计算值。

说明：生物处理技术的设备安装和生物培养所需时间较长，在应急净水中不宜采用。

附录 2 粉末活性炭对污染物吸附性能测定的试验方案

起草单位：
清华大学、北京市自来水集团有限责任公司、哈尔滨供排水集团有限责任公司

1. 试验原理和目的

粉末活性炭对多种污染物（特别是有机污染物）具有良好的吸附去除效果。投加于水中的粉末活性炭在吸附污染物后可通过混凝沉淀去除，是应对水源突发性污染事故的有效措施。

本试验的目的是测试粉末活性炭对实验目标物的吸附性能，为水厂应对突发性污染事故时采用粉末活性炭吸附去除污染物提供基本技术参数。

2. 材料与设备

2.1 材料

2.1.1 污染物

粉末活性炭吸附试验配水所用特征污染物的试剂应为分析纯以上纯度，且尽可能采用固体或液体的标准品，或水溶液。个别污染物实验条件下水中溶解度确实低于欲配制的浓度（如滴滴涕，只是标准值的 3.3 倍左右），可考虑选用甲醇溶剂溶解后配制。切勿选购使用丙酮、甲基叔丁基醚溶解的标准品。污染物试剂应当注明生产厂家、生产日期、批次、规格以及性状特点。

按照饮用水水质标准限值浓度的 5 倍（及以上）配制污染物溶液，以实际测试结果为准。配水样品浓度偏差应控制在欲配制浓度的±20%以内，否则需重新配制，但需在报告中说明配制条件（甲醇用量等），建议最大限度的减少甲醇用量。

当各饮用水水质标准（新国标、建设部行标、地表水标准、地下水水质标准）中要求不同时，首先以新国标为准，若新国标中没有该指标的要求，再考虑建设部行标，以及地表水标准。

对部分化学性质不稳定的物质应事先做静止状态下的衰减试验，了解特征污染物的衰减情况，以合理安排试验。

2.1.2 粉末活性炭

为了减少各实验室间的系统误差，试验用粉末活性炭由清华大学统一提供，使用前在105℃条件下烘干 2h，于干燥器内冷却至常温后备用。试验时不必再进行筛分。

为了保持粉末炭投加量的准确，用电子天平准确称取一定量的粉末活性炭，溶解于纯净水中，配制称一定浓度的粉末活性炭储备液；在移取时，可以在较高功率的超声波清洗器中使得粉末炭均匀分布于溶液中，再用移液器或移液管精确移取；也可以使用磁力搅拌

器将粉末炭搅拌均匀。

2.1.3　试验用水

试验用水分为纯净水和当地水源水两种。

（1）纯净水

纯净水生产设备规格不得低于 Milli-QPlus。由于粉末炭呈弱碱性，直接加入会导致溶液 pH 不稳定。试验时应加入 pH 为 7.5 的磷酸盐缓冲溶液（最终浓度为 0.02mol/L）。对于某些降解性与 pH 相关的污染物，可以选择其稳定的 pH 条件进行试验，并将试验条件和数据一同上报。在磷酸盐缓冲液干扰污染物监测时，可以不投加磷酸盐缓冲液，但需要在试验记录中说明。

（2）当地水源水

选择新近采集的当地目标地表水水源进行试验，以减少水质变化造成的试验结果与实际水处理操作之间的误差。不投加磷酸盐缓冲溶液。

应预先测定水源水的基本水质参数，包括：TOC、耗氧量、pH、浊度、碱度、硬度。浊度过高（>100NTU）和藻类浓度过高（>500 万个/L）的水源水会对吸附过程产生较大影响，不宜直接作为试验用原水，可以采用水厂过滤出水代替，但应注意不要含有余氯或者先用适量硫代硫酸钠中和余氯。

2.1.4　磷酸盐缓冲溶液

配制 0.2mol/L 的磷酸氢二钠和 0.2mol/L 的磷酸二氢钠储备液。试验前每 900mL 纯净水中需加入 84ml 磷酸氢二钠储备液和 16ml 磷酸二氢钠储备液，整个反应溶液为 pH=7.5，浓度为 0.02mol/L 的磷酸盐缓冲体系。

2.1.5　水温

试验一般在室温下进行，试验时需记录实际水温。

2.2　设备

2.2.1　反应器

采用满足调速和定时要求的磁力搅拌器，推荐型号为江苏正基仪器公司产 HJ－6B 型六联加热数显磁力搅拌器。磁力搅拌器在试验中设定统一的转速 300r/min，既要促进充分混合，避免出现炭颗粒沉降造成吸附性能不能充分发挥的问题；同时又要避免产生大的漩涡。

使用密封良好的 500mL 具塞三角瓶（碘量瓶）中进行吸附试验，试验时应将水样充满反应器，不要有气-水自由界面，并加水封，尽量减少挥发造成的损失。

对于难挥发性有机污染物，也尽量采用磁力搅拌器，确有必要时可以采用六联搅拌器。

温度对试验存在一定的影响，在第九组试验中将确定影响的大小，需使用恒温水浴振荡器或恒温空气浴振荡器，将反应器放在其中，进行吸附试验。

2.2.2　过滤装置

对于非挥发和弱挥发性物质的处理采用实验室真空抽滤系统；对于挥发性较强的物质，如氯代烃、苯系物等推荐采用压力过滤（氮气瓶加压，控制压力以出水顺畅且不会导致滤膜破裂为宜），同时进行不投加粉末活性炭时的空白试验，以确定挥发造成的影响。

压滤装置由课题组统一决定设备型号。

2.2.3 滤膜

滤膜采用直径50mm、孔径1μm的混合纤维素滤膜，由清华大学统一提供。使用前用超纯水200mL浸泡2h以上，中间换水1次，置于4℃的冰箱内保存待用。使用时需废弃100mL初滤水，然后取样测定特征污染物的浓度。滤膜对水中有机物有一定的吸附作用，建议在纯水不加活性炭的条件下进行一次试验，以确定滤膜的影响。

2.3 污染物分析方法

依据饮用水水质标准中规定的标准分析方法进行分析。采用其他标准的报告中须注明方法依据，该方法的检出限和重复性。

分析用标准物质按检测方法要求，对性状（纯品或溶液）不做限定。但承担共同项目的单位之间应加强交流和比对。

3. 试验方法和步骤

搅拌时间为120min，搅拌强度不小于120r/min（能满足均匀反应即可，不可过大）。

采用真空抽滤或压力过滤的方法尽快将粉末活性炭从水中分离。弃掉100mL初滤水，取滤液测定剩余污染物浓度。水样保存时间尽可能不超过2h。对于挥发性较强的污染物推荐采用加压膜过滤系统。对于非挥发性的污染物可以采用真空泵抽滤系统。

结束后对各烧杯水样立即进行过滤取样，应采用多个抽滤设备同时进行，或采用不同吸附起始时间，以减少抽滤时间差对吸附结果的影响。

所有试验均应有空白样和质控样。

3.1 第一组：污染物的粉末活性炭吸附去除可行性测试

本组试验作为判断一种物质可否使用活性炭吸附的依据。此前已经验证过的污染指标此次不必再进行验证。

3.1.1 试验水样

使用纯水配制污染物溶液，配水浓度为相关水质标准中限值的5倍或其他要求浓度。配制好试验水样后，应先测试溶液浓度，验证浓度在目标浓度±30%以内为宜；差距过大者容易导致出水浓度无法达标，并对数据拟合带来较大偏差。

3.1.2 粉末活性炭

粉末活性炭投加量为20mg/L。

3.1.3 数据分析

对试验数据进行分析，如果去除率不足30%，则可以认为粉末活性炭对该种污染物的吸附去除性能不佳，则不必进行3.3、3.4、3.5和3.6试验；若去除率高于30%，则认为在工程上可以采用粉末活性炭吸附去除该污染物。

对于挥发性、易降解的污染物，应同时进行不加粉末活性炭的空白对照试验，确定试验操作过程对污染物浓度的影响。

3.2 第二组：纯净水条件下吸附速率试验

3.2.1 试验项目

涉及项目：承担单位通过可行性试验认为粉末活性炭吸附工艺可行的污染物指标。两家单位验证结果不一致的需相互对比结果，结论无法统一的则按照“可行”进行试验。

3.2.2　试验条件

配水浓度：相关水质标准限值的5倍浓度；

粉末活性炭投加量：20mg/L。

搅拌强度：不小于120r/min。

吸附时间：分别为10、20、30、60、120、240min，时间结束后对该烧杯水样立即进行过滤取样。

3.3　第三组：纯净水条件下吸附容量试验

3.3.1　试验项目

涉及项目：承担单位认为粉末活性炭吸附工艺可行的污染物指标（包括此前工作验证的）。两家单位验证结果不一致的需相互对比结果，实在无法达成一致的按照可行性进行试验。

3.3.2　试验条件

配水浓度：可行性试验中去除率超过90%的，配水浓度10倍（或25℃条件下最大水溶解度）；其余的配水浓度为5倍。也可参考前期试验结果确定适宜的配水浓度。

粉末活性炭投加量：分别为5、10、15、20、30、50mg/L

吸附时间：120min

搅拌强度：不小于120r/min

3.4　第四组：当地源水水条件下吸附速率试验

3.4.1　试验项目

涉及项目：承担单位通过可行性试验认为粉末活性炭吸附工艺可行的污染物指标。两家单位验证结果不一致的需相互对比结果，实在无法达成一致的按照可行进行试验。

3.4.2　试验条件

配水浓度：相关水质标准限值的5倍浓度

粉末活性炭投加量：20mg/L。

搅拌强度：不小于120r/min。

吸附时间：分别为10、20、30、60、120、240min，时间结束后对该烧杯水样立即进行过滤取样。

3.5　第五组：当地源水条件下吸附容量试验

3.5.1　试验项目

涉及项目：承担单位通过可行性试验认为粉末活性炭吸附工艺可行的污染物指标。两家单位验证结果不一致的需相互对比结果，实在无法达成一致的按照可行性进行试验。

3.5.2　试验条件

配水浓度：可行性试验中去除率超过90%的，配水浓度10倍（或25℃条件下最大水溶解度）；其余的配水浓度为5倍。也可参考前期试验结果确定适宜的配水浓度。

吸附时间：120min；

搅拌强度：不小于120r/min；

粉末活性炭投加量：分别为5、10、15、20、30、50mg/L。

3.6　第六组：最大投炭量（80mg/L）条件下可以应对的污染物最高浓度

考察处理后可以将残余污染物浓度控制在标准值以下的最大原始浓度，即粉末活性炭针对该污染物的最大处理能力。

3.6.1 试验项目

本试验项目中所有污染物指标均应当进行此项工作（包括认为去除性能不佳的项目）。试验用水分别为纯净水和当地原水。

3.6.2 试验条件

污染物浓度根据第四组、第五组试验获得的吸附等温线，按照下式计算。

$$q=\frac{C_0-C_e}{C_t}=KC_e^{1/n}$$

其中最大投炭量 C_t=80mg/L，C_e为该污染物的标准限值。

分别使用第四组、第五组得到的吸附等温线，计算纯净水、原水条件下的 80mg/L 最大投炭量时的最大应对污染物浓度。

纯净水和原水条件下各测试三个浓度，分别是该计算基准值的 80%、100%和 120%。如果该污染物的溶解度不高，则选择最大溶解度作为计算基准值。

吸附时间：不低于 120min

搅拌强度：不小于 120r/min

4. 数据处理

共进行 6 组试验，每组试验 6 个有效数据点，覆盖所有待测污染物。

按照下表记录试验数据并进行数据处理。

为保证试验结果的准确性，建议每项指标均须先做质控，内容包括检测精度，标准限值浓度下 5 次平行样标准偏差，加标回收率。各实验室抽取一定比例的测试数据进行复核，将复核选择的试验点和准确率附在报告之中。

此外，各单位提交的报告需附每一种污染物质的质控数据：包括本单位实验条件下检测精度，标准限值浓度下 5 次平行样标准偏差，加标回收率。

编号：单位—污染物号—1

时间：　　年　月　日

试验名称	污染物的粉末活性炭吸附去除可行性测试			
试验条件	粉末活性炭投加量：20 mg/L；吸附时间 120min 试验用水：纯净水；试验水温：25 ℃；			
数据记录				
污染物名称	初始浓度（mg/L）	吸附后浓度（mg/L）	去除率（%）	技术可行性评价
备注（试验中发现的问题等）：				

编号：单位—污染物号—2

时间：　　年　月　日

<table>
<tr><td>试验名称</td><td colspan="7">纯水条件下粉末活性炭对________污染物的吸附速率</td></tr>
<tr><td rowspan="2">相关水质标准
(mg/L)</td><td>国标</td><td colspan="2"></td><td colspan="2">住建部行标</td><td colspan="2"></td></tr>
<tr><td>卫生部规范</td><td colspan="2"></td><td colspan="2">水源水质标准</td><td colspan="2"></td></tr>
<tr><td>试验条件</td><td colspan="7">污染物浓度：______mg/L；粉末活性炭投加量：__20__mg/L；
试验用水：____纯水____________；试验水温：____℃；</td></tr>
<tr><td colspan="8">数据记录</td></tr>
<tr><td>吸附时间（min）</td><td>0</td><td>10</td><td>20</td><td>30</td><td>60</td><td>120</td><td>240</td></tr>
<tr><td>剩余污染物浓度
(mg/L)</td><td></td><td></td><td></td><td></td><td></td><td></td><td></td></tr>
<tr><td>去除率</td><td></td><td></td><td></td><td></td><td></td><td></td><td></td></tr>
<tr><td colspan="8">用EXCEL对上述数据作图，并直接粘贴于此，
不要用图片格式粘贴
该图框可删掉</td></tr>
<tr><td colspan="8">备注（试验中发现的问题等）：</td></tr>
<tr><td colspan="8"></td></tr>
</table>

其他试验组按此表格进行试验数据记录表设计。

附录3 化学沉淀法对污染物去除性能研究的试验方案

起草单位：清华大学 广州市自来水公司

1. 试验原理和目的

在水处理中，化学沉淀法是指通过投加化学药剂，使污染物以溶解度较小的氢氧化物、碳酸盐、硫化物或其他形态从水中沉淀分离的方法。因此，化学沉淀法的关键是投加药剂使污染物形成低溶解度的化合物。

工程上可以采用的化学沉淀技术包括：投加碱性物质使之形成氢氧化物、碳酸盐的碱性化学沉淀法；投加硫离子使之形成硫化物的硫化物化学沉淀法。为了提高不溶物从水中沉淀分离的效果和速度，通常采用投加混凝剂与污染物共沉淀的方法。

本试验的目的是测试化学沉淀法对不同污染物（主要是金属离子和非金属离子）的去除性能，确定应对不同污染物的适宜 pH 值条件（以反应后 pH 值为准）、混凝剂等药剂投加量，为水厂应对突发污染事故时采用化学沉淀法去除污染物提供技术依据。

2. 材料与设备

2.1 材料

2.1.1 特征污染物配水浓度

按照饮用水水质标准限值浓度的5倍（及以上）配制污染物溶液，以实际测试结果为准。所用标准样品应为分析纯以上级别，对于无法购买到标样的个别污染物可以采用实际商品，但配制时需注意其有效含量。

污染物的含量应以原水水样加入污染物，充分混匀后，实际上机检测值为准。对部分化学性质不稳定的物质应事先做静止状态下的衰减试验，了解特征污染物的衰减情况，以合理安排试验。

2.1.2 污染物标准样品的选择

采购标准样品时应该注意污染物的价态，不同价态的污染物所需要的处理技术存在差异。对于存在多价态的金属和非金属污染物，如果标准中有要求，如六价铬，在试验中采用标准要求的价态；对于标准中没有明确要求的，则应测试其在自然界主要存在的价态，如五价砷和三价砷、三价锑和五价锑等。

对于烧杯混凝实验，有条件的单位，标准物质可以选用国家标准物质研究中心等单位的标准物质作为加标物质。若选用化学纯物质进行配制，选用的原则应为：

（1）易溶于水，且化学稳定性要高，不会因为空气氧化或与水反应，导致浓度改变。

(2) 无机类指标标准物质的选择要与检测仪器、检测方法结合在一起考虑。如使用ICP-MS检测的项目，由于试剂酸化使用的是硝酸，为避免引入干扰离子，建议尽量选择硝酸根类的化合物进行试验；如使用原子荧光进行检测的项目，由于大部分检验项目（除汞外）是在盐酸载体下运行，建议尽量选择氯离子化合物作为标样进行试验。

(3) 对无法实现单离子状态的化学污染物，可根据其在自然界中的存在情况，选择最常见的化合物进行试验。如五氧化二锑无法溶解在酸中形成离子化合物，因此五价锑化学沉淀试验采用焦锑酸钠作为标准物质。

当各饮用水水质标准（新国标、建设部行标、地表水标准、地下水水质标准）中要求不同时，首先以新国标为准，若新国标中没有该指标的要求，再考虑建设部行标，以及地表水标准。

2.1.3 混凝剂

分别采用铁盐混凝剂和铝盐混凝剂，其中：

铁盐混凝剂应分别采用三氯化铁（分析纯）及聚合硫酸铁（商品，固体，Fe_2O_3含量大于18%）进行试验。

铝盐混凝剂应分别采用聚合氯化铝（商品级，固体，Al_2O_3含量大于29%）及硫酸铝（商品，固体，Al_2O_3含量大于5%）进行试验。考虑混凝剂可能因水解造成损耗，由各水司自行采购新鲜药剂进行试验，使用前应测试其有效成分含量，并做记录。

2.1.4 硫化物

选用分析纯硫化钠。

2.1.5 试验用水

采用当地自来水作为试验用水，以排除水源水浊度对试验结果的干扰。测试该试验用水的pH值、碱度、浊度、硬度、总溶解性固体。对于还原性物质的测试，应注意用适量硫代硫酸钠中和余氯，或者参照其具体试验方案。

在进行硫化物沉淀法时，应采用经过活性炭滤柱脱氯的自来水作为实验用水。建议不要用硫代硫酸钠脱氯，按照经验会对试验造成影响。

2.1.6 水温

有关试验在室温下进行，试验时需记录实际水温。

2.2 设备

2.2.1 六联混凝搅拌器

需满足调速和定时的要求，配备6个1L有机玻璃材质的试验烧杯。

2.2.2 过滤装置

试验完成后，可采用漏斗和滤纸进行过滤，以模拟实际生产中的过滤工艺。废弃100mL初滤水后，取样测定特征污染物的浓度。

2.3 污染物分析方法

依据水质标准中规定的标准分析方法进行分析。

由于pH值是主要的控制参数，因此必须使用pH计准确测定pH值。pH值检测的误差应控制在±0.02以内。

3. 化学沉淀试验过程和方法

将一定浓度的混凝剂投入1L污染水样中，在六联搅拌仪上用混凝工艺要求的转速搅拌：快转300r/min×1min，慢转60r/min×5min，45r/min×5min，25r/min×5min，静置沉淀30min后取上清液过滤，废弃100mL初滤液，取样测定剩余污染物浓度。

每种特征污染物需进行以下八组试验。

3.1 第一组：pH值对三氯化铁混凝剂去除污染物效果的影响

确定采用三氯化铁混凝剂时，生成沉淀去除污染物的最佳pH值条件。

3.1.1 试验水样：自来水配水，共6个，每个水样1L。

3.1.2 混凝剂投加量：采用三氯化铁，投加量为5mg/L（以Fe计）。

3.1.3 预先用氢氧化钠或盐酸调节水样的pH值，分别为：7.5、8.0、8.5、9.0、9.5、10.0（适用于镉、铅、镍、铜、锌、银、汞、钒、钛、钴、铍等），然后开始混凝实验。

3.1.4 在混凝沉淀反应结束后，测定上清液的pH值（此点很重要，因加入混凝剂后水的pH值会有一定降低），用滤纸过滤上清液以模拟沉淀工艺的效果，滤过液测定特征污染物浓度。

（注：在试验前先进行pH值变化的预试验，理想的试验情况是反应后出水的pH值处于较大的范围，存在污染物由超标到达标的变化范围。测试加入污染物后原水的pH值和总碱度，列入原水水质之中。然后，将水的pH值调整到要求的7.5、8.0、8.5、9.0、9.5、10.0，在加入混凝剂反应后，测试上清液的pH值。如果pH值均处于7.5以下，则需要对混凝剂投加量进行调整。对于pH值存在7.5以上的情况，则认为pH值范围较为理想，可以测试污染物浓度，完成本组试验。）

3.2 第二组：pH值对聚合硫酸铁混凝剂去除污染物效果的影响

确定采用聚合硫酸铁混凝剂时，生成沉淀去除污染物的最佳pH值条件。

3.2.1 试验水样：自来水配水，共6个，每个水样1L。

3.2.2 混凝剂投加量：采用聚合硫酸铁，投加量为5mg/L（以Fe计）。

3.2.3 预先用氢氧化钠或盐酸调节水样的pH值，分别为：7.5、8.0、8.5、9.0、9.5、10.0（适用于镉、铅、镍、铜、锌、银、汞、钒、钛、钴、铍等），然后开始混凝实验。

3.2.4 在混凝沉淀反应结束后，测定上清液的pH值，用滤纸过滤上清液以模拟沉淀工艺的效果，滤过液测定特征污染物浓度。

（注：在试验前先进行pH值变化的预试验，理想的试验情况是反应后出水的pH值处于较大的范围，存在污染物由超标到达标的变化范围。测试加入污染物后原水的pH值和总碱度，列入原水水质之中。然后，将水的pH值调整到要求的7.5、8.0、8.5、9.0、9.5、10.0，在加入混凝剂反应后，测试上清液的pH值。如果pH值均处于7.5以下，则需要对混凝剂投加量进行调整。对于pH值存在7.5以上的情况，则认为pH值范围较为理想，可以测试污染物浓度，完成本组试验。）

3.3 第三组：pH值对聚合氯化铝混凝剂去除污染物效果的影响

确定采用聚合氯化铝混凝剂时，生成沉淀去除污染物的最佳pH值条件。

3.3.1 试验水样：自来水配水，共6个，每个水样1L。

3.3.2 混凝剂投加量：采用聚合氯化铝（固体），投加量为5mg/L（以Al计）。

3.3.3 预先用氢氧化钠调节水样的pH，分别为：7.0、7.5、8.0、8.5、9.0、9.5（注意，pH值的范围与第一组有所不同，因为高pH值时铝盐混凝剂会生成偏铝酸根，影响混凝效果，适用于镉、铅、镍、铜、锌、银、汞、钒、钛、钴、铍等）。

3.3.4 在混凝沉淀反应结束后，测定上清液的pH值，用滤纸过滤上清液以模拟沉淀工艺的效果，滤过液测定特征污染物浓度。

（注：在试验前先进行pH值变化的预试验，理想的试验情况是反应后出水的pH值处于较大的范围，存在污染物由超标到达标的变化范围。测试加入污染物后原水的pH值和总碱度，列入原水水质之中。然后，将水的pH值调整到要求的7.5、8.0、8.5、9.0、9.5、10.0，在加入混凝剂反应后，测试上清液的pH值。如果pH值均处于8.5以上，则需要对混凝剂投加量进行调整。对于pH值存在8.5以下的情况，则认为pH值范围较为理想，可以测试污染物浓度，完成本组试验。）

3.4 第四组：pH值对硫酸铝混凝剂去除污染物效果的影响

确定采用聚合氯化铝混凝剂时，生成沉淀去除污染物的最佳pH值条件。

3.4.1 试验水样：自来水配水，共6个，每个水样1L。

3.4.2 混凝剂投加量：采用硫酸铝（液体），投加量为5mg/L（以Al计）。

3.4.3 预先用氢氧化钠调节水样的pH，分别为：7.0、7.5、8.0、8.5、9.0、9.5（注意，pH值的范围与第一组有所不同，因为高pH值时铝盐混凝剂会生成偏铝酸根，影响混凝效果，适用于镉、铅、镍、铜、锌、银、汞、钒、钛、钴、铍等）。

3.4.4 在混凝沉淀反应结束后，测定上清液的pH值，用滤纸过滤上清液以模拟沉淀工艺的效果，滤过液测定特征污染物浓度。

（注：在试验前先进行pH值变化的预试验，理想的试验情况是反应后出水的pH值处于较大的范围，存在污染物由超标到达标的变化范围。测试加入污染物后原水的pH值和总碱度，列入原水水质之中。然后，将水的pH值调整到要求的7.5、8.0、8.5、9.0、9.5、10.0，在加入混凝剂反应后，测试上清液的pH值。如果pH值均处于7.5以下，则需要对混凝剂投加量进行调整。对于pH值存在7.5以上的情况，则认为pH值范围较为理想，可以测试污染物浓度，完成本组试验。）

3.5 第五组：碱性化学沉淀法的最大应对能力测试Ⅰ

确定在适宜的pH值条件下及可行的混凝剂投加量条件下，对污染物的最大去除效果。第五组和第六组原理相同，只是使用的混凝剂有所差异。

如果第一组、第二组、第三组和第四组方法均不可行，出水未能达到水质标准，则第五组试验不用进行。

测试方法如下：

3.5.1 试验水样：自来水配水，共六个，每个水样1L。针对两种混凝剂的测试分别为3个浓度，分别为10倍、50倍、100倍。第一、二、三、四组试验结果（即5倍浓度）可统计在投加量对污染物去除效果的影响中。

3.5.2 混凝剂投加量：选择三氯化铁和聚合氯化铝，投加量均为5mg/L（以Fe或Al计）。根据以往试验结果，影响金属沉淀去除的关键因素是反应后pH值而非混凝剂投加量，所以混凝剂投加量的影响不做测试，剂量统一确定为 5mg/L。

3.5.3 pH 值条件：根据前四组试验结果，选择处理后污染物达标水样中 pH 调节幅度较小者，来确定开展本试验时的反应前 pH 值条件。

3.5.4 试验结束后，用滤纸过滤上清液以模拟沉淀工艺的效果，滤过液测定特征污染物浓度，同时应测定滤液的残留铁或铝浓度，防止超标。

其他步骤与前面相同。

3.6 第六组：碱性化学沉淀法的最大应对能力测试 II

确定在适宜的 pH 值条件下，最大可行混凝剂投加量条件下，对污染物的最大去除效果。第五组和第六组原理相同，只是使用的混凝剂有所差异。

如果第一组、第二组、第三组和第四组方法均不可行，出水未能达到水质标准，则第六组试验不用进行。

测试方法如下：

3.6.1 试验水样：自来水配水，共六个，每个水样 1L。针对两种混凝剂的测试分别为 3 个浓度，分别为 10 倍、50 倍、100 倍。第一、二、三、四组试验结果（即 5 倍浓度）可统计在投加量对污染物去除效果的影响中。

3.6.2 混凝剂投加量：选择聚合硫酸铁和硫酸铝，投加量均为 5mg/L（以 Fe 或 Al 计）。根据以往试验结果，影响金属沉淀去除的关键因素是反应后 pH 值而非混凝剂投加量，所以混凝剂投加量的影响不做测试，剂量统一确定为 5mg/L。

3.6.3 pH 值条件：根据前四组试验结果，选择处理后污染物达标水样中 pH 调节幅度较小者，来确定开展本试验时的反应前 pH 值条件。

3.6.4 试验结束后，用滤纸过滤上清液以模拟沉淀工艺的效果，滤过液测定特征污染物浓度，同时应测定滤液的残留铁或铝浓度，防止超标。

其他步骤与前相同。

3.7 第七组：硫化物沉淀法对污染物的去除效果

检验硫化物沉淀法对污染物的去除效果。硫化物沉淀法可以处理的污染物包括：镉、铅、镍、铜、锌、银、汞、锑等。

测试方法如下：

3.7.1 试验水样：自来水配水（若有余氯、应先过活性炭滤柱脱氯），共六个，每个水样 1L。

3.7.2 pH 值条件：硫化物沉淀不受 pH 影响，所有硫化物试验均不需调整 pH 值。

3.7.3 硫化物投加量：投加量为 0（空白），0.03，0.05，0.10，0.15，0.20mg/L（以 S 计）6 个投加量。

3.7.4 混凝剂投加量：聚合氯化铝投加剂量为 5mg/L（以 Al 计）。由于铁盐会和硫化物反应，所以使用硫化物沉淀法时不能使用铁盐混凝剂。

3.7.5 混凝试验：向试验水样中同时投加硫化钠溶液和混凝剂，开始混凝试验。试验结束后，用滤纸过滤上清液以模拟沉淀工艺的效果，滤过液测定特征污染物浓度和硫化物浓度。

3.7.6 硫化物的稳定性测试：选择其中沉淀明显的硫化物剂量，混凝试验后静止放置24h后，再过滤后测滤液的金属离子和硫化物浓度，看沉淀物是否有再溶现象。

3.7.7 超标硫化物的去除：生活饮用水卫生标准中规定硫化物含量不得超过0.02mg/L，当硫化物投加量较高并导致残余硫化物浓度超标，可以在进入滤池前投加游离氯氧化去除。根据化学反应方程式，当投氯量的摩尔比 $Cl_2/S>5$ 时，可以保证硫化物完全去除。试验中选择硫化物超标最多的水样，投加1mg/L游离氯，氧化30min后测试残余硫化物和余氯浓度。

3.8 第八组：硫化物沉淀法对污染物的最大应对能力测试

确定在0.2mg/L硫化物投加量投加量条件下，对污染物的最大去除效果。

如果第七组方法不可行，出水未能达到水质标准，则第八组试验不用进行。

测试方法如下：

3.8.1 试验水样：自来水配水（若有余氯、应先过活性炭滤柱脱氯），共六个，每个水样1L。分别为6个浓度，分别为10倍、20倍、30倍、50倍、80倍、100倍。第七组试验结果（即5倍浓度）可统计在投加量对污染物去除效果的影响中。

3.8.2 pH值条件：硫化物沉淀不受pH影响，所有硫化物试验均不需调整pH值。

3.8.3 硫化物投加量：投加量为0.2mg/L（以S计）

3.8.4 混凝剂投加量：聚合氯化铝投加剂量为5mg/L（以Al计）。

3.8.5 混凝试验：向试验水样中同时投加硫化钠溶液和混凝剂，开始混凝试验。试验结束后，用滤纸过滤上清液以模拟沉淀工艺的效果，滤过液测定特征污染物浓度和硫化物浓度。

3.8.6 硫化物的稳定性测试：选择其中沉淀明显的硫化物剂量，混凝试验后静止放置24h后，再过滤后测滤液的金属离子和硫化物浓度，看沉淀物是否有再溶现象。

3.8.7 超标硫化物的去除：生活饮用水卫生标准中规定硫化物含量不得超过0.02mg/L，在最大硫化物投加量为0.1mg/L导致残余硫化物浓度超标时，可以投加1mg/L游离氯氧化去除。加氯氧化30min后测试残余硫化物和余氯浓度（根据化学反应方程式，当投氯量的剂量 $Cl_2/S>5$ 时，可以保证硫化物完全去除）。

4. 数据处理

共进行8组试验，每组试验6个有效数据点。

按照下表记录试验数据并进行数据处理。

理想的去除效果是将预定浓度下的污染物经化学沉淀处理后降低到浓度限值的50%以下。

编号：单位—污染物号—1

时间：　　　年　月　日

<table>
<tr><td>试验名称</td><td colspan="6">pH 对铁盐混凝剂去除____污染物效果的影响</td></tr>
<tr><td rowspan="2">相关水质标准（mg/L）</td><td>国标</td><td></td><td colspan="2">住建部行标</td><td colspan="2"></td></tr>
<tr><td>卫生部规范</td><td></td><td colspan="2">水源水质标准</td><td colspan="2"></td></tr>
<tr><td>试验条件</td><td colspan="6">污染物浓度：____mg/L；混凝剂种类：三氯化铁；
试验用水：________自来水；试验水温：____℃；</td></tr>
<tr><td>原水水质</td><td colspan="6">浊度=____NTU；碱度=____mg/L；硬度=____mg/L
pH=____；总溶解性固体=____mg/L</td></tr>
<tr><td colspan="7">数据记录</td></tr>
<tr><td>反应前 pH 值</td><td>7.5</td><td>8.0</td><td>8.5</td><td>9.0</td><td>9.5</td><td>10.0</td></tr>
<tr><td>上清液 pH 值</td><td></td><td></td><td></td><td></td><td></td><td></td></tr>
<tr><td>污染物浓度（mg/L）</td><td></td><td></td><td></td><td></td><td></td><td></td></tr>
<tr><td colspan="7">用 EXCEL 对上述数据作图，并直接粘贴于此，
不要用图片格式粘贴
该图框可删掉</td></tr>
<tr><td colspan="7">备注（试验中发现的问题等）</td></tr>
<tr><td colspan="7"></td></tr>
</table>

其他试验组按此表格进行试验数据记录表设计。

附录4 特殊化学沉淀法对铬、钡、硒污染物去除性能研究的试验方案

起草单位：清华大学

1. 试验原理和目的

在水处理中，化学沉淀法是指通过投加化学药剂，使污染物以溶解度较小的氢氧化物、碳酸盐、硫化物或其他形态从水中沉淀分离的方法。因此，化学沉淀法的关键是投加药剂使污染物形成低溶解度的化合物。

常用的碱性化学沉淀法、硫化物化学沉淀法能够覆盖大部分金属和类金属污染物。但是这些方法不适用于铬（VI）、钡、硒等金属、类金属污染物，需要建立针对性的化学沉淀处理方法。

铬（Ⅵ）可以用还原性药剂还原为铬（Ⅲ），然后可以在碱性条件下形成难溶的氢氧化铬（Ⅲ）沉淀，一般选择用 $FeSO_4$ 来还原并作为混凝剂进行共沉淀。钡可以和硫酸根生成难溶的硫酸钡沉淀。硒在水中存在形式是硒酸根离子和亚硒酸根离子：SeO_4^{2-} 和 SeO_3^{2-}，后者的毒性更强且存在更普遍。亚硒酸根离子可以同 Fe^{3+} 形成难溶化合物 $Fe_2(SeO_3)_3$ 沉淀，可以用铁盐混凝沉淀处理。

本试验的目的是测试化学沉淀法对不同污染物（主要是金属离子和非金属离子）的去除性能，确定应对不同污染物的适宜混凝剂种类和投加量，为水厂应对突发污染事故时采用化学沉淀法去除污染物提供技术依据。

2. 材料与设备

2.1 材料

2.1.1 特征污染物配水浓度

按照饮用水水质标准限值浓度的5倍（及以上）配制污染物溶液，以实际测试结果为准。所用标准样品应为分析纯以上级别，对于无法购买到标样的个别污染物可以采用实际商品，但配制时需注意其有效含量。

污染物的含量应以原水水样加入污染物，充分混匀后，实际上机检测值为准。对部分化学性质不稳定的物质应事先做静止状态下的衰减试验，了解特征污染物的衰减情况，以合理安排试验。

2.1.2 污染物标准样品的选择

采购标准样品时应该注意污染物的价态，不同价态的污染物所需要的处理技术存在差异。对于存在多价态的金属和非金属污染物，如果标准中有要求，如六价铬，在试验中采用标准要求的价态；对于标准中没有明确要求的，则应测试其在自然界主要存在的价态，如四价硒和六价硒等。

对于烧杯混凝实验，有条件的单位，标准物质可以选用国家标准物质研究中心等单位的标准物质作为加标物质。若选用化学纯物质进行配制，选用的原则应为：

1）易溶于水，且化学稳定性要高，不会因为空气氧化或与水反应，导致浓度改变。

2）无机类指标标准物质的选择要与检测仪器，检测方法结合在一起考虑。如使用ICP－MS检测的项目，由于试剂酸化使用的是硝酸，为避免引入干扰离子，建议尽量选择硝酸根类的化合物进行试验；如使用原子荧光进行检测的项目，由于大部分检验项目（除汞外）是在盐酸载体下运行，建议尽量选择氯离子化合物作为标样进行试验。

3）对无法实现单离子状态的化学污染物，可根据其在自然界中的存在情况，选择最常见的化合物进行试验。

当各饮用水水质标准（新国标、建设部行标、地表水标准、地下水水质标准）中要求不同时，首先以新国标为准，若新国标中没有该指标的要求，再考虑建设部行标，以及地表水标准。

2.1.3 混凝剂

去除铬（VI）可以用硫酸亚铁（分析纯）作为还原剂和混凝剂。

去除钡可以用硫酸铝（商品，固体，Al_2O_3含量大于5%）、聚合硫酸铁混凝剂。

去除硒（IV）可以用三氯化铁（分析纯）、聚合硫酸铁混凝剂。去除硒（VI）可以用硫酸亚铁（分析纯）作为还原剂和混凝剂。

考虑混凝剂可能因水解造成损耗，由各水司自行采购新鲜药剂进行试验，使用前应测试其有效成分含量，并做记录。

2.1.4 试验用水

采用当地自来水作为试验用水，以排除水源水浊度对试验结果的干扰。测试该试验用水的pH值、碱度、浊度、硬度、总溶解性固体。对于还原性物质的测试，应注意用适量硫代硫酸钠中和余氯，或者参照其具体试验方案。

在进行硫化物沉淀法时，应采用经过活性炭滤柱脱氯的自来水作为实验用水。建议不要用硫代硫酸钠脱氯，按照经验会对试验造成影响。

2.1.5 水温

有关试验在室温下进行，试验时需记录实际水温。

2.2 设备

2.2.1 六联混凝搅拌器

需满足调速和定时的要求，配备6个1L有机玻璃材质的试验烧杯。

2.2.2 过滤装置

试验完成后，可采用漏斗和滤纸进行过滤，以模拟实际生产中的过滤工艺。废弃100mL初滤水后，取样测定特征污染物的浓度。

2.3 污染物分析方法

依据水质标准中规定的标准分析方法进行分析。

由于pH值是主要的控制参数，因此必须使用pH计准确测定pH值。pH值检测的误差应控制在±0.02之间。

3. 化学沉淀试验过程和方法

将一定浓度的混凝剂投入1L污染水样中，在六联搅拌仪上用混凝工艺要求的转速搅拌：快转300r/min×1min，慢转60r/min×5min，45r/min×5min，25r/min×5min，静置沉淀30min后取上清液过滤，废弃100mL初滤液，取样测定剩余污染物浓度。

3.1　铬（Ⅵ）污染物的化学沉淀效果

确定采用硫酸亚铁混凝剂时，不同混凝剂投加量对去除铬（Ⅵ）效果的影响。

3.1.1　试验水样：自来水配水，共6个，每个水样1L。

3.1.2　混凝剂投加量：分别采用硫酸亚铁开展测试，投加量为1、3、5、7、10、20mg/L（以Fe计）。

3.1.3　pH值条件：不需调节pH，需测定并记录反应前后的pH值。

3.1.4　在混凝沉淀反应结束后，测定上清液的pH值，用滤纸过滤上清液以模拟沉淀工艺的效果，测定滤过液中特征污染物浓度，最好能够区分污染物的价态。

3.2　钡污染物的化学沉淀效果

确定采用硫酸铝和聚合硫酸铁混凝剂时，不同混凝剂投加量对去除钡效果的影响。

3.2.1　试验水样：自来水配水，共6个，每个水样1L。

3.2.2　混凝剂投加量：分别采用硫酸铝和聚合硫酸铁开展测试，投加量为1、3、5、7、10、20mg/L（以Al或Fe计）。

3.2.3　pH值条件：不需调节pH值，需测定并记录反应前后的pH值。

3.2.4　在混凝沉淀反应结束后，测定上清液的pH值，用滤纸过滤上清液以模拟沉淀工艺的效果，测定滤过液中特征污染物浓度。

3.3　硒（IV）污染物的化学沉淀效果

确定采用三氯化铁和聚合硫酸铁混凝剂时，不同混凝剂投加量对去除硒（IV）效果的影响。

3.3.1　试验水样：自来水配水，共6个，每个水样1L。

3.3.2　混凝剂投加量：分别采用三氯化铁和聚合硫酸铁开展测试，投加量为1、3、5、7、10、20mg/L（以Fe计）。

3.3.3　pH值条件：不需调节pH值，需测定并记录反应前后的pH值。

3.3.4　在混凝沉淀反应结束后，测定上清液的pH值，用滤纸过滤上清液以模拟沉淀工艺的效果，测定滤过液中特征污染物浓度，最好能够区分污染物的价态。

3.4　硒（VI）污染物的化学沉淀效果

确定采用硫酸亚铁作为混凝剂时，不同混凝剂投加量对去除硒（VI）效果的影响。

3.4.1　试验水样：自来水配水，共6个，每个水样1L。

3.4.2　混凝剂投加量：采用硫酸亚铁，投加量为1、3、5、7、10、20mg/L（以Fe计）。

3.4.3　pH值条件：不需调节pH值，需测定并记录反应前后的pH值。

3.4.4　在混凝沉淀反应结束后，测定上清液的pH值，用滤纸过滤上清液以模拟沉淀工艺的效果，测定滤过液中特征污染物浓度，最好能够区分污染物的价态。

4. 数据处理

每组试验6个有效数据点。

按照下表记录试验数据并进行数据处理。

理想的去除效果是将预定浓度下的污染物经化学沉淀处理后降低到浓度限值的50%以下。

为保证试验结果的准确性，建议各实验室抽取一定比例的测试数据进行复核，将复核选择的试验点和准确率附在报告之中。

编号：单位一污染物号一1

时间：　　年　月　日

试验名称	铬（Ⅵ）污染物的化学沉淀效果					
相关水质标准（mg/L）	国家标准		住房和城乡建设部行标			
	卫生部规范		水源水质标准			
试验条件	污染物浓度：___mg/L；混凝剂种类：硫酸亚铁___； 试验用水：___自来水；试验水温：___℃；					
原水水质	浊度=___NTU；碱度___=mg/L；硬度=___mg/L pH=___；总溶解性固体=___mg/L					
数据记录						
混凝剂投加量（mg/L）	1	3	5	7	10	20
反应前pH值						
上清液pH值						
污染物浓度（mg/L）						
用EXCEL对上述数据作图，并直接粘贴于此， 不要用图片格式粘贴 该图框可删掉						
备注（试验中发现的问题等）						

编号：单位一污染物号一1
时间：　　年　月　日

<table>
<tr><td>试验名称</td><td colspan="6">钡污染物的化学沉淀效果Ⅰ</td></tr>
<tr><td rowspan="2">相关水质标准
(mg/L)</td><td colspan="2">国家标准</td><td></td><td colspan="2">住房和城乡建设部行标</td><td></td></tr>
<tr><td colspan="2">卫生部规范</td><td></td><td colspan="2">水源水质标准</td><td></td></tr>
<tr><td>试验条件</td><td colspan="6">污染物浓度：____mg/L；混凝剂种类：<u>硫酸铝</u>；
试验用水：<u>自来水</u>；试验水温：____℃；</td></tr>
<tr><td>原水水质</td><td colspan="6">浊度=____NTU；碱度=____mg/L；硬度=____mg/L
pH=____；总溶解性固体=____mg/L</td></tr>
<tr><td colspan="7">数据记录</td></tr>
<tr><td>混凝剂投加量
(mg/L)</td><td>1</td><td>3</td><td>5</td><td>7</td><td>10</td><td>20</td></tr>
<tr><td>反应前 pH 值</td><td></td><td></td><td></td><td></td><td></td><td></td></tr>
<tr><td>上清液 pH 值</td><td></td><td></td><td></td><td></td><td></td><td></td></tr>
<tr><td>污染物浓度
(mg/L)</td><td></td><td></td><td></td><td></td><td></td><td></td></tr>
<tr><td colspan="7">用 EXCEL 对上述数据作图，并直接粘贴于此，
不要用图片格式粘贴
该图框可删掉</td></tr>
<tr><td colspan="7">备注（试验中发现的问题等）</td></tr>
<tr><td colspan="7"></td></tr>
</table>

附录5 化学沉淀法对砷污染物去除性能研究的实验方案

（第2.0版）

起草单位：清华大学

1 试验原理

砷的价态有−3、0、+3和+5价，在自然界中，砷主要以硫化物矿、金属砷酸盐和砷化物的形式存在，包括砷、三氧化二砷（砒霜）、三硫化二砷、五氧化二砷、砷酸盐、亚砷酸盐等。在水环境中，砷主要以三价和五价两种价态存在，硫酸工业等工业废水中排放的砷主要为三价砷，在含氧的地表水中砷的主要存在形式是五价砷。在pH中性（pH=6.5−8.5）的水体中多以砷酸氢根$HAsO_4^{2-}$和$H_2AsO_4^-$的形式存在，砷酸的电离常数为：$K_{a1}=5.62\times10^{-3}$，$K_{a2}=1.7\times10^{-7}$，$K_{a3}=2.95\times10^{-12}$。而在缺氧的地下水和深水湖的沉积物中砷的主要存在形式是三价砷，在pH中性的水中多以亚砷酸H_3AsO_3的形式存在，亚砷酸的电离常数为：$K_{a1}=5.8\times10^{-10}$，$K_{a2}=7\times10^{-13}$，$K_{a3}=4\times10^{-14}$。

含砷地表水的处理工艺主要采用预氯化加铁盐混凝法的强化常规处理工艺。研究表明，铁盐混凝剂对五价砷的去除效果很好，可以满足饮用水砷含量小于0.01mg/L的去除要求。

铁盐混凝法的除砷机理包括：（1）铁盐混凝剂中的铁离子能与砷酸根形成难溶的砷酸铁沉淀物（$FeAsO_4$，溶度积常数$K_{sp}=5.7\times10^{-21}$）；（2）砷酸根还可能插入氢氧化铁晶体形成过程，通过共沉淀过程去除；（3）铁盐混凝剂能在水体中形成氢氧化铁絮体，砷酸根可以通过络合作用被氢氧化铁絮体吸附去除。

亚砷酸根难于直接混凝沉淀去除，必须先投加氧化剂将三价砷氧化成五价砷，然后再用铁盐混凝法沉淀去除。三价砷很容易被氧化为五价砷，在碱中性条件下亚砷酸氧化为砷酸的标准电极电位为−0.71V。用来氧化三价砷的氧化剂可以采用氯、二氧化氯、高锰酸钾等。在有氧化剂的条件下，三价砷被氧化成五价砷的速度很快，一般在1分钟之内就可以完成反应。

对于地表水的突发性砷污染事件，由于时间紧迫，一般缺少水源水中砷的存在形态的分析结果，为了确保除砷效果，应采用预氯化，把可能存在的三价砷先氧化成五价砷，然后再进行铁盐混凝处理。预氯化还可以起到一定的助凝作用。

铝盐的混凝除砷效果明显不如铁盐，因此在应对含砷地表水时一般不采用铝盐混凝剂。

含砷水处理的其他方法还有：石灰沉淀法（生成砷酸钙，$Ca_3(AsO_4)_2$，溶度积常数$K_{sp}=6.8\times10^{-19}$，主要用于污染源附近的砷截留与河道局部处理）、离子交换法（采用强碱性阴离子交换树脂）、吸附法（采用负载有水合氧化铁的活性炭或阴离子树脂）、活性氧化铝过滤法（需调整pH值到5，定期用酸再生）、铁矿石过滤法（定期用酸再生）、高铁酸盐法（集氧化和铁盐混凝法为一体，用高铁酸盐先氧化，再混凝）、膜分离法（反渗透膜或纳滤膜）、电吸附法等，但这些方法存在改造工作量大、处理效果有限、经济性差、技术成熟度不高等问题，一般在给水处理中难以应用。

2　材料与设备

2.1　材料

2.1.1　特征污染物配水浓度

按照饮用水水质标准限值浓度的10倍（及以上）配制污染物溶液，以实际测试结果为准。所用标准样品应为分析纯以上级别。污染物的含量应以原水水样加入污染物，充分混匀后，实际检测值为准。

本研究中需购买砷标准样品，配置目标浓度为国家标准浓度限值10倍，即为0.1mg/L。污染物含量以实际检测值为准。

2.1.2　污染物标准样品的选择

不同价态的砷污染物所需要的处理技术存在差异。根据本试验方案处理对象，要求同时能够采购到五价砷（如砷酸钾）和三价砷（如 As_2O_3 砒霜）标准样品，以分别研究其去除特性。有条件的单位可以用ICP-MS来监测不同的价态。

三价砷可以被空气中的氧气缓慢氧化为五价砷，因此需注意密闭保存。在试验和测试过程中尽量避免长时间暴露于空气中。

2.1.3　混凝剂

分别采用铁盐混凝剂和铝盐混凝剂，其中：铁盐混凝剂应分别采用三氯化铁（分析纯）及聚合硫酸铁（商品，固体，Fe_2O_3 含量大于18%）进行试验；铝盐混凝剂应分别采用聚合氯化铝（商品级，固体，Al_2O_3 含量大于29%）及硫酸铝（商品，固体，Al_2O_3 含量大于5%）进行试验。

考虑混凝剂可能因水解造成损耗，由各水司自行采购新鲜药剂进行试验，使用前应测试其有效成分含量，并做记录。

2.1.4　试验用水

采用当地水源水作为试验用水，测试该试验用水的pH值、碱度、浊度、硬度、总溶解性固体。由于强化混凝除砷最适pH值为6.5～8.5，因此无需调节pH值，但需要记录实际水体及强化混凝过程中水体pH值变化。

2.1.5　水温

有关试验在室温下进行，试验时需记录实际水温。

2.2　设备

2.2.1　六联混凝搅拌器

需满足调速和定时的要求，配备6个1L有机玻璃材质的试验烧杯。

2.2.2　过滤装置

试验完成后，可采用漏斗和滤纸进行过滤，以模拟实际生产中的过滤工艺。废弃100mL初滤水后，取样测定特征污染物的浓度。

2.3　污染物分析方法

依据水质标准中规定的标准分析方法进行分析。

3 砷去除特性试验过程和方法

将一定浓度的混凝剂投入1L污染水样中，在六联搅拌仪上用混凝工艺要求的转速搅拌：快转300r/min×1min，慢转60r/min×5min，45r/min×5min，25r/min×5min，静置沉淀30min后取上清液过滤，废弃100mL初滤液，取样测定剩余污染物浓度。

每种特征污染物需进行以下几组试验。

3.1 第一组：铁盐常规混凝沉淀工艺对砷（Ⅴ）的去除效果

在原水水质条件下，对比研究铁盐混凝剂对五价砷去除效果，以确定除砷工艺的最适混凝剂种类和剂量。

3.1.1 试验水样：原水配水，共6个，每个水样1L。污染物（五价砷）浓度按国标10倍配制，即0.1mg/L。

3.1.2 混凝剂类型：三氯化铁混凝剂、聚合硫酸铁混凝剂。

3.1.3 混凝剂投加量：投加量3、5、10mg/L（以Fe计）。

3.1.4 在混凝沉淀反应结束后，测定上清液的pH值（此点很重要，因加入混凝剂后水的pH值会有一定降低，如果出水pH值小于6.5还需进一步研究pH值影响），用滤纸过滤上清液以模拟沉淀工艺的效果，滤过液测定特征污染物浓度。

3.2 第二组：铝盐常规混凝沉淀工艺对砷（Ⅴ）的去除效果

在原水水质条件下，对比研究铝盐混凝剂对五价砷去除效果，以确定除砷工艺的最适混凝剂种类和剂量。

3.2.1 试验水样：原水配水，共6个，每个水样1L。污染物（五价砷）浓度按国标10倍配制，即0.1mg/L。

3.2.2 混凝剂类型：硫酸铝混凝剂、聚合氯化铝混凝剂。

3.2.3 混凝剂投加量：投加量3、5、10mg/L（以Al计）。

3.2.4 在混凝沉淀反应结束后，测定上清液的pH值（此点很重要，因加入混凝剂后水的pH值会有一定降低，如果出水pH值小于6.5还需进一步研究pH值影响），用滤纸过滤上清液以模拟沉淀工艺的效果，滤过液测定特征污染物浓度。

3.3 第三组：铁盐常规混凝沉淀工艺对砷（Ⅲ）的去除效果

在原水水质条件下，对比研究铁盐混凝剂对三价砷去除效果，以确定除砷工艺的最适混凝剂种类和剂量。

3.3.1 试验水样：原水配水，共6个，每个水样1L。污染物（三价砷）浓度按国标10倍配制，即0.1mg/L。

3.3.2 混凝剂类型：三氯化铁混凝剂、聚合硫酸铁混凝剂。

3.3.3 混凝剂投加量：投加量3、5、10mg/L（以Fe计）。

3.3.4 在混凝沉淀反应结束后，测定上清液的pH值（此点很重要，因加入混凝剂后水的pH值会有一定降低，如果出水pH值小于6.5还需进一步研究pH值影响），用滤纸过滤上清液以模拟沉淀工艺的效果，滤过液测定特征污染物浓度。

3.4 第四组：铝盐常规混凝沉淀工艺对砷（Ⅲ）的去除效果

在原水水质条件下，对比研究铝盐混凝剂对三价砷去除效果，以确定除砷工艺的最适混凝剂种类和剂量。

3.4.1 试验水样：原水配水，共6个，每个水样1L。污染物（三价砷）浓度按国标10倍配制，即0.1mg/L。

3.4.2 混凝剂类型：硫酸铝混凝剂、聚合氯化铝混凝剂。

3.4.3 混凝剂投加量：投加量3、5、10mg/L（以Al计）。

3.4.4 在混凝沉淀反应结束后，测定上清液的pH值（此点很重要，因加入混凝剂后水的pH值会有一定降低，如果出水pH值小于6.5还需进一步研究pH值影响），用滤纸过滤上清液以模拟沉淀工艺的效果，滤过液测定特征污染物浓度。

3.5 第五组：预氧化对砷（Ⅲ）转化砷（Ⅴ）的效果

在原水水质条件下，研究使用氧化剂将三价砷氧化成五价砷的效果。这一组需要有可分辨价态的ICP-MS，如果不具备设备条件，则不必开展这一组试验。

3.5.1 试验水样：原水配水，共6个，每个水样1L。污染物（三价砷）浓度按国标10倍配制，即0.1mg/L。

3.5.2 氧化剂类型：游离氯、二氧化氯。

3.5.3 氧化剂投加量：投加量0.1、0.3、0.5mg/L（以有效氯计）。根据化学方程式，氧化三价砷至五价砷所需游离氯同砷摩尔比近似为1∶1。

3.5.4 在混凝沉淀反应结束后，测定上清液的pH值（此点很重要，因加入混凝剂后水的pH值会有一定降低，如果出水pH值小于6.5还需进一步研究pH值影响），用滤纸过滤上清液以模拟沉淀工艺的效果，滤过液测定特征污染物浓度。

3.6 第六组：预氧化＋铁盐混凝沉淀工艺对砷（Ⅲ）的效果

在原水水质条件下，对比研究预氧化＋铁盐混凝剂对三价砷去除效果，以确定去除三价砷的最适混凝剂种类和剂量。

3.6.1 试验水样：原水配水，共6个，每个水样1L。污染物（三价砷）浓度按国标10倍配制，即0.1mg/L。

3.6.2 混凝剂类型和投加量：三氯化铁混凝剂、聚合硫酸铁混凝剂；投加量为第一组确定的最佳剂量。

3.6.3 氧化剂类型和投加量：游离氯、二氧化氯；投加量分别为0.1、0.3、0.5mg/L（以有效氯计）。建议三氯化铁和游离氯联用，聚合硫酸铁和二氧化氯联用。

3.6.4 将氧化剂和混凝剂同时投加，然后按照混凝反应的条件进行试验。在混凝沉淀反应结束后，测定上清液的pH值（此点很重要，因加入混凝剂后水的pH值会有一定降低，如果出水pH值小于6.5还需进一步研究pH值影响），模拟沉淀工艺的效果，滤过液测定特征污染物浓度。

3.7 第七组：预氧化＋铝盐混凝沉淀工艺对砷（Ⅲ）的效果

在原水水质条件下，对比研究预氧化＋铝盐混凝剂对三价砷去除效果，以确定去除三价砷的最适混凝剂种类和剂量。如果在第二组试验中，铝盐混凝剂对五价砷的去除没有效果，则此组试验不必开展。

3.7.1 试验水样：原水配水，共6个，每个水样1L。污染物（三价砷）浓度按国标10倍配制，即0.1mg/L。

3.7.2 混凝剂类型和投加量：硫酸铝混凝剂、聚合氯化铝混凝剂；投加量为第二组试验确定的最佳剂量。

3.7.3 氧化剂类型和投加量：游离氯、二氧化氯；投加量分别为 0.1、0.3、0.5mg/L（以有效氯计）。建议硫酸铝和游离氯联用，聚合氯化铝和二氧化氯联用。

3.7.4 将氧化剂和混凝剂同时投加，然后按照混凝反应的条件进行试验。在混凝沉淀反应结束后，测定上清液的 pH 值（此点很重要，因加入混凝剂后水的 pH 值会有一定降低，如果出水 pH 值小于 6.5 还需进一步研究 pH 值影响），模拟沉淀工艺的效果，滤过液测定特征污染物浓度。

3.8 第八组：强化混凝除砷（Ⅴ）的最大应对能力测试

确定在水厂处理工艺基础上，强化混凝技术在最大可行混凝剂投加量条件下对砷污染超标的最大应对倍数。

测试方法如下：

3.8.1 试验水样：原水配水，共 6 个，每个水样 1L。分别设置 6 个超标浓度水样，超标倍数分别为 20 倍、30 倍、50 倍、70 倍、100 倍、150 倍（可根据前 4 组试验结果合理选择超标倍数）。

3.8.2 混凝剂种类和投加量：根据第一组试验确定最佳混凝剂类型和投加量

3.8.3 试验结束后，用滤纸过滤上清液以模拟沉淀工艺的效果，滤过液测定特征污染物浓度，同时应测定滤液的残留铁浓度，防止超标。

其他步骤与前相同。

3.9 第九组：强化混凝除砷（Ⅲ）的最大应对能力测试

确定在水厂处理工艺基础上，强化混凝技术在最大可行混凝剂投加量条件下对砷污染超标的最大应对倍数。

测试方法如下：

3.9.1 试验水样：原水配水，共 6 个，每个水样 1L。分别设置 6 个超标浓度水样，超标倍数分别为 20 倍、30 倍、50 倍、70 倍、100 倍、150 倍（可根据前 4 组试验结果合理选择超标倍数）。

3.9.2 混凝剂种类和投加量：根据第一组试验确定最佳混凝剂类型和投加量。

3.9.3 氧化剂种类和投加量：根据化学方程式，氧化三价砷至五价砷所需游离氯同砷摩尔比近似为 1∶1。在试验时可根据第五组、第六组的试验结果确定氧化剂的种类和投加量。参考氧化剂投加量确定为 1.2∶1。

3.9.4 试验结束后，用滤纸过滤上清液以模拟沉淀工艺的效果，滤过液测定特征污染物浓度，同时应测定滤液的残留铁浓度，防止超标。

其他步骤与前相同。

4 数据处理

共进行 5 组试验，除第 1、2 组外每组试验 6 个有效数据点。

按照下表记录试验数据并进行数据处理。

理想的去除效果是将预定浓度下的污染物经化学沉淀处理后降低到浓度限值的 50%以下。

5 试验注意事项

为保证试验结果的准确性，建议各实验室抽取一定比例的测试数据进行复核，将复核选择的试验点和准确率附在报告之中。

编号：单位-污染物-1

时间：　　年　月　日

<table>
<tr><td>试验名称</td><td colspan="4">铁盐常规混凝沉淀工艺对砷（V）的去除效果</td></tr>
<tr><td rowspan="2">相关水质标准
（mg/L）</td><td>国家标准</td><td></td><td>住房和城乡
建设部行标</td><td></td></tr>
<tr><td>卫生部规范</td><td></td><td>水源水质标准</td><td></td></tr>
<tr><td>试验条件</td><td colspan="4">污染物浓度：＿0.1＿mg/L；混凝剂种类：三氯化铁、聚合硫酸铁；
试验用水：＿水源水＿；　　试验水温：＿＿＿℃；</td></tr>
<tr><td>原水水质</td><td colspan="4">浊度＝＿＿NTU；碱度＝＿＿mg/L；硬度＝＿＿mg/L
pH＝＿＿；总溶解性固体＝＿＿mg/L</td></tr>
<tr><td colspan="5">数据记录</td></tr>
</table>

混凝剂类型	三氯化铁	三氯化铁	三氯化铁	聚硫酸铁	聚硫酸铁	聚硫酸铁
混凝剂投加量（mg/L）	1	3	5	1	3	5
pH 值						
污染物浓度（mg/L）						
残余铁浓度（mg/L）						

用 EXCEL 对上述数据作图，并直接粘贴于此，
不要用图片格式粘贴
该图框可删掉

备注（试验中发现的问题等）

编号：单位-污染物-2
时间：　　年　月　日

<table>
<tr><td>试验名称</td><td colspan="6">铝盐常规混凝沉淀工艺对砷（V）的去除效果</td></tr>
<tr><td rowspan="2">相关水质标准
(mg/L)</td><td colspan="2">国家标准</td><td></td><td colspan="2">住房和城乡
建设部行标</td><td></td></tr>
<tr><td colspan="2">卫生部规范</td><td></td><td colspan="2">水源水质标准</td><td></td></tr>
<tr><td>试验条件</td><td colspan="6">污染物浓度：__0.1__mg/L；混凝剂种类：硫酸铝、聚氯化铝；
试验用水：__水源水__；　　试验水温：______℃；</td></tr>
<tr><td>原水水质</td><td colspan="6">浊度=______NTU；碱度=______mg/L；硬度=______mg/L
pH=______；总溶解性固体=______mg/L</td></tr>
<tr><td colspan="7">数据记录</td></tr>
<tr><td>混凝剂类型</td><td>硫酸铝</td><td>硫酸铝</td><td>硫酸铝</td><td>聚氯化铝</td><td>聚氯化铝</td><td>聚氯化铝</td></tr>
<tr><td>混凝剂投加量（mg/L）</td><td>1</td><td>3</td><td>5</td><td>1</td><td>3</td><td>5</td></tr>
<tr><td>pH 值</td><td></td><td></td><td></td><td></td><td></td><td></td></tr>
<tr><td>污染物浓度（mg/L）</td><td></td><td></td><td></td><td></td><td></td><td></td></tr>
<tr><td>残余铝浓度（mg/L）</td><td></td><td></td><td></td><td></td><td></td><td></td></tr>
<tr><td colspan="7">用 EXCEL 对上述数据作图，并直接粘贴于此，
不要用图片格式粘贴
该图框可删掉</td></tr>
<tr><td colspan="7">备注（试验中发现的问题等）</td></tr>
<tr><td colspan="7"></td></tr>
</table>

编号：单位-污染物-3

时间：　　年　月　日

<table>
<tr><td>试验名称</td><td colspan="6">铝盐常规混凝沉淀工艺对砷（Ⅲ）的去除效果</td></tr>
<tr><td rowspan="2">相关水质标准
(mg/L)</td><td>国家标准</td><td colspan="2"></td><td>住房和城乡
建设部行标</td><td colspan="2"></td></tr>
<tr><td>卫生部规范</td><td colspan="2"></td><td>水源水质标准</td><td colspan="2"></td></tr>
<tr><td>试验条件</td><td colspan="6">污染物浓度：__0.1__mg/L；混凝剂种类：三氯化铁、聚合硫酸铁；
试验用水：__水源水__；　　试验水温：______℃；</td></tr>
<tr><td>原水水质</td><td colspan="6">浊度=______NTU；碱度=______mg/L；硬度=______mg/L
pH=______；总溶解性固体=______mg/L</td></tr>
<tr><td colspan="7">数据记录</td></tr>
<tr><td>混凝剂类型</td><td>三氯化铁</td><td>三氯化铁</td><td>三氯化铁</td><td>聚硫酸铁</td><td>聚硫酸铁</td><td>聚硫酸铁</td></tr>
<tr><td>混凝剂投加量（mg/L）</td><td>1</td><td>3</td><td>5</td><td>1</td><td>3</td><td>5</td></tr>
<tr><td>pH值</td><td></td><td></td><td></td><td></td><td></td><td></td></tr>
<tr><td>污染物浓度（mg/L）</td><td></td><td></td><td></td><td></td><td></td><td></td></tr>
<tr><td>残余铝浓度（mg/L）</td><td></td><td></td><td></td><td></td><td></td><td></td></tr>
<tr><td colspan="7">用EXCEL对上述数据作图，并直接粘贴于此，
不要用图片格式粘贴
该图框可删掉</td></tr>
<tr><td colspan="7">备注（试验中发现的问题等）</td></tr>
<tr><td colspan="7"></td></tr>
</table>

编号：单位-污染物-4
时间：　　年　月　日

试验名称	铝盐常规混凝沉淀工艺对砷（Ⅲ）的去除效果					
相关水质标准（mg/L）	国家标准		住房和城乡建设部行标			
	卫生部规范		水源水质标准			
试验条件	污染物浓度：0.1 mg/L；混凝剂种类：硫酸铝、聚氯化铝；试验用水：水源水；试验水温：____℃；					
原水水质	浊度=____NTU；碱度=____mg/L；硬度=____mg/L pH=____；总溶解性固体=____mg/L					
数据记录						
混凝剂类型	硫酸铝	硫酸铝	硫酸铝	聚氯化铝	聚氯化铝	聚氯化铝
混凝剂投加量（mg/L）	1	3	5	1	3	5
pH 值						
污染物浓度（mg/L）						
残余铝浓度（mg/L）						

用 EXCEL 对上述数据作图，并直接粘贴于此，
不要用图片格式粘贴
该图框可删掉

备注（试验中发现的问题等）

编号：单位-污染物-5

时间：　　年　月　日

<table>
<tr><td>试验名称</td><td colspan="6">预氧化将砷（Ⅲ）转化为砷（Ⅴ）的效果</td></tr>
<tr><td rowspan="2">相关水质标准
（mg/L）</td><td>国家标准</td><td></td><td colspan="2">住房和城乡
建设部行标</td><td colspan="2"></td></tr>
<tr><td>卫生部规范</td><td></td><td colspan="2">水源水质标准</td><td colspan="2"></td></tr>
<tr><td>试验条件</td><td colspan="6">砷（Ⅲ）浓度：<u>0.1</u>mg/L；氧化剂种类：<u>游离氯、二氧化氯</u>；
试验用水：<u>水源水</u>；　　试验水温：______℃；</td></tr>
<tr><td>原水水质</td><td colspan="6">浊度=______NTU；碱度=______mg/L；硬度=______mg/L
pH=______；总溶解性固体=______mg/L</td></tr>
<tr><td colspan="7">数据记录</td></tr>
<tr><td>氧化剂类型</td><td>游离氯</td><td>游离氯</td><td>游离氯</td><td>二氧化氯</td><td>二氧化氯</td><td>二氧化氯</td></tr>
<tr><td>氧化剂投加量（mg/L）</td><td>0.1</td><td>0.3</td><td>0.5</td><td>0.1</td><td>0.3</td><td>0.5</td></tr>
<tr><td>砷（Ⅲ）浓度（mg/L）</td><td></td><td></td><td></td><td></td><td></td><td></td></tr>
<tr><td>砷（Ⅴ）浓度（mg/L）</td><td></td><td></td><td></td><td></td><td></td><td></td></tr>
<tr><td>余氧化剂浓度（mg/L）</td><td></td><td></td><td></td><td></td><td></td><td></td></tr>
<tr><td colspan="7">用 EXCEL 对上述数据作图，并直接粘贴于此，
不要用图片格式粘贴
该图框可删掉</td></tr>
<tr><td colspan="7">备注（试验中发现的问题等）</td></tr>
<tr><td colspan="7"></td></tr>
</table>

编号：单位-污染物-6

时间：　　年　月　日

<table>
<tr><td>试验名称</td><td colspan="4">预氧化＋铁盐混凝沉淀工艺对砷（Ⅰ）的去除效果</td></tr>
<tr><td rowspan="2">相关水质标准
（mg/L）</td><td>国家标准</td><td></td><td>住房和城乡
建设部行标</td><td></td></tr>
<tr><td>卫生部规范</td><td></td><td>水源水质标准</td><td></td></tr>
<tr><td>试验条件</td><td colspan="4">污染物浓度：0.1 mg/L；混凝剂种类：三氯化铁、聚合硫酸铁；
试验用水：水源水；试验水温：______℃；</td></tr>
<tr><td>原水水质</td><td colspan="4">浊度＝______NTU；碱度＝______mg/L；硬度＝______mg/L
pH＝______；总溶解性固体＝______mg/L</td></tr>
<tr><td colspan="5">数据记录</td></tr>
</table>

混凝剂类型	三氯化铁	三氯化铁	三氯化铁	聚硫酸铁	聚硫酸铁	聚硫酸铁
混凝剂投加量（mg/L）	1	3	5	1	3	5
氧化剂类型	游离氯	游离氯	游离氯	二氧化氯	二氧化氯	二氧化氯
氧化剂投加量（mg/L）	0.1	0.3	0.5	0.1	0.3	0.5
污染物浓度（mg/L）						
残余铁浓度（mg/L）						
余氧化剂浓度（mg/L）						

用 EXCEL 对上述数据作图，并直接粘贴于此，
不要用图片格式粘贴
该图框可删掉

备注（试验中发现的问题等）

编号：单位-污染物-7

时间：　　年　月　日

<table>
<tr><td>试验名称</td><td colspan="6">预氧化＋铝盐混凝沉淀工艺对砷（I）的去除效果</td></tr>
<tr><td rowspan="2">相关水质标准
（mg/L）</td><td>国家标准</td><td colspan="2"></td><td>住房和城乡
建设部行标</td><td colspan="2"></td></tr>
<tr><td>卫生部规范</td><td colspan="2"></td><td>水源水质标准</td><td colspan="2"></td></tr>
<tr><td>试验条件</td><td colspan="6">污染物浓度：__0.1__mg/L；混凝剂种类：硫酸铝、聚氯化铝；
试验用水：__水源水__；　　试验水温：______℃；</td></tr>
<tr><td>原水水质</td><td colspan="6">浊度=______NTU；碱度=______mg/L；硬度=______mg/L
pH=______；总溶解性固体=______mg/L</td></tr>
<tr><td colspan="7">数据记录</td></tr>
<tr><td>混凝剂类型</td><td>硫酸铝</td><td>硫酸铝</td><td>硫酸铝</td><td>聚氯化铝</td><td>聚氯化铝</td><td>聚氯化铝</td></tr>
<tr><td>混凝剂投加量（mg/L）</td><td>1</td><td>3</td><td>5</td><td>1</td><td>3</td><td>5</td></tr>
<tr><td>氧化剂类型</td><td>游离氯</td><td>游离氯</td><td>游离氯</td><td>二氧化氯</td><td>二氧化氯</td><td>二氧化氯</td></tr>
<tr><td>氧化剂投加量（mg/L）</td><td>0.1</td><td>0.3</td><td>0.5</td><td>0.1</td><td>0.3</td><td>0.5</td></tr>
<tr><td>污染物浓度（mg/L）</td><td></td><td></td><td></td><td></td><td></td><td></td></tr>
<tr><td>残余铝浓度（mg/L）</td><td></td><td></td><td></td><td></td><td></td><td></td></tr>
<tr><td>余氧化剂浓度（mg/L）</td><td></td><td></td><td></td><td></td><td></td><td></td></tr>
<tr><td colspan="7">用EXCEL对上述数据作图，并直接粘贴于此，
不要用图片格式粘贴
该图框可删掉</td></tr>
<tr><td colspan="7">备注（试验中发现的问题等）</td></tr>
<tr><td colspan="7"></td></tr>
</table>

编号：单位-污染物-8
时间：　　年　月　日

试验名称	强化混凝除砷（Ⅴ）的最大应对能力测试					
相关水质标准（mg/L）	国家标准		住房和城乡建设部行标			
	卫生部规范		水源水质标准			
试验条件	污染物浓度：____ mg/L；混凝剂种类和剂量：________； 试验用水：___水源水___；　试验水温：______℃；					
原水水质	浊度=_____NTU；碱度=_____mg/L；硬度=_____mg/L pH=_____；总溶解性固体=_____mg/L					
数据记录						
超标倍数	20	30	50	70	100	150
污染物投加浓度（mg/L）	0.2	0.3	0.5	0.7	1	1.5
混凝剂投加量						
剩余污染物浓度（mg/L）						
残余铁浓度（mg/L）						

用 EXCEL 对上述数据作图，并直接粘贴于此，
不要用图片格式粘贴
该图框可删掉

备注（试验中发现的问题等）

编号：单位-污染物-9
时间：　　年　月　日

<table>
<tr><td>试验名称</td><td colspan="6">强化混凝除砷（Ⅲ）的最大应对能力测试</td></tr>
<tr><td rowspan="2">相关水质标准
（mg/L）</td><td colspan="2">国家标准</td><td></td><td colspan="2">住房和城乡
建设部行标</td><td></td></tr>
<tr><td colspan="2">卫生部规范</td><td></td><td colspan="2">水源水质标准</td><td></td></tr>
<tr><td>试验条件</td><td colspan="6">污染物浓度：____ mg/L；混凝剂种类和剂量：__________；
试验用水：____水源水____；　　试验水温：________℃；</td></tr>
<tr><td>原水水质</td><td colspan="6">浊度=______NTU；碱度=______mg/L；硬度=______mg/L
pH=______；总溶解性固体=______mg/L</td></tr>
<tr><td colspan="7">数据记录</td></tr>
<tr><td>超标倍数</td><td>20</td><td>30</td><td>50</td><td>70</td><td>100</td><td>150</td></tr>
<tr><td>污染物投加浓度（mg/L）</td><td>0.2</td><td>0.3</td><td>0.5</td><td>0.7</td><td>1</td><td>1.5</td></tr>
<tr><td>混凝剂投加量（mg/L）</td><td></td><td></td><td></td><td></td><td></td><td></td></tr>
<tr><td>氧化剂投加量（mg/L）</td><td></td><td></td><td></td><td></td><td></td><td></td></tr>
<tr><td>剩余污染物浓度（mg/L）</td><td></td><td></td><td></td><td></td><td></td><td></td></tr>
<tr><td>余氧化剂浓度（mg/L）</td><td></td><td></td><td></td><td></td><td></td><td></td></tr>
<tr><td colspan="7">用EXCEL对上述数据作图，并直接粘贴于此，
不要用图片格式粘贴
该图框可删掉</td></tr>
<tr><td colspan="7">备注（试验中发现的问题等）</td></tr>
<tr><td colspan="7"></td></tr>
</table>

其他试验组按此表格进行试验数据记录表设计。

附录6　氧化法对还原性污染物的处理试验方案

起草单位：清华大学、上海市供水调度监测中心

1　处理原理

饮用水标准中所涉及的污染物中有些具有强还原性，可以使用相应的氧化剂与之反应去除。

1.1　反应方程式

还原性污染物，如氰化物、氯化氰、硫化物、亚硝酸盐，可以通过投加氯、二氧化氯、臭氧、高锰酸钾等强氧化剂的方法处理，其中比较实用的是采用游离氯（液氯、次氯酸钠）进行氧化。游离氯和氰化物、硫化物的反应十分迅速，其投加量可以根据污染物浓度由化学计量比计算得出。

$$CN^- + Cl_2 + 2OH^- \longrightarrow CNO^- + 2Cl^- + H_2O$$

$$CNO^- + \frac{3}{2}Cl_2 + H_2O \longrightarrow \frac{1}{2}N_2\uparrow + 3Cl^- + CO_2 + 2H^+$$

综合上式：

$$CN^- + \frac{5}{2}Cl_2 + 2OH^- \longrightarrow \frac{1}{2}N_2\uparrow + 5Cl^- + CO_2\uparrow + 2H^+$$

$$CN^- + ClO_2 \longrightarrow \frac{1}{2}N_2\uparrow + Cl^- + CO_2\uparrow$$

$$CN^- + KMnO_4 + 4H^+ \longrightarrow \frac{1}{2}N_2\uparrow + Mn^{2+} + K^+ + CO_2\uparrow + 2H_2O$$

$$S^{2-} + Cl_2 \longrightarrow S\downarrow + 2Cl^-$$

$$S^{2-} + 4Cl_2 + 4H_2O \longrightarrow SO_4^{2-} + 8Cl^- + 8H^+$$

$$5S^{2-} + 2ClO_2 + 4H_2O \longrightarrow 5S\downarrow + 2Cl^- + 8OH^-$$

$$5S^{2-} + 8ClO_2 + 4H_2O \longrightarrow 5SO_4^{2-} + 8Cl^- + 8H^+$$

$$5S^{2-} + 2KMnO_4 + 16H^+ \longrightarrow 5S\downarrow + 2Mn^{2+} + 2K^+ + 8H_2O$$

$$NO_2^- + Cl_2 + H_2O \longrightarrow NO_3^- + 2Cl^- + 2H^+$$

$$5NO_2^- + 2ClO_2 + 4H_2O \longrightarrow 5NO_3^- + 2Cl^- + 8OH^-$$

氧化性污染物，如溴酸盐、高氯酸盐、氯酸盐、亚氯酸盐，可以通过投加硫化物、亚铁等还原剂的方法处理。这些氧化剂和还原剂的反应十分迅速，其投加量可以根据污染物

浓度由化学计量比计算得出。

$$BrO_3^- + 6Fe^{2+} + 3H_2O \longrightarrow Br^- + 6Fe^{3+} + 6OH^-$$

$$BrO_3^- + 3S^{2-} + 3H_2O \longrightarrow Br^- + 3S\downarrow + 6OH^-$$

亚氯酸盐、氯酸盐、高氯酸盐的反应特性与溴酸盐相同，可以参考上述反应方程式。

$$ClO_2^- + 4Fe^{2+} + 2H_2O \longrightarrow Cl^- + 4Fe^{3+} + 4OH^-$$

$$ClO_2^- + 2S^{2-} + 2H_2O \longrightarrow Cl^- + 2S\downarrow + 4OH^-$$

$$ClO_3^- + 6Fe^{2+} + 3H_2O \longrightarrow Cl^- + 6Fe^{3+} + 6OH^-$$

$$ClO_3^- + 3S^{2-} + 3H_2O \longrightarrow Cl^- + 3S\downarrow + 6OH^-$$

$$ClO_4^- + 8Fe^{2+} + 4H_2O \longrightarrow Cl^- + 8Fe^{3+} + 8OH^-$$

$$ClO_4^- + 4S^{2-} + 2H_2O \longrightarrow Cl^- + 4S\downarrow + 8OH^-$$

1.2　副产物控制

1.2.1　使用氯的副产物

使用氯来氧化突发还原性污染物时，必须考虑水质的影响。

水中的氨氮会和氯快速反应生成氧化能力较差的一氯胺，从而与氧化目标污染物的反应形成竞争关系。根据折点氯化反应，1mg/L 的氨氮理论上需要投加 7.6mg/L 的氯才能完全氧化，因此计算投氯量时应考虑氨氮的影响。

水中的有机物也会和氯反应，除了会消耗氯影响对目标污染物的氧化之外，还会生成较多的氯代消毒副产物。因此，当水源水中有机物浓度较高时，使用氯来氧化还原性污染物时，必须重视消毒副产物浓度超标的可能性以及对氯的消耗造成的影响。

1.2.2　使用高锰酸钾的副产物

使用高锰酸钾必须重视锰超标的可能性。在反应过程中，当高锰酸钾过量时会造成溶解性高锰酸钾超标，出水发红；当高锰酸钾投加量不足时，在还原态条件下会生成溶解态的二价锰，同样会造成出水锰超标。使用高锰酸钾氧化还原性物质必须精确控制投加量，最佳的高锰酸钾投加量是既去除污染物，又能将高锰酸钾基本上转化成不溶性的二氧化锰，再被混凝沉淀过滤工艺去除。

1.2.3　使用二氧化氯的副产物

使用二氧化氯时应重视亚氯酸盐、氯酸盐超标的可能性。亚氯酸盐是二氧化氯的反应副产物，通常条件下二氧化氯往往只失去一个电子生成亚氯酸盐，而不会进一步反应生成氯离子。当二氧化氯投加量高于 1mg/L 时，就容易出现亚氯酸盐超标的风险。

1.2.4　使用臭氧的副产物

使用臭氧氧化还原性污染物应主要防止溴酸盐、甲醛等臭氧消毒副产物的超标。当水体中含有较高溴离子时（50μg/L 以上），投加臭氧很容易导致溴酸盐超标（标准限值为 10μg/L）。

2　材料与设备

2.1　材料

2.1.1　特征污染物配水浓度

按照饮用水水质标准限值浓度的 5 倍配制污染物溶液，以实际测试结果为准。当各饮用水水质标准（新国标、建设部行标、卫生部规范、地表水标准、地下水水质标准）中要求不同时，以新国标为准。具体浓度见附录 1。

所用试剂应为分析纯，个别污染物可以采用商品，配制时需注意其有效含量。

2.1.2 氧化剂

现场氧化时可采用液氯或次氯酸钠、高锰酸钾、二氧化氯。将次氯酸钠（浓度一般为5%）、高锰酸钾、二氧化氯溶液稀释至 500～1000mg/L，储存于棕色试剂瓶中，4℃冰箱保存。每次使用前应重新测定氧化剂浓度。

2.1.3 氧化反应的中止剂

采用抗坏血酸或硫代硫酸钠作为氧化反应的中止剂。配制成浓度为 0.05mol/L 的使用液，储存于棕色试剂瓶中，4℃冰箱保存。每个月标定一次。测试硫化物时不能使用硫代硫酸钠作为中止剂。

2.1.4 还原剂

现场还原时可采用硫酸亚铁、硫化钠。将硫酸亚铁、硫化钠溶液稀释至 500～1000mg/L，储存于棕色试剂瓶中，4℃冰箱保存。每次使用前应重新测定还原剂浓度。

2.1.5 还原反应的中止剂

采用次氯酸钠作为还原反应的中止剂。配制成浓度为 0.05mol/L 的使用液，储存于棕色试剂瓶中，4℃冰箱保存。每个月标定一次。

2.1.6 试验用水

试验用水分为纯水和当地水源水两种。

（1）纯水

在进行第一组试验时采用纯水配水，以排除水源水水质差异对试验结果通用性的干扰。纯净水生产设备规格不得低于 Milli-Q Plus。

（2）当地水源水

水源水中的有机物、氨氮、藻类及其他还原性物质会消耗游离氯，为评价在实际水质条件下游离氯氧化去除氰化物的效果，应选择新近采集的水源水进行试验，以减少水质变化造成的试验结果与实际水处理操作之间的误差。

应预先测定水源水的基本水质参数，包括：TOC、耗氧量、氨氮、pH、碱度。不投加磷酸盐缓冲溶液。氨氮浓度过高（>0.5mg/L）的水源水会对氯氧化过程产生较大影响，藻类等还原性物质浓度过高（>500 万个/L）会对所有的氧化剂都有较大影响，不宜直接作为试验用原水。

2.1.7 水温

有关试验在室温下进行，试验时需记录实际水温。

2.2 设备

六联混凝搅拌器

需满足调速和定时的要求，配备 6 个 1L 试验烧杯。

2.3 污染物分析方法

依据水质标准中规定的标准分析方法进行分析。

3　试验过程和方法

3.1　第一组：纯水条件下氯对还原性污染物的氧化速率

确定采用游离氯氧化去除还原性污染物所需的反应时间。

3.1.1　试验水样：纯水配水，共6个，每个水样1L。污染物浓度按照国标限值的5倍的浓度投加。

3.1.2　游离氯投加量：根据化学方程式，计算所需的氧化剂投加量。例如，氯和氰化物反应的摩尔比为2.5∶1，所以当氰化物的浓度为1mg/L时，需要的游离氯（氯或次氯酸钠）投加量为6.8mg/L。根据化学方程式，氯和硫化物反应的摩尔比为4∶1，所以当硫化物的浓度为1mg/L时，需要的游离氯投加量为8.9mg/L。

3.1.3　氧化反应时间：0，1min，3min，5min，10min，20min，30min。反应时间结束后加入过量的硫代硫酸钠溶液，中止剩余游离氯。硫代硫酸钠的投加量根据加氯量和1∶1的摩尔比确定。取样测定特征污染物浓度。

3.2　第二组：纯水条件下加氯量对污染物去除效果的影响

确定采用游离氯氧化去除还原性污染物的最佳投加量。

3.2.1　试验水样：纯水配水，共3个，每个水样1L。污染物浓度按照国标限值的5倍的浓度投加。

3.2.2　游离氯投加量：采用次氯酸钠，根据化学方程式，计算所需的氧化剂投加量。例如，氯和氰化物的摩尔比为2.5∶1，所以当氰化物的浓度为1mg/L时，需要的游离氯（氯或次氯酸钠）标准投加量为6.8mg/L。根据化学方程式，氯和硫化物的摩尔比为4∶1，所以当硫化物的浓度为1mg/L时，需要的游离氯标准投加量为8.9mg/L。此试验中使用的加氯量分别为化学方程式中投加量中的0.5倍、1倍（第一组）、1.5倍、2倍。

3.2.3　根据第一组试验结果选择游离氯氧化时间，但应不多于30min。反应时间结束后加入过量的硫代硫酸钠溶液，中止剩余游离氯。硫代硫酸钠的投加量根据加氯量和1∶1的摩尔比确定。取样测定特征污染物浓度。

3.3　第三组：水源水条件下加氯量对污染物去除效果的影响

确定在实际水源水条件下，游离氯对污染物的去除效果，以及水中的有机物、氨氮等还原性物质对去除效果的干扰。

3.3.1　试验水样：当地水源水配水，共3个，每个水样1L。污染物浓度按照国标限值的5倍的浓度投加。

3.3.2　水源水耗氯量：在不投加污染物的情况下，向水中投加5mg/L次氯酸钠，30min后测试余氯量，作为游离氯氧化还原性污染物时应考虑的背景参照值。（由于氰化物、硫化物可能会在水源水中有机物之前被氧化，水源水耗氯量仅作为背景参照值使用）

3.3.3　游离氯投加量：采用次氯酸钠，根据化学方程式，计算所需的氧化剂投加量。此试验中使用的加氯量分别为化学方程式中投加量中的0.5倍、1倍（第一组）、1.5倍、2倍。

3.3.4　游离氯的衰减：由于游离氯会和水中的氨氮、有机物反应而消耗，试验过程中需监测游离氯的衰减。选择1、3、5、10、20、30min取样测定剩余余氯浓度（包括游离氯、一氯胺、二氯胺和三氯胺）。

3.3.5 选择游离氯氧化时间为30min。反应时间结束后加入过量的硫代硫酸钠溶液，中止剩余游离氯。硫代硫酸钠的投加量根据加氯量和1∶1的摩尔比确定。取样测定特征污染物浓度，同时测试生成的三卤甲烷、卤乙酸等消毒副产物。

3.4 第四组：纯水条件下高锰酸钾对还原性污染物的氧化速率

确定采用高锰酸钾氧化去除还原性污染物所需的反应时间。

3.4.1 试验水样：纯水配水，共6个，每个水样1L。污染物浓度按照国标限值的5倍的浓度投加。

3.4.2 高锰酸钾投加量：根据化学方程式，计算所需的氧化剂投加量。例如，高锰酸钾和氰化物反应的摩尔比为1∶1，所以当氰化物的浓度为1mg/L时，需要的高锰酸钾投加量为6.1mg/L。根据化学方程式，高锰酸钾和硫化物反应的摩尔比为2∶5，所以当硫化物的浓度为1mg/L时，需要的高锰酸钾投加量为2.0mg/L。

3.4.3 氧化反应时间：0，1min，3min，5min，10min，20min，30min。反应时间结束后加入过量的硫代硫酸钠溶液，中止剩余游离氯。硫代硫酸钠的投加量根据高锰酸钾投加量的1∶1摩尔比确定。取样测定特征污染物浓度。

3.5 第五组：纯水条件下高锰酸钾投加量对污染物去除效果的影响

确定采用高锰酸钾去除还原性污染物的最佳投加量。

3.5.1 试验水样：纯水配水，共3个，每个水样1L。污染物浓度按照国标限值的5倍的浓度投加。

3.5.2 高锰酸钾投加量：采用高锰酸钾，根据化学方程式，计算所需的氧化剂投加量。例如，高锰酸钾和氰化物反应的摩尔比为1∶1，所以当氰化物的浓度为1mg/L时，需要的高锰酸钾投加量为6.1mg/L。根据化学方程式，高锰酸钾和硫化物反应的摩尔比为2∶5，所以当硫化物的浓度为1mg/L时，需要的高锰酸钾投加量为2.0mg/L mg/L。此试验中使用的高锰酸钾量分别为化学方程式中投加量中的0.5倍、1倍（第一组）、1.5倍、2倍。

3.5.3 根据第四组试验结果选择高锰酸钾氧化时间，但应不多于30min。取样测定特征污染物浓度、剩余高锰酸钾浓度和二价锰浓度。

3.5.4 残余锰的控制：高锰酸钾氧化污染物时首先生成不溶解的二氧化锰，当系统中还有还原性物质时会进一步生成二价锰。二氧化锰可以在常规水处理工艺中被混凝一沉淀一过滤工艺去除，而溶解性的二价锰则很难被常规工艺去除，容易导致出水锰超标。因此，为了避免出现锰超标现象，应投加略过量的高锰酸钾。

3.6 第六组：水源水条件下高锰酸钾投加量对污染物去除效果的影响

确定在实际水源水条件下，高锰酸钾对污染物的去除效果，以及水中的有机物、氨氮等还原性物质对去除效果的干扰。

3.6.1 试验水样：当地水源水配水，共3个，每个水样1L。污染物浓度按照国标限值的5倍的浓度投加。

3.6.2 水源水消耗量：在不投加污染物的情况下，向水中投加11.3mg/L高锰酸钾，30min后测试高锰酸钾浓度，作为高锰酸钾氧化还原性污染物时应考虑的背景参照值。

（由于氰化物、硫化物可能会在水源水中有机物之前被氧化，水源水消耗量仅作为背景参照值使用）

3.6.3　高锰酸钾量投加量：根据化学方程式，计算所需的氧化剂投加量。此试验中使用的加氯量分别为化学方程式中投加量中的0.5倍、1倍（第一组）、1.5倍、2倍。

3.6.4　高锰酸钾量的衰减：由于高锰酸钾会和水中的有机物反应而消耗，试验过程中需监测高锰酸钾量的衰减。选择1、3、5、10、20、30min取样测定剩余高锰酸钾量浓度。

3.6.5　根据第四组试验结果选择高锰酸钾氧化时间，但应不多于30min。取样测定特征污染物浓度、剩余高锰酸钾浓度和二价锰浓度。

注意事项：

- 以上以氯、高锰酸钾为氧化剂为例，可以适用于氯水、次氯酸钠、二氧化氯、臭氧的试验。
- 高锰酸钾对还原性污染物的去除方案，需进一步完善。
- 高锰酸钾对亚硝酸盐的测定可能有干扰，所以建议对亚硝酸盐的去除使用其他氧化剂。
- 对于终止高锰酸钾的硫代硫酸钠量的问题，由于没有相应的化学方程式参考，暂时不能给出详细的数据。
- 去除硫化物时，中止剂选用抗坏血酸。以免硫代硫酸钠对硫化物的干扰。
- 亚硝酸盐的国标限值为1mg/L，通过实验，亚硝酸盐的需氯量很大，所以建议亚硝酸的污染浓度为1mg/L。

4　数据处理

按照下表记录试验数据并进行数据处理。

理想的去除效果是将5倍水质标准浓度限值的污染物经氧化处理后降低到浓度限值的50%以下。

为保证试验结果的准确性，建议各实验室抽取一定比例的测试数据进行复核，将复核选择的试验点和准确率附在报告之中。

编号：单位-污染物号-1

时间：　　年　月　日

<table>
<tr><td>试验名称</td><td colspan="7">纯水条件下氯对_________污染物的氧化速率</td></tr>
<tr><td rowspan="2">相关水质标准
(mg/L)</td><td>国家标准</td><td colspan="2"></td><td colspan="2">住房和城乡
建设部行标</td><td colspan="2"></td></tr>
<tr><td>卫生部规范</td><td colspan="2"></td><td colspan="2">水源水质标准</td><td colspan="2"></td></tr>
<tr><td>试验条件</td><td colspan="7">污染物浓度：______ mg/L；氯投加量：______mg/L；
试验用水：__纯水__________；试验水温：____ ℃；</td></tr>
<tr><td colspan="8">数据记录</td></tr>
<tr><td>氧化时间 (min)</td><td>0</td><td>1</td><td>3</td><td>5</td><td>10</td><td>20</td><td>30</td></tr>
<tr><td>剩余污染物浓度 (mg/L)</td><td></td><td></td><td></td><td></td><td></td><td></td><td></td></tr>
<tr><td>去除率</td><td></td><td></td><td></td><td></td><td></td><td></td><td></td></tr>
<tr><td>剩余氯形态和浓度 (mg/L)</td><td></td><td></td><td></td><td></td><td></td><td></td><td></td></tr>
<tr><td colspan="8">用 EXCEL 对上述数据作图，并直接粘贴于此，
不要用图片格式粘贴
该图框可删掉</td></tr>
<tr><td colspan="8">备注（试验中发现的问题等）：</td></tr>
<tr><td colspan="8"></td></tr>
</table>

编号：单位-污染物号-4

时间：　　年　月　日

<table>
<tr><td>试验名称</td><td colspan="7">纯水条件下高锰酸钾对________污染物的氧化速率</td></tr>
<tr><td rowspan="2">相关水质标准
（mg/L）</td><td colspan="2">国家标准</td><td colspan="2"></td><td>住房和城乡
建设部行标</td><td colspan="2"></td></tr>
<tr><td colspan="2">卫生部规范</td><td colspan="2"></td><td>水源水质标准</td><td colspan="2"></td></tr>
<tr><td>试验条件</td><td colspan="7">污染物浓度：______ mg/L；投加量：______mg/L；
试验用水：__纯水__________；试验水温：____ ℃；</td></tr>
<tr><td colspan="8">数据记录</td></tr>
<tr><td>氧化时间（min）</td><td>0</td><td>1</td><td>3</td><td>5</td><td>10</td><td>20</td><td>30</td></tr>
<tr><td>剩余污染物浓度（mg/L）</td><td></td><td></td><td></td><td></td><td></td><td></td><td></td></tr>
<tr><td>去除率</td><td></td><td></td><td></td><td></td><td></td><td></td><td></td></tr>
<tr><td>剩余高锰酸钾浓度（mg/L）</td><td></td><td></td><td></td><td></td><td></td><td></td><td></td></tr>
<tr><td colspan="8">用 EXCEL 对上述数据作图，并直接粘贴于此，
不要用图片格式粘贴
该图框可删掉</td></tr>
<tr><td colspan="8">备注（试验中发现的问题等）：</td></tr>
<tr><td colspan="8"></td></tr>
</table>

其他试验组按此表格进行试验数据记录表设计。

附录7　还原法对氧化性污染物的处理试验方案

（第2.0版）

起草单位：清华大学、上海市供水调度监测中心

1　处理原理

饮用水标准中所涉及的污染物中有些具有强还原性，可以使用相应的氧化剂与之反应去除。

部分氧化性污染物可以通过投加硫化物、亚铁等还原剂的方法处理。这些氧化剂和还原剂的反应有的十分迅速，有的则比较缓慢，需要通过试验来确定应急处理的效果和参数。

2　材料与设备

2.1　材料

2.1.1　特征污染物配水浓度

按照饮用水水质标准限值浓度的5倍配制污染物溶液，以实际测试结果为准。当各饮用水水质标准（新国标、建设部行标、卫生部规范、地表水标准、地下水水质标准）中要求不同时，以新国标为准。具体浓度见附录1。

所用试剂应为分析纯，个别污染物可以采用商品，配制时需注意其有效含量。

2.1.2　还原剂

现场还原时可采用硫酸亚铁、硫化钠。将硫酸亚铁、硫化钠溶液稀释至500～1000mg/L，储存于棕色试剂瓶中，4℃冰箱保存。每次使用前应重新测定还原剂浓度。

2.1.3　还原反应的中止剂

采用次氯酸钠作为还原反应的中止剂。配制成浓度为0.05mol/L的使用液，储存于棕色试剂瓶中，4℃冰箱保存。每个月标定一次。

2.1.4　试验用水

试验用水分为纯水和当地水源水两种。

（1）纯水

在进行第一组试验时采用纯水配水，以排除水源水水质差异对试验结果通用性的干扰。纯净水生产设备规格不得低于Milli-Q Plus。

（2）当地水源水

水源水中的有机物、氨氮、藻类及其他还原性物质会消耗游离氯，为评价在实际水质条件下游离氯氧化去除氰化物的效果，应选择新近采集的水源水进行试验，以减少水质变化造成的试验结果与实际水处理操作之间的误差。

应预先测定水源水的基本水质参数，包括：TOC、耗氧量、氨氮、pH、碱度。不投

加磷酸盐缓冲溶液。氨氮浓度过高（＞0.5mg/L）的水源水会对氯氧化过程产生较大影响，藻类等还原性物质浓度过高（＞500万个/L）会对所有的氧化剂都有较大影响，不宜直接作为试验用原水。

2.1.5　水温

有关试验在室温下进行，试验时需记录实际水温。

2.2　设备

六联混凝搅拌器

需满足调速和定时的要求，配备6个1L升试验烧杯。

2.3　污染物分析方法

依据水质标准中规定的标准分析方法进行分析。

3　试验过程和方法

3.1　第一组：纯水条件下硫化物对氧化性污染物的还原速率

确定采用硫化物去除氧化性污染物所需的反应时间。

3.1.1　试验水样：纯水配水，共6个，每个水样1L。污染物浓度按照国标限值的5倍的浓度投加。

3.1.2　硫化物投加量：根据化学方程式，计算所需的还原剂投加量。例如，硫化物和溴酸盐反应的摩尔比为3∶1，所以当溴酸盐的浓度为0.01mg/L时，需要的硫化钠投加量为0.018mg/L。根据化学方程式，硫化物和氯酸盐反应的摩尔比为3∶1，所以当氯酸盐的浓度为0.7mg/L时，需要的硫化钠投加量为1.96mg/L。

3.1.3　还原反应时间：0，1min，3min，5min，10min，20min，30min。反应时间结束后加入过量的游离氯溶液，终止剩余硫化物。游离氯的投加量根据硫化物投加量和1∶1的摩尔比确定。取样测定特征污染物浓度。

3.2　第二组：纯水条件下硫化物投加量对污染物去除效果的影响

确定采用硫化物还原去除氧化性污染物的最佳投加量。

3.2.1　试验水样：纯水配水，共3个，每个水样1L。污染物浓度按照国标限值的5倍的浓度投加。

3.2.2　硫化物投加量：采用硫化钠，根据化学方程式，计算所需的还原剂投加量。此试验中使用的加氯量分别为化学方程式中投加量中的0.5倍、1倍（第一组）、1.5倍、2倍。

3.2.3　根据第一组试验结果选择硫化物还原时间，但应不多于30min。反应时间结束后加入过量的游离氯溶液，终止剩余硫化物。游离氯的投加量根据硫化物投加量和1∶1的摩尔比确定。取样测定特征污染物浓度。

3.3　第三组：水源水条件下硫化物投加量对污染物去除效果的影响

确定在实际水源水条件下，硫化物对污染物的去除效果，以及水中的氧化性物质对去除效果的干扰。

3.3.1　试验水样：当地水源水配水，共3个，每个水样1L。污染物浓度按照国标限值的5倍的浓度投加。

3.3.2　硫化物投加量：采用硫化钠，根据化学方程式，计算所需的还原剂投加量。此试验中使用的硫化物投加量分别为化学方程式中投加量中的0.5倍、1倍（第一组）、

1.5 倍、2 倍。

3.3.3 选择还原反应时间为 30min。反应时间结束后加入略过量的游离氯溶液，中止剩余硫化物。游离氯的投加量根据硫化物投加量和 1∶1 的摩尔比确定。取样测定特征污染物浓度和残余硫化物浓度。

3.4 第四组：纯水条件下硫酸亚铁对氧化性污染物的还原速率

确定采用硫酸亚铁去除氧化性污染物所需的反应时间。

3.4.1 试验水样：纯水配水，共 6 个，每个水样 1L。污染物浓度按照国标限值的 5 倍的浓度投加。

3.4.2 硫酸亚铁投加量：根据化学方程式，计算所需的还原剂投加量。例如，硫酸亚铁和溴酸盐反应的摩尔比为 6∶1，所以当溴酸盐的浓度为 0.01mg/L 时，需要的硫酸亚铁投加量为 0.026mg/L（以 Fe 计）。根据化学方程式，硫酸亚铁和氯酸盐反应的摩尔比为 6∶1，所以当氯酸盐的浓度为 0.7mg/L 时，需要的硫酸亚铁投加量为 2.8mg/L（以 Fe 计）。

3.4.3 还原反应时间：0，1min，3min，5min，10min，20min，30min。反应时间结束后加入过量的游离氯溶液，终止剩余亚铁。游离氯的投加量根据亚铁投加量和 1∶1 的摩尔比确定。取样测定特征污染物浓度。

3.5 第五组：纯水条件下硫酸亚铁投加量对污染物去除效果的影响

确定采用硫酸亚铁还原去除氧化性污染物的最佳投加量。

3.5.1 试验水样：纯水配水，共 3 个，每个水样 1L。污染物浓度按照国标限值的 5 倍的浓度投加。

3.5.2 硫酸亚铁投加量：采用硫酸亚铁，根据化学方程式，计算所需的还原剂投加量。此试验中使用的硫酸亚铁投加量分别为化学方程式中投加量中的 0.5 倍、1 倍（第一组）、1.5 倍、2 倍。

3.5.3 根据第一组试验结果选择亚铁还原时间，但应不多于 30min。取样测定特征污染物浓度和剩余亚铁浓度。

3.6 第六组：水源水条件下硫酸亚铁投加量对污染物去除效果的影响

确定在实际水源水条件下，硫化物对污染物的去除效果，以及水中的氧化性物质对去除效果的干扰。

3.6.1 试验水样：当地水源水配水，共 3 个，每个水样 1L。污染物浓度按照国标限值的 5 倍的浓度投加。

3.6.2 硫酸亚铁投加量：采用硫酸亚铁，根据化学方程式，计算所需的还原剂投加量。此试验中使用的加氯量分别为化学方程式中投加量中的 0.5 倍、1 倍（第一组）、1.5 倍、2 倍。

3.6.3 选择还原反应时间为 30min。取样测定特征污染物浓度和残余亚铁浓度。

注意事项：

1. 以上以氯、高锰酸钾做氧化剂为例，可以适用于氯水、次氯酸钠、二氧化氯、臭氧的试验。

2. 高锰酸钾对还原性污染物的去除方案，需进一步完善。

3. 高锰酸钾对亚硝酸盐的测定可能有干扰，所以建议对亚硝酸盐的去除，使用其他氧化剂。

4. 对于终止高锰酸钾的硫代硫酸钠量的问题，由于没有相应的化学方程式参考，暂时不能给出详细的数据。

5. 去除硫化物时，中止剂选用抗坏血酸。以免硫代硫酸钠对硫化物的干扰。

6. 亚硝酸盐的国标限值为1mg/L，通过实验，亚硝酸盐的需氯量很大，所以建议亚硝酸的污染浓度为1mg/L。

4　数据处理

按照下表记录试验数据并进行数据处理。

理想的去除效果是将5倍水质标准浓度限值的污染物经氧化处理后降低到浓度限值的50%以下。

为保证试验结果的准确性，建议各实验室抽取一定比例的测试数据进行复核，将复核选择的试验点和准确率附在报告之中。

编号：单位-污染物号-1

时间：　　年　月　日

<table>
<tr><td>试验名称</td><td colspan="7">纯水条件下氯对________污染物的氧化速率</td></tr>
<tr><td rowspan="2">相关水质标准
(mg/L)</td><td colspan="2">国家标准</td><td colspan="2"></td><td>住房和城乡
建设部行标</td><td colspan="2"></td></tr>
<tr><td colspan="2">卫生部规范</td><td colspan="2"></td><td>水源水质标准</td><td colspan="2"></td></tr>
<tr><td>试验条件</td><td colspan="7">污染物浓度：______mg/L；氯投加量：______mg/L；
试验用水：<u>纯水</u>　　　　；试验水温：____℃；</td></tr>
<tr><td colspan="8">数据记录</td></tr>
<tr><td>氧化时间（min）</td><td>0</td><td>1</td><td>3</td><td>5</td><td>10</td><td>20</td><td>30</td></tr>
<tr><td>剩余污染物浓度（mg/L）</td><td></td><td></td><td></td><td></td><td></td><td></td><td></td></tr>
<tr><td>去除率</td><td></td><td></td><td></td><td></td><td></td><td></td><td></td></tr>
<tr><td>剩余氯形态和浓度（mg/L）</td><td></td><td></td><td></td><td></td><td></td><td></td><td></td></tr>
<tr><td colspan="8">用EXCEL对上述数据作图，并直接粘贴于此，
不要用图片格式粘贴
该图框可删掉</td></tr>
<tr><td colspan="8">备注（试验中发现的问题等）：</td></tr>
<tr><td colspan="8"></td></tr>
</table>

编号：单位-污染物号-2、3

时间：　　年　月　日

<table>
<tr><td>试验名称</td><td colspan="8">加氯量对________污染物去除效果的影响</td></tr>
<tr><td rowspan="2">相关水质标准
(mg/L)</td><td colspan="2">国家标准</td><td colspan="2"></td><td colspan="2">住房和城乡
建设部行标</td><td colspan="2"></td></tr>
<tr><td colspan="2">卫生部规范</td><td colspan="2"></td><td colspan="2">水源水质标准</td><td colspan="2"></td></tr>
<tr><td>试验条件</td><td colspan="8">污染物浓度：____mg/L；原水：纯水和水源水；试验水温：____℃；
氧化时间____min；化学剂量关系浓度________mg/L</td></tr>
<tr><td>原水水质</td><td colspan="8">COD_{Mn}：______mg/L；TOC：______mg/L（选测项目）；pH=____；
浊度：______NTU；碱度：______mg/L；水源水耗氯量______mg/L</td></tr>
<tr><td colspan="9">数据记录</td></tr>
<tr><td></td><td colspan="4">纯水</td><td colspan="4">原水</td></tr>
<tr><td>化学计量关系倍数</td><td>0.5</td><td>1</td><td>1.5</td><td>2</td><td>0.5</td><td>1</td><td>1.5</td><td>2</td></tr>
<tr><td>投氯量（mg/L）</td><td></td><td></td><td></td><td></td><td></td><td></td><td></td><td></td></tr>
<tr><td>剩余污染物浓度（mg/L）</td><td></td><td></td><td></td><td></td><td></td><td></td><td></td><td></td></tr>
<tr><td>去除率</td><td></td><td></td><td></td><td></td><td></td><td></td><td></td><td></td></tr>
<tr><td>残余氯形态和浓度（mg/L）</td><td></td><td></td><td></td><td></td><td></td><td></td><td></td><td></td></tr>
<tr><td colspan="9">用 EXCEL 对上述数据作图，并直接粘贴于此，
不要用图片格式粘贴
该图框可删掉</td></tr>
<tr><td colspan="9">备注（试验中发现的问题等）：</td></tr>
<tr><td colspan="9"></td></tr>
</table>

编号：单位-污染物号-4

时间： 年 月 日

<table>
<tr><td>试验名称</td><td colspan="7">纯水条件下高锰酸钾对________污染物的氧化速率</td></tr>
<tr><td rowspan="2">相关水质标准
（mg/L）</td><td colspan="2">国家标准</td><td colspan="2"></td><td>住房和城乡
建设部行标</td><td colspan="2"></td></tr>
<tr><td colspan="2">卫生部规范</td><td colspan="2"></td><td>水源水质标准</td><td colspan="2"></td></tr>
<tr><td>试验条件</td><td colspan="7">污染物浓度：_____ mg/L；氯投加量：_____mg/L；
试验用水：__纯水__________；试验水温：___ ℃；</td></tr>
<tr><td colspan="8">数据记录</td></tr>
<tr><td>氧化时间（min）</td><td>0</td><td>1</td><td>3</td><td>5</td><td>10</td><td>20</td><td>30</td></tr>
<tr><td>剩余污染物浓度（mg/L）</td><td></td><td></td><td></td><td></td><td></td><td></td><td></td></tr>
<tr><td>去除率</td><td></td><td></td><td></td><td></td><td></td><td></td><td></td></tr>
<tr><td>高锰酸钾浓度（mg/L）</td><td></td><td></td><td></td><td></td><td></td><td></td><td></td></tr>
<tr><td colspan="8">用 EXCEL 对上述数据作图，并直接粘贴于此，
不要用图片格式粘贴
该图框可删掉</td></tr>
<tr><td colspan="8">备注（试验中发现的问题等）：</td></tr>
<tr><td colspan="8"></td></tr>
</table>

编号：单位-污染物号-5、6

时间：　　年　月　日

<table>
<tr><td>试验名称</td><td colspan="8">高锰酸钾投加量对________污染物去除效果的影响</td></tr>
<tr><td rowspan="2">相关水质标准
（mg/L）</td><td colspan="2">国家标准</td><td colspan="2"></td><td colspan="2">住房和城乡
建设部行标</td><td colspan="2"></td></tr>
<tr><td colspan="2">卫生部规范</td><td colspan="2"></td><td colspan="2">水源水质标准</td><td colspan="2"></td></tr>
<tr><td>试验条件</td><td colspan="8">污染物浓度：________ mg/L；原水：纯水和水源水；试验水温：____℃；氧化时间____min；化学剂量关系浓度________mg/L</td></tr>
<tr><td>原水水质</td><td colspan="8">COD_{Mn}：______mg/L；TOC：______mg/L（选测项目）；pH=____；浊度：______NTU；碱度：______mg/L；水源水消耗量______ mg/L</td></tr>
<tr><td colspan="9">数据记录</td></tr>
<tr><td></td><td colspan="4">纯水</td><td colspan="4">原水</td></tr>
<tr><td>化学计量关系倍数</td><td>0.5</td><td>1</td><td>1.5</td><td>2</td><td>0.5</td><td>1</td><td>1.5</td><td>2</td></tr>
<tr><td>高锰酸钾投加量（mg/L）</td><td></td><td></td><td></td><td></td><td></td><td></td><td></td><td></td></tr>
<tr><td>剩余污染物浓度（mg/L）</td><td></td><td></td><td></td><td></td><td></td><td></td><td></td><td></td></tr>
<tr><td>去除率</td><td></td><td></td><td></td><td></td><td></td><td></td><td></td><td></td></tr>
<tr><td>残余锰形态和浓度（mg/L）</td><td></td><td></td><td></td><td></td><td></td><td></td><td></td><td></td></tr>
<tr><td colspan="9">用 EXCEL 对上述数据作图，并直接粘贴于此，
不要用图片格式粘贴
该图框可删掉</td></tr>
<tr><td colspan="9">备注（试验中发现的问题等）：</td></tr>
<tr><td colspan="9"></td></tr>
</table>

编号：单位-污染物号-7

时间：　　年　月　日

<table>
<tr><td>试验名称</td><td colspan="7">纯水条件下二氧化氯对________污染物的氧化速率</td></tr>
<tr><td rowspan="2">相关水质标准
(mg/L)</td><td colspan="2">国家标准</td><td colspan="2"></td><td>住房和城乡
建设部行标</td><td colspan="2"></td></tr>
<tr><td colspan="2">卫生部规范</td><td colspan="2"></td><td>水源水质标准</td><td colspan="2"></td></tr>
<tr><td>试验条件</td><td colspan="7">污染物浓度：_____ mg/L；二氧化氯投加量：_____mg/L；
试验用水：__纯水__________ ；试验水温：___ ℃；</td></tr>
<tr><td colspan="8">数据记录</td></tr>
<tr><td>氧化时间（min）</td><td>0</td><td>1</td><td>3</td><td>5</td><td>10</td><td>20</td><td>30</td></tr>
<tr><td>剩余污染物浓度（mg/L）</td><td></td><td></td><td></td><td></td><td></td><td></td><td></td></tr>
<tr><td>去除率</td><td></td><td></td><td></td><td></td><td></td><td></td><td></td></tr>
<tr><td>剩余二氧化氯形态和浓度（mg/L）</td><td></td><td></td><td></td><td></td><td></td><td></td><td></td></tr>
<tr><td colspan="8">用 EXCEL 对上述数据作图，并直接粘贴于此，
不要用图片格式粘贴
该图框可删掉</td></tr>
<tr><td colspan="8">备注（试验中发现的问题等）：</td></tr>
<tr><td colspan="8"></td></tr>
</table>

编号：单位-污染物号-8、9

时间：　　年　月　日

<table>
<tr><td>试验名称</td><td colspan="8">二氧化氯投加量对________污染物去除效果的影响</td></tr>
<tr><td rowspan="2">相关水质标准
(mg/L)</td><td colspan="2">国家标准</td><td colspan="2"></td><td colspan="2">住房和城乡
建设部行标</td><td colspan="2"></td></tr>
<tr><td colspan="2">卫生部规范</td><td colspan="2"></td><td colspan="2">水源水质标准</td><td colspan="2"></td></tr>
<tr><td>试验条件</td><td colspan="8">污染物浓度：________ mg/L；原水：纯水和水源水；试验水温：____℃；氧化时间____min；化学剂量关系浓度________mg/L</td></tr>
<tr><td>原水水质</td><td colspan="8">COD_{Mn}：______mg/L；TOC：______mg/L（选测项目）；pH=____；浊度：______NTU；碱度：______mg/L；水源水消耗量______ mg/L</td></tr>
<tr><td colspan="9">数据记录</td></tr>
<tr><td></td><td colspan="4">纯水</td><td colspan="4">原水</td></tr>
<tr><td>化学计量关系倍数</td><td>0.5</td><td>1</td><td>1.5</td><td>2</td><td>0.5</td><td>1</td><td>1.5</td><td>2</td></tr>
<tr><td>二氧化氯投加量（mg/L）</td><td></td><td></td><td></td><td></td><td></td><td></td><td></td><td></td></tr>
<tr><td>剩余污染物浓度（mg/L）</td><td></td><td></td><td></td><td></td><td></td><td></td><td></td><td></td></tr>
<tr><td>去除率</td><td></td><td></td><td></td><td></td><td></td><td></td><td></td><td></td></tr>
<tr><td>残余二氧化氯形态和浓度（mg/L）</td><td></td><td></td><td></td><td></td><td></td><td></td><td></td><td></td></tr>
<tr><td colspan="9">用 EXCEL 对上述数据作图，并直接粘贴于此，
不要用图片格式粘贴
该图框可删掉</td></tr>
<tr><td colspan="9">备注（试验中发现的问题等）：</td></tr>
<tr><td colspan="9"></td></tr>
</table>

编号：单位-污染物号-10
时间：　　年　月　日

试验名称	纯水条件下臭氧对________污染物的氧化速率					
相关水质标准（mg/L）	国家标准			住房和城乡建设部行标		
	卫生部规范			水源水质标准		
试验条件	污染物浓度：______ mg/L；臭氧投加量：______mg/L； 原水：__纯水__________；试验水温：____ ℃；					
数据记录						

氧化时间（min）	0	1	3	5	10	20	30
剩余污染物浓度（mg/L）							
去除率							

用 EXCEL 对上述数据作图，并直接粘贴于此，
不要用图片格式粘贴
该图框可删掉

备注（试验中发现的问题等）：

编号：单位-污染物号-11、12

时间：　　年　月　日

<table>
<tr><td>试验名称</td><td colspan="8">臭氧投加量对________污染物去除效果的影响</td></tr>
<tr><td rowspan="2">相关水质标准
(mg/L)</td><td colspan="2">国家标准</td><td colspan="2"></td><td colspan="2">住房和城乡
建设部行标</td><td colspan="2"></td></tr>
<tr><td colspan="2">卫生部规范</td><td colspan="2"></td><td colspan="2">水源水质标准</td><td colspan="2"></td></tr>
<tr><td>试验条件</td><td colspan="8">试验用水：__纯水和水源水__；试验水温：____℃；氧化时间____min；污染物浓度：________mg/L；化学剂量关系浓度________mg/L</td></tr>
<tr><td>原水水质</td><td colspan="8">COD_{Mn}：______mg/L；TOC：______mg/L（选测项目）；pH=____；
浊度：______NTU；碱度：______mg/L；水源水消耗量______mg/L</td></tr>
<tr><td colspan="9">数据记录</td></tr>
<tr><td></td><td colspan="4">纯水</td><td colspan="4">原水</td></tr>
<tr><td>化学计量关系倍数</td><td>0.5</td><td>1</td><td>1.5</td><td>2</td><td>0.5</td><td>1</td><td>1.5</td><td>2</td></tr>
<tr><td>臭氧投加量（mg/L）</td><td></td><td></td><td></td><td></td><td></td><td></td><td></td><td></td></tr>
<tr><td>剩余污染物浓度（mg/L）</td><td></td><td></td><td></td><td></td><td></td><td></td><td></td><td></td></tr>
<tr><td>去除率</td><td></td><td></td><td></td><td></td><td></td><td></td><td></td><td></td></tr>
<tr><td colspan="9">用 EXCEL 对上述数据作图，并直接粘贴于此，
不要用图片格式粘贴
该图框可删掉</td></tr>
<tr><td colspan="9">备注（试验中发现的问题等）：</td></tr>
<tr><td colspan="9"></td></tr>
</table>

附录8 强化消毒对微生物灭活性能研究的试验方案

起草单位：清华大学 天津市自来水公司

1 试验原理和目的

在水处理中，微生物污染会导致大规模流行病疫情，是十分重大的安全风险，必须谨慎对待。

消毒灭活微生物的过程一般可以用经典的Chick-Watson定律来描述，即：

$$N_t/N_0 = -kCt$$

式中 N_t——t时刻的细菌数（浓度）；

N_0——初始的细菌数（浓度）；

k——灭活常数，由消毒剂种类、水温、pH值等确定；

C——消毒剂浓度；

t——接触时间。

因此，对于某种消毒剂而言，重要的参数是剩余消毒剂浓度和消毒接触时间。强化消毒法是指在水厂常规消毒工艺基础上，通过优选消毒剂种类，增加消毒剂剂量，延长消毒接触时间，增加对病原微生物的灭活效果。

本试验的目的是测试强化消毒法对不同病原微生物（主要是金属离子和非金属离子）的去除性能，确定应对不同病原微生物的适宜消毒剂种类、剂量和接触时间等工艺参数，为水厂应对突发污染事故时采用化学沉淀法去除污染物提供技术依据。

2 材料与设备

2.1 材料

2.1.1 消毒剂的制备

单独消毒采用的消毒剂包括游离氯（$HOCl/OCl^-$）、一氯胺（NH_2Cl）和二氧化氯（ClO_2）。

（1）游离氯

游离氯采用次氯酸钠溶液（>5%）稀释配制，配好的溶液转移到棕色瓶中，放到4℃冰箱中待用。

使用之前应重新测定浓度，防止长期放置后浓度变化。采用N，N-二乙基对苯二胺一硫酸亚铁铵滴定法（DPD-FAS）测定其浓度。

（2）一氯胺

一氯胺是次氯酸钠溶液和硫酸铵溶液按照Cl_2∶N质量比为4∶1的比例，在pH=9的条件下，冰浴（1℃）搅拌反应10min配制。

一氯胺溶液的配置步骤：

1）根据氯胺溶液的 Cl_2：N 质量比（本试验采用的氯氮比是 Cl_2：N=4：1）计算次氯酸钠溶液和硫酸铵溶液的量，分别移取一定体积的次氯酸钠溶液和硫酸铵溶液至300mL 烧杯，再分别加纯水稀释至 100mL 左右；

2）次氯酸钠溶液偏碱性，硫酸铵溶液偏酸性，分别用盐酸和氢氧化钠溶液调节两种溶液的 pH=9；

3）将调好 pH 值的溶液放到冰浴中降温至 1℃左右，然后将次氯酸钠溶液倒入硫酸铵溶液中，放在冰浴中反应，不断搅拌 15min；

4）用 250mL 的容量瓶定容，配好的溶液转移到棕色瓶中，放到 4℃冰箱中待用。

使用之前应重新测定浓度，防止长期放置后浓度变化。采用 N，N-二乙基对苯二胺-硫酸亚铁铵滴定法（DPD-FAS）测定其浓度。

（3）二氧化氯

二氧化氯应该选用亚氯酸钠和盐酸反应制备（高纯式二氧化氯发生器就是按照这一原理制备二氧化氯），此时得到的二氧化氯纯度在 95%以上。复合式二氧化氯发生器得到的二氧化氯纯度在 60%～70%，还混杂有大量游离氯，对试验有干扰，不能使用。

配好的溶液转移到棕色瓶中，放到 4℃冰箱中待用。

使用之前应重新测定浓度，防止长期放置后浓度变化。采用 N，N-二乙基对苯二胺一硫酸亚铁铵滴定法（DPD-FAS）测定其浓度。

2.1.2 菌液的制备

根据试验对象的要求，确定研究对象的培养基、温度、时间等具体方案。以下以常见的消毒指示菌的制备作为示例，供参考。

（1）大肠杆菌

试验使用的指示微生物是大肠杆菌 CGMCC1.3373（采购自中科院微生物所-中国通用微生物保藏中心，该菌株等同于军事医科院大肠埃希氏杆菌 8099）。

大肠杆菌污染水样的制备：将冻干菌种管中的菌种接入营养肉汤培养基试管中，37℃恒温振荡培养 24h，用接种环取第 1 代培养的菌悬液，划线接种于营养琼脂培养基平板上，于 37℃培养 24h，挑取上述第 2 代培养物中典型菌落，接种于营养琼脂斜面，于 37℃培养 24h，即为第 3 代培养物。从琼脂斜面上挑取大肠杆菌于营养肉汤中，在恒温振荡培养箱中（37℃）培养 24h，制成细菌悬液，悬液经 4000r/min 离心 10min，取沉淀于灭菌过的 PBS（Phosphate Buffered Saline）缓冲液（0.03mol/L）中，制成污染水样，然后稀释至所需使用的大肠杆菌浓度。

大肠杆菌的检测采用品红亚硫酸钠一滤膜法。

（2）金黄色葡萄球菌

金黄色葡萄球菌污染水样的制备方法与大肠杆菌类似，金黄色葡萄球菌的检测采用普通营养琼脂倾注法。

（3）铜绿假单胞菌

铜绿假单胞菌污染水样的制备方法与大肠杆菌类似，铜绿假单胞菌的检测采用普通营养琼脂倾注法。

（4）枯草芽孢杆菌

枯草芽孢杆菌污染水样的制备：将冻干菌种管中的菌种接入淡薄生孢子培养肉汤试管中，在恒温振荡培养箱中（37℃）培养24h，用接种环取菌样少许涂于玻片上固定后以改良芽孢染色法染色，并在显微镜（油镜）下进行镜检。当芽孢形成率达95%以上时，即可进行一下处理。否则，应继续在室温下放置一定时间，直至达到上述芽孢形成率后再进行以下处理。将芽孢悬液置于无菌离心管内，以3000r/min离心30min，取沉淀于灭菌过的PBS缓冲液（0.03M）中，制成洗净的芽孢悬液，将此芽孢悬液放于80℃水浴中10min，以杀灭残余的细菌繁殖体。待冷至室温后，保存于4℃冰箱中备用，有效使用期为半年。

芽孢杆菌的检测采用普通营养琼脂倾注法。

淡薄培养肉汤的配方：酵母膏，0.7g；蛋白胨，1g；葡萄糖，1g；$(NH_4)_2SO_4$，0.2g；$MgSO_4\cdot 7H_2O$，0.2g；K_2HPO_4，1g；蒸馏水，1000mL。

改良芽孢染色法：用接种环取菌样涂布于波片上，待自然干燥。而后通过火焰加热将菌固定于波片上。将涂片放入平皿内，片上放两层滤纸，滴加足量的5.0%孔雀绿水溶液。将平皿盖好，放54～56℃条件下，加热30min。取出，去滤纸，用自来水冲洗残留孔雀绿溶液。加0.5%沙黄水溶液，染1min。水洗，待干后镜检。芽孢呈绿色，菌体呈红色。枯草杆菌黑色变种芽孢的检测采用普通营养琼脂倾注法。

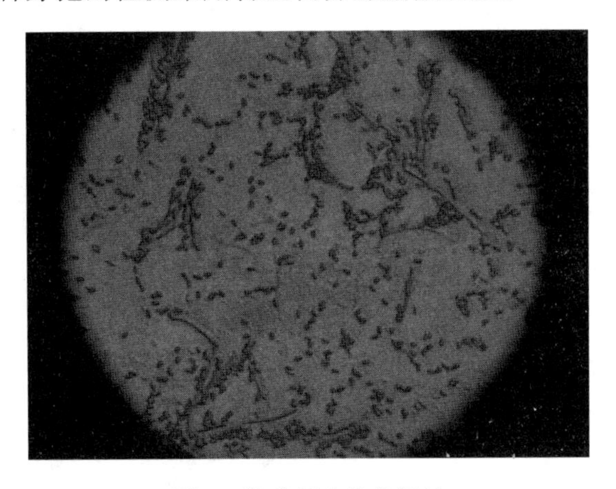

图1 枯草芽孢染色照片

2.2 设备

2.2.1 无菌室/超净台

开展消毒试验最好能有独立的无菌室，有较为宽敞的试验台。如果不具备条件，可以使用超净台，但是空间十分有限。

2.2.2 消毒反应器

可以采用较大体积的锥形瓶作为消毒反应器。由于温度对消毒效果有影响，试验中将该锥形瓶放入一定温度的水浴中。如所需水温要求低于室温时，可以采用加冰块降温的办法。

2.2.3 抽滤装置

用于滤膜法检测微生物，可参照使用滤膜法检测大肠杆菌的设备。

2.2.4 灭菌设备

可采用高压蒸汽灭菌设备或者高温干热灭菌设备。

2.2.5 恒温培养箱/振荡培养箱

在进行细菌扩大培养时，应采用恒温振荡培养箱。进行细菌浓度检测时，应采用恒温培养箱。

2.2.6 其他设备

pH 计、温度计、计时秒表等

2.3 污染物分析方法

依据水质标准中规定的标准分析方法进行分析。

3 消毒试验过程和方法

为避免初始菌液浓度过高或者过低带来的干扰，污染水样中微生物浓度一般控制在 $10^5 \sim 10^6$ CFU/mL 左右，可通过预试验确定为达到这一微生物浓度水平所需要的稀释倍数。污染水样的 pH 值用磷酸盐缓冲溶液来保持稳定。

根据试验要求，提前调节好水浴的水温。向消毒反应器内加入一定量的污染水样。污染水样的体积应考虑后续取样检测的量，一般应该是全部取样量的 3 倍以上。

开展消毒试验时，往试验水样中加入一定浓度的消毒剂，计时开始。作用一定时间后(如 1、3、5、10、20、30、60、120min 等)，取一定体积样品（根据每种微生物的检测需求确定体积，一般为 10mL）到试管或者其他小容器中，该容器中已提前加入过量无菌中和剂（一般用 100μL，0.01M 的 $Na_2S_2O_3$），取样后迅速摇匀，终止消毒过程，留作微生物检测。在取样测试微生物浓度的同时，还应测试反应器中的剩余消毒剂浓度。

微生物检测时一般应做 3 个稀释比（0 倍、10 倍、100 倍、1000 倍之间选择三个稀释比），取平板上菌落数在 30～300 个之间的数据为准，计算最后的细菌浓度。

存活率的计算：$K = \lg N_t / N_0$。

式中 N_t——灭活作用一定时间后存活的菌落数；

N_0——灭活前的原始菌落数；

K——存活率。

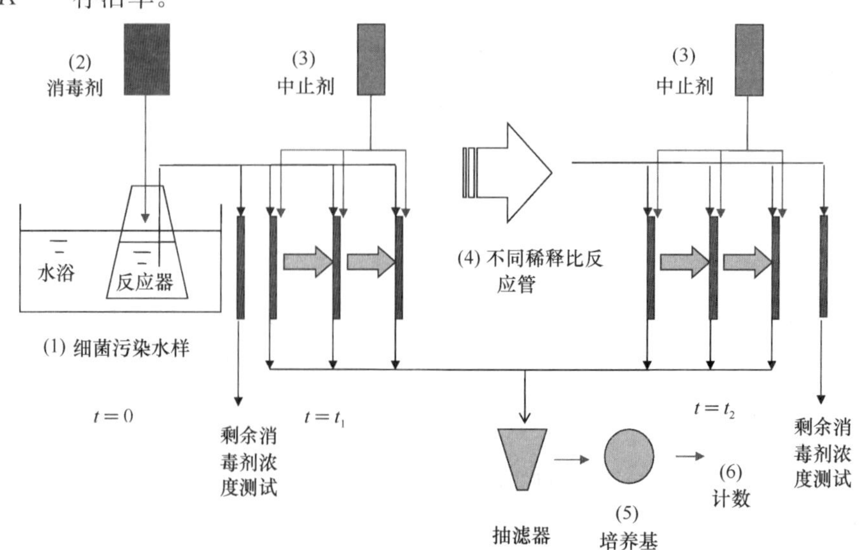

每种微生物需进行以下四组试验。

3.1　第一组：游离氯浓度和接触时间对灭活微生物效果的影响

测定采用游离氯消毒剂时，不同浓度和接触时间下的灭活情况，确定满足一定灭活率要求时的Ct值。

3.1.1　消毒剂投加量：采用次氯酸钠，投加量为1、2、4mg/L（以Cl_2计）。

3.1.2　试验水样：对于每一个消毒剂剂量，用500mL的锥形瓶，装入300mL的污染水样。调节水温为20℃。

3.1.3　消毒接触时间：将消毒剂加入反应器中，迅速摇匀，计时开始。在消毒1、3、5、10、20、30、60min时取样，测试剩余消毒剂浓度，同时将样品注入已经添加过量硫代硫酸钠的取样瓶中，检测剩余微生物浓度。

3.2　第二组：一氯胺浓度和接触时间对灭活微生物效果的影响

测定采用一氯胺消毒剂时，不同浓度和接触时间下的灭活情况，确定满足一定灭活率要求时的Ct值。

3.2.1　消毒剂投加量：采用一氯胺，投加量为1、2、4mg/L（以Cl_2计）。

3.2.2　试验水样：对于每一个消毒剂剂量，用500mL的锥形瓶，装入300mL的污染水样。调节水温为20℃。

3.2.3　消毒接触时间：将消毒剂加入反应器中，迅速摇匀，计时开始。在消毒1、3、5、10、20、30、60min时取样，测试剩余消毒剂浓度，同时将样品注入已经添加过量硫代硫酸钠的取样瓶中，检测剩余微生物浓度。

3.3　第三组：二氧化氯浓度和接触时间对灭活微生物效果的影响

测定采用二氧化氯消毒剂时，不同浓度和接触时间下的灭活情况，确定满足一定灭活率要求时的Ct值。

3.3.1　消毒剂投加量：采用二氧化氯，投加量为1、2、4mg/L（以Cl_2计）。

3.3.2　试验水样：对于每一个消毒剂剂量，用500mL的锥形瓶，装入300mL的污染水样。调节水温为20℃。

3.3.3　消毒接触时间：将消毒剂加入反应器中，迅速摇匀，计时开始。在消毒1、3、5、10、20、30、60min时取样，测试剩余消毒剂浓度，同时将样品注入已经添加过量硫代硫酸钠的取样瓶中，检测剩余微生物浓度。

3.4　第四组：温度对消毒剂灭活微生物效果的影响

在不同水温情况下（5、10、20、30℃），重复上述三组试验（每组只选择一个常用剂量，如1mg/L，接触时间可以减少，建议为5、10、30、60min），可以获得温度对消毒灭活的影响。其中20℃可以借鉴前面的数据。

3.5　第五组：温度对一氯胺消毒剂灭活微生物效果的影响

在不同水温情况下（5、10、20、30℃），重复第二组试验（每组只选择一个常用剂量，如1mg/L，接触时间可以减少，建议为5、10、30、60min），可以获得温度对消毒灭活的影响。其中20℃可以借鉴前面的数据。

3.6　第六组：温度对二氧化氯消毒剂灭活微生物效果的影响

在不同水温情况下（5、10、20、30℃），重复第三组试验（每组只选择一个常用剂量，如1mg/L，接触时间可以减少，建议为5、10、30、60min），可以获得温度对消毒灭活的影响。其中20℃可以借鉴前面的数据。

4 数据处理

前三组试验中，每组试验需要 8×3=24 个有效数据点，共计 72 个有效数据点。后三组试验中，还需要 3×3×5=45 个有效数据点。两者合计共计 117 个有效数据点。

活菌计数中因技术操作而引起的菌落数误差率（平板间、稀释度间）不宜超过 10%。对误差率的自检，可按以下公式计算。

（1）平板间误差率计算公式：

$$平板间误差率=\frac{平板间菌落数平均差}{平板间菌落平均数}\times 100\%$$

$$平板间菌落数平均差=\frac{（平板间菌落平均数-各平板菌落数）的绝对值之和}{平板数}$$

$$平板间菌落平均数=\frac{各平板菌落数之和}{平板数}$$

（2）稀释度间误差率计算公式：

$$稀释度间菌落数误差率=\frac{稀释度间菌落数平均差}{稀释度间菌落平均数}\times 100\%$$

$$稀释度间菌落平均差=\frac{（稀释度间菌落平均数-各稀释度菌落数）的绝对值之和}{稀释度数}$$

$$稀释度间菌落平均数=\frac{各稀释度平均菌落数之和}{稀释度数}$$

本研究中采用的几种微生物均为卫生部《消毒技术规范》2002 版中消毒剂杀微生物试验中推荐的细菌，菌落特征明显，计数容易。这四种微生物在计数过程中的误差率如下表所示，其中枯草芽孢在消毒试验中的灭活率均在 1 个对数以内，因此在计数过程未采用不同的稀释比计数。

研究中采用的四种微生物的计数误差率　　表 3.2

		平板之间	稀释度之间
大肠埃希氏杆菌	检测次数	22	16
（CGMCC1.3373）	误差率（%）	8.75	6.12
金黄色葡萄球菌	检测次数	16	10
（CGMCC1.2465）	误差率（%）	6.82	6.88
铜绿假单胞菌	检测次数	6	6
（ATCC15442）	误差率（%）	7.45	8.12
枯草芽孢	检测次数	41	—
（ATCC6633）	误差率（%）	9.34	—

按照下表记录试验数据并进行数据处理。

5 试验注意事项

为保证试验结果的准确性，建议各实验室抽取一定比例的测试数据进行复核，将复核选择的试验点和准确率附在报告之中。

编号：单位-污染物号-1

时间：　　　年　　月　　日

试验名称	游离氯浓度和接触时间对灭活　　　微生物效果的影响			
相关水质标准（mg/L）	国家标准		住房和城乡建设部行标	
	卫生部规范		水源水质标准	
试验条件	污染物浓度：________ CFU/ml；消毒剂种类：游离氯； 试验水温：____ ℃；pH=________			

数据记录

消毒剂剂量（mg/L）＼接触时间（min）		0	1	3	5	10	20	30	60
1	0倍稀释	—	—	—	—	—			
	10倍稀释	—	—	—					
	100倍稀释								
	1000倍稀释						—	—	—
	10000倍稀释				—	—	—	—	—
	浓度（CFU/ml）								
	消毒剂（mg/L）								
2	0倍稀释	—	—	—	—	—			
	10倍稀释	—	—	—					
	100倍稀释								
	1000倍稀释						—	—	—
	10000倍稀释				—	—	—	—	—
	浓度（CFU/ml）								
	消毒剂（mg/L）								
3	0倍稀释	—	—	—	—	—			
	10倍稀释	—	—	—					
	100倍稀释								
	1000倍稀释						—	—	—
	10000倍稀释				—	—	—	—	—
	浓度（CFU/ml）								
	消毒剂（mg/L）								

用EXCEL对上述数据作图，并直接粘贴于此，
不要用图片格式粘贴
该图框可删掉

备注（试验中发现的问题等）：

编号：单位-污染物号-2

时间：　　年　月　日

试验名称	一氯胺浓度和接触时间对灭活　　微生物效果的影响		
相关水质标准（mg/L）	国家标准		住房和城乡建设部行标	
	卫生部规范		水源水质标准	
试验条件	污染物浓度：________ CFU/ml；消毒剂种类：<u>一氯胺</u>；试验水温：____ ℃；pH=__________			

数据记录

消毒剂剂量（mg/L） ＼ 接触时间（min）		0	1	3	5	10	20	30	60
1	0倍稀释	—	—	—	—	—			
	10倍稀释	—	—	—					
	100倍稀释								
	1000倍稀释						—	—	—
	10000倍稀释				—	—	—	—	—
	浓度（CFU/ml）								
	消毒剂（mg/L）								
2	0倍稀释	—	—	—	—	—			
	10倍稀释	—	—	—					
	100倍稀释								
	1000倍稀释						—	—	—
	10000倍稀释				—	—	—	—	—
	浓度（CFU/ml）								
	消毒剂（mg/L）								
3	0倍稀释	—	—	—	—	—			
	10倍稀释	—	—	—					
	100倍稀释								
	1000倍稀释						—	—	—
	10000倍稀释				—	—	—	—	—
	浓度（CFU/ml）								
	消毒剂（mg/L）								

用EXCEL对上述数据作图，并直接粘贴于此，
不要用图片格式粘贴
该图框可删掉

备注（试验中发现的问题等）：

附录9　曝气吹脱法对污染物吸附性能测定的试验方案

起草单位：清华大学、成都市自来水有限责任公司

1　试验原理和目的

曝气吹脱法对多种挥发性污染物（如卤代烃等挥发性有机物）具有良好的去除效果。通过向受污染水体中通入大量气体，使得溶解在水中的污染物从水相转移至气相，并随气体排出。

本试验的目的是测试曝气吹脱法对不同挥发性污染物的去除性能，为水厂应对突发污染事故时采用曝气吹脱法去除污染物提供基本技术参数。

2　材料与设备

2.1　材料

2.1.1　挥发性污染物使用液（原液）

按照饮用水水质标准限值浓度的大约5倍配制污染物原液。当各饮用水水质标准（新国标、建设部行标、卫生部规范、地表水标准、地下水水质标准）中要求不同时，采用新国标限值浓度。具体浓度见附录表9-1。

原液的配置可根据实际情况，或者直接用标物配置，或者用色谱纯/分析纯的挥发性污染物溶于甲醇配成储备液，再用储备液配置原液。所用试剂应为分析纯以上等级，最好选择标样或色谱纯，个别污染物可以采用商品，配制时需注意其有效含量。

对于易降解的污染物，在进行试验操作时应充分考虑其特性，如果本试验方案无法满足要求，可根据情况进行调整，并将试验条件和数据一同汇总记录。

2.1.2　挥发性污染物储备液/标物

根据所采购的标准物质浓度和最终配水浓度，确定适宜的储备液浓度。用于配制储备液的溶剂必须不影响污染物的曝气吹脱并有助于污染物在水中的溶解（挥发性有机物一般微溶于水），一般采用甲醇等弱挥发性溶剂配置。

例如，可用100μL色谱纯的三氯甲烷溶进50mL的色谱纯甲醇中，配成3mg/mL的三氯甲烷储备液。取储备液0.2mL到2L水中即可配成浓度为0.3mg/L的原液（国标为0.06mg/L）。

使用标样时：需要记录下标样的生产厂家，浓度，相对不确定度等参数。

2.1.3　试验用水

由于水质一般不会影响污染物的挥发性能，所以试验对于水质没有明确要求。考虑到测试的方便，应尽量减少杂质的量。在进行第一组试验时采用纯水配水，以排除水源水水质差异对试验结果通用性的干扰。纯净水生产设备规格不得低于Milli-Q Plus。

2.1.4 水温

水温对气体传质有明显影响，试验在室温下进行，试验时需记录实际水温。

2.2 设备

试验装置包括 2L 气体吸收瓶一个（内装钛钢曝气头），小型压缩空气泵一个，气体转子流量计（LZB-2 型，1.6L/min）一个，煤气表一只，温度计一只、秒表一块、连接管若干。

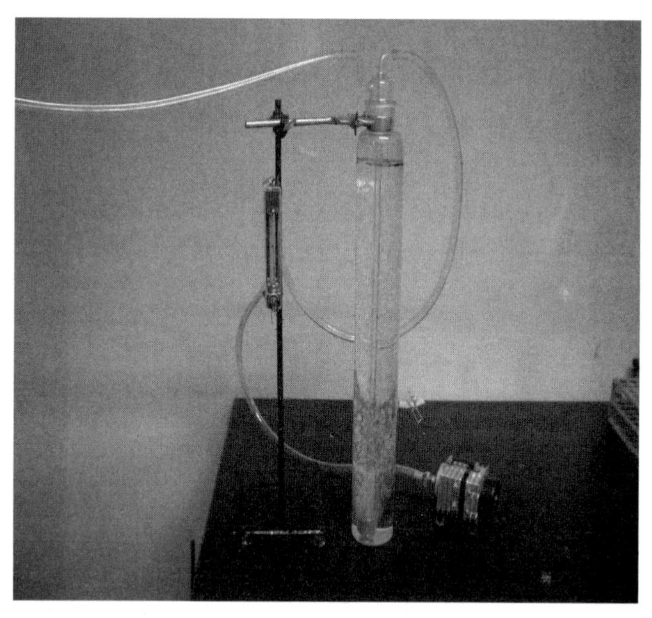

图 2-1 曝气吹脱试验装置

洗气瓶、曝气头和流量计已经由清华大学提供，各单位需要购买小型压缩空气泵（排气量 30L/min 左右即可）一个、温度计一支、秒表一块以及连接管若干。连接管应为透明塑料管或者硅胶管。流量计在首次使用和一定时间后应用煤气表（湿式流量计）校准。

2.3 污染物分析方法

依据水质标准中规定的标准分析方法并结合单位的实际检测设备进行分析。

3 污染物的曝气吹脱去除特性测试

3.1 曝气吹脱试验操作步骤

3.1.1 配置反应液

用 2L 的容量瓶配制一定浓度的污染物溶液（原液），充分混合均匀后倒入洗气瓶中。测量洗气瓶中水温并做记录。考虑到原液配置和转移过程中的挥发等因素，配置时可将原液浓度配得稍高于要求值。

3.1.2 调准流量计刻度

用 2L 反应液注入洗气瓶，如附录图 9-1 所示连接气泵、流量计、洗气瓶，打开气泵，调节流量计调节流量到试验设定值（例如 1.5L/min）。注意，洗气瓶可能会产生憋气现象，调节流量至所需刻度后，需要将洗气瓶头稍稍拔出底座再放回，观察转子的变化并再次进行调节，直到拔出瓶头并放回原位时转子位置不变化为止。此过程时间不长，大约 3min。调稳气流量后，关闭气泵，静置 10min 左右，使瓶中有机物浓度恢复均匀。

3.1.3　吹脱试验过程

吹脱开始前，由洗气瓶取样口放水约 10mL 后取样，测试污染物浓度，记为初始浓度 C_0。

打开气泵，并立即开始计时，当达到试验设定的曝气时间后，从洗气瓶取样口取样。为了避免开关气泵造成气流不稳定，取样时不能停气。

每次取样时应弃去前 10mL 水，再根据测试的水样体积要求取样，一次取样应不高于 50mL，以避免多次取样造成反应液总体积下降过大，造成数据拟合的误差过大。此过程中需要记录下色谱瓶伸到取样口下以及拿出来的时间，取平均值即为瓶中水样的曝气时间。

再从取样瓶中用移液管或移液器移出检测所需精确体积的溶液进行检测。

3.2　一定流量下污染物的曝气吹脱去除特性

3.2.1　每种污染物进行曝气流量 0.4、0.6、0.8、1.0、1.2、1.4L/min 六个曝气流量的试验。

3.2.2　在每个曝气流量下面进行 2、3、5、7、10、15、20、25 等 8 个气水比的测试，测试各气水比下的剩余污染物浓度。

3.2.3　在数据拟合时，应采用实际计时数据计算得到的实际气水比来拟合数据。

4　数据处理

按照下表记录试验数据并进行数据处理。

理想的去除效果是将 5 倍水质标准浓度限值的污染物经曝气吹脱后降低到浓度限值的 30％以下。

为保证试验结果的准确性，建议各实验室抽取一定比例的测试数据进行复核，将复核选择的试验点和准确率附在报告之中（附录表 9-2）。

编号：单位-污染物号-1

时间：　　　年　　月　　日

<table>
<tr><td>试验名称</td><td colspan="8">曝气吹脱对________污染物的处理效果</td></tr>
<tr><td rowspan="2">相关水质标准
(mg/L)</td><td colspan="2">国家标准</td><td colspan="2"></td><td colspan="2">住房和城乡
建设部行标</td><td colspan="2"></td></tr>
<tr><td colspan="2">卫生部规范</td><td colspan="2"></td><td colspan="2">水源水质标准</td><td colspan="2"></td></tr>
<tr><td>试验条件</td><td colspan="8">污染物浓度：______ mg/L；曝气吹脱流量：____L/min；
试验用水：××××水源水；试验水温：____ ℃；</td></tr>
<tr><td>原水水质</td><td colspan="8">COD_{Mn}=______mg/L；TOC=______mg/L（选测项目）；pH=____ ；
浊度=______NTU；碱度=______mg/L；硬度=______mg/L</td></tr>
<tr><td colspan="9">数据记录</td></tr>
<tr><td>吹脱气水比</td><td>2</td><td>3</td><td>5</td><td>7</td><td>10</td><td>15</td><td>20</td><td>25</td></tr>
<tr><td>污染物浓度（mg/L）</td><td></td><td></td><td></td><td></td><td></td><td></td><td></td><td></td></tr>
<tr><td>去除率</td><td></td><td></td><td></td><td></td><td></td><td></td><td></td><td></td></tr>
<tr><td colspan="9">用EXCEL对上述数据作图，并直接粘贴于此，
不要用图片格式粘贴
该图框可删掉</td></tr>
<tr><td colspan="9">备注（试验中发现的问题等）：</td></tr>
<tr><td colspan="9"></td></tr>
</table>

试验原始数据记录表 **附录 9 表 1**

<table>
<tr><td>试验名称</td><td colspan="10">曝气吹脱法对________的去除效果研究</td></tr>
<tr><td>水质标准/($mg \cdot L^{-1}$)</td><td>国家标准</td><td></td><td>住房和城乡建设部行标</td><td></td><td>卫生部规范</td><td></td><td>水源水质标准</td><td colspan="3"></td></tr>
<tr><td>试验条件</td><td colspan="2">曝气吹脱流量：____ L/min</td><td colspan="2">原水：________配水</td><td colspan="4">每次取样量：______mL</td><td colspan="2">检测方法：</td></tr>
<tr><td>原水水质</td><td colspan="4">必测：水温=__℃；pH=__；浊度=__ NTU</td><td colspan="6">选测：TOC=__ mg/L；碱度=__ mg/L；硬度=__ mg/L；</td></tr>
<tr><td colspan="11">数据记录</td></tr>
<tr><td>气水比</td><td>0</td><td>1</td><td>2</td><td>3</td><td>4</td><td>7</td><td>10</td><td>15</td><td>20</td><td>25</td></tr>
<tr><td>大约时间/（min/sec）</td><td>—</td><td>—</td><td>—</td><td>—</td><td>—</td><td>—</td><td>—</td><td>—</td><td>—</td><td>—</td></tr>
<tr><td>伸进时间/（min/sec）</td><td>—</td><td>—</td><td>—</td><td>—</td><td>—</td><td>—</td><td>—</td><td>—</td><td>—</td><td>—</td></tr>
<tr><td>取出时间/（min/sec）</td><td>—</td><td>—</td><td>—</td><td>—</td><td>—</td><td>—</td><td>—</td><td>—</td><td>—</td><td>—</td></tr>
<tr><td>曝气时间/min</td><td></td><td></td><td></td><td></td><td></td><td></td><td></td><td></td><td></td><td></td></tr>
<tr><td>真实气水比/（曝气流量 * 曝气时间）</td><td></td><td></td><td></td><td></td><td></td><td></td><td></td><td></td><td></td><td></td></tr>
<tr><td>有机物浓度/（$\mu g \cdot L^{-1}$）</td><td></td><td></td><td></td><td></td><td></td><td></td><td></td><td></td><td></td><td></td></tr>
<tr><td>去除率/%</td><td></td><td></td><td></td><td></td><td></td><td></td><td></td><td></td><td></td><td></td></tr>
<tr><td>备注（发现的问题等）</td><td></td><td></td><td></td><td></td><td></td><td></td><td></td><td></td><td></td><td></td></tr>
</table>

注：1. 不同曝气流量对应的具体时间见附表 2。2. 真实气水比需由实际时间求得。

不同曝气流量对应的大约取样时间 **附录 9 表 2**

气水比 曝气流量/($L \cdot min^{-1}$)	0	2	3	5	7	10	15	20	25
0.4	0/0	10/0	15/0	20/0	35/0	50/0	75/0	100/0	125/0
0.6	0/0	6/20	10/0	13/20	23/20	33/20	50/0	66/40	83/20
0.8	0/0	5/0	7/30	10/0	17/30	25/0	37/30	50/0	62/30
1.0	0/0	4/0	6/0	8/0	14/0	20/0	30/0	40/0	50/0
1.2	0/0	3/20	5/0	6/40	11/40	16/40	25/0	33/20	41/40
1.4	0/0	2/50	4/20	5/40	10/0	14/50	21/30	28/30	35/40

注：本表中取样时间格式为 min/sec。

附录 10　我国主要活性炭生产厂家

生产厂家	产能（吨）	主要产品型号		联系方式			公司网页
		粒径	材质	电话	地址	邮编	
山西新华活性炭厂	35000	颗粒、粉末	煤质、木质	0351-2877674；3634133	山西省太原新兰路 33 号	030008	www. sxxinhua. com
大同市云光活性炭有限责任公司	25000	颗粒、粉末	煤质	0352-5122744	中国山西省大同市工农路	037006	www. yunguang-carbon. com
宁夏华辉活性炭股份有限公司	25000	颗粒、粉末	煤质	0951-5070220	宁夏银川市高新技术开发区科技创新园 A 座 1 号	750002	www. huahui-carbon. com
卡尔冈炭素（天津）有限公司	20000	粉末、颗粒	木质、煤质、果壳	022-23137000	天津市天津经济技术开发区第五大街洪泽路 17 号	300457	www. calgoncarbon. com
宁夏太西活性炭厂	15000	颗粒、粉末	煤质	0952-2695402	中国宁夏石嘴山市大武口区长城路	753000	www. taixiac. com. cn
大同市左云县富平活性炭厂	10000	颗粒、粉末	煤质	0352-2805502	大同市东风里华云小区 D1 号楼	037005	www. fupingac. com
湖南省南县星源活性炭厂	10000	颗粒、粉末	木质、煤质	0737-5229028	湖南省南县南洲镇	413200	www. hnxy. net
溧阳竹溪活性炭有限公司	10000	粉末、颗粒	木质、果壳	0519-7700279	江苏省溧阳市竹箦镇	213351	www. activatedcarbon-zhuxi. com
神华宁夏煤业集团活性炭有限责任公司	10000	粉末、颗粒	煤质、木质、果壳	0952-2695402	宁夏石嘴山市隆湖经济开发区	753000	www. taixiac. com. cn
上海活性炭厂有限公司	10000	粉末、颗粒	煤质、木质、果壳	021-64341962	上海闵行区江川路 2199 弄 38 号	201111	www. shhxtc-carbon. com

续表

生产厂家	产能（吨）	主要产品型号		联系方式			公司网页
		粒径	材质	电话	地址	邮编	
大同丰华活性炭有限责任公司	8000	颗粒、粉末	煤质	0352-7035580	山西省大同市南郊区泉落路南（矿务局煤气厂院内）	037001	www.dtfhac.com
山西太原市活性炭厂	7000	粉末、颗粒	煤质、果壳	0351-7952222	山西省太原市小店区刘家堡乡	030000	www.tyshxtc.com
淄博市临淄闽东活性炭厂	7000	粉末	木质、果壳	0533-7687225	山东省淄博市凤凰镇田旺村北	255418	www.mdxht.com
溧阳市东南活性炭厂	6000	颗粒、粉末	果壳	0519-7700234	江苏省溧阳市竹箦茶场	213351	www.lydnhxt.com
上海魅宝活性炭有限公司	6000	颗粒、粉末	果壳、木质、煤质	021-57850583	上海松江区大港镇膨丰路25号	201600	www.mebaocarbon-environment.com
凌源市大河北活性炭厂	5000	粉末、颗粒	煤质、果壳、木质	0314-6082222	河北省平泉县城北	067500	www.dahebei.com
巩义市香山供水材料厂	5000	颗粒	煤质、木质、果壳	0371-64016006	河南省巩义市车元工业区	451281	www.xiang-shan.com
溧阳市康宏活性炭厂	5000	粉末、颗粒	木质、煤质	0519-7705198	江苏省溧阳市竹箦镇北山西路	213351	www.activatedcarbon-kanghong.com
兴达化工有限公司	5000	颗粒、粉末	木质	0570-6035806	浙江省开化县华埠镇下星口	324302	www.xdcarbon.com
长葛市合一炭业有限公司	4000	粉末、颗粒	煤质、木质	0374-2720345	河南省长葛市八一路口	461500	www.heyitanye.com
山西大同市华鑫活性炭（工业）有限责任公司	3000	颗粒、粉末	果壳	0352-6016821	山西省大同市水泊寺沙岭工业区	037000	www.dthuaxin.com.cn
河北省承德宏伟活性炭厂	3000	颗粒、粉末	果壳、木质	0314-6080888	河北省平泉县平泉镇刘营子村	067500	www.hwhxt.com

续表

生产厂家	产能(吨)	主要产品型号		联系方式			公司网页
		粒径	材质	电话	地址	邮编	
唐山华能科技炭业有限公司	3000	颗粒、粉末	椰壳	0315-5156006	河北省唐山市丰润区朝阳路12号	064000	www.hn-carbon.com
邯郸市振华活性炭	3000	粉末、颗粒	果壳、煤质	0310-3220269	邯郸市中华北大街63号	056500	www.zhenhua-hxt.com
淮北市大华活性炭厂	3000	粉末、颗粒	果壳、特种炭	0561-3061448	安徽什徽省淮北市渠沟石亭路1号	235000	www.dhtzhxt.com
赤峰市林星活性炭厂	3000	颗粒、粉末	果壳、煤质、木质	0476-7883729	内蒙古赤峰市巴林左旗林东镇	025450	www.cflinxing.cn
承德鹏程活性炭厂	2500	颗粒	果壳、木质、煤质	0314-6205800	河北省平泉县东三家	067500	www.cd-pengcheng.com/
大同机车煤化有限责任公司	2000	粉末、颗粒	煤质	0352-5091556	中国山西省大同市城区前进街1号	037038	www.dtjcmh.com
承德绿野活性炭厂	2000	颗粒	果壳	0314-6039512	平泉县市场北路	067500	
太原市占海活性炭有限公司	1500	颗粒、粉末	煤质	0351-4074195	山西太原清徐县柳杜乡柳兴大街1号	030001	
淮北市森化碳吸附剂有限责任公司	1500	颗粒、粉末	煤质	0561-3919816	安徽省淮北市朔里工业园	235052	www.hbshcarbon.com
大同市光华活性炭厂	1000	粉末、颗粒	煤质	0352-6021545	大同市东门外御河北路	037044	
苏州通安环保活性炭厂	1000	颗粒、粉末	果壳	0512-66063098	苏州市高新区通安镇新街62号	215153	
遵化市路达商贸有限公司活性炭厂	800	粉末、颗粒	煤质、木质	0315-6669768	河北省遵化市南二环西路	064200	www.roadcarbon.com
辛集市兴源活性炭厂	600	不定型	果壳、木质	0311-83335688	河北省辛集市南吕村工业区	050000	www.xj-xingyuan.com
保定市满城建兴活性炭厂	100	颗粒	果壳	0312-7011206	河北省保定市满城县要庄乡前大留	071000	www.jxhxt.cn

附录11 我国主要粉末活性炭投加系统设备厂家

制造商	联系电话	地址	邮编	公司网页
天津市大泽科技发展有限公司	022-84288437-603	天津市河东区富民路65号合汇大厦一层	300182	www. tjdaze. com
瑞典TOMAL公司北京代表处	010-67863461	北京经济技术开发区隆庆街18号豪力大厦419室	100176	www. tomal. se
瑞典TOMAL公司上海代表处	020-54154112	上海市春申路3800号 金燕大厦商务楼105室	201100	www. tomal. se
上海同济科蓝环保设备工程有限公司	021-65988369	上海市密云路588号国家工程中心研究大楼4楼	200092	www. tongjihb. com
上海市环境科学研究院	021-64085119-2704	上海市钦州路508号	200233	www. saes. sh. cn
上海安碧环保设备有限公司	021-52585060-16	上海市新华路365弄6号国家大学科技园2-3D	200052	www. abhb. cn
泰兴市思源环保成套设备厂	0523-763817	江苏省泰兴市环城西路58号	225400	www. syo3. cn
德国普罗名特流体控制（中国）有限公司	0411-87315738	大连经济技术开发区辽河西三路14号	116600	www. prominent. com. cn
爱力浦（广州）泵业有限公司	020-85270976	广州黄埔大道西868号跑马地花园凯悦阁1402	510620	ww. gzailipu. com
广东卓信水处理设备有限公司	87327626	广州市越秀区先烈中路75号穗丰大厦A801	510095	
保励（广州）水处理设备有限公司	86-20-8230296 /62	广东广州市天河区车陂路大岗工业区	510660	www. polly. com. cn
北京圣劳自动化工程技术有限责任公司	010-63572710/11	北京市西城广内大街6号枫桦豪景A座7-702	100053	www. shenglao. com
上海熠智流体控制设备有限公司	021-62948409	上海市番禺路858号八五八商务中心402室	200030	www. yizhish. com
宜兴市金鹰模具有限公司	0510 87510572	宜兴市新庄镇学圩村	214266	www. yxjyhb. cn

附录 12 我国主要混凝剂生产厂家

生产厂家	品名	指标	联系电话	地址	邮编	公司网页
巩义市中岳净水材料有限公司	聚合氯化铝	饮用水级、非饮用水级	0371-68396185	河南省巩义市新兴路西段	451200	www. zhongyuejs. com
	聚合硫酸铁	优等、一等、合格				
巩义市宇清净水材料有限公司	聚合氯化铝	优级、一级、二级	0371-64156198 13838223829	河南巩义市南河渡工业区	451251	www. yqjs. com
	聚合硫酸铁					
	聚合氯化铝铁					
巩义市嵩山滤材有限公司	聚合氯化铝	饮用水级、非饮用水级	0371-66557845	巩义市杜甫路	451250	
巩义市东方净水材料有限公司	聚合氯化铝	饮用水级、非饮用水级	0371-63230299 64366368	河南省巩义市安乐街	451200	www. gysslc. com. cn
河南玉龙供水材料有限公司	聚合氯化铝	饮用水级、非饮用水级	0371-64132888 64132088	河南省巩义市羽林工业区	451200	www. gydfjs. com www. hnzhenyu. com
	聚合氯化铝铁					
巩义市滤料工业有限公司	聚合氯化铝	Ⅰ类、Ⅱ类	0371-64133426	河南省巩义市工业示范区	451252	www. lvliao. com
	复合型聚合氯化铝铁	优等品、一等品				
巩义市银丰实业公司滤料厂	聚合硫酸铝	优等品、一等品	0371-64397038	河南省巩义市安乐街 9 号		
巩义市韵沟净水滤料厂	聚合硫酸铝	优等品、一等品	0371 - 68396661	河南省巩义市杜甫像南 20 米		www. yfll. cn
巩义市富源净水材料有限公司	聚合氯化铝	优级、一级、二级	0371-64123456	河南省巩义市经济技术开发区		www. gyygjs. com www. 64123456. com
	聚合硫酸铝					
	聚合氯化铝铁					
巩义市华明化工材料有限公司	聚合硫酸铝	优等品、一等品	0371-64121222	河南省巩义市北山口镇豫 31 省道九公里处		www. hnhuaming. com
	聚氯化铝铁					
	聚合硫酸铝	优等品、一等品				

续表

生产厂家	品名	指标	联系电话	地址	邮编	公司网页
大连开发区力佳化学制品有限公司	聚合氯化铝	饮用水级、非饮用水级	0411-87611805/87626490/87625751	大连经济技术开发区黄海西路6号	116600	
淄博正河净水剂有限公司	聚合氯化铝	饮用水级、非饮用水级	0533-7607866 7607896	淄博市临淄区开发区（宏鲁工业园内）	255400	www.lijiachem.cn
济宁市圣源污水处理材料有限公司	聚合氯化铝	饮用水级、非饮用水级	0537-2514408 13805377748	山东省济宁市唐口经济开发区	272601	www.jingshuiji.com.cn
淄博正河净水剂有限公司	聚合硫酸铝		0533-7607866 7607896	淄博市临淄区开发区（宏鲁工业园内）	255400	www.sheng-yuan.com.cn
合肥益民化工有限责任公司	聚合氯化铝铁		0551-7673178	安徽省合肥市龙岗开发区B区	231633	www.jingshuiji.com.cn
蓝波化学品有限公司	聚合氯化铝	饮用水级、非饮用水级	0510-87821568	江苏省宜兴市化学工业园永安路（屺亭镇）	214213	www.ymhg.com
宜兴凯利尔净化剂制造有限公司	聚合氯化铝	精制级、卫生级	0510-87846055	江苏宜兴市万石镇港北路	214212	www.bluwat.com.cn www.kailier.com
	聚合氯化铝铁	卫生级、工业级				
	聚硫氯化铝铁	卫生级、工业级				
宜兴市天使合成化学有限公司	聚合氯化铝	Ⅰ类、Ⅱ类	0510-87674303 87678600	宜兴市芳庄镇	21424	www.yxts.cn
	聚合氯化铝铁					
宜兴市必清水处理剂有限公司	聚合氯化铝	饮用水级	0510-87111243 87910047	江苏宜兴市宜城小张墅煤矿	214201	
南京经通水处理研究所宜兴净水剂厂	聚合氯化铝	饮用水级、非饮用水级	0510-87875288 87734620	江苏省宜兴市和桥镇南新人民南路10号	214215	www.bqscl.com
无锡市必盛水处理剂有限公司	聚合氯化铝	饮用水级、非饮用水级	0510-87694087	宜兴市徐舍镇吴圩	214200	www.watersaver.com.cn
常州市武进友邦净水材料有限公司	聚合氯化铝	优等、一等	0519-6393009，8319338	江苏省常州市武进区牛塘镇人民西路105号	213163	www.wxbisheng.com www.youbang18.com
	氯化铝铁	优等、一等				

续表

生产厂家	品名	指标	联系电话	地址	邮编	公司网页
上海浦浔化工有限公司	聚合氯化铝	饮用水级、工业级	021-68915097 68915075	上海张江高科技产业区龙东支路8号	201201	www.shpuxun.com
	聚合氯化铝铁	饮用水级、工业级				
平湖市龙兴化工有限公司	聚合氯化铝	优等、一等	0573-5966871	浙江省平湖市曹桥工业园	314214	www.phlongxing.com
	聚合氯化铝铁	优等、一等				
	聚合硅酸氯化铝					
	聚合硅酸硫酸铝					
重庆渝西化工厂	聚合氯化铝	饮用水级、非饮用水级	023-65808378 65808096	重庆市九龙坡区西彭镇	401326	

附录 13　我国主要高锰酸钾生产厂家

制造商	规格	联系电话	地　　址	邮编	公司网页
江西省南华贸易有限公司	纯度 99%	0791-6777700 13970035030	一部地址：南昌市象山南路 411 号 二部地址：南昌化工大市场 A 区 4 栋（莲塘北大道 1399 号）	330003	http://www.jxnhhg.cn/main.asp
江苏省苏州市华东化工贸易有限公司	纯度 99.3%	025-86870206	江苏省南京市浦口区解放路 68 号	210031	http://china.alibaba.com/company/detail/penglai001.html
上海顺强生物科技有限公司	纯度 99%	021 69124571 69124572	上海市嘉定区南翔镇扬子路 585 号		www.chemcp.com/web/index.asp? id=21863
衡阳市化工原料公司	纯度 99.3%	0734 8224027	湖南省衡阳市中山南路 3 号	421001	www.sh-shunqiang.com
上海丰巷工贸有限公司	纯度 99.3%，50kg/桶	021 62038470	上海市中山北路 2185 弄 27 号 208 室		www.hnhg.com.cn
济南金奥化工开发有限公司	纯度 99.8%，50kg/袋	0531-88026866，13589047093	山东省济南市化纤厂路 5 号 515		www.shfxchem.com
上海昊化化工有限公司	纯度 99.3%，带包装	021 620581，1362032850	上海市中山北路 2052 号 13 楼		http://www.jnjachem.com
济南世纪联兴经贸有限公司	纯度 99.3%，50kg/袋	0531 82361588 13605401199	济南市历山北路北首佳园化工市场 A4-6		www.haochem.com
淄博市临淄天德精细化工研究所	纯度 99.5%，50kg/袋	0533 7319576 13906438331	山东淄博市临淄区闫家东华路 12 号		http://shijilianxing.cn.alibaba.com/
长沙华阳化工有限公司销售公司	药典级，桶/袋	0731 5827519，13973111092	长沙市书院南路 104 号在水一方商务楼 6 楼 D1-D2		www.tiandechem.com.cn
长沙中辉化工有限公司	一级，编袋	0731-5128081，5128616	长沙市天心区西湖路 56 号	410005	www.huayangchem.com.cn
常州市佳业化工有限公司	纯度 99.3%，25kg/袋	0519 6666676	世纪明珠圆 60 号商铺	410002	www.cszh.com.cn
广州市重华贸易有限公司	50kg/桶，50kg/袋	020-82308936，82308937	广州市天河区东圃大观南路 2 号润农商务中心 322 室	510660	www.jych.com

城市供水系统应急净水技术测试数据表

目　　录

1 应对可吸附污染物的应急吸附技术

1.1 百菌清

1.1.1 不同水质条件下粉末活性炭对百菌清的吸附速率

试验名称		不同水质条件下粉末活性炭对百菌清的吸附速率			
相关水质标准(mg/L)		国家标准	0.01	住房和城乡建设部行标	0.01
		地表水标准	0.01		
试验条件					
成都	纯水：百菌清浓度0.05mg/L；粉末活性炭投加量20mg/L；pH值6.00；试验水温25.0℃。				
	水六厂原水：百菌清浓度0.05mg/L；粉末活性炭投加量20mg/L；试验水温25.0℃；COD_{Mn} 1.36mg/L；TOC 5.12mg/L；pH值7.90；浊度41.6NTU；碱度122mg/L；硬度142mg/L。				
广州	纯水：百菌清浓度0.05mg/L；粉末活性炭投加量20mg/L；试验水温23℃；pH值7.4。				
	南洲水厂原水：百菌清浓度0.05mg/L；粉末活性炭投加量20mg/L；试验水温23℃；COD_{Mn} 1.5mg/L；TOC 1.7mg/L；pH值7.4；浊度16.6NTU；碱度55.5mg/L；硬度69.1mg/L。				
济南	纯水：百菌清浓度0.05mg/L；粉末活性炭投加量20mg/L；试验水温24℃。				
	鹊华水厂原水：百菌清浓度0.05mg/L；粉末活性炭投加量20mg/L；试验水温24℃；COD_{Mn} 2.4mg/L；TOC 3.2mg/L；pH值7.87；浊度0.6NTU；碱度120mg/L；硬度220mg/L。				
试验结果					

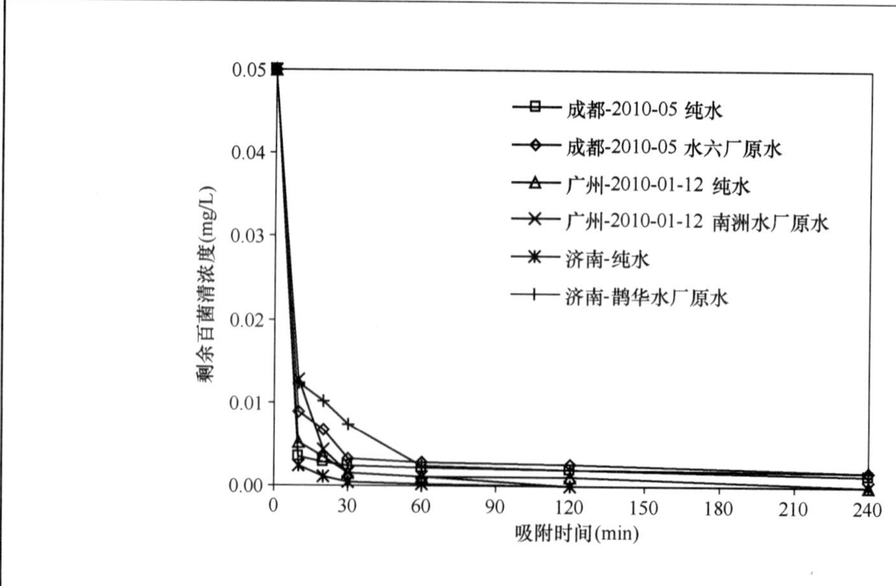

备　注

1. 本组纯水试验条件下，粉末活性炭对百菌清的吸附基本达到平衡的时间为30min以上。
2. 本组原水试验条件下，粉末活性炭对百菌清的吸附基本达到平衡的时间为60min以上。

1.1.2 不同水质条件下粉末活性炭对百菌清的吸附容量

<table>
<tr><td>试验名称</td><td colspan="4">不同水质条件下粉末活性炭对百菌清的吸附容量</td></tr>
<tr><td rowspan="2">相关水质标准
(mg/L)</td><td>国家标准</td><td>0.01</td><td>住房和城乡
建设部行标</td><td>0.01</td></tr>
<tr><td>地表水标准</td><td>0.01</td><td></td><td></td></tr>
<tr><td colspan="5">试验条件</td></tr>
<tr><td rowspan="2">成都</td><td colspan="4">纯水：百菌清浓度0.05mg/L；粉末活性炭投加量20mg/L；试验水温25.0℃；吸附时间120min。</td></tr>
<tr><td colspan="4">水六厂原水：百菌清浓度0.05mg/L；试验水温25.0℃；COD_{Mn} 1.52mg/L；TOC 4.02mg/L；pH 值7.81；浊度35.3NTU；碱度120mg/L；硬度158mg/L；吸附时间120min。</td></tr>
<tr><td rowspan="2">广州</td><td colspan="4">去离子水：百菌清浓度0.05mg/L；试验水温23℃；pH 值7.5；吸附时间120min。</td></tr>
<tr><td colspan="4">南洲水厂原水：百菌清浓度0.05mg/L；COD_{Mn} 1.5mg/L；TOC 1.7mg/L；pH 值7.4；浊度16.6NTU；碱度55.5mg/L；硬度69.1mg/L；吸附时间120min。</td></tr>
<tr><td rowspan="2">济南</td><td colspan="4">纯水：百菌清浓度0.1mg/L；粉末活性炭投加量20mg/L；试验水温21℃；吸附时间120min。</td></tr>
<tr><td colspan="4">鹊华水厂原水：百菌清浓度0.1mg/L；试验水温21℃；COD_{Mn} 2.8mg/L；TOC 4.1mg/L；pH 值8.13；浊度3.0NTU；碱度141mg/L；硬度260mg/L；吸附时间120min。</td></tr>
<tr><td colspan="5">试验结果</td></tr>
<tr><td colspan="5">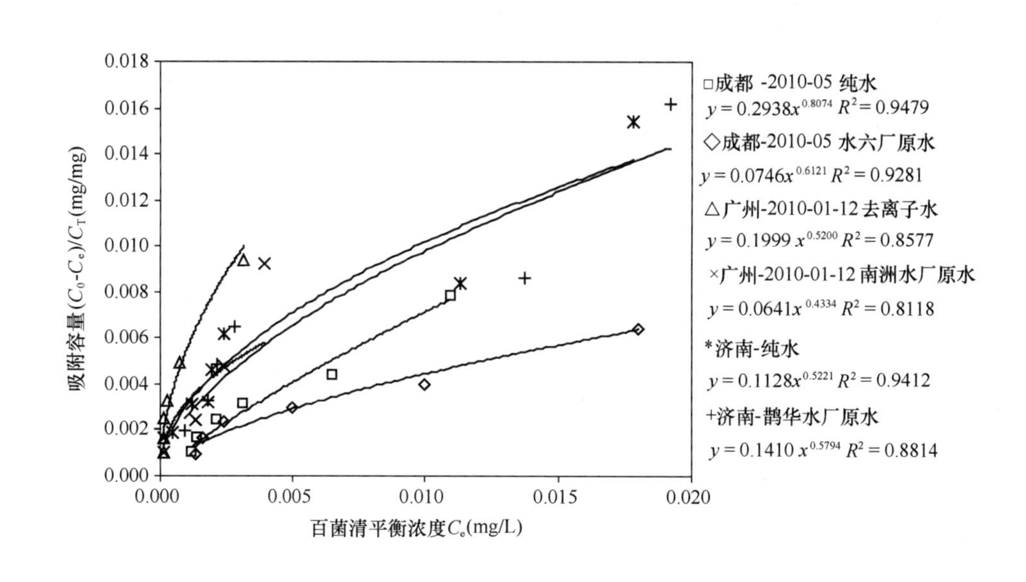</td></tr>
<tr><td colspan="5">备　注</td></tr>
<tr><td colspan="5">1. 粉末活性炭对百菌清的吸附容量可以用 Freundrich 吸附等温线来描述。
2. 原水条件下的吸附容量比纯水条件下有明显降低，可能是由于水中有机物的竞争吸附。
3. 试验中，平衡浓度统一设定为 120min 吸附时间的浓度。
4. 不同实验室得到的研究结论基本一致；数值的差异可能由水质差异引起。</td></tr>
</table>

1.1.3 最大投炭量条件下可以应对的百菌清最高浓度

试验名称	最大投炭量条件下可以应对的百菌清最高浓度			
相关水质标准(mg/L)	国家标准	0.01	住房和城乡建设部行标	0.01
	地表水标准	0.01		
试验条件				
成都	纯水：粉末活性炭投加量80mg/L；试验水温25.0℃；吸附时间120min。			
	原水：粉末活性炭投加量80mg/L；试验水温25.0℃；吸附时间120min。			
试验结果				

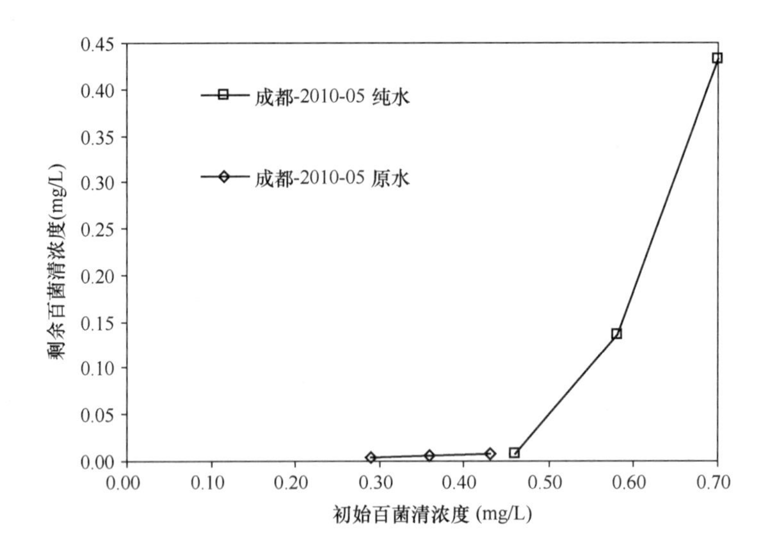

备　注
成都纯水和原水可以应对的最大浓度约为0.43mg/L，可应对最大超标倍数42倍。

1.2 苯

1.2.1 不同水质条件下粉末活性炭对苯的吸附速率

<table>
<tr><td colspan="2">试验名称</td><td colspan="4">不同水质条件下粉末活性炭对苯的吸附速率</td></tr>
<tr><td colspan="2" rowspan="2">相关水质标准
(mg/L)</td><td>国家标准</td><td>0.01</td><td>住房和城乡
建设部行标</td><td>0.01</td></tr>
<tr><td>地表水标准</td><td>0.01</td><td></td><td></td></tr>
<tr><td colspan="6">试验条件</td></tr>
<tr><td rowspan="2">北
京</td><td colspan="5">纯水：苯浓度～0.1mg/L；粉末活性炭投加量20mg/L；试验水温20℃；TOC 0.1～0.5mg/L；pH值6.8。</td></tr>
<tr><td colspan="5">第九水厂原水：苯浓度～0.05mg/L；试验水温20℃；COD_{Mn} 2.0～3.0mg/L；TOC 2.1～2.4mg/L；pH值7.8；浊度1.0～1.2NTU；碱度170～190mg/L；硬度200～220mg/L。</td></tr>
<tr><td rowspan="2">深
圳</td><td colspan="5">纯水：苯浓度0.047mg/L；粉末活性炭投加量10mg/L；试验水温26.2℃；TOC 1.65mg/L；COD_{Mn} 1.47mg/L；pH值7.40；浊度31.3NTU；碱度23.0mg/L；硬度18.5mg/L。</td></tr>
<tr><td colspan="5">原水：苯浓度0.045mg/L；粉末活性炭投加量10mg/L；试验水温26.2℃；TOC 1.65mg/L；COD_{Mn} 1.47mg/L；pH值7.40；浊度31.3NTU；碱度23.0mg/L；硬度18.5mg/L。</td></tr>
<tr><td colspan="6">试验结果</td></tr>
<tr><td colspan="6"> 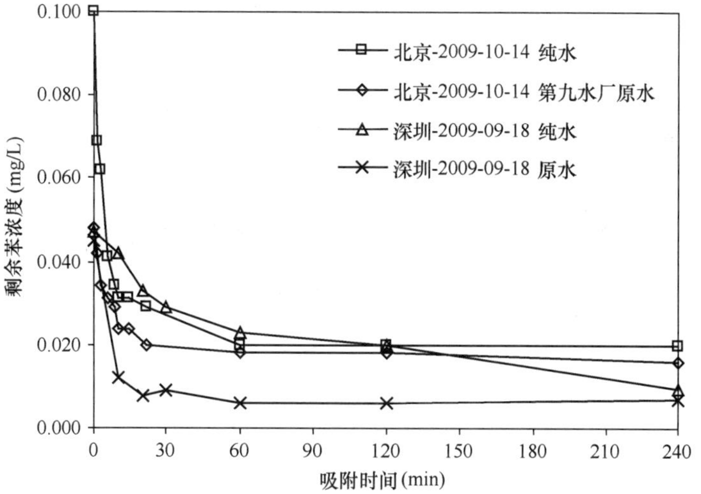</td></tr>
<tr><td colspan="6">备　注</td></tr>
<tr><td colspan="6">1. 本组纯水试验条件下，粉末活性炭对苯的吸附基本达到平衡的时间为30min以上。
2. 本组原水试验条件下，粉末活性炭对苯的吸附基本达到平衡的时间为60min以上。</td></tr>
</table>

1.2.2 不同水质条件下粉末活性炭对苯的吸附容量

<table>
<tr><td>试验名称</td><td colspan="4">不同水质条件下粉末活性炭对<u>苯</u>的吸附容量</td></tr>
<tr><td rowspan="2">相关水质标准(mg/L)</td><td>国家标准</td><td>0.01</td><td>住房和城乡建设部行标</td><td>0.01</td></tr>
<tr><td>地表水标准</td><td>0.01</td><td></td><td></td></tr>
<tr><td colspan="5">试验条件</td></tr>
<tr><td>北京</td><td colspan="4">纯水：苯浓度0.104mg/L；试验水温23℃；pH 值6.8；吸附时间120min。</td></tr>
<tr><td>深圳</td><td colspan="4">原水：苯浓度0.0450mg/L；试验水温26.5℃；TOC 1.65mg/L；COD_{Mn} 1.47mg/L；pH 值7.40；浊度31.3NTU；碱度23.0mg/L；硬度18.5mg/L；吸附时间120min。</td></tr>
<tr><td colspan="5">试验结果</td></tr>
<tr><td colspan="5">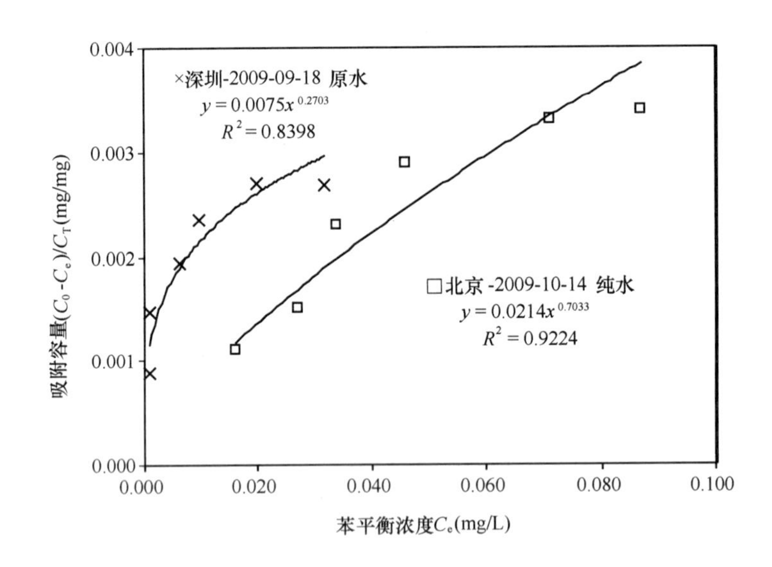</td></tr>
<tr><td colspan="5">备　注</td></tr>
<tr><td colspan="5">1. 粉末活性炭的吸附容量可以用 Freundrich 吸附等温线来描述。
2. 试验中，平衡浓度统一设定为 120min 吸附时间的浓度。
3. 不同实验室得到的研究结论基本一致；数值的差异可能由水质差异引起。</td></tr>
</table>

1.3 苯胺

1.3.1 不同水质条件下粉末活性炭对苯胺的吸附速率

<table>
<tr><td>试验名称</td><td colspan="4">不同水质条件下粉末活性炭对<u>苯胺</u>的吸附速率</td></tr>
<tr><td rowspan="2">相关水质标准
(mg/L)</td><td>国家标准</td><td></td><td>住房和城乡
建设部行标</td><td></td></tr>
<tr><td>地表水标准</td><td>0.1</td><td></td><td></td></tr>
<tr><td colspan="5">试验条件</td></tr>
<tr><td rowspan="2">哈尔滨</td><td colspan="4">去离子水：苯胺浓度<u>0.5</u>mg/L；粉末活性炭投加量<u>20</u>mg/L；试验水温<u>2</u>℃。</td></tr>
<tr><td colspan="4">松花江原水：苯胺浓度<u>0.5</u>mg/L；粉末活性炭投加量<u>20</u>mg/L；试验水温<u>2</u>℃；COD_{Mn} <u>4.84</u>mg/L；TOC <u>4.32</u>mg/L；pH 值<u>7.2</u>；浊度<u>8.99</u>NTU；碱度<u>62</u>mg/L；硬度<u>80</u>mg/L。</td></tr>
<tr><td colspan="5">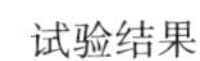试验结果</td></tr>
<tr><td colspan="5">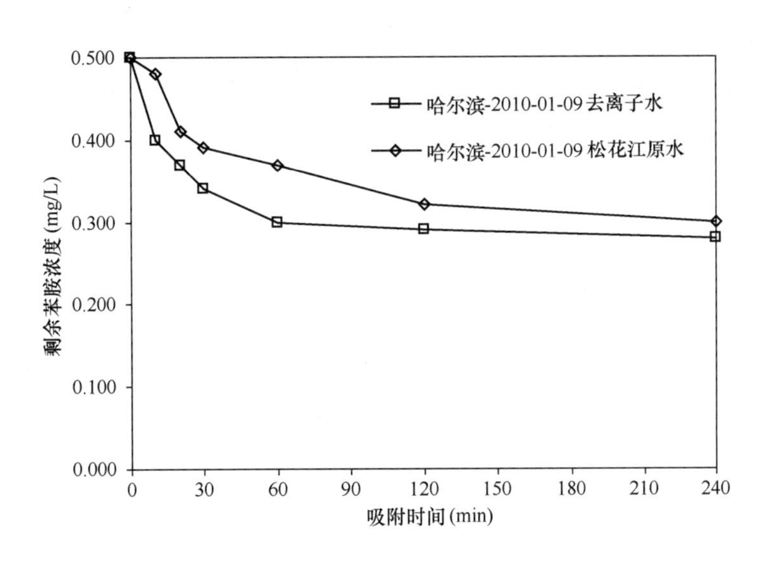</td></tr>
<tr><td colspan="5">备　注</td></tr>
<tr><td colspan="5">1. 本组纯水试验条件下，粉末活性炭对苯胺的吸附基本达到平衡的时间为 120min 以上。
2. 本组原水试验条件下，粉末活性炭对苯胺的吸附基本达到平衡的时间为 120min 以上。</td></tr>
</table>

1.3.2 不同水质条件下粉末活性炭对苯胺的吸附容量

<table>
<tr><td>试验名称</td><td colspan="4">不同水质条件下粉末活性炭对<u>苯胺</u>的吸附容量</td></tr>
<tr><td rowspan="2">相关水质标准
(mg/L)</td><td>国家标准</td><td></td><td>住房和城乡
建设部行标</td><td></td></tr>
<tr><td>地表水标准</td><td>0.1</td><td></td><td></td></tr>
<tr><td colspan="5">试验条件</td></tr>
<tr><td rowspan="2">哈
尔
滨</td><td colspan="4">去离子水：苯胺浓度0.5mg/L；试验水温2℃；吸附时间120min。</td></tr>
<tr><td colspan="4">松花江原水：苯胺浓度0.5mg/L；COD_{Mn} 4.62mg/L；TOC 4.31mg/L；pH 值7.1；浊度9.32NTU；碱度60mg/L；硬度85mg/L；吸附时间120min。</td></tr>
<tr><td colspan="5">试验结果</td></tr>
<tr><td colspan="5">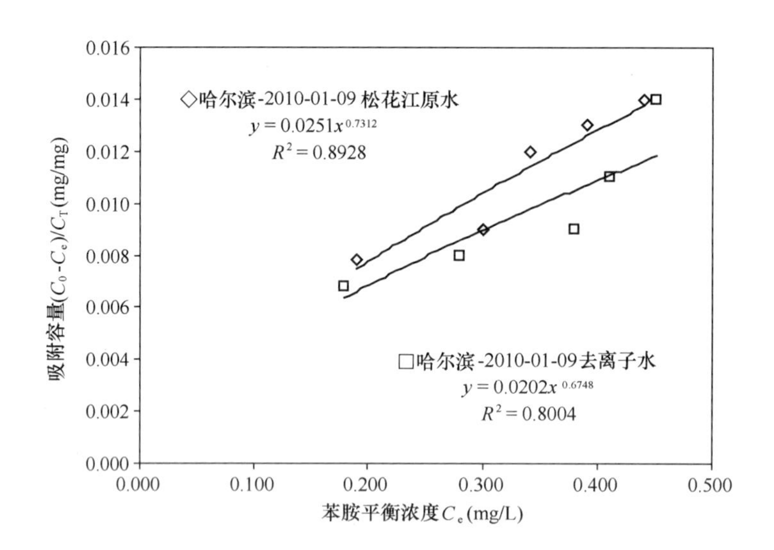
</td></tr>
<tr><td colspan="5">备　注</td></tr>
<tr><td colspan="5">1. 粉末活性炭对苯胺的吸附容量可以用 Freundrich 吸附等温线来描述。
2. 原水条件下的吸附容量比纯水条件下有明显降低，可能是由于水中有机物的竞争吸附。
3. 试验中，平衡浓度统一设定为 120min 吸附时间的浓度。</td></tr>
</table>

1.3.3 最大投炭量条件下可以应对的苯胺最高浓度

<table>
<tr><td>试验名称</td><td colspan="4">最大投炭量条件下可以应对的<u>苯胺</u>最高浓度</td></tr>
<tr><td rowspan="2">相关水质标准
(mg/L)</td><td>国家标准</td><td></td><td>住房和城乡
建设部行标</td><td></td></tr>
<tr><td>地表水标准</td><td>0.1</td><td></td><td></td></tr>
<tr><td colspan="5">试验条件</td></tr>
<tr><td>哈
尔
滨</td><td colspan="4">去离子水配水 1：投炭量80mg/L；试验水温2℃；吸附时间120min。
去离子水配水 2：投炭量80mg/L；试验水温2℃；吸附时间120min。</td></tr>
<tr><td colspan="5">试验结果</td></tr>
<tr><td colspan="5">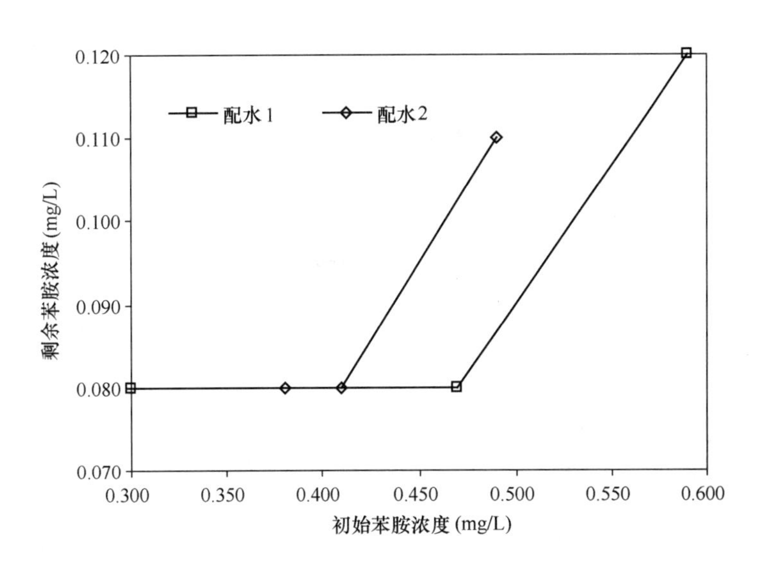
</td></tr>
<tr><td colspan="5">备　注</td></tr>
<tr><td colspan="5">可应对的最大浓度约为 0.45mg/L，可应对最大超标倍数为 3.5 倍。</td></tr>
</table>

1.4 苯并（a）芘

1.4.1 不同水质条件下粉末活性炭对苯并（a）芘的吸附速率

<table>
<tr><td>试验名称</td><td colspan="4">不同水质条件下粉末活性炭对 苯并（a）芘 的吸附速率</td></tr>
<tr><td rowspan="2">相关水质标准
（mg/L）</td><td>国家标准</td><td>0.00001</td><td>住房和城乡
建设部行标</td><td>0.00001</td></tr>
<tr><td>地表水标准</td><td>0.0000028</td><td></td><td></td></tr>
<tr><td colspan="5">试验条件</td></tr>
<tr><td rowspan="2">上海</td><td colspan="4">纯水：苯并（a）芘浓度0.0001mg/L；粉末活性炭投加量20mg/L；试验水温10℃。</td></tr>
<tr><td colspan="4">长江原水：苯并（a）芘浓度0.0001mg/L；粉末活性炭投加量20mg/L；试验水温10℃；COD_{Mn}2.3mg/L；pH 值7.9；浊度25NTU；碱度94mg/L；硬度204mg/L。</td></tr>
<tr><td rowspan="2">天津</td><td colspan="4">去离子水：苯并（a）芘浓度0.0000871mg/L；粉末活性炭投加量20mg/L；试验水温21.2℃。</td></tr>
<tr><td colspan="4">自来水：苯并（a）芘浓度0.0000992mg/L；粉末活性炭投加量20mg/L；试验水温10.4℃；COD_{Mn}2.5mg/L；TOC 2.7mg/L；pH 值7.64；浊度0.27NTU；碱度155mg/L；硬度288mg/L。</td></tr>
<tr><td colspan="5">试验结果</td></tr>
<tr><td colspan="5">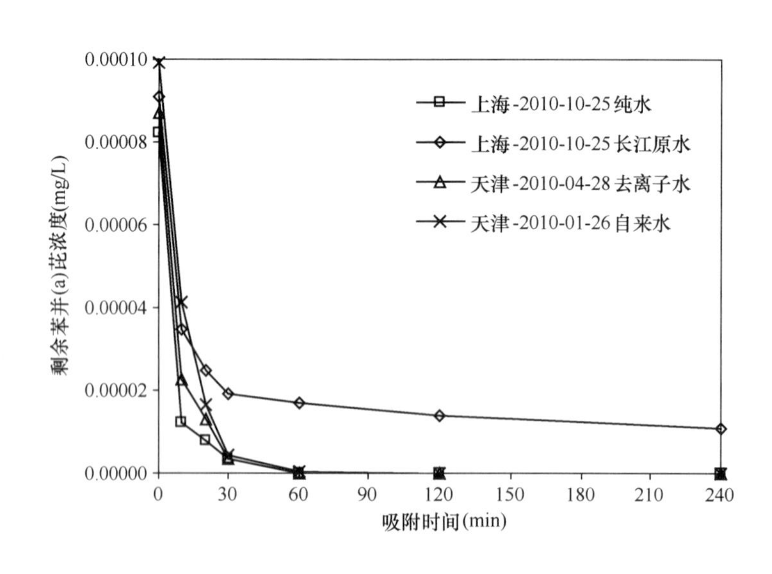
</td></tr>
<tr><td colspan="5">备　注</td></tr>
<tr><td colspan="5">1. 本组纯水试验条件下，粉末活性炭对苯并（a）芘的吸附基本达到平衡的时间为60min以上。
2. 本组原水试验条件下，粉末活性炭对苯并（a）芘的吸附基本达到平衡的时间为60min以上。</td></tr>
</table>

1.4.2 不同水质条件下粉末活性炭对苯并（a）芘的吸附容量

<table>
<tr><td>试验名称</td><td colspan="4">不同水质条件下粉末活性炭对 苯并（a）芘 的吸附容量</td></tr>
<tr><td rowspan="2">相关水质标准
(mg/L)</td><td>国家标准</td><td>0.00001</td><td>住房和城乡
建设部行标</td><td>0.00001</td></tr>
<tr><td>地表水标准</td><td>0.0000028</td><td></td><td></td></tr>
<tr><td colspan="5">试验条件</td></tr>
<tr><td rowspan="2">上海</td><td colspan="4">纯水：苯并（a）芘浓度0.0001mg/L；粉末活性炭投加量20mg/L；试验水温10℃；吸附时间120min。</td></tr>
<tr><td colspan="4">长江原水：苯并（a）芘浓度0.0001mg/L；试验水温10℃；COD_{Mn}2.3mg/L；pH 值7.9；浊度25NTU；碱度94mg/L；硬度204mg/L；吸附时间120min。</td></tr>
<tr><td rowspan="2">天津</td><td colspan="4">去离子水：苯并（a）芘浓度0.00009314mg/L；试验水温16.3℃；吸附时间120min。</td></tr>
<tr><td colspan="4">自来水：苯并（a）芘浓度0.0001004mg/L；试验水温14.3℃；COD_{Mn}2.5mg/L；TOC 2.7mg/L；pH 值7.64；浊度0.27NTU；碱度155mg/L；硬度288mg/L；吸附时间120min。</td></tr>
<tr><td colspan="5">试验结果</td></tr>
<tr><td colspan="5">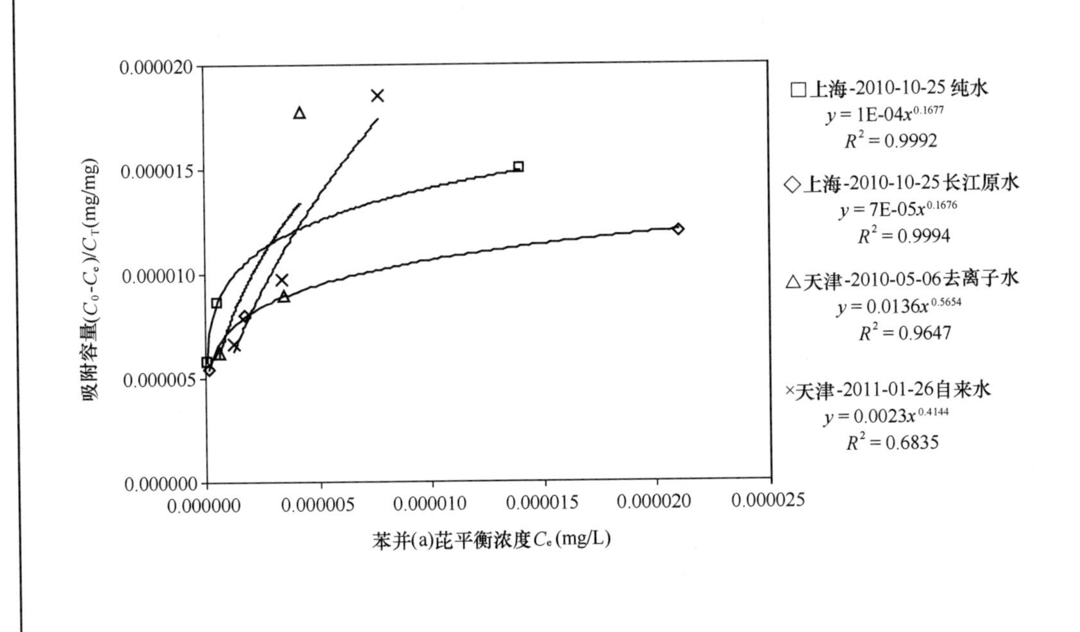
</td></tr>
<tr><td colspan="5">备　注</td></tr>
<tr><td colspan="5">1. 粉末活性炭对苯并（a）芘的吸附容量可以用 Freundrich 吸附等温线来描述。
2. 原水条件下的吸附容量比纯水条件下有明显降低，可能是由于水中有机物的竞争吸附。
3. 试验中，平衡浓度统一设定为 120min 吸附时间的浓度。
4. 从不同实验室得到的研究结论基本一致；数值的差异可能由水质差异引起。</td></tr>
</table>

1.4.3 最大投炭量条件下可以应对的苯并(a)芘最高浓度

<table>
<tr><td>试验名称</td><td colspan="5">最大投炭量条件下可以应对的<u>苯并(a)芘</u>最高浓度</td></tr>
<tr><td colspan="2" rowspan="2">相关水质标准
(mg/L)</td><td>国家标准</td><td>0.00001</td><td>住房和城乡
建设部行标</td><td>0.00001</td></tr>
<tr><td>地表水标准</td><td>0.0000028</td><td></td><td></td></tr>
<tr><td colspan="6">试验条件</td></tr>
<tr><td>上海</td><td colspan="5">纯水/原水：粉末活性炭投加量<u>80</u>mg/L；试验水温<u>10</u>℃；吸附时间<u>120</u>min。</td></tr>
<tr><td colspan="6">试验结果</td></tr>
<tr><td colspan="6">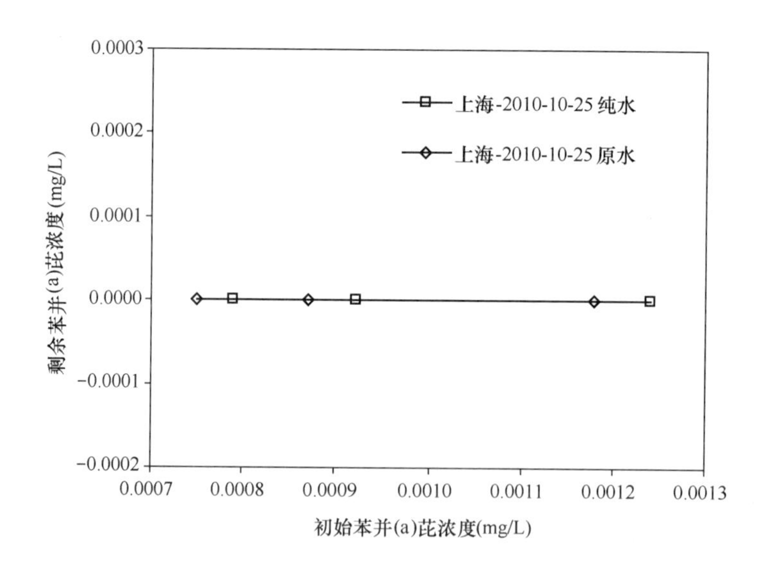</td></tr>
<tr><td colspan="6">备　注</td></tr>
<tr><td colspan="6">可以应对最大浓度远大于0.001mg/L，可应对最大超标倍数远大于100倍，未得到准确数值。</td></tr>
</table>

1.5 苯并（b）荧蒽

1.5.1 不同水质条件下粉末活性炭对苯并（b）荧蒽的吸附速率

<table>
<tr><td>试验名称</td><td colspan="5">不同水质条件下粉末活性炭对 苯并（b）荧蒽 的吸附速率</td></tr>
<tr><td rowspan="2" colspan="2">相关水质标准
（mg/L）</td><td>国家标准</td><td></td><td>住房和城乡
建设部行标</td><td></td></tr>
<tr><td>地表水标准</td><td></td><td></td><td></td></tr>
<tr><td colspan="6">试验条件</td></tr>
<tr><td rowspan="2">天津</td><td colspan="5">去离子水：苯并（b）荧蒽浓度0.000271mg/L；粉末活性炭投加量20mg/L；试验水温16.5℃。</td></tr>
<tr><td colspan="5">自来水：苯并（b）荧蒽浓度0.000309mg/L；粉末活性炭投加量20mg/L；试验水温14.9℃；COD_{Mn} 2.4mg/L；pH 值7.63；浊度0.21NTU；碱度168mg/L；硬度329mg/L。</td></tr>
<tr><td colspan="6">试验结果</td></tr>
<tr><td colspan="6">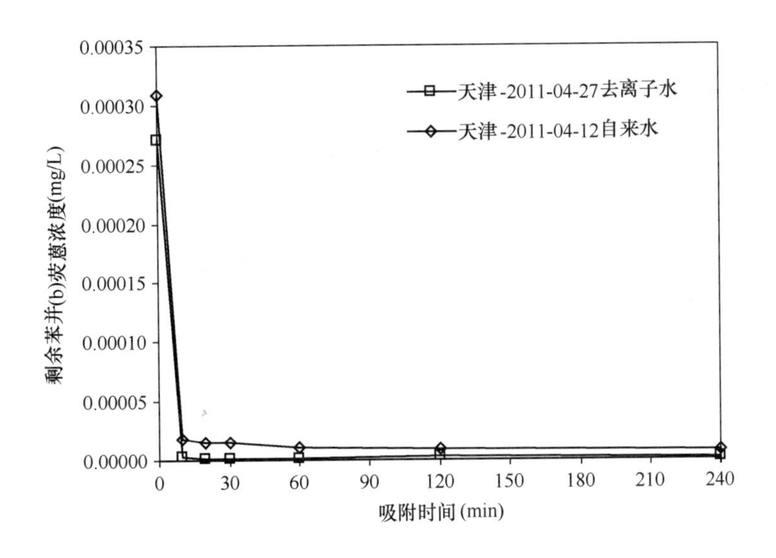
</td></tr>
<tr><td colspan="6">备　　注</td></tr>
<tr><td colspan="6">1. 本组纯水试验条件下，粉末活性炭对苯并（b）荧蒽的吸附基本达到平衡的时间为 15min 以上。
2. 本组原水试验条件下，粉末活性炭对苯并（b）荧蒽的吸附基本达到平衡的时间为 15min 以上。</td></tr>
</table>

1.5.2 不同水质条件下粉末活性炭对苯并(b)荧蒽的吸附容量

试验名称	不同水质条件下粉末活性炭对<u>苯并(b)荧蒽</u>的吸附容量			
相关水质标准(mg/L)	国家标准		住房和城乡建设部行标	
	地表水标准			
试验条件				
天津	去离子水:苯并(b)荧蒽浓度<u>0.000255</u>mg/L;试验水温<u>14.7</u>℃;吸附时间<u>120</u>min。			
	自来水:苯并(b)荧蒽浓度<u>0.000093</u>mg/L;试验水温<u>14.7</u>℃;COD_{Mn} <u>2.4</u>mg/L;pH值<u>7.53</u>;浊度<u>0.22</u>NTU;碱度<u>176</u>mg/L;硬度<u>330</u>mg/L;吸附时间<u>120</u>min。			
试验结果				

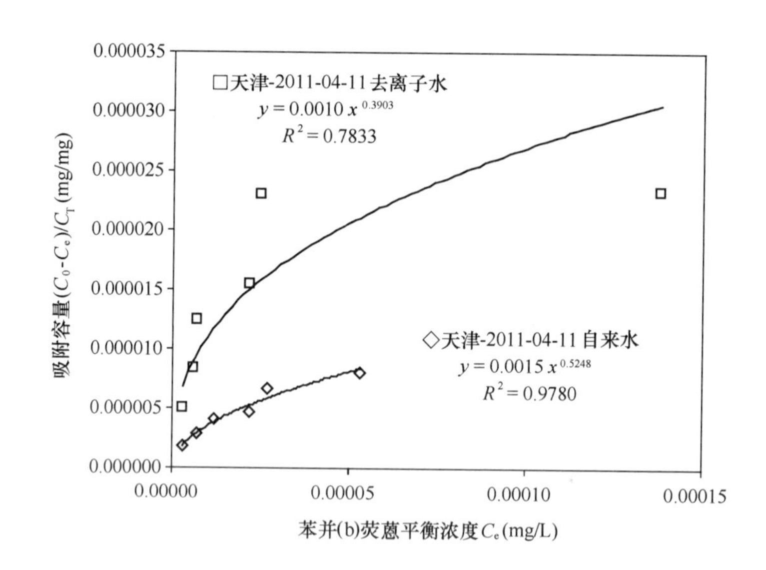

备注
1. 粉末活性炭对苯并(b)荧蒽的吸附容量可以用Freundrich吸附等温线来描述。 2. 原水条件下的吸附容量比纯水条件下有明显降低,可能是由于水中有机物的竞争吸附。 3. 试验中,平衡浓度统一设定为120min吸附时间的浓度。

1.6 苯并（k）荧蒽

1.6.1 不同水质条件下粉末活性炭对苯并（k）荧蒽的吸附速率

<table>
<tr><td>试验名称</td><td colspan="4">不同水质条件下粉末活性炭对 苯并（k）荧蒽 的吸附速率</td></tr>
<tr><td rowspan="2">相关水质标准
(mg/L)</td><td>国家标准</td><td></td><td>住房和城乡
建设部行标</td><td></td></tr>
<tr><td>地表水标准</td><td></td><td></td><td></td></tr>
<tr><td colspan="5">试验条件</td></tr>
<tr><td rowspan="2">天
津</td><td colspan="4">去离子水：苯并（k）荧蒽浓度0.000202mg/L；粉末活性炭投加量20mg/L；试验水温15.6℃。</td></tr>
<tr><td colspan="4">自来水：苯并（k）荧蒽浓度0.000083mg/L；粉末活性炭投加量20mg/L；试验水温16.8℃；COD_{Mn} 2.4mg/L；pH 值7.58；浊度0.21NTU；碱度124mg/L；硬度228mg/L。</td></tr>
<tr><td colspan="5">试验结果</td></tr>
<tr><td colspan="5">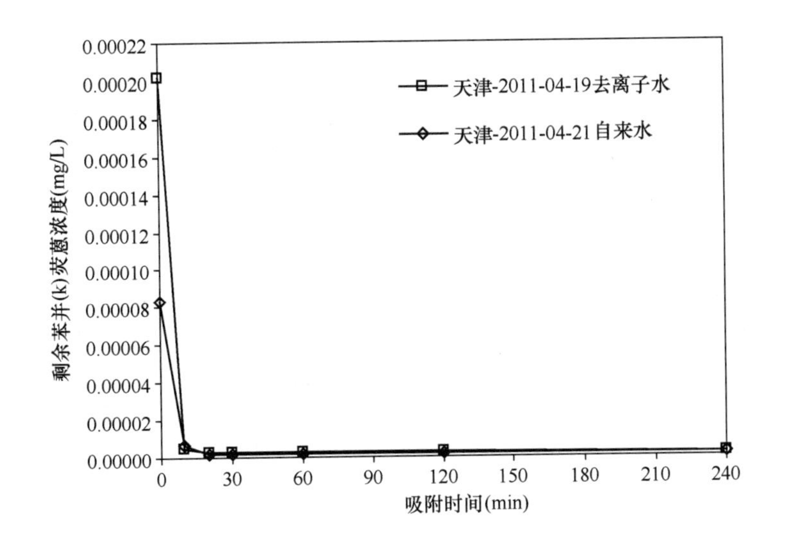
</td></tr>
<tr><td colspan="5">备　　注</td></tr>
<tr><td colspan="5">1. 本组纯水试验条件下，粉末活性炭对苯并（k）荧蒽的吸附基本达到平衡的时间为15min以上。
2. 本组原水试验条件下，粉末活性炭对苯并（k）荧蒽的吸附基本达到平衡的时间为15min以上。</td></tr>
</table>

1.6.2 不同水质条件下粉末活性炭对苯并(k)荧蒽的吸附容量

<table>
<tr><td>试验名称</td><td colspan="4">不同水质条件下粉末活性炭对<u>苯并(k)荧蒽</u>的吸附容量</td></tr>
<tr><td rowspan="2">相关水质标准
(mg/L)</td><td>国家标准</td><td></td><td>住房和城乡
建设部行标</td><td></td></tr>
<tr><td>地表水标准</td><td></td><td></td><td></td></tr>
<tr><td colspan="5">试验条件</td></tr>
<tr><td rowspan="2">天
津</td><td colspan="4">去离子水:苯并(k)荧蒽浓度<u>0.000218</u>mg/L;试验水温<u>14.9</u>℃;吸附时间<u>120</u>min。</td></tr>
<tr><td colspan="4">自来水:苯并(k)荧蒽浓度<u>0.000161</u>mg/L;试验水温<u>14.5</u>℃;COD_{Mn} <u>2.9</u>mg/L;pH 值<u>7.68</u>;浊度<u>0.24</u>NTU;碱度<u>164</u>mg/L;硬度<u>297</u>mg/L;吸附时间<u>120</u>min。</td></tr>
<tr><td colspan="5">试验结果</td></tr>
<tr><td colspan="5">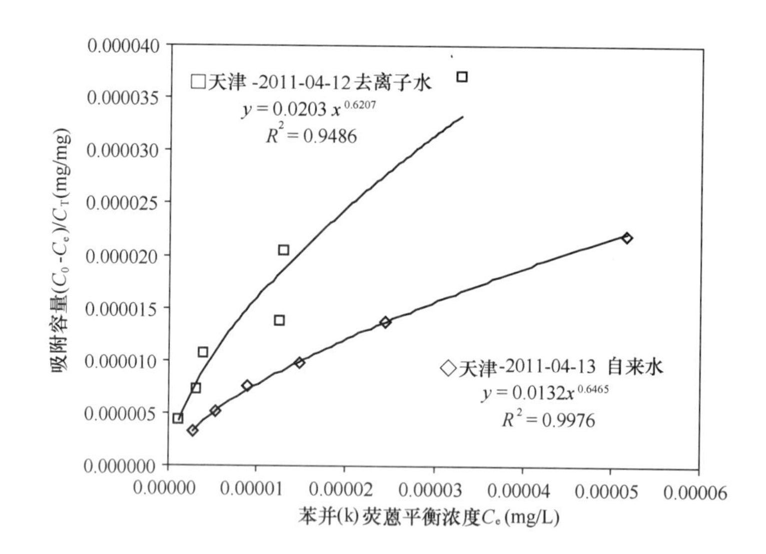
</td></tr>
<tr><td colspan="5">备　注</td></tr>
<tr><td colspan="5">1. 粉末活性炭对苯并(k)荧蒽的吸附容量可以用 Freundrich 吸附等温线来描述。
2. 原水条件下的吸附容量比纯水条件下有明显降低,可能是由于水中有机物的竞争吸附。
3. 试验中,平衡浓度统一设定为 120min 吸附时间的浓度。</td></tr>
</table>

1.7 苯酚（挥发酚）

1.7.1 不同水质条件下粉末活性炭对苯酚（挥发酚）的吸附速率

<table>
<tr><td>试验名称</td><td colspan="5">不同水质条件下粉末活性炭对<u>苯酚（挥发酚）</u>的吸附速率</td></tr>
<tr><td rowspan="2">相关水质标准
(mg/L)</td><td colspan="2">国家标准</td><td>0.002</td><td>住房和城乡
建设部行标</td><td>0.002</td></tr>
<tr><td colspan="2">地表水标准</td><td>0.005</td><td></td><td></td></tr>
<tr><td colspan="6">试验条件</td></tr>
<tr><td rowspan="2">广州</td><td colspan="5">纯水：苯酚（挥发酚）浓度<u>0.01</u>mg/L；粉末活性炭投加量<u>20</u>mg/L；试验水温<u>20</u>℃。</td></tr>
<tr><td colspan="5">当地原水：苯酚（挥发酚）浓度<u>0.0126</u>mg/L；粉末活性炭投加量<u>20</u>mg/L；试验水温<u>20</u>℃；COD_{Mn} <u>2.1</u>mg/L；TOC <u>1.1</u>mg/L；pH 值<u>7.1</u>；浊度<u>6.65</u>NTU；碱度<u>76</u>mg/L；硬度<u>91.1</u>mg/L。</td></tr>
<tr><td rowspan="2">上海</td><td colspan="5">纯水：苯酚（挥发酚）浓度<u>0.0083</u>mg/L；粉末活性炭投加量<u>20</u>mg/L；试验水温<u>10.0</u>℃。</td></tr>
<tr><td colspan="5">陈行水库原水：苯酚（挥发酚）浓度<u>0.0083</u>mg/L；粉末活性炭投加量<u>20</u>mg/L；试验水温<u>10.0</u>℃；COD_{Mn}<u>2.4</u>mg/L；pH 值<u>8.0</u>；浊度<u>18</u>NTU；碱度<u>108</u>mg/L；硬度<u>136</u>mg/L。</td></tr>
<tr><td colspan="6">试验结果</td></tr>
<tr><td colspan="6">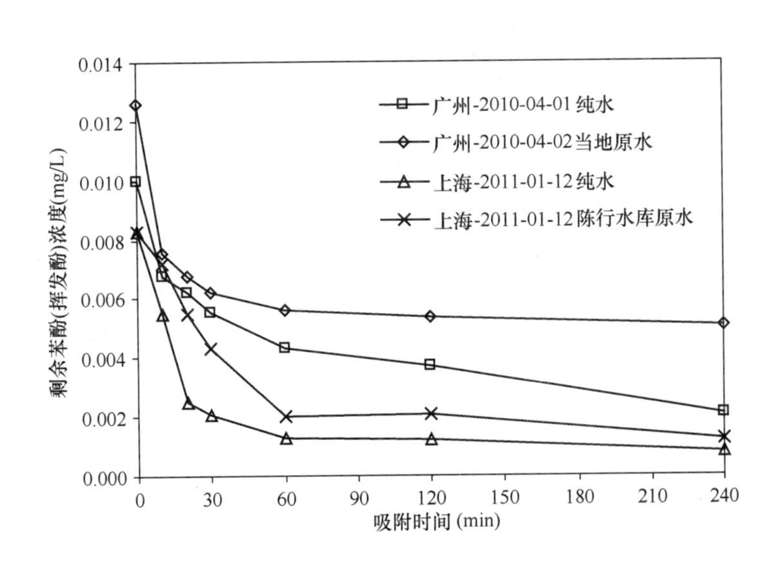
</td></tr>
<tr><td colspan="6">备　注</td></tr>
<tr><td colspan="6">1. 本组纯水试验条件下，粉末活性炭对苯酚（挥发酚）的吸附基本达到平衡的时间为 60min 以上。
2. 本组原水试验条件下，粉末活性炭对苯酚（挥发酚）的吸附基本达到平衡的时间为 60min 以上。</td></tr>
</table>

1.7.2 不同水质条件下粉末活性炭对苯酚（挥发酚）的吸附容量

试验名称	不同水质条件下粉末活性炭对苯酚（挥发酚）的吸附容量			
相关水质标准（mg/L）	国家标准	0.002	住房和城乡建设部行标	0.002
	地表水标准	0.005		
试验条件				
广州	纯水：苯酚（挥发酚）浓度0.01mg/L；试验水温20℃；吸附时间120min。			
	当地原水：苯酚（挥发酚）浓度0.0126mg/L；试验水温20℃；COD_{Mn} 2.1mg/L；TOC 1.1mg/L；pH 值7.1；浊度6.65NTU；碱度76mg/L；硬度91.1mg/L；吸附时间120min。			
上海	纯水：苯酚（挥发酚）浓度0.0083mg/L；粉末活性炭投加量20mg/L；试验水温10.0℃；吸附时间120min。			
	陈行水库原水：苯酚（挥发酚）浓度0.0083mg/L；试验水温10.0℃；COD_{Mn} 2.4mg/L；pH 值8.0；浊度18NTU；碱度108mg/L；硬度136mg/L；吸附时间120min。			
试验结果				

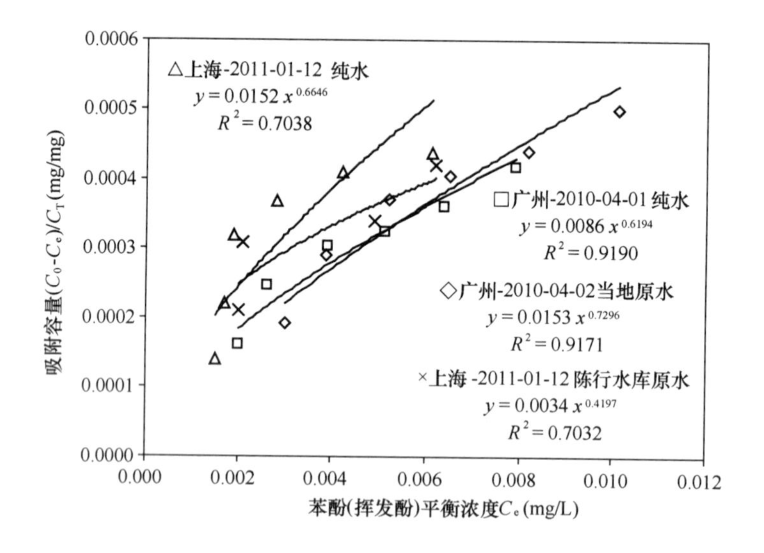

备　　注

1. 粉末活性炭对苯酚（挥发酚）的吸附容量可以用 Freundrich 吸附等温线来描述。
2. 原水条件下的吸附容量比纯水条件下略有降低，可能是由于水中有机物的竞争吸附。
3. 试验中，平衡浓度统一设定为 120min 吸附时间的浓度。
4. 不同实验室得到的研究结论基本一致；数值的差异可能由水质差异引起。

1.7.3 最大投炭量条件下可以应对的苯酚（挥发酚）最高浓度

<table>
<tr><td>试验名称</td><td colspan="5">最大投炭量条件下可以应对的<u>苯酚（挥发酚）</u>最高浓度</td></tr>
<tr><td rowspan="2" colspan="2">相关水质标准
(mg/L)</td><td>国家标准</td><td>0.002</td><td>住房和城乡
建设部行标</td><td>0.002</td></tr>
<tr><td>地表水标准</td><td>0.005</td><td></td><td></td></tr>
<tr><td colspan="6">试验条件</td></tr>
<tr><td rowspan="2">广
州</td><td colspan="5">纯水：粉末活性炭投加量<u>80</u>mg/L；试验水温<u>20</u>℃；吸附时间<u>120</u>min。</td></tr>
<tr><td colspan="5">当地原水：粉末活性炭投加量<u>80</u>mg/L；试验水温<u>20</u>℃；吸附时间<u>120</u>min。</td></tr>
<tr><td colspan="6">试验结果</td></tr>
<tr><td colspan="6">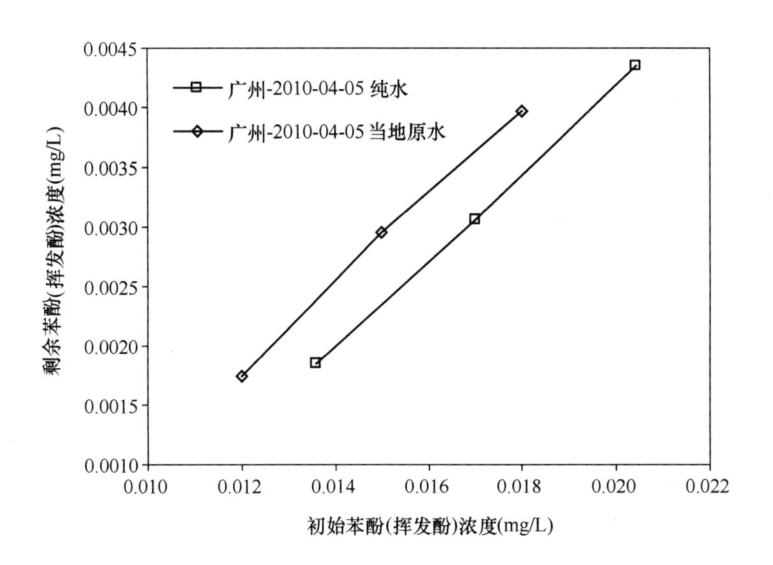</td></tr>
<tr><td colspan="6">备　注</td></tr>
<tr><td colspan="6">1. 对纯水可应对的最大浓度为 0.014mg/L，可应对的最大超标倍数为 6 倍。
2. 对广州原水可应对的最大浓度为 0.012mg/L，可应对的最大超标倍数为 5 倍。</td></tr>
</table>

1.8 苯乙烯

1.8.1 不同水质条件下粉末活性炭对苯乙烯的吸附速率

<table>
<tr><td colspan="2">试验名称</td><td colspan="4">不同水质条件下粉末活性炭对苯乙烯的吸附速率</td></tr>
<tr><td colspan="2" rowspan="2">相关水质标准
(mg/L)</td><td>国家标准</td><td>0.02</td><td>住房和城乡
建设部行标</td><td>0.02</td></tr>
<tr><td>地表水标准</td><td>0.02</td><td></td><td></td></tr>
<tr><td colspan="6">试验条件</td></tr>
<tr><td rowspan="2">北
京</td><td colspan="5">纯水：苯乙烯浓度~0.2mg/L；粉末活性炭投加量20mg/L；试验水温23℃；TOC 0.1~0.5mg/L；pH值6.8。</td></tr>
<tr><td colspan="5">第九水厂原水：苯乙烯浓度~3.5mg/L；粉末活性炭投加量20mg/L；试验水温20℃；COD_{Mn} 2.0~3.0mg/L；TOC 1.8~2.6mg/L；pH值7.8；浊度0.6~0.8NTU；碱度160~180mg/L；硬度200~220mg/L。</td></tr>
<tr><td rowspan="2">深
圳</td><td colspan="5">纯水：苯乙烯浓度0.097mg/L；粉末活性炭投加量10mg/L；试验水温26.2℃。</td></tr>
<tr><td colspan="5">原水：苯乙烯浓度0.097mg/L；粉末活性炭投加量10mg/L；试验水温26.2℃；TOC 1.65mg/L；COD_{Mn} 1.47mg/L；pH值7.40；浊度31.3NTU；碱度23.0mg/L；硬度18.5mg/L。</td></tr>
<tr><td colspan="6">试验结果</td></tr>
<tr><td colspan="6">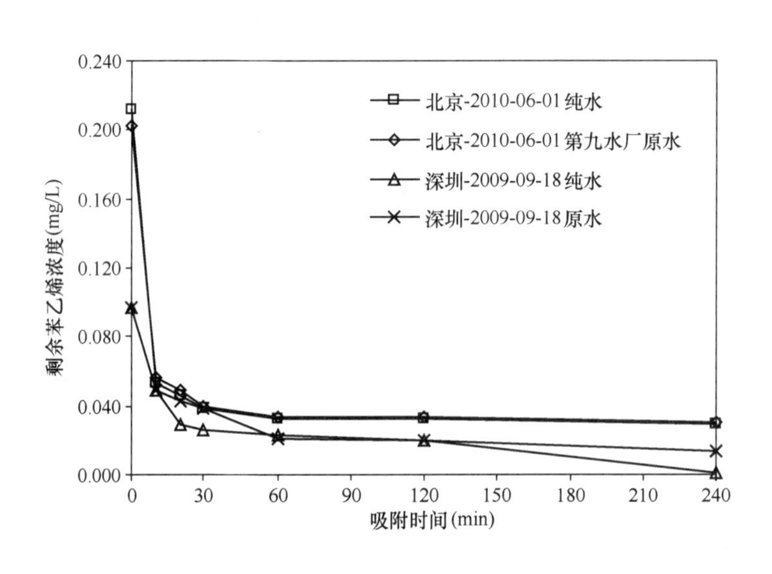
</td></tr>
<tr><td colspan="6">备　注</td></tr>
<tr><td colspan="6">1. 本组纯水试验条件下，粉末活性炭对苯乙烯的吸附基本达到平衡的时间为60min以上。
2. 本组原水试验条件下，粉末活性炭对苯乙烯的吸附基本达到平衡的时间为60min以上。</td></tr>
</table>

1.8.2 不同水质条件下粉末活性炭对苯乙烯的吸附容量

<table>
<tr><td>试验名称</td><td colspan="4">不同水质条件下粉末活性炭对 苯乙烯 的吸附容量</td></tr>
<tr><td rowspan="2">相关水质标准
(mg/L)</td><td>国家标准</td><td>0.02</td><td>住房和城乡
建设部行标</td><td>0.02</td></tr>
<tr><td>地表水标准</td><td>0.02</td><td></td><td></td></tr>
<tr><td colspan="5">试验条件</td></tr>
<tr><td rowspan="2">北
京</td><td colspan="4">纯水：苯乙烯浓度0.246mg/L；试验水温23℃；吸附时间120min。</td></tr>
<tr><td colspan="4">第九水厂原水：苯乙烯浓度0.240mg/L；试验水温23℃；COD_{Mn} 2.0～3.0mg/L；TOC 1.8～2.6mg/L；pH 值7.8；浊度0.6～0.8NTU；碱度160～180mg/L；硬度200～220mg/L；吸附时间120min。</td></tr>
<tr><td rowspan="2">深
圳</td><td colspan="4">纯水：苯乙烯浓度0.0996mg/L；试验水温25.3℃；pH 值6.80；吸附时间120min。</td></tr>
<tr><td colspan="4">原水：苯乙烯浓度0.0996mg/L；试验水温25.3℃；TOC 1.65mg/L；COD_{Mn} 1.47mg/L；pH 值7.40；浊度31.3NTU；碱度23.0mg/L；硬度18.5mg/L；吸附时间120min。</td></tr>
<tr><td colspan="5">试验结果</td></tr>
</table>

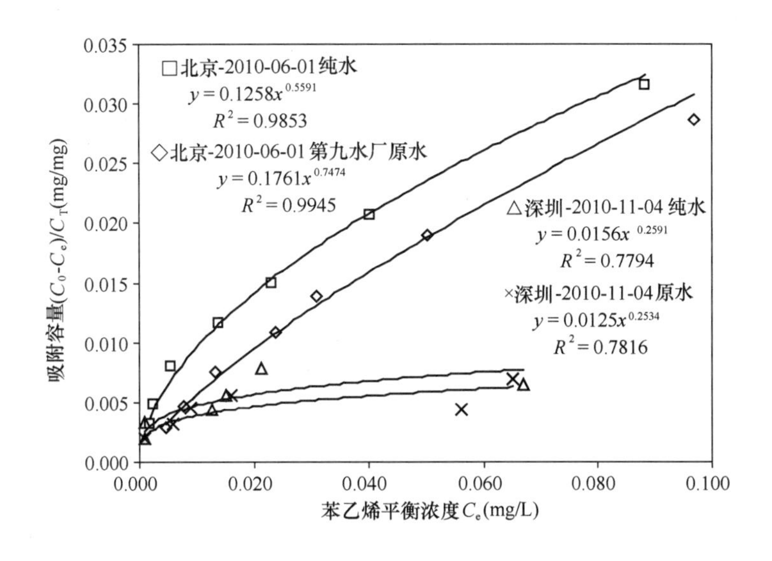

备　注

1. 粉末活性炭对苯乙烯的吸附容量可以用 Freundrich 吸附等温线来描述。
2. 原水条件下的吸附容量比纯水条件下有明显降低，可能是由于水中有机物的竞争吸附。
3. 试验中，平衡浓度统一设定为 120min 吸附时间的浓度。
4. 不同实验室得到的研究结论基本一致；数值有差异。

1.8.3 最大投炭量条件下可以应对的苯乙烯最高浓度

<table>
<tr><td>试验名称</td><td colspan="4">最大投炭量条件下可以应对的<u>苯乙烯</u>最高浓度</td></tr>
<tr><td rowspan="2">相关水质标准
(mg/L)</td><td>国家标准</td><td>0.02</td><td>住房和城乡
建设部行标</td><td>0.02</td></tr>
<tr><td>地表水标准</td><td>0.02</td><td></td><td></td></tr>
<tr><td colspan="5">试验条件</td></tr>
<tr><td>北京</td><td colspan="4">纯水：投炭量<u>80</u>mg/L；试验水温<u>22</u>℃；吸附时间<u>120</u>min。</td></tr>
<tr><td>深圳</td><td colspan="4">纯水/原水：投炭量<u>80</u>mg/L；试验水温<u>25.6</u>℃；吸附时间<u>120</u>min。</td></tr>
<tr><td colspan="5">试验结果</td></tr>
<tr><td colspan="5">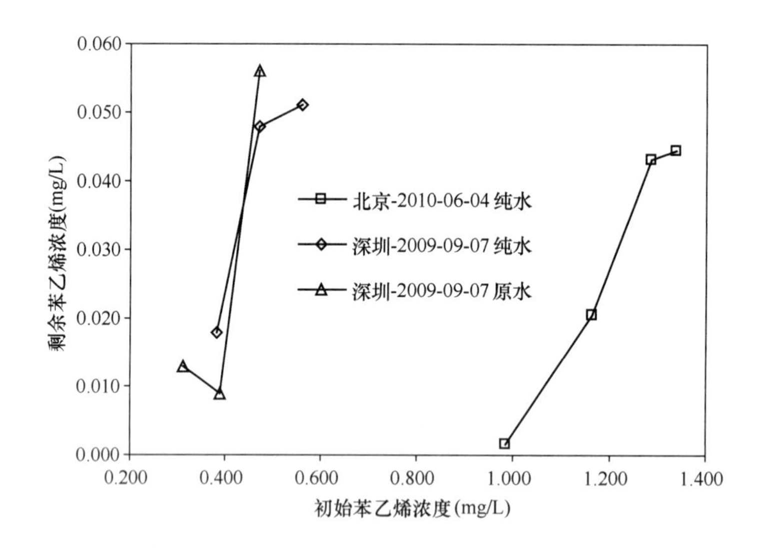
</td></tr>
<tr><td colspan="5">备　注</td></tr>
<tr><td colspan="5">1. 两个试验数值有差异。
2. 由深圳纯水和原水试验结果，可以应对的最大浓度为 0.4mg/L，可应对最大超标倍数 19 倍。
3. 由北京纯水试验结果，可以应对的最大浓度为 1.1mg/L，可应对最大超标倍数 54 倍。</td></tr>
</table>

1.9 丙烯腈

丙烯腈的粉末活性炭吸附去除可行性测试

试验名称	丙烯腈的粉末活性炭吸附去除可行性测试			
相关水质标准（mg/L）	国家标准	0.1	住房和城乡建设部行标	
	地表水标准	0.1		
试验条件				
哈尔滨	纯水：粉末活性炭投加量20mg/L；试验水温16℃；吸附时间120min。			
天津	去离子水：粉末活性炭投加量20mg/L；试验水温28.4℃；吸附时间120min。			

试验结果		
哈尔滨		
初始浓度（mg/L）	吸附后浓度（mg/L）	去除率（%）
0.4450	0.4485	0
0.4450	0.4116	16
0.4450	0.4537	0
0.4450	0.4537	0
0.4450	0.4348	2.29
0.4450	0.4428	0
天　　津		
初始浓度（mg/L）	吸附后浓度（mg/L）	去除率（%）
0.4676	0.4438	5.1
0.4676	0.4232	9.4
0.4676	0.4432	5.2
技术可行性评价	不可行	
备　　注		

1.10 丙烯醛

1.10.1 纯水条件下粉末活性炭对丙烯醛的吸附速率

试验名称	纯水条件下粉末活性炭对丙烯醛的吸附速率			
相关水质标准(mg/L)	国家标准	0.1	住房和城乡建设部行标	
	地表水标准			
试验条件				
北京	纯水：丙烯醛浓度0.781mg/L；粉末活性炭投加量20mg/L；试验水温23℃；TOC 0.1mg/L；pH值6.8。			
试验结果				

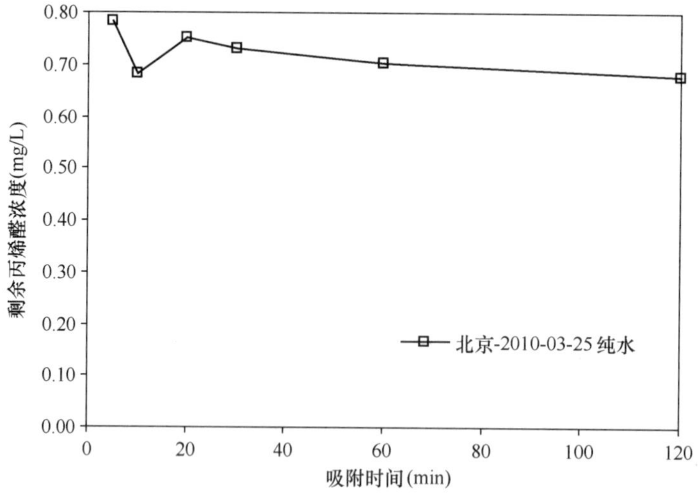

0.80
0.70
0.60
0.50
0.40
0.30
0.20
0.10
0.00
剩余丙烯醛浓度(mg/L)
北京-2010-03-25 纯水
0
20
40
60
80
100
120
吸附时间(min)

备　注
除去挥发等因素的影响，可认为活性炭吸附无效。

1.10.2 丙烯醛的粉末活性炭吸附去除可行性测试

试验名称	丙烯醛的粉末活性炭吸附去除可行性测试			
相关水质标准（mg/L）	国家标准	0.1	住房和城乡建设部行标	
	地表水标准			
试验条件				
北京	纯水：丙烯醛浓度0.53mg/L。			
试验结果				

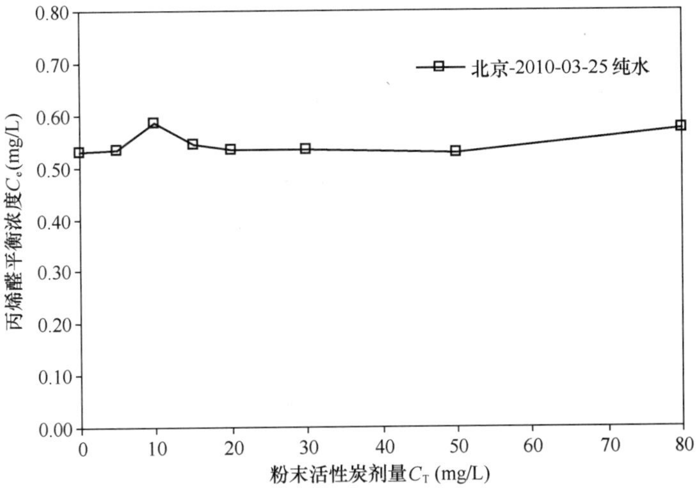

技术可行性评价	不可行
备　　注	
浓度和活性炭投加量无关，吸附无效。	

1.11 丙烯酰胺

1.11.1 不同水质条件下粉末活性炭对丙烯酰胺的吸附速率

试验名称	不同水质条件下粉末活性炭对 丙烯酰胺 的吸附速率			
相关水质标准(mg/L)	国家标准	0.0005	住房和城乡建设部行标	
	地表水标准			
试验条件				
北京	纯水：丙烯酰胺浓度0.00562mg/L；粉末活性炭投加量20mg/L；试验水温23℃；TOC 0.1mg/L；pH值6.8。			
	纯水：丙烯酰胺浓度0.000255mg/L；粉末活性炭投加量20mg/L；试验水温23℃；TOC 0.1mg/L；pH值6.8。			
试验结果				
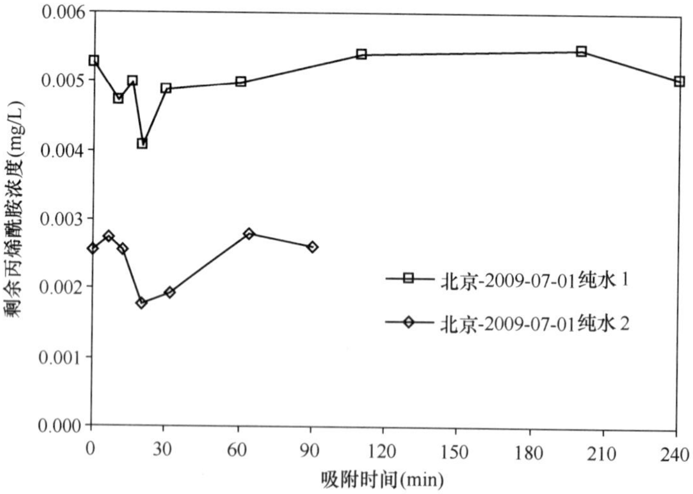				
备　注				
丙烯酰胺难以被粉末活性炭吸附。				

1.11.2 丙烯酰胺的粉末活性炭吸附去除可行性测试

<table>
<tr><td>试验名称</td><td colspan="4">丙烯酰胺 的粉末活性炭吸附去除可行性测试</td></tr>
<tr><td rowspan="2">相关水质标准
(mg/L)</td><td>国家标准</td><td>0.0005</td><td>住房和城乡
建设部行标</td><td></td></tr>
<tr><td>地表水标准</td><td></td><td></td><td></td></tr>
<tr><td colspan="5">试验条件</td></tr>
<tr><td>深圳</td><td colspan="4">纯净水：粉末活性炭投加量20mg/L；试验水温25℃；吸附时间120min。</td></tr>
<tr><td colspan="5">试验结果</td></tr>
</table>

初始浓度（μg/L）	吸附后浓度（μg/L）	去除率（%）
2.5	2.5	0
2.6	2.4	7.7
2.3	2.3	0
2.4	2.4	0
2.3	2.0	13
2.5	2.4	0
2.5	2.5	0
2.4	2.3	4.2
2.3	2.3	0
2.4	2.4	0
2.3	2.1	8.7
2.3	2.4	4

技术可行性评价	不可行

备　注
基本不吸附。

1.12 草甘膦

草甘膦的粉末活性炭吸附去除可行性测试

<table>
<tr><td colspan="2">试验名称</td><td colspan="4">草甘膦的粉末活性炭吸附去除可行性测试</td></tr>
<tr><td colspan="2" rowspan="2">相关水质标准
(mg/L)</td><td>国家标准</td><td>0.7</td><td>住房和城乡
建设部行标</td><td></td></tr>
<tr><td>地表水标准</td><td></td><td></td><td></td></tr>
<tr><td colspan="6">试验条件</td></tr>
<tr><td>济南</td><td colspan="5">纯净水：粉末活性炭投加量20mg/L；试验水温25℃；吸附时间120min。</td></tr>
<tr><td>上海</td><td colspan="5">纯净水：粉末活性炭投加量20mg/L；试验水温8℃；吸附时间120min。</td></tr>
<tr><td colspan="6">试验结果</td></tr>
<tr><td colspan="6">草甘膦浓度(mg/L)
3.500
3.000
2.500
2.000
1.500
1.000
0.500
0.000
■ 初始草甘膦浓度(mg/L)
□ 剩余草甘膦浓度(mg/L)
济南-纯净水
上海-2009-11-30 纯净水</td></tr>
<tr><td colspan="2">技术可行性评价</td><td colspan="4">不可行</td></tr>
<tr><td colspan="6">备　注</td></tr>
<tr><td colspan="6"></td></tr>
</table>

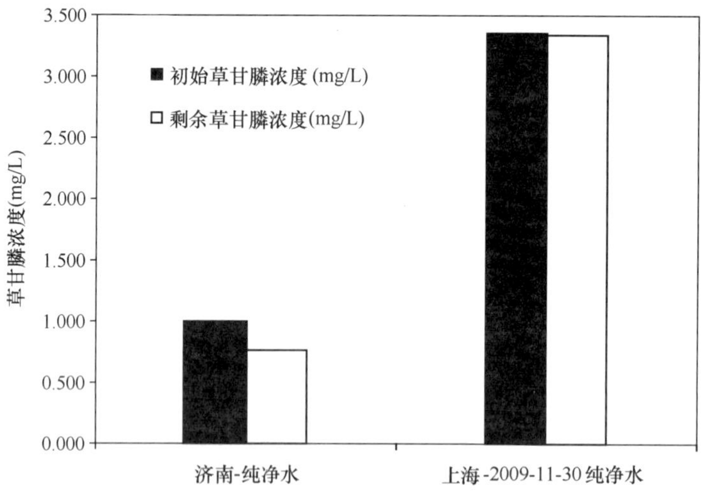

1.13 2，4-滴

1.13.1 不同水质条件下粉末活性炭对2，4-滴的吸附速率

<table>
<tr><td>试验名称</td><td colspan="4">不同水质条件下粉末活性炭对 2，4-滴 的吸附速率</td></tr>
<tr><td rowspan="2">相关水质标准
(mg/L)</td><td>国家标准</td><td>0.03</td><td>住房和城乡
建设部行标</td><td></td></tr>
<tr><td>地表水标准</td><td></td><td></td><td></td></tr>
<tr><td colspan="5">试验条件</td></tr>
<tr><td rowspan="2">上海</td><td colspan="4">纯水：2，4-滴浓度0.15mg/L；粉末活性炭投加量20mg/L；试验水温10℃。</td></tr>
<tr><td colspan="4">长江原水：2，4-滴浓度0.15mg/L；粉末活性炭投加量20mg/L；试验水温10℃；COD_{Mn}2.3mg/L；pH值7.9；浊度25NTU；碱度94mg/L；硬度204mg/L。</td></tr>
<tr><td rowspan="2">天津</td><td colspan="4">去离子水：2，4-滴浓度1.56mg/L；粉末活性炭投加量20mg/L；试验水温16.8℃。</td></tr>
<tr><td colspan="4">自来水：2，4-滴浓度1.547mg/L；粉末活性炭投加量20mg/L；试验水温25.4℃；COD_{Mn}2.3mg/L；pH值7.84；浊度0.22NTU；碱度146mg/L；硬度243mg/L。</td></tr>
<tr><td rowspan="2">无锡</td><td colspan="4">纯水：2，4-滴浓度0.300mg/L；粉末活性炭投加量20mg/L；试验水温7.0℃。</td></tr>
<tr><td colspan="4">中桥出厂水：2，4-滴浓度0.30mg/L；粉末活性炭投加量20mg/L；试验水温7.0℃；COD_{Mn}1.28mg/L；TOC 2.65mg/L；pH值6.7；浊度0.08NTU；碱度48mg/L；硬度150mg/L。</td></tr>
<tr><td colspan="5">试验结果</td></tr>
<tr><td colspan="5">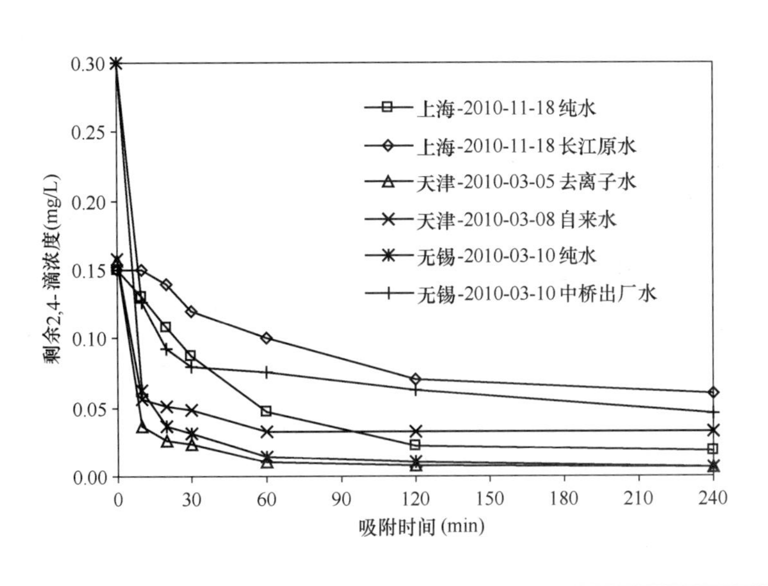
</td></tr>
<tr><td colspan="5">备　注</td></tr>
<tr><td colspan="5">1. 本组纯水试验条件下，粉末活性炭对2，4-滴的吸附基本达到平衡的时间为120min以上。
2. 本组原水试验条件下，粉末活性炭对2，4-滴的吸附基本达到平衡的时间为120min以上。</td></tr>
</table>

1.13.2 不同水质条件下粉末活性炭对2，4-滴的吸附容量

<table>
<tr><td colspan="2">试验名称</td><td colspan="4">不同水质条件下粉末活性炭对 2，4-滴 的吸附容量</td></tr>
<tr><td colspan="2" rowspan="2">相关水质标准
(mg/L)</td><td>国家标准</td><td>0.03</td><td>住房和城乡
建设部行标</td><td></td></tr>
<tr><td>地表水标准</td><td></td><td></td><td></td></tr>
<tr><td colspan="6">试验条件</td></tr>
<tr><td rowspan="2">上
海</td><td colspan="5">纯水：2，4-滴浓度0.15mg/L；粉末活性炭投加量20mg/L；试验水温10℃；吸附时间120min。</td></tr>
<tr><td colspan="5">长江原水：2，4-滴浓度0.15mg/L；试验水温10℃；COD_{Mn} 2.3mg/L；pH值7.9；浊度25NTU；碱度94mg/L；硬度204mg/L；吸附时间120min。</td></tr>
<tr><td rowspan="2">天
津</td><td colspan="5">去离子水：2，4-滴浓度0.3077mg/L；试验水温16.3℃；吸附时间120min。</td></tr>
<tr><td colspan="5">自来水：2，4-滴浓度0.3099mg/L；试验水温14.3℃；COD_{Mn} 2.4mg/L；pH值7.63；浊度0.23NTU；碱度140mg/L；硬度238mg/L；吸附时间120min。</td></tr>
<tr><td rowspan="2">无
锡</td><td colspan="5">纯水：2，4-滴浓度0.300mg/L；试验水温5.0℃；吸附时间120min。</td></tr>
<tr><td colspan="5">中桥出厂水：2，4-滴浓度0.300mg/L；试验水温5.0℃；COD_{Mn} 1.36mg/L；TOC 2.89mg/L；pH值6.8；浊度0.10NTU；碱度55mg/L；硬度146mg/L；吸附时间120min。</td></tr>
<tr><td colspan="6">试验结果</td></tr>
<tr><td colspan="6">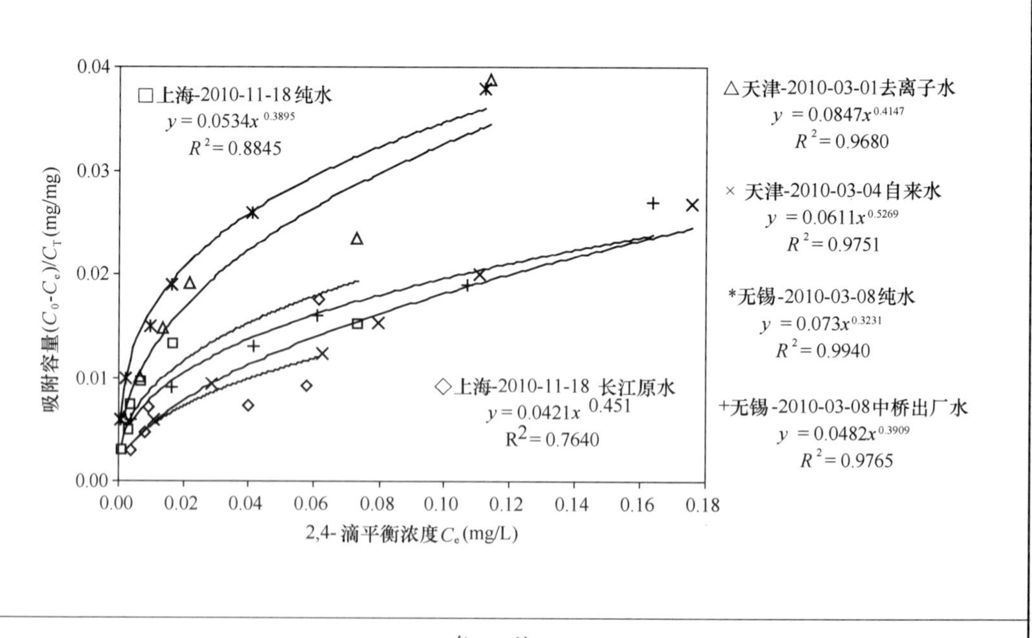</td></tr>
<tr><td colspan="6">备　注</td></tr>
<tr><td colspan="6">1. 粉末活性炭对2，4-滴的吸附容量可以用Freundrich吸附等温线来描述。
2. 原水条件下的吸附容量比纯水条件下有明显降低，可能是由于水中有机物的竞争吸附。
3. 试验中，平衡浓度统一设定为120min吸附时间的浓度。
4. 不同实验室得到的研究结论基本一致；数值的差异可能由水质差异引起。</td></tr>
</table>

1.13.3 最大投炭量条件下可以应对的2，4-滴最高浓度

<table>
<tr><td>试验名称</td><td colspan="6">最大投炭量条件下可以应对的 2，4-滴 最高浓度</td></tr>
<tr><td rowspan="2">相关水质标准（mg/L）</td><td>国家标准</td><td>0.03</td><td>住房和城乡建设部行标</td><td colspan="3"></td></tr>
<tr><td>地表水标准</td><td></td><td></td><td colspan="3"></td></tr>
<tr><td colspan="7">试验条件</td></tr>
<tr><td rowspan="2">上海</td><td colspan="6">纯水：投炭量80mg/L；试验水温10℃；吸附时间120min。</td></tr>
<tr><td colspan="6">长江原水：投炭量80mg/L；试验水温10℃；COD_{Mn}2.3mg/L；pH值7.9；浊度25NTU；碱度94mg/L；硬度204mg/L；吸附时间120min。</td></tr>
<tr><td rowspan="2">天津</td><td colspan="6">去离子水：投炭量80mg/L；试验水温16.6℃；吸附时间120min。</td></tr>
<tr><td colspan="6">自来水：投炭量80mg/L；试验水温14.3℃；COD_{Mn}2.4mg/L；pH值7.63；浊度0.23NTU；碱度140mg/L；硬度238mg/L；吸附时间120min。</td></tr>
<tr><td colspan="7">试验结果</td></tr>
<tr><td colspan="7">上　海</td></tr>
<tr><td></td><td colspan="3">纯水</td><td colspan="3">原水</td></tr>
<tr><td>初始污染物浓度（mg/L）</td><td>0.926</td><td>1.352</td><td>1.550</td><td>0.410</td><td>0.561</td><td>0.680</td></tr>
<tr><td>剩余污染物浓度（mg/L）</td><td>0.0093</td><td>0.0108</td><td>0.0155</td><td>0.0180</td><td>0.0157</td><td>0.0218</td></tr>
<tr><td>去除率（%）</td><td>99.0</td><td>99.2</td><td>99.0</td><td>95.6</td><td>97.2</td><td>96.8</td></tr>
<tr><td colspan="7">天　津</td></tr>
<tr><td></td><td colspan="3">去离子水</td><td colspan="3">自来水</td></tr>
<tr><td>初始污染物浓度（mg/L）</td><td>1.3460</td><td>1.6630</td><td>1.9960</td><td>0.6686</td><td>0.8269</td><td>0.9621</td></tr>
<tr><td>剩余污染物浓度（mg/L）</td><td>0.004075</td><td>0.007153</td><td>0.037330</td><td>0.00291</td><td>0.005612</td><td>0.01366</td></tr>
<tr><td>去除率（%）</td><td>99.7</td><td>99.6</td><td>98.1</td><td>99.6</td><td>99.3</td><td>98.6</td></tr>
<tr><td colspan="7">备　注</td></tr>
<tr><td colspan="7">1. 不同实验室所得到的试验数据有差异。
2. 天津纯水，可应对最大浓度约为1.9mg/L，可应对最大超标倍数为62倍。天津自来水，可应对最大浓度>1.0mg/L，可应对最大超标倍数>32倍。
3. 上海长江原水，可应对最大浓度>0.7mg/L，可应对最大超标倍数>22倍。
4. 上海纯水，可应对最大浓度大于1.55mg/L，可应对最大超标倍数>52倍。</td></tr>
</table>

1.14 滴滴涕

1.14.1 不同水质条件下粉末活性炭对滴滴涕的吸附速率

<table>
<tr><td>试验名称</td><td colspan="4">不同水质条件下粉末活性炭对滴滴涕的吸附速率</td></tr>
<tr><td rowspan="2">相关水质标准
(mg/L)</td><td>国家标准</td><td>0.001</td><td>住房和城乡
建设部行标</td><td>0.001</td></tr>
<tr><td>地表水标准</td><td>0.001</td><td></td><td></td></tr>
<tr><td colspan="5">试验条件</td></tr>
<tr><td rowspan="2">东莞</td><td colspan="4">纯水：滴滴涕浓度0.004525mg/L；粉末活性炭投加量5mg/L；试验水温25℃。</td></tr>
<tr><td colspan="4">长江水原水：滴滴涕浓度0.004181mg/L；粉末活性炭投加量5mg/L；试验水温25℃；COD_{Mn}2.64mg/L；TOC 2.7mg/L；pH 值6.9；浊度25.8NTU；碱度3.0mg/L；硬度36mg/L。</td></tr>
<tr><td rowspan="2">无锡</td><td colspan="4">纯水：滴滴涕浓度0.050mg/L；粉末活性炭投加量20mg/L；试验水温22℃。</td></tr>
<tr><td colspan="4">中桥出厂水：滴滴涕浓度0.050mg/L；粉末活性炭投加量20mg/L；试验水温23℃；COD_{Mn}1.23mg/L；TOC 2.69mg/L；pH 值6.9；浊度0.11NTU；碱度65mg/L；硬度144mg/L。</td></tr>
<tr><td colspan="5">试验结果</td></tr>
<tr><td colspan="5">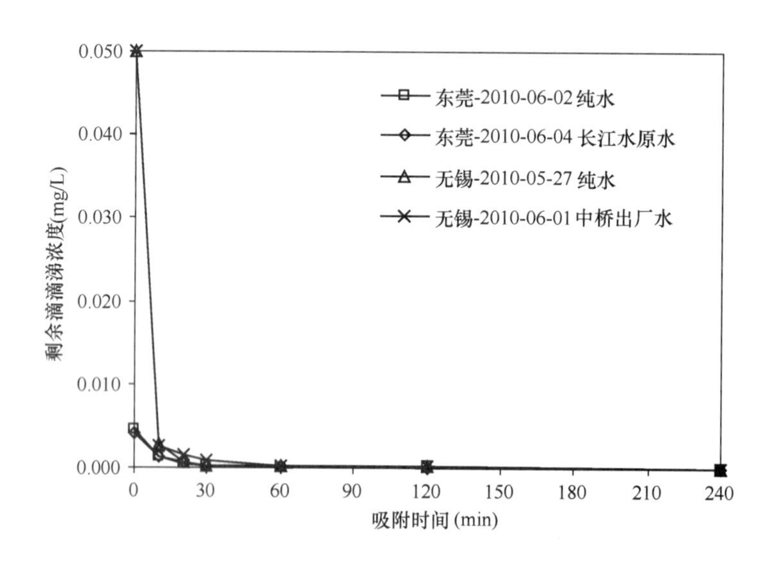</td></tr>
<tr><td colspan="5">备　注</td></tr>
<tr><td colspan="5">1. 本组纯水试验条件下，粉末活性炭对滴滴涕的吸附基本达到平衡的时间为 120min 以上。
2. 本组原水试验条件下，粉末活性炭对滴滴涕的吸附基本达到平衡的时间为 120min 以上。</td></tr>
</table>

1.14.2 不同水质条件下粉末活性炭对滴滴涕的吸附容量

<table>
<tr><td>试验名称</td><td colspan="4">不同水质条件下粉末活性炭对<u>滴滴涕</u>的吸附容量</td></tr>
<tr><td rowspan="2">相关水质标准
(mg/L)</td><td>国家标准</td><td>0.001</td><td>住房和城乡
建设部行标</td><td>0.001</td></tr>
<tr><td>地表水标准</td><td>0.001</td><td></td><td></td></tr>
<tr><td colspan="5">试验条件</td></tr>
<tr><td rowspan="2">东莞</td><td colspan="4">纯水：滴滴涕浓度0.010394mg/L；粉末活性炭投加量20mg/L；试验水温25℃；吸附时间120min。</td></tr>
<tr><td colspan="4">长江原水：滴滴涕浓度0.008695mg/L；吸附时间120min 试验水温25℃；COD_{Mn} 2.64mg/L；TOC 2.7mg/L；pH值6.9；浊度25.8NTU；碱度3.0mg/L；硬度36.0mg/L；吸附时间120min。</td></tr>
<tr><td>无锡</td><td colspan="4">中桥出厂水：滴滴涕浓度0.050mg/L；试验水温23℃；COD_{Mn} 1.45mg/L；TOC 3.12mg/L；pH值6.8；浊度0.06NTU；碱度52mg/L；硬度146mg/L；吸附时间120min。</td></tr>
<tr><td colspan="5">试验结果</td></tr>
<tr><td colspan="5">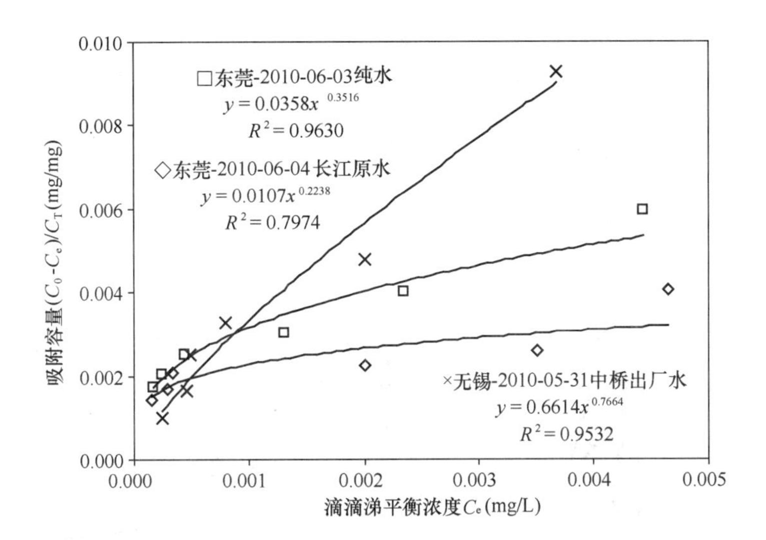</td></tr>
<tr><td colspan="5">备　注</td></tr>
<tr><td colspan="5">1. 粉末活性炭对滴滴涕的吸附容量可以用Freundrich吸附等温线来描述。
2. 原水条件下的吸附容量比纯水条件下有明显降低，可能是由于水中有机物的竞争吸附。
3. 试验中，平衡浓度统一设定为120min吸附时间的浓度。
4. 不同实验室得到的数值有差异。</td></tr>
</table>

1.15 敌百虫

1.15.1 不同水质条件下粉末活性炭对敌百虫的吸附速率

<table>
<tr><td>试验名称</td><td colspan="4">不同水质条件下粉末活性炭对<u>敌百虫</u>的吸附速率</td></tr>
<tr><td rowspan="2">相关水质标准
(mg/L)</td><td>国家标准</td><td></td><td>住房和城乡
建设部行标</td><td></td></tr>
<tr><td>地表水标准</td><td>0.05</td><td></td><td></td></tr>
<tr><td colspan="5">试验条件</td></tr>
<tr><td rowspan="2">成都</td><td colspan="4">纯水：敌百虫浓度0.23mg/L；粉末活性炭投加量20mg/L；试验水温23.5℃。</td></tr>
<tr><td colspan="4">水六厂原水：敌百虫浓度0.25mg/L；粉末活性炭投加量20mg/L；试验水温25.0℃；COD_{Mn} 1.72mg/L；TOC 6.23mg/L；pH 值8.01；浊度48.2NTU；碱度122g/L；硬度137mg/L。</td></tr>
<tr><td rowspan="2">广州</td><td colspan="4">去离子水：敌百虫浓度0.25mg/L；粉末活性炭投加量20mg/L；试验水温15℃。</td></tr>
<tr><td colspan="4">自来水：敌百虫浓度1.547mg/L；粉末活性炭投加量20mg/L；试验水温25.4℃；COD_{Mn} 2.3mg/L；pH 值7.84；浊度0.22NTU；碱度146mg/L；硬度243mg/L。</td></tr>
<tr><td rowspan="2">济南</td><td colspan="4">纯水：敌百虫浓度0.25mg/L；粉末活性炭投加量20mg/L；试验水温24℃。</td></tr>
<tr><td colspan="4">鹊华水厂原水：敌百虫浓度0.25mg/L；粉末活性炭投加量20mg/L；试验水温24℃；COD_{Mn} 2.5mg/L；TOC 2.3mg/L；pH 值7.82；浊度0.5NTU；碱度129mg/L；硬度237mg/L。</td></tr>
<tr><td colspan="5">试验结果</td></tr>
<tr><td colspan="5">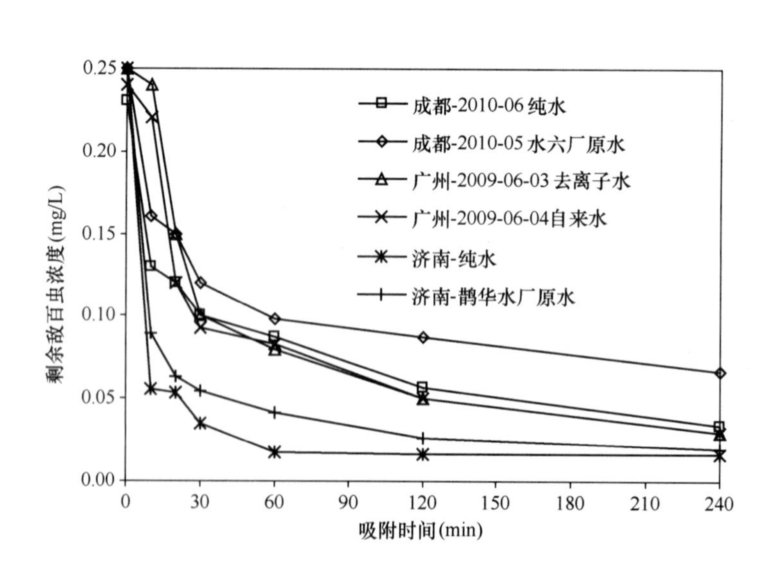
</td></tr>
<tr><td colspan="5">备　　注</td></tr>
<tr><td colspan="5">1. 本组纯水试验条件下，粉末活性炭对敌百虫的吸附基本达到平衡的时间为 120min 以上。
2. 本组原水试验条件下，粉末活性炭对敌百虫的吸附基本达到平衡的时间为 120min 以上。</td></tr>
</table>

1.15.2 不同水质条件下粉末活性炭对敌百虫的吸附容量

<table>
<tr><td>试验名称</td><td colspan="4">不同水质条件下粉末活性炭对 敌百虫 的吸附容量</td></tr>
<tr><td rowspan="2">相关水质标准
(mg/L)</td><td>国家标准</td><td></td><td>住房和城乡
建设部行标</td><td></td></tr>
<tr><td>地表水标准</td><td>0.05</td><td></td><td></td></tr>
<tr><td colspan="5">试验条件</td></tr>
<tr><td rowspan="2">成都</td><td colspan="4">纯水：敌百虫浓度0.25mg/L；粉末活性炭投加量20mg/L；试验水温23.5℃；吸附时间120min。</td></tr>
<tr><td colspan="4">水六厂原水：敌百虫浓度0.25mg/L；试验水温25.0℃；COD_{Mn} 1.50mg/L；TOC 5.76mg/L；pH 值8.06；浊度65.1NTU；碱度123mg/L；硬度121mg/L；吸附时间120min。</td></tr>
<tr><td rowspan="2">广州</td><td colspan="4">去离子水：敌百虫浓度0.1mg/L；试验水温15℃；吸附时间120min。</td></tr>
<tr><td colspan="4">南洲水厂原水：敌百虫浓度0.3099mg/L；试验水温15℃；COD_{Mn} 1mg/L；TOC 1.1mg/L；pH 值7.0；浊度4.5NTU；碱度76mg/L；硬度119mg/L；吸附时间120min。</td></tr>
<tr><td rowspan="2">济南</td><td colspan="4">纯水：敌百虫浓度0.5mg/L；试验水温21℃；粉末活性炭投加量20mg/L；吸附时间120min。</td></tr>
<tr><td colspan="4">鹊华水厂原水：敌百虫浓度0.5mg/L；试验水温21℃；COD_{Mn} 2.8mg/L；TOC 4.1mg/L；pH 值8.13；浊度0.7NTU；碱度142mg/L；硬度262mg/L；吸附时间120min。</td></tr>
<tr><td colspan="5">试验结果</td></tr>
<tr><td colspan="5">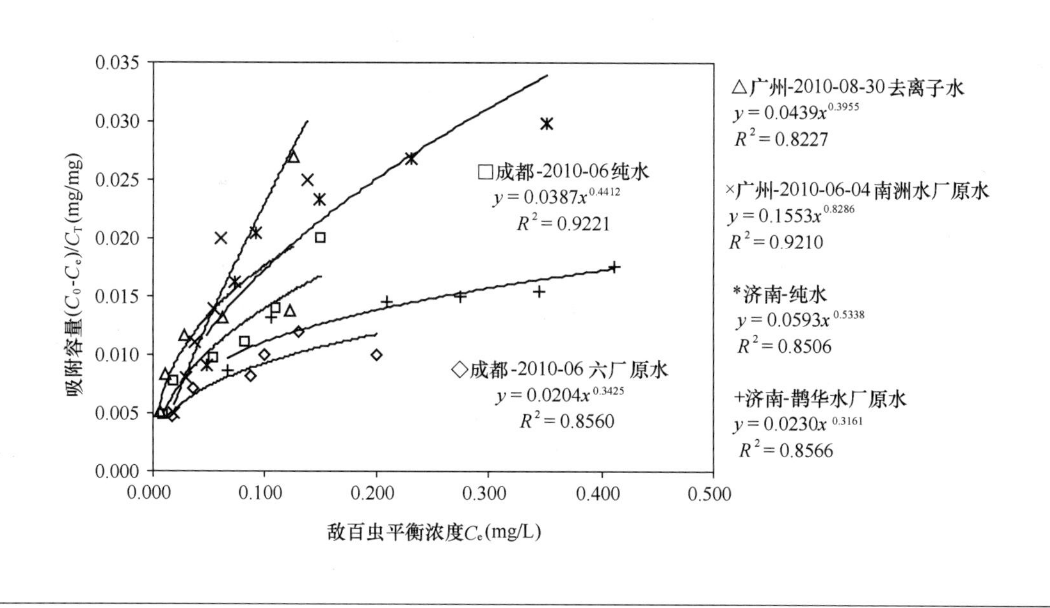
</td></tr>
<tr><td colspan="5">备 注</td></tr>
<tr><td colspan="5">1. 粉末活性炭对敌百虫的吸附容量可以用 Freundrich 吸附等温线来描述。
2. 原水条件下的吸附容量比纯水条件下有明显降低，可能是由于水中有机物的竞争吸附。
3. 试验中，平衡浓度统一设定为 120min 吸附时间的浓度。
4. 不同实验室得到的数值有差异。</td></tr>
</table>

1.15.3 最大投炭量条件下可以应对的敌百虫最高浓度

<table>
<tr><td>试验名称</td><td colspan="4">最大投炭量条件下可以应对的敌百虫最高浓度</td></tr>
<tr><td rowspan="2">相关水质标准
(mg/L)</td><td>国家标准</td><td></td><td>住房和城乡
建设部行标</td><td></td></tr>
<tr><td>地表水标准</td><td>0.05</td><td></td><td></td></tr>
<tr><td colspan="5">试验条件</td></tr>
<tr><td rowspan="2">成都</td><td colspan="4">纯水：投炭量80mg/L；试验水温25.0℃；吸附时间120min。</td></tr>
<tr><td colspan="4">长江原水：投炭量80mg/L；试验水温10℃；吸附时间120min；COD_{Mn}2.3mg/L；pH值7.9；浊度25NTU；碱度94mg/L；硬度204mg/L。</td></tr>
<tr><td rowspan="2">广州</td><td colspan="4">去离子水：投炭量80mg/L；pH值7.00；试验水温17℃；吸附时间120min。</td></tr>
<tr><td colspan="4">南州水厂原水：投炭量80mg/L；试验水温17℃；吸附时间120min；COD_{Mn}1.5mg/L；TOC 1.7mg/L；pH值7.4；浊度16.6NTU；碱度55.5mg/L；碱度69.1mg/L。</td></tr>
<tr><td colspan="5">试验结果</td></tr>
<tr><td colspan="5">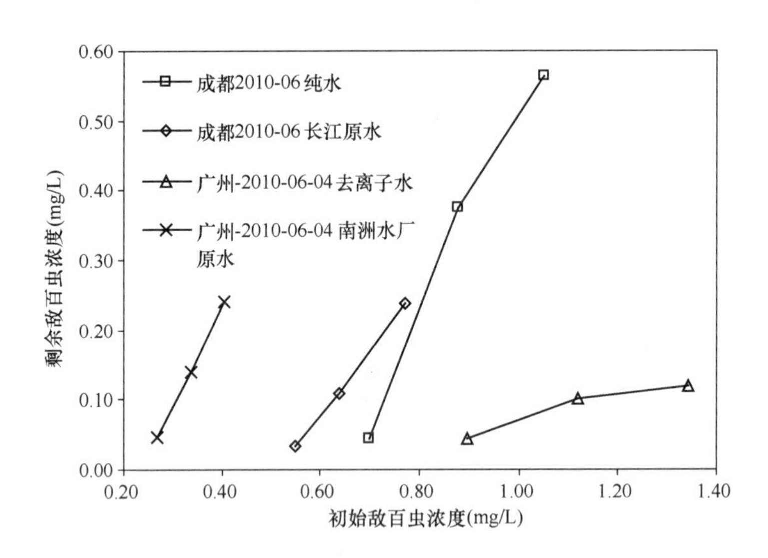</td></tr>
<tr><td colspan="5">备　注</td></tr>
<tr><td colspan="5">1. 两个试验得到的试验数据有差异。
2. 成都纯水可应对最大浓度为0.90mg/L，可应对的最大超标倍数17倍。
3. 广州纯水可应对最大浓度为0.70mg/L，可应对的最大超标倍数13倍。
4. 成都原水可应对最大浓度为0.55mg/L，可应对的最大超标倍数10倍。
5. 广州原水可应对最大浓度为0.27mg/L，可应对的最大超标倍数4倍。</td></tr>
</table>

1.16 敌敌畏

1.16.1 不同水质条件下粉末活性炭对敌敌畏的吸附速率

<table>
<tr><td>试验名称</td><td colspan="4">不同水质条件下粉末活性炭对敌敌畏的吸附速率</td></tr>
<tr><td rowspan="2">相关水质标准
(mg/L)</td><td>国家标准</td><td>0.001</td><td>住房和城乡
建设部行标</td><td>0.001</td></tr>
<tr><td>地表水标准</td><td>0.05</td><td></td><td></td></tr>
<tr><td colspan="5">试验条件</td></tr>
<tr><td rowspan="2">成
都</td><td colspan="4">纯水：敌敌畏浓度0.011mg/L；粉末活性炭投加量20mg/L；试验水温20.0℃。</td></tr>
<tr><td colspan="4">水六厂原水：敌敌畏浓度0.012mg/L；粉末活性炭投加量20mg/L；试验水温20.5℃；COD_{Mn} 1.63mg/L；TOC 3.85mg/L；pH 值7.93；浊度55.6NTU；碱度125mg/L；硬度147mg/L。</td></tr>
<tr><td rowspan="2">济
南</td><td colspan="4">纯水：敌敌畏浓度0.005mg/L；粉末活性炭投加量20mg/L；试验水温24℃。</td></tr>
<tr><td colspan="4">鹊华水厂原水：敌敌畏浓度0.005mg/L；粉末活性炭投加量20mg/L；试验水温24℃；COD_{Mn} 2.3mg/L；TOC 3.2mg/L；pH 值7.88；浊度0.4NTU；碱度120mg/L；硬度240mg/L。</td></tr>
<tr><td colspan="5">试验结果</td></tr>
<tr><td colspan="5">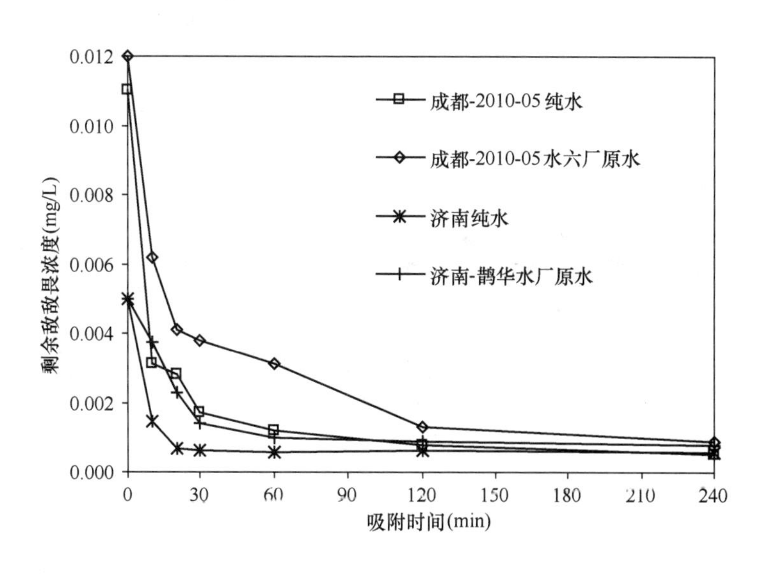
</td></tr>
<tr><td colspan="5">备　注</td></tr>
<tr><td colspan="5">1. 本组纯水试验条件下，粉末活性炭对敌敌畏的吸附基本达到平衡的时间为 60min 以上。
2. 本组原水试验条件下，粉末活性炭对敌敌畏的吸附基本达到平衡的时间为 120min 以上。</td></tr>
</table>

1.16.2 不同水质条件下粉末活性炭对敌敌畏的吸附容量

<table>
<tr><td>试验名称</td><td colspan="4">不同水质条件下粉末活性炭对 敌敌畏 的吸附容量</td></tr>
<tr><td rowspan="2">相关水质标准
(mg/L)</td><td>国家标准</td><td>0.001</td><td>住房和城乡
建设部行标</td><td>0.001</td></tr>
<tr><td>地表水标准</td><td>0.05</td><td></td><td></td></tr>
<tr><td colspan="5">试验条件</td></tr>
<tr><td rowspan="2">成都</td><td colspan="4">纯水：敌敌畏浓度0.011mg/L；粉末活性炭投加量20mg/L；试验水温20.0℃；吸附时间120min。</td></tr>
<tr><td colspan="4">水六厂源水：敌敌畏浓度0.012mg/；试验水温20.5℃；COD_{Mn} 1.41mg/L；TOC 4.22mg/L；pH 值7.99；浊度42.9NTU；碱度123mg/L；硬度162mg/L；吸附时间120min。</td></tr>
<tr><td rowspan="2">济南</td><td colspan="4">纯水：敌敌畏浓度0.005mg/L；粉末活性炭投加量20mg/L；试验水温21℃；吸附时间120min。</td></tr>
<tr><td colspan="4">鹊华水厂原水：敌敌畏浓度0.005mg/L；试验水温21℃；COD_{Mn} 2.8mg/L；TOC 4.1mg/L；pH 值8.10；浊度0.4NTU；碱度141mg/L；硬度260mg/L；吸附时间120min。</td></tr>
<tr><td colspan="5">试验结果</td></tr>
<tr><td colspan="5">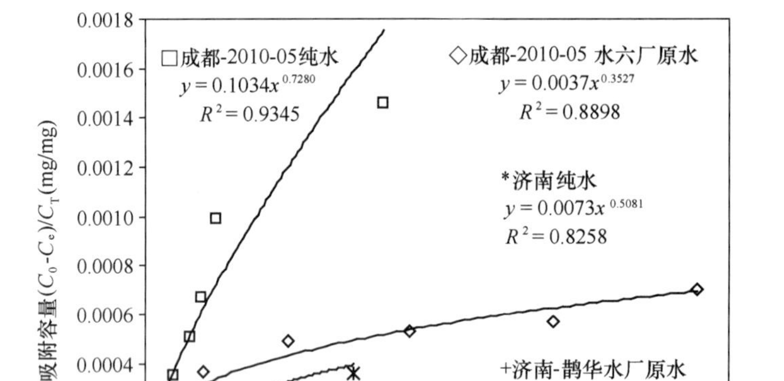
</td></tr>
<tr><td colspan="5">备　注</td></tr>
<tr><td colspan="5">1. 粉末活性炭对敌敌畏的吸附容量可以用 Freundrich 吸附等温线来描述。
2. 原水条件下的吸附容量比纯水条件下有明显降低，可能是由于水中有机物的竞争吸附。
3. 试验中，平衡浓度统一设定为 120min 吸附时间的浓度。
4. 不同实验得到数值有差异。</td></tr>
</table>

1.16.3 最大投炭量条件下可以应对的敌敌畏最高浓度

<table>
<tr><td>试验名称</td><td colspan="5">最大投炭量条件下可以应对的 敌敌畏 最高浓度</td></tr>
<tr><td colspan="2" rowspan="2">相关水质标准
(mg/L)</td><td>国家标准</td><td>0.001</td><td>住房和城乡
建设部行标</td><td>0.001</td></tr>
<tr><td>地表水标准</td><td>0.05</td><td></td><td></td></tr>
<tr><td colspan="6">试验条件</td></tr>
<tr><td rowspan="2">成
都</td><td colspan="5">纯水：投炭量80mg/L；试验水温20.5℃；吸附时间120min。</td></tr>
<tr><td colspan="5">原水：投炭量80mg/L；试验水温10℃；COD_{Mn} 2.3mg/L；pH 值7.9；浊度25NTU；碱度94mg/L；硬度204mg/L；吸附时间120min。</td></tr>
<tr><td colspan="6">试验结果</td></tr>
<tr><td colspan="6">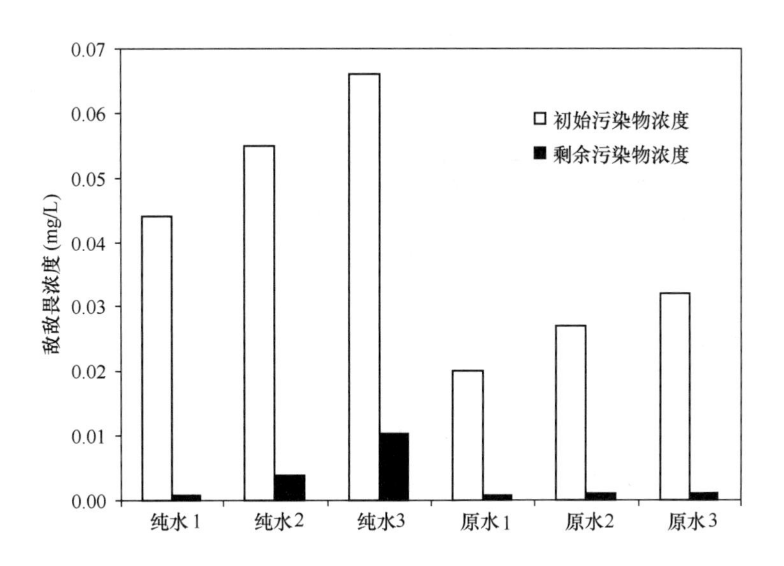
</td></tr>
<tr><td colspan="6">备　注</td></tr>
<tr><td colspan="6">1. 成都纯水试验可应对最大浓度 0.044mg/L，可应对最大超标倍数 43 倍。
2. 成都原水试验可应对最大浓度 0.027mg/L，可应对最大超标倍数 26 倍。</td></tr>
</table>

1.17 毒死蜱

1.17.1 不同水质条件下粉末活性炭对毒死蜱的吸附速率

<table>
<tr><td>试验名称</td><td colspan="4">不同水质条件下粉末活性炭对毒死蜱的吸附速率</td></tr>
<tr><td rowspan="2">相关水质标准
(mg/L)</td><td>国家标准</td><td>0.03</td><td>住房和城乡
建设部行标</td><td></td></tr>
<tr><td>地表水标准</td><td></td><td></td><td></td></tr>
<tr><td colspan="5">试验条件</td></tr>
<tr><td rowspan="2">济南</td><td colspan="4">纯水：毒死蜱浓度0.15mg/L；粉末活性炭投加量20mg/L；试验水温24℃。</td></tr>
<tr><td colspan="4">济南鹊华水厂原水：毒死蜱浓度0.15mg/L；粉末活性炭投加量20mg/L；试验水温24℃；COD_{Mn} 3.0mg/L；pH值7.82；浊度0.6NTU；碱度125mg/L；硬度250mg/L。</td></tr>
<tr><td rowspan="2">上海</td><td colspan="4">纯水：毒死蜱浓度0.15mg/L；粉末活性炭投加量20mg/L；试验水温20℃。</td></tr>
<tr><td colspan="4">长江原水：毒死蜱浓度0.15mg/L；粉末活性炭投加量20mg/L；试验水温20℃；COD_{Mn} 2.3mg/L；pH值7.9；浊度25NTU；碱度94mg/L；硬度204mg/L。</td></tr>
<tr><td colspan="5">试验结果</td></tr>
<tr><td colspan="5">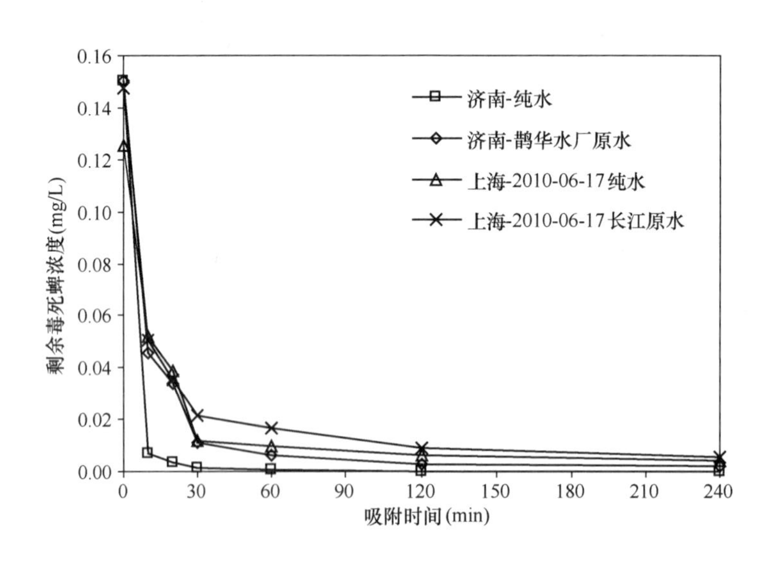
</td></tr>
<tr><td colspan="5">备　注</td></tr>
<tr><td colspan="5">1. 本组纯水试验条件下，粉末活性炭对毒死蜱的吸附基本达到平衡的时间为60min以上。
2. 本组原水试验条件下，粉末活性炭对毒死蜱的吸附基本达到平衡的时间为60min以上。</td></tr>
</table>

1.17.2 不同水质条件下粉末活性炭对毒死蜱的吸附容量

<table>
<tr><td>试验名称</td><td colspan="5">不同水质条件下粉末活性炭对 毒死蜱 的吸附容量</td></tr>
<tr><td rowspan="2" colspan="2">相关水质标准
(mg/L)</td><td>国家标准</td><td>0.03</td><td>住房和城乡
建设部行标</td><td></td></tr>
<tr><td>地表水标准</td><td></td><td></td><td></td></tr>
<tr><td colspan="6">试验条件</td></tr>
<tr><td rowspan="2">济南</td><td colspan="5">纯水：毒死蜱浓度0.30mg/L；粉末活性炭投加量20mg/L；试验水温23℃；吸附时间120min。</td></tr>
<tr><td colspan="5">济南鹊华水厂原水：毒死蜱浓度0.30mg/L；试验水温23℃；COD_{Mn} 2.8mg/L；pH值7.86；浊度0.6NTU；碱度141mg/L；硬度250mg/L；吸附时间120min。</td></tr>
<tr><td rowspan="2">上海</td><td colspan="5">纯水：毒死蜱浓度0.15mg/L；粉末活性炭投加量20mg/L；试验水温20℃；吸附时间120min。</td></tr>
<tr><td colspan="5">长江原水：毒死蜱浓度0.15mg/L；粉末活性炭投加量20mg/L；试验水温20℃；COD_{Mn} 2.3mg/L；pH值7.9；浊度25NTU；碱度94mg/L；硬度204mg/L；吸附时间120min。</td></tr>
<tr><td colspan="6">试验结果</td></tr>
<tr><td colspan="6">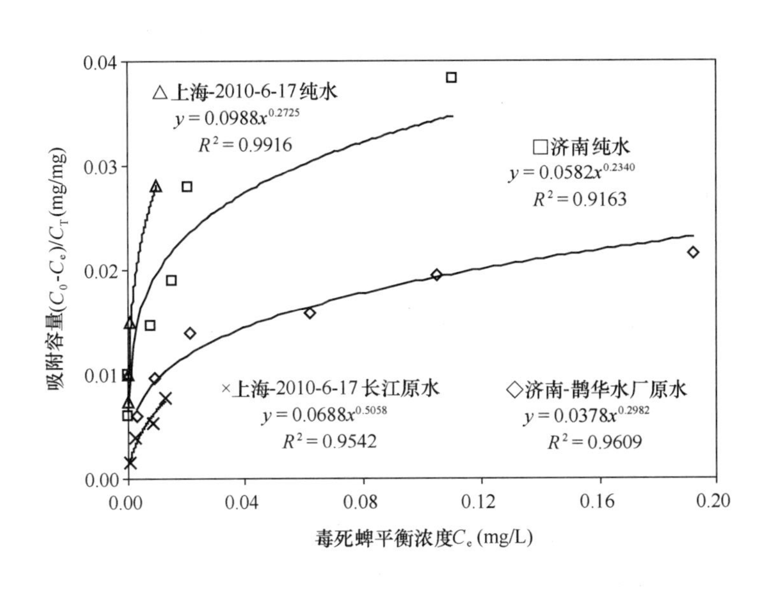</td></tr>
<tr><td colspan="6">备　　注</td></tr>
<tr><td colspan="6">1. 粉末活性炭对毒死蜱的吸附容量可以用Freundrich吸附等温线来描述。
2. 原水条件下的吸附容量比纯水条件下有明显降低，可能是由于水中有机物的竞争吸附。
3. 试验中，平衡浓度统一设定为120min吸附时间的浓度。
4. 不同实验室得到的研究结论基本一致，数值的差异可能由水质差异引起。</td></tr>
</table>

1.18 对二甲苯

1.18.1 不同水质条件下粉末活性炭对对二甲苯的吸附速率

<table>
<tr><td>试验名称</td><td colspan="4">不同水质条件下粉末活性炭对 对二甲苯 的吸附速率</td></tr>
<tr><td rowspan="2">相关水质标准
(mg/L)</td><td>国家标准</td><td>0.5</td><td>住房和城乡建设部行标</td><td>0.5</td></tr>
<tr><td>地表水标准</td><td>0.5</td><td></td><td></td></tr>
<tr><td colspan="5">试验条件</td></tr>
<tr><td rowspan="2">北京</td><td colspan="4">纯水：对二甲苯浓度2.5mg/L；粉末活性炭投加量20mg/L；试验水温23℃；TOC 0.1～0.5mg/L；pH值6.8。</td></tr>
<tr><td colspan="4">第九水厂原水：对二甲苯浓度2.0mg/L；试验水温20℃；COD_{Mn} 2.0～3.0mg/L；pH值7.8；浊度1.2NTU；硬度200～220mg/L。</td></tr>
<tr><td colspan="5">试验结果</td></tr>
<tr><td colspan="5">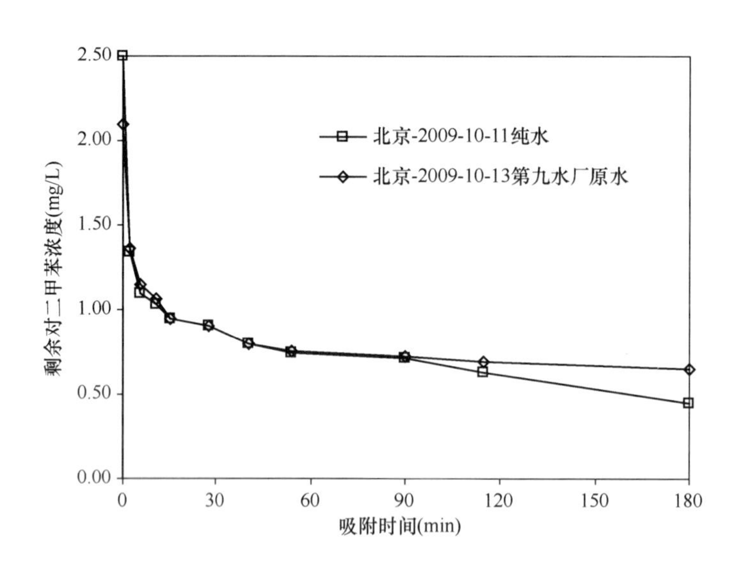
</td></tr>
<tr><td colspan="5">备　注</td></tr>
<tr><td colspan="5">1. 本组纯水试验条件下，粉末活性炭对对二甲苯的吸附基本达到平衡的时间为60min以上。
2. 本组原水试验条件下，粉末活性炭对对二甲苯的吸附基本达到平衡的时间为60min以上。</td></tr>
</table>

1.18.2 不同水质条件下粉末活性炭对对二甲苯的吸附容量

<table>
<tr><td>试验名称</td><td colspan="4">不同水质条件下粉末活性炭对__对二甲苯__的吸附容量</td></tr>
<tr><td rowspan="2">相关水质标准
(mg/L)</td><td>国家标准</td><td>0.5</td><td>住房和城乡建设部行标</td><td>0.5</td></tr>
<tr><td>地表水标准</td><td>0.5</td><td></td><td></td></tr>
<tr><td colspan="5">试验条件</td></tr>
<tr><td rowspan="2">北京</td><td colspan="4">纯水：对二甲苯浓度2.5mg/L；粉末活性炭投加量20mg/L；试验水温23℃；TOC 0.1～0.5mg/L；pH值6.8；吸附时间120min。</td></tr>
<tr><td colspan="4">第九水厂原水：对二甲苯浓度2.0mg/L；试验水温20℃；COD_{Mn} 2.0～3.0mg/L；pH值7.8；浊度1.2NTU；硬度200～220mg/L；吸附时间120min。</td></tr>
<tr><td colspan="5">试验结果</td></tr>
<tr><td colspan="5">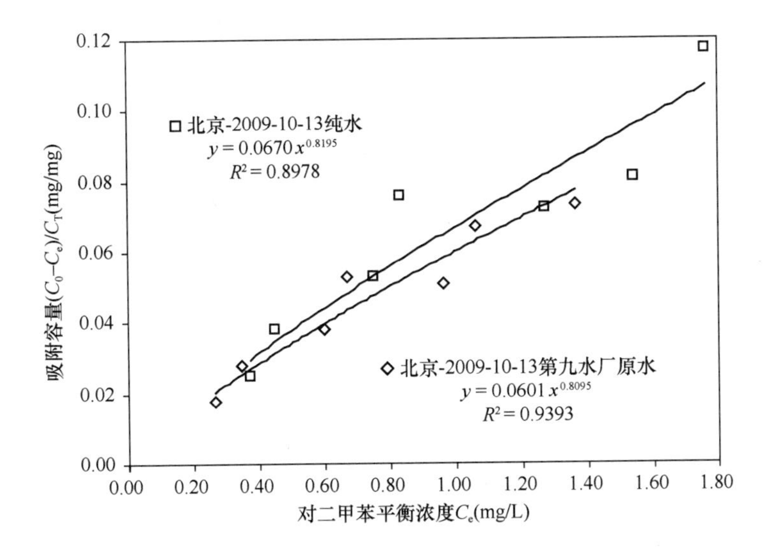</td></tr>
<tr><td colspan="5">备　注</td></tr>
<tr><td colspan="5">1. 粉末活性炭对对二甲苯的吸附容量可以用Freundrich吸附等温线来描述。
2. 原水条件下的吸附容量与纯水条件下基本相同。
3. 试验中，平衡浓度统一设定为120min吸附时间的浓度。</td></tr>
</table>

1.18.3 最大投炭量条件下可以应对的对二甲苯最高浓度

试验名称	最大投炭量条件下可以应对的__对二甲苯__最高浓度			
相关水质标准(mg/L)	国家标准	0.5	住房和城乡建设部行标	0.5
	地表水标准	0.5		
试验条件				
北京	纯水：粉末活性炭投加量80mg/L；试验水温23℃；TOC 0.1～0.5mg/L；pH值6.8。			
试验结果				

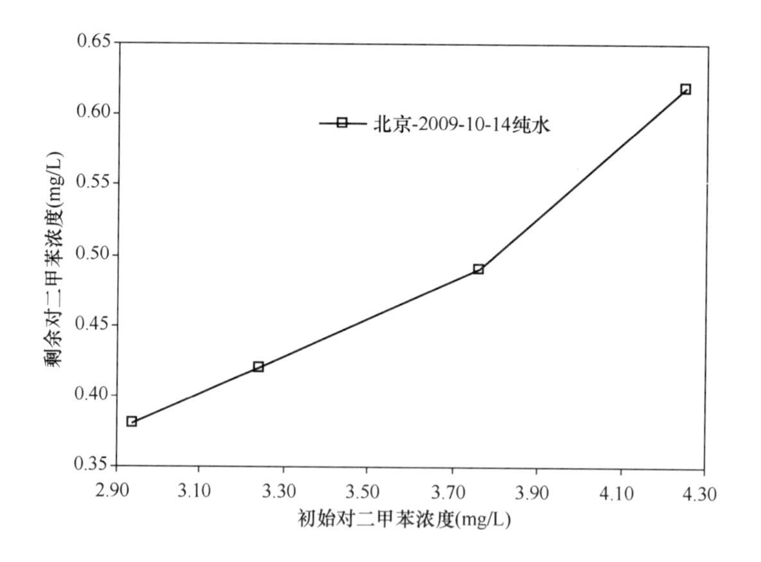

备　注
纯水试验条件下，可应对最高浓度约为3.8mg/L，可应对最大超标倍数7倍。

1.19 对硫磷

1.19.1 不同水质条件下粉末活性炭对对硫磷的吸附速率

试验名称	不同水质条件下粉末活性炭对 对硫磷 的吸附速率			
相关水质标准（mg/L）	国家标准	0.003	住房和城乡建设部行标	0.003
	地表水标准	0.003		
试验条件				
东莞	纯水：对硫磷浓度0.060mg/L；粉末活性炭投加量5mg/L；试验水温22℃。			
	东江原水：对硫磷浓度0.0600mg/L；粉末活性炭投加量5mg/L；试验水温22℃；COD_{Mn} 2.22mg/L；pH值7.1；浊度14.0NTU；碱度27.0mg/L；硬度42.0mg/L。			

试验结果

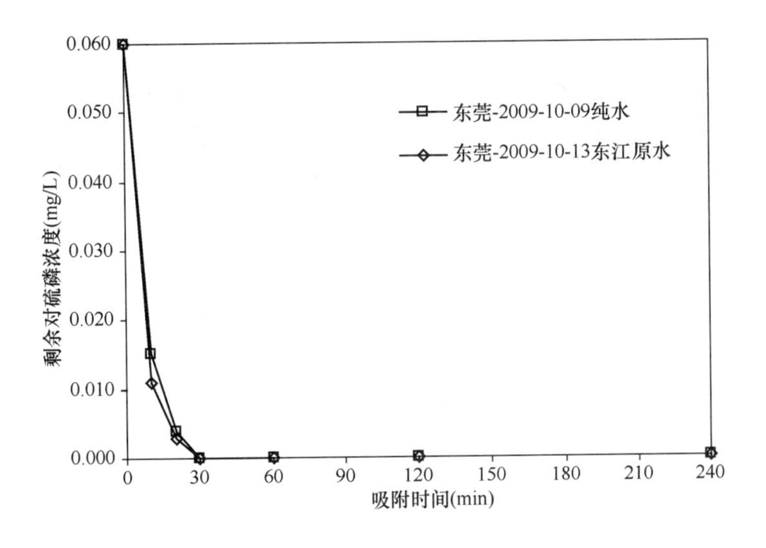

备注

1. 本组纯水试验条件下，粉末活性炭对对硫磷的吸附基本达到平衡的时间为30min以上。
2. 本组原水试验条件下，粉末活性炭对对硫磷的吸附基本达到平衡的时间为30min以上。

1.19.2 不同水质条件下粉末活性炭对对硫磷的吸附容量

<table>
<tr><td>试验名称</td><td colspan="4">不同水质条件下粉末活性炭对 对硫磷 的吸附容量</td></tr>
<tr><td rowspan="2">相关水质标准
(mg/L)</td><td>国家标准</td><td>0.003</td><td>住房和城乡建设部行标</td><td>0.003</td></tr>
<tr><td>地表水标准</td><td>0.003</td><td></td><td></td></tr>
<tr><td colspan="5">试验条件</td></tr>
<tr><td rowspan="2">东莞</td><td colspan="4">纯水：对硫磷浓度0.0600mg/L；粉末活性炭投加量5mg/L；试验水温20℃；吸附时间120min。</td></tr>
<tr><td colspan="4">东江原水：对硫磷浓度0.1200mg/L；试验水温22℃；COD_{Mn} 2.22mg/L；pH 值7.1；浊度14.0NTU；碱度27.0mg/L；硬度42.0mg/L；吸附时间120min。</td></tr>
<tr><td colspan="5">试验结果</td></tr>
<tr><td colspan="5">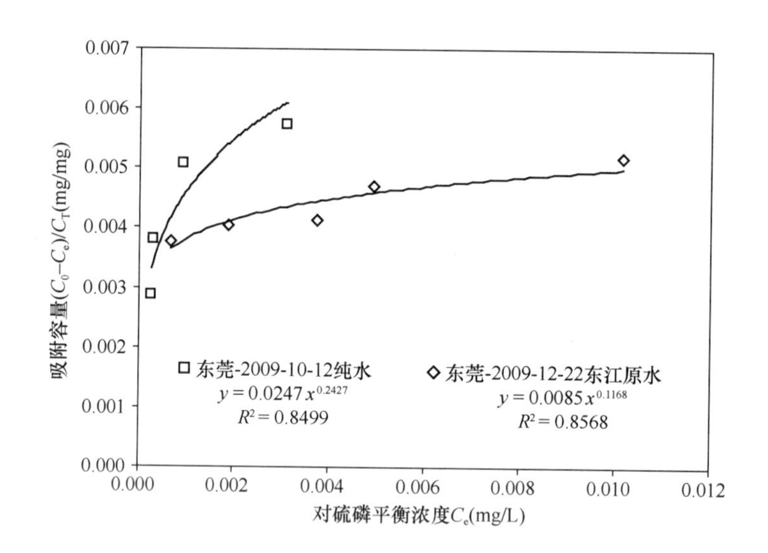</td></tr>
<tr><td colspan="5">备　　注</td></tr>
<tr><td colspan="5">1. 粉末活性炭对对硫磷的吸附容量可以用 Freundrich 吸附等温线来描述。
2. 原水条件下的吸附容量比纯水条件下有明显降低，可能是由于水中有机物的竞争吸附。
3. 试验中，平衡浓度统一设定为 120min 吸附时间的浓度。</td></tr>
</table>

1.20 蒽

1.20.1 不同水质条件下粉末活性炭对蒽的吸附速率

<table>
<tr><td>试验名称</td><td colspan="4">不同水质条件下粉末活性炭对<u>蒽</u>的吸附速率</td></tr>
<tr><td rowspan="2">相关水质标准
(mg/L)</td><td>国家标准</td><td></td><td>住房和城乡建设部行标</td><td></td></tr>
<tr><td>地表水标准</td><td>0.002</td><td></td><td></td></tr>
<tr><td colspan="5">试验条件</td></tr>
<tr><td rowspan="2">上海</td><td colspan="4">纯水：蒽浓度<u>0.01</u>mg/L；粉末活性炭投加量<u>20</u>mg/L；试验水温<u>25</u>℃。</td></tr>
<tr><td colspan="4">长江原水：蒽浓度<u>0.01</u>mg/L；粉末活性炭投加量<u>20</u>mg/L；试验水温<u>25</u>℃；COD_{Mn}<u>2.3</u>mg/L；pH 值<u>7.9</u>；浊度<u>25</u>NTU；碱度<u>94</u>mg/L；硬度<u>204</u>mg/L。</td></tr>
</table>

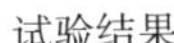

试验结果

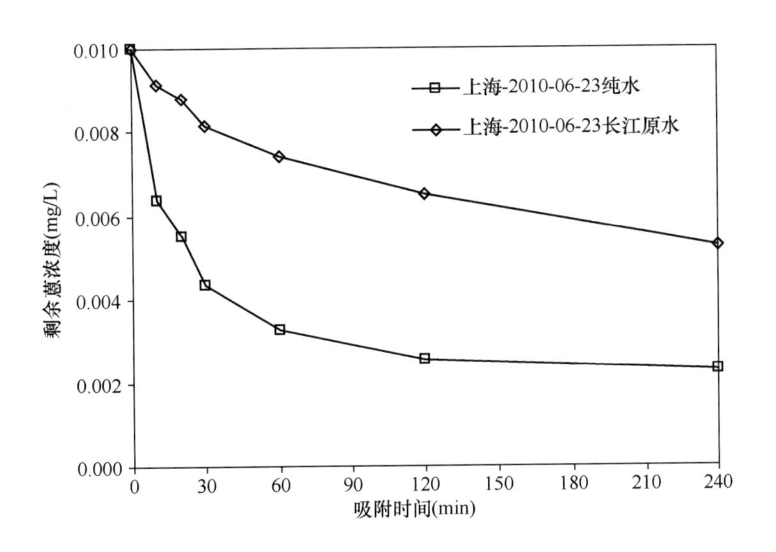

备　注

1. 本组纯水试验条件下，粉末活性炭对蒽的吸附基本达到平衡的时间为 120min 以上。
2. 本组原水试验条件下，粉末活性炭对蒽的吸附基本达到平衡的时间为 240min 以上。

1.20.2 不同水质条件下粉末活性炭对蒽的吸附容量

<table>
<tr><td>试验名称</td><td colspan="4">不同水质条件下粉末活性炭对蒽的吸附容量</td></tr>
<tr><td rowspan="2">相关水质标准
(mg/L)</td><td>国家标准</td><td></td><td>住房和城乡建设部行标</td><td></td></tr>
<tr><td>地表水标准</td><td>0.002</td><td></td><td></td></tr>
<tr><td colspan="5">试验条件</td></tr>
<tr><td rowspan="2">上海</td><td colspan="4">纯水：蒽浓度0.01mg/L；粉末活性炭投加量20mg/L；试验水温25℃；吸附时间120min。</td></tr>
<tr><td colspan="4">长江原水：蒽浓度0.01mg/L；试验水温25℃；COD_{Mn}2.3mg/L；pH值7.9；浊度25NTU；碱度94mg/L；硬度204mg/L；吸附时间120min。</td></tr>
<tr><td colspan="5">试验结果</td></tr>
<tr><td colspan="5">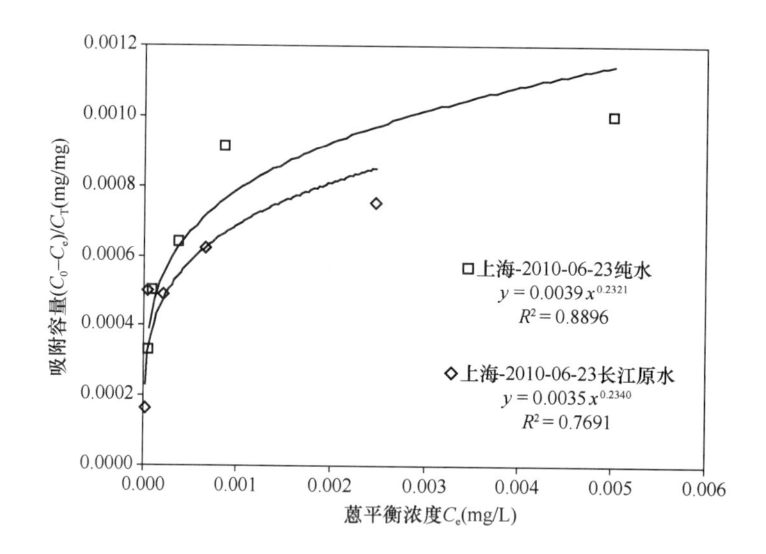</td></tr>
<tr><td colspan="5">备　注</td></tr>
<tr><td colspan="5">1. 粉末活性炭对蒽的吸附容量可以用Freundrich吸附等温线来描述。
2. 原水条件下的吸附容量比纯水条件下略有降低，可能是由于水中有机物的竞争吸附。
3. 试验中，平衡浓度统一设定为120min吸附时间的浓度。</td></tr>
</table>

1.20.3 最大投炭量条件下可以应对的蒽最高浓度

<table>
<tr><td>试验名称</td><td colspan="4">最大投炭量条件下可以应对的　蒽　最高浓度</td></tr>
<tr><td rowspan="2">相关水质标准
(mg/L)</td><td>国家标准</td><td></td><td>住房和城乡建设部行标</td><td></td></tr>
<tr><td>地表水标准</td><td>0.002</td><td></td><td></td></tr>
<tr><td colspan="5">试验条件</td></tr>
<tr><td>上海</td><td colspan="4">长江原水：投炭量80mg/L；试验水温20℃；吸附时间120min。</td></tr>
<tr><td colspan="5">试验结果</td></tr>
<tr><td colspan="5">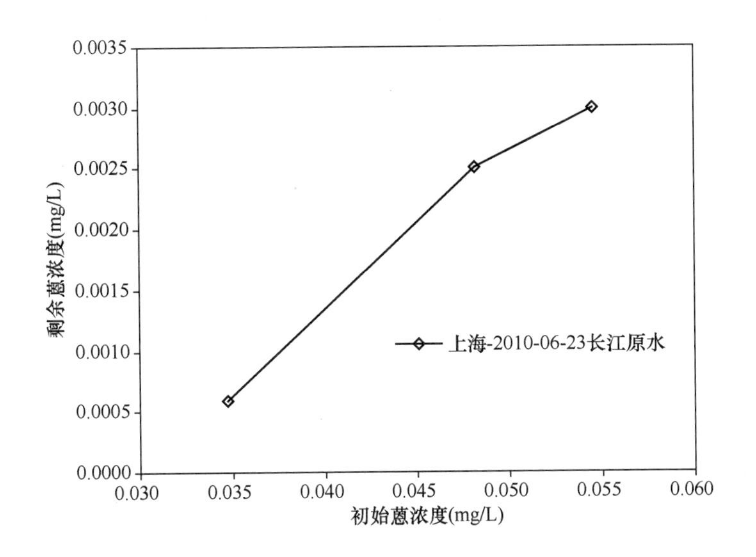</td></tr>
<tr><td colspan="5">备　注</td></tr>
<tr><td colspan="5">上海原水试验条件下，可应对最高浓度约为0.044mg/L，可应对最大超标倍数21倍。</td></tr>
</table>

1.21 二甲基二硫

1.21.1 二甲基二硫的粉末活性炭吸附去除可行性测试

试验名称	二甲基二硫的粉末活性炭吸附去除可行性测试			
相关水质标准(mg/L)	国家标准		住房和城乡建设部行标	
	地表水标准			
试验条件				
东莞	纯水：粉末活性炭投加量20mg/L；吸附时间120min；试验水温27℃。			
试验结果				
污染物名称	初始浓度(mg/L)	吸附后浓度(mg/L)	去除率(%)	技术可行性评价
二甲基二硫	0.11597	0.07184	38.05	可行
备　注				
纯水条件下，粉末活性炭吸附对二甲基二硫的去除率大于30%。				

1.21.2 不同水质条件下粉末活性炭对二甲基二硫的吸附速率

<table>
<tr><td>试验名称</td><td colspan="4">不同水质条件下粉末活性炭对 二甲基二硫 的吸附速率</td></tr>
<tr><td rowspan="2">相关水质标准
(mg/L)</td><td>国家标准</td><td></td><td>住房和城乡建设部行标</td><td></td></tr>
<tr><td>地表水标准</td><td></td><td></td><td></td></tr>
<tr><td colspan="5">试验条件</td></tr>
<tr><td rowspan="2">东莞</td><td colspan="4">纯水：二甲基二硫浓度0.06680mg/L；粉末活性炭投加量20mg/L；试验水温25℃。</td></tr>
<tr><td colspan="4">第三水厂原水：二甲基二硫浓度0.09085mg/L；粉末活性炭投加量20mg/L；试验水温26℃；COD_{Mn} 2.75mg/L；TOC 0.98mg/L；pH 值7.0；浊度22.8NTU；碱度28.5mg/L；硬度34.0mg/L。</td></tr>
<tr><td colspan="5">试验结果</td></tr>
<tr><td colspan="5">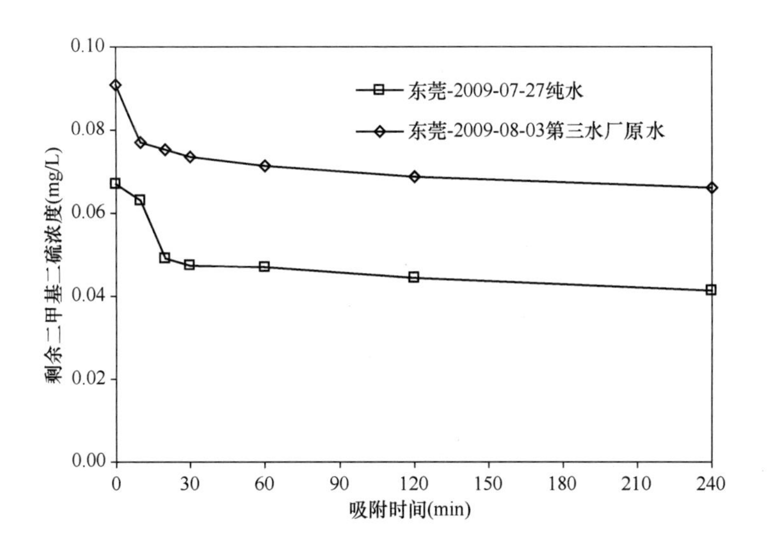</td></tr>
<tr><td colspan="5">备　注</td></tr>
<tr><td colspan="5">1. 本组纯水试验条件下，粉末活性炭对二甲基二硫的吸附基本达到平衡的时间为 120min 以上。
2. 本组原水试验条件下，粉末活性炭对二甲基二硫的吸附基本达到平衡的时间为 120min 以上。</td></tr>
</table>

1.21.3 不同水质条件下粉末活性炭对二甲基二硫的吸附容量

<table>
<tr><td>试验名称</td><td colspan="4">不同水质条件下粉末活性炭对二甲基二硫的吸附容量</td></tr>
<tr><td rowspan="2">相关水质标准
(mg/L)</td><td>国家标准</td><td></td><td>住房和城乡建设部行标</td><td></td></tr>
<tr><td>地表水标准</td><td></td><td></td><td></td></tr>
<tr><td colspan="5">试验条件</td></tr>
<tr><td rowspan="2">东莞</td><td colspan="4">纯水：二甲基二硫浓度0.11597mg/L；粉末活性炭投加量20mg/L；试验水温25℃；吸附时间120min。</td></tr>
<tr><td colspan="4">第三水厂原水：二甲基二硫浓度0.11643mg/L；试验水温26℃；COD_{Mn} 2.45mg/L；TOC 0.87mg/L；pH值7.0；浊度19.2NTU；碱度27.9mg/L；硬度36.0mg/L；吸附时间120min。</td></tr>
</table>

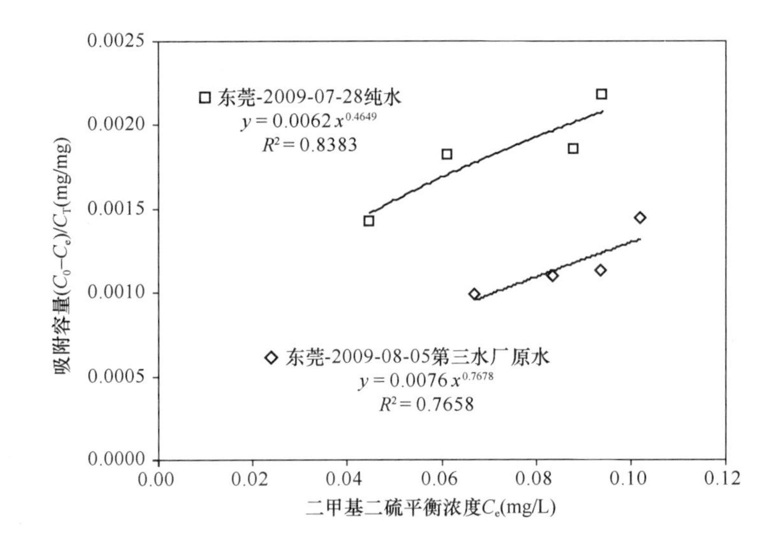

备　注
1. 粉末活性炭对二甲基二硫的吸附容量可以用Freundrich吸附等温线来描述。 2. 原水条件下的吸附容量比纯水条件下有明显降低，可能是由于水中有机物的竞争吸附。 3. 试验中，平衡浓度统一设定为120min吸附时间的浓度。

1.22 二甲基三硫

二甲基三硫的粉末活性炭吸附去除可行性测试

试验名称	二甲基三硫的粉末活性炭吸附去除可行性测试			
相关水质标准（mg/L）	国家标准		住房和城乡建设部行标	
	地表水标准			
试验条件				
东莞	纯水：粉末活性炭投加量20mg/L；吸附时间120min；试验水温27℃。			
试验结果				
污染物名称	初始浓度（mg/L）	吸附后浓度（mg/L）	去除率（%）	技术可行性评价
二甲基三硫	0.10485	0.8556	18.40	不可行
备　注				
纯水条件下，粉末活性炭吸附对二甲基二硫醚的去除率小于30%，粉末活性炭吸附去除二甲基三硫醚不可行。				

1.23 1，2-二氯苯

1.23.1 不同水质条件下粉末活性炭对1，2-二氯苯的吸附速率

试验名称	不同水质条件下粉末活性炭对 1，2-二氯苯 的吸附速率				
相关水质标准(mg/L)	国家标准	1	住房和城乡建设部行标	1	
	地表水标准	1			
试验条件					
东莞	纯水：1，2-二氯苯浓度4.37mg/L；粉末活性炭投加量20mg/L；试验水温22℃。				
	第三水厂原水：1，2-二氯苯浓度5.41mg/L；粉末活性炭投加量20mg/L；试验水温21℃；COD_{Mn} 2.36mg/L；pH值6.9；浊度25.8NTU；碱度33mg/L；硬度40mg/L。				
哈尔滨	纯水：1，2-二氯苯浓度5.0mg/L；粉末活性炭投加量20mg/L；试验水温22℃。				
试验结果					

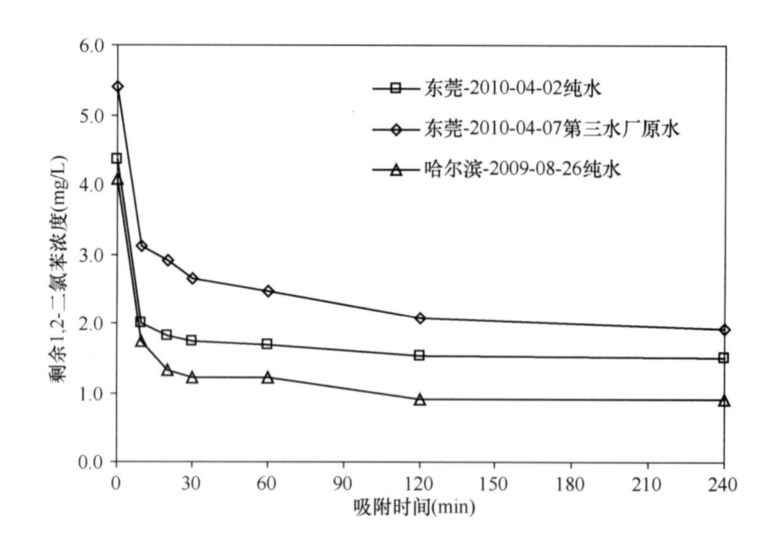

备注
1. 本组纯水试验条件下，粉末活性炭对1，2-二氯苯的吸附基本达到平衡的时间为30min以上。 2. 本组原水试验条件下，粉末活性炭对1，2-二氯苯的吸附基本达到平衡的时间为120min以上。

1.23.2 不同水质条件下粉末活性炭对1，2-二氯苯的吸附容量

<table>
<tr><td>试验名称</td><td colspan="4">不同水质条件下粉末活性炭对 1，2-二氯苯 的吸附容量</td></tr>
<tr><td rowspan="2">相关水质标准
(mg/L)</td><td>国家标准</td><td>1</td><td>住房和城乡建设部行标</td><td>1</td></tr>
<tr><td>地表水标准</td><td>1</td><td></td><td></td></tr>
<tr><td colspan="5">试验条件</td></tr>
<tr><td rowspan="2">东莞</td><td colspan="4">纯水：1，2-二氯苯浓度4.24mg/L；粉末活性炭投加量20mg/L；试验水温22℃；吸附时间120min。</td></tr>
<tr><td colspan="4">第三水厂原水：1，2-二氯苯浓度5.47mg/L；试验水温21℃；COD_{Mn} 2.36mg/L；pH值6.9；浊度25.8NTU；碱度32mg/L；硬度40mg/L；吸附时间120min。</td></tr>
<tr><td rowspan="2">哈尔滨</td><td colspan="4">纯水：1，2-二氯苯浓度4.733mg/L；试验水温22℃；吸附时间120min。</td></tr>
<tr><td colspan="4">滤后水：1，2-二氯苯浓度4.829mg/L；试验水温14.3℃；COD_{Mn} 2.48mg/L；pH值7.50；浊度0.33NTU；碱度56mg/L；硬度66mg/L；吸附时间120min。</td></tr>
<tr><td colspan="5">试验结果</td></tr>
</table>

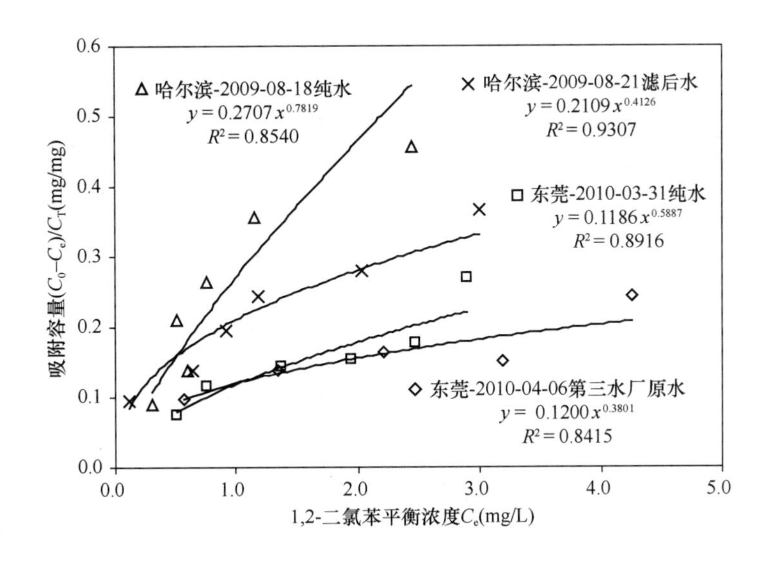

备　注

1. 粉末活性炭对1，2-二氯苯的吸附容量可以用Freundrich吸附等温线来描述。
2. 原水条件下的吸附容量比纯水条件下有明显降低，可能是由于水中有机物的竞争吸附。
3. 试验中，平衡浓度统一设定为120min吸附时间的浓度。
4. 不同实验室得到的数值有差异。

1.23.3 最大投炭量条件下可以应对的1，2-二氯苯最高浓度

<table>
<tr><td>试验名称</td><td colspan="5">最大投炭量条件下可以应对的 1，2-二氯苯 最高浓度</td></tr>
<tr><td rowspan="2">相关水质标准
(mg/L)</td><td colspan="2">国家标准</td><td>1</td><td>住房和城乡建设部行标</td><td>1</td></tr>
<tr><td colspan="2">地表水标准</td><td>1</td><td></td><td></td></tr>
<tr><td colspan="6">试验条件</td></tr>
<tr><td rowspan="2">哈尔滨</td><td colspan="5">纯水：投炭量80mg/L；试验水温20℃；吸附时间120min。</td></tr>
<tr><td colspan="5">滤后水：投炭量80mg/L；试验水温20℃；吸附时间120min。</td></tr>
<tr><td colspan="6">试验结果</td></tr>
<tr><td colspan="6">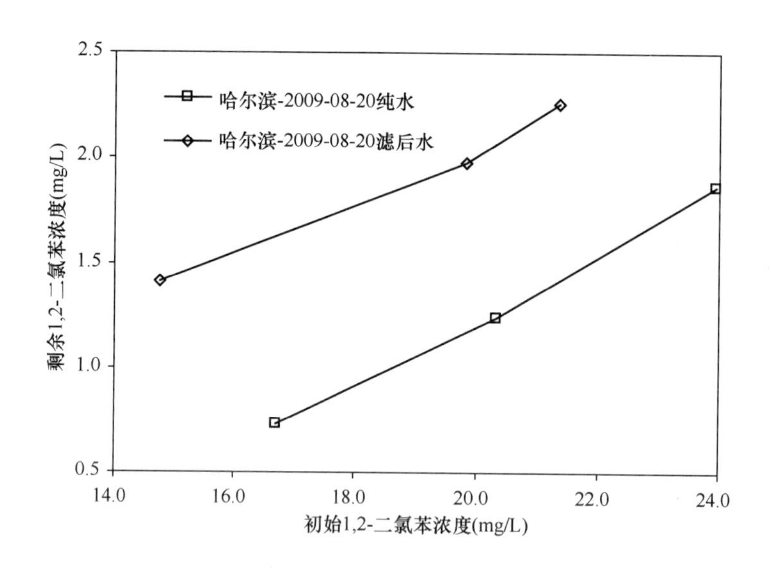</td></tr>
<tr><td colspan="6">备　注</td></tr>
<tr><td colspan="6">1. 纯水试验条件下，可应对最高浓度约为18mg/L，可应对最大超标倍数17倍。
2. 哈尔滨原水试验条件下，可应对最高浓度约为11mg/L，可应对最大超标倍数10倍。</td></tr>
</table>

1.24 1，4-二氯苯

1.24.1 不同水质条件下粉末活性炭对 1，4-二氯苯的吸附速率

试验名称	不同水质条件下粉末活性炭对 1，4-二氯苯 的吸附速率			
相关水质标准（mg/L）	国家标准	0.3	住房和城乡建设部行标	0.075
	地表水标准	0.3		
试验条件				
东莞	纯水：1，4-二氯苯浓度1.57mg/L；粉末活性炭投加量20mg/L；试验水温26℃。			
	第三水厂原水：1，4-二氯苯浓度1.35mg/L；粉末活性炭投加量20mg/L；试验水温28℃；COD_{Mn} 2.67mg/L；pH 值6.9；浊度33.5NTU；碱度40mg/L；硬度45mg/L。			
哈尔滨	纯水：1，4-二氯苯浓度1.129mg/L；粉末活性炭投加量20mg/L；试验水温20℃。			
	滤后水：1，4-二氯苯浓度3.53mg/L；粉末活性炭投加量20mg/L；试验水温20℃；COD_{Mn} 3.53mg/L；pH 值6.9；浊度0.32NTU；碱度52mg/L；硬度46mg/L。			
试验结果				

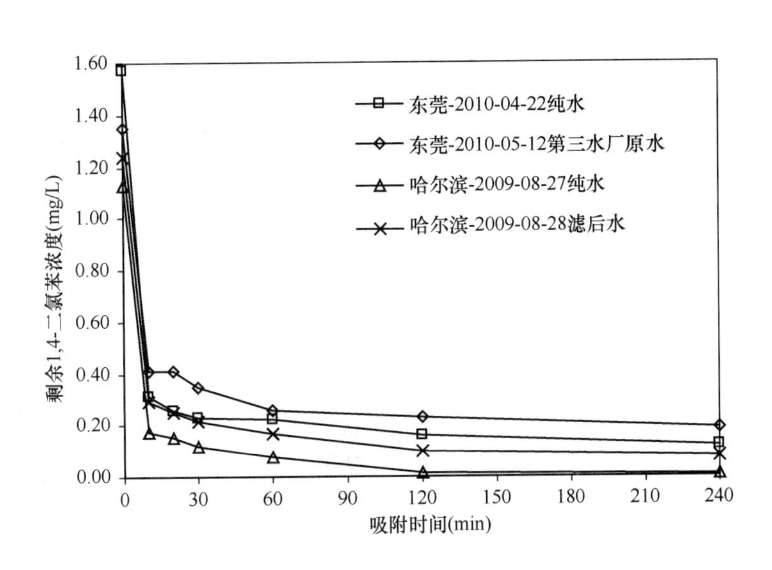

备　　注
1. 本组纯水试验条件下，粉末活性炭对 1，4-二氯苯的吸附基本达到平衡的时间为 15min 以上。 2. 本组原水试验条件下，粉末活性炭对 1，4-二氯苯的吸附基本达到平衡的时间为 15min 以上。

1.24.2 不同水质条件下粉末活性炭对1，4-二氯苯的吸附容量

试验名称	不同水质条件下粉末活性炭对 1，4-二氯苯 的吸附容量			
相关水质标准(mg/L)	国家标准	0.3	住房和城乡建设部行标	0.075
	地表水标准	0.3		
试验条件				
东莞	纯水：1，4-二氯苯浓度1.61mg/L；粉末活性炭投加量20mg/L；试验水温28℃；吸附时间120min。			
	第三水厂原水：1，4-二氯苯浓度1.69mg/L；试验水温28℃；COD_{Mn} 3.00mg/L；pH值6.9；浊度34.4NTU；碱度46mg/L；硬度54mg/L；吸附时间120min。			
哈尔滨	纯水：1，4-二氯苯浓度1.249mg/L；试验水温20℃；吸附时间120min。			
	滤后水：1，4-二氯苯浓度1.247mg/L；试验水温22℃；COD_{Mn} 3.52mg/L；pH值6.9；浊度0.32NTU；碱度52mg/L；硬度46mg/L；吸附时间120min。			
试验结果				

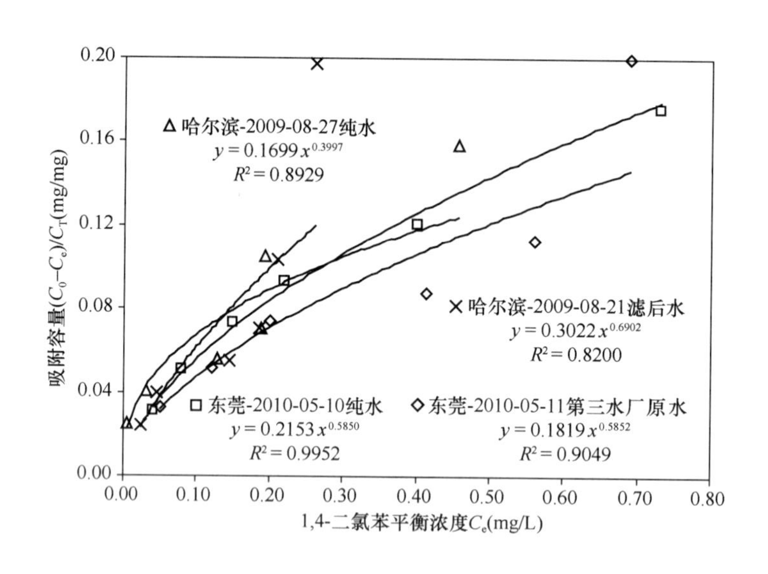

备　注

1. 粉末活性炭对1，4-二氯苯的吸附容量可以用Freundrich吸附等温线来描述。
2. 原水条件下的吸附容量比纯水条件下略有降低，可能是由于水中有机物的竞争吸附。
3. 试验中，平衡浓度统一设定为120min吸附时间的浓度。
4. 不同实验室得到的研究结论基本一致；数值的差异可能由水质差异引起。

1.24.3 最大投炭量条件下可以应对的1，4-二氯苯最高浓度

试验名称	最大投炭量条件下可以应对的 1，4-二氯苯 最高浓度			
相关水质标准（mg/L）	国家标准	0.3	住房和城乡建设部行标	0.075
	地表水标准	0.3		
试验条件				
东莞	纯水：投炭量80mg/L；试验水温28℃；吸附时间120min。			
	第三水厂原水：投炭量80mg/L；试验水温28℃；吸附时间120min。			
哈尔滨	滤后水：投炭量80mg/L；试验水温20℃；吸附时间120min。			
试验结果				

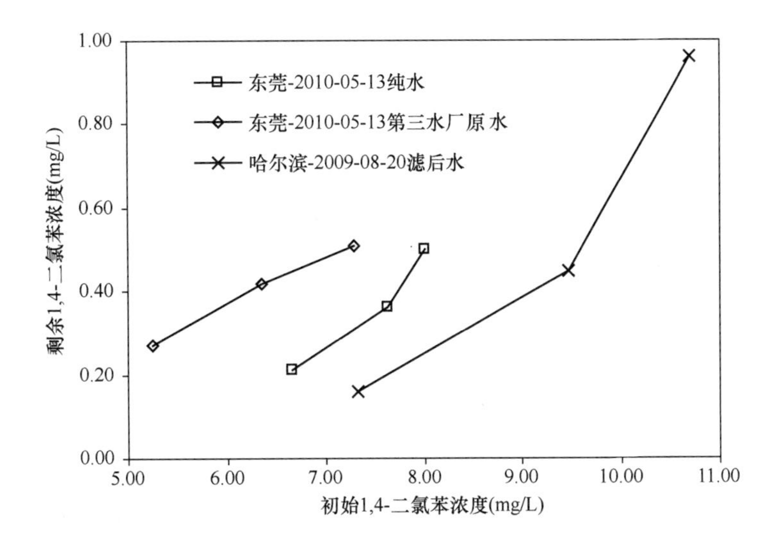

备　注

1. 不同实验室得到的试验数据有差异。
2. 东莞纯水，可应对最高浓度约为7.5mg/L，可应对最大超标倍数24倍。
3. 东莞原水，可应对最高浓度约为5.5mg/L，可应对最大超标倍数17倍。
4. 哈尔滨滤后水，可应对最高浓度约为8.5mg/L，可应对最大超标倍数27倍。

1.25 2，4-二氯酚

1.25.1 不同水质条件下粉末活性炭对2，4-二氯酚的吸附速率

<table>
<tr><td>试验名称</td><td colspan="4">不同水质条件下粉末活性炭对 2，4-二氯酚 的吸附速率</td></tr>
<tr><td rowspan="2">相关水质标准
(mg/L)</td><td>国家标准</td><td></td><td>住房和城乡建设部行标</td><td></td></tr>
<tr><td>地表水标准</td><td>0.093</td><td></td><td></td></tr>
<tr><td colspan="5">试验条件</td></tr>
<tr><td rowspan="2">上海</td><td colspan="4">纯水：2，4-二氯酚浓度0.442mg/L；粉末活性炭投加量20mg/L；试验水温10℃。</td></tr>
<tr><td colspan="4">长江原水：2，4-二氯酚浓度0.465mg/L；粉末活性炭投加量20mg/L；试验水温10℃；COD_{Mn} 2.3mg/L；pH值7.9；浊度25NTU；碱度94mg/L；硬度204mg/L。</td></tr>
<tr><td colspan="5">试验结果</td></tr>
<tr><td colspan="5">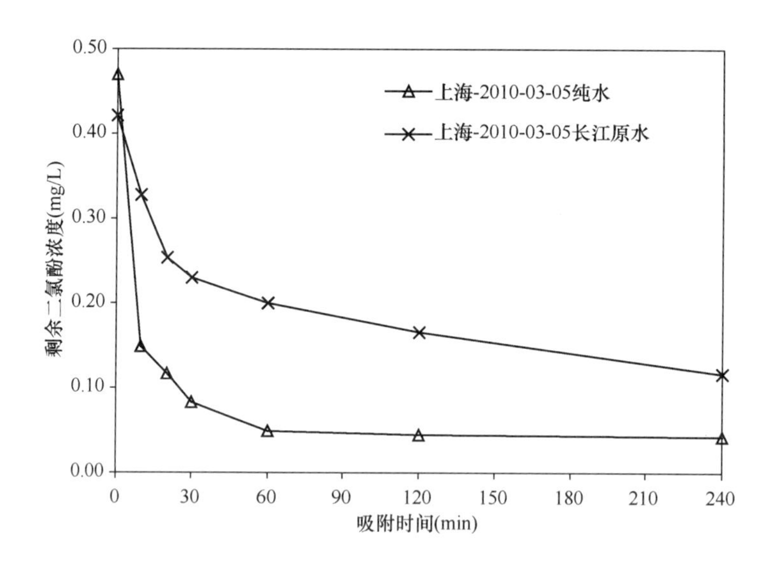
</td></tr>
<tr><td colspan="5">备　注</td></tr>
<tr><td colspan="5">1. 本组纯水试验条件下，粉末活性炭对2，4-二氯酚的吸附基本达到平衡的时间为30min以上。
2. 本组原水试验条件下，粉末活性炭对2，4-二氯酚的吸附基本达到平衡的时间为120min以上。</td></tr>
</table>

1.25.2 不同水质条件下粉末活性炭对2，4-二氯酚的吸附容量

试验名称	不同水质条件下粉末活性炭对 2，4-二氯酚 的吸附容量			
相关水质标准（mg/L）	国家标准		住房和城乡建设部行标	
	地表水标准	0.093		
试验条件				
上海	纯水：2，4-二氯酚浓度0.442mg/L；粉末活性炭投加量20mg/L；试验水温10℃；吸附时间120min。			
	长江原水：2，4-二氯酚浓度0.427mg/L；试验水温10℃；COD_{Mn} 2.3mg/L；pH 值7.9；浊度25NTU；碱度94mg/L；硬度204mg/L；吸附时间120min。			
试验结果				

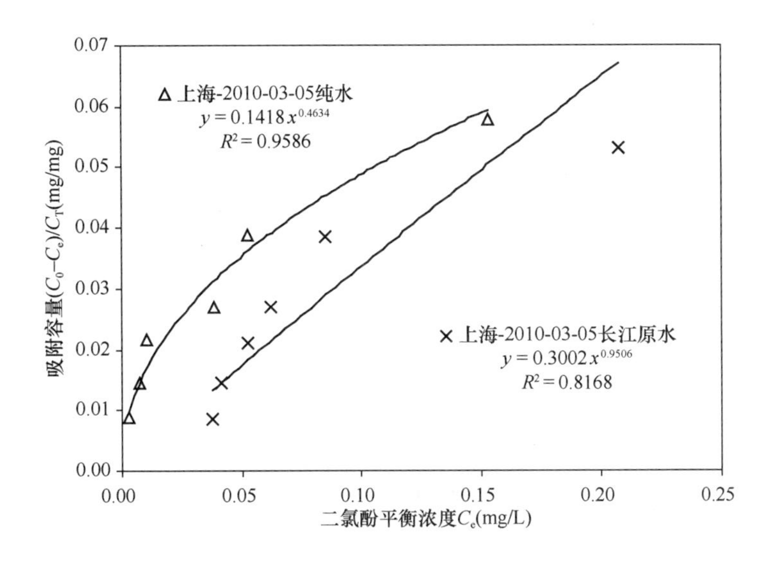

备　注
1. 粉末活性炭对2，4-二氯酚的吸附容量可以用Freundrich吸附等温线来描述。 2. 原水条件下的吸附容量比纯水条件下略有降低，可能是由于水中有机物的竞争吸附。 3. 试验中，平衡浓度统一设定为120min吸附时间的浓度。

1.25.3 最大投炭量条件下可以应对的2，4-二氯酚最高浓度

<table>
<tr><td>试验名称</td><td colspan="5">最大投炭量条件下可以应对的 2，4-二氯酚 最高浓度</td></tr>
<tr><td rowspan="2" colspan="2">相关水质标准
(mg/L)</td><td>国家标准</td><td></td><td>住房和城乡建设部行标</td><td></td></tr>
<tr><td>地表水标准</td><td>0.093</td><td></td><td></td></tr>
<tr><td colspan="6">试验条件</td></tr>
<tr><td rowspan="2">上海</td><td colspan="5">纯水：投炭量80mg/L；试验水温20℃；吸附时间120min。</td></tr>
<tr><td colspan="5">长江原水：投炭量80mg/L；试验水温20℃；吸附时间120min。</td></tr>
<tr><td colspan="6">试验结果</td></tr>
<tr><td colspan="6">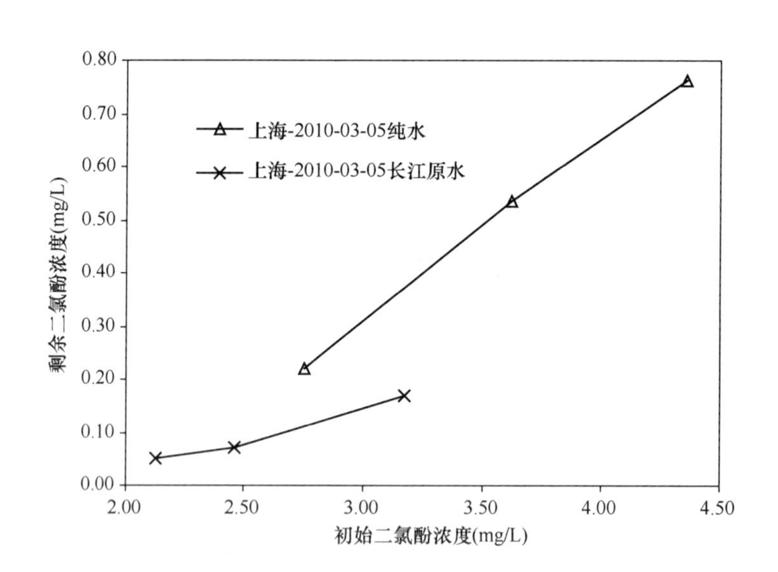
</td></tr>
<tr><td colspan="6">备　　注</td></tr>
<tr><td colspan="6">上海原水，可应对最高浓度约为2.7mg/L，可应对最大超标倍数26倍。</td></tr>
</table>

1.26 2，4-二氯联苯（多氯联苯）

1.26.1 不同水质条件下粉末活性炭对2，4-二氯联苯（多氯联苯）的吸附速率

<table>
<tr><td>试验名称</td><td colspan="5">不同水质条件下粉末活性炭对 2，4-二氯联苯 的吸附速率</td></tr>
<tr><td rowspan="2">相关水质标准
(mg/L)</td><td colspan="2">国家标准</td><td>0.0005</td><td>住房和城乡建设部行标</td><td></td></tr>
<tr><td colspan="2">地表水标准</td><td></td><td></td><td></td></tr>
<tr><td colspan="6">试验条件</td></tr>
<tr><td rowspan="2">上海</td><td colspan="5">纯水：2，4-二氯联苯浓度0.00487mg/L；粉末活性炭投加量20mg/L；试验水温20℃。</td></tr>
<tr><td colspan="5">长江原水：2，4-二氯联苯浓度0.00425mg/L；粉末活性炭投加量20mg/L；试验水温20℃；COD_{Mn} 2.3mg/L；pH值7.9；浊度25NTU；碱度94mg/L；硬度204mg/L。</td></tr>
<tr><td colspan="6">试验结果</td></tr>
<tr><td colspan="6">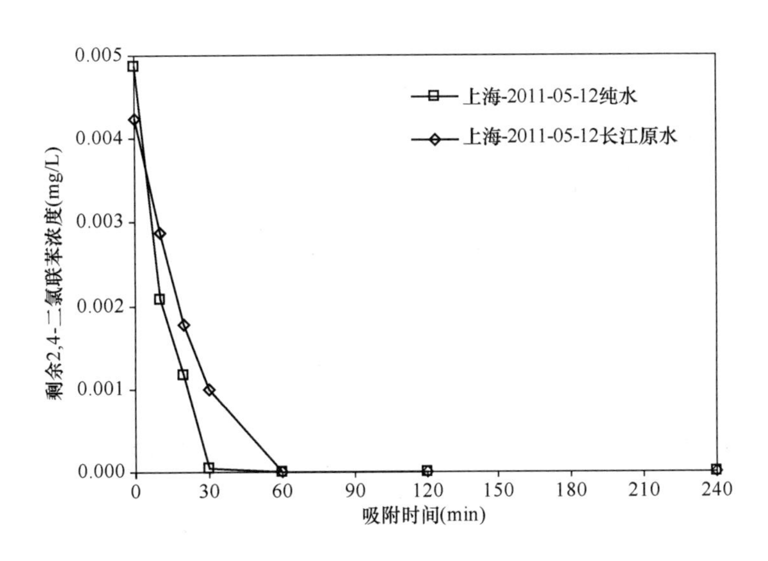
</td></tr>
<tr><td colspan="6">备　注</td></tr>
<tr><td colspan="6">1. 本组纯水试验条件下，粉末活性炭对2，4-二氯联苯的吸附基本达到平衡的时间为30min以上。
2. 本组原水试验条件下，粉末活性炭对2，4-二氯联苯的吸附基本达到平衡的时间为60min以上。</td></tr>
</table>

1.26.2 不同水质条件下粉末活性炭对2，4-二氯联苯（多氯联苯）的吸附容量

<table>
<tr><td>试验名称</td><td colspan="4">不同水质条件下粉末活性炭对 2，4-二氯联苯 的吸附容量</td></tr>
<tr><td rowspan="2">相关水质标准
(mg/L)</td><td>国家标准</td><td>0.0005</td><td>住房和城乡建设部行标</td><td></td></tr>
<tr><td>地表水标准</td><td></td><td></td><td></td></tr>
<tr><td colspan="5">试验条件</td></tr>
<tr><td rowspan="2">上海</td><td colspan="4">纯水：2，4-二氯联苯浓度0.00482mg/L；粉末活性炭投加量20mg/L；试验水温20℃；吸附时间120min。</td></tr>
<tr><td colspan="4">长江原水：2，4-二氯联苯浓度0.00427mg/L；试验水温20℃；COD_{Mn} 2.3mg/L；pH值7.9；浊度25NTU；碱度94mg/L；硬度204mg/L；吸附时间120min。</td></tr>
<tr><td colspan="5">试验结果</td></tr>
<tr><td colspan="5">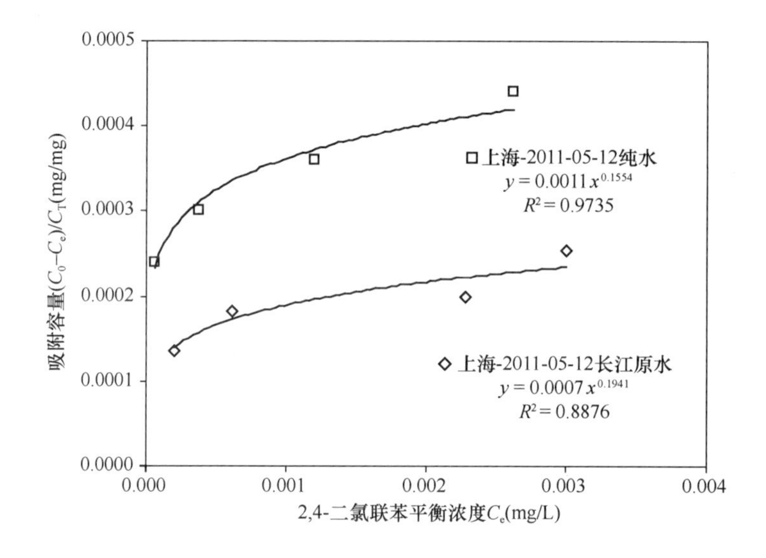
</td></tr>
<tr><td colspan="5">备　注</td></tr>
<tr><td colspan="5">1. 粉末活性炭对2，4-二氯联苯的吸附容量可以用Freundrich吸附等温线来描述。
2. 原水条件下的吸附容量比纯水条件下有明显降低，可能是由于水中有机物的竞争吸附。
3. 试验中，平衡浓度统一设定为120min吸附时间的浓度。</td></tr>
</table>

1.26.3 最大投炭量条件下可以应对的2，4-二氯联（多氯联苯）苯最高浓度

<table>
<tr><td>试验名称</td><td colspan="4">最大投炭量条件下可以应对的 2，4-二氯联苯 最高浓度</td></tr>
<tr><td rowspan="2">相关水质标准
(mg/L)</td><td>国家标准</td><td>0.0005</td><td>住房和城乡建设部行标</td><td></td></tr>
<tr><td>地表水标准</td><td></td><td></td><td></td></tr>
<tr><td colspan="5">试验条件</td></tr>
<tr><td rowspan="2">上海</td><td colspan="4">纯水：投炭量80mg/L；试验水温20℃；吸附时间120min。</td></tr>
<tr><td colspan="4">长江原水：投炭量80mg/L；试验水温20℃；吸附时间120min。</td></tr>
<tr><td colspan="5">试验结果</td></tr>
<tr><td colspan="5">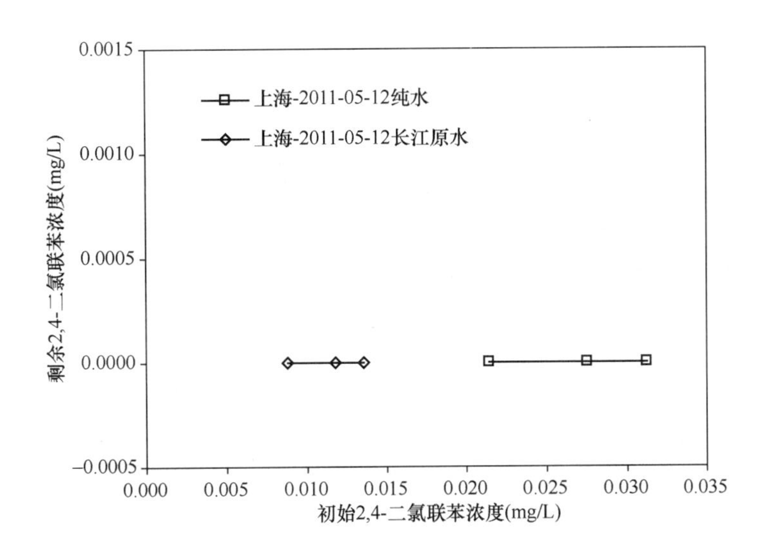
</td></tr>
<tr><td colspan="5">备 注</td></tr>
<tr><td colspan="5">1. 在纯水条件下，可应对最高浓度远大于0.03mg/L，可应对最大超标倍数远大于60倍。
2. 在上海原水试验条件下，可应对最高浓度远大于0.0135mg/L，可应对最大超标倍数远大于26倍。准确数值未得到。</td></tr>
</table>

1.27 二氯乙酸

不同水质条件下粉末活性炭对二氯乙酸的吸附速率

<table>
<tr><td>试验名称</td><td colspan="4">不同水质条件下粉末活性炭对二氯乙酸的吸附速率</td></tr>
<tr><td rowspan="2">相关水质标准
(mg/L)</td><td>国家标准</td><td>0.05</td><td>住房和城乡建设部行标</td><td></td></tr>
<tr><td>地表水标准</td><td></td><td></td><td></td></tr>
<tr><td colspan="5">试验条件</td></tr>
<tr><td rowspan="2">北京</td><td colspan="4">纯水：二氯乙酸浓度0.165mg/L；粉末活性炭投加量20mg/L；试验水温23℃；TOC 0.1～0.5mg/L；pH 值6.8。</td></tr>
<tr><td colspan="4">第九水厂原水：二氯乙酸浓度 0.251 mg/L；水温20℃；COD_{Mn} 2.0～3.0mg/L；pH 值7.8；浊度1.2NTU；硬度200～220mg/L。</td></tr>
<tr><td rowspan="2">广州</td><td colspan="4">去离子水：二氯乙酸浓度0.333mg/L；粉末活性炭投加量20mg/L；试验水温15℃。</td></tr>
<tr><td colspan="4">南洲水厂原水：二氯乙酸浓度0.320mg/L；粉末活性炭投加量20mg/L；试验水温15℃；COD_{Mn}1mg/L；pH 值7.0；浊度4.5NTU；碱度76mg/L；硬度113mg/L。</td></tr>
<tr><td colspan="5">试验结果</td></tr>
<tr><td colspan="5">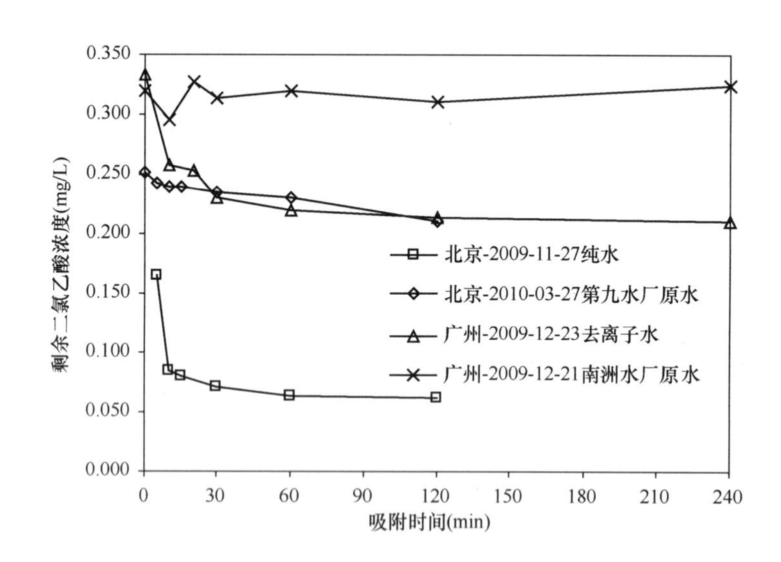
</td></tr>
<tr><td colspan="5">备　注</td></tr>
<tr><td colspan="5">1. 本组纯水试验条件下，粉末活性炭对二氯乙酸的吸附基本达到平衡的时间为 30min 以上。
2. 本组原水试验条件下，粉末活性炭对二氯乙酸的吸附基本达到平衡的时间为 120min 以上。
3. 在纯水条件下，粉末活性炭对二氯乙酸略有吸附。在原水条件下，粉末活性炭对二氯乙酸基本不吸附。因此，对二氯乙酸粉末活性炭吸附技术基本不可行。</td></tr>
</table>

1.28 二硝基苯

1.28.1 不同水质条件下粉末活性炭对二硝基苯的吸附速率

<table>
<tr><td>试验名称</td><td colspan="5">不同水质条件下粉末活性炭对<u>二硝基苯</u>的吸附速率</td></tr>
<tr><td colspan="2" rowspan="2">相关水质标准
(mg/L)</td><td>国家标准</td><td></td><td>住房和城乡建设部行标</td><td></td></tr>
<tr><td>地表水标准</td><td>0.5</td><td></td><td></td></tr>
<tr><td colspan="6">试验条件</td></tr>
<tr><td>哈尔滨</td><td colspan="5">纯水：二硝基苯浓度2.098mg/L；粉末活性炭投加量20mg/L；试验水温24℃。</td></tr>
<tr><td rowspan="2">济南</td><td colspan="5">纯水：二硝基苯浓度2.5mg/L；粉末活性炭投加量20mg/L；试验水温24℃。</td></tr>
<tr><td colspan="5">鹊华水厂原水：二硝基苯浓度2.5mg/L；粉末活性炭投加量20mg/L；试验水温24℃；COD_{Mn}2.4mg/L；pH值7.87；浊度0.6NTU；碱度120mg/L；硬度250mg/L。</td></tr>
<tr><td colspan="6">试验结果</td></tr>
<tr><td colspan="6">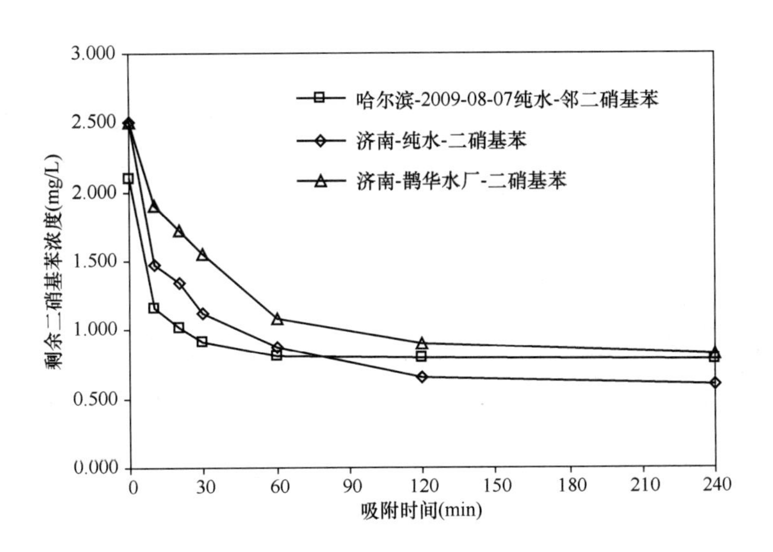
</td></tr>
<tr><td colspan="6">备　注</td></tr>
<tr><td colspan="6">1. 本组纯水试验条件下，粉末活性炭对二硝基苯的吸附基本达到平衡的时间为60min以上。
2. 本组原水试验条件下，粉末活性炭对二硝基苯的吸附基本达到平衡的时间为120min以上。</td></tr>
</table>

1.28.2 不同水质条件下粉末活性炭对二硝基苯的吸附容量

<table>
<tr><td>试验名称</td><td colspan="4">不同水质条件下粉末活性炭对<u>二硝基苯</u>的吸附容量</td></tr>
<tr><td rowspan="2">相关水质标准
(mg/L)</td><td>国家标准</td><td></td><td>住房和城乡建设部行标</td><td></td></tr>
<tr><td>地表水标准</td><td>0.5</td><td></td><td></td></tr>
<tr><td colspan="5">试验条件</td></tr>
<tr><td rowspan="2">哈尔滨</td><td colspan="4">纯水：二硝基苯浓度2.5mg/L；粉末活性炭投加量20mg/L；试验水温24℃；吸附时间120min。</td></tr>
<tr><td colspan="4">滤后水：邻二硝基苯浓度2.443mg/L；间二硝基苯浓度2.273mg/L；对二硝基苯浓度2.014mg/L；试验水温24℃；COD_{Mn} 3.52mg/L；pH 值 7.10；浊度 0.48NTU；碱度 52mg/L；硬度 64mg/L；吸附时间120min。</td></tr>
<tr><td rowspan="2">济南</td><td colspan="4">纯水：二硝基苯浓度2.5mg/L；试验水温21℃；吸附时间120min。</td></tr>
<tr><td colspan="4">鹊华水厂原水：二硝基苯浓度2.5mg/L；试验水温21℃；COD_{Mn} 2.8mg/L；pH 值8.13；浊度0.6NTU；碱度141mg/L；硬度250mg/L；吸附时间120min。</td></tr>
<tr><td colspan="5">试验结果</td></tr>
<tr><td colspan="5">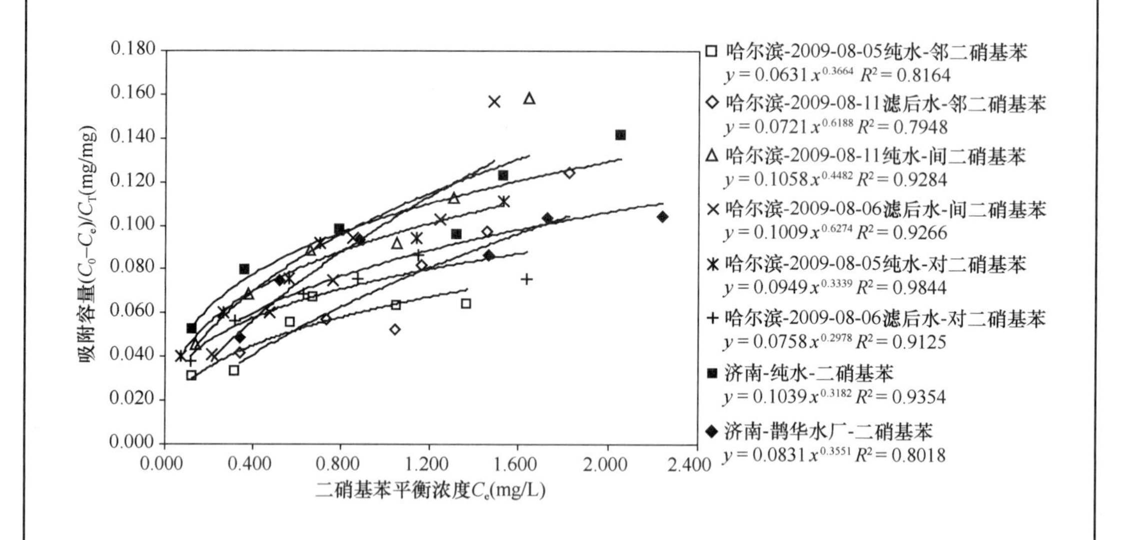
</td></tr>
<tr><td colspan="5">备　注</td></tr>
<tr><td colspan="5">1. 粉末活性炭对二硝基苯的吸附容量可以用 Freundrich 吸附等温线来描述。
2. 原水条件下的吸附容量比纯水条件下有明显降低，可能是由于水中有机物的竞争吸附。
3. 试验中，平衡浓度统一设定为 120min 吸附时间的浓度。
4. 不同实验室得到的数值有差异。</td></tr>
</table>

1.28.3 最大投炭量条件下可以应对的二硝基苯最高浓度

<table>
<tr><td>试验名称</td><td colspan="4">最大投炭量条件下可以应对的<u>二硝基苯</u>最高浓度</td></tr>
<tr><td rowspan="2">相关水质标准
(mg/L)</td><td>国家标准</td><td></td><td>住房和城乡建设部行标</td><td></td></tr>
<tr><td>地表水标准</td><td>0.5</td><td></td><td></td></tr>
<tr><td colspan="5">试验条件</td></tr>
<tr><td rowspan="2">哈尔滨</td><td colspan="4">纯水：投炭量<u>80</u>mg/L；试验水温<u>24</u>℃；吸附时间<u>120</u>min。</td></tr>
<tr><td colspan="4">滤后水：投炭量<u>80</u>mg/L；试验水温<u>24</u>℃；COD_{Mn}<u>3.52</u>mg/L；pH 值<u>7.10</u>；浊度<u>0.48</u>NTU；碱度<u>52</u>mg/L；硬度<u>64</u>mg/L；吸附时间<u>120</u>min。</td></tr>
<tr><td colspan="5">试验结果</td></tr>
<tr><td colspan="5">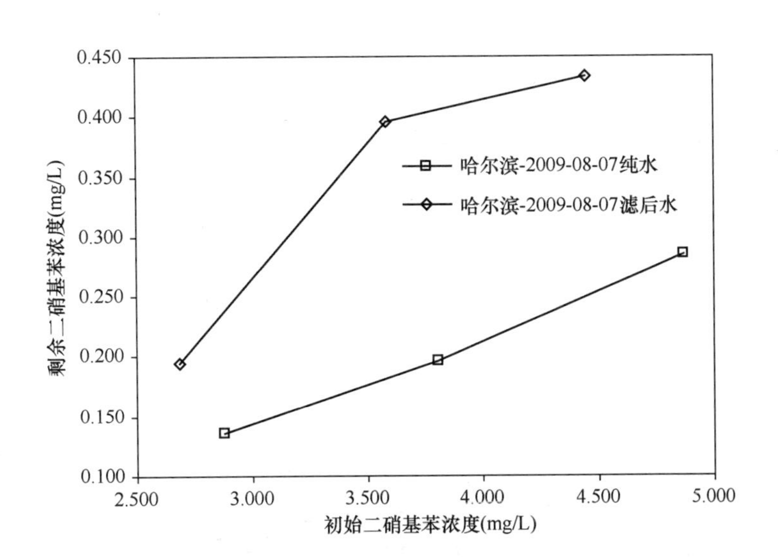
</td></tr>
<tr><td colspan="5">备　　注</td></tr>
<tr><td colspan="5">1. 纯水试验条件下，可应对最大浓度>5mg/L，可应对最大超标倍数>9 倍。
2. 哈尔滨滤后水试验条件下，可应对最大浓度约为 5mg/L，可应对最大超标倍数 9 倍。</td></tr>
</table>

1.29 2，4-二硝基甲苯

1.29.1 不同水质条件下粉末活性炭对2，4-二硝基甲苯的吸附速率

<table>
<tr><td>试验名称</td><td colspan="4">不同水质条件下粉末活性炭对 2，4-二硝基甲苯 的吸附速率</td></tr>
<tr><td rowspan="2">相关水质标准
(mg/L)</td><td>国家标准</td><td></td><td>住房和城乡建设部行标</td><td></td></tr>
<tr><td>地表水标准</td><td>0.0003</td><td></td><td></td></tr>
<tr><td colspan="5">试验条件</td></tr>
<tr><td rowspan="2">哈尔滨</td><td colspan="4">纯水：2，4-二硝基甲苯浓度0.0015mg/L；粉末活性炭投加量20mg/L；试验水温23℃。</td></tr>
<tr><td colspan="4">滤后水：2，4-二硝基甲苯浓度0.00196mg/L；粉末活性炭投加量20mg/L；试验水温24℃；COD_{Mn} 2.40mg/L；TOC 4.21mg/L；pH值6.9；浊度0.99NTU；碱度34mg/L；硬度38mg/L。</td></tr>
<tr><td rowspan="2">济南</td><td colspan="4">纯水：2，4-二硝基甲苯浓度0.0015mg/L；粉末活性炭投加量20mg/L；试验水温24℃。</td></tr>
<tr><td colspan="4">鹊华水厂原水：2，4-二硝基甲苯浓度0.0015mg/L；粉末活性炭投加量20mg/L；试验水温24℃；COD_{Mn}2.5mg/L；TOC 2.9mg/L；pH值7.90；浊度0.6NTU；碱度125mg/L；硬度238mg/L。</td></tr>
<tr><td colspan="5">试验结果</td></tr>
<tr><td colspan="5">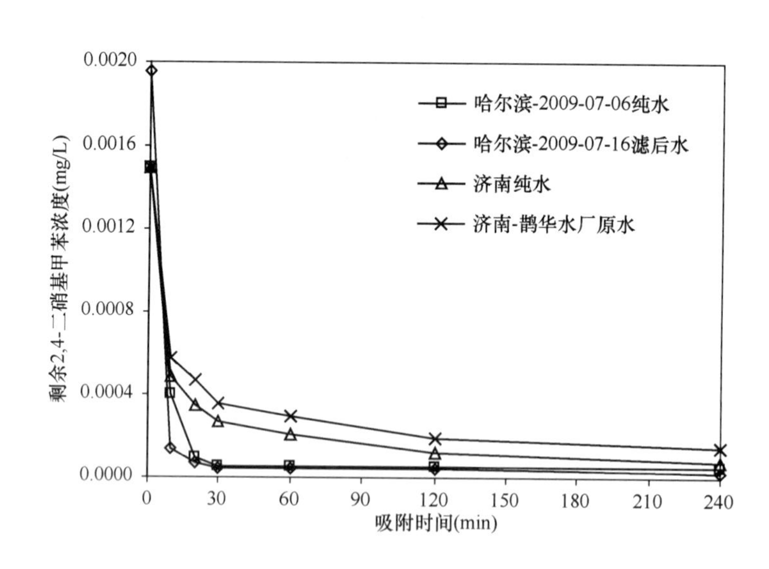
</td></tr>
<tr><td colspan="5">备　注</td></tr>
<tr><td colspan="5">1. 本组纯水试验条件下，粉末活性炭对2，4-二硝基甲苯的吸附基本达到平衡的时间为30min以上。
2. 本组原水试验条件下，粉末活性炭对2，4-二硝基甲苯的吸附基本达到平衡的时间为60min以上。</td></tr>
</table>

1.29.2 不同水质条件下粉末活性炭对 2，4-二硝基甲苯的吸附容量

<table>
<tr><td>试验名称</td><td colspan="4">不同水质条件下粉末活性炭对 2，4-二硝基甲苯 的吸附容量</td></tr>
<tr><td rowspan="2">相关水质标准
(mg/L)</td><td>国家标准</td><td></td><td>住房和城乡建设部行标</td><td></td></tr>
<tr><td>地表水标准</td><td>0.0003</td><td></td><td></td></tr>
<tr><td colspan="5">试验条件</td></tr>
<tr><td rowspan="2">哈尔滨</td><td colspan="4">纯水：2，4-二硝基甲苯浓度0.0018mg/L；粉末活性炭投加量20mg/L；试验水温23℃；吸附时间120min。</td></tr>
<tr><td colspan="4">滤后水：2，4-二硝基甲苯浓度0.002mg/L；粉末活性炭投加量20mg/L；试验水温24℃；COD_{Mn} 2.24mg/L；TOC 4.14mg/L；pH 值6.9；浊度0.91NTU；碱度26mg/L；硬度70mg/L；吸附时间120min。</td></tr>
<tr><td rowspan="2">济南</td><td colspan="4">纯水：2，4-二硝基甲苯浓度0.003mg/L；粉末活性炭投加量20mg/L；试验水温21℃；吸附时间120min。</td></tr>
<tr><td colspan="4">鹊华水厂原水：2，4-二硝基甲苯浓度0.003mg/L；粉末活性炭投加量20mg/L；试验水温21℃；COD_{Mn} 2.7mg/L；TOC 4.1mg/L；pH 值8.13；浊度3.0NTU；碱度130mg/L；硬度240mg/L；吸附时间120min。</td></tr>
<tr><td colspan="5">试验结果</td></tr>
<tr><td colspan="5">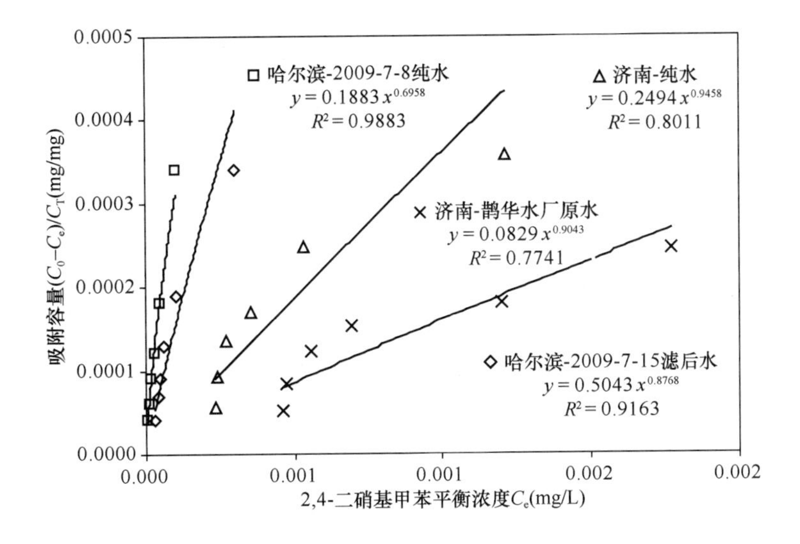
</td></tr>
<tr><td colspan="5">备　　注</td></tr>
<tr><td colspan="5">1. 粉末活性炭对 2，4-二硝基甲苯的吸附容量可以用 Freundrich 吸附等温线来描述。
2. 原水条件下的吸附容量比纯水条件下有明显降低，可能是由于水中有机物的竞争吸附。
3. 试验中，平衡浓度统一设定为 120min 吸附时间的浓度。
4. 不同实验室得到的数值有差异。</td></tr>
</table>

1.30 2，4-二硝基氯苯

1.30.1 不同水质条件下粉末活性炭对2，4-二硝基氯苯的吸附速率

<table>
<tr><td>试验名称</td><td colspan="4">不同水质条件下粉末活性炭对 2，4-二硝基氯苯 的吸附速率</td></tr>
<tr><td rowspan="2">相关水质标准(mg/L)</td><td>国家标准</td><td></td><td>住房和城乡建设部行标</td><td></td></tr>
<tr><td>地表水标准</td><td>0.5</td><td></td><td></td></tr>
<tr><td colspan="5">试验条件</td></tr>
<tr><td rowspan="2">哈尔滨</td><td colspan="4">纯水：2，4-二硝基氯苯浓度2.62；粉末活性炭投加量20mg/L；试验水温24℃。</td></tr>
<tr><td colspan="4">滤后水：2，4-二硝基氯苯浓度2.31；粉末活性炭投加量20mg/L；试验水温25℃；COD_{Mn} 2.32mg/L；TOC 4.32mg/L；pH值7.10；浊度0.27NTU；碱度50mg/L；硬度60mg/L。</td></tr>
<tr><td rowspan="2">济南</td><td colspan="4">纯水：2，4-二硝基氯苯浓度2.5mg/L；粉末活性炭投加量20mg/L；试验水温21℃。</td></tr>
<tr><td colspan="4">鹊华水厂原水：2，4-二硝基氯苯浓度2.5mg/L；粉末活性炭投加量20mg/L；试验水温21℃；COD_{Mn} 2.80mg/L；TOC 4.1mg/L；pH值8.13；浊度3.0NTU；碱度141mg/L；硬度260mg/L。</td></tr>
<tr><td colspan="5">试验结果</td></tr>
<tr><td colspan="5">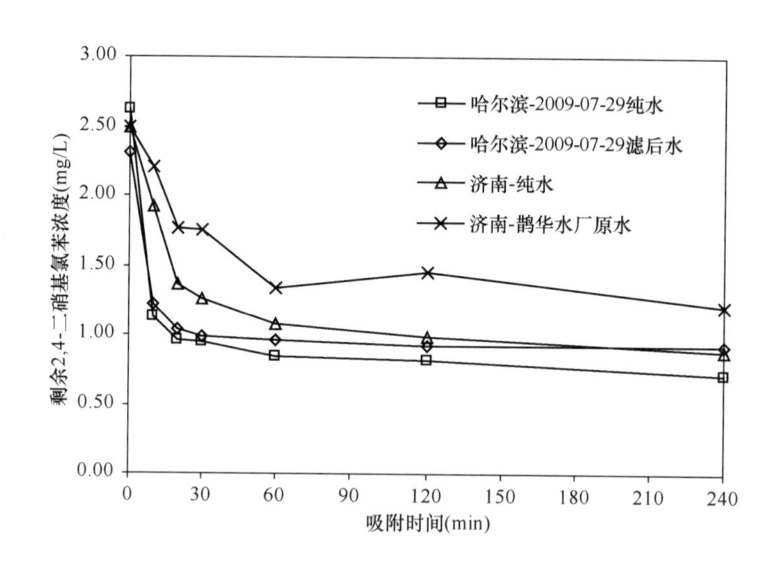</td></tr>
<tr><td colspan="5">备　注</td></tr>
<tr><td colspan="5">1. 本组纯水试验条件下，粉末活性炭对2，4-二硝基氯苯的吸附基本达到平衡的时间为30min以上。
2. 本组原水试验条件下，粉末活性炭对2，4-二硝基氯苯的吸附基本达到平衡的时间为60min以上。</td></tr>
</table>

1.30.2 不同水质条件下粉末活性炭对 2，4-二硝基氯苯的吸附容量

<table>
<tr><td>试验名称</td><td colspan="4">不同水质条件下粉末活性炭对 2，4-二硝基氯苯 的吸附容量</td></tr>
<tr><td rowspan="2">相关水质标准
(mg/L)</td><td>国家标准</td><td></td><td>住房和城乡建设部行标</td><td></td></tr>
<tr><td>地表水标准</td><td>0.5</td><td></td><td></td></tr>
<tr><td colspan="5">试验条件</td></tr>
<tr><td>哈尔滨</td><td colspan="4">滤后水：2，4-二硝基氯苯浓度2.316mg/L；粉末活性炭投加量20mg/L；试验水温25℃；COD_{Mn} 2.32mg/L；TOC 4.32mg/L；pH 值 7.10；浊度 0.27NTU；碱度 50mg/L；硬度 60mg/L；吸附时间120min。</td></tr>
<tr><td rowspan="2">济南</td><td colspan="4">纯水：2，4-二硝基氯苯浓度2.5mg/L；粉末活性炭投加量20mg/L；试验水温21℃；吸附时间120min。</td></tr>
<tr><td colspan="4">鹊华水厂原水：2，4-二硝基氯苯浓度2.5mg/L；粉末活性炭投加量20mg/L；试验水温21℃；COD_{Mn} 2.80mg/L；TOC 4.1mg/L；pH 值 8.13；浊度 3.0NTU；碱度 141mg/L；硬度 260mg/L；吸附时间120min。</td></tr>
<tr><td colspan="5">试验结果</td></tr>
</table>

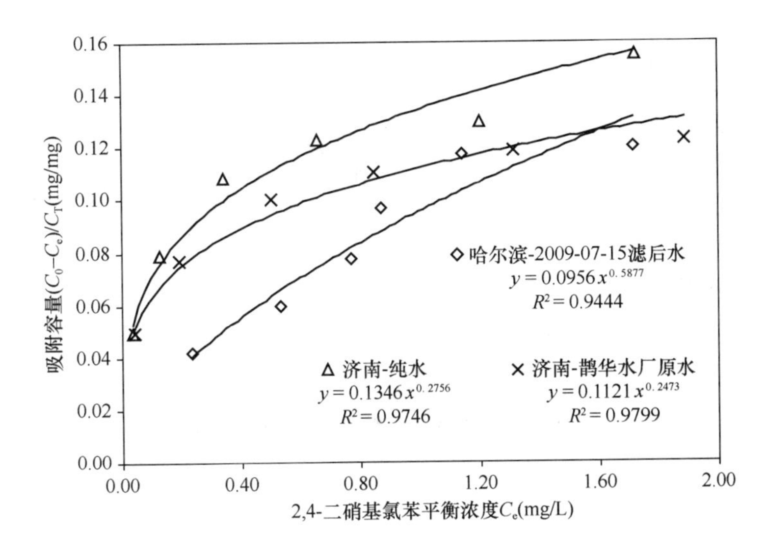

备　注

1. 粉末活性炭对 2，4-二硝基氯苯的吸附容量可以用 Freundrich 吸附等温线来描述。
2. 原水条件下的吸附容量比纯水条件下略有降低，可能是由于水中有机物的竞争吸附。
3. 试验中，平衡浓度统一设定为 120min 吸附时间的浓度。

1.30.3 最大投炭量条件下可以应对的2，4-二硝基氯苯最高浓度

<table>
<tr><td>试验名称</td><td colspan="4">最大投炭量条件下可以应对的 2，4-二硝基氯苯 最高浓度</td></tr>
<tr><td rowspan="2">相关水质标准
(mg/L)</td><td>国家标准</td><td></td><td>住房和城乡建设部行标</td><td></td></tr>
<tr><td>地表水标准</td><td>0.5</td><td></td><td></td></tr>
<tr><td colspan="5">试验条件</td></tr>
<tr><td>哈尔滨</td><td colspan="4">原水：投炭量80mg/L；试验水温25℃；吸附时间120min。</td></tr>
<tr><td colspan="5">试验结果</td></tr>
<tr><td colspan="5">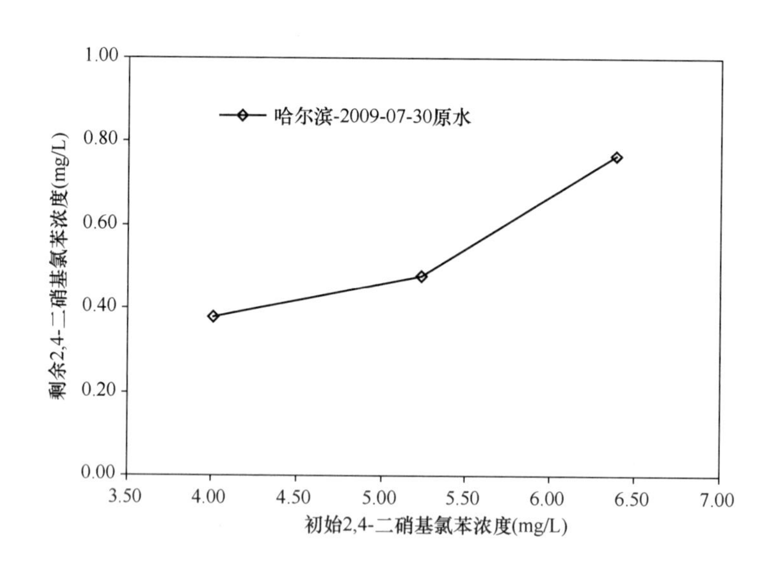</td></tr>
<tr><td colspan="5">备　注</td></tr>
<tr><td colspan="5">哈尔滨原水，可应对最高浓度约为5.5mg/L，可应对最大超标倍数10倍。</td></tr>
</table>

1.31 呋喃丹

1.31.1 不同水质条件下粉末活性炭对呋喃丹的吸附速率

<table>
<tr><td>试验名称</td><td colspan="5">不同水质条件下粉末活性炭对<u>呋喃丹</u>的吸附速率</td></tr>
<tr><td rowspan="2" colspan="1">相关水质标准
(mg/L)</td><td>国家标准</td><td>0.007</td><td>住房和城乡建设部行标</td><td colspan="2"></td></tr>
<tr><td>地表水标准</td><td></td><td></td><td colspan="2"></td></tr>
<tr><td colspan="6">试验条件</td></tr>
<tr><td rowspan="2">上海</td><td colspan="5">纯水：呋喃丹浓度<u>0.035</u>mg/L；粉末活性炭投加量<u>20</u>mg/L；试验水温<u>20</u>℃。</td></tr>
<tr><td colspan="5">长江原水：呋喃丹浓度<u>0.035</u>mg/L；粉末活性炭投加量<u>20</u>mg/L；试验水温<u>20</u>℃；COD_{Mn}<u>2.3</u>mg/L；pH值<u>7.90</u>；浊度<u>25</u>NTU；碱度<u>94</u>mg/L；硬度<u>204</u>mg/L。</td></tr>
<tr><td rowspan="2">天津</td><td colspan="5">去离子水：呋喃丹浓度<u>0.03504</u>mg/L；粉末活性炭投加量<u>20</u>mg/L；试验水温<u>19.5</u>℃。</td></tr>
<tr><td colspan="5">自来水：呋喃丹浓度<u>0.03504</u>mg/L；粉末活性炭投加量<u>20</u>mg/L；试验水温<u>20.4</u>℃；COD_{Mn} <u>2.2</u>mg/L；TOC <u>2.8</u>mg/L；pH值<u>7.46</u>；浊度<u>0.20</u>NTU；碱度<u>101</u>mg/L；硬度<u>196</u>mg/L。</td></tr>
<tr><td colspan="6">试验结果</td></tr>
<tr><td colspan="6">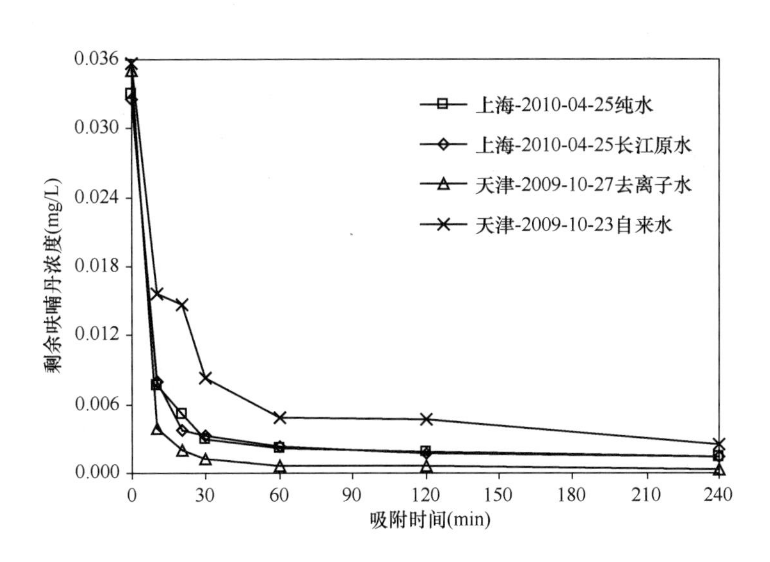
</td></tr>
<tr><td colspan="6">备　注</td></tr>
<tr><td colspan="6">1. 本组纯水试验条件下，粉末活性炭对呋喃丹的吸附基本达到平衡的时间为 30min 以上。
2. 本组原水试验条件下，粉末活性炭对呋喃丹的吸附基本达到平衡的时间为 60min 以上。</td></tr>
</table>

1.31.2 不同水质条件下粉末活性炭对呋喃丹的吸附容量

<table>
<tr><td>试验名称</td><td colspan="5">不同水质条件下粉末活性炭对<u>呋喃丹</u>的吸附容量</td></tr>
<tr><td rowspan="2">相关水质标准
(mg/L)</td><td colspan="2">国家标准</td><td>0.007</td><td>住房和城乡建设部行标</td><td></td></tr>
<tr><td colspan="2">地表水标准</td><td></td><td></td><td></td></tr>
<tr><td colspan="6">试验条件</td></tr>
<tr><td rowspan="2">天津</td><td colspan="5">去离子水：呋喃丹浓度<u>0.07379</u>mg/L；试验水温<u>22.3</u>℃；吸附时间<u>120</u>min。</td></tr>
<tr><td colspan="5">自来水：呋喃丹浓度<u>0.07314</u>mg/L；试验水温<u>19.3</u>℃；COD_{Mn} <u>2.3</u>mg/L；TOC <u>2.8</u>mg/L；pH 值<u>7.60</u>；浊度<u>0.19</u>NTU；碱度<u>102</u>mg/L；硬度<u>195</u>mg/L；吸附时间<u>120</u>min。</td></tr>
<tr><td colspan="6">试验结果</td></tr>
<tr><td colspan="6">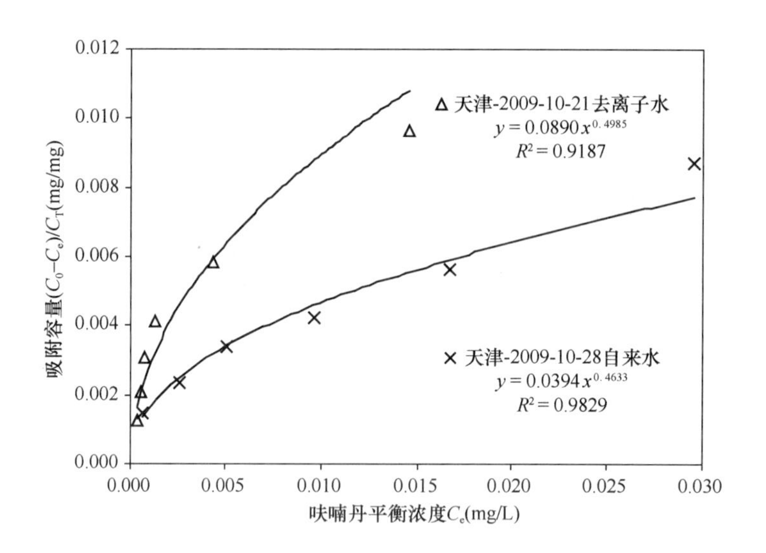
</td></tr>
<tr><td colspan="6">备　　注</td></tr>
<tr><td colspan="6">1. 粉末活性炭对呋喃丹的吸附容量可以用 Freundrich 吸附等温线来描述。
2. 原水条件下的吸附容量比纯水条件下有明显降低，可能是由于水中有机物的竞争吸附。
3. 试验中，平衡浓度统一设定为 120min 吸附时间的浓度。</td></tr>
</table>

1.32 环氧氯丙烷

环氧氯丙烷的粉末活性炭吸附去除可行性测试

试验名称	环氧氯丙烷的粉末活性炭吸附去除可行性测试			
相关水质标准(mg/L)	国家标准	0.0004	住房和城乡建设部行标	0.0004
	地表水标准	0.02		
试验条件				
天津	去离子水：粉末活性炭投加量20mg/L；吸附时间120min；试验水温28.4℃。			
试验结果				
污染物名称	初始浓度(mg/L)	吸附后浓度(mg/L)	去除率(%)	技术可行性评价
环氧氯丙烷	0.0057	0.00420	26.3	不可行
环氧氯丙烷	0.0057	0.00405	28.9	不可行
环氧氯丙烷	0.0057	0.00395	30.7	不可行
备注				
去离子水条件下，环氧氯丙烷采用活性炭吸附不可行。				

1.33 环氧七氯

1.33.1 不同水质条件下粉末活性炭对环氧七氯的吸附速率

<table>
<tr><td>试验名称</td><td colspan="4">不同水质条件下粉末活性炭对 环氧七氯 的吸附速率</td></tr>
<tr><td rowspan="2">相关水质标准
(mg/L)</td><td>国家标准</td><td></td><td>住房和城乡建设部行标</td><td></td></tr>
<tr><td>地表水标准</td><td>0.0002</td><td></td><td></td></tr>
<tr><td colspan="5">试验条件</td></tr>
<tr><td rowspan="2">上海</td><td colspan="4">纯水：环氧七氯浓度0.001mg/L；粉末活性炭投加量20mg/L；试验水温20℃。</td></tr>
<tr><td colspan="4">长江原水：环氧七氯浓度0.001mg/L；粉末活性炭投加量20mg/L；试验水温20℃；COD_{Mn} 2.3mg/L；pH 值7.90；浊度25NTU；碱度94mg/L；硬度204mg/L。</td></tr>
<tr><td colspan="5">试验结果</td></tr>
<tr><td colspan="5">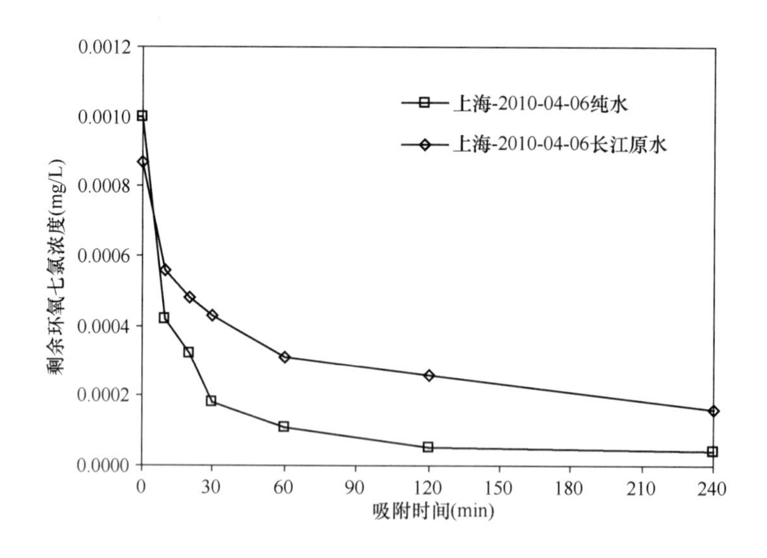</td></tr>
<tr><td colspan="5">备　注</td></tr>
<tr><td colspan="5">1. 本组纯水试验条件下，粉末活性炭对环氧七氯的吸附基本达到平衡的时间为 60min 以上。
2. 本组原水试验条件下，粉末活性炭对环氧七氯的吸附基本达到平衡的时间为 60min 以上。</td></tr>
</table>

1.33.2 不同水质条件下粉末活性炭对环氧七氯的吸附容量

<table>
<tr><td>试验名称</td><td colspan="5">不同水质条件下粉末活性炭对__环氧七氯__的吸附容量</td></tr>
<tr><td rowspan="2">相关水质标准
(mg/L)</td><td colspan="2">国家标准</td><td></td><td>住房和城乡建设部行标</td><td></td></tr>
<tr><td colspan="2">地表水标准</td><td>0.0002</td><td></td><td></td></tr>
<tr><td colspan="6">试验条件</td></tr>
<tr><td rowspan="2">上海</td><td colspan="5">纯水：环氧七氯浓度0.001mg/L；粉末活性炭投加量20mg/L；试验水温20℃；吸附时间120min。</td></tr>
<tr><td colspan="5">长江原水：环氧七氯浓度0.001mg/L；试验水温20℃；COD_{Mn}2.3mg/L；pH 值7.90；浊度25NTU；碱度94mg/L；硬度204mg/L；吸附时间120min。</td></tr>
<tr><td colspan="6">试验结果</td></tr>
<tr><td colspan="6">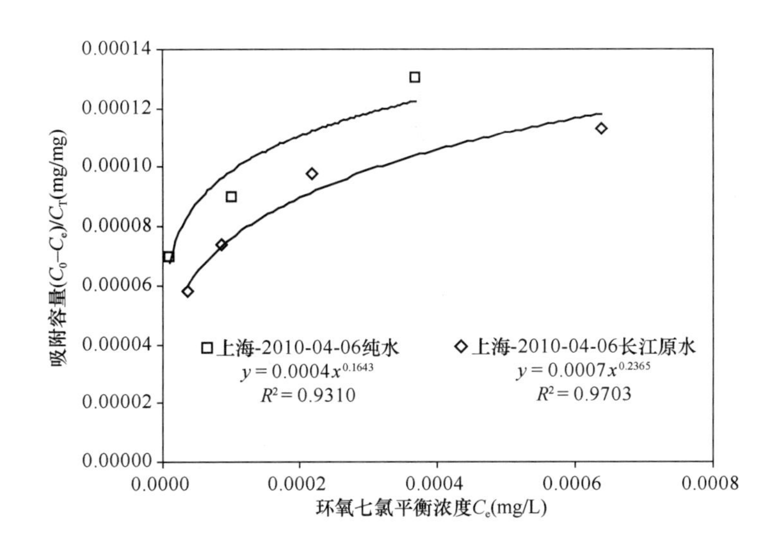</td></tr>
<tr><td colspan="6">备　注</td></tr>
<tr><td colspan="6">1. 粉末活性炭对环氧七氯的吸附容量可以用 Freundrich 吸附等温线来描述。
2. 原水条件下的吸附容量比纯水条件下略有降低。
3. 试验中，平衡浓度统一设定为 120min 吸附时间的浓度。</td></tr>
</table>

1.34 甲苯

1.34.1 不同水质条件下粉末活性炭对甲苯的吸附速率

<table>
<tr><td>试验名称</td><td colspan="4">不同水质条件下粉末活性炭对<u>甲苯</u>的吸附速率</td></tr>
<tr><td rowspan="2">相关水质标准
(mg/L)</td><td>国家标准</td><td>0.7</td><td>住房和城乡建设部行标</td><td>0.7</td></tr>
<tr><td>地表水标准</td><td>0.7</td><td>水源水质标准</td><td>0.7</td></tr>
<tr><td colspan="5">试验条件</td></tr>
<tr><td>深圳</td><td colspan="4">原水：甲苯浓度3.782mg/L；粉末活性炭投加量10mg/L；试验水温25.3℃；COD_{Mn} 1.14mg/L；TOC 1.37mg/L；pH 值7.39；浊度16.3NTU；碱度17.8mg/L；硬度24.1mg/L。</td></tr>
<tr><td colspan="5">试验结果</td></tr>
<tr><td colspan="5">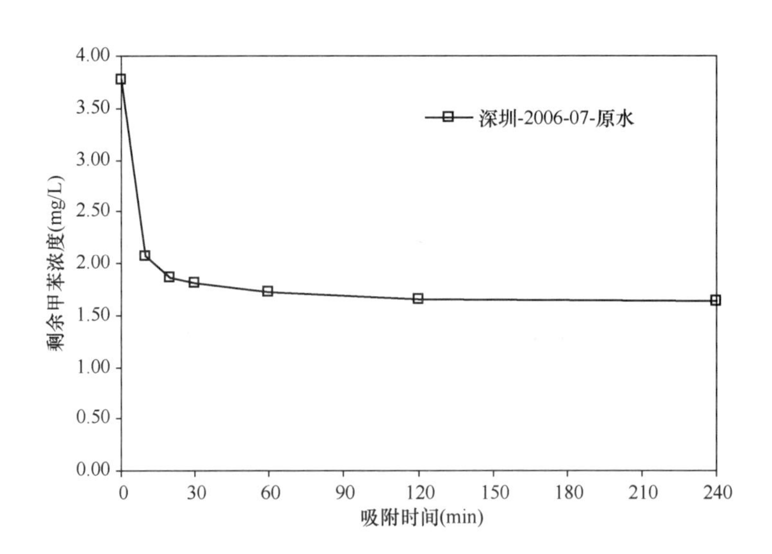</td></tr>
<tr><td colspan="5">备　注</td></tr>
<tr><td colspan="5">1. 原水条件下，粉末活性炭对甲苯的吸附基本达到平衡的时间为 120min 以上。
2. 原水条件下，粉末活性炭对甲苯的初期吸附速率一般，30min 时去除率达到 52%，可以发挥吸附能力的 91%。</td></tr>
</table>

1.34.2 不同水质条件下粉末活性炭对甲苯的吸附容量

<table>
<tr><td>试验名称</td><td colspan="4">不同水质条件下粉末活性炭对<u>甲苯</u>的吸附容量</td></tr>
<tr><td rowspan="2">相关水质标准
(mg/L)</td><td>国家标准</td><td>0.7</td><td>住房和城乡建设部行标</td><td>0.7</td></tr>
<tr><td>地表水标准</td><td>0.7</td><td>水源水质标准</td><td>0.7</td></tr>
<tr><td colspan="5">试验条件</td></tr>
<tr><td rowspan="2">深圳</td><td colspan="4">纯水：甲苯浓度3.7278mg/L；pH 值6.80；吸附时间120min。</td></tr>
<tr><td colspan="4">原水：甲苯浓度3.433mg/L；试验水温26.2℃；COD_{Mn} 1.47mg/L；TOC 1.65mg/L；pH 值7.40；浊度31.3NTU；碱度23.0mg/L；硬度18.5mg/L；吸附时间120min。</td></tr>
<tr><td colspan="5">试验结果</td></tr>
<tr><td colspan="5">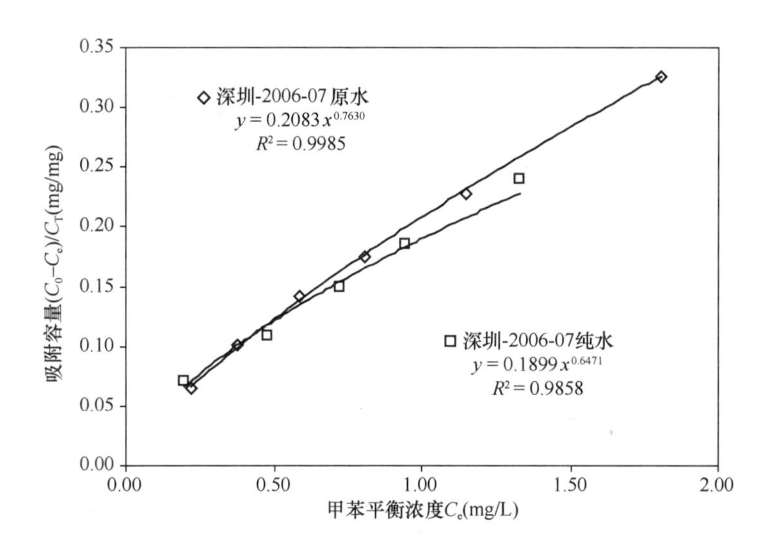</td></tr>
<tr><td colspan="5">备　注</td></tr>
<tr><td colspan="5">1. 粉末活性炭对甲苯的吸附容量可以用 Freundrich 吸附等温线来描述。
2. 原水条件下的吸附容量和纯水条件下差别不大。
3. 试验中，平衡浓度统一设定为 120min 吸附时间的浓度。</td></tr>
</table>

1.35 甲基对硫磷

1.35.1 不同水质条件下粉末活性炭对甲基对硫磷的吸附速率

<table>
<tr><td>试验名称</td><td colspan="4">不同水质条件下粉末活性炭对<u>甲基对硫磷</u>的吸附速率</td></tr>
<tr><td rowspan="2">相关水质标准
(mg/L)</td><td>国家标准</td><td>0.02</td><td>住房和城乡建设部行标</td><td>0.01</td></tr>
<tr><td>地表水标准</td><td>0.002</td><td></td><td></td></tr>
<tr><td colspan="5">试验条件</td></tr>
<tr><td rowspan="2">无锡</td><td colspan="4">纯水：甲基对硫磷浓度<u>0.200</u>mg/L；粉末活性炭投加量<u>20</u>mg/L；试验水温<u>7.0</u>℃。</td></tr>
<tr><td colspan="4">中桥出厂水：甲基对硫磷浓度<u>0.200</u>mg/L；粉末活性炭投加量<u>20</u>mg/L；试验水温<u>7.0</u>℃；COD_{Mn} <u>1.28</u>mg/L；pH 值<u>6.70</u>；浊度<u>0.06</u>NTU；碱度<u>48</u>mg/L；硬度<u>150</u>mg/L。</td></tr>
<tr><td colspan="5">试验结果</td></tr>
<tr><td colspan="5">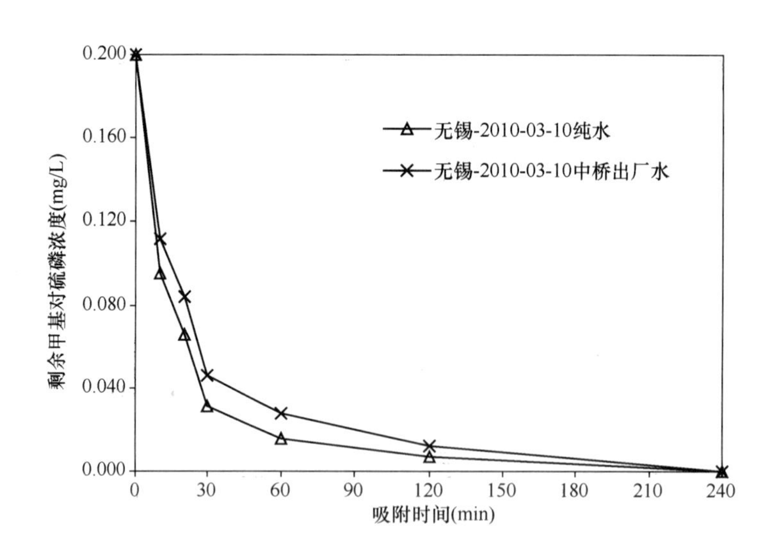</td></tr>
<tr><td colspan="5">备　注</td></tr>
<tr><td colspan="5">1. 本组纯水试验条件下，粉末活性炭对甲基对硫磷的吸附基本达到平衡的时间为 30min 以上。
2. 本组原水试验条件下，粉末活性炭对甲基对硫磷的吸附基本达到平衡的时间为 60min 以上。</td></tr>
</table>

1.35.2 不同水质条件下粉末活性炭对甲基对硫磷的吸附容量

<table>
<tr><td>试验名称</td><td colspan="4">不同水质条件下粉末活性炭对<u>甲基对硫磷</u>的吸附容量</td></tr>
<tr><td rowspan="2">相关水质标准(mg/L)</td><td>国家标准</td><td>0.02</td><td>住房和城乡建设部行标</td><td>0.01</td></tr>
<tr><td>地表水标准</td><td>0.002</td><td></td><td></td></tr>
<tr><td colspan="5">试验条件</td></tr>
<tr><td rowspan="2">无锡</td><td colspan="4">纯水：甲基对硫磷浓度0.200mg/L；粉末活性炭投加量20mg/L；试验水温4.5℃；吸附时间120min。</td></tr>
<tr><td colspan="4">中桥出厂水：甲基对硫磷浓度0.200mg/L；试验水温4.5℃；COD_{Mn} 1.44mg/L；TOC 3.05mg/L；pH值6.80；浊度0.09NTU；碱度56mg/L；硬度148mg/L；吸附时间120min。</td></tr>
<tr><td colspan="5">试验结果</td></tr>
<tr><td colspan="5">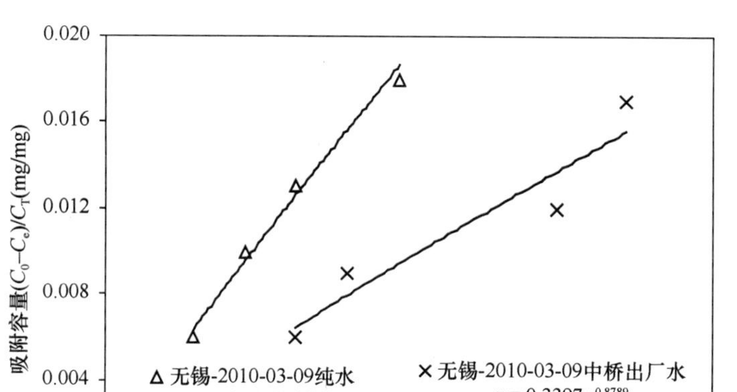
</td></tr>
<tr><td colspan="5">备　注</td></tr>
<tr><td colspan="5">1. 粉末活性炭对甲基对硫磷的吸附容量可以用 Freundrich 吸附等温线来描述。
2. 原水条件下的吸附容量比纯水条件下有明显降低，可能是由于水中有机物的竞争吸附。
3. 试验中，平衡浓度统一设定为 120min 吸附时间的浓度。</td></tr>
</table>

1.36 甲基异莰醇-2

1.36.1 不同水质条件下粉末活性炭对甲基异莰醇-2的吸附速率

<table>
<tr><td>试验名称</td><td colspan="4">不同水质条件下粉末活性炭对<u>甲基异莰醇-2</u>的吸附速率</td></tr>
<tr><td rowspan="2">相关水质标准
(mg/L)</td><td>国家标准</td><td>0.00001</td><td>住房和城乡建设部行标</td><td></td></tr>
<tr><td>地表水标准</td><td></td><td></td><td></td></tr>
<tr><td colspan="5">试验条件</td></tr>
<tr><td rowspan="2">北京</td><td colspan="4">纯水：甲基异莰醇-2浓度<u>0.0001</u>mg/L；粉末活性炭投加量<u>20</u>mg/L；试验水温<u>20</u>℃；TOC <u>0.1～0.5</u>mg/L；pH值<u>6.8</u>。</td></tr>
<tr><td colspan="4">第九水厂原水：甲基异莰醇-2浓度<u>0.0001</u>mg/L；试验水温<u>20</u>℃；COD_{Mn} <u>2.0～3.0</u>mg/L；TOC <u>1.8～2.6</u>mg/L；pH值<u>7.8</u>；浊度<u>0.6～0.8</u>NTU；碱度<u>160～180</u>mg/L；硬度<u>200～220</u>mg/L。</td></tr>
<tr><td colspan="5">试验结果</td></tr>
<tr><td colspan="5">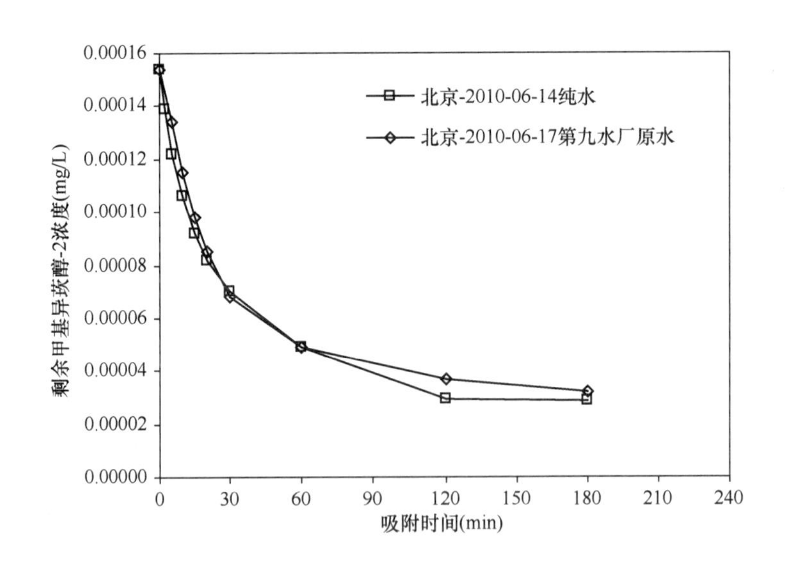
</td></tr>
<tr><td colspan="5">备　注</td></tr>
<tr><td colspan="5">1. 本组纯水试验条件下，粉末活性炭对甲基异莰醇-2的吸附基本达到平衡的时间为30min以上。
2. 本组原水试验条件下，粉末活性炭对甲基异莰醇-2的吸附基本达到平衡的时间为60min以上。</td></tr>
</table>

1.36.2 不同水质条件下粉末活性炭对甲基异莰醇-2的吸附容量

<table>
<tr><td>试验名称</td><td colspan="4">不同水质条件下粉末活性炭对<u>甲基异莰醇-2</u>的吸附容量</td></tr>
<tr><td rowspan="2">相关水质标准
(mg/L)</td><td>国家标准</td><td>0.00001</td><td>住房和城乡建设部行标</td><td></td></tr>
<tr><td>地表水标准</td><td></td><td></td><td></td></tr>
<tr><td colspan="5">试验条件</td></tr>
<tr><td rowspan="2">北京</td><td colspan="4">纯水：甲基异莰醇-2 浓度0.0001mg/L；试验水温23℃；pH 值6.8；吸附时间120min。</td></tr>
<tr><td colspan="4">第九水厂原水：甲基异莰醇-2 浓度0.0001mg/L；试验水温20℃；COD_{Mn} 2.0～3.0mg/L；TOC 1.8～2.6mg/L；pH 值7.8；浊度0.6～0.8NTU；碱度160～180mg/L；硬度200～220mg/L；吸附时间120min。</td></tr>
<tr><td colspan="5">试验结果</td></tr>
<tr><td colspan="5">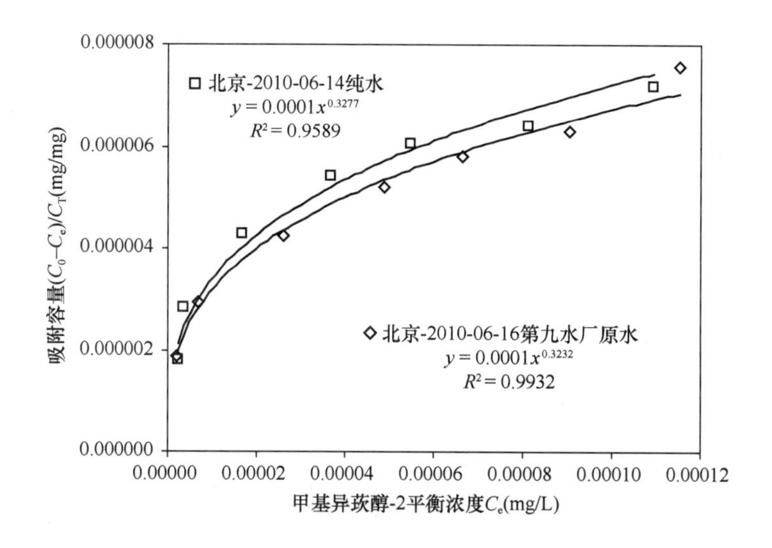</td></tr>
<tr><td colspan="5">备　注</td></tr>
<tr><td colspan="5">1. 粉末活性炭对甲基异莰醇-2 的吸附容量可以用 Freundrich 吸附等温线来描述。
2. 原水条件下的吸附容量比纯水条件下略有降低，可能是由于水中有机物的竞争吸附。
3. 试验中，平衡浓度统一设定为 120min 吸附时间的浓度。</td></tr>
</table>

1.36.3 最大投炭量条件下可以应对的甲基异莰醇-2 最高浓度

<table>
<tr><td>试验名称</td><td colspan="4">最大投炭量条件下可以应对的 甲基异莰醇-2 最高浓度</td></tr>
<tr><td rowspan="2">相关水质标准
(mg/L)</td><td>国家标准</td><td>0.00001</td><td>住房和城乡建设部行标</td><td></td></tr>
<tr><td>地表水标准</td><td></td><td></td><td></td></tr>
<tr><td colspan="5">试验条件</td></tr>
<tr><td>北京</td><td colspan="4">纯水：最大应对甲基异莰醇-2 浓度300～310ng/L；水温23℃；pH 值6.8。</td></tr>
<tr><td colspan="5">试验结果</td></tr>
<tr><td colspan="5">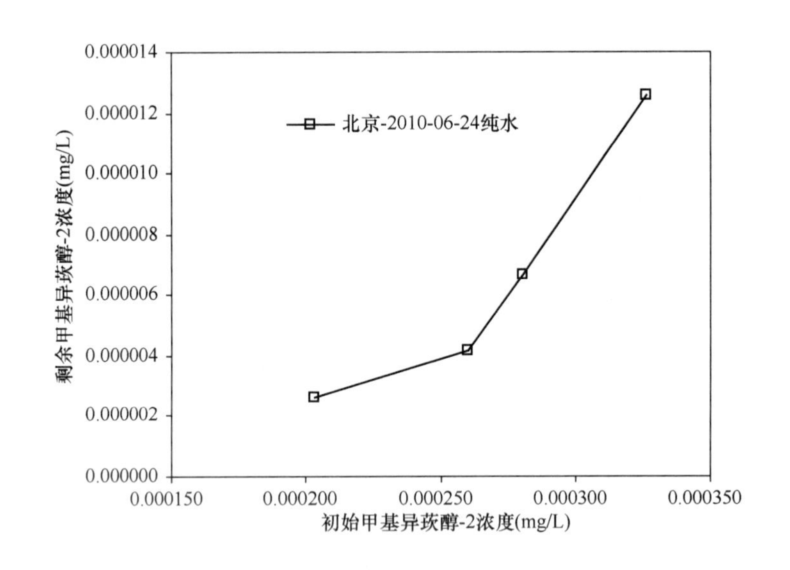
</td></tr>
<tr><td colspan="5">备　注</td></tr>
<tr><td colspan="5">纯水试验条件下，可应对最高浓度约为 310ng/L，可应对最大超标倍数 30 倍。</td></tr>
</table>

1.37 甲硫醚

甲硫醚的粉末活性炭吸附去除可行性测试

<table>
<tr><td>试验名称</td><td colspan="5">甲硫醚 的粉末活性炭吸附去除可行性测试</td></tr>
<tr><td rowspan="2">相关水质标准
(mg/L)</td><td colspan="2">国家标准</td><td></td><td>住房和城乡建设部行标</td><td></td></tr>
<tr><td colspan="2">地表水标准</td><td></td><td></td><td></td></tr>
<tr><td colspan="6">试验条件</td></tr>
<tr><td>东莞</td><td colspan="5">纯净水：粉末活性炭投加量20mg/L；试验水温25℃；吸附时间120min。</td></tr>
<tr><td colspan="6">试验结果</td></tr>
<tr><td colspan="6">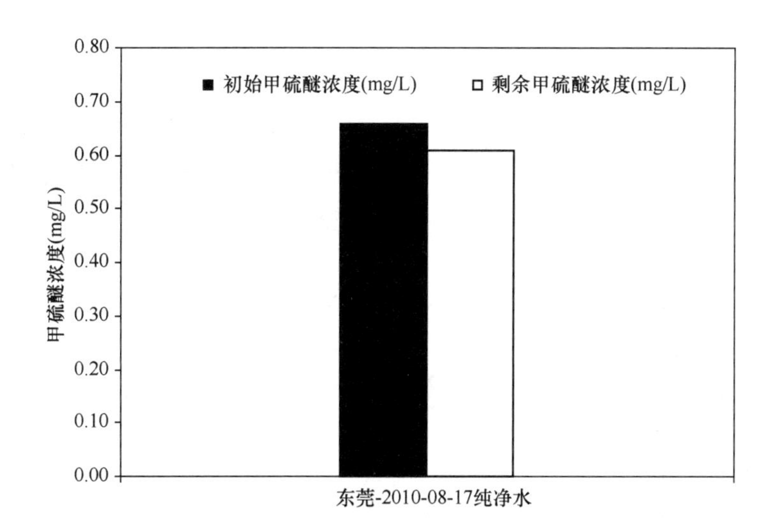</td></tr>
<tr><td>技术可行性评价</td><td colspan="5">不可行</td></tr>
<tr><td colspan="6">备　　注</td></tr>
<tr><td colspan="6"></td></tr>
</table>

1.38 甲萘威

1.38.1 不同水质条件下粉末活性炭对甲萘威的吸附速率

<table>
<tr><td colspan="2">试验名称</td><td colspan="4">不同水质条件下粉末活性炭对 甲萘威 的吸附速率</td></tr>
<tr><td colspan="2" rowspan="2">相关水质标准
(mg/L)</td><td>国家标准</td><td></td><td>住房和城乡建设部行标</td><td></td></tr>
<tr><td>地表水标准</td><td>0.05</td><td></td><td></td></tr>
<tr><td colspan="6">试验条件</td></tr>
<tr><td rowspan="2">北京</td><td colspan="5">纯水：甲萘威浓度～0.415mg/L；粉末活性炭投加量20mg/L；试验水温23℃；TOC 0.1mg/L；pH值6.8。</td></tr>
<tr><td colspan="5">第九水厂原水：甲萘威浓度0.205mg/L；粉末活性炭投加量20mg/L；试验水温23℃；COD_{Mn} 2.0～3.0mg/L；TOC 2.1～2.4mg/L；pH值7.8；浊度1.2NTU；碱度170～190mg/L；硬度200～220mg/L。</td></tr>
<tr><td rowspan="2">天津</td><td colspan="5">去离子水：甲萘威浓度0.25mg/L；粉末活性炭投加量20mg/L；试验水温29.8℃。</td></tr>
<tr><td colspan="5">自来水：甲萘威浓度0.246mg/L；粉末活性炭投加量20mg/L；试验水温28.9℃；COD_{Mn} 2.1mg/L；TOC 2.5mg/L；pH值7.42；浊度0.12NTU；碱度78mg/L；硬度172mg/L。</td></tr>
<tr><td colspan="6">试验结果</td></tr>
<tr><td colspan="6">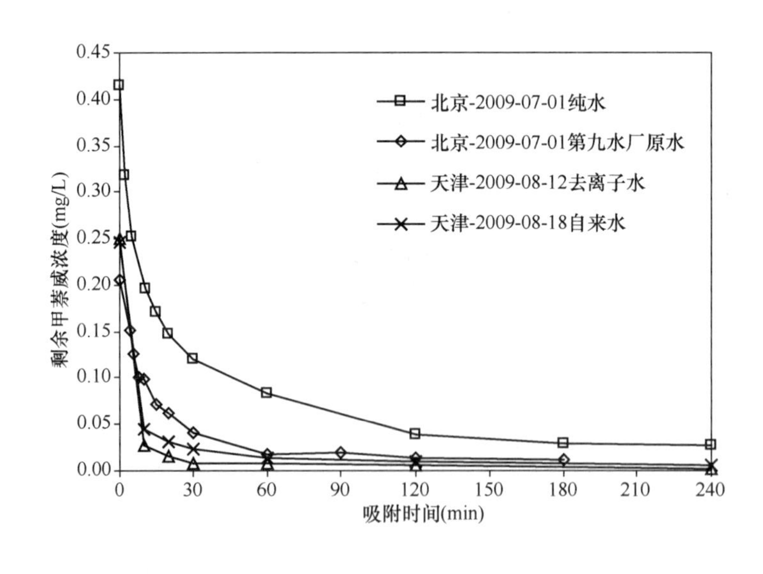</td></tr>
<tr><td colspan="6">备　注</td></tr>
<tr><td colspan="6">1. 本组纯水试验条件下，粉末活性炭对甲萘威的吸附基本达到平衡的时间为30min以上。
2. 本组原水试验条件下，粉末活性炭对甲萘威的吸附基本达到平衡的时间为30min以上。</td></tr>
</table>

1.38.2 不同水质条件下粉末活性炭对甲萘威的吸附容量

试验名称	不同水质条件下粉末活性炭对 甲萘威 的吸附容量			
相关水质标准(mg/L)	国家标准		住房和城乡建设部行标	
	地表水标准	0.05		
试验条件				
北京	纯水：甲萘威浓度0.212mg/L；水温23℃；pH值6.7；吸附时间120min。			
	第九水厂原水：甲萘威浓度～0.25mg/L；试验水温23℃；COD_{Mn} 2.0～3.0mg/L；TOC 2.1～2.4mg/L；pH值7.8；浊度1.2NTU；碱度170～190mg/L；硬度200～220mg/L；吸附时间120min。			
天津	去离子水：甲萘威浓度0.493mg/L；试验水温29.0℃；吸附时间120min。			
	自来水：甲萘威浓度0.4632mg/L；试验水温14.0℃；COD_{Mn} 2.2mg/L；TOC 2.5mg/L；pH值7.68；浊度0.19NTU；碱度173mg/L；硬度307mg/L；吸附时间120min。			
试验结果				

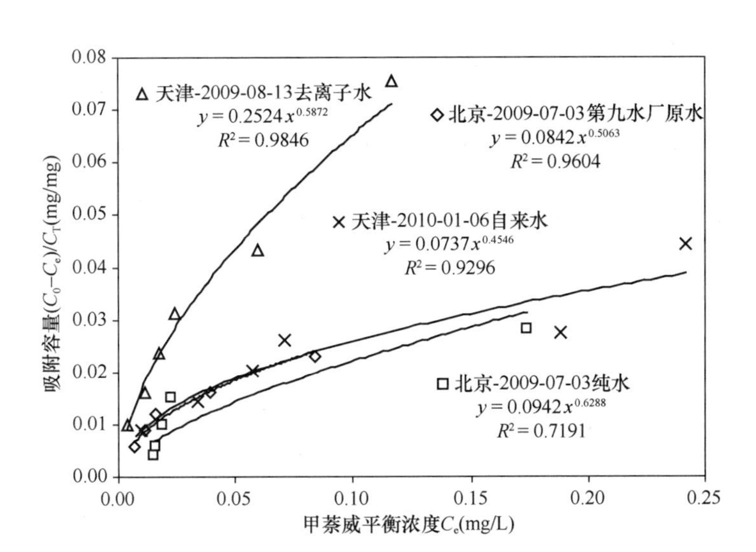

备　注

1. 粉末活性炭对甲萘威的吸附容量可以用Freundrich吸附等温线来描述。
2. 原水条件下的吸附容量比纯水条件下有明显降低，可能是由于水中有机物的竞争吸附。
3. 试验中，平衡浓度统一设定为120min吸附时间的浓度。
4. 不同实验室得到的数值有差异。

1.38.3 最大投炭量条件下可以应对的甲萘威最高浓度

<table>
<tr><td>试验名称</td><td colspan="4">最大投炭量条件下可以应对的<u>甲萘威</u>最高浓度</td></tr>
<tr><td rowspan="2">相关水质标准
(mg/L)</td><td>国家标准</td><td></td><td>住房和城乡建设部行标</td><td></td></tr>
<tr><td>地表水标准</td><td>0.05</td><td></td><td></td></tr>
<tr><td colspan="5">试验条件</td></tr>
<tr><td>北京</td><td colspan="4">纯水活性炭投加量<u>80</u>mg/L；水温<u>22</u>℃；pH 值<u>6.7</u>；吸附时间<u>120</u>min。</td></tr>
<tr><td>天津</td><td colspan="4">去离子水投炭量<u>80</u>mg/L；试验水温<u>15.2</u>℃；吸附时间<u>120</u>min。</td></tr>
<tr><td colspan="5">试验结果</td></tr>
<tr><td colspan="5">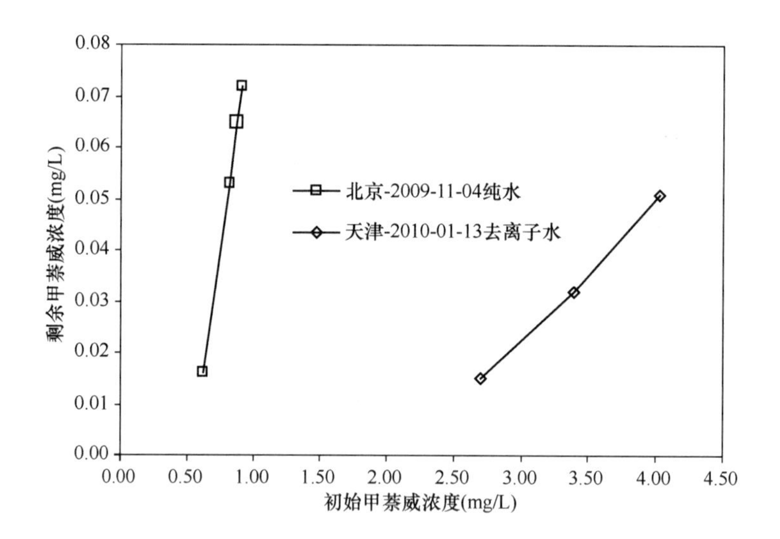
</td></tr>
<tr><td colspan="5">备　注</td></tr>
<tr><td colspan="5">1. 北京纯水，可应对最大浓度 0.8mg/L，可应对最大超标倍数 15 倍。
2. 天津纯水，可应对最大浓度 4mg/L，可应对最大超标倍数 79 倍。
3. 两实验室数据有差异。</td></tr>
</table>

1.39 甲醛

1.39.1 甲醛的粉末活性炭吸附去除可行性测试

<table>
<tr><td>试验名称</td><td colspan="5">甲醛 的粉末活性炭吸附去除可行性测试</td></tr>
<tr><td rowspan="2">相关水质标准
(mg/L)</td><td colspan="2">国家标准</td><td>0.9</td><td>住房和城乡建设部行标</td><td></td></tr>
<tr><td colspan="2">地表水标准</td><td>0.9</td><td></td><td></td></tr>
<tr><td colspan="6">试验条件</td></tr>
<tr><td>东莞</td><td colspan="5">纯净水：粉末活性炭投加量20mg/L；试验水温25℃；吸附时间120min。</td></tr>
<tr><td>上海</td><td colspan="5">纯净水：粉末活性炭投加量20mg/L；试验水温21℃；吸附时间120min。</td></tr>
<tr><td colspan="6">试验结果</td></tr>
<tr><td colspan="6">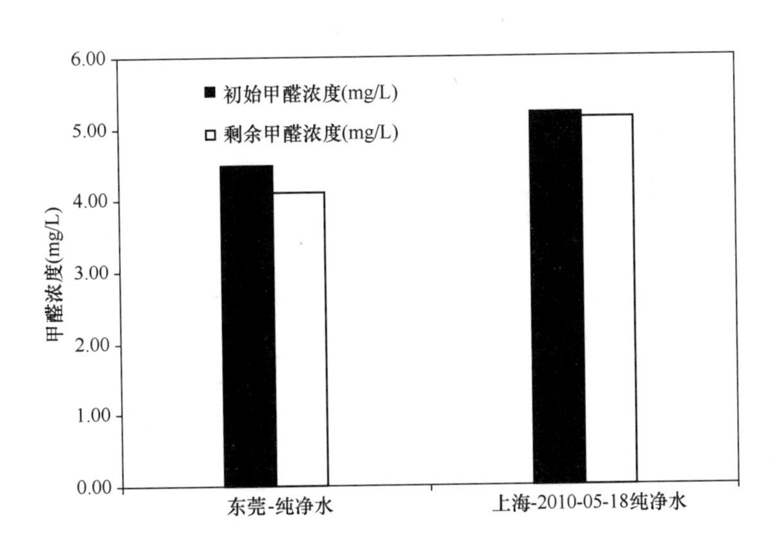</td></tr>
<tr><td>技术可行性评价</td><td colspan="5">不可行</td></tr>
<tr><td colspan="6">备　注</td></tr>
<tr><td colspan="6"></td></tr>
</table>

1.40 间二甲苯

1.40.1 不同水质条件下粉末活性炭对间二甲苯的吸附速率

<table>
<tr><td>试验名称</td><td colspan="5">不同水质条件下粉末活性炭对 间二甲苯 的吸附速率</td></tr>
<tr><td rowspan="2">相关水质标准
(mg/L)</td><td>国家标准</td><td>0.5</td><td>住房和城乡建设部行标</td><td colspan="2">0.5</td></tr>
<tr><td>地表水标准</td><td>0.5</td><td></td><td colspan="2"></td></tr>
<tr><td colspan="6">试验条件</td></tr>
<tr><td rowspan="2">深圳</td><td colspan="5">纯水：间二甲苯浓度2.56mg/L；粉末活性炭投加量10mg/L；试验水温26.2℃。</td></tr>
<tr><td colspan="5">原水：间二甲苯浓度2.56mg/L；粉末活性炭投加量10mg/L；试验水温26.2℃；TOC 1.65mg/L；COD_{Mn}1.47mg/L；pH 值7.40；浊度31.3NTU；碱度23.0mg/L；硬度18.5mg/L。</td></tr>
<tr><td colspan="6">试验结果</td></tr>
<tr><td colspan="6">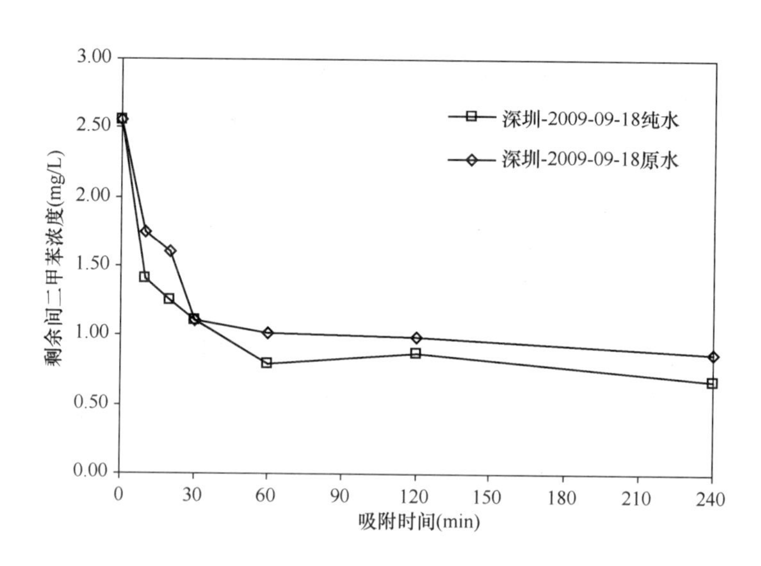
</td></tr>
<tr><td colspan="6">备　注</td></tr>
<tr><td colspan="6">1. 本组纯水试验条件下，粉末活性炭对间二甲苯的吸附基本达到平衡的时间为 30min 以上。
2. 本组原水试验条件下，粉末活性炭对间二甲苯的吸附基本达到平衡的时间为 120min 以上。</td></tr>
</table>

1.40.2 不同水质条件下粉末活性炭对间二甲苯的吸附容量

试验名称	不同水质条件下粉末活性炭__间二甲苯__的吸附容量			
相关水质标准（mg/L）	国家标准	0.5	住房和城乡建设部行标	0.5
	地表水标准	0.5		
试验条件				
深圳	纯水：间二甲苯浓度2.56mg/L；试验水温25.3℃；pH值6.80；吸附时间120min。			
	原水：间二甲苯浓度2.56mg/L；试验水温25.6℃；TOC 1.65mg/L；COD_{Mn} 1.47mg/L；pH值7.40；浊度31.3NTU；碱度23.0mg/L；硬度18.5mg/L；吸附时间120min。			
试验结果				

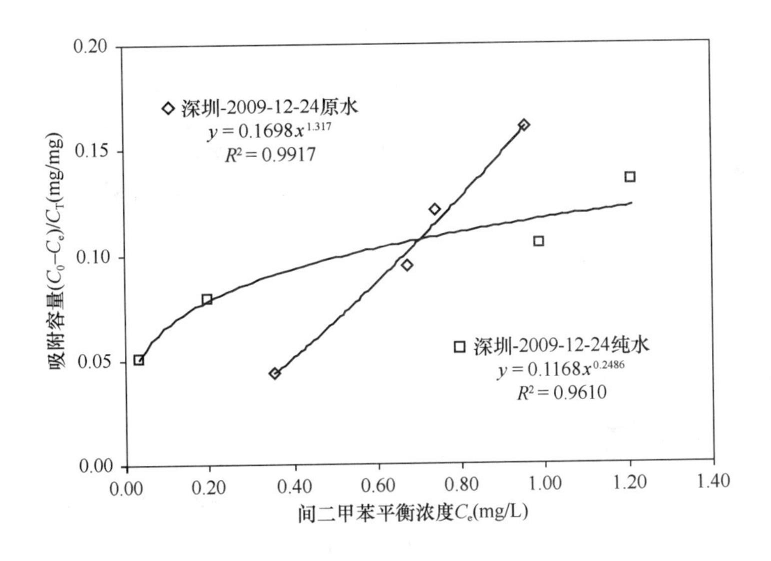

备 注

1. 粉末活性炭对间二甲苯的吸附容量可以用Freundrich吸附等温线来描述。
2. 试验中，平衡浓度统一设定为120min吸附时间的浓度。

1.41 苦味酸

1.41.1 不同水质条件下粉末活性炭对苦味酸的吸附速率

<table>
<tr><td>试验名称</td><td colspan="4">不同水质条件下粉末活性炭对 苦味酸 的吸附速率</td></tr>
<tr><td rowspan="2">相关水质标准
(mg/L)</td><td>国家标准</td><td></td><td>住房和城乡建设部行标</td><td></td></tr>
<tr><td>地表水标准</td><td>0.5</td><td></td><td></td></tr>
<tr><td colspan="5">试验条件</td></tr>
<tr><td rowspan="2">北京</td><td colspan="4">纯水：苦味酸浓度~2.5mg/L；粉末活性炭投加量20mg/L；试验水温20℃；TOC 0.1~0.5mg/L；pH值6.8。</td></tr>
<tr><td colspan="4">第九水厂原水：苦味酸浓度~2.5mg/L；水温20℃；COD_{Mn} 2.0~3.0mg/L；TOC 1.8~2.6mg/L；pH值7.8；浊度0.6~0.8NTU；碱度160~180mg/L；硬度200~220mg/L。</td></tr>
<tr><td colspan="5">试验结果</td></tr>
<tr><td colspan="5">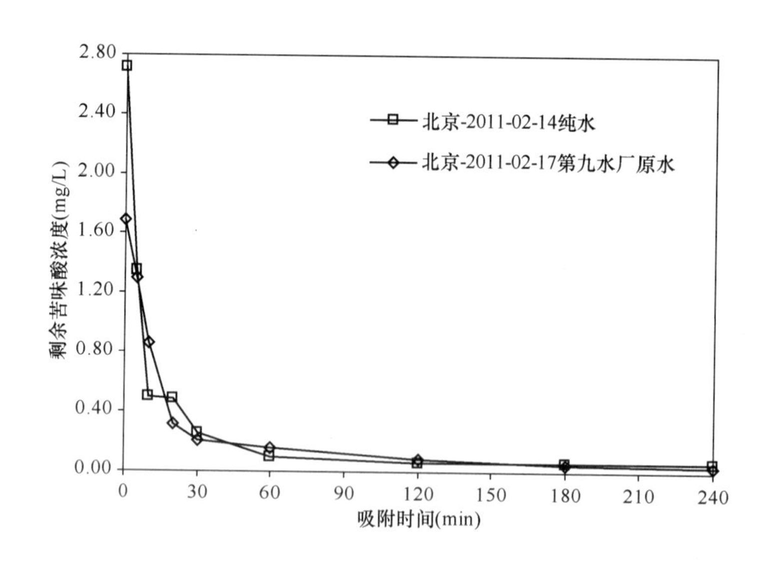</td></tr>
<tr><td colspan="5">备　注</td></tr>
<tr><td colspan="5">1. 本组纯水试验条件下，粉末活性炭对苦味酸的吸附基本达到平衡的时间为30min以上。
2. 本组原水试验条件下，粉末活性炭对苦味酸的吸附基本达到平衡的时间为120min以上。</td></tr>
</table>

1.41.2 不同水质条件下粉末活性炭对苦味酸的吸附容量

<table>
<tr><td>试验名称</td><td colspan="4">不同水质条件下粉末活性炭<u>苦味酸</u>的吸附容量</td></tr>
<tr><td rowspan="2">相关水质标准
(mg/L)</td><td>国家标准</td><td></td><td>住房和城乡建设部行标</td><td></td></tr>
<tr><td>地表水标准</td><td>0.5</td><td></td><td></td></tr>
<tr><td colspan="5">试验条件</td></tr>
<tr><td rowspan="2">北京</td><td colspan="4">纯水：苦味酸浓度~2.5mg/L；水温20℃；pH值6.8；吸附时间120min。</td></tr>
<tr><td colspan="4">第九水厂原水：苦味酸浓度~2.5mg/L；水温20℃；COD_{Mn} 2.0~3.0mg/L；TOC 1.8~2.6mg/L；pH值7.8；浊度0.6~0.8NTU；碱度160~180mg/L；硬度200~220mg/L；吸附时间120min。</td></tr>
<tr><td colspan="5">试验结果</td></tr>
</table>

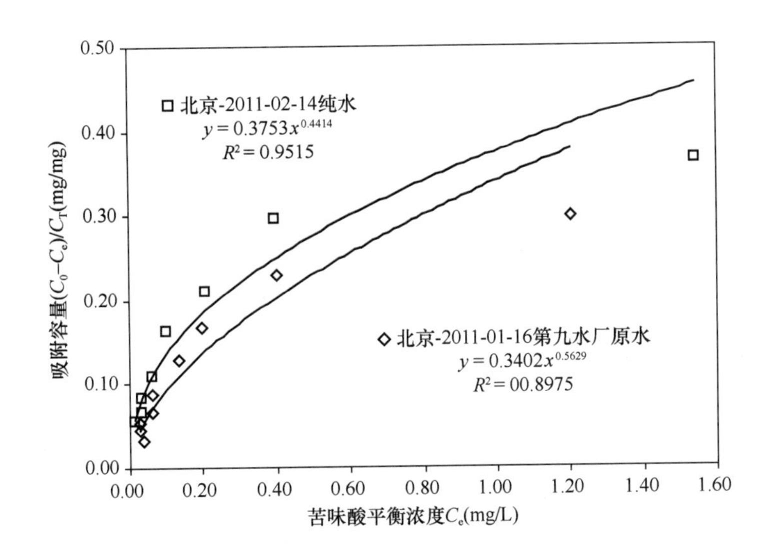

备　注

1. 粉末活性炭对苦味酸的吸附容量可以用 Freundrich 吸附等温线来描述。
2. 原水条件下的吸附容量比纯水条件下略有降低。
3. 试验中，平衡浓度统一设定为 120min 吸附时间的浓度。

1.42 乐果

1.42.1 不同水质条件下粉末活性炭对乐果的吸附速率

试验名称	不同水质条件下粉末活性炭对 乐果 的吸附速率			
相关水质标准 (mg/L)	国家标准	0.08	住房和城乡建设部行标	0.02
	地表水标准	0.08		
试验条件				
东莞	纯水：乐果浓度0.400mg/L；粉末活性炭投加量10mg/L；试验水温25℃。			
	东江原水：乐果浓度0.400mg/L；试验水温26℃；COD_{Mn} 3.23mg/L；pH 值7.1；浊度18.3NTU；碱度40.0mg/L；硬度44.0mg/L。			
无锡	纯水：乐果浓度0.407mg/L；粉末活性炭投加量20mg/L；试验水温6.5℃。			
	中桥出厂水：乐果浓度0.407mg/L；粉末活性炭投加量20mg/L；试验水温6.5℃；COD_{Mn} 1.28mg/L；TOC 2.58mg/L；pH 值6.9；浊度0.12NTU；碱度60mg/L；硬度150mg/L。			

试验结果

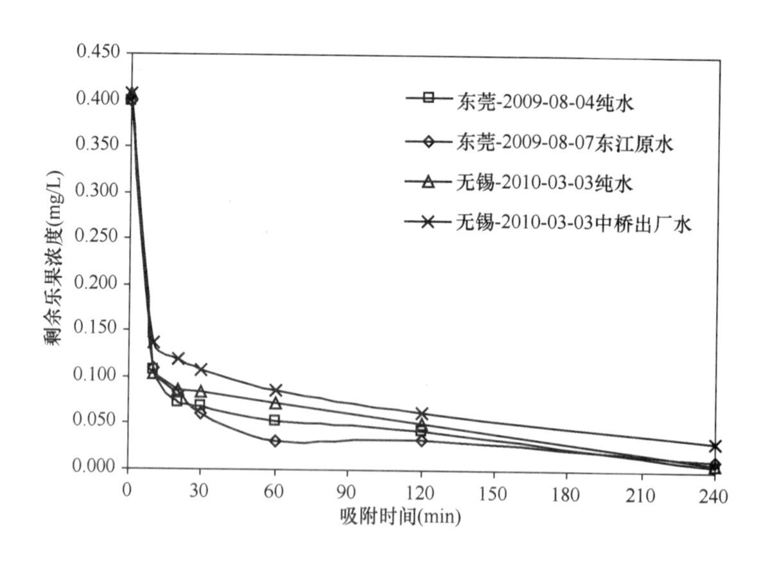

备　注

1. 本组纯水试验条件下，粉末活性炭对乐果的吸附基本达到平衡的时间为30min以上。
2. 本组原水试验条件下，粉末活性炭对乐果的吸附基本达到平衡的时间为120min以上。

1.42.2 不同水质条件下粉末活性炭对乐果的吸附容量

<table>
<tr><td>试验名称</td><td colspan="4">不同水质条件下粉末活性炭对 乐果 的吸附容量</td></tr>
<tr><td rowspan="2">相关水质标准
(mg/L)</td><td>国家标准</td><td>0.08</td><td>住房和城乡建设部行标</td><td>0.02</td></tr>
<tr><td>地表水标准</td><td>0.08</td><td></td><td></td></tr>
<tr><td colspan="5">试验条件</td></tr>
<tr><td rowspan="2">东莞</td><td colspan="4">纯水：乐果浓度0..400mg/L；粉末活性炭投加量10mg/L；试验水温25℃；吸附时间120min。</td></tr>
<tr><td colspan="4">东江原水：乐果浓度0.400mg/L；试验水温26℃；COD_{Mn}3.23mg/L；pH 值7.1；浊度18.3NTU；碱度40.0mg/L；硬度44.0mg/L；吸附时间120min。</td></tr>
<tr><td rowspan="2">无锡</td><td colspan="4">纯水：乐果浓度0.407mg/L；试验水温6.9℃；吸附时间120min。</td></tr>
<tr><td colspan="4">中桥出厂水：乐果浓度0.407mg/L；试验水温7.0℃；COD_{Mn}1.20mg/L；TOC 2.70mg/L；pH 值7.0；浊度0.12NTU；碱度64mg/L；硬度142mg/L；吸附时间120min。</td></tr>
<tr><td colspan="5">试验结果</td></tr>
</table>

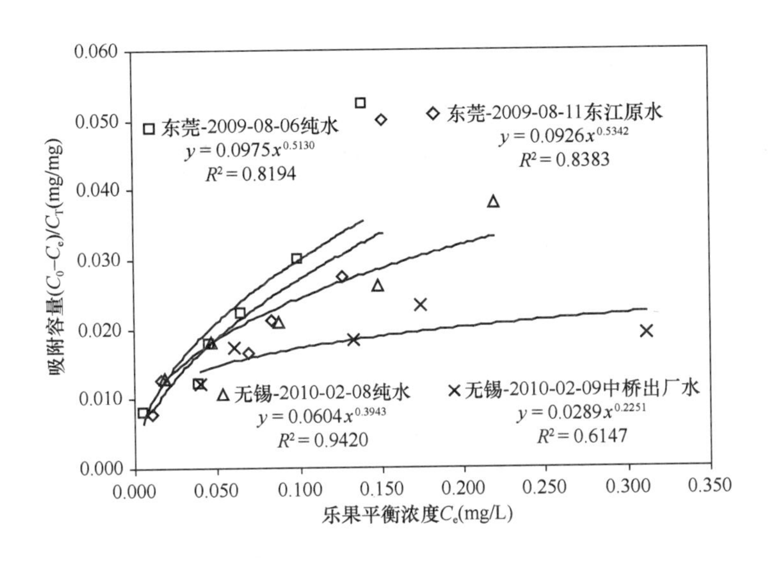

备　注

1. 粉末活性炭对乐果的吸附容量可以用 Freundrich 吸附等温线来描述。
2. 原水条件下的吸附容量比纯水条件下略有降低。
3. 试验中，平衡浓度统一设定为 120min 吸附时间的浓度。
4. 不同实验室得到的研究结论有差异。

1.43 邻苯二甲酸二丁酯

1.43.1 不同水质条件下粉末活性炭对邻苯二甲酸二丁酯的吸附速率

<table>
<tr><td colspan="2">试验名称</td><td colspan="4">不同水质条件下粉末活性炭对 邻苯二甲酸二丁酯 的吸附速率</td></tr>
<tr><td colspan="2" rowspan="2">相关水质标准
(mg/L)</td><td>国家标准</td><td>0.003</td><td>住房和城乡建设部行标</td><td></td></tr>
<tr><td>地表水标准</td><td>0.003</td><td></td><td></td></tr>
<tr><td colspan="6">试验条件</td></tr>
<tr><td rowspan="2">北京</td><td colspan="5">纯水：邻苯二甲酸二丁酯浓度0.015mg/L；粉末活性炭投加量20mg/L；试验水温23℃；TOC 0.1mg/L；pH 值6.8。</td></tr>
<tr><td colspan="5">第九水厂原水：邻苯二甲酸二丁酯浓度0.15mg/L；粉末活性炭投加量20mg/L；试验水温23℃。</td></tr>
<tr><td colspan="6">试验结果</td></tr>
<tr><td colspan="6">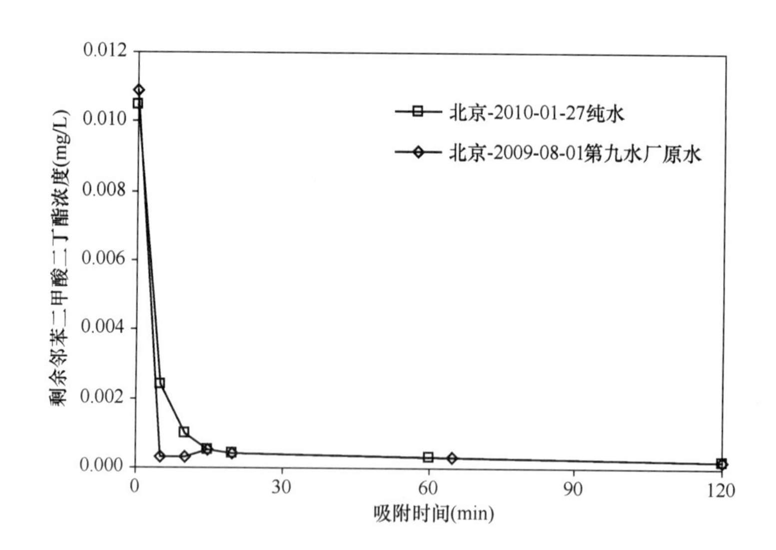</td></tr>
<tr><td colspan="6">备　注</td></tr>
<tr><td colspan="6">1. 本组纯水试验条件下，粉末活性炭对邻苯二甲酸二丁酯的吸附基本达到平衡的时间为 30min 以上。
2. 本组原水试验条件下，粉末活性炭对邻苯二甲酸二丁酯的吸附基本达到平衡的时间为 120min 以上。</td></tr>
</table>

1.43.2 不同水质条件下粉末活性炭对邻苯二甲酸二丁酯的吸附容量

<table>
<tr><td>试验名称</td><td colspan="5">不同水质条件下粉末活性炭对<u>邻苯二甲酸二丁酯</u>的吸附容量</td></tr>
<tr><td colspan="2" rowspan="2">相关水质标准
(mg/L)</td><td>国家标准</td><td>0.003</td><td>住房和城乡建设部行标</td><td></td></tr>
<tr><td>地表水标准</td><td>0.003</td><td></td><td></td></tr>
<tr><td colspan="6">试验条件</td></tr>
<tr><td rowspan="2">北京</td><td colspan="5">纯水：邻苯二甲酸二丁酯浓度<u>0.0145</u>mg/L；吸附时间<u>120</u>min。</td></tr>
<tr><td colspan="5">原水：邻苯二甲酸二丁酯浓度<u>0.0109</u>mg/L；粉末活性炭投加量<u>20</u>mg/L；试验水温<u>23</u>℃；吸附时间<u>120</u>min。</td></tr>
<tr><td colspan="6">试验结果</td></tr>
</table>

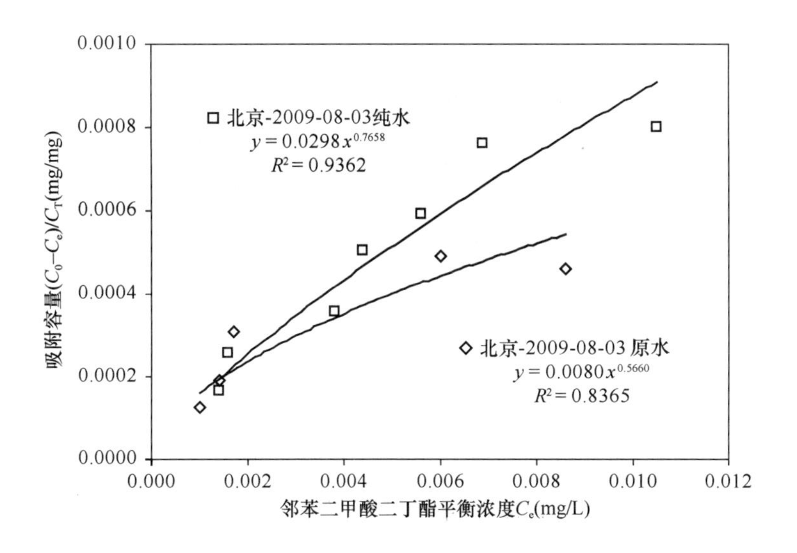

备　注

1. 粉末活性炭对乐果的吸附容量可以用 Freundrich 吸附等温线来描述。
2. 原水条件下的吸附容量比纯水条件下略有降低，可能是由于水中有机物的竞争吸附。
3. 试验中，平衡浓度统一设定为 120min 吸附时间的浓度。

1.43.3 最大投炭量条件下可以应对的邻苯二甲酸二丁酯最高浓度

试验名称	最大投炭量条件下可以应对的 邻苯二甲酸二丁酯 最高浓度			
相关水质标准(mg/L)	国家标准	0.003	住房和城乡建设部行标	
	地表水标准	0.003		
试验条件				
北京	纯水：投炭量80mg/L。			
试验结果				

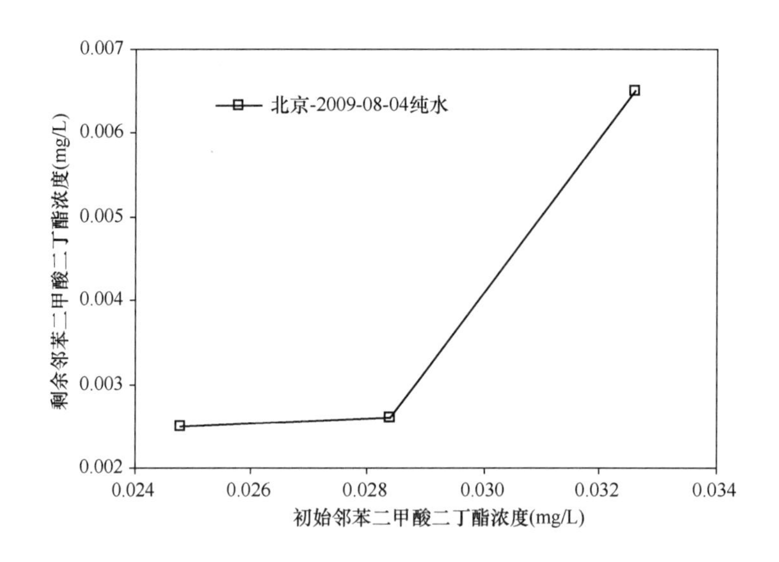

备注
纯水可应对的邻苯二甲酸丁二酯最大浓度为0.028 mg/L，可应对最大超标倍数8倍。

1.44 邻苯二甲酸（2-乙基己基）酯

1.44.1 不同水质条件下粉末活性炭对邻苯二甲酸（2-乙基己基）酯的吸附速率

<table>
<tr><td colspan="2">试验名称</td><td colspan="4">不同水质条件下粉末活性炭对邻苯二甲酸二（2-乙基己基）酯的吸附速率</td></tr>
<tr><td colspan="2" rowspan="2">相关水质标准
(mg/L)</td><td>国家标准</td><td>0.008</td><td>住房和城乡建设部行标</td><td>0.008</td></tr>
<tr><td>地表水标准</td><td>0.008</td><td></td><td></td></tr>
<tr><td colspan="6">试验条件</td></tr>
<tr><td rowspan="2">广州</td><td colspan="5">纯水：邻苯二甲酸二（2-乙基己基）酯浓度0.08mg/L；粉末活性炭投加量20mg/L；试验水温15℃。</td></tr>
<tr><td colspan="5">南洲水厂原水：邻苯二甲酸二（2-乙基己基）酯浓度0.08mg/L；粉末活性炭投加量20mg/L；试验水温15℃；COD_{Mn}1mg/L；pH值7.2；浊度4.5NTU；碱度78mg/L；硬度113mg/L。</td></tr>
<tr><td rowspan="2">济南</td><td colspan="5">纯水：邻苯二甲酸二（2-乙基己基）酯浓度0.04mg/L；粉末活性炭投加量20mg/L；试验水温24℃。</td></tr>
<tr><td colspan="5">鹊华水厂原水：邻苯二甲酸二（2-乙基己基）酯浓度0.04mg/L；粉末活性炭投加量20mg/L；试验水温24℃；COD_{Mn}2.5mg/L；pH值7.87；浊度0.6NTU；碱度150mg/L；硬度240mg/L。</td></tr>
<tr><td colspan="6">试验结果</td></tr>
<tr><td colspan="6">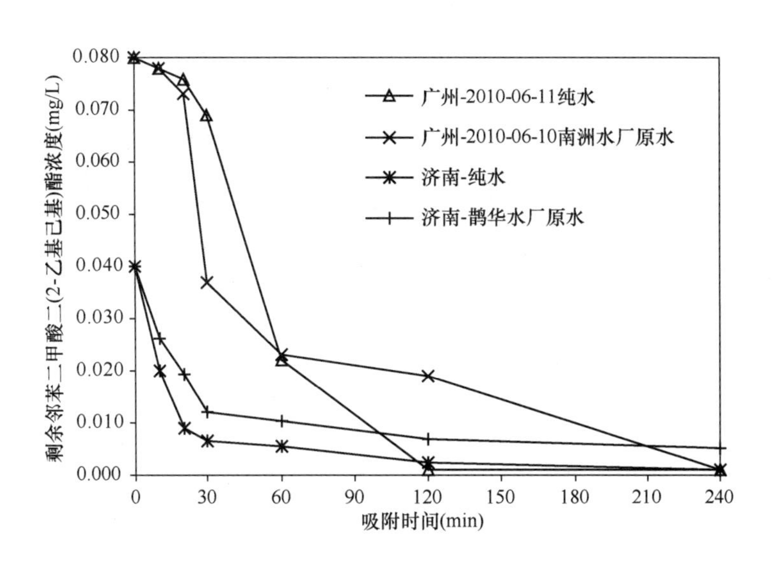</td></tr>
<tr><td colspan="6">备　注</td></tr>
<tr><td colspan="6">1. 本组纯水试验条件下，粉末活性炭对邻苯二甲酸二（2-乙基己基）酯的吸附基本达到平衡的时间为30min以上。
2. 本组原水试验条件下，粉末活性炭对邻苯二甲酸二（2-乙基己基）酯的吸附基本达到平衡的时间为60min以上。</td></tr>
</table>

1.44.2 不同水质条件下粉末活性炭对邻苯二甲酸（2-乙基己基）酯的吸附容量

<table>
<tr><td>试验名称</td><td colspan="4">不同水质条件下粉末活性炭对邻苯二甲酸二（2-乙基己基）酯的吸附容量</td></tr>
<tr><td rowspan="2">相关水质标准
(mg/L)</td><td>国家标准</td><td>0.008</td><td>住房和城乡建设部行标</td><td>0.008</td></tr>
<tr><td>地表水标准</td><td>0.008</td><td></td><td></td></tr>
<tr><td colspan="5">试验条件</td></tr>
<tr><td rowspan="2">广州</td><td colspan="4">纯水：邻苯二甲酸二（2-乙基己基）酯浓度0.08mg/L；粉末活性炭投加量20mg/L；试验水温15℃；吸附时间120min。</td></tr>
<tr><td colspan="4">南洲水厂原水：邻苯二甲酸二（2-乙基己基）酯浓度0.1mg/L；试验水温15℃；COD_{Mn} 1mg/L；pH值7.2；浊度4.5NTU；碱度78mg/L；硬度113mg/L；吸附时间120min。</td></tr>
<tr><td rowspan="2">济南</td><td colspan="4">纯水：邻苯二甲酸二（2-乙基己基）酯浓度0.08mg/L；试验水温21℃；吸附时间120min。</td></tr>
<tr><td colspan="4">鹊华水厂原水：邻苯二甲酸二（2-乙基己基）酯浓度0.08mg/L；试验水温21℃；COD_{Mn} 2.8mg/L；pH值8.13；浊度0.7NTU；碱度150mg/L；硬度240mg/L；吸附时间120min。</td></tr>
<tr><td colspan="5">试验结果</td></tr>
<tr><td colspan="5">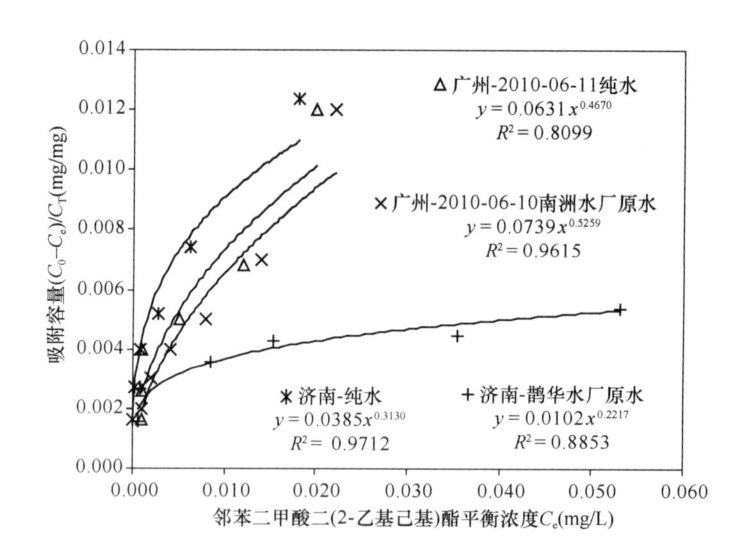</td></tr>
<tr><td colspan="5">备　注</td></tr>
<tr><td colspan="5">1. 粉末炭对邻苯二甲酸二（2-乙基己基）酯的吸附容量可以用Freundrich吸附等温线来描述。
2. 原水条件下的吸附容量比纯水条件下有降低，可能是由于水中有机物的竞争吸附。
3. 试验中，平衡浓度统一设定为120min吸附时间的浓度。
4. 不同实验室得到的研究结论有差异。</td></tr>
</table>

1.44.3 最大投炭量条件下可以应对的邻苯二甲酸（2-乙基己基）酯最高浓度

<table>
<tr><td>试验名称</td><td colspan="4">最大投炭量条件下可以应对的邻苯二甲酸二（2-乙基己基）酯 最高浓度</td></tr>
<tr><td rowspan="2">相关水质标准
(mg/L)</td><td>国家标准</td><td>0.008</td><td>住房和城乡建设部行标</td><td>0.008</td></tr>
<tr><td>地表水标准</td><td>0.008</td><td></td><td></td></tr>
<tr><td colspan="5">试验条件</td></tr>
<tr><td rowspan="2">广州</td><td colspan="4">纯水：投炭量80mg/L；试验水温17℃；吸附时间120min。</td></tr>
<tr><td colspan="4">南洲水厂原水：投炭量80mg/L；试验水温17℃；COD_{Mn} 1.5mg/L；pH 值7.4；浊度16.6NTU；碱度55.5mg/L；硬度69.1mg/L；吸附时间120min。</td></tr>
<tr><td colspan="5">试验结果</td></tr>
<tr><td colspan="5">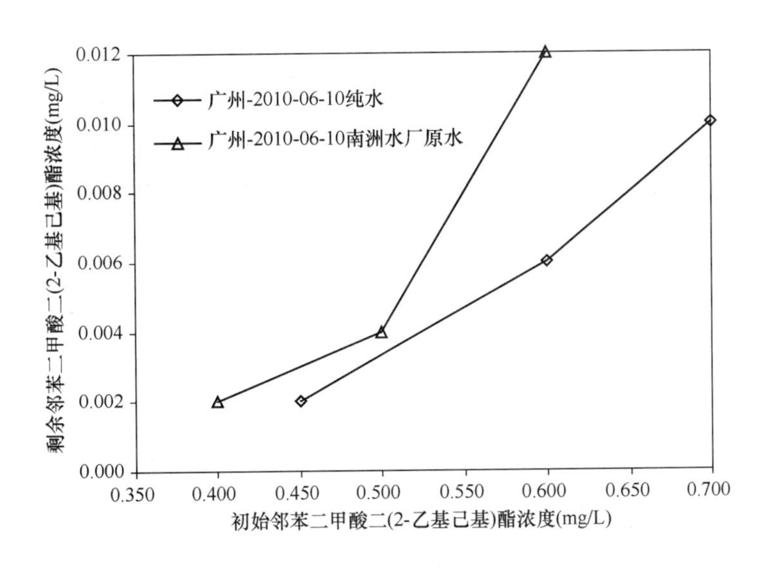
</td></tr>
<tr><td colspan="5">备　注</td></tr>
<tr><td colspan="5">1. 纯水可应对邻苯二甲酸二（2-乙基己基）酯的最大浓度为 0.65 mg/L，可应对最大超标倍数 80 倍。
2. 原水可应对邻苯二甲酸二（2-乙基己基）酯的最大浓度为 0.55 mg/L，可应对最大超标倍数 67 倍。</td></tr>
</table>

1.45 邻苯二甲酸二乙酯

1.45.1 不同水质条件下粉末活性炭对邻苯二甲酸二乙酯的吸附速率

试验名称	不同水质条件下粉末活性炭对 邻苯二甲酸二乙酯 的吸附速率			
相关水质标准(mg/L)	国家标准	0.3	住房和城乡建设部行标	
	地表水标准			
试验条件				
东莞	纯水：邻苯二甲酸二乙酯浓度2.138mg/L；粉末活性炭投加量20mg/L；试验水温26℃。			
	东江原水：邻苯二甲酸二乙酯浓度2.229mg/L；粉末活性炭投加量20mg/L；试验水温26℃；COD_{Mn} 4.64mg/L；pH值7.1；浊度28.0NTU；碱度50.0mg/L；硬度48.0mg/L。			
试验结果				

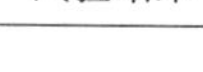

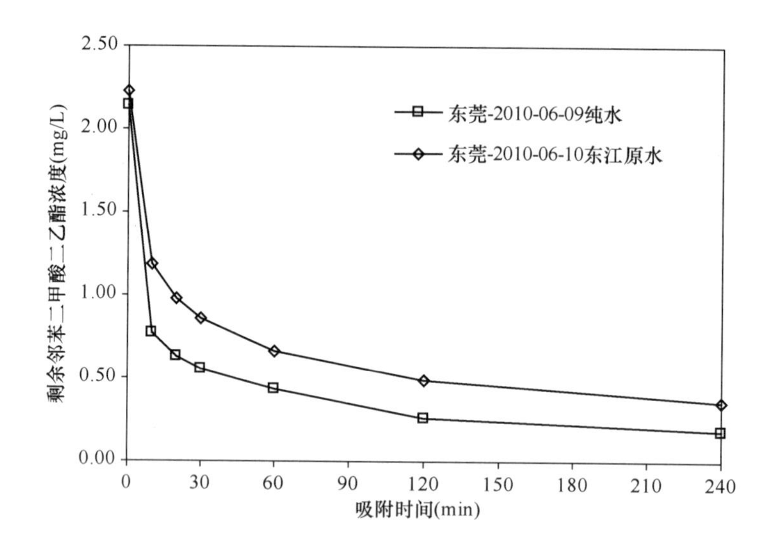

备　　注
1. 本组纯水试验条件下，粉末活性炭对邻苯二甲酸二乙酯的吸附基本达到平衡的时间为30min以上。 2. 本组原水试验条件下，粉末活性炭对邻苯二甲酸二乙酯的吸附基本达到平衡的时间为120min以上。

1.45.2 不同水质条件下粉末活性炭对邻苯二甲酸二乙酯的吸附容量

<table>
<tr><td>试验名称</td><td colspan="4">不同水质条件下粉末活性炭对<u>邻苯二甲酸二乙酯</u>的吸附容量</td></tr>
<tr><td rowspan="2">相关水质标准
(mg/L)</td><td>国家标准</td><td>0.3</td><td>住房和城乡建设部行标</td><td></td></tr>
<tr><td>地表水标准</td><td></td><td></td><td></td></tr>
<tr><td colspan="5">试验条件</td></tr>
<tr><td rowspan="2">东莞</td><td colspan="4">纯水：邻苯二甲酸二乙酯浓度2.138mg/L；粉末活性炭投加量20mg/L；试验水温26℃；吸附时间120min。</td></tr>
<tr><td colspan="4">东江原水：邻苯二甲酸二乙酯浓度2.229mg/L；试验水温26℃；COD_{Mn} 4.64mg/L；pH 值7.1；浊度28.0NTU；碱度50.0mg/L；硬度48.0mg/L；吸附时间120min。</td></tr>
<tr><td colspan="5">试验结果</td></tr>
<tr><td colspan="5">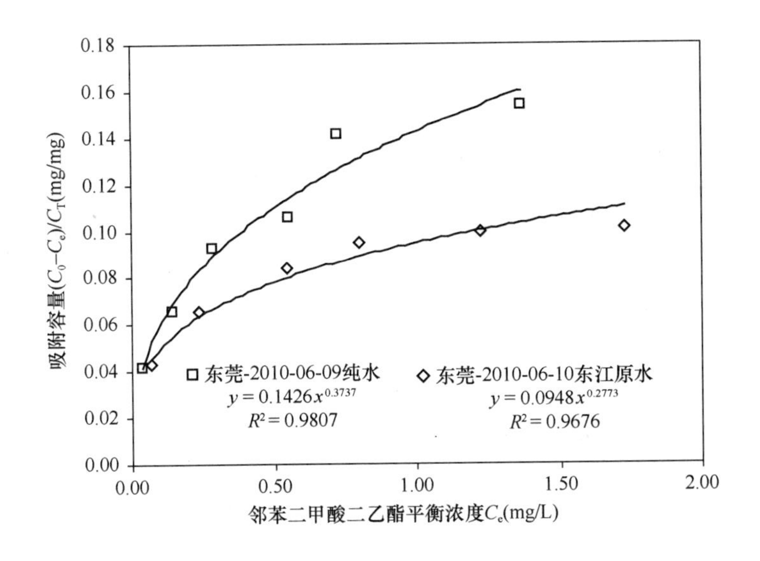
</td></tr>
<tr><td colspan="5">备　注</td></tr>
<tr><td colspan="5">1. 粉末炭对邻苯二甲酸二乙酯的吸附容量可以用 Freundrich 吸附等温线来描述。
2. 原水条件下的吸附容量比纯水条件下有明显降低，可能是由于水中有机物的竞争吸附。
3. 试验中，平衡浓度统一设定为 120min 吸附时间的浓度。</td></tr>
</table>

1.45.3 最大投炭量条件下可以应对的邻苯二甲酸二乙酯最高浓度

<table>
<tr><td>试验名称</td><td colspan="4">最大投炭量条件下可以应对的 邻苯二甲酸二乙酯 最高浓度</td></tr>
<tr><td rowspan="2">相关水质标准
(mg/L)</td><td>国家标准</td><td>0.3</td><td>住房和城乡建设部行标</td><td></td></tr>
<tr><td>地表水标准</td><td></td><td></td><td></td></tr>
<tr><td colspan="5">试验条件</td></tr>
<tr><td rowspan="2">东莞</td><td colspan="4">纯水：投炭量80mg/L；试验水温26℃；吸附时间120min。</td></tr>
<tr><td colspan="4">东江原水：投炭量80mg/L；试验水温26℃；吸附时间120min。</td></tr>
<tr><td colspan="5">试验结果</td></tr>
<tr><td colspan="5">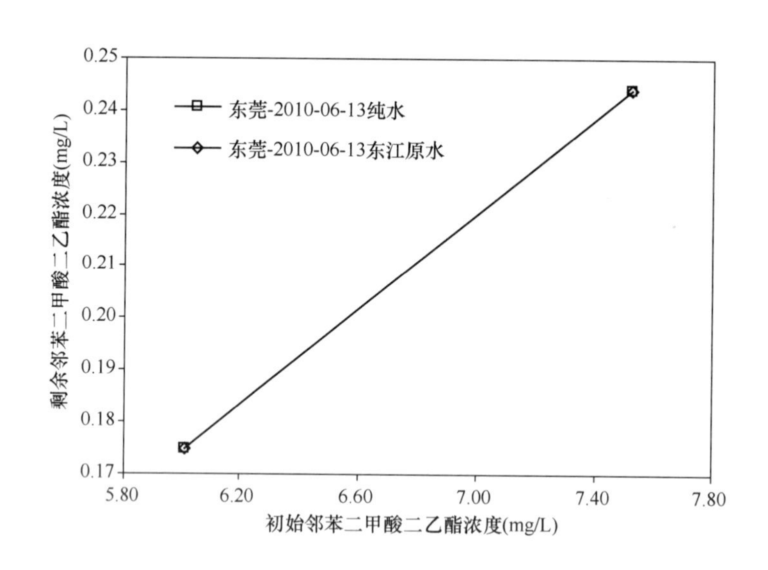</td></tr>
<tr><td colspan="5">备　注</td></tr>
<tr><td colspan="5">可应对的邻苯二甲酸二乙酯最大浓度约为8mg/L，可应对最大超标倍数25倍。</td></tr>
</table>

1.46 林丹

1.46.1 不同水质条件下粉末活性炭对林丹的吸附速率

<table>
<tr><td>试验名称</td><td colspan="4">不同水质条件下粉末活性炭对<u>林丹</u>的吸附速率</td></tr>
<tr><td rowspan="2">相关水质标准
(mg/L)</td><td>国家标准</td><td>0.002</td><td>住房和城乡建设部行标</td><td>0.002</td></tr>
<tr><td>地表水标准</td><td>0.002</td><td></td><td></td></tr>
<tr><td colspan="5">试验条件</td></tr>
<tr><td rowspan="2">济南</td><td colspan="4">纯水：林丹浓度0.01mg/L；粉末活性炭投加量20mg/L；试验水温24℃。</td></tr>
<tr><td colspan="4">鹊华水厂原水：林丹浓度0.01mg/L；粉末活性炭投加量20mg/L；试验水温24℃；COD_{Mn} 2.7mg/L；TOC 3.4mg/L；pH 值7.82；浊度0.7NTU；碱度125mg/L；硬度238mg/L。</td></tr>
<tr><td colspan="5">试验结果</td></tr>
</table>

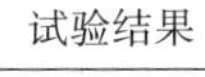

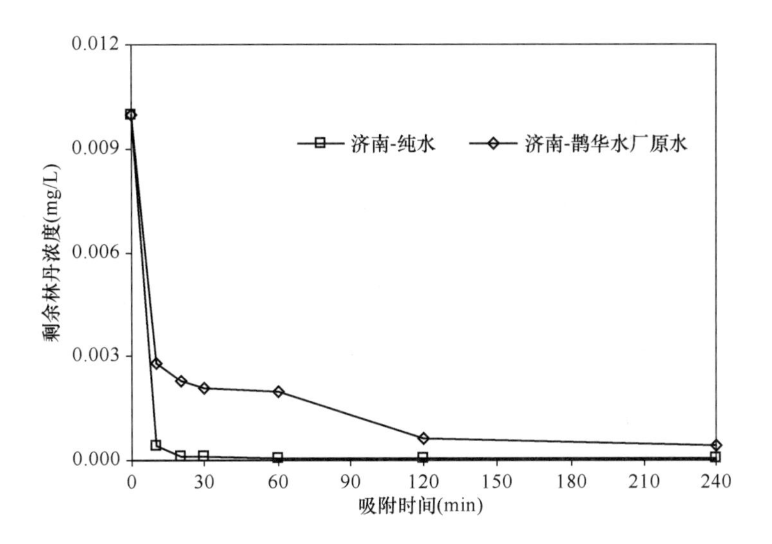

备　注

1. 本组纯水试验条件下，粉末活性炭对林丹的吸附基本达到平衡的时间为 30min 以上。
2. 本组原水试验条件下，粉末活性炭对林丹的吸附基本达到平衡的时间为 120min 以上。

1.46.2 不同水质条件下粉末活性炭对林丹的吸附容量

<table>
<tr><td>试验名称</td><td colspan="4">不同水质条件下粉末活性炭对<u>林丹</u>的吸附容量</td></tr>
<tr><td rowspan="2">相关水质标准(mg/L)</td><td>国家标准</td><td>0.002</td><td>住房和城乡建设部行标</td><td>0.002</td></tr>
<tr><td>地表水标准</td><td>0.002</td><td></td><td></td></tr>
<tr><td colspan="5">试验条件</td></tr>
<tr><td rowspan="2">济南</td><td colspan="4">纯水：林丹浓度0.02mg/L；粉末活性炭投加量20mg/L；试验水温23℃；吸附时间120min。</td></tr>
<tr><td colspan="4">鹊华水厂原水：林丹浓度0.02mg/L；试验水温23℃；COD_{Mn} 2.7mg/L；TOC 4.5mg/L；pH 值8.22；浊度0.7NTU；碱度141mg/L；硬度262mg/L；吸附时间120min。</td></tr>
<tr><td colspan="5">试验结果</td></tr>
<tr><td colspan="5">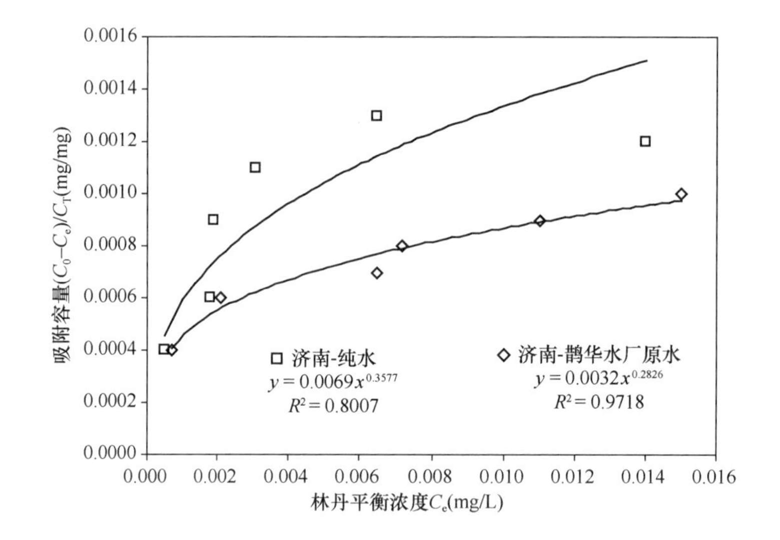
</td></tr>
<tr><td colspan="5">备　注</td></tr>
<tr><td colspan="5">1. 粉末活性炭对林丹的吸附容量可以用 Freundrich 吸附等温线来描述。
2. 原水条件下的吸附容量比纯水条件下有明显降低，可能是由于水中有机物的竞争吸附。
3. 试验中，平衡浓度统一设定为 120min 吸附时间的浓度。
4. 从两个独立实验室得到的研究结论基本一致；数值的差异可能由水质差异引起。</td></tr>
</table>

1.47 六六六

1.47.1 不同水质条件下粉末活性炭对六六六的吸附速率

<table>
<tr><td>试验名称</td><td colspan="5">不同水质条件下粉末活性炭对 六六六 的吸附速率</td></tr>
<tr><td rowspan="2" colspan="2">相关水质标准
(mg/L)</td><td>国家标准</td><td>0.005</td><td>住房和城乡建设部行标</td><td>0.005</td></tr>
<tr><td>地表水标准</td><td>0.005</td><td></td><td></td></tr>
<tr><td colspan="6">试验条件</td></tr>
<tr><td rowspan="2">深圳</td><td colspan="5">纯水：六六六浓度0.03881mg/L；粉末活性炭投加量20mg/L；试验水温25℃。</td></tr>
<tr><td colspan="5">东湖泵站原水：六六六浓度0.02996mg/L；粉末活性炭投加量20mg/L；试验水温24.3℃；COD_{Mn} 1.94mg/L；TOC 1.35mg/L；pH值7.36；浊度7.24NTU；碱度27.7mg/L；硬度38.8mg/L。</td></tr>
<tr><td colspan="6">试验结果</td></tr>
<tr><td colspan="6">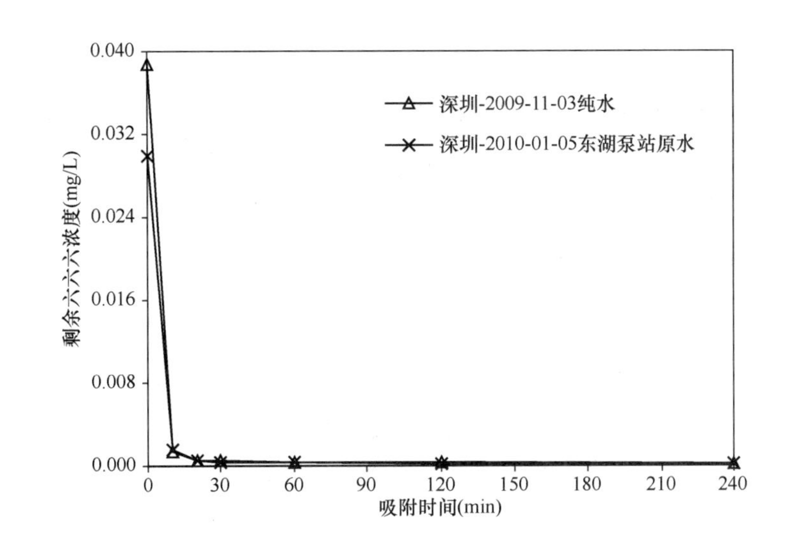</td></tr>
<tr><td colspan="6">备　　注</td></tr>
<tr><td colspan="6">1. 本组纯水试验条件下，粉末活性炭对六六六的吸附基本达到平衡的时间为30min以上。
2. 本组原水试验条件下，粉末活性炭对六六六的吸附基本达到平衡的时间为120min以上。</td></tr>
</table>

1.47.2 不同水质条件下粉末活性炭对六六六的吸附容量

试验名称	不同水质条件下粉末活性炭对 六六六 的吸附容量			
相关水质标准(mg/L)	国家标准	0.005	住房和城乡建设部行标	0.005
	地表水标准	0.005		
试验条件				
深圳	纯水：六六六浓度0.06288mg/L；粉末活性炭投加量20mg/L；试验水温25℃；吸附时间120min。			
	南山水厂原水：六六六浓度0.05652mg/L；试验水温25.4℃；COD_{Mn} 2.18mg/L；TOC 2.04mg/L；pH值7.11；浊度25.8NTU；碱度25.0mg/L；硬度32.3mg/L；吸附时间120min。			
试验结果				
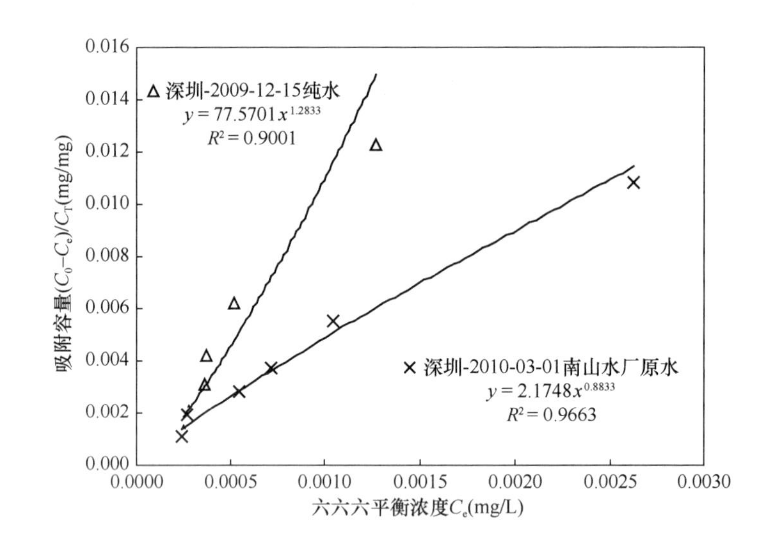 				
备　　注				
1. 粉末活性炭对六六六的吸附容量可以用Freundrich吸附等温线来描述。 2. 原水条件下的吸附容量比纯水条件下有明显降低，可能是由于水中有机物的竞争吸附。 3. 试验中，平衡浓度统一设定为120min吸附时间的浓度。				

1.47.3 最大投炭量条件下可以应对的六六六最高浓度

<table>
<tr><td>试验名称</td><td colspan="4">最大投炭量条件下可以应对的<u>六六六</u>最高浓度</td></tr>
<tr><td rowspan="2">相关水质标准
(mg/L)</td><td>国家标准</td><td>0.005</td><td>住房和城乡建设部行标</td><td>0.005</td></tr>
<tr><td>地表水标准</td><td>0.005</td><td></td><td></td></tr>
<tr><td colspan="5">试验条件</td></tr>
<tr><td rowspan="2">深圳</td><td colspan="4">纯水：投炭量80mg/L；试验水温25.4℃；吸附时间120min。</td></tr>
<tr><td colspan="4">南山水厂原水：投炭量80mg/L；试验水温25.4℃；吸附时间120min。</td></tr>
<tr><td colspan="5">试验结果</td></tr>
<tr><td colspan="5">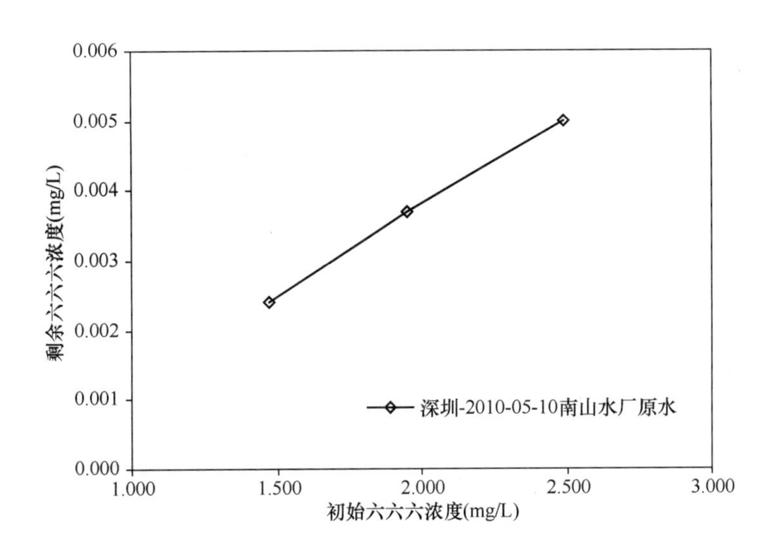
</td></tr>
<tr><td colspan="5">备　注</td></tr>
<tr><td colspan="5">可应对的最大六六六浓度为2.5 mg/L，可应对最大超标倍数约500倍。</td></tr>
</table>

1.48 六氯苯

1.48.1 不同水质条件下粉末活性炭对六氯苯的吸附速率

<table>
<tr><td>试验名称</td><td colspan="5">不同水质条件下粉末活性炭对六氯苯的吸附速率</td></tr>
<tr><td rowspan="2">相关水质标准
(mg/L)</td><td>国家标准</td><td>0.001</td><td>住房和城乡建设部行标</td><td>0.001</td></tr>
<tr><td>地表水标准</td><td>0.05</td><td></td><td></td></tr>
<tr><td colspan="6">试验条件</td></tr>
<tr><td rowspan="2">北京</td><td colspan="5">纯水：六氯苯浓度0.0367mg/L；粉末活性炭投加量20mg/L；试验水温23℃；TOC 0.1～0.5mg/L；pH值6.8。</td></tr>
<tr><td colspan="5">第九水厂原水：六氯苯浓度0.0388mg/L；粉末活性炭投加量20mg/L；试验水温23℃。</td></tr>
<tr><td colspan="6">试验结果</td></tr>
<tr><td colspan="6">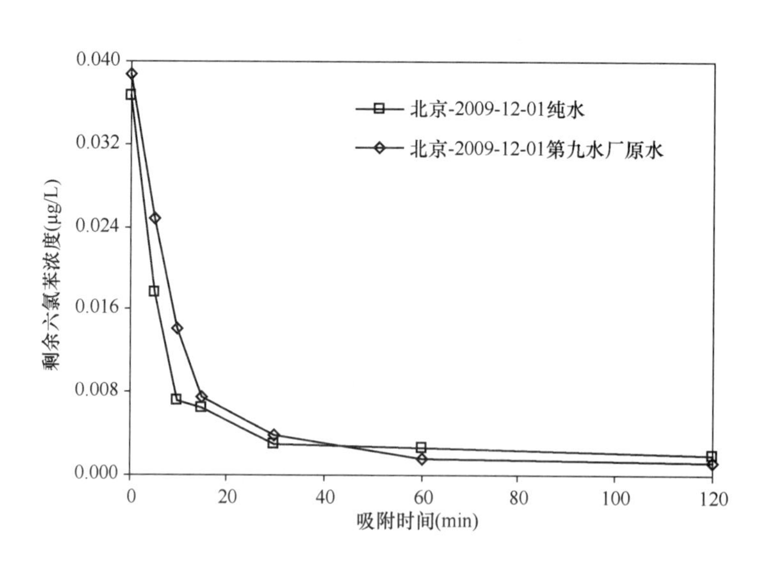</td></tr>
<tr><td colspan="6">备　注</td></tr>
<tr><td colspan="6">1. 本组纯水试验条件下粉末活性炭对六氯苯的吸附基本达到平衡的时间为30min以上。
2. 本组原水试验条件下粉末活性炭对六氯苯的吸附基本达到平衡的时间为120min以上。</td></tr>
</table>

1.48.2 不同水质条件下粉末活性炭对六氯苯的吸附容量

<table>
<tr><td>试验名称</td><td colspan="4">不同水质条件下粉末活性炭对<u>六氯苯</u>的吸附容量</td></tr>
<tr><td rowspan="2">相关水质标准
(mg/L)</td><td>国家标准</td><td>0.001</td><td>住房和城乡建设部行标</td><td>0.001</td></tr>
<tr><td>地表水标准</td><td>0.05</td><td></td><td></td></tr>
<tr><td colspan="5">试验条件</td></tr>
<tr><td rowspan="2">北京</td><td colspan="4">纯水：六氯苯浓度0.0368mg/L；吸附时间120min。</td></tr>
<tr><td colspan="4">第九水厂原水：六氯苯浓度0.0368 mg/L；粉末活性炭投加量20mg/L；试验水温23℃；吸附时间120min。</td></tr>
<tr><td colspan="5">试验结果</td></tr>
</table>

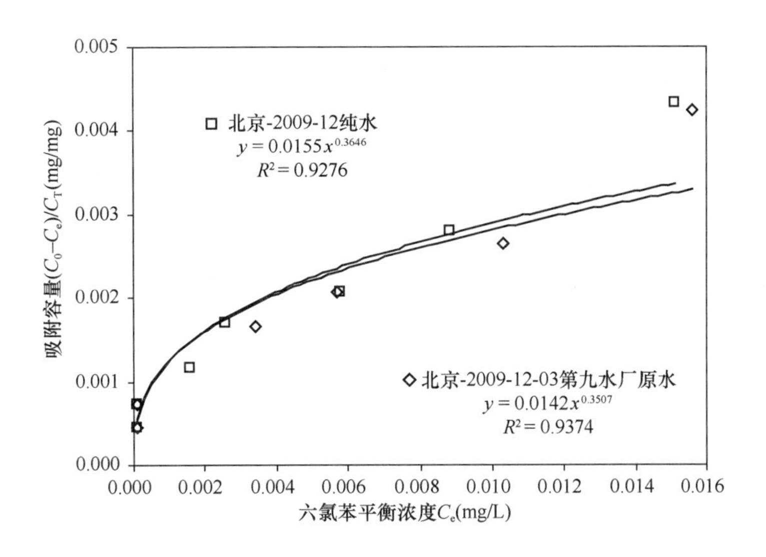

备　　注

1. 粉末活性炭对六氯苯的吸附容量可以用 Freundrich 吸附等温线来描述。
2. 原水条件下的吸附容量比纯水条件下有明显降低，可能是由于水中有机物的竞争吸附。
3. 试验中，平衡浓度统一设定为 120min 吸附时间的浓度。

1.49 六氯丁二烯

1.49.1 不同水质条件下粉末活性炭对六氯丁二烯的吸附速率

试验名称	不同水质条件下粉末活性炭对 六氯丁二烯 的吸附速率			
相关水质标准(mg/L)	国家标准	0.0006	住房和城乡建设部行标	
	地表水标准	0.0006		
试验条件				
哈尔滨	纯水：六氯丁二烯浓度0.003mg/L；粉末活性炭投加量20mg/L；试验水温20℃。			
	原水：六氯丁二烯浓度0.003mg/L；粉末活性炭投加量20mg/L；试验水温19℃；COD_{Mn} 2.32mg/L；TOC 3.33mg/L；pH值7.4；浊度30.5NTU；碱度60mg/L；硬度65mg/L。			
天津	去离子水：六氯丁二烯浓度0.00303mg/L；粉末活性炭投加量20mg/L；试验水温23.0℃。			
	自来水：六氯丁二烯浓度0.01101mg/L；粉末活性炭投加量20mg/L；试验水温25.4℃；COD_{Mn} 2.7mg/L；TOC 2.7mg/L；pH值7.65；浊度0.26NTU；碱度154mg/L；硬度278mg/L。			

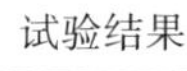
试验结果

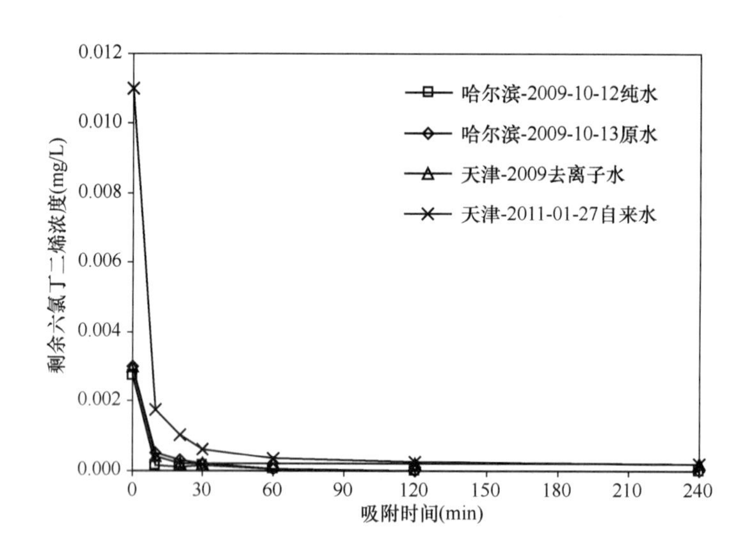

备注

1. 本组纯水试验条件下，粉末活性炭对六氯丁二烯的吸附基本达到平衡的时间为30min以上。
2. 本组原水试验条件下，粉末活性炭对六氯丁二烯的吸附基本达到平衡的时间为120min以上。

1.49.2 不同水质条件下粉末活性炭对六氯丁二烯的吸附容量

<table>
<tr><td>试验名称</td><td colspan="4">不同水质条件下粉末活性炭对 六氯丁二烯 的吸附容量</td></tr>
<tr><td rowspan="2">相关水质标准
(mg/L)</td><td>国家标准</td><td>0.0006</td><td>住房和城乡建设部行标</td><td></td></tr>
<tr><td>地表水标准</td><td>0.0006</td><td></td><td></td></tr>
<tr><td colspan="5">试验条件</td></tr>
<tr><td rowspan="2">哈尔滨</td><td colspan="4">去离子水：六氯丁二烯浓度0.00273mg/L；试验水温19.5℃；吸附时间120min。</td></tr>
<tr><td colspan="4">原水：六氯丁二烯浓度0.00303mg/L；试验水温19℃；COD_{Mn} 2.32mg/L；TOC 3.33mg/L；pH 值7.4；浊度30.5NTU；碱度60mg/L；硬度65mg/L；吸附时间120min。</td></tr>
<tr><td rowspan="2">天津</td><td colspan="4">去离子水：六氯丁二烯浓度0.00635mg/L；试验水温20.6℃；吸附时间120min。</td></tr>
<tr><td colspan="4">自来水：六氯丁二烯浓度0.006516mg/L；试验水温19.3℃；COD_{Mn} 2.6mg/L；TOC 2.7mg/L；pH 值7.62；浊度0.21NTU；碱度160mg/L；硬度292mg/L；吸附时间120min。</td></tr>
<tr><td colspan="5">试验结果</td></tr>
<tr><td colspan="5">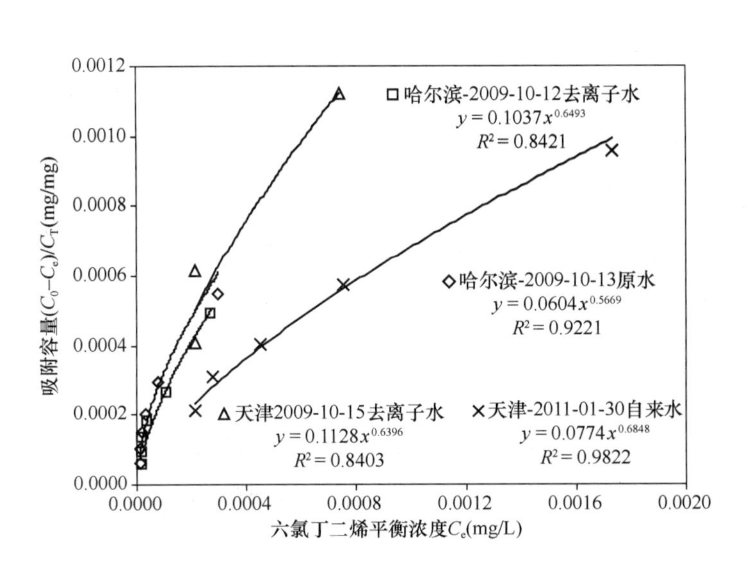</td></tr>
<tr><td colspan="5">备 注</td></tr>
<tr><td colspan="5">1. 粉末活性炭对六氯丁二烯的吸附容量可以用 Freundrich 吸附等温线来描述。
2. 原水条件下的吸附容量比纯水条件下有明显降低，可能是由于水中有机物的竞争吸附。
3. 试验中，平衡浓度统一设定为 120min 吸附时间的浓度。
4. 从不同实验室得到数值有差异。</td></tr>
</table>

1.50 卤乙酸总量

1.50.1 不同水质条件下粉末活性炭对卤乙酸总量的吸附速率

<table>
<tr><td>试验名称</td><td colspan="4">不同水质条件下粉末活性炭对<u>卤乙酸总量</u>的吸附速率</td></tr>
<tr><td rowspan="2">相关水质标准(mg/L)</td><td>国家标准</td><td></td><td>住房和城乡建设部行标</td><td>0.06</td></tr>
<tr><td>地表水标准</td><td></td><td></td><td></td></tr>
<tr><td colspan="5">试验条件</td></tr>
<tr><td rowspan="2">北京</td><td colspan="4">纯水：卤乙酸总量浓度～0.3mg/L；粉末活性炭投加量20mg/L；试验水温23℃；TOC 0.1～0.5mg/L；pH值6.8。</td></tr>
<tr><td colspan="4">第九水厂原水：卤乙酸总量浓度～0.3mg/L；粉末活性炭投加量20mg/L；水温20℃；COD_{Mn} 2.0～3.0mg/L；TOC 1.8～2.6mg/L；pH值7.8；浊度0.6～0.8NTU；碱度160～180mg/L；硬度200～220mg/L。</td></tr>
<tr><td colspan="5">试验结果</td></tr>
<tr><td colspan="5">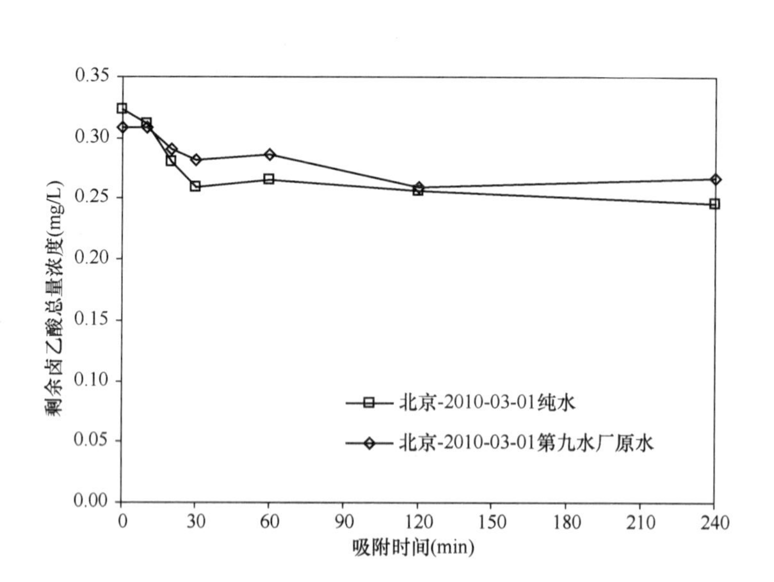
</td></tr>
<tr><td colspan="5">备　注</td></tr>
<tr><td colspan="5">粉末活性炭对卤乙酸的吸附去除率小于25%，处理方案不可行。</td></tr>
</table>

1.50.2 最大投炭量条件下可以应对的卤乙酸总量最高浓度

<table>
<tr><td>试验名称</td><td colspan="4">最大投炭量条件下可以应对的<u>卤乙酸总量</u>最高浓度</td></tr>
<tr><td rowspan="2">相关水质标准
(mg/L)</td><td>国家标准</td><td></td><td>住房和城乡建设部行标</td><td>0.06</td></tr>
<tr><td>地表水标准</td><td></td><td></td><td></td></tr>
<tr><td colspan="5">试验条件</td></tr>
<tr><td>北京</td><td colspan="4">纯水：粉末活性炭投加量<u>80mg/L</u>；试验水温<u>22</u>℃；80mg/L投炭量条件下可以控制的最高卤乙酸总量浓度<u>0.12</u>mg/L。</td></tr>
<tr><td colspan="5">试验结果</td></tr>
<tr><td colspan="5">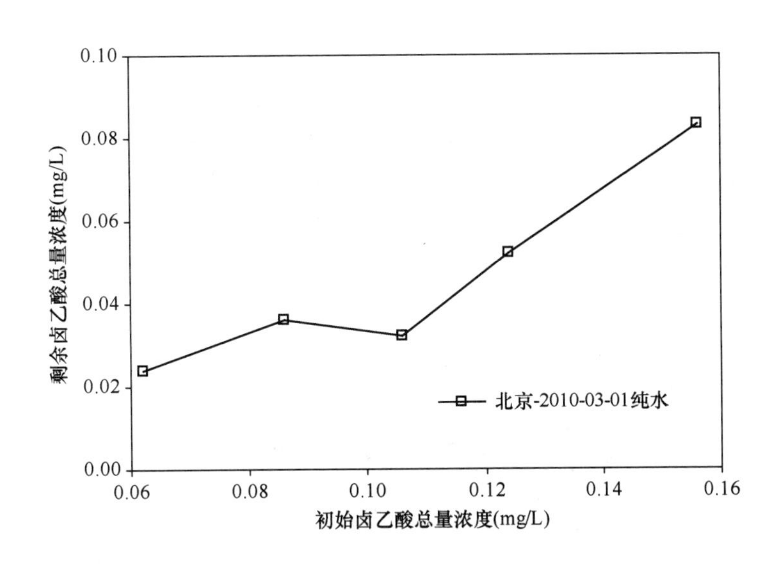</td></tr>
<tr><td colspan="5">备　注</td></tr>
<tr><td colspan="5">可应对最大卤乙酸浓度为0.12mg/L，可应对最大超标倍数1倍。</td></tr>
</table>

1.51 氯苯

1.51.1 不同水质条件下粉末活性炭对氯苯的吸附速率

试验名称	不同水质条件下粉末活性炭对氯苯的吸附速率			
相关水质标准(mg/L)	国家标准	0.3	住房和城乡建设部行标	0.3
	地表水标准	0.3		
试验条件				
北京	纯水：氯苯浓度1.604mg/L；粉末活性炭投加量20mg/L；试验水温20℃。			
	第九水厂原水：氯苯浓度1.64mg/L；水温15℃；COD_{Mn} 2.0～3.0mg/L；TOC 2.1～2.4mg/L；pH 值7.8；浊度1.0～1.2NTU；碱度170～190mg/L；硬度200～220mg/L。			
试验结果				

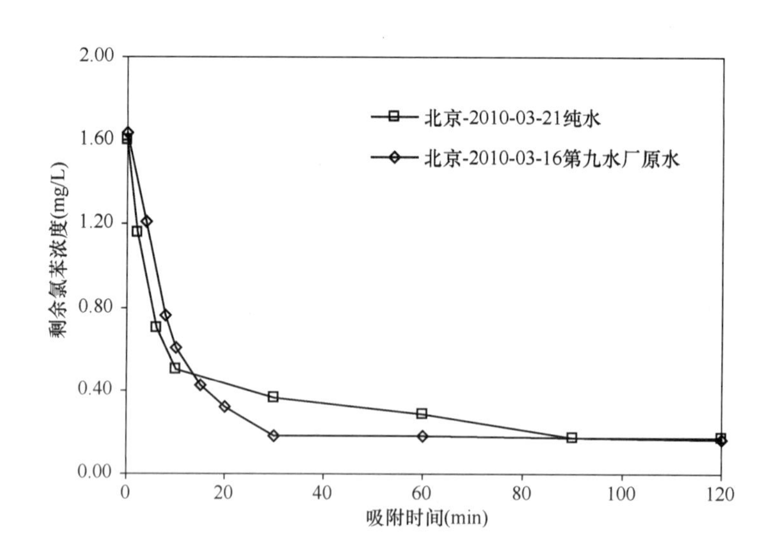

备　注

1. 本组纯水试验条件下，粉末活性炭对氯苯的吸附基本达到平衡的时间为30min以上。
2. 本组原水试验条件下，粉末活性炭对氯苯的吸附基本达到平衡的时间为120min以上。

1.51.2 不同水质条件下粉末活性炭对氯苯的吸附容量

<table>
<tr><td>试验名称</td><td colspan="5">不同水质条件下粉末活性炭对<u>氯苯</u>的吸附容量</td></tr>
<tr><td rowspan="2">相关水质标准
(mg/L)</td><td colspan="2">国家标准</td><td>0.3</td><td>住房和城乡建设部行标</td><td>0.3</td></tr>
<tr><td colspan="2">地表水标准</td><td>0.3</td><td></td><td></td></tr>
<tr><td colspan="6">试验条件</td></tr>
<tr><td rowspan="2">北京</td><td colspan="5">纯水：氯苯浓度<u>1.630</u>mg/L；水温<u>23</u>℃；pH 值<u>6.8</u>；吸附时间<u>120</u>min。</td></tr>
<tr><td colspan="5">第九水厂原水：氯苯浓度<u>1.592</u>mg/L；水温<u>15</u>℃；COD_{Mn}<u>2.0～3.0</u>mg/L；TOC <u>2.1～2.4</u>mg/L；pH 值<u>7.8</u>；浊度<u>1.0～1.2</u>NTU；碱度<u>170～190</u>mg/L；硬度<u>200～220</u>mg/L；吸附时间<u>120</u>min。</td></tr>
<tr><td colspan="6">试验结果</td></tr>
<tr><td colspan="6">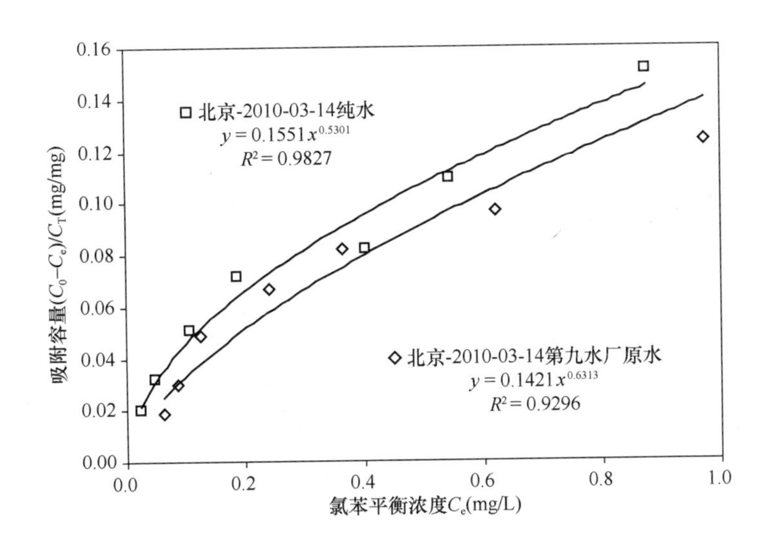
</td></tr>
<tr><td colspan="6">备　　注</td></tr>
<tr><td colspan="6">1. 粉末活性炭对氯苯的吸附容量可以用 Freundrich 吸附等温线来描述。
2. 原水条件下的吸附容量比纯水条件下略有降低。
3. 试验中，平衡浓度统一设定为 120min 吸附时间的浓度。</td></tr>
</table>

1.51.3 最大投炭量条件下可以应对的氯苯最高浓度

试验名称	最大投炭量条件下可以应对的＿氯苯＿最高浓度			
相关水质标准(mg/L)	国家标准	0.3	住房和城乡建设部行标	0.3
	地表水标准	0.3		
试验条件				
北京	纯水：氯苯浓度1.5mg/L；粉末活性炭投加量80mg/L；试验水温20℃；吸附时间120min。			
试验结果				

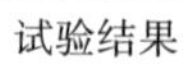

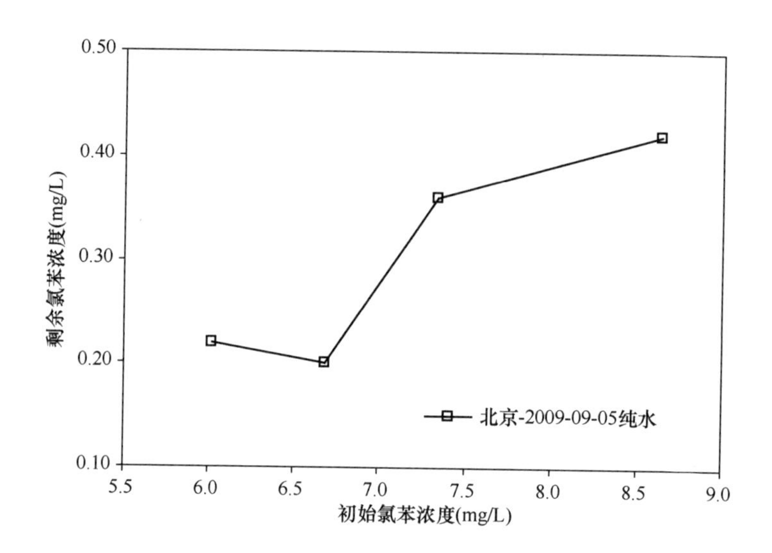

备注
可应对的最大氯苯浓度为7mg/L，可应对最大超标倍数22倍。

1.52 氯丁二烯

1.52.1 不同水质条件下粉末活性炭对氯丁二烯的吸附速率

<table>
<tr><td>试验名称</td><td colspan="4">不同水质条件下粉末活性炭对<u>氯丁二烯</u>的吸附速率</td></tr>
<tr><td rowspan="2">相关水质标准
(mg/L)</td><td>国家标准</td><td></td><td>住房和城乡建设部行标</td><td></td></tr>
<tr><td>地表水标准</td><td>0.002</td><td></td><td></td></tr>
<tr><td colspan="5">试验条件</td></tr>
<tr><td rowspan="2">天津</td><td colspan="4">去离子水：氯丁二烯浓度<u>0.01097</u>mg/L；粉末活性炭投加量<u>20</u>mg/L；试验水温<u>25.8</u>℃。</td></tr>
<tr><td colspan="4">自来水：氯丁二烯浓度<u>0.01036</u>mg/L；粉末活性炭投加量<u>20</u>mg/L；试验水温<u>25.4</u>℃；COD_{Mn}<u>2.1</u>mg/L；pH 值<u>7.45</u>；浊度<u>0.18</u>NTU；碱度<u>87</u>mg/L；硬度<u>173</u>mg/L。</td></tr>
<tr><td colspan="5">试验结果</td></tr>
<tr><td colspan="5">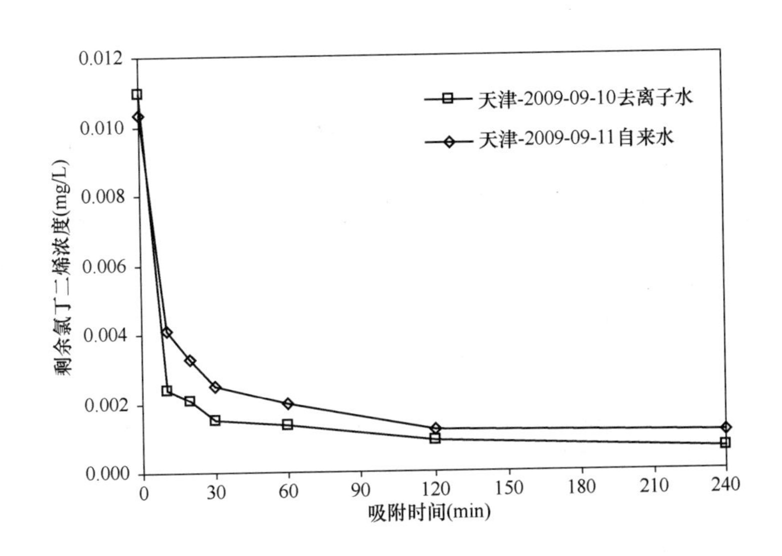</td></tr>
<tr><td colspan="5">备　注</td></tr>
<tr><td colspan="5">1. 本组纯水试验条件下，粉末活性炭对氯丁二烯的吸附基本达到平衡的时间为 30min 以上。
2. 本组自来水试验条件下，粉末活性炭对氯丁二烯的吸附基本达到平衡的时间为 120min 以上。</td></tr>
</table>

1.52.2 不同水质条件下粉末活性炭对氯丁二烯的吸附容量

<table>
<tr><td>试验名称</td><td colspan="4">不同水质条件下粉末活性炭对<u>氯丁二烯</u>的吸附容量</td></tr>
<tr><td rowspan="2">相关水质标准
(mg/L)</td><td>国家标准</td><td></td><td>住房和城乡建设部行标</td><td></td></tr>
<tr><td>地表水标准</td><td>0.002</td><td></td><td></td></tr>
<tr><td colspan="5">试验条件</td></tr>
<tr><td rowspan="2">天津</td><td colspan="4">去离子水：氯丁二烯浓度0.01969mg/L；试验水温26.5℃；吸附时间120min。</td></tr>
<tr><td colspan="4">自来水：氯丁二烯浓度0.0179mg/L；试验水温25.8℃；COD_{Mn}1.8mg/L；pH值7.50；浊度0.16NTU；碱度88mg/L；硬度172mg/L；吸附时间120min。</td></tr>
<tr><td colspan="5">试验结果</td></tr>
<tr><td colspan="5">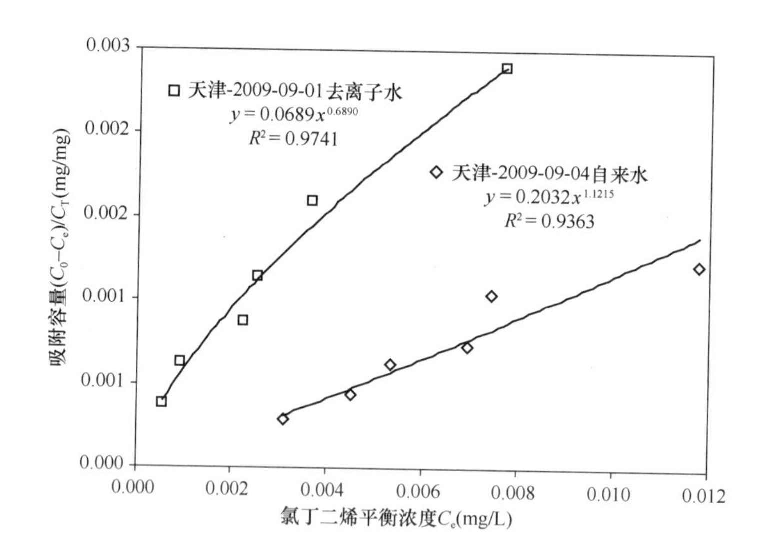</td></tr>
<tr><td colspan="5">备　注</td></tr>
<tr><td colspan="5">1. 粉末活性炭对氯丁二烯的吸附容量可以用Freundrich吸附等温线来描述。
2. 自来水条件下的吸附容量比纯水条件下有明显降低，可能是由于水中有机物的竞争吸附。
3. 试验中，平衡浓度统一设定为120min吸附时间的浓度。</td></tr>
</table>

1.52.3 最大投炭量条件下可以应对的氯丁二烯最高浓度

<table>
<tr><td>试验名称</td><td colspan="4">最大投炭量条件下可以应对的 氯丁二烯 最高浓度</td></tr>
<tr><td rowspan="2">相关水质标准
(mg/L)</td><td>国家标准</td><td></td><td>住房和城乡建设部行标</td><td></td></tr>
<tr><td>地表水标准</td><td>0.002</td><td></td><td></td></tr>
<tr><td colspan="5">试验条件</td></tr>
<tr><td>天津</td><td colspan="4">去离子水：投炭量80mg/L；试验水温25.4℃；吸附时间120min。</td></tr>
<tr><td colspan="5">试验结果</td></tr>
<tr><td colspan="5">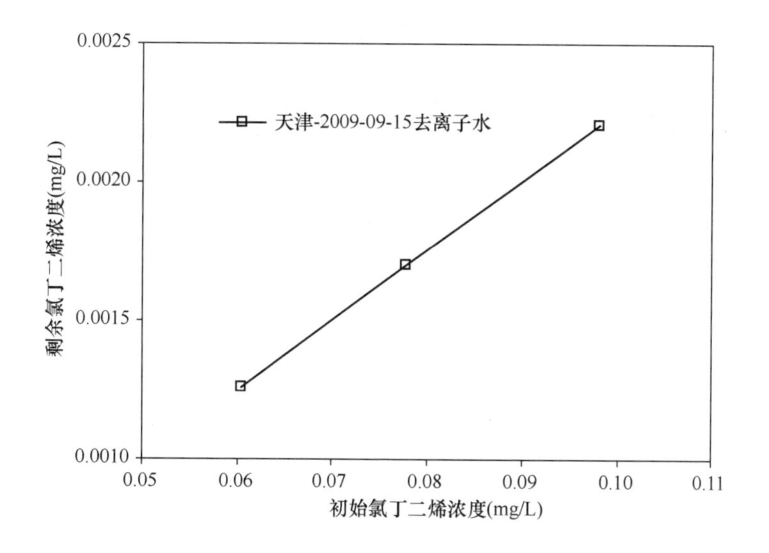
</td></tr>
<tr><td colspan="5">备　　注</td></tr>
<tr><td colspan="5">天津纯水条件下，粉末活性炭可应对最大氯丁二烯浓度为0.08 mg/L，可应对最大超标倍数39倍。</td></tr>
</table>

1.53 马拉硫磷

1.53.1 不同水质条件下粉末活性炭对马拉硫磷的吸附速率

<table>
<tr><td>试验名称</td><td colspan="4">不同水质条件下粉末活性炭对马拉硫磷的吸附速率</td></tr>
<tr><td rowspan="2">相关水质标准
(mg/L)</td><td>国家标准</td><td>0.25</td><td>住房和城乡建设部行标</td><td>0.25</td></tr>
<tr><td>地表水标准</td><td>0.25</td><td></td><td></td></tr>
<tr><td colspan="5">试验条件</td></tr>
<tr><td rowspan="2">广州</td><td colspan="4">去离子水：马拉硫磷浓度1.25mg/L；粉末活性炭投加量20mg/L；试验水温15℃。</td></tr>
<tr><td colspan="4">原水：马拉硫磷浓度1.25mg/L；粉末活性炭投加量20mg/L；试验水温15℃；COD_{Mn} 1mg/L；pH值7.0；浊度4.5NTU；碱度76mg/L；硬度119mg/L。</td></tr>
<tr><td colspan="5">试验结果</td></tr>
<tr><td colspan="5">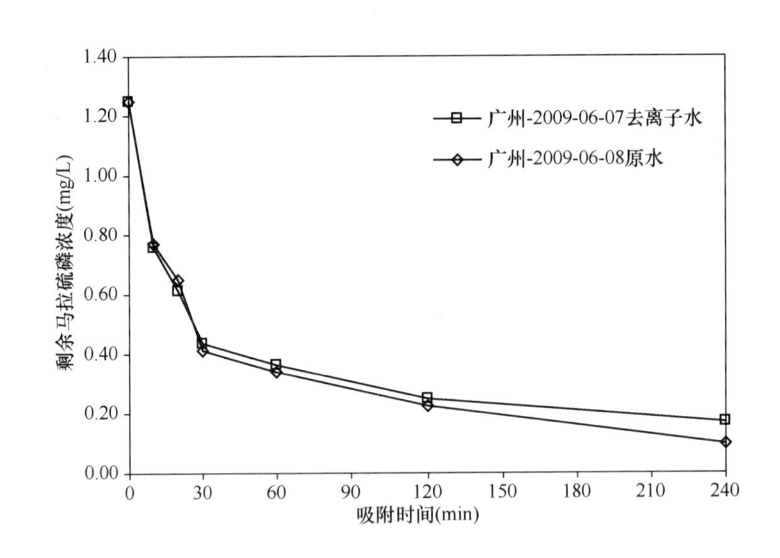</td></tr>
<tr><td colspan="5">备　注</td></tr>
<tr><td colspan="5">1. 本组纯水试验条件下，粉末活性炭对马拉硫磷的吸附基本达到平衡的时间为30min以上。
2. 本组原水试验条件下，粉末活性炭对马拉硫磷的吸附基本达到平衡的时间为120min以上。</td></tr>
</table>

1.53.2 不同水质条件下粉末活性炭对马拉硫磷的吸附容量

试验名称	不同水质条件下粉末活性炭对 马拉硫磷 的吸附容量			
相关水质标准(mg/L)	国家标准	0.25	住房和城乡建设部行标	0.25
	地表水标准	0.25		

试验条件

广州	去离子水：马拉硫磷浓度1.25mg/L；粉末活性炭投加量20mg/L；试验水温15℃；吸附时间120min。
	原水：马拉硫磷浓度1.25mg/L；试验水温15℃；COD_{Mn}1mg/L；pH值7.0；浊度4.5NTU；碱度76mg/L；硬度119mg/L；吸附时间120min。

试验结果

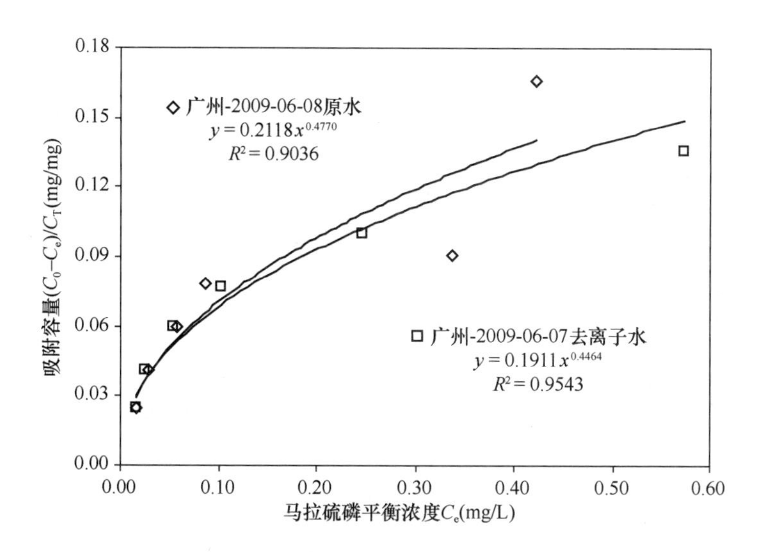

备　　注

1. 粉末活性炭对马拉硫磷的吸附容量可以用Freundrich吸附等温线来描述。
2. 原水条件下的吸附容量比纯水条件下有明显降低，可能是由于水中有机物的竞争吸附。
3. 试验中，平衡浓度统一设定为120min吸附时间的浓度。

1.53.3 最大投炭量条件下可以应对的马拉硫磷最高浓度

<table>
<tr><td>试验名称</td><td colspan="4">最大投炭量条件下可以应对的<u>马拉硫磷</u>最高浓度</td></tr>
<tr><td rowspan="2">相关水质标准
(mg/L)</td><td>国家标准</td><td>0.25</td><td>住房和城乡建设部行标</td><td>0.25</td></tr>
<tr><td>地表水标准</td><td>0.25</td><td></td><td></td></tr>
<tr><td colspan="5">试验条件</td></tr>
<tr><td rowspan="2">广州</td><td colspan="4">纯水：投炭量<u>80</u>mg/L；试验水温<u>17</u>℃；吸附时间<u>120</u>min。</td></tr>
<tr><td colspan="4">原水：投炭量<u>80</u>mg/L；试验水温<u>17</u>℃；COD_{Mn}<u>1.5</u>mg/L；pH 值<u>7.4</u>；浊度<u>16.6</u>NTU；碱度<u>55.5</u>mg/L；硬度<u>69.1</u>mg/L；吸附时间<u>120</u>min。</td></tr>
<tr><td colspan="5">试验结果 </td></tr>
<tr><td colspan="5">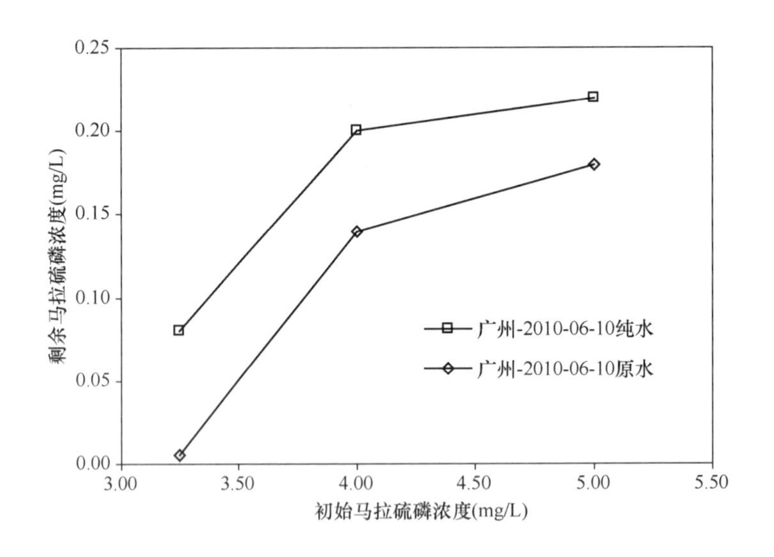
</td></tr>
<tr><td colspan="5">备　注</td></tr>
<tr><td colspan="5">粉末活性炭可应对的最大马拉硫磷浓度为 5 mg/L，可应对最大超标倍数 19 倍。</td></tr>
</table>

1.54 灭草松

1.54.1 不同水质条件下粉末活性炭对灭草松的吸附速率

<table>
<tr><td colspan="2">试验名称</td><td colspan="4">不同水质条件下粉末活性炭对<u>灭草松</u>的吸附速率</td></tr>
<tr><td colspan="2" rowspan="2">相关水质标准
(mg/L)</td><td>国家标准</td><td>0.3</td><td>住房和城乡建设部行标</td><td></td></tr>
<tr><td>地表水标准</td><td></td><td></td><td></td></tr>
<tr><td colspan="6">试验条件</td></tr>
<tr><td rowspan="2">天津</td><td colspan="5">去离子水：灭草松浓度1.455mg/L；粉末活性炭投加量20mg/L；试验水温17.2℃。</td></tr>
<tr><td colspan="5">自来水：灭草松浓度1.385mg/L；粉末活性炭投加量20mg/L；试验水温18.1℃；COD_{Mn}2.4mg/L；pH值7.66；浊度0.22NTU；碱度140mg/L；硬度240mg/L。</td></tr>
<tr><td colspan="6">试验结果
</td></tr>
<tr><td colspan="6">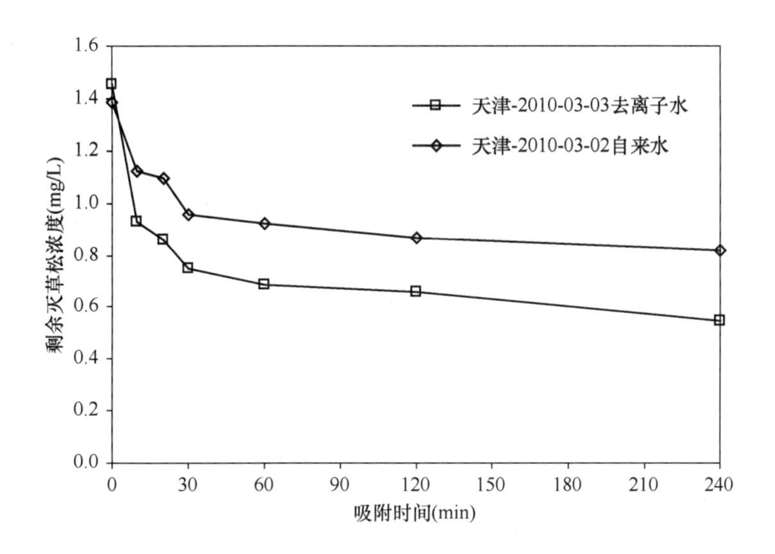
</td></tr>
<tr><td colspan="6">备　注</td></tr>
<tr><td colspan="6">1. 本组纯水试验条件下，粉末活性炭对灭草松的吸附基本达到平衡的时间为30min以上。
2. 本组自来水试验条件下，粉末活性炭对灭草松的吸附基本达到平衡的时间为120min以上。</td></tr>
</table>

1.54.2 不同水质条件下粉末活性炭对灭草松的吸附容量

<table>
<tr><td>试验名称</td><td colspan="4">不同水质条件下粉末活性炭对<u>灭草松</u>的吸附容量</td></tr>
<tr><td rowspan="2">相关水质标准
(mg/L)</td><td>国家标准</td><td>0.3</td><td>住房和城乡建设部行标</td><td></td></tr>
<tr><td>地表水标准</td><td></td><td></td><td></td></tr>
<tr><td colspan="5">试验条件</td></tr>
<tr><td rowspan="2">天津</td><td colspan="4">去离子水：灭草松浓度1.539mg/L；试验水温14.3℃；吸附时间120min。</td></tr>
<tr><td colspan="4">自来水：灭草松浓度1.401mg/L；试验水温14.3℃；COD_{Mn}2.0mg/L；pH值7.75；浊度0.18NTU；碱度164mg/L；硬度278mg/L；吸附时间120min。</td></tr>
<tr><td colspan="5">试验结果</td></tr>
<tr><td colspan="5">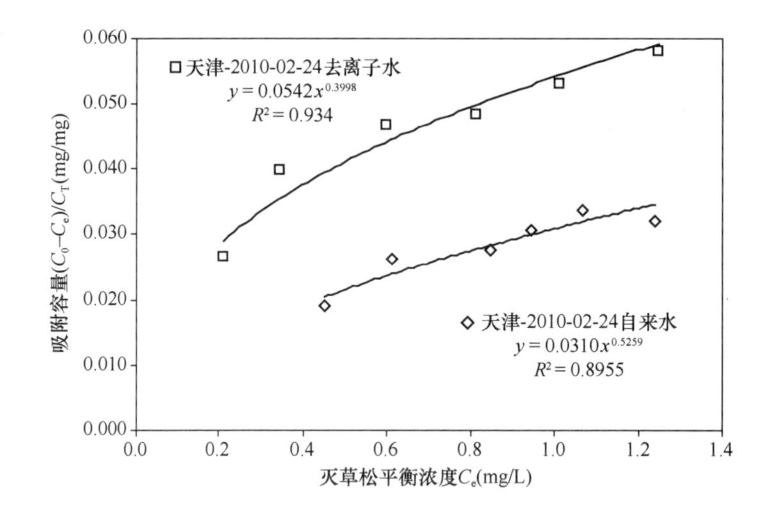
</td></tr>
<tr><td colspan="5">备　注</td></tr>
<tr><td colspan="5">1. 粉末活性炭对灭草松的吸附容量可以用Freundrich吸附等温线来描述。
2. 自来水条件下的吸附容量比纯水条件下有明显降低，可能是由于水中有机物的竞争吸附。
3. 试验中，平衡浓度统一设定为120min吸附时间的浓度。</td></tr>
</table>

1.54.3 最大投炭量条件下可以应对的灭草松最高浓度

<table>
<tr><td>试验名称</td><td colspan="4">最大投炭量条件下可以应对的__灭草松__最高浓度</td></tr>
<tr><td rowspan="2">相关水质标准
(mg/L)</td><td>国家标准</td><td>0.3</td><td>住房和城乡建设部行标</td><td></td></tr>
<tr><td>地表水标准</td><td></td><td></td><td></td></tr>
<tr><td colspan="5">试验条件</td></tr>
<tr><td rowspan="2">天津</td><td colspan="4">去离子水：投炭量80mg/L；试验水温13.8℃；吸附时间120min。</td></tr>
<tr><td colspan="4">自来水：投炭量80mg/L；试验水温13.8℃；吸附时间120min。</td></tr>
<tr><td colspan="5">试验结果</td></tr>
</table>

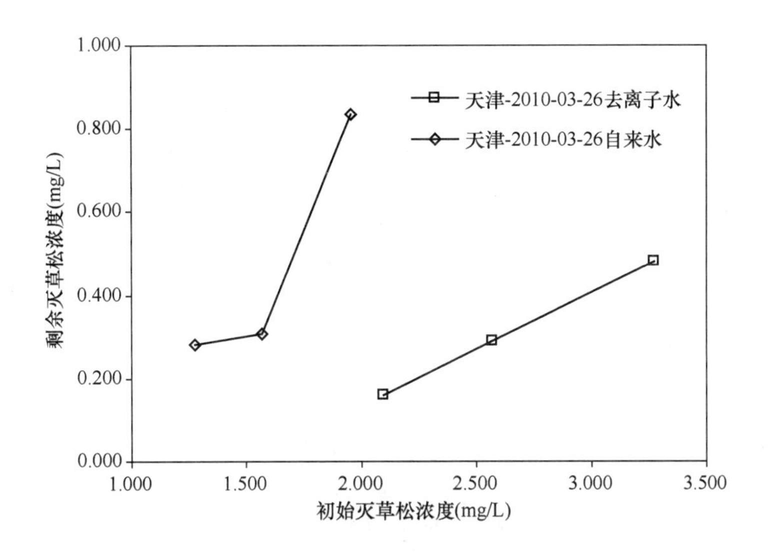

备注

1. 纯水条件下，粉末活性炭可应对灭草松最大浓度为2.7 mg/L，可应对最大超标倍数8倍。
2. 自来水条件下，粉末活性炭可应对灭草松最大浓度为1.5 mg/L，可应对最大超标倍数4倍。

1.55 内吸磷

1.55.1 不同水质条件下粉末活性炭对内吸磷的吸附速率

试验名称	不同水质条件下粉末活性炭对<u>内吸磷</u>的吸附速率			
相关水质标准(mg/L)	国家标准		住房和城乡建设部行标	
	地表水标准	0.03		
试验条件				
上海	纯水：内吸磷浓度0.15mg/L；粉末活性炭投加量20mg/L；试验水温10℃。			
	长江原水：内吸磷浓度0.015mg/L；粉末活性炭投加量20mg/L；试验水温10℃；COD_{Mn}2.3mg/L；pH值7.9；浊度25NTU；碱度94mg/L；硬度204mg/L。			

试验结果

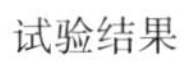

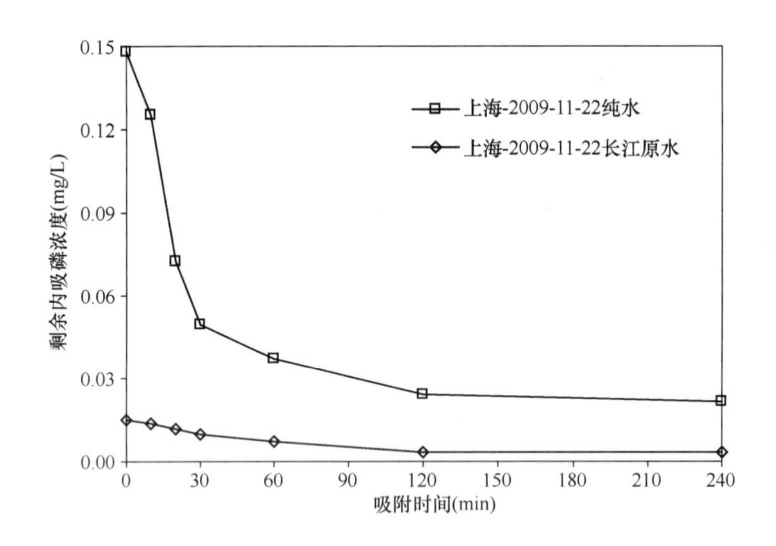

备　注

1. 本组纯水试验条件下，粉末活性炭对内吸磷的吸附基本达到平衡的时间为60min以上。
2. 本组原水试验条件下，粉末活性炭对内吸磷的吸附基本达到平衡的时间为120min以上。

1.55.2 不同水质条件下粉末活性炭对内吸磷的吸附容量

<table>
<tr><td>试验名称</td><td colspan="4">不同水质条件下粉末活性炭对<u>内吸磷</u>的吸附容量</td></tr>
<tr><td rowspan="2">相关水质标准
(mg/L)</td><td>国家标准</td><td></td><td>住房和城乡建设部行标</td><td></td></tr>
<tr><td>地表水标准</td><td>0.03</td><td></td><td></td></tr>
<tr><td colspan="5">试验条件</td></tr>
<tr><td rowspan="2">上海</td><td colspan="4">纯水：内吸磷浓度0.15mg/L；粉末活性炭投加量20mg/L；试验水温10℃；吸附时间120min。</td></tr>
<tr><td colspan="4">长江原水：内吸磷浓度0.15mg/L；试验水温10℃；COD_{Mn} 2.3mg/L；pH 值7.9；浊度25NTU；碱度94mg/L；硬度204mg/L；吸附时间120min。</td></tr>
<tr><td colspan="5">试验结果</td></tr>
<tr><td colspan="5">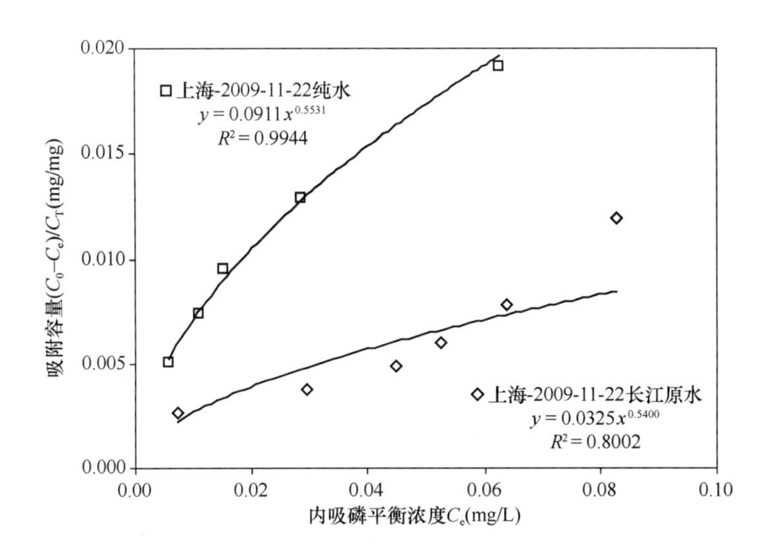
</td></tr>
<tr><td colspan="5">备　注</td></tr>
<tr><td colspan="5">1. 粉末活性炭对内吸磷的吸附容量可以用 Freundrich 吸附等温线来描述。
2. 原水条件下的吸附容量比纯水条件下有明显降低，可能是由于水中有机物的竞争吸附。
3. 试验中，平衡浓度统一设定为 120min 吸附时间的浓度。</td></tr>
</table>

1.55.3 最大投炭量条件下可以应对的内吸磷最高浓度

<table>
<tr><td>试验名称</td><td colspan="5">最大投炭量条件下可以应对的<u>内吸磷</u>最高浓度</td></tr>
<tr><td rowspan="2">相关水质标准
(mg/L)</td><td>国家标准</td><td></td><td>住房和城乡建设部行标</td><td></td></tr>
<tr><td>地表水标准</td><td>0.03</td><td></td><td></td></tr>
<tr><td colspan="5">试验条件</td></tr>
<tr><td>上海</td><td colspan="4">长江原水：投炭量<u>80</u>mg/L；试验水温<u>10</u>℃；COD_{Mn}<u>2.3</u>mg/L；pH 值<u>7.9</u>；浊度<u>25</u>NTU；碱度<u>94</u>mg/L；硬度<u>204</u>mg/L；吸附时间<u>120</u>min。</td></tr>
<tr><td colspan="5">试验结果</td></tr>
<tr><td colspan="5">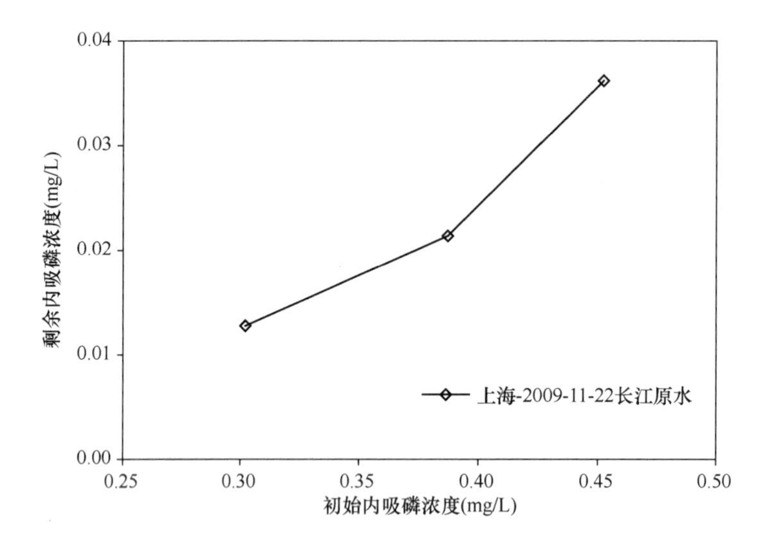</td></tr>
<tr><td colspan="5">备　　注</td></tr>
<tr><td colspan="5">上海长江原水，粉末活性炭可应对内吸磷的最大浓度约为 0.4mg/L，可应对的最大超标倍数为 12 倍。</td></tr>
</table>

1.56 萘

1.56.1 不同水质条件下粉末活性炭对萘的吸附速率

试验名称	不同水质条件下粉末活性炭对 萘 的吸附速率			
相关水质标准(mg/L)	国家标准		住房和城乡建设部行标	
	地表水标准	0.002		
试验条件				
上海	纯水：萘浓度0.01mg/L；粉末活性炭投加量20mg/L；试验水温28℃。			
	长江原水：萘浓度0.01mg/L；粉末活性炭投加量20mg/L；试验水温28℃；COD_{Mn} 2.3mg/L；pH值7.9；浊度25NTU；碱度94mg/L；硬度204mg/L。			
试验结果				

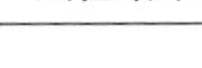

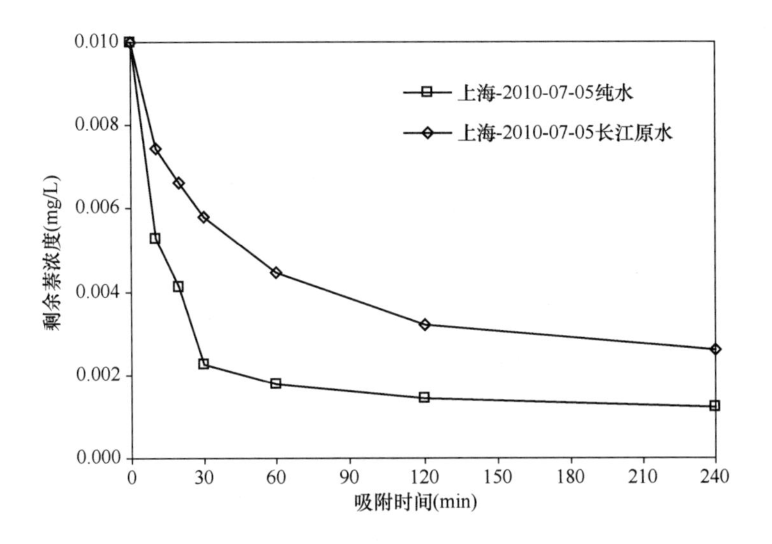

备　注
1. 本组纯水试验条件下，粉末活性炭对萘的吸附基本达到平衡的时间为30min以上。 2. 本组原水试验条件下，粉末活性炭对萘的吸附基本达到平衡的时间为120min以上。

1.56.2 不同水质条件下粉末活性炭对萘的吸附容量

<table>
<tr><td>试验名称</td><td colspan="4">不同水质条件下粉末活性炭对<u>萘</u>的吸附容量</td></tr>
<tr><td rowspan="2">相关水质标准
(mg/L)</td><td>国家标准</td><td></td><td>住房和城乡建设部行标</td><td></td></tr>
<tr><td>地表水标准</td><td>0.002</td><td></td><td></td></tr>
<tr><td colspan="5">试验条件</td></tr>
<tr><td rowspan="2">上海</td><td colspan="4">纯水：萘浓度0.01mg/L；粉末活性炭投加量20mg/L；试验水温28℃；吸附时间120min。</td></tr>
<tr><td colspan="4">长江原水：萘浓度0.01mg/L；试验水温28℃；COD_{Mn} 2.3mg/L；pH 值7.9；浊度25NTU；碱度94mg/L；硬度204mg/L；吸附时间120min。</td></tr>
<tr><td colspan="5">试验结果</td></tr>
</table>

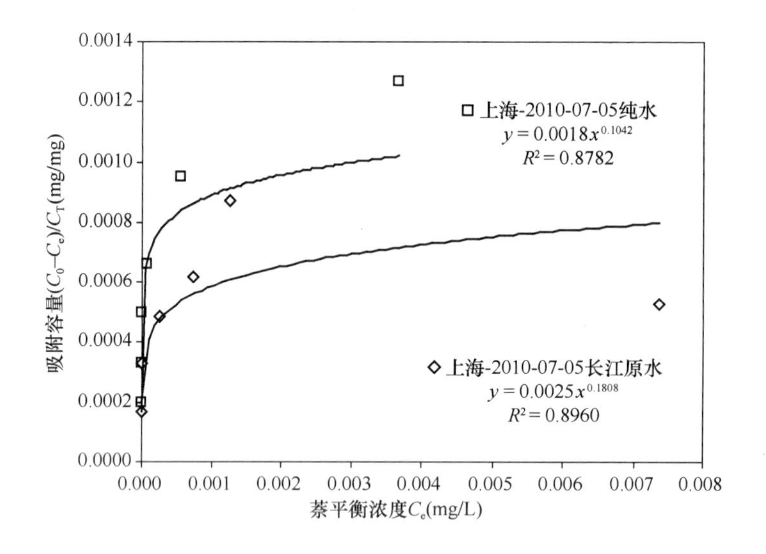

备　注

1. 粉末活性炭对萘的吸附容量可以用 Freundrich 吸附等温线来描述。
2. 原水条件下的吸附容量比纯水条件下有明显降低，可能是由于水中有机物的竞争吸附。
3. 试验中，平衡浓度统一设定为 120min 吸附时间的浓度。

1.56.3 最大投炭量条件下可以应对的萘最高浓度

<table>
<tr><td>试验名称</td><td colspan="4">最大投炭量条件下可以应对的<u>萘</u>最高浓度</td></tr>
<tr><td rowspan="2">相关水质标准
(mg/L)</td><td>国家标准</td><td></td><td>住房和城乡建设部行标</td><td></td></tr>
<tr><td>地表水标准</td><td>0.002</td><td></td><td></td></tr>
<tr><td colspan="5">试验条件</td></tr>
<tr><td>上海</td><td colspan="4">纯水：投炭量<u>80</u>mg/L；试验水温<u>28</u>℃；吸附时间<u>120</u>min。</td></tr>
<tr><td colspan="5">试验结果</td></tr>
<tr><td colspan="5">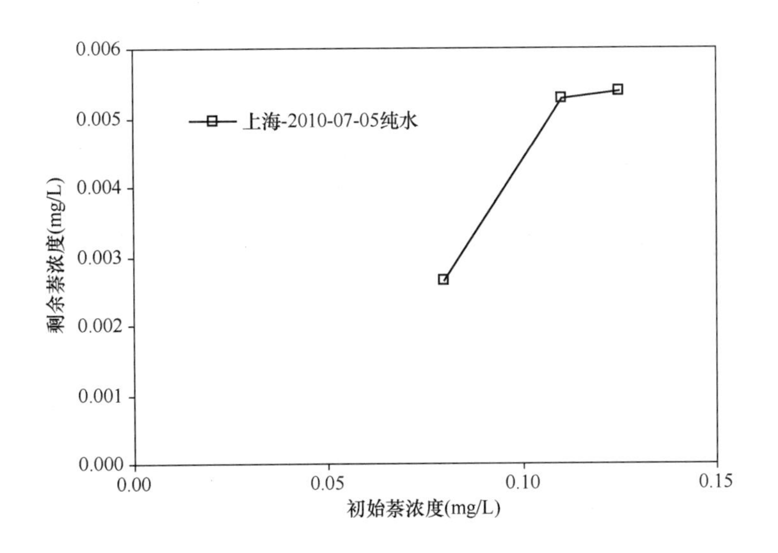</td></tr>
<tr><td colspan="5">备　　注</td></tr>
<tr><td colspan="5">纯水条件下，粉末活性炭可应对萘的最高浓度约为0.06 mg/L，可应对最大超标倍数约30倍。</td></tr>
</table>

1.57 七氯

1.57.1 不同水质条件下粉末活性炭对七氯的吸附速率

<table>
<tr><td>试验名称</td><td colspan="4">不同水质条件下粉末活性炭对七氯的吸附速率</td></tr>
<tr><td rowspan="2">相关水质标准(mg/L)</td><td>国家标准</td><td>0.0004</td><td>住房和城乡建设部行标</td><td></td></tr>
<tr><td>地表水标准</td><td></td><td></td><td></td></tr>
<tr><td colspan="5">试验条件</td></tr>
<tr><td rowspan="2">上海</td><td colspan="4">纯水：七氯浓度0.002mg/L；粉末活性炭投加量20mg/L；试验水温20℃。</td></tr>
<tr><td colspan="4">长江原水：七氯浓度0.002mg/L；粉末活性炭投加量20mg/L；试验水温20℃；COD_{Mn}2.3mg/L；pH值7.9；浊度25NTU；碱度94mg/L；硬度204mg/L。</td></tr>
<tr><td colspan="5">试验结果</td></tr>
<tr><td colspan="5">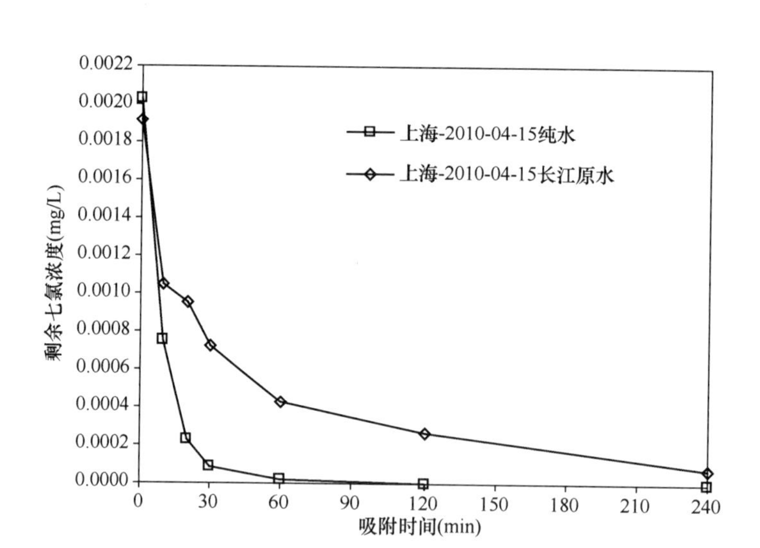</td></tr>
<tr><td colspan="5">备　注</td></tr>
<tr><td colspan="5">1. 本组纯水试验条件下，粉末活性炭对七氯的吸附基本达到平衡的时间为30min以上。
2. 本组原水试验条件下，粉末活性炭对七氯的吸附基本达到平衡的时间为120min以上。</td></tr>
</table>

1.57.2 不同水质条件下粉末活性炭对七氯的吸附容量

<table>
<tr><td>试验名称</td><td colspan="4">不同水质条件下粉末活性炭对__七氯__的吸附容量</td></tr>
<tr><td rowspan="2">相关水质标准
(mg/L)</td><td>国家标准</td><td>0.0004</td><td>住房和城乡建设部行标</td><td></td></tr>
<tr><td>地表水标准</td><td></td><td></td><td></td></tr>
<tr><td colspan="5">试验条件</td></tr>
<tr><td rowspan="2">上海</td><td colspan="4">纯水：七氯浓度0.002mg/L；粉末活性炭投加量20mg/L；试验水温20℃；吸附时间120min。</td></tr>
<tr><td colspan="4">长江原水：七氯浓度0.002mg/L；粉末活性炭投加量20mg/L；试验水温20℃；COD_{Mn}2.3mg/L；pH值7.9；浊度25NTU；碱度94mg/L；硬度204mg/L；吸附时间120min。</td></tr>
<tr><td colspan="5">试验结果</td></tr>
<tr><td colspan="5">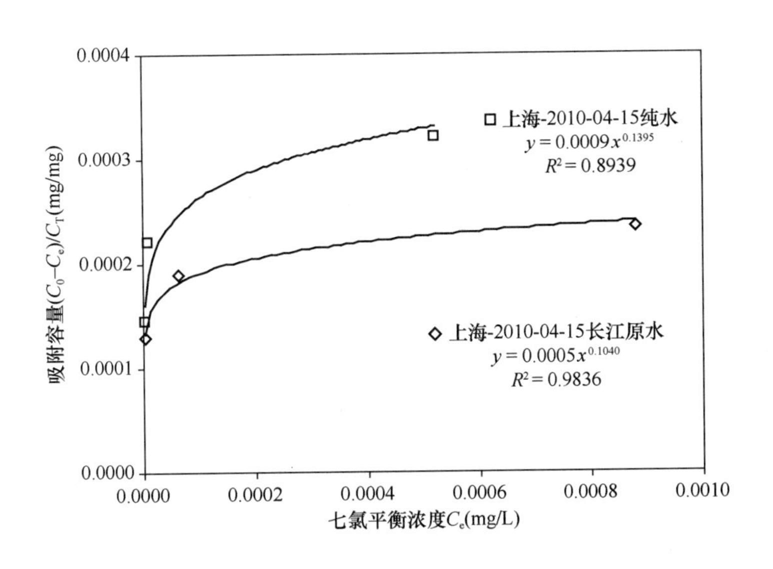</td></tr>
<tr><td colspan="5">备　注</td></tr>
<tr><td colspan="5">1. 粉末活性炭对七氯的吸附容量可以用Freundrich吸附等温线来描述。
2. 原水条件下的吸附容量比纯水条件下有明显降低，可能是由于水中有机物的竞争吸附。
3. 试验中，平衡浓度统一设定为120min吸附时间的浓度。</td></tr>
</table>

1.57.3 最大投炭量条件下可以应对的七氯最高浓度

<table>
<tr><td>试验名称</td><td colspan="4">最大投炭量条件下可以应对的<u>七氯</u>最高浓度</td></tr>
<tr><td rowspan="2">相关水质标准
(mg/L)</td><td>国家标准</td><td>0.0004</td><td>住房和城乡建设部行标</td><td></td></tr>
<tr><td>地表水标准</td><td></td><td></td><td></td></tr>
<tr><td colspan="5">试验条件</td></tr>
<tr><td rowspan="2">上海</td><td colspan="4">纯水：粉末活性炭投加量80mg/L；试验水温20℃；吸附时间120min。</td></tr>
<tr><td colspan="4">长江原水：粉末活性炭投加量80mg/L；试验水温20℃；COD_{Mn} 2.3mg/L；pH 值7.9；浊度25NTU；碱度94mg/L；硬度204mg/L；吸附时间120min。</td></tr>
<tr><td colspan="5">试验结果</td></tr>
</table>

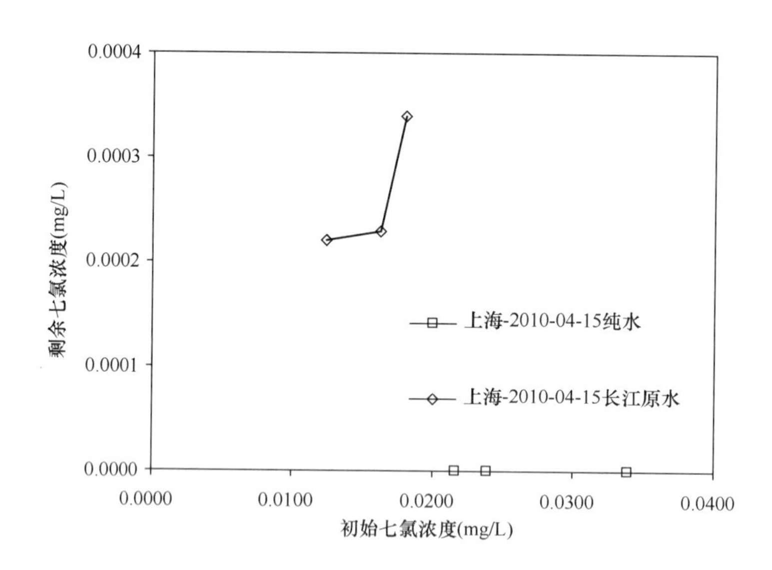

备注
上海长江原水，最大投炭量条件下可以应对的七氯最高浓度约为 0.02 mg/L，可应对最大超标倍数 50 倍。

1.58 1，2，3-三氯苯

1.58.1 不同水质条件下粉末活性炭对1，2，3-三氯苯的吸附容量

<table>
<tr><td>试验名称</td><td colspan="4">不同水质条件下粉末活性炭对 1，2，3-三氯苯 的吸附容量</td></tr>
<tr><td rowspan="2">相关水质标准
(mg/L)</td><td>国家标准</td><td>0.02</td><td>住房和城乡建设部行标</td><td>0.02</td></tr>
<tr><td>地表水标准</td><td>0.02</td><td></td><td></td></tr>
<tr><td colspan="5">试验条件</td></tr>
<tr><td rowspan="2">哈尔滨</td><td colspan="4">去离子水：1，2，3-三氯苯浓度0.105mg/L；试验水温16℃；吸附时间120min。</td></tr>
<tr><td colspan="4">松花江原水：1，2，3-三氯苯浓度0.139mg/L；试验水温16℃；COD_{Mn} 2.3mg/L；pH值7.9；浊度25NTU；碱度94mg/L；硬度204mg/L；吸附时间120min。</td></tr>
<tr><td colspan="5">试验结果</td></tr>
</table>

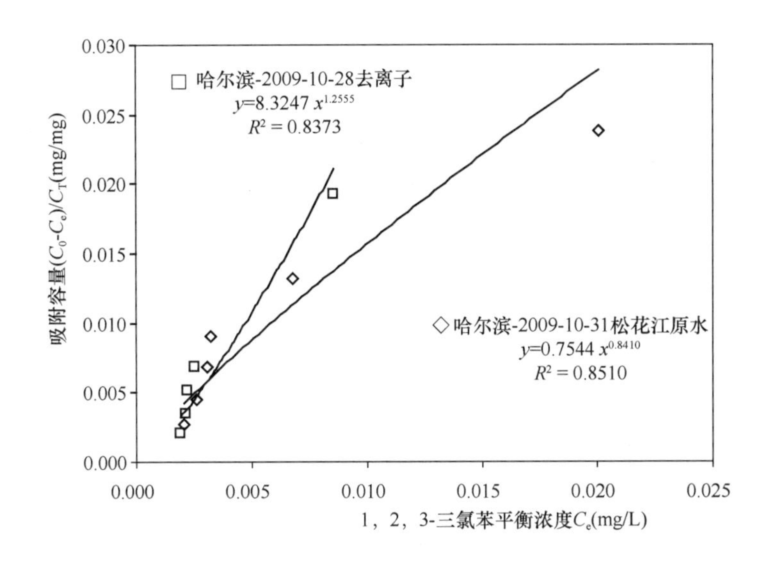

备　注

1. 粉末活性炭对1，2，3-三氯苯的吸附容量可以用Freundrich吸附等温线来描述。
2. 原水条件下的吸附容量与纯水条件下基本相同。
3. 试验中，平衡浓度统一设定为120min吸附时间的浓度。

1.59 1，2，4-三氯苯

1.59.1 不同水质条件下粉末活性炭对1，2，4-三氯苯的吸附速率

<table>
<tr><td>试验名称</td><td colspan="4">不同水质条件下粉末活性炭对 1，2，4-三氯苯 的吸附速率</td></tr>
<tr><td rowspan="2">相关水质标准
(mg/L)</td><td>国家标准</td><td>0.02</td><td>住房和城乡建设部行标</td><td>0.02</td></tr>
<tr><td>地表水标准</td><td>0.02</td><td></td><td></td></tr>
<tr><td colspan="5">试验条件</td></tr>
<tr><td rowspan="2">东莞</td><td colspan="4">纯水：1，2，4-三氯苯浓度0.097mg/L；粉末活性炭投加量20mg/L；试验水温29℃。</td></tr>
<tr><td colspan="4">第三水厂原水：1，2，4-三氯苯浓度0.095mg/L；粉末活性炭投加量20mg/L；试验水温29℃；COD_{Mn} 3.07mg/L；TOC 2.00mg/L；pH值6.9；浊度25.0NTU；碱度38.0mg/L；硬度40.0mg/L。</td></tr>
<tr><td rowspan="2">哈尔滨</td><td colspan="4">去离子水：1，2，4-三氯苯浓度0.1mg/L；粉末活性炭投加量20mg/L；试验水温16℃。</td></tr>
<tr><td colspan="4">松花江原水：1，2，4-三氯苯浓度0.1mg/L；粉末活性炭投加量20mg/L；试验水温16℃；COD_{Mn} 3.23mg/L；TOC 3.40mg/L；pH值7.40；浊度24.5NTU；碱度58mg/L；硬度62mg/L。</td></tr>
<tr><td colspan="5">试验结果</td></tr>
<tr><td colspan="5">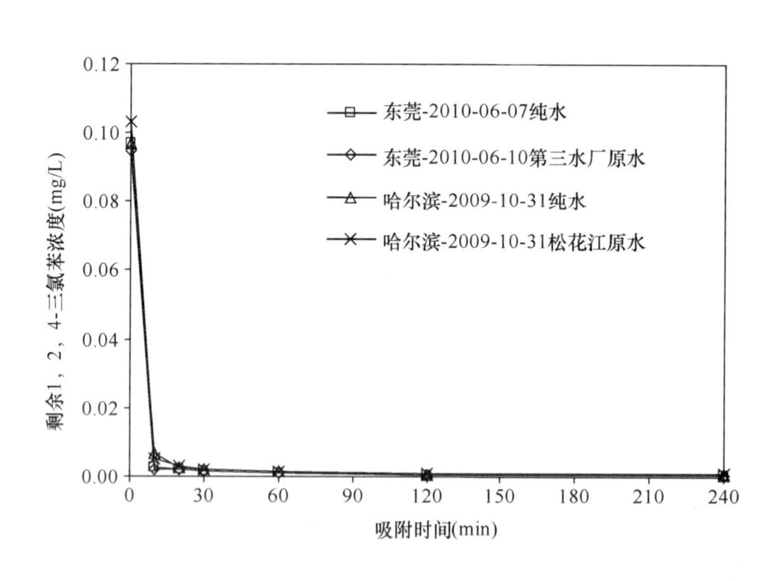
</td></tr>
<tr><td colspan="5">备　注</td></tr>
<tr><td colspan="5">1. 本组纯水试验条件下，粉末炭对1，2，4-三氯苯的吸附基本达到平衡的时间为30min以上。
2. 本组原水试验条件下，粉末炭对1，2，4-三氯苯的吸附基本达到平衡的时间为120min以上。</td></tr>
</table>

1.59.2 不同水质条件下粉末活性炭对1，2，4-三氯苯的吸附容量

试验名称	不同水质条件下粉末活性炭对 1，2，4-三氯苯 的吸附容量			
相关水质标准（mg/L）	国家标准	0.02	住房和城乡建设部行标	0.02
	地表水标准	0.02		
试验条件				
东莞	纯水：1，2，4-三氯苯浓度0.116mg/L；粉末活性炭投加量20mg/L；试验水温10℃；吸附时间120min。			
	第三水厂原水：1，2，4-三氯苯浓度0.112mg/L；试验水温10℃；COD_{Mn} 2.3mg/L；pH值7.9；浊度25NTU；碱度94mg/L；硬度204mg/L；吸附时间120min。			
试验结果 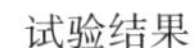				

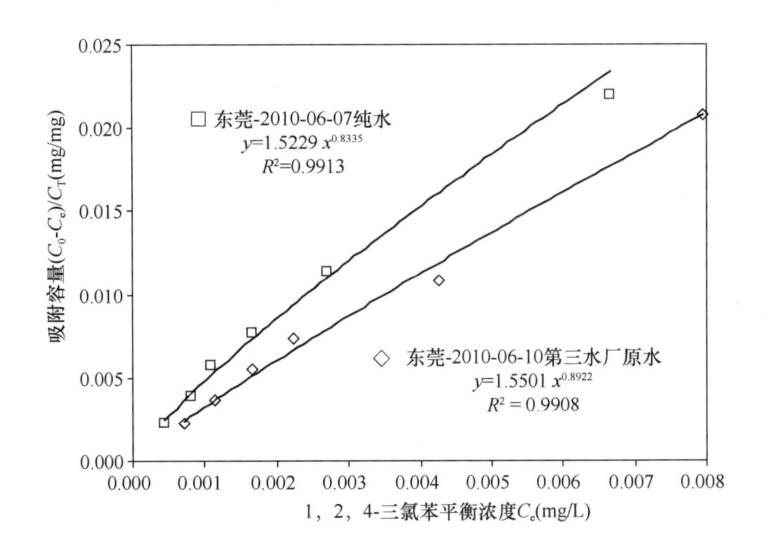

备　注

1. 粉末活性炭对1，2，4-三氯苯的吸附容量可以用Freundrich吸附等温线来描述。
2. 原水条件下的吸附容量比纯水条件下略有降低。
3. 试验中，平衡浓度统一设定为120min吸附时间的浓度。

1.59.3 最大投炭量条件下可以应对的1，2，4-三氯苯最高浓度

<table>
<tr><td colspan="2">试验名称</td><td colspan="4">最大投炭量条件下可以应对的 1，2，4-三氯苯 最高浓度</td></tr>
<tr><td colspan="2" rowspan="2">相关水质标准
(mg/L)</td><td>国家标准</td><td>0.02</td><td>住房和城乡建设部行标</td><td>0.02</td></tr>
<tr><td>地表水标准</td><td>0.02</td><td></td><td></td></tr>
<tr><td colspan="6">试验条件</td></tr>
<tr><td rowspan="2">东莞</td><td colspan="5">纯水：投炭量80mg/L；试验水温33℃；吸附时间120min。</td></tr>
<tr><td colspan="5">第三水厂原水：投炭量80mg/L；试验水温33℃；吸附时间120min。</td></tr>
<tr><td colspan="6">试验结果</td></tr>
<tr><td colspan="6">
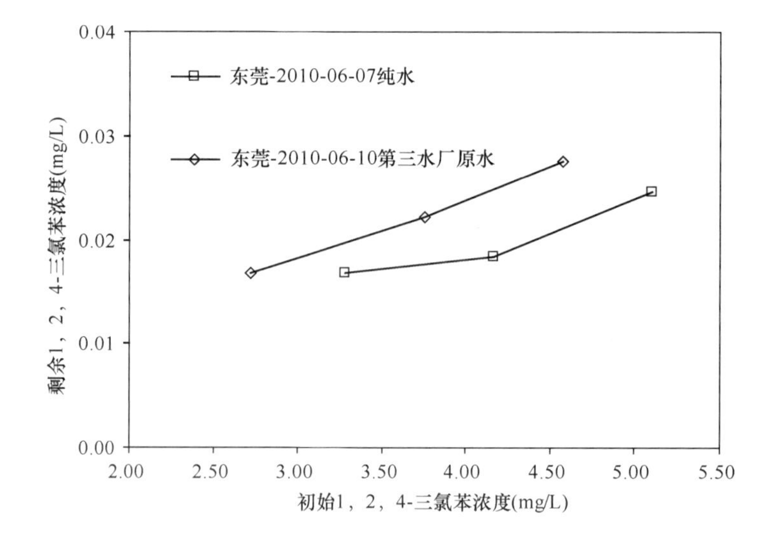
</td></tr>
<tr><td colspan="6">备 注</td></tr>
<tr><td colspan="6">1. 纯水条件下，最大投炭量条件下可以应对的1，2，4-三氯苯最高浓度约为4.2mg/L，可应对最大超标倍数210倍。
2. 原水条件下，最大投炭量条件下可以应对的1，2，4-三氯苯最高浓度约为3.2mg/L，可应对最大超标倍数160倍。</td></tr>
</table>

1.60　1，3，5-三氯苯

不同水质条件下粉末活性炭对1，3，5-三氯苯的吸附容量

<table>
<tr><td>试验名称</td><td colspan="4">不同水质条件下粉末活性炭对 1，3，5-三氯苯 的吸附容量</td></tr>
<tr><td rowspan="2">相关水质标准
(mg/L)</td><td>国家标准</td><td>0.02</td><td>住房和城乡建设部行标</td><td>0.02</td></tr>
<tr><td>地表水标准</td><td>0.02</td><td></td><td></td></tr>
<tr><td colspan="5">试验条件</td></tr>
<tr><td>哈尔滨</td><td colspan="4">松花江原水：1，3，5-三氯苯浓度1.0mg/L；试验水温16℃；COD_{Mn} 2.34mg/L；TOC 4.23mg/L；pH值7.4；浊度33.1NTU；碱度56mg/L；硬度65mg/L；吸附时间120min。</td></tr>
<tr><td colspan="5">试验结果</td></tr>
<tr><td colspan="5">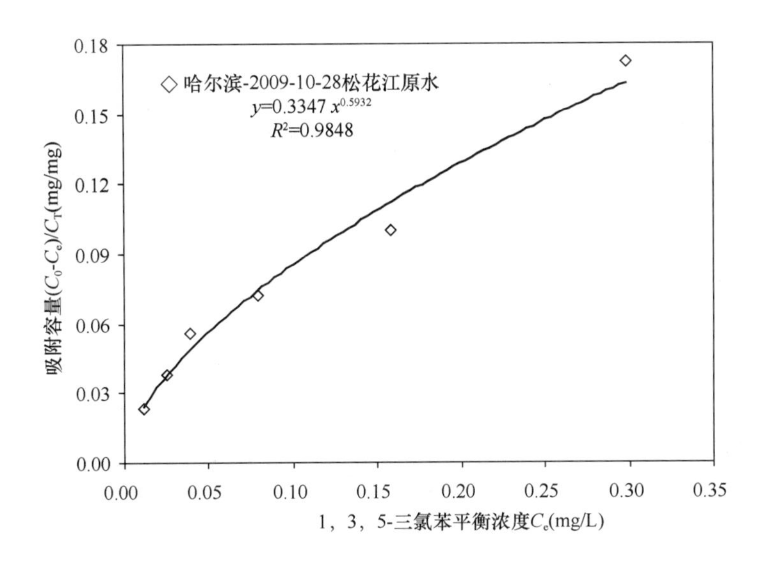</td></tr>
<tr><td colspan="5">备　注</td></tr>
<tr><td colspan="5">1. 粉末活性炭对1，3，5-三氯苯的吸附容量可以用Freundrich吸附等温线来描述。
2. 试验中，平衡浓度统一设定为120min吸附时间的浓度。</td></tr>
</table>

1.61 2，4，6-三氯酚

1.61.1 不同水质条件下粉末活性炭对2，4，6-三氯酚的吸附速率

试验名称		不同水质条件下粉末活性炭对 2，4，6-三氯酚 的吸附速率			
相关水质标准(mg/L)		国家标准	0.2	住房和城乡建设部行标	0.01
		地表水标准	0.2		
试验条件					
广州	纯水：2，4，6-三氯酚浓度1.0mg/L；粉末活性炭投加量20mg/L；试验水温20℃。				
	原水：2，4，6-三氯酚浓度1.05116mg/L；粉末活性炭投加量20mg/L；试验水温20℃；COD_{Mn} 2.1mg/L；TOC 1.1mg/L；pH 值7.1；浊度6.65NTU；碱度76mg/L；硬度91.1mg/L。				
上海	纯水：2，4，6-三氯酚浓度0.998mg/L；粉末活性炭投加量20mg/L；试验水温10℃。				

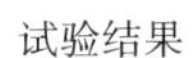

试验结果

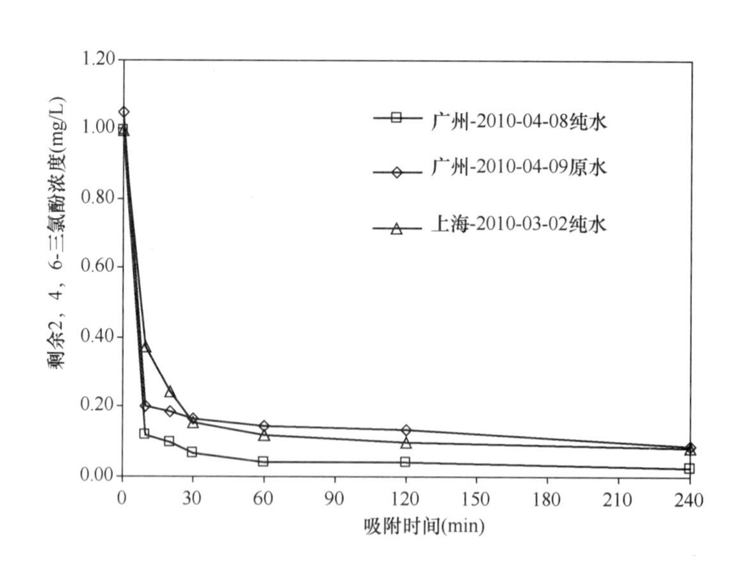

备 注

1. 本组纯水试验条件下，粉末活性炭对2，4，6-三氯酚的吸附基本达到平衡的时间为30min以上。
2. 本组原水试验条件下，粉末活性炭对2，4，6-三氯酚的吸附基本达到平衡的时间为120min以上。

1.61.2 不同水质条件下粉末活性炭对2，4，6-三氯酚的吸附容量

<table>
<tr><td>试验名称</td><td colspan="4">不同水质条件下粉末活性炭对 2，4，6-三氯酚 的吸附容量</td></tr>
<tr><td rowspan="2">相关水质标准
(mg/L)</td><td>国家标准</td><td>0.2</td><td>住房和城乡建设部行标</td><td>0.01</td></tr>
<tr><td>地表水标准</td><td>0.2</td><td></td><td></td></tr>
<tr><td colspan="5">试验条件</td></tr>
<tr><td rowspan="2">广州</td><td colspan="4">纯水：2，4，6-三氯酚浓度1.0mg/L；试验水温20℃；吸附时间120min。</td></tr>
<tr><td colspan="4">原水：2，4，6-三氯酚浓度1.05mg/L；试验水温20℃；COD_{Mn} 2.1mg/L；TOC 1.1mg/L；pH 值7.1；浊度6.65NTU；碱度76mg/L；硬度91.1mg/L；吸附时间120min。</td></tr>
<tr><td>上海</td><td colspan="4">纯水：2，4，6-三氯酚浓度1.121mg/L；粉末活性炭投加量20mg/L；试验水温10℃；吸附时间120min。</td></tr>
<tr><td colspan="5">试验结果</td></tr>
<tr><td colspan="5">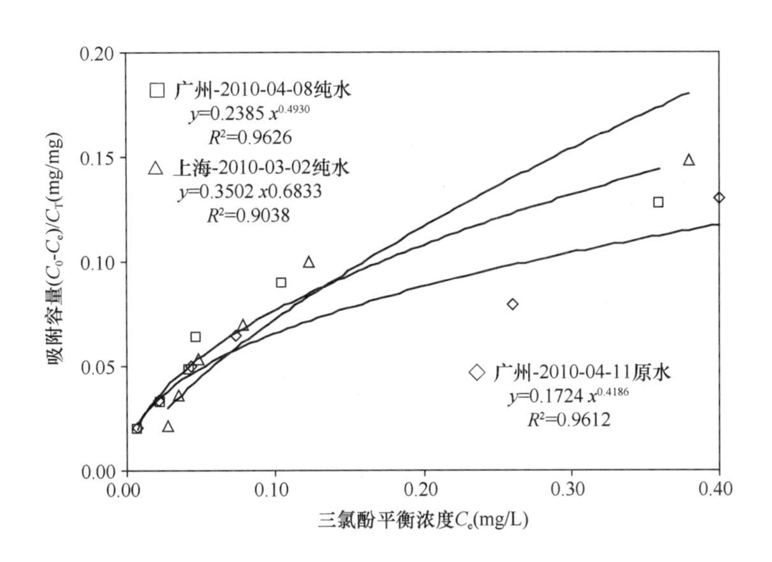</td></tr>
<tr><td colspan="5">备　注</td></tr>
<tr><td colspan="5">1. 粉末活性炭对2，4，6-三氯酚的吸附容量可以用Freundrich吸附等温线来描述。
2. 原水条件下的吸附容量与纯水条件基本相同。
3. 试验中，平衡浓度统一设定为120min吸附时间的浓度。
4. 从两个独立实验室得到的研究结论基本一致；数值的差异可能由水质差异引起。</td></tr>
</table>

1.61.3 最大投炭量条件下可以应对的2，4，6-三氯酚最高浓度

<table>
<tr><td>试验名称</td><td colspan="4">最大投炭量条件下可以应对的 2，4，6-三氯酚 最高浓度</td></tr>
<tr><td rowspan="2">相关水质标准
(mg/L)</td><td>国家标准</td><td>0.2</td><td>住房和城乡建设部行标</td><td>0.01</td></tr>
<tr><td>地表水标准</td><td>0.2</td><td></td><td></td></tr>
<tr><td colspan="5">试验条件</td></tr>
<tr><td rowspan="2">广州</td><td colspan="4">纯水：投炭量80mg/L；试验水温20℃；吸附时间120min。</td></tr>
<tr><td colspan="4">原水：投炭量80mg/L；试验水温20℃；吸附时间120min。</td></tr>
<tr><td colspan="5">试验结果</td></tr>
<tr><td colspan="5">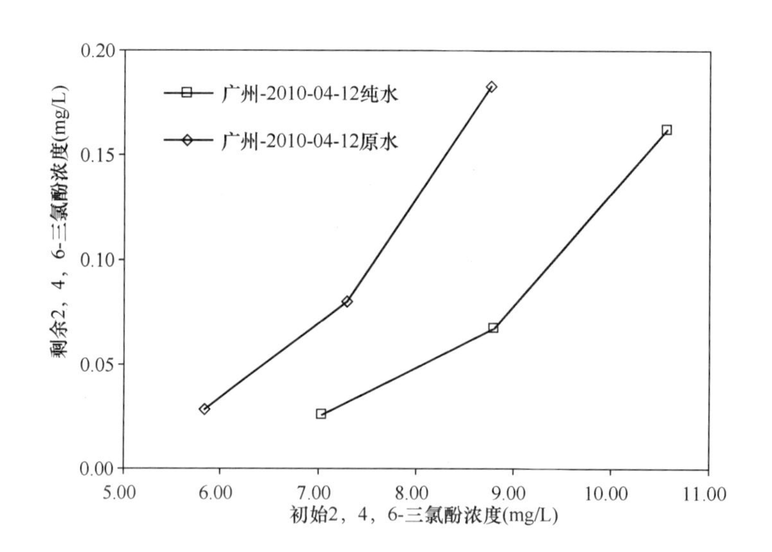
</td></tr>
<tr><td colspan="5">备　　注</td></tr>
<tr><td colspan="5">1. 纯水条件下，最大投炭量条件下可以应对的2，4，6-三氯酚最高浓度约为11mg/L，可应对最大超标倍数54倍。
2. 原水条件下，最大投炭量条件下可以应对的2，4，6-三氯酚最高浓度约为9mg/L，可应对最大超标倍数44倍。</td></tr>
</table>

1.62 三氯乙醛

三氯乙醛的粉末活性炭吸附去除可行性测试

<table>
<tr><td>试验名称</td><td colspan="5">三氯乙醛 的粉末活性炭吸附去除可行性测试</td></tr>
<tr><td rowspan="2">相关水质标准
(mg/L)</td><td colspan="2">国家标准</td><td>0.01</td><td>住房和城乡建设部行标</td><td></td></tr>
<tr><td colspan="2">地表水标准</td><td>0.01</td><td></td><td></td></tr>
<tr><td colspan="6">试验条件</td></tr>
<tr><td>济南</td><td colspan="5">纯净水：粉末活性炭投加量20mg/L；试验水温25℃；吸附时间120min。</td></tr>
<tr><td>上海</td><td colspan="5">纯净水：粉末活性炭投加量20mg/L；试验水温8℃；吸附时间120min。</td></tr>
<tr><td colspan="6">试验结果</td></tr>
<tr><td colspan="6">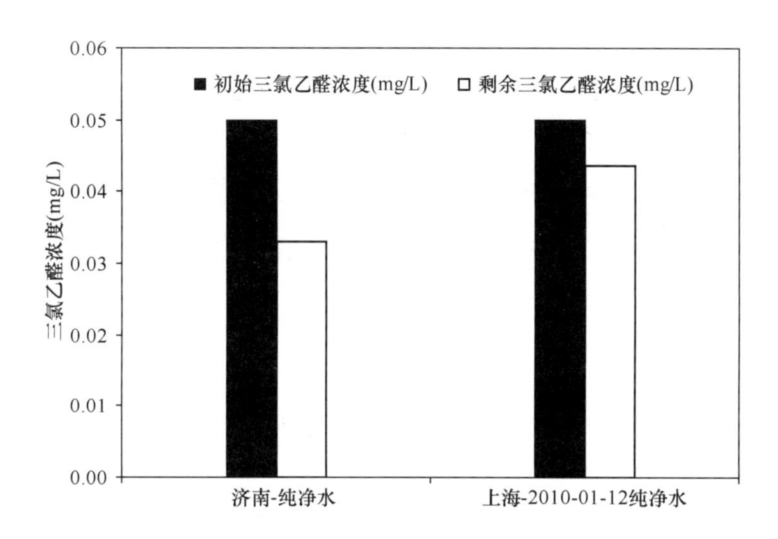
</td></tr>
<tr><td>技术可行性评价</td><td colspan="5">不可行</td></tr>
<tr><td colspan="6">备　注</td></tr>
<tr><td colspan="6"></td></tr>
</table>

1.63 三氯乙酸

不同水质条件下粉末活性炭对三氯乙酸的吸附速率

<table>
<tr><td>试验名称</td><td colspan="4">不同水质条件下粉末活性炭对三氯乙酸的吸附速率</td></tr>
<tr><td rowspan="2">相关水质标准(mg/L)</td><td>国家标准</td><td>0.1</td><td>住房和城乡建设部行标</td><td>0.1</td></tr>
<tr><td>地表水标准</td><td></td><td></td><td></td></tr>
<tr><td colspan="5">试验条件</td></tr>
<tr><td>北京</td><td colspan="4">纯水：三氯乙酸浓度0.7mg/L；粉末活性炭投加量20mg/L；试验水温23℃；TOC 0.1mg/L；pH值6.8。</td></tr>
<tr><td rowspan="2">广州</td><td colspan="4">去离子水：三氯乙酸浓度0.6mg/L；粉末活性炭投加量20mg/L；试验水温15℃。</td></tr>
<tr><td colspan="4">南洲水厂原水：三氯乙酸浓度0.95mg/L；粉末活性炭投加量20mg/L；试验水温10℃；COD_{Mn} 1mg/L；TOC 2.1mg/L；pH值7.0；浊度4.5NTU；碱度76mg/L；硬度114mg/L。</td></tr>
<tr><td colspan="5">试验结果</td></tr>
<tr><td colspan="5">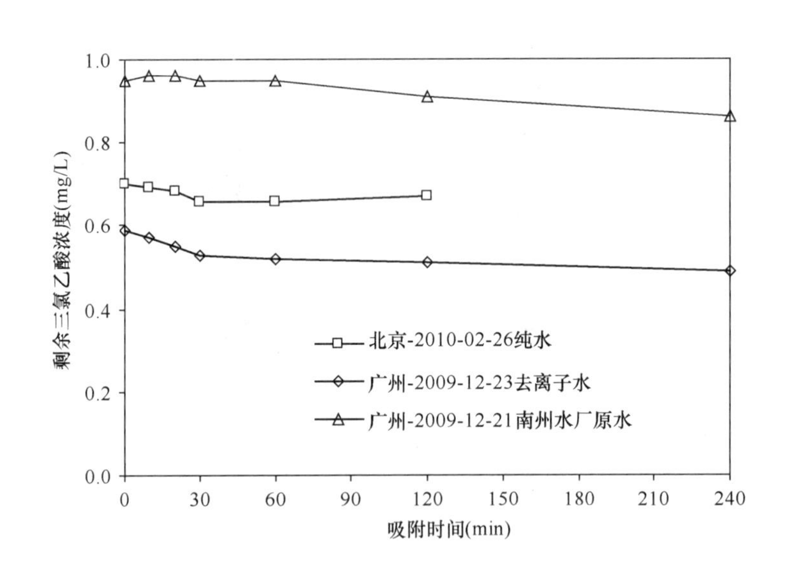</td></tr>
<tr><td>技术可行性评价</td><td colspan="4">不可行</td></tr>
<tr><td colspan="5">备 注</td></tr>
<tr><td colspan="5"></td></tr>
</table>

1.64 2，4，6-三硝基甲苯

1.64.1 不同水质条件下粉末活性炭对2，4，6-三硝基甲苯的吸附速率

<table>
<tr><td>试验名称</td><td colspan="4">不同水质条件下粉末活性炭对 2，4，6-三硝基甲苯 的吸附速率</td></tr>
<tr><td rowspan="2">相关水质标准
(mg/L)</td><td>国家标准</td><td></td><td>住房和城乡建设部行标</td><td></td></tr>
<tr><td>地表水标准</td><td>0.5</td><td></td><td></td></tr>
<tr><td colspan="5">试验条件</td></tr>
<tr><td rowspan="2">哈尔滨</td><td colspan="4">纯水：2，4，6-三硝基甲苯浓度2.5mg/L；粉末活性炭投加量20mg/L；试验水温2℃。</td></tr>
<tr><td colspan="4">松花江原水：2，4，6-三硝基甲苯浓度2.5mg/L；粉末活性炭投加量20mg/L；试验水温2℃；COD_{Mn} 4.88mg/L；TOC 4.23mg/L；pH 值7.1；浊度8.93NTU；碱度65mg/L；硬度88mg/L。</td></tr>
<tr><td colspan="5">试验结果</td></tr>
<tr><td colspan="5">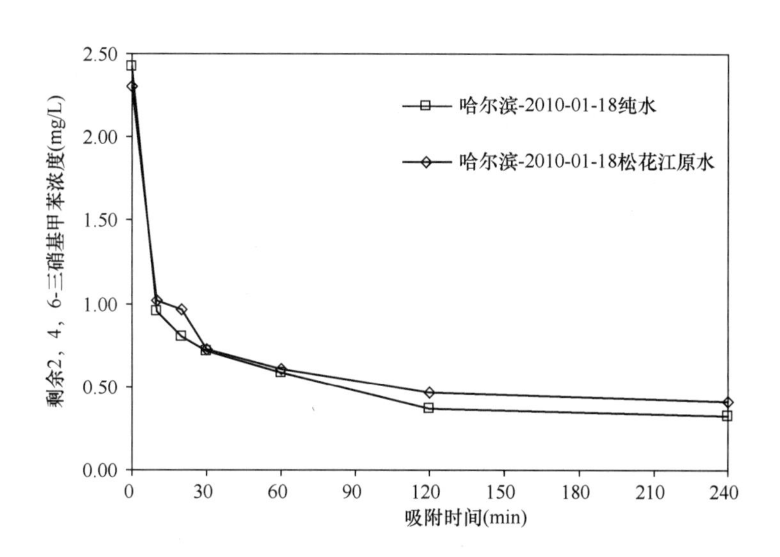</td></tr>
<tr><td colspan="5">备　注</td></tr>
<tr><td colspan="5">1. 本组纯水试验条件下，粉末活性炭对 2，4，6-三硝基甲苯的吸附基本达到平衡的时间为 30min 以上。
2. 本组原水试验条件下，粉末活性炭对 2，4，6-三硝基甲苯的吸附基本达到平衡的时间为 120min 以上。</td></tr>
</table>

1.64.2 不同水质条件下粉末活性炭对2，4，6-三硝基甲苯的吸附容量

<table>
<tr><td>试验名称</td><td colspan="4">不同水质条件下粉末活性炭对 2，4，6-三硝基甲苯 的吸附容量</td></tr>
<tr><td rowspan="2">相关水质标准
(mg/L)</td><td>国家标准</td><td></td><td>住房和城乡建设部行标</td><td></td></tr>
<tr><td>地表水标准</td><td>0.5</td><td></td><td></td></tr>
<tr><td colspan="5">试验条件</td></tr>
<tr><td rowspan="2">哈尔滨</td><td colspan="4">纯水：2，4，6-三硝基甲苯浓度2.62mg/L；粉末活性炭投加量20mg/L；试验水温2℃；吸附时间120min。</td></tr>
<tr><td colspan="4">松花江原水：2，4，6-三硝基甲苯浓度2.46mg/L；试验水温2℃；COD_{Mn} 4.82mg/L；TOC 4.63mg/L；pH值7.2；浊度9.92NTU；碱度60mg/L；硬度80mg/L；吸附时间120min。</td></tr>
<tr><td colspan="5">试验结果</td></tr>
<tr><td colspan="5">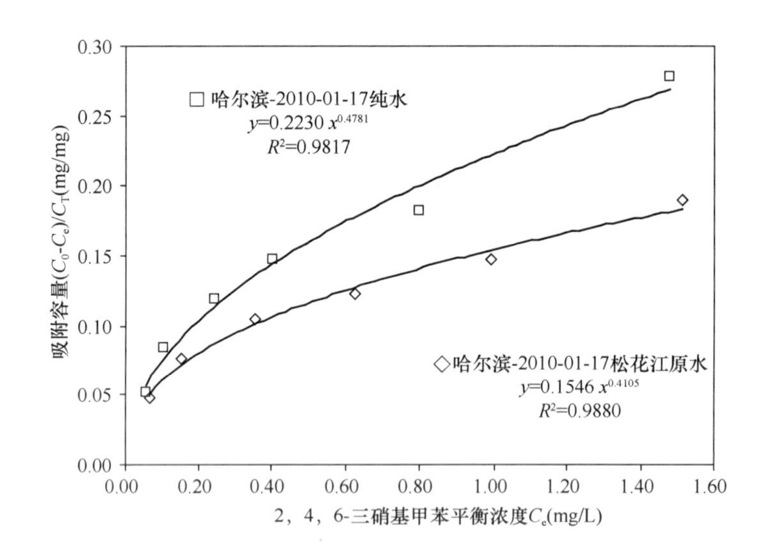
</td></tr>
<tr><td colspan="5">备 注</td></tr>
<tr><td colspan="5">1. 粉末活性炭对2，4，6-三硝基甲苯的吸附容量可以用Freundrich吸附等温线来描述。
2. 原水条件下的吸附容量比纯水条件下有明显降低，可能是由于水中有机物的竞争吸附。
3. 试验中，平衡浓度统一设定为120min吸附时间的浓度。</td></tr>
</table>

1.64.3 最大投炭量条件下可以应对的2，4，6-三硝基甲苯最高浓度

<table>
<tr><td>试验名称</td><td colspan="5">最大投炭量条件下可以应对的 2，4，6-三硝基甲苯 最高浓度</td></tr>
<tr><td colspan="2" rowspan="2">相关水质标准
(mg/L)</td><td>国家标准</td><td></td><td>住房和城乡建设部行标</td><td></td></tr>
<tr><td>地表水标准</td><td>0.5</td><td></td><td></td></tr>
<tr><td colspan="6">试验条件</td></tr>
<tr><td rowspan="2">哈尔滨</td><td colspan="5">纯水：投炭量80mg/L；试验水温2℃；吸附时间120min。</td></tr>
<tr><td colspan="5">松花江原水：投炭量80mg/L；试验水温2℃；吸附时间120min。</td></tr>
<tr><td colspan="6">试验结果</td></tr>
<tr><td colspan="6">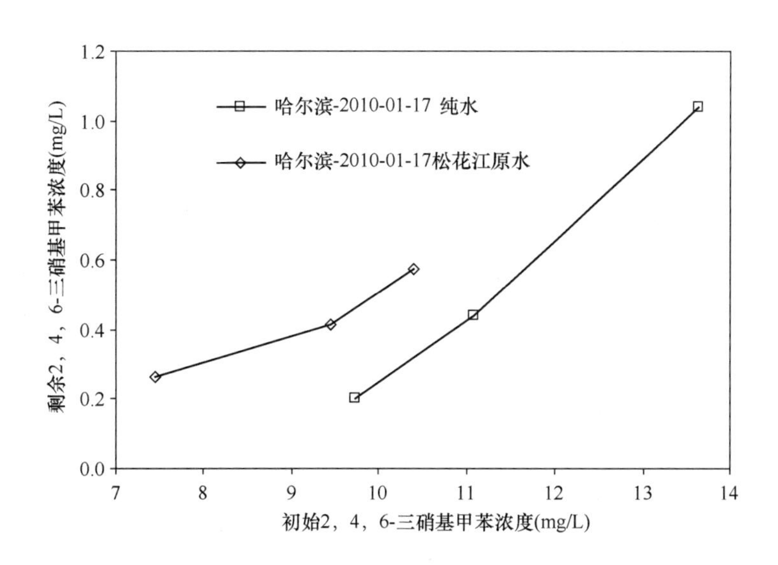
</td></tr>
<tr><td colspan="6">备　注</td></tr>
<tr><td colspan="6">1. 纯水条件下，最大投炭量条件下可以应对的三氯酚最高浓度约为11mg/L，可应对最大超标倍数21倍。
2. 原水条件下，最大投炭量条件下可以应对的三氯酚最高浓度约为10mg/L，可应对最大超标倍数19倍。</td></tr>
</table>

1.65 石油类

1.65.1 不同水质条件下粉末活性炭对石油类的吸附速率

<table>
<tr><td colspan="2">试验名称</td><td colspan="4">不同水质条件下粉末活性炭对 石油类污染物 的吸附速率</td></tr>
<tr><td colspan="2" rowspan="2">相关水质标准
(mg/L)</td><td>国家标准</td><td>0.3</td><td>住房和城乡建设部行标</td><td></td></tr>
<tr><td>地表水标准</td><td>0.05</td><td></td><td></td></tr>
<tr><td colspan="6">试验条件</td></tr>
<tr><td rowspan="2">成都</td><td colspan="5">纯水：石油类浓度3mg/L；粉末活性炭投加量20mg/L；试验水温20℃；pH 值7.6。</td></tr>
<tr><td colspan="5">水六厂原水：石油类浓度3mg/L；粉末活性炭投加量20mg/L；试验水温25℃；COD_{Mn} 1.68mg/L；TOC 4.66mg/L；pH 值8.14；浊度32.5NTU；碱度123mg/L；硬度156mg/L。</td></tr>
<tr><td rowspan="2">广州</td><td colspan="5">纯水：石油类浓度1.6mg/L；粉末活性炭投加量20mg/L；试验水温22.6℃。</td></tr>
<tr><td colspan="5">原水：石油类浓度1.545mg/L；粉末活性炭投加量20mg/L；试验水温23.4℃；COD_{Mn} 2.1mg/L；TOC 1.1mg/L；pH 值7.1；浊度6.65NTU；碱度76mg/L；硬度91.1mg/L。</td></tr>
<tr><td colspan="6">试验结果</td></tr>
<tr><td colspan="6">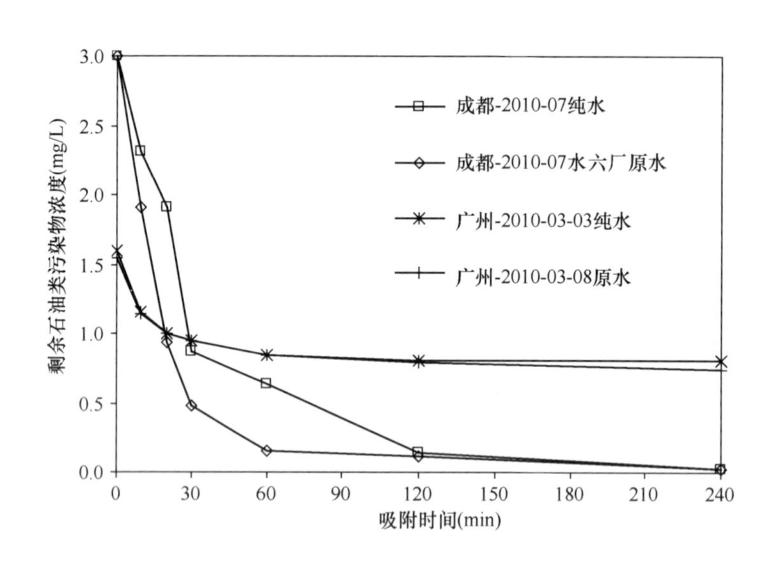
</td></tr>
<tr><td colspan="6">备　注</td></tr>
<tr><td colspan="6">1. 本组纯水试验条件下，粉末活性炭对石油类的吸附基本达到平衡的时间为30min以上。
2. 本组原水试验条件下，粉末活性炭对石油类的吸附基本达到平衡的时间为120min以上。</td></tr>
</table>

1.65.2 不同水质条件下粉末活性炭对石油类的吸附容量

<table>
<tr><td>试验名称</td><td colspan="4">不同水质条件下粉末活性炭对__石油类__的吸附容量</td></tr>
<tr><td rowspan="2">相关水质标准
(mg/L)</td><td>国家标准</td><td>0.3</td><td>住房和城乡建设部行标</td><td></td></tr>
<tr><td>地表水标准</td><td>0.05</td><td></td><td></td></tr>
<tr><td colspan="5">试验条件</td></tr>
<tr><td rowspan="2">成都</td><td colspan="4">纯水：石油类浓度3mg/L；粉末活性炭投加量20mg/L；试验水温20℃；pH值7.6；吸附时间120min。</td></tr>
<tr><td colspan="4">水六厂原水：石油类浓度3mg/L；粉末活性炭投加量20mg/L；试验水温25℃；COD_{Mn} 1.68mg/L；TOC 4.66mg/L；pH值8.14；浊度32.5NTU；碱度123mg/L；硬度156mg；吸附时间120min。</td></tr>
<tr><td rowspan="2">广州</td><td colspan="4">纯水：石油类浓度1.595mg/L；粉末活性炭投加量20mg/L；试验水温26.7℃；吸附时间120min。</td></tr>
<tr><td colspan="4">原水：石油类浓度1.545mg/L；粉末活性炭投加量20mg/L；试验水温23.4℃；COD_{Mn} 2.1mg/L；TOC 1.1mg/L；pH值7.1；浊度6.65NTU；碱度76mg/L；硬度91.1mg/L；吸附时间120min。</td></tr>
<tr><td colspan="5">试验结果</td></tr>
</table>

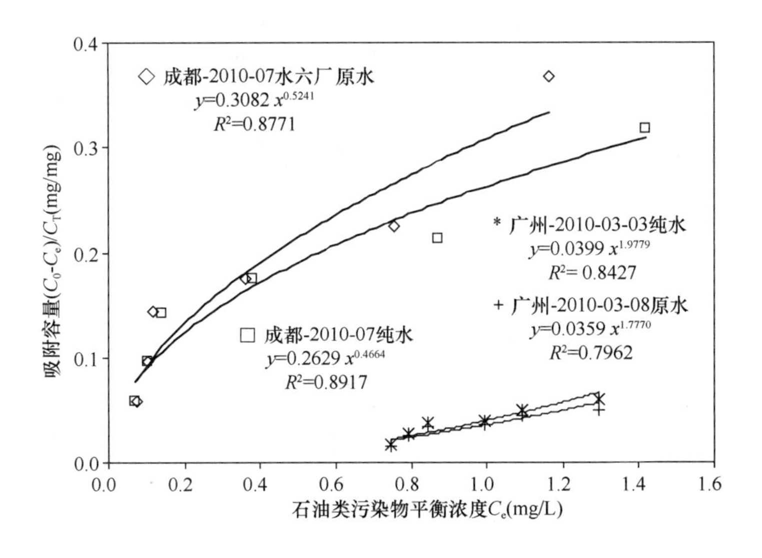

备　注

1. 粉末活性炭对石油类的吸附容量可以用 Freundrich 吸附等温线来描述。
2. 原水条件下的吸附容量比纯水条件下有明显降低，可能是由于水中有机物的竞争吸附。
3. 试验中，平衡浓度统一设定为 120min 吸附时间的浓度。
4. 从不同实验室得到的数值有差异。

1.66 双酚 A

不同水质条件下粉末活性炭对双酚 A 的吸附速率

<table>
<tr><td colspan="2">试验名称</td><td colspan="4">不同水质条件下粉末活性炭对 双酚 A 的吸附速率</td></tr>
<tr><td colspan="2" rowspan="2">相关水质标准
(mg/L)</td><td>国家标准</td><td>0.01</td><td>住房和城乡建设部行标</td><td></td></tr>
<tr><td>地表水标准</td><td></td><td></td><td></td></tr>
<tr><td colspan="6">试验条件</td></tr>
<tr><td rowspan="2">北京</td><td colspan="5">纯水：双酚 A 浓度0.05mg/L；粉末活性炭投加量20mg/L；试验水温23℃；TOC 0.1～0.5；pH 值6.8。</td></tr>
<tr><td colspan="5">第九水厂原水：粉末活性炭投加量20mg/L；试验水温23℃。</td></tr>
<tr><td>哈尔滨</td><td colspan="5">纯水：双酚 A 浓度0.05mg/L；粉末活性炭投加量20mg/L；试验水温2℃。</td></tr>
<tr><td colspan="6">试验结果</td></tr>
<tr><td colspan="6">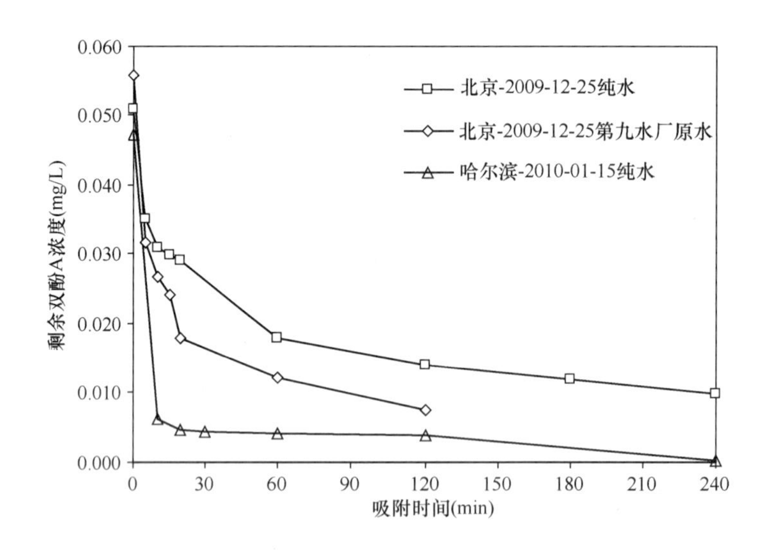
</td></tr>
<tr><td colspan="6">备　　注</td></tr>
<tr><td colspan="6">1. 本组纯水试验条件下，粉末活性炭对双酚 A 的吸附基本达到平衡的时间为 30min 以上。
2. 本组原水试验条件下，粉末活性炭对双酚 A 的吸附基本达到平衡的时间为 120min 以上。</td></tr>
</table>

1.67 水合肼

不同水质条件下粉末活性炭对水合肼的吸附速率

试验名称	不同水质条件下粉末活性炭对__水合肼__的吸附速率			
相关水质标准（mg/L）	国家标准		住房和城乡建设部行标	
	地表水标准	0.01		
试验条件				
北京	纯水：水合肼浓度0.058mg/L；粉末活性炭投加量20mg/L；试验水温23℃；TOC 0.1～0.5mg/L；pH值6.8。			
试验结果				
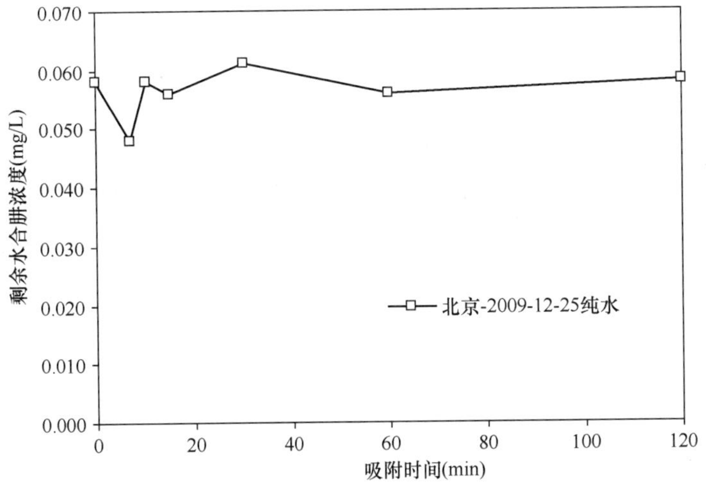				
技术可行性评价	不可行			
备　　注				

1.68 四氯苯

不同水质条件下粉末活性炭对四氯苯的吸附速率

试验名称	不同水质条件下粉末活性炭对＿四氯苯＿的吸附速率			
相关水质标准(mg/L)	国家标准		住房和城乡建设部行标	
	地表水标准	0.02		
试验条件				
哈尔滨	去离子水：1，2，3，4-四氯苯浓度0.1mg/L；粉末活性炭投加量20mg/L；试验水温3℃。			
	原水：1，2，3，4-四氯苯浓度0.1mg/L；粉末活性炭投加量20mg/L；试验水温2℃；COD_{Mn} 4.83mg/L；TOC 4.40mg/L；pH值7.40；浊度10.32NTU；碱度60mg/L；硬度80mg/L。			
	去离子水：1，2，4，5-四氯苯浓度0.1mg/L；粉末活性炭投加量20mg/L；试验水温3℃。			
	原水：1，2，4，5-四氯苯浓度0.1mg/L；粉末活性炭投加量20mg/L；试验水温2℃；COD_{Mn} 4.67mg/L；TOC 4.26mg/L；pH值7.20；浊度8.32NTU；碱度65mg/L；硬度85mg/L。			
试验结果				

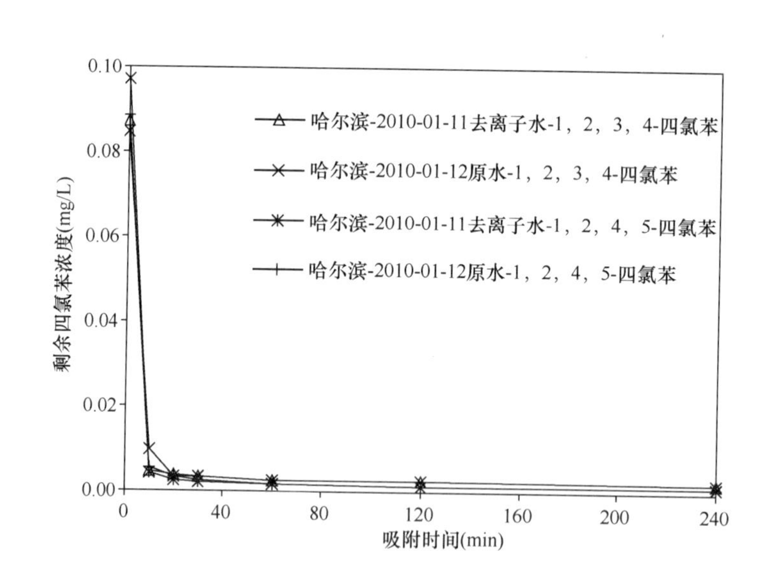

备　注
1. 本组纯水试验条件下，粉末活性炭对四氯苯的吸附基本达到平衡的时间为30min以上。 2. 本组原水试验条件下，粉末活性炭对四氯苯的吸附基本达到平衡的时间为30min以上。

1.69 松节油

1.69.1 不同水质条件下粉末活性炭对松节油的吸附速率

试验名称	不同水质条件下粉末活性炭对<u>松节油</u>的吸附速率			
相关水质标准（mg/L）	国家标准	0.02	住房和城乡建设部行标	
	地表水标准			
试验条件				
哈尔滨	纯水：松节油浓度0.1mg/L；粉末活性炭投加量20mg/L；试验水温15℃。			
	松花江原水：松节油浓度0.1mg/L；粉末活性炭投加量20mg/L；试验水温15℃；COD_{Mn} 2.32mg/L；TOC 3.43mg/L；pH值7.5；浊度34.6NTU；碱度65mg/L；硬度65mg/L。			
试验结果				

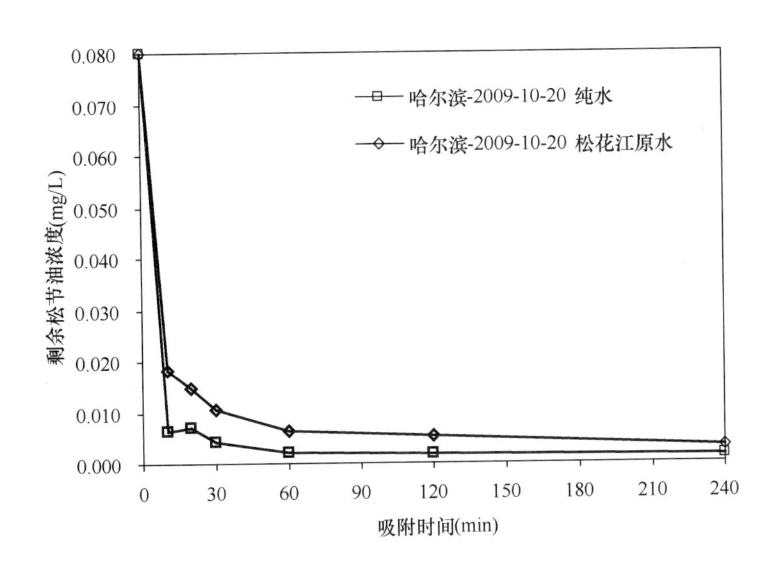

备　注
1. 本组纯水试验条件下，粉末活性炭对松节油的吸附基本达到平衡的时间为30min以上。 2. 本组原水试验条件下，粉末活性炭对松节油的吸附基本达到平衡的时间为30min以上。

1.69.2 不同水质条件下粉末活性炭对松节油的吸附容量

试验名称	不同水质条件下粉末活性炭对__松节油__的吸附容量			
相关水质标准(mg/L)	国家标准	0.02	住房和城乡建设部行标	
	地表水标准			
试验条件				
哈尔滨	纯水：松节油浓度0.1mg/L；粉末活性炭投加量20mg/L；试验水温15℃；吸附时间120min。			
	松花江原水：松节油浓度0.1mg/L；粉末活性炭投加量20mg/L；试验水温15℃；COD_{Mn} 2.32mg/L；TOC 3.43mg/L；pH值7.5；浊度34.6NTU；碱度65mg/L；硬度65mg/L；吸附时间120min。			
试验结果				

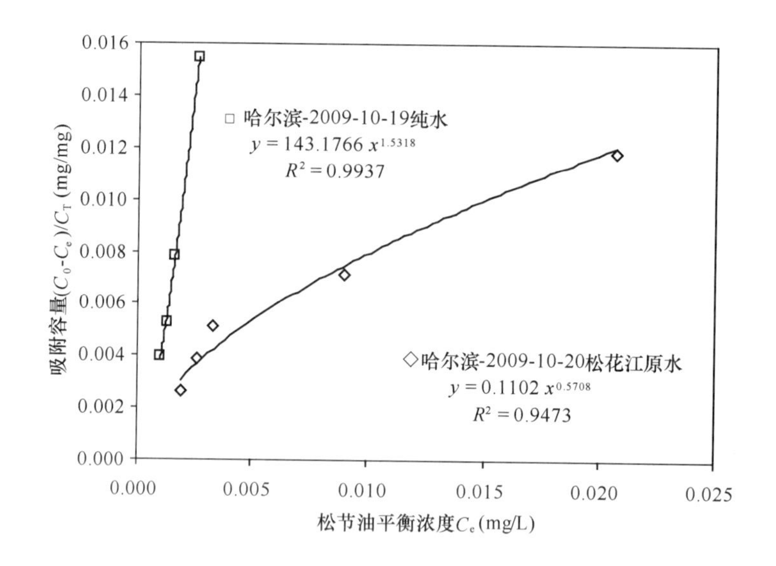

备注
1. 粉末活性炭对松节油的吸附容量可以用Freundrich吸附等温线来描述。 2. 原水条件下的吸附容量比纯水条件下有明显降低，可能是由于水中有机物的竞争吸附。 3. 试验中，平衡浓度统一设定为120min吸附时间的浓度。 4. 纯水试验吸附容量过大的原因可能是松节油溶解不充分，过滤粉炭时也有较大去除。

1.70 土臭素（二甲基萘烷醇）

1.70.1 不同水质条件下粉末活性炭对土臭素（二甲基萘烷醇）的吸附速率

<table>
<tr><td>试验名称</td><td colspan="4">不同水质条件下粉末活性炭对 土臭素（二甲基萘烷醇） 的吸附速率</td></tr>
<tr><td rowspan="2">相关水质标准
(mg/L)</td><td>国家标准</td><td>0.00001</td><td>住房和城乡建设部行标</td><td></td></tr>
<tr><td>地表水标准</td><td></td><td></td><td></td></tr>
<tr><td colspan="5">试验条件</td></tr>
<tr><td rowspan="2">北京</td><td colspan="4">纯水：土臭素（二甲基萘烷醇）浓度0.000148mg/L；粉末活性炭投加量20mg/L；试验水温20℃；TOC 0.1～0.5mg/L；pH 值6.8。</td></tr>
<tr><td colspan="4">第九水厂原水：土臭素（二甲基萘烷醇）浓度0.000151mg/L；水温20℃；COD_{Mn} 2.0～3.0mg/L；TOC 1.8～2.6mg/L；pH 值7.8；浊度0.6～0.8NTU；碱度160～180mg/L；硬度200～220mg/L。</td></tr>
<tr><td rowspan="2">济南</td><td colspan="4">纯水：土臭素（二甲基萘烷醇）浓度0.00005mg/L；粉末活性炭投加量20mg/L；试验水温27℃。</td></tr>
<tr><td colspan="4">鹊华水厂原水：土臭素（二甲基萘烷醇）浓度0.00005mg/L；粉末活性炭投加量20mg/L；试验水温27℃；COD_{Mn} 2.8mg/L；TOC 3.4mg/L；pH 值7.89；浊度0.6NTU；碱度138mg/L；硬度245mg/L。</td></tr>
<tr><td colspan="5">试验结果</td></tr>
<tr><td colspan="5">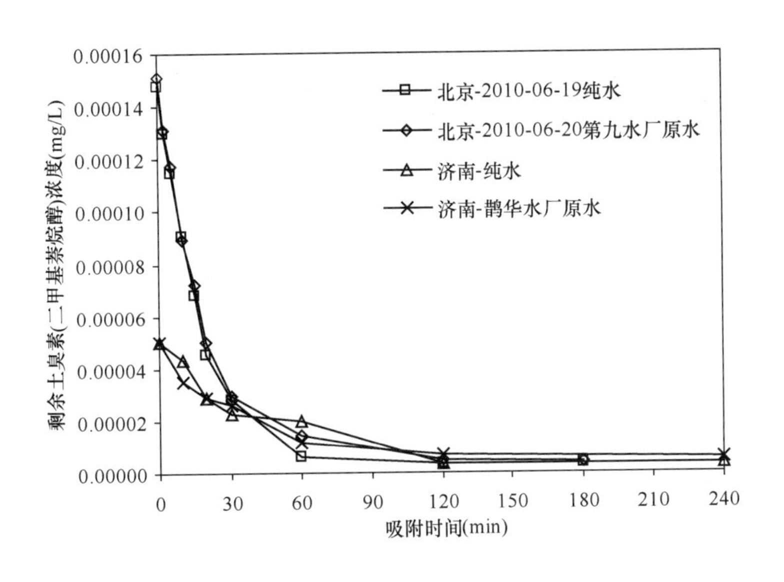
</td></tr>
<tr><td colspan="5">备　注</td></tr>
<tr><td colspan="5">1. 本组纯水试验条件下，粉末活性炭对甲苯的吸附基本达到平衡的时间为 120min 以上。
2. 本组原水试验条件下，粉末活性炭对甲苯的吸附基本达到平衡的时间为 120min 以上。</td></tr>
</table>

1.70.2 不同水质条件下粉末活性炭对土臭素（二甲基萘烷醇）的吸附容量

试验名称	不同水质条件下粉末活性炭对 土臭素（二甲基萘烷醇） 的吸附容量			
相关水质标准（mg/L）	国家标准	0.00001	住房和城乡建设部行标	0.00001
	地表水标准			

试验条件	
北京	纯水：土臭素（二甲基萘烷醇）浓度0.000148mg/L；水温23℃；pH 值6.8；吸附时间120min。
	第九水厂自来水：土臭素（二甲基萘烷醇）浓度0.000187mg/L；水温20℃；COD_{Mn} 2.0～3.0mg/L；TOC 1.8～2.6mg/L；pH 值7.8；浊度0.6～0.8NTU；碱度160～180mg/L；硬度200～220mg/L；吸附时间120min。
济南	纯水：土臭素（二甲基萘烷醇）浓度0.0001mg/L；粉末活性炭投加量20mg/L；试验水温27℃；吸附时间120min。
	鹊华水厂原水：土臭素（二甲基萘烷醇）浓度0.0001mg/L；试验水温29℃；COD_{Mn} 2.9mg/L；TOC 4.5mg/L；pH 值8.32；浊度0.5NTU；碱度138mg/L；硬度245mg/L；吸附时间120min。

试验结果

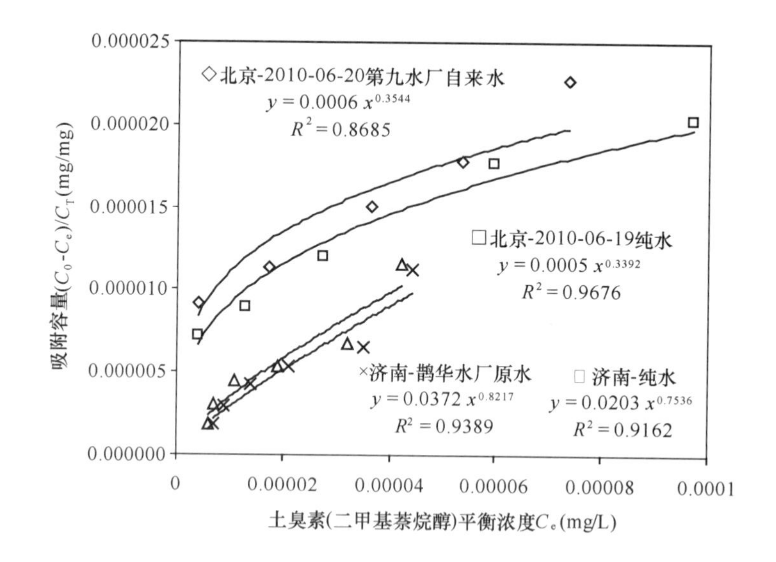

备　注

1. 粉末活性炭对土臭素的吸附容量可以用 Freundrich 吸附等温线来描述。
2. 原水条件下的吸附容量比纯水条件下只略有降低。
3. 试验中，平衡浓度统一设定为 120min 吸附时间的浓度。
4. 从两个实验室得到的数值有差异。

1.70.3 最大投炭量条件下可以应对的土臭素（二甲基萘烷醇）最高浓度

<table>
<tr><td>试验名称</td><td colspan="4">最大投炭量条件下可以应对的土臭素（二甲基萘烷醇）最高浓度</td></tr>
<tr><td rowspan="2">相关水质标准
(mg/L)</td><td>国家标准</td><td>0.00001</td><td>住房和城乡建设部行标</td><td>0.00001</td></tr>
<tr><td>地表水标准</td><td></td><td></td><td></td></tr>
<tr><td colspan="5">试验条件</td></tr>
<tr><td>北京</td><td colspan="4">纯水：最大应对污染浓度约0.0007mg/L；水温23℃；pH 值6.8；吸附时间120min。</td></tr>
<tr><td colspan="5">试验结果</td></tr>
<tr><td colspan="5">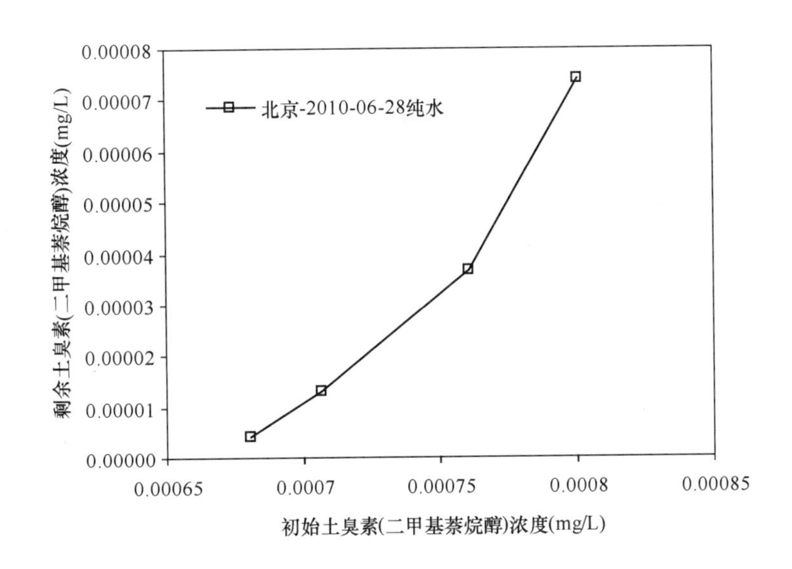
</td></tr>
<tr><td colspan="5">备　　注</td></tr>
<tr><td colspan="5">纯水条件下，最大投炭量条件下可以应对的土臭素（二甲基萘烷醇）最高浓度约为 710ng/L，可应对最大超标倍数 70 倍。</td></tr>
</table>

1.71 微囊藻毒素

1.71.1 不同水质条件下粉末活性炭对微囊藻毒素的吸附速率

<table>
<tr><td>试验名称</td><td colspan="4">不同水质条件下粉末活性炭对微囊藻毒素的吸附速率</td></tr>
<tr><td rowspan="2">相关水质标准
(mg/L)</td><td>国家标准</td><td>0.001</td><td>住房和城乡建设部行标</td><td>0.001</td></tr>
<tr><td>地表水标准</td><td>0.001</td><td></td><td></td></tr>
<tr><td colspan="5">试验条件</td></tr>
<tr><td rowspan="2">济南</td><td colspan="4">纯水：微囊藻毒素浓度0.005mg/L；粉末活性炭投加量20mg/L；试验水温24℃。</td></tr>
<tr><td colspan="4">鹊华水厂原水：微囊藻毒素浓度0.005mg/L；粉末活性炭投加量20mg/L；试验水温24℃；COD_{Mn} 2.5mg/L；TOC 3.2mg/L；pH值7.80；浊度0.6NTU；碱度125mg/L；硬度238mg/L。</td></tr>
<tr><td colspan="5">试验结果</td></tr>
</table>

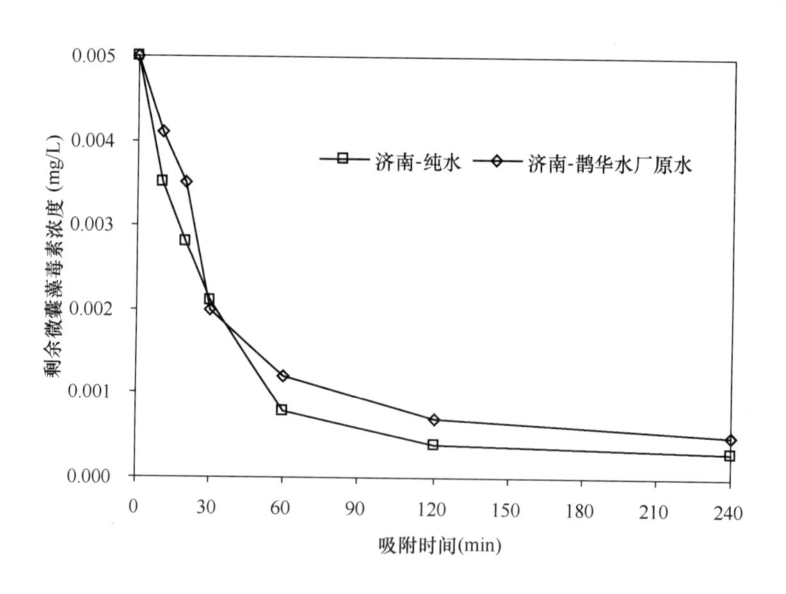

备注

1. 本组纯水试验条件下，粉末活性炭对微囊藻毒素的吸附基本达到平衡的时间为30min以上。
2. 本组原水试验条件下，粉末活性炭对微囊藻毒素的吸附基本达到平衡的时间为120min以上。

1.71.2 不同水质条件下粉末活性炭对微囊藻毒素的吸附容量

试验名称	不同水质条件下粉末活性炭对 微囊藻毒素 的吸附容量			
相关水质标准(mg/L)	国家标准	0.001	住房和城乡建设部行标	0.001
	地表水标准	0.001		
试验条件				
济南	纯水：微囊藻毒素浓度0.01mg/L；粉末活性炭投加量20mg/L；试验水温21℃；吸附时间120min。			
	鹊华水厂原水：微囊藻毒素浓度0.01mg/L；试验水温21℃；COD_{Mn} 2.8mg/L；TOC 4.1mg/L；pH 值8.13；浊度0.9NTU；碱度141mg/L；硬度260mg/L；吸附时间120min。			
试验结果				

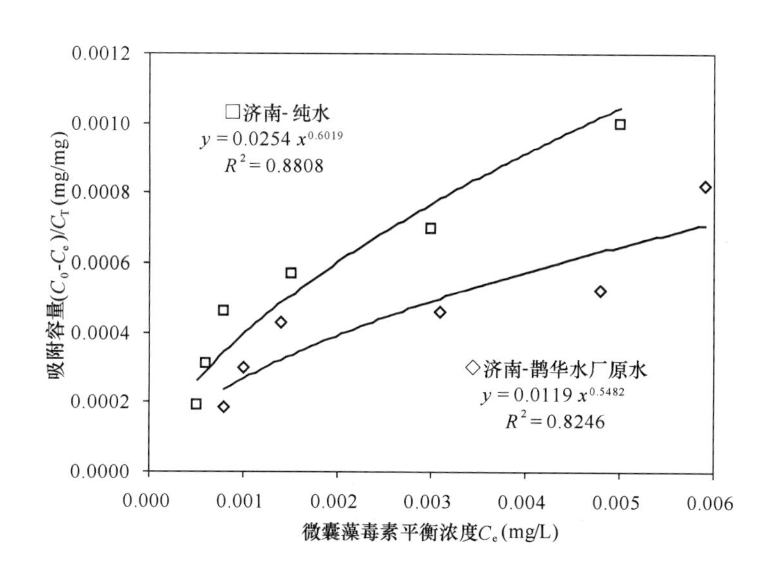

备　注

1. 粉末活性炭对微囊藻毒素的吸附容量可以用 Freundrich 吸附等温线来描述。
2. 原水条件下的吸附容量比纯水条件下有明显降低，可能是由于水中有机物的竞争吸附。
3. 试验中，平衡浓度统一设定为 120min 吸附时间的浓度。

1.72 五氯丙烷

1.72.1 不同水质条件下粉末活性炭对五氯丙烷的吸附速率

<table>
<tr><td>试验名称</td><td colspan="4">不同水质条件下粉末活性炭对 五氯丙烷 的吸附速率</td></tr>
<tr><td rowspan="2">相关水质标准
(mg/L)</td><td>国家标准</td><td>0.03</td><td>住房和城乡建设部行标</td><td></td></tr>
<tr><td>地表水标准</td><td></td><td></td><td></td></tr>
<tr><td colspan="5">试验条件</td></tr>
<tr><td rowspan="2">哈尔滨</td><td colspan="4">纯水：五氯丙烷浓度0.163mg/L；粉末活性炭投加量20mg/L；试验水温2℃。</td></tr>
<tr><td colspan="4">松花江原水：五氯丙烷浓度0.151mg/L；粉末活性炭投加量20mg/L；试验水温3℃；COD_{Mn} 4.42mg/L；TOC 4.12mg/L；pH 值7.2；浊度8.22NTU；碱度65mg/L；硬度80mg/L。</td></tr>
<tr><td colspan="5">试验结果</td></tr>
<tr><td colspan="5">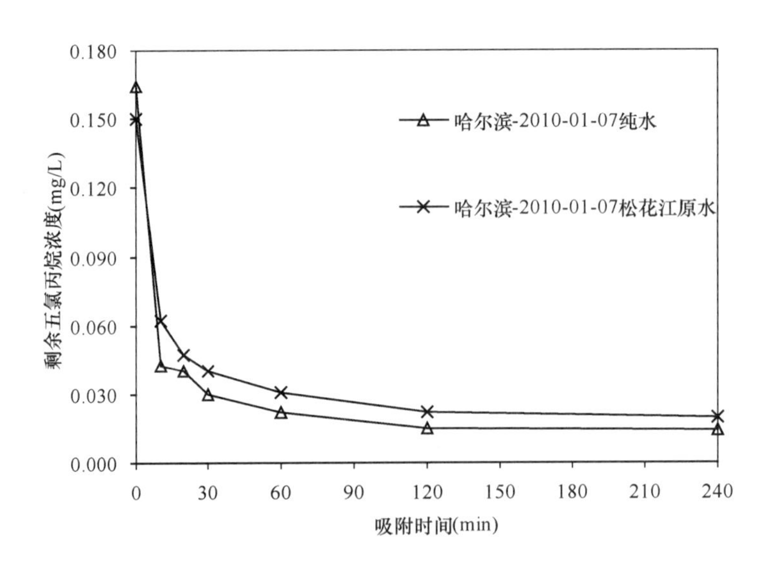
</td></tr>
<tr><td colspan="5">备　注</td></tr>
<tr><td colspan="5">1. 本组纯水试验条件下，粉末活性炭对五氯丙烷的吸附基本达到平衡的时间为 30min 以上。
2. 本组原水试验条件下，粉末活性炭对五氯丙烷的吸附基本达到平衡的时间为 120min 以上。</td></tr>
</table>

1.72.2 不同水质条件下粉末活性炭对五氯丙烷的吸附容量

<table>
<tr><td>试验名称</td><td colspan="4">不同水质条件下粉末活性炭对<u>五氯丙烷</u>的吸附容量</td></tr>
<tr><td rowspan="2">相关水质标准
(mg/L)</td><td>国家标准</td><td>0.03</td><td>住房和城乡建设部行标</td><td></td></tr>
<tr><td>地表水标准</td><td></td><td></td><td></td></tr>
<tr><td colspan="5">试验条件</td></tr>
<tr><td rowspan="2">哈尔滨</td><td colspan="4">纯水：五氯丙烷浓度0.163mg/L；试验水温3℃；吸附时间120min。</td></tr>
<tr><td colspan="4">松花江原水：五氯丙烷浓度0.151mg/L；试验水温3℃；COD_{Mn}4.88mg/L；TOC 4.20mg/L；pH 值7.2；浊度9.6NTU；碱度60mg/L；硬度88mg/L；吸附时间120min。</td></tr>
<tr><td colspan="5">试验结果</td></tr>
</table>

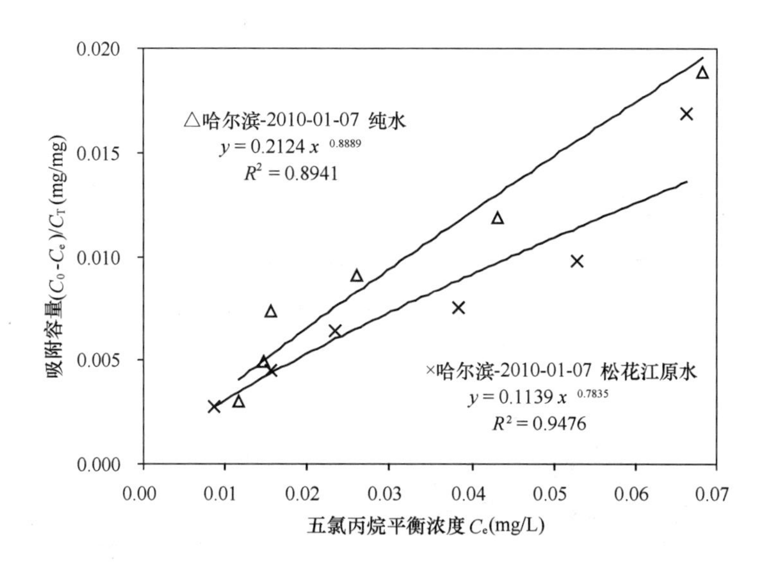

备注

1. 粉末活性炭对五氯丙烷的吸附容量可以用 Freundrich 吸附等温线来描述。
2. 原水条件下的吸附容量比纯水条件下略有降低。
3. 试验中，平衡浓度统一设定为 120min 吸附时间的浓度。

1.73 五氯酚

1.73.1 不同水质条件下粉末活性炭对五氯酚的吸附速率

<table>
<tr><td>试验名称</td><td colspan="4">不同水质条件下粉末活性炭对五氯酚的吸附速率</td></tr>
<tr><td rowspan="2">相关水质标准
(mg/L)</td><td>国家标准</td><td>0.009</td><td>住房和城乡建设部行标</td><td>0.009</td></tr>
<tr><td>地表水标准</td><td>0.009</td><td></td><td></td></tr>
<tr><td colspan="5">试验条件</td></tr>
<tr><td rowspan="2">广州</td><td colspan="4">纯水：五氯酚浓度0.045mg/L；粉末活性炭投加量20mg/L；试验水温20℃。</td></tr>
<tr><td colspan="4">原水：五氯酚浓度0.0496mg/L；粉末活性炭投加量20mg/L；试验水温20℃；COD_{Mn} 2.1mg/L；TOC 1.1mg/L；pH值7.1；浊度6.65NTU；碱度76mg/L；硬度91.1mg/L。</td></tr>
<tr><td rowspan="2">上海</td><td colspan="4">纯水：五氯酚浓度0.045mg/L；粉末活性炭投加量20mg/L；试验水温10℃。</td></tr>
<tr><td colspan="4">长江原水：五氯酚浓度0.045mg/L；粉末活性炭投加量20mg/L；试验水温10℃；COD_{Mn}2.3mg/L；pH值7.9；浊度25NTU；碱度94mg/L；硬度204mg/L。</td></tr>
<tr><td colspan="5">试验结果</td></tr>
<tr><td colspan="5">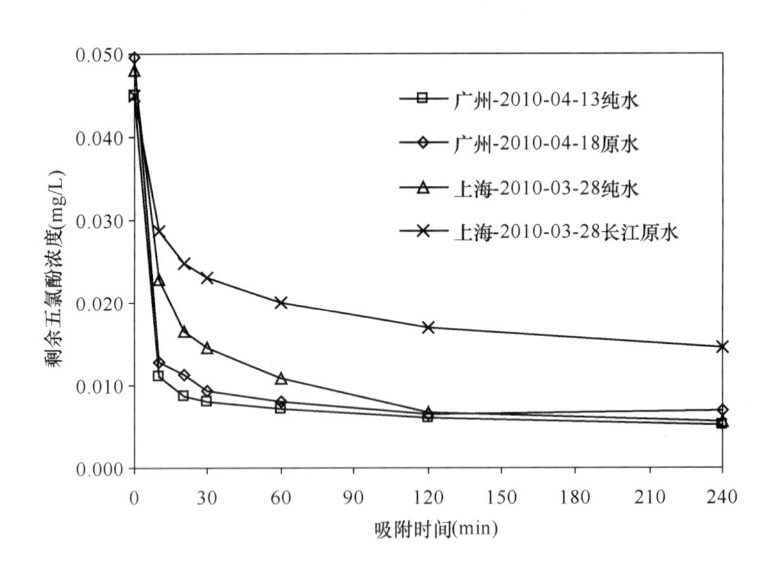
</td></tr>
<tr><td colspan="5">备　注</td></tr>
<tr><td colspan="5">1. 本组纯水试验条件下，粉末活性炭对五氯酚的吸附基本达到平衡的时间为30min以上。
2. 本组原水试验条件下，粉末活性炭对五氯酚的吸附基本达到平衡的时间为120min以上。</td></tr>
</table>

1.73.2 不同水质条件下粉末活性炭对五氯酚的吸附容量

试验名称	不同水质条件下粉末活性炭对 五氯酚 的吸附容量			
相关水质标准（mg/L）	国家标准	0.009	住房和城乡建设部行标	0.009
	地表水标准	0.009		

试验条件

广州	纯水：五氯酚浓度0.045mg/L；粉末活性炭投加量20mg/L；试验水温20℃；吸附时间120min。
	原水：五氯酚浓度0.04962mg/L；试验水温20℃；COD_{Mn} 2.1mg/L；TOC 1.1mg/L；pH 值7.1；浊度6.65NTU；碱度76mg/L；硬度91.1mg/L；吸附时间120min。
上海	纯水：五氯酚浓度0.045mg/L；粉末活性炭投加量20mg/L；试验水温10℃；吸附时间120min。
	长江原水：五氯酚浓度0.045mg/L；试验水温10℃；COD_{Mn} 2.3mg/L；pH 值7.9；浊度25NTU；碱度94mg/L；硬度204mg/L；吸附时间120min。

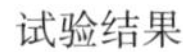

试验结果

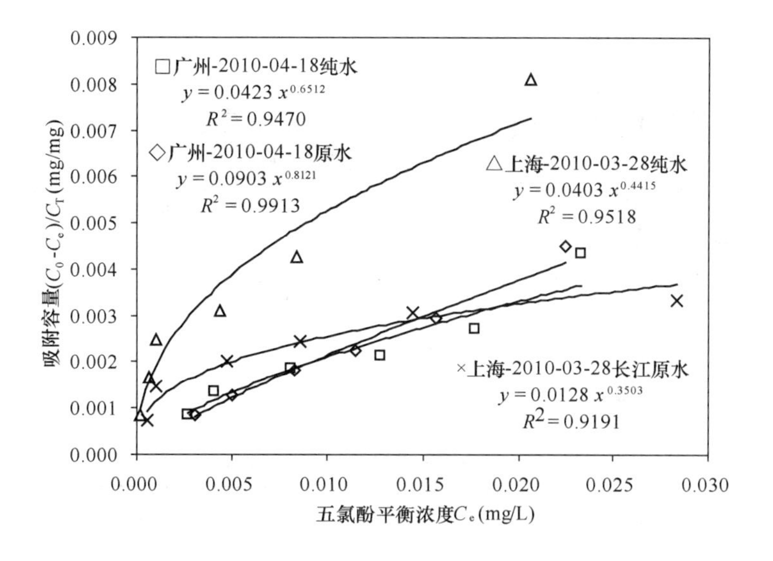

备　　注

1. 粉末活性炭对五氯酚的吸附容量可以用 Freundrich 吸附等温线来描述。
2. 原水条件下的吸附容量比纯水条件下有明显降低，可能是由于水中有机物的竞争吸附。
3. 试验中，平衡浓度统一设定为 120min 吸附时间的浓度。
4. 不同实验室得到的数值有差异。

1.74 硝基苯

1.74.1 不同水质条件下粉末活性炭对硝基苯的吸附速率

<table>
<tr><td>试验名称</td><td colspan="4">不同水质条件下粉末活性炭对 硝基苯 的吸附速率</td></tr>
<tr><td rowspan="2">相关水质标准
(mg/L)</td><td>国家标准</td><td>0.017</td><td>住房和城乡建设部行标</td><td></td></tr>
<tr><td>地表水标准</td><td>0.017</td><td></td><td></td></tr>
<tr><td colspan="5">试验条件</td></tr>
<tr><td rowspan="2">哈尔滨</td><td colspan="4">纯水：硝基苯浓度0.1mg/L；粉末活性炭投加量20mg/L；试验水温22℃。</td></tr>
<tr><td colspan="4">松花江原水：硝基苯浓度0.1mg/L；粉末活性炭投加量20mg/L；试验水温22℃；COD_{Mn} 6.48mg/L；TOC 5.28mg/L；pH 值7.5；浊度23.6NTU；碱度76mg/L；硬度74mg/L。</td></tr>
<tr><td rowspan="2">济南</td><td colspan="4">纯水：硝基苯浓度0.085mg/L；粉末活性炭投加量20mg/L；试验水温28℃。</td></tr>
<tr><td colspan="4">鹊华水厂原水：硝基苯浓度1.547mg/L；粉末活性炭投加量20mg/L；试验水温29℃；COD_{Mn} 2.8mg/L；TOC 3.4mg/L；pH 值7.89；浊度0.6NTU；碱度135mg/L；硬度246mg/L。</td></tr>
<tr><td colspan="5">试验结果</td></tr>
<tr><td colspan="5">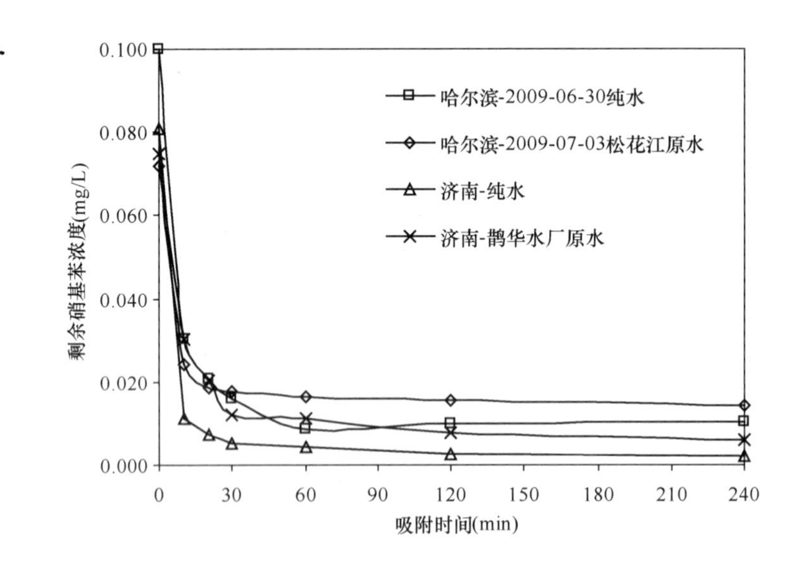</td></tr>
<tr><td colspan="5">备　注</td></tr>
<tr><td colspan="5">1. 本组纯水试验条件下，粉末活性炭对硝基苯的吸附基本达到平衡的时间为 30min 以上。
2. 本组原水试验条件下，粉末活性炭对硝基苯的吸附基本达到平衡的时间为 30min 以上。</td></tr>
</table>

1.74.2 不同水质条件下粉末活性炭对硝基苯的吸附容量

<table>
<tr><td>试验名称</td><td colspan="5">不同水质条件下粉末活性炭对 硝基苯 的吸附容量</td></tr>
<tr><td rowspan="2" colspan="2">相关水质标准
(mg/L)</td><td>国家标准</td><td>0.017</td><td>住房和城乡建设部行标</td><td></td></tr>
<tr><td>地表水标准</td><td>0.017</td><td></td><td></td></tr>
<tr><td colspan="6">试验条件</td></tr>
<tr><td rowspan="2">哈尔滨</td><td colspan="5">纯水：硝基苯浓度0.1mg/L；粉末活性炭投加量20mg/L；试验水温22℃；吸附时间120min。</td></tr>
<tr><td colspan="5">松花江原水：硝基苯浓度0.1mg/L；试验水温22℃；COD_{Mn} 5.20mg/L；TOC 4.12mg/L；pH 值7.5；浊度26NTU；碱度72mg/L；硬度72mg/L；吸附时间120min。</td></tr>
<tr><td rowspan="2">济南</td><td colspan="5">纯水：硝基苯浓度0.17mg/L；试验水温25℃；吸附时间120min。</td></tr>
<tr><td colspan="5">鹊华水厂原水：硝基苯浓度0.17mg/L；试验水温24℃；COD_{Mn} 2.9mg/L；TOC 4.5mg/L；pH 值8.32；浊度3.0NTU；碱度144mg/L；硬度269mg/L；吸附时间120min。</td></tr>
<tr><td colspan="6">试验结果</td></tr>
<tr><td colspan="6">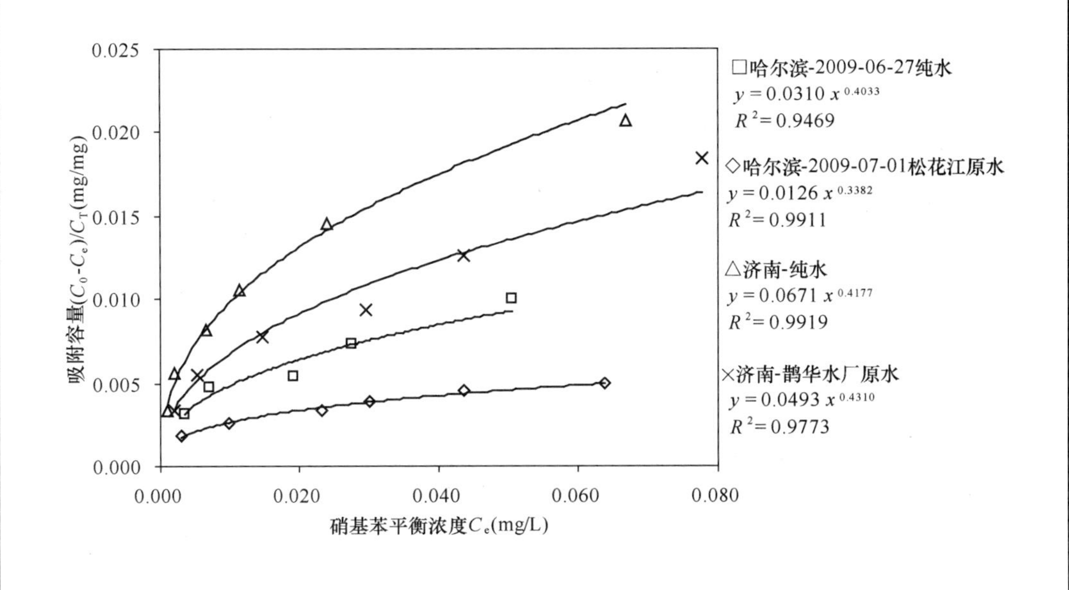
</td></tr>
<tr><td colspan="6">备　注</td></tr>
<tr><td colspan="6">1. 粉末活性炭对硝基苯的吸附容量可以用 Freundrich 吸附等温线来描述。
2. 原水条件下的吸附容量比纯水条件下有明显降低，可能是由于水中有机物的竞争吸附。
3. 试验中，平衡浓度统一设定为 120min 吸附时间的浓度。
4. 从不同实验室得到的数值有差异。</td></tr>
</table>

1.74.3 最大投炭量条件下可以应对的硝基苯最高浓度

<table>
<tr><td>试验名称</td><td colspan="4">最大投炭量条件下可以应对的<u>硝基苯</u>最高浓度</td></tr>
<tr><td rowspan="2">相关水质标准
(mg/L)</td><td>国家标准</td><td>0.017</td><td>住房和城乡建设部行标</td><td></td></tr>
<tr><td>地表水标准</td><td>0.017</td><td></td><td></td></tr>
<tr><td colspan="5">试验条件</td></tr>
<tr><td rowspan="2">哈尔滨</td><td colspan="4">纯水：投炭量80mg/L；试验水温22℃；吸附时间120min。</td></tr>
<tr><td colspan="4">松花江原水：硝基苯浓度0.1mg/L；试验水温22℃；COD_{Mn}5.20mg/L；TOC 4.12mg/L；pH 值7.5；吸附时间120min。</td></tr>
<tr><td colspan="5">试验结果</td></tr>
<tr><td colspan="5">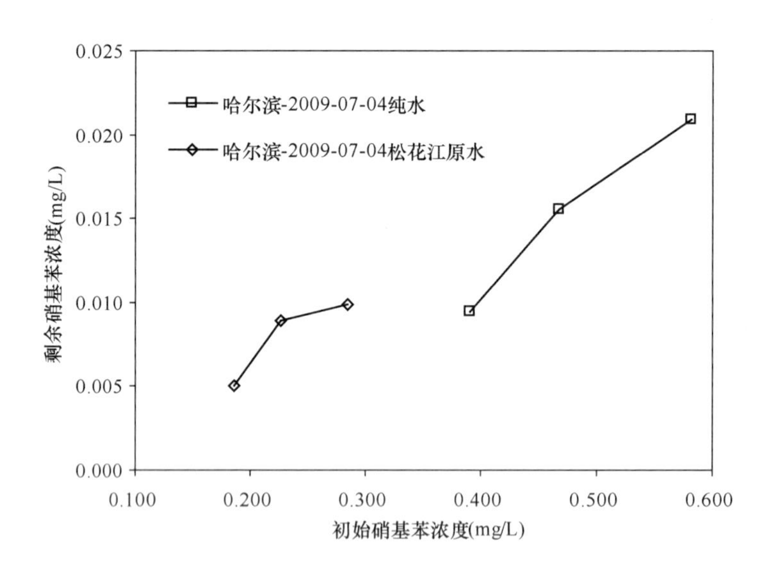</td></tr>
<tr><td colspan="5">备　　注</td></tr>
<tr><td colspan="5">1. 纯水条件下，可应对硝基苯的最高浓度为0.46mg/L，可应对最大超标倍数26倍。
2. 原水条件下，可应对硝基苯的最高浓度为0.3mg/L，可应对最大超标倍数15倍。</td></tr>
</table>

1.75 硝基氯苯

1.75.1 不同水质条件下粉末活性炭对硝基氯苯的吸附速率

试验名称	不同水质条件下粉末活性炭对硝基氯苯的吸附速率			
相关水质标准(mg/L)	国家标准		住房和城乡建设部行标	
	地表水标准	0.05		
试验条件				
哈尔滨	纯水：对硝基氯苯浓度0.25mg/L；粉末活性炭投加量20mg/L；试验水温22℃。			
	滤后水：对硝基氯苯浓度0.25mg/L；粉末活性炭投加量20mg/L；试验水温23℃；COD_{Mn} 2.24mg/L；TOC 3.45mg/L；pH=6.9；浊度0.76NTU；碱度48mg/L；硬度62mg/L。			
试验结果				

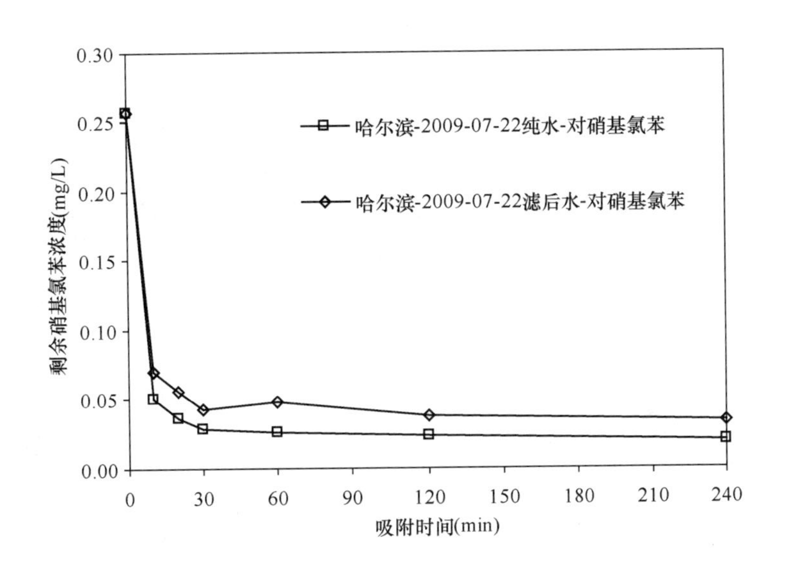

备　注

1. 本组纯水试验条件下，粉末活性炭对硝基氯苯的吸附基本达到平衡的时间为30min以上。
2. 本组原水试验条件下，粉末活性炭对硝基氯苯的吸附基本达到平衡的时间为120min以上。

1.75.2 不同水质条件下粉末活性炭对硝基氯苯的吸附容量

<table>
<tr><td>试验名称</td><td colspan="4">不同水质条件下粉末活性炭对<u>硝基氯苯</u>的吸附容量</td></tr>
<tr><td rowspan="2">相关水质标准(mg/L)</td><td>国家标准</td><td></td><td>住房和城乡建设部行标</td><td></td></tr>
<tr><td>地表水标准</td><td>0.05</td><td></td><td></td></tr>
<tr><td colspan="5">试验条件</td></tr>
<tr><td rowspan="6">哈尔滨</td><td colspan="4">纯水：邻硝基氯苯浓度0.250mg/L；试验水温22℃；吸附时间120min。</td></tr>
<tr><td colspan="4">滤后水：邻硝基氯苯浓度0.250mg/L；试验水温23℃；COD_{Mn} 2.24mg/L；TOC 3.45mg/L；pH 值6.9；浊度0.76NTU；碱度48mg/L；硬度62mg/L；吸附时间120min。</td></tr>
<tr><td colspan="4">纯水：间硝基氯苯浓度0.250mg/L；试验水温22℃；吸附时间120min。</td></tr>
<tr><td colspan="4">滤后水：间硝基氯苯浓度0.250mg/L；试验水温23℃；COD_{Mn} 2.24mg/L；TOC 3.45mg/L；pH 值6.9；浊度0.76NTU；碱度48mg/L；硬度62mg/L；吸附时间120min。</td></tr>
<tr><td colspan="4">纯水：对硝基氯苯浓度0.250mg/L；粉末活性炭投加量20mg/L；试验水温22℃；吸附时间120min。</td></tr>
<tr><td colspan="4">滤后水：对硝基氯苯浓度0.250mg/L；试验水温23℃；COD_{Mn} 2.24mg/L；TOC 3.45mg/L；pH 值6.9；浊度0.76NTU；碱度48mg/L；硬度62mg/L；吸附时间120min。</td></tr>
<tr><td colspan="5">试验结果</td></tr>
</table>

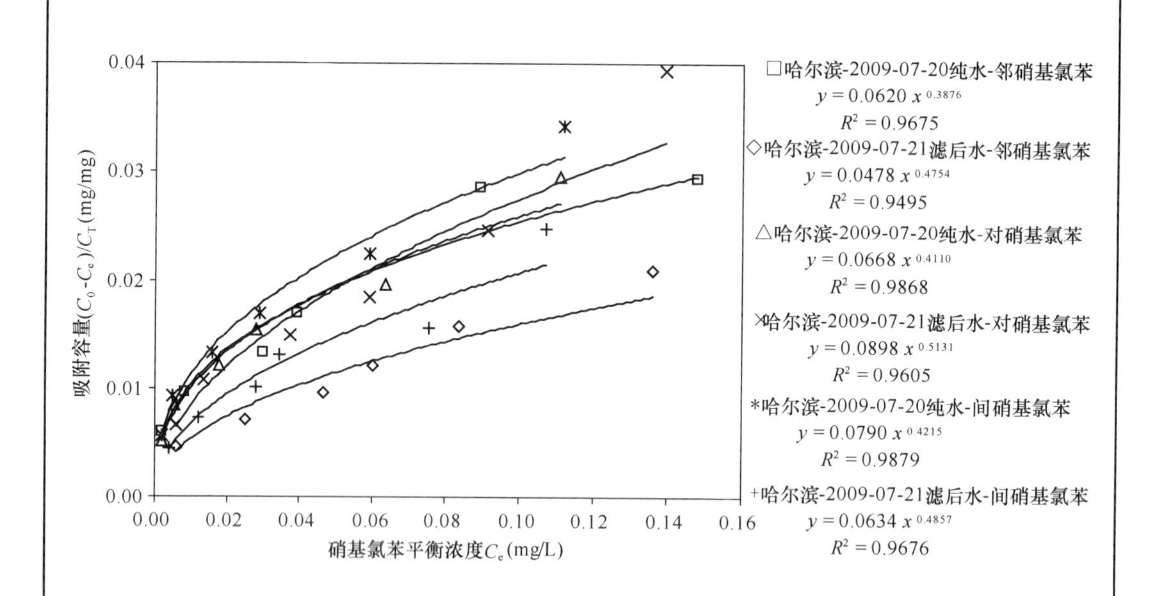

备 注
1. 粉末活性炭对硝基氯苯的吸附容量可以用 Freundrich 吸附等温线来描述。 2. 不同异构体的吸附容量基本相同。 3. 原水条件下的吸附容量与纯水条件下基本相同。 4. 试验中，平衡浓度统一设定为 120min 吸附时间的浓度。

1.75.3 最大投炭量条件下可以应对的硝基氯苯最高浓度

试验名称	最大投炭量条件下可以应对的 硝基氯苯 最高浓度			
相关水质标准(mg/L)	国家标准	0.05	住房和城乡建设部行标	
	地表水标准	0.5		
试验条件				
哈尔滨	纯水：投炭量80mg/L；试验水温24℃；吸附时间120min。			
	原水：硝基氯苯浓度0.250mg/L；试验水温24℃；COD_{Mn}2.24mg/L；TOC 3.45mg/L；pH值6.9；浊度0.76NTU；碱度48mg/L；硬度62mg/L；吸附时间120min。			
试验结果				

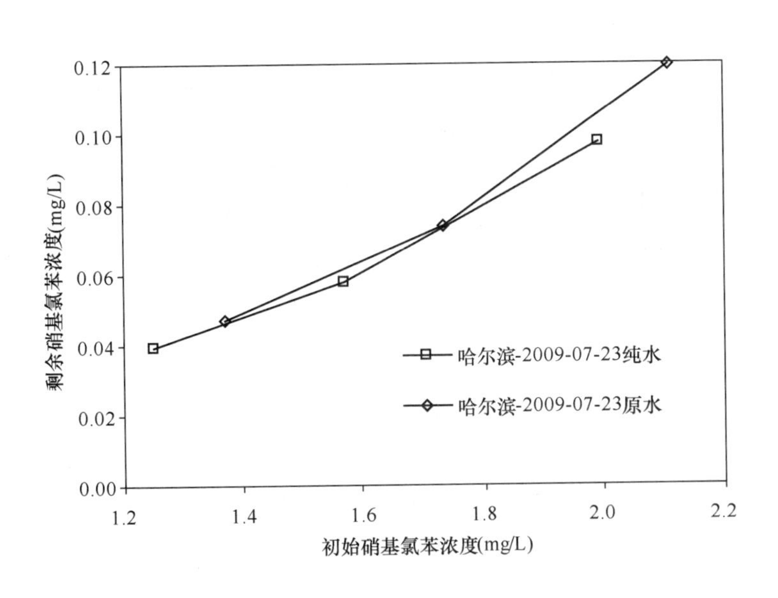

备注
纯水和原水条件下，可应对硝基氯苯的最高浓度为1.4mg/L，可应对最大超标倍数27倍。

1.76 溴氰菊酯

1.76.1 不同水质条件下粉末活性炭对溴氰菊酯的吸附速率

试验名称	不同水质条件下粉末活性炭对__溴氰菊酯__的吸附速率			
相关水质标准(mg/L)	国家标准	0.02	住房和城乡建设部行标	0.02
	地表水标准	0.02		
试验条件				
济南	纯水：溴氰菊酯浓度0.0943mg/L；粉末活性炭投加量20mg/L；试验水温22℃。			
试验结果				
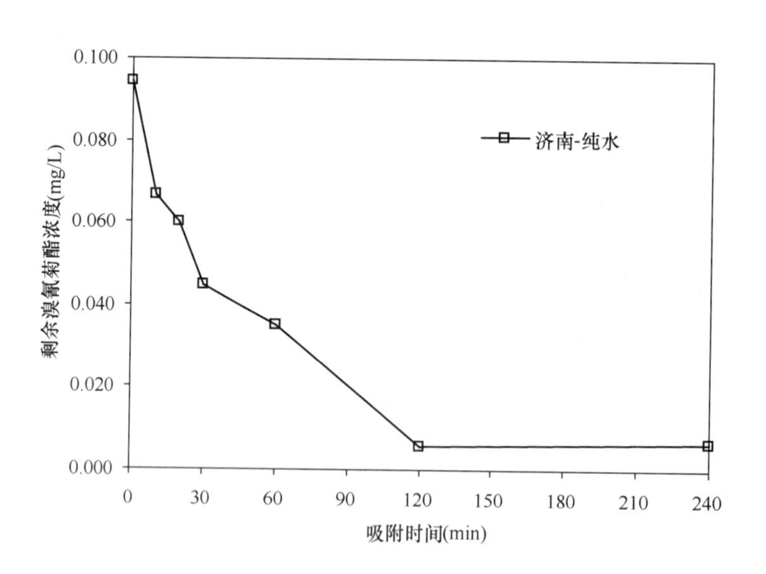				
备　注				
本组纯水试验条件下，粉末活性炭对溴氰菊酯的吸附基本达到平衡的时间为120min以上。				

1.76.2 不同水质条件下粉末活性炭对溴氰菊酯的吸附容量

<table>
<tr><td>试验名称</td><td colspan="5">不同水质条件下粉末活性炭对<u>溴氰菊酯</u>的吸附容量</td></tr>
<tr><td rowspan="2">相关水质标准
(mg/L)</td><td colspan="2">国家标准</td><td>0.02</td><td>住房和城乡建设部行标</td><td>0.02</td></tr>
<tr><td colspan="2">地表水标准</td><td>0.02</td><td></td><td></td></tr>
<tr><td colspan="6">试验条件</td></tr>
<tr><td>济南</td><td colspan="5">纯水：溴氰菊酯浓度<u>0.2179</u>mg/L；粉末活性炭投加量<u>20</u>mg/L；试验水温<u>22</u>℃；吸附时间<u>120</u>min。</td></tr>
<tr><td colspan="6">试验结果</td></tr>
<tr><td colspan="6">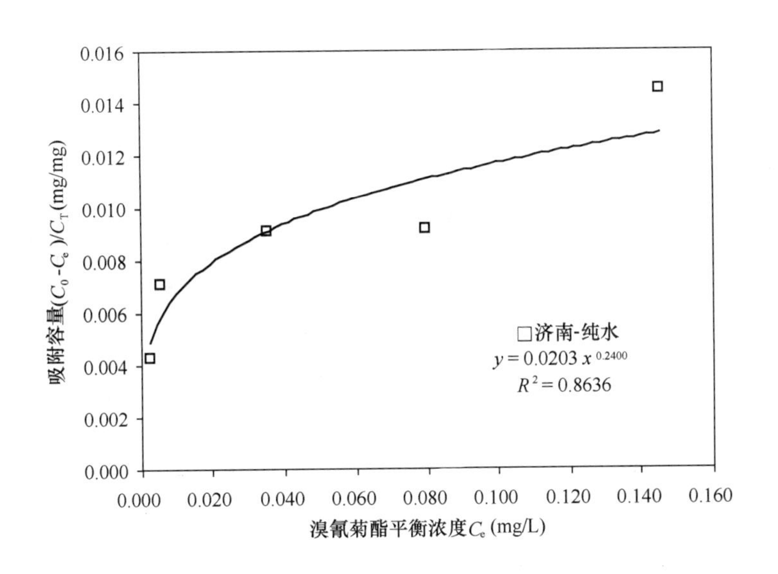
</td></tr>
<tr><td colspan="6">备　　注</td></tr>
<tr><td colspan="6">1. 粉末活性炭对溴氰菊酯的吸附容量可以用 Freundrich 吸附等温线来描述。
2. 试验中，平衡浓度统一设定为 120min 吸附时间的浓度。</td></tr>
</table>

1.77 乙苯

1.77.1 不同水质条件下粉末活性炭对乙苯的吸附速率

试验名称	不同水质条件下粉末活性炭对乙苯的吸附速率			
相关水质标准(mg/L)	国家标准	0.3	住房和城乡建设部行标	0.3
	地表水标准	0.3		
试验条件				
北京	纯水：乙苯浓度1.56mg/L；粉末活性炭投加量20mg/L；试验水温16.8℃。			
	自来水：乙苯浓度1.547mg/L；粉末活性炭投加量20mg/L；试验水温25.4℃；COD_{Mn} 2.3mg/L；pH值7.84；浊度0.22NTU；碱度146mg/L；硬度243mg/L。			
深圳	纯水：乙苯浓度1.4923mg/L；粉末活性炭投加量10mg/L；试验水温26.5℃。			
	原水：乙苯浓度1.8mg/L；粉末活性炭投加量10mg/L；试验水温26.2℃；TOC 1.65mg/L；COD_{Mn} 1.47mg/L；pH值7.40；浊度31.3NTU；碱度23.0mg/L；硬度18.5mg/L。			
试验结果				

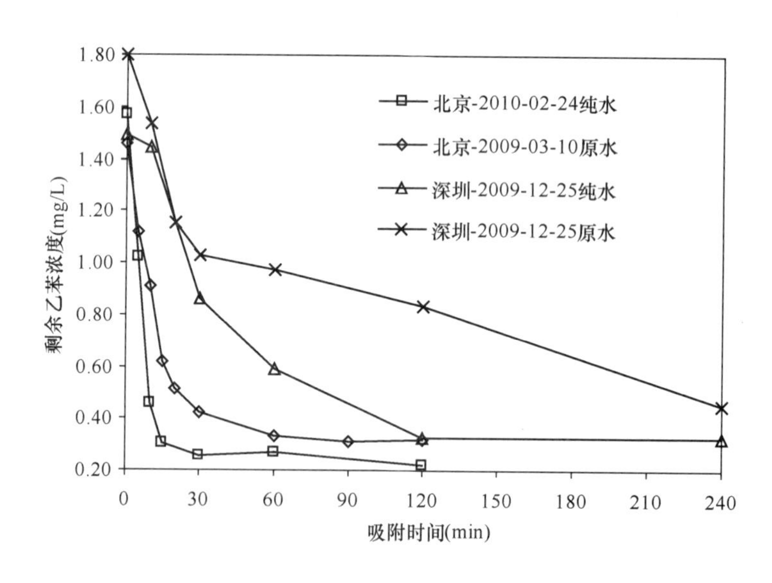

备注
1. 本组纯水试验条件下，粉末活性炭对乙苯的吸附基本达到平衡的时间为30min以上。
2. 本组原水试验条件下，粉末活性炭对乙苯的吸附基本达到平衡的时间为120min以上。

1.77.2 不同水质条件下粉末活性炭对乙苯的吸附容量

<table>
<tr><td>试验名称</td><td colspan="4">不同水质条件下粉末活性炭对<u>乙苯</u>的吸附容量</td></tr>
<tr><td rowspan="2">相关水质标准
(mg/L)</td><td>国家标准</td><td>0.3</td><td>住房和城乡建设部行标</td><td>0.3</td></tr>
<tr><td>地表水标准</td><td>0.3</td><td></td><td></td></tr>
<tr><td colspan="5">试验条件</td></tr>
<tr><td rowspan="2">北京</td><td colspan="4">纯水：乙苯浓度0.3077mg/L；试验水温16.3℃；吸附时间120min。</td></tr>
<tr><td colspan="4">原水：乙苯浓度0.3099mg/L；试验水温14.3℃；COD_{Mn} 2.4mg/L；pH 值7.63；浊度0.23NTU；碱度140mg/L；硬度238mg/L；吸附时间120min。</td></tr>
<tr><td rowspan="2">深圳</td><td colspan="4">纯水：乙苯浓度1.63mg/L；粉末活性炭投加量20mg/L；试验水温21.4℃；pH 值6.80；吸附时间120min。</td></tr>
<tr><td colspan="4">原水：乙苯浓度1.56mg/L；试验水温25.3℃；TOC 1.65mg/L；COD_{Mn} 1.47mg/L；pH 值7.40；浊度31.3NTU；碱度23.0mg/L；硬度18.5mg/L；吸附时间120min。</td></tr>
<tr><td colspan="5">试验结果</td></tr>
</table>

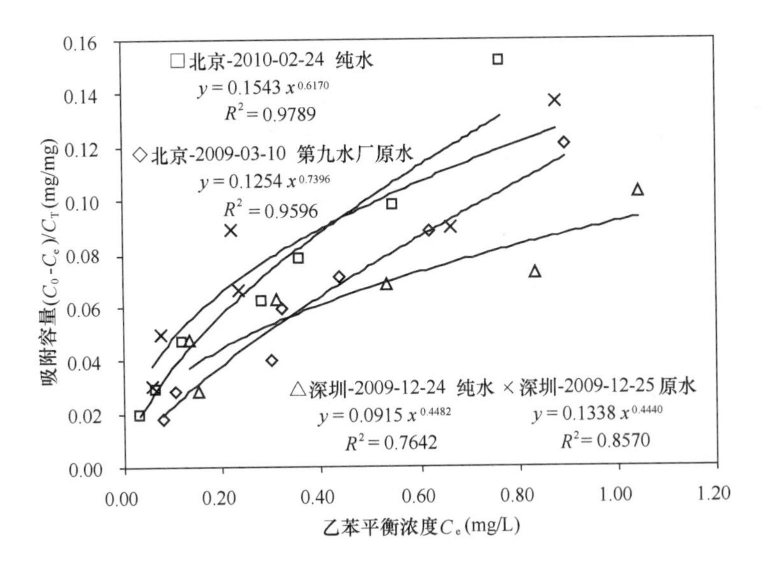

备注

1. 粉末活性炭对乙苯的吸附容量可以用 Freundrich 吸附等温线来描述。
2. 原水条件下的吸附容量与纯水条件基本相同。
3. 试验中，平衡浓度统一设定为 120min 吸附时间的浓度。
4. 从不同实验室得到的数值有差异。

1.78 乙醛

不同水质条件下粉末活性炭对乙醛的吸附速率

<table>
<tr><td>试验名称</td><td colspan="4">不同水质条件下粉末活性炭对乙醛的吸附速率</td></tr>
<tr><td rowspan="2">相关水质标准
(mg/L)</td><td>国家标准</td><td></td><td>住房和城乡建设部行标</td><td></td></tr>
<tr><td>地表水标准</td><td>0.05</td><td></td><td></td></tr>
<tr><td colspan="5">试验条件</td></tr>
<tr><td>北京</td><td colspan="4">纯水：乙醛浓度~0.45mg/L；粉末活性炭投加量20mg/L；试验水温23℃；TOC 0.1mg/L；pH 值6.8。</td></tr>
<tr><td colspan="5">试验结果</td></tr>
<tr><td colspan="5">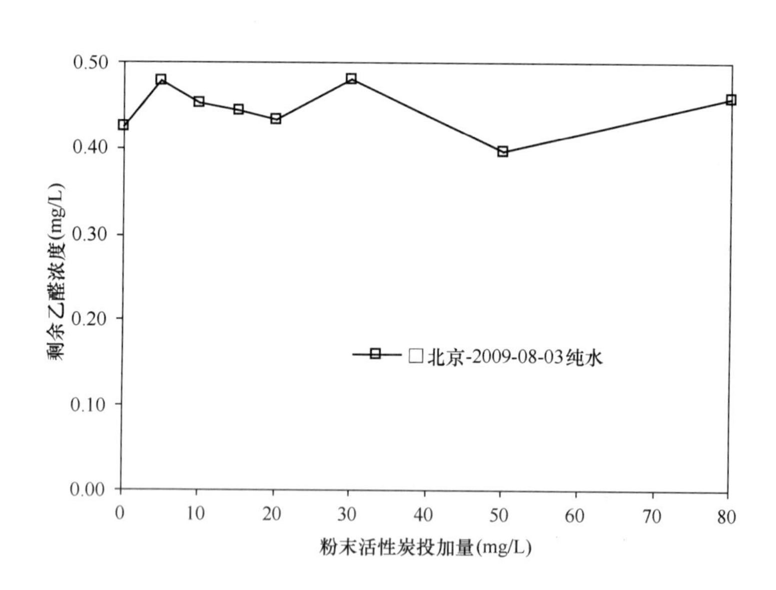
</td></tr>
<tr><td colspan="5">备　注</td></tr>
<tr><td colspan="5">由吸附可行性分析可知，粉末活性炭对乙醛的吸附去除不可行。</td></tr>
</table>

1.79 异丙苯

1.79.1 不同水质条件下粉末活性炭对异丙苯的吸附速率

<table>
<tr><td>试验名称</td><td colspan="5">不同水质条件下粉末活性炭对 异丙苯 的吸附速率</td></tr>
<tr><td colspan="2" rowspan="2">相关水质标准
(mg/L)</td><td>国家标准</td><td></td><td>住房和城乡建设部行标</td><td></td></tr>
<tr><td>地表水标准</td><td>0.25</td><td></td><td></td></tr>
<tr><td colspan="6">试验条件</td></tr>
<tr><td rowspan="2">哈尔滨</td><td colspan="5">纯水：异丙苯浓度1.25mg/L；粉末活性炭投加量20mg/L；试验水温16℃。</td></tr>
<tr><td colspan="5">松花江原水：异丙苯浓度1.25mg/L；粉末活性炭投加量20mg/L；试验水温16℃；COD_{Mn} 2.364mg/L；TOC 4.33mg/L；pH 值7.5；浊度30.4NTU；碱度60mg/L；硬度56mg/L。</td></tr>
<tr><td colspan="6">试验结果</td></tr>
<tr><td colspan="6">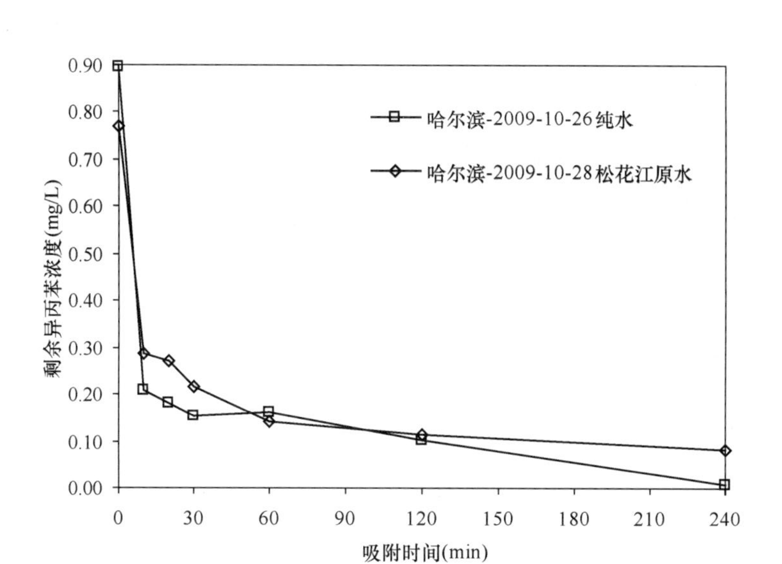
</td></tr>
<tr><td colspan="6">备　注</td></tr>
<tr><td colspan="6">1. 本组纯水试验条件下，粉末活性炭对异丙苯的吸附基本达到平衡的时间为 30min 以上。
2. 本组原水试验条件下，粉末活性炭对异丙苯的吸附基本达到平衡的时间为 60min 以上。</td></tr>
</table>

1.79.2 不同水质条件下粉末活性炭对异丙苯的吸附容量

<table>
<tr><td>试验名称</td><td colspan="4">不同水质条件下粉末活性炭对<u>异丙苯</u>的吸附容量</td></tr>
<tr><td rowspan="2">相关水质标准
(mg/L)</td><td>国家标准</td><td></td><td>住房和城乡建设部行标</td><td></td></tr>
<tr><td>地表水标准</td><td>0.25</td><td></td><td></td></tr>
<tr><td colspan="5">试验条件</td></tr>
<tr><td rowspan="2">哈尔滨</td><td colspan="4">纯水：异丙苯浓度0.894mg/L；粉末活性炭投加量20mg/L；试验水温16℃；吸附时间120min。</td></tr>
<tr><td colspan="4">松花江原水：异丙苯浓度0.771mg/L；试验水温19℃；COD_{Mn} 2.34mg/L；TOC 4.33mg/L；pH 值7.5；浊度30.4NTU；碱度60mg/L；硬度56mg/L；吸附时间120min。</td></tr>
<tr><td colspan="5">试验结果</td></tr>
<tr><td colspan="5">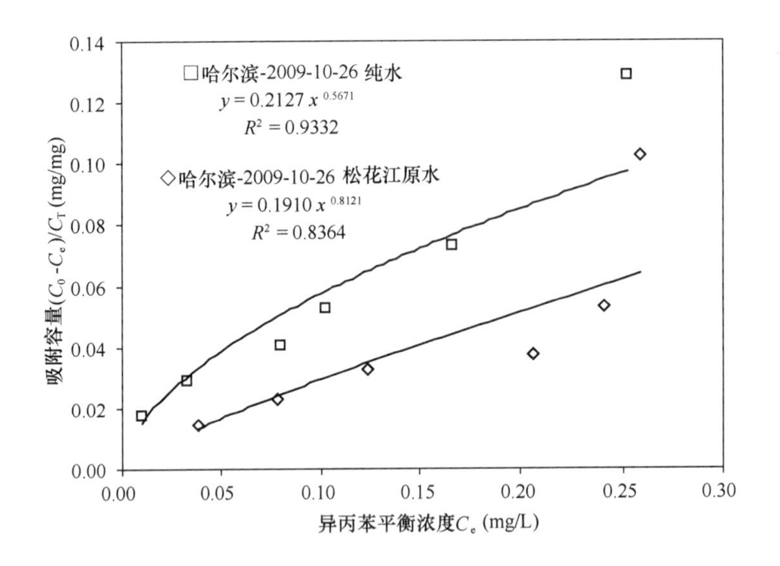
</td></tr>
<tr><td colspan="5">备　　注</td></tr>
<tr><td colspan="5">1. 粉末活性炭对乙苯的吸附容量可以用Freundrich吸附等温线来描述。
2. 原水条件下的吸附容量比纯水条件下有明显降低，可能是由于水中有机物的竞争吸附。
3. 试验中，平衡浓度统一设定为120min吸附时间的浓度。</td></tr>
</table>

1.80 阴离子合成洗涤剂

1.80.1 不同水质条件下粉末活性炭对阴离子合成洗涤剂的吸附速率

<table>
<tr><td>试验名称</td><td colspan="4">不同水质条件下粉末活性炭对<u>阴离子合成洗涤剂</u>的吸附速率</td></tr>
<tr><td rowspan="2">相关水质标准
(mg/L)</td><td>国家标准</td><td>0.3</td><td>住房和城乡</td><td>0.3</td></tr>
<tr><td>地表水标准</td><td>0.2</td><td></td><td></td></tr>
<tr><td colspan="5">试验条件</td></tr>
<tr><td rowspan="2">成都</td><td colspan="4">纯水：阴离子合成洗涤剂浓度1.8mg/L；粉末活性炭投加量20mg/L；试验水温20.5℃。</td></tr>
<tr><td colspan="4">原水：阴离子合成洗涤剂浓度1.64mg/L；粉末活性炭投加量20mg/L；试验水温13.0℃；COD_{Mn} 1.20mg/L；TOC 6.20mg/L；pH 值7.45；浊度12.9NTU；碱度120mg/L；硬度141mg/L。</td></tr>
<tr><td rowspan="2">广州</td><td colspan="4">纯水：阴离子合成洗涤剂浓度1.489mg/L；粉末活性炭投加量20mg/L；试验水温22.2℃。</td></tr>
<tr><td colspan="4">原水：阴离子合成洗涤剂浓度1.469mg/L；粉末活性炭投加量20mg/L；试验水温22℃；COD_{Mn} 2.1mg/L；TOC 1.1mg/L；pH 值7.1；浊度6.65NTU；碱度76mg/L；硬度91.1mg/L。</td></tr>
<tr><td colspan="5">试验结果</td></tr>
<tr><td colspan="5">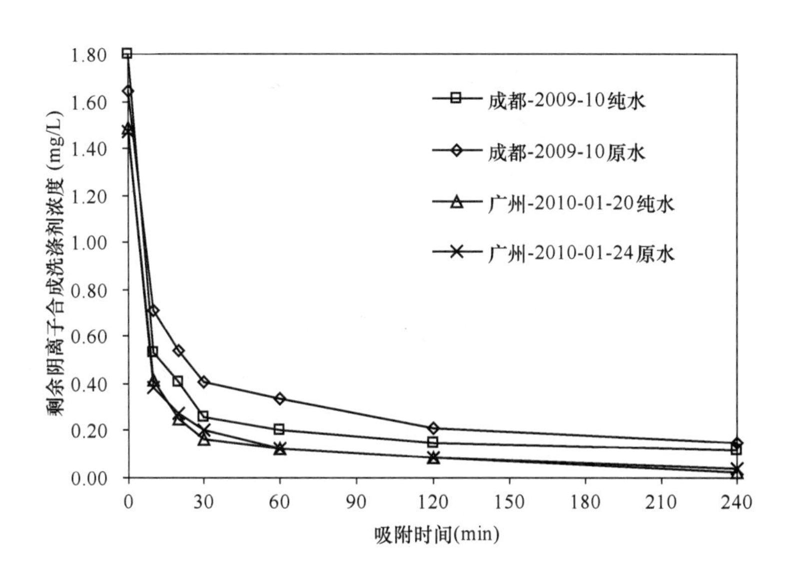
</td></tr>
<tr><td colspan="5">备　注</td></tr>
<tr><td colspan="5">1. 本组纯水试验条件下，粉末活性炭对污染物的吸附基本达到平衡的时间为 30min 以上。
2. 本组原水试验条件下，粉末活性炭对污染物的吸附基本达到平衡的时间为 120min 以上。</td></tr>
</table>

1.80.2 不同水质条件下粉末活性炭对阴离子合成洗涤剂的吸附容量

<table>
<tr><td>试验名称</td><td colspan="4">不同水质条件下粉末活性炭对 阴离子合成洗涤剂 的吸附容量</td></tr>
<tr><td rowspan="2">相关水质标准
(mg/L)</td><td>国家标准</td><td>0.3</td><td>住房和城乡建设部行标</td><td>0.3</td></tr>
<tr><td>地表水标准</td><td>0.2</td><td></td><td></td></tr>
<tr><td colspan="5">试验条件</td></tr>
<tr><td rowspan="2">成都</td><td colspan="4">纯水：阴离子合成洗涤剂浓度1.8mg/L；试验水温20.5℃；吸附时间120min。</td></tr>
<tr><td colspan="4">原水：阴离子合成洗涤剂浓度1.64mg/L；试验水温13.0℃；COD_{Mn} 1.20mg/L；TOC 6.20mg/L；pH 值7.45；浊度12.9NTU；碱度120mg/L；硬度141mg/L；吸附时间120min。</td></tr>
<tr><td rowspan="2">广州</td><td colspan="4">纯水：阴离子合成洗涤剂浓度1.489mg/L；试验水温22.2℃；吸附时间120min。</td></tr>
<tr><td colspan="4">原水：阴离子合成洗涤剂浓度1.469mg/L；试验水温22℃；COD_{Mn} 2.1mg/L；TOC 1.1mg/L；pH 值7.1；浊度6.65NTU；碱度76mg/L；硬度91.1mg/L；吸附时间120min。</td></tr>
<tr><td colspan="5">试验结果</td></tr>
<tr><td colspan="5">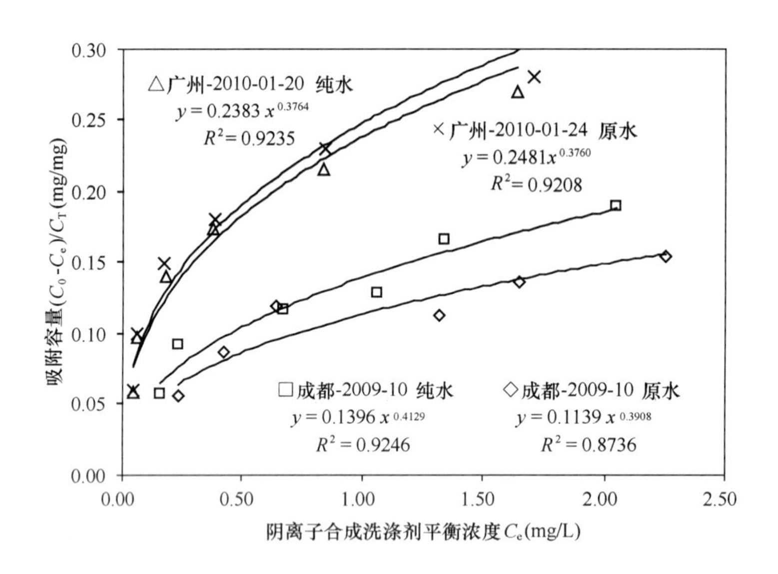
</td></tr>
<tr><td colspan="5">备　注</td></tr>
<tr><td colspan="5">1. 粉末活性炭对阴离子合成洗涤剂的吸附容量可以用 Freundrich 吸附等温线来描述。
2. 原水条件下的吸附容量与纯水条件基本相同。
3. 试验中，平衡浓度统一设定为 120min 吸附时间的浓度。
4. 从不同实验室得到的数值有差异。</td></tr>
</table>

1.80.3 最大投炭量条件下可以应对的阴离子合成洗涤剂最高浓度

<table>
<tr><td>试验名称</td><td colspan="5">最大投炭量条件下可以应对的__阴离子合成洗涤剂__最高浓度</td></tr>
<tr><td colspan="2" rowspan="2">相关水质标准
(mg/L)</td><td>国家标准</td><td>0.3</td><td>住房和城乡建设部行标</td><td>0.3</td></tr>
<tr><td>地表水标准</td><td>0.2</td><td></td><td></td></tr>
<tr><td colspan="6">试验条件</td></tr>
<tr><td rowspan="2">成都</td><td colspan="5">纯水：投炭量80mg/L；pH值7.67；试验水温13.0℃；吸附时间120min。</td></tr>
<tr><td colspan="5">原水：投炭量80mg/L；pH值8.10；试验水温13.0℃；吸附时间120min。</td></tr>
<tr><td rowspan="2">广州</td><td colspan="5">纯水：投炭量80mg/L；试验水温22.8℃；吸附时间120min。</td></tr>
<tr><td colspan="5">原水：投炭量80mg/L；试验水温22.8℃；吸附时间120min。</td></tr>
<tr><td colspan="6">试验结果</td></tr>
</table>

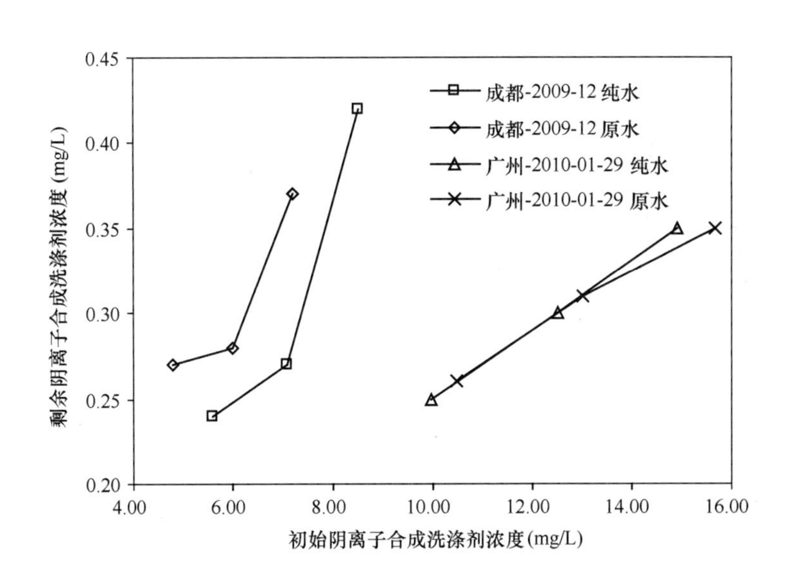

备注
1. 广州纯水和原水条件下，可应对阴离子合成洗涤剂的最高浓度为13mg/L，可应对最大超标倍数42倍。 2. 成都纯水条件下，可应对阴离子合成洗涤剂的最高浓度为7.5mg/L，可应对最大超标倍数24倍。 3. 成都原水条件下，可应对阴离子合成洗涤剂的最高浓度为6.3mg/L，可应对最大超标倍数20倍。

1.81 莠去津

1.81.1 不同水质条件下粉末活性炭对莠去津的吸附速率

<table>
<tr><td>试验名称</td><td colspan="4">不同水质条件下粉末活性炭对莠去津的吸附速率</td></tr>
<tr><td rowspan="2">相关水质标准
(mg/L)</td><td>国家标准</td><td>0.002</td><td>住房和城乡建设部行标</td><td></td></tr>
<tr><td>地表水标准</td><td></td><td></td><td></td></tr>
<tr><td colspan="5">试验条件</td></tr>
<tr><td rowspan="2">济南</td><td colspan="4">纯水：莠去津浓度0.01mg/L；粉末活性炭投加量20mg/L；试验水温27℃。</td></tr>
<tr><td colspan="4">原水：莠去津浓度0.01mg/L；粉末活性炭投加量20mg/L；试验水温27℃；COD_{Mn} 2.3mg/L；TOC 3.4mg/L；pH值7.89；浊度0.6NTU；碱度135mg/L；硬度246mg/L。</td></tr>
<tr><td colspan="5">试验结果</td></tr>
<tr><td colspan="5">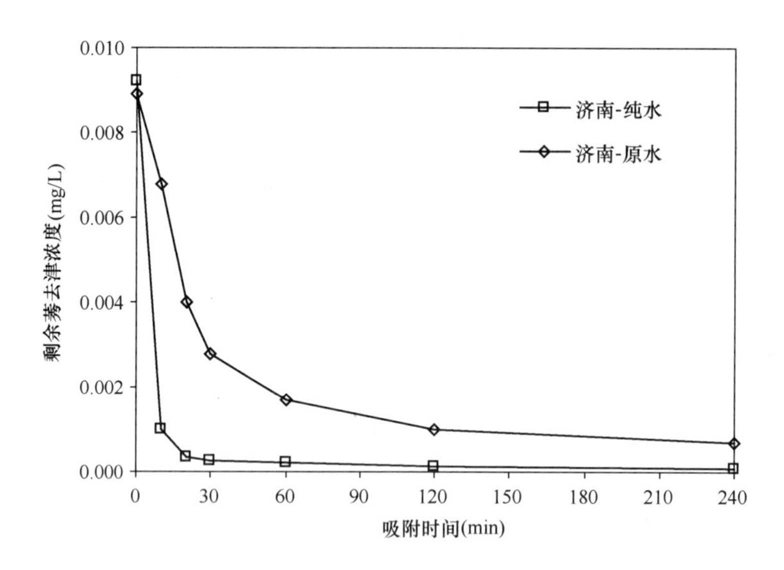
</td></tr>
<tr><td colspan="5">备　注</td></tr>
<tr><td colspan="5">1. 本组纯水试验条件下，粉末活性炭对莠去津的吸附基本达到平衡的时间为30min以上。
2. 本组原水试验条件下，粉末活性炭对莠去津的吸附基本达到平衡的时间为120min以上。</td></tr>
</table>

1.81.2 不同水质条件下粉末活性炭对莠去津的吸附容量

<table>
<tr><td>试验名称</td><td colspan="4">不同水质条件下粉末活性炭对 莠去津 的吸附容量</td></tr>
<tr><td rowspan="2">相关水质标准
(mg/L)</td><td>国家标准</td><td>0.002</td><td>住房和城乡建设部行标</td><td>0.002</td></tr>
<tr><td>地表水标准</td><td>0.003</td><td></td><td></td></tr>
<tr><td colspan="5">试验条件</td></tr>
<tr><td rowspan="2">济南</td><td colspan="4">纯水：莠去津浓度0.02mg/L；试验水温27℃；吸附时间120min。</td></tr>
<tr><td colspan="4">原水：莠去津浓度0.02mg/L；试验水温26℃；COD_{Mn} 2.9mg/L；TOC 4.5mg/L；pH 值8.32；浊度0.7NTU；碱度144mg/L；硬度269mg/L；吸附时间120min。</td></tr>
<tr><td colspan="5">试验结果</td></tr>
</table>

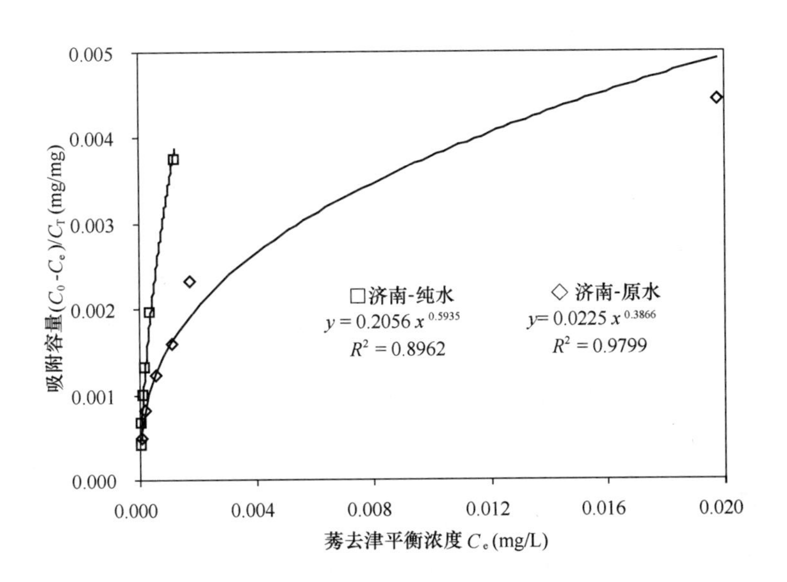

备　注
1. 粉末活性炭对莠去津的吸附容量可以用Freundrich吸附等温线来描述。
2. 原水条件下的吸附容量比纯水条件下有明显降低，可能是由于水中有机物的竞争吸附。
3. 试验中，平衡浓度统一设定为120min吸附时间的浓度。

2 应对金属和非金属离子污染物的化学沉淀技术

2.1 钡

混凝剂去除钡效果的影响

<table>
<tr><td>试验名称</td><td colspan="4">混凝剂去除__钡__效果的影响</td></tr>
<tr><td rowspan="2">相关水质标准
(mg/L)</td><td>国家标准</td><td>0.7</td><td>住房和城乡建设部行标</td><td>0.7</td></tr>
<tr><td>地表水标准</td><td>0.7</td><td></td><td></td></tr>
<tr><td colspan="5">试验条件</td></tr>
<tr><td rowspan="4">广州</td><td colspan="4">自来水：钡浓度3.331mg/L；混凝剂三氯化铁 5mg/L（以 Fe 计）；试验水温17.9℃；浊度0.04NTU；碱度44.69mg/L；硬度124mg/L；pH 值7.46；总溶解性固体137mg/L。</td></tr>
<tr><td colspan="4">自来水：钡浓度3.331mg/L；混凝剂聚合硫酸铁 5mg/L（以 Fe 计）；试验水温17.9℃；浊度0.04NTU；碱度44.69mg/L；硬度124mg/L；pH 值7.46；总溶解性固体137mg/L。</td></tr>
<tr><td colspan="4">自来水：钡浓度3.331mg/L；混凝剂聚合氯化铝 5mg/L（以 Al 计）；试验水温17.9℃；浊度0.04NTU；碱度44.69mg/L；硬度124mg/L；pH 值7.46；总溶解性固体137mg/L。</td></tr>
<tr><td colspan="4">自来水：钡浓度3.331mg/L；混凝剂硫酸铝 5mg/L（以 Al 计）；试验水温17.9℃；浊度0.04NTU；碱度44.69mg/L；硬度124mg/L；pH 值7.46；总溶解性固体137mg/L。</td></tr>
<tr><td colspan="5">试验结果</td></tr>
<tr><td colspan="5">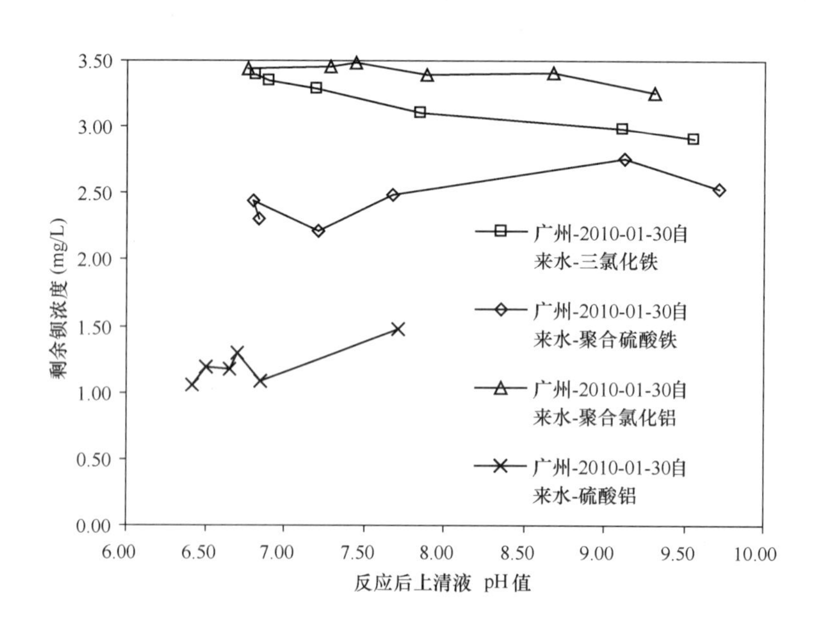
</td></tr>
<tr><td colspan="5">备　注</td></tr>
<tr><td colspan="5">1. 除钡的机理是投加硫酸盐，使钡离子与水中的硫酸根生成硫酸钡沉淀，$BaSO_4$的溶度积常数为 1.1×10^{-10}，与溶解的 Ba^{2+}浓度 0.7mg/L 相平衡的 SO_4^{2-}浓度仅为 2mg/L。
2. 试验表明处理后不能达标，估计是形成的硫酸钡沉淀与絮体不吸附，不容易沉淀。</td></tr>
</table>

2.2 钒

2.2.1 pH值对混凝剂去除钒效果的影响

<table>
<tr><td>试验名称</td><td colspan="5">pH 对混凝剂去除__钒__效果的影响</td></tr>
<tr><td rowspan="2">相关水质标准
(mg/L)</td><td>国家标准</td><td>0.05</td><td>住房和城乡建设部行标</td><td>0.05</td></tr>
<tr><td>地表水标准</td><td>0.05</td><td></td><td></td></tr>
<tr><td colspan="6">试验条件</td></tr>
<tr><td rowspan="2">东莞</td><td colspan="5">第三水厂自来水：钒浓度0.2290mg/L；混凝剂三氯化铁 5mg/L（以 Fe 计）；试验水温25.9℃；浊度0.10NTU；碱度19.68mg/L；硬度37mg/L；pH 值6.46；总溶解性固体94.0mg/L。</td></tr>
<tr><td colspan="5">自来水：钒浓度0.2270mg/L；混凝剂聚合氯化铝 5mg/L（以 Al 计）；试验水温27.2℃；浊度0.18NTU；碱度22.70mg/L；硬度35.0mg/L；pH 值6.60；总溶解性固体99.5mg/L。</td></tr>
<tr><td rowspan="2">哈尔滨</td><td colspan="5">滤后水：钒浓度0.230mg/L；混凝剂聚合硫酸铁 5mg/L（以 Fe 计）；试验水温20.40℃；浊度0.46NTU；碱度42.00mg/L；硬度62mg/L；pH 值7.10；总溶解性固体115mg/L。</td></tr>
<tr><td colspan="5">滤后水：钒浓度0.250mg/L；混凝剂聚合硫酸铁 5mg/L（以 Fe 计）；试验水温24.00℃；浊度0.48NTU；碱度40.00mg/L；硬度64mg/L；pH 值7.00；总溶解性固体120mg/L。</td></tr>
<tr><td colspan="6">试验结果</td></tr>
<tr><td colspan="6">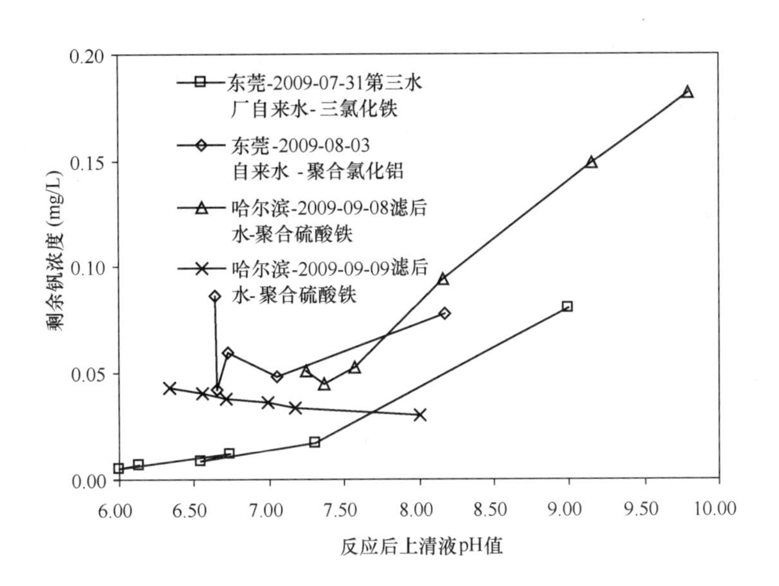</td></tr>
<tr><td colspan="6">备　注</td></tr>
<tr><td colspan="6">1. 低 pH 值条件下可有效除钒。控制反应后 pH 值小于 8，可以有效控制钒污染物。
2. 除钒的机理是钒（V）一般以偏钒酸形式存在，具有两性特征，在低 pH 值时可以随混凝剂矾花共沉淀而去除，高 pH 值条件下会因水解而溶解。</td></tr>
</table>

2.2.2 碱性化学沉淀法对钒的最大应对能力测试

<table>
<tr><td>试验名称</td><td colspan="4">碱性化学沉淀法对__钒__的最大应对能力测试</td></tr>
<tr><td rowspan="2">相关水质标准
(mg/L)</td><td>国家标准</td><td>0.05</td><td>住房和城乡建设部行标</td><td>0.05</td></tr>
<tr><td>地表水标准</td><td>0.05</td><td></td><td></td></tr>
<tr><td colspan="5">试验条件</td></tr>
<tr><td rowspan="2">东莞</td><td colspan="4">第三水厂原水：混凝剂种类和剂量三氯化铁 5mg/L；试验水温25.5℃；浊度0.16NTU；碱度28.0mg/L；硬度44.0mg/L；pH 值6.00；调整 pH 值9.80。</td></tr>
<tr><td colspan="4">第三水厂原水：混凝剂种类和剂量聚合氯化铝 5mg/L；试验水温25.5℃；浊度0.16NTU；碱度28.0mg/L；硬度44.0mg/L；pH 值6.60；调整 pH 值9.00。</td></tr>
<tr><td colspan="5">试验结果</td></tr>
<tr><td colspan="5">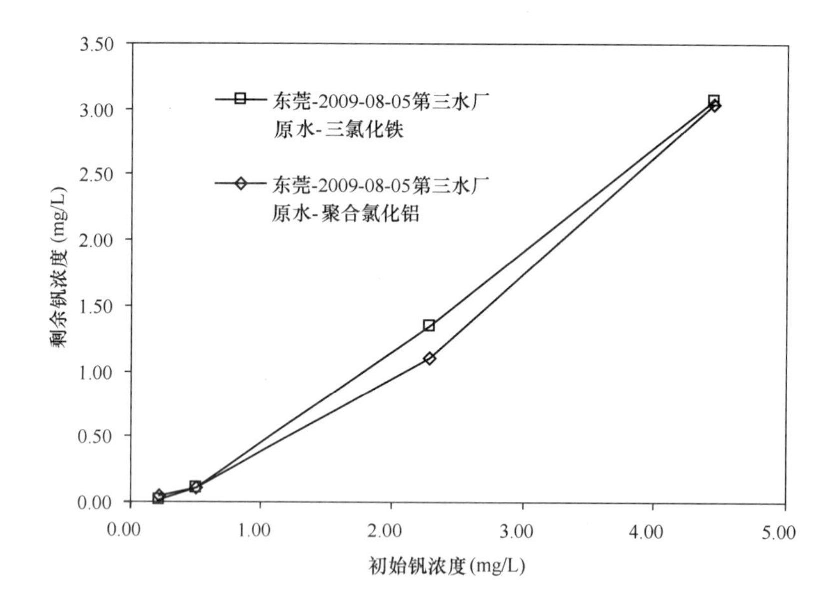
</td></tr>
<tr><td colspan="5">备　　注</td></tr>
<tr><td colspan="5">投加三氯化铁或聚合氯化铝 5mg/L（以 Fe 或 Al 计），可应对最大超标 5 倍。</td></tr>
</table>

2.3 镉

2.3.1 pH值对混凝剂去除镉效果的影响

<table>
<tr><td>试验名称</td><td colspan="4">pH 对混凝剂去除 镉 效果的影响</td></tr>
<tr><td rowspan="2">相关水质标准
(mg/L)</td><td>国家标准</td><td>0.005</td><td>住房和城乡建设部行标</td><td>0.003</td></tr>
<tr><td>地表水标准</td><td>0.005</td><td></td><td></td></tr>
<tr><td colspan="5">试验条件</td></tr>
<tr><td rowspan="4">广州</td><td colspan="4">自来水：镉浓度0.016mg/L；混凝剂聚合硫酸铁 5mg/L（以 Fe 计）；；试验水温17.70℃；浊度0.05NTU；碱度44.75mg/L；硬度123mg/L；pH 值7.53；总溶解性固体137mg/L。</td></tr>
<tr><td colspan="4">自来水：镉浓度0.016mg/L；混凝剂种类聚合硫酸铝 5mg/L（以 Al 计）；试验水温17.70℃；浊度0.05NTU；碱度44.75mg/L；硬度123mg/L；pH 值7.53；总溶解性固体137mg/L。</td></tr>
<tr><td colspan="4">自来水：镉浓度0.016mg/L；混凝剂三氯化铁 5mg/L（以 Fe 计）；试验水温17.70℃；浊度0.05NTU；碱度44.75mg/L；硬度123mg/L；pH 值7.53；总溶解性固体137mg/L。</td></tr>
<tr><td colspan="4">自来水：镉浓度0.016mg/L；混凝剂聚合氯化铝 5mg/L（以 Al 计）；试验水温17.70℃；浊度0.05NTU；碱度44.75mg/L；硬度123mg/L；pH 值7.53；总溶解性固体137mg/L。</td></tr>
<tr><td rowspan="2">天津</td><td colspan="4">自来水：镉浓度0.023mg/L；混凝剂三氯化铁 5mg/L（以 Fe 计）；试验水温27.0℃；浊度0.19NTU；碱度99mg/L；硬度193mg/L；pH 值7.57；总溶解性固体336mg/L。</td></tr>
<tr><td colspan="4">自来水：镉浓度0.0253mg/L；混凝剂聚合氯化铝 5mg/L（以 Al 计）；试验水温27.8℃；浊度0.21NTU；碱度95mg/L；硬度184mg/L；pH 值7.62；总溶解性固体336mg/L。</td></tr>
<tr><td colspan="5">试验结果</td></tr>
<tr><td colspan="5">剩余镉浓度 (mg/L)
0.030 0.025 0.020 0.015 0.010 0.005 0.000
6.00 6.50 7.00 7.50 8.00 8.50 9.00 9.50 10.00
反应后上清液 pH 值
广州-2010-01-30自来水-聚合硫酸铁
广州-2010-01-30自来水-聚合硫酸铝
广州-2010-01-30自来水-三氯化铁
广州-2010-01-30自来水-聚合氯化铝
天津-2009-07-21自来水-三氯化铁
天津-2009-07-22自来水-聚合氯化铝</td></tr>
<tr><td colspan="5">备　注</td></tr>
<tr><td colspan="5">1. 碱性化学沉淀法除镉有效，控制反应后 pH 值大于 8.5，采用三氯化铁、聚合氯化铝、聚合硫酸铁混凝剂都可以有效去除镉污染物；铝盐在 pH 值大于 9 时因水解而不宜采用。
2. 除镉的机理是调节 pH 值，使镉离子与水中的碳酸根、氢氧根生成难溶于水的碳酸镉、氢氧化镉，随混凝剂矾花共沉淀而被去除。</td></tr>
</table>

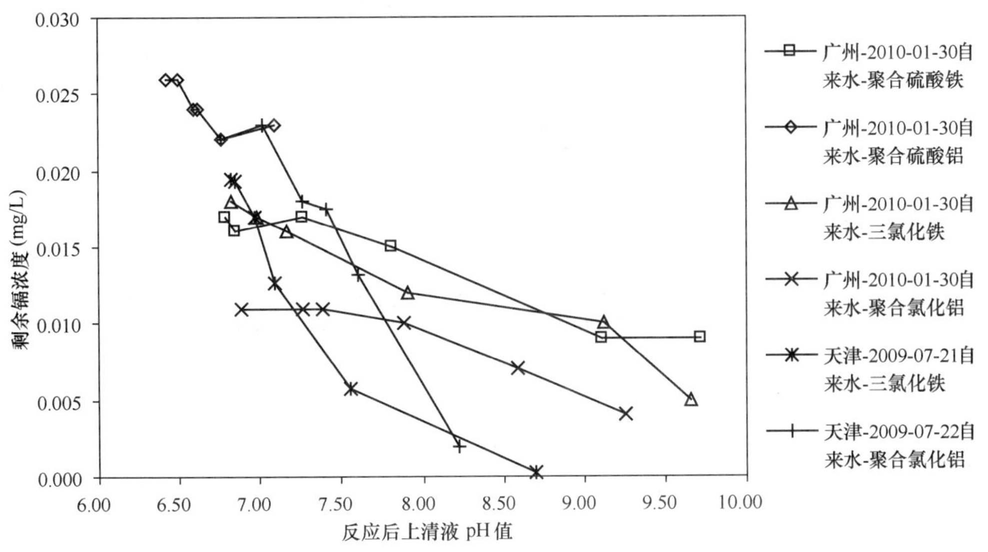

2.3.2 碱性化学沉淀法对镉的最大应对能力测试

<table>
<tr><td>试验名称</td><td colspan="4">碱性化学沉淀法对__镉__的最大应对能力测试</td></tr>
<tr><td rowspan="2">相关水质标准
(mg/L)</td><td>国家标准</td><td>0.005</td><td>住房和城乡建设部行标</td><td>0.003</td></tr>
<tr><td>地表水标准</td><td>0.005</td><td></td><td></td></tr>
<tr><td colspan="5">试验条件</td></tr>
<tr><td>天津</td><td colspan="4">原水：混凝剂种类三氯化铁 5mg/L（以 Fe 计）；试验水温27.2℃；浊度0.15NTU；碱度84mg/L；硬度181mg/L；pH 值10.00；总溶解性固体370mg/L；调整 pH 值9.3。</td></tr>
<tr><td colspan="5">试验结果</td></tr>
<tr><td colspan="5">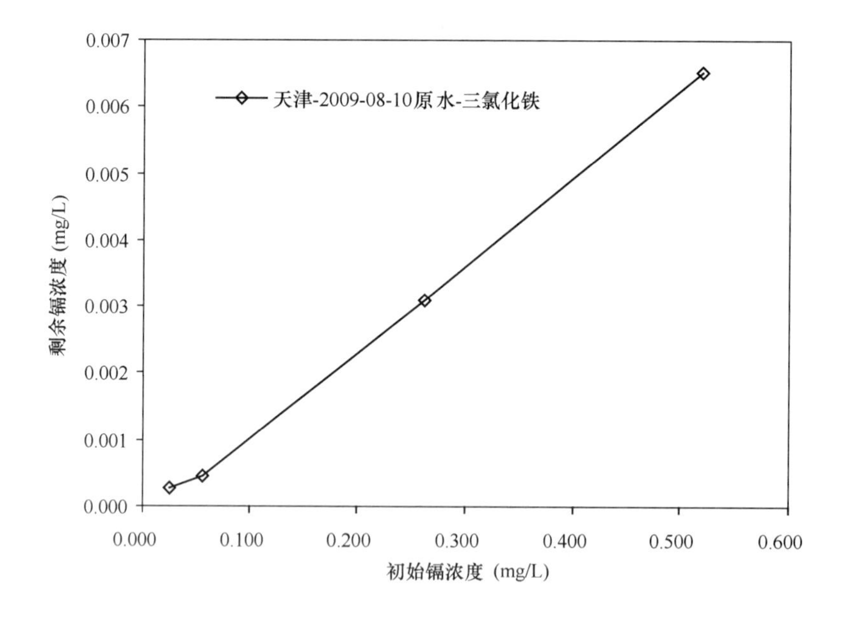</td></tr>
<tr><td colspan="5">备　　注</td></tr>
<tr><td colspan="5">预调 pH 值 10、反应后 pH 值 9.3 的情况下，采用铁盐混凝剂5mg/L（以 Fe 计）可应对最大超标倍数 50 倍。</td></tr>
</table>

2.3.3 硫化物沉淀法对去除镉的去除效果和最大应对能力测试

<table>
<tr><td colspan="2">试验名称</td><td colspan="4">硫化物沉淀法对去除__镉__的去除效果和最大应对能力测试</td></tr>
<tr><td colspan="2" rowspan="2">相关水质标准
(mg/L)</td><td>国家标准</td><td>0.005</td><td>住房和城乡建设部行标</td><td>0.003</td></tr>
<tr><td>地表水标准</td><td>0.005</td><td></td><td></td></tr>
<tr><td colspan="6">试验条件</td></tr>
<tr><td>天津</td><td colspan="5">自来水：镉浓度0.02752mg/L（5倍国标限值）；试验水温26.7℃；混凝剂种类聚合氯化铝；浊度0.16NTU；碱度86mg/L；硬度173mg/L；pH值7.53；总溶解性固体370mg/L。</td></tr>
<tr><td>广州</td><td colspan="5">自来水：混凝剂种类聚合氯化铝；试验水温20.90℃；浊度0.05NTU；碱度44.72mg/L；硬度125mg/L；pH值7.50；总溶解性固体135mg/L；硫化物0.2mg/L。</td></tr>
<tr><td colspan="6">试验结果</td></tr>
<tr><td colspan="6">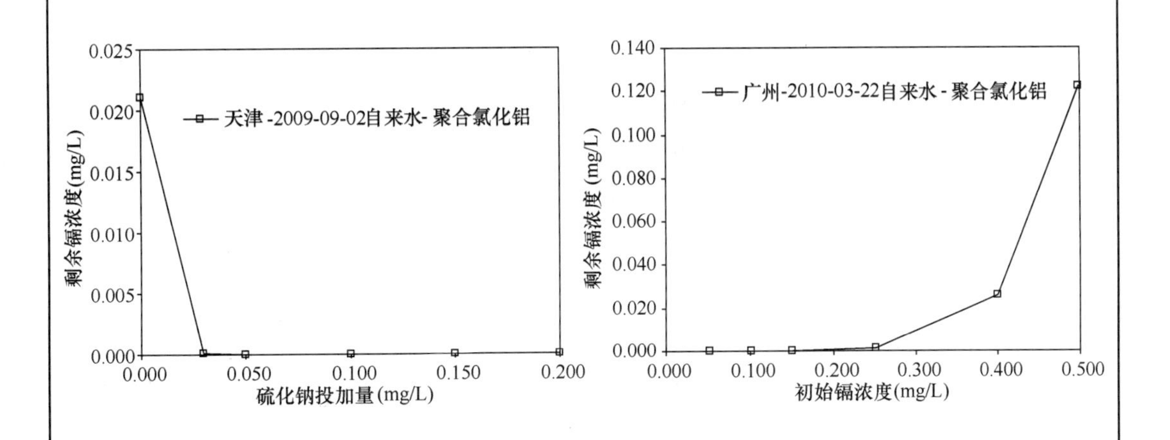
</td></tr>
<tr><td colspan="6">备　注</td></tr>
<tr><td colspan="6">1. 从左图可以看出，镉浓度5倍原水，投加0.03mg/L硫化物处理后可达标。硫化物沉淀法除镉有效。
2. 从右图可以看出，投加硫化物0.2mg/L可使镉0.24mg/L水样处理后达标，不过按照生成CdS时的1∶1摩尔比计算应该可以去除0.7mg/L，偏小的原因估计是投加的硫化物因被溶解氧氧化而有损失。</td></tr>
</table>

2.4 铬(六价)

2.4.1 pH值和混凝剂投加量对混凝剂去除铬(六价)效果的影响

试验名称	pH值和混凝剂投加量对混凝剂去除 铬(六价) 效果的影响			
相关水质标准(mg/L)	国家标准	0.05	住房和城乡建设部行标	0.05
	地表水标准	0.05(Ⅱ类)		
试验条件				
广州	自来水:铬(六价)浓度0.254mg/L;混凝剂种类硫酸亚铁;试验水温25.00℃;浊度0.15NTU;碱度54.35mg/L;硬度138mg/L;pH值7.30;总溶解性固体126mg/L。			
广州	自来水:铬(六价)浓度0.254mg/L;混凝剂种类硫酸亚铁;试验水温25.00℃;浊度0.15NTU;碱度54.35mg/L;硬度138mg/L;pH值7.30;总溶解性固体126mg/L。			
天津	自来水:铬(六价)浓度0.267mg/L;混凝剂种类硫酸亚铁;试验水温10.6℃;浊度0.26NTU;碱度154mg/L;硬度278mg/L;pH值7.65;总溶解性固体648mg/L。			
试验结果				

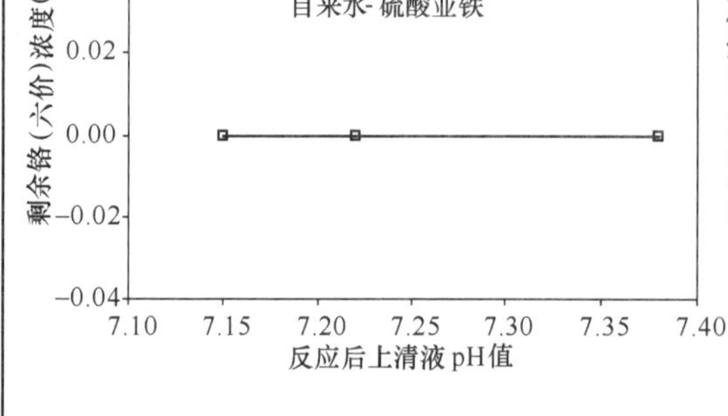

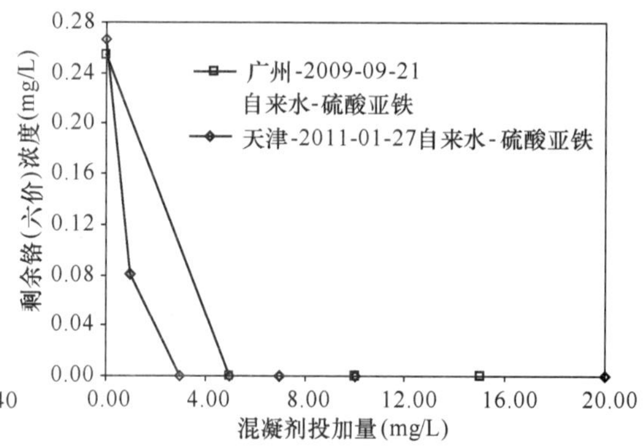

备 注

1. 在常规pH值条件下,硫酸亚铁和铬(六价)的反应都可以正常进行,无须预先调节pH值。
2. 采用硫酸亚铁混凝剂可以有效去除铬(六价)污染物,除铬(六价)的机理是用亚铁离子将六价铬还原为三价,而后生成不溶的$Cr(OH)_3$,与铁盐形成的矾花共沉淀。
3. 铬(六价)与亚铁反应的摩尔比是1∶3,确定亚铁投加量应超过这一比例。

2.5 汞

2.5.1 pH值对混凝剂去除汞效果的影响

<table>
<tr><td colspan="2">试验名称</td><td colspan="4">pH 值对混凝剂去除__汞__效果的影响</td></tr>
<tr><td colspan="2" rowspan="2">相关水质标准
(mg/L)</td><td>国家标准</td><td>0.001</td><td>住房和城乡建设部行标</td><td></td></tr>
<tr><td>地表水标准</td><td></td><td></td><td></td></tr>
<tr><td colspan="6">试验条件</td></tr>
<tr><td rowspan="4">成都</td><td colspan="5">滤后水：汞浓度0.0052mg/L；混凝剂种类三氯化铁；试验水温20.0℃；浊度0.76NTU；碱度121mg/L；硬度116mg/L；pH 值7.66；总溶解性固体158mg/L。</td></tr>
<tr><td colspan="5">滤后水：汞浓度0.0051mg/L；混凝剂种类聚合硫酸铁；投加量5mg/L（以 Fe 计）；试验水温21.0℃；浊度0.64NTU；碱度114mg/L；硬度119mg/L；pH 值7.82；总溶解性固体174mg/L。</td></tr>
<tr><td colspan="5">滤后水：汞浓度0.0054mg/L；混凝剂种类聚合氯化铝；试验水温21.0℃；浊度0.28NTU；碱度128mg/L；硬度134mg/L；pH 值7.78；总溶解性固体153mg/L。</td></tr>
<tr><td colspan="5">滤后水：汞浓度0.0053mg/L；混凝剂种类聚合硫酸铝；试验水温21.0℃；浊度0.20NTU；碱度111mg/L；硬度128mg/L；pH 值7.89；总溶解性固体162mg/L。</td></tr>
<tr><td>上海</td><td colspan="5">滤后水：汞浓度0.004mg/L；混凝剂种类聚合硫酸铝；试验水温15℃；浊度0.75NTU；碱度60.3mg/L；硬度139mg/L；pH 值6.87；总溶解性固体418mg/L。</td></tr>
<tr><td colspan="6">试验结果</td></tr>
<tr><td colspan="6">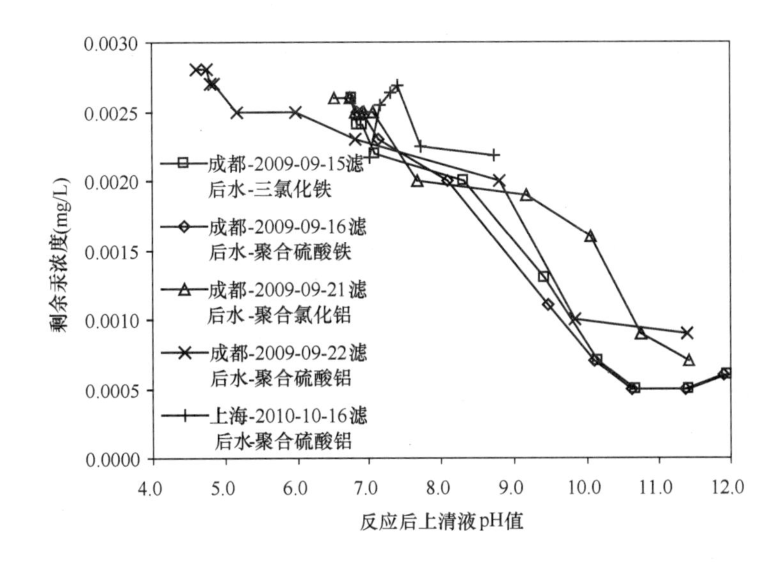
</td></tr>
<tr><td colspan="6">备　注</td></tr>
<tr><td colspan="6">1. 碱性化学沉淀法除汞有效，控制反应后 pH 值大于 9.5，采用聚合硫酸铁、三氯化铁混凝剂都可以有效去除汞污染物。铝盐混凝剂在高 pH 值条件下容易水解，不适用。
2. 除汞的机理是汞在高 pH 值时可以生成难溶于水的氢氧化汞，随混凝剂矾花共沉淀而被去除。</td></tr>
</table>

2.5.2 碱性化学沉淀法除汞的最大应对能力测试

试验名称	碱性化学沉淀法除汞的最大应对能力测试			
相关水质标准(mg/L)	国家标准	0.001	住房和城乡建设部行标	
	地表水标准			
试验条件				
成都	滤后水：混凝剂种类三氯化铁；投加量5mg/L；试验水温20.0℃；浊度0.46NTU；碱度122mg/L；硬度130mg/L；pH值7.71；总溶解性固体156mg/L；调整pH值10.50。			
	滤后水：混凝剂种类聚合氯化铝；投加量5mg/L；试验水温20.0℃；浊度0.46NTU；碱度122mg/L；硬度130mg/L；pH值7.71；总溶解性固体156mg/L；调整pH值11.00。			
	滤后水：混凝剂种类聚合硫酸铁；投加量5mg/L；试验水温20.0℃；浊度0.46NTU；碱度122mg/L；硬度130mg/L；pH值7.71；总溶解性固体156mg/L；调整pH值10.50。			
	滤后水：混凝剂种类聚合硫酸铝；投加量5mg/L；试验水温20.0℃；浊度0.46NTU；碱度122mg/L；硬度130mg/L；pH值7.71；总溶解性固体156mg/L；调整pH值11.50。			
上海	自来水：混凝剂种类聚合硫酸铁；投加量5mg/L；试验水温15℃；浊度0.75NTU；碱度60.3mg/L；硬度139mg/L；pH值6.87；总溶解性固体418mg/L；调整pH值10.00。			
	自来水：混凝剂种类聚合硫酸铝；投加量1mg/L；试验水温15℃；浊度0.75NTU；碱度60.3mg/L；硬度139mg/L；pH值6.87；总溶解性固体418mg/L；调整pH值9.50。			
试验结果				
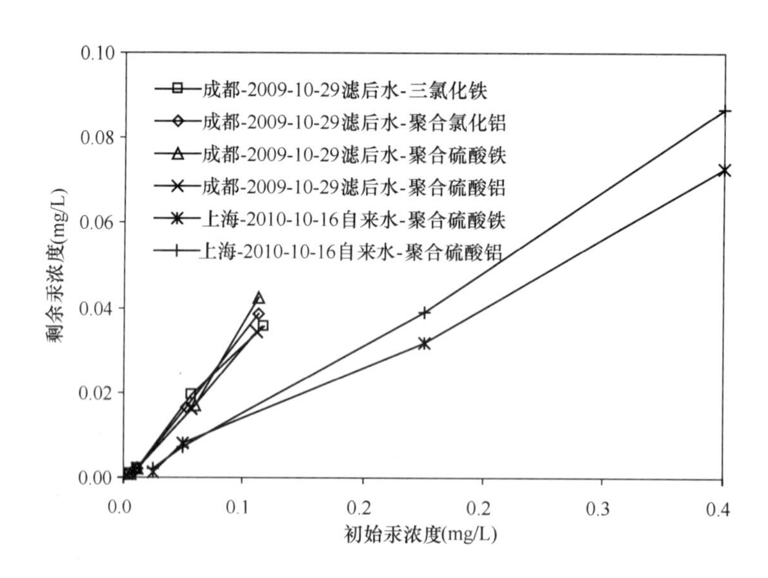				
备注				
在调节pH值>10.00的条件下，投加铁盐混凝剂5mg/L（以Fe计），汞的可应对最大浓度为0.005mg/L，可应对最大超标倍数4倍。				

2.5.3 硫化物沉淀法对汞的去除效果

试验名称	硫化物沉淀法对 汞 的去除效果			
相关水质标准(mg/L)	国家标准	0.001	住房和城乡建设部行标	
	地表水标准			
试验条件				
成都	滤后水：汞浓度0.0032mg/L；混凝剂聚合氯化铝 5mg/L；试验水温19.0℃；浊度0.61NTU；碱度126mg/L；硬度136mg/L；pH 值7.75；总溶解性固体148mg/L。			
上海	自来水：汞浓度0.00542mg/L；混凝剂种类聚合硫酸铝 5mg/L；试验水温15℃；浊度0.85NTU；碱度62.5mg/L；硬度143.0mg/L；pH 值6.89；总溶解性固体429mg/L。			
成都	滤后水：混凝剂种类聚合氯化铝 5mg/L；试验水温19.0℃；硫化物0.20mg/L；浊度0.61NTU；碱度126mg/L；硬度136mg/L；pH 值7.75；总溶解性固体148mg/L。			
上海	自来水：混凝剂种类聚合氯化铝或聚合硫酸铝 5mg/L；试验水温15℃；硫化物0.2mg/L；加氯量1mg/L，氧化 30min；浊度0.85NTU；碱度62.5mg/L；硬度143.0mg/L；pH 值6.89；总溶解性固体429mg/L。			
试验结果				

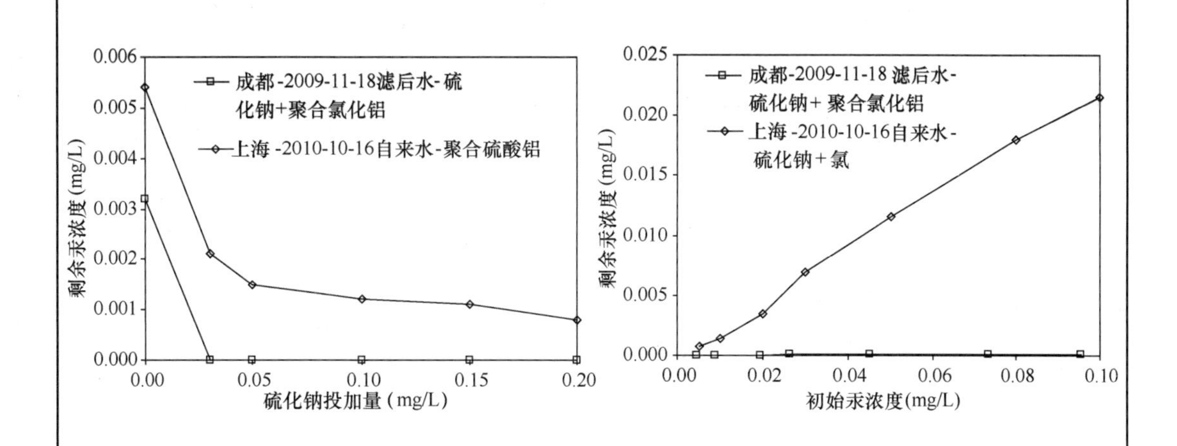

备　注

1. 硫化物沉淀法除汞有效，原理是生成难溶的硫化汞，并与矾花形成共沉淀去除。

2. 从数据中可以看出，投加硫化物 0.2mg/L 可使汞 0.1mg/L 的水样处理后达标。不过按照生成 HgS 的 1∶1 摩尔比计算应该可以去除 1.25mg/L，偏小的原因估计是投加的硫化物因被溶解氧氧化而有损失。

2.6 钴

2.6.1 pH值对混凝剂去除钴效果的影响

<table>
<tr><td>试验名称</td><td colspan="4">pH值对混凝剂去除 钴 效果的影响</td></tr>
<tr><td rowspan="2">相关水质标准(mg/L)</td><td>国家标准</td><td>1.0</td><td>住房和城乡建设部行标</td><td></td></tr>
<tr><td>地表水标准</td><td></td><td></td><td></td></tr>
<tr><td colspan="5">试验条件</td></tr>
<tr><td rowspan="2">东莞</td><td colspan="4">第三水厂自来水：钴浓度5.783mg/L；混凝剂三氯化铁 5mg/L（以Fe计）；投加量5.00mg/L（以Fe计）；试验水温27.1℃；浊度0.15NTU；碱度28.25mg/L；硬度50.05mg/L；pH值6.89；总溶解性固体111.5mg/L。</td></tr>
<tr><td colspan="4">第三水厂自来水：钴浓度6.346mg/L；混凝剂聚合氯化铝 5mg/L（以Al计）；投加量5.00mg/L（以Al计）；试验水温26.8℃；浊度0.12NTU；碱度28.76mg/L；硬度46.05mg/L；pH值6.62；总溶解性固体104.5mg/L。</td></tr>
<tr><td rowspan="3">哈尔滨</td><td colspan="4">第三水厂原水：钴浓度4.894mg/L；混凝剂聚合硫酸铁 5mg/L（以Fe计）；试验水温15.50℃；浊度0.75NTU；碱度40.00mg/L；硬度64mg/L；pH值7.30；总溶解性固体112mg/L。</td></tr>
<tr><td colspan="4">自来水：钴浓度4.616mg/L；混凝剂聚合硫酸铝 5mg/L（以Al计）；试验水温15.00℃；浊度0.42NTU；碱度42.00mg/L；硬度62mg/L；pH值7.10；总溶解性固体110mg/L。</td></tr>
<tr><td colspan="4">滤后水：钴浓度4.838mg/L；混凝剂种类聚合硫酸铝（以Al计）；试验水温14.00℃；浊度0.32NTU；碱度42.00mg/L；硬度62mg/L；pH值7.00；总溶解性固体115mg/L。</td></tr>
<tr><td colspan="5">试验结果</td></tr>
<tr><td colspan="5">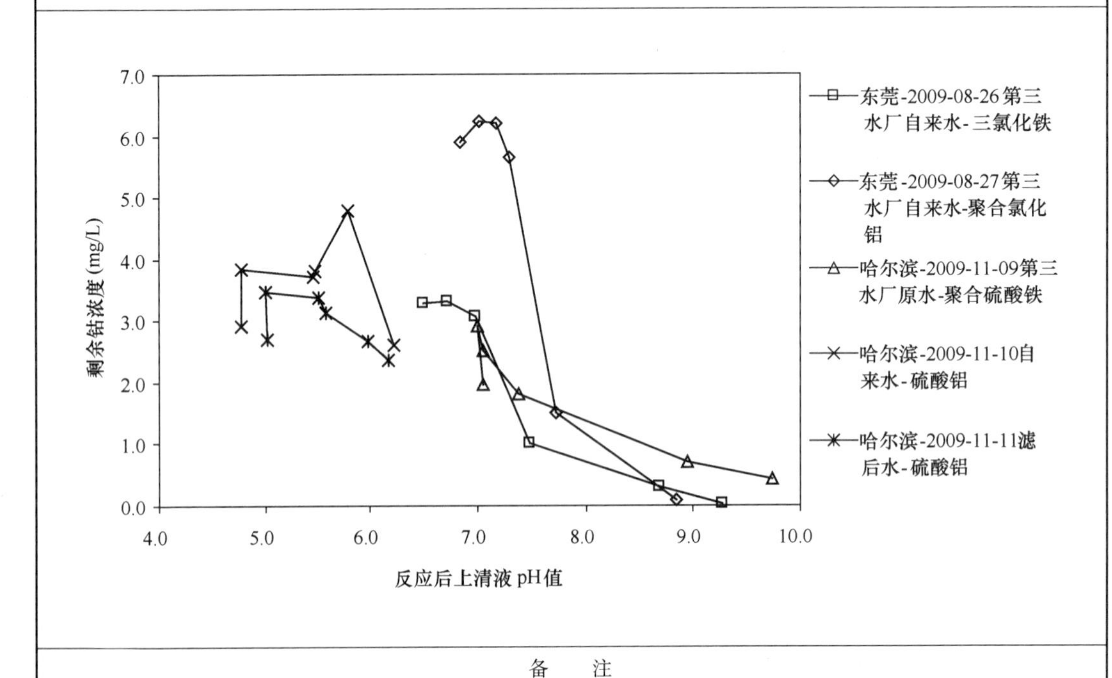
</td></tr>
<tr><td colspan="5">备　注</td></tr>
<tr><td colspan="5">1. 碱性化学沉淀法去除钴有效，控制反应后pH值大于8，采用聚合硫酸铁、三氯化铁、聚合氯化铝混凝剂5mg/L都可以有效除钴。
2. 反应机理是钴在高pH值时可以生成难溶于水的氢氧化钴、碳酸钴，随混凝剂矾花共沉淀而被去除。</td></tr>
</table>

2.6.2 碱性化学沉淀法除钴的最大应对能力测试

<table>
<tr><td>试验名称</td><td colspan="5">碱性化学沉淀法除<u>钴</u>的最大应对能力测试</td></tr>
<tr><td colspan="2" rowspan="2">相关水质标准
(mg/L)</td><td>国家标准</td><td>1.0</td><td>住房和城乡建设部行标</td><td></td></tr>
<tr><td>地表水标准</td><td></td><td></td><td></td></tr>
<tr><td colspan="6">试验条件</td></tr>
<tr><td>东莞</td><td colspan="5">第三水厂原水：混凝剂种类<u>三氯化铁</u>；投加量<u>5</u> mg/L（以 Fe 计）；试验水温<u>27.4</u>℃；浊度<u>0.14</u>NTU；碱度<u>23.71</u>mg/L；硬度<u>44.04</u>mg/L；pH 值<u>6.71</u>；总溶解性固体<u>120.0</u>mg/L；调整 pH 值<u>9.75</u>。</td></tr>
<tr><td rowspan="2">哈尔滨</td><td colspan="5">滤后水：混凝剂种类<u>聚合硫酸铁</u>；投加量<u>10</u>mg/L；试验水温<u>14.00</u>℃；浊度<u>0.48</u>NTU；碱度<u>40.00</u>mg/L；硬度<u>64</u>mg/L；pH 值<u>7.10</u>；总溶解性固体<u>112</u>mg/L；调整 pH 值<u>9.50</u>。</td></tr>
<tr><td colspan="5">滤后水：混凝剂种类<u>聚合硫酸铝</u>；投加量<u>10</u>mg/L；试验水温<u>14.00</u>℃；浊度<u>0.48</u>NTU；碱度<u>40.00</u>mg/L；硬度<u>64</u>mg/L；pH 值<u>7.10</u>；总溶解性固体<u>112</u>mg/L；调整 pH 值<u>10.00</u>。</td></tr>
<tr><td colspan="6">试验结果</td></tr>
<tr><td colspan="6">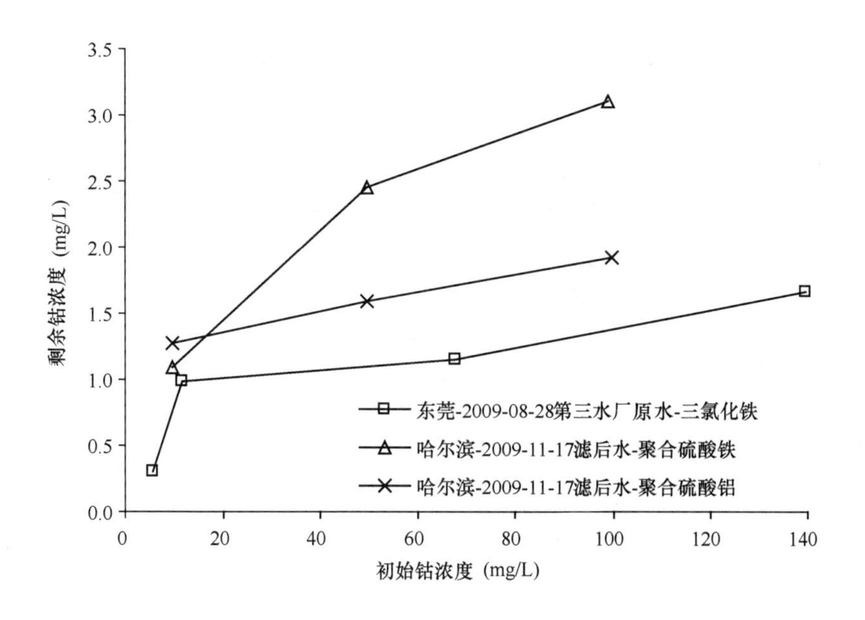
</td></tr>
<tr><td colspan="6">备 注</td></tr>
<tr><td colspan="6">1. 在调节 pH 值为 9.5 的条件下，可以有效除钴。
2. pH 值大于 9.5，混凝剂铁盐 5mg/L 或铝盐 10mg/L，可应对最大浓度的为 10mg/L，可应对最大超标倍数 9 倍。</td></tr>
</table>

2.7 钼

2.7.1 pH值对混凝剂去除钼效果的影响

<table>
<tr><td>试验名称</td><td colspan="4">pH值对混凝剂去除__钼__效果的影响</td></tr>
<tr><td rowspan="2">相关水质标准
(mg/L)</td><td>国家标准</td><td>0.07</td><td>住房和城乡建设部行标</td><td>0.07</td></tr>
<tr><td>地表水标准</td><td>0.07</td><td></td><td></td></tr>
<tr><td colspan="5">试验条件</td></tr>
<tr><td rowspan="2">东莞</td><td colspan="4">第三水厂自来水：钼浓度0.3520mg/L；混凝剂三氯化铁5mg/L（以Fe计）；投加量5.00mg/L（以Fe计）；试验水温25.6℃；浊度0.14NTU；碱度28.50mg/L；硬度46.0mg/L；pH值6.71；总溶解性固体252.5mg/L。</td></tr>
<tr><td colspan="4">第三水厂自来水：钼浓度0.3850mg/L；混凝剂聚合氯化铝（以Al计）；投加量5.00mg/L（以Al计）；试验水温26.5℃；浊度0.13NTU；碱度23.77mg/L；硬度40.04mg/L；总溶解性固体109.0mg/L。</td></tr>
<tr><td rowspan="3">天津</td><td colspan="4">自来水：钼浓度0.36mg/L；混凝剂三氯化铁5mg/L；试验水温15.5℃；浊度0.20NTU；碱度138mg/L；硬度255mg/L；pH值7.86；总溶解性固体396mg/L。</td></tr>
<tr><td colspan="4">自来水：钼浓度0.3375mg/L；混凝剂三氯化铁15mg/L（以Fe计）；试验水温15.5℃；浊度0.22NTU；碱度138mg/L；硬度225mg/L；pH值7.72；总溶解性固体394mg/L。</td></tr>
<tr><td colspan="4">自来水：钼浓度0.3469mg/L；混凝剂聚合氯化铝5mg/L（以Al计）；试验水温16.0℃；浊度0.19NTU；碱度136mg/L；硬度227mg/L；pH值7.66；总溶解性固体394mg/L。</td></tr>
<tr><td colspan="5">试验结果</td></tr>
<tr><td colspan="5"> 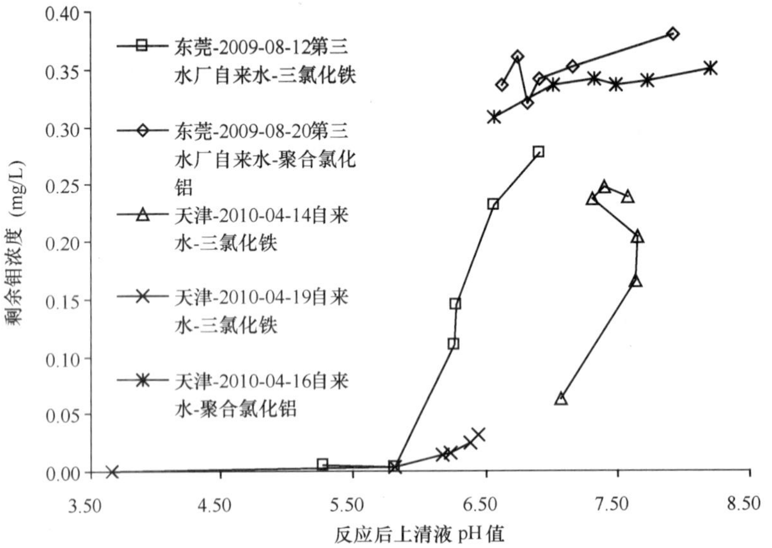</td></tr>
<tr><td colspan="5">备　注</td></tr>
<tr><td colspan="5">1. 弱酸性条件下可有效除钼，控制反应后pH值小于6.0，采用聚合硫酸铁、三氯化铁等铁盐混凝剂5mg/L（以Fe计）都可以有效除钼。
2. 反应机理是钼在水中通常以钼酸根MoO_4^{2-}形式存在，可以被铁盐混凝剂生成氢氧化铁矾花吸附去除，铝盐不能与钼酸盐结合因而不能除钼。</td></tr>
</table>

2.7.2 混凝剂投加量对去除钼效果的影响和最大应对能力测试

试验名称	凝剂投加量对去除__钼__效果的影响和最大应对能力测试			
相关水质标准(mg/L)	国家标准	0.07	住房和城乡建设部行标	0.07
	地表水标准	0.07		
试验条件				
天津	自来水：钼浓度0.64mg/L；混凝剂三氯化铁 5mg/L（以 Fe 计）；试验水温15.5℃；浊度0.22NTU；碱度122mg/L；硬度207mg/L；pH 值7.56；总溶解性固体396mg/L。调 pH 值反应后 pH=6.0。			
东莞	第三水厂原水：混凝剂三氯化铁 5.00mg/L（以 Fe 计）；试验水温26.8℃；浊度0.25NTU；碱度22.77mg/L；硬度45.05mg/L；总溶解性固体101.0mg/L；调整 pH=7.00，反应后 pH=6.0～6.15。			
天津	自来水：混凝剂三氯化铁 5～15mg/L（以 Fe 计）；试验水温25.2℃；浊度0.36NTU；碱度114mg/L；硬度197mg/L；pH 值7.82；总溶解性固体378mg/L；调整 pH 值7.50，反应后 pH 值分别为 6.56，6.12 和 5.69。			
试验结果				

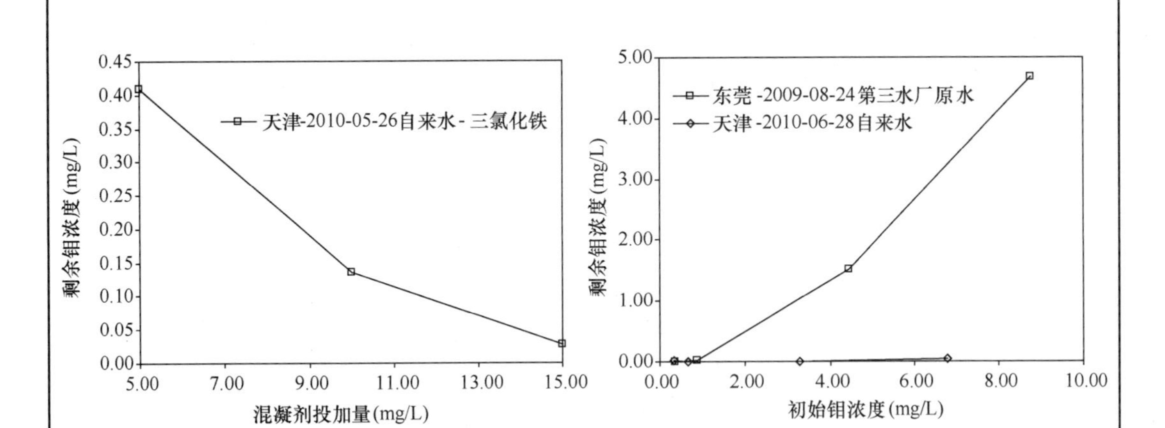

备 注

1. 从左图可以看出，增加混凝剂的投加量有助于去除钼污染物。

2. 从右图可以看出，投加较高剂量的铁盐混凝剂（15mg/L），对初始钼浓度为 7mg/L 以内的情况可以处理达标。而较低剂量的铁盐混凝剂（5mg/L）只能应对初始钼浓度为 1mg/L 以内的情况。

2.8 镍

2.8.1 pH值对混凝剂去除镍效果的影响

试验名称	pH值对混凝剂去除镍效果的影响			
相关水质标准(mg/L)	国家标准	0.02	住房和城乡建设部行标	0.02
	地表水标准	0.02		
试验条件				
广州	自来水：镍浓度0.103mg/L；混凝剂种类三氯化铁；试验水温17.40℃；浊度0.05NTU；碱度43.99mg/L；硬度126mg/L；pH值7.50；总溶解性固体137mg/L。			
广州	自来水：镍浓度0.103mg/L；混凝剂种类聚合硫酸铁；试验水温17.40℃；浊度0.05NTU；碱度43.99mg/L；硬度126mg/L；pH值7.50；总溶解性固体137mg/L。			
广州	自来水：镍浓度0.103mg/L；混凝剂种类聚合氯化铝；试验水温17.40℃；浊度0.05NTU；碱度43.99mg/L；硬度126mg/L；pH值7.50；总溶解性固体136mg/L。			
广州	自来水：镍浓度0.103mg/L；混凝剂种类聚合硫酸铝；试验水温17.40℃；浊度0.05NTU；碱度43.99mg/L；硬度126mg/L；pH值7.50；总溶解性固体137mg/L。			
天津	自来水：镍浓度0.0965mg/L；混凝剂种类三氯化铁；试验水温27.20℃；浊度0.14NTU；碱度91.00mg/L；硬度187mg/L；pH值7.62；总溶解性固体336mg/L。			
天津	自来水：镍浓度0.1049mg/L；混凝剂种类聚合氯化铝；试验水温27.20℃；浊度0.14NTU；碱度91.00mg/L；硬度187mg/L；pH值7.62；总溶解性固体336mg/L。			
试验结果				
剩余镍浓度(mg/L) 0.120 0.100 0.080 0.060 0.040 0.020 0.000 反应后上清液pH值 6.00 6.50 7.00 7.50 8.00 8.50 9.00 9.50 10.00 广州-2010-01-30自来水-三氯化铁 广州-2010-01-30自来水-聚合硫酸铁 广州-2010-01-30自来水-聚合氯化铝 广州-2010-01-30自来水-聚合硫酸铝 天津-2009-07-24自来水-三氯化铁 天津-2009-07-24自来水-聚合氯化铝				
备注				
1. 碱性化学沉淀法除镍有效，控制反应pH值大于8.5，采用各种混凝试剂均可有效除镍。 2. 除镍的机理是，镍在高pH值条件下生成难溶于水的氢氧化镍，随混凝剂生成的矾花共沉淀而去除。				

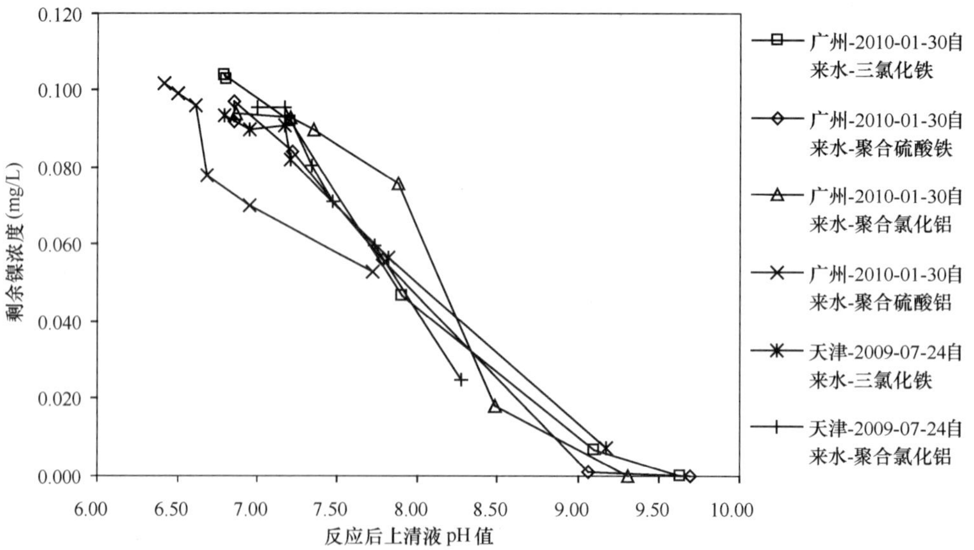

2.8.2 碱性化学沉淀法除镍的最大应对能力测试

<table>
<tr><td>试验名称</td><td colspan="5">碱性化学沉淀法除__镍__的最大应对能力测试</td></tr>
<tr><td colspan="2" rowspan="2">相关水质标准
(mg/L)</td><td>国家标准</td><td>0.02</td><td>住房和城乡建设部行标</td><td>0.02</td></tr>
<tr><td>地表水标准</td><td>0.02</td><td></td><td></td></tr>
<tr><td colspan="6">试验条件</td></tr>
<tr><td>天津</td><td colspan="5">自来水：混凝剂种类和剂量三氯化铁 5mg/L；试验水温27.2℃；浊度0.18NTU；碱度74mg/L；硬度173mg/L；pH 值7.27。预调 pH 值 10.0，反应后 pH 值约为 9.2。</td></tr>
<tr><td colspan="6">试验结果</td></tr>
<tr><td colspan="6">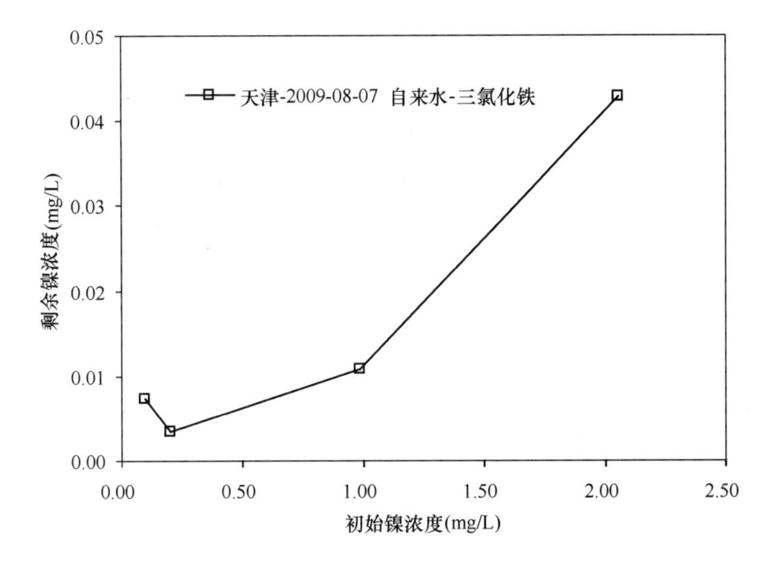
</td></tr>
<tr><td colspan="6">备　注</td></tr>
<tr><td colspan="6">预调 pH 值 10.0，反应后 pH 值约为 9.2，镍的可应对最大浓度大于 1mg/L，可应对最大超标倍数 50 倍。</td></tr>
</table>

2.9 铅

2.9.1 pH值对混凝剂去除铅效果的影响

<table>
<tr><td>试验名称</td><td colspan="4">pH值对混凝剂去除<u>铅</u>效果的影响</td></tr>
<tr><td rowspan="2">相关水质标准
(mg/L)</td><td>国家标准</td><td>0.01</td><td>住房和城乡建设部行标</td><td>0.01</td></tr>
<tr><td>地表水标准</td><td>0.05</td><td></td><td></td></tr>
<tr><td colspan="5">试验条件</td></tr>
<tr><td>上海</td><td colspan="4">自来水：铅浓度0.0416mg/L；混凝剂聚合硫酸铁5mg/L（以Fe）、聚合硫酸铝5mg/L（以Al计）；试验水温15℃；浊度0.85NTU；碱度62.5mg/L；硬度143.0mg/L；pH值6.89；总溶解性固体429mg/L。</td></tr>
<tr><td rowspan="2">无锡</td><td colspan="4">中桥自来水：铅浓度0.2500mg/L；混凝剂三氯化铁（以Fe计）；投加量5.000mg/L；试验水温19.00℃；浊度0.23NTU；碱度53.00mg/L；硬度115.00mg/L；pH值7.49；总溶解性固体191.00mg/L。</td></tr>
<tr><td colspan="4">中桥自来水：铅浓度250.000μg/L；混凝剂聚合氯化铝5mg/L（以Al计）；试验水温17.00℃；浊度0.23NTU；碱度55.00mg/L；硬度117.00mg/L；pH值7.32；总溶解性固体190.00mg/L。</td></tr>
<tr><td colspan="5">试验结果</td></tr>
<tr><td colspan="5">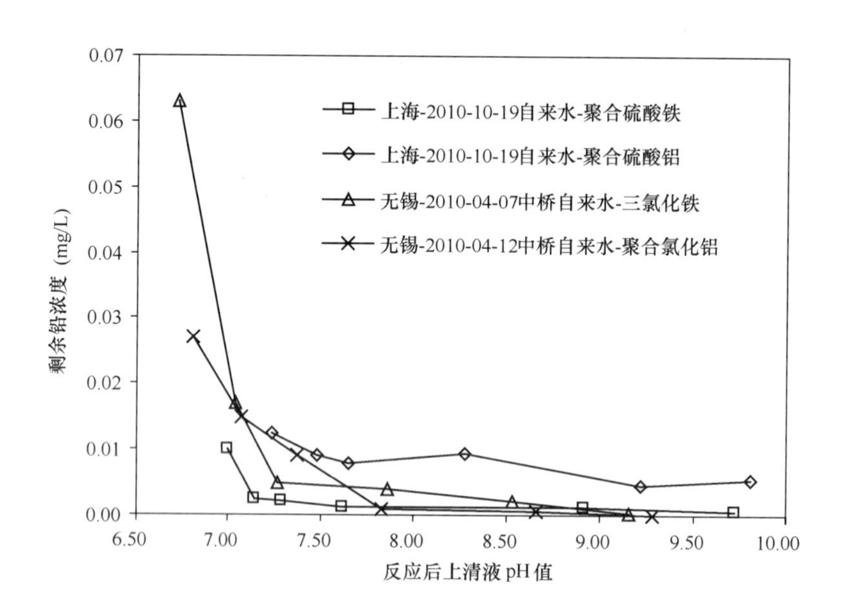</td></tr>
<tr><td colspan="5">备　注</td></tr>
<tr><td colspan="5">1. 控制反应后pH值大于7.3，采用聚合硫酸铁、三氯化铁、聚合氯化铝、聚合硫酸铝混凝剂都可以有效除铅。
2. 反应机理是铅在较高pH值时可以生成不溶的氢氧化铅、碳酸铅，随混凝剂矾花共沉淀而去除。</td></tr>
</table>

2.9.2 碱性化学沉淀法除铅的最大应对能力测试

试验名称	碱性化学沉淀法除__铅__的最大应对能力测试			
相关水质标准(mg/L)	国家标准	0.01	住房和城乡建设部行标	0.01
	地表水标准	0.05		
试验条件				
上海	自来水：混凝剂种类聚合硫酸铁；投加量10mg/L；试验水温15℃；浊度0.85NTU；碱度62.5mg/L；硬度143.0mg/L；pH=6.89；总溶解性固体429mg/L；调整 pH=8.00。			
	自来水：混凝剂种类聚合硫酸铝；投加量10mg/L；试验水温15℃；浊度0.85NTU；碱度62.5mg/L；硬度143.0mg/L；pH=6.89；总溶解性固体429mg/L；调整 pH=9.50。			
无锡	中桥自来水：混凝剂种类三氯化铁、聚合氯化铝；投加量5.000mg/L；试验水温16.00℃；浊度0.24NTU；碱度55.00mg/L；硬度114.00mg/L；pH=7.38；总溶解性固体193.00mg/L；调整 pH=8.50。			
试验结果				

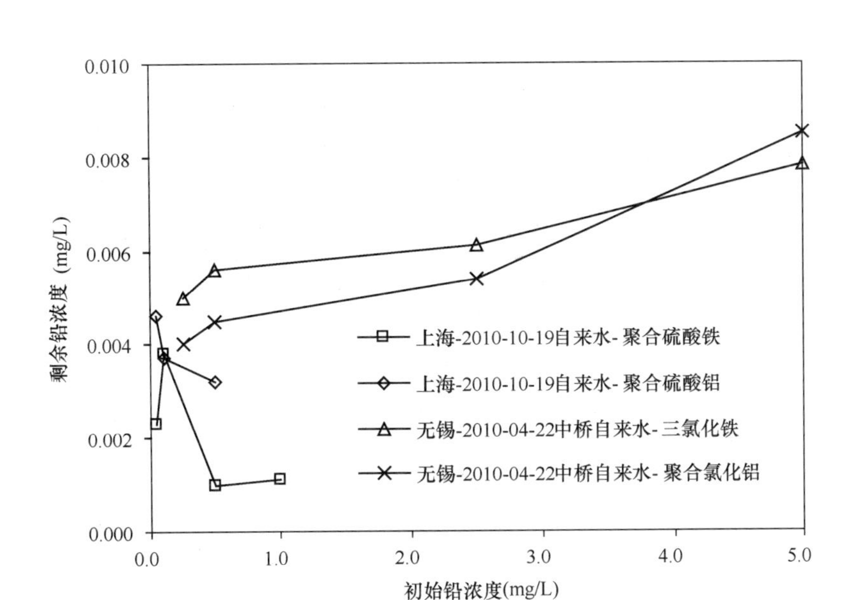

备　注
1. 在调节 pH 值大于 7.2 的条件下，使用聚合硫酸铁、三氯化铁、聚合硫酸铝、聚合氯化铝等混凝剂可以较为有效地除铅。 2. 从图可以看出，投加一定量（5mg/L）的混凝剂，对初始铅浓度为 5mg/L 以内的情况可以处理达标，可应对最大超标浓度 500 倍。

2.9.3 硫化物沉淀法对铅的去除效果和最大应对能力测试

<table>
<tr><td>试验名称</td><td colspan="4">硫化物沉淀法对 铅 的去除效果和最大应对能力测试</td></tr>
<tr><td rowspan="2">相关水质标准
(mg/L)</td><td>国家标准</td><td>0.01</td><td>住房和城乡建设部行标</td><td>0.01</td></tr>
<tr><td>地表水标准</td><td>0.05</td><td></td><td></td></tr>
<tr><td colspan="5">试验条件</td></tr>
<tr><td>上海</td><td colspan="4">自来水：铅浓度0.0542mg/L；混凝剂聚合硫酸铝 5mg/L（以 Al 计）；试验水温15℃；浊度0.85NTU；碱度62.5mg/L；硬度143.0mg/L；pH=6.89；总溶解性固体429mg/L。</td></tr>
<tr><td rowspan="2">无锡</td><td colspan="4">中桥自来水：铅浓度0.20mg/L；混凝剂种类聚合氯化铝；投加量5.000mg/L（以 Al 计）；试验水温18.00℃；浊度0.22NTU；碱度55.00mg/L；硬度118.00mg/L；pH=7.32；总溶解性固体189.00mg/L。</td></tr>
<tr><td colspan="4">中桥自来水：混凝剂种类聚合氯化铝；投加量5.000mg/L（以 Al 计）；试验水温20.00℃；硫化物0.500mg/L；预氧化剂氯；浊度0.24NTU；碱度56.00mg/L；硬度115.00mg/L；pH=7.33；总溶解性固体190.00mg/L。</td></tr>
<tr><td colspan="5">试验结果</td></tr>
<tr><td colspan="5">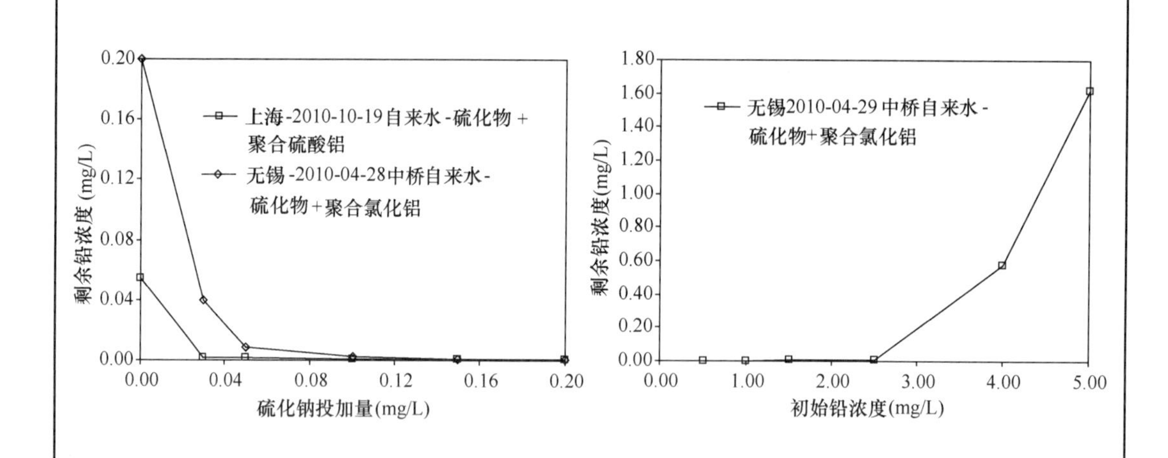
</td></tr>
<tr><td colspan="5">备　注</td></tr>
<tr><td colspan="5">1. 硫化物沉淀法除铅有效，原理是生成难溶的硫化铅，并与矾花形成共沉物去除。
2. 投加硫化物 0.05mg/L，可使铅 0.2mg/L 的水样处理后达标。
3. 投加硫化物 0.5mg/L，可使铅 2.5mg/L 的水样处理后达标。</td></tr>
</table>

2.10 砷（三价）

2.10.1 常规混凝沉淀工艺对砷（三价）的去除效果

试验名称	常规混凝沉淀工艺对 砷（三价） 的去除效果			
相关水质标准（mg/L）	国家标准	0.01	住房和城乡建设部行标	0.01
	地表水标准	0.05		
试验条件				
成都	原水：砷（三价）浓度0.0970mg/L；试验水温21.0℃；浊度21.00NTU；碱度124mg/L；混凝剂种类三氯化铁、聚合硫酸铁、聚合硫酸铝、聚合氯化铝；硬度174mg/L；pH=7.77；总溶解性固体212mg/L。			
天津	原水：砷（三价）浓度0.0886mg/L；混凝剂种类三氯化铁；试验水温11.4℃；浊度9.3NTU；碱度183mg/L；硬度298mg/L；pH 8.60。			
	原水：砷（三价）浓度0.08mg/L；混凝剂种类聚氯化铝；试验水温12.8℃；浊度7.7NTU；碱度160mg/L；硬度254mg/L；pH 8.52。			
试验结果				

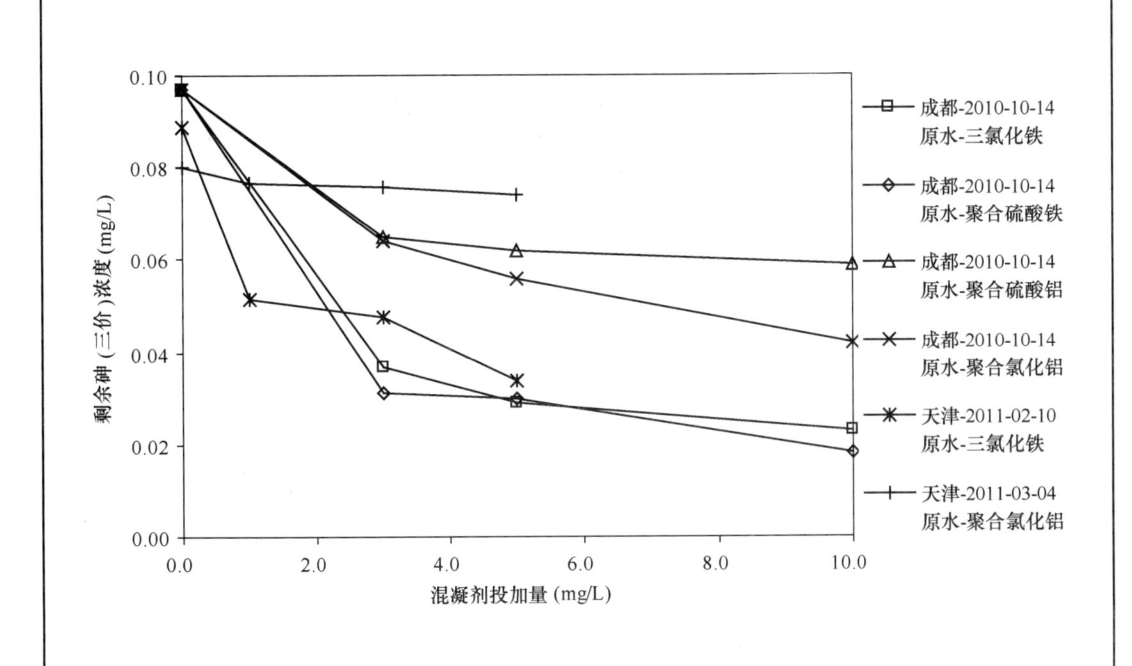

备　注
1. 三价砷混凝沉淀有一定去除效果，但处理后不能达标。 2. 铁盐混凝剂对砷（三价）的去除效果较好，可达50%～70%，铝盐对砷（三价）的去除效果较差，只有30%～40%。

2.10.2 预氧化强化混凝沉淀工艺对砷（三价）的去除效果

<table>
<tr><td>试验名称</td><td colspan="4">预氧化强化混凝沉淀工艺对 砷（三价） 的去除效果</td></tr>
<tr><td rowspan="2">相关水质标准
(mg/L)</td><td>国家标准</td><td>0.01</td><td>住房和城乡建设部行标</td><td>0.01</td></tr>
<tr><td>地表水标准</td><td>0.05</td><td></td><td></td></tr>
<tr><td colspan="5">试验条件</td></tr>
<tr><td>成都</td><td colspan="4">原水：砷（三价）浓度0.0840mg/L；试验水温21.0℃；浊度38.00NTU；碱度122mg/L；混凝剂种类三氯化铁、聚合硫酸铁、聚合硫酸铝、聚合氯化铝；混凝剂投加量10mg/L（以Alj计）；硬度172mg/L；pH=7.88；总溶解性固体188mg/L。</td></tr>
<tr><td rowspan="2">天津</td><td colspan="4">原水：砷（三价）浓度0.0886mg/L；混凝剂种类三氯化铁 5mg/L（以Fe计）；试验水温11.2℃；浊度9.3NTU；碱度183mg/L；硬度298mg/L；pH=8.60。</td></tr>
<tr><td colspan="4">原水：砷（三价）浓度0.1010mg/L；混凝剂种类聚合氯化铝；试验水温12.8℃；浊度7.7NTU；碱度160mg/L；硬度254mg/L；pH=8.52。</td></tr>
<tr><td colspan="5">试验结果</td></tr>
<tr><td colspan="5">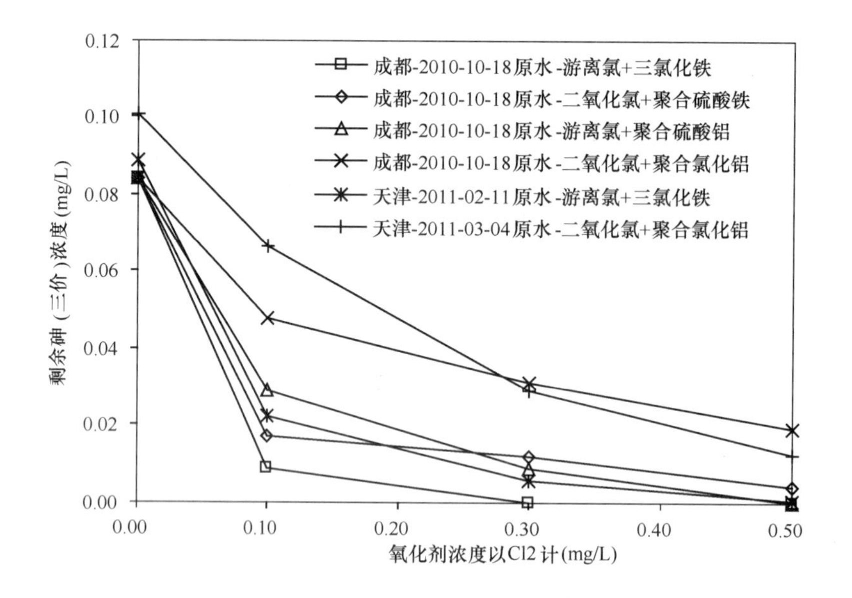</td></tr>
<tr><td colspan="5">备　　注</td></tr>
<tr><td colspan="5">1. 加入游离氯、二氧化氯预氧化，可以明显提高对砷（三价）的去除效果；与铁盐混凝剂共用可以使出水达到水质标准。
2. 该应急技术的技术原理是投加强氧化剂将三价砷氧化为五价砷，然后铁盐混凝剂生成氢氧化铁絮体可以吸附去除砷酸根。</td></tr>
</table>

2.11 砷（五价）

2.11.1 pH值对混凝剂去除砷（五价）效果的影响

<table>
<tr><td>试验名称</td><td colspan="5">pH值对混凝剂去除__砷（五价）__效果的影响</td></tr>
<tr><td colspan="2" rowspan="2">相关水质标准
(mg/L)</td><td>国家标准</td><td>0.01</td><td>住房和城乡建设部行标</td><td>0.01</td></tr>
<tr><td>地表水标准</td><td>0.05</td><td></td><td></td></tr>
<tr><td colspan="6">试验条件</td></tr>
<tr><td rowspan="4">广州</td><td colspan="5">自来水：砷（五价）浓度0.0511mg/L；混凝剂三氯化铁 5mg/L（以 Fe 计）；试验水温17.90℃；浊度0.05NTU；碱度44.75mg/L；硬度125mg/L；pH=7.48；总溶解性固体138mg/L。</td></tr>
<tr><td colspan="5">自来水：砷（五价）浓度0.0511mg/L；混凝剂聚合硫酸铁 5mg/L（以 Fe 计）；试验水温17.90℃；浊度0.05NTU；碱度44.79mg/L；硬度125mg/L；pH=7.48；总溶解性固体137mg/L。</td></tr>
<tr><td colspan="5">自来水：砷（五价）浓度0.0511mg/L；混凝剂聚合氯化铝 5mg/L（以 Al 计）；试验水温17.90℃；浊度0.04NTU；碱度44.78mg/L；硬度126mg/L；pH=7.48；总溶解性固体137mg/L。</td></tr>
<tr><td colspan="5">自来水：砷（五价）浓度0.0511mg/L；混凝剂聚合硫酸铝 5mg/L（以 Al 计）；试验水温17.90℃；浊度0.04NTU；碱度44.76mg/L；硬度126mg/L；pH=7.49；总溶解性固体136mg/L。</td></tr>
<tr><td colspan="6">试验结果</td></tr>
</table>

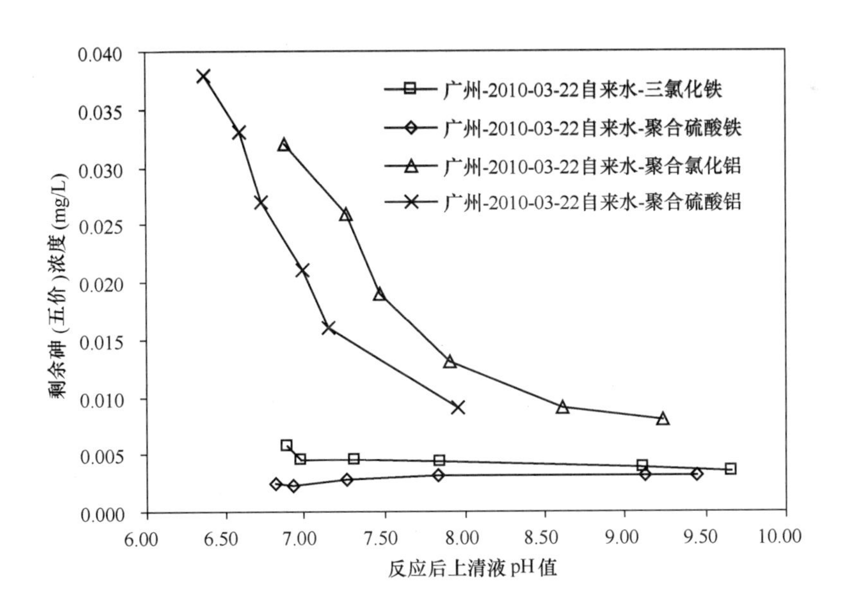

备 注

1. 铁盐混凝剂除砷（五价）的效果较好且不受 pH 值的影响，砷（五价）0.05mg/L 的水样只要使用铁盐混凝剂都可以达标。

2. 铝盐混凝剂除砷（五价）的效果比铁盐差，且在 pH 值大于 8 的情况下才能达标。

2.11.2 混凝沉淀工艺对砷（五价）的去除效果和最大应对能力测试

<table>
<tr><td>试验名称</td><td colspan="4">混凝沉淀工艺对 砷（五价） 的去除效果和最大应对能力测试</td></tr>
<tr><td rowspan="2">相关水质标准
(mg/L)</td><td>国家标准</td><td>0.01</td><td>住房和城乡建设部行标</td><td>0.01</td></tr>
<tr><td>地表水标准</td><td>0.05</td><td></td><td></td></tr>
<tr><td colspan="5">试验条件</td></tr>
<tr><td rowspan="2">天津</td><td colspan="4">原水：砷（五价）浓度0.08mg/L；混凝剂种类三氯化铁；试验水温11.4℃；浊度9.3NTU；碱度183mg/L；硬度298mg/L；pH=8.60。</td></tr>
<tr><td colspan="4">原水：砷（五价）浓度0.099mg/L；混凝剂种类聚合氯化铝；试验水温12.8℃；浊度7.7NTU；碱度160mg/L；硬度254mg/L；pH=8.52。</td></tr>
<tr><td>天津</td><td colspan="4">原水：混凝剂种类三氯化铁；混凝剂剂量5mg/L；试验水温11.2℃；浊度9.3NTU；碱度183mg/L；硬度298mg/L；pH=8.60。</td></tr>
<tr><td colspan="5">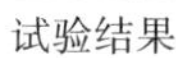试验结果</td></tr>
<tr><td colspan="5">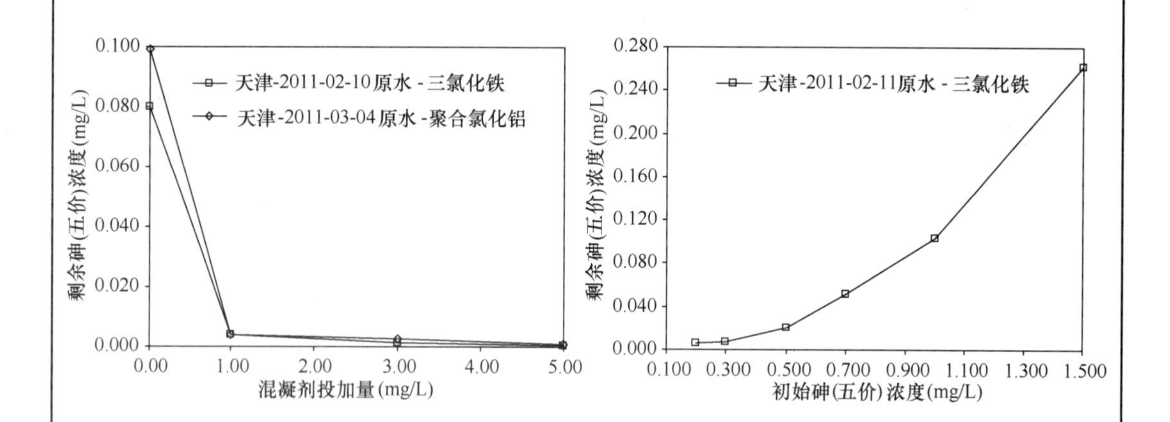</td></tr>
<tr><td colspan="5">备　注</td></tr>
<tr><td colspan="5">1. 左图表明，投加1mg/L以上的铁盐混凝剂即可以去除初始浓度0.08～0.1mg/L的砷（五价），出水满足水质标准。去除效果随铁盐混凝剂的投加量增加而进一步提高。
2. 右图表明，去除五价砷的最大能力与铁盐混凝剂投加量有关。在保证出水水质满足饮用水标准的情况下，投加5mg/L的铁盐混凝剂，可以应对初始浓度为0.3mg/L的五价砷。可应对最大超标倍数30倍。</td></tr>
</table>

2.12 铊

2.12.1 高锰酸钾投加量对高锰酸钾预氧化法去除铊效果的影响

<table>
<tr><td>试验名称</td><td colspan="5">高锰酸钾投加量对高锰酸钾预氧化法去除<u>铊</u>效果的影响</td></tr>
<tr><td colspan="2" rowspan="2">相关水质标准
(mg/L)</td><td>国家标准</td><td>0.0001</td><td>住房和城乡建设部行标</td><td>0.0001</td></tr>
<tr><td>地表水标准</td><td>0.0001</td><td></td><td></td></tr>
<tr><td colspan="6">试验条件</td></tr>
<tr><td>东莞</td><td colspan="5">东江原水：铊浓度<u>0.00034</u>mg/L；浊度<u>33.60</u>NTU；碱度<u>33.7</u>mg/L；硬度<u>40.8</u>mg/L；pH=<u>7.00</u>；总溶解性固体<u>98.5</u>mg/L。混凝剂<u>聚合氯化铝</u> 2.4 mg/L；试验水温<u>19.6</u>℃；不同高锰酸钾投量，混凝剂氧化时间均为 30min。</td></tr>
<tr><td colspan="6">试验结果</td></tr>
</table>

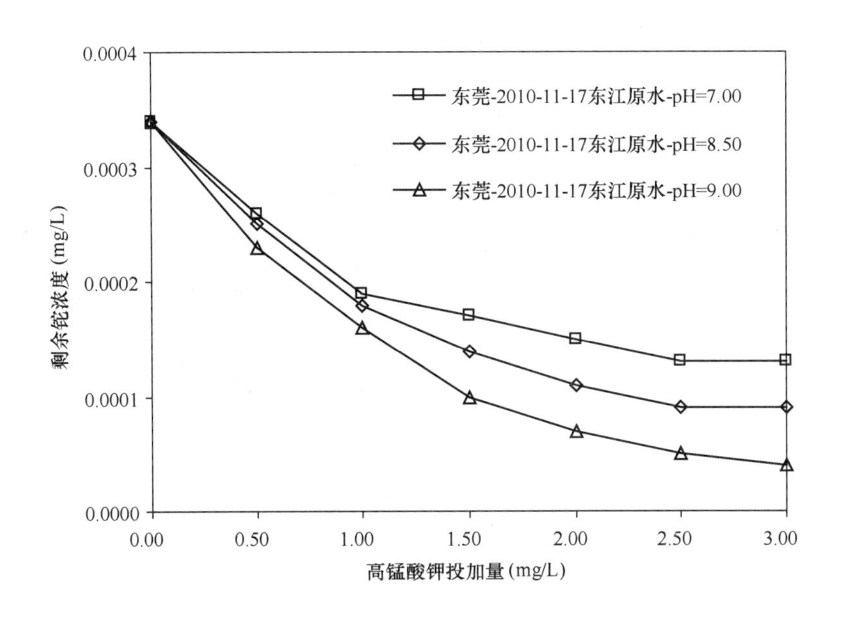

备　注

1. 高锰酸钾预氧化混凝沉淀可以除铊。

2. 提高 pH 值有利于除铊。

3. 对铊 0.00034mg/L 的水样，调 pH 值到 9.0，高锰酸钾投加量 1.5mg/L，预氧化时间 30min，处理后铊可以达标。

4. 去除机理是把水中的一价铊氧化为三价铊，形成难溶于水的氢氧化铊，与混凝沉淀生成的絮体共沉淀而被去除。

2.12.2 pH值和氧化时间对高锰酸钾预氧化法去除铊效果的影响

试验名称	pH值和氧化时间对高锰酸钾预氧化法去除铊效果的影响			
相关水质标准(mg/L)	国家标准	0.0001	住房和城乡建设部行标	0.0001
	地表水标准	0.0001		
试验条件				
东莞	东江原水：铊浓度0.00032mg/L；浊度31.00NTU；碱度35.2mg/L；硬度42.5mg/L；pH=7.00；总溶解性固体92.0mg/L。混凝剂聚合氯化铝2.4mg/L；试验水温20.0℃.； 高锰酸钾1.0mg/L，预氧化时间30min，调不同pH值。			
东莞	东江原水：铊浓度0.00014mg/L；浊度35.00NTU；碱度35.7mg/L；硬度43.6mg/L；pH=7.10；总溶解性固体94.3mg/L。混凝剂聚合氯化铝2.4mg/L；试验水温19.5℃； 高锰酸钾2.0mg/L，pH值调到9.0，不用预氧化时间。			
试验结果				

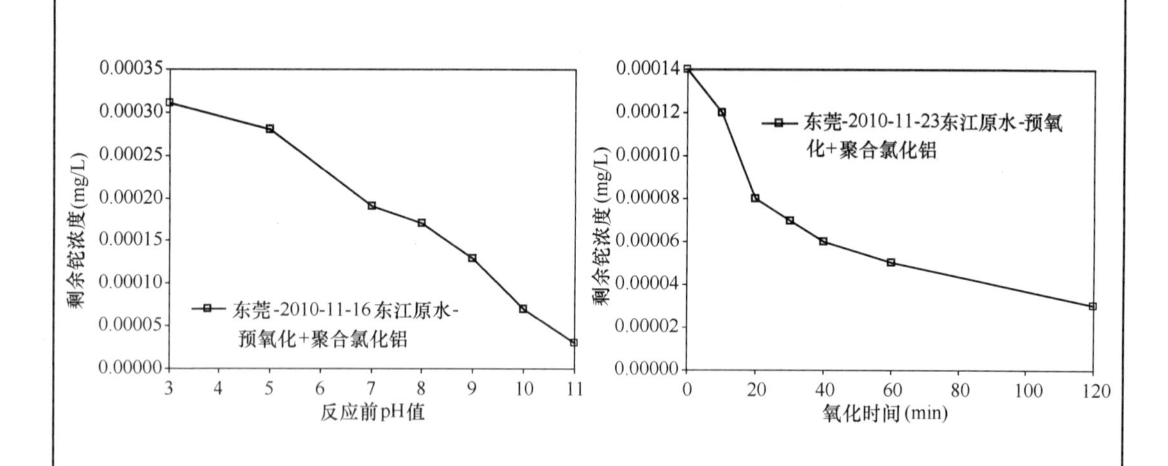

备注
1. 左图为pH值影响，由试验结果，应调到pH值到9以上。 2. 右图为预氧化时间影响，由试验结果，反应需要一定预氧化时间。

2.12.3 高锰酸钾预氧化法去除铊的应对能力测试

<table>
<tr><td>试验名称</td><td colspan="4">高锰酸钾预氧化法去除 铊 的应对能力测试</td></tr>
<tr><td rowspan="2">相关水质标准
(mg/L)</td><td>国家标准</td><td>0.0001</td><td>住房和城乡建设部行标</td><td>0.0001</td></tr>
<tr><td>地表水标准</td><td>0.0001</td><td></td><td></td></tr>
<tr><td colspan="5">试验条件</td></tr>
<tr><td rowspan="2">东莞</td><td colspan="4">东江原水：铊浓度0.00107mg/L；混凝剂聚合氯化铝 2.4mg/L；试验水温18.8℃；浊度37.10NTU；碱度34.80mg/L；硬度44.90mg/L；pH=7.00；总溶解性固体95.0mg/L。</td></tr>
<tr><td colspan="4">东江原水：铊浓度0.00495mg/L；混凝剂聚合氯化铝 2.4mg/L；试验水温18.9℃；浊度37.10NTU；碱度34.80mg/L；硬度44.90mg/L；pH=7.00；总溶解性固体95.0mg/L。</td></tr>
<tr><td colspan="5">试验结果</td></tr>
<tr><td colspan="5">
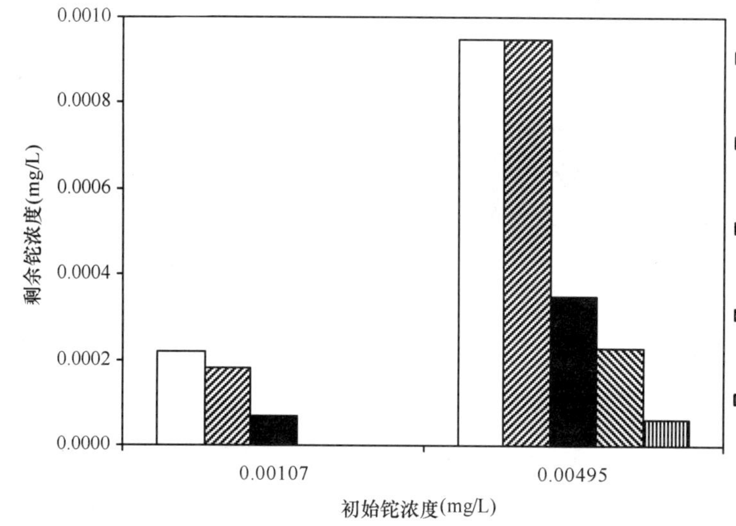</td></tr>
<tr><td colspan="5">备　注</td></tr>
<tr><td colspan="5">1. 高锰酸钾 2.0mg/L，预氧化时间 30min，pH 值调到 9.5，铊的可应对最大浓度为 0.001mg/L，可应对最大超标倍数 10 倍。
2. 高锰酸钾 2.0mg/L，预氧化时间 30min，pH 值调到 10.0，铊的可应对最大浓度为 0.005mg/L，可应对最大超标倍数 50 倍。</td></tr>
</table>

2.13 钛

pH 值对混凝剂去除钛效果的影响

<table>
<tr><td>试验名称</td><td colspan="4">pH 值对混凝剂去除 钛 效果的影响</td></tr>
<tr><td rowspan="2">相关水质标准
(mg/L)</td><td>国家标准</td><td>0.1</td><td>住房和城乡建设部行标</td><td>0.1</td></tr>
<tr><td>地表水标准</td><td>0.1</td><td></td><td></td></tr>
<tr><td colspan="5">试验条件</td></tr>
<tr><td rowspan="2">东莞</td><td colspan="4">第三水厂自来水：钛浓度0.488mg/L；混凝剂三氯化铁 5mg/L（以 Fe 计）；投加量5mg/L；试验水温28.1℃；浊度0.16NTU；碱度19.02mg/L；硬度42.0mg/L；pH=6.44；总溶解性固体124.0mg/L。</td></tr>
<tr><td colspan="4">第三水厂自来水：钛浓度0.494mg/L；混凝剂聚合氯化铝 5mg/L（以 Fe 计）；投加量5mg/L；试验水温26.3℃；浊度0.54NTU；碱度22.45mg/L；硬度36.0mg/L；pH=6.58；总溶解性固体114.5mg/L。</td></tr>
<tr><td rowspan="5">哈尔滨</td><td colspan="4">自来水：钛浓度0.493mg/L；混凝剂聚合硫酸铁 5mg/L（以 Fe 计）；试验水温15.00℃；浊度0.43NTU；碱度42.00mg/L；硬度64mg/L；pH=7.10；总溶解性固体110mg/L。</td></tr>
<tr><td colspan="4">自来水：钛浓度0.978mg/L；混凝剂聚合硫酸铁 5mg/L（以 Fe 计）；试验水温15.00℃；浊度0.43NTU；碱度42.00mg/L；硬度64mg/L；pH=7.10；总溶解性固体110mg/L。</td></tr>
<tr><td colspan="4">自来水：钛浓度0.489mg/L；混凝剂聚合硫酸铝 5mg/L（以 Fe 计）；试验水温14.00℃；浊度0.46NTU；碱度46.00mg/L；硬度68mg/L；pH=7.00；总溶解性固体112mg/L。</td></tr>
<tr><td colspan="4">自来水：钛浓度1.000mg/L；混凝剂聚合硫酸铝 5mg/L（以 Fe 计）；试验水温13.90℃；浊度0.44NTU；碱度42.00mg/L；硬度64mg/L；pH=7.00；总溶解性固体112mg/L。</td></tr>
<tr><td colspan="4">自来水：钛浓度0.500mg/L；混凝剂聚合硫酸铝 5mg/L（以 Fe 计）；试验水温14.00℃；浊度0.42NTU；碱度48.00mg/L；硬度62mg/L；pH=7.10；总溶解性固体113mg/L。</td></tr>
<tr><td colspan="5">试验结果</td></tr>
<tr><td colspan="5"></td></tr>
<tr><td colspan="5">备　　注</td></tr>
<tr><td colspan="5">1. 无须调节 pH 值，采用铁盐、铝盐混凝剂都可以有效除钛。
2. 反应机理是钛在常规 pH 值时即可以生成不溶的氢氧化钛，随混凝剂矾花共沉淀被去除。</td></tr>
</table>

剩余钛浓度(mg/L)
0.012
0.010
0.008
0.006
0.004
0.002
0.000
5.00 5.50 6.00 6.50 7.00 7.50 8.00 8.50 9.00 9.50
反应后上清液pH值
东莞-2009-07-29 第三水厂自来水-三氯化铁
东莞-2009-07-03 第三水厂自来水-聚合氯化铝
哈尔滨-2009-11-11 自来水-聚合硫酸铁
哈尔滨-2009-11-13 自来水-聚合硫酸铁
哈尔滨-2009-11-12 自来水-聚合硫酸铝1
哈尔滨-2009-11-12 自来水-聚合硫酸铝2
哈尔滨-2009-11-15 自来水-聚合硫酸铝

2.14 锑（三价）

pH 值对混凝剂去除锑（三价）效果的影响

<table>
<tr><td>试验名称</td><td colspan="4">pH 值对混凝剂去除对 锑（三价） 的去除效果</td></tr>
<tr><td rowspan="2">相关水质标准
(mg/L)</td><td>国家标准</td><td>0.005</td><td>住房和城乡建设部行标</td><td>0.005</td></tr>
<tr><td>地表水标准</td><td>0.005</td><td></td><td></td></tr>
<tr><td colspan="5">试验条件</td></tr>
<tr><td rowspan="2">东莞</td><td colspan="4">第三水厂自来水：锑（三价）浓度0.0230mg/L；混凝剂三氯化铁 5mg/L（以 Fe 计）；试验水温27.9℃；浊度0.16NTU；碱度24.72mg/L；硬度40.04mg/L；pH 值6.58。</td></tr>
<tr><td colspan="4">第三水厂自来水：锑（三价）浓度0.0230mg/L；混凝剂聚合氯化铝 5mg/L（以 Fe 计）；试验水温27.6℃；浊度0.23NTU；碱度23.96mg/L；硬度41.04mg/L；pH 值6.75。</td></tr>
<tr><td rowspan="2">广州</td><td colspan="4">实验室自来水：锑（三价）浓度0.026mg/L；混凝剂聚合硫酸铁 5mg/L（以 Fe 计）；试验水温20.60℃；浊度0.05NTU；碱度44.72mg/L；硬度125mg/L；pH 值7.50。</td></tr>
<tr><td colspan="4">实验室自来水：锑（三价）浓度0.027mg/L；混凝剂聚合硫酸铝 5mg/L（以 Fe 计）；试验水温20.70℃；浊度0.05NTU；碱度44.72mg/L；硬度125mg/L；pH 值7.50。</td></tr>
<tr><td colspan="5">试验结果</td></tr>
<tr><td colspan="5">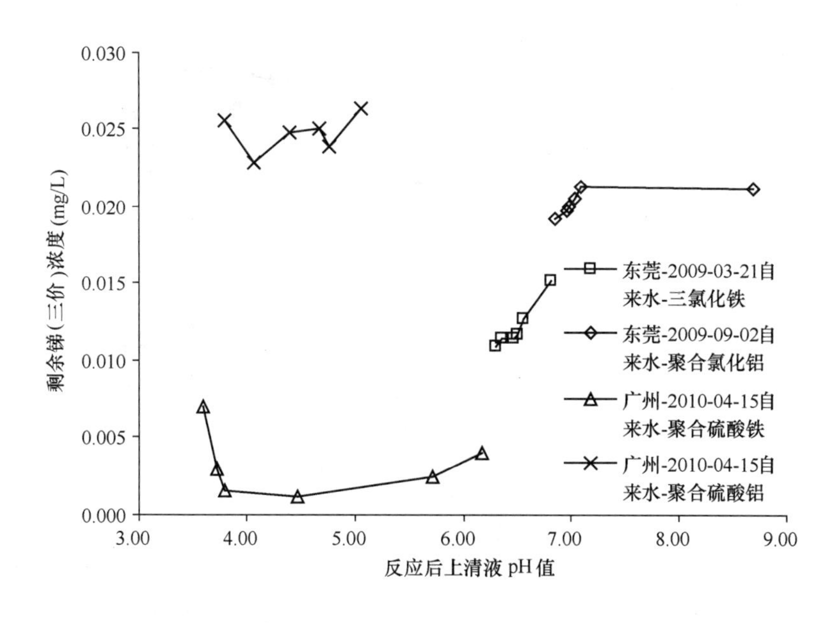
</td></tr>
<tr><td colspan="5">备　　注</td></tr>
<tr><td colspan="5">1. 铁盐混凝剂，在 pH 值小于 6 的酸性条件下对三价锑有很好的去除效果。铝盐混凝剂除锑效果不好。
2. 除锑的主要原理是水中的三价锑主要以亚锑酸根形式存在，在弱酸性条件下可被铁盐混凝试剂生成的氢氧化铁矾花吸附去除。</td></tr>
</table>

2.15 锑（五价）

pH 值对铁盐混凝剂去除锑（五价）效果的影响

<table>
<tr><td>试验名称</td><td colspan="4">常规混凝沉淀工艺对 锑（五价） 的去除效果</td></tr>
<tr><td rowspan="2">相关水质标准
(mg/L)</td><td>国家标准</td><td>0.005</td><td>住房和城乡建设部行标</td><td>0.005</td></tr>
<tr><td>地表水标准</td><td>0.005</td><td></td><td></td></tr>
<tr><td colspan="5">试验条件</td></tr>
<tr><td rowspan="2">东莞</td><td colspan="4">第三水厂自来水：锑（五价）浓度0.0180mg/L；混凝剂三氯化铁 5mg/L（以 Fe 计）；试验水温29.8℃；浊度0.18NTU；碱度21.19mg/L；硬度38.04mg/L；pH 值6.83。</td></tr>
<tr><td colspan="4">第三水厂自来水：锑（五价）浓度0.0290mg/L；混凝剂聚合氯化铝 5mg/L（以 Al 计）；试验水温30.5℃；浊度0.12NTU；碱度21.69mg/L；硬度38.04mg/L；pH 值6.90。</td></tr>
<tr><td rowspan="2">广州</td><td colspan="4">实验室自来水：锑（五价）浓度0.02630mg/L；混凝剂聚合硫酸铁 5mg/L（以 Fe 计）；试验水温21.30℃；浊度0.05NTU；碱度44.72mg/L；硬度125mg/L；pH 值7.50。</td></tr>
<tr><td colspan="4">实验室自来水：锑（五价）浓度0.026mg/L；混凝剂聚合硫酸铝 5mg/L（以 Al 计）；试验水温21.30℃；浊度0.05NTU；碱度44.73mg/L；硬度126mg/L；pH 值7.48。</td></tr>
<tr><td colspan="5">试验结果</td></tr>
<tr><td colspan="5">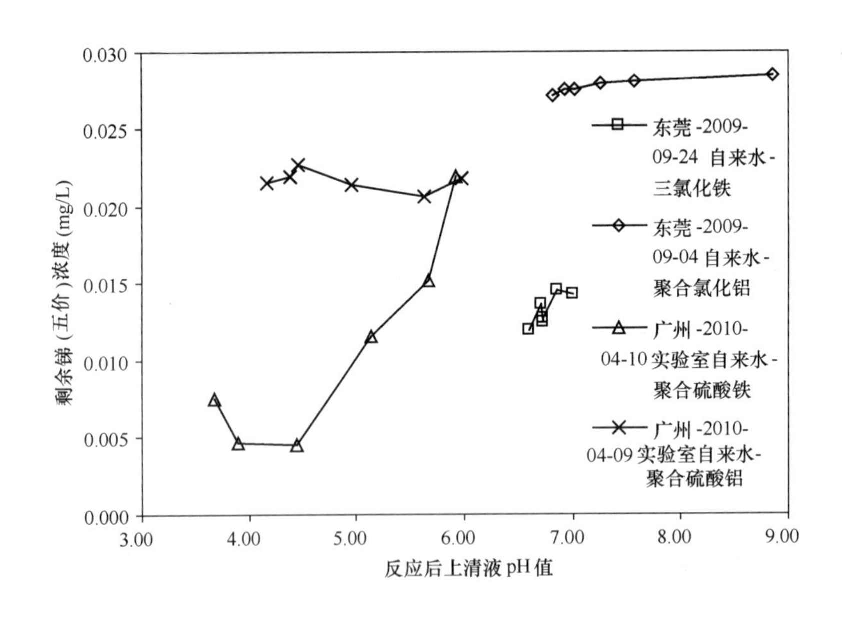</td></tr>
<tr><td colspan="5">备　注</td></tr>
<tr><td colspan="5">1. 铁盐混凝剂在 pH 值小于 5 的条件下对五价锑有较好的去除效果，铝盐混凝剂不能除锑。
2. 五价锑比三价锑难去除。
3. 除锑的机理是水中五价锑主要以锑酸根的形式存在，在酸性条件下与铁盐混凝剂形成的氢氧化铁矾花吸附而被去除。</td></tr>
</table>

2.16 铜

pH 值对混凝剂去除铜效果的影响

试验名称	pH 值对混凝剂去除铜效果的影响			
相关水质标准（mg/L）	国家标准	1.0	住房和城乡建设部行标	1.0
	地表水标准	1.0		
试验条件				
深圳	自来水：铜浓度5.210mg/L；混凝剂三氯化铁 5mg/L（以 Fe 计）；试验水温26.50℃；浊度0.27NTU；碱度26.70mg/L；硬度41.3mg/L；pH＝7.77；总溶解性固体60mg/L；加入铜铜后 pH＝6.60；碱度23.2mg/L。			
	自来水：铜浓度5.106mg/L；混凝剂聚合硫酸铁 5mg/L（以 Fe 计）；试验水温26.10℃；浊度0.11NTU；碱度19.50mg/L；硬度37.8mg/L；pH＝7.62；总溶解性固体59mg/L；加入铜铜后 pH＝7.12；碱度15.9mg/L。			
	自来水：铜浓度5.106mg/L；混凝剂聚合硫酸铁 5mg/L（以 Fe 计）；试验水温26.10℃；浊度0.11NTU；碱度19.50mg/L；硬度37.8mg/L；pH＝7.62；总溶解性固体59mg/L；加入铜铜后 pH＝7.12；碱度15.9mg/L。			
	自来水：铜浓度5.488mg/L；混凝剂聚合氯化铝 5mg/L（以 Al 计）；试验水温25.60℃；浊度0.43NTU；碱度25.90mg/L；硬度43.80mg/L；pH＝7.70；总溶解性固体65mg/L；加入铜铜后 pH＝6.79；碱度20.4mg/L。			
	自来水：铜浓度5.488mg/L；混凝剂聚合氯化铝 5mg/L（以 Al 计）；试验水温25.60℃；浊度0.43NTU；碱度25.90mg/L；硬度43.80mg/L；pH 5mg/L（以 Fe 计）＝7.70；总溶解性固体65mg/L；加入铜铜后 pH＝6.79；碱度20.4mg/L。			
	自来水：铜浓度5.245mg/L；混凝剂聚合硫酸铝 1.548mg/L（以 Al 计）；试验水温29.80℃；浊度0.27NTU；碱度21.10mg/L；硬度40.80mg/L；pH＝7.70；总溶解性固体64mg/L；加入铜铜后 pH＝6.76；碱度17.6mg/L。			
	自来水：铜浓度5.245mg/L；混凝剂聚合硫酸铝 1.548mg/L（以 Al 计）；试验水温29.80℃；浊度0.27NTU；碱度21.10mg/L；硬度40.80mg/L；pH＝7.70；总溶解性固体64mg/L；加入铜铜后 pH＝6.76；碱度17.6mg/L。			
无锡	中桥自来水：铜浓度5.000mg/L；混凝剂三氯化铁 5mg/L（以 Fe 计）；试验水温25.00℃；浊度0.25NTU；碱度56.00mg/L；硬度113.00mg/L；pH＝7.19；总溶解性固体192.00mg/L。			
	中桥自来水：铜浓度5.000mg/L；混凝剂聚合氯化铝 5mg/L（以 Al 计）；试验水温24.00℃；浊度0.25NTU；碱度56.00mg/L；硬度113.00mg/L；pH 7.19；总溶解性固体192.00mg/L。			
无锡	中桥自来水：铜浓度5.000mg/L；混凝剂聚合硫酸铝 5mg/L（以 Al 计）；试验水温25.00℃；浊度0.25NTU；碱度56.00mg/L；硬度113.00mg/L；pH＝7.19；总溶解性固体192.00mg/L。			
	中桥自来水：铜浓度5.000mg/L；混凝剂聚合氯化铁 5mg/L（以 Al 计）；试验水温24.00℃；浊度0.25NTU；碱度56.00mg/L；硬度113.00mg/L；pH＝7.19；总溶解性固体192.00mg/L。			

续表

试验结果
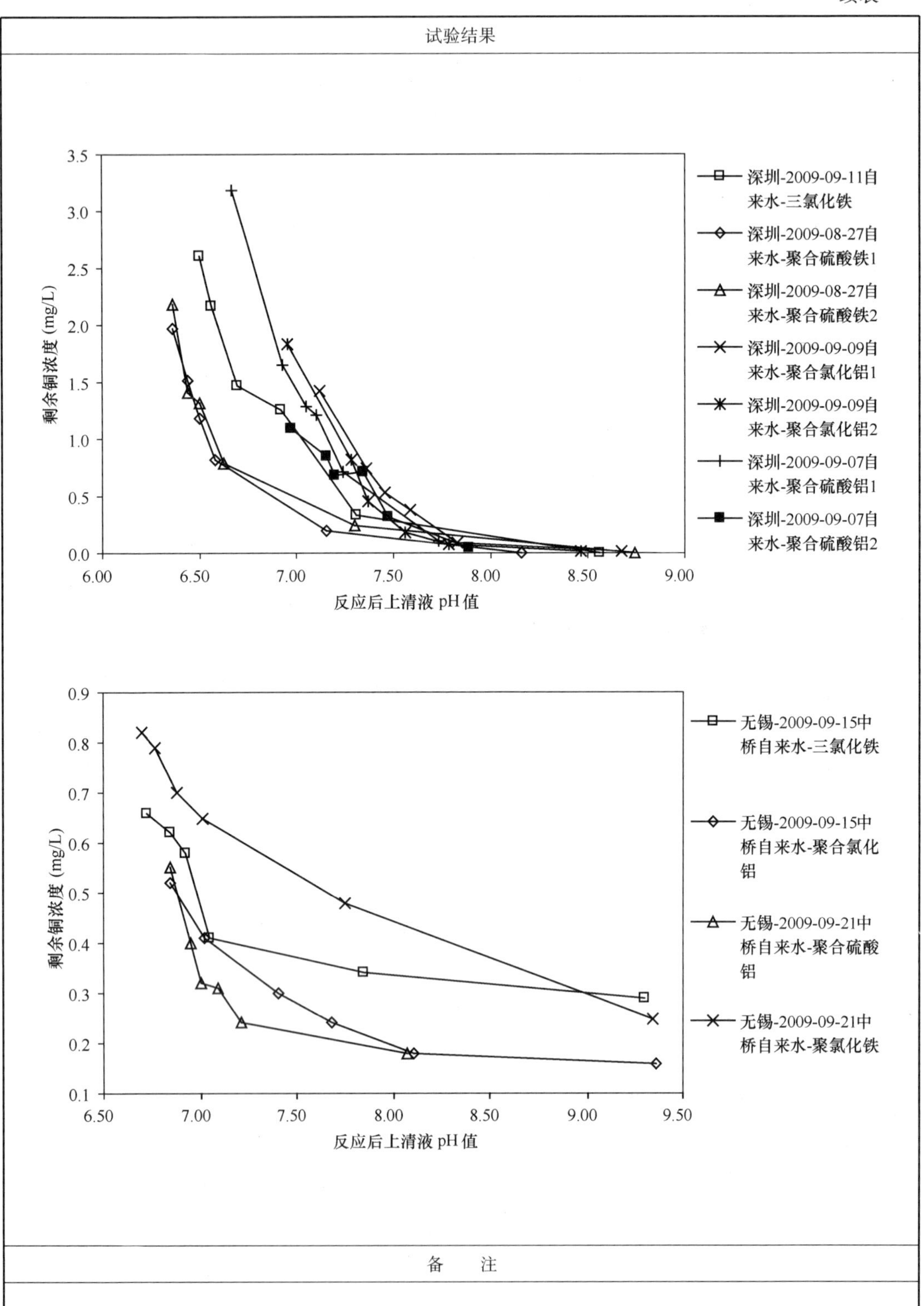
备　注
1. 混凝沉淀法 pH 值为 7.0～7.5 以上可以有效除铜。 2. 机理是铜离子与水中氢氧根形成难溶于水的氢氧化铜沉淀物。

2.17 硒

混凝剂投加量对去除硒效果的影响

<table>
<tr><td>试验名称</td><td colspan="4">混凝剂投加量对去除<u>硒</u>的影响</td></tr>
<tr><td rowspan="2">相关水质标准
(mg/L)</td><td>国家标准</td><td>0.01</td><td>住房和城乡建设部行标</td><td></td></tr>
<tr><td>地表水标准</td><td></td><td></td><td></td></tr>
<tr><td colspan="5">试验条件</td></tr>
<tr><td rowspan="2">成都</td><td colspan="4">脱氯自来水：硒浓度<u>0.049</u>mg/L；混凝剂种类<u>三氯化铁</u>；试验水温<u>13.0</u>℃；浊度<u>0.41</u>NTU；碱度<u>126</u>mg/L；硬度<u>172</u>mg/L；pH=<u>8.16</u>；总溶解性固体<u>208</u>mg/L。</td></tr>
<tr><td colspan="4">脱氯自来水：硒浓度<u>0.049</u>mg/L；混凝剂种类<u>聚合硫酸铁</u>；试验水温<u>13.0</u>℃；浊度<u>0.41</u>NTU；碱度<u>126</u>mg/L；硬度<u>172</u>mg/L；pH=<u>8.16</u>；总溶解性固体<u>208</u>mg/L。</td></tr>
<tr><td>天津</td><td colspan="4">自来水：污染物浓度<u>0.0529</u>mg/L（5倍限值）；混凝剂种类<u>三氯化铁</u>；试验水温<u>15.0</u>℃；浊度<u>0.17</u>NTU；碱度<u>104</u>mg/L；硬度<u>207</u>mg/L；pH=<u>7.54</u>；
总溶解性固体<u>644</u>mg/L。</td></tr>
<tr><td colspan="5">试验结果</td></tr>
<tr><td colspan="5">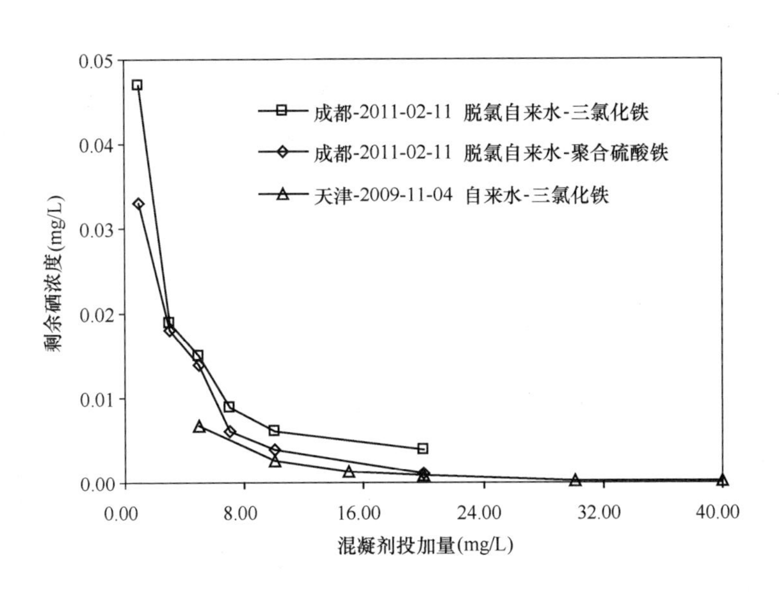</td></tr>
<tr><td colspan="5">备　注</td></tr>
<tr><td colspan="5">高剂量铁盐混凝剂可以有效除硒。在本试验中，不调节pH值，当铁盐混凝剂投加量超过8mg/L时可以将硒处理达标。</td></tr>
</table>

2.18 锌

2.18.1 pH值对混凝剂去除锌效果的影响

<table>
<tr><td>试验名称</td><td colspan="4">pH值对混凝剂去除<u>锌</u>效果</td></tr>
<tr><td rowspan="2">相关水质标准
(mg/L)</td><td>国家标准</td><td>1.0</td><td>住房和城乡建设部行标</td><td>1.0</td></tr>
<tr><td>地表水标准</td><td>1.0</td><td></td><td></td></tr>
<tr><td colspan="5">试验条件</td></tr>
<tr><td>上海</td><td colspan="4">自来水：锌浓度5.10mg/L；混凝剂聚合硫酸铁5mg/L（以Fe计），聚合硫酸铝5mg/L（以Al计）；试验水温17℃；浊度0.75NTU；碱度61.7mg/L；硬度151.2mg/L；pH=6.84；总溶解性固体405mg/L。</td></tr>
<tr><td rowspan="4">无锡</td><td colspan="4">中桥自来水：锌浓度5.00mg/L；混凝剂三氯化铁5mg/L（以Fe计）；试验水温25.0℃；浊度0.21NTU；碱度56.00mg/L；硬度114.00mg/L；pH=7.15；总溶解性固体189.00mg/L。</td></tr>
<tr><td colspan="4">中桥自来水：锌浓度5.00mg/L；混凝剂聚合硫酸铁5mg/L（以Al计）；试验水温25.00℃；浊度0.25NTU；碱度56.00mg/L；硬度113.00mg/L；pH=7.19；总溶解性固体192.00mg/L。</td></tr>
<tr><td colspan="4">中桥自来水：锌浓度5.00mg/L；混凝剂聚合氯化铝5mg/L（以Al计）；试验水温26.0℃；浊度0.35NTU；碱度57.00mg/L；硬度111.00mg/L；pH=6.98。</td></tr>
<tr><td colspan="4">中桥自来水：锌浓度5.00mg/L；混凝剂种类聚合硫酸铝2mg/L（以Al计）；试验水温25.0℃；浊度0.21NTU；碱度56.00mg/L；硬度114.00mg/L；pH=7.15；总溶解性固体189.00mg/L。</td></tr>
<tr><td colspan="5">试验结果</td></tr>
<tr><td colspan="5">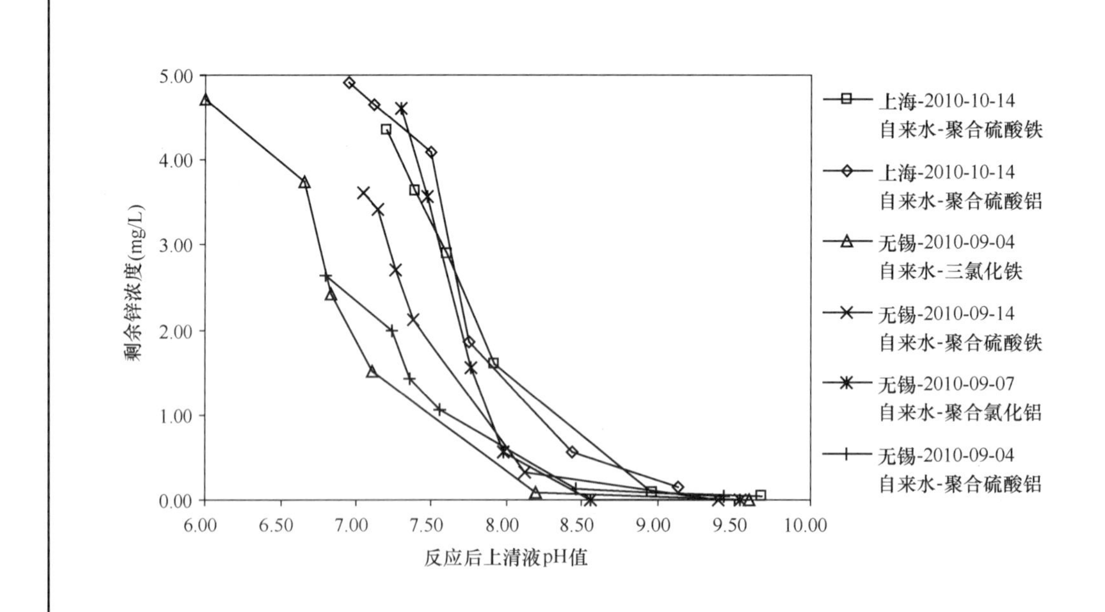
</td></tr>
<tr><td colspan="5">备　注</td></tr>
<tr><td colspan="5">1. 控制反应后pH值大于8.0，采用铁盐、铝盐混凝剂都可以有效除锌。
2. 反应机理是锌在较高pH值时可以生成不溶的氢氧化锌、碳酸锌，随混凝剂矾花共沉淀而去除。</td></tr>
</table>

2.18.2 硫化物沉淀法工艺对锌的去除效果和最大应对能力测试

<table>
<tr><td>试验名称</td><td colspan="4">硫化物沉淀法对__锌__的去除效果和最大应对能力测试</td></tr>
<tr><td rowspan="2">相关水质标准
(mg/L)</td><td>国家标准</td><td>1.0</td><td>住房和城乡建设部行标</td><td>1.0</td></tr>
<tr><td>地表水标准</td><td>1.0</td><td></td><td></td></tr>
<tr><td colspan="5">试验条件</td></tr>
<tr><td>无锡</td><td colspan="4">中桥自来水：锌浓度3.93mg/L；混凝剂种类聚合氯化铝 5mg/L（以 Al 计）；试验水温24℃；浊度0.25NTU；碱度54mg/L；硬度116mg/L；pH=7.22；总溶解性固体192mg/L。</td></tr>
<tr><td colspan="5">试验结果</td></tr>
<tr><td colspan="5">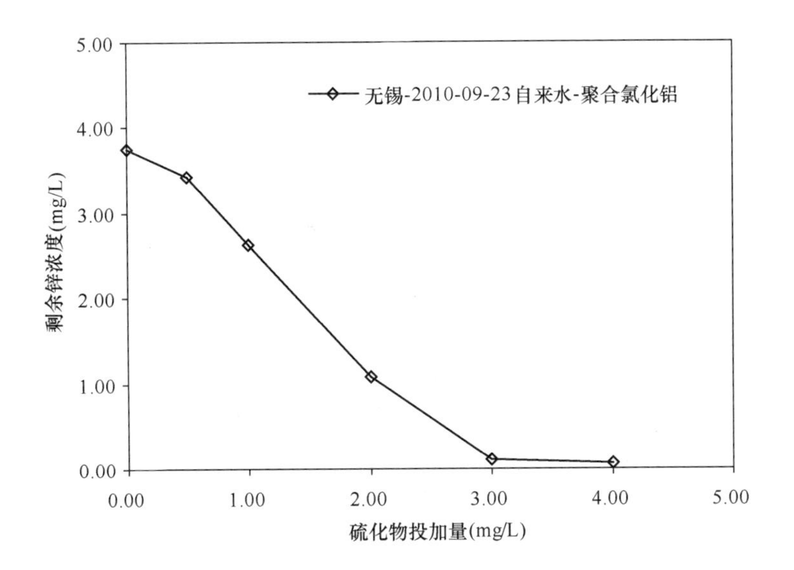</td></tr>
<tr><td colspan="5">备　　注</td></tr>
<tr><td colspan="5">1. 硫化物沉淀法除锌的原理是生成不溶的硫化锌，并与矾花形成共沉淀去除。
2. 从数据中可以看出，投加 2mg/L 硫化物可以把 4mg/L 的锌完全去除。不过按照生成 ZnS 时的 1∶1 摩尔比计算应该可以去除 6mg/L，偏小的原因估计是投加的硫化物因被溶解氧氧化而有损失。</td></tr>
</table>

2.19 银

pH 值对混凝剂去除银效果的影响

<table>
<tr><td colspan="2">试验名称</td><td colspan="4">pH 值对混凝剂去除 银 效果的影响</td></tr>
<tr><td colspan="2" rowspan="2">相关水质标准
(mg/L)</td><td>国家标准</td><td>0.05</td><td>住房和城乡建设部行标</td><td></td></tr>
<tr><td>地表水标准</td><td></td><td></td><td></td></tr>
<tr><td colspan="6">试验条件</td></tr>
<tr><td rowspan="2">上海</td><td colspan="5">自来水：银浓度0.2501mg/L；混凝剂聚合硫酸铁 5mg/L（以 Fe 计）；试验水温15℃；浊度0.84NTU；碱度63.1mg/L；硬度151mg/L；pH=7.01；总溶解性固体387mg/L。</td></tr>
<tr><td colspan="5">自来水：银浓度0.2501mg/L；混凝剂聚合硫酸铝 5mg/L（以 Al 计）；试验水温15℃；浊度0.84NTU；碱度63.1mg/L；硬度151mg/L；pH=7.01；总溶解性固体387mg/L。</td></tr>
<tr><td colspan="6">试验结果</td></tr>
<tr><td colspan="6">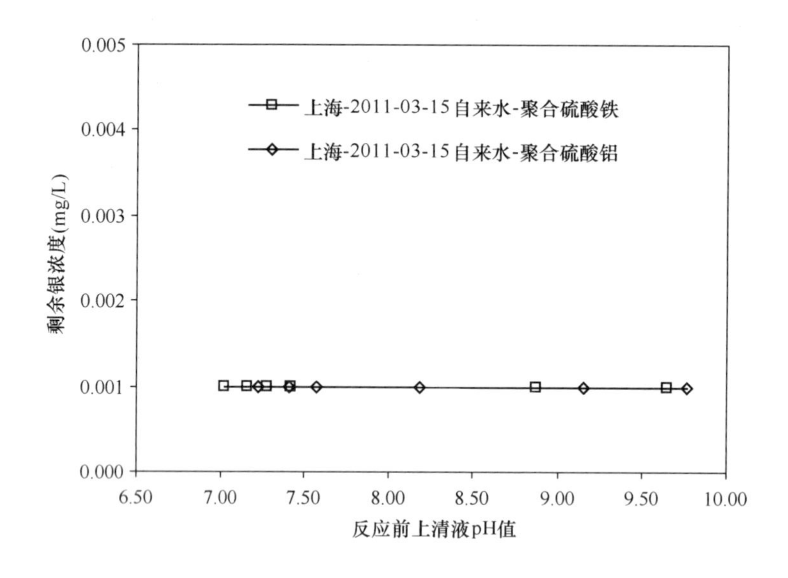</td></tr>
<tr><td colspan="6">备　注</td></tr>
<tr><td colspan="6">1. 由于水中氯离子存在，所以添加的 Ag 几乎不能溶于水中。
2. 在饮用水新国标中，将银从原先的常规监测项目变成非常规项目，主要原因就是在天然水体中含有氯离子，银基本上无检出。</td></tr>
</table>

3 应对还原/氧化性污染物的化学氧化/还原技术

3.1 碘化物

3.1.1 纯水条件下各种氧化剂对碘化物的氧化速率

试验名称	纯水条件下各种氧化剂对 碘化物 的氧化速率			
相关水质标准（mg/L）	国家标准		住房和城乡建设部行标	
	地表水标准	0.2		
试验条件				
天津	去离子水：碘化物浓度0.8mg/L；氯投加量0.28mg/L；试验水温18.1℃。			
	去离子水：碘化物浓度1.07mg/L；高锰酸钾投加量0.415mg/L；试验水温16.0℃。			
试验结果				

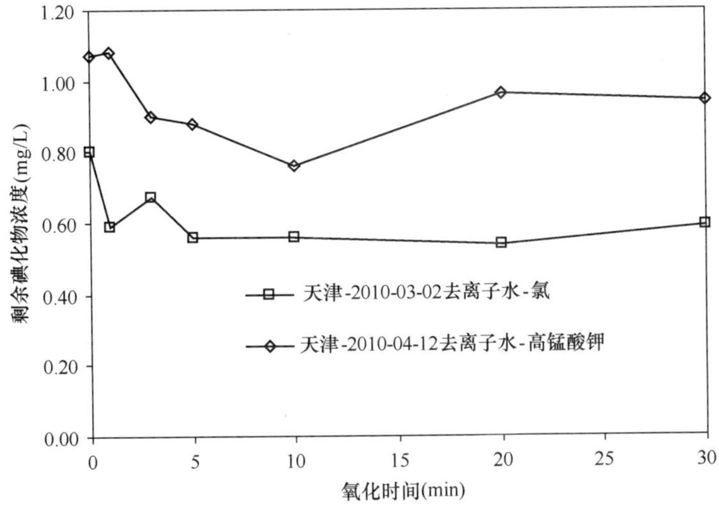

1.20
1.00
0.80
0.60
0.40
0.20
0.00
剩余碘化物浓度(mg/L)
0
5
10
15
20
25
30
氧化时间(min)
天津-2010-03-02去离子水-氯
天津-2010-04-12去离子水-高锰酸钾

备　注
氯和高锰酸钾对水中的碘化物有一定的氧化去除效果，但去除率较低，在氧化剂常规剂量下，5倍浓度水样处理后碘不能达标。

3.1.2 氧化剂投加量对碘化物去除效果的影响

<table>
<tr><td>试验名称</td><td colspan="4">氧化剂投加量对<u>碘化物</u>去除效果的影响</td></tr>
<tr><td rowspan="2">相关水质标准
(mg/L)</td><td>国家标准</td><td></td><td>住房和城乡建设部行标</td><td></td></tr>
<tr><td>地表水标准</td><td>0.2</td><td></td><td></td></tr>
<tr><td colspan="5">试验条件</td></tr>
<tr><td rowspan="2">天津</td><td colspan="4">去离子水：碘化物浓度<u>1.05</u>mg/L；试验水温<u>16</u>℃；氧化剂种类<u>氯</u>；氧化时间<u>5</u>min。</td></tr>
<tr><td colspan="4">去离子水：碘化物浓度<u>1.11</u>mg/L；试验水温<u>16.0</u>℃；氧化剂种类<u>高锰酸钾</u>；
氧化时间<u>10</u>min。</td></tr>
<tr><td colspan="5">试验结果</td></tr>
<tr><td colspan="5">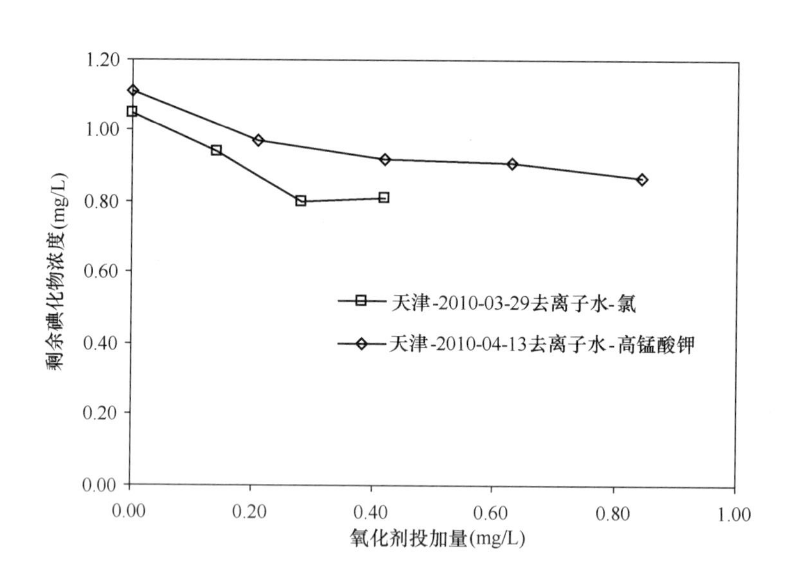
</td></tr>
<tr><td colspan="5">备　注</td></tr>
<tr><td colspan="5"></td></tr>
</table>

3.2 二甲基二硫醚

3.2.1 纯水条件下各种氧化剂对二甲基二硫醚的氧化速率

<table>
<tr><td>试验名称</td><td colspan="4">纯水条件下各种氧化剂对＿二甲基二硫醚＿的氧化速率</td></tr>
<tr><td rowspan="2">相关水质标准
(mg/L)</td><td>国家标准</td><td></td><td>住房和城乡建设部行标</td><td></td></tr>
<tr><td>地表水标准</td><td></td><td></td><td></td></tr>
<tr><td colspan="5">试验条件</td></tr>
<tr><td rowspan="2">东莞</td><td colspan="4">纯水：二甲基二硫醚浓度0.15mg/L；氯投加量1.0mg/L；试验水温19℃。</td></tr>
<tr><td colspan="4">纯水：二甲基二硫醚浓度0.130mg/L；高锰酸钾投加量2.0mg/L；试验水温26℃。</td></tr>
<tr><td colspan="5">试验结果</td></tr>
<tr><td colspan="5">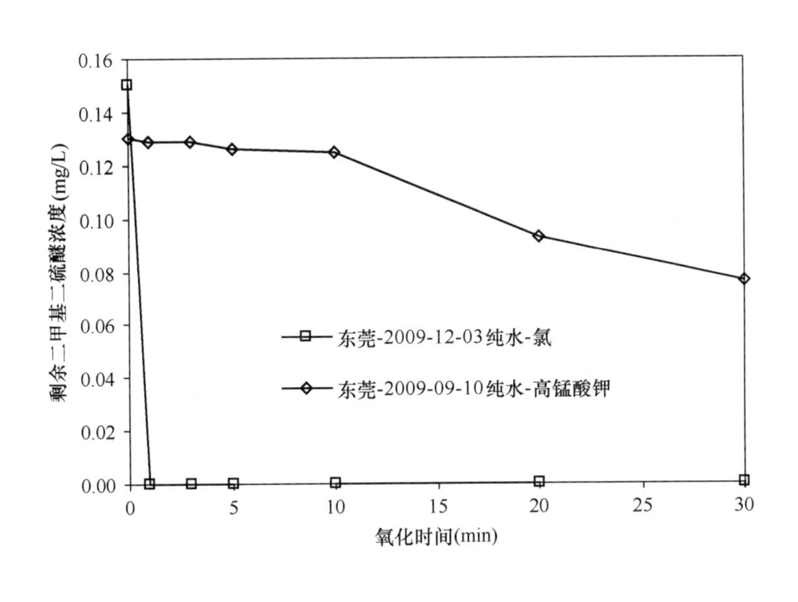
</td></tr>
<tr><td colspan="5">备　注</td></tr>
<tr><td colspan="5">氯可以迅速氧化二甲基二硫醚，高锰酸钾的氧化速度较慢。</td></tr>
</table>

3.2.2 氧化剂投加量对二甲基二硫醚去除效果的影响

<table>
<tr><td>试验名称</td><td colspan="5">氧化剂投加量对 二甲基二硫醚 去除效果的影响</td></tr>
<tr><td rowspan="2">相关水质标准
(mg/L)</td><td colspan="2">国家标准</td><td></td><td>住房和城乡建设部行标</td><td></td></tr>
<tr><td colspan="2">地表水标准</td><td></td><td></td><td></td></tr>
<tr><td colspan="6">试验条件</td></tr>
<tr><td rowspan="4">东莞</td><td colspan="5">纯水：二甲基二硫醚浓度0.15mg/L；试验水温19.0℃；氧化剂种类氯；氧化时间10min；化学剂量关系浓度1.0mg/L。</td></tr>
<tr><td colspan="5">第三水厂原水：二甲基二硫醚浓度0.15mg/L；试验水温19.0℃；氧化剂种类氯；氧化时间10min；化学剂量关系浓度1.0mg/L；COD_{Mn} 0.10mg/L；TOC 1.50mg/L；pH=6.90；浊度31.5NTU；碱度30.0mg/L；水源水耗氧量1.96mg/L。</td></tr>
<tr><td colspan="5">纯水：二甲基二硫醚浓度0.132mg/L；试验水温26.0℃；氧化剂种类高锰酸钾；氧化时间30min；化学剂量关系浓度2.0mg/L。</td></tr>
<tr><td colspan="5">第三水厂原水：二甲基二硫醚浓度0.132mg/L；试验水温26.0℃；氧化剂种类高锰酸钾；氧化时间30min；化学剂量关系浓度2.0mg/L；COD_{Mn} 0.10mg/L；pH=6.8；浊度14.7NTU；碱度32.5mg/L；水源水耗氧量3.45mg/L。</td></tr>
<tr><td colspan="6">试验结果</td></tr>
<tr><td colspan="6">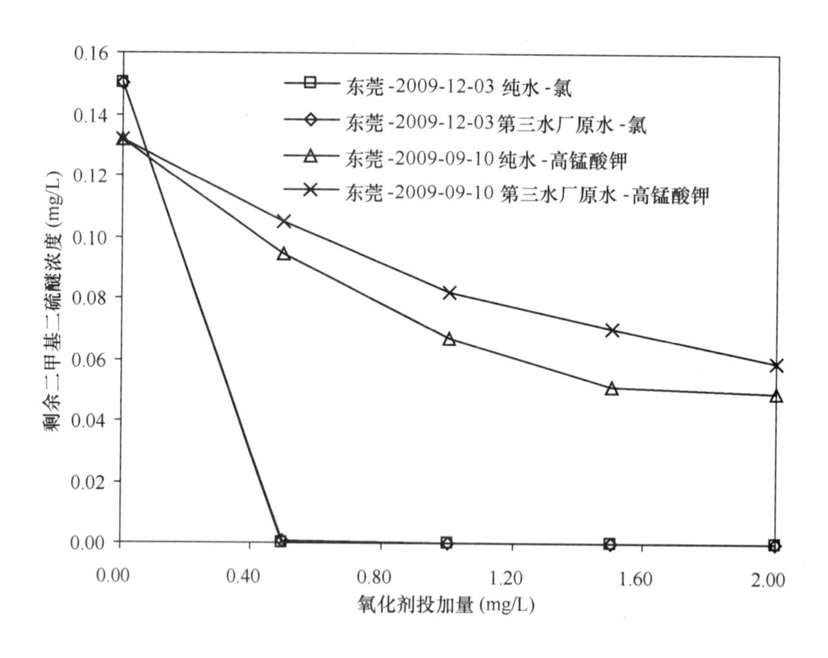
</td></tr>
<tr><td colspan="6">备　注</td></tr>
<tr><td colspan="6"></td></tr>
</table>

3.3 二甲基三硫醚

3.3.1 纯水条件下各种氧化剂对二甲基三硫醚的氧化速率

试验名称	纯水条件下各种氧化剂对<u>二甲基三硫醚</u>的氧化速率			
相关水质标准（mg/L）	国家标准		住房和城乡建设部行标	
	地表水标准			
试验条件				
东莞	纯水：二甲基三硫醚浓度0.1mg/L；氯投加量1.0mg/L；试验水温19℃。			
	纯水：二甲基三硫醚浓度0.107mg/L；高锰酸钾投加量2.0mg/L；试验水温14℃。			
试验结果				

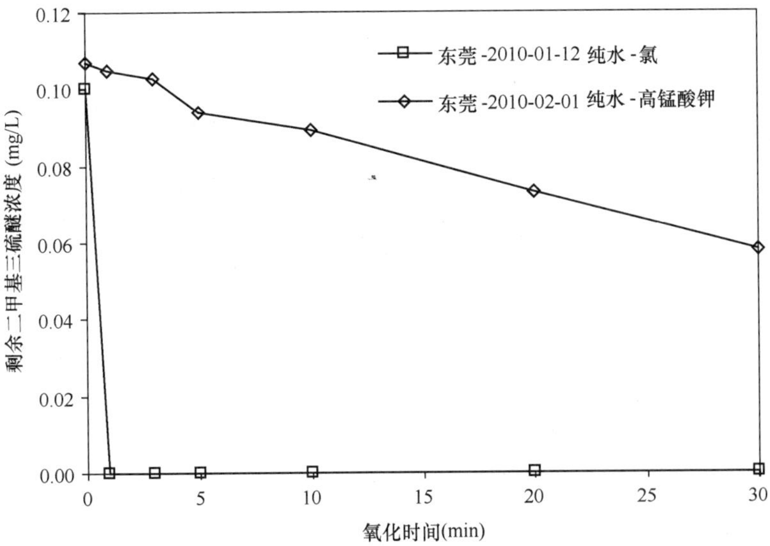

备　　注
氯可以迅速氧化二甲基三硫醚，高锰酸钾的氧化速度较慢。

3.3.2 氧化剂投加量对二甲基三硫醚去除效果的影响

<table>
<tr><td colspan="2">试验名称</td><td colspan="4">氧化剂投加量对 二甲基三硫醚 去除效果的影响</td></tr>
<tr><td colspan="2" rowspan="2">相关水质标准
(mg/L)</td><td>国家标准</td><td></td><td>住房和城乡建设部行标</td><td></td></tr>
<tr><td>地表水标准</td><td></td><td></td><td></td></tr>
<tr><td colspan="6">试验条件</td></tr>
<tr><td rowspan="4">东莞</td><td colspan="5">纯水：二甲基三硫醚浓度0.12mg/L；试验水温19℃；氧化剂种类氯；氧化时间30min；化学剂量关系浓度1.0mg/L。</td></tr>
<tr><td colspan="5">第三水厂原水：二甲基三硫醚浓度0.12mg/L；试验水温19℃；氧化剂种类氯；氧化时间30min；化学剂量关系浓度1.0mg/L；COD_{Mn} 0.20mg/L；pH＝7.00；浊度58.3NTU；碱度36.0mg/L；水源水耗氧量2.53mg/L。</td></tr>
<tr><td colspan="5">纯水：二甲基三硫醚浓度0.10mg/L；试验水温14.0℃；氧化剂种类高锰酸钾；氧化时间30min；化学剂量关系浓度2.0mg/L。</td></tr>
<tr><td colspan="5">第三水厂东江原水：二甲基三硫醚浓度0.10mg/L；试验水温14.0℃；氧化剂种类高锰酸钾；氧化时间30min；化学剂量关系浓度2.0mg/L；COD_{Mn} 0.01mg/L；pH＝6.80；浊度14.7NTU；碱度321.5mg/L；水源水耗氧量2.05mg/L。</td></tr>
<tr><td colspan="6">试验结果</td></tr>
<tr><td colspan="6">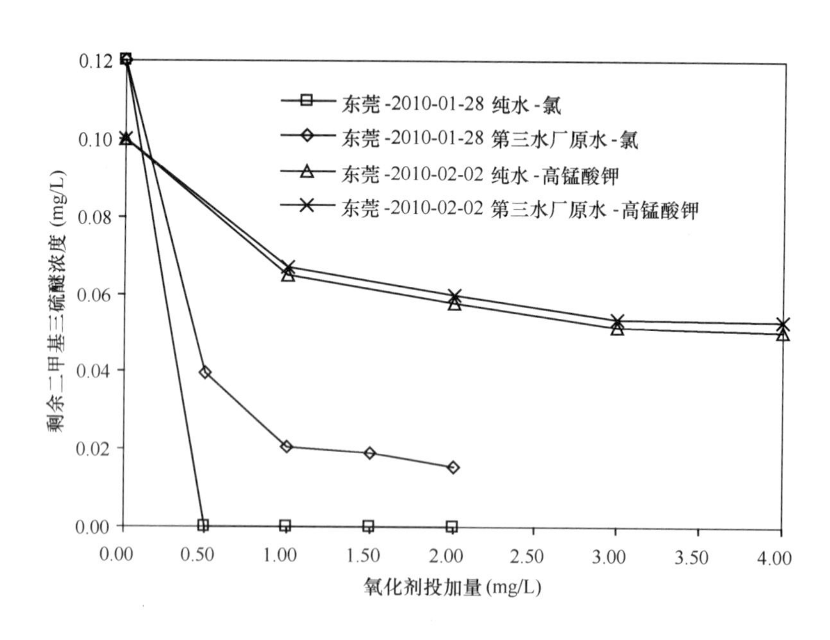
</td></tr>
<tr><td colspan="6">备　注</td></tr>
<tr><td colspan="6"></td></tr>
</table>

3.4 甲硫醚

3.4.1 纯水条件下各种氧化剂对甲硫醚的氧化速率

<table>
<tr><td>试验名称</td><td colspan="4">纯水条件下各种氧化剂对__甲硫醚__的氧化速率</td></tr>
<tr><td rowspan="2">相关水质标准
(mg/L)</td><td>国家标准</td><td></td><td>住房和城乡建设部行标</td><td></td></tr>
<tr><td>地表水标准</td><td></td><td></td><td></td></tr>
<tr><td colspan="5">试验条件</td></tr>
<tr><td rowspan="2">东莞</td><td colspan="4">纯水：甲硫醚浓度0.00180mg/L；氯投加量0.20mg/L；试验水温19.0℃。</td></tr>
<tr><td colspan="4">纯水：甲硫醚浓度0.00163mg/L；高锰酸钾投加量0.40mg/L；试验水温26℃。</td></tr>
<tr><td colspan="5">试验结果</td></tr>
<tr><td colspan="5">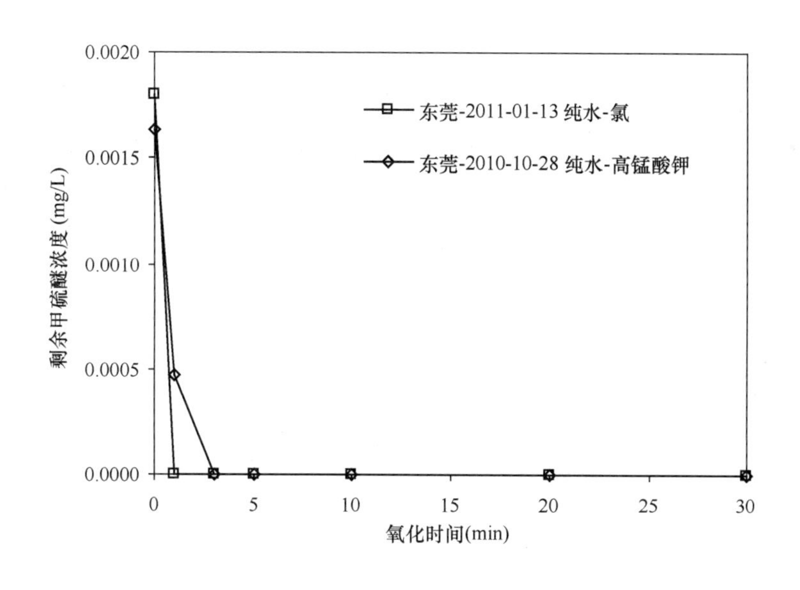</td></tr>
<tr><td colspan="5">备　注</td></tr>
<tr><td colspan="5">氯和高锰酸钾可以迅速氧化去除甲硫醚。</td></tr>
</table>

3.4.2 氧化剂投加量对甲硫醚去除效果的影响

<table>
<tr><td>试验名称</td><td colspan="5">氧化剂投加量对 甲硫醚 去除效果的影响</td></tr>
<tr><td rowspan="2">相关水质标准
(mg/L)</td><td colspan="2">国家标准</td><td></td><td>住房和城乡建设部行标</td><td></td></tr>
<tr><td colspan="2">地表水标准</td><td></td><td></td><td></td></tr>
<tr><td colspan="6">试验条件</td></tr>
<tr><td rowspan="4">东莞</td><td colspan="5">纯水：甲硫醚浓度0.00180mg/L；试验水温19℃；氧化剂种类氯；氧化时间5min；化学剂量关系浓度0.20mg/L。</td></tr>
<tr><td colspan="5">东莞第三水厂原水：甲硫醚浓度0.00180mg/L；试验水温19℃；氧化剂种类氯；氧化时间5min；化学剂量关系浓度0.20mg/L；COD_{Mn} 0.20mg/L；pH=7.0；浊度36.6NTU；碱度36.0mg/L；水源水耗氧量1.84mg/L。</td></tr>
<tr><td colspan="5">纯水：甲硫醚浓度0.00158mg/L；试验水温26℃；氧化剂种类高锰酸钾；氧化时间10min；化学剂量关系浓度0.40mg/L。</td></tr>
<tr><td colspan="5">东莞第三水厂原水：甲硫醚浓度0.00158mg/L；试验水温26℃；氧化剂种类高锰酸钾；氧化时间10min；化学剂量关系浓度0.40mg/L；COD_{Mn} 0.20mg/L；pH=7.0；浊度31.9NTU；碱度28.0mg/L；水源水耗氧量2.16mg/L。</td></tr>
<tr><td colspan="6">试验结果</td></tr>
<tr><td colspan="6">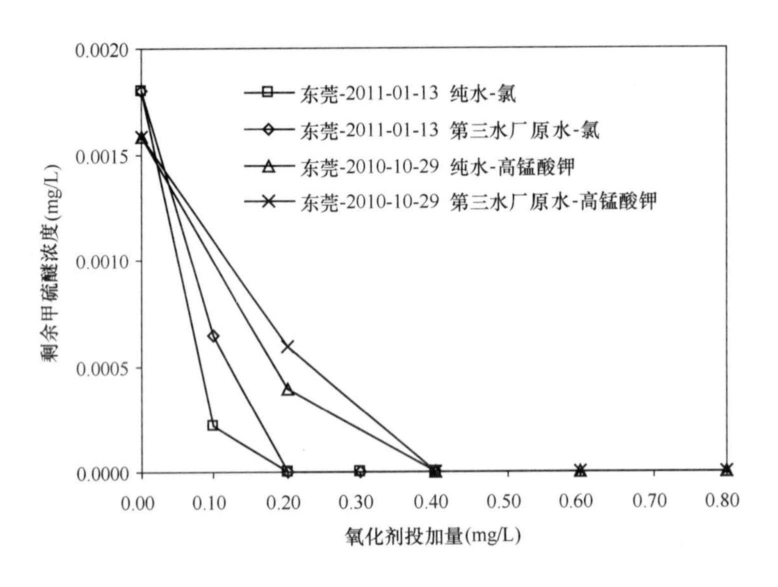
</td></tr>
<tr><td colspan="6">备　　注</td></tr>
<tr><td colspan="6"></td></tr>
</table>

3.5 硫化物

3.5.1 纯水条件下各种氧化剂对硫化物的氧化速率

<table>
<tr><td>试验名称</td><td colspan="4">纯水条件下各种氧化剂对硫化物的氧化速率</td></tr>
<tr><td rowspan="2">相关水质标准
(mg/L)</td><td>国家标准</td><td>0.02</td><td>住房和城乡建设部行标</td><td>0.02</td></tr>
<tr><td>地表水标准</td><td>0.02</td><td></td><td></td></tr>
<tr><td colspan="5">试验条件</td></tr>
<tr><td>上海</td><td colspan="4">纯水：硫化物浓度0.110mg/L；氯投加量0.97mg/L；试验水温14℃。</td></tr>
<tr><td rowspan="3">无锡</td><td colspan="4">纯水：硫化物浓度1.0mg/L；氯投加量4.5mg/L；试验水温8.9℃。</td></tr>
<tr><td colspan="4">纯水：硫化物浓度1.0mg/L；高锰酸钾投加量2.0mg/L；试验水温9.3℃。</td></tr>
<tr><td colspan="4">纯水：硫化物浓度1.0mg/L；二氧化氯投加量4.215mg/L；试验水温8.8℃。</td></tr>
<tr><td colspan="5">试验结果</td></tr>
<tr><td colspan="5">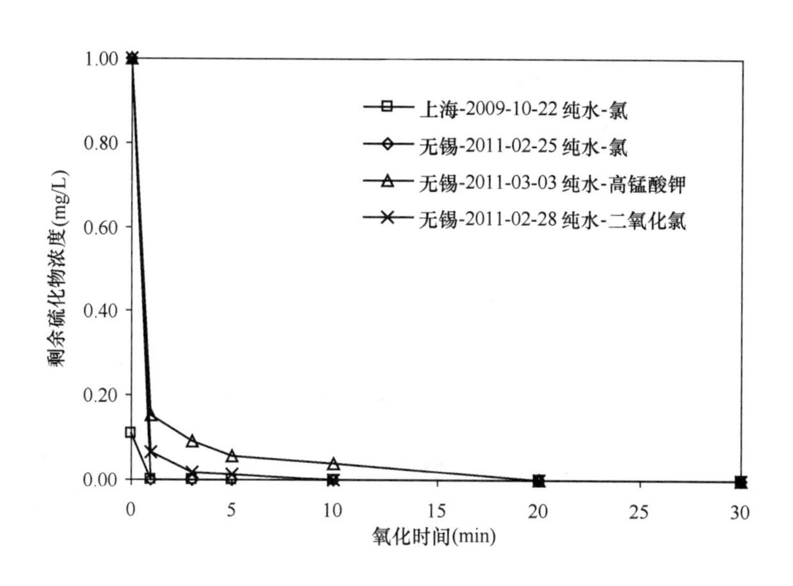</td></tr>
<tr><td colspan="5">备　　注</td></tr>
<tr><td colspan="5">硫化物可以被氯、二氧化氯、高锰酸钾迅速氧化。</td></tr>
</table>

3.5.2 氧化剂投加量对硫化物去除效果的影响

<table>
<tr><td colspan="2">试验名称</td><td colspan="4">氧化剂投加量对 硫化物 去除效果的影响</td></tr>
<tr><td colspan="2" rowspan="2">相关水质标准
(mg/L)</td><td>国家标准</td><td>0.02</td><td>住房和城乡建设部行标</td><td>0.02</td></tr>
<tr><td>地表水标准</td><td>0.02</td><td></td><td></td></tr>
<tr><td colspan="6">试验条件</td></tr>
<tr><td rowspan="2">上海</td><td rowspan="2">氧化剂种类氯；氧化时间30min；化学剂量关系浓度0.97mg/L。</td><td colspan="4">纯水：硫化物浓度0.110mg/L；试验水温14℃。</td></tr>
<tr><td colspan="4">原水：硫化物浓度0.110mg/L；试验水温14℃；COD_{Mn} 2.46mg/L；TOC 2.23mg/L；pH = 8.00；浊度20NTU；碱度110mg/L；水源水耗氯量1.00mg/L。</td></tr>
<tr><td rowspan="6">无锡</td><td rowspan="2">氧化剂种类氯；氧化时间30min；化学剂量关系浓度4.5mg/L。</td><td colspan="4">纯水：硫化物浓度1.0mg/L；试验水温8.7℃。</td></tr>
<tr><td colspan="4">原水：硫化物浓度1.0mg/L；试验水温8.7℃；COD_{Mn}0.62mg/L；TOC 1.80mg/L；pH=7.1；浊度0.12NTU；碱度70mg/L。</td></tr>
<tr><td rowspan="2">氧化剂种类高锰酸钾；氧化时间30min；化学剂量关系浓度2.0mg/L。</td><td colspan="4">纯水：硫化物浓度1.0mg/L；试验水温9.3℃。</td></tr>
<tr><td colspan="4">原水：硫化物浓度1.0mg/L；试验水温9.3℃；COD_{Mn}0.71mg/L；TOC 2.10mg/L；pH=7.1；浊度0.15NTU；碱度74mg/L。</td></tr>
<tr><td rowspan="2">氧化剂种类二氧化氯；氧化时间30min；化学剂量关系浓度4.215mg/L。</td><td colspan="4">纯水：硫化物浓度1.0mg/L；试验水温9.0℃。</td></tr>
<tr><td colspan="4">原水：硫化物浓度1.0mg/L；试验水温9.0℃；COD_{Mn}0.74mg/L；TOC 1.92mg/L；pH=7.2；浊度0.13NTU；碱度75mg/L。</td></tr>
<tr><td colspan="6">试验结果</td></tr>
<tr><td colspan="6">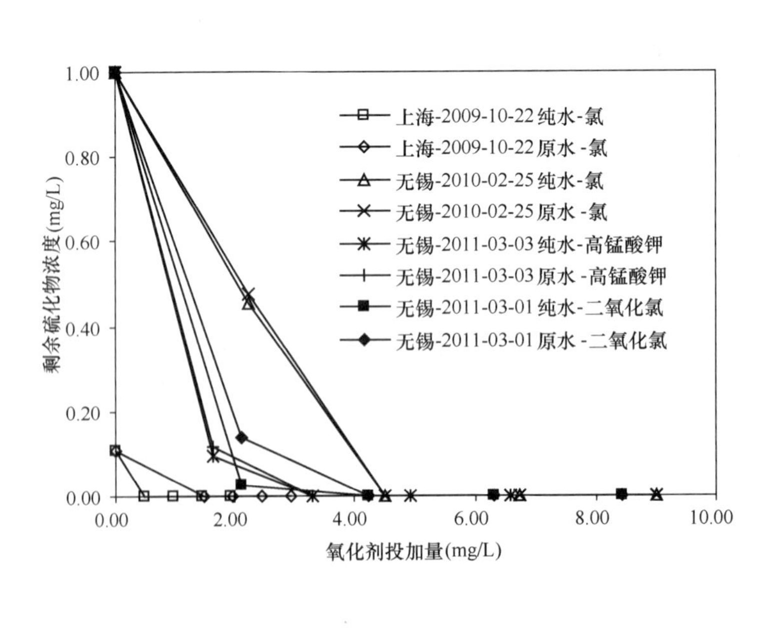</td></tr>
<tr><td colspan="6">备　注</td></tr>
<tr><td colspan="6"></td></tr>
</table>

3.6 氯酸盐

纯水条件下各种还原剂对氯酸盐的还原速率

试验名称		纯水条件下各种还原剂对氯酸盐的还原速率			
相关水质标准(mg/L)		国家标准	0.7	住房和城乡建设部行标	0.7
		地表水标准			
试验条件					
上海	纯水：氯酸盐浓度3.45mg/L；硫化物投加量3.04mg/L；试验水温13℃。				
天津	去离子水：氯酸盐浓度3.844mg/L；硫化钠投加量3.844mg/L；试验水温10.3℃。				
	原水：氯酸盐浓度3.713mg/L；硫酸亚铁投加量14.1mg/L；试验水温10.4℃。				
试验结果					

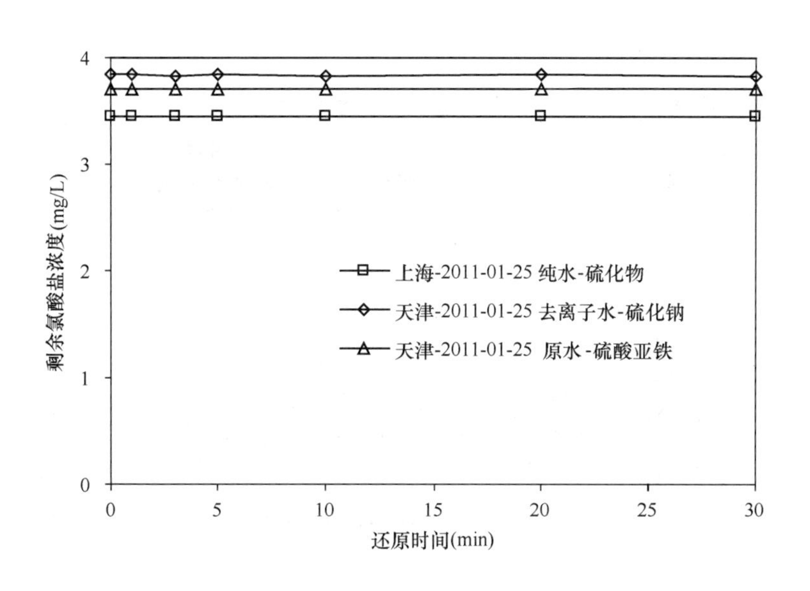

备注
对于氯酸盐，投加硫化物、硫酸亚铁等还原剂无去除效果。

3.7 氰化物

3.7.1 纯水条件下各种氧化剂对氰化物的氧化速率

试验名称		纯水条件下各种氧化剂对氰化物的氧化速率			
相关水质标准(mg/L)		国家标准	0.05	住房和城乡建设部行标	0.05
		地表水标准	0.2		
试验条件					
北京	纯水：氰化物浓度0.784mg/L；氯投加量8mg/L；试验水温16℃。				
广州	纯水：氰化物浓度0.266mg/L；氯投加量1.82mg/L；试验水温13℃。				
	纯水：氰化物浓度0.277mg/L；高锰酸钾投加量1.68mg/L；试验水温10℃。				
	纯水：氰化物浓度0.252mg/L；二氧化氯投加量0.654mg/L；试验水温12℃。				
	纯水：氰化物浓度0.256mg/L；臭氧投加量1.2mg/L；试验水温25℃。				
试验结果					

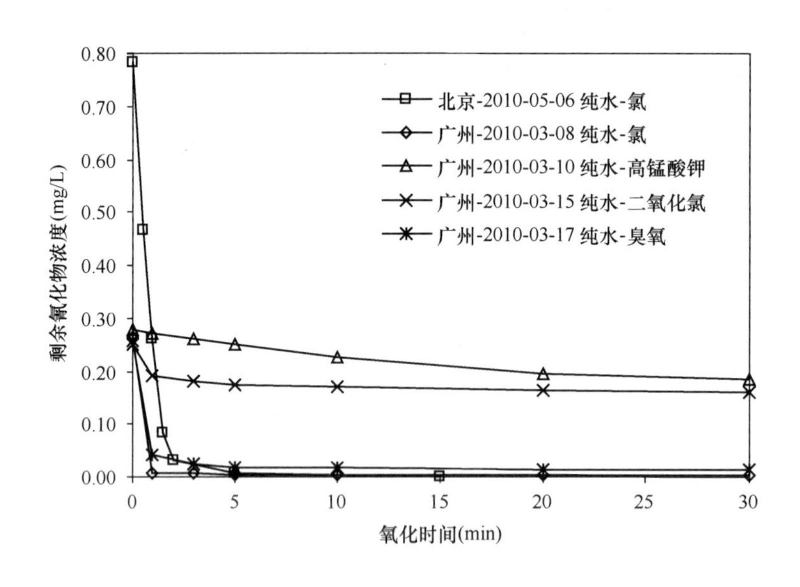

备　注
氰化物可以被氯和臭氧迅速氧化去除。高锰酸钾和二氧化氯的去除效果较差。

3.7.2 氧化剂投加量对氰化物去除效果的影响

<table>
<tr><td>试验名称</td><td colspan="4">氧化剂投加量对<u>氰化物</u>去除效果的影响</td></tr>
<tr><td rowspan="2">相关水质标准
(mg/L)</td><td>国家标准</td><td>0.05</td><td>住房和城乡建设部行标</td><td>0.05</td></tr>
<tr><td>地表水标准</td><td>0.2</td><td></td><td></td></tr>
<tr><td colspan="5">试验条件</td></tr>
<tr><td rowspan="2">北京</td><td colspan="4">纯水：氰化物浓度0.769mg/L；试验水温22℃；氧化剂种类氯；氧化时间30min。</td></tr>
<tr><td colspan="4">原水：氰化物浓度0.82mg/L；试验水温22℃；氧化剂种类氯；氧化时间30min；COD_{Mn}=2.0～3.0mg/L；TOC=2.1～2.4mg/L；pH=7.8；浊度=1.0～1.2NTU；碱度=170～190mg/L；硬度=200～220mg/L。</td></tr>
<tr><td rowspan="4">广州</td><td colspan="4">纯水和原水：氰化物浓度0.266mg/L；试验水温13℃；氧化剂种类氯；氧化时间20min；化学剂量关系浓度1.82mg/L；COD_{Mn} 2.1mg/L；TOC 1.1mg/L；pH=7.1；浊度6.65NTU；碱度76mg/L；硬度91.1mg/L。</td></tr>
<tr><td colspan="4">纯水和原水：氰化物浓度0.277mg/L；试验水温10℃；氧化剂种类高锰酸钾；氧化时间30min；化学剂量关系浓度1.68mg/L；COD_{Mn}2.1mg/L；TOC 1.1mg/L；pH=7.1；浊度6.65NTU；碱度76mg/L；硬度91.1mg/L。</td></tr>
<tr><td colspan="4">纯水和原水：氰化物浓度0.252mg/L；试验水温12℃；氧化剂种类二氧化氯；氧化时间30min；化学剂量关系浓度0.654mg/L；COD_{Mn}2.1mg/L；TOC 1.1mg/L；pH=7.1；浊度6.65NTU；碱度76mg/L；硬度91.1mg/L。</td></tr>
<tr><td colspan="4">纯水和原水：氰化物浓度0.256mg/L；试验水温25℃；氧化剂种类臭氧；氧化时间5min。</td></tr>
<tr><td colspan="5">试验结果</td></tr>
<tr><td colspan="5">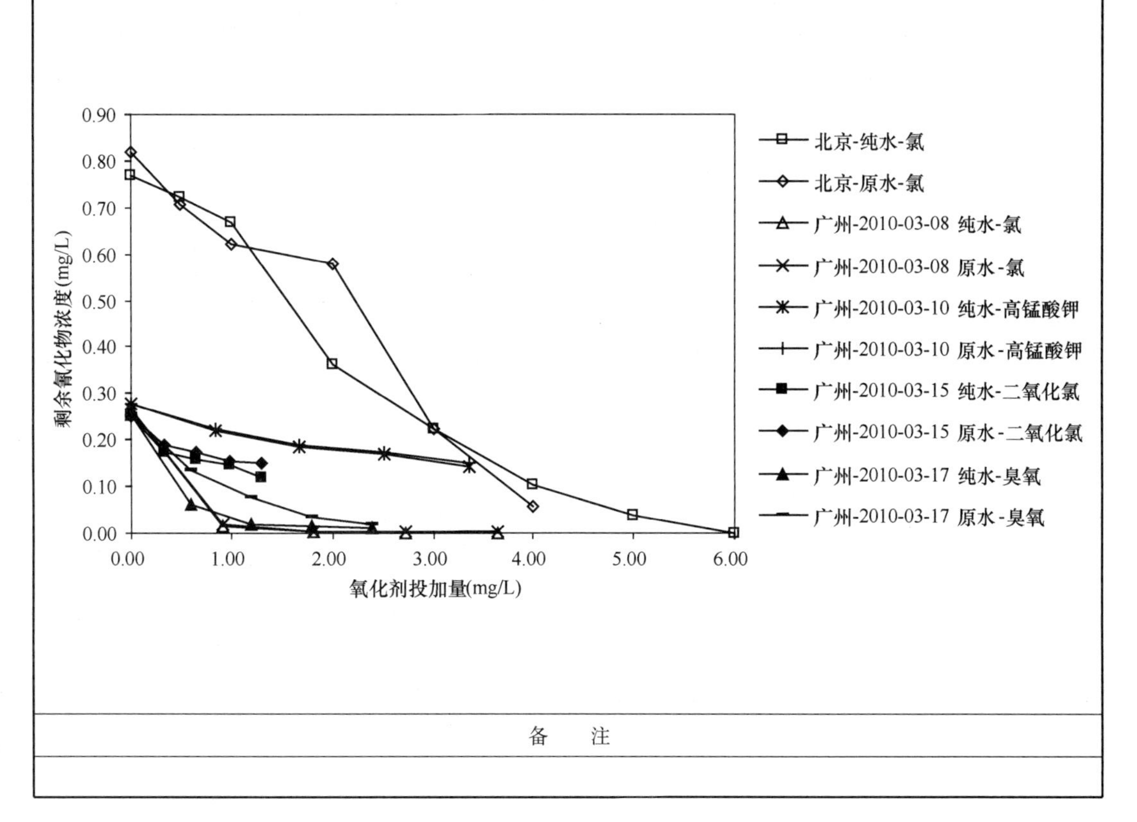</td></tr>
<tr><td colspan="5">备　注</td></tr>
<tr><td colspan="5"></td></tr>
</table>

3.8 水合肼

氯对水合肼的氧化速率

<table>
<tr><td>试验名称</td><td colspan="4">氯对 水合肼 的氧化速率</td></tr>
<tr><td rowspan="2">相关水质标准
(mg/L)</td><td>国家标准</td><td></td><td>住房和城乡建设部行标</td><td></td></tr>
<tr><td>地表水标准</td><td>0.01</td><td></td><td></td></tr>
<tr><td colspan="5">试验条件</td></tr>
<tr><td>北京</td><td colspan="4">水合肼浓度：0.142mg/L，纯水配水。</td></tr>
<tr><td colspan="5">试验结果</td></tr>
<tr><td colspan="5">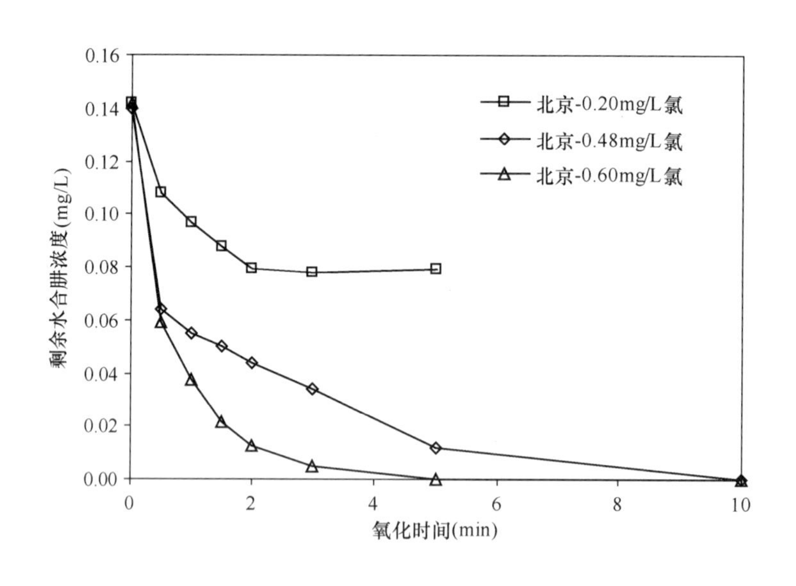
</td></tr>
<tr><td colspan="5">备　　注</td></tr>
<tr><td colspan="5">水合肼可以被氯迅速氧化去除。</td></tr>
</table>

3.9 亚氯酸盐

3.9.1 不同水质条件下还原剂对亚氯酸盐的还原速率

试验名称	不同水质条件下还原剂对亚氯酸盐的还原速率			
相关水质标准（mg/L）	国家标准	0.7	住房和城乡建设部行标	0.7
	地表水标准			
试验条件				
天津	去离子水：亚氯酸盐浓度3.525mg/L；硫化钠与亚氯酸盐计量比1：1；试验水温10.3℃。			
	原水：亚氯酸盐浓度3.7552mg/L；硫酸亚铁投加量11.7mg/L；试验水温18.1℃；COD_{Mn}2.2mg/L；TOC 3.1mg/L；pH=7.82；浊度0.19NTU；碱度140mg/L。			
试验结果				

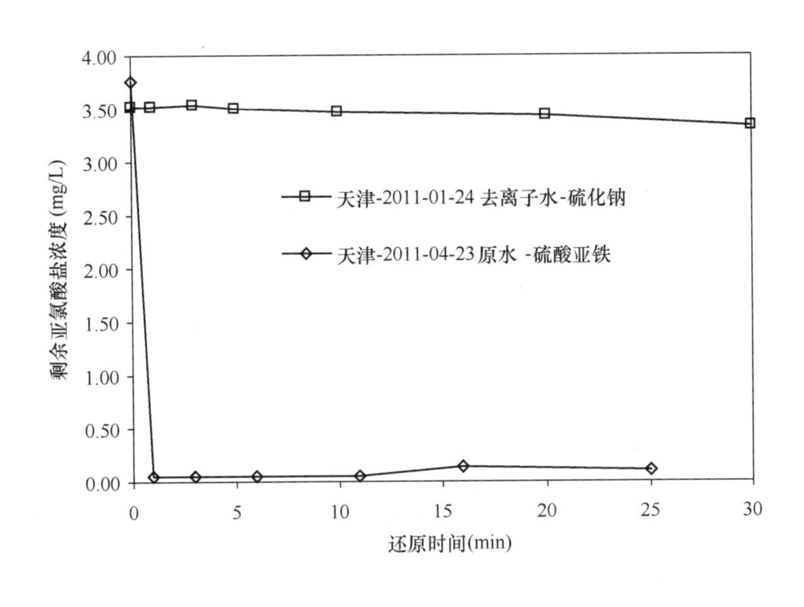

备注
亚氯酸盐可以被硫酸亚铁迅速还原，硫化钠则不能还原。

3.9.2 还原剂投加量对亚氯酸盐去除效果的影响

<table>
<tr><td>试验名称</td><td colspan="4">还原剂投加量对 亚氯酸盐 去除效果的影响</td></tr>
<tr><td rowspan="2">相关水质标准
(mg/L)</td><td>国家标准</td><td>0.7</td><td>住房和城乡建设部行标</td><td>0.7</td></tr>
<tr><td>地表水标准</td><td></td><td></td><td></td></tr>
<tr><td colspan="5">试验条件</td></tr>
<tr><td rowspan="2">天津</td><td colspan="4">去离子水：亚氯酸盐浓度3.726mg/L；试验水温10.4℃；还原时间30min。</td></tr>
<tr><td colspan="4">原水：亚氯酸盐浓度3.8037mg/L；试验水温16.0℃；还原时间5min；COD_{Mn} 2.2mg/L；TOC 3.1mg/L；pH=7.78；浊度0.17NTU；碱度138mg/L。</td></tr>
<tr><td colspan="5">试验结果
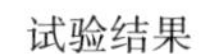</td></tr>
<tr><td colspan="5">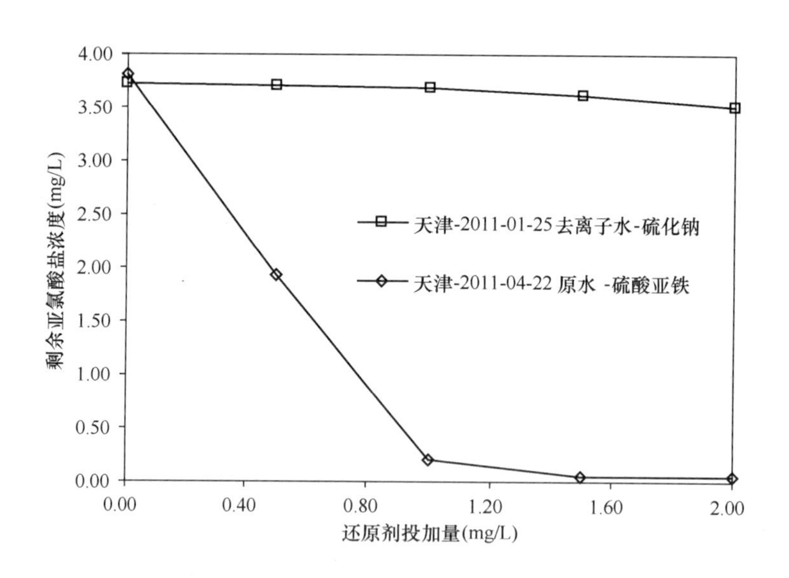</td></tr>
<tr><td colspan="5">备　注</td></tr>
<tr><td colspan="5"></td></tr>
</table>

3.10 亚硝酸盐

3.10.1 纯水条件下各种氧化剂对亚硝酸盐的氧化速率

<table>
<tr><td>试验名称</td><td colspan="4">纯水条件下氯对<u>亚硝酸盐</u>的氧化速率</td></tr>
<tr><td rowspan="2">相关水质标准
(mg/L)</td><td>国家标准</td><td>1</td><td>住房和城乡建设部行标</td><td>1</td></tr>
<tr><td>地表水标准</td><td>1</td><td></td><td></td></tr>
<tr><td colspan="5">试验条件</td></tr>
<tr><td>东莞</td><td colspan="4">纯水配水，亚硝酸盐浓度<u>4.67</u>mg/L（以 NO_2^- 计）；氯投加量<u>7.7</u>mg/L（以 Cl_2 计）；摩尔比 1∶1；试验水温<u>18.9</u>℃。</td></tr>
<tr><td colspan="5">试验结果</td></tr>
<tr><td colspan="5">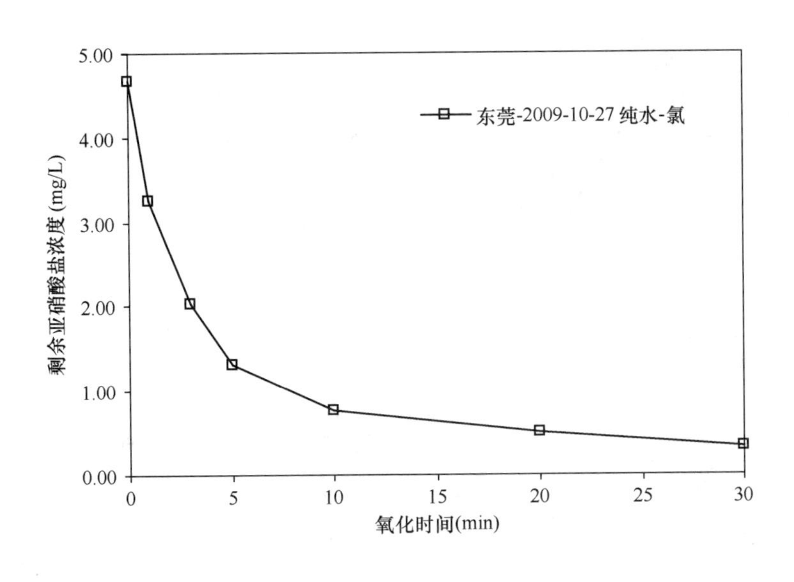
</td></tr>
<tr><td colspan="5">备　注</td></tr>
<tr><td colspan="5">亚硝酸盐可以被氯迅速氧化去除。</td></tr>
</table>

3.10.2 氧化剂投加量对亚硝酸盐去除效果的影响

<table>
<tr><td>试验名称</td><td colspan="4">氧化剂投加量对 亚硝酸盐 去除效果的影响</td></tr>
<tr><td rowspan="2">相关水质标准
(mg/L)</td><td>国家标准</td><td>1</td><td>住房和城乡建设部行标</td><td>1</td></tr>
<tr><td>地表水标准</td><td>1</td><td></td><td></td></tr>
<tr><td colspan="5">试验条件</td></tr>
<tr><td rowspan="2">东莞</td><td colspan="4">纯水：亚硝酸盐浓度4.90mg/L；试验水温18.3℃；氧化时间20min；化学剂量关系浓度7.7mg/L（以Cl_2计）。</td></tr>
<tr><td colspan="4">原水：亚硝酸盐浓度4.90mg/L；试验水温18.3℃；氧化时间20min；化学剂量关系浓度7.7mg/L（以Cl_2计）；COD_{Mn}1.91mg/L；pH=7.1；浊度16.9NTU；碱度27.52mg/L；水源水耗氯量2.7mg/L。</td></tr>
<tr><td colspan="5">试验结果</td></tr>
<tr><td colspan="5">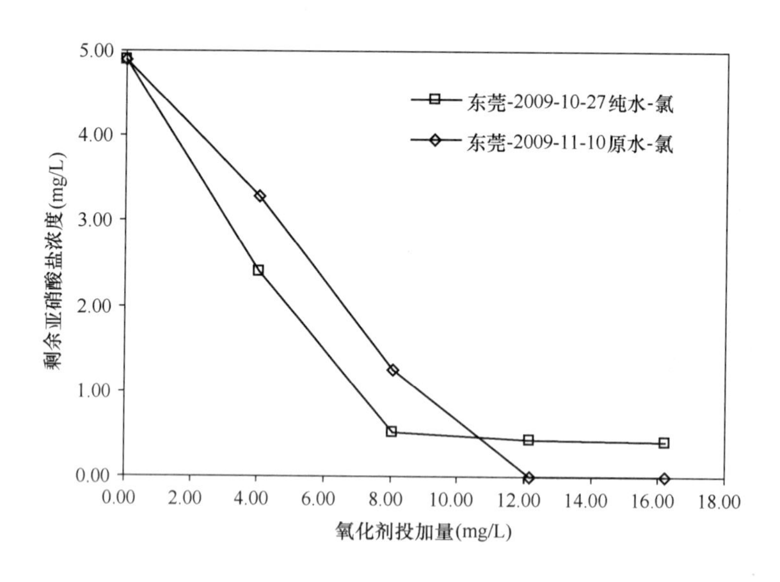
</td></tr>
<tr><td colspan="5">备　　注</td></tr>
<tr><td colspan="5"></td></tr>
</table>

4 应对挥发性污染物的曝气吹脱技术

4.1 苯乙烯

<table>
<tr><td>试验名称</td><td colspan="4">曝气吹脱对__苯乙烯__的处理效果</td></tr>
<tr><td rowspan="2">相关水质标准
(mg/L)</td><td>国家标准</td><td>0.02</td><td>住房和城乡建设部行标</td><td>0.02</td></tr>
<tr><td>地表水标准</td><td>0.02</td><td></td><td></td></tr>
<tr><td colspan="5">试验条件</td></tr>
<tr><td>北京</td><td colspan="4">纯水：苯乙烯浓度约0.1mg/L；曝气吹脱流量0.4、0.6、0.8、1.0、1.2、1.4L/min；试验水温23℃；TOC=0.1～0.5mg/L；pH=6.80。</td></tr>
<tr><td colspan="5">试验结果</td></tr>
<tr><td colspan="5">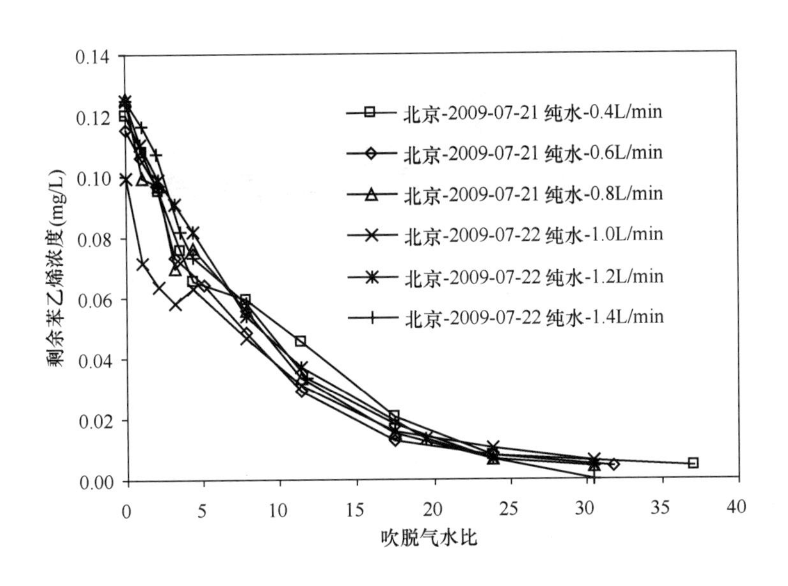</td></tr>
<tr><td colspan="5">备　注</td></tr>
<tr><td colspan="5">1. 曝气吹脱对苯乙烯有一定的去除效果，当气水比达到15时，可以把初始浓度约0.1mg/L的污染物去除到标准(0.02mg/L)以下，去除率达到为80%以上。
2. 影响吹脱去除率的关键参数是气水比，曝气流量不同但气水比相同时去除效果基本一致。</td></tr>
</table>

4.2 二氯甲烷

试验名称	曝气吹脱对 二氯甲烷 的处理效果			
相关水质标准(mg/L)	国家标准	0.02	住房和城乡建设部行标	
	地表水标准			
试验条件				
北京	纯水：二氯甲烷浓度约0.1mg/L；曝气吹脱流量0.4、0.6、0.8、1.0、1.2、1.4L/min；试验水温23℃；TOC=0.1～0.5mg/L；pH=6.80。			
成都	五厂原水：二氯甲烷浓度0.11545、0.07752、0.09345、0.11327、0.13086、0.11574mg/L；曝气吹脱流量0.4、0.6、0.8、1.0、1.2、1.4L/min；试验水温12.0℃；COD_{Mn}=6.47mg/L；TOC=≤2.00mg/L；pH=7.67；浊度=25.2NTU；碱度=122mg/L；硬度=157mg/L。			
试验结果				

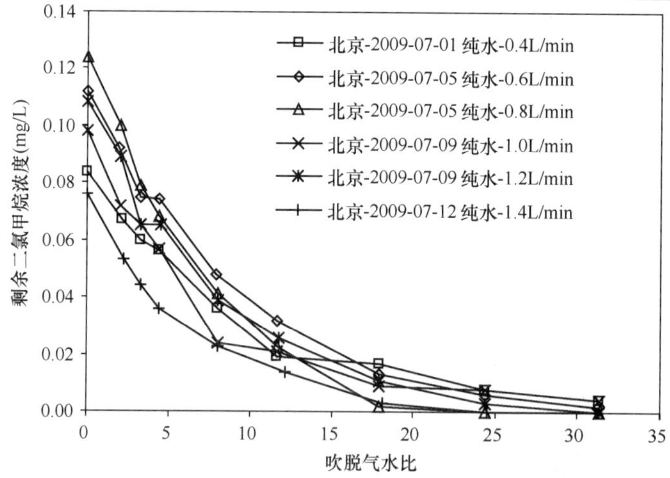

北京-2009-07-01 纯水-0.4L/min
北京-2009-07-05 纯水-0.6L/min
北京-2009-07-05 纯水-0.8L/min
北京-2009-07-09 纯水-1.0L/min
北京-2009-07-09 纯水-1.2L/min
北京-2009-07-12 纯水-1.4L/min
剩余二氯甲烷浓度(mg/L)
吹脱气水比

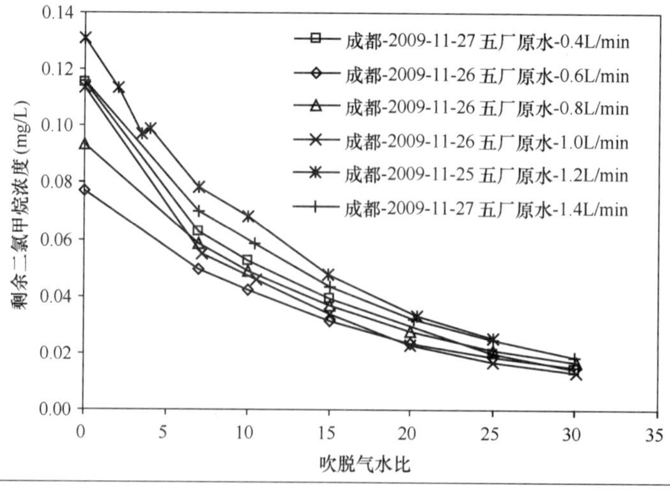

成都-2009-11-27 五厂原水-0.4L/min
成都-2009-11-26 五厂原水-0.6L/min
成都-2009-11-26 五厂原水-0.8L/min
成都-2009-11-26 五厂原水-1.0L/min
成都-2009-11-25 五厂原水-1.2L/min
成都-2009-11-27 五厂原水-1.4L/min
剩余二氯甲烷浓度(mg/L)
吹脱气水比

备　注

1. 曝气吹脱对二氯甲烷有一定的去除效果，当气水比达到16时，可以把初始浓度约0.1mg/L的污染物去除到标准（0.02mg/L）以下，去除率达到80%以上。

2. 影响吹脱去除率的关键参数是气水比，曝气流量不同但气水比相同时去除效果基本一致。

4.3 二氯一溴甲烷

<table>
<tr><td>试验名称</td><td colspan="4">曝气吹脱对　二氯一溴甲烷　的处理效果</td></tr>
<tr><td rowspan="2">相关水质标准
(mg/L)</td><td>国家标准</td><td>0.06</td><td>住房和城乡建设部行标</td><td></td></tr>
<tr><td>地表水标准</td><td></td><td></td><td></td></tr>
<tr><td colspan="5">试验条件</td></tr>
<tr><td>成都</td><td colspan="4">水六厂原水：二氯一溴甲烷浓度0.666、0.419、0.570、0.765、0.284、0.320mg/L；曝气吹脱流量0.4、0.6、0.8、1.0、1.2、1.4L/min；试验水温24.0℃；COD_{Mn}＝6.47mg/L；pH＝7.67；浊度＝25.2NTU；碱度＝122mg/L；硬度＝157mg/L。</td></tr>
<tr><td rowspan="2">深圳</td><td colspan="4">去离子水：二氯一溴甲烷浓度0.2769mg/L；曝气吹脱流量0.4L/min；试验水温26.0℃。</td></tr>
<tr><td colspan="4">原水：二氯一溴甲烷浓度0.2811、0.3042、0.3205、0.2605、0.2583mg/L；曝气吹脱流量0.6、0.8、1.0、1.2、1.4L/min；试验水温26.0℃；COD_{Mn}＝1.47mg/L；TOC＝1.65mg/L；pH＝7.40；浊度＝31.3NTU；碱度＝23.0mg/L；硬度＝18.5mg/L。</td></tr>
<tr><td colspan="5">试验结果</td></tr>
</table>

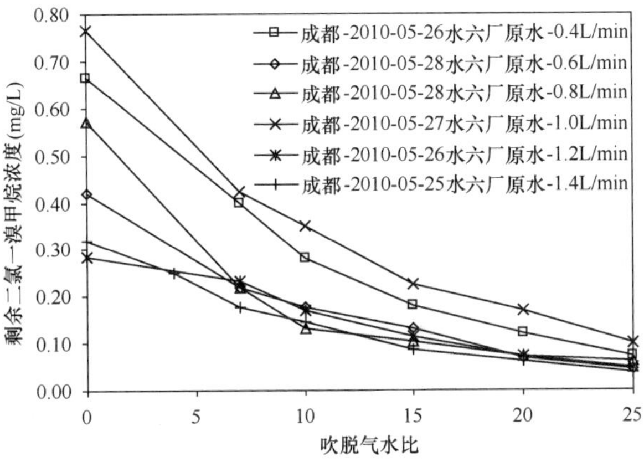

成都-2010-05-26水六厂原水-0.4L/min
成都-2010-05-28水六厂原水-0.6L/min
成都-2010-05-28水六厂原水-0.8L/min
成都-2010-05-27水六厂原水-1.0L/min
成都-2010-05-26水六厂原水-1.2L/min
成都-2010-05-25水六厂原水-1.4L/min
剩余二氯一溴甲烷浓度(mg/L)
0.80
0.70
0.60
0.50
0.40
0.30
0.20
0.10
0.00
0
5
10
15
20
25
吹脱气水比

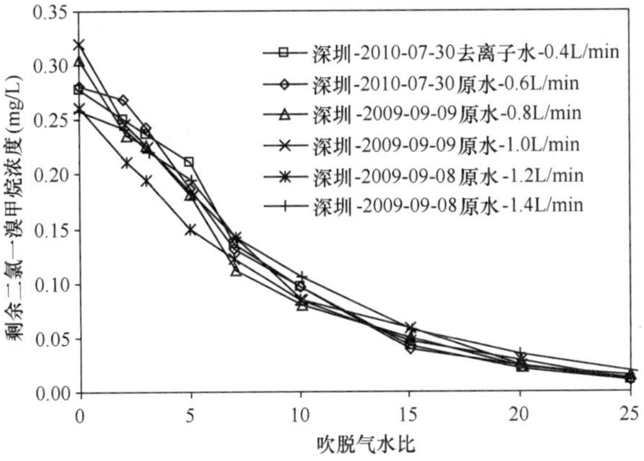

深圳-2010-07-30去离子水-0.4L/min
深圳-2010-07-30原水-0.6L/min
深圳-2009-09-09原水-0.8L/min
深圳-2009-09-09原水-1.0L/min
深圳-2009-09-08原水-1.2L/min
深圳-2009-09-08原水-1.4L/min
剩余二氯一溴甲烷浓度(mg/L)
0.35
0.30
0.25
0.20
0.15
0.10
0.05
0.00
0
5
10
15
20
25
吹脱气水比

备　注

1. 曝气吹脱对二氯一溴甲烷有一定的去除效果，当气水比达到23时，可以把初始浓度低于0.6mg/L的污染物去除到标准（0.06mg/L）以下，去除率约达90%。

2. 影响吹脱去除率的关键参数是气水比，气水比相同但曝气流量不同时去除效果基本一致。

4.4 1，1-二氯乙烯

<table>
<tr><td>试验名称</td><td colspan="4">曝气吹脱对 1，1—二氯乙烯 的处理效果</td></tr>
<tr><td rowspan="2">相关水质标准
(mg/L)</td><td>国家标准</td><td>0.03</td><td>住房和城乡建设部行标</td><td></td></tr>
<tr><td>地表水标准</td><td></td><td></td><td></td></tr>
<tr><td colspan="5">试验条件</td></tr>
<tr><td>北京</td><td colspan="4">纯水：1，1～二氯乙烯浓度0.031～0.458mg/L；曝气吹脱流量0.4、0.8、1.0、1.2、1.4L/min；试验水温23℃；TOC 0.1～0.5mg/L；pH=6.80。</td></tr>
<tr><td>成都</td><td colspan="4">原水：1，1-二氯乙烯浓度0.17～0.19mg/L；曝气吹脱流量0.4、0.6、0.8、1.0、1.2、1.4L/min；试验水温 9.0～13.0℃；COD_{Mn}=6.47mg/L；TOC 2.00mg/L；pH=7.67；浊度=25.2NTU；碱度=122mg/L；硬度=157mg/L。</td></tr>
<tr><td colspan="5">试验结果</td></tr>
<tr><td colspan="5">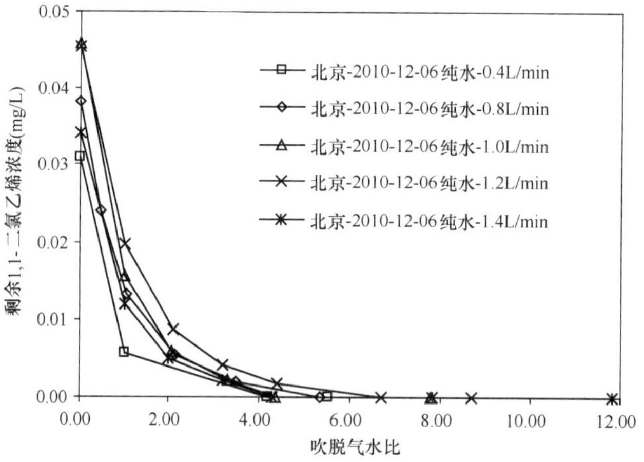

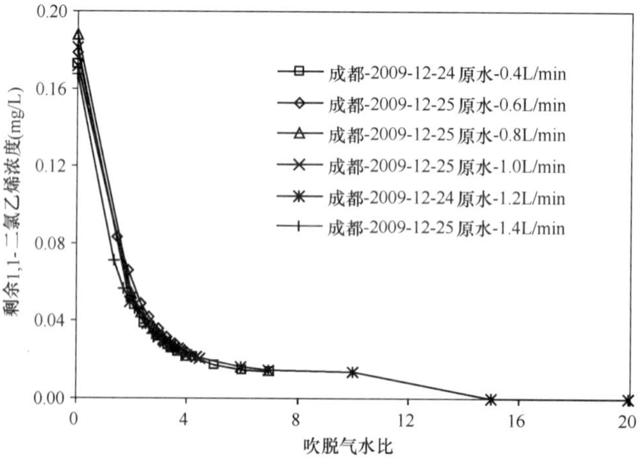
</td></tr>
<tr><td colspan="5">备　注</td></tr>
<tr><td colspan="5">1. 曝气吹脱对 1，1-二氯乙烯有很好的去除效果，当气水比达到 3 时，可以把初始浓度低于 0.2mg/L 的污染物去除到标准（0.05mg/L）以下，去除率约达 75%以上。
2. 影响吹脱去除率的关键参数是气水比，气水比相同但曝气流量不同时去除效果基本一致。</td></tr>
</table>

4.5 1，2-二氯乙烯

<table>
<tr><td>试验名称</td><td colspan="4">曝气吹脱对 1，2一二氯乙烯 的处理效果</td></tr>
<tr><td rowspan="2">相关水质标准
(mg/L)</td><td>国家标准</td><td>0.05</td><td>住房和城乡建设部行标</td><td></td></tr>
<tr><td>地表水标准</td><td>0.05</td><td></td><td></td></tr>
<tr><td colspan="5">试验条件</td></tr>
<tr><td rowspan="2">北京</td><td colspan="4">去离子水：1，2-二氯乙烯一顺浓度约 0.15mg/L；曝气吹脱流量1.0、1.2、1.4L/min；试验水温23℃；TOC=0.1mg/L；pH=6.80。</td></tr>
<tr><td colspan="4">去离子水：1，2一二氯乙烯一反浓度约 0.25mg/L；试验水温23℃；TOC=0.1mg/L；曝气吹脱流量0.4、0.6、0.8、1.0、1.2、1.4L/min；pH=6.80。</td></tr>
<tr><td rowspan="2">成都</td><td colspan="4">纯水：1，2-二氯乙烯一反浓度0.23431mg/L；曝气吹脱流量0.4L/min；试验水温14.5℃；pH=8.21；浊度=0.09NTU。</td></tr>
<tr><td colspan="4">五厂原水：1，2-二氯乙烯一反浓度0.28837、0.28756、0.24246、0.19377、0.33743、0.42935mg/L；曝气吹脱流量0.4、0.6、0.8、1.0、1.2、1.4L/min；试验水温9.0～14.5℃；COD_{Mn}=6.47mg/L；TOC 2.00mg/L；pH=7.67；浊度=25.2NTU；碱度=122mg/L；硬度=157mg/L。</td></tr>
<tr><td>无锡</td><td colspan="4">去离子水：1，2-二氯乙烯浓度2.5mg/L；曝气吹脱流量0.5、0.8、1.0、1.5L/min；试验水温14.0～26.0℃。</td></tr>
<tr><td colspan="5">试验结果</td></tr>
<tr><td colspan="5">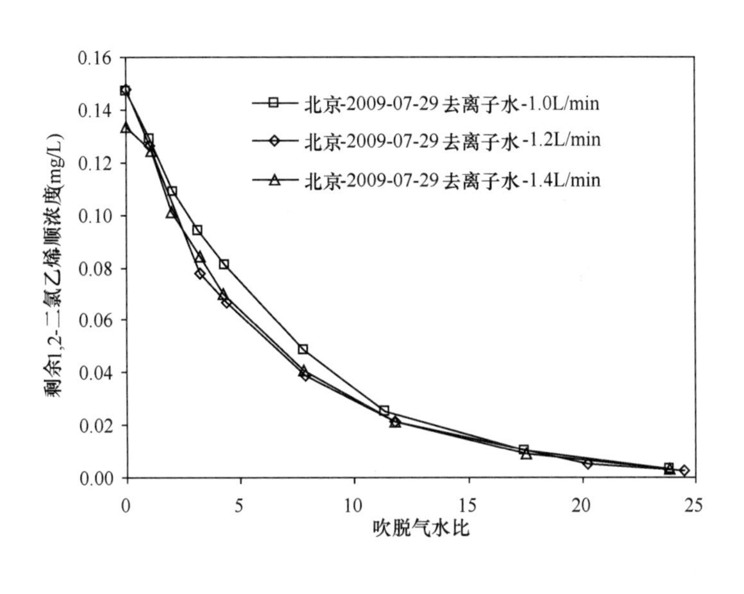</td></tr>
</table>

续表

试验结果

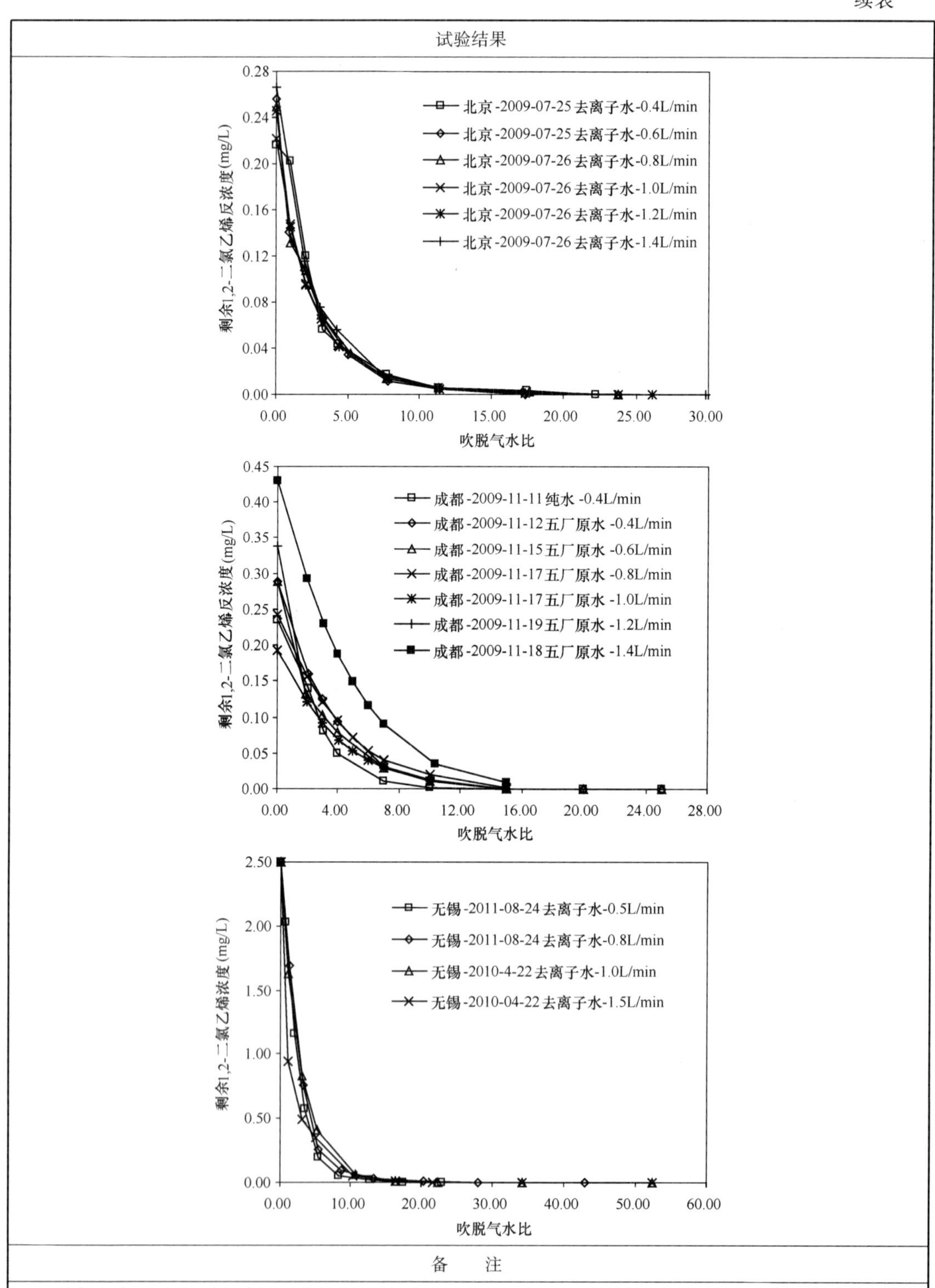

备　注

1. 曝气吹脱对1，2-二氯乙烯有很好的去除效果，当气水比达到4时，可以把初始浓度低于0.3mg/L的污染物去除到标准（0.05mg/L）以下，去除率约达80%以上。

2. 影响吹脱去除率的关键参数是气水比，气水比相同但曝气流量不同时去除效果基本一致。

3. 反式1，2-二氯乙烯比顺式1，2-二氯乙烯更容易吹脱。

4.6 1，2-二氯乙烷

试验名称	曝气吹脱对 1，2-二氯乙烷 的处理效果			
相关水质标准（mg/L）	国家标准	0.03	住房和城乡建设部行标	
	地表水标准			
试验条件				
北京	去离子水：1，2-二氯乙烷浓度0.15～0.16mg/L；曝气吹脱流量0.4、0.6、0.8、1.0、1.2、1.4L/min；试验水温23℃；TOC=0.1mg/L；pH=6.80。			
成都	原水：1，2-二氯乙烷浓度0.0809～0.20121mg/L；曝气吹脱流量0.4、0.6、0.8、1.0、1.2、1.4L/min；试验水温11.0～16.0℃；COD_{Mn}=6.47mg/L；TOC 2.00mg/L；pH=7.67；浊度=25.2NTU；碱度=122mg/L；硬度=157mg/L。			
试验结果				

剩余1,2-二氯乙烷浓度(mg/L)
0.00 0.05 0.10 0.15 0.20 0.25
北京-2009-07-20 去离子水-0.4L/min
北京-2009-07-21 去离子水-0.6L/min
北京-2009-07-21 去离子水-0.8L/min
北京-2009-07-23 去离子水-1.0L/min
北京-2009-07-23 去离子水-1.2L/min
北京-2009-07-23 去离子水-1.4L/min
0 5 10 15 20 25 30
吹脱气水比

剩余1,2-二氯乙烷浓度 (mg/L)
0.00 0.05 0.10 0.15 0.20 0.25
成都-2010-01-26 原水-0.4L/min
成都-2010-01-25 原水-0.6L/min
成都-2010-01-25 原水-0.8L/min
成都-2010-01-24 原水-1.0L/min
成都-2010-01-24 原水-1.2L/min
成都-2010-01-23 原水-1.4L/min
0.00 5.00 10.00 15.00 20.00 25.00 30.00
吹脱气水比

备　注

1. 曝气吹脱对1，2－二氯乙烷有一定的去除效果，当气水比达到30时，可以把初始浓度低于0.25mg/L的污染物去除到接近标准（0.03mg/L），去除率约达80%。

2. 影响吹脱效果的关键参数是气水比，气水比相同但曝气流量不同时去除效果基本一致。

4.7 氯丁二烯

<table>
<tr><td>试验名称</td><td colspan="5">曝气吹脱对 氯丁二烯 的处理效果</td></tr>
<tr><td rowspan="2">相关水质标准
(mg/L)</td><td colspan="2">国家标准</td><td>0.002</td><td>住房和城乡建设部行标</td><td></td></tr>
<tr><td colspan="2">地表水标准</td><td></td><td></td><td></td></tr>
<tr><td colspan="6">试验条件</td></tr>
<tr><td colspan="2" rowspan="2">成都</td><td colspan="4">水六厂原水：氯丁二烯浓度0.01096、0.01064、0.01038、0.01985mg/L；曝气吹脱流量0.4、0.6、0.8、1.0L/min；试验水温16.0℃；COD_{Mn}=6.47mg/L；TOC 2.00mg/L；pH=7.67；浊度=25.2NTU；碱度=122mg/L；硬度=157mg/L。</td></tr>
<tr><td colspan="4">水六厂原水：氯丁二烯浓度0.02270mg/L；曝气吹脱流量1.2L/min；试验水温15.5℃；COD_{Mn}=6.67mg/L；TOC=≤2.00mg/L；pH=7.82；浊度=21.2NTU；碱度=124mg/L；硬度=159mg/L。</td></tr>
<tr><td colspan="6">试验结果</td></tr>
<tr><td colspan="6">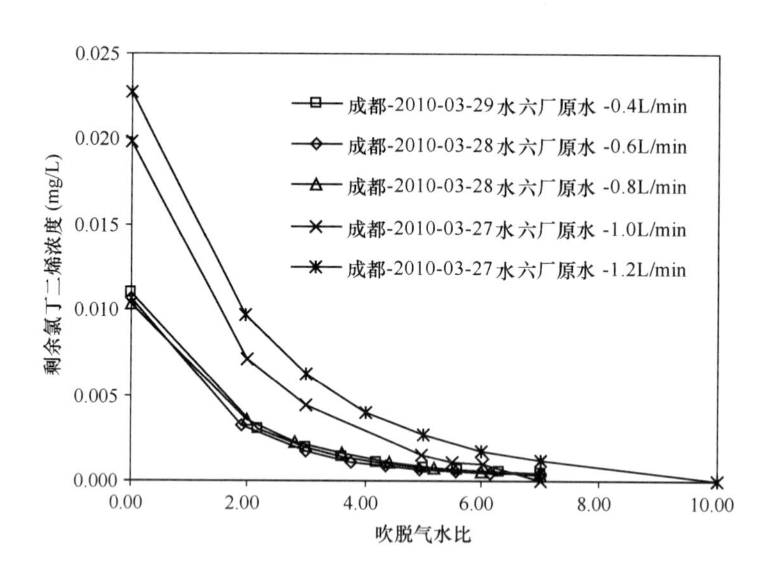</td></tr>
<tr><td colspan="6">备　注</td></tr>
<tr><td colspan="6">1. 曝气吹脱对氯丁二烯有很好的去除效果，当气水比达到3时，可以把初始浓度约0.01mg/L的污染物去除到标准(0.002mg/L)以下，去除率达到约80%。
2. 影响吹脱效果的关键参数是气水比，气水比相同但曝气流量不同时去除效果基本一致。</td></tr>
</table>

4.8 氯乙烯

<table>
<tr><td>试验名称</td><td colspan="4">曝气吹脱对<u>氯乙烯</u>的处理效果</td></tr>
<tr><td rowspan="2">相关水质标准
(mg/L)</td><td>国家标准</td><td>0.005</td><td>住房和城乡建设部行标</td><td></td></tr>
<tr><td>地表水标准</td><td></td><td></td><td></td></tr>
<tr><td colspan="5">试验条件</td></tr>
<tr><td>成都</td><td colspan="4">水六厂原水：氯乙烯浓度0.0255、0.0251、0.02462、0.03112、0.03015、0.02815mg/L；曝气吹脱流量0.4、0.6、0.8、1.0、1.2、1.4L/min；试验水温14.0～18.0℃；COD_{Mn}＝6.47mg/L；TOC 2.00mg/L；pH＝7.67；浊度＝25.2NTU；碱度＝122mg/L；硬度＝157mg/L。</td></tr>
<tr><td colspan="5">试验结果</td></tr>
<tr><td colspan="5">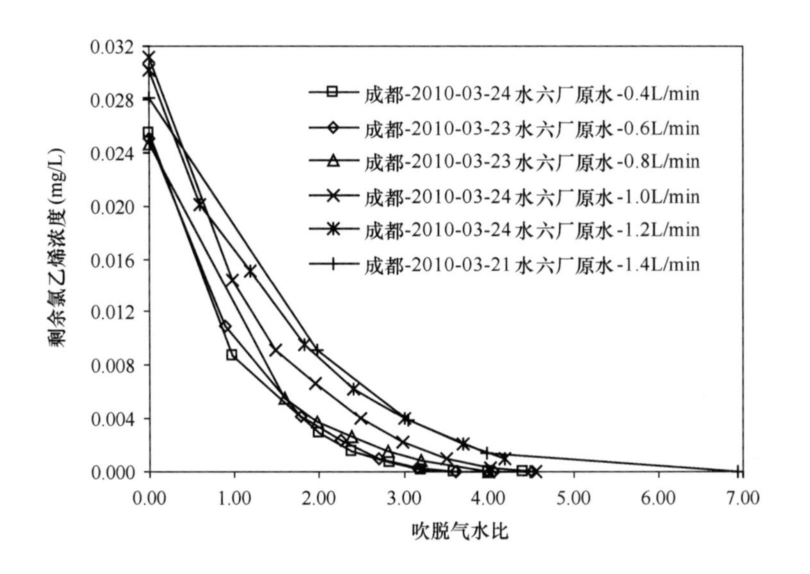</td></tr>
<tr><td colspan="5">备　注</td></tr>
<tr><td colspan="5">1. 曝气吹脱对氯乙烯有很好的去除效果，当气水比达到 2 时，可以把初始浓度约 0.025mg/L 的污染物去除到标准（0.005mg/L）以下，去除率约达 80％。
2. 影响吹脱效果的关键参数是气水比，气水比相同但曝气流量不同时去除效果基本一致。</td></tr>
</table>

4.9 三卤甲烷总量

<table>
<tr><td>试验名称</td><td colspan="4">曝气吹脱对 三卤甲烷总量 的处理效果</td></tr>
<tr><td rowspan="2">相关水质标准
(mg/L)</td><td>国家标准</td><td>1</td><td>住房和城乡建设部行标</td><td></td></tr>
<tr><td>地表水标准</td><td></td><td></td><td></td></tr>
<tr><td colspan="5">试验条件</td></tr>
<tr><td rowspan="2">深圳</td><td colspan="4">去离子水：三卤甲烷总量浓度1.5993mg/L；曝气吹脱流量0.4L/min；试验水温26.5℃。</td></tr>
<tr><td colspan="4">原水：三卤甲烷总量浓度1.6037、1.5763、1.5484、1.5727、1.5708mg/L；曝气吹脱流量0.6、0.8、1.0、1.2、1.4L/min；试验水温24.0～26.5℃；COD_{Mn}=1.47mg/L；pH=7.40；浊度=31.3NTU；碱度=23.0mg/L；硬度=18.5mg/L。</td></tr>
<tr><td colspan="5">试验结果</td></tr>
<tr><td colspan="5">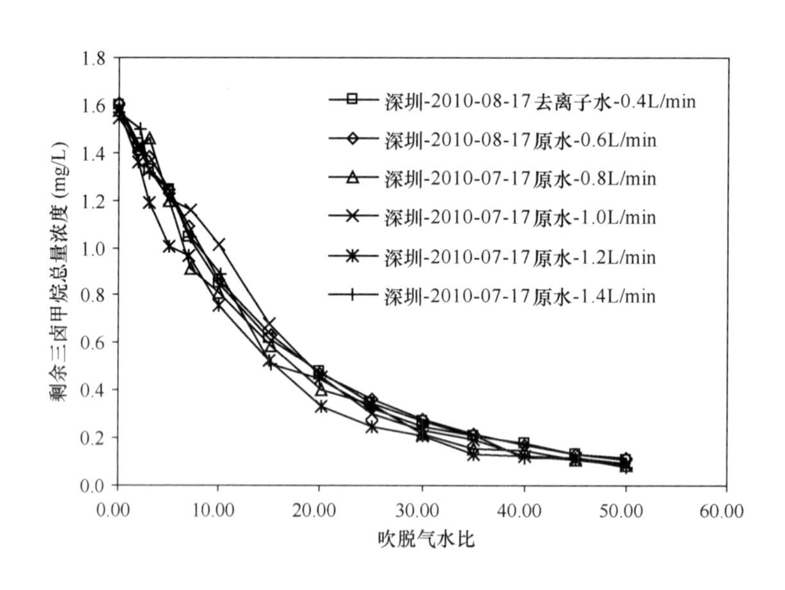</td></tr>
<tr><td colspan="5">备　注</td></tr>
<tr><td colspan="5"></td></tr>
</table>

4.10 三氯甲烷

<table>
<tr><td>试验名称</td><td colspan="4">曝气吹脱对 三氯甲烷 的处理效果</td></tr>
<tr><td rowspan="2">相关水质标准
(mg/L)</td><td>国家标准</td><td>0.06</td><td>住房和城乡建设部行标</td><td>0.06</td></tr>
<tr><td>地表水标准</td><td>0.06</td><td></td><td></td></tr>
<tr><td colspan="5">试验条件</td></tr>
<tr><td>成都</td><td colspan="4">水六厂原水：三氯甲烷浓度0.305、0.316、0.320、0.297、0.338、0.351mg/L；曝气吹脱流量0.4、0.6、0.8、1.0、1.2、1.4L/min；试验水温17.5～23.0℃；COD_{Mn}＝6.47mg/L；pH＝7.67；浊度＝25.2NTU；碱度＝122mg/L；硬度＝157mg/L。</td></tr>
<tr><td rowspan="2">深圳</td><td colspan="4">去离子水：三氯甲烷浓度0.258mg/L；曝气吹脱流量0.4L/min；试验水温25.0℃。</td></tr>
<tr><td colspan="4">原水：三氯甲烷浓度0.3382、0.3155、0.3258、0.3150、0.3356mg/L；曝气吹脱流量0.6、0.8、1.0、1.2、1.4L/min；试验水温26.3～27.0℃；COD_{Mn}＝1.47mg/L；pH＝7.40；浊度＝31.3NTU；碱度＝23.0mg/L；硬度＝18.5mg/L。</td></tr>
<tr><td colspan="5">试验结果</td></tr>
</table>

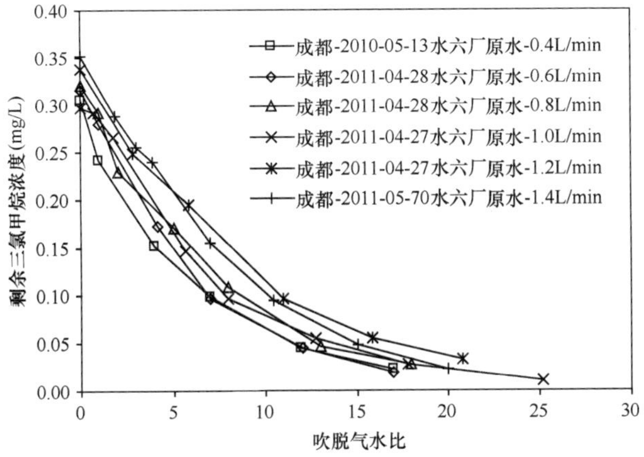

0.40
0.35
0.30
0.25
0.20
0.15
0.10
0.05
0.00
0
5
10
15
20
25
30
剩余三氯甲烷浓度 (mg/L)
吹脱气水比
成都-2010-05-13水六厂原水-0.4L/min
成都-2011-04-28水六厂原水-0.6L/min
成都-2011-04-28水六厂原水-0.8L/min
成都-2011-04-27水六厂原水-1.0L/min
成都-2011-04-27水六厂原水-1.2L/min
成都-2011-05-70水六厂原水-1.4L/min

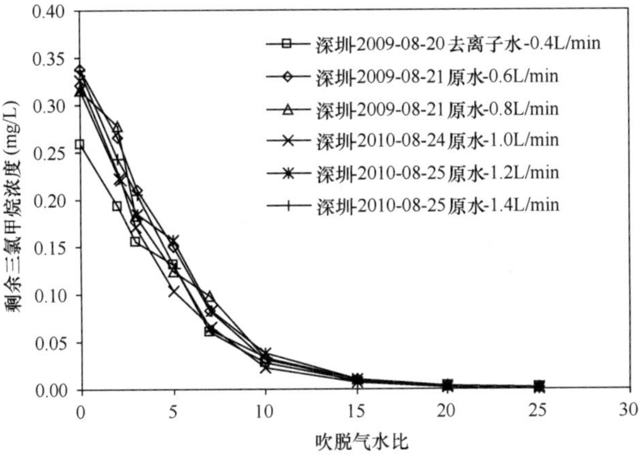

0.40
0.35
0.30
0.25
0.20
0.15
0.10
0.05
0.00
0
5
10
15
20
25
30
剩余三氯甲烷浓度 (mg/L)
吹脱气水比
深圳2009-08-20去离子水-0.4L/min
深圳2009-08-21原水-0.6L/min
深圳2009-08-21原水-0.8L/min
深圳2010-08-24原水-1.0L/min
深圳2010-08-25原水-1.2L/min
深圳2010-08-25原水-1.4L/min

<table>
<tr><td>备　注</td></tr>
<tr><td>1. 曝气吹脱对三氯甲烷有一定的去除效果，当气水比达到10以上时，可以把初始浓度低于0.3mg/L的污染物去除到接近标准（0.06mg/L），去除率约达80%。
2. 影响吹脱效果的关键参数是气水比，气水比相同但曝气流量不同时去除效果基本一致。</td></tr>
</table>

4.11　1，1，1-三氯乙烷

<table>
<tr><td>试验名称</td><td colspan="5">曝气吹脱对　1，1，1－三氯乙烷　的处理效果</td></tr>
<tr><td rowspan="2">相关水质标准
(mg/L)</td><td colspan="2">国家标准</td><td>2</td><td>住房和城乡建设部行标</td><td>0.2</td></tr>
<tr><td colspan="2">地表水标准</td><td></td><td></td><td></td></tr>
<tr><td colspan="6">试验条件</td></tr>
<tr><td>广州</td><td colspan="5">纯水：1，1，1-三氯乙烷浓度10.231、10.42、10.80、9.65、9.65mg/L；曝气吹脱流量0.4、0.6、0.8、1.0、1.0L/min；试验水温20℃；COD_{Mn}＝0.1mg/L；pH＝6.9；浊度＝0.01NTU。</td></tr>
<tr><td>哈尔滨</td><td colspan="5">去离子水：1，1，1-三氯乙烷浓度11.712、10.523、12.81、13.60、14.277、13.85mg/L；曝气吹脱流量0.4、0.6、0.8、1.0、1.2、1.4L/min；试验水温14℃。</td></tr>
<tr><td colspan="6">试验结果</td></tr>
<tr><td colspan="6"> 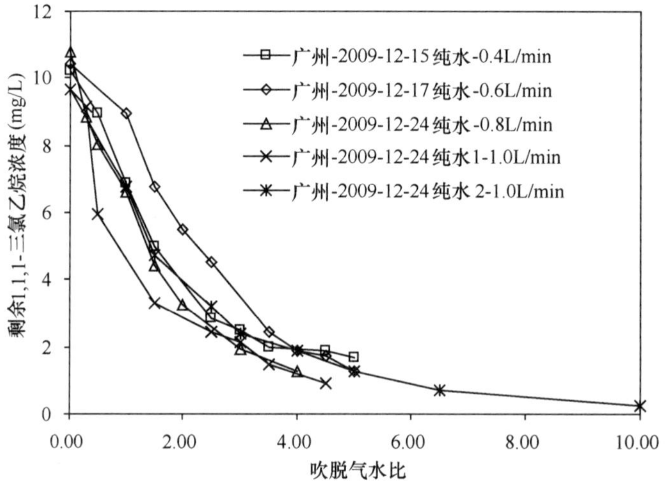剩余1,1,1-三氯乙烷浓度(mg/L)
0 2 4 6 8 10 12
0.00 2.00 4.00 6.00 8.00 10.00
吹脱气水比
广州-2009-12-15纯水-0.4L/min
广州-2009-12-17纯水-0.6L/min
广州-2009-12-24纯水-0.8L/min
广州-2009-12-24纯水1-1.0L/min
广州-2009-12-24纯水2-1.0L/min 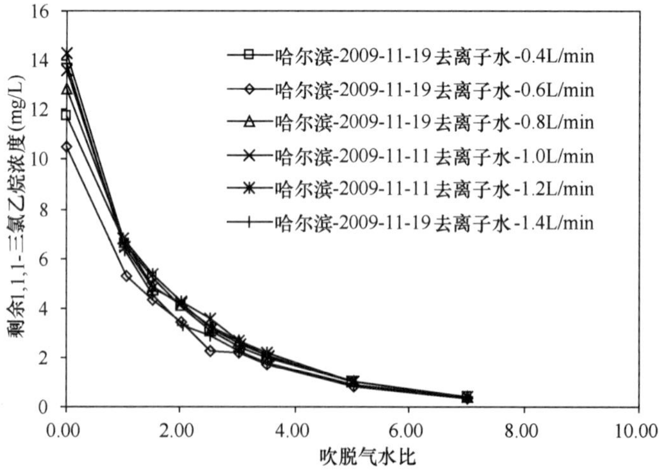

剩余1,1,1-三氯乙烷浓度(mg/L)
0 2 4 6 8 10 12 14 16
0.00 2.00 4.00 6.00 8.00 10.00
吹脱气水比
哈尔滨-2009-11-19去离子水-0.4L/min
哈尔滨-2009-11-19去离子水-0.6L/min
哈尔滨-2009-11-19去离子水-0.8L/min
哈尔滨-2009-11-11去离子水-1.0L/min
哈尔滨-2009-11-11去离子水-1.2L/min
哈尔滨-2009-11-19去离子水-1.4L/min</td></tr>
<tr><td colspan="6">备　　注</td></tr>
<tr><td colspan="6">1. 曝气吹脱对1，1，1-三氯乙烷有很好的去除效果，当气水比达到3时，可以把初始浓度约10mg/L的污染物去除到接近标准（2mg/L），去除率约达80%。
2. 影响吹脱效果的关键参数是气水比，气水比相同但曝气流量不同时去除效果基本一致。</td></tr>
</table>

4.12 1，1，2-三氯乙烷

试验名称	曝气吹脱对 1，1，2－三氯乙烷 的处理效果			
相关水质标准（mg/L）	国家标准	0.005	住房和城乡建设部行标	0.005
	地表水标准	0.005		
试验条件				
广州	纯水：1，1，2-三氯乙烷0.0256mg/L；曝气流量0.4L/min；水温18℃；COD_{Mn}＝0.1mg/L；pH＝6.9；浊度＝0.01NTU。			
	纯水：1，1，2-三氯乙烷0.0241mg/L；曝气流量0.6L/min；水质同上。			
	纯水：1，1，2-三氯乙烷0.0259mg/L；曝气流量0.8L/min；水质同上。			
	纯水：1，1，2-三氯乙烷0.0260mg/L；曝气流量1.0L/min；水质同上。			
	纯水：1，1，2-三氯乙烷0.0241mg/L；曝气流量1.2L/min；水质同上。			
无锡	去离子水：1，1，2-三氯乙烷0.0348mg/L；曝气流量0.5L/min；水温25℃；湿度76%。			
	去离子水：1，1，2-三氯乙烷0.0348mg/L；曝气流量0.8L/min；水温25℃；湿度76%。			
	去离子水：1，1，2-三氯乙烷0.0348mg/L；曝气流量1.0L/min；水温25℃；湿度76%。			
哈尔滨	去离子水：1，1，2-三氯乙烷0.0265mg/L；曝气流量0.4L/min；水温14.0℃。			
	去离子水：1，1，2-三氯乙烷0.0310mg/L；曝气流量0.8L/min；水温14.0℃。			
	去离子水：1，1，2-三氯乙烷0.0289mg/L；曝气流量1.0L/min；水温14.0℃。			
	去离子水：1，1，2-三氯乙烷0.0275mg/L；曝气流量1.2L/min；水温14.0℃。			
	去离子水：1，1，2-三氯乙烷0.0273mg/L；曝气流量1.4L/min；水温14.0℃。			
试验结果				

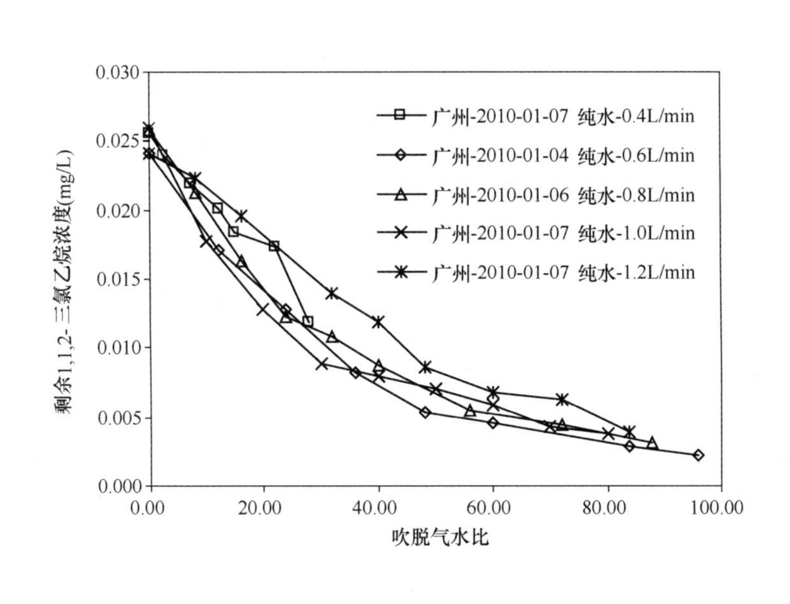

续表

试验结果
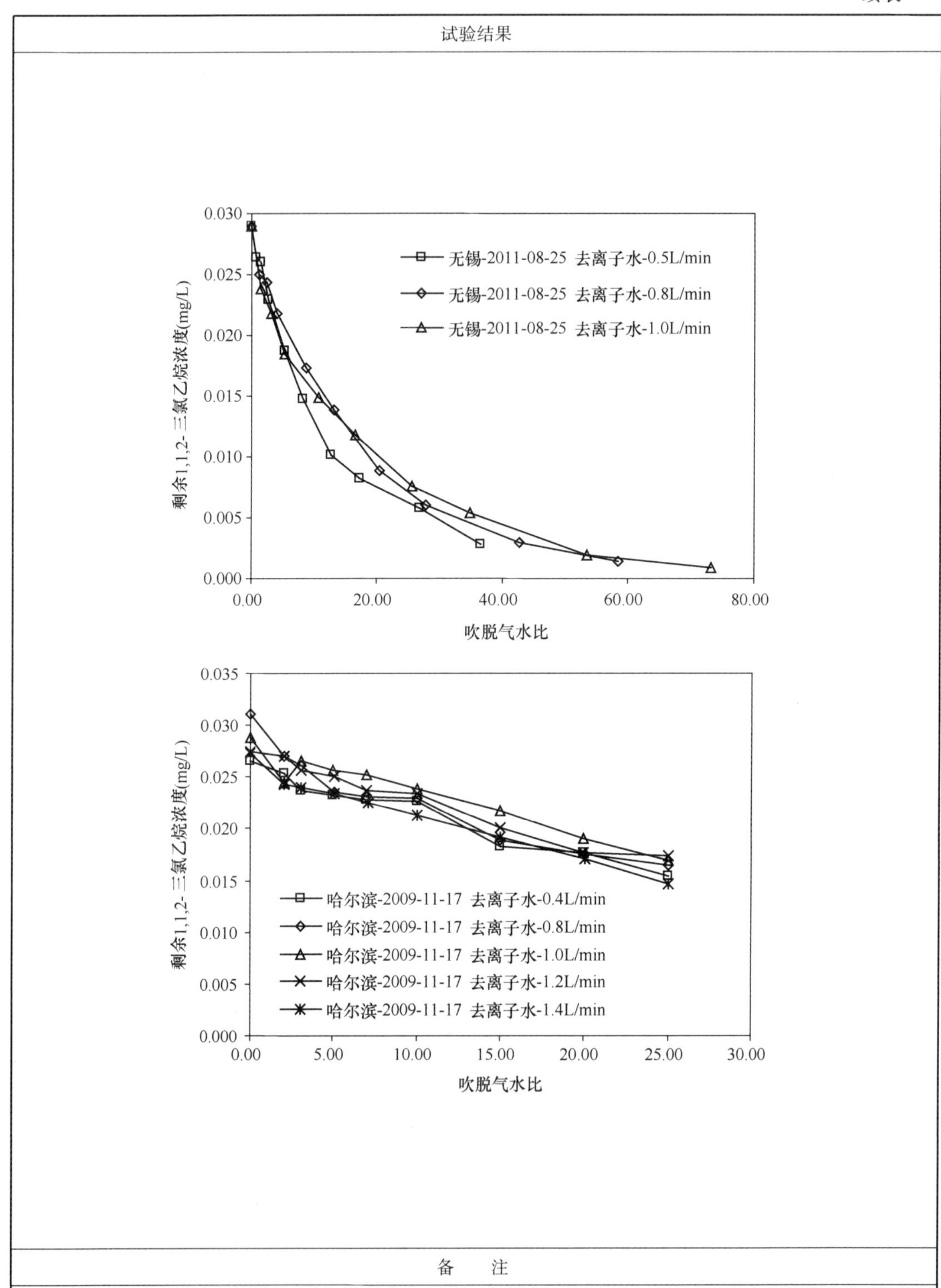
备　　注
1. 曝气吹脱对1，1，2-三氯乙烷有一定的去除效果，当气水比达到40～50时，可以把初始浓度约0.03mg/L的污染物去除到接近标准（0.005mg/L），去除率约达80%。 2. 影响吹脱效果的关键参数是气水比，气水比相同但曝气流量不同时去除效果基本一致。

4.13 三氯乙烯

试验名称	曝气吹脱对 三氯乙烯 的处理效果			
相关水质标准（mg/L）	国家标准	0.07	住房和城乡建设部行标	0.005
	地表水标准	0.07		
试验条件				
广州	纯水：三氯乙烯浓度0.35mg/L；曝气吹脱流量0.2、0.4、0.6、0.8L/min；试验水温23.6～24.6℃；COD_{Mn}=0.1mg/L；TOC=0mg/L；pH=6.9；浊度=0.01NTU；碱度=0mg/L；硬度=0mg/L。			
哈尔滨	去离子水：三氯乙烯浓度0.31107、0.32172、0.30427、0.36101、0.38391、0.351mg/L；曝气吹脱流量0.4、0.6、0.8、1.0、1.2、1.4L/min；试验水温14℃。			
试验结果				

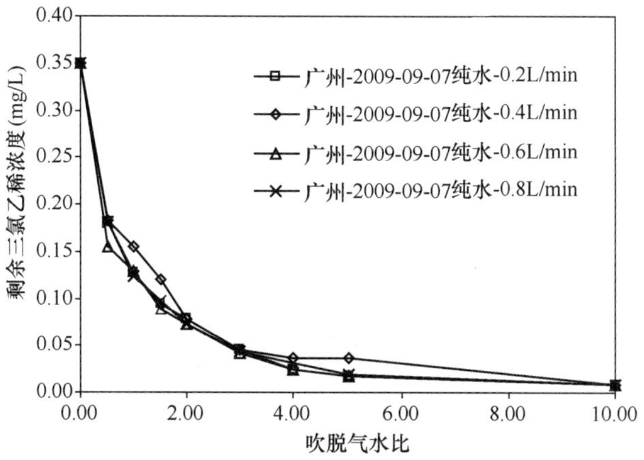

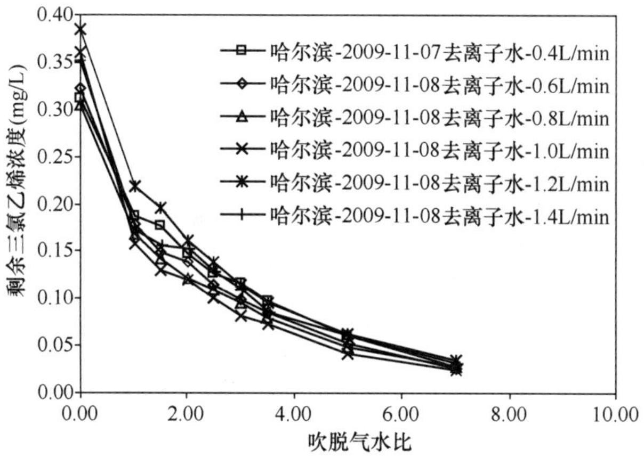

备 注
1. 曝气吹脱对三氯乙烯有很好的去除效果，当气水比达到5时，可以把初始浓度约0.35mg/L的污染物去除到接近标准（0.07mg/L），去除率约达80%。 2. 影响吹脱效果的关键参数是气水比，气水比相同但曝气流量不同时去除效果基本一致。

4.14 三溴甲烷

<table>
<tr><td>试验名称</td><td colspan="4">曝气吹脱对 三溴甲烷 的处理效果</td></tr>
<tr><td rowspan="2">相关水质标准
(mg/L)</td><td>国家标准</td><td>0.1</td><td>住房和城乡建设部行标</td><td>0.1</td></tr>
<tr><td>卫生部规范</td><td>地表水标准</td><td>0.1</td><td></td></tr>
<tr><td colspan="5">试验条件</td></tr>
<tr><td>成都</td><td colspan="4">水六厂原水：三溴甲烷浓度0.505、0.475、0.483、0.310、0.394、0.650mg/L；曝气吹脱流量0.4、0.6、0.8、1.0、1.2、1.4L/min；试验水温29.0～31.0℃；COD_{Mn}=6.47mg/L；TOC=<2.00mg/L；pH=7.67；浊度=25.2NTU；碱度=122mg/L；硬度=157mg/L。</td></tr>
<tr><td rowspan="2">深圳</td><td colspan="4">去离子水：三溴甲烷浓度0.5879mg/L；曝气吹脱流量0.4L/min；试验水温25.4℃。</td></tr>
<tr><td colspan="4">原水：三溴甲烷浓度0.547、0.527、0.511、0.4862、0.438mg/L；曝气吹脱流量0.6、0.8、1.0、1.2、1.4L/min；试验水温23.2～26.2℃；COD_{Mn}=1.47mg/L；TOC=1.65mg/L；pH=7.40；浊度=31.3NTU；碱度=23.0mg/L；硬度=18.5mg/L。</td></tr>
<tr><td colspan="5">试验结果</td></tr>
<tr><td colspan="5">剩余三溴甲烷浓度(mg/L)
吹脱气水比
成都-2010-07-30水六厂原水-0.4L/min
成都-2010-07-29水六厂原水-0.6L/min
成都-2010-07-29水六厂原水-0.8L/min
成都-2010-07-28水六厂原水-1.0L/min
成都-2010-07-28水六厂原水-1.2L/min
成都-2010-07-27水六厂原水-1.4L/min

剩余三溴甲烷浓度(mg/L)
吹脱气水比
深圳-2010-07-27去离子水-0.4L/min
深圳-2010-07-27原水-0.6L/min
深圳-2010-12-14原水-0.8L/min
深圳-2010-12-14原水-1.0L/min
深圳-2010-12-14原水-1.2L/min
深圳-2010-08-10原水-1.4L/min</td></tr>
<tr><td colspan="5">备　　注</td></tr>
<tr><td colspan="5">1. 曝气吹脱对三溴甲烷有一定的去除效果，当气水比达到40时，可以把初始浓度约0.5mg/L的污染物去除到接近标准(0.1mg/L)，去除率约达80%。
2. 影响吹脱效果的关键参数是气水比，气水比相同但曝气流量不同时去除效果基本一致。</td></tr>
</table>

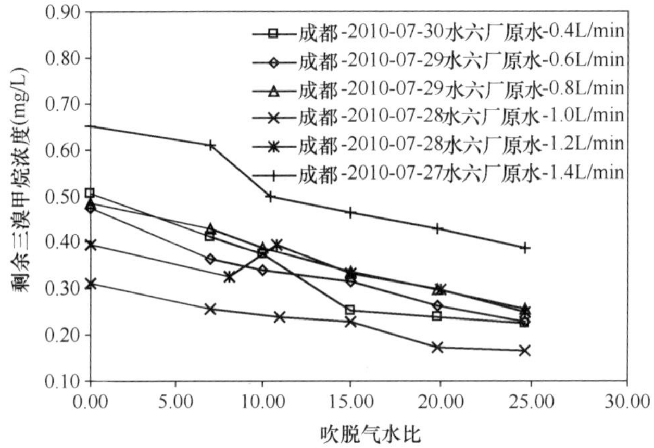

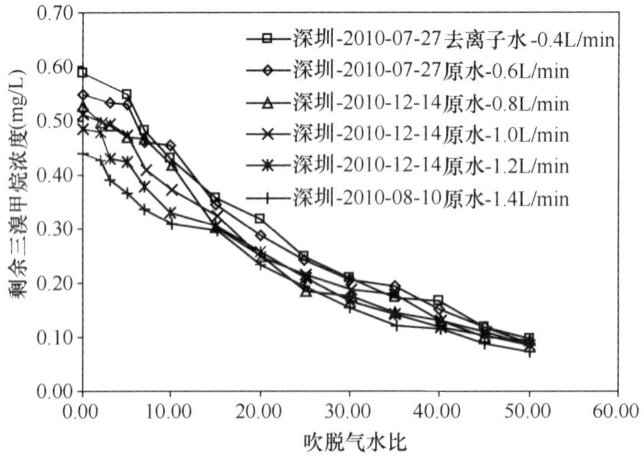

4.15 四氯化碳

<table>
<tr><td>试验名称</td><td colspan="4">曝气吹脱对 四氯化碳 的处理效果</td></tr>
<tr><td rowspan="2">相关水质标准(mg/L)</td><td>国家标准</td><td>0.002</td><td>住房和城乡建设部行标</td><td>0.002</td></tr>
<tr><td>地表水标准</td><td>0.002</td><td></td><td></td></tr>
<tr><td colspan="5">试验条件</td></tr>
<tr><td>广州</td><td colspan="4">纯水：四氯化碳浓度0.010mg/L；曝气吹脱流量0.2、0.4、0.6、0.8L/min；试验水温24.5～25.2℃；COD_{Mn}=0.1mg/L；pH=6.9；浊度=0.01NTU。</td></tr>
<tr><td rowspan="2">哈尔滨</td><td colspan="4">去离子水：四氯化碳浓度0.008137、0.00998、0.01294、0.00998、0.00998、0.008137mg/L；曝气吹脱流量0.4、0.6、0.8、1.0、1.2、1.4L/min；试验水温14.0℃。</td></tr>
<tr><td colspan="4">去离子水：四氯化碳浓度0.01667、0.012861、0.01107、0.01463、0.01219、0.01124mg/L；曝气吹脱流量0.4、0.6、0.8、1.0、1.2、1.4L/min；试验水温14℃。</td></tr>
<tr><td rowspan="3">无锡</td><td colspan="4">去离子水：四氯化碳浓度0.20mg/L；曝气吹脱流量0.5、0.8L/min；试验水温25℃；湿度74%。</td></tr>
<tr><td colspan="4">去离子水：四氯化碳浓度0.20mg/L；曝气吹脱流量1.0L/min；试验水温17.0℃；湿度26%。</td></tr>
<tr><td colspan="4">去离子水：四氯化碳浓度0.20mg/L；曝气吹脱流量1.5L/min；试验水温17.0℃；湿度60%。</td></tr>
<tr><td colspan="5">试验结果</td></tr>
<tr><td colspan="5">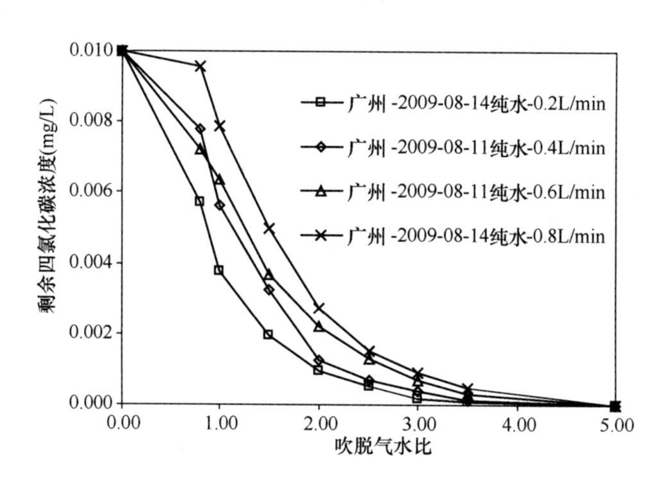</td></tr>
</table>

续表

试验结果

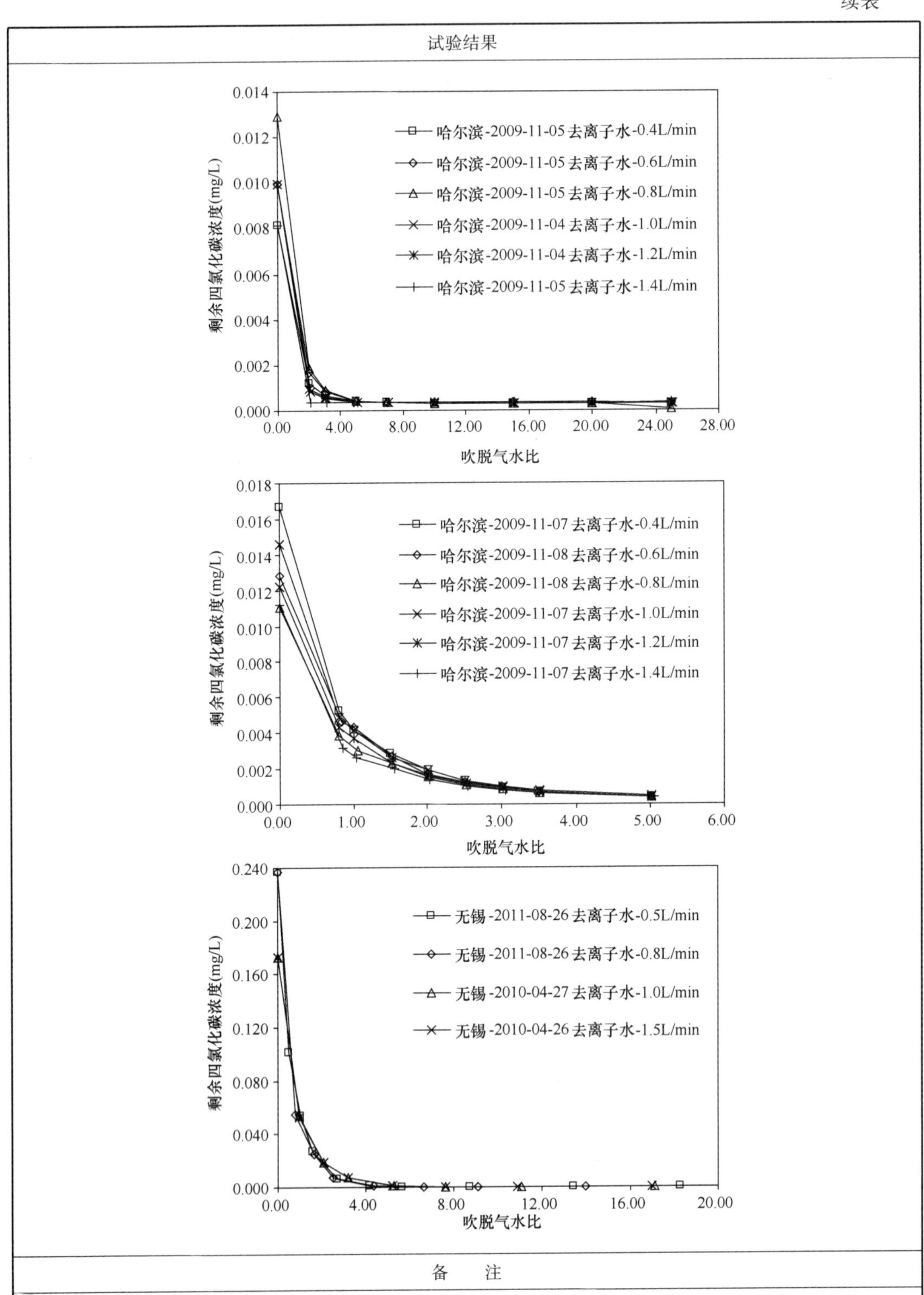

备　　注

1. 曝气吹脱对四氯化碳有很好的去除效果，当气水比达到2时，可以把初始浓度约0.01mg/L的污染物去除到接近标准（0.002mg/L），去除率约达80%。

2. 影响吹脱效果的关键参数是气水比，气水比相同但曝气流量不同时去除效果基本一致。

4.16 四氯乙烯

<table>
<tr><td>试验名称</td><td colspan="4">曝气吹脱对四氯乙烯的处理效果</td></tr>
<tr><td rowspan="2">相关水质标准
(mg/L)</td><td>国家标准</td><td>0.04</td><td>住房和城乡建设部行标</td><td>0.04</td></tr>
<tr><td>地表水标准</td><td>0.04</td><td></td><td></td></tr>
<tr><td colspan="5">试验条件</td></tr>
<tr><td>广州</td><td colspan="4">纯水：四氯乙烯浓度0.222、0.228、0.212、0.207、0.216mg/L；曝气吹脱流量0.4、0.6、0.8、1.0、1.2L/min；试验水温18℃；COD_{Mn}0.1mg/L；TOC 0mg/L；pH 6.9；浊度0.01NTU；碱度0mg/L；硬度0mg/L。</td></tr>
<tr><td>哈尔滨</td><td colspan="4">去离子水：四氯乙烯浓度0.16632、0.22680、0.24295、0.17362、0.19391、0.20510mg/L；曝气吹脱流量0.4、0.6、0.8、1.0、1.2、1.4L/min；试验水温14.0℃。</td></tr>
<tr><td colspan="5">试验结果</td></tr>
<tr><td colspan="5">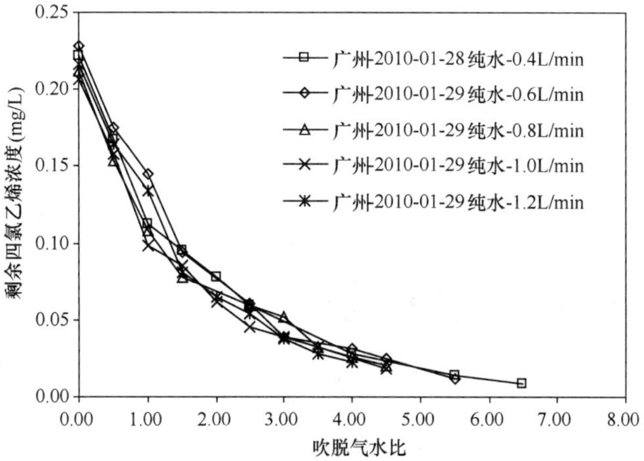
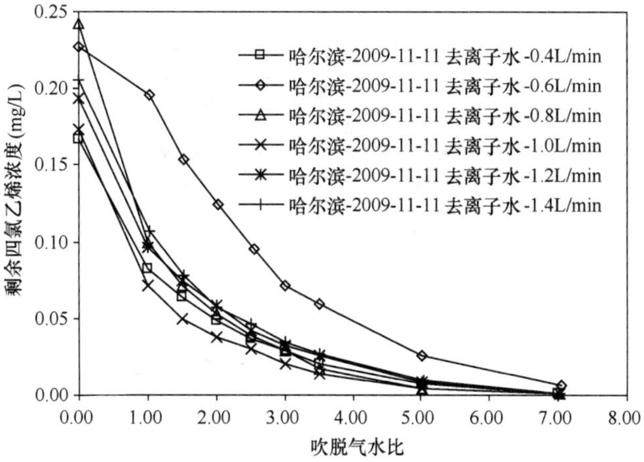</td></tr>
<tr><td colspan="5">备　注</td></tr>
<tr><td colspan="5">1. 曝气吹脱对四氯乙烯有很好的去除效果，当气水比达到3时，可以把初始浓度约0.2mg/L的污染物去除到接近标准（0.04mg/L），去除率约达80%。
2. 影响吹脱效果的关键参数是气水比，气水比相同但曝气流量不同时去除效果基本一致。</td></tr>
</table>

4.17 一氯二溴甲烷

<table>
<tr><td>试验名称</td><td colspan="4">曝气吹脱对__一氯二溴甲烷__的处理效果</td></tr>
<tr><td rowspan="2">相关水质标准
(mg/L)</td><td>国家标准</td><td>0.1</td><td>住房和城乡建设部行标</td><td></td></tr>
<tr><td>地表水标准</td><td></td><td></td><td></td></tr>
<tr><td colspan="5">试验条件</td></tr>
<tr><td>成都</td><td colspan="4">六厂原水：一氯二溴甲烷浓度0.598、0.550、0.512mg/L；曝气吹脱流量0.4、0.6、0.8L/min；试验水温20.5℃；COD_{Mn}=6.47mg/L；TOC 2.00mg/L；pH=7.67；浊度=25.2NTU；碱度=122mg/L；硬度=157mg/L。</td></tr>
<tr><td rowspan="2">深圳</td><td colspan="4">去离子水：一氯二溴甲烷浓度0.55507mg/L；曝气吹脱流量0.4L/min；试验水温24.0℃。</td></tr>
<tr><td colspan="4">原水：一氯二溴甲烷浓度0.565、0.5725、0.5874、0.5715、0.5842mg/L；曝气吹脱流量0.6、0.8、1.0、1.2、1.4L/min；试验水温24.0℃；COD_{Mn}=1.47mg/L；TOC=1.65mg/L；pH=7.40；浊度=31.3NTU；碱度=23.0mg/L；硬度=18.5mg/L。</td></tr>
<tr><td colspan="5">试验结果</td></tr>
<tr><td colspan="5">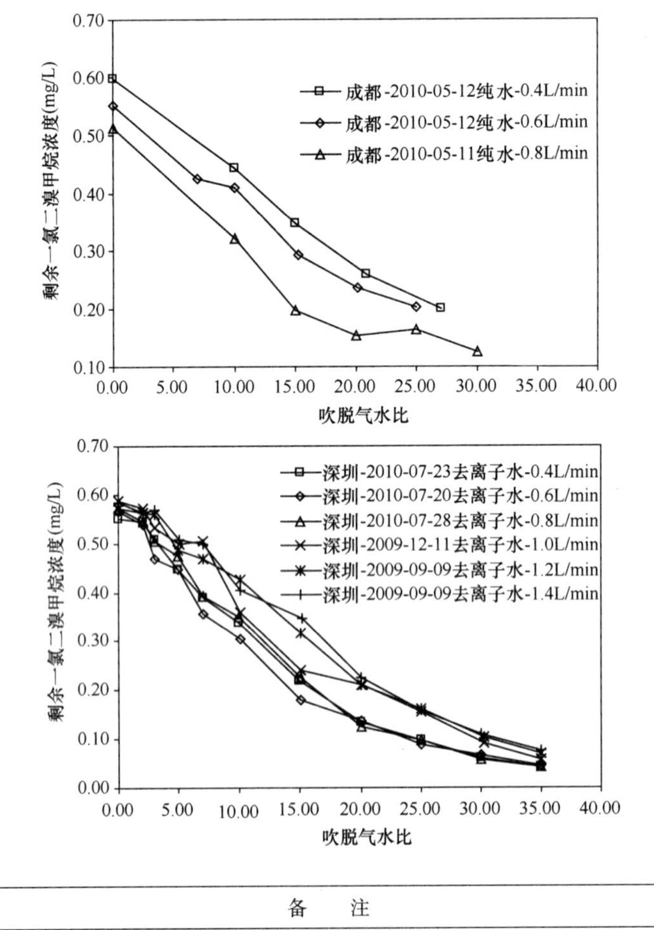
</td></tr>
<tr><td colspan="5">备　注</td></tr>
<tr><td colspan="5">1. 曝气吹脱对一氯二溴甲烷有一定的去除效果，当气水比达到40时，可以把初始浓度约0.5mg/L的污染物去除到接近标准（0.1mg/L），去除率约达80%。
2. 影响吹脱效果的关键参数是气水比，气水比相同但曝气流量不同时去除效果基本一致。</td></tr>
</table>

4.18 乙醛

<table>
<tr><td>试验名称</td><td colspan="5">曝气吹脱对<u>乙醛</u>的处理效果</td></tr>
<tr><td colspan="2" rowspan="2">相关水质标准
(mg/L)</td><td>国家标准</td><td></td><td>住房和城乡建设部行标</td><td></td></tr>
<tr><td>地表水标准</td><td>0.05</td><td></td><td></td></tr>
<tr><td colspan="6">试验条件</td></tr>
<tr><td>北京</td><td colspan="5">超纯水：乙醛浓度~0.6mg/L；曝气吹脱流量1.0L/min；试验水温25℃；COD_{Mn}=0mg/L；TOC=0~0.5mg/L；pH=6.6；浊度=0.01~0.05NTU；碱度=0mg/L；硬度=0mg/L。</td></tr>
<tr><td colspan="6">试验结果</td></tr>
</table>

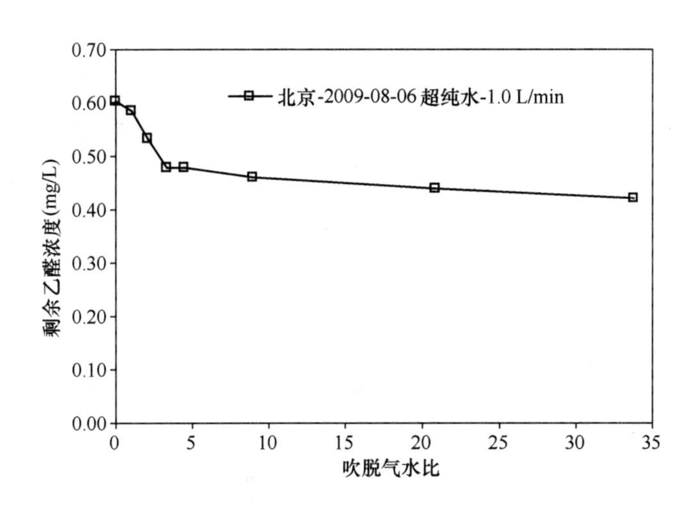

备　　注
对乙醛的吹脱去除效果较差。

5　应对微生物污染的强化消毒技术

5.1　产气荚膜菌

5.1.1　自由氯对产气荚膜菌的去除效果及 pH 值的影响

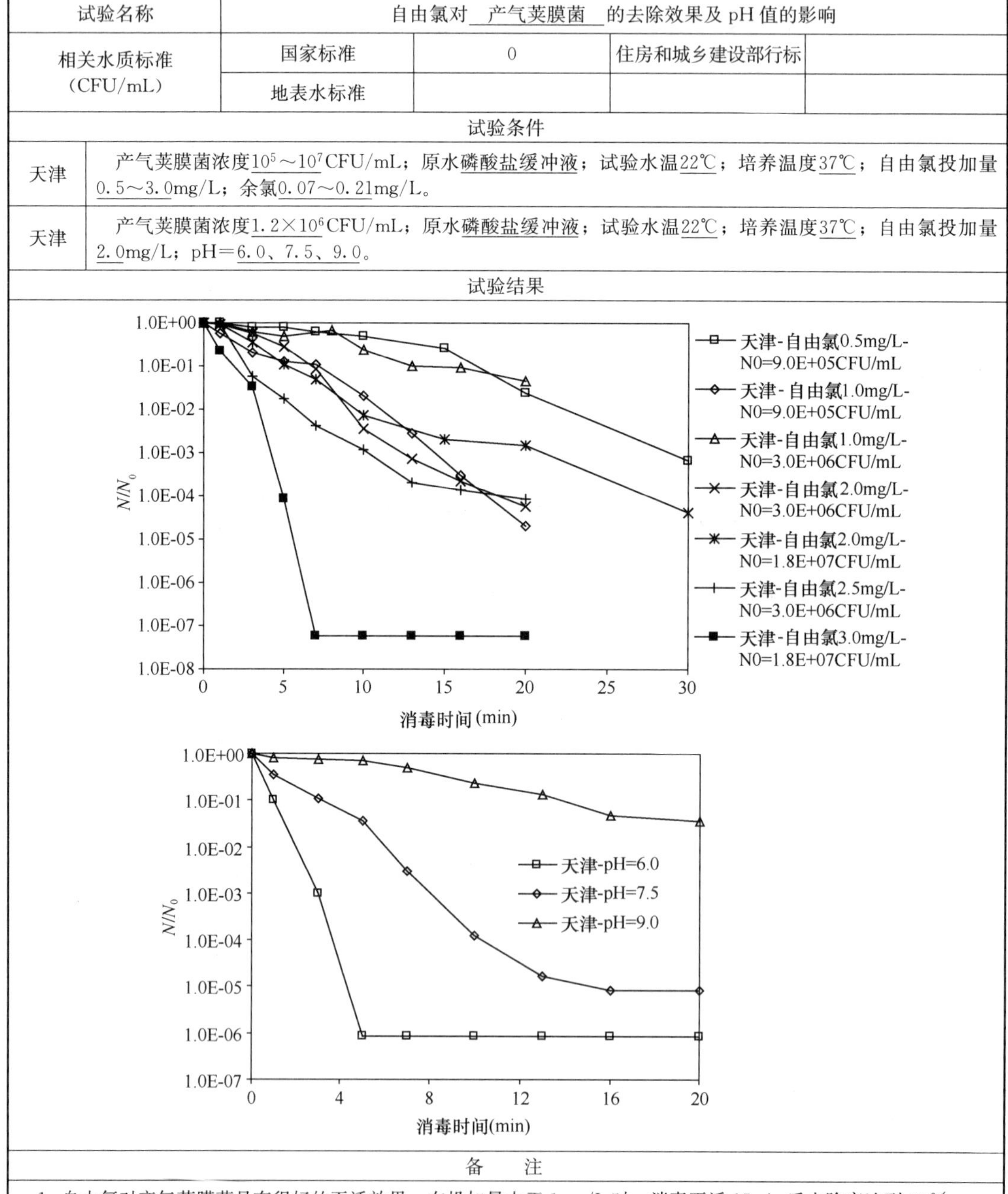

<table>
<tr><td>试验名称</td><td colspan="5">自由氯对__产气荚膜菌__的去除效果及 pH 值的影响</td></tr>
<tr><td rowspan="2">相关水质标准
(CFU/mL)</td><td colspan="2">国家标准</td><td>0</td><td>住房和城乡建设部行标</td><td></td></tr>
<tr><td colspan="2">地表水标准</td><td></td><td></td><td></td></tr>
<tr><td colspan="6">试验条件</td></tr>
<tr><td>天津</td><td colspan="5">产气荚膜菌浓度10^5～10^7CFU/mL；原水磷酸盐缓冲液；试验水温22℃；培养温度37℃；自由氯投加量0.5～3.0mg/L；余氯0.07～0.21mg/L。</td></tr>
<tr><td>天津</td><td colspan="5">产气荚膜菌浓度1.2×10^6CFU/mL；原水磷酸盐缓冲液；试验水温22℃；培养温度37℃；自由氯投加量2.0mg/L；pH=6.0、7.5、9.0。</td></tr>
<tr><td colspan="6">试验结果</td></tr>
<tr><td colspan="6">

</td></tr>
<tr><td colspan="6">备　注</td></tr>
<tr><td colspan="6">1. 自由氯对产气荚膜菌具有很好的灭活效果，在投加量大于 1mg/L 时，消毒灭活 15min 后去除率达到 99%。
2. 偏酸性 pH 值有利于自由氯灭活产气荚膜菌，这主要是因为酸性条件下自由氯以中性的次氯酸分子形式存在，更容易接近表面带负电的细菌而灭活。</td></tr>
</table>

5.1.2 氯胺对产气荚膜菌的去除效果及 pH 值的影响

<table>
<tr><td>试验名称</td><td colspan="4">氯胺对 产气荚膜菌 的去除效果及 pH 值的影响</td></tr>
<tr><td rowspan="2">相关水质标准
（CFU/mL）</td><td>国家标准</td><td>0</td><td>住房和城乡建设部行标</td><td></td></tr>
<tr><td>地表水标准</td><td></td><td></td><td></td></tr>
<tr><td colspan="5">试验条件</td></tr>
<tr><td>天津</td><td colspan="4">产气荚膜菌浓度10^5～10^7CFU/mL；原水磷酸盐缓冲液；试验水温22℃；培养温度37℃；自由氯投加量0.7～3.5mg/L；余氯0.6～3.0mg/L。</td></tr>
<tr><td>天津</td><td colspan="4">产气荚膜菌浓度1.8×10^6CFU/mL；原水磷酸盐缓冲液；试验水温22℃；培养温度37℃；一氯胺投加量2.4mg/L；pH＝6.0、7.5、9.0。</td></tr>
<tr><td colspan="5">试验结果</td></tr>
<tr><td colspan="5"></td></tr>
<tr><td colspan="5">备　注</td></tr>
<tr><td colspan="5"></td></tr>
</table>

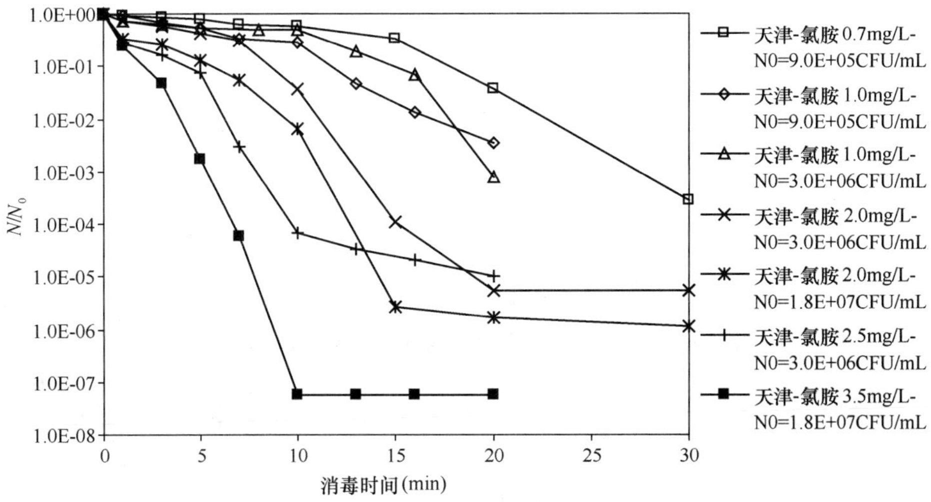

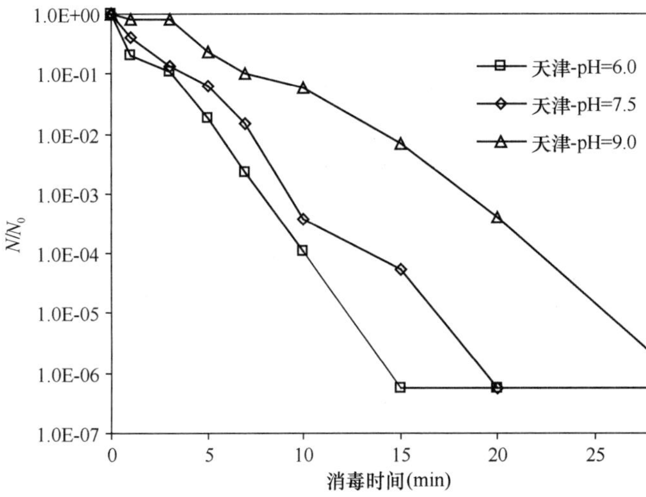

5.1.3 二氧化氯对产气荚膜菌的去除效果及 pH 值的影响

试验名称	二氧化氯对 产气荚膜菌 的去除效果及 pH 值的影响			
相关水质标准(CFU/mL)	国家标准	0	住房和城乡建设部行标	
	地表水标准			
试验条件				
天津	产气荚膜菌浓度10^5～10^7CFU/mL；原水磷酸盐缓冲液；试验水温22℃；培养温度37℃；自由氯投加量0.5～3.0mg/L；余氯0.12～0.46mg/L。			
天津	产气荚膜菌浓度4×10^6CFU/mL；原水磷酸盐缓冲液；试验水温22℃；培养温度37℃；二氧化氯投加量2.0mg/L；pH＝6.0、7.5、9.0。			
试验结果				

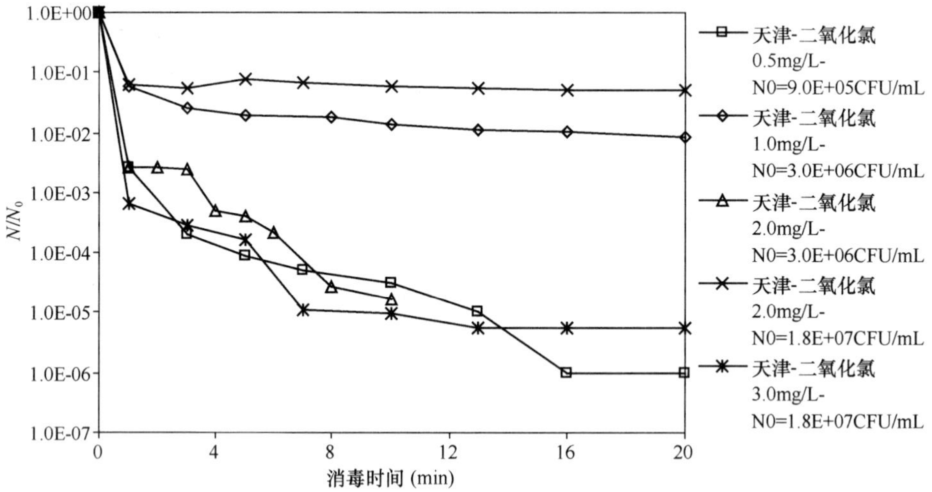

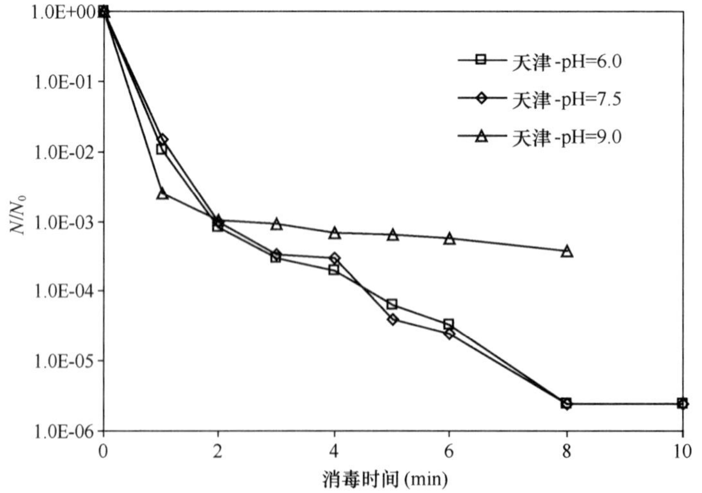

备　注

5.2 大肠埃希氏菌

5.2.1 pH值对自由氯灭活大肠埃希氏菌的影响

<table>
<tr><td>试验名称</td><td colspan="4">pH值对自由氯灭活<u>大肠埃希氏菌</u>的影响</td></tr>
<tr><td rowspan="2">相关水质标准
(CFU/mL)</td><td>国家标准</td><td>0</td><td>住房和城乡建设部行标</td><td></td></tr>
<tr><td>地表水标准</td><td></td><td></td><td></td></tr>
<tr><td colspan="5">试验条件</td></tr>
<tr><td>天津</td><td colspan="4">大肠埃希氏菌浓度2×10⁷CFU/mL；原水磷酸盐缓冲液；试验水温22℃；培养温度37℃；自由氯投加量2.0mg/L；pH=6.0、7.5、9.0。</td></tr>
<tr><td colspan="5">试验结果</td></tr>
<tr><td colspan="5">

</td></tr>
<tr><td colspan="5">备　注</td></tr>
<tr><td colspan="5"></td></tr>
</table>

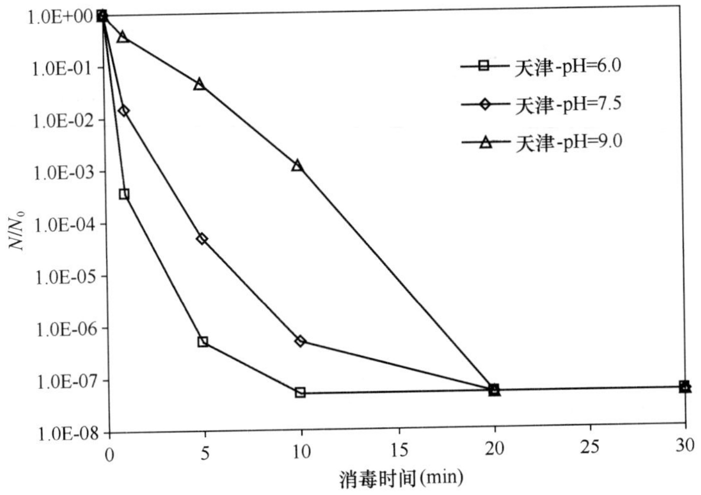

5.2.2 pH值对氯胺灭活大肠埃希氏菌的影响

试验名称	pH值对氯胺灭活大肠埃希氏菌的影响			
相关水质标准(CFU/mL)	国家标准	0	住房和城乡建设部行标	
	地表水标准			
试验条件				
天津	大肠埃希氏菌浓度2.5×10^7CFU/mL；原水磷酸盐缓冲液；试验水温22℃；培养温度37℃；一氯胺投加量2.0mg/L；pH=6.0、7.5、9.0。			
试验结果 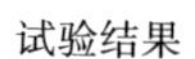				

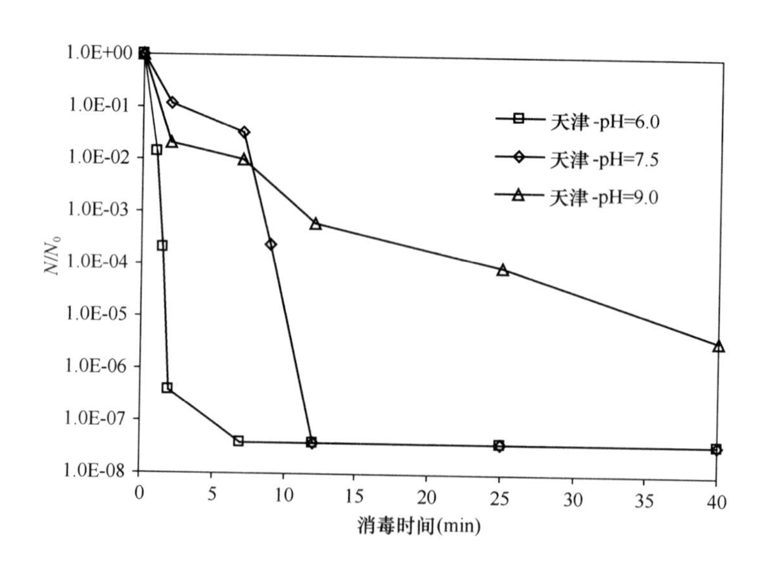

备注

5.2.3 pH值对二氧化氯灭活大肠埃希氏菌的影响

<table>
<tr><td>试验名称</td><td colspan="4">pH值对二氧化氯灭活 大肠埃希氏菌 的影响</td></tr>
<tr><td rowspan="2">相关水质标准
(CFU/mL)</td><td>国家标准</td><td>0</td><td>住房和城乡建设部行标</td><td></td></tr>
<tr><td>地表水标准</td><td></td><td></td><td></td></tr>
<tr><td colspan="5">试验条件</td></tr>
<tr><td>天津</td><td colspan="4">大肠埃希氏菌浓度2.3×10⁷CFU/mL；原水磷酸盐缓冲液；试验水温22℃；培养温度37℃；二氧化氯投加量1.0mg/L；pH=6.0、7.5、9.0。</td></tr>
<tr><td colspan="5">试验结果</td></tr>
<tr><td colspan="5">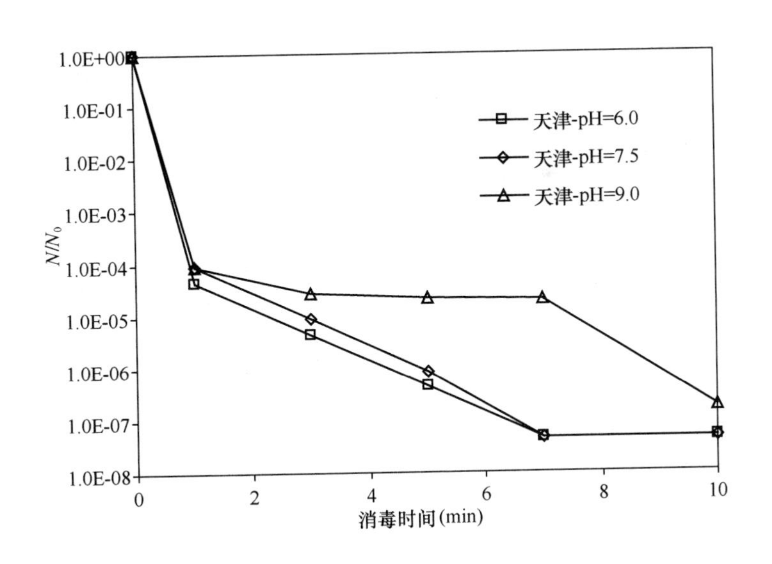
</td></tr>
<tr><td colspan="5">备　注</td></tr>
<tr><td colspan="5"></td></tr>
</table>

5.3 粪肠球菌

5.3.1 自由氯对粪肠球菌的去除效果及 pH 值的影响

试验名称	自由氯对__粪肠球菌__的去除效果及 pH 值的影响			
相关水质标准(CFU/mL)	国家标准	0	住房和城乡建设部行标	
	地表水标准			
试验条件				
天津	粪肠球菌浓度10^5～10^7CFU/mL；原水磷酸盐缓冲液；试验水温22℃；培养温度37℃；自由氯投加量1.0～7.0mg/L。			
天津	粪肠球菌浓度3.8×10^7CFU/mL；原水磷酸盐缓冲液；试验水温22℃；培养温度37℃；自由氯投加量2mg/L；pH=6.0、7.5、9.0。			
试验结果				

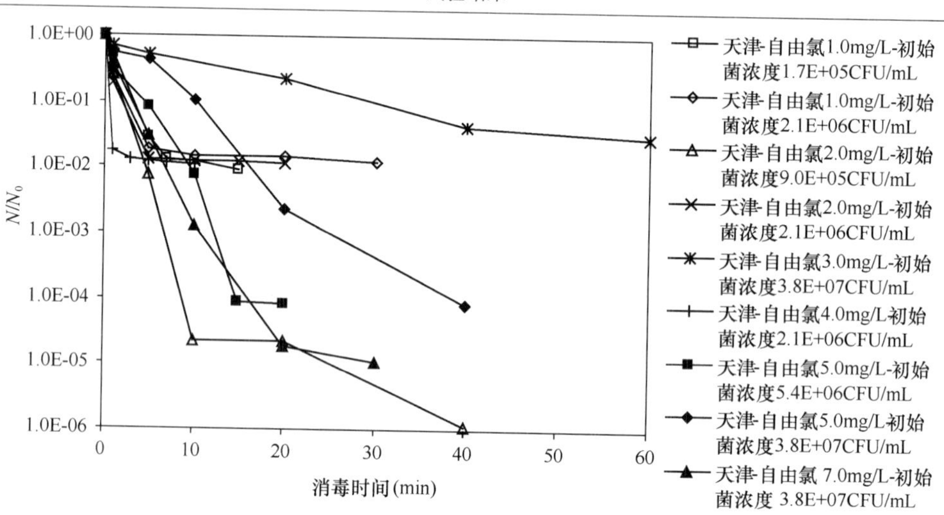

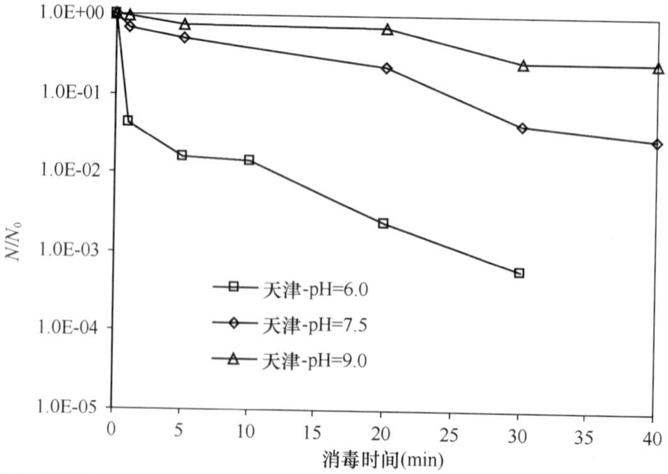

备 注

5.3.2 氯胺对粪肠球菌的去除效果及 pH 值的影响

试验名称	氯胺对 粪肠球菌 的去除效果及 pH 值的影响			
相关水质标准（CFU/mL）	国家标准	0	住房和城乡建设部行标	
	地表水标准			
试验条件				
成都	粪肠球菌浓度10^5～10^6CFU/ml；试验水温20.0℃；pH=7.61；氯胺投加量1.0、2.0、4.0mg/L。			
天津	粪肠球菌浓度10^5～10^7CFU/mL；原水磷酸盐缓冲液；试验水温22℃；培养温度37℃；氯胺投加量1.0～5.0mg/L。			
天津	粪肠球菌浓度3.6×10^6CFU/mL；原水磷酸盐缓冲液；试验水温22℃；培养温度37℃；一氯胺投加量1.0mg/L；pH 6.0、7.5、9.0。			
试验结果				

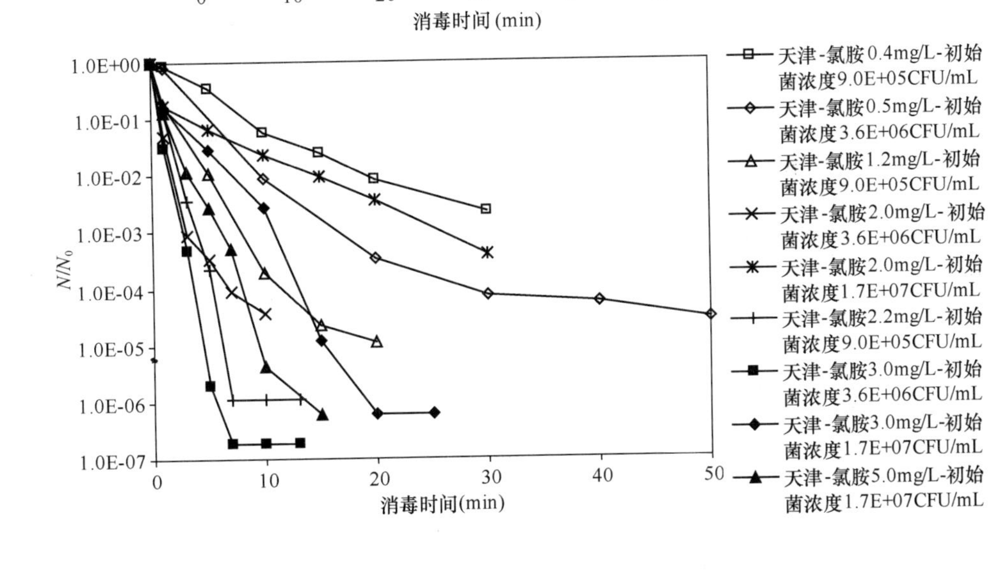

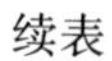
续表

试验结果

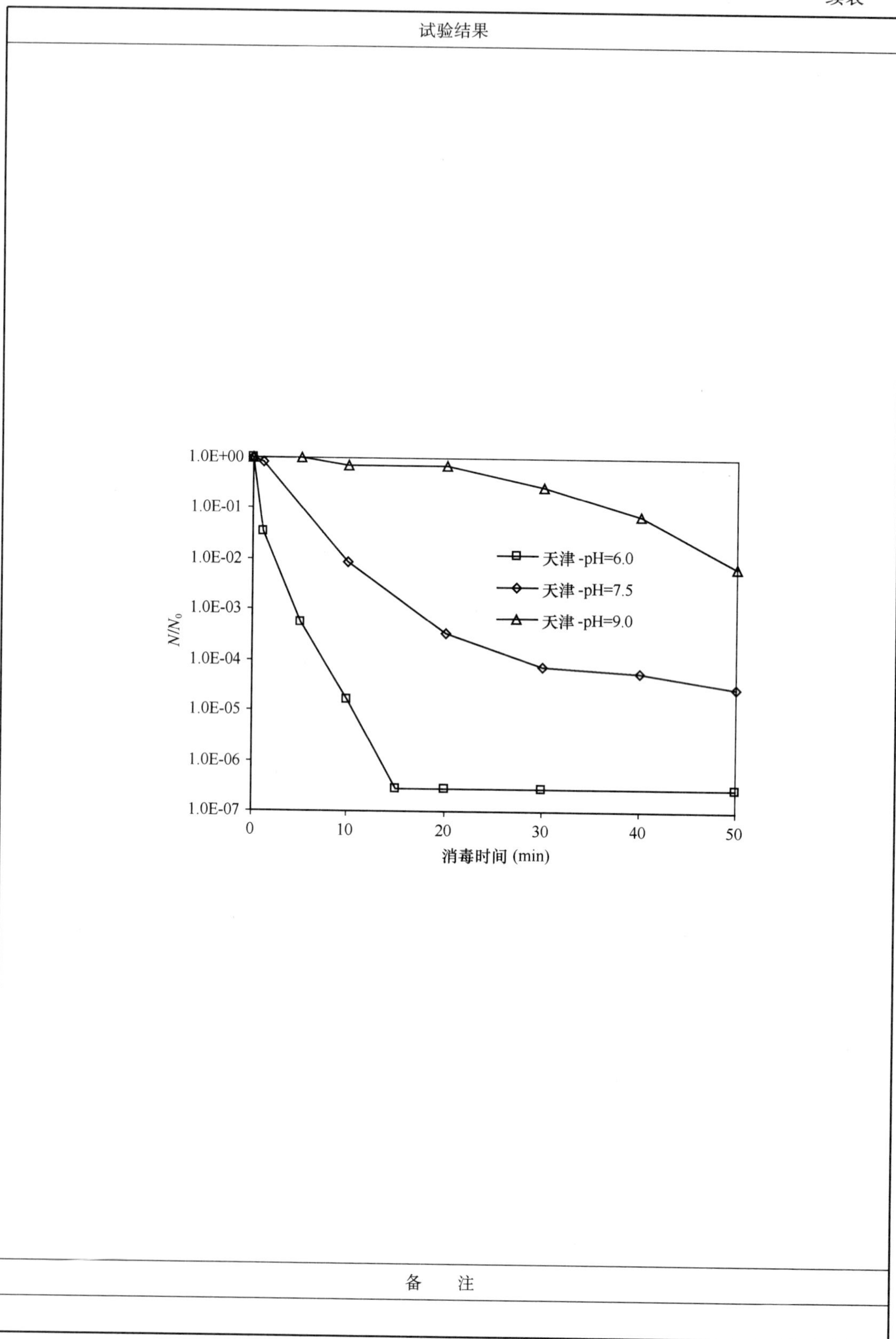
1.0E+00
1.0E-01
1.0E-02
1.0E-03
1.0E-04
1.0E-05
1.0E-06
1.0E-07
N/N0
0
10
20
30
40
50
消毒时间 (min)
天津 -pH=6.0
天津 -pH=7.5
天津 -pH=9.0

备　注

5.3.3 二氧化氯对粪肠球菌的去除效果及 pH 值的影响

<table>
<tr><td>试验名称</td><td colspan="4">二氧化氯对 粪肠球菌 的去除效果及 pH 值的影响</td></tr>
<tr><td rowspan="2">相关水质标准
（CFU/mL）</td><td>国家标准</td><td>0</td><td>住房和城乡建设部行标</td><td></td></tr>
<tr><td>地表水标准</td><td></td><td></td><td></td></tr>
<tr><td colspan="5">试验条件</td></tr>
<tr><td>成都</td><td colspan="4">污染物浓度10^5～10^6 CFU/mL；试验水温20℃；培养温度37℃；二氧化氯投加量0.5～2.0mg/L，pH＝7.55。</td></tr>
<tr><td>天津</td><td colspan="4">污染物浓度10^5～10^7 CFU/mL；原水磷酸盐缓冲液；试验水温22℃；培养温度37℃；二氧化氯投加量1.0～6.0mg/L。</td></tr>
<tr><td>天津</td><td colspan="4">污染物浓度2.3×10^7 CFU/mL；原水磷酸盐缓冲液；试验水温22℃；培养温度37℃；二氧化氯投加量1.0mg/L；pH 6.0、7.5、9.0。</td></tr>
<tr><td colspan="5">试验结果</td></tr>
</table>

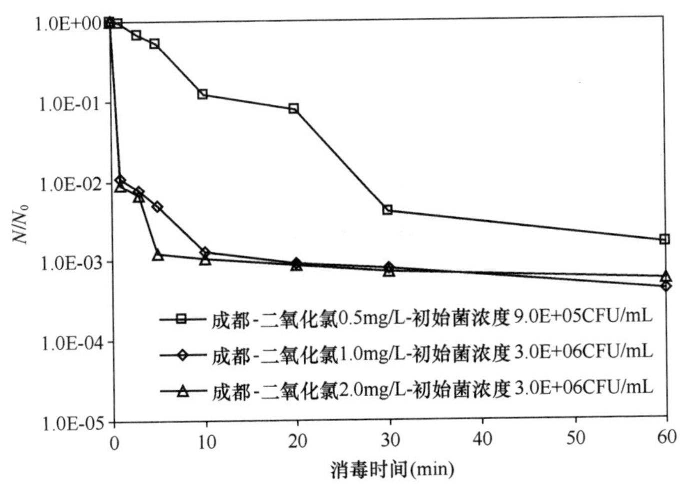

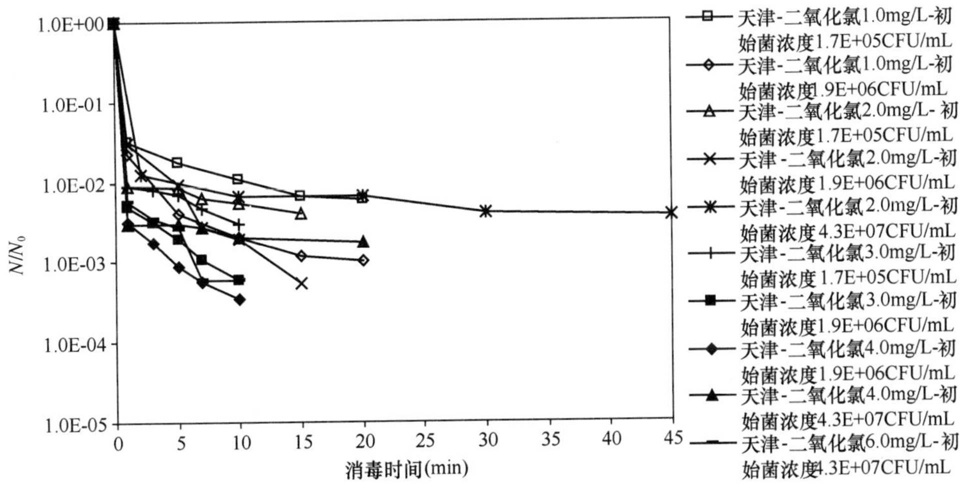

N/N_0 1.0E+00 1.0E-01 1.0E-02 1.0E-03 1.0E-04 1.0E-05

成都-二氧化氯0.5mg/L-初始菌浓度 9.0E+05CFU/mL

成都-二氧化氯1.0mg/L-初始菌浓度 3.0E+06CFU/mL

成都-二氧化氯2.0mg/L-初始菌浓度 3.0E+06CFU/mL

0 10 20 30 40 50 60

消毒时间(min)

N/N_0 1.0E+00 1.0E-01 1.0E-02 1.0E-03 1.0E-04 1.0E-05

0 5 10 15 20 25 30 35 40 45

消毒时间(min)

天津-二氧化氯1.0mg/L-初始菌浓度1.7E+05CFU/mL

天津-二氧化氯1.0mg/L-初始菌浓度1.9E+06CFU/mL

天津-二氧化氯2.0mg/L-初始菌浓度1.7E+05CFU/mL

天津-二氧化氯2.0mg/L-初始菌浓度1.9E+06CFU/mL

天津-二氧化氯2.0mg/L-初始菌浓度4.3E+07CFU/mL

天津-二氧化氯3.0mg/L-初始菌浓度1.7E+05CFU/mL

天津-二氧化氯3.0mg/L-初始菌浓度1.9E+06CFU/mL

天津-二氧化氯4.0mg/L-初始菌浓度1.9E+06CFU/mL

天津-二氧化氯4.0mg/L-初始菌浓度4.3E+07CFU/mL

天津-二氧化氯6.0mg/L-初始菌浓度4.3E+07CFU/mL

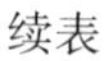
续表

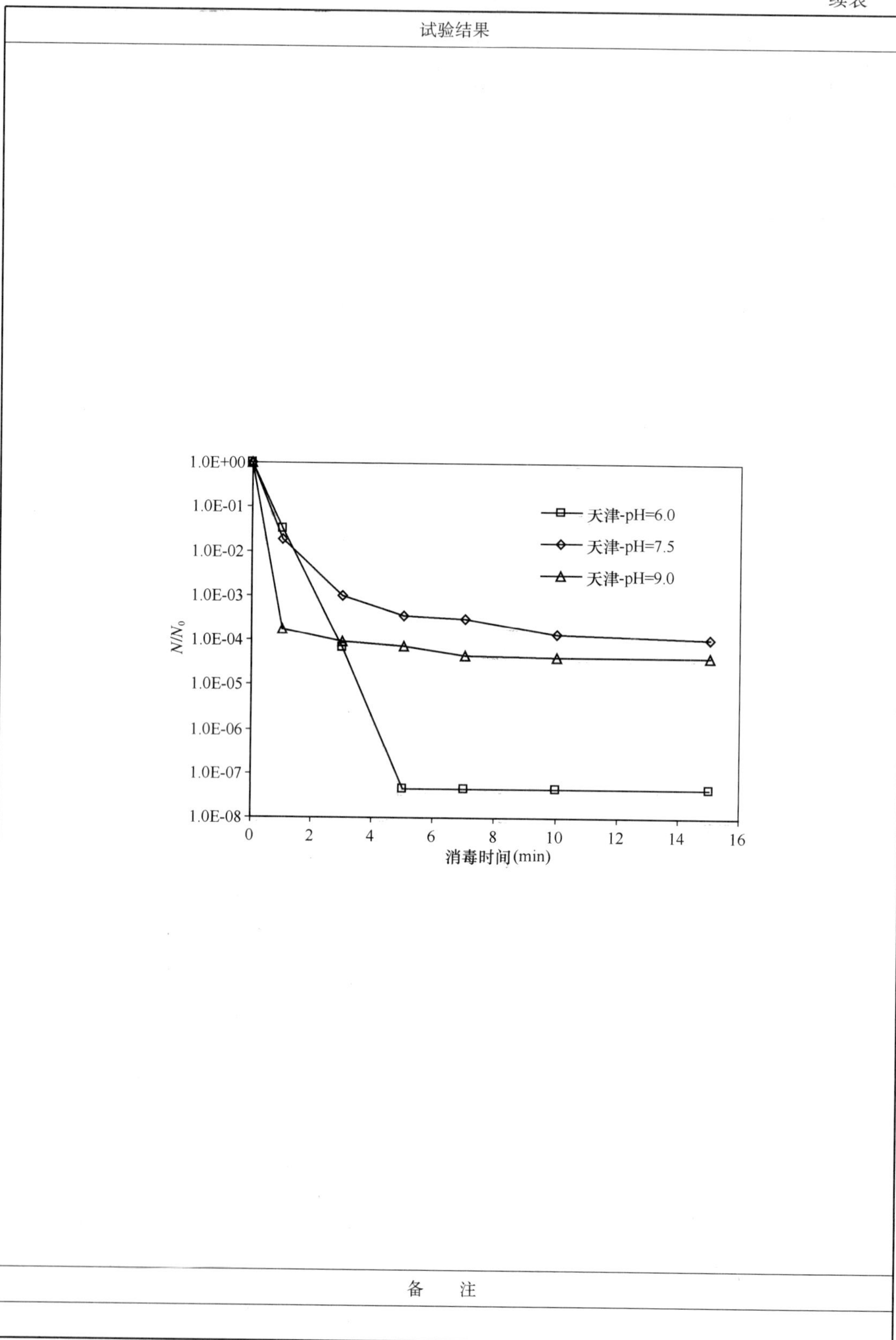
试验结果
1.0E+00
1.0E-01
1.0E-02
1.0E-03
1.0E-04
1.0E-05
1.0E-06
1.0E-07
1.0E-08
N/N0
天津-pH=6.0
天津-pH=7.5
天津-pH=9.0
0
2
4
6
8
10
12
14
16
消毒时间(min)
备 注